Identifikation dynamischer Systeme

Christian Bohn · Heinz Unbehauen

Identifikation dynamischer Systeme

Methoden zur experimentellen Modellbildung aus Messdaten

Springer Vieweg

Christian Bohn
Technische Universität Clausthal
Clausthal-Zellerfeld, Deutschland

Heinz Unbehauen
Ruhr-Universität Bochum
Bochum, Deutschland

ISBN 978-3-8348-1755-6
ISBN 978-3-8348-2197-3 (eBook)
DOI 10.1007/978-3-8348-2197-3

Die Deutsche Nationalbibliothek verzeichnet diese Publikation in der Deutschen Nationalbibliografie; detaillierte bibliografische Daten sind im Internet über http://dnb.d-nb.de abrufbar.

Springer Vieweg

Gedruckt auf säurefreiem und chlorfrei gebleichtem Papier.

Springer Vieweg ist Teil von Springer Nature
Die eingetragene Gesellschaft ist Springer Fachmedien Wiesbaden GmbH
Die Anschrift der Gesellschaft ist: Abraham-Lincoln-Strasse 46, 65189 Wiesbaden, Germany

Vorwort

In vielen technischen und nichttechnischen Teilgebieten der Wissenschaft lassen sich untersuchte Zusammenhänge und neu entdeckte Phänomene als dynamische Systeme auffassen und mathematisch beschreiben. Ein dynamisches System ist dabei prinzipiell dadurch charakterisiert, dass Eingangssignale so auf das System einwirken, dass am Systemausgang eine Reaktion erfolgt. Für das statische und dynamische Verhalten eines Systems stehen dem Anwender heute eine Vielzahl unterschiedlicher Beschreibungsformen zur Verfügung. Die Ermittlung eines mathematischen Modells für das Systemverhalten aus Messungen der Eingangs- und Ausgangsgrößen wird als experimentelle Systemidentifikation oder experimentelle Prozessanalyse bezeichnet. Das vorliegende Buch bietet dem Leser eine detaillierte Einführung in dieses Gebiet.

Die Systemidentifikation hat sich in den vergangenen fünf Jahrzehnten zu einer methodischen Systemwissenschaft entwickelt. Es existieren zahlreiche gute, weitgehend englischsprachige, Lehrbücher zu diesem Thema. Dem Anwender stehen sowohl für lineare als auch nichtlineare Systeme anspruchsvolle, aber auch sehr effektive mathematische Verfahren zur Verfügung. Basis dieser Verfahren bilden die Methoden der Signalverarbeitung, Systemtheorie, Regelungstechnik und der statistischen Schätztheorie. Ein Anwender, der eine spezielle Modellierungs- und Identifikationsaufgabe zu lösen hat, besitzt oftmals nicht den Überblick, welche Methode zur Lösung seines Problems die zweckmäßigste ist. Zur Auswahl einer Methode und zur Durchführung der Identifikation sind vergleichsweise umfangreiches Grundlagenwissen und ein Verständnis der verschiedenen Ansätze erforderlich. Neben der Vermittlung dieses Wissens möchte das vorliegende Buch auch dazu beitragen, den Anwender in die Lage zu versetzen, entscheiden zu können, welche Identifikationsverfahren beziehungsweise welche Modelle für eine konkrete Aufgabenstellung der Systemidentifikation zum Einsatz kommen können und, falls erforderlich, tiefer in dieses Gebiet einzusteigen.

Der Stoff dieses Buches umfasst neun Kapitel und sieben Anhänge. Kapitel 1 stellt eine kurze Einführung in die experimentelle Systemidentifikation dar, wobei die verschiedenen Formen der Modellbildung und deren Realisierung sowie die prinzipielle Vorgehensweise bei der Systemidentifikation diskutiert werden. Im Kapitel 2 wird die klassische Systemidentifikation für Eingrößensysteme mittels nichtparametrischer Modelle im Zeit- und Frequenzbereich vorgestellt. Dabei wird gezeigt, wie Modelle durch Auswertung gemessener Sprungantworten oder Frequenzgänge gewonnen werden können. Weiterhin wird ersichtlich, dass die Korrelationsanalyse mittels binärer und ternärer Eingangstestsignale ein leistungsfähiges Verfahren zur Identifikation linearer dynamischer Systeme darstellt. Kapitel 3 befasst sich eingehend mit den wichtigsten Parameterschätzverfahren für lineare Eingrößensysteme. Obwohl die Mehrzahl der realen Systeme eine zeitkontinuierliche Dynamik aufweist, eignet sich für ihre Darstellung und Weiterverarbeitung zunächst eine zeitdiskrete Systembeschreibung meist besser. Die Identifikation der Parameter des zeitdiskreten Modells aus Messwerten erfolgt über die Lösung eines numerischen Optimierungsproblems. Die wichtigsten direkten und rekursiven Lösungsverfahren werden in Kapitel 3 im Detail vorgestellt.

In Kapitel 4 werden Strukturprüfverfahren behandelt, die es ermöglichen, die Modellordnung abzuschätzen. Auf die Identifikation linearer Mehrgrößensysteme wird in Kapitel 5 eingegangen, wobei verschiedene Ansätze behandelt werden. Ausführlich werden die Modellansätze mittels Übertragungsfunktionen, der Zustandsraumdarstellung, Übertragungsmatrizen und Polynommatrizen diskutiert. Kapitel 6 zeigt verschiedene Möglichkeiten zur Identifikation zeitkontinuierlicher linearer Modelle auf.

Die Kapitel 7 und 8 widmen sich der Identifikation nichtlinearer Modelle. Während für lineare Systeme eine Reihe von allgemeingültigen Modellbeschreibungen existieren, die (bei endlichdimensionalen Systemen) prinzipiell alle ineinander überführbar sind, existiert für nichtlineare Systeme eine Vielzahl von unterschiedlichen allgemeinen und speziellen Modellen. In Kapitel 7 wird daher eine Einteilung dynamischer Modelle vorgenommen. Unterschieden wird hier zwischen Eingangs-Ausgangs-Beschreibungen und Zustandsraummodellen, zeitkontinuierlichen und zeitdiskreten Modellen, *Black-Box-*, *Gray-Box-* und *White-Box*-Modellen, parametrischen und nichtparametrischen sowie linear und nichtlinear parameterabhängigen Modellen. Anschließend werden als Eingangs-Ausgangs-Modelle die Volterra- und die Wiener-Reihe, Differentialgleichungs- und Modulationsfunktionsmodelle, Differenzengleichungen und NARMAX-Modelle, das Kolmogorov-Gabor-Polynom, das bilineare Eingangs-Ausgangs-Modell, blockorientierte Modelle, künstliche neuronale Netze sowie Fuzzy-Modelle behandelt. Neben der allgemeinen Betrachtung des Zustandsraummodells werden als Spezialfälle das steuerungslineare, das zustandslineare und das bilineare Zustandsraummodelle sowie Zustandsraumdarstellungen für blockorientierte Modelle vorgestellt.

In Kapitel 8 werden verschiedenen Verfahren zur Identifikation nichtlinearer Systeme behandelt. Auch hier erfolgt zunächst eine grundlegenden Einteilung von Identifikationsverfahren und anschließend werden ausgewählte Verfahren detaillierter betrachtet. Als explizite Verfahren werden die Bestimmung von Kernen für Volterra- und Wiener-Reihen sowie die direkte auf der Minimierung der Summe der Fehlerquadrate (*Least-Squares*) basierende Parameterschätzung für eine Reihe von linear parameterabhängigen Modellen diskutiert. Als implizite Verfahren werden die rekursive *Least-Squares*-Schätzung, die Parameterschätzung für neuronale Netze mittels des Backpropagationsverfahrens und die Parameter- und Zustandsschätzung für nichtlineare Zustandsraummodelle behandelt. Weiterhin werden verschiedenen Ansätze zur Strukturprüfung für nichtlineare Systeme vorgestellt.

Beim Bearbeiten einer Identifikationsaufgabe sind zahlreiche praktische Aspekte zu berücksichtigen, von denen die wichtigsten im neunten Kapitel diskutiert werden. Hierunter fallen theoretische und simulative Voruntersuchungen, der experimentelle Aufbau, die Auswahl von Abtastzeit und Messdauer, die Auswahl und Erzeugung von Eingangssignalen, die Sichtung und Bearbeitung der Messdaten, die Wahl einer Modellstruktur, die eigentliche Durchführung der Identifikation (inklusive der Auswahl eines Verfahrens) sowie abschließend die Bewertung der Ergebnisse und das Erstellung einer Dokumentation.

Es war das Anliegen der Autoren, den sehr umfangreichen Stoff in möglichst anschaulicher und übersichtlicher Form systematisch darzustellen. Dazu wurden die für das Verständnis notwendigen mathematischen Grundlagen weitgehend aus dem laufenden Text herausgenommen und in den Anhängen A bis G dargestellt. In Anhang A werden die Grundlagen der statistischen Behandlung linearer Systeme betrachtet. In Anhang B wird gezeigt, wie die in Anhang A vorgestellten Zusammenhänge zur Bestimmung der Eigenschaften linearer Systeme genutzt werden können. Grundlagen der Fourier-Transformation bilden den Inhalt des Anhangs C. In Anhang D werden die in Kapitel 4 betrachteten rekursiven gewichteten Parameterschätzverfahren hergeleitet. Die für die Parameterschätzung bei Mehrgrößensystemen in Kapitel 5 verwendete kanonische Beobachtbarkeitsnormalform wird in Anhang E vorgestellt. Anhang F widmet sich der in Zusammenhang mit dem Modulationsfunktionsverfahren zur Identifikation zeitkontinuierlicher Modelle in Kapitel 6 auftretenden Hartley-Transformation. In Anhang G werden die Grundlagen der Matrix-Differentialrechnung behandelt, die hauptsächlich bei der Formulierung der Algorithmen für die Zustands- und Parameterschätzung bei nichtlinearen Zustandsraummodellen in Kapitel 8 benötigt werden.

Für den Verständnis des Buches sind Grundlagenkenntnisse zur mathematischen Behandlung von Signalen und Systemen erforderlich, wie Sie in einführenden Vorlesungen zu Messtechnik, Signalen und Systemen, Nachrichtentechnik oder Regelungstechnik an Fachhochschulen und Universitäten vermittelt werden. Als Stichworte seien hier die Behandlung linearer Systeme im Zeit- und Frequenzbereich genannt sowie die damit verbundenen Integraltransformationen (Fourier-Transformation, Laplace-Transformation, z-Transformation). Es sollte allerdings möglich sein, diese Grundkenntnisse parallel zum Studium des vorliegenden Buches zu erarbeiten oder aufzufrischen.

Durch den Aufbau des Buches ergeben sich für den Leser mehrere Einstiegsmöglichkeiten in die Thematik der Systemidentifikation. Prinzipiell ist es zweckmäßig, zunächst die Identifikationsverfahren für lineare Systeme mit einer Eingangs- und einer Ausgangsgröße (Eingrößensysteme) zu verstehen, bevor eine Beschäftigung mit der Identifikation nichtlinearer Systeme erfolgt. Hierzu bietet sich eine Lektüre der Kapitel 1 bis 4 an, wobei Kapitel 2 (nichtparametrische Identifikation) und Kapitel 3 (Parameterschätzverfahren) weitgehend unabhängig voneinander sind. Anschließend kann eine weiterführende Beschäftigung mit Parameterschätzverfahren für lineare Systeme mit mehreren Eingangs- und Ausgangsgrößen erfolgen (Kapitel 5) sowie mit der Identifikation linearer Systeme mit zeitkontinuerlichen Modellen (Kapitel 6). Darauf aufbauend kann die Lektüre mit den Kapiteln 7 und 8 zur Identifikation nichtlinearer Systeme und Kapitel 9 zu praktischen Aspekten der Identifikation fortgesetzt werden.

Es ist aber auch ein direkter Einstieg in die Identifikation nichtlinearere Systeme möglich. Dazu kann direkt mit der Lektüre von Kapitel 7 (Modelle für nichtlineare Systeme) und Kapitel 8 (Identifikation nichtlinearer Systeme) begonnen werden, wobei zur allgemeinen Einführung ggf. vorab noch Kapitel 1 gelesen werden sollte. Um auch diese Einstiegsmöglichkeit zu schaffen, werden in den hinteren Kapiteln einige Grundlagen der Systemidentifikation nochmals, z.T. aus einem etwas allgemeineren Blickwinkel, dargestellt.

Ein Verständnis der Theorie sowie der grundlegenden Verfahren ist eine unabdingbare Voraussetzung für die Durchführung einer Systemidentifikation. Eine Beschäftigung mit den in Kapitel 9 betrachteten praktischen Aspekten der Identifikation bietet sich daher im Anschluss an das Studium der Verfahren zur Identifikation linearer Systeme (Kapitel 2 bis 6) bzw. nichtlinearer Systeme (Kapitel 7 und 8) an. Allerdings kann ein Leser, der primär an den praktischen Aspekten interessiert ist, sich auch zunächst durch die Lektüre von Kapitel 9 (ggf. nach der allgemeinen Einführung in Kapitel 1) einen Überblick verschaffen und später tiefer in die Identifikationsverfahren einsteigen.

Die Autoren möchten den zahlreichen Personen danken, die sie bei der Entstehung dieses Buches unterstützt haben. Frau Daniela Trompeter und den Herren Andreas Haupt und Roland Dorrenbusch sei für die Hilfe beim Setzen des Manuskriptes gedankt. Bei der Erstellung der Abbildungen hat Frau Andrea Marschall maßgeblich mitgewirkt. Zahlreiche kritische Hinweise und Verbesserungsvorschläge kamen von den ehemaligen und jetzigen wissenschaftlichen Mitarbeiterinnen und Mitarbeitern des ersten Autors. Dem Springer Vieweg Verlag sei für die gute Zusammenarbeit gedankt. Abschließend danken die Autoren auch ihren Familien für das Verständnis, welches diese ihnen für die Arbeit an diesem Buch entgegengebracht haben.

Hinweise und konstruktive Kritik zur Verbesserung des Buches werden die Autoren von den zukünftigen Lesern gern entgegennehmen.

Hannover und Bochum, November 2016 — *Christian Bohn* und *Heinz Unbehauen*

Inhalt

1 Einführung

1.1 Dynamische Systeme und ihre Modelle

Viele Vorgänge in technischen und nichttechnischen Prozessen oder Systemen lassen sich mit Hilfe des Prinzips von Ursache und Wirkung beschreiben. Als einfaches und anschauliches Beispiel wird dazu die Fahrgeschwindigkeit eines PKWs betrachtet. Eine Ursache für die gewünschte Erhöhung oder Verringerung der Geschwindigkeit des Fahrzeugs stellt die Veränderung der Gaspedalstellung durch den Fahrer dar. Wird das Fahrzeug als dynamisches System betrachtet, so kann dieses Verhalten als Blockschaltbild mit den zeitabhängigen Eingangs- und Ausgangsgrößen $u(t)$ und $y(t)$ gemäß Bild 1.1 dargestellt werden. Gleichzeitig wirken auf die Geschwindigkeit des Fahrzeugs auch Störgrößen wie z.B. Steigungen oder Gefälle der Straße sowie Windeinflüsse. Diese Störungen sind in Bild 1.1 in dem Signal $z(t)$ zusammengefasst.

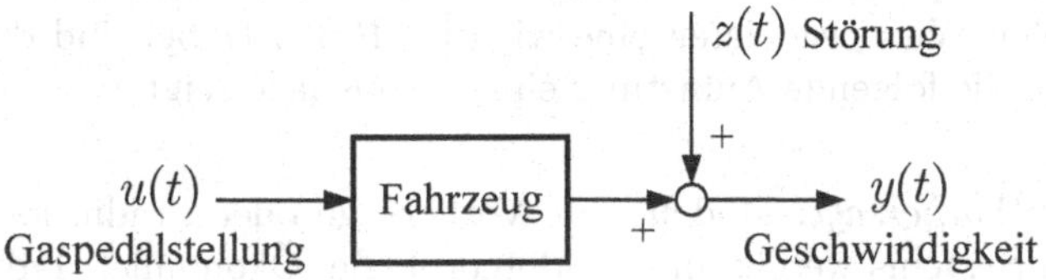

Bild 1.1 Fahrzeug als dynamisches System

Ein dynamisches System liegt dann vor, wenn die momentane Ausgangsgröße $y(t)$ von dem Verlauf der Eingangsgröße $u(t)$ in der Vergangenheit abhängt. Ein dynamisches System speichert damit gewissermaßen Informationen aus der Vergangenheit. Dynamische Systeme werden daher auch als speicherfähige Systeme oder als Systeme mit Gedächtnis bezeichnet. Dynamische Systeme treten nicht nur in vielen technischen Anwendungsgebieten wie z.B. Regelungstechnik, Nachrichtentechnik und Signalverarbeitung auf, sondern auch in der Physik, Chemie, Biologie, Medizin, Ökonomie, Ökologie und vielen anderen Bereichen. In diesen Wissensgebieten besteht häufig der Wunsch, das dynamische Verhalten der dort auftretenden realen Systeme sowie oftmals auch die auf das jeweilige System einwirkenden Störungen durch dynamische Modelle zu beschreiben. Ein Ziel einer solchen Modellbeschreibung kann darin bestehen, ein besseres Verständnis über das Verhalten eines realen Systems zu erhalten. Dabei wird eine möglichst gute Übereinstimmung zwischen Beobachtung oder Messung und dem tatsächlichen Systemverhalten angestrebt und das Modell soll die wesentlichen Eigenschaften eines existierenden oder zu entwerfenden Systems in einer anwendbaren Form enthalten.

Zur Modellbeschreibung existieren verschiedene Möglichkeiten. So wird häufig zwischen konzeptionellen, physikalischen und mathematischen Modellen unterschieden. Eine andere Möglichkeit der Unterscheidung sind phänomenologische, empirische und analytische Modelle. Ein anschauliches Beispiel für diese Unterscheidungsmerkmale bietet die Astrophysik [Eyk74]. Das von Ptolemäus um 160 n. Chr. in Alexandria aufgrund astronomischer Beobachtungen formulierte geozentrische Weltmodell (mit der Erde als Mittelpunkt) stellt ein typisches phänomenologisches Modell dar und war bis in das späte Mittelalter verbindlich. Erst 1543 wurde dieses Weltmodell durch das heliozentrische Weltmodell (mit der Sonne als Mittelpunkt) abgelöst, welches Kopernikus in seinem Hauptwerk *De revolutionibus orbium coelestium* (Über die Umläufe der Himmelskörper) aufgrund von langjährigen Beobachtungen formulierte. Das Modell des Weltsystems von Kopernikus ist aufgrund der von ihm gemachten Beobachtungen in die Kategorie der physikalischen Modelle einzuordnen. Mit der Einführung der mathematischen Gesetze für die elliptischen Planetenbahnen durch Keppler in seinem astronomischen Hauptwerk *Astronomia nova* (Neue Astronomie) im Jahre 1609 wurde die Kopernikanische Theorie vervollkommnet, indem die Dynamik der Planetenbewegung erstmals mathematisch formuliert wurde. Somit können die Keplerschen Gesetze auch als mathematisches Modell des Weltsystems interpretiert werden, das eine Vorausberechnung (Prädiktion) im Planetensystem erlaubt. Zum besseren Verständnis wurden gerade für dieses Weltmodell schon frühzeitig physikalisch gegenständliche Modelle in Form von astronomischen Uhren geschaffen, von denen viele heute noch funktionsfähig existieren. Sie sind exzellente Beispiele für vorindustrielle feinmechanische Meisterwerke. Physikalisch gegenständliche Modelle werden u.a. auch in der Strömungsmechanik verwendet.

Wie bereits erwähnt, spielt die Verwendung verschiedenartiger Modelle dynamischer Systeme in sehr vielen Wissensgebieten eine wichtige Rolle. Dabei sind die Anwendungen sehr vielfältig, wie die folgende Auflistung einiger Beispiele zeigt.

- *Modelle zur Vorhersage*: Modelle zur Vorhersage oder Prädiktion des Verhaltens eines realen Systems werden in der Meteorologie, Ökonomie, Hydrologie, Produktion, Regelungstechnik, Signalverarbeitung und anderen Wissensgebieten bereits seit langer Zeit erfolgreich eingesetzt.

- *Modelle zur Simulation*: Diese Modelle werden häufig in der Entwurfs- oder Planungsphase eines technischen Systems speziell zur Untersuchung kritischer Betriebsfälle, wie z.B. der Sicherheitsabschaltung eines Kernreaktors, oder zur Untersuchung des Fahrverhaltens eines neu zu entwickelnden Autos eingesetzt. Simulationsmodelle bilden auch den Kern von Simulatoren, die heute bei der Schulung von Betriebspersonal für technische Großanlagen wie Kraftwerke, Chemieanlagen, Anlagen der Stahlindustrie oder auch bei der Ausbildung von Flugpiloten in Flugsimulatoren oder bei der Erprobung von Kraftfahrzeugen im Fahrsimulator eine ganz wesentliche Rolle spielen.

- *Modelle zur Erkennung und Diagnose von Fehlern*: Zur Überwachung von Produktionsprozessen und technischen Anlagen, wie z.B. Walzwerken und Turbinen, sowie bei Kraftfahrzeugen, Flugzeugen, in der Raumfahrttechnik und bei vielen weiteren Anwendungen werden Modelle zur frühzeitigen und schnellen Erkennung und Diagnose von Fehlern verwendet. Darüber hinaus ermöglichen spezielle Verfahren der Automatisierungstechnik, zumindest bis zu einem gewissen Grad, die Verringerung der Auswirkungen von erkannten Fehlern (Fehlertoleranz).

- *Modelle zur Überwachung*: Diese Art von Modellen wird beispielsweise eingesetzt zur Flutregulierung von Flüssen und Talsperren in kritischen Flussgebieten oder zur ständigen Prüfung der Wassergüte in Trinkwassertalsperren sowie allgemein zur Überwachung in der Fertigungstechnik.
- *Modelle zur Optimierung*: In vielen Fällen sollen technische Systeme wirtschaftlich und ökologisch optimal betrieben werden. Zum Beispiel soll ein neuer Verbrennungsmotor mit hohem Wirkungsgrad betrieben werden, aber gleichzeitig muss der Schadstoffausstoß niedrig gehalten werden. Derartige Forderungen lassen sich mittels optimaler Steuerungs- und Regelungsalgorithmen realisieren, bei denen Systemmodelle im *Online*-Betrieb eingesetzt werden. Weitere Beispiele für den Einsatz von Optimierungsmodellen sind Strategien zur optimalen Bewirtschaftung in der Landwirtschaft.
- *Modelle in der Regelungstechnik und Signalverarbeitung*: In der Regelungstechnik sind Modelle der Regelstrecke ein fester Bestandteil aller modellbasierter Reglerentwurfsverfahren (z.B. Verfahren zum Entwurf optimaler, prädiktiver und adaptiver Regler). Auch die Ermittlung von Zustandsgrößen mittels eines Beobachters oder eines Kalman-Filters beruht auf dem Einsatz von Systemmodellen. Für die Signalanalyse werden häufig Signalmodelle verwendet.
- *Modelle in der Messtechnik*: Bei sogenannten intelligenten oder virtuellen Sensoren sind dynamische Modelle oftmals ein fester Bestandteil. Sie ermöglichen auch die indirekte Ermittlung nicht direkt messbarer Größen.
- *Modelle in der Medizin*: In der Medizin werden dynamische Modelle für unterschiedliche Funktionen zur Diagnostik und für die Therapie verwendet. So existieren System- oder Signalmodelle z.B. für das Herz-Kreislaufsystem, die Blutglukose-Überwachung (bei Operationen), den Stoffwechselvorgang, die Nervenströme, die Bewegung der Pupille des Auges, das Ohr sowie die Spracherzeugung.
- *Modelle in Transport- und Verkehrssystemen*: In beiden Bereichen werden mathematische Modelle nicht nur zum Zwecke der besseren Disposition und zur Vorhersage, sondern auch zur Verkehrsflussregelung eingesetzt.
- *Modelle in der Geophysik*: Bei der geophysikalischen Exploration (Suche nach Lagerstätten von Rohstoffen) werden dynamische Modelle zur Erklärung des Zusammenhangs zwischen seismischen Anregungen und deren Auswirkungen benutzt.
- *Modelle zur Signalanalyse*: Auf diesem Anwendungsgebiet werden vielfach Signalmodelle verwendet, bei denen das Modell kein bekanntes Eingangssignal besitzt. Es wird dann z.B. angenommen, dass das Modell mit einer stochastischen Eingangsgröße, oftmals weißem Rauschen, angeregt wird. Die Signalanalyse ermöglicht so wichtige Rückschlüsse auf das System auf Basis des Ausgangssignals. Solche Probleme treten z.B. bei der Sprachsignalverarbeitung, in Radar- und Sonargeräten sowie bei der Analyse von Elektrokardiogrammen auf. Ein weiteres Anwendungsfeld ist allgemein die Zeitreihenanalyse, z.B. in der Ökonometrie.

Die Modellbildung eines dynamischen Systems verfolgt gewöhnlich das Ziel, ein besseres Verständnis des an dem System beobachteten Ursache-Wirkungsprinzips zu vermitteln. Jedoch kann diese Zielsetzung auch umgekehrt angewendet werden, indem ein bestimmtes gewünschtes Modellverhalten vorgegeben und das reale System so betrieben wird, dass es diesem Modellverhalten in Echtzeit möglichst gut folgt. Dies ist z.B. bei modellbasierten adaptiven Regelverfahren der Fall. Dort werden Modelle, ähnlich wie bei den zuvor kurz diskutierten Anwendungsfällen der Fehlerdiagnose und Überwachung, *online*, also in Echtzeit, eingesetzt. In vielen anderen Anwendungsfällen reicht der *Offline*-Einsatz von Modellen für den Zweck des besseren Verstehens und zur Untersuchung des grundsätzlichen Verhaltens eines realen dynamischen Systems aus.

Die genannten Anwendungsbereiche für dynamische Systemmodelle deuten bereits darauf hin, dass es eine Vielzahl von Modellformen gibt. Zwar wurden eingangs schon zwei Möglichkeiten zur Unterteilung in verschiedene Beschreibungsformen vorgestellt (konzeptionell/physikalisch/mathematisch und phänomenologisch/empirisch/analytisch), doch ist es für das Verständnis der Modellbildung und der Systemidentifikation zweckmäßiger, die verschiedenen Modelltypen nach ihren grundsätzlichen Merkmalen in folgende drei Gruppen einzuteilen:

a) *Verbale Modelle*: In dieser Gruppe lassen sich konzeptionelle und phänomenologische Modelle vereinen. Fuzzy-Modelle (siehe Abschnitt 7.3.9) sind typische Vertreter dieser Gruppe.

b) *Graphische und tabellarische Modelle*: Diese Modelle sind dadurch gekennzeichnet, dass das Eingangs- und Ausgangsverhalten des betreffenden Systems in Tabellen oder in graphischer Form, z.B. als zeit- oder frequenzabhängige Funktionen, beschrieben wird. Hierunter fällt beispielsweise auch die Darstellung von physikalischen Zusammenhängen in Form von Kennlinien oder Kennfeldern, die u.a. in der elektronischen Motorsteuerung im Automobil eine große Rolle spielt. Graphische oder tabellarische Modelle können als Ergebnis von Messungen oder Rechnungen erstellt werden. Sie umfassen somit auch physikalisch-empirische Modelle.

c) *Mathematische Modelle*: Diese Modelle beruhen auf einer analytischen Vorgehensweise. Sie können einerseits hergeleitet werden aus den jeweiligen physikalischen Grundgesetzen, die das betreffende System beschreiben. Dies sind bei elektrischen Systemen die Kirchhoffschen Gesetze, das Ohmsche Gesetz, das Induktionsgesetz usw. (bei Netzwerken, also Systemen mit konzentrierten Parametern), sowie die Maxwellschen Gleichungen (bei Systemen mit verteilten Parametern, also Feldern). Bei mechanischen Systemen gelten das Newtonsche Gesetz, die Kräfte- und Momentengleichgewichte sowie die Erhaltungssätze von Impuls und Energie, während bei thermodynamischen Systemen die Erhaltungssätze der inneren Energie oder Enthalpie sowie die Wärmeleitungs- und Wärmeübertragungsgesetze anzuwenden sind, oft in Verbindung mit Gesetzen der Hydro- oder Gasdynamik. Andererseits besteht die Möglichkeit, ein mathematisches Modell anhand von Messungen der Eingangs- und Ausgangssignale eines realen Systems zu ermitteln. Die Aufgabe besteht dann darin, die Parameter einer zu wählenden mathematischen Modellstruktur so an die Messungen anzupassen, dass beispielsweise die Fehler zwischen Messung und Rechnung möglichst klein werden.

In beiden Fällen handelt es sich um ein analytisches Vorgehen zur Ermittlung der Modellparameter. Im ersten Fall haben diese Parameter eine direkte fachspezifische, bei technischen Systemen oftmals physikalische, Bedeutung. Die zugehörigen Modelle sind aber für die praktische Anwendung oftmals weniger gut zu gebrauchen, da reelle Systeme sehr komplex sind, was sich natürlich auch auf das Modell überträgt. Im zweiten Fall ergeben sich rein mathematische Modellparameter, meist ohne jegliche fachspezifische Bedeutung. Derartige Modelle werden als *Black-Box*-Modelle bezeichnet. Die Parameter von *Black-Box*-Modellen sind oftmals vergleichsweise einfach zu bestimmen und die Modelle daher für die praktische Anwendung gut zu gebrauchen.[1] Daher werden sie für viele praktische Anwendungen bevorzugt, sofern nicht die Anforderung besteht, explizit ein auf fachspezifischen Gesetzmäßigkeiten basierendes Modell zu verwenden. Jedoch ergibt sich in allen Fällen jeweils ein parametrisches Modell. Im Gegensatz dazu werden die zuvor unter Punkt b) besprochenen Modelle als nichtparametrische Modelle bezeichnet.

1.2 Wege der Modellbildung

Wird von den verbalen Modellen abgesehen, dann existieren im Wesentlichen zwei Wege der Bildung dynamischer Systemmodelle, nämlich

- die theoretische Vorgehensweise (theoretische Modellbildung) und
- die experimentelle Vorgehensweise (experimentelle Modellbildung).

Zuvor wurde bereits dargelegt, dass bei der theoretischen Vorgehensweise die Bildung des gesuchten mathematischen Modells anhand der sich im realen System abspielenden bekannten Vorgänge unter Berücksichtigung systemtypischer Eigenschaften sowie fachspezifischer Grundgesetze bzw. Naturgesetze erfolgt. Dies sind bei technischen Systemen die entsprechenden technischen Daten und die bereits im vorherigen Abschnitt erwähnten physikalischen Grundgesetze. In anderen Anwendungsgebieten, z.B. der Biologie, Medizin, Ökonomie, gelten entsprechende Aussagen. Ein Vorteil der theoretischen Modellbildung besteht darin, dass das zu modellierende System noch gar nicht real existieren muss. Daher besitzt die theoretische Modellbildung eine wichtige Bedeutung besonders im Entwurfsstadium bzw. in der Planungsphase eines neuen Systems, z.B. eines Kraftwerks oder eines Flugzeugs. Die dabei erhaltenen Lösungen sind allgemeingültig und können somit auch auf weitere gleichartige Anwendungsfälle, z.B. mit anderen Parametern, übertragen werden. Die theoretische Modellbildung liefert weiterhin ein tieferes Verständnis der inneren Zusammenhänge des betreffenden dynamischen Systems. Allerdings führt die theoretische Modellbildung bei komplexeren Systemen meist auf sehr umfangreiche mathematische Modelle, die für die weitere Anwendung, z.B. für eine Simulation des Systems in Echtzeit oder für einen Reglerentwurf, häufig nicht mehr geeignet sind. Die Vereinfachungen, die dann eventuell getroffen werden müssen, lassen sich im Entwurfsstadium oder in der Planungsphase meist nur noch schwer bestätigen. Ein weiterer Nachteil

[1] Dies ist gerade dann der Fall, wenn linear parameterabhängige Modelle gewählt werden, für welche die Parameterschätzung besonders einfach möglich ist, da solche Modelle in der Regel auf affin parameterabhängige Gleichungen für den Modellfehler führen (siehe Abschnitt 7.2.6).

der theoretischen Modellbildung besteht in der Unsicherheit der Erfassung der inneren und äußeren Einflüsse beim Aufstellen der entsprechenden Bilanzgleichungen, mit denen die sich in den betreffenden Systemen abspielenden Vorgänge beschrieben werden. Die mit der theoretischen Vorgehensweise ermittelten Modelle werden auch als *White-Box*-Modelle bezeichnet.

Im Gegensatz zur bisher skizzierten theoretischen Vorgehensweise beruht die experimentelle Modellbildung, auch als Systemidentifikation oder kurz nur als Identifikation bezeichnet, auf Experimenten an einem realen existierenden System.[2] Dabei wird das zeitliche Verhalten der Eingangs- und Ausgangsgrößen gemessen und meist in Form von abgetasteten Signalen (Zeitreihen) aufgezeichnet.[3] Die Systemidentifikation anhand experimentell ermittelter Daten lässt sich oftmals relativ schnell und einfach ohne detaillierte Spezialkenntnisse des zu untersuchenden Systems durchführen. Als Ergebnis liefert die Identifikation entweder ein nichtparametrisches oder ein parametrisches Modell. Dem großen Vorteil, dass über das System keine speziellen *A-priori*-Kenntnisse erforderlich sind und die Identifikation einfach und schnell durchgeführt werden kann, stehen aber auch Nachteile gegenüber. So muss das zu identifizierende System bereits existieren.[4] Im Entwurfs- oder Planungsstadium ist die Systemidentifikation also nicht durchführbar. Im Gegensatz zum *White-Box*-Modell der theoretischen Modellbildung liefert die Systemidentifikation ein *Black-Box*-Modell, welches nur das Eingangs- und Ausgangsverhalten eines Systems und nicht weitere interne physikalisch oder fachspezifisch interpretierbare Größen (z.B. die Zustandsgrößen des Systems) beschreibt. Daher sind die Ergebnisse meist nur beschränkt übertragbar, da bei einem identifizierten parametrischen Modell die einzelnen Modellparameter keine physikalische Bedeutung haben. Als Zwischenform dieser beiden Modelle ist das *Gray-Box*-Modell zu nennen, dem ein theoretisches Modell mit einigen unbekannten physikalischen Parametern zugrunde liegt, welche während des Identifkationsprozesses anhand der Auswertung der experimentell ermittelten Eingangs- und Ausgangssignale angepasst werden. Diese Verbindung der Systemidentifkation mit einer theoretischen Modellbildung ist oft zweckmäßig, da zumindest alle *A-priori*-Kenntnisse über das zu identifizierende System, z.B. gewisse vorherige Kenntnisse über dessen Struktur, bei der experimentellen Analyse verwendet werden können.

1.3 Beschreibungsformen für die unterschiedlichen Modelltypen

In Abschnitt 1.1 wurde bereits die Unterscheidung der Modelltypen in die drei Gruppen der verbalen, graphischen (oder tabellarischen) und mathematischen Modelle vorgestellt. Im Folgenden soll noch kurz auf die wichtigsten Möglichkeiten zur Unterscheidung der Modelle dynamischer Systeme eingegangen werden. Dabei ist zunächst einmal von den

[2] Zur Untersuchung von Modellen auf ihre Identifizierbarkeit oder zum Testen von Identifikationsverfahren können natürlich auch Daten aus der Simulation eines Modells mit einer angenommenen Systemstruktur verwendet werden. Dies wird im Rahmen der Betrachtung praktischer Aspekte der Identifikation in Abschnitt 9.4 weiter ausgeführt.

[3] Die Aufzeichnung und Verwendung kontinuierlicher Signalverläufe, z.B. auf Messdatenschreibern, kommt hingegen eher selten zum Einsatz.

[4] siehe Fußnote 2.

Möglichkeiten zur Beschreibung der Eigenschaften dynamischer Systeme selbst auszugehen. Grundsätzlich kann bei den Systemeigenschaften unterschieden werden zwischen [Unb08]

- linearen und nichtlinearen Systemen.

Innerhalb dieser beiden Gruppen von Systemen sind als weitere Unterscheidungsmerkmale zu nennen:

- kontinuierliche und zeitdiskrete Systeme,
- zeitinvariante und zeitvariante Systeme,
- Systeme mit konzentrierten und verteilten Parametern,
- deterministische und stochastische Systeme,
- kausale und nichtkausale Systeme,
- stabile und instabile Systeme,[5]
- beobachtbare und nichtbeobachtbare Systeme,
- steuerbare und nichtsteuerbare Systeme,[6] sowie
- Eingrößen- und Mehrgrößensysteme.[7]

Ein System kann also durch mehrere dieser Eigenschaften charakterisiert sein. Entsprechend den Systemeigenschaften sind auch die Modelle für deren Beschreibung unterschiedlich.

Bei verbalen Modellen genügt häufig eine verbale Beschreibung oder die Angabe einer dominierenden Zeitkonstante und eines Verstärkungsfaktors, des wesentlichen Frequenzbereichs oder bestimmter Resonanzfrequenzen. Bei den graphischen oder tabellarischen Modellen handelt es sich meist um eine komplette Modellbeschreibung im Zeit- oder Frequenzbereich. So enthält der graphische Verlauf der Übergangsfunktion $h(t)$, also die normierte Sprungantwort, bei einem linearen System die komplette Information zur vollständigen Beschreibung des Modells. Dasselbe gilt für den graphischen Verlauf der Gewichtsfunktion, also der normierten Impulsantwort $g(t)$. Eine alternative Modellbeschreibung im Frequenzbereich stellt der als Ortskurve dargestellte Verlauf des Frequenzgangs $G(\mathrm{j}\omega)$ oder der im Bode-Diagramm dargestellte Amplituden- und Phasengang $A(\omega) = |G(\mathrm{j}\omega)|$ bzw. $\varphi(\omega) = \arg G(\mathrm{j}\omega)$ dar. In der Regelungstechnik können solche Modelle der Regelstrecke z.B. zur Einstellung von PID-Reglern über Einstellregeln verwendet werden. Ob

[5] Bei nichtlinearen Systemen ist die Unterscheidung in stabile und instabile Systeme nicht ganz korrekt, da hier oftmals die Stabilität von Ruhelagen betrachtet wird und diese keine globale Systemeigenschaft darstellt.

[6] Bei nichtlinearen System sind Steuerbarkeit und Beobachtbarkeit, wie Stabilität auch, im Allgemeinen nur lokale Eigenschaften.

[7] Eingrößensysteme, also Systeme mit einer Eingangs- und einer Ausgangsgröße werden auch kurz als SISO-Systeme (*Single-Input Single-Output*) und Mehrgrößensysteme entsprechend als MIMO-Systeme (*Multiple-Input Multiple-Output*) bezeichnet.

die Modellbeschreibung graphisch oder tabellarisch vorliegt, spielt dabei keine wesentliche Rolle, denn beide Beschreibungsformen sind äquivalent. In entsprechender Weise gibt es auch für nichtlineare Systeme Modellbeschreibungsformen wie z.B. nichtlineare Kennlinien.[8]

Graphische nichtparametrische Modelle lassen sich durch Approximationsverfahren im Zeit- oder Frequenzbereich auch in parametrische mathematische Modelle überführen. Solche Modelle lassen sich aber auch direkt entweder mittels einer theoretischen oder einer experimentellen Modellbildung (Systemidentifikation) gewinnen. Als Ergebnis entstehen je nach Systemtyp gewöhnliche oder partielle Differentialgleichungen bzw. Differenzengleichungen. Diese können linear oder nichtlinear sein. Eine äquivalente Darstellung ist die Zustandsraumdarstellung des Modells. Für lineare Systeme ist die kontinuierliche bzw. diskrete Übertragungsfunktion, also $G(s)$ bzw. $G(z)$, im Bildbereich eine gleichwertige Form der Systembeschreibung.[9] Nicht unerwähnt sollte bleiben, dass (besonders komplexere) mathematische Modelle für weitere Untersuchungen gewöhnlich noch in Software implementiert werden müssen.

1.4 Vorgehensweise bei der Systemidentifikation

Die Systemidentifikation kann als ein sequentieller Vorgang mit spezifischen Iterationsschleifen betrachtet werden, der in nachfolgend kurz beschriebenen Schritten abläuft. Detailliertere Ausführungen zu den einzelnen Schritte finden sich im Rahmen der Behandlung praktischer Aspekte der Identifikation in Kapitel 9.

1. *Versuchsplanung*

   Da für die Identifikation Messungen der Eingangs- und Ausgangsgrößen des realen Systems erforderlich sind, muss in einer Versuchsplanung zunächst geklärt werden, ob das Systemeingangssignal während einer gewissen Messzeit durch ein spezielles deterministisches Testsignal (z.B. sprung-, rampen-, rechteckimpuls- oder sinusförmig) ersetzt werden kann, oder ob dem Eingangssignal ein deterministisches oder stochastisches Testsignal überlagert werden kann. Häufig dürfen solche Teststörungen nicht aufgebracht werden. In diesem Fall können nur die normalen Betriebssignale zur weiteren Auswertung herangezogen werden. Es sollten dann aber nur solche Zeitabschnitte der Signale verwendet werden, in denen das betreffende Eingangssignal das zu identifizierende System ausreichend erregt. Grundsätzlich muss darauf geachtet werden, dass das Eingangssignals genügend breitbandig ist, um das System in seinem wesentlichen Frequenzbereich anzuregen. Für die Wahl von Testsignalen zur möglichst guten Erregung des Systems existieren verschiedene Ansätze, auf die weiter unten eingegangen wird.

---

[8] Modelle für nichtlineare Systeme werden ausführlich in Kapitel 7 behandelt.

[9] Die Modellbeschreibungen in Form einer Differential- oder Differenzengleichung oder als Übertragungsfunktion stellen Eingangs-Ausgangs-Modelle dar. Die Zustandsraumdarstellung ist demgegenüber ein System von gekoppelten Differential- oder Differenzengleichungen erster Ordnung (siehe Abschnitt 7.2.2).

Bei einer Messung nur zu äquidistanten Zeitpunkten $t_k = kT_s$, $k = 0,1,2,\ldots$, muss auch die Abtastzeit T_s bzw. die Abtastfrequenz $f_s = 1/T_s$ gewählt werden. Die größte noch zulässige Abtastzeit wird dabei grundsätzlich durch das Shannonsche Abtasttheorem [Unb09] begrenzt. Zweckmäßiger ist aber die Wahl der Abtastfrequenz z.B. durch die Näherungsbeziehung [Unb11]

$$f_s =\approx 6f_b \ldots 10f_b,$$

wobei f_b die Bandbreite des untersuchten Systems ist.[10]

Eine weitere Aufgabe der Versuchsplanung betrifft die Wahl der erforderlichen Messzeit. Die obere Grenze für die Messzeit ist gewöhnlich durch die beschränkte Stationarität des zu untersuchenden realen Systems, z.B. durch das Auftreten von Drifterscheinungen, gegeben. Bei Verwendung deterministischer Testsignale wird die erforderliche Messzeit durch das Erreichen des neuen stationären Zustandes der Systemausgangsgröße bestimmt. Treten zusätzliche Störsignalkomponenten in der Ausgangsgröße auf, kann es vorteilhaft sein, gleichartige Messreihen zu mitteln. Dadurch wird mit zunehmendem Verhältnis von Stör- zu Nutzsignal die erforderliche Messzeit allerdings größer. In einem solchen Fall ist es zudem günstig, die Eingangs- und Ausgangsgrößen des Systems als stochastische Signale zu betrachten und statistische Verfahren zur Systemidentifikation einzusetzen.[11]

2. *Datenerfassung*

Nachdem das Testsignal $u(t)$, die Abtastzeit T_s sowie die Messzeit T_M festgelegt sind, kann die Messung durchgeführt werden, wobei meist die eigentliche Datenerfassung digital in Form von Zeitreihen erfolgt. Dabei ist es zweckmäßig, zur Unterdrückung hochfrequenter Signalanteile (bedingt durch Mess- oder Systemrauschen) das Signal einer geeigneten Tiefpass-Filterung zu unterziehen. Eine Tiefpass-Filterung ist als *Anti-Aliasing*-Filterung in den allermeisten Fällen ohnehin erforderlich, um Frequenzanteile in der Nähe oder oberhalb der halben Abtastfrequenz aus dem Signal zu entfernen bzw. ausreichend zu unterdrücken. Drift und langsame (niederfrequente) Störungen sollten durch eine Hochpass-Filterung unterdrückt werden.[12]

Die Messdaten müssen weiterhin hinsichtlich Fehlstellen und Ausreißer überprüft und durch Interpolation eventuell ergänzt werden. Außerdem empfiehlt sich eine Normierung der Messdaten hinsichtlich Größe und Dimension, um so alle Eingangs- und Ausgangsgrößen eines Systems in einem einheitlichen Bereich und möglichst dimensionslos darstellen zu können.

3. *Wahl des Identifikationsverfahrens*

In Abschnitt 1.3 wurden bereits die wesentlichen Modelltypen vorgestellt. Bei der hier dargestellten Vorgehensweise, die von der Durchführbarkeit von Messungen am realen System ausgeht, kommen zur Identifikation als mögliche Modelltypen nichtparametrische graphische oder tabellarische Modelle sowie parametrische mathematische Modelle infrage. Die Erstellung nichtparametrischer Modelle ist am

[10] Die Festlegung der Abtastzeit wird in Abschnitt 9.6 ausführlicher betrachtet.

[11] Die Wahl der Messzeit wird in Abschnitt 9.7 detaillierter behandelt.

[12] Weitere Betrachtung zum Entfernen von hoch- und tieffrequenten sowie von vereinzelten Störungen (Ausreißer, Fehlstellen) finden sich in Abschnitt 9.10.

einfachsten mittels spezieller deterministischer Testsignale (siehe Schritt 2) durchzuführen. Wird als solches ein sprungförmiges Signal gewählt, so ergibt sich im ungestörten Fall direkt die gesuchte Übergangsfunktion $h(t)$. Prinzipiell kann diese durch eine Entfaltungsoperation auch anhand beliebiger deterministischer Testsignale, die am Systemeingang aufgebracht werden, und der resultierenden Antwortsignale ermittelt werden [Unb11]. Diese einfache Vorgehensweise ist aber im Falle zusätzlicher stochastischer Störungen auf den Eingangs- und Ausgangssignalen nicht mehr möglich. Wie in Kapitel 2 gezeigt wird, kann dann die nichtparametrische Identifikation mittels einer Korrelationsanalyse durchgeführt werden. Über Kreuzkorrelation ist auch die direkte Bestimmung des Frequenzgangs möglich. Außerdem existieren numerische Verfahren, um ein im Zeitbereich identifiziertes nichtparametrisches Modell in den Frequenzbereich zu transformieren und umgekehrt [Unb11]. Weiterhin können die graphischen oder tabellarischen Modelle sowohl im Zeit- als auch im Frequenzbereich durch parametrische Modelle approximiert werden.

Im Falle der Ermittlung eines parametrischen Modells besteht die Vorgehensweise zunächst darin, einen geeigneten Modellansatz und dessen Struktur festzulegen. Für diesen werden aufgrund der Implementierung auf einem Digitalrechner meist lineare oder nichtlineare Differenzengleichungen oder Systeme von gekoppelten Differenzengleichungen erster Ordnung (Zustandsraummodelle) gewählt. Die Identifikation besteht nun darin, die Parameter dieses Modellansatzes durch ein geeignetes Rechenverfahren so zu bestimmen, dass bei Aufschaltung der realen Systemeingangssignale auf den Eingang des Modells dieses ein Ausgangsverhalten aufweist, das möglichst gut mit dem Ausgangsverhalten des realen Systems übereinstimmt. Bei gestörten Signalen soll die Übereinstimmung dabei gut im statistischen Sinne sein, so soll z.B. die Modellausgangsgröße möglichst gut der (nicht messbaren) ungestörten Systemausgangsgröße entsprechen. Die Anpassung der Modellparameter an die Messdaten kann durch eine Regressionsanalyse oder, da meist nur stochastisch gestörte Signale zur Verfügung stehen, durch ein statistisches Parameterschätzverfahren (siehe Kapitel 3) erfolgen. Dabei ist zu beachten, dass die Struktur, also die Ordnung der gewählten Differenzengleichung sowie der Grad einer eventuell vorhandenen Nichtlinearität, zunächst vom Anwender festgelegt wird. Es ist sehr unwahrscheinlich, dass die gewählte Modellstruktur der wahren Systemstruktur genau entspricht, jedoch ist es realistisch, eine akzeptable Approximation zu finden, die für die gewünschte Anwendung genügend genau ist. Das ermittelte Modell ist also nicht unbedingt eindeutig, vielmehr können auch andere Modelle zum Ziel führen. Das beste Modell zeichnet sich dadurch aus, dass es so einfach wie möglich und so komplex wie nötig ist, d.h. die minimale Anzahl von Parametern aufweist. Dies kann durch statistische Strukturprüfverfahren (siehe Kapitel 4) festgestellt werden. Im Prinzip wäre bei ungestörten Eingangs- und Ausgangssignalen die Identifikationsaufgabe mittels Parameterschätzverfahren genau lösbar,[13] nicht jedoch bei Störungen in den Messsignalen. Messrauschen, Störrauschen sowie Ungenauigkeiten im Ansatz der Modellstruktur werden bei der Parameterschätzung zu einem gemeinsamen stochastischen Fehlersignal zusammengefasst und oft als (verallgemeinerter) Modellfehler, (verallgemeinerter) Gleichungsfehler, (verallgemeinerter) Ausgangsfehler oder Prädiktionsfehler bezeichnet. Die Parameterschätzung erfolgt dann so, dass dieser Modellfehler $e(t)$ bzw. ein Gütefunktional $I[e(t)]$ davon, z.B.

[13] Dies gilt, sofern das System die Eigenschaft der Identifizierbarkeit erfüllt, siehe Abschnitt 3.1.

der quadratische Mittelwert des Fehlers, minimiert wird. Es ist also eine Optimierungsaufgabe zu lösen. Diese Aufgabe kann *offline* direkt unter Verwendung eines genügend umfangreichen Datensatzes von Eingangs- und Ausgangssignalen oder *online*, meist in Echtzeit, rekursiv unter Verwendung ständig neu anfallender Messwerte gelöst werden. Für beide Lösungswege existieren zahlreiche Verfahren, die in den nachfolgenden Kapiteln behandelt werden.

4. *Validierung des ermittelten Modells*

   Die erforderliche Modellgenauigkeit (Modellgüte) ist vom Anwendungszweck des Modells abhängig. Die Ermittlung der Modellgüte oder die Validierung eines Modells kann in einer praktischen Anwendung auf verschiedene Art erfolgen. Hier seien nur einige Gesichtspunkte kurz erwähnt. Mittels verschiedener einfacher Tests kann geprüft werden, ob

   - ein linearer Ansatz für die Modellstruktur gerechtfertigt ist (Linearitätstest),
   - die angesetzte Modellordnung stimmig ist (Ordnungstest),
   - ein zeitinvarianter Modellansatz ausreichend ist (Kreuzvalidierungstest),
   - der Modellansatz eine Rückkopplung im System zu berücksichtigen vermag (Korrelationstest).

Durch Auswertung dieser Tests lässt sich dann eine geeignete Modellstruktur ermitteln. Dieses Ziel wird gewöhnlich mit einer iterativen Vorgehensweise erreicht.

Aus dieser einführenden Darstellung der Modellbildung dynamischer Systeme mittels der Systemidentifikation ist bereits ersichtlich, dass es sich hierbei um ein eigenständiges, interdisziplinäres Gebiet handelt, bei dem die wichtigsten Entwicklungen vor allem in den Bereichen der Regelungstheorie, der Signalanalyse sowie der Statistik und Zeitreihenanalyse gemacht wurden. Wesentliche Grundlagen dieses Gebiets gehen bereits auf Gauß zurück. Doch erst die rasante technische Entwicklung, vor allem in den Ingenieurwissenschaften, und das Aufkommen leistungsfähiger Digitalrechner anfang der sechziger Jahre des letzten Jahrhunderts haben die Notwendigkeit, aber auch die Möglichkeiten, aufgezeigt, Modelle dynamischer Systeme für den Entwurf und den Betrieb realer Systeme effizient zu nutzen. Für die praktische Durchführung stehen heute leistungsfähige Softwarewerkzeuge, z.B. die System Identification Toolbox des mathematischen Softwarepakets MATLAB [Lju13], zur Verfügung.

2 Identifikation linearer Systeme anhand nichtparametrischer Modelle im Zeit- und Frequenzbereich

2.1 Einführung

Nachfolgend werden als nichtparametrische Modelle linearer dynamischer Systeme die Übergangsfunktion $h(t)$, die Gewichtsfunktion $g(t)$ und der Frequenzgang $G(\mathrm{j}\omega)$ betrachtet.[1] Es wird gezeigt, wie diese aus deterministischen und stochastischen Eingangs- und Ausgangssignalen $u(t)$ und $y(t)$ ermittelt werden können und wie sich aus ihnen in einfacher Weise parametrische Systemmodelle herleiten lassen.[2] Dazu soll zunächst an einige grundlegende Beziehungen zwischen $g(t)$, $h(t)$ und $G(\mathrm{j}\omega)$ bei dynamischen Systemen erinnert werden [Unb08].

Der Zusammenhang zwischen dem Frequenzgang $G(\mathrm{j}\omega)$ eines linearen, kausalen, zeitinvarianten, zeitkontinuierlichen Systems und der Impulsantwort $g(t)$ ist

$$G(\mathrm{j}\omega) = G(s)\big|_{s=\mathrm{j}\omega} = \left. \int_{0-}^{\infty} g(t)\,\mathrm{e}^{-st}\,\mathrm{d}t \right|_{s=\mathrm{j}\omega} = R(\omega) + \mathrm{j}I(\omega) \tag{2.1}$$

mit $R(\omega) = \operatorname{Re} G(\mathrm{j}\omega)$ und $I(\omega) = \operatorname{Im} G(\mathrm{j}\omega)$. Die Beziehungen zwischen dem Frequenzgang $G(\mathrm{j}\omega)$ und der Sprungantwort $h(t)$ lauten

$$G(\mathrm{j}\omega) = G(s)\big|_{s=\mathrm{j}\omega} = \mathrm{j}\omega \left. \int_{0-}^{\infty} h(t)\mathrm{e}^{-st}\,\mathrm{d}t \right|_{s=\mathrm{j}\omega}, \tag{2.2}$$

und

$$h(t) = \frac{2}{\pi} \int_{0}^{\infty} \frac{R(\omega)}{\omega} \sin\omega t\,\mathrm{d}\omega \tag{2.3a}$$

oder

$$h(t) = R(0) + \frac{2}{\pi} \int_{0}^{\infty} \frac{I(\omega)}{\omega} \cos\omega t\,\mathrm{d}\omega. \tag{2.3b}$$

[1] Die Funktionen $h(t)$ und $g(t)$ sind die Systemreaktionen auf einen Einheitssprung $\sigma(t)$ bzw. Einheits- oder δ-Impuls $\delta(t)$ zur Zeit $t = 0$ am Systemeingang und werden daher auch als (normierte) Sprungantwort und (normierte) Impulsantwort bezeichnet.

[2] Die Ermittlung nichtparametrischer Modelle wird auch als nichtparametrische Identifikation bezeichnet. Auf die Unterscheidung zwischen nichtparametrischen und parametrischen Modellen bzw. nichtparametrischer und parametrischer Identifikation wird in Abschnitt 7.2.5 genauer eingegangen.

Dabei wurde vorausgesetzt, dass die zu $G(\mathrm{j}\omega)$ gehörende Übertragungsfunktion $G(s)$ in der gesamten geschlossenen rechten s-Halbebene (also inklusive der imaginären Achse und des Ursprungs) keine Pole besitzt. Auf die in Gln. (2.1) bis (2.3) angegebenen Beziehungen wird in diesem Kapitel mehrfach zurückgegriffen. Im Folgenden werden zunächst Verfahren für die Identifikation im Zeitbereich behandelt (Abschnitt 2.2). Anschließend werden in Abschnitt 2.3 Verfahren im Frequenzbereich betrachtet. Die Tabellen 2.1 und 2.2 geben eine Übersicht der in den nachfolgenden Abschnitten behandelten Verfahren mit Angabe der Randbedingungen und Eingangsdaten sowie der Ergebnisse. Wenngleich die Verfahren hier vor dem Hintergrund der nichtparametrischen Identifkation vorgestellt werden, ist aus den Tabellen ersichtlich, dass viele dieser Verfahren auch prinzipielle Umrechnungsbeziehungen zwischen verschiedenen Systembeschreibungen darstellen, denen die eingangs vorgestellten systemtheoretischen Beziehungen zugrunde liegen.

Tabelle 2.1 Verfahren zur nichtparametrischen Identifikation im Zeitbereich

Abschnitt	**Randbedingungen/Eingangsdaten**	**Ergebnis**
2.1.1	Sprungantwort gemessen	Ordnung, stationäre Verstärkung und Zeitkonstanten einer Übertragungsfunktion
2.1.2	Antwort auf einfache Testsignale gemessen	Übergangsfunktion (als graphischer Verlauf oder punktweise)
2.1.3	Eingangs- und Ausgangssignal gemessen	Gewichtsfunktion (punktweise)
2.1.4.2	Anregung mit binären oder ternären Rauschsignalen, Ausgangsgröße gemessen	Gewichtsfunktion (punktweise)
2.1.4.3	Geschlossener Regelkreis, Kreuzleistungsspektren von Führungs- und Ausgangsgröße und von Führungs- und Stellgröße bestimmt	Frequenzgang der Regelstrecke (punktweise)
2.1.4.4	Anregung mit Sinussignal, Kreuzkorrelationsfunktion zwischen Eingangs- und Ausgangsgröße gemessen/bestimmt	Realteil und Imaginärteil des Frequenzgangs (punktweise)
2.1.5	Gewichtsfunktion gegeben	Koeffizienten einer Übertragungsfunktion

Tabelle 2.2 Verfahren zur nichtparametrischen Identifikation im Frequenzbereich

Abschnitt	**Randbedingungen/Eingangsdaten**	**Ergebnis**
2.2.1	Frequenzgang gemessen (punktweise)	Koeffizienten einer Übertragungsfunktion
2.2.2.1	Sprungantwort gemessen	Frequenzgang
2.2.2.2	Anregung mit nichtsprungförmigem, deterministischem Testsignal, Ausgangsgröße gemessen	Frequenzgang
2.2.3	Verlauf des Frequenzgangs gegeben	Übergangsfunktion

2.2 Verfahren im Zeitbereich

2.2.1 Messung und Auswertung der Übergangsfunktion

Für dynamische Systeme mit verzögertem proportionalem oder integralem Verhalten, also PT_n- und IT_n-Systemen, sowie für einfaches PT_2S-Verhalten (Systeme mit einem konjugiert komplexen Polpaar in der linken s-Halbebene) existieren zahlreiche Analyseverfahren, um die Parameter einer gebrochen rationalen Übertragungsfunktion $G(s)$ mit und ohne Totzeit direkt aus dem graphischen Verlauf der Übergangsfunktion $h(t)$ zu ermitteln [Unb08]. Die meisten dieser Verfahren sind auf PT_n-Systeme zugeschnitten. Da aber IT_n-Systeme durch Integration von PT_n-Systemen entstehen und der Integralanteil sich stets einfach graphisch eliminieren lässt, ermöglichen diese Verfahren auch die Identifikation von IT_n-Systemen. Der Grundgedanke aller Verfahren besteht darin, eine vorgegebene Übergangsfunktion $h(t)$ durch bekannte einfache Übertragungsglieder zu approximieren. Dabei wird als Ansatz eine bestimmte Struktur für die zu bestimmende Modellübertragungsfunktion $G_\text{M}(s)$ gewählt. Die Parameter dieser Übertragungsfunktion werden dann anhand spezieller Kennwerte der Übergangsfunktion mit Hilfe von einfachen Rechenoperationen oder Diagrammen ermittelt. Grundsätzlich kann dabei unterschieden werden zwischen Wendetangenten- und Zeitprozentkennwerte-Verfahren. Die Wendetangenten-Verfahren basieren auf der Konstruktion der Wendetangente (siehe Bild 2.1a) von $h(t)$ im Wendepunkt (W) und der Bestimmung der Zeitabschnitte T_a (Anstiegszeit) und T_u (Verzugszeit). Beim Zeitprozentkennwerte-Verfahren (siehe Bild 2.1b) werden die Zeiten t_m bestimmt, bei denen $h(t_m)/K$ das m-fache seines stationären Endwertes erreicht hat, wobei m in Prozent angegeben wird und K die stationäre Verstärkung des Systems darstellt. In Bild 2.1b ist dies für $m = 30\%$ und $m = 80\%$ gezeigt.

Ohne auf die Details dieser Verfahren, die z.B. in [Unb08] ausführlich dargestellt sind, einzugehen, soll nur beispielhaft ein spezielles, sehr leistungsfähiges Wendetangenten-

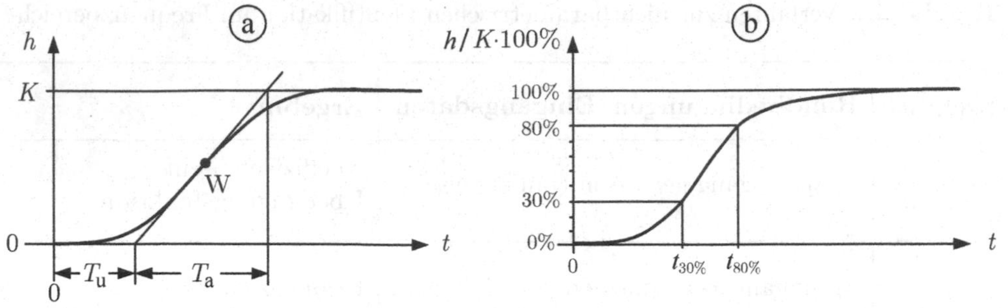

Bild 2.1 (a) Konstruktion der Wendetangente und (b) Ablesen der Zeitprozentkennwerte

Verfahren [Hud69] vorgestellt werden, welches als Modellstruktur die Übertragungsfunktion n-ter Ordnung

$$G_{\mathrm{M}}(s) = \frac{K}{\prod_{i=0}^{n-1}\left(\frac{T}{1+i\cdot r}s+1\right)} \tag{2.4}$$

mit der stationären Verstärkung K und den n Zeitkonstanten T, $T/(1+r)$, $T/(1+2r)$, ..., $T/(1+(n-1)r)$ verwendet.[3] Für diese Struktur wurden mit den Werten von $n = 2, 3, \ldots, 7$ und $-1/(n-1) < r < 0$ die Quotienten T/T_{a} und $T_{\mathrm{u}}/T_{\mathrm{a}}$ der Übergangsfunktion berechnet. Dies ist in Bild 2.2 dargestellt. Aus der vorgegebenen Übergangsfunktion muss mit einer Wendetangentenkonstruktion die Größe $T_{\mathrm{u}}/T_{\mathrm{a}}$ ermittelt werden. Der Schnittpunkt der Linie $T_{\mathrm{u}}/T_{\mathrm{a}} = \text{const}$ mit der n-Kurve niedrigster Ordnung liefert die Werte $-r$ und T/T_{a}. Damit sind die Werte für n, r und T aus T_{u} und T_{a} bestimmt. Dieses Verfahren ermöglicht, wie das nachfolgende Beispiel zeigt, schnell recht gute Ergebnisse.

Beispiel 2.1
Es wird angenommen, dass aus einer gemessenen Übergangsfunktion die Werte

$$K = 1, \qquad T_{\mathrm{a}} = 15\ \mathrm{s} \quad \text{und} \quad T_{\mathrm{u}} = 4\ \mathrm{s}$$

bestimmt wurden. Daraus wird das Verhältnis

$$T_{\mathrm{u}}/T_{\mathrm{a}} = \frac{4}{15} \approx 0{,}27$$

gebildet und mit diesem werden aus Bild 2.2 in den dargestellten Schritten 1 bis 3 die Werte

$$n = 4, \quad r = -0{,}25, \quad T/T_{\mathrm{a}} = 0{,}1$$

und daraus

$$T = T_{\mathrm{a}} \cdot 0{,}1 = 1{,}5\ \mathrm{s}$$

ermittelt. Mit diesen Werten ergibt sich nach Gl. (2.4) die Übertragungsfunktion

[3] Prinzipiell könnte das hier vorgestellte Verfahren aufgrund der Verwendung des Modells mit den Modellparametern K, T und r auch als parametrisches Identifikationsverfahren interpretiert werden. Da es sich aber um ein einfaches Ableseverfahren handelt, wird dieses zusammen mit den nichtparametrischen Identifikationsverfahren in diesem Kapitel behandelt.

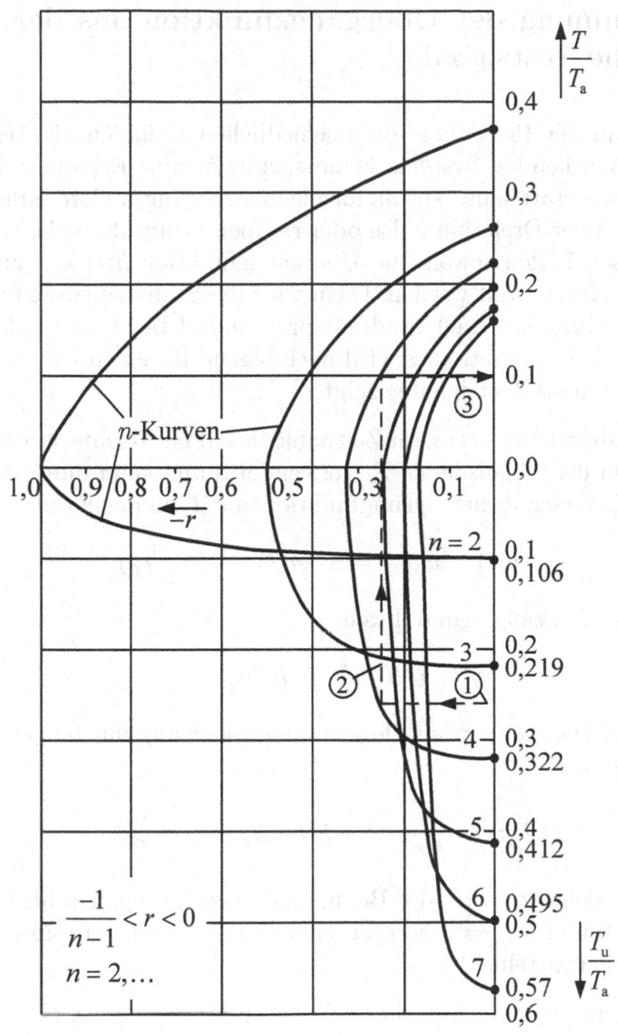

Bild 2.2 Diagramm zur Bestimmung der Kennwerte n, r und T von Gl. (2.4)

$$G_M(s) = \frac{1}{(Ts+1)\left(\frac{T}{1+r}s+1\right)\left(\frac{T}{1+2r}s+1\right)\left(\frac{T}{1+3r}s+1\right)}$$

$$= \frac{1}{(1{,}5s+1)\,(2s+1)\,(3s+1)\,(6s+1)}$$

■

2.2.2 Bestimmung der Übergangsfunktion aus der Antwort auf einfache Testsignale

Häufig lässt sich in der Praxis aus unterschiedlichen Gründen als Testsignal am Eingang des zu untersuchenden Systems keine sprungförmige Erregung über längere Zeit aufschalten. Können statt einer sprungförmigen Erregung andere einfache Testsignale, wie z.B. Rechteck- oder Dreieckimpulse oder rampenförmige Signale, verwendet werden, kann auch in diesen Fällen sowohl die Übergangsfunktion $h(t)$ als auch die Gewichtsfunktion $g(t)$ einfach ermittelt werden. Dazu wird die Systemantwort über die Zerlegung des Testsignale in einzelne Anteile und entsprechende Überlagerung der Antworten auf die einzelnen Anteile bestimmt. Dies wird nachfolgend für einen Rechteckimpuls und für eine Rampenfunktion als Testsignal gezeigt.

Wird als Eingangstestsignal $u(t)$ zum Zeitpunkt $t = 0$ ein Rechteckimpuls $u_{\mathrm{p}}(t)$ mit der Amplitude K^* und der Impulsdauer T_{p} verwendet, dann kann dieser aus der Überlagerung zweier um T_{p} verschobener Sprungfunktionen $\sigma(t)$ in der Form

$$u(t) = u_{\mathrm{p}}(t) = K^*[\sigma(t) - \sigma(t - T_{\mathrm{p}})] \tag{2.5}$$

und das zugehörige Ausgangssignal durch

$$y(t) = K^* h(t) - K^* h(t - T_{\mathrm{p}})$$

dargestellt werden. Daraus folgt als Bestimmungsgleichung für die gesuchte Übergangsfunktion die Beziehung

$$h(t) = \frac{1}{K^*} y(t) + h(t - T_{\mathrm{p}}), \qquad t > 0. \tag{2.6}$$

Aus Gl. (2.6) lässt sich $h(t)$ unter der Bedingung, dass das System für $t \leq 0$ in Ruhe war und somit $y(t) = 0$ und $h(t) = 0$ gesetzt werden kann, leicht graphisch oder numerisch sukzessive aus $y(t)$ ermitteln.

Bei Verwendung einer Rampenfunktion mit der Anfangssteigung K^*/T_{p} und dem Endwert K^* bei $t = T_{\mathrm{p}}$ als Eingangstestsignal kann dieses aus der Überlagerung zweier um die Zeit T_{p} verschobener und entgegen gerichteter Anstiegsfunktionen mit der Steigung K^*/T_{p} bzw. $-K^*/T_{\mathrm{p}}$ gemäß Bild 2.3 zusammengesetzt werden. Diese Anstiegsfunktionen können auch aus der Integration zweier um die Zeit T_{p} gegeneinander verschobener Sprungfunktionen der Höhe K^*/T_{p} bzw. $-K^*/T_{\mathrm{p}}$ gebildet werden. Unter der Voraussetzung eines linearen zeitinvarianten Systemverhaltens darf die Integration von der Eingangsseite auf die Ausgangsseite verschoben werden, womit sich dann durch Differentiation des Ausgangssignals $y(t)$ über die Beziehung

$$\frac{\mathrm{d}y(t)}{\mathrm{d}t} = K^* h(t) - K^* h(t - T_{\mathrm{p}}) \tag{2.7}$$

die gesuchte Übergangsfunktion schließlich über

$$h(t) = \frac{T_{\mathrm{p}}}{K^*} \frac{\mathrm{d}y(t)}{\mathrm{d}t} + h(t - T_{\mathrm{p}}) \tag{2.8}$$

wieder sukzessive numerisch oder graphisch ermitteln lässt.

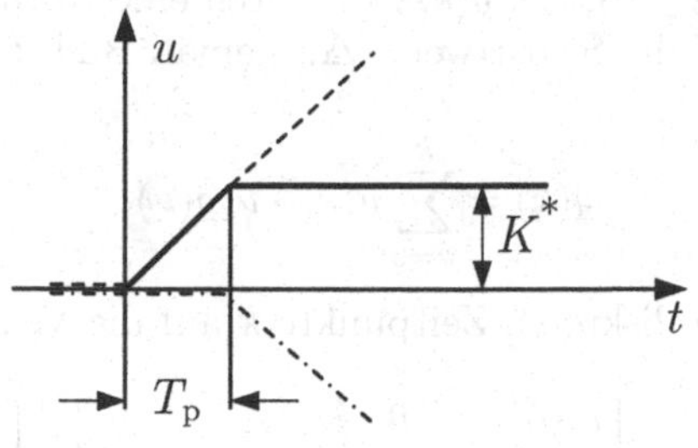

Bild 2.3 Rampenfunktion als Überlagerung zweier Anstiegsfunktionen

2.2.3 Bestimmung der Gewichtsfunktion durch numerische Entfaltung

Sofern für die Identifikation keine speziellen einfachen Testsignale verwendet werden können, kann die Gewichtsfunktion prinzipiell numerisch durch Entfaltung aus den gemessenen Eingangs- und Ausgangssignalen bestimmt werden, wie nachfolgend gezeigt wird.

Der allgemeine Zusammenhang zwischen Eingangs- und Ausgangssignal, $u(t)$ und $y(t)$, sowie der Gewichtsfunktion $g(t)$ eines linearen zeitkontinuierlichen Systems wird durch das Duhamelsche Faltungsintegral

$$y(t) = \int_{-\infty}^{\infty} g(\tau)\, u(t-\tau)\, \mathrm{d}\tau \tag{2.9}$$

beschrieben, wobei aufgrund der Kausalität des Systems, also $g(t) = 0$ für $t < 0$, als untere Integrationsgrenze 0 und mit der Annahme $u(t) = 0$ für $t < 0$ als obere Integrationsgrenze t gesetzt werden kann. Sind die Signalwerte von $u(t)$ und $y(t)$ zu den Zeitpunkten 0, $\Delta\tau$, $2\Delta\tau$, ..., $k\Delta\tau$ bekannt, so lässt sich durch eine numerische Entfaltung der Gl. (2.9) die Gewichtsfunktion $g(t)$ punktweise ermitteln. Hierzu wird das Integral in Gl. (2.9) durch eine Rechteckapproximation näherungsweise in eine Summe überführt, also

$$y(i\Delta\tau) = \sum_{\nu=0}^{i} u(t-\nu\Delta\tau)\, g(\nu\Delta\tau)\, \Delta\tau, \tag{2.10}$$

wobei hier eine konstante Schrittweite $\Delta\tau$ angenommen wurde, die einen hinreichend kleinen Wert annehmen sollte.[4] Für $i = 0,1,2,\dots,k$ ergibt sich aus Gl. (2.10) ein System von $k+1$ Gleichungen

$$\begin{aligned} y(0) &= u(0)g(0)\Delta\tau \\ y(\Delta\tau) &= u(\Delta\tau)g(0)\Delta\tau + u(0)g(\Delta\tau)\,\Delta\tau, \\ &\;\vdots \\ y(k\Delta\tau) &= u(k\Delta\tau)\,g(0)\,\Delta\tau + \ldots + u(0)\,g(k\Delta\tau)\,\Delta\tau \end{aligned} \tag{2.11}$$

[4] Natürlich ist diese Rechteck- oder alternativ eine Trapezapproximation auch für nicht konstante Schrittweite möglich.

mit den $k+1$ Unbekannten $g(0), \ldots, g(k\Delta\tau)$. Durch eine Normierung der Zeitachse und der Gewichtsfolge $g(k)$ auf die Schrittweite $\Delta\tau$ gemäß Bild 2.4 geht Gl. (2.10) über in die Faltungssumme

$$y(k) = \sum_{\nu=0}^{k} u(k-\nu)g(\nu) \tag{2.12}$$

und Gl. (2.11) kann für die diskreten Zeitpunkte k auf die Vektor-Matrix-Darstellung

$$\underbrace{\begin{bmatrix} y(0) \\ y(1) \\ \vdots \\ y(k) \end{bmatrix}}_{\boldsymbol{y}(k)} = \underbrace{\begin{bmatrix} u(0) & 0 & \ldots & 0 \\ u(1) & u(0) & \ldots & 0 \\ \vdots & \vdots & \ddots & \vdots \\ u(k) & u(k-1) & \ldots & u(0) \end{bmatrix}}_{\boldsymbol{U}(k)} \cdot \underbrace{\begin{bmatrix} g(0) \\ g(1) \\ \vdots \\ g(k) \end{bmatrix}}_{\boldsymbol{g}(k)} \tag{2.13}$$

gebracht werden. Über Inversion der Matrix $\boldsymbol{U}(k)$ kann dann die entfaltete Gewichtsfolge (als Approximation der Gewichtsfunktion) gemäß

$$\boldsymbol{g}(k) = \boldsymbol{U}^{-1}(k)\boldsymbol{y}(k) \tag{2.14}$$

bestimmt werden.

Über diese numerische Entfaltung und Näherung der zur Berechnung der Übergangsfunktion erforderlichen Integration

$$h(t) = \int_0^t g(\tau)\,\mathrm{d}\tau \tag{2.15a}$$

durch Summenbildung ergibt sich schließlich aus $g(k)$ die gesuchte Übergangsfolge, also die Übergangsfunktion, in der zeitnormierten diskreten Darstellung gemäß

$$h(k) = \sum_{\nu=0}^{k} g(\nu). \tag{2.15b}$$

Bei den Berechnungsverfahren zur direkten Lösung linearer Gleichungssysteme wie in Gl. (2.14) (z.B. Gaußsches Verfahren, Verfahren nach Gauß-Banachiewicz, Verfahren nach Gauß-Jordan mit Pivotsuche oder Quadratwurzelverfahren nach Cholesky) können allerdings numerische Schwierigkeiten aufgrund einer schlechten Konditionierung der zu invertierenden Matrix auftreten.

Bei der hier beschriebenen direkten Bestimmung der Gewichtsfolge durch Entfaltung handelt es sich um ein Interpolationsverfahren [Str75]. Die ist daran ersichtlich, dass die Gewichtsfolge so bestimmt wird, dass die mit der bestimmten Gewichtsfolge berechnete Ausgangsgröße exakt mit der gemessenen Ausgangsgröße übereinstimmt, die Gleichungen in dem Gleichungssystem (2.11) also exakt erfüllt werden. Bereits kleinste Mess- oder Rundungsfehler in den Messdaten können bei Interpolationsverfahren zu erheblichen Fehlern in dem bestimmten Modell führen, da das Modell ja exakt an die fehlerbehafteten Daten angepasst wird [Str75]. Bei der hier beschriebenen numerischen Entfaltung ist

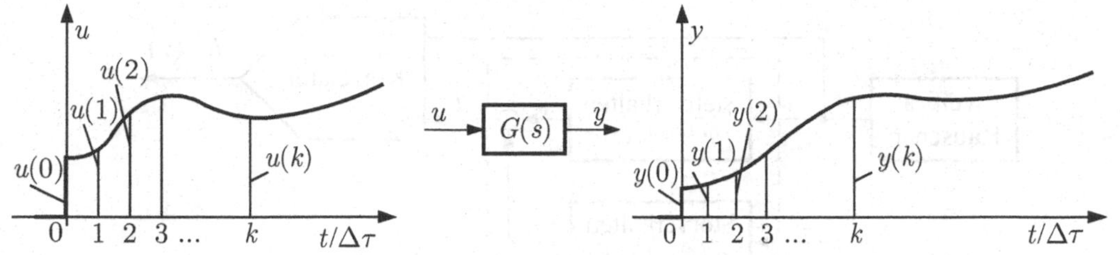

Bild 2.4 Beliebiges deterministisches Eingangssignal als Testsignal

dies auch daran ersichtlich, dass keinerlei Datenreduktion stattfindet. Aus $k+1$ Messdaten werden $k+1$ Elemente der Gewichtsfolge bestimmt. Eine mit einer Datenreduktion meist verbundene Rauschunterdrückung (z.B. im Sinne einer Mittelung) erfolgt damit nicht. Die Bestimmung der Gewichtsfolge durch direkte Entfaltung gemäß Gl. (2.14) ist daher nur bei nahezu ungestörten Signalen als brauchbar einzustufen. Soll direkt aus den Messdaten die Gewichtsfolge bestimmt werden, ist es auf jeden Fall vorzuziehen, ein Modell mit einer endlichen Gewichtsfolge (Modell mit endlicher Impulsantwort, *Finite-Impulse-Response*-Modell) anzunehmen und die Gewichtsfolge dann über Parameterschätzung zu bestimmen. Dabei ist dann in der Regel die Anzahl der verwendeten Messdaten erheblich größer als die Anzahl der zu schätzenden Parameter, sodass eine Datenreduktion stattfindet. Die Identifikation über Parameterschätzung wird in Kapitel 3 behandelt. Für die Bestimmung einer Gewichtsfolge endlicher Länge kann das in Abschnitt 3.3 behandelte *Least-Squares*-Verfahren verwendet werden.

2.2.4 Systemidentifikation mittels Korrelationsanalyse

2.2.4.1 Ermittlung der Gewichtsfunktion

Die meisten Systeme enthalten neben den eigentlichen Nutzsignalen (bei regelungstechnischen Systemen z.B. Führungsgröße und Stellsignal) auch zusätzliche Störungen. Wirkt beispielsweise eine innere (nicht messbare) Störung $z(t)$ gemäß Bild 2.5 auf das gemessene Ausgangssignal $y(t)$, so liefert das Duhamelsche Faltungsintegral für die Ausgangsgröße

$$y(t) = \int_0^\infty g(\sigma)\, u(t-\sigma)\, \mathrm{d}\sigma + \int_0^\infty g_z(\sigma)\, z(t-\sigma)\, \mathrm{d}\sigma, \tag{2.16}$$

wobei $g_z(t)$ die Gewichtsfunktion des Störverhaltens ist.

Für die über

$$R_{yu}(\tau) = \lim_{T\to\infty} \frac{1}{2T} \int_{-T}^{T} y(t)\, u(t+\tau)\, \mathrm{d}t$$

bestimmte Kreuzkorrelationsfunktion (siehe Anhang B.1) ergibt sich damit

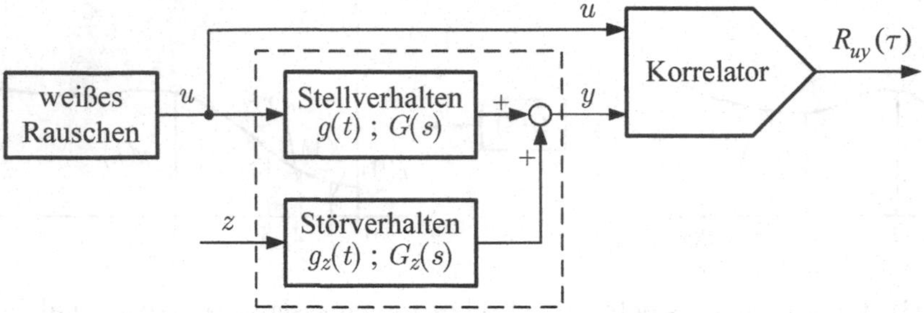

Bild 2.5 Messanordnung zur Bestimmung der Gewichtsfunktion

$$R_{yu}(\tau) = \lim_{T\to\infty} \frac{1}{2T} \int_{-T}^{T} \int_{0}^{\infty} g(\sigma)\ u(t-\sigma)\ u(t+\tau)\,\mathrm{d}\sigma\mathrm{d}t$$
$$+ \lim_{T\to\infty} \frac{1}{2T} \int_{-T}^{T} \int_{0}^{\infty} g_z(\sigma)\ z(t-\sigma)\ u(t+\tau)\,\mathrm{d}\sigma\mathrm{d}t.$$

Die Auswertung dieser Integrale entsprechend dem in Anhang B.1 beschriebenen Vorgehen liefert

$$R_{yu}(\tau) = \int_0^\infty R_{uu}(\tau+\sigma)\,g(\sigma)\,\mathrm{d}\sigma + \int_0^\infty R_{zu}(\tau+\sigma)\,g_z(\sigma)\,\mathrm{d}\sigma. \tag{2.17}$$

Unter der Voraussetzung, dass das Störsignal $z(t)$ und die Eingangsgröße $u(t)$ unkorreliert sind und mindestens eines der Signale $z(t)$ und $u(t)$ mittelwertfrei ist, gilt

$$R_{zu}(\tau) = 0 \text{ für alle } \tau. \tag{2.18}$$

Damit vereinfacht sich Gl. (2.17) zu

$$R_{uy}(\tau) = R_{yu}(-\tau) = \int_0^\infty R_{uu}(\tau-\sigma)\,g(\sigma)\,\mathrm{d}\sigma\ . \tag{2.19}$$

Diese Beziehung entspricht Gl. (B.4b) im Anhang B. Dort wird für den Spezialfall, dass das Eingangssignal $u(t)$ durch weißes Rauschen mit der spektralen Leistungsdichte $S_{uu}(\omega) = 1$ nach Gl. (A.88) mit $C = 1$ beschrieben wird, in Gl. (B.5) gezeigt, dass die Messanordnung gemäß Bild 2.5 als Kreuzkorrelationsfunktion gerade die Gewichtsfunktion des zu untersuchenden Systems liefert, also

$$g(\tau) = R_{uy}(\tau). \tag{2.20}$$

Für die praktische Anwendung von Gl. (2.20) sollte die spektrale Leistungsdichte $S_{uu}(\omega)$ näherungsweise in dem Frequenzbereich konstant sein, in dem der Frequenzgang $G(\mathrm{j}\omega)$ des zu untersuchenden Systems nicht verschwindet. Um diesen sehr einfachen Zusammenhang von Gl. (2.20) bei einer Systemidentifikation auch praktisch voll auszunutzen, wird daher in vielen Fällen als Systemeingangsgröße $u(t)$ ein annähernd weißes Rauschsignal gewählt. Dafür haben sich wegen der einfachen Auswertung insbesondere binäre und ternäre Rauschsignale gut bewährt, auf die nachfolgend näher eingegangen wird. An dieser Stelle soll auch darauf hingewiesen werden, dass die Korrelationsanalyse prinzipiell auch zur nichtparametrischen Identifikation nichtlinearer Systeme auf Basis der Volterra- und Wiener-Reihen-Darstellung einsetzbar ist, wobei Korrelationsfunktionen höherer Ordnung verwendet werden.[5]

2.2.4.2 Korrelationsanalyse mittels binärer und ternärer Rauschsignale

Im Folgenden wird die Korrelationsanalyse bei Verwendung von binären und ternären Rauschsignalen als Testanregung für das zu identifizierende System beschrieben.

a) Gewöhnliches binäres Rauschen als Testsignal

Zur Erregung eines dynamischen Systems kann als Eingangsgröße $u(t)$ ein stochastisches Telegrafensignal entsprechend Bild 2.6a verwendet werden. Dieses Signal nimmt nur die beiden Werte $+c$ und $-c$ an und besitzt folgende Eigenschaften:

- Die mittlere Anzahl der Vorzeichenwechsel von $u(t)$ pro Zeiteinheit ist ν.
- Die Wahrscheinlichkeit dafür, dass n Vorzeichenwechsel im Zeitabschnitt τ auftreten, wird durch die Poisson-Verteilung [Sac78]

$$P(n) = \frac{(\nu\tau)^n}{n!}\,\mathrm{e}^{-\nu\tau} \tag{2.21}$$

  bestimmt.

Die zugehörige Autokorrelationsfunktion

$$R_{uu}(\tau) = \mathrm{E}\{u(t)u(t+\tau)\} \tag{2.22}$$

ergibt sich zu [Lan73]

$$R_{uu}(\tau) = c^2\,\mathrm{e}^{-2\nu|\tau|}\,. \tag{2.23}$$

Als spektrale Leistungsdichte des Signals $u(t)$ folgt mit Gl. (A.80)

$$S_{uu}(\omega) = 2\int_0^\infty R_{uu}(\tau)\cos\omega\tau\,\mathrm{d}\tau \tag{2.24}$$

und durch Einsetzen von Gl. (2.23) schließlich

$$S_{uu}(\omega) = \frac{4c^2\nu}{\omega^2 + 4\nu^2}\,. \tag{2.25}$$

[5] Die Volterra- und die Wiener-Reihe werden in den Abschnitten 7.3.1 und 7.3.2 detaillierter betrachtet und die Bestimmung der Kerne wird in Abschnitt 8.3.2 behandelt.

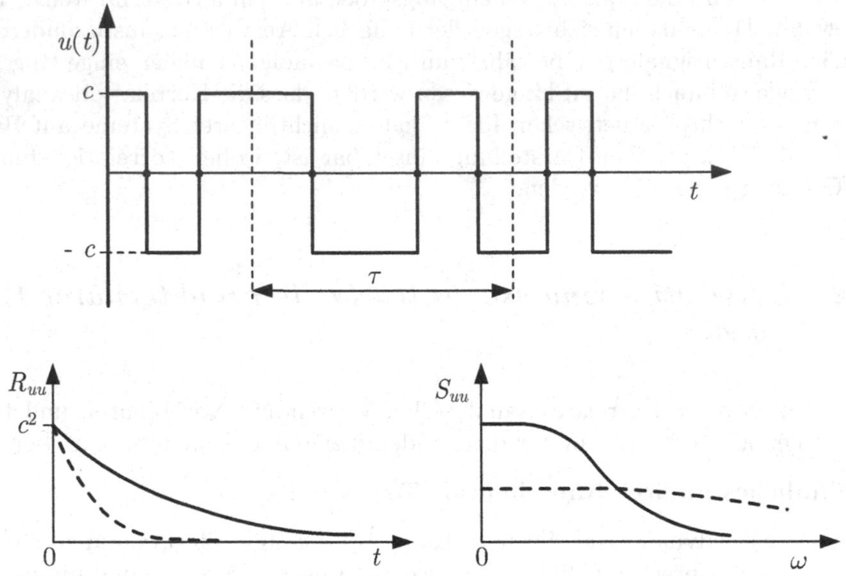

Bild 2.6 Zeitverlauf, Autokorrelationsfunktion $R_{uu}(\tau)$ und spektrale Leistungsdichte eines Telegrafensignals $S_{uu}(\omega)$ für kleine Werte (durchgezogene Linie) und große Werte (gestrichelte Linie) von ν

Die Verläufe von $R_{uu}(\tau)$ und $S_{uu}(\omega)$ sind in Bild 2.6b dargestellt. Der Vergleich mit Gl. (A.92) zeigt, dass diese spektrale Leistungsdichte der eines Gauß-Markov-Prozesses entspricht. Gemäß Bild 2.6b ergibt sich bei großen Werten von ν über einen weiten Frequenzbereich ein nahezu konstanter Wert der spektralen Leistungsdichte. Dieses Verhalten kommt also dem weißen Rauschen bereits sehr nahe. Die zugehörige Autokorrelationsfunktion kann dann ebenfalls näherungsweise durch einen δ-Impuls beschrieben werden, dessen Gewichtung sich ergibt, indem über $R_{uu}(\tau)$ im Bereich $-\infty < \tau < \infty$ integriert wird. Da außerdem definitionsgemäß das Integral über den δ-Impuls im Bereich $-\infty < \tau < \infty$ den Wert 1 liefert, resultiert schließlich

$$R_{uu}(\tau) \approx \frac{c^2}{\nu}\delta(\tau) . \tag{2.26}$$

Einsetzen von Gl. (2.26) in Gl. (B.4b) ergibt unter Berücksichtigung der Ausblendeigenschaft des δ-Impulses die Kreuzkorrelationsfunktion

$$R_{uy}(\tau) \approx \frac{c^2}{\nu}g(\tau) . \tag{2.27}$$

Die gesuchte Gewichtsfunktion

$$g(\tau) \approx \frac{\nu}{c^2}R_{uy}(\tau) , \tag{2.28}$$

die aus Gl. (2.27) angenähert folgt, ist also der Kreuzkorrelationsfunktion direkt proportional.

Für die Berechnung der Kreuzkorrelationsfunktion wird zweckmäßigerweise Gl. (A.59) gewählt, da hier das Eingangssignal $u(t)$ um die diskreten Werte $\tau = \tau_k$ verschoben werden kann. Da $u(t)$ nur die beiden Werte $+c$ und $-c$ annimmt, kann für $\tau = \tau_k$ anstelle von $u(t-\tau_k)$ die Beziehung $c \operatorname{sgn} u(t-\tau_k)$ gesetzt werden. Somit ergibt sich für eine genügend große Integrationszeit T in Analogie zu Gl. (A.59) näherungsweise

$$R_{uy}(\tau_k) \approx \frac{c}{T} \int_0^T y(t) \operatorname{sgn} u(t-\tau_k)\, dt\,. \tag{2.29}$$

Die Multiplikation unter dem Integral wird also hier auf eine Vorzeichenumkehr von $y(t)$ entsprechend dem Eingangssignal zurückgeführt. Die gesuchte Gewichtsfunktion folgt dann aus den Gln. (2.28) und (2.29) als

$$g(\tau_k) \approx \frac{\nu}{Tc} \int_0^T y(t) \operatorname{sgn} u(t-\tau_k)\, dt\,. \tag{2.30}$$

Die Erzeugung des binären Rauschsignals und seine Zeitverschiebung lassen sich mittels eines Rechners einfach realisieren.

b) Quantisiertes binäres Rauschsignal als Testsignal

Für die praktische Anwendung eines binären Rauschsignals erweist sich eine zeitliche Quantisierung desselben als sehr vorteilhaft. Das zeitlich quantisierte Signal besitzt während der äquidistanten Intervalle Δt den festen Wert $+c$ oder $-c$. Änderungen von einem Wert zum anderen treten rein zufällig, aber stets am Ende derartiger Intervalle auf. Die Autokorrelationsfunktion dieses Signals lautet [Fun75]

$$R_{uu}(\tau) = \begin{cases} c^2\left(1 - \left|\frac{\tau}{\Delta t}\right|\right) & \text{für } |\tau| \le \Delta t, \\ 0 & \text{für } |\tau| > \Delta t. \end{cases} \tag{2.31}$$

Bei einer Verschiebung von $u(t)$ um $\tau = \Delta t$ können somit $u(t)$ und $u(t-\tau)$ als unkorreliert angesehen werden. Die graphische Darstellung des quantisierten Rauschsignals $u(t)$ und seiner Autokorrelationsfunktion $R_{uu}(\tau)$ zeigt Bild 2.7. Diese Autokorrelationsfunktion kann bei genügend kleinem Δt ebenfalls näherungsweise durch einen δ-Impuls ersetzt werden. Somit geht Gl. (2.31) über in

$$R_{uu}(\tau) \approx c^2 \Delta t\, \delta(\tau)\,, \tag{2.32}$$

wobei $c^2\Delta t$ gerade die Fläche unter der Autokorrelationsfunktion und damit das Gewicht des δ-Impulses ist. Die weitere Auswertung erfolgt dann entsprechend dem im letzten Abschnitt beschriebenen Weg.

c) Quantisierte binäre und ternäre Pseudo-Rauschsignale als Testsignal

Rein stochastische Testsignale, wie in den beiden vorangegangenen Abschnitten beschrieben, haben für die praktische Anwendung einige Nachteile. So kann z.B. die angestrebte ideale Autokorrelationsfunktion des Testsignals nur bei nicht realisierbarer unendlich breiter spektraler Leistungsdichte erreicht werden. Ferner ist zum Erzielen einer gewissen statistischen Sicherheit bei der Bestimmung der Kreuzkorrelationsfunktion eine große

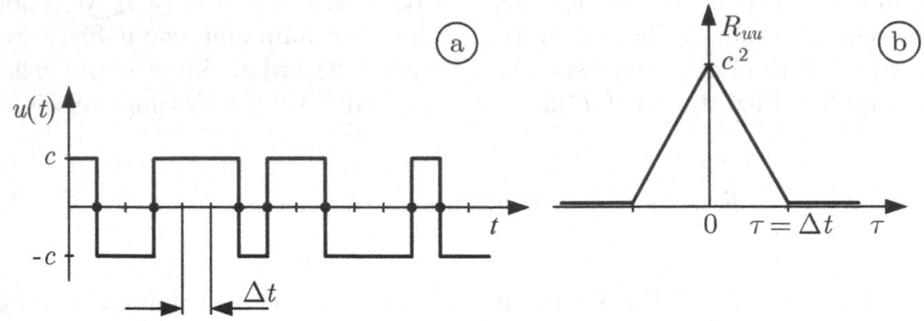

Bild 2.7 (a) Quantisiertes binäres Rauschsignal $u(t)$ und (b) zugehörige Autokorrelationsfunktion $R_{uu}(\tau)$

Korrelationszeit, also Messzeit, erforderlich. Daher werden bei der praktischen Durchführung von Korrelationsanalysen bevorzugt einfach erzeugbare, spezielle periodische binäre und ternäre Testsignale verwendet, bei denen die Kreuzkorrelationsfunktion mit voller Genauigkeit, jedoch nur für den Fall, dass keine zusätzlichen Störungen vorhanden sind, bereits nach Integration über eine Periode exakt vorliegt. Diese Testsignale ermöglichen aber auch bei zusätzlich vorhandenen Störsignalen am Systemausgang (vgl. Bild 2.5), z.B. bei Messrauschen, wesentlich kürzere Messzeiten zur Bestimmung der Kreuzkorrelationsfunktion als bei Verwendung rein stochastischer Testsignale.

Die bei der Identifikation dynamischer Systeme verwendeten binären und ternären Impulsfolgen haben aufgrund ihrer statistischen Eigenschaften unterschiedliche Anwendungsbereiche. In Tabelle 2.3 werden die Hauptmerkmale dieser Impulsfolgen systematisch zusammengefasst und gegenübergestellt [UF74]. Dabei wird zwischen folgenden, für die praktische Anwendung wichtigen, Impulsfolgen unterschieden:

a) Binäre Impulsfolgen bzw. PRBS-Signale (*Pseudo-Random Binary Sequence*):

- m-Impulsfolge,
- modifizierte m-Impulsfolge und
- maximal orthogonale Impulsfolge.

b) Ternäre Impulsfolgen.

Aufgrund ihrer einfachen Erzeugung wird die m-Impulsfolge am häufigsten zur Korrelationsanalyse verwendet. Daneben wird aber auch die ternäre Impulsfolge eingesetzt [God66, Jul72, Fun75].

Alle diese Pseudo-Rauschsignale haben eine ähnliche Autokorrelationsfunktion wie das weiße Rauschen. Wegen der Periodizität des Testsignals

$$u(t) = u(t+T) \tag{2.33}$$

Tabelle 2.3 Hauptmerkmale einiger wichtiger binärer und ternärer Impulsfolgen [UF74]

	m-Impulsfolge	modifizierte m-Impulsfolge
Anzahl der Einzelimpulse pro Periode	$N = 2^n - 1$ (z.B. 15, 31, 63, 127)	$N = 2(2^n - 1)$ (z.B. 30, 62, 126)
Amplitudenwerte	$\pm c$	$\pm c$
Mittelwert $\overline{u} = \frac{1}{T}\int\limits_0^T u(t)\,\mathrm{d}t$	$\overline{u} = \pm\frac{c}{N}$	$\overline{u} = 0$
Periodizität	$u(t) = u(T+t)$, $T = N\Delta t$	$u(t) = u(T+t), u(t) = -u(T/2+t)$, $T = N\Delta t$
Beispiel einer Impulsfolge	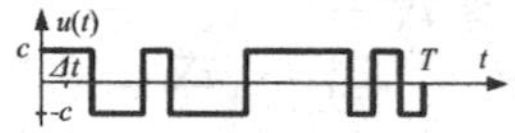	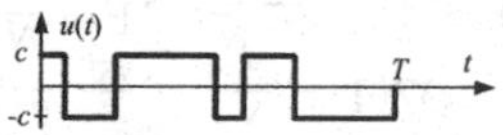
Autokorrelationsfunktion	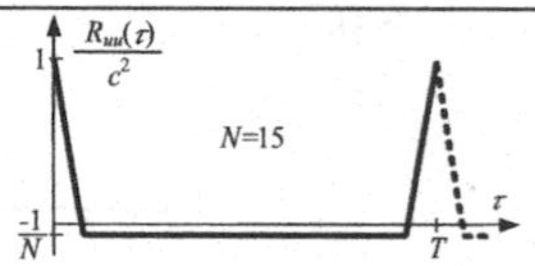	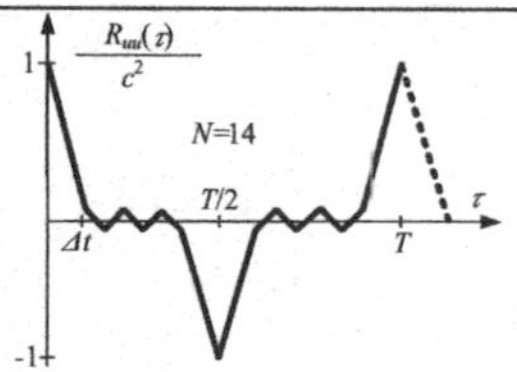
$\frac{R_{uu}(\tau)}{c^2} =$	$\begin{cases} 1 - \frac{N+1}{N}\frac{\tau}{\Delta t}, & 0 \le \tau < \Delta t \\ -\frac{1}{N}, & \Delta t \le \tau \le (N-1)\Delta t \\ \frac{\tau}{\Delta t}\frac{N+1}{N} - N, & (N-1)\Delta t < \tau \le N\Delta t \end{cases}$	$\begin{cases} 1 - \frac{N-2}{N}\frac{\tau}{\Delta t}, & 0 \le \tau < \Delta t \\ \frac{-4\tau}{N\Delta t} + \frac{4i+2}{N}, & i\Delta t \le \tau < (i+1),\Delta t \\ & i = 1,3,\ldots,\frac{N}{2}-2,\frac{N}{2}+2,\ldots,N-3 \\ \frac{4\tau}{N\Delta t} - \frac{4i+2}{N}, & i\Delta t \le \tau < (i+1)\Delta t, \\ & i = 2,4,\ldots,\frac{N}{2}-3,\frac{N}{2}+1,\ldots,N-2 \\ \frac{N-4}{2} - \frac{N-2}{N}\frac{\tau}{\Delta t}, & (\frac{N}{2}-1)\Delta t \le \tau < \frac{N}{2}\Delta t \\ \frac{N-2}{N}\frac{\tau}{\Delta t} - \frac{N}{2}, & \frac{N}{2}\Delta t \le \tau < (\frac{N}{2}+1)\Delta t \\ \frac{N-2}{N}\frac{\tau}{\Delta t} - N + 3, & (N-1)\Delta t \le \tau \le N\Delta t \end{cases}$
Kreuzkorrelationsfkt. zur Berechnung von $g(t)$ für $\tau \ge \Delta t$	$R_{uy}(\tau) = c^2\frac{N+1}{N}\Delta t\,g(\tau) - \frac{c^2}{N}\int\limits_0^T g(\vartheta)\,\mathrm{d}\vartheta$	$R_{uy}(\tau) = c^2\frac{N+2}{N}\Delta t\,g(\tau)$
Bedingung für das Zeitverhalten von $g(\tau)$	$g(\tau)$ muss für $\tau = (N-1)\,\Delta t$ abgeklungen sein	$g(\tau)$ muss für $\tau = (\frac{N}{2}-1)\Delta t$ abgeklungen sein

Tabelle 2.3 (Fortsetzung)

	max. orthogonale Impulsfolge	ternäre Impulsfolge
Anzahl der Einzelimpulse pro Periode	$N = 8n - 4$ (z.B. 12, 20, 28)	$N = 3^n - 1$ (z.B. 26, 80, 242)
Amplitudenwerte	$\pm c$	$\pm c$
Mittelwert $\overline{u} = \frac{1}{T}\int\limits_0^T u(t)\,\mathrm{d}t$	$\pm\overline{u} = \frac{2c}{N}$	$\overline{u} = 0$
Periodizität	$u(t) = u(T+t),\ T = N\Delta t$	$u(t) = u(T+t), u(t) = -u(T/2+t),\ T = N\Delta t$
Beispiel einer Impulsfolge		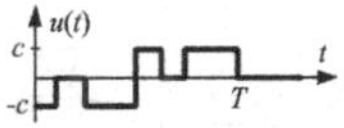
Autokorrelationsfunktion	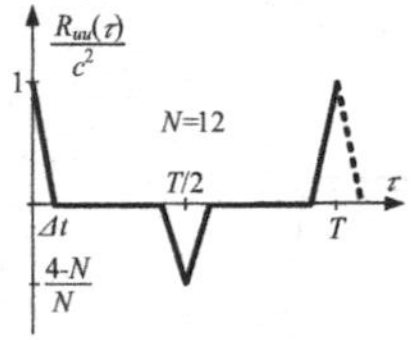	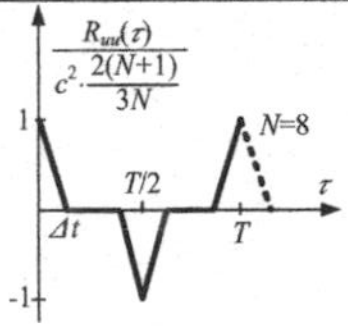
$\frac{R_{uu}(\tau)}{c^2} =$	$\begin{cases} 1 - \frac{\tau}{\Delta t}, & 0 \le \tau < \Delta t \\ \frac{N-4}{N}\left(\frac{N}{2} - 1 - \frac{\tau}{\Delta t}\right), & (\frac{N}{2}-1)\Delta t \le \tau < \frac{N}{2}\Delta t \\ \frac{N-4}{N}\left(\frac{\tau}{\Delta t} - \frac{N}{2} - 1\right), & \frac{N}{2}\Delta t \le \tau < \frac{N+2}{2}\Delta t \\ \frac{t}{\Delta t} - N + 1, & (N-1)\Delta t \le \tau \le N\Delta t \\ 0, & \text{sonst} \end{cases}$	$\frac{2}{3}\frac{N+1}{N} \cdot \begin{cases} 1 - \frac{\tau}{\Delta t}, & 0 \le \tau < \Delta t \\ \frac{N}{2} - 1 - \frac{\tau}{\Delta t}, & (\frac{N}{2}-1)\Delta t \le \tau < \frac{N}{2}\Delta t \\ \frac{\tau}{\Delta t} - \frac{N}{2} - 1, & \frac{N}{2}\Delta t \le \tau < (\frac{N}{2}-1)\Delta t \\ \frac{\tau}{\Delta t} - N + 1, & (N-1)\Delta t \le \tau \le N\Delta t \\ 0, & \text{sonst} \end{cases}$
Kreuzkorrelationsfkt. zur Berechnung von $g(t)$ für $\tau \ge \Delta t$	$R_{uy}(\tau) = c^2 \Delta t\, g(\tau)$	$R_{uy}(\tau) = \frac{2}{3}c^2 \frac{N+1}{N}\Delta t\, g(\tau)$
Bedingung für das Zeitverhalten von $g(\tau)$	$g(\tau)$ muss für $\tau = (\frac{N}{2} - 1)\,\Delta t$ abgeklungen sein	$g(\tau)$ muss für $\tau = (\frac{N}{2} - 1)\,\Delta t$ abgeklungen sein

kann die obere Integrationsgrenze bei der Bestimmung der Korrelationsfunktion durch die Periodendauer T ersetzt werden, und es folgt in Analogie zu Gl. (A.73) für die Autokorrelationsfunktion

$$R_{uu}(\tau) = \frac{1}{T} \int_0^T u(t)u(t+\tau)\,\mathrm{d}t \tag{2.34}$$

und für die Kreuzkorrelationsfunktion

$$R_{uy}(\tau) = \frac{1}{T} \int_0^T u(t)y(t+\tau)\,\mathrm{d}t \tag{2.35a}$$

bzw.

$$R_{uy}(\tau) = \frac{1}{T} \int_0^T u(t-\tau)y(t)\,\mathrm{d}t\,. \tag{2.35b}$$

Somit genügt bei Verwendung von Pseudo-Rauschsignalen als Eingangssignal $u(t)$ unter der Voraussetzung, dass $y(t)$ keine zusätzlichen Störungen enthält, zur genauen Ermittlung der Korrelationsfunktionen die Integration über nur eine Periode dieses Testsignals $u(t)$. Dies lässt sich, wie nachfolgend gezeigt, beweisen.

Gl. (B.4b) liefert in modifizierter Schreibweise

$$R_{uy}(\tau) = \int_0^T g(\vartheta)R_{uu}(\tau-\vartheta)\,\mathrm{d}\vartheta + \int_T^{2T} g(\vartheta)R_{uu}(\tau-\vartheta)\,\mathrm{d}\vartheta + \ldots\,. \tag{2.36}$$

Unter Berücksichtigung der Ausblendeigenschaft des δ-Impulses, der angenähert in der Autokorrelationsfunktion des Pseudo-Rauschsignals periodisch auftritt (vgl. Tabelle 2.3), ergibt sich schließlich

$$R_{uy}(\tau) = A\,(g(\tau) + g(\tau+T) + \ldots) \text{ für } \tau > 0, \tag{2.37}$$

wobei A einen Bewertungsfaktor darstellt, der die nicht ideale Form der Autokorrelationsfunktion berücksichtigt und der Fläche unter dem bei $\tau = 0$ auftretenden Dreieckimpuls entspricht. Wird jetzt z.B. für eine m-Impulsfolge die Periodendauer T (bzw. für die übrigen Impulsfolgen $T/2$) geringfügig größer als die Abklingzeit der Gewichtsfunktion gewählt, also so, dass

$$g(\tau) \approx 0 \text{ für } \tau > T \tag{2.38}$$

gilt, dann ergibt sich anstelle von Gl. (2.37) die Kreuzkorrelationsfunktion

$$R_{uy}(\tau) \approx \begin{cases} Ag(\tau) & \text{für } 0 < \tau < T, \\ \frac{A}{2}g(0) & \text{für } \tau = 0 \end{cases} \tag{2.39}$$

und die gesuchte Gewichtsfunktion

$$g(\tau) \approx \begin{cases} \frac{1}{A}\,R_{uy}(\tau) & \text{für } 0 < \tau < T, \\ \frac{2}{A}\,R_{uy}(0) & \text{für } \tau = 0. \end{cases} \tag{2.40}$$

Die gemessene bzw. numerisch aus Messwerten ermittelte Kreuzkorrelationsfunktion ist also angenähert proportional der gesuchten Gewichtsfunktion, aus der dann unter Verwendung bekannter Verfahren (siehe z.B. [Git70]) oder über die Auswertung der zugehörigen Übergangsfunktion gemäß Gl. (2.15) die Struktur und die Parameter der Übertragungsfunktion bestimmt werden können.

Wie oben bereits erwähnt, stellen die Autokorrelationsfunktionen periodischer Impulsfolgen nur näherungsweise mit T bzw. $T/2$ sich wiederholende positive bzw. negative δ-Impulse dar (vgl. Tabelle 2.3). Deshalb wird jeweils aus der dreieckimpulsförmigen Fläche der Autokorrelationsfunktion bei $\tau = 0$ der Bewertungsfaktor A abgeleitet, sodass dann für die Autokorrelationsfunktion der m-Impulsfolge und für die der modifizierten m-Impulsfolge in dem für die Identifikation interessierenden Bereich

$$R_{uu}(\tau) \approx c^2 \, \frac{N+1}{N} \, \Delta t \, \delta(\tau) \tag{2.41}$$

gilt sowie entsprechend für die Autokorrelationsfunktion der ternären Impulsfolge

$$R_{uu}(\tau) \approx \frac{2}{3} \, c^2 \, \frac{N+1}{N} \, \Delta t \, \delta(\tau) \, . \tag{2.42}$$

Damit ergibt sich gemäß Gl. (2.40) als Bestimmungsgleichung für die gesuchte Gewichtsfunktion:

- bei Verwendung von m- und modifizierten m-Impulsfolgen

$$g(\tau) \approx \begin{cases} \dfrac{1}{c^2 \, \frac{N+1}{N} \, \Delta t} \, R_{uy}(\tau) & \text{für } 0 < \tau \le \tau_{\max}, \\ \dfrac{2}{c^2 \, \frac{N+1}{N} \, \Delta t} \, R_{uy}(\tau) & \text{für } \tau = 0, \end{cases} \tag{2.43}$$

mit

$$\tau_{\max} = \begin{cases} (N-1)\Delta t & \text{für die } m\text{-Impulsfolge}, \\ \left(\dfrac{N}{2} - 1\right) \Delta t & \text{für die modifizierte } m\text{-Impulsfolge}. \end{cases}$$

- bei Verwendung der ternären Impulsfolge

$$g(\tau) \approx \begin{cases} \dfrac{1}{\frac{2}{3} c^2 \, \frac{N+1}{N} \, \Delta t} \, R_{uy}(\tau) & \text{für } 0 < \tau \le \left(\frac{N}{2} - 1\right) \Delta t, \\ \dfrac{1}{\frac{1}{3} c^2 \, \frac{N+1}{N} \, \Delta t} \, R_{uy}(\tau) & \text{für } \tau = 0. \end{cases} \tag{2.44}$$

Zusätzlich muss bei den Autokorrelationsfunktionen, die zwischen den dreieckförmigen Impulsen nicht den Wert null aufweisen (z.B. bei der m-Impulsfolge und der modifizierten m-Impulsfolge), dieser Anteil bei der Ermittlung der Gewichtsfunktion aus der Kreuzkorrelationsfunktion noch berücksichtigt werden, sofern dieser Einfluss nicht durch günstig eingestellte Versuchsparameter, z.B. große Werte von N, vernachlässigt werden kann.

Die praktische Ausführung der Korrelationsanalyse zum Bestimmen der Gewichtsfunktion $g(\tau)$ geschieht zu diskreten Zeitpunkten $\tau_i = i\Delta t$. Die kontinuierliche Gewichtsfunktion wird damit durch die diskrete Gewichtsfolge

$$g_i = g(i\Delta t),\ i = 0{,}1,\ldots,W, \tag{2.45}$$

ersetzt, wobei ausreichend viele Punkte der Impulsantwort berücksichtigt werden müssen, W also so gewählt werden muss, dass $g(i\Delta t) \approx 0$ für $i = W+1, W+2, \ldots$ gilt. Gl. (2.45) kann nun in der Form

$$G_i = g_i \left[\frac{1}{W+1} \sum_{i=0}^{W} g_i^2 \right]^{-1/2} \tag{2.46}$$

normiert werden. Für die anhand einer Korrelationsanalyse bestimmten Werte von G_i ergibt sich bei Verwendung einer m-Impulsfolge als Varianz [Cum70]

$$\sigma_{G_i}^2 = \sigma_{R_{uu}}^2 - \frac{1}{\lambda R}\,. \tag{2.47}$$

In dieser Beziehung ist R die Anzahl der für eine Messung verwendeten Einzelimpulse der Länge Δt,

$$\lambda = \frac{\mathrm{E}\{y^2(t)\}}{\mathrm{E}\{z^2(t)\}} \tag{2.48}$$

ist das Signal-Rausch-Verhältnis und

$$\sigma_{R_{uu}}^2 = \left(\frac{R^*}{R}\right)^2 \left[\frac{1}{R^*} - \frac{1}{N}\right] \left[1 + \frac{1}{N}\right]$$

ist die Varianz der nicht idealen Form der Autokorrelationsfunktion der m-Impulsfolge, wenn R kein ganzzahliges Vielfaches von N ist. Dabei ist $R^* = R \bmod N$ gilt, d.h. R^* stellt den ganzzahligen Rest dar, der bei der Division von R durch N übrig bleibt, wobei $0 \leq R^* \leq N-1$ ist (so würde sich z.B. mit $R = 35$ und $N = 5$ der Wert $R^* = 35 \bmod 15 = 5$ ergeben).

Die Standardabweichung von G_i, also die Wurzel von $\sigma_{G_i}^2$ aus Gl. (2.47), ist in Bild 2.8 für $N = 127$ über R dargestellt, wobei für λ verschiedene Werte als Parameter gewählt wurden. Hieraus ist ersichtlich, dass für kleine Werte λ der Fehler beim Bestimmen der Gewichtsfunktion am größten ist. Bei großen Werten von λ, also im weniger gestörten Fall, werden diese Fehler weitgehend durch die nichtideale Form der Autokorrelationsfunktion des Testsignals bestimmt. Im ungestörten Fall ($\lambda \to \infty$) wird der Fehler bei $R = N, 2N, \ldots$ zu null. Daher erweist es sich hier als zweckmäßig, als Messdauer gerade die Periodendauer $T = N\Delta t$ oder ein ganzzahliges Vielfaches derselben zu wählen.

Bild 2.9 zeigt die Standardabweichung der normierten Gewichtsfunktion für verschiedene m-Impulsfolgen im ungestörten Fall. Bei Auftreten von Störungen ($\lambda < \infty$) verschieben sich alle Kurven gemäß Bild 2.8 nach oben. Aus dieser Darstellung ist ersichtlich, dass z.B. bei gleicher Zeitdauer Δt eines Einzelimpulses die Standardabweichung der ermittelten Punkte der Gewichtsfunktion für zunehmendes N größer wird. Wird allerdings für verschiedene m-Impulsfolgen, also für unterschiedliche N-Werte, eine gleiche Periodendauer $T = N\Delta t$ zugrunde gelegt, dann würden sich die Verhältnisse gerade umkehren. Dabei müsste dann für zunehmende N-Werte die Impulsdauer verkleinert werden. Andererseits

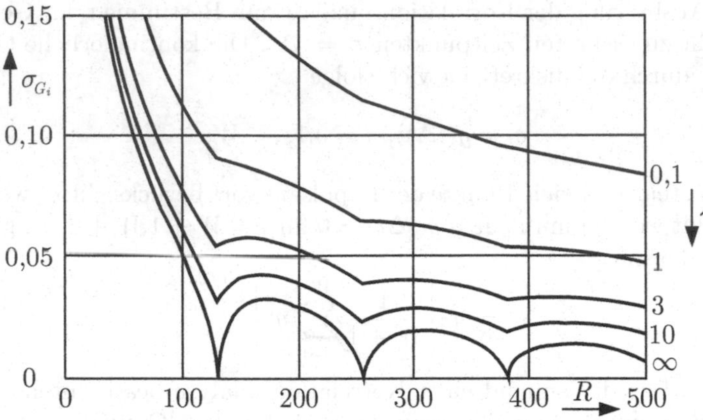

Bild 2.8 Einfluss der Messdauer und des Signal-Rausch-Verhältnisses λ auf die Standardabweichung der gemessenen Gewichtsfunktion für eine m-Impulsfolge mit $N = 127$ ($\lambda = \infty$ entspricht dem ungestörten Fall)

darf aber Δt nicht zu klein gewählt werden, da sonst das Signal-Rausch-Verhältnis des Ausgangssignals zu ungünstig wird, d.h. das Störsignal $z(t)$ würde dann überwiegen, vorausgesetzt, dass nicht die Amplitude c des Testsignals vergrößert wird.

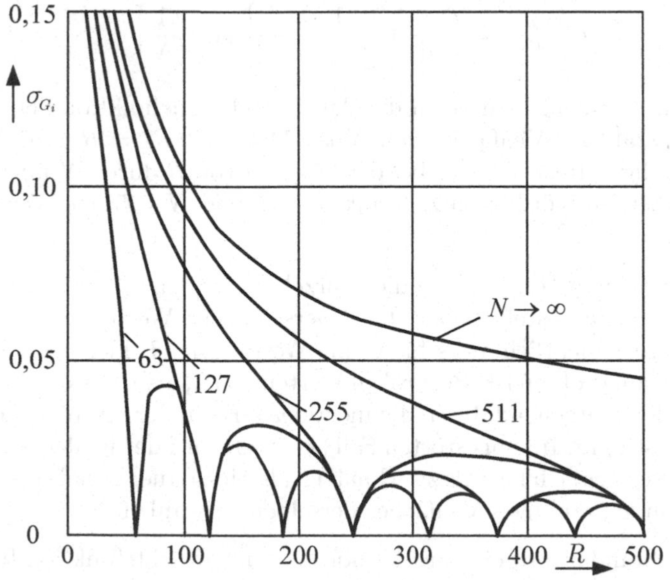

Bild 2.9 Standardabweichung der gemessenen Gewichtsfunktion bei Verwendung verschiedener m-Impulsfolgen für $z(t) = 0\,(\lambda = \infty)$ und $\Delta t = \text{const}$

Es erscheint in jedem Fall zweckmäßig, in Abhängigkeit vom Störsignal bei der Wahl von N und Δt einen Kompromiss zwischen Genauigkeit und Auflösung des Ausgangssignals zu erzielen. Die nur von Δt abhängige spektrale Leistungsdichte des Testsignals (bezogen auf die Bandbreite ω_b) muss etwa das 10- bis 30-fache der Bandbreite des untersuchten Systems betragen, damit die gleichmäßige Erregung aller Frequenzen gewährleistet ist. Dazu haben sich bei der praktischen Ausführung der Korrelationsanalyse mit binären m-Impulsfolgen und ternären Impulsfolgen für die Auswahl von N und Δt bzw. T folgende Regeln gut bewährt:

- T wird etwas größer als die Abklingzeit des Systems gewählt (meist kann diese grob aus Vorversuchen bestimmt werden).
- Für m-Impulsfolgen wird $N = 15$, 31 oder 63 gewählt, wobei $N = 15$ bei stark gestörtem Ausgangssignal und $N = 63$ bei schwach gestörtem Ausgangssignal zu verwenden ist. Für ternäre Impulsfolgen wird entsprechend $N = 26$ oder $N = 80$ gesetzt.

Zur praktischen Ermittlung der Kreuzkorrelationsfunktion $R_{uy}(\tau)$ können der in Bild 2.5 gezeigten ähnliche Messanordnungen verwendet werden, wobei als Eingangssignal das periodische Signal $u(t)$ vorgesehen werden muss und für die Korrelationszeit (Messzeit) zweckmäßigerweise ein ganzzahliges Vielfaches der Impulsfolge-Periode, also $qN\Delta t$, $q = 1,2,\ldots$, gewählt werden sollte.

Sehr einfach lässt sich das binäre Pseudo-Rauschsignal einer m-Impulsfolge mit Hilfe eines Impulsgenerators auf Basis eines m-stufigen Schieberegisters erzeugen. Für den Fall $m = 4$ ist ein derartiger Impulsgenerator in Bild 2.10 dargestellt. Die binären Inhalte des Registers werden jeweils nach Ablauf eines Zeitintervalls Δt um eine Binär-Stelle nach rechts verschoben. Gleichzeitig wird ein neuer Eingangsimpuls (1 oder 0) mittels einer Modulo-Zwei-Addition zweier speziell ausgesuchter Registerausgänge erzeugt. Bei dem dargestellten Generator wird somit in jedem Schritt eine 1 in die erste Registerstufe gebracht, wenn die Inhalte der beiden letzten Registerstufen zuvor ungleich waren, ansonsten wird eine 0 in die erste Registerstufe geschrieben. Wenn zur Zeit $t = 0$ dieser Impulsgenerator mit einem von null verschiedenen Registerinhalt gestartet wird, dann werden in den Registerstufen binäre m-Impulsfolgen mit einer Periode von $N = 15$ erzeugt. Bei einer Anordnung für $m = 4$ ist dies die maximale Länge der Impulsfolge. Innerhalb dieser Periode treten alle möglichen Kombinationen des Registerinhaltes jeweils nur einmal auf (mit Ausnahme der Kombination, bei der alle Registerinhalte gleich 0 sind). Das eigentliche Testsignal ergibt sich, indem der Inhalt einer Registerstufe für die Ausgangsgröße verwendet wird und 0 und 1 durch $-c$ und c ersetzt werden. Bild 2.11 zeigt die mit dem in Bild 2.10 gezeigten Schieberegister erzeugte Impulsfolge und die zugehörige Autokorrelationsfunktion, wobei für die Ausgangsgröße der Inhalt der ersten Registerstufe verwendet wurde. Ein entsprechender Impulsgenerator lässt sich mit einem Rechenprogramm einfach realisieren.[6] Das folgende Beispiel verdeutlicht die Bestimmung der Gewichtsfunktion über Korrelationsanalyse.

[6] Eine Verallgemeinerung von binären oder ternären Pseudo-Rauschsignalen stellen *Pseudo-Random-Multi-Level-Sequence*-Signale (PRMS-Signale) dar, die L verschiedene Signalwerte annehmen können, wobei L eine Primzahl ist. Diese können ebenfalls über ein Schieberegister bzw. über eine dazugehörige Differenzengleichung mit modulo-Operationen erzeugt werden. Die Erzeugung von PRMS-Signalen wird in Abschnitt 9.8.3.5 behandelt.

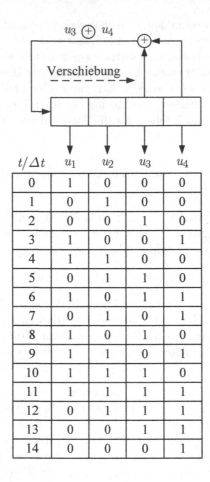

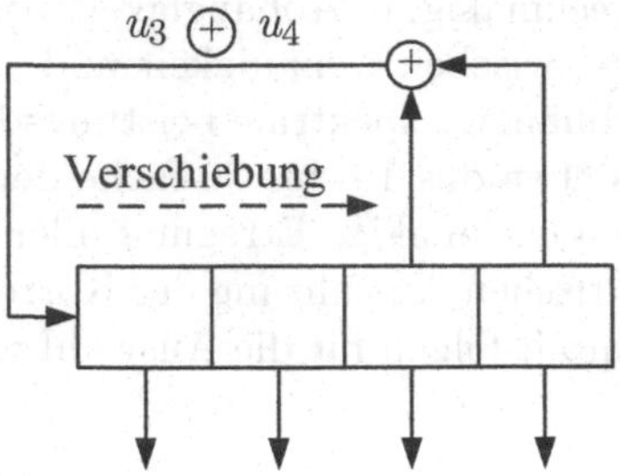

$t/\Delta t$	u_1	u_2	u_3	u_4
0	1	0	0	0
1	0	1	0	0
2	0	0	1	0
3	1	0	0	1
4	1	1	0	0
5	0	1	1	0
6	1	0	1	1
7	0	1	0	1
8	1	0	1	0
9	1	1	0	1
10	1	1	1	0
11	1	1	1	1
12	0	1	1	1
13	0	0	1	1
14	0	0	0	1

Bild 2.10 Tabellierte Schieberegisterinhalte des Impulsgenerators für eine Impulsfolge ($m = 4$)

Beispiel 2.2

Für eine simulierte Regelstrecke, gebildet aus der Hintereinanderschaltung von drei Verzögerungsgliedern erster Ordnung mit gleichen Zeitkonstanten $T_1 = T_2 = T_3 = 25\,s$ und der Verstärkung $K_S = 1$, ergibt sich bei Verwendung einer m-Impulsfolge mit $N = 63$ als Eingangssignal $u(t)$ die in Bild 2.12b dargestellte Kreuzkorrelationsfunktion.

Dabei wirkt sich allerdings der negative Gleichanteil der Autokorrelationsfunktion noch stark auf die Kreuzkorrelationsfunktion aus. Deshalb muss in diesem Fall anstelle der Gl. (2.41) die genauere Beziehung

$$R_{uu}(\tau) = c^2\,\frac{N+1}{N}\,\Delta t\delta(\tau) - \frac{c^2}{N}\,, \quad |\tau| \le (N-1)\Delta t\,, \tag{2.49}$$

für die Berechnung der Kreuzkorrelationsfunktion

$$R_{uy}(\tau) = c^2\,\frac{N+1}{N}\,\Delta t \int\limits_0^T g(\vartheta)\delta(\tau - \vartheta)\,\mathrm{d}\vartheta - \frac{c^2}{N}\int\limits_0^T g(\vartheta)\,\mathrm{d}\vartheta \tag{2.50}$$

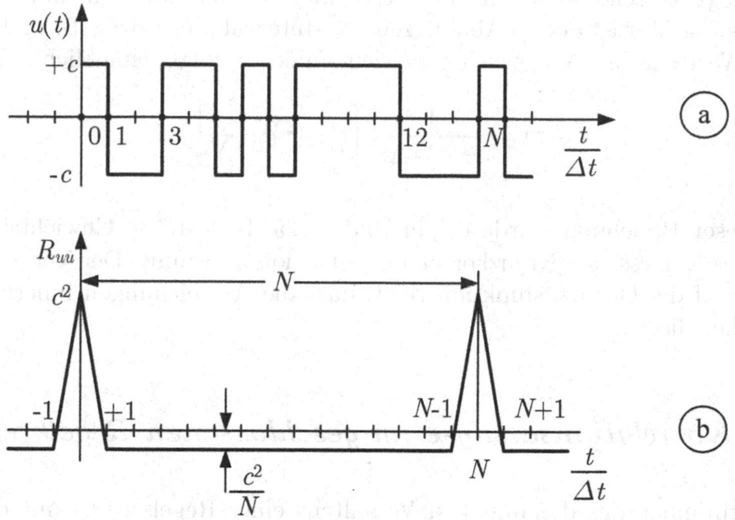

Bild 2.11 (a) Binäres Pseudo-Rauschsignal u und (b) zugehörige Autokorrelationsfunktion R_{uu} für eine m-Impulsfolge mit $m = 4$

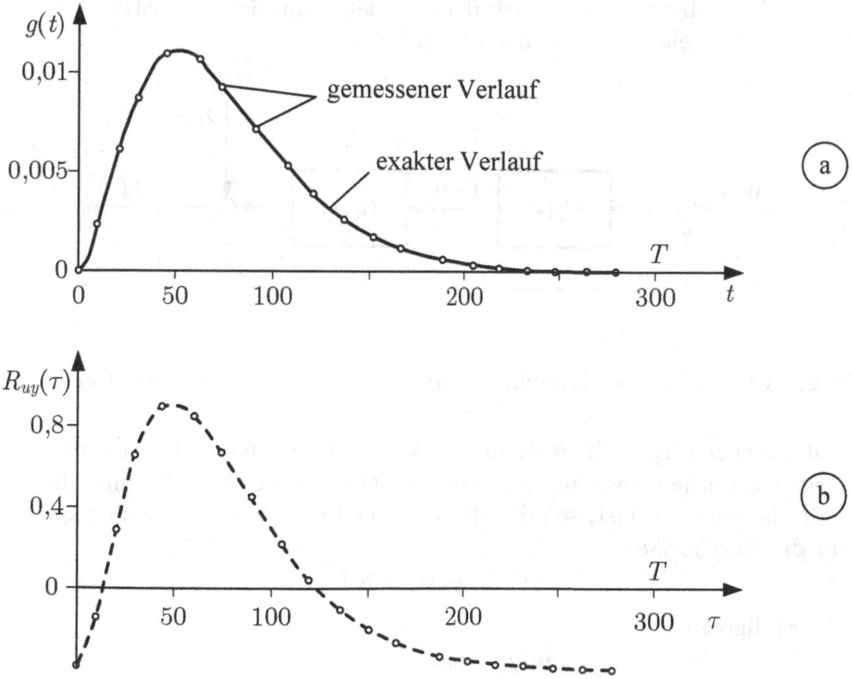

Bild 2.12 (a) Gewichtsfunktion der simulierten PT_3-Regelstrecke und (b) die mit Hilfe einer m-Impulsfolge ermittelte Kreuzkorrelationsfunktion ($T_1 = T_2 = T_3 = 25$ s, $c = \pm 5$, $N = 63$, $T = 300$ s)

zugrunde gelegt werden. Bei der Regelstrecke mit P-Verhalten nimmt unter der Voraussetzung, dass T größer ist als die Abklingzeit, das Integral im zweiten Term der Gl. (2.50) gerade den Wert eins an. Als gesuchte Gewichtsfunktion folgt schließlich

$$g(\tau) = \frac{1}{c^2 \frac{N+1}{N} \Delta t} \left[R_{uy}(\tau) + \frac{c^2}{N} \right] . \tag{2.51}$$

Mit Hilfe dieser Beziehung wurde die in Bild 2.12a dargestellte Gewichtsfunktion aus der punktweise gemessenen Kreuzkorrelationsfunktion bestimmt. Der Vergleich mit dem exakten Verlauf der Gewichtsfunktion zeigt, dass die Abweichungen innerhalb der Zeichengenauigkeit liegen. ■

2.2.4.3 Korrelationsanalyse im geschlossenen Regelkreis

Bei der Bestimmung des dynamischen Verhaltens einer Regelstrecke mit der Übertragungsfunktion $G_S(s)$ im geschlossenen Regelkreis nach Bild 2.13 muss berücksichtigt werden, dass das Stellsignal $u(t)$ aufgrund der Rückführung stets mit dem Störsignal $z(t)$ korreliert ist. Damit wird die Bestimmung von $G_S(s)$ mit Hilfe *einer* Korrelationsmessung $R_{uy}(\tau)$ ausgeschlossen, da $R_{uz}(\tau)$, wie in Abschnitt 2.2.4.1 hergeleitet, nicht verschwindet. Sofern das über die Führungsgröße $w(t)$ aufgegebene Testsignal mit der Störung $z(t)$ unkorreliert ist, lässt sich der Frequenzgang der Regelstrecke $G_S(j\omega)$ aber mit Hilfe *zweier* Korrelationsmessungen bestimmen.

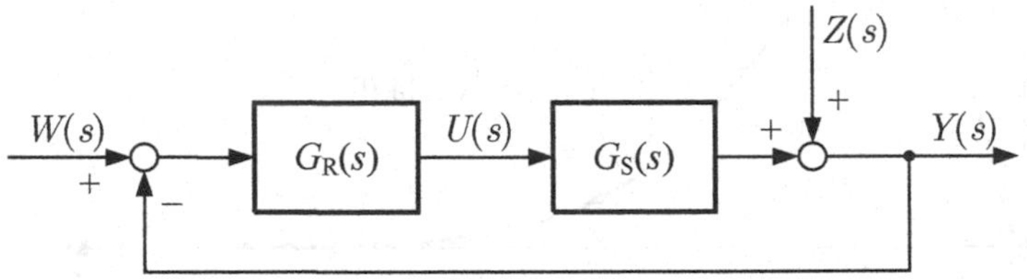

Bild 2.13 Geschlossener Regelkreis mit Störung am Ausgang der Regelstrecke

Werden mit $y_w(t)$ und $u_w(t)$ die Ausgangsgröße und die Stellgröße bezeichnet, die sich für $z(t) = 0$ ergeben würden sowie mit $y_z(t)$ und $u_z(t)$ die Ausgangsgröße und die Stellgröße für den Fall, dass $w(t) = 0$ ist, so gilt aufgrund der Linearität nach dem Superpositionsprinzip für die Regelgröße

$$y(t) = y_w(t) + y_z(t) \tag{2.52}$$

und für die Stellgröße

$$u(t) = u_w(t) + u_z(t) . \tag{2.53}$$

Dabei sind die Signale $w(t)$ und $y_z(t)$ sowie $w(t)$ und $u_z(t)$ unkorreliert und somit folgt für die Kreuzkorrelationsfunktion von $w(t)$ und $y(t)$

$$\begin{aligned} R_{wy}(\tau) &= \lim_{T\to\infty} \frac{1}{2T} \int_{-T}^{T} w(t)y(t+\tau)\,\mathrm{d}t \\ &= \lim_{T\to\infty} \frac{1}{2T} \int_{-T}^{T} w(t)y_w(t+\tau)\,\mathrm{d}t + \lim_{T\to\infty} \frac{1}{2T} \int_{-T}^{T} w(t)y_z(t+\tau)\,\mathrm{d}t \\ &= R_{wy_w}(\tau) \end{aligned} \tag{2.54}$$

und für die Kreuzkorrelationsfunktion zwischen $w(t)$ und $u(t)$

$$\begin{aligned} R_{wu}(\tau) &= \lim_{T\to\infty} \frac{1}{2T} \int_{-T}^{T} w(t)u(t+\tau)\,\mathrm{d}t \\ &= \lim_{T\to\infty} \frac{1}{2T} \int_{-T}^{T} w(t)u_w(t+\tau)\,\mathrm{d}t + \lim_{T\to\infty} \frac{1}{2T} \int_{-T}^{T} w(t)u_z(t+\tau)\,\mathrm{d}t \\ &= R_{wu_w}(\tau)\,. \end{aligned} \tag{2.55}$$

Nach Gl. (B.4b) ergibt sich andererseits für die Kreuzkorrelationsfunktion aus Gl. (2.54)

$$R_{wy_w}(\tau) = \int_0^\infty g_{yw}(\sigma)\, R_{ww}(\tau-\sigma)\,\mathrm{d}\sigma \tag{2.56}$$

und für die Kreuzkorrelationsfunktion aus Gl. (2.55)

$$R_{wu_w}(\tau) = \int_0^\infty g_{uw}(\sigma)\, R_{ww}(\tau-\sigma)\,\mathrm{d}\sigma\,, \tag{2.57}$$

wobei g_{yw} und g_{uw} die Gewichtsfunktionen des Übertragungsverhaltens zwischen w und y bzw. w und u im geschlossenen Kreis sind. Die Fourier-Transformation der Gln. (2.56) und (2.57) liefert die Kreuzleistungsdichtespektren

$$S_{wy_w}(\mathrm{j}\omega) = G_{yw}(\mathrm{j}\omega)\, S_{ww}(\omega) \tag{2.58}$$

und

$$S_{wu_w}(\mathrm{j}\omega) = G_{uw}(\mathrm{j}\omega)\, S_{ww}(\omega)\,. \tag{2.59}$$

Aus Bild 2.13 folgt unmittelbar für die in diesen beiden Beziehungen enthaltenen Frequenzgänge

$$G_{yw}(\mathrm{j}\omega) = \frac{Y(\mathrm{j}\omega)}{W(\mathrm{j}\omega)} = \frac{G_\mathrm{R}(\mathrm{j}\omega)G_\mathrm{S}(\mathrm{j}\omega)}{1+G_\mathrm{R}(\mathrm{j}\omega)G_\mathrm{S}(\mathrm{j}\omega)} \tag{2.60}$$

und

$$G_{uw}(\mathrm{j}\omega) = \frac{U(\mathrm{j}\omega)}{W(\mathrm{j}\omega)} = \frac{G_\mathrm{R}(\mathrm{j}\omega)}{1+G_\mathrm{R}(\mathrm{j}\omega)G_\mathrm{S}(\mathrm{j}\omega)}\,. \tag{2.61}$$

Die Division der Gln. (2.58) und (2.59) sowie der Gln. (2.60) und (2.61) liefert unter Berücksichtigung der Fourier-Transformierten der Gln. (2.54) und (2.55) direkt als gesuchten Frequenzgang der Regelstrecke

$$G_S(j\omega) = \frac{G_{yw}(j\omega)}{G_{uw}(j\omega)} = \frac{S_{wy_w}(j\omega)}{S_{wu_w}(j\omega)} = \frac{S_{wy}(j\omega)}{S_{wu}(j\omega)}\,. \tag{2.62}$$

Somit kann durch die Ermittlung der beiden Kreuzleistungsspektren, z.B. anhand der beiden zugehörigen, gemessenen Kreuzkorrelationsfunktionen $R_{wy}(\tau)$ und $R_{wu}(\tau)$, der gesuchte Frequenzgang $G_S(j\omega)$ der Regelstrecke im geschlossenen Regelkreis bestimmt werden.

2.2.4.4 Direkte Bestimmung des Frequenzgangs durch Korrelationsanalyse

Unter den zu Beginn dieses Kapitels genannten Voraussetzungen gelten zwischen Real- und Imaginärteil des Frequenzgangs $G(j\omega) = R(\omega) + jI(\omega)$ und der Gewichtsfunktion $g(t)$ die Beziehungen

$$R(\omega) = \int_{0^-}^{\infty} g(t)\ \cos\omega t\,dt \tag{2.63}$$

bzw.

$$I(\omega) = -\int_{0^-}^{\infty} g(t)\ \sin\omega t\,dt, \tag{2.64}$$

wobei $g(t) = 0$ für $t < 0$ vorausgesetzt wird. Aufgrund dieser beiden Beziehungen lassen sich $R(\omega)$ und $I(\omega)$ in einfacher Weise wie in Bild 2.14 dargestellt durch eine Kreuzkorrelationsmessung bestimmen. Mit diesem Messprinzip lassen sich Frequenzgangsanalysatoren aufbauen. Es kann auch einfach programmtechnisch auf einem Mikrorechner realisiert werden [Unb75].

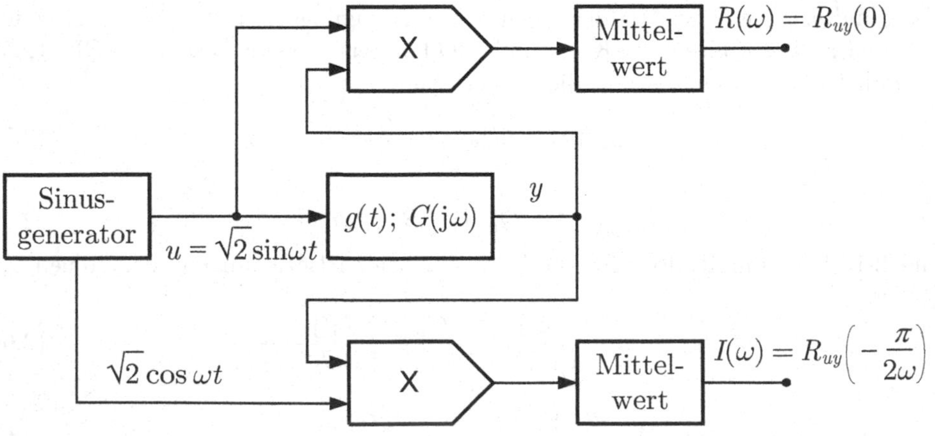

Bild 2.14 Messung des Frequenzgangs über Kreuzkorrelation

Wird für das Eingangssignal $u(t) = A \sin \omega t$ mit $A = \sqrt{2}$ die Autokorrelationsfunktion gebildet, so ergibt sich

$$R_{uu}(\tau) = (A^2/2) \cos \omega\tau = \cos \omega\tau \,. \tag{2.65}$$

Um Gl. (B.4b) aus Anhang B anwenden zu können, muss anstelle von Gl. (2.65) die Beziehung

$$\begin{aligned} R_{uu}(\tau - \nu) &= \cos \omega(\tau - \nu) \\ &= \cos \omega\tau \, \cos \omega\nu + \sin \omega\tau \, \sin \omega\nu \end{aligned} \tag{2.66}$$

verwendet werden. Wird Gl. (2.66) in Gl. (B.4b) eingesetzt, ergibt sich für die beiden Werte $\tau = 0$ und $\tau = -\pi/2\omega$ die Kreuzkorrelationsfunktion zu

$$R_{uy}(0) = \int_0^\infty g(\nu) \, \cos \omega\nu \, \mathrm{d}\nu \tag{2.67}$$

und

$$R_{uy}\left(-\frac{\pi}{2\omega}\right) = -\int_0^\infty g(\nu) \, \sin \omega\nu \, \mathrm{d}\nu \,. \tag{2.68}$$

Diese beiden Beziehungen sind aber gerade identisch mit denen der Gln. (2.63) und (2.64). Durch eine derartige Korrelationsmessung können somit direkt der Real- und Imaginärteil von $G(\mathrm{j}\omega)$ ermittelt werden, wobei die Zeitverschiebung $\tau = -\pi/2\omega$ einfach durch eine Phasenverschiebung am Sinusgenerator erzeugt wird.[7]

Die Ausgangssignale der Multiplikationsblöcke setzen sich als Produkt zweier gleichfrequenter Sinusschwingungen je aus einem Gleichanteil und einer Sinusschwingung der doppelten Frequenz zusammen. Die Gleichanteile entsprechen den gesuchten Werten des Real- und Imaginärteils. Es ist also erforderlich, die überlagerte Wechselgröße durch eine anschließende Filterung bzw. Mittelwertbildung möglichst weitgehend zu unterdrücken. Das hier geschilderte Verfahren hat den Vorteil, dass kleinere stochastische Störsignale, die sich dem Ausgangssignal eventuell noch überlagern, durch die anschließende Mittelwertbildung weitgehend unterdrückt werden.

2.2.5 Systemidentifikation anhand der vorgegebenen Gewichtsfunktion

Nachdem in den vorhergehenden Abschnitten gezeigt wurde, wie die Gewichtsfunktion eines Übertragungssystems sowohl aus deterministischen als auch stochastischen Signalen ermittelt werden kann, soll nachfolgend aus einer graphisch vorgegebenen Gewichtsfunktion $g(t)$ als parametrisches Modell des zu identifizierenden Systems die Modellübertragungsfunktion

$$G_{\mathrm{M}}(s) = \frac{b_0 + b_1 s + \cdots b_m s^m}{a_0 + a_1 s + \cdots a_{n-1} s^{n-1} + s^n} \tag{2.69}$$

[7] In Bild 2.14 kommt dies dadurch zum Ausdruck, dass für den zweiten Eingang des unteren Multiplikators $\sqrt{2} \cos(\omega t) = \sqrt{2} \sin(\omega(t + \pi/2\omega))$ verwendet wird.

mittels der Momentenmethode bestimmt werden [Ba54]. Ausgangspunkt dieses Verfahrens ist der Zusammenhang zwischen $g(t)$ und $G(s)$ über die Laplace-Transformation

$$G(s) = \mathscr{L}\{g(t)\} = \int_{0^-}^{\infty} g(t)\,\mathrm{e}^{-st}\,\mathrm{d}t. \tag{2.70}$$

Wird in Gl. (2.70) der Term e^{-st} um den Punkt $st = 0$ in eine Taylor-Reihe entwickelt, so ergibt sich

$$G(s) = \int_{0^-}^{\infty} \left(1 - st + \frac{(st)^2}{2!} - \frac{(st)^3}{3!} \pm \ldots\right) g(t)\,\mathrm{d}t. \tag{2.71}$$

Daraus folgt

$$G(s) = \int_{0^-}^{\infty} g(t)\,\mathrm{d}t - s\int_{0^-}^{\infty} t\,g(t)\,\mathrm{d}t + \frac{(s)^2}{2!}\int_{0^-}^{\infty} t^2 g(t)\,\mathrm{d}t \pm \ \ldots\,. \tag{2.72}$$

Alle in Gl. (2.72) auftretenden Integrale können nun als Momente der Gewichtsfunktion aufgefasst werden, wobei jeweils nur eine numerische Integration der zeitgewichteten Gewichtsfunktion $t^i g(t)$ durchzuführen ist. Wird das i-te Moment der vorgegebenen Gewichtsfunktion als

$$M_i = \int_{0^-}^{\infty} t^i g(t)\,\mathrm{d}t \tag{2.73}$$

definiert, dann lässt sich Gl. (2.72) umschreiben in die Form

$$G(s) = M_0 - sM_1 + \frac{s^2}{2!}M_2 - \frac{s^3}{3!}M_3 \pm \ldots\,. \tag{2.74}$$

Aus Gl. (2.69) folgt dann durch Gleichsetzen mit Gl. (2.74)

$$\left(M_0 - sM_1 + \frac{s^2}{2!}M_2 - \frac{s^3}{3!}M_3 \pm \ldots\right)(a_0 + a_1 s + \ldots + s^n) = (b_0 + b_1 s + \ldots + b_m s^m)\,. \tag{2.75}$$

Der Koeffizientenvergleich liefert hieraus $m+n+1$ algebraische Gleichungen, aus denen mit den zuvor berechneten Momenten M_i die $m+n+1$ zu identifizierenden Parameter $a_0, a_1, \ldots, a_{n-1}, b_0, b_1, \ldots, b_m$ leicht bestimmt werden können. Dies wird anhand eines einfachen Beispiels gezeigt.

Beispiel 2.3
Wird $m = 1$ und $n = 2$ gewählt, so ergibt sich durch Ausmultiplizieren der Beziehung aus Gl. (2.75) und anschließenden Koeffizientenvergleich das Gleichungssystem

$$\begin{aligned}
M_0 a_0 &= b_0,\\
(-M_1 a_0 + M_0 a_1)\,s &= b_1 s,\\
\left(\frac{M_2}{2!}a_0 - M_1 a_1 + M_0\right) s^2 &= 0,\\
\left(-\frac{M_3}{3!}a_0 + \frac{M_2}{2!}a_1 - M_1\right) s^3 &= 0
\end{aligned}$$

zur Berechnung der gesuchten Modellparameter a_0, a_1, b_0 und b_1. Dieses Gleichungssystem kann in Matrix-Vektor-Form als

$$\underbrace{\begin{bmatrix} M_0 & 0 & -1 & 0 \\ -M_1 & M_0 & 0 & -1 \\ \dfrac{M_2}{2!} & -M_1 & 0 & 0 \\ -\dfrac{M_3}{3!} & \dfrac{M_2}{2!} & 0 & 0 \end{bmatrix}}_{\boldsymbol{M}} \cdot \underbrace{\begin{bmatrix} a_0 \\ a_1 \\ b_0 \\ b_1 \end{bmatrix}}_{\boldsymbol{p}_{\mathrm{M}}} = \underbrace{\begin{bmatrix} 0 \\ 0 \\ -M_0 \\ M_1 \end{bmatrix}}_{\boldsymbol{y}}$$

angegeben werden. Damit kann der gesuchte Parametervektor über

$$\boldsymbol{p}_{\mathrm{M}} = \boldsymbol{M}^{-1}\boldsymbol{y}$$

berechnet werden. ■

Die hier beschriebene Form der Momentenmethode lässt sich für lineare Systeme mit aperiodischem Verhalten anwenden und ist wegen der dabei durchgeführten Integration unempfindlich gegenüber hochfrequenten Störungen. Beim Auftreten von niederfrequenten Störungen empfiehlt sich eine erweiterte Version dieser Methode [Bol73].

Bei der sogenannten Flächenmethode können die Koeffizienten eines speziellen Ansatzes für $G(s)$ aus einer mehrfachen Integration der vorgegebenen Übergangsfunktion ermittelt werden. Bei der Interpolationsmethode werden die $m+n+1$ unbekannten Parameter der Übertragungsfunktion nach Gl. (2.69) so berechnet, dass die approximierende Übergangsfunktion in $m+n+1$ Punkten mit dem Verlauf der vorgegebenen Übergangsfunktion übereinstimmt [Lep72].

Der Vollständigkeit halber sei erwähnt, dass es ähnlich der Auswertung einer vorgegebenen Übergangsfunktion anhand spezieller Kennwerte, die bei $h(t)$ abgelesen werden können (wie in Bild 2.1 bereits dargestellt), auch Verfahren gibt, die mittels abgelesener Kennwerte aus dem Verlauf der Impulsantwort $g(t)$ die Ermittlung einer rationalen Übertragungsfunktion $G(s)$ gemäß Gl. (2.69) ermöglichen [Git70], worauf aber hier nicht weiter eingegangen werden soll.

2.3 Verfahren im Frequenzbereich

2.3.1 Messung des Frequenzgangs und Approximation durch rationale Funktionen

Liegt von einem zu identifizierenden Übertragungsglied der direkt gemessene oder z.B. über Gl. (2.62) anhand einer Korrelationsanalyse berechnete Verlauf des Frequenzgangs $G(\mathrm{j}\omega)$ punktweise vor, dann ist es zweckmäßig, $G(\mathrm{j}\omega)$ bzw. die zugehörige Übertragungsfunktion $G(s)$ durch eine rationale Modellübertragungsfunktion $G_{\mathrm{M}}(s)$ zu approximieren. Dieses Vorgehen stellt eine Identifikation im Frequenzbereich dar. Grundsätzlich kann bei

Systemen mit minimalphasigem Verhalten das klassische Frequenzkennlinienverfahren [Unb08] dazu angewendet werden, bei dem nur der Betrag $|G(\mathrm{j}\omega)|$, also der Amplitudengang, zur Approximation durch elementare Standardübertragungsglieder beginnend mit den niedrigsten ω-Werten verwendet wird. Der approximierende Frequenzkennlinien-Verlauf der einzelnen Standardübertragungsfunktionen liefert die Eckfrequenzen derselben, und die gesuchte Gesamtübertragungsfunktion ergibt sich dann aus der Multiplikation der gefundenen Einzelübertragungsfunktionen. Da bei einer Systemidentifikation jedoch meist nicht im Voraus bekannt ist, ob ein System mit minimalphasigem Verhalten vorliegt, kann dieses Verfahren nur eingeschränkt angewendet werden. Diese Einschränkung liegt beim nachfolgend dargestellten Verfahren nicht vor [Unb66b].

Bei diesem Verfahren wird vom Verlauf der Ortskurve eines gemessenen oder aus anderen Daten berechneten Frequenzgangs

$$G(\mathrm{j}\omega) = R(\omega) + \mathrm{j}I(\omega) \tag{2.76}$$

ausgegangen. Es soll dazu eine gebrochen rationale, das zu identifizierende System beschreibende Übertragungsfunktion

$$G_\mathrm{M}(s) = R_\mathrm{M}(s) + \mathrm{j}I_\mathrm{M}(\omega) = \frac{b_0 + b_1 s + \ldots + b_n s^n}{a_0 + a_1 s + \ldots + a_n s^n} \tag{2.77}$$

mit a_ν, b_ν reell und $a_n \neq 0$ ermittelt werden, die für $s = \mathrm{j}\omega$ die Ortskurve $G(\mathrm{j}\omega)$ möglichst gut annähert. Da über die Hilbert-Transformation ein eindeutiger Zusammenhang zwischen der Realteilfunktion $R(\omega)$ und der Imaginärteilfunktion $I(\omega)$ besteht, genügt es auch, z.B. nur die gegebene Realteilfunktion $R(\omega)$ durch $R_\mathrm{M}(\omega)$ zu approximieren. Damit wird automatisch auch $I_\mathrm{M}(\omega)$ gewonnen.

Die praktische Durchführung dieser Approximation erfolgt durch eine konforme Abbildung der s-Ebene auf die w-Ebene mittels der Transformationsgleichung

$$w = \frac{\sigma_0^2 + s^2}{\sigma_0^2 - s^2} \quad \text{bzw.} \quad w = \frac{\sigma_0^2 - \omega^2}{\sigma_0^2 + \omega^2} \quad \text{für } s = \mathrm{j}\omega, \tag{2.78}$$

durch die der Frequenzbereich $0 \leq \omega < \infty$ in ein endliches Intervall $-1 < w \leq 1$ übergeht. Damit kann $R(\omega)$ mit gleichbleibenden Werten als $r(w)$ in der w-Ebene dargestellt werden (siehe Bild 2.15), wobei die konstante Größe σ_0 so gewählt werden sollte, dass der wesentliche Frequenzbereich für $R(\omega)$ auch in der w-Ebene möglichst stark berücksichtigt wird. Durch eine zweckmäßige Wahl von $2n+1$ Kurvenpunkten von $r(w)$ kann für $r_\mathrm{M}(w)$ der Ansatz

$$r_\mathrm{M}(w) = \frac{c_0 + c_1 w + \ldots + c_n w^n}{1 + d_1 w + \ldots + d_n w^n} \tag{2.79}$$

gemacht werden, woraus durch Auflösung des zugehörigen Systems von $2n + 1$ linearen Gleichungen die Parameter $c_0, \ldots, c_n$ und $d_1, \ldots, d_n$ ermittelt werden können, da für die gewählten Punkte $r(w_\mu) = r_\mathrm{M}(w_\mu)$ gilt.[8]

Die Rücktransformation der nun bekannten Funktion $r_\mathrm{M}(w)$ mittels Gl. (2.78) liefert direkt den Realteil $R_\mathrm{M}(\omega)$ der gesuchten Übertragungsfunktion $G_\mathrm{M}(s)$ für $s = \mathrm{j}\omega$. Für diesen gilt

[8] Die $2n + 1$ Kurvenpunkte müssen nicht äquidistant sein, vielmehr sollten die Intervalle dort kleiner sein, wo $r(\omega)$ kleine Werte aufweist.

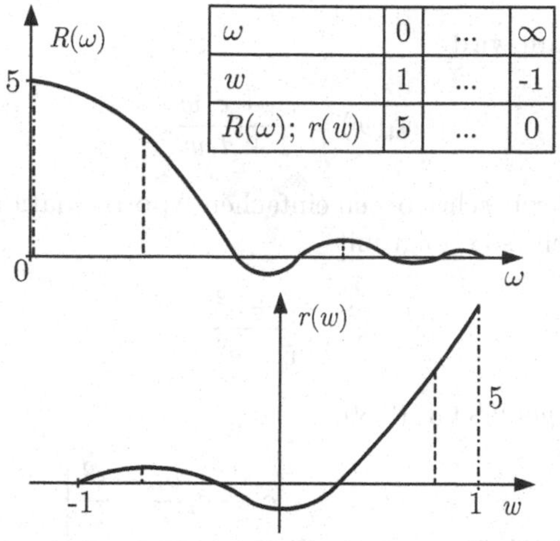

Bild 2.15 Transformation von $R(\omega)$ in $r(w)$

$$R_{\mathrm{M}}(\omega) = \frac{1}{2}\left(G_{\mathrm{M}}(s) + G_{\mathrm{M}}(-s)\right)\Big|_{s=\mathrm{j}\omega}. \tag{2.80}$$

Zur Abkürzung wird

$$H(s) = \frac{1}{2}\left(G_{\mathrm{M}}(s) + G_{\mathrm{M}}(-s)\right) \tag{2.81}$$

eingeführt. Über eine Faktorisierung des Nennerpolynoms von $H(s)$ in ein Hurwitz-Polynom $D(s)$ und ein Anti-Hurwitz-Polynom $D(-s)$, also

$$H(s) = \frac{C_0 + C_1 s^2 + \ldots + C_n s^{2n}}{D_0 + D_1 s^2 + \ldots + D_n s^{2n}} = \frac{C\left(s^2\right)}{D(s)D(-s)}, \tag{2.82}$$

kann mit dem Ansatz

$$G_{\mathrm{M}}(s) = \frac{b_0 + b_1 s + \ldots + b_n s^n}{D(s)} \tag{2.83}$$

und

$$D(s) = a_0 + a_1 s + \ldots + a_n s^n \tag{2.84}$$

direkt die Übertragungsfunktion $G_{\mathrm{M}}(s)$ ermittelt werden. Dabei ergeben sich die Koeffizienten $b_1, \ldots, b_n$ durch Koeffizientenvergleich der Gln. (2.80) und (2.82), sofern zuvor die Gln. (2.83) und (2.84) in Gl. (2.80) bzw. in Gl. (2.82) eingesetzt wurden. Die praktische Durchführung dieses Verfahrens erfolgt mittel eines Rechenprogramms. Dabei wird die Struktur von $G_{\mathrm{M}}(s)$ zunächst durch die in dem Ansatz gemäß Gl. (2.79) verwendeten $2n+1$ Kurvenpunkte bestimmt. Werden hierbei sehr viele Punkte gewählt, so nehmen die Koeffizienten höherer Ordnung in $G_{\mathrm{M}}(s)$ automatisch sehr kleine Werte an und können somit vernachlässigt werden. Dieses Verfahren liefert also neben den Parametern auch die Struktur von $G_{\mathrm{M}}(s)$. Die erzielte Genauigkeit der Systembeschreibung ist sehr hoch, wobei trotzdem die Ordnung von Zähler- und Nennerpolynom vergleichsweise niedrig bleibt, was gerade für die Weiterverarbeitung eines solchen mathematischen Modells sehr vorteilhaft ist. Am nachfolgend dargestellten einfachen Beispiel wird der prinzipielle Ablauf des Verfahrens erläutert.

Beispiel 2.4
Es sei $n = 1$ gewählt, dann wird

$$r_{\mathrm{M}}(w) = \frac{c_0 + c_1 w}{1 + d_1 w}.$$

Sind durch die Lösung der beschriebenen einfachen Approximationsaufgabe die Parameter c_0, c_1 und d_1 ermittelt, so erfolgt mit

$$w = \frac{\sigma_0^2 + s^2}{\sigma_0^2 - s^2}$$

die Rücktransformation gemäß Gl. (2.80)

$$R_{\mathrm{M}}(\omega) = H(s)|_{s=\mathrm{j}\omega} = \left. \frac{c_0 + c_1 \dfrac{\sigma_0^2 + s^2}{\sigma_0^2 - s^2}}{1 + d_1 \dfrac{\sigma_0^2 + s^2}{\sigma_0^2 - s^2}} \right|_{s=\mathrm{j}\omega}.$$

Zusammenfassen liefert

$$H(s) = \frac{(c_0 + c_1)\,\sigma_0^2 + (-c_0 + c_1)\,s^2}{(d_1 + 1)\,\sigma_0^2 + (d_1 - 1)\,s^2}.$$

Abgekürzt folgt entsprechend Gl. (2.82)

$$H(s) = \frac{C_0 + C_1 s^2}{D_0 + D_1 s^2} = \frac{C\left(s^2\right)}{D(s)D(-s)} = \frac{1}{2}\left(G_{\mathrm{M}}(s) + G_{\mathrm{M}}(-s)\right). \tag{2.85}$$

Mit dem Ansatz nach Gl. (2.83)

$$G_{\mathrm{M}}(s) = \frac{b_0 + b_1 s}{D(s)}$$

und mit

$$D(s) = a_0 + a_1 s$$

gemäß Gl. (2.84) ergibt sich nach Einsetzen dieser beiden Beziehungen in Gl. (2.80)

$$H(s) = \frac{1}{2}\left[\frac{(b_0 + b_1 s)\;D(-s) + (b_0 + b_1 s)\;D(s)}{D(s)\,D(-s)}\right]. \tag{2.86}$$

Aus der Auflösung von

$$D(s)D(-s) = D_0 + D_1 s^2 = 0$$

ergeben sich die Wurzeln von $D(s)D(-s)$ zu

$$s_{1,2} = \pm\sqrt{-D_0/D_1} = \pm\sigma_0\sqrt{\frac{1 + d_1}{1 - d_1}}.$$

Da aber

$$D(s) = a_0 + a_1 s$$

ist, folgt schließlich nach Einsetzen der Wurzel und anschließendem Koeffizientenvergleich

$$a_0 = \sigma_0 \sqrt{1 + d_1}$$

und

$$a_1 = \sqrt{1 - d_1}.$$

Zur Berechnung der Parameter b_0 und b_1 wird $D(s)$ in Gl. (2.86) eingesetzt. Dies liefert

$$H(s) = \frac{1}{2} \left[\frac{(b_0 + b_1 s)\,(a_0 - a_1 s) + (b_0 - b_1 s)\,(a_0 + a_1 s)}{D(s)\,D(-s)} \right]$$

oder ausmultipliziert

$$H(s) = \frac{a_0 b_0 - a_1 b_1 s^2}{D(s)\,D(-s)}. \tag{2.87}$$

Der Koeffizientenvergleich zwischen den Gln. (2.85) und (2.87) ergibt die zwei Gleichungen

$$C_0 = a_0\, b_0,$$
$$C_1 = -a_1\, b_1$$

für die zwei noch unbekannten Parameter b_0 und b_1. Aufgelöst ergibt sich dann

$$b_0 = \frac{C_0}{a_0} = \frac{\sigma_0\,(c_0 + c_1)}{\sqrt{1 + d_1}}$$

und

$$b_1 = -\frac{C_1}{a_1} = \frac{c_0 - c_1}{\sqrt{1 - d_1}}.$$

■

Die in Bild 2.16 dargestellte und approximierte Ortskurve zeigt die Ergebnisse der Anwendung dieses Verfahrens am Beispiel eines Wärmetauschers.

2.3.2 Zusammenhänge zwischen Zeit- und Frequenzbereichsdarstellungen

Wie bereits bei der Einführung der Gln. (2.1) bis (2.3) erwähnt wurde, gibt es aufgrund der Laplace- und Fourier-Transformationen grundlegende Zusammenhänge zwischen den kontinuierlichen Systembeschreibungen im Zeitbereich, also $h(t)$ oder $g(t)$, und denen im Frequenzbereich, $G(s)$ oder $G(\mathrm{j}\omega)$. Ähnliche Beziehungen lassen sich auch für die entsprechenden diskreten Systembeschreibungen, $h(k)$ oder $g(k)$, sowie die diskrete Übertragungsfunktion $G_z(z)$ oder den diskreten Frequenzgang $G_z(e^{\mathrm{j}\omega T})$ angeben. Da bei der Systemidentifikation häufig der Übergang zwischen Zeit- und Frequenzbereichsdarstellung erforderlich ist, werden nachfolgend einige Verfahren angegeben, die die numerische Umrechnung zwischen beiden Darstellungsformen gestatten.

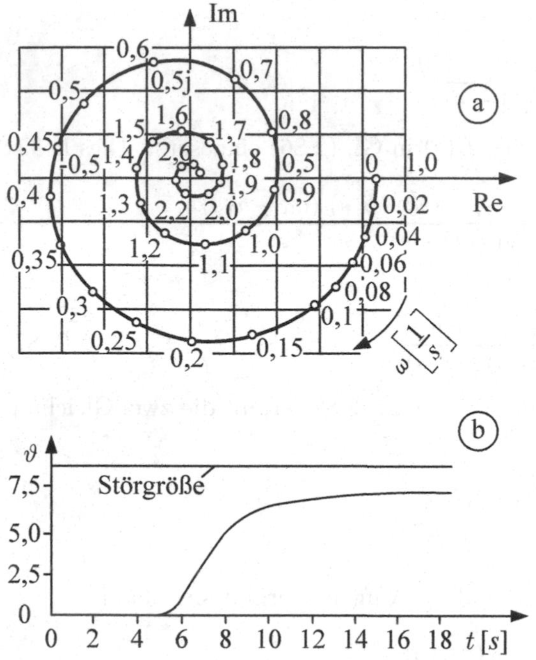

a_0 = 1,00	b_0 = 0,850
a_1 = 5,48	b_1 = -2,23
a_2 = 11,28	b_2 = 2,69
a_3 = 15,90	b_3 = -2,03
a_4 = 12,70	b_4 = 0,992
a_5 = 8,35	b_5 = -0,355
a_6 = 3,44	b_6 = 0,079
a_7 = 1,04	b_7 = -0,016
a_8 = 0,226	b_8 = 0

Bild 2.16 (a) Punktweise vorgegebene Ortskurve (o) und Approximation (durchgezogene Linie) sowie (b) zugehörige Übergangsfunktion eines Wärmetauschers, wobei die im Kasten angegebenen Koeffizienten das mathematische Modell gemäß Gl. (2.77) beschreiben

2.3.2.1 Berechnung des Frequenzgangs aus der Sprungantwort

Wird ein lineares System zum Zeitpunkt $t = 0$ durch eine Sprungfunktion der Höhe K^* erregt, dann ergibt sich die Sprungantwort $h^*(t)$ und damit gilt für die Übergangsfunktion

$$h(t) = \frac{h^*(t)}{K^*}. \tag{2.88}$$

Mit der Laplace-Transformierten von $h(t)$, also

$$H(s) = \int_{0-}^{\infty} h(t)\,\mathrm{e}^{-st}\,\mathrm{d}t,$$

folgt die Übertragungsfunktion des betreffenden Übertragungssystems zu

$$G(s) = sH(s) = s\int_{0-}^{\infty} h(t)\,\mathrm{e}^{-st}\,\mathrm{d}t. \tag{2.89}$$

Für $s = \mathrm{j}\omega$ ergibt sich aus $G(s)$ der Frequenzgang gemäß Gl. (2.2) und mit Gl. (2.89) folgt für dessen Real- und Imaginärteil

$$R(\omega) = \frac{\omega}{K^*} \int_{0-}^{\infty} h^*(t) \sin \omega t \, \mathrm{d}t, \tag{2.90a}$$

$$I(\omega) = \frac{\omega}{K^*} \int_{0-}^{\infty} h^*(t) \cos \omega t \, \mathrm{d}t. \tag{2.90b}$$

Da für die Auswertung der Gln. (2.90a) und (2.90b) bei einer nichtparametrischen Modellierung des zu identifizierenden Systems die Antwort $h^*(t)$ nicht analytisch, sondern nur in Form einer Messung vorliegt, kann der jeweilige Integralwert für verschiedene ω-Werte nur numerisch ermittelt werden. Dieser Weg soll hier jedoch nicht beschritten werden. Stattdessen wird ein Verfahren angegeben, das auf dasselbe Ergebnis führt, dessen Herleitung aber nicht die direkte Auswertung der Gln. (2.90a) und (2.90b) erfordert [Unb66c].

Zunächst wird der graphisch vorgegebene Verlauf der Sprungantwort $h^*(t)$, die sich für $t \to \infty$ asymptotisch einer Geraden mit beliebiger endlicher Steigung nähert, in N äquidistanten Zeitintervallen der Größe Δt durch einen Geradenzug $\tilde{h}(t)$ entsprechend Bild 2.17 approximiert. Dabei stellt $t_N = N\Delta t$ diejenige Zeit dar, nach der die Sprungantwort $h^*(t)$ nur noch hinreichend kleine Abweichungen von der asymptotischen Geraden für $t \to \infty$ aufweist.

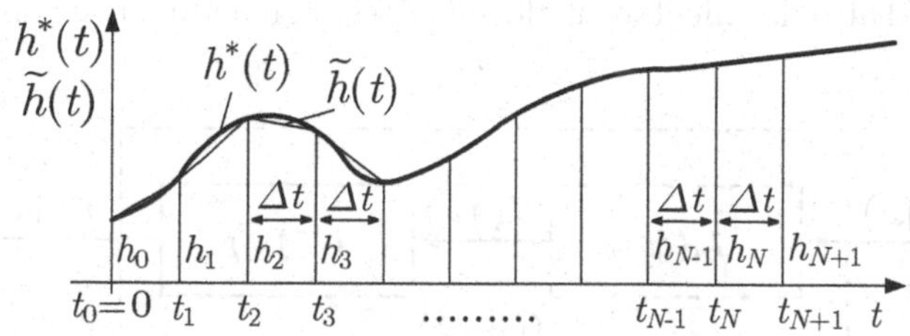

Bild 2.17 Annäherung der Sprungantwort $h^*(t)$ durch einen Geradenzug $\tilde{h}(t)$

Werden nun die Abkürzungen

$$p_\nu = \begin{cases} h_1^* - h_0^* & \text{für } \nu = 0, \\ h_{\nu+1}^* - 2h_\nu^* + h_{\nu-1}^* & \text{für } \nu = 1,2,\ldots,N, \end{cases} \tag{2.91}$$

eingeführt, dann läßt sich zeigen [Unb08], dass dem approximierenden Geradenzug $\tilde{h}(t)$ von $h^*(t)$ der Frequenzgang

$$G(\mathrm{j}\omega) = \frac{1}{K^*} \left\{ h_0 - \frac{1}{\omega \Delta t} \sum_{\nu=0}^{N} p_\nu \left[\sin(\omega \nu \Delta t) + \mathrm{j} \cos(\omega \nu \Delta t) \right] \right\} \tag{2.92}$$

entspricht. Die Zerlegung von $G(\mathrm{j}\omega)$ in Real- und Imaginärteil ergibt dann

$$R(\omega) = \frac{1}{K^*}\left[h_0 - \frac{1}{\omega\Delta t}\sum_{\nu=0}^{N} p_\nu \sin(\omega\nu\Delta t)\right], \tag{2.93a}$$

$$I(\omega) = \frac{1}{K^*}\frac{1}{\omega\Delta t}\sum_{\nu=0}^{N} p_\nu \cos(\omega\nu\Delta t). \tag{2.93b}$$

Mit diesen beiden numerisch leicht auswertbaren Beziehungen stehen somit Näherungslösungen für die Gln. (2.90a) und (2.90b) zur Verfügung.

2.3.2.2 Berechnung des Frequenzgangs aus der Antwort auf nichtsprungförmige deterministische Testsignale

Der im vorangegangenen Abschnitt erläuterte Ansatz kann auch auf die Anwendung bei nichtsprungförmigen, deterministischen Testsignalen erweitert werden. Hierzu wird als Modellvorstellung angenommen, dass das deterministische Testsignal $u(t)$, welches zur Systemidentifikation eingesetzt werden soll, das Ausgangssignal eines fiktiven Übertragungsgliedes ist, welches dem zu identifizierenden System gemäß Bild 2.18 in Reihe vorgeschaltet ist und sprungförmig erregt wird. Über die Vorschaltung des fiktiven Übertragungsgliedes wird also das nichtsprungförmige Testsignal auf ein sprungförmiges Signal zurückgeführt.

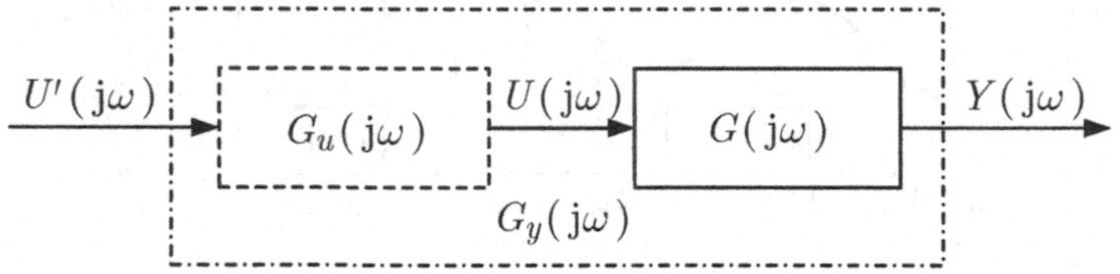

Bild 2.18 Erzeugung eines beliebigen Testsignals $u(t)$ durch ein vorgeschaltetes fiktives Übertragungsglied mit dem Frequenzgang $G_u(\mathrm{j}\omega)$ und sprungförmiger Erregung $u'(t) = \sigma(t)$

Die beiden Signale $u(t)$ und $y(t)$ brauchen dabei nur die Bedingung erfüllen, dass sie für $t > 0$ eine endliche Steigung aufweisen und für $t \to \infty$ asymptotisch in eine Gerade mit beliebiger endlicher Steigung übergehen. Der gesuchte Frequenzgang $G(\mathrm{j}\omega)$ ergibt sich gemäß Bild 2.18 zu

$$G(\mathrm{j}\omega) = \frac{Y(\mathrm{j}\omega)}{U(\mathrm{j}\omega)} = \frac{G_y(\mathrm{j}\omega)}{G_u(\mathrm{j}\omega)}. \tag{2.94}$$

Da sowohl $G_y(\mathrm{j}\omega)$ als auch $G_u(\mathrm{j}\omega)$ die Frequenzgänge sprungförmig erregter Übertragungsglieder darstellen, lässt sich $G(\mathrm{j}\omega)$ anhand von Gl. (2.94) durch zweimaliges Anwenden des im vorangegangenen Abschnitt beschriebenen Verfahrens berechnen. Unter Verwendung der Gl. (2.92) folgt somit für den gesuchten Frequenzgang gemäß Gl. (2.94) näherungsweise

$$G(\mathrm{j}\omega) \approx \frac{y_0 - \frac{1}{\omega \Delta t} \sum\limits_{\nu=0}^{N} p_\nu \left[\sin(\omega \nu \Delta t) + \mathrm{j}\cos(\omega \nu \Delta t)\right]}{u_0 - \frac{1}{\omega \Delta t} \sum\limits_{\mu=0}^{M} p_\mu \left[\sin(\omega \mu \Delta t') + \mathrm{j}\cos(\omega \mu \Delta t')\right]}. \tag{2.95}$$

Dabei wird gemäß Bild 2.19 das Eingangssignal $u(t)$ in M, das Ausgangssignal $y(t)$ in N äquidistante Zeitintervalle der Länge Δt bzw. $\Delta t'$ unterteilt und die zugehörigen Ordinatenwerte u_μ und y_ν werden abgelesen. Aus diesen Werten werden die Koeffizienten

$$\begin{aligned} p_0 &= y_1 - y_0, \\ p_\nu &= y_{\nu+11} - 2y_\nu + y_{\nu-1} \quad \text{für } \nu = 1, \ldots, N, \\ q_0 &= u_1 - u_0, \\ q_\mu &= u_{\mu+1} - 2u_\mu + u_{\mu-1} \quad \text{für } \mu = 1, \ldots, M, \end{aligned}$$

gebildet. Dabei ist zu beachten, dass die beiden letzten Ordinatenwerte, also u_M und u_{M+1} bzw. y_N und y_{N+1}, bereits auf der jeweiligen asymptotischen Geraden des Signalverlaufs für $t \to \infty$ liegen sollten.

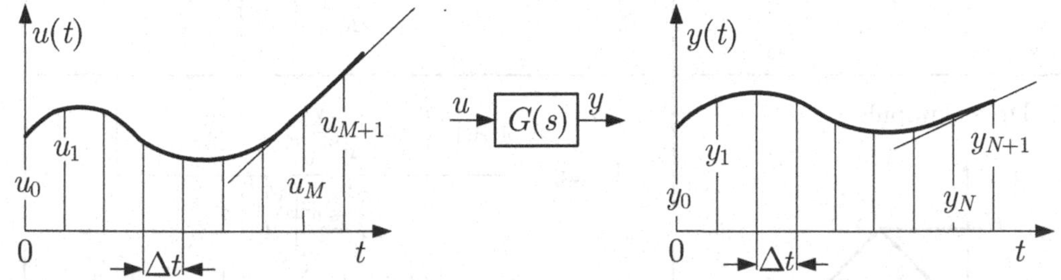

Bild 2.19 Zur Berechnung des Frequenzgangs aus gemessenem Eingangs- und Ausgangssignal

Für verschiedene häufig verwendete Testsignale sind die aus Gl. (2.95) resultierenden Ergebnisse in Tabelle 2.4 zusammengestellt [Unb68]. Dementsprechend brauchen nur die bei den jeweiligen Testsignalen sich ergebenden Werte y_ν des Antwortsignals in die betreffenden Gleichungen eingesetzt werden, um den Real- und Imaginärteil des gesuchten Frequenzgangs $G(\mathrm{j}\omega)$ zu berechnen.

Abschließend sei noch darauf hingewiesen, dass die Berechnung des Frequenzgangs auch mittels einer diskreten Fourier-Transformation der abgetasteten Zeitsignale erfolgen kann. Der Frequenzgang kann dann über den als empirischen Übertragungsfunktionsschätzwert (*Empricial Transfer Function Estimate*, ETFE [Lju99]) bezeichneten Quotienten der diskreten Fourier-Transformierten von Ausgangs- und Eingangsgröße bestimmt werden. Dabei werden zweckmäßigerweise periodische Testsignale verwendet. Dies wird in Abschnitt 9.8.2 eingehender betrachtet.

Tabelle 2.4 Frequenzgangberechnung mit Testsignalen [Unb68]

Testsignal $u(t)$	Frequenzgang $G(\mathrm{j}\omega) = \mathrm{Re}(\omega) + \mathrm{j}\mathrm{Im}(\omega)$, $p_\nu = y_{\nu+1} - 2y_\nu + y_{\nu-1}$
Sprung 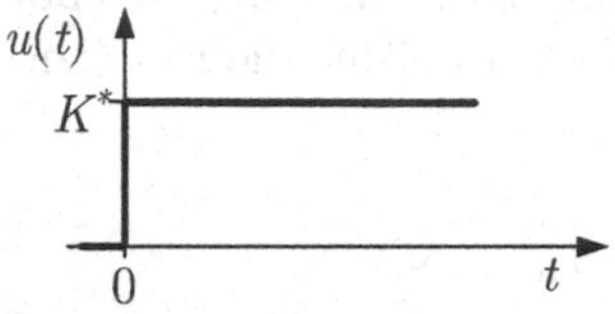	$\mathrm{Re}(\omega) = \frac{1}{K^*}\left[y_0 - \frac{1}{\omega\Delta t}\sum_{\nu=0}^{N} p_\nu \sin(\omega\nu\Delta t)\right]$ $\mathrm{Im}(\omega) = -\frac{1}{K*}\frac{1}{\omega\Delta t}\sum_{\nu=0}^{N} p_\nu \cos(\omega\nu\Delta t)$
Rechteckimpuls 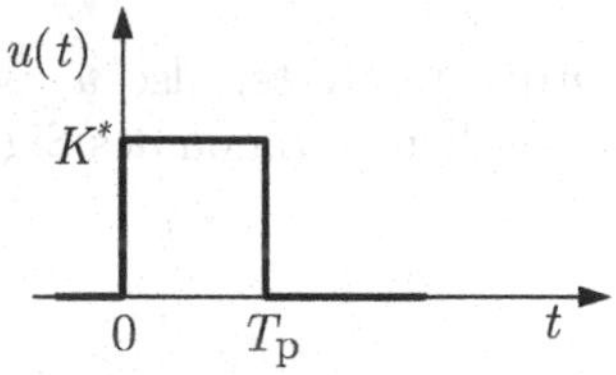	$\mathrm{Re}(\omega) = \frac{y_0 \sin\left(\frac{\omega T_p}{2}\right) - \frac{1}{\omega\Delta t}\sum_{\nu=0}^{N} p_\nu \cos\left(\nu\omega\Delta t - \frac{\omega T_p}{2}\right)}{2K^* \sin\left(\frac{\omega T_p}{2}\right)}$ $\mathrm{Im}(\omega) = \frac{-y_0 \cos\left(\frac{\omega T_p}{2}\right) - \frac{1}{\omega\Delta t}\sum_{\nu=0}^{N} p_\nu \sin\omega\left(\nu\Delta t - \frac{T_p}{2}\right)}{2K^* \sin\left(\frac{\omega T_p}{2}\right)}$
Dreieckimpuls 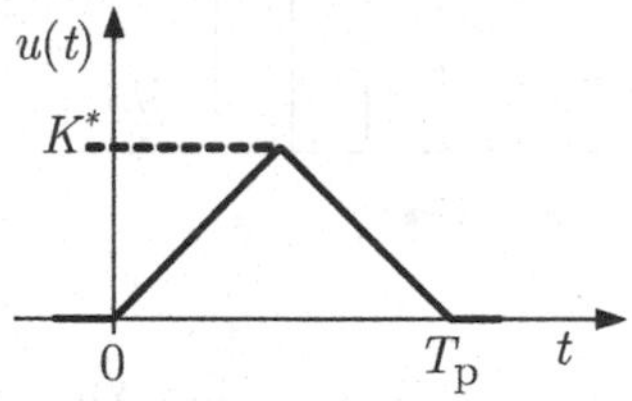	$\mathrm{Re}(\omega) = \frac{y_0 \sin\left(\frac{\omega T_p}{2}\right) - \frac{1}{\omega\Delta t}\sum_{\nu=0}^{N} p_\nu \cos\left(\nu\omega\Delta t - \frac{\omega T_p}{2}\right)}{\frac{8K^*}{\omega T_p} \sin^2\left(\frac{\omega T_p}{4}\right)}$ $\mathrm{Im}(\omega) = \frac{-y_0 \sin\left(\frac{\omega T_p}{2}\right) - \frac{1}{\omega\Delta t}\sum_{\nu=0}^{N} p_\nu \cos\left(\nu\omega\Delta t - \frac{\omega T_p}{2}\right)}{\frac{8K^*}{\omega T_p} \sin^2\left(\frac{\omega T_p}{4}\right)}$
Trapezimpuls 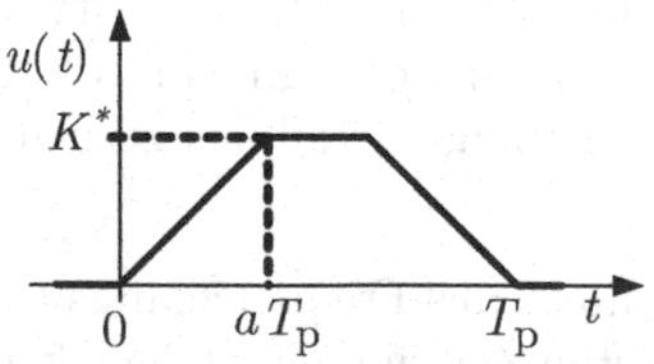	$\mathrm{Re}(\omega) = \frac{y_0 \sin\left(\frac{\omega T_p}{2}\right) - \frac{1}{\omega\Delta t}\sum_{\nu=0}^{N} p_\nu \cos\left(\nu\omega\Delta t - \frac{\omega T_p}{2}\right)}{\frac{1}{a}\cdot\frac{4K^*}{\omega T_p} \sin\left(\frac{\omega T_p}{2}a\right) \sin\left[\frac{\omega T_p}{2}(1-a)\right]}$ $\mathrm{Im}(\omega) = \frac{-y_0 \cos\left(\frac{\omega T_p}{2}\right) + \frac{1}{\omega\Delta t}\sum_{\nu=0}^{N} p_\nu \sin\left(\nu\omega\Delta t - \frac{\omega T_p}{2}\right)}{\frac{1}{a}\cdot\frac{4K^*}{\omega T_p} \sin\left(\frac{\omega T_p}{2}a\right) \sin\left[\frac{\omega T_p}{2}(1-a)\right]}$

Tabelle 2.4 (Fortsetzung)

Testsignal $u(t)$	Frequenzgang $G(\mathrm{j}\omega) = \mathrm{Re}(\omega) + \mathrm{j}\,\mathrm{Im}(\omega)$, $p_\nu = y_{\nu+1} - 2y_\nu + y_{\nu-1}$
Rampe 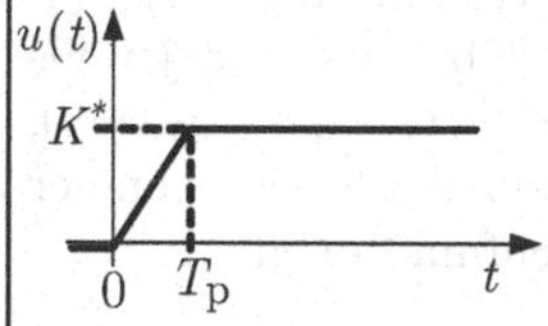	$\mathrm{Re}(\omega) = \dfrac{\dfrac{\omega T_\mathrm{p}}{2}}{K^* \sin\left(\dfrac{\omega T_\mathrm{p}}{2}\right)} \left[y_0 \cos\left(\dfrac{\omega T_\mathrm{p}}{2}\right) - \dfrac{1}{\omega \Delta t} \sum_{\nu=0}^{N} p_\nu \sin\left(\nu\omega\Delta t - \dfrac{\omega T_\mathrm{p}}{2}\right)\right]$ $\mathrm{Im}(\omega) = \dfrac{\dfrac{\omega T_\mathrm{p}}{2}}{K^* \sin\left(\dfrac{\omega T_\mathrm{p}}{2}\right)} \left[y_0 \sin\left(\dfrac{\omega T_\mathrm{p}}{2}\right) - \dfrac{1}{\omega \Delta t} \sum_{\nu=0}^{N} p_\nu \cos\left(\nu\omega\Delta t - \dfrac{\omega T_\mathrm{p}}{2}\right)\right]$
Verzögerung 1.Ordnung 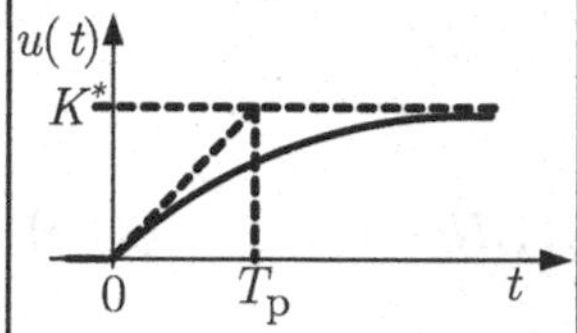	$\mathrm{Re}(\omega) = \dfrac{1}{K^*}\left(y_0 - \dfrac{1}{\omega\Delta t}\left[\sum_{\nu=0}^{N} p_\nu \sin(\omega\nu\Delta t) - \omega T_\mathrm{p} \sum_{\nu=0}^{N} p_\nu \cos(\omega\nu\Delta t)\right]\right)$ $\mathrm{Im}(\omega) = \dfrac{1}{K^*}\left(y_0 \omega T - \dfrac{1}{\omega\Delta t}\left[\sum_{\nu=0}^{N} p_\nu \cos(\omega\nu\Delta t) - \omega T_\mathrm{p} \sum_{\nu=0}^{N} p_\nu \sin(\nu\omega\Delta t)\right]\right)$
Kosinusimpuls 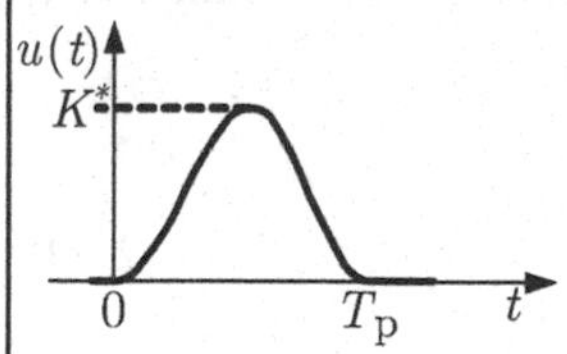	$\mathrm{Re}(\omega) = \dfrac{1 - \left(\dfrac{\omega T_\mathrm{p}}{2\pi}\right)^2}{K^* \sin\left(\dfrac{\omega T_\mathrm{p}}{2}\right)} \left[y_0 \sin\left(\dfrac{\omega T_\mathrm{p}}{2}\right) - \dfrac{1}{\omega \Delta t} \sum_{\nu=0}^{N} p_\nu \cos\left(\nu\omega\Delta t - \dfrac{\omega T_\mathrm{p}}{2}\right)\right]$ $\mathrm{Im}(\omega) = \dfrac{1 - \left(\dfrac{\omega T_\mathrm{p}}{2\pi}\right)^2}{K^* \sin\left(\dfrac{\omega T_\mathrm{p}}{2}\right)} \left[-y_0 \cos\left(\dfrac{\omega T_\mathrm{p}}{2}\right) + \dfrac{1}{\omega \Delta t} \sum_{\nu=0}^{N} p_\nu \sin\left(\nu\omega\Delta t - \dfrac{\omega T_\mathrm{p}}{2}\right)\right]$
Anstiegsfunktion 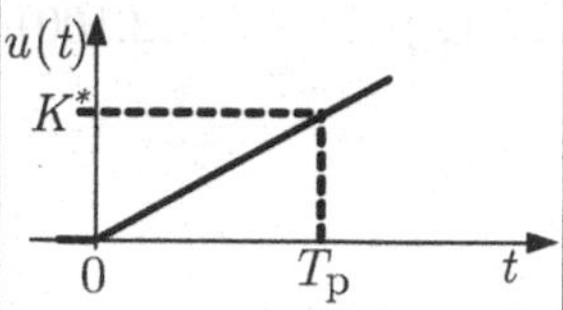	$\mathrm{Re}(\omega) = \dfrac{\omega T_\mathrm{p}}{K^*} \cdot \dfrac{1}{\omega\Delta t} \cdot \sum_{\nu=0}^{N} p_\nu \cos(\omega\nu\Delta t)$ $\mathrm{Im}(\omega) = \dfrac{\omega T_\mathrm{p}}{K^*}\left[y_0 - \dfrac{1}{\omega\Delta t} \cdot \sum_{\nu=0}^{N} p_\nu \sin(\omega\nu\Delta t)\right]$

2.3.3 Berechnung der Übergangsfunktion aus dem Frequenzgang

Den Ausgangspunkt des hier beschriebenen Verfahrens [Unb66a] stellt Gl. (2.3b) dar. Der Verlauf von

$$\tilde{I}(\omega) = \frac{I(\omega)}{\omega}, \qquad \omega \geq 0, \qquad \tilde{I}(0) \neq \infty, \tag{2.96}$$

sei als gegeben vorausgesetzt. Durch einen Streckenzug $\tilde{s}_0$, $\tilde{s}_1$, ..., $\tilde{s}_N$ wird $\tilde{I}(\omega)$ im Bereich $0 \leq \omega \leq \omega_{N+1}$ so approximiert, dass für $\omega \geq \omega_N$ der Verlauf von $\tilde{I}(\omega) \approx 0$ wird (siehe Bild 2.20a). Auf der ω-Achse werden nun wie in Bild 2.20b dargestellt jeweils bei den (nicht notwendigerweise äquidistanten) Werten ω_ν, $\nu = 0{,}1,\ldots,N$, $\omega_0 = 0$, beginnende Strecken aufgetragen, deren Steigung gleich der Differenz der Steigungen der Strecken $\tilde{s}_{\nu+1}$ und $\tilde{s}_\nu$ ist. So werden für $\nu = 0{,}1,\ldots,N$ die Rampenfunktionen

$$s_\nu(\omega) = \begin{cases} 0 & \text{für } \omega < \omega_\nu, \\ b_\nu(\omega - \omega_\nu) & \text{für } \omega \geq \omega_\nu, \end{cases} \tag{2.97}$$

mit den jeweiligen Steigungen

$$b_\nu = \begin{cases} \dfrac{\tilde{I}(\omega_1) - \tilde{I}(\omega_0)}{\omega_1 - \omega_0} & \text{für } \nu = 0, \\[2ex] \dfrac{\tilde{I}(\omega_{\nu+1}) - \tilde{I}(\omega_\nu)}{\omega_{\nu+1} - \omega_\nu} - \dfrac{\tilde{I}(\omega_\nu) - \tilde{I}(\omega_{\nu-1})}{\omega_\nu - \omega_{\nu-1}} & \text{für } \nu = 1,\ldots,N-1, \\[2ex] -\dfrac{\tilde{I}(\omega_N) - \tilde{I}(\omega_{N-1})}{\omega_N - \omega_{N-1}} & \text{für } \nu = N \end{cases} \tag{2.98}$$

definiert. Die Größen $\tilde{I}(\omega_\nu)$, $\nu = 0{,}1,\ldots,N$, werden dabei direkt aus dem Verlauf von $\tilde{I}(\omega)$ entnommen.

Die Approximation von $\tilde{I}(\omega)$ kann dann durch Überlagerung dieser Rampenfunktionen und Addition von $\tilde{I}(\omega_0)$ in der Form

$$\tilde{I}(\omega) \approx \tilde{I}(\omega_0) + \sum_{\nu=0}^{N} s_\nu(\omega) \tag{2.99}$$

erfolgen. Wird entsprechend der Voraussetzung $\tilde{I}(\omega) \approx 0$ für $\omega \geq \omega_N$ die obere Integrationsgrenze zu $\omega = \omega_N$ gesetzt, so geht Gl. (2.3b) in die Form

$$h(t) \approx R(0) + \frac{2}{\pi} \left[\sum_{\nu=0}^{N} \int_{\omega_\nu}^{\omega_N} s_\nu(\omega) \cos \omega t \, \mathrm{d}\omega + \tilde{I}(\omega_0) \int_0^{\omega_N} \cos \omega t \, \mathrm{d}\omega \right] \tag{2.100}$$

über. Mit Gl. (2.97) folgt aus Gl. (2.100)

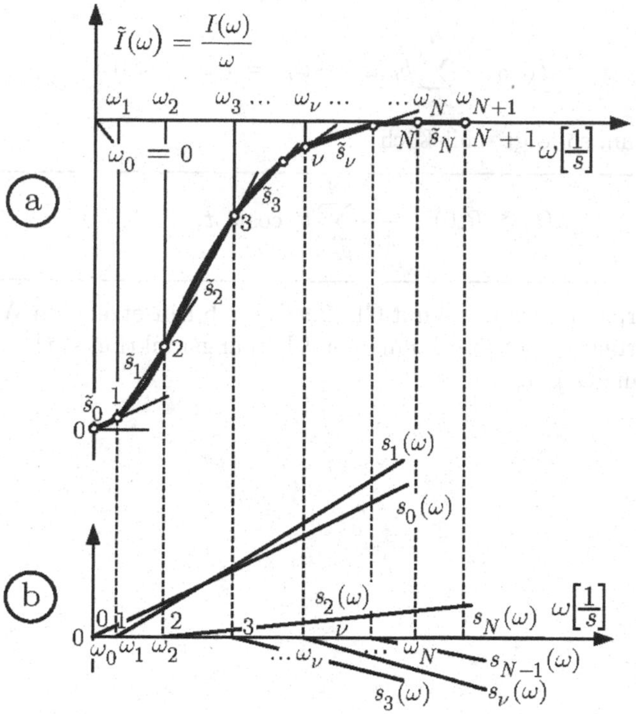

Bild 2.20 (a) Annäherung der Kurve $\tilde{I}(\omega) = I(\omega)/\omega$ durch einen Streckenzug $\tilde{s}_0, \tilde{s}_1, \dots, \tilde{s}_N$ und (b) Darstellung der Rampenfunktionen $s_\nu(\omega)$ nach Gl. (2.97)

$$
\begin{aligned}
h(t) \approx\ & R(0) \\
&+ \frac{2}{\pi} \sum_{\nu=0}^{N} \left(b_\nu \int_{\omega_\nu}^{\omega_N} \omega \cos \omega t \, \mathrm{d}\omega - \omega_\nu b_\nu \int_{\omega_\nu}^{\omega_N} \cos \omega t \, \mathrm{d}\omega \right) \\
&+ \frac{2}{\pi} \tilde{I}(\omega_0) \int_0^N \cos \omega t \, \mathrm{d}\omega .
\end{aligned}
\tag{2.101}
$$

Nach Auswertung der Integrale und Zusammenfassung aller Terme ergibt sich dann für $t > 0$

$$
\begin{aligned}
h(t) \approx R(0) + \frac{2}{\pi} \Bigg\{ & \frac{\sin \omega_N t}{t} \left[\tilde{I}(\omega_0) + \sum_{\nu=0}^{N} b_\nu (\omega_N - \omega_\nu) \right] \\
& - \frac{1}{t^2} \sum_{\nu=0}^{N} b_\nu \cos \omega_\nu t + \frac{\cos \omega_N t}{t^2} \sum_{\nu=0}^{N} b_\nu \Bigg\} .
\end{aligned}
\tag{2.102}
$$

Wird berücksichtigt, dass in Gl. (2.102)

$$\sum_{\nu=0}^{N} b_\nu = 0$$

und

$$\tilde{I}(\omega_0) + \sum_{\nu=0}^{N} b_\nu(\omega_N - \omega_\nu) = \tilde{I}(\omega_N) \approx 0$$

gesetzt werden kann, so folgt schließlich

$$h(t) \approx R(0) + \frac{2}{\pi t^2} \sum_{\nu=0}^{N} b_\nu \cos \omega_\nu t, \qquad t > 0. \tag{2.103}$$

Diese Gleichung erlaubt zusammen mit Gl. (2.98) durch Einsetzen von Werten für t recht einfach eine näherungsweise Berechnung der Übergangsfunktion $h(t)$ aus dem vorgegebenen Frequenzgang $G(\mathrm{j}\omega)$.

3 Identifikation linearer Eingrößensysteme mittels Parameterschätzverfahren

3.1 Problemstellung

Die Aufgabe der Systemidentifikation mittels Parameterschätzverfahren kann folgendermaßen formuliert werden [Unb73a, Unb73b]:

> Gegeben sind zusammengehörige Datensätze oder Messungen des zeitlichen Verlaufs der Eingangs- und Ausgangssignale eines dynamischen Systems. Gesucht sind Struktur und Parameter eines geeigneten mathematischen Modells, welches das statische und dynamische Verhalten des untersuchten Systems hinreichend genau beschreibt.[1]

Zur Lösung dieser Aufgabe wird von der Vorstellung ausgegangen, dass entsprechend Bild 3.1 dem tatsächlichen (zu identifizierenden) System ein mathematisches Modell mit zunächst noch frei einstellbaren Parametern, die in dem Modellparametervektor $\boldsymbol{p}_{\mathrm{M}}$ zusammengefasst werden, parallel geschaltet sei.[2] Diese Modellparameter sollen nun so ermittelt werden, dass das mathematische Modell das statische und dynamische Systemverhalten möglichst genau beschreibt. Eine Prüfung der Qualität dieses Modells kann durch den Vergleich der Ausgangsgrößen von System und Modell erfolgen, z.B. im Falle eines Eingrößensystems durch y und $\tilde{y}_{\mathrm{M}}$, wobei System und Modell durch dasselbe Eingangssignal u erregt werden.

Es wird angenommen, dass das messbare Ausgangssignal y des Systems aus der Summe des nichtmessbaren, ungestörten Signals y_{S} und der Störgröße r_{S} besteht. Ist die Differenz der Ausgangssignale

$$\tilde{e} = y - \tilde{y}_{\mathrm{M}} \tag{3.1}$$

genügend klein, dann kann unter bestimmten Annahmen über das Störsignal, die weiter unten betrachtet werden, darauf geschlossen werden, dass ein hinreichend genaues Modell ermittelt wurde. Um dies zu erreichen, werden die frei einstellbaren Modellparameter durch einen geeigneten Rechenalgorithmus auf Basis eines Fehler- oder Gütefunktionals

[1] Diese Formulierung soll die in diesem Kapitel ebenfalls betrachtete Identifikation im Frequenzbereich (siehe Abschnitt 3.7) mit einschließen, da die Frequenzbereichsdaten in der Regel auch aus Messungen von zeitlichen Verläufen bestimmt werden.

[2] Diese Vorstellung ist für eine einführende Darstellung der Systemidentifikationsaufgabe zunächst hilfreich. Die tatsächlich bei der Systemidentifikation verwendete Struktur entspricht aber in vielen Fällen nicht einer solchen Parallelschaltung, sondern oftmals der in Bild 8.4 gezeigten allgemeineren Struktur. Dies kommt, wie weiter unten gezeigt, auch dadurch zum Ausdruck, dass im Allgemeinen nicht wie in Bild 3.1 gezeigt der Modellausgang $\tilde{y}_{\mathrm{M}}$ bzw. der Fehler $\tilde{e}$ im Gütekriterium verwendet werden. Eine Ausnahme stellt z.B. das in Abschnitt 6.3 vorgestellte Verfahren dar, bei dem ein parallel geschaltetes selbstanpassendes Modell zur Identifikation verwendet wird.

so angepasst, dass dieses Gütefunktional bzw. damit auch der Fehler minimal (oder ausreichend klein) wird. Diese Vorgehensweise stellt ein Fehlerminimierungsverfahren bzw. ein Modellanpassungsverfahren dar (siehe auch Abschnitt 8.2.2).

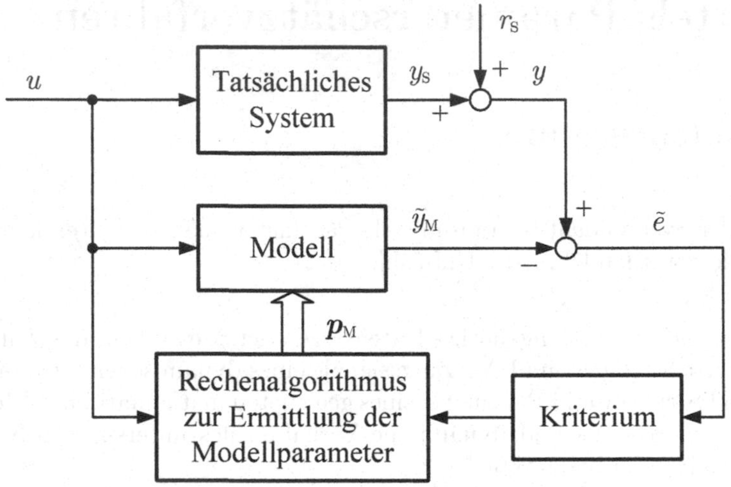

Bild 3.1 Parameterschätzung mit parallelgeschaltetem Modell

Steht über das zu identifizierende System keine *A-priori*-Information zur Verfügung, dann erfolgt nach der Aufbereitung der Messdaten von Eingangs- und Ausgangssignal die Identifikation über Parameterschätzung in den folgenden vier Stufen:

1. Bestimmung der Modellstruktur (z.B. Wahl der Struktur der Differential- oder Differenzengleichung des Modells),
2. Festlegung eines Fehler- oder Gütefunktionals, mit dessen Hilfe die Güte des Modellausgangssignals gegenüber dem tatsächlichen Systemausgangssignal verglichen werden kann, sofern System und Modell mit demselben Eingangssignal erregt werden,
3. Wahl einer Rechenvorschrift (Schätzverfahren) zur Ermittlung der Modellparameter im Sinne des festgelegten Gütefunktionals und Berechnung der Modellparameter.
4. Test der Modellstruktur unter Verwendung von Strukturprüfverfahren (siehe Kapitel 4), wobei die Parameterschätzung im Allgemeinen erneut durchzuführen ist.

Die Wahl der Modellstruktur hängt meist von dem späteren Verwendungszweck des Modells ab. Die nachfolgenden Überlegungen beschränken sich auf die Identifikation zeitkontinuierlicher Systeme, die angenähert durch lineare zeitdiskrete Modelle beschrieben werden sollen. Die Struktur derartiger Modelle ist im Wesentlichen gekennzeichnet durch die Modellordnung n und eine eventuell vorhandene Totzeit von n_d Abtastschritten.

Die Modellordnung und die Totzeit werden gewöhnlich während des Identifikationsablaufs konstant gehalten. Sie werden in der vierten Identifikationsstufe nur verändert, um zu prüfen, ob die Wahl anderer Werte eine weitere Verringerung des Gütefunktionals bewirkt. Bei regelungstechnischen Anwendungen werden für lineare Systeme im Wesentlichen zwei parametrische Modelle verwendet, die Beschreibungsform im Zustandsraum und die Eingangs-Ausgangs-Beschreibung durch Übertragungsfunktionen oder Übertragungsmatrizen. Während für die Reglersynthese, besonders bei anspruchsvolleren Entwurfsaufgaben, die Zustandsraumbeschreibung häufiger benutzt wird, dominiert bei der Systemidentifikation von Eingrößensystemen eher die Eingangs-Ausgangs-Beschreibung in Form der Übertragungsfunktion bzw. der Differenzengleichung.

Der Einsatz von Parameterschätzverfahren zur Systemidentifikation unter Verwendung von Eingangs-Ausgangs-Modellen begann etwa um das Jahr 1964. Die weitere Entwicklung kann in drei zeitliche Abschnitte eingeteilt werden:

- *Grundsätzliche theoretische Studien* (1964-1972): Theoretische Untersuchungen erbrachten eine Vielzahl von Schätzalgorithmen für lineare Systeme, von denen sich jedoch nur ein Teil praktisch bewährt hat. Die wichtigsten Verfahren [Cla67, Eyk67, WP67, Boh68, HS69, Ast70, You70, Tal71, TB73] sind in Tabelle 3.1 zusammengestellt. Zwar wurden auch später noch Modifikationen sowie auch neue Verfahren vorgeschlagen, jedoch haben sie nicht die Bedeutung dieser bewährten Methoden erlangt.

- *Praktische Anwendungen und vergleichende Studien* (seit 1970): Umfangreiche Anwendungen von Parameterschätzverfahren zur Systemidentifikation sind in den Berichten über die IFAC-Fachtagungen [IFAC67, IFAC70, Eyk73, Raj76, Ise79, BS82, BY85, Che88, BK91, BS94, SS97, Smi01, HWW04, NHM07, Wal09, Kin12] enthalten. In diese Zeit fallen auch verschiedene umfangreiche vergleichende Untersuchungen über die Leistungsfähigkeit unterschiedlicher Parameterschätzverfahren [Goe73, Ise73, Unb73a, Unb73b, Sar74a, Kas77, GM99].

- *Anspruchsvollere Identifikationsaufgaben* (seit 1975): Die weitere Entwicklung führte zu Verfahren für die Identifikation von Systemen im geschlossenen Regelkreis [Bau77, SS89, Lju99], die Identifikation von Mehrgrößensystemen im Frequenzbereich [Die81, Keu88, Boo93, PS01] und im Zeitbereich [OM96], die Identifikation von nichtlinearen [Bil80, Kor89, Unb96, Dan99, HK99] und zeitvarianten Systemen [Kop78, YJ80], die Identifikation mittels zeitkontinuierlicher Modelle [UR87, SR91, RU06] sowie zum Einsatz von Expertensystemen [MF92], Fuzzy-Modellen [Bab96, Kor97] und neuronalen Netzen [Jun99, Nel99] sowie zur Entwicklung spezieller CAD-Programmsysteme für die Systemidentifikation [Lin93].

Bevor nachfolgend die wichtigsten Grundlagen der Parameterschätzverfahren behandelt werden, wird zuvor anhand eines Beispiels auf das generell bei der Systemidentifikation mögliche Problem der Identifizierbarkeit hingewiesen. Dazu wird das in Bild 3.2 dargestellte elektrische Netzwerk betrachtet, welches durch die Übertragungsfunktion

$$G(s) = \frac{X_{\mathrm{a}}(s)}{X_{\mathrm{e}}(s)} = \frac{RCs}{LCs^2 + RCs + 1} \tag{3.2}$$

Tabelle 3.1 Zusammenstellung der klassischen Parameterschätzverfahren

Methode	**Abkürzung**	**Literatur**
Kleinste-Quadrate-Verfahren (*Least-Squares*-Verfahren)	LS	Eykhoff [Eyk67] Åström [Ast68, Ast70]
Verallgemeinertes/Erweitertes Kleinste-Quadrate-Verfahren (*Generalized/Extended Least-Squares*-Verfahren) Erweitertes Matrizenmodell-Verfahren (*Extended Matrix Method*)	GLS/ELS/EMM	Clarke [Cla67] Hastings-James/Sage [HS69] Talmon [Tal71] Talmon/van den Boom [TB73]
Hilfsvariablen-Verfahren (*Instrumental-Variable*-Verfahren)	IV	Wong/Polak [WP67] Young [You70]
Maximum-Likelihood-Verfahren	ML	Bohlin [Boh68] Åström [Ast70]

beschrieben wird. Durch Aufbringen einer Eingangsspannung $x_\mathrm{e}(t)$ und gleichzeitiger Messung der Ausgangsspannung $x_\mathrm{a}(t)$ sowie Anwendung der nachfolgend behandelten Parameterschätzverfahren können die Parameter eines zeitdiskreten mathematischen Modells mit der Übertragungsfunktion

$$G_\mathrm{M}(z) = \frac{X_\mathrm{a}(z)}{X_\mathrm{e}(z)} = \frac{b_1 z^{-1} + b_2 z^{-2}}{1 + a_1 z^{-1} + a_2 z^{-2}} \tag{3.3}$$

geschätzt werden, wobei vorausgesetzt wurde, dass als Ordnung des Systems $n = 2$ angenommen werden kann.[3] Aus diesem zeitdiskreten Modell lässt sich weiterhin ein zugehöriges zeitkontinuierliches mathematisches Modell mit der Übertragungsfunktion

$$G_\mathrm{M}(s) = \frac{\beta_1 s}{\alpha_2 s^2 + \alpha_1 s + 1} \tag{3.4}$$

ermitteln. Zur Identifikation der tatsächlichen physikalischen Parameter R, L und C ergeben sich durch Koeffizientenvergleich der Gln. (3.2) und (3.4) $q = 3$ algebraische Gleichungen

$$\alpha_1 = RC, \quad \alpha_2 = LC \quad \text{und} \quad \beta_1 = RC.$$

Nur $q' = 2$ dieser Gleichungen sind aber linear unabhängig. Da $q' < q$ ist, stehen also nicht genügend unabhängige Gleichungen für die Berechnung der unbekannten physikalischen Parameter zur Verfügung, obwohl die mathematischen Parameter bekannt sind. Das physikalische System ist somit bezüglich der physikalischen Parameter nicht vollständig identifizierbar. Wäre $q = q'$, so könnten alle unbekannten physikalischen Parameter berechnet werden. Es liegt dann der Fall der vollständigen Identifizierbarkeit der physikalischen Parameter vor. An dieser Stelle sollte allerdings darauf hingewiesen werden,

[3] Dabei wird mit $X(z) = \mathscr{Z}\{x(k)\}$ die z-Transformierte der Folge $x(k)$ der Abtastwerte des Signals $x(t)$ bezeichnet.

dass in den meisten praktischen Anwendungsfällen die Identifikation der Parameter des mathematischen Modells bereits als Ziel der Systemidentifikation angesehen werden darf. Die fehlende Identifizierbarkeit der physikalischen Parameter stellt also nicht zwangsläufig ein Problem dar.

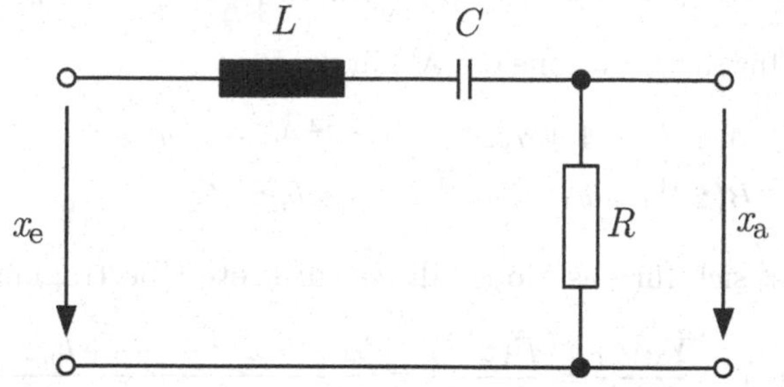

Bild 3.2 RLC-Netzwerk als Beispiel eines dynamischen Systems

3.2 Modellstruktur

Obwohl die meisten technischen Prozesse zeitkontinuierliche Systeme darstellen, sollen im Weiteren für ihre mathematischen Modelle zunächst zeitdiskrete Systembeschreibungen gewählt werden. Dies ist gerechtfertigt, da einerseits für die Simulation oder auch die Reglersynthese die Prozessmodelle meist in zeitdiskreter Form weiter verwendet werden und andererseits die Parameterschätzung selbst wegen der einfacheren mathematischen Handhabung zweckmäßig in zeitdiskreter Form durchgeführt wird. Daher werden im Weiteren sämtliche Signale als Abtastsignale betrachtet. Auf die Identifikation zeitkontinuierlicher Systeme mittels zeitkontinuierlicher Modelle wird in Kapitel 6 näher eingegangen.

Gemäß Gl. (3.1) bzw. Bild 3.1 gilt für den Fehler des Ausgangssignals im Fall eines Eingrößensystems (SISO-System, *Single-Input-Single-Output*) in zeitdiskreter Form zum Zeitpunkt k

$$\tilde{e}(k) = y(k) - \tilde{y}_{\mathrm{M}}(k), \tag{3.5}$$

wobei $\tilde{y}_{\mathrm{M}}$ das Modellausgangssignal darstellt. Der so definierte Fehler wird als Ausgangsfehler (*Output Error*) $e_{\mathrm{oe}}(k)$ bezeichnet. Es wird angenommen, dass sich das messbare Ausgangssignal des Systems aus dem ungestörten Ausgangssignal $y_{\mathrm{S}}(k)$ und dem stochastischen Störsignal $r_{\mathrm{S}}(k)$ gemäß

$$y(k) = y_{\mathrm{S}}(k) + r_{\mathrm{S}}(k) \tag{3.6}$$

zusammensetzt. Wird in Bild 3.1 für das Modell eine lineare zeitdiskrete Beschreibungsform gewählt, dann kann das Ausgangssignal des Modells durch die allgemeine Differenzengleichung

$$\tilde{y}_{\mathrm{M}}(k) = -\sum_{\mu=1}^{n} a_\mu \tilde{y}_{\mathrm{M}}(k-\mu) + \sum_{\mu=0}^{n} b_\mu u(k-\mu) \tag{3.7}$$

beschrieben werden, wobei die Koeffizienten a_μ und b_μ die Parameter des mathematischen Modells darstellen, die identifiziert (geschätzt) werden sollen. Wird auf Gl. (3.7) die z-Transformation angewendet, so folgt aus dem Verschiebesatz (siehe z.B. [Unb09]) bei verschwindenden Anfangsbedingungen

$$\tilde{Y}_{\mathrm{M}}(z) = -(a_1 z^{-1} + \cdots + a_n z^{-n})\,\tilde{Y}_{\mathrm{M}}(z) + (b_0 + b_1 z^{-1} + \cdots + b_n z^{-n})\,U(z). \tag{3.8}$$

Werden in Gl. (3.8) für die Polynome die Abkürzungen

$$A(z^{-1}) = 1 + a_1 z^{-1} + a_2 z^{-2} + \cdots + a_n z^{-n}, \tag{3.9a}$$

$$B(z^{-1}) = b_0 + b_1 z^{-1} + \cdots + b_n z^{-n} \tag{3.9b}$$

eingeführt, dann lässt sich für das Modell die zeitdiskrete Übertragungsfunktion

$$G_{\mathrm{M}}(z) = \frac{\tilde{Y}_{\mathrm{M}}(z)}{U(z)} = \frac{B(z^{-1})}{A(z^{-1})} = \frac{b_0 + b_1 z^{-1} + \cdots + b_n z^{-n}}{1 + a_1 z^{-1} + \cdots + a_n z^{-n}} \tag{3.10}$$

angeben. Zur Vereinfachung wird hier für beide Polynome der gleiche Grad n angenommen.

Der Fehler $\tilde{e}$ wird nach Bild 3.1 im Zeitbereich durch Gl. (3.5) bzw. im Bildbereich durch

$$\tilde{E}(z) = Y(z) - \tilde{Y}_{\mathrm{M}}(z) \tag{3.11}$$

beschrieben. Die in diesem Abschnitt behandelten Parameterschätzverfahren basieren darauf, dass die stochastischen Eigenschaften des Fehlers für den Fall eines genau angepassten Modells durch ein Störmodell charakterisiert werden können. Für ein genau angepasstes Modell entspricht der ungestörte Ausgang des tatsächlichen Systems gerade dem Ausgang des Modells, also

$$Y_{\mathrm{S}}(z) = \tilde{Y}_{\mathrm{M}}(z). \tag{3.12}$$

Diese Betrachtung setzt voraus, dass wahre Parameter existieren, mit denen das Modell, welches dann genau angepasst ist, das ungestörte Eingangs-Ausgangs-Verhalten des Systems exakt beschreibt.

Bei genau angepasstem Modell ist der Fehler damit durch

$$\tilde{E}(z) = R_{\mathrm{S}}(z) \tag{3.13}$$

gegeben, entspricht also gerade der Störgröße. Zur Beschreibung der stochastischen Eigenschaften dieses Fehlers wird auch für die stochastische Störgröße R_{S} ein Modellansatz der Form

$$R_{\mathrm{M}}(z) = G_{\mathrm{r}}(z)\varepsilon(z) \tag{3.14}$$

gemacht. Die stochastische Störgröße r_{S} wird also durch die Größe r_{M} nachgebildet, welche durch Filterung aus diskretem weißem Rauschen ε entsteht und damit ein farbiges Rauschen darstellt. Dabei ist $G_{\mathrm{r}}(z)$ die Übertragungsfunktion des Störfilters oder Störmodells und wird als Störübertragungsfunktion bezeichnet. Einsetzen des Ansatzes für die Störgröße aus Gl. (3.14) in die Gleichung für den Fehler (3.11) liefert dann

$$G_{\mathrm{r}}(z)\varepsilon(z) = Y(z) - \tilde{Y}_{\mathrm{M}}(z) = \tilde{E}(z). \tag{3.15}$$

Durch Umstellen dieser Gleichung entsteht die der Identifikationsaufgabe zugrunde liegende vollständige Modellbeschreibung

$$Y(z) = \tilde{Y}_{\mathrm{M}}(z) + G_{\mathrm{r}}(z)\,\varepsilon(z), \tag{3.16}$$

welche in Bild 3.3 gezeigt ist. Auflösen von Gl. (3.15) nach ε liefert

$$\varepsilon(z) = G_{\mathrm{r}}^{-1}(z)\left[Y(z) - \tilde{Y}_{\mathrm{M}}(z)\right] = G_{\mathrm{r}}^{-1}(z)\tilde{E}(z). \tag{3.17}$$

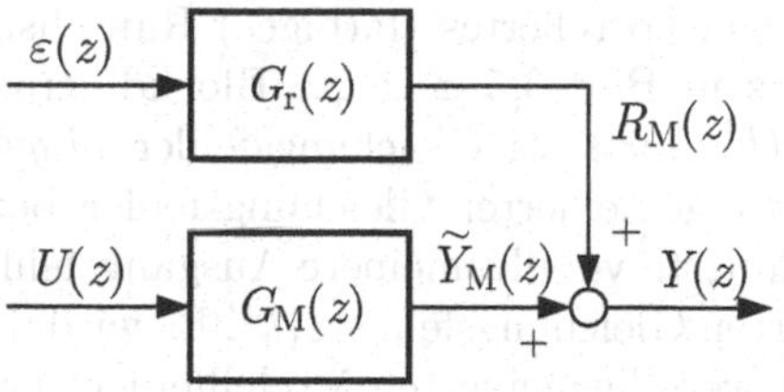

Bild 3.3 Vollständige Modellstruktur für das System und das stochastische Störsignal

Der auf der rechten Seite von Gl. (3.17) auftretende, mit der inversen Störübertragungsfunktion $G_{\mathrm{r}}^{-1}(z)$ gefilterte, Fehler $G_{\mathrm{r}}^{-1}(z)\tilde{E}(z)$ wird als verallgemeinerter Ausgangsfehler bezeichnet. Im Falle eines genau angepassten Modells entspricht der verallgemeinerte Ausgangsfehler gerade dem diskreten weißen Rauschsignal ε.[4] Die Größe ε wird im Folgenden für den verallgemeinerten Ausgangsfehler verwendet, unabhängig davon, ob ein genau angepasstes Modell vorliegt. Bild 3.4 zeigt die Bildung des verallgemeinerten Ausgangsfehlers durch Filterung des Ausgangsfehlers $\tilde{e}$ mit der inversen Störübertragungsfunktion $G_{\mathrm{r}}^{-1}(z)$.

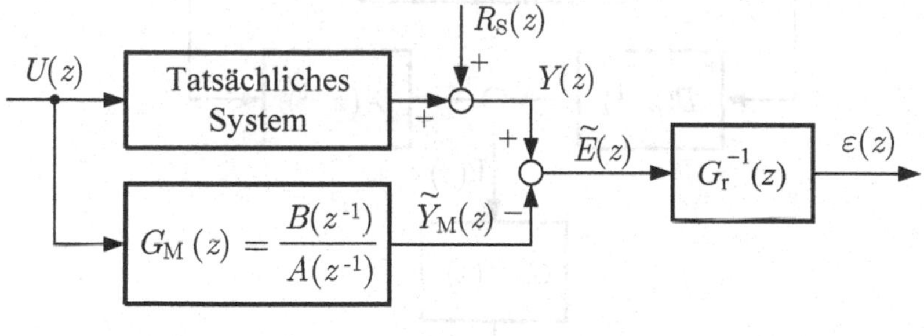

Bild 3.4 Bildung des verallgemeinerten Ausgangsfehlers

Während das deterministische Teilmodell durch die Übertragungsfunktion G_{M} gemäß Gl. (3.10) beschrieben wird, gibt es verschiedene Möglichkeiten, um das stochastische Teilmodell mit der Störübertragungsfunktion $G_{\mathrm{r}}(z)$ zu beschreiben. Hier wird zunächst der allgemeine Ansatz

$$G_{\mathrm{r}}(z) = \frac{1}{A(z^{-1})}\,G_{\mathrm{r}}^{*}(z), \tag{3.18}$$

gemacht, wobei $G_{\mathrm{r}}^{*}(z)$ ein zunächst noch unbestimmter weiterer Teil der Störübertragungsfunktion ist. Aus Gl. (3.16) folgt nun mit $\tilde{Y}_{\mathrm{M}}(z)$ aus Gl. (3.10) und $G_{\mathrm{r}}(z)$ aus Gl. (3.18) die Gleichung des vollständigen Modells

[4] Im Folgenden beinhaltet die Voraussetzung eines genau angepassten Modells auch die Annahme, dass das stochastische Störsignal durch den Ansatz in Gl. (3.14) korrekt beschrieben wird.

$$Y(z) = \frac{B(z^{-1})}{A(z^{-1})} U(z) + \frac{1}{A(z^{-1})} G_{\mathrm{r}}^{*}(z)\, \varepsilon(z) \tag{3.19}$$

oder in der meist gebräuchlicheren Form

$$A(z^{-1})\, Y(z) - B(z^{-1})\, U(z) = G_{\mathrm{r}}^{*}(z)\, \varepsilon(z) = V(z), \tag{3.20}$$

wobei $v(k) = \mathscr{Z}^{-1}\{V(z)\}$ ein korreliertes (farbiges) Rauschsignal darstellt. Gl. (3.20) kann anschaulich durch das in Bild 3.5 gezeigte Blockdiagramm beschrieben werden. In dieser Struktur wird $v(k)$ auch als Gleichungsfehler (*Equation Error*) $e_{\mathrm{ee}}(k)$ und $\varepsilon(k) = \mathscr{Z}^{-1}\{\varepsilon(z)\}$ als verallgemeinerter Gleichungsfehler bezeichnet. Selbstverständlich ist der in Gl. (3.17) definierte verallgemeinere Ausgangsfehler identisch mit dem hier eingeführten verallgemeinerten Gleichungsfehler $\varepsilon(k)$. Es wird daher häufig auch nur vom Modellfehler $v(k)$ oder vom verallgemeinerten Modellfehler $\varepsilon(k)$ gesprochen. Wesentlich ist jedoch die Struktur der rechten Seite von Gl. (3.20). Wäre diese rechte Gleichungsseite gleich null, dann läge der Fall eines genau angepassten und nicht durch ein zusätzliches stochastisches Signal $r_{\mathrm{S}}(k) = \mathscr{Z}^{-1}\{R_{\mathrm{S}}(z)\}$ gestörten Systems vor, das somit durch das deterministische Teilmodell vollständig beschrieben wird. Die rechte Gleichungsseite stellt also die Abweichung vom ungestörten Systemverhalten dar. Der Modellfehler $v(k)$ wird dann über das Störfilter mit der Übertragungsfunktion $G_{\mathrm{r}}^{*}(z)$ auf weißes Rauschen zurückgeführt.

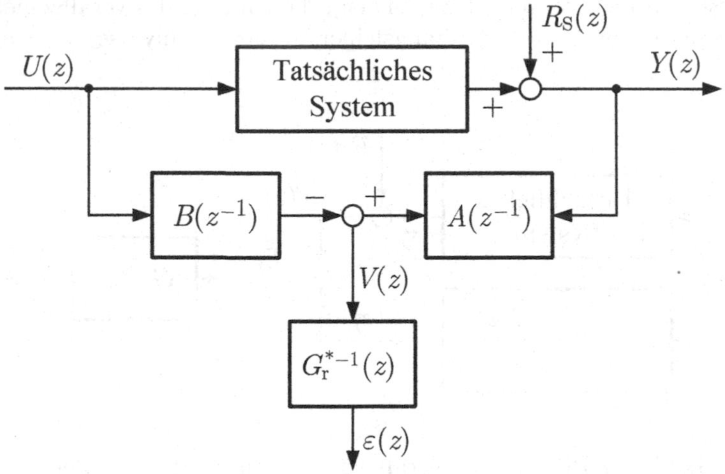

Bild 3.5 Bildung des verallgemeinerten Gleichungsfehlers

Die verschiedenen, nachfolgend beschriebenen Modellstrukturen, die für die Systemidentifikation mittels Parameterschätzverfahren verwendet werden, beruhen vorwiegend auf Gl. (3.20). Dabei wird als Übertragungsfunktion $G_{\mathrm{r}}^{*}(z)$ häufig die relativ allgemeine Struktur

$$G_{\mathrm{r}}^{*}(z) = \frac{V(z)}{\varepsilon(z)} = \frac{C(z^{-1})}{D(z^{-1})} \tag{3.21}$$

mit den Polynomen

$$C(z^{-1}) = 1 + c_1 z^{-1} + \cdots + c_n z^{-n}, \tag{3.22}$$

und

$$D(z^{-1}) = 1 + d_1 z^{-1} + \cdots + d_n z^{-n} \tag{3.23}$$

gewählt. Zur Vereinfachung der Darstellung werden im Folgenden die Ordnungen der Polynome $C(z^{-1})$ und $D(z^{-1})$ gleich der von $A(z^{-1})$ und $B(z^{-1})$ angenommen. Allerdings muss auch die Modellstruktur gemäß den Gln. (3.19) und (3.21) noch als Sonderfall der allgemeinen linearen Modellstruktur

$$Y(z) = \frac{B(z^{-1})\, z^{-n_\mathrm{d}}}{A(z^{-1})\, E(z^{-1})} U(z) + \frac{C(z^{-1})}{A(z^{-1})\, D(z^{-1})} \varepsilon(z) \tag{3.24}$$

betrachtet werden, aus der sich alle in Tabelle 3.2 aufgeführten Modellstrukturen für Eingrößenmodelle als Sonderfälle ableiten lassen. Dabei ist $E(z^{-1})$ ein Polynom, ebenso wie die zuvor bereits in den Gln. (3.9a) und (3.9b) sowie (3.22) und (3.23) eingeführten Polynome $A(z^{-1})$, $B(z^{-1})$, $C(z^{-1})$ und $D(z^{-1})$. Der Term z^{-n_d} kennzeichnet eine eventuell vorhandene Totzeit $T_\mathrm{t} = n_\mathrm{d}\Delta t$, wobei $\Delta t = T_\mathrm{s}$ die Abtastzeit ist. Zusätzlich wurde in Tabelle 3.2 eine Indizierung der jeweiligen Polynomordnungen eingeführt. Auf diese wird jedoch im Weiteren der übersichtlichen Darstellung halber verzichtet. Dies ist keine wesentliche Einschränkung, bei Verwendung unterschiedlicher Polynomordnungen sind in dem weiter unten eingeführten Datenvektor und dem Parametervektor lediglich die entsprechenden Einträge zu streichen. Die Modellstruktur nach Gl. (3.24) wird auch als allgemeines Regressionsmodell bezeichnet. Nach Rücktransformation der Gl. (3.20) in die diskrete Zeitbereichsdarstellung ergibt sich die Differenzengleichung

$$y(k) + \sum_{\mu=1}^{n} a_\mu\, y(k-\mu) - \sum_{\mu=1}^{n} b_\mu\, u(k-\mu) = v(k) \tag{3.25}$$

mit

$$v(k) = -\sum_{\mu=1}^{n} d_\mu\, v(k-\mu) + \sum_{\mu=1}^{n} c_\mu\, \varepsilon(k-\mu) + \varepsilon(k), \tag{3.26}$$

wobei in Gl. (3.25) die Polynome entsprechend den Gln. (3.22) und (3.23) berücksichtigt wurden. Nach kurzer Umformung läßt sich Gl. (3.25) unter Verwendung von Gl. (3.26) in die Form

$$y(k) = \boldsymbol{m}^\mathrm{T}(k)\, \boldsymbol{p}_\mathrm{M} + \varepsilon(k) = y_\mathrm{M}(k) + \varepsilon(k) \tag{3.27}$$

bringen, wobei der Daten- oder Regressionsvektor

$$\begin{aligned}\boldsymbol{m}^\mathrm{T}(k) = \Big[& -y(k-1) \ldots -y(k-n) \,\vdots\, u(k-1) \ldots u(k-n) \,\vdots\, \varepsilon(k-1) \ldots \varepsilon(k-n) \,\vdots \\ & -v(k-1) \ldots -v(k-n) \Big]\end{aligned} \tag{3.28}$$

und der Parametervektor

$$\boldsymbol{p}_\mathrm{M} = \Big[a_1 \ldots a_n \,\vdots\, b_1 \ldots b_n \,\vdots\, c_1 \ldots c_n \,\vdots\, d_1 \ldots d_n \Big]^\mathrm{T} \tag{3.29}$$

eingeführt wurden. Dabei wurde $b_0 = 0$ gesetzt, d.h. es werden nur Systeme ohne Durchgriff betrachtet, deren Übergangsfunktion für $t = 0$ keinen Sprung aufweist (nichtsprungfähige Systeme), was für die meisten realen Systeme zutrifft. Die in Gl. (3.27) eingeführte Größe

Tabelle 3.2 Allgemeines Regressionsmodell für lineare Eingrößensysteme gemäß Gl. (3.24) und daraus ableitbare Sonderfälle

Modell	$A(z^{-1})$	$B(z^{-1})$	$C(z^{-1})$	$D(z^{-1})$	$E(z^{-1})$	**Erläuterung basierend auf englischer Bezeichnung**
ARMA	✓	0	✓	1	1	Autoregressive model with moving average
ARX	✓	✓	1	1	1	Autoregressive model with exogeneous input
ARMAX	✓	✓	✓	1	1	Autoregressive model with moving average and exogeneous input
ARARX	✓	✓	1	✓	1	Autoregressive model with autoregressive noise model and exogeneous input
ARARMAX	✓	✓	✓	✓	1	Autoregressive model with autoregressive noise model and moving average and exogeneous input
ARIMA	✓	0	✓	$1-z^{-1}$	1	Autoregressive model with integral action and moving average
ARIX	✓	✓	1	$1-z^{-1}$	1	Autoregressive model with integral action and exogeneous input
ARIMAX	✓	✓	✓	$1-z^{-1}$	1	Autoregressive model with integral action with moving average and exogeneous input
AR	✓	0	1	1	1	Autoregressive model
BJ	1	✓	✓	✓	✓	Box-Jenkins model
FIR	1	✓	1	1	1	Finite impulse response model
OE	1	✓	1	1	✓	Output error model
D	✓	✓	0	1	1	Deterministic model

Mit den Polynomen:

$$A(z^{-1}) = 1 + a_1 z^{-1} + \ldots + a_{n_A} z^{-n_A}$$

$$B(z^{-1}) = b_0 + b_1 z^{-1} + \ldots + b_{n_B} z^{-n_B}$$

$$C(z^{-1}) = 1 + c_1 z^{-1} + \ldots + c_{n_C} z^{-n_C}$$

$$D(z^{-1}) = 1 + d_1 z^{-1} + \ldots + d_{n_D} z^{-n_D}$$

$$E(z^{-1}) = 1 + e_1 z^{-1} + \ldots + e_{n_E} z^{-n_E}$$

Modellstruktur mit $n_\mathrm{d} \geq 0$:

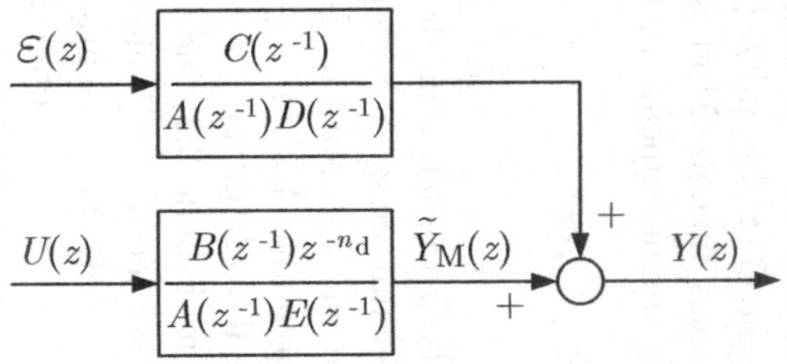

$$y_\mathrm{M}(k) = \boldsymbol{m}^\mathrm{T}(k)\,\boldsymbol{p}_\mathrm{M} \tag{3.30}$$

kann als Vorhersage (Prädiktion) der Systemausgangsgröße interpretiert werden, die sich als Funktion des Daten- oder Regressionsvektors $\boldsymbol{m}^\mathrm{T}(k)$ in der Form

$$y_\mathrm{M}(k) = h[\boldsymbol{m}(k), \boldsymbol{p}_\mathrm{M}] = \boldsymbol{m}^\mathrm{T}(k)\,\boldsymbol{p}_\mathrm{M} \tag{3.31}$$

darstellen lässt. Damit kann

$$\varepsilon(k) = y(k) - h[\boldsymbol{m}(k), \boldsymbol{p}_\mathrm{M}] \tag{3.32}$$

als Prädiktionsfehler aufgefasst werden.

Diese Sichtweise wird auch deutlich, wenn zunächst Gl. (3.21) umgeformt wird zu

$$V(z) = -(D(z^{-1}) - 1)\,V(z) + (C(z^{-1}) - 1)\,\varepsilon(z) + \varepsilon(z). \tag{3.33}$$

In dieser Gleichung entspricht der Ausdruck $-(D(z^{-1}) - 1)\,V(z) + (C(z^{-1}) - 1)\,\varepsilon(z)$ auf der rechten Seite dem von zurückliegenden Werten von $v(k)$ und $\varepsilon(k)$ abhängigen Teil von $v(k)$. Der letzte Term $\varepsilon(z)$ entspricht dem im k-ten Abtastschritt neu hinzukommenden, weißen und damit nicht vorhersagbaren Rauschanteil. Durch Einsetzen von $V(z)$ aus Gl. (3.33) kann Gl. (3.20) umgeschrieben werden zu

$$\begin{aligned} Y(z) = {} & -(A(z^{-1}) - 1)\,Y(z^{-1}) + B(z^{-1})\,U(z) \\ & + (C(z) - 1)\,\varepsilon(z) - (D(z^{-1}) - 1)\,V(z) + \varepsilon(z). \end{aligned} \tag{3.34}$$

Mit

$$\begin{aligned} Y_\mathrm{M}(z) = {} & -(A(z^{-1}) - 1)\,Y(z^{-1}) + B(z^{-1})\,U(z) \\ & + (C(z) - 1)\,\varepsilon(z) - (D(z^{-1}) - 1)\,V(z) \end{aligned} \tag{3.35}$$

kann dies auf die Form

$$Y(z) = Y_\mathrm{M}(z) + \varepsilon(z) \tag{3.36}$$

gebracht werden. Dabei stellt $Y_\mathrm{M}(z)$ den von zurückliegenden Werten der Eingangs- und Ausgangsgröße sowie der Störgrößen abhängigen Anteil des aktuellen Ausgangssignals dar. Sofern diese zurückliegenden Werte bekannt wären, könnte die neue Ausgangsgröße damit bis auf den neu hinzukommenden, weißen Rauschanteil vorhergesagt werden.[5]

Vorhersage- oder Schätzwerte werden in der regelungstechnischen Literatur üblicherweise durch das Symbol ^ gekennzeichnet. Hier wird diese Notation aber nur dann verwendet, wenn es sich um einen auf Basis eines Parameterschätzwerts $\hat{\boldsymbol{p}}$ für $\boldsymbol{p}_\mathrm{M}$ berechneten Wert handelt, also

$$\hat{y}(k) = h[\boldsymbol{m}(k), \hat{\boldsymbol{p}}] = \boldsymbol{m}^\mathrm{T}(k)\,\hat{\boldsymbol{p}} \tag{3.37}$$

und

$$\hat{\varepsilon}(k) = y(k) - h[\boldsymbol{m}(k), \hat{\boldsymbol{p}}]. \tag{3.38}$$

[5] Wie eingangs in Fußnote 2 bereits erwähnt, wird also zur Modellanpassung im Allgemeinen nicht der in Bild 3.1 und auch in Bild 3.3 gezeigte Fehler $\tilde{e} = y - \tilde{y}_\mathrm{M}$ zwischen dem Systemausgang und dem mit dem Modell berechneten ungestörten Ausgangsgröße verwendet, sondern der Vorhersagefehler $e = y - y_\mathrm{M}$. Ausnahmen stellen das Ausgangsfehlermodell und das FIR-Modell dar (siehe Tabelle 3.2), bei denen $\tilde{y}_\mathrm{M} = y_\mathrm{M}$ gilt.

Wird die Modellausgangsgröße $y_\mathrm{M}(k)$ als Vorhersagewert für die Ausgangsgröße $y(k)$ interpretiert, ist auch die Schreibweise

$$y_\mathrm{M}(k) = y_\mathrm{M}(k \mid k-1) = y_\mathrm{M}(k \mid k-1, \boldsymbol{p}_\mathrm{M}) \tag{3.39}$$

und entsprechend

$$\hat{y}(k) = \hat{y}(k \mid k-1) = \hat{y}(k \mid k-1, \hat{\boldsymbol{p}}) \tag{3.40}$$

üblich, mit der zum Ausdruck kommt, dass es sich um eine Vorhersage für den Zeitpunkt k auf Basis der bis zum Zeitpunkt $k-1$ vorliegenden Messwerte handelt.[6]

Die Aufgabe der Parameterschätzung besteht nun darin, $\boldsymbol{p}_\mathrm{M}$ so zu bestimmen, dass $\varepsilon(k)$ oder ein davon abhängiges Gütefunktional minimal wird bzw. der mit $\boldsymbol{p}_\mathrm{M}$ berechnete Modellausgangswert $y_\mathrm{M}(k)$ den tatsächlichen Systemausgang $y(k)$ gut approximiert oder prädiziert. Dabei kann $h[\boldsymbol{m}(k), \boldsymbol{p}_\mathrm{M}]$ entweder im Sinne der Wahrscheinlichkeitsrechnung als bedingter Erwartungswert von $y(k)$ bei gegebenem $\boldsymbol{m}(k)$ in der Form

$$h[\boldsymbol{m}(k), \boldsymbol{p}_\mathrm{M}] = \mathrm{E}\left\{y(k) \mid \boldsymbol{m}(k), \boldsymbol{p}_\mathrm{M}\right\} \tag{3.41}$$

angesehen werden oder in der Gaußschen Interpretation als Regressionsfunktion oder Approximation von $y(k)$ auf der Basis des vorgegebenen Regressionsvektors $\boldsymbol{m}(k)$ betrachtet werden. Die Regressionsfunktion

$$h[\boldsymbol{m}(k), \boldsymbol{p}_\mathrm{M}] = m_1\, p_{\mathrm{M}_1} + m_2\, p_{\mathrm{M}_2} + \ldots + m_\mu\, p_{\mathrm{M}_\mu} \tag{3.42}$$

stellt eine Linearkombination der $\mu = 4n$ zu schätzenden Parameterwerte p_i, $i = 1, \ldots, \mu$, dar, wobei die Regressoren m_i die Elemente des Regressionsvektors $\boldsymbol{m}(k)$ gemäß Gl. (3.28) sind.

Für den Fall, dass die Regressionsfunktion linear in den Parametern ist, also ein linear parameterabhängiges Modell vorliegt, lässt sich dieses Approximationsproblem, wie nachfolgend in Abschnitt 3.3 gezeigt wird, mittels der Gaußschen Methode der kleinsten Fehlerquadrate, in Anlehnung an die internationale Literatur meist *Least-Squares*-Verfahren (LS-Verfahren) genannt, sehr einfach lösen.[7]

Wird die Modellgleichung gemäß Gl. (3.25) für $N-n+1$ verschiedene diskrete Zeitpunkte, zweckmäßigerweise für $k = n, n+1, \ldots, N$, untereinander angeordnet, dann folgt ein lineares algebraisches Gleichungssystem, das sich nach Einführung des Ausgangssignalvektors

$$\boldsymbol{y}(N) = \Big[y(n)\;\; y(n+1)\;\; \ldots\;\; y(N)\Big]^\mathrm{T}, \tag{3.43}$$

des Fehlervektors

$$\boldsymbol{\varepsilon}(N) = \Big[\varepsilon(n)\;\; \varepsilon(n+1)\;\; \ldots\;\; \varepsilon(N)\Big]^\mathrm{T} \tag{3.44}$$

[6] Die Notation $(k|k)$ für das Zeitargument wird entsprechend verwendet, wenn ein Schätzwert zum Zeitpunkt k unter Verwendung aller vorliegenden Messwerte einschließlich der zum Zeitpunkt k berechnet wird. Ein solcher Wert wird dann als gefilterter Wert bezeichnet.

[7] Hier ist die Unterscheidung zwischen einem linear parametrierten Modell und einem linear parameterabhängigen Modell wichtig. Die Regressionsfunktion in Gl. (3.42) ist linear parametriert und weist damit eine explizite lineare Abhängigkeit von den Parametern auf. Hängen aber die Regressoren wiederum von den Parametern ab, führt dies zu einer weiteren impliziten Abhängigkeit von den Parametern. Die Regressionsfunktion wäre dann $h[\boldsymbol{m}(k, \boldsymbol{p}_\mathrm{M}), \boldsymbol{p}_\mathrm{M}]$ und damit insgesamt nicht mehr linear von den Parametern abhängig.

und der Datenmatrix

$$\boldsymbol{M}(N) = \begin{bmatrix} \boldsymbol{m}^{\mathrm{T}}(n) \\ \vdots \\ \boldsymbol{m}^{\mathrm{T}}(N) \end{bmatrix} = \left[\boldsymbol{M}_y \,\vdots\, \boldsymbol{M}_u \,\vdots\, \boldsymbol{M}_\varepsilon \,\vdots\, \boldsymbol{M}_v\right] \tag{3.45}$$

in die vektorielle Form

$$\boldsymbol{y}(N) = \boldsymbol{M}(N)\,\boldsymbol{p}_{\mathrm{M}} + \boldsymbol{\varepsilon}(N) \tag{3.46}$$

bringen läßt. Diese Formulierung setzt voraus, dass $N+1$ Messungen der Eingangs- und Ausgangsgrößen zu den Zeitpunkten $k = 0,1,\ldots,N$ vorliegen. Es ist leicht nachvollziehbar, dass in dieser Beziehung der Parametervektor $\boldsymbol{p}_{\mathrm{M}}$ und die Datenmatrix $\boldsymbol{M}(N)$ für die verschiedenen Modellstrukturen entsprechend Tabelle 3.2 unterschiedliche Formen annehmen.

3.3 Lösung des Schätzproblems

3.3.1 Direkte Lösung (*Least-Squares*-Verfahren)

Für die nachfolgenden Überlegungen wird zunächst die ARX-Modellstruktur (siehe Tabelle 3.2), häufig auch als *Least-Squares*-Modell bezeichnet, zugrunde gelegt. In diesem Fall ergibt sich als Parametervektor

$$\boldsymbol{p}_{\mathrm{M}} = \boldsymbol{p}_{\mathrm{M},ab} = \left[a_1 \ldots a_n \,\vdots\, b_1 \ldots b_n\right]^{\mathrm{T}} \tag{3.47}$$

und als Daten- oder Regressionsvektor

$$\boldsymbol{m}(k) = \boldsymbol{m}_{yu}(k) = \left[-y(k-1) \;\ldots\; -y(k-n) \,\vdots\, u(k-1) \;\ldots\; u(k-n)\right]^{\mathrm{T}}, \tag{3.48}$$

wobei wie zuvor wieder ein nichtsprungfähiges System betrachtet wird, also $b_0 = 0$ gilt und, wie oben ausgeführt, zur Vereinfachung weiterhin $n_A = n_B = n$ gesetzt wird.[8] Der Ausgangssignalvektor ist durch Gl. (3.43) gegeben. Der Parametervektor und der Datenvektor sind Spaltenvektoren der Länge $2n$.[9] In der Modellgleichung entsprechend Gl. (3.46) enthält somit die $(N-n+1) \times 2n$- dimensionale Datenmatrix $\boldsymbol{M}(N)$ als Elemente ausschließlich meßbare Größen. Allgemein müssen zur (eindeutigen) Bestimmung der $2n$ Parameter mindestens auch $2n$ Gleichungen vorliegen. Es muss also $N-n+1 \geq n$ bzw. $N \geq 3n-1$ gelten.

---

[8] Diese Modellstruktur beinhaltet auch das FIR-Modell und das AR-Modell (siehe Tabelle 3.2), sodass der nachfolgend hergeleitete Schätzalgorithmus auch zur Parameterschätzung für diese Modelle geeignet ist. Beim FIR-Modell entfällt der autoregressive Anteil, d.h. im Regressionsvektor $\boldsymbol{m}(k)$ entfallen die zurückliegenden Werte des Ausgangssignals $y(k-1), \ldots, y(k-n)$ und im Parametervektor die Koeffizienten $a_1, \ldots, a_n$. Beim AR-Modell entfällt die Eingangsgröße, also entfallen im Regressionsvektor die Werte der Eingangsgröße $u(k-1), \ldots, u(k-n)$ und im Parametervektor die Koeffizienten $b_1, \ldots, b_n$.

[9] Im allgemeinen Fall wäre die Länge der Vektoren bei einem nichtsprungfähigen Modell $n_A + n_B$. Bei einem sprungfähigen Modell würde der Regressionsvektor auch $u(k)$ und der Parametervektor entsprechend den zugehörigen Koeffizienten b_0 enthalten. Damit wäre die Länge der Vektoren $n_A + n_B + 1$.

Für den Fall, dass mit $N = 3n - 1$ die Datenmatrix $\boldsymbol{M}(N)$ quadratisch ist, folgt aus Gl. (3.46) für die Bestimmung eines Parameterschätzwerts $\hat{\boldsymbol{p}}$ die Beziehung

$$\hat{\boldsymbol{p}}(N) = \boldsymbol{M}^{-1}(N)\,\boldsymbol{y}(N). \tag{3.49}$$

Die Bestimmung des Parametervektors über diesen Weg wäre für gestörte Daten sehr ungünstig, da dies einem Interpolationsverfahren [Str75] entspricht. Es werden genauso viele Modellparameter bestimmt wie Messdaten vorliegen bzw. Gleichungen aufgestellt werden können, womit dass Modell exakt an die Daten angepasst wird (der Fehler wird exakt zu null). Wie bereits in Abschnitt 2.2.3 ausgeführt, können dabei kleine Messfehler bereits erhebliche Fehler in den geschätzen Parametern verursachen.

Für den Fall, dass $N > 3n$ gilt, liegen mehr Gleichungen als unbekannte Parameter vor. Wäre für das vollständig angepasste Modell der $N - n + 1$-dimensionale Vektor der Modellfehler $\boldsymbol{\varepsilon}(N) = \boldsymbol{0}$, was den trivialen Fall der Identifikation eines ungestörten Systems darstellt und die Voraussetzung beinhaltet, dass das Modell das reale System exakt beschreibt, dann wären nur $3n$ Gleichungen linear unabhängig und der Parametervektor könnte wieder direkt bestimmt werden.

In dem hier interessierenden Fall des stochastisch gestörten Systems kann die Gl. (3.46) nicht exakt gelöst werden. Dies ist auch daran ersichtlich, dass der Systemausgang $y(k)$ nicht exakt vorhergesagt werden kann, weil ja jeweils immer noch die Störung $\varepsilon(k)$ hinzukommt. Das Gleichungssystem aus Gl. (3.46) ist damit überbestimmt. Ein zweckmäßiger Ansatz besteht dann darin, Gl. (3.46) unter der Bedingung zu lösen, dass die Summe der Quadrate des Modellfehlers $\varepsilon(k)$ minimal wird. Für die Ermittlung eines Schätzwerts $\hat{\boldsymbol{p}}$ des Parametervektors $\boldsymbol{p}_{\mathrm{M}}$ wird daher das Gütefunktional der kleinsten Fehlerquadrate (*Least-Squares*-Gütefunktional)

$$I_1 = I_1(\boldsymbol{p}_{\mathrm{M}}) = \frac{1}{2}\sum_{l=n}^{N} \varepsilon^2(l) = \frac{1}{2}\boldsymbol{\varepsilon}^{\mathrm{T}}(N)\boldsymbol{\varepsilon}(N) \tag{3.50}$$

verwendet.[10] Die Optimierungsaufgabe lautet dann

$$\hat{\boldsymbol{p}} = \arg\min_{\boldsymbol{p}_{\mathrm{M}}} I_1(\boldsymbol{p}_{\mathrm{M}}).$$

Dieser Ansatz wird im Weiteren als *Least-Squares*-Verfahren bezeichnet. Zur direkten Bestimmung des Minimums des Gütefunktionals aus Gl. (3.50) wird der Vektor des Modellfehlers aus Gl. (3.46)

$$\boldsymbol{\varepsilon}(N) = \boldsymbol{y}(N) - \boldsymbol{M}(N)\,\boldsymbol{p}_{\mathrm{M}} \tag{3.51}$$

in Gl. (3.50) eingesetzt. Damit folgt

$$I_1(\boldsymbol{p}_{\mathrm{M}}) = \frac{1}{2}\left[\boldsymbol{y}(N) - \boldsymbol{M}(N)\,\boldsymbol{p}_{\mathrm{M}}\right]^{\mathrm{T}}\left[\boldsymbol{y}(N) - \boldsymbol{M}(N)\,\boldsymbol{p}_{\mathrm{M}}\right]. \tag{3.52}$$

Das Minimum von $I_1(\boldsymbol{p}_{\mathrm{M}})$ wird durch Nullsetzen der ersten Ableitung

[10] Der Zeitindex l beginnt im Gütefunktional bei n, da zu Berechnung des Fehlers $\varepsilon(n)$ die zurückliegenden Werte $y(n-1)$, …, $y(0)$ und $u(n-1)$, …, $u(0)$ benötigt werden. Der Fehler $\varepsilon(n-1)$ und weiter zurückliegende Fehler können damit nicht berechnet werden. Eine Ausnahme stellt der Fall dar, dass das System für $k < 0$ in Ruhe war und damit alle Werte von $y(k)$ und $u(k)$ für $k < 0$ zu null gesetzt werden können.

$$\left.\frac{\mathrm{d}I_1(\boldsymbol{p}_\mathrm{M})}{\mathrm{d}\boldsymbol{p}_\mathrm{M}}\right|_{\boldsymbol{p}_\mathrm{M}=\hat{\boldsymbol{p}}} = -\boldsymbol{M}^\mathrm{T}(N)\boldsymbol{y}(N) + \boldsymbol{M}^\mathrm{T}(N)\boldsymbol{M}(N)\hat{\boldsymbol{p}} = \boldsymbol{0} \tag{3.53}$$

bestimmt. Als direkte analytische Lösung folgt hieraus der Schätzwert für den gesuchten Parametervektor

$$\hat{\boldsymbol{p}} = \hat{\boldsymbol{p}}(N) = \left[\boldsymbol{M}^\mathrm{T}(N)\,\boldsymbol{M}(N)\right]^{-1} \boldsymbol{M}^\mathrm{T}(N)\,\boldsymbol{y}(N) \tag{3.54}$$

auf Basis einer endlichen Anzahl $N+1$ von Messdaten ($k = 0,1,\ldots,N$). Streng genommen müsste noch anhand der zweiten Ableitung nachgewiesen werden, dass der hier bestimmte Schätzwert zu einem Minimum des Gütefuktionals führt, was der Fall ist.[11]

Es wurde bereits erwähnt, dass $N \geq 3n$ sein muss. In der Praxis werden allerdings meist erheblich mehr Messdaten als zu bestimmende Parameter verwendet. Generell führt eine größere Anzahl von Messdaten auch zu besseren Parameterschätzwerten, was in dem Herausmitteln des Rauscheinflusses auf die Schätzwerte begründet ist. In Gl. (3.54) stellt der Term $[\boldsymbol{M}^\mathrm{T}(N)\,\boldsymbol{M}(N)]^{-1}\boldsymbol{M}^\mathrm{T}(N)$ die rechtsseitige Pseudoinverse von $\boldsymbol{M}(N)$ dar. Dass sich hier eine einfache, geschlossene Lösung des Parameterschätzproblems ergibt, ist darauf zurückzuführen, dass der Modellausgang beim hier angenommenen ARX-Modell gemäß Gl. (3.51) linear vom Parametervektor abhängt. Der Fehler ist als Differenz zwischen der gemessenen Ausgangsgröße und der Modellausgangsgröße gemäß Gl. (3.51) dann affin vom Parametervektor abhängig.[12]

Die Berechnung des Schätzwertes des Parametervektors nach Gl. (3.54) besteht im Wesentlichen in der Inversion der $2n \times 2n$-dimensionalen Matrix

$$\boldsymbol{M}^*(N) = \boldsymbol{M}^\mathrm{T}(N)\boldsymbol{M}(N) = \tag{3.56}$$

$$\begin{bmatrix} -y(n-1) \ldots -y(N-1) \\ \vdots \quad \ddots \quad \vdots \\ -y(0) \quad \ldots -y(N-n) \\ \hline u(n-1) \ldots \; u(N-1) \\ \vdots \quad \ddots \quad \vdots \\ u(0) \quad \ldots \; u(N-n) \end{bmatrix} \times \left[\begin{array}{ccc|ccc} -y(n-1) & \ldots & -y(0) & u(n-1) & \ldots & u(0) \\ \vdots & \ddots & \vdots & \vdots & \ddots & \vdots \\ -y(N-1) & \ldots & -y(N-n) & u(N-1) & \ldots & u(N-n) \end{array}\right].$$

Die Invertierbarkeit dieser Matrix hängt vom Eingangssignal u (und dem daraus resultierenden Ausgangssignal y) ab. Die Eigenschaft, dass das Eingangssignal auf eine invertierbare Matrix $\boldsymbol{M}^*(N)$ führen muss, wird auch als Bedingung der fortwährenden Erregung (*persistent excitation*) bezeichnet. Aus Gl. (3.56) folgt, dass für genügend große Werte von N die Elemente der Matrix $\boldsymbol{M}^*(N)$ gemäß

---

11 Eine andere Möglichkeit besteht darin, das Gütefunktional über quadratische Ergänzung auf die Form

$$I_1 = (\boldsymbol{p}_\mathrm{M} - (\boldsymbol{M}^\mathrm{T}\boldsymbol{M})^{-1}\boldsymbol{M}^\mathrm{T}\boldsymbol{y})^\mathrm{T}\boldsymbol{M}^\mathrm{T}\boldsymbol{M}(\boldsymbol{p}_\mathrm{M} - (\boldsymbol{M}^\mathrm{T}\boldsymbol{M})^{-1}\boldsymbol{M}^\mathrm{T}\boldsymbol{y}) + \\ + \boldsymbol{y}^\mathrm{T}\boldsymbol{M}\boldsymbol{y} - (\boldsymbol{M}^\mathrm{T}\boldsymbol{y})(\boldsymbol{M}^\mathrm{T}\boldsymbol{M})^{-1}\boldsymbol{M}^\mathrm{T}\boldsymbol{y} \tag{3.55}$$

zu bringen. Aus dieser Darstellung ist unmittelbar ersichtlich, dass die Lösung gemäß Gl. (3.54) das Gütefunktional minimiert. Dies wird in Abschnitt 8.3.3.6 näher betrachtet.

12 Die affine Abhängigkeit bezeichnet hier eine lineare Abhängigkeit mit einem zusätzlichen additiven Anteil.

$$
\begin{aligned}
\boldsymbol{M}^*(N) \approx\; & (N-n+1)\times \\
& \times \left[\begin{array}{ccc:ccc}
R_{yy}(0) & \dots & R_{yy}(n-1) & -R_{uy}(0) & \dots & -R_{uy}(n-1) \\
\vdots & \ddots & \vdots & \vdots & \ddots & \vdots \\
R_{yy}(n-1) & \dots & R_{yy}(0) & -R_{uy}(n-1) & \dots & -R_{uy}(0) \\
\hdashline
-R_{uy}(0) & \dots & -R_{uy}(n-1) & R_{uu}(0) & \dots & R_{uu}(n-1) \\
\vdots & \ddots & \vdots & \vdots & \ddots & \vdots \\
-R_{uy}(n-1) & \dots & -R_{uy}(0) & R_{uu}(n-1) & \dots & R_{uu}(0)
\end{array}\right]
\end{aligned}
\tag{3.57}
$$

durch die entsprechenden Werte der Auto- und Kreuzkorrelationsfunktionen R_{uu}, R_{yy}, R_{uy} (siehe Anhang A.3) ersetzt werden können. In entsprechender Weise ergibt sich mit $\boldsymbol{y}(N)$ gemäß Gl. (3.43) nach Ausmultiplikation der Vektor

$$
\begin{aligned}
\boldsymbol{y}^*(N) = \boldsymbol{M}^{\mathrm{T}}(N)\boldsymbol{y}(N) \approx\; & (N-n+1)\times \\
& \times \left[-R_{yy}(1) \dots -R_{yy}(n) \;\vdots\; R_{uy}(1) \dots R_{uy}(n)\right]^{\mathrm{T}} .
\end{aligned}
\tag{3.58}
$$

Aufgrund der einfachen Beschaffenheit der Datenmatrix $\boldsymbol{M}(N)$ bei dem hier behandelten ARX-Modellansatz ergeben sich für die Matrix $\boldsymbol{M}^*(N)$ und den Vektor $\boldsymbol{y}^*(N)$ besonders einfache Ausdrücke, die sehr schnell rechentechnisch ermittelt werden können.

Zur eigentlichen Inversion der Matrizen $\boldsymbol{M}^*(N)$ in Gl. (3.54), unter Berücksichtigung von Gl. (3.56), bzw. $\boldsymbol{M}(N)$ in Gl. (3.49) und damit zur Berechnung von $\hat{\boldsymbol{p}}$ eignen sich verschiedene numerische Verfahren [UG73]. Ist die zu invertierende Matrix nicht singulär und symmetrisch, dann wird zweckmäßigerweise das Cholesky-Verfahren angewendet. Ist jedoch die zu invertierende Matrix singulär oder schlecht konditioniert, dann wird die Matrixinversion durch direkte Auswertung der Gl. (3.54) in der Form der Normalengleichung

$$
\boldsymbol{M}^{\mathrm{T}}(N)\boldsymbol{M}(N)\,\hat{\boldsymbol{p}}(N) = \boldsymbol{M}^{\mathrm{T}}(N)\boldsymbol{y}(N) \tag{3.59}
$$

umgangen. Für die Lösung dieses linearen algebraischen Gleichungssystems kommen als numerische Lösungsverfahren die Gauß-Elimination, die Zerlegung in Dreiecksmatrizen nach Gauß-Banachiewicz und die Spalten-Pivotsuche nach Gauß-Jordan infrage. Diese exakten numerischen Eliminationsverfahren liefern die Lösung nach endlich vielen elementaren arithmetischen Operationen. Die Anzahl der Rechenoperationen ist dabei nur von der Form des Rechenschemas und der Ordnung der Matrizen abhängig. Für die meisten Verfahren stehen numerische Algorithmen [LH74, GL96], z.B. in dem Programmpaket MATLAB der Firma The MathWorks zur Verfügung.

Ist die Matrix $\boldsymbol{M}^*(N)$ schlecht konditioniert und von hoher Dimension, empfiehlt sich zur Lösung der Normalengleichung, Gl. (3.59), die Anwendung der QR-Faktorisierung [GL96] auf die $(N-n+1)\times(2n+1)$-dimensionale Matrix

$$
\left[\boldsymbol{M}(N) \;\vdots\; \boldsymbol{y}(N)\right] = \boldsymbol{QR} \tag{3.60}
$$

mit der $(N-n+1)\times(N-n+1)$-dimensionalen Matrix $\boldsymbol{Q}$, welche die Eigenschaft

$$
\boldsymbol{Q}\boldsymbol{Q}^{\mathrm{T}} = \mathbf{I} \tag{3.61}
$$

hat, also orthogonal ist, und der $(N-n+1) \times (2n+1)$-dimensionalen Matrix

$$\boldsymbol{R} = \begin{bmatrix} \boldsymbol{R}_0 \\ \cdots \\ \boldsymbol{0} \end{bmatrix} \quad \text{mit } \boldsymbol{R}_0 = \begin{bmatrix} \boldsymbol{R}_1 & \boldsymbol{r}_2 \\ \boldsymbol{0} & r_3 \end{bmatrix}. \tag{3.62}$$

Dabei stellt $\mathbf{I}$ die Einheitsmatrix dar, $\boldsymbol{R}_0$ ist eine obere Dreiecksmatrix der Dimension $(2n+1) \times (2n+1)$, die Matrix $\boldsymbol{R}_1$ hat die Dimension $2n \times 2n$ und $\boldsymbol{r}_2$ ist ein Spaltenvektor der Länge $2n$.

Es lässt sich zeigen, dass die Minimierung von Gl. (3.52) mit dieser Faktorisierung auf die einfache Lösung

$$\hat{\boldsymbol{p}}(N) = \boldsymbol{R}_1^{-1} \boldsymbol{r}_2 \tag{3.63}$$

führt, die leicht zu erhalten ist, da $\boldsymbol{R}_1$ eine Dreiecksmatrix darstellt, die als Matrix-Quadrat-Wurzel von $\boldsymbol{M}^*(N)$ interpretiert werden kann, also $\boldsymbol{M}^*(N) = \boldsymbol{R}_1^{\mathrm{T}} \boldsymbol{R}_1$. Dabei ist $\boldsymbol{R}_1$ wesentlich besser konditioniert als $\boldsymbol{M}^*$. Weiterhin ist zu erkennen, dass die Matrix $\boldsymbol{Q}$ für die Parameterschätzung nicht benötigt wird.

Zur weiteren Analyse der *Least-Squares*-Schätzung beim ARX-Modell wird angenommen, dass ein wahrer Parametervektor $\boldsymbol{p}$ existiert (und damit auch ein wahres System), mit dem

$$y(k) = \boldsymbol{m}^{\mathrm{T}}(k)\, \boldsymbol{p} + \varepsilon(k) \tag{3.64}$$

bzw.

$$\boldsymbol{y}(N) = \boldsymbol{M}(N)\, \boldsymbol{p} + \boldsymbol{\varepsilon}(N) \tag{3.65}$$

gilt. Einsetzen von Gl. (3.65) in Gl. (3.54) liefert

$$\hat{\boldsymbol{p}}(N) = \left[\boldsymbol{M}^{\mathrm{T}}(N)\, \boldsymbol{M}(N)\right]^{-1} \boldsymbol{M}^{\mathrm{T}}(N) \left[\boldsymbol{M}(N)\, \boldsymbol{p} + \boldsymbol{\varepsilon}(N)\right] \tag{3.66}$$

oder umgeformt

$$\hat{\boldsymbol{p}}(N) = \boldsymbol{p} + \left[\boldsymbol{M}^{\mathrm{T}}(N)\, \boldsymbol{M}(N)\right]^{-1} \boldsymbol{M}^{\mathrm{T}}(N) \boldsymbol{\varepsilon}(N). \tag{3.67}$$

Dabei stellt der zweite Summand auf der rechten Seite gerade die Abweichung des geschätzten Parametervektors vom wahren Wert dar, also $\hat{\boldsymbol{p}}(N) - \boldsymbol{p}$. Diese Abweichung wird auch als *Bias* bezeichnet. Würde es sich bei der Datenmatrix $\boldsymbol{M}(N)$ um eine deterministische Größe handeln, wäre diese also nur aus ungestörten Signalen aufgebaut, würde für den Erwartungswert

$$\begin{aligned} \mathrm{E}\left\{\hat{\boldsymbol{p}}(N) - \boldsymbol{p}\right\} &= \mathrm{E}\left\{\left[\boldsymbol{M}^{\mathrm{T}}(N)\boldsymbol{M}(N)\right]^{-1} \boldsymbol{M}^{\mathrm{T}}(N)\boldsymbol{\varepsilon}(N)\right\} \\ &= \left[\boldsymbol{M}^{\mathrm{T}}(N)\boldsymbol{M}(N)\right]^{-1} \boldsymbol{M}^{\mathrm{T}}(N)\mathrm{E}\left\{\boldsymbol{\varepsilon}(N)\right\} \end{aligned} \tag{3.68}$$

gelten. Für eine mittelwertfreie Störung, $\mathrm{E}\{\boldsymbol{\varepsilon}(\mathrm{N})\} = 0$, und eine deterministische Datenmatrix folgt damit

$$\mathrm{E}\left\{\hat{\boldsymbol{p}}(N) - \boldsymbol{p}\right\} = \boldsymbol{0}, \tag{3.69}$$

es liegt also eine erwartungstreue Schätzung (siehe Anhang A.5) vor.[13]

[13] Eine deterministische Datenmatrix würde vorliegen, wenn als Modellstruktur ein FIR-Modell (siehe Tabelle 3.2) verwendet wird, welches als Spezialfall des ARX-Modells mit $A(z^{-1}) = 1$ interpretiert werden kann, und dieses mit einem deterministischen Eingangssignal angeregt wird.

Enthält die Datenmatrix $\boldsymbol{M}(N)$ auch stochastische Signale, handelt es sich bei $\boldsymbol{M}(N)$ um eine Realisierung einer stochastischen Größe. Daher wird der bedingte Erwartungswert des *Bias* unter der Voraussetzung der vorliegenden Datenmatrix $\boldsymbol{M}(N)$

$$\mathrm{E}\left\{\hat{\boldsymbol{p}}(N)-\boldsymbol{p}\,|\,\boldsymbol{M}(N)\right\}=\mathrm{E}\left\{\left[\boldsymbol{M}^{\mathrm{T}}(N)\boldsymbol{M}(N)\right]^{-1}\boldsymbol{M}^{\mathrm{T}}(N)\boldsymbol{\varepsilon}(N)\Big|\,\boldsymbol{M}(N)\right\} \tag{3.70}$$

gebildet. Wären die Datenmatrix und der Modellfehler stochastisch unabhängig, würde sich für den bedingten Erwartungswert

$$\mathrm{E}\left\{\left[\boldsymbol{M}^{\mathrm{T}}(N)\boldsymbol{M}(N)\right]^{-1}\boldsymbol{M}^{\mathrm{T}}(N)\boldsymbol{\varepsilon}(N)\Big|\,\boldsymbol{M}(N)\right\}= \left[\boldsymbol{M}^{\mathrm{T}}(N)\boldsymbol{M}(N)\right]^{-1}\boldsymbol{M}^{\mathrm{T}}(N)\,\mathrm{E}\left\{\boldsymbol{\varepsilon}(N)\right\} \tag{3.71}$$

ergeben.[14] Für eine mittelwertfreie Störung, $\mathrm{E}\{\boldsymbol{\varepsilon}(\mathrm{N})\}$, ergibt sich damit der bedingte Erwartungswert des *Bias* zu

$$\mathrm{E}\left\{\hat{\boldsymbol{p}}(N)-\boldsymbol{p}\,|\,\boldsymbol{M}(N)\right\}=\boldsymbol{0}. \tag{3.72}$$

Der bedingte Erwartungswert des *Bias* hängt damit nicht von der Datenmatrix $\boldsymbol{M}(N)$ ab, woraus folgt, dass auch der unbedingte Erwartungswert (also gewissermaßen der Erwartungswert über alle möglichen Datenmatrizen) null ist. Für den Fall der stochastischen Unabhängigkeit der Datenmatrix und des Fehlers sowie der Mittelwertfreiheit des Fehlers ergibt sich damit

$$\mathrm{E}\left\{\hat{\boldsymbol{p}}(N)-\boldsymbol{p}\right\}=\boldsymbol{0}, \tag{3.73}$$

also wiederum eine erwartungstreue Schätzung.

Für den hier betrachteten Fall des ARX-Modells liegt allerdings keine stochastische Unabhängigkeit der Datenmatrix und des Fehlervektors vor, da die Datenmatrix die gemessenen, gestörten, Ausgangssignale enthält.[15] Der Erwartungswert des *Bias*

$$\mathrm{E}\left\{\hat{\boldsymbol{p}}(N)-\boldsymbol{p}\right\}=\mathrm{E}\left\{\left[\boldsymbol{M}^{\mathrm{T}}(N)\boldsymbol{M}(N)\right]^{-1}\boldsymbol{M}^{\mathrm{T}}(N)\boldsymbol{\varepsilon}(N)\right\} \tag{3.74}$$

ist damit nicht mehr null und die *Least-Squares*-Schätzung für das ARX-Modell ist damit nicht erwartungstreu. Es lässt sich allerdings zeigen, dass das *Least-Squares*-Verfahren eine konsistente Schätzung (siehe Abschnitt A.5 in Anhang A) liefert. Für den *Bias* gilt [Nor88]

$$\operatorname{plim}\left(\hat{\boldsymbol{p}}-\boldsymbol{p}\right)=\operatorname{plim}\left(\left[\boldsymbol{M}^{\mathrm{T}}\boldsymbol{M}\right]^{-1}\right)\operatorname{plim}\left(\boldsymbol{M}^{\mathrm{T}}\boldsymbol{\varepsilon}\right), \tag{3.75}$$

wobei plim für die stochastische Konvergenz steht (siehe Anhang A.5). Als Bedingung für die Konsistenz folgt dann

$$\operatorname{plim}\left(\boldsymbol{M}^{\mathrm{T}}\boldsymbol{\varepsilon}\right)=\boldsymbol{0}, \tag{3.76}$$

[14] Die stochastische Unabhängigkeit der Regressoren und der Störgröße wird in der Regressionsanalyse als Endogenität bezeichnet und die stochastische Abhängigkeit entsprechend als Exogenität.

[15] Eine stochastische Unabhängigkeit würde vorliegen, wenn als Modellstruktur ein FIR-Modell (siehe Tabelle 3.2) verwendet wird und dieses mit einem von der Störung stochastisch unabhängigen Eingangssignal angeregt wird.

was der Aussage entspricht, dass jeder Datenvektor $\boldsymbol{m}(k)$ gemäß Gl. (3.48) mit dem Fehler $\varepsilon(k)$ unkorreliert sein muss. Für den Fall des hier betrachteten ARX-Modells und der zuvor getroffenen Annahme der Unkorreliertheit des Modellfehlers, d.h.

$$\mathrm{E}\left\{\varepsilon(k)\,\varepsilon(k+m)\right\} = 0 \text{ für } m \neq 0, \tag{3.77}$$

ist diese Bedingung erfüllt ist, was leicht gezeigt werden kann. Hierzu wird vorausgesetzt, dass die Störung ε mit der Eingangsgröße des Systems u unkorreliert ist. Dies ist dann der Fall, wenn, wie hier angenommen, die Störung nur auf die Ausgangsgröße des Systems wirkt und es keine Rückkopplung von der Ausgangs- und die Eingangsgröße gibt. Die Werte der Eingangsgröße $u(k-1), \ldots, u(k-n)$ im Datenvektor $\boldsymbol{m}(k)$ aus Gl. (3.48) sind damit unkorreliert mit der Störgröße $\varepsilon(k)$. Die im Datenvektor $\boldsymbol{m}(k)$ auftretenden Werte der Ausgangsgröße $y(k-1), \ldots, y(k-n)$ des Datenvektors $\boldsymbol{m}(k)$ aus Gl. (3.48) hängen aufgrund der Modellgleichung (3.64) zwar von den Werten der Störgröße $\varepsilon(k-1)$, $\varepsilon(k-2), \ldots$ ab, aber nicht direkt von der Störgröße $\varepsilon(k)$. Die Werte der Störgröße $\varepsilon(k-1)$, $\varepsilon(k-2), \ldots$ sind wiederum mit dem Wert $\varepsilon(k)$ unkorreliert. Daraus folgt unmittelbar die Unkorreliertheit von $\boldsymbol{m}(k)$ und $\varepsilon(k)$. Die *Least-Squares*-Schätzung für das ARX-Modell ist damit konsistent (aber, wie oben gezeigt wurde, nicht erwartungstreu).[16]

Neben der Betrachtung des Erwartungstreue bzw. der Konsistenz der Schätzung ist auch noch die Kovarianzmatrix des Schätzfehlers von Interesse. Auch die Kovarianzmatrix wird hier für die drei oben betrachteten Fälle angegeben (deterministische Datenmatrix, stochastische Unabhängigkeit der Datenmatrix und des Fehlervektors sowie der beim ARX-Modell vorliegende Fall der stochastischen Abhängigkeit der Datenmatrix und des Fehlervektors). Der Schätzfehler der *Least-Squares*-Schätzung ist gemäß Gl. (3.67) durch

$$\hat{\boldsymbol{p}}(N) - \boldsymbol{p} = \left[\boldsymbol{M}^{\mathrm{T}}(N)\,\boldsymbol{M}(N)\right]^{-1} \boldsymbol{M}^{\mathrm{T}}(N)\boldsymbol{\varepsilon}(N) \tag{3.78}$$

gegeben. Die Kovarianzmatrix des Schätzfehlers folgt daraus zu

$$\begin{aligned}\mathrm{E}\left\{[\hat{\boldsymbol{p}}(N) - \boldsymbol{p}]\,[\hat{\boldsymbol{p}}(N) - \boldsymbol{p}]^{\mathrm{T}}\right\} = \mathrm{E}\Big\{&\left[\boldsymbol{M}^{\mathrm{T}}(N)\,\boldsymbol{M}(N)\right]^{-1} \boldsymbol{M}^{\mathrm{T}}(N)\cdot \boldsymbol{\varepsilon}(N)\boldsymbol{\varepsilon}^{\mathrm{T}}(N)\cdot \\ &\cdot \boldsymbol{M}(N)\left[\boldsymbol{M}^{\mathrm{T}}(N)\,\boldsymbol{M}(N)\right]^{-1}\Big\}.\end{aligned} \tag{3.79}$$

Wäre die Datenmatrix deterministisch, würde sich die Kovarianzmatrix

$$\begin{aligned}\mathrm{E}\left\{[\hat{\boldsymbol{p}}(N) - \boldsymbol{p}]\,[\hat{\boldsymbol{p}}(N) - \boldsymbol{p}]^{\mathrm{T}}\right\} = &\left[\boldsymbol{M}^{\mathrm{T}}(N)\,\boldsymbol{M}(N)\right]^{-1} \boldsymbol{M}^{\mathrm{T}}(N)\cdot \\ &\cdot \mathrm{E}\left\{\boldsymbol{\varepsilon}(N)\boldsymbol{\varepsilon}^{\mathrm{T}}(N)\right\}\cdot \\ &\cdot \boldsymbol{M}(N)\left[\boldsymbol{M}^{\mathrm{T}}(N)\,\boldsymbol{M}(N)\right]^{-1}\end{aligned} \tag{3.80}$$

ergeben. Sofern die Datenmatrix eine stochastische Größe ist, wird die bedingte Kovarianzmatrix für die vorliegende Datenmatrix gebildet. Für diese bedingte Kovarianzmatrix gilt dann

[16] Es liegt hier zwar keine stochastische Unabhängigkeit zwischen den Regressoren und der Störgröße vor, also keine Exogenität, woraus die fehlende Erwartungstreue folgt, aber kontemporäre Exogenität, aus der die Konsistenz folgt.

$$\begin{aligned}\mathrm{E}\left\{[\hat{\boldsymbol{p}}(N)-\boldsymbol{p}]\;[\hat{\boldsymbol{p}}(N)-\boldsymbol{p}]^{\mathrm{T}}\middle|\,\boldsymbol{M}(N)\right\} = &\left[\boldsymbol{M}^{\mathrm{T}}(N)\,\boldsymbol{M}(N)\right]^{-1}\boldsymbol{M}^{\mathrm{T}}(N)\cdot\\ &\cdot\mathrm{E}\left\{\boldsymbol{\varepsilon}(N)\boldsymbol{\varepsilon}^{\mathrm{T}}(N)\middle|\,\boldsymbol{M}(N)\right\}\cdot\\ &\cdot\boldsymbol{M}(N)\left[\boldsymbol{M}^{\mathrm{T}}(N)\,\boldsymbol{M}(N)\right]^{-1}.\end{aligned} \tag{3.81}$$

Wären die Datenmatrix und der Fehlervektor stochastisch unabhängig, wäre die bedingte Kovarianz des Fehlervektors gleich der unbedingten Kovarianz, also

$$\mathrm{E}\left\{\boldsymbol{\varepsilon}(N)\boldsymbol{\varepsilon}^{\mathrm{T}}(N)\middle|\,\boldsymbol{M}(N)\right\} = \mathrm{E}\left\{\boldsymbol{\varepsilon}(N)\boldsymbol{\varepsilon}^{\mathrm{T}}(N)\right\}. \tag{3.82}$$

Für die bedingte Kovarianzmatrix aus Gl. (3.81) folgt dann

$$\begin{aligned}\mathrm{E}\left\{[\hat{\boldsymbol{p}}(N)-\boldsymbol{p}]\;[\hat{\boldsymbol{p}}(N)-\boldsymbol{p}]^{\mathrm{T}}\middle|\,\boldsymbol{M}(N)\right\} = &\left[\boldsymbol{M}^{\mathrm{T}}(N)\,\boldsymbol{M}(N)\right]^{-1}\boldsymbol{M}^{\mathrm{T}}(N)\cdot\\ &\cdot\mathrm{E}\left\{\boldsymbol{\varepsilon}(N)\boldsymbol{\varepsilon}^{\mathrm{T}}(N)\right\}\\ &\cdot\boldsymbol{M}(N)\left[\boldsymbol{M}^{\mathrm{T}}(N)\,\boldsymbol{M}(N)\right]^{-1}.\end{aligned} \tag{3.83}$$

Der unbedingte Erwartungswert der Kovarianzmatrix ergibt sich dann durch erneute Erwartungswertbildung (diesmal gewissermaßen über alle möglichen Datenmatrizen) zu

$$\begin{aligned}\mathrm{E}\left\{[\hat{\boldsymbol{p}}(N)-\boldsymbol{p}]\,[\hat{\boldsymbol{p}}(N)-\boldsymbol{p}]^{\mathrm{T}}\right\} = \mathrm{E}\Big\{&\left[\boldsymbol{M}^{\mathrm{T}}(N)\,\boldsymbol{M}(N)\right]^{-1}\boldsymbol{M}^{\mathrm{T}}(N)\cdot\\ &\cdot\mathrm{E}\left\{\boldsymbol{\varepsilon}(N)\boldsymbol{\varepsilon}^{\mathrm{T}}(N)\right\}\cdot\\ &\cdot\boldsymbol{M}(N)\left[\boldsymbol{M}^{\mathrm{T}}(N)\,\boldsymbol{M}(N)\right]^{-1}\Big\}.\end{aligned} \tag{3.84}$$

Bei der *Least-Squares*-Schätzung für das ARX-Modell sind, wie oben bereits erwähnt, die Datenmatrix und der Fehlervektor zwar unkorreliert, aber nicht stochastisch unabhängig. Daher kann hier wieder nur eine Betrachtung der stochastischen Konvergenz durchgeführt werden. Für die Matrix der quadratischen Schätzfehler folgt

$$\operatorname{plim}\left([\hat{\boldsymbol{p}}-\boldsymbol{p}]\,[\hat{\boldsymbol{p}}-\boldsymbol{p}]^{\mathrm{T}}\right) = \operatorname{plim}\left(\left[\boldsymbol{M}^{\mathrm{T}}\boldsymbol{M}\right]^{-1}\boldsymbol{M}^{\mathrm{T}}\boldsymbol{\varepsilon}\boldsymbol{\varepsilon}^{\mathrm{T}}\boldsymbol{M}\left[\boldsymbol{M}^{\mathrm{T}}\boldsymbol{M}\right]^{-1}\right). \tag{3.85}$$

Werden für eine einfachere Betrachtung Matrixausdrücke zugelassen, deren Dimensionen für $N \to \infty$ gegen unendlich gehen, kann

$$\begin{aligned}\operatorname{plim}\left([\hat{\boldsymbol{p}}-\boldsymbol{p}]\,[\hat{\boldsymbol{p}}-\boldsymbol{p}]^{\mathrm{T}}\right) = &\operatorname{plim}\left(\left[\boldsymbol{M}^{\mathrm{T}}\boldsymbol{M}\right]^{-1}\boldsymbol{M}^{\mathrm{T}}\right)\cdot\operatorname{plim}\left(\boldsymbol{\varepsilon}\boldsymbol{\varepsilon}^{\mathrm{T}}\right)\cdot\\ &\cdot\operatorname{plim}\left(\boldsymbol{M}\left[\boldsymbol{M}^{\mathrm{T}}\boldsymbol{M}\right]^{-1}\right),\end{aligned} \tag{3.86}$$

geschrieben werden. Handelt es sich bei dem Störsignal $\varepsilon(k)$ um eine unabhängige, identisch verteilte Folge von Zufallsvariablen mit der Varianz $\mathrm{E}\{\varepsilon(k)\} = \sigma_\varepsilon^2$, gilt

$$\operatorname{plim}\left(\boldsymbol{\varepsilon}\boldsymbol{\varepsilon}^{\mathrm{T}}\right) = \sigma_\varepsilon^2\mathbf{I}. \tag{3.87}$$

Damit ergibt sich aus Gl. (3.86)

$$\begin{aligned}\operatorname{plim}\left([\hat{\boldsymbol{p}}-\boldsymbol{p}][\hat{\boldsymbol{p}}-\boldsymbol{p}]^{\mathrm{T}}\right) &= \sigma_\varepsilon^2 \operatorname{plim}\left(\left[\boldsymbol{M}^{\mathrm{T}}\boldsymbol{M}\right]^{-1}\boldsymbol{M}^{\mathrm{T}}\right)\cdot\operatorname{plim}\left(\boldsymbol{M}\left[\boldsymbol{M}^{\mathrm{T}}\boldsymbol{M}\right]^{-1}\right)\\ &= \sigma_\varepsilon^2 \operatorname{plim}\left(\left[\boldsymbol{M}^{\mathrm{T}}\boldsymbol{M}\right]^{-1}\boldsymbol{M}^{\mathrm{T}}\boldsymbol{M}\left[\boldsymbol{M}^{\mathrm{T}}\boldsymbol{M}\right]^{-1}\right)\\ &= \sigma_\varepsilon^2 \operatorname{plim}\left(\left[\boldsymbol{M}^{\mathrm{T}}\boldsymbol{M}\right]^{-1}\right).\end{aligned} \tag{3.88}$$

Diese Beziehung legt nahe, für große N den Ausdruck

$$\boldsymbol{P}^*(N) = \sigma_\varepsilon^2\left[\boldsymbol{M}^{\mathrm{T}}(N)\,\boldsymbol{M}(N)\right]^{-1} = \sigma_\varepsilon^2\,\boldsymbol{M}^{*-1}(N) = \sigma_\varepsilon^2\,\boldsymbol{P}(N) \tag{3.89}$$

als Schätzwert für die Kovarianzmatrix des Schätzfehlers zu verwenden. Die Größen $\boldsymbol{P}^*(N)$ und $\boldsymbol{P}(N)$ werden in der Literatur daher, wenn auch nicht ganz korrekt, oft als Kovarianzmatrix der Schätzung bezeichnet. Unter der Voraussetzung, dass es sich bei dem Störsignal $\varepsilon(k)$ um eine unabhängige, identisch verteilte Folge von Zufallsvariablen mit der Varianz $\mathrm{E}\left\{\varepsilon^2(k)\right\} = \sigma_\varepsilon^2$ handelt, lässt sich weiterhin zeigen, dass die *Least-Squares*-Schätzung für das ARX-Modell gegenüber allen anderen konsistenten linearen Schätzungen minimale Varianz besitzt [GP77].

Die hier besprochene Parameterschätzung mit Hilfe des ARX-Modells ermöglicht aufgrund von Gl. (3.54) die direkte Berechnung von $\hat{\boldsymbol{p}}(N)$ in einem Schritt. Für die anderen in Tabelle 3.2 aufgeführten Modellstrukturen, welche die Polynome $C(z^{-1})$ und $D(z^{-1})$ enthalten, muss jedoch die direkte Lösung in mehreren Schritten erfolgen [UGB74], da hierbei der verallgemeinerte Modellfehler nicht mehr durch weißes Rauschen beschrieben werden kann, sondern durch Datenfilterung, z.B. gemäß Gl. (3.26) schrittweise berechnet werden muß. Der numerische und programmtechnische Aufwand bei diesen als Mehrschritt-Verfahren bezeichneten Schätzverfahren ist damit höher. Um diesen Aufwand zu reduzieren ist es zweckmäßig, rekursive Verfahren einzusetzen. Darauf wird im Folgenden näher eingegangen.

3.3.2 Rekursive Lösung (RLS-Verfahren)

Die zuvor besprochene direkte *Least-Squares*-Schätzung mittels des ARX-Modellansatzes hat den Nachteil, dass für die Berechnung des Schätzwertes $\hat{\boldsymbol{p}}(N)$ gemäß Gl. (3.54) stets $N+1$ gemessene Wertepaare von $u(k)$ und $y(k)$ verwendet werden. Sofern nun ständig neue Messdaten anfallen und diese fortlaufend zur Parameterschätzung verwendet werden sollen, ist für jedes weitere gemessene Datenpaar von $u(k)$ und $y(k)$ dann die erneute Berechnung der Matrix $\boldsymbol{M}^*(N)$ und des Vektors $\boldsymbol{y}^*(N) = \boldsymbol{M}^{\mathrm{T}}(N)\,\boldsymbol{y}(N)$ sowie die Inversion von $\boldsymbol{M}^*(N)$ erforderlich. Dieser Nachteil kann durch die rekursive Lösung der *Least-Squares*-Schätzung umgangen werden. Beim Übergang von der direkten zur rekursiven Lösung wird zunächst von Gl. (3.54) ausgegangen.

Der Grundgedanke zur Herleitung der rekursiven Lösung besteht darin, den Spaltenvektor $\boldsymbol{y}(k)$ und die Datenmatrix $\boldsymbol{M}(k)$ zunächst durch Hinzunahme eines neuen $(k+1)$-ten Elementes bzw. Hinzufügen einer $(k+1)$-ten Zeile zu erweitern. Die Herleitung des rekursiven *Least-Squares*-Schätzalgorithmus beruht also auf Gl. (3.54) in der Schreibweise für den k-ten Abtastschritt

$$\hat{\boldsymbol{p}}(k) = \left[\boldsymbol{M}^{\mathrm{T}}(k)\,\boldsymbol{M}(k)\right]^{-1} \boldsymbol{M}^{\mathrm{T}}(k)\,\boldsymbol{y}(k). \tag{3.90}$$

Durch Hinzunahme eines weiteren Messdatenpaares $\{u(k+1), y(k+1)\}$ wird zunächst die Datenmatrix

$$\boldsymbol{M}(k) = \begin{bmatrix} \boldsymbol{m}^{\mathrm{T}}(n) \\ \vdots \\ \boldsymbol{m}^{\mathrm{T}}(k) \end{bmatrix} \tag{3.91}$$

zu

$$\boldsymbol{M}(k+1) = \begin{bmatrix} \boldsymbol{m}^{\mathrm{T}}(n) \\ \vdots \\ \boldsymbol{m}^{\mathrm{T}}(k) \\ \hdashline \boldsymbol{m}^{\mathrm{T}}(k+1) \end{bmatrix} = \begin{bmatrix} \boldsymbol{M}(k) \\ \hdashline \boldsymbol{m}^{\mathrm{T}}(k+1) \end{bmatrix}. \tag{3.92}$$

erweitert. Dabei ist

$$\boldsymbol{m}^{\mathrm{T}}(k+1) = \left[-y(k) \ldots -y(k-n+1) \,\vdots\, u(k) \ldots u(k-n+1)\right] \tag{3.93}$$

der $2n$-dimensionale Datenvektor. Auch der Ausgangssignalvektor

$$\boldsymbol{y}(k) = [\, y(n) \ldots y(k)\,]^{\mathrm{T}} \tag{3.94}$$

wird gemäß

$$\boldsymbol{y}(k+1) = \left[y(n) \ldots y(k) \,\vdots\, y(k+1)\right]^{\mathrm{T}} \tag{3.95}$$

erweitert. Für den neuen Parametervektor im $(k+1)$-ten Abtastschritt folgt aus Gl. (3.54)

$$\hat{\boldsymbol{p}}(k+1) = \left[\boldsymbol{M}^{\mathrm{T}}(k+1)\,\boldsymbol{M}(k+1)\right]^{-1} \boldsymbol{M}^{\mathrm{T}}(k+1)\,\boldsymbol{y}(k+1). \tag{3.96}$$

Mit der Matrix $\boldsymbol{M}^*$ aus Gl. (3.56) und den Gln. (3.92) und (3.95) kann Gl. (3.96) umgeschrieben werden zu

$$\hat{\boldsymbol{p}}(k+1) = \boldsymbol{M}^{*-1}(k+1) \begin{bmatrix} \boldsymbol{M}(k) \\ \hdashline \boldsymbol{m}^{\mathrm{T}}(k+1) \end{bmatrix}^{\mathrm{T}} \begin{bmatrix} \boldsymbol{y}(k) \\ \hdashline y(k+1) \end{bmatrix}. \tag{3.97}$$

Durch Ausmultiplikation ergibt sich hieraus

$$\hat{\boldsymbol{p}}(k+1) = \boldsymbol{M}^{*-1}(k+1) \left[\boldsymbol{M}^{\mathrm{T}}(k)\,\boldsymbol{y}(k) + \boldsymbol{m}(k+1)\,y(k+1)\right]. \tag{3.98}$$

Wird entsprechend Gl. (3.59) der erste Term in der eckigen Klammer ersetzt durch

$$\boldsymbol{M}^{\mathrm{T}}(k)\,\boldsymbol{y}(k) = \boldsymbol{M}^{\mathrm{T}}(k)\,\boldsymbol{M}(k)\,\hat{\boldsymbol{p}}(k) = \boldsymbol{M}^*(k)\,\hat{\boldsymbol{p}}(k),$$

dann ergibt sich für Gl. (3.98)

$$\hat{\boldsymbol{p}}(k+1) = \boldsymbol{M}^{*-1}(k+1)\,\left[\boldsymbol{M}^*(k)\,\hat{\boldsymbol{p}}(k) + \boldsymbol{m}(k+1)\,y(k+1)\right]. \tag{3.99}$$

Die Matrix $\boldsymbol{M}^*(k+1)$ lässt sich unter Verwendung der Gl. (3.92) in die Form

$$\boldsymbol{M}^*(k+1) = \begin{bmatrix} \boldsymbol{M}(k) \\ \hdashline \boldsymbol{m}^{\mathrm{T}}(k+1) \end{bmatrix}^{\mathrm{T}} \begin{bmatrix} \boldsymbol{M}(k) \\ \hdashline \boldsymbol{m}^{\mathrm{T}}(k+1) \end{bmatrix} = \boldsymbol{M}^{\mathrm{T}}(k)\,\boldsymbol{M}(k) + \boldsymbol{m}(k+1)\,\boldsymbol{m}^{\mathrm{T}}(k+1)$$

bzw.

$$\boldsymbol{M}^*(k+1) = \boldsymbol{M}^*(k) + \boldsymbol{m}(k+1)\,\boldsymbol{m}^{\mathrm{T}}(k+1) \tag{3.100}$$

bringen. Wird diese Beziehung nach $\boldsymbol{M}^*(k)$ aufgelöst und das Resultat in Gl. (3.99) eingesetzt, folgt

$$\begin{aligned} \hat{\boldsymbol{p}}(k+1) = \; & \boldsymbol{M}^{*-1}(k+1)\times \\ & \times \left[\boldsymbol{M}^*(k+1)\hat{\boldsymbol{p}}(k) - \boldsymbol{m}(k+1)\boldsymbol{m}^{\mathrm{T}}(k+1)\hat{\boldsymbol{p}}(k) + \boldsymbol{m}(k+1)y(k+1)\right] \end{aligned} \tag{3.101}$$

bzw. durch Ausmultiplikation

$$\hat{\boldsymbol{p}}(k+1) = \hat{\boldsymbol{p}}(k) + \boldsymbol{M}^{*-1}(k+1)\,\boldsymbol{m}(k+1)\left[y(k+1) - \boldsymbol{m}^{\mathrm{T}}(k+1)\,\hat{\boldsymbol{p}}(k)\right]. \tag{3.102}$$

Wird zur Abkürzung noch der Vektor

$$\boldsymbol{q}(k+1) = \boldsymbol{M}^{*-1}(k+1)\,\boldsymbol{m}(k+1) \tag{3.103a}$$

oder unter Berücksichtigung von Gl. (3.89)

$$\boldsymbol{q}(k+1) = \boldsymbol{P}(k+1)\,\boldsymbol{m}(k+1) \tag{3.103b}$$

eingeführt, der als Verstärkungsvektor bezeichnet wird, und berücksichtigt, dass gemäß Gl. (3.27) der Ausdruck in der eckigen Klammer von Gl. (3.102) gerade den Schätzwert des Modellfehlers

$$\hat{\varepsilon}(k+1) = y(k+1) - \boldsymbol{m}^{\mathrm{T}}(k+1)\,\hat{\boldsymbol{p}}(k) \tag{3.104}$$

aufgrund des einen Schritt zuvor geschätzten Parametervektors $\hat{\boldsymbol{p}}(k)$ und damit den Prädiktionsfehler darstellt, so ergibt sich aus Gl. (3.102) als rekursive Beziehung zur Berechnung des neuen Schätzwertes des Parametervektors schließlich

$$\hat{\boldsymbol{p}}(k+1) = \hat{\boldsymbol{p}}(k) + \boldsymbol{q}(k+1)\,\hat{\varepsilon}(k+1). \tag{3.105}$$

Der neue Parameterschätzvektor $\hat{\boldsymbol{p}}(k+1)$ setzt sich somit aus dem alten Schätzwert $\hat{\boldsymbol{p}}(k)$ plus dem mit dem Bewertungs- oder Verstärkungsvektor $\boldsymbol{q}(k+1)$ multiplizierten Prädiktionsfehler $\hat{\varepsilon}(k+1)$ zusammen. Gemäß Gl. (3.104) stellt dabei der Prädiktionsfehler die Differenz zwischen dem neuen Messwert $y(k+1)$ und dessen Prädiktion (Vorausberechnung)

$$\hat{y}(k+1|k) = \boldsymbol{m}^{\mathrm{T}}(k+1)\,\hat{\boldsymbol{p}}(k), \tag{3.106}$$

unter Verwendung des geschätzten Parametervektors $\hat{\boldsymbol{p}}(k)$ aus dem vorangegangenen Schritt und der im Datenvektor $\boldsymbol{m}(k+1)$ gemäß Gl. (3.93) enthaltenen Eingangs- und Ausgangswerten bis zum Schritt k dar.

Die Berechnung des Verstärkungssvektors $\boldsymbol{q}(k+1)$ nach Gl. (3.103) ist aufgrund der erforderlichen Matrixinversion numerisch ungünstig. Zur Umgehung der Matrixinversion wird in folgender Weise vorgegangen [UGB74]. Aus den Gln. (3.89) und (3.100) folgt

$$\boldsymbol{P}(k+1) = \boldsymbol{M}^{*-1}(k+1) = \left[\boldsymbol{M}^{*}(k) + \boldsymbol{m}(k+1)\,\boldsymbol{m}^{\mathrm{T}}(k+1)\right]^{-1}. \tag{3.107}$$

Die Anwendung des Matrixinversionslemmas (siehe z.B. [Zie70]) in der Form

$$\left[\boldsymbol{A}+\boldsymbol{B}\boldsymbol{C}\right]^{-1} = \boldsymbol{A}^{-1} - \boldsymbol{A}^{-1}\boldsymbol{B}\left[\mathbf{I}+\boldsymbol{C}\boldsymbol{A}^{-1}\boldsymbol{B}\right]^{-1}\boldsymbol{C}\boldsymbol{A}^{-1}$$

auf diese Beziehung liefert

$$\begin{aligned}\boldsymbol{P}(k+1) = \;& \boldsymbol{P}(k) - \boldsymbol{P}(k)\,\boldsymbol{m}(k+1)\times\\ &\times\left[1+\boldsymbol{m}^{\mathrm{T}}(k+1)\boldsymbol{P}(k)\,\boldsymbol{m}(k+1)\right]^{-1}\boldsymbol{m}^{\mathrm{T}}(k+1)\boldsymbol{P}(k),\end{aligned} \tag{3.108}$$

wobei in der eckigen Klammer eine skalare Größe steht, sodass hier keine Matrizeninversion, sondern nur eine Division durchzuführen ist. Wie nachfolgend gezeigt wird, kann in diesem Ausdruck

$$\boxed{\boldsymbol{q}(k+1) = \boldsymbol{P}(k)\,\boldsymbol{m}(k+1)\left[1+\boldsymbol{m}^{\mathrm{T}}(k+1)\,\boldsymbol{P}(k)\,\boldsymbol{m}(k+1)\right]^{-1}} \tag{3.109}$$

gesetzt werden, sodass schließlich für Gl. (3.108) auch

$$\boxed{\boldsymbol{P}(k+1) = \boldsymbol{P}(k) - \boldsymbol{q}(k+1)\,\boldsymbol{m}^{\mathrm{T}}(k+1)\,\boldsymbol{P}(k)} \tag{3.110}$$

geschrieben werden kann. Zum Beweis der Gültigkeit von Gl. (3.109) wird Gl. (3.108) in Gl. (3.103b) eingesetzt. Dies liefert

$$\begin{aligned}&\boldsymbol{q}(k+1) =\\ &\left\{\boldsymbol{P}(k) - \boldsymbol{P}(k)\boldsymbol{m}(k+1)\left[1+\boldsymbol{m}^{\mathrm{T}}(k+1)\boldsymbol{P}(k)\boldsymbol{m}(k+1)\right]^{-1}\boldsymbol{m}^{\mathrm{T}}(k+1)\boldsymbol{P}(k)\right\}\boldsymbol{m}(k+1).\end{aligned}$$

Da der zu invertierende Ausdruck in den eckigen Klammern eine skalare Größe ist, die als gemeinsamer Hauptnenner benutzt wird, folgt

$$\begin{aligned}&\boldsymbol{q}(k+1) =\\ &\frac{\boldsymbol{P}(k)\boldsymbol{m}(k+1)[1+\boldsymbol{m}^{\mathrm{T}}(k+1)\boldsymbol{P}(k)\boldsymbol{m}(k+1)] - \boldsymbol{P}(k)\boldsymbol{m}(k+1)\boldsymbol{m}^{\mathrm{T}}(k+1)\boldsymbol{P}(k)\boldsymbol{m}(k+1)}{1+\boldsymbol{m}^{\mathrm{T}}(k+1)\boldsymbol{P}(k)\boldsymbol{m}(k+1)}\end{aligned}$$

und zusammengefasst

$$\boldsymbol{q}(k+1) = \frac{\boldsymbol{P}(k)\,\boldsymbol{m}(k+1)}{1+\boldsymbol{m}^{\mathrm{T}}(k+1)\,\boldsymbol{P}(k)\,\boldsymbol{m}(k+1)},$$

was gerade Gl. (3.109) entspricht.

Die Gln. (3.104), (3.105), (3.109) und (3.110) stellen somit die gesuchte rekursive Lösung des *Least-Squares*-Schätzproblems dar. Diese hat gegenüber der direkten Lösung den Vorteil, dass ständig neu anfallende Messwertepaare über den Datenvektor $\boldsymbol{m}(k+1)$ direkt zur Parameterschätzung verwendet werden können. Daher eignet sich dieses Verfahren insbesondere für den *Online*-Betrieb der Systemidentifikation mittels eines Prozessrechners, wobei wegen der sofortigen Weiterverarbeitung der Messdaten die Abspeicherung einer Datenmatrix nicht erforderlich ist. Dem Vorteil, dass die Inversion der Matrix $\boldsymbol{M}^*$ bei der rekursiven Lösung entfällt, steht als ein gewisser Nachteil die erforderliche Festlegung von Startwerten für $\hat{\boldsymbol{p}}(0)$ und $\boldsymbol{P}(0)$ gegenüber. Darauf wird weiter unten in Abschnitt 3.4.2.4 noch näher eingegangen.

Die hier beschriebene rekursive Lösung (RLS-Verfahren) ist unmittelbar nur für die ARX-Modellstrukturen anwendbar. Für andere Modellstrukturen, insbesondere auch für das verallgemeinerte und das erweiterte RLS-Verfahren unter Verwendung der ARARMAX-Modellstruktur (siehe Tabelle 3.2), RELS-Verfahren genannt, enthalten jedoch die Datenmatrix $\boldsymbol{M}(k)$ bzw. der Datenvektor $\boldsymbol{m}(k)$ gemäß Gl. (3.28) als Elemente auch die Fehler $\varepsilon(k)$ und $v(k)$. Da diese Fehler zum Zeitpunkt k nicht messbar sind, müssen geeignete Näherungswerte hierfür gefunden werden. Am zweckmäßigsten werden anstelle der Größen $\varepsilon(k)$ und $v(k)$ die zugehörigen Schätzwerte $\hat{\varepsilon}(k)$ und $\hat{v}(k)$ verwendet. Aus Gl. (3.104) folgt

$$\hat{\varepsilon}(k) = y(k) - \boldsymbol{m}^{\mathrm{T}}(k)\,\hat{\boldsymbol{p}}(k-1) \tag{3.111}$$

und aus Gl. (3.25)

$$\hat{v}(k) = y(k) - \boldsymbol{m}_{yu}^{\mathrm{T}}(k)\,\hat{\boldsymbol{p}}_{ab}(k-1), \tag{3.112}$$

wobei der Datenvektor $\boldsymbol{m}_{yu}(k)$ nach Gl. (3.48) und der modifizierte Datenvektor gemäß

$$\begin{aligned}\boldsymbol{m}(k) = \Big[&-y(k-1)\ldots -y(k-n) \,\vdots\, u(k-1)\ldots u(k-n) \,\vdots\, \hat{\varepsilon}(k-1)\ldots\hat{\varepsilon}(k-1) \,\vdots\\ &-\hat{v}(k-1)\ldots -\hat{v}(k-n)\Big]^{\mathrm{T}}\end{aligned} \tag{3.113}$$

definiert werden, sowie die Parametervektoren

$$\hat{\boldsymbol{p}}_{ab}(k) = \Big[\hat{a}_1 \ldots \hat{a}_n \,\vdots\, \hat{b}_1 \ldots \hat{b}_n\Big]^{\mathrm{T}} \tag{3.114}$$

und

$$\hat{\boldsymbol{p}}(k) = \Big[\hat{a}_1 \ldots \hat{a}_n \,\vdots\, \hat{b}_1 \ldots \hat{b}_n \,\vdots\, \hat{c}_1 \ldots \hat{c}_n \,\vdots\, \hat{d}_1 \ldots \hat{d}_n\Big]^{\mathrm{T}} \tag{3.115}$$

mit den im jeweiligen Abtastschritt berechneten aktuellen Schätzwerten der Modellparameter gebildet werden. Damit kann der oben beschriebene rekursive Lösungsalgorithmus auch für erweiterte Modellstrukturen, wie beispielsweise für ARMAX-, ARARX- und ARARMAX-Modelle (siehe Tabelle 3.2), unmittelbar angewendet werden. Dies stellt einen Vorteil gegenüber den für die direkte Lösung erforderlichen, aufwendigeren Mehrschritt-Verfahren dar. Allerdings müssen dann auch für $\hat{\varepsilon}$ und $\hat{v}$ Startwerte vorgegeben werden.

3.3.3 Hilfsvariablen-Verfahren

Bei den verschiedenen gegenüber dem ARX-Modell erweiterten Modellstrukturen (vgl. Tabelle 3.2), in Verbindung mit der Systemidentifikation auch als erweiterte Matrizenmodelle bezeichnet, wurde das Problem des korrelierten Modell- oder Gleichungsfehlers $v(k)$ gemäß Bild 3.5 durch Rückführung auf weißes Rauschen $\varepsilon(k)$ über ein Filter mit der Übertragungsfunktion $G_\mathrm{r}^{-1}(z)$ bzw. $G_\mathrm{r}^{*-1}(z)$ gelöst. Das im Folgenden behandelte Hilfsvariablen-Verfahren (Verfahren der instrumentellen Variablen, *Instrumental-Variable*-Verfahren, IV-Verfahren) beruht zwar auf der ARX-Modellstruktur, die mit $G_\mathrm{r}^{*}(z) = 1$ aus Gl. (3.20) die Beziehung

$$A(z^{-1})\,Y(z) - B(z^{-1})\,U(z) = \varepsilon(z) = V(z) \tag{3.116}$$

liefert, jedoch werden hierbei keine speziellen Annahmen über den Gleichungsfehler $\varepsilon(k) = v(k)$ gemacht. Entsprechend Gl. (3.46) lässt sich Gl. (3.116) auch in der vektoriellen Form

$$\boldsymbol{y}(N) = \boldsymbol{M}(N)\,\boldsymbol{p}_\mathrm{M} + \boldsymbol{v}(N) \tag{3.117}$$

angeben. Damit nun dieses ARX-Modell über das Hilfsvariablen-Verfahren auch bei korreliertem Modellfehler ebenso konsistente Schätzwerte liefert wie über das *Least-Squares*-Verfahren bei unkorreliertem Modellfehler, wird in Gl. (3.54) die transponierte Datenmatrix $\boldsymbol{M}^\mathrm{T}(N)$ formal durch die transponierte Hilfsvariablenmatrix $\boldsymbol{W}^\mathrm{T}(N)$ (auch als instrumentelle Datenmatrix bezeichnet) ersetzt. Dabei ist jede Datenmatrix

$$\boldsymbol{W}(N) = \begin{bmatrix} \boldsymbol{w}^\mathrm{T}(n) \\ \vdots \\ \boldsymbol{w}^\mathrm{T}(N) \end{bmatrix} \tag{3.118}$$

eine Hilfsvariablenmatrix, wenn sie die beiden Bedingungen

$$\operatorname{plim}\left\{\boldsymbol{W}^\mathrm{T}\boldsymbol{v}\right\} = \boldsymbol{0} \tag{3.119a}$$

und

$$\operatorname{plim}\left\{\det\left[\boldsymbol{W}^\mathrm{T}\boldsymbol{M}\right]\right\} \neq 0 \tag{3.119b}$$

erfüllt. Diese Gleichungen bedeuten, dass jeder Hilfsvariablenvektor $\boldsymbol{w}^\mathrm{T}(k)$ mit dem Fehler $v(k)$ unkorreliert und mit dem Datenvektor $\boldsymbol{m}(k)$ korreliert sein muss.

Durch Ersetzen von $\boldsymbol{M}^\mathrm{T}(N)$ durch $\boldsymbol{W}^\mathrm{T}(N)$ ergibt sich aus Gl. (3.54) die Berechnungsgleichung für den Schätzwert des Hilfsvariablenverfahrens

$$\boxed{\hat{\boldsymbol{p}}(N) = \left[\boldsymbol{W}^\mathrm{T}(N)\,\boldsymbol{M}(N)\right]^{-1}\boldsymbol{W}^\mathrm{T}(N)\,\boldsymbol{y}(N).} \tag{3.120}$$

Wird weiterhin in Gl. (3.75) die transponierte Datenmatrix $\boldsymbol{M}^\mathrm{T}$ durch die transponierte Hilfsvariablenmatrix $\boldsymbol{W}^\mathrm{T}$ und $\boldsymbol{\varepsilon}$ durch $\boldsymbol{v}$ ersetzt, so folgt für den *Bias* beim Hilfsvariablen-Verfahren

$$\operatorname{plim}(\hat{\boldsymbol{p}} - \boldsymbol{p}) = \operatorname{plim}\left(\left[\boldsymbol{W}^\mathrm{T}\boldsymbol{M}\right]^{-1}\right)\operatorname{plim}\left(\boldsymbol{W}^\mathrm{T}\boldsymbol{v}\right). \tag{3.121}$$

Mit Gl. (3.119a) wird daraus unter Berücksichtigung von Gl. (3.119b)

$$\operatorname{plim}\left(\boldsymbol{W}^\mathrm{T}\boldsymbol{v}\right) = \boldsymbol{0}. \tag{3.122}$$

Dies bedeutet, dass sich beim Hilfsvariablen-Verfahren auch für einen korrelierten Modellfehler eine konsistente Schätzung ergibt.

Herleiten lässt sich die Gleichung für den Schätzwert des Hilfsvariablen-Verfahrens, indem mit dem Fehlervektor $\boldsymbol{v}(N) = \boldsymbol{\varepsilon}(N)$ das Gütefunktional

$$I_2(\boldsymbol{p}_{\mathrm{M}}) = \frac{1}{2}\,\boldsymbol{\varepsilon}^{\mathrm{T}}(N)\,\boldsymbol{W}(N)\,\boldsymbol{W}^{\mathrm{T}}(N)\,\boldsymbol{\varepsilon}(N) \stackrel{!}{=} \mathrm{Min} \tag{3.123}$$

gebildet wird. Durch Einsetzen von $\boldsymbol{\varepsilon}(N) = \boldsymbol{v}(N)$ aus Gl. (3.117) in Gl. (3.123) folgt

$$\begin{aligned} I_2(\boldsymbol{p}_{\mathrm{M}}) &= \frac{1}{2}\,[\boldsymbol{y}(N) - \boldsymbol{M}(N)\,\boldsymbol{p}_{\mathrm{M}}]^{\mathrm{T}}\Big[\boldsymbol{W}(N)\,\boldsymbol{W}^{\mathrm{T}}(N)\,\boldsymbol{y}(N) - \boldsymbol{W}(N)\,\boldsymbol{W}^{\mathrm{T}}(N)\,\boldsymbol{M}(N)\,\boldsymbol{p}_{\mathrm{M}}\Big] \\ &= \frac{1}{2}\Big[\boldsymbol{y}^{\mathrm{T}}(N)\,\boldsymbol{W}(N)\,\boldsymbol{W}^{\mathrm{T}}(N)\,\boldsymbol{y}(N) - 2\boldsymbol{p}_{\mathrm{M}}{}^{\mathrm{T}}\boldsymbol{M}^{\mathrm{T}}(N)\,\boldsymbol{W}(N)\,\boldsymbol{W}^{\mathrm{T}}(N)\,\boldsymbol{y}(N) \\ &\qquad + \boldsymbol{p}_{\mathrm{M}}{}^{\mathrm{T}}\boldsymbol{M}^{\mathrm{T}}(N)\,\boldsymbol{W}(N)\,\boldsymbol{W}^{\mathrm{T}}(N)\,\boldsymbol{M}(N)\,\boldsymbol{p}_{\mathrm{M}}\Big]. \end{aligned}$$

Für das Minimum von $I_2(\boldsymbol{p}_{\mathrm{M}})$ gilt die Beziehung

$$\begin{aligned} \left.\frac{\mathrm{d}\,I_2}{\mathrm{d}\,\boldsymbol{p}_{\mathrm{M}}}\right|_{\boldsymbol{p}_{\mathrm{M}}=\hat{\boldsymbol{p}}(N)} &= -\,\boldsymbol{M}^{\mathrm{T}}(N)\boldsymbol{W}(N)\boldsymbol{W}^{\mathrm{T}}(N)\boldsymbol{y}(N) + \boldsymbol{M}^{\mathrm{T}}(N)\boldsymbol{W}(N)\boldsymbol{W}^{\mathrm{T}}(N)\boldsymbol{M}(N)\hat{\boldsymbol{p}}(N) \\ &= \mathbf{0}. \end{aligned}$$

Daraus ergibt sich als direkte Lösung des Schätzproblems

$$\hat{\boldsymbol{p}}(N) = \Big[\boldsymbol{M}^{\mathrm{T}}(N)\,\boldsymbol{W}(N)\,\boldsymbol{W}^{\mathrm{T}}(N)\,\boldsymbol{M}(N)\Big]^{-1}\boldsymbol{M}^{\mathrm{T}}(N)\,\boldsymbol{W}(N)\,\boldsymbol{W}^{\mathrm{T}}(N)\,\boldsymbol{y}(N).$$

Unter Berücksichtigung von Gl. (3.119b) folgt daraus schließlich Gl. (3.120).

Anhand der Gln. (3.104), (3.105), (3.109) und (3.110) lassen sich auch die rekursiven Lösungsgleichungen des Hilfsvariablen-Verfahrens angeben (*Recursive Instrumental-Variable*-Verfahren, RIV-Verfahren):

$$\hat{v}(k+1) = y(k+1) - \boldsymbol{m}^{\mathrm{T}}(k+1)\,\hat{\boldsymbol{p}}(k), \tag{3.124a}$$

$$\boldsymbol{q}(k+1) = \boldsymbol{P}(k)\,\boldsymbol{w}(k+1)\,\left[1 + \boldsymbol{m}^{\mathrm{T}}(k+1)\,\boldsymbol{P}(k)\,\boldsymbol{w}(k+1)\right]^{-1}, \tag{3.124b}$$

$$\hat{\boldsymbol{p}}(k+1) = \hat{\boldsymbol{p}}(k) + \boldsymbol{q}(k+1)\,\hat{v}(k+1), \tag{3.124c}$$

$$\boldsymbol{P}(k+1) = \boldsymbol{P}(k) - \boldsymbol{q}(k+1)\,\boldsymbol{m}^{\mathrm{T}}(k+1)\,\boldsymbol{P}(k). \tag{3.124d}$$

Die Konvergenzgeschwindigkeit dieser rekursiven Hilfsvariablen-Schätzung hängt entscheidend von der Wahl der Hilfsvariablenmatrix $\boldsymbol{W}$ ab. Die Elemente von $\boldsymbol{W}$ sollten so gewählt werden, dass sie stark mit den Nutzsignalen in der Matrix $\boldsymbol{M}$, aber nicht mit den Anteilen des Störsignals korreliert sind, was bereits in den Gl. (3.119a) und (3.119b) zum Ausdruck kommt. Der günstigste Fall läge vor, wenn $\boldsymbol{W}$ die ungestörten Signale von $\boldsymbol{M}$ direkt enthält. Nun ist zwar das Eingangssignal $u(k)$ bekannt, das ungestörte Ausgangssignal $y_{\mathrm{S}}(k)$ ist jedoch nicht messbar. Daher wird versucht, Schätzwerte dieses Signals als Hilfsvariable y_{H} zu verwenden. Diese Hilfsvariablen, die als Elemente in den Zeilenvektoren

$$\boldsymbol{w}^{\mathrm{T}}(k) = \Big[-y_{\mathrm{H}}(k-1)\ldots -y_{\mathrm{H}}(k-n) \,\vdots\, u(k-1)\ldots u(k-n)\Big] \tag{3.125}$$

der Matrix $\boldsymbol{W}$ auftreten, ergeben sich bei der rekursiven Lösung anhand des Ausgangssignals

$$y_{\mathrm{H}}(k) = \boldsymbol{w}^{\mathrm{T}}(k)\,\boldsymbol{p}_{\mathrm{H}}(k) \tag{3.126}$$

eines Hilfsmodells mit der Übertragungsfunktion

$$G_{\mathrm{H}}(z) = \frac{Y_{\mathrm{H}}(z)}{U(z)} = \frac{B_{\mathrm{H}}(z^{-1})}{A_{\mathrm{H}}(z^{-1})}, \tag{3.127}$$

welches gemäß Bild 3.6 durch das Eingangssignal $u(k)$ angeregt wird. Dabei enthält der Vektor $\boldsymbol{p}_{\mathrm{H}}$ die Parameter des Hilfsmodells, die aus dem geschätzten Parametervektor $\hat{\boldsymbol{p}}$ berechnet werden, wie anschließend noch gezeigt wird.

Da das Störsignal $r_{\mathrm{S}}(k)$ die Ermittlung von $\hat{\boldsymbol{p}}(k)$ beeinflusst, sind die Hilfsvariablen $y_{\mathrm{H}}(k)$ mit dem Störsignal und damit auch mit dem Modellfehler $v(k)$ korreliert. Da in diesem Fall Gl. (3.119a)) nicht mehr erfüllt ist, und somit $\hat{\boldsymbol{p}}$ keine konsistente Schätzung darstellt, sondern mit einem systematischen Schätzfehler behaftet ist, wurde vorgeschlagen [WP67], eine Totzeit d zwischen dem geschätzten Parametervektor $\hat{\boldsymbol{p}}$ und dem Parametervektor $\boldsymbol{p}_{\mathrm{H}}$ des Hilfsmodells einzuführen, wobei d so gewählt wird, dass $v(k-d)$ unabhängig von $v(k)$ wird. Wird zusätzlich noch ein zeitdiskretes Verzögerungsglied für die Berechnung des Parametervektors des Hilfsmodells

$$\boldsymbol{p}_{\mathrm{H}}(k) = (1-\gamma)\,\boldsymbol{p}_{\mathrm{H}}(k-1) + \gamma\,\hat{\boldsymbol{p}}(k-d), \tag{3.128}$$

verwendet [YSN71], dann spielt die Wahl von d keine so entscheidende Rolle, da ja schnelle Änderungen von $\boldsymbol{p}_{\mathrm{H}}(k)$ durch die Tiefpasseigenschaft des Verzögerungsgliedes vermieden werden, sofern γ im Bereich $0 < \gamma < 1$ gewählt wird.

Das Hilfsvariablen-Verfahren stellt in seiner rekursiven Version wegen der Verwendung der sehr einfachen ARX-Modellstruktur ein schnelles und effizientes Verfahren dar, das sich insbesondere für den *Online*-Betrieb mit Prozessrechnern bewährt hat. Der Mehraufwand gegenüber der rekursiven *Least-Squares*-Methode, also die zusätzliche Berechnung der Elemente der Hilfsvariablenmatrix mittels Gl. (3.126), ist gering. Dieselbe Anzahl von *A-priori*-Kenntnissen und Anfangswerten wie beim rekursiven *Least-Squares*-Verfahren sowie der geringe Programmieraufwand haben das rekursive Hilfsvariablen-Verfahren zu einem schnellen, einfachen und übersichtlichen Verfahren gemacht, das auch bei korrelierten Modellfehlern noch brauchbare Ergebnisse liefern kann. Es sollte allerdings erwähnt werden, dass bezüglich der Wahl der Anfangswerte des rekursiven Algorithmus gewisse Bedingungen erfüllt sein müssen, auf die weiter unten in Abschnitt 3.4.2.4 noch näher eingegangen wird.

3.3.4 *Maximum-Likelihood*-Verfahren

Vor der Anwendung des *Maximum-Likelihood*-Verfahrens zur Parameterschätzung bei der Systemidentifikation soll zunächst kurz das Prinzip dieses Verfahrens erläutert werden. Dazu wird der Fall betrachtet, dass N Werte $x_1, x_2, \ldots, x_N$ als Stichprobe (Messwerte) einer kontinuierlich verteilten Zufallsvariablen ξ gegeben sind. Diese Messwerte seien statistisch voneinander unabhängig und identisch verteilt. Die Wahrscheinlichkeitsdichte sei von einem oder mehreren unbekannten Parametern $p_1, p_2, \ldots, p_{n'}$ abhängig und wird an der Stelle $\xi = x_l$ beschrieben durch

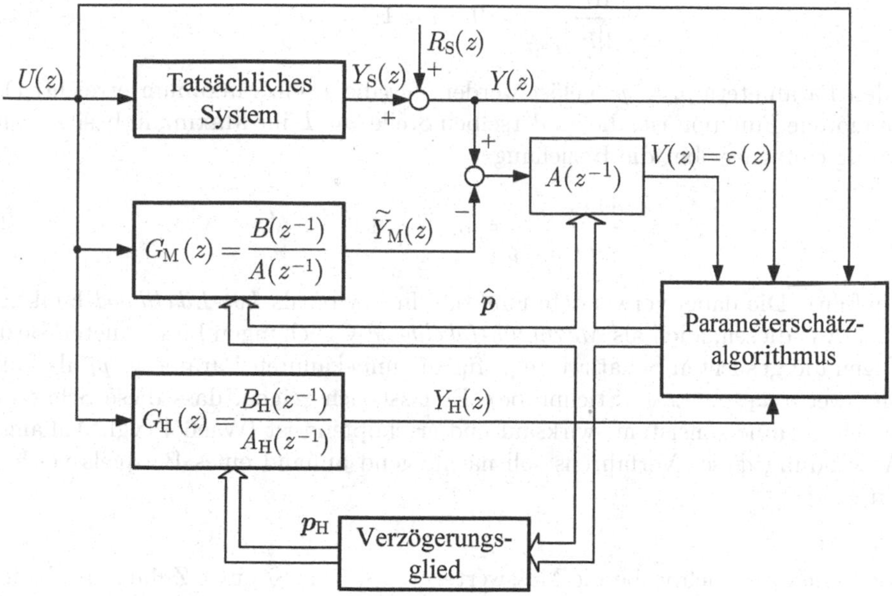

Bild 3.6 Modell für die rekursive Version des Hilfsvariablen-Verfahrens mit dem Parameterschätzalgorithmus nach Gl. (3.124a) - Gl. (3.124d) und dem Verzögerungsglied nach Gl. (3.128)

$$f_\xi(x_l) = f_\xi(x_l;p_1,\dots,p_{n'}), \quad l=1,\dots,N. \tag{3.129}$$

Zur Schätzung der Parameter p_1, ..., $p_{n'}$ auf Basis der Stichprobe wird nun die als *Likelihood*-Funktion bezeichnete Verbundwahrscheinlichkeitsdichte

$$\begin{aligned} L = L(x_1,\dots,x_N;p_1,\dots,p_{n'}) &= f_{\xi,\dots,\xi}(x_1,\dots,x_N;p_1,\dots,p_{n'}) \\ &= \prod_{l=1}^{N} f_\xi(x_l;p_1,\dots,p_{n'}) \end{aligned} \tag{3.130}$$

definiert. Aufgrund der stochastischen Unabhängigkeit ergibt sich die Verbundwahrscheinlichkeitsdichte als Produkt der einzelnen Wahrscheinlichkeitsdichten. Ist die Art der Wahrscheinlichkeitsdichte (z.B. Gauß-Verteilung, Poisson-Verteilung) bekannt, dann kann die *Likelihood*-Funktion als Funktion der unbekannten Parameter p_i angesehen werden.

Der Grundgedanke des *Maximum-Likelihood*-Verfahrens besteht nun darin, Schätzwerte $\hat{p}_i$ für die unbekannten Parameter p_i so zu bestimmen, dass sich für die gemessene Stichprobe x_1, ..., x_N gerade der größte Wert der Wahrscheinlichkeitsdichte ergibt, d.h. die *Likelihood*-Funktion L maximal wird. Anschaulich, aber inkorrekt, lässt sich dies so interpretieren, dass die unbekannten Parameter so bestimmt werden, dass die vorliegende Messung gerade dem wahrscheinlichsten Fall aller möglichen Messungen entspricht.[17] Um diese *Maximum-Likelihood*-Schätzwerte zu bestimmen, müssen somit die Gleichungen

[17] Diese Interpretation ist insofern mathematisch inkorrekt, als dass einem einzelnen Ereignis bei einer kontinuierlich verteilten Zufallsgröße kein Wahrscheinlichkeitswert zugeordnet werden kann.

$$\left.\frac{\mathrm{d}L}{\mathrm{d}p_i}\right|_{\boldsymbol{p}=\hat{\boldsymbol{p}}} = 0, \quad i = 1,2,\ldots,n', \tag{3.131}$$

nach den Parametern $p_i = \hat{p}_i$ gelöst werden, für die L ein Maximum erreicht. Da $\ln L$ eine monotone Funktion ist, die an derselben Stelle wie L ihr Maximum besitzt, wird die Schätzung einfacher über die Beziehung

$$\left.\frac{\mathrm{d}\ln L}{\mathrm{d}p_i}\right|_{\boldsymbol{p}=\hat{\boldsymbol{p}}} = 0, \quad i = 1,2,\ldots,n', \tag{3.132}$$

durchgeführt. Die dabei verwendete Funktion $\ln L$ wird als *Log-Likelihood*-Funktion bezeichnet. Aus diesen, auch als *Maximum-Likelihood*-Gleichungen bezeichneten Beziehungen folgen die gesuchten Schätzwerte $\hat{p}_i$ für die unbekannten Parameter p_i als Funktion der Messwerte x_1, …, x_N (Stichprobe). Es lässt sich zeigen, dass diese Schätzung im statistischen Sinne konsistent, wirksam und erschöpfend ist [Wae65] (vgl. Anhang A.5). Die Anwendung dieses Verfahrens soll nachfolgend anhand eines Beispiels verdeutlicht werden.

Beispiel 3.1
Gegeben seien als Stichprobe die Messwerte x_1, x_2, …, x_N einer Zufallsvariablen ξ, die eine Gauß-Verteilung gemäß Gl. (A.26) aufweise, also

$$f_\xi(x) = \frac{1}{\sqrt{2\pi\sigma_\xi^2}}\,\mathrm{e}^{-(x-\mu_\xi)^2/2\sigma_\xi^2}\,, \tag{3.133}$$

wobei die beiden Parameter μ_ξ (Erwartungswert) und σ_ξ^2 (Varianz) unbekannt seien. Die *Likelihood*-Funktion ist somit gegeben durch

$$L(\mu_\xi,\sigma_\xi^2) = f_\xi(x_1;\,\mu_\xi,\sigma_\xi^2)\cdot f_\xi(x_2;\,\mu_\xi,\sigma_\xi^2)\cdot\ldots\cdot f_\xi(x_N;\,\mu_\xi,\sigma_\xi^2), \tag{3.134}$$

wobei $f_\xi(x_i;\,\mu_\xi,\sigma_\xi^2)$ die Wahrscheinlichkeitsdichte der Gauß-Verteilung an der Stelle $\xi = x_i$ darstellt. Damit wird

$$L(\mu_\xi,\sigma_\xi^2) = \prod_{l=1}^{N} f_\xi\,(x_l;\,\mu_\xi,\sigma_\xi^2) = \frac{1}{\left(\sqrt{2\pi\sigma_\xi^2}\right)^N}\cdot\prod_{l=1}^{N}\mathrm{e}^{-\dfrac{(x_l-\mu_\xi)^2}{2\sigma_\xi^2}}$$

oder

$$L(\mu_\xi,\sigma_\xi^2) = \frac{1}{\left(\sqrt{2\pi\sigma_\xi^2}\right)^N}\cdot\mathrm{e}^{-\dfrac{1}{2\sigma_\xi^2}\sum\limits_{l=1}^{N}(x_l-\mu_\xi)^2}\,. \tag{3.135}$$

Hieraus ist ersichtlich, dass die *Likelihood*-Funktion für die Messwerte x_1, …, x_N eine Funktion der beiden unbekannten Parameter μ_ξ und σ_ξ^2 ist, deren Schätzwerte $\hat{\mu}_\xi$ und $\hat{\sigma}_\xi^2$ gesucht sind. Anhand von Gl. (3.132) ergeben sich die *Maximum-Likelihood*-Gleichungen

$$\left.\frac{\mathrm{d}}{\mathrm{d}\mu_\xi}\ln L\right|_{\mu_\xi=\hat{\mu}_\xi,\,\sigma_\xi=\hat{\sigma}_\xi} = 0 \tag{3.136a}$$

und

$$\left.\frac{\mathrm{d}}{\mathrm{d}\sigma_\xi^2}\ln L\right|_{\mu_\xi=\hat{\mu}_\xi,\sigma_\xi=\hat{\sigma}_\epsilon} = 0. \tag{3.136b}$$

Wird aus obiger *Likelihood*-Funktion die *Log-Likelihood*-Funktion

$$\ln L = -\frac{N}{2}\ln 2\pi - \frac{N}{2}\ln\sigma_\xi^2 - \frac{1}{2\sigma_\xi^2}\sum_{l=1}^{N}(x_l-\mu_\xi)^2 \tag{3.137}$$

gebildet und damit die beiden *Maximum-Likelihood*-Gleichungen

$$\left.\frac{\mathrm{d}}{\mathrm{d}\mu_\xi}\ln L\right|_{\mu_\xi=\hat{\mu}_\xi,\sigma_\xi=\hat{\sigma}_\xi} = \frac{1}{\hat{\sigma}_\xi^2}\sum_{l=1}^{N}(x_l-\hat{\mu}_\xi) = 0 \tag{3.138a}$$

und

$$\left.\frac{\mathrm{d}}{\mathrm{d}\sigma_\xi^2}\ln L\right|_{\mu_\xi=\hat{\mu}_\xi,\sigma_\xi=\hat{\sigma}_\xi} = -\frac{N}{2\hat{\sigma}_\xi^2} + \frac{1}{2\hat{\sigma}_\xi^4}\sum_{l=1}^{N}(x_l-\hat{\mu}_\xi)^2 = 0 \tag{3.138b}$$

aufgestellt, dann ergeben sich durch Auflösung die *Maximum-Likelihood*-Schätzwerte

$$\hat{\mu}_\xi = \frac{1}{N}\sum_{i=1}^{N}x_i \tag{3.139a}$$

und

$$\hat{\sigma}_\xi^2 = \frac{1}{N}\sum_{i=1}^{N}(x_i-\hat{\mu}_\xi)^2 \tag{3.139b}$$

für die beiden Parameter μ_ξ und σ_ξ^2. Aus diesen beiden Beziehungen ist ersichtlich, dass zwar $\hat{\mu}_\xi$ einen erwartungstreuen Schätzwert darstellt, jedoch nicht $\hat{\sigma}_\xi^2$, da dieser

$$\hat{\sigma}_\xi^2 = \frac{1}{N-1}\sum_{i=1}^{N}(x_i-\hat{\mu}_\xi)^2. \tag{3.139c}$$

lauten müsste [SD69]. Die *Maximum-Likelihood*-Schätzung liefert also einen systematischen Schätzfehler (*Bias*). Mit zunehmender Anzahl N von Messdaten konvergiert die Schätzung im stochastischen Sinne allerdings zum wahren Parameterwert, sodass eine asymptotisch erwartungstreue Schätzung vorliegt. ■

Nach dieser allgemeinen Darstellung der *Maximum-Likelihood*-Schätzung soll dieses Verfahren zur Parameterschätzung bei der Systemidentifikation angewendet werden. Die Parameterschätzung wird hier für die ARMAX-Modellstruktur (siehe Tabelle 3.2), also die Beziehung

$$A(z^{-1})\,Y(z) - B(z^{-1})\,U(z) = C(z^{-1})\,\varepsilon(z) = V(z), \tag{3.140}$$

durchgeführt. Es müssen also die Koeffizienten der Polynome $A(z^{-1})$, $B(z^{-1})$ und $C(z^{-1})$ geschätzt werden. Als Messwerte stehen das Eingangssignal $u(k)$ und das Ausgangssignal $y(k)$ des zu identifizierenden Systems zur Verfügung. Für den Modellfehler $\varepsilon(k)$ wird angenommen, dass es sich um eine Folge von unabhängigen, identisch normalverteilten Zufallsvariablen handelt, also um normalverteiltes weißes Rauschen mit dem Erwartungswert $\mathrm{E}\{\varepsilon(k)\} = 0$ und der Standardabweichung σ_ε. Die zu schätzenden Modellparameter werden im Parametervektor

$$\boldsymbol{p}_{\mathrm{M}} = \left[p_1 \ldots p_{n'}\right]^{\mathrm{T}} = \left[a_1 \ldots a_n \,\vdots\, b_1 \ldots b_n \,\vdots\, c_1 \ldots c_n\right]^{\mathrm{T}} \tag{3.141}$$

zusammengefasst, wobei auch hier wieder ein nichtsprungfähiges Modell ($b_0 = 0$) vorausgesetzt wird. Als weiterer Parameter muss σ_ε geschätzt werden. Damit gilt für die Wahrscheinlichkeitsdichte des Modellfehlers $\varepsilon(k)$ zum Zeitpunkt k entsprechend Gl. (3.133)

$$f\left[\varepsilon(k); \boldsymbol{p}_{\mathrm{M}}, \sigma_\varepsilon^2\right] = \frac{1}{\sqrt{2\pi\sigma_\varepsilon^2}}\, \mathrm{e}^{-\dfrac{\varepsilon^2(k)}{2\sigma_\varepsilon^2}}. \tag{3.142}$$

Da $\varepsilon(k)$ eine Folge von unkorrelierten, identisch normalverteilten Zufallsvariablen ist, folgt für $N-n+1$ Signalwerte $\varepsilon(n)$, …, $\varepsilon(N)$ ähnlich wie in Gl. (3.135) die *Likelihood-*Funktion

$$L = L\left[\varepsilon(n),\ldots,\varepsilon(N); \boldsymbol{p}_{\mathrm{M}}, \sigma_\varepsilon^2\right] = \frac{1}{\left(\sqrt{2\pi\sigma_\varepsilon^2}\right)^{N-n+1}}\, \mathrm{e}^{-\dfrac{1}{2\sigma_\varepsilon^2}\sum\limits_{l=n}^{N}\varepsilon^2(l)}. \tag{3.143}$$

In dieser Beziehung ist das *Least-Squares*-Gütefunktional

$$I_1(\boldsymbol{p}_{\mathrm{M}}) = \frac{1}{2}\sum_{l=n}^{N}\varepsilon^2(l) \tag{3.144}$$

aus Gl. (3.50) enthalten.[18] Damit folgt für die der Gl. (3.137) entsprechende Beziehung

$$\ln L = -\frac{N-n+1}{2}\ln 2\pi - \frac{N-n+1}{2}\ln\sigma_\varepsilon^2 - \frac{1}{\sigma_\varepsilon^2} I_1(\boldsymbol{p}_{\mathrm{M}}). \tag{3.145}$$

Die *Maximum-Likelihood*-Gleichungen ergeben sich nun zu

$$\frac{\mathrm{d}}{\mathrm{d}a_i}\ln L\bigg|_{\boldsymbol{p}_{\mathrm{M}}=\hat{\boldsymbol{p}},\sigma_\varepsilon=\hat{\sigma}_\varepsilon} = \frac{\mathrm{d}I_1(\boldsymbol{p}_{\mathrm{M}})}{\mathrm{d}a_i}\bigg|_{\boldsymbol{p}_{\mathrm{M}}=\hat{\boldsymbol{p}},\sigma_\varepsilon=\hat{\sigma}_\varepsilon} = 0 \tag{3.146a}$$

$$\frac{\mathrm{d}}{\mathrm{d}b_i}\ln L\bigg|_{\boldsymbol{p}_{\mathrm{M}}=\hat{\boldsymbol{p}},\sigma_\varepsilon=\hat{\sigma}_\varepsilon} = \frac{\mathrm{d}I_1(\boldsymbol{p}_{\mathrm{M}})}{\mathrm{d}b_i}\bigg|_{\boldsymbol{p}_{\mathrm{M}}=\hat{\boldsymbol{p}},\sigma_\varepsilon=\hat{\sigma}_\varepsilon} = 0 \tag{3.146b}$$

$$\frac{\mathrm{d}}{\mathrm{d}c_i}\ln L\bigg|_{\boldsymbol{p}_{\mathrm{M}}=\hat{\boldsymbol{p}},\sigma_\varepsilon=\hat{\sigma}_\varepsilon} = \frac{\mathrm{d}I_1(\boldsymbol{p}_{\mathrm{M}})}{\mathrm{d}c_i}\bigg|_{\boldsymbol{p}_{\mathrm{M}}=\hat{\boldsymbol{p}},\sigma_\varepsilon=\hat{\sigma}_\varepsilon} = 0 \tag{3.146c}$$

für $i = 1,2,\ldots,n$ und

$$\frac{\mathrm{d}}{\mathrm{d}\sigma_\varepsilon^2}\ln L\bigg|_{\boldsymbol{p}_{\mathrm{M}}=\hat{\boldsymbol{p}},\sigma_\varepsilon=\hat{\sigma}_\varepsilon} = -\frac{N}{2\hat{\sigma}_\varepsilon^2} + \frac{1}{\hat{\sigma}_\varepsilon^4} I_1(\hat{\boldsymbol{p}}) = 0. \tag{3.146d}$$

Die letzte Gleichung liefert den Schätzwert der Varianz

$$\hat{\sigma}_\varepsilon^2 = \frac{2}{N} I(\hat{\boldsymbol{p}}). \tag{3.147}$$

[18] Allerdings hängt der Fehler im Gegensatz zur den in den Abschnitten 3.3.1 und 3.3.2 betrachteten *Least-Squares*-Schätzung nicht mehr linear von dem Parametervektor ab.

Mit dem Parametervektor aus Gl. (3.141) können die Gln. (3.146a) bis (3.146c) auch in der Form

$$\left.\frac{\mathrm{d}I_1(\boldsymbol{p}_\mathrm{M})}{\mathrm{d}p_{\mathrm{M},i}}\right|_{\boldsymbol{p}_\mathrm{M}=\hat{\boldsymbol{p}},\sigma_\varepsilon=\hat{\sigma}_\varepsilon} = 0 \tag{3.148}$$

für $i = 1,2,\ldots,n'$ oder mit dem Gradientenvektor als

$$\frac{\mathrm{d}I_1}{\mathrm{d}\boldsymbol{p}_\mathrm{M}} = \begin{bmatrix} \dfrac{\mathrm{d}I_1}{\mathrm{d}p_{\mathrm{M},1}} \\ \vdots \\ \dfrac{\mathrm{d}I_1}{\mathrm{d}p_{\mathrm{M},n'}} \end{bmatrix} = \mathbf{0} \tag{3.149}$$

geschrieben werden. Für den Modellfehler gilt mit der hier zugrunde gelegten ARMAX-Modellstruktur gemäß Gl. (3.140) und den Gln. (3.25) und (3.26) die Differenzengleichung (mit $b_0 = 0$)

$$\varepsilon(k) = y(k) + \sum_{\mu=1}^{n} a_\mu\, y(k-\mu) - \sum_{\mu=1}^{n} b_\mu\, u(k-\mu) - \sum_{\mu=1}^{n} c_\mu\, \varepsilon(k-\mu). \tag{3.150}$$

Diese Beziehung kann auch als

$$\varepsilon(k) = y(k) - \boldsymbol{m}^\mathrm{T}(k)\boldsymbol{p}_\mathrm{M} \tag{3.151}$$

mit dem Datenvektor

$$\begin{aligned} \boldsymbol{m}^\mathrm{T}(k) &= \begin{bmatrix} m_1(k) \ldots m_{n'}(k) \end{bmatrix} = \\ &\begin{bmatrix} -y(k-1) \ldots -y(k-n) \,\vdots\, u(k-1) \ldots u(k-n) \,\vdots\, \varepsilon(k-1) \ldots \varepsilon(k-n) \end{bmatrix} \end{aligned} \tag{3.152}$$

und dem in Gl. (3.141) eingeführten Parametervektor $\boldsymbol{p}_\mathrm{M}$ angegeben werden. Der Fehler $\varepsilon(k)$ hängt über Gl. (3.151) explizit vom Parametervektor $\boldsymbol{p}_\mathrm{M}$ ab. Da zurückliegende Fehler aber auch in den Datenvektor nach Gl. (3.152) eingehen, hängt der Datenvektor ebenfalls vom Parametervektor ab. Es gilt damit

$$\varepsilon(k,\boldsymbol{p}_\mathrm{M}) = y(k) - \boldsymbol{m}^\mathrm{T}(k,\boldsymbol{p}_\mathrm{M})\,\boldsymbol{p}_\mathrm{M}, \tag{3.153}$$

sodass insgesamt keine lineare Abhängigkeit des Fehlers vom Parametervektor mehr vorliegt. Der das auf diesem Modellfehler beruhende Gütefunktional $I_1(\boldsymbol{p}_\mathrm{M})$ nach Gl. (3.144) minimierende Parametervektor kann daher nicht mehr direkt analytisch, sondern nur noch durch Verwendung numerischer Optimierungsverfahren ermittelt werden. Je nach dem gewählten numerischen Optimierungsverfahren wird entweder nur der Gradient gemäß Gl. (3.149) oder dieser zusammen mit der Hesse-Matrix

$$\frac{\mathrm{d}^2 I_1}{\mathrm{d}\boldsymbol{p}_\mathrm{M}\mathrm{d}\boldsymbol{p}_\mathrm{M}^\mathrm{T}} = \begin{bmatrix} \dfrac{\mathrm{d}^2 I_1}{\mathrm{d}p_{\mathrm{M},1}\mathrm{d}p_{\mathrm{M},1}} & \cdots & \dfrac{\mathrm{d}^2 I_1}{\mathrm{d}p_{\mathrm{M},1}\mathrm{d}p_{\mathrm{M},n'}} \\ \vdots & \ddots & \vdots \\ \dfrac{\mathrm{d}^2 I_1}{\mathrm{d}p_{\mathrm{M},n'}\mathrm{d}p_{\mathrm{M},1}} & \cdots & \dfrac{\mathrm{d}^2 I_1}{\mathrm{d}p_{\mathrm{M},n'}\mathrm{d}p_{\mathrm{M},n'}} \end{bmatrix} \tag{3.154}$$

verwendet. Für die darin auftauchenden Ableitungen des Gütefunktionals gilt

$$\frac{\mathrm{d}I_1}{\mathrm{d}p_{\mathrm{M},j}} = \sum_{l=n}^{N} \varepsilon(l) \frac{\mathrm{d}\varepsilon(l)}{\mathrm{d}p_{\mathrm{M},j}}, \quad j = 1,\ldots,n', \tag{3.155a}$$

und

$$\frac{\mathrm{d}^2 I}{\mathrm{d}p_{\mathrm{M},i}\mathrm{d}p_{\mathrm{M},j}} = \sum_{l=n}^{N} \frac{\mathrm{d}\varepsilon(l)}{\mathrm{d}p_{\mathrm{M},i}} \frac{\mathrm{d}\varepsilon(l)}{\mathrm{d}\,p_{\mathrm{M},j}} + \sum_{l=n}^{N} \varepsilon(l) \frac{\mathrm{d}^2\varepsilon(l)}{\mathrm{d}p_{\mathrm{M},i}\mathrm{d}p_{\mathrm{M},j}}, \quad i,j = 1,\ldots,n'. \tag{3.155b}$$

Zur Berechnung dieser Ausdrücke sind die als (Fehler-)Empfindlichkeiten bezeichneten Ableitungen $\mathrm{d}\varepsilon(k)/\mathrm{d}p_{\mathrm{M},i}$ und $\mathrm{d}^2\varepsilon(k)/\mathrm{d}p_{\mathrm{M},i}\mathrm{d}p_{\mathrm{M},j}$ erforderlich. Für diese können, wie im Folgenden gezeigt wird, durch einmaliges Ableiten von Gl. (3.153) nach $p_{\mathrm{M},j}$ bzw. einmaliges weiteres Ableiten nach $p_{\mathrm{M},i}$ Differenzengleichungen gebildet werden. Diese Vorgehensweise entspricht dem Aufstellen eines sogenannten Empfindlichkeitsmodells, welches bei gradientenbasierter Parameterschätzung bei nicht linear von den Parametern abhängigen Fehlern allgemein benötigt wird (siehe auch Abschnitt 8.2.5).[19] Einmaliges Ableiten von Gl. (3.153) nach $p_{\mathrm{M},j}$ liefert

$$\frac{\mathrm{d}\varepsilon(k,\boldsymbol{p}_{\mathrm{M}})}{\mathrm{d}p_{\mathrm{M},j}} = -\frac{\mathrm{d}\boldsymbol{m}^{\mathrm{T}}(k,\boldsymbol{p}_{\mathrm{M}})}{\mathrm{d}p_{\mathrm{M},j}}\boldsymbol{p}_{\mathrm{M}} - \boldsymbol{m}^{\mathrm{T}}(k,\boldsymbol{p}_{\mathrm{M}})\frac{\mathrm{d}\boldsymbol{p}_{\mathrm{M}}}{\mathrm{d}p_{\mathrm{M},j}}. \tag{3.156}$$

Aus Gl. (3.152) folgt entsprechend

$$\frac{\mathrm{d}\boldsymbol{m}^{\mathrm{T}}(k,\boldsymbol{p}_{\mathrm{M}})}{\mathrm{d}p_{\mathrm{M},j}} = \begin{bmatrix} 0\ldots 0 & \dfrac{\mathrm{d}\varepsilon(k-1,\boldsymbol{p}_{\mathrm{M}})}{\mathrm{d}p_{\mathrm{M},j}} & \ldots & \dfrac{\mathrm{d}\varepsilon(k-n,\boldsymbol{p}_{\mathrm{M}})}{\mathrm{d}p_{\mathrm{M},j}} \end{bmatrix} \tag{3.157}$$

und aus Gl. (3.141)

$$\frac{\mathrm{d}\boldsymbol{p}_{\mathrm{M}}}{\mathrm{d}p_{\mathrm{M},j}} = \begin{bmatrix} 0\ldots 0\;1\;0\ldots 0 \end{bmatrix}^{\mathrm{T}}, \tag{3.158}$$

wobei die 1 an der j-ten Stelle steht. Einsetzen von Gl. (3.157) und Gl. (3.158) in Gl. (3.156) ergibt

$$\frac{\mathrm{d}\varepsilon(k,\boldsymbol{p}_{\mathrm{M}})}{\mathrm{d}p_{\mathrm{M},j}} = -m_j(k,\boldsymbol{p}_{\mathrm{M}}) - \sum_{\mu=1}^{n} \frac{\mathrm{d}\varepsilon(k-\mu,\boldsymbol{p}_{\mathrm{M}})}{\mathrm{d}p_{\mathrm{M},j}} p_{\mathrm{M},2n+\mu}. \tag{3.159}$$

Nochmaliges Ableiten nach $p_{\mathrm{M},i}$ liefert

$$\begin{aligned} \frac{\mathrm{d}^2\varepsilon(k,\boldsymbol{p}_{\mathrm{M}})}{\mathrm{d}p_{\mathrm{M},i}\mathrm{d}p_{\mathrm{M},j}} &= -\frac{\mathrm{d}m_j(k,\boldsymbol{p}_{\mathrm{M}})}{\mathrm{d}p_{\mathrm{M},i}} \\ &\quad - \sum_{\mu=1}^{n} \left(\frac{\mathrm{d}^2\varepsilon(k-\mu,\boldsymbol{p}_{\mathrm{M}})}{\mathrm{d}p_{\mathrm{M},i}\mathrm{d}p_{\mathrm{M},j}} p_{\mathrm{M},2n+\mu} + \frac{\mathrm{d}\varepsilon(k-\mu,\boldsymbol{p}_{\mathrm{M}})}{\mathrm{d}p_{\mathrm{M},j}} \frac{\mathrm{d}p_{\mathrm{M},2n+\mu}}{\mathrm{d}p_{\mathrm{M},i}} \right). \end{aligned} \tag{3.160}$$

Für den letzen Term auf der rechten Seite dieser Gleichung gilt

[19] Die im Folgenden dargestellte rekursive Berechnung der Ableitungen hat also prinzipiell nichts mit der Einsatz des *Maximum-Likelihood*-Verfahrens an sich zu tun, sondern ist erforderlich, weil aufgrund der ARMAX-Modellstruktur ein Gütefunktional vorliegt, welches im Gegensatz zum *Least-Squares*-Gütefuktional beim ARX-Modell nichtlinear in den Parametern ist.

$$\frac{\mathrm{d}p_{\mathrm{M},2n+\mu}}{\mathrm{d}p_{\mathrm{M},i}} = \begin{cases} 0 & \text{für } 2n+\mu \neq i, \\ 1 & \text{für } 2n+\mu = i. \end{cases} \tag{3.161}$$

Weiterhin ergibt sich für den ersten Term auf der rechten Seite von Gl. (3.160)

$$\frac{\mathrm{d}m_j(k,\boldsymbol{p}_\mathrm{M})}{\mathrm{d}p_{\mathrm{M},i}} = \begin{cases} 0 & \text{für } j = 1,\ldots,2n, \\ \dfrac{\mathrm{d}\varepsilon(k-(j-2n)),\boldsymbol{p}_\mathrm{M})}{\mathrm{d}p_{\mathrm{M},i}} & \text{für } j = 2n+1,\ldots,3n. \end{cases} \tag{3.162}$$

Mit diesen Fallunterscheidungen ergeben sich die Gleichungen

$$\frac{\mathrm{d}^2\varepsilon(k,\boldsymbol{p}_\mathrm{M})}{\mathrm{d}p_{\mathrm{M},i}\mathrm{d}p_{\mathrm{M},j}} = -\sum_{\mu=1}^{n} \frac{\mathrm{d}^2\varepsilon(k-\mu,\boldsymbol{p}_\mathrm{M})}{\mathrm{d}p_{\mathrm{M},i}\mathrm{d}p_{\mathrm{M},j}} p_{\mathrm{M},2n+\mu}, \quad i,j = 1,\ldots,2n, \tag{3.163}$$

$$\begin{aligned} \frac{\mathrm{d}^2\varepsilon(k,\boldsymbol{p}_\mathrm{M})}{\mathrm{d}p_{\mathrm{M},i}\mathrm{d}p_{\mathrm{M},j}} = &-\frac{\mathrm{d}\varepsilon(k-(i-2n),\boldsymbol{p}_\mathrm{M})}{\mathrm{d}p_{\mathrm{M},j}} \\ &-\sum_{\mu=1}^{n}\left(\frac{\mathrm{d}^2\varepsilon(k-\mu,\boldsymbol{p}_\mathrm{M})}{\mathrm{d}p_{\mathrm{M},i}\mathrm{d}p_{\mathrm{M},j}} p_{\mathrm{M},2n+\mu}\right), \quad i = 2n+1,\ldots,3n, \\ &\qquad\qquad j = 1,\ldots,2n, \end{aligned} \tag{3.164}$$

und

$$\begin{aligned} \frac{\mathrm{d}^2\varepsilon(k,\boldsymbol{p}_\mathrm{M})}{\mathrm{d}p_{\mathrm{M},i}\mathrm{d}p_{\mathrm{M},j}} = &-\frac{\mathrm{d}\varepsilon(k-(j-2n),\boldsymbol{p}_\mathrm{M})}{\mathrm{d}p_{\mathrm{M},i}} - \frac{\mathrm{d}\varepsilon(k-(i-2n),\boldsymbol{p}_\mathrm{M})}{\mathrm{d}p_{\mathrm{M},j}} \\ &-\sum_{\mu=1}^{n}\left(\frac{\mathrm{d}^2\varepsilon(k-\mu,\boldsymbol{p}_\mathrm{M})}{\mathrm{d}p_{\mathrm{M},i}\mathrm{d}p_{\mathrm{M},j}} p_{\mathrm{M},2n+\mu}\right), \quad i,j = 2n+1,\ldots,3n, \end{aligned} \tag{3.165}$$

wobei wegen

$$\frac{\mathrm{d}^2\varepsilon(k,\boldsymbol{p}_\mathrm{M})}{\mathrm{d}p_{\mathrm{M},i}\mathrm{d}p_{\mathrm{M},j}} = \frac{\mathrm{d}^2\varepsilon(k,\boldsymbol{p}_\mathrm{M})}{\mathrm{d}p_{\mathrm{M},j}\mathrm{d}p_{\mathrm{M},i}}$$

der Fall $i = 1,\ldots,n$, $j = 2n+1,\ldots,3n$ nicht separat angegeben werden muss.

Ersetzen der Elemente des Parametervektors p_1, $ldots$, p_{3n} durch die entsprechenden Koeffizienten des ARMAX-Modells a_1, …, a_n, b_1, …, b_n und c_1, …, c_n entsprechend Gl. (3.141) in den Gln. (3.159), (3.163), (3.164) und (3.165) liefert für das Empfindlichkeitsmodell die neun Gleichungen

$$\frac{\mathrm{d}\varepsilon(k)}{\mathrm{d}a_j} = y(k-j) - \sum_{\mu=1}^{n} \frac{\mathrm{d}\varepsilon(k-\mu)}{\mathrm{d}a_j} c_\mu, \tag{3.166a}$$

$$\frac{\mathrm{d}\varepsilon(k)}{\mathrm{d}b_j} = -u(k-j) - \sum_{\mu=1}^{n} \frac{\mathrm{d}\varepsilon(k-\mu)}{\mathrm{d}b_j} c_\mu, \tag{3.166b}$$

$$\frac{\mathrm{d}\varepsilon(k)}{\mathrm{d}c_j} = -\varepsilon(k-j) - \sum_{\mu=1}^{n} \frac{\mathrm{d}\varepsilon(k-\mu)}{\mathrm{d}c_j} c_\mu, \tag{3.166c}$$

$$\frac{\mathrm{d}^2\varepsilon(k)}{\mathrm{d}a_i\mathrm{d}a_j} = -\sum_{\mu=1}^{n} \frac{\mathrm{d}^2\varepsilon(k-\mu)}{\mathrm{d}a_i\mathrm{d}a_j} c_\mu, \tag{3.166d}$$

$$\frac{\mathrm{d}^2\varepsilon(k)}{\mathrm{d}b_i\mathrm{d}a_j} = -\sum_{\mu=1}^{n} \frac{\mathrm{d}^2\varepsilon(k-\mu)}{\mathrm{d}b_i\mathrm{d}a_j} c_\mu, \tag{3.166e}$$

$$\frac{\mathrm{d}^2\varepsilon(k)}{\mathrm{d}c_i\mathrm{d}a_j} = -\frac{\mathrm{d}\varepsilon(k-i)}{\mathrm{d}a_j} - \sum_{\mu=1}^{n} \frac{\mathrm{d}^2\varepsilon(k-\mu)}{\mathrm{d}c_i\mathrm{d}a_j} c_\mu, \tag{3.166f}$$

$$\frac{\mathrm{d}^2\varepsilon(k)}{\mathrm{d}b_i\mathrm{d}b_j} = -\sum_{\mu=1}^{n} \frac{\mathrm{d}^2\varepsilon(k-\mu)}{\mathrm{d}b_i\mathrm{d}b_j} c_\mu, \tag{3.166g}$$

$$\frac{\mathrm{d}^2\varepsilon(k)}{\mathrm{d}c_i\mathrm{d}b_j} = -\frac{\mathrm{d}\varepsilon(k-i)}{\mathrm{d}b_j} - \sum_{\mu=1}^{n} \frac{\mathrm{d}^2\varepsilon(k-\mu)}{\mathrm{d}c_i\mathrm{d}b_j} c_\mu \tag{3.166h}$$

und

$$\frac{\mathrm{d}^2\varepsilon(k)}{\mathrm{d}c_i\mathrm{d}c_j} = -\frac{\mathrm{d}\varepsilon(k-j)}{\mathrm{d}c_i} - \frac{\mathrm{d}\varepsilon(k-i)}{\mathrm{d}c_j} - \sum_{\mu=1}^{n} \frac{\mathrm{d}^2\varepsilon(k-\mu)}{\mathrm{d}c_i\mathrm{d}c_j} c_\mu. \tag{3.166i}$$

Diese Gleichungen können auch direkt über entsprechendes Ableiten der Differenzengleichung (3.153) nach den Koeffizienten des ARMAX-Modells bestimmt werden. Hierbei ist zu beachten, dass es sich bei den Ableitungen $\mathrm{d}\varepsilon(k)/\mathrm{d}p_{\mathrm{M},i}$ und $\mathrm{d}^2\varepsilon(k)/\mathrm{d}p_{\mathrm{M},i}\mathrm{d}p_{\mathrm{M},j}$ nicht um Größen handelt, die analytisch berechnet werden können. Vielmehr müssen diese beginnend mit Startwerten rekursiv aus den entsprechenden Differenzengleichungen ermittelt werden. In den Gleichungen werden dabei die Größen durch die mit dem aktuellen Parameterschätzwert berechneten Größen ersetzt. Die Wahl von geeigneten Startwerten kann dabei durchaus schwierig sein, da diese Werte beschreiben, wie sich Parameteränderungen auf den Fehler auswirken, also eine Information, die in der Regel nicht vorliegt.

Mit diesen Ausdrücken können dann der Gradientenvektor nach Gl. (3.149) bzw. die Hesse-Matrix nach Gl. (3.154) berechnet und der Parametervektor über ein gradientenbasiertes numerisches Optimierungsverfahren bestimmt werden. Bei einem solchen Verfahren wird ausgehend von einem im ν-ten Schritt vorliegenden Schätzwert $\hat{\boldsymbol{p}}(\nu)$ der neuen Schätzwert über

$$\hat{\boldsymbol{p}}(\nu+1) = \hat{\boldsymbol{p}}(\nu) + \Delta\hat{\boldsymbol{p}}(\nu) \tag{3.167}$$

berechnet.

Verschiedenen gradientenbasierte Verfahren unterscheiden sich im Wesentlichen durch den Ansatz zur Berechnung des Korrekturterms $\Delta\,\hat{\boldsymbol{p}}(\nu)$. Dieser verschwindet, wenn das Minimum des Fehlerfunktionals $I_1(\boldsymbol{p})$ nach Gl. (3.144) erreicht ist. Wird z.B. der Newton-Raphson-Algorithmus (siehe z.B. [Fox71]) gewählt, so ergibt sich für Gl. (3.167)

$$\hat{\boldsymbol{p}}(\nu+1) = \hat{\boldsymbol{p}}(\nu) - \gamma(\nu+1)\left[\left.\frac{\mathrm{d}^2 I_1}{\mathrm{d}\boldsymbol{p}_\mathrm{M}\mathrm{d}\boldsymbol{p}_\mathrm{M}^\mathrm{T}}\right|_{\boldsymbol{p}_\mathrm{M}=\hat{\boldsymbol{p}}(\nu)}\right]^{-1} \left.\frac{\mathrm{d}I_1}{\mathrm{d}\boldsymbol{p}_\mathrm{M}}\right|_{\boldsymbol{p}_\mathrm{M}=\hat{\boldsymbol{p}}(\nu)} \tag{3.168}$$

Dabei bestimmt der skalare Faktor $\gamma(\nu+1)$ die Schrittweite. Der Algorithmus läuft dann in folgenden Schritten ab.

1. Vorgabe möglichst guter Anfangswerte für $\hat{\boldsymbol{p}}(0)$, also für die zu schätzenden Parameter, für den Fehler $\varepsilon(k)$, $k = 0,\ldots,n-1$, und für die Fehler-Empfindlichkeiten $\mathrm{d}\varepsilon(k)/\mathrm{d}p_{\mathrm{M},i}$ und $\mathrm{d}^2\varepsilon(k)/\mathrm{d}p_{\mathrm{M},i}\mathrm{d}p_{\mathrm{M},j}$ für $k = 0,\ldots,n-1$, $i = 1,\ldots,n'$, $j = 1,\ldots,n'$, sowie Wahl einer Berechnungsvorschrift für die Einstellung der Schrittweite $\gamma(\nu)$ und Spezifikation eines Abbruchkriteriums.

2. Berechnung des Gradientenvektors und der Hesse-Matrix mit den Messwerten und dem vorliegenden Parameterschätzwert. Dazu müssen die Werte für den Modellfehler $\varepsilon(k)$ und die Fehler-Empfindlichkeiten $\mathrm{d}\varepsilon(k)/\mathrm{d}p_{\mathrm{M},i}$ und $\mathrm{d}^2\varepsilon(k)/\mathrm{d}p_{\mathrm{M},i}\mathrm{d}p_{\mathrm{M},j}$ für $k = n,\ldots,N$, $i = 1,\ldots,n'$, $j = 1,\ldots,n'$ berechnet werden, wobei dort, wo in den Gleichungen die zu schätzenden Parameter auftauchen, jeweils die aktuell vorliegenden Schätzwerte eingesetzt werden.

3. Berechnung des neuen Schätzwertes $\hat{\boldsymbol{p}}(\nu+1)$ nach Gl. (3.168).

4. Überprüfung des Abbruchkriteriums. Falls dieses erfüllt ist, ist der endgültige Schätzwert erreicht und der Algorithmus wird beendet. Ist das Abbruchkriterium nicht erfüllt, wird der Algorithmus mit $\nu := \nu + 1$ in Schritt 2 fortgesetzt.

Das *Maximum-Likelihood*-Verfahren stellt als *Offline*-Verfahren das wohl leistungsfähigste Parameterschätzverfahren zur Systemidentifikation dar [Goe73], sofern die Anzahl N der zur Verfügung stehenden Meßwertepaare $\{u(k),y(k)\}$ genügend groß ist. Es lässt sich nämlich zeigen, dass für diesen Fall die *Maximum-Likelihood*-Schätzung nicht nur konsistente und asymptotisch erwartungstreue Schätzwerte liefert, sondern auch asymptotisch wirksam ist, da asymptotisch die Cramer-Rao-Grenze [Lju99] erreicht wird (siehe Anhang A.5). Damit liefert dieses Verfahren gewissermaßen die bestmöglichen Schätzwerte.

Für das ARX-Modell mit identisch normalverteiltem, weißem Rauschen als Störgröße ε entspricht die über den *Maximum-Likelihood*-Ansatz erhaltene Lösung des Schätzproblems gerade der in den Abschnitten 3.3.1 und 3.3.2 behandelten *Least-Squares*-Lösung. Das dort behandelte *Least-Squares*-Verfahren stellt also einen Spezialfall des *Maximum-Likelihood*-Verfahrens dar. Prinzipiell ist die *Maximum-Likelihood*-Schätzung als allgemeines Verfahren auch für andere Modellstrukturen geeignet.

3.4 Verbesserte rekursive Parameterschätzverfahren

3.4.1 Probleme

Unter der Voraussetzung, dass bei dem durch Gl. (3.14) beschriebenen Störmodell die Bedingungen

$$R_{u\varepsilon}(k) = 0 \text{ für alle } k, \tag{3.169a}$$

$$\mathrm{E}\{\varepsilon(k)\} = 0 \text{ für alle } k, \tag{3.169b}$$

$$R_{\varepsilon\varepsilon}(k) = 0 \text{ für } k \neq 0 \tag{3.169c}$$

erfüllt sind, es sich bei $\varepsilon(k)$ also um mittelwertfreies, zeitdiskretes weißes Rauschen handelt, welches mit dem Eingangssignal unkorreliert ist, wurde in Gl. (3.89) für die direkte Lösung der *Least-Squares*-Schätzung die Matrix

$$\boldsymbol{P}^*(N) = \sigma_\varepsilon^2 \boldsymbol{M}^{*-1}(N) = \sigma_\varepsilon^2 \boldsymbol{P}(N),$$

eingeführt, welche für große N einen Schätzwert für die Kovarianzmatrix des Parameterschätzfehlers darstellt und daher als Kovarianzmatrix bezeichnet wird. Die Matrix $\boldsymbol{P}(N)$ bzw. $\boldsymbol{P}(k)$ bei der rekursiven Lösung spielt bei der Parameterschätzung eine wichtige Rolle. Aufgrund der Minimierung des Gütefunktionals $I_1(\boldsymbol{p}_\mathrm{M})$ nach Gl. (3.52) stellt die gefundene Lösung für den Schätzvektor $\hat{\boldsymbol{p}}(N)$ nach Gl. (3.54) aber nur dann das Minimum von $I_1(\boldsymbol{p}_\mathrm{M})$ dar, wenn zusätzlich für die zweite Ableitung (Hesse-Matrix)

$$\left.\frac{\mathrm{d}I_1(N)}{\mathrm{d}\boldsymbol{p}_\mathrm{M}\,\mathrm{d}\boldsymbol{p}_\mathrm{M}^\mathrm{T}}\right|_{\boldsymbol{p}_\mathrm{M}=\hat{\boldsymbol{p}}} = \boldsymbol{M}^\mathrm{T}(N)\,\boldsymbol{M}(N) = \boldsymbol{M}^*(N) = \boldsymbol{P}^{-1}(N) > \boldsymbol{0} \tag{3.170}$$

gilt. Diese Beziehung folgt direkt aus Gl. (3.53). Die Matrix $\boldsymbol{P}^{-1}(N)$ muss also positiv definit sein und somit die Bedingung

$$\det\left[\boldsymbol{M}^*(N)\right] = \det\left[\boldsymbol{P}^{-1}(N)\right] > 0 \tag{3.171}$$

erfüllen. Die Bedingung, dass $\boldsymbol{P}^{-1}(N)$ positiv definit ist, ist gleichbedeutend damit, dass $\boldsymbol{P}(N)$ positiv definit ist. Hieraus folgt, dass die Zeilen der Kovarianzmatrix linear unabhängig sein müssen. Diese Forderung lässt sich durch eine ausreichende Erregung und eine nicht zu klein gewählte Abtastzeit erfüllen. Eine zu geringe Dynamik im Eingangssignal $u(k)$ würde in der Datenmatrix $\boldsymbol{M}(N)$ zu sehr ähnlichen Messwerten bei aufeinander folgenden Abtastzeitpunkten führen und damit der Forderung nach linear unabhängigen Zeilen von $\boldsymbol{M}^*(N)$ widersprechen. Denselben Effekt hat eine zu klein gewählte Abtastzeit, denn zwischen zwei Abtastzeitpunkten hätte sich das Ausgangssignal dann nur unwesentlich verändert, und die Folge wäre erneut eine annähernd lineare Abhängigkeit der Zeilen von $\boldsymbol{P}^{-1}(N)$.

Aus diesem Grunde ist es erforderlich, das zu identifizierende System über das Eingangssignal $u(t)$ während einer hinreichend großen Messzeit ausreichend zu erregen. Bei einem System mit zeitvarianten Parametern, die im *Online*-Betrieb identifiziert werden sollen, z.B. zum Zwecke der Realisierung eines adaptiven Reglers, muss daher eine fortwährende Erregung des Systems über das Eingangssignal bzw. ein auf das Eingangssignal aufgeschaltetes Testsignal gewährleistet sein. Für ein System, dessen Nennerpolynom $A(z^{-1})$ die Ordnung n besitzt, erweisen sich z.B. folgende durch die Autokorrelationsfunktion beschriebene Testsignale als zweckmäßig:

a) Bandbegrenztes weißes Rauschen mit $R_{uu}(0) \neq 0$, $R_{uu}(k) = 0$ für $k = 1, \ldots, n$.

b) Farbiges Rauschen mit $R_{uu}(0) > R_{uu}(1) > \ldots > R_{uu}(\infty)$.

c) Binäre und ternäre Impulsfolgen gemäß Tabelle 2.3.

Ein weiteres Problem tritt bei der Anwendung der rekursiven *Least-Squares*-Methode zur Schätzung zeitvarianter Parameter auf. Da die Kovarianzmatrix $\boldsymbol{P}(k)$ positiv definit ist, wird in jedem Abtastschritt in Gl. (3.110) ein positiver Wert von $\boldsymbol{P}(k)$ abgezogen, was eine kontinuierliche Abnahme der Größe der Kovarianzmatrix bedingt, d.h. die Matrix $\boldsymbol{P}(k)$ konvergiert gegen die Nullmatrix. Damit folgt

$$\lim_{k\to\infty} \boldsymbol{q}(k) = \boldsymbol{0} \tag{3.172a}$$

und es ergibt sich

$$\lim_{k\to\infty} [\hat{\boldsymbol{p}}(k+1) - \hat{\boldsymbol{p}}(k)] = \boldsymbol{0} \tag{3.172b}$$

bzw.

$$\lim_{k\to\infty} \hat{\boldsymbol{p}}(k) = \text{const}\,. \tag{3.172c}$$

Daraus ist ersichtlich, dass nach einer gewissen Anzahl von Abtastschritten der geschätzte Parametervektor $\hat{\boldsymbol{p}}(k)$ nach Gl. (3.105) unabhängig vom Fehler $\hat{\varepsilon}(k)$ annähernd konstant bleibt. Dieser Effekt wird als Einschlafen des Schätzalgorithmus bezeichnet. Somit sind das einfache rekursive und das rekursive erweiterte *Least-Squares*-Schätzverfahren nicht zur Schätzung zeitvarianter Parameter geeignet. Es besteht aber die Möglichkeit, diese Verfahren in geeigneter Weise so zu modifizieren, dass das Einschlafen des Schätzalgorithmus verhindert wird, worauf in Abschnitt 3.4.2 eingegangen wird.

Weiterhin wird die Parameterschätzung sowohl von den numerischen Eigenschaften der Kovarianzmatrix $\boldsymbol{P}(k)$ als auch allgemeinen Rundungsfehlern beeinflusst, die bei der Implementierung auf dem Digitalrechner auftreten. Dies kann bei schlecht konditionierter Kovarianzmatrix $\boldsymbol{P}(k)$ dazu führen, dass diese ihre positive Definitheit verliert und die Parameterschätzung instabil wird. Eine Überprüfung der numerischen Eigenschaften der Kovarianzmatrix

$$\boldsymbol{P}(k) = \left[\boldsymbol{M}^{\mathrm{T}}(k)\,\boldsymbol{M}(k)\right]^{-1} \tag{3.173}$$

kann auf der Grundlage der Konditionszahl

$$K = \left\|(\boldsymbol{M}^*)^{-1}\right\| \cdot \|\boldsymbol{M}^*\| \tag{3.174}$$

mit

$$\boldsymbol{M}^* = \boldsymbol{M}^{\mathrm{T}}\boldsymbol{M} \tag{3.175}$$

und

$$\|\boldsymbol{M}^*\| = \sqrt{\sum_{i=1}^{2n}\sum_{j=1}^{2n} m_{ij}^{*\,2}} \tag{3.176}$$

durchgeführt werden, welche die relative Rechenmaschinengenauigkeit nicht unterschreiten darf. Die Konditionszahl liefert in diesem Fall eine Aussage über die Kondition des zugehörigen Gleichungssystems aufgrund der inversen Kovarianzmatrix $\boldsymbol{P}^{-1}(k)$ [Nie84]. Die Konditioniertheit wird insbesondere von den Messdaten und der Nichtsingularität von $\boldsymbol{M}^*$ bestimmt. Letztere hängt aber entscheidend von der richtigen Vorgabe der Modellordnung n in der Phase der Bestimmung der Modellstruktur ab (siehe Kapitel 4). Somit liefert dieser Konditionstest lediglich einen groben Hinweis auf mögliche Ursachen für eventuell auftretende Identifikationsprobleme.

Zur Vermeidung bzw. Reduzierung numerischer Probleme wird zweckmäßigerweise eine Faktorisierung der Kovarianzmatrix vorgenommmen. Dabei wird nicht direkt die Kovarianzmatrix $\boldsymbol{P}(k)$ der Dimension $2n \times 2n$ verwendet, sondern diese z.B. mittels Wurzelfilterung (*square-root filtering*) [Pet75] in der Form

$$\boldsymbol{P}(k) = \boldsymbol{S}(k)\,\boldsymbol{S}^{\mathrm{T}}(k), \tag{3.177}$$

faktorisiert, wobei $\boldsymbol{S}(k)$ eine obere Dreiecksmatrix darstellt, deren Hauptdiagonalelemente die Wurzeln der Eigenwerte von $\boldsymbol{P}(k)$ sind. Diese Faktorisierung bietet folgende Vorteile:

- Durch die Verwendung der Wurzeln der Kovarianzmatrix wird die numerische Genauigkeit der Parameterschätzung verbessert.
- Aufgrund der Quadratbildung ist die Bedingung $\boldsymbol{P}(k) > 0$ (positive Definitheit) stets erfüllt, sofern $\boldsymbol{S}(k)$ regulär ist.
- Tatsächlich wird nicht $\boldsymbol{P}(k)$, sondern nur $\boldsymbol{S}(k)$ für den Parameterschätzalgorithmus, z.B. das rekursive *Least-Squares-* oder das rekursive erweiterte *Least-Squares-*Verfahren, benutzt. Damit ergibt sich einerseits eine Reduzierung des Speicherbedarfs und anderseits verringert sich die Zahl der notwendigen Rechenoperationen.

Eine Alternative zur Wurzelfilterung stellt die UDU-Faktorisierung dar [Bie77], die sich als besonders robust und zuverlässig gegenüber Rundungsfehlern erwiesen hat. Dieses Verfahren beruht auf dem Ansatz

$$\boldsymbol{P}(k) = \boldsymbol{U}(k)\,\boldsymbol{D}(k)\,\boldsymbol{U}^{\mathrm{T}}(k) = \boldsymbol{U}(k)\,\boldsymbol{D}^{*}(k)\,\boldsymbol{D}^{*}(k)\,\boldsymbol{U}^{\mathrm{T}}(k) \tag{3.178}$$

mit der oberen Dreiecksmatrix

$$\boldsymbol{U}(k) = \begin{bmatrix} 1 & u_{1,2}(k) & \dots & u_{1,2n}(k) \\ 0 & 1 & \dots & u_{2,2n}(k) \\ \vdots & \vdots & \ddots & \vdots \\ 0 & 0 & \dots & u_{2n-1,2n}(k) \\ 0 & 0 & \dots & 1 \end{bmatrix} \tag{3.179}$$

und der Diagonalmatrix

$$\boldsymbol{D}(k) = \begin{bmatrix} d_1(k) & & \mathbf{0} \\ & \ddots & \\ \mathbf{0} & & d_{2n}(k) \end{bmatrix}. \tag{3.180}$$

Durch diese Faktorisierung lässt sich die Kovarianzmatrix rekursiv aktualisieren, ohne $\boldsymbol{P}(k)$ explizit zu berechnen. Da entsprechend Gl. (3.178) das Produkt der beiden Matrizen $\boldsymbol{U}(k)$ und $\boldsymbol{D}^{*}(k)$, wobei die letztere die Wurzeln der Elemente von $\boldsymbol{D}(k)$ enthält, der (Matrix-)Quadratwurzel von $\boldsymbol{P}(k)$ entspricht, ist die positive Definitheit von $\boldsymbol{P}(k)$ sichergestellt. Die Elemente $d_i(k)$ der Diagonalmatrix sind somit die Eigenwerte der Kovarianzmatrix.

Ohne auf eine weitere detaillierte Beschreibung des UDU-Algorithmus einzugehen (siehe Details in [Kof88]), sei erwähnt, dass als Ergebnis eine indirekte Anpassung von $\boldsymbol{P}(k)$ bei gleichzeitiger Berechnung des Verstärkungsvektors $\boldsymbol{q}(k)$ geliefert wird, wobei Zähler und Nenner von $\boldsymbol{q}(k)$ entsprechend Gl. (3.109) getrennt berechnet werden. Statt der Initialisierung von $\boldsymbol{P}(0)$ wird die Initialisierung über

$$\boldsymbol{U}(0) = \mathbf{I} \text{ und } \boldsymbol{D}(0) = \alpha\mathbf{I} \text{ mit } \alpha = 10\dots10^4 \tag{3.181}$$

durchgeführt (siehe Abschnitt 3.4.2.4). Der Rechenaufwand liegt nur unwesentlich über dem einer gewöhnlichen rekursiven *Least-Squares-* oder rekursiven erweiterten *Least-Squares*-Parameterschätzung (für die ARMAX-Struktur, siehe Tabelle 3.2). Beide Schätzalgorithmen gestatten jedoch in Verbindung mit der UDU-Faktorisierung eine numerisch zuverlässige Systemidentifikation.

3.4.2 Verbesserte rekursive *Least-Squares*-Verfahren

3.4.2.1 Gewichtetes rekursives Least-Squares-Verfahren

Wie im vorherigen Abschnitt gezeigt wurde, haben die rekursiven Parameterschätzverfahren, wie z.B. die rekursiven Ausführungen des (erweiterten) *Least-Squares-* und des Hilfsvariablen-Verfahrens die Eigenschaft, dass der Schätzalgorithmus nach einer gewissen Zeit einschläft, was besonders bei zeitvarianten Systemen einen gravierenden Nachteil darstellt. Mit einer geringfügigen Modifikation, die beispielsweise in Form einer Gewichtung der Messdaten erfolgt, lässt sich dieser Nachteil leicht beheben. Vorausgesetzt wird, dass sich die Parameter des zu identifizierenden Systems zeitlich nur so schnell verändern, dass der Identifikationsprozess bis zum Eintreten der nächsten Änderung des Systems abgeschlossen ist. Da beim Einschlafen des Algorithmus neue Messwerte offensichtlich gegenüber älteren immer mehr an Bedeutung verlieren, liegt es nahe, zeitlich weiter zurückliegende Messwerte mit geringerem Gewicht als die aktuellen zu berücksichtigen. Der Rekursionsalgorithmus erhält damit gewissermaßen ein nachlassendes Gedächtnis, sodass beim Anfallen neuer Messwerte der Einfluss der vorhergehenden Messungen reduziert wird. Diese Vergessensstrategie lässt sich z.B. mit einer exponentiellen Gewichtung der Messdaten, auch als exponentielles Vergessen bezeichnet, erreichen, wobei die momentanen Daten mit großem Gewicht, die vergangenen Messwerte jedoch mit um so kleinerem Gewicht versehen werden, je weiter sie zurückliegen.

Für die Herleitung der gewichteten rekursiven *Least-Squares*-Parameterschätzung (*Weighted Recursive Least Squares*), wird zunächst von der vektoriellen Gl. (3.51)

$$\boldsymbol{\varepsilon}(N) = \boldsymbol{y}(N) - \boldsymbol{M}(N)\,\boldsymbol{p}_{\mathrm{M}}$$

ausgegangen. Dieses Gleichungssystem besteht aus $N - n + 1$ Gleichungen der Form

$$\varepsilon(l) = y(l) - \boldsymbol{m}^{\mathrm{T}}(l)\,\boldsymbol{p}_{\mathrm{M}}, \quad l = n, \ldots, N. \tag{3.182}$$

Nun wird ein Gewichtungsfaktor oder Vergessensfaktor $\lambda(k)$ eingeführt und die einzelnen Gleichungen aus Gl. (3.182) jeweils mit

$$\sqrt{\tilde{w}(l)} = \sqrt{\lambda(l)\lambda(l+1)\ldots\lambda(N)} = \prod_{m=l}^{N} \sqrt{\lambda(m)} \tag{3.183}$$

multipliziert. Dies liefert

$$\sqrt{\tilde{w}(l)}\varepsilon(l) = \sqrt{\tilde{w}(l)}y(l) - \sqrt{\tilde{w}(l)}\boldsymbol{m}^{\mathrm{T}}(l)\boldsymbol{p}_{\mathrm{M}}, \quad l = n, \ldots, N. \tag{3.184}$$

Durch Einführen einer Gewichtungsmatrix $\tilde{\boldsymbol{W}}(N)$ mit

$$\tilde{\boldsymbol{W}}(N) = \begin{bmatrix} \tilde{w}(n) & 0 & \dots & 0 \\ 0 & \tilde{w}(n+1) & \dots & 0 \\ \vdots & \vdots & \ddots & \vdots \\ 0 & 0 & \dots & \tilde{w}(N) \end{bmatrix} \tag{3.185}$$

kann das so modifizierte Gleichungssystem (3.182) in der Form

$$\tilde{\boldsymbol{W}}^{\frac{1}{2}}(N)\boldsymbol{\varepsilon}(N) = \tilde{\boldsymbol{W}}^{\frac{1}{2}}(N)(\boldsymbol{y}(N) - \boldsymbol{M}(N)\,\boldsymbol{p}_{\mathrm{M}}) \tag{3.186}$$

geschrieben werden. Bei $\tilde{\boldsymbol{W}}^{\frac{1}{2}}\boldsymbol{\varepsilon}$ handelt es sich um den mit der Matrix $\tilde{\boldsymbol{W}}^{\frac{1}{2}}$ gewichteten Fehler. Wird dieser gewichtete Fehler für die rekursive gewöhnliche oder erweiterte *Least-Squares*-Schätzung verwendet, ergibt sich als Gütefunktional aus Gl. (3.50) mit Ersetzen von $\boldsymbol{\varepsilon}(N)$ durch $\boldsymbol{\varepsilon}_{\mathrm{w}}(N) = \tilde{\boldsymbol{W}}^{\frac{1}{2}}\boldsymbol{\varepsilon}$

$$\begin{aligned} I_3(\boldsymbol{p}_{\mathrm{M}}) &= \frac{1}{2}\boldsymbol{\varepsilon}_{\mathrm{w}}^{\mathrm{T}}(N)\,\boldsymbol{\varepsilon}_{\mathrm{w}}(N) = \frac{1}{2}\left\{\left[\tilde{\boldsymbol{W}}^{\frac{1}{2}}(\boldsymbol{y} - \boldsymbol{M}\boldsymbol{p}_{\mathrm{M}})\right]^{\mathrm{T}}\left[\tilde{\boldsymbol{W}}^{\frac{1}{2}}(\boldsymbol{y} - \boldsymbol{M}\boldsymbol{p}_{\mathrm{M}})\right]\right\} \\ &= \frac{1}{2}\left(\boldsymbol{y}^{\mathrm{T}}\,\tilde{\boldsymbol{W}}\boldsymbol{y} - \boldsymbol{p}_{\mathrm{M}}^{\mathrm{T}}\,\boldsymbol{M}^{\mathrm{T}}\,\tilde{\boldsymbol{W}}\boldsymbol{y} - \boldsymbol{y}^{\mathrm{T}}\,\tilde{\boldsymbol{W}}\,\boldsymbol{M}\boldsymbol{p}_{\mathrm{M}} + \boldsymbol{p}_{\mathrm{M}}^{\mathrm{T}}\boldsymbol{M}^{\mathrm{T}}\tilde{\boldsymbol{W}}\,\boldsymbol{M}\boldsymbol{p}_{\mathrm{M}}\right). \end{aligned} \tag{3.187}$$

Das Minimum von I_3 ergibt sich durch Nullsetzen der Ableitung

$$\left.\frac{\mathrm{d}I_3}{\mathrm{d}\boldsymbol{p}_{\mathrm{M}}}\right|_{\boldsymbol{p}_{\mathrm{M}}=\hat{\boldsymbol{p}}} = -\boldsymbol{M}^{\mathrm{T}}\tilde{\boldsymbol{W}}\boldsymbol{y} + \boldsymbol{M}^{\mathrm{T}}\tilde{\boldsymbol{W}}\boldsymbol{M}\hat{\boldsymbol{p}} = \boldsymbol{0}.$$

Hieraus folgt als direkte Lösung für den geschätzten Parametervektor auf der Basis von $N+1$ Messwertepaaren (für die Zeitpunkte $k = 0,1,\dots,N$)

$$\hat{\boldsymbol{p}}(N) = \left[\boldsymbol{M}^{\mathrm{T}}(N)\,\tilde{\boldsymbol{W}}(N)\,\boldsymbol{M}(N)\right]^{-1}\boldsymbol{M}^{\mathrm{T}}(N)\,\tilde{\boldsymbol{W}}(N)\boldsymbol{y}(N). \tag{3.188}$$

Analog zu Abschnitt 3.3.2 ergibt sich, wie in Anhang D gezeigt, für das rekursive gewichtete und das rekursive gewichtete erweiterte *Least-Squares*-Verfahren als Beziehung zur rekursiven Berechnung der Kovarianzmatrix anstelle von Gl. (3.110)

$$\boldsymbol{P}(k+1) = \frac{1}{\lambda(k+1)}\left[\boldsymbol{P}(k) - \boldsymbol{q}(k+1)\,\boldsymbol{m}^{\mathrm{T}}(k+1)\,\boldsymbol{P}(k)\right], \tag{3.189}$$

wobei die Gln. (3.104), (3.105) und (3.109) unverändert bleiben (siehe auch Anhang D).

Eine derartige Gewichtung verhindert eine zu starke Verkleinerung der Elemente der Matrix $\boldsymbol{P}$. Weiterhin können im stärkeren Maße als ohne Gewichtung die Schätzergebnisse durch neu anfallende Messwerte beeinflusst werden. Diese Eigenschaft ist bei Parameteränderungen sehr vorteilhaft, wirkt sich aber bezüglich der Störungen nachteilig aus, da sie deren Einfluss auf die Parameterschätzwerte verstärkt. Eine optimale Gewichtung lässt sich somit nur als Kompromiss zwischen einer guten Parameternachführung und einer möglichst niedrigen Empfindlichkeit gegenüber Störungen erreichen. Für die Wahl dieser Gewichtung existieren verschiedene Ansätze, von denen im Folgenden die exponentielle Gewichtung, die Konstanthaltung der Spur der Kovarianzmatrix, die Regularisierung der Kovarianzmatrix, die fehlerabhängige Gewichtung und die datenabhängige Gewichtung diskutiert werden.

a) *Exponentielle Gewichtung*

Das einfachste Verfahren mit exponentieller Gewichtung ergibt sich mittels

$$\lambda(k) = \lambda = \text{const}\,,$$

wobei λ meist im Bereich

$$0{,}95 < \lambda < 0{,}9999$$

gewählt wird. Oft reicht dieser konstante Vergessensfaktor aus. Allerdings hat eine derartige exponentielle Gewichtung $\boldsymbol{P}(k)$ den Nachteil, dass bei zu geringer Erregung durch die Eingangsgröße der Datenvektor $\boldsymbol{m}(k)$ nach Gl. (3.48) bzw. Gl. (3.28) nur Elemente aufweist, die sich wenig von null unterscheiden. Dann gilt

$$\boldsymbol{m}(k)\,\boldsymbol{m}^{\mathrm{T}}(k) \approx \boldsymbol{0}. \tag{3.190}$$

Aufgrund von Gl. (3.109) verschwindet dann die Matrix $\boldsymbol{q}(k+1)\,\boldsymbol{m}^{\mathrm{T}}(k+1)$ in Gl. (3.189), sodass die Kovarianzmatrix entsprechend der Beziehung

$$\boldsymbol{P}(k+1) \approx \frac{1}{\lambda}\boldsymbol{P}(k) \tag{3.191}$$

exponentiell über alle Grenzen wächst, d.h. die Schätzung wird instabil. Dieser Effekt wird als *Estimator Windup* bezeichnet und kann nur durch eine genügend starke, fortwährende Erregung vermieden werden. Um die Größe der Kovarianzmatrix $\boldsymbol{P}(k)$ zu begrenzen und damit einen akzeptablen Gewichtungs- oder Vergessensfaktor $\lambda(k)$ zu erhalten, wurden die weiteren, nachfolgend beschriebenen Verfahren vorgeschlagen.

b) *Konstante Spur der Kovarianzmatrix*

Ausgehend von den Gln. (3.105) für $\hat{\boldsymbol{p}}(k+1)$, (3.109) für $\boldsymbol{q}(k+1)$ und (3.189) für $\boldsymbol{P}(k+1)$ wird im Folgenden dieses Verfahren unter Verwendung der in Gl. (3.177) eingeführten Wurzelfilterung vorgestellt [Unb89]. Wird zuerst Gl. (3.109) und dann Gl. (3.177) in Gl. (3.189) eingesetzt, folgt

$$\boldsymbol{S}(k+1)\,\boldsymbol{S}^{\mathrm{T}}(k+1) = \frac{\boldsymbol{S}(k)}{\lambda(k+1)}\left[\mathbf{I} - \frac{\boldsymbol{S}^{\mathrm{T}}(k)\boldsymbol{m}(k+1)\boldsymbol{m}^{\mathrm{T}}(k+1)\boldsymbol{S}(k)}{1+\boldsymbol{m}^{\mathrm{T}}(k+1)\boldsymbol{S}(k)\boldsymbol{S}^{\mathrm{T}}(k)\boldsymbol{m}(k+1)}\right]\boldsymbol{S}^{\mathrm{T}}(k). \tag{3.192}$$

Mit den Abkürzungen

$$\boldsymbol{f}(k) = \boldsymbol{S}^{\mathrm{T}}(k)\boldsymbol{m}(k+1), \tag{3.193a}$$

$$h^2(k) = 1 + \boldsymbol{m}^{\mathrm{T}}(k+1)\boldsymbol{S}(k)\boldsymbol{S}^{\mathrm{T}}(k)\boldsymbol{m}(k+1), \tag{3.193b}$$

$$\boldsymbol{g}(k) = \boldsymbol{S}(k)\boldsymbol{f}(k) \tag{3.193c}$$

folgt aus Gl. (3.192)

$$\boldsymbol{S}(k+1)\boldsymbol{S}^{\mathrm{T}}(k+1) = \frac{\boldsymbol{S}(k)}{\lambda(k+1)}\left[\mathbf{I} - \frac{\boldsymbol{f}(k)\boldsymbol{f}^{\mathrm{T}}(k)}{h^2(k)}\right]\boldsymbol{S}^{\mathrm{T}}(k) \tag{3.194}$$

oder mit Gl. (3.193c) umgeschrieben

$$\boldsymbol{S}(k+1)\boldsymbol{S}^{\mathrm{T}}(k+1)\lambda(k+1) = \boldsymbol{S}(k)\boldsymbol{S}^{\mathrm{T}}(k) - \frac{\boldsymbol{g}(k)\boldsymbol{g}^{\mathrm{T}}(k)}{h^2(k)} \tag{3.195}$$

und aus Gl. (3.105)

$$\hat{\boldsymbol{p}}(k+1) = \hat{\boldsymbol{p}}(k) + \frac{\boldsymbol{g}(k)}{h^2(k)}\hat{\varepsilon}(k+1). \tag{3.196}$$

Für die Einhaltung der Bedingung, dass die Spur der Kovarianzmatrix $\boldsymbol{P}$, d.h. die Summe der Elemente der Hauptdiagonalen, während der gesamten Schätzphase konstant bleibt, also

$$\begin{aligned}\operatorname{spur}\left(\boldsymbol{S}(k+1)\boldsymbol{S}^{\mathrm{T}}(k+1)\right) &= \operatorname{spur}\left(\boldsymbol{S}(k)\boldsymbol{S}^{\mathrm{T}}(k)\right) \\ &= \ldots = \operatorname{spur}\left(\boldsymbol{S}(0)\boldsymbol{S}^{\mathrm{T}}(0)\right) = \mathrm{const}\end{aligned} \tag{3.197}$$

gilt, lässt sich aus Gl. (3.195) die Beziehung

$$\lambda(k+1) = 1 - \frac{1}{\operatorname{spur}(\boldsymbol{S}(0)\boldsymbol{S}(0)^{\mathrm{T}})} \cdot \frac{\boldsymbol{g}^{\mathrm{T}}(k)\boldsymbol{g}(k)}{h^2} \tag{3.198}$$

zur Berechnung des Vergessensfaktors angeben.

Aus Gl. (3.197) ist ersichtlich, dass die Größe der konstanten Spur der Kovarianzmatrix durch den Anfangswert spur $\boldsymbol{P}(0)$ festgelegt wird. Als geeigneter Startwert wird $\boldsymbol{P}(0) = \alpha\mathbf{I}$ vorgegeben, wobei α den Initialisierungswert der Kovarianzmatrix darstellt, der in weiten Grenzen gewählt werden kann, wie weiter unten in Abschnitt 3.4.2.4 noch gezeigt wird. Durch die Konstanthaltung der Spur der Kovarianzmatrix wird das Einschlafen des Algorithmus verhindert. Damit ist die Schätzung stets in der Lage, auch Parameteränderungen zu erkennen. Andererseits wird das exponentielle Anwachsen der Elemente von $\boldsymbol{P}(k)$, also der *Estimator-Windup*-Effekt vermieden, der eine zu große Varianz der Schätzung oder Instabilität zur Folge hätte. Die Stabilität dieses rekursiven Verfahrens und die Konvergenz der Parameterschätzung lässt sich für deterministische Systeme mit Hilfe der Stabilitätstheorie nach Ljapunov nachweisen. Ohne auf diesen Beweis im Detail einzugehen, sei darauf hingewiesen, dass dazu der Parameterschätzfehler

$$\tilde{\boldsymbol{p}}(k) = \hat{\boldsymbol{p}}(k) - \boldsymbol{p} \tag{3.199}$$

eingeführt und mit diesem sowie der Kovarianzmatrix $\boldsymbol{P}(k)$ die Ljapunov-Funktion

$$V(\tilde{\boldsymbol{p}}(k)) = V(k) = \tilde{\boldsymbol{p}}^{\mathrm{T}}(k)\boldsymbol{P}(k)\tilde{\boldsymbol{p}}(k) \tag{3.200}$$

definiert wird. Es kann gezeigt werden, dass $V(k)$ die Ljapunovsche Stabilitätsbedingung erfüllt [Du89] und somit

$$\lim_{k\to\infty} \tilde{\boldsymbol{p}}(k) = 0 \qquad \text{und} \qquad \lim_{k\to\infty} \hat{\varepsilon}(k) = 0$$

gewährleistet ist.

c) *Regularisierung der Kovarianzmatrix*

Dieses Verfahren hat das Ziel, die Eigenwerte von $\boldsymbol{P}(k)$ nach oben und unten zu begrenzen. Die Kovarianzanpassung des rekursiven *Least-Squares*-Verfahrens gemäß Gl. (3.110) wird daher mit einem Gewichtungsfaktor multipliziert und gleichzeitig eine Diagonalmatrix hinzu addiert, also

$$\boldsymbol{P}(k+1) = \left(1 - \frac{\lambda_0}{\lambda_1}\right) \left[\boldsymbol{P}(k) - \frac{\boldsymbol{P}(k)\boldsymbol{m}(k+1)\boldsymbol{m}^{\mathrm{T}}(k+1)\boldsymbol{P}(k)}{1+\boldsymbol{m}^{\mathrm{T}}(k+1)\boldsymbol{P}(k)\boldsymbol{m}(k+1)}\right] + \lambda_0\mathbf{I}. \tag{3.201}$$

Dabei gilt $0 < \lambda_0 < \lambda_1$. Es kann gezeigt werden [OPL85], dass λ_0 die Untergrenze und λ_1 die Obergrenze der Eigenwerte der Kovarianzmatrix darstellt. Diese Begrenzung der Eigenwerte verhindert sowohl eine zu starke Abnahme als auch eine zu starke Zunahme der Spur der Kovarianzmatrix. Beide Schranken λ_0 und λ_1 können vom Anwender festgelegt werden. Als Startwert wird $\boldsymbol{P}(0) = \alpha\mathbf{I}$ benutzt, wobei $\lambda_0 < \alpha < \lambda_1$ gelten muss.

d) *Fehlerabhängige Gewichtung*

Der Vergessensfaktor $\lambda(k+1)$ in Gl. (3.189) wird bei diesem Verfahren so bestimmt, dass bei größer werdendem Prädiktions- oder Schätzfehler $\hat{\varepsilon}(k)$ der Wert von $\lambda(k+1)$ immer kleiner wird. Dadurch werden die Elemente der Kovarianzmatrix vergrößert und somit der Einfluss des Prädiktionsfehlers auf den Parameterschätzvektor erhöht. Als Bestimmungsgleichung für den Gewichtungsfaktor folgt nach [FKY81]

$$\lambda(k+1) = \begin{cases} 1 - \dfrac{\hat{\varepsilon}^2(k+1)}{\left[1+\boldsymbol{m}^{\mathrm{T}}(k+1)\boldsymbol{P}(k)\boldsymbol{m}(k+1)\right]\sigma^2} & \text{wenn } \lambda(k+1) > \lambda_{\min}, \\ \lambda_{\min} & \text{sonst,} \end{cases} \tag{3.202}$$

wobei σ^2, auch als Bezugsvarianz bezeichnet, eine Konstante ist, die vom zu schätzenden Prozess abhängt und als Vorkenntnis in die Schätzung eingeht und $\lambda_{\min}$ im Intervall $0{,}7 \le \lambda \le 0{,}8$ gewählt werden sollte. In [FKY81] wird

$$\sigma^2 = N_0\sigma_v^2$$

vorgeschlagen, wobei σ_v^2 die erwartete Varianz der überlagerten Störung $v(k)$ oder Messvarianz darstellt und die Gedächtnislänge N_0 (ganzzahlig) sehr groß, z.B. $100 < N_0 < 1000$, gewählt werden sollte. Die Wahl von σ_v^2 kann die Berechnung von $\lambda(k+1)$ stark beeinflussen. Um zu verhindern, dass $\lambda(k+1)$ dabei zu klein oder gar negativ wird, muss eine untere Grenze $\lambda_{\min}$ eingeführt werden. Da zusätzlich die Gefahr besteht, dass die Kovarianzmatrix aufgrund einer fortgesetzten Division durch $\lambda(k+1) < 1$ zu stark anwächst, wurde in [CM81] vorgeschlagen, eine obere Grenze für die Spur der Kovarianzmatrix einzuführen. Daraus ergibt sich für die Kovarianzanpassung die Zuweisung

$$\boldsymbol{P}(k+1) := \begin{cases} \boldsymbol{P}(k+1)/\lambda(k+1) & \text{wenn spur}\left[\frac{\boldsymbol{P}(k+1)}{\lambda(k+1)}\right] < s_{\max}, \\ \boldsymbol{P}(k+1) & \text{sonst,} \end{cases} \tag{3.203}$$

wobei auf der rechten Seite $\boldsymbol{P}(k+1)$ die gemäß Gl. (3.110) berechnete Kovarianzmatrix ist und $s_{\max}$ eine gewählte obere Schranke für die Spur der Kovarianzmatrix darstellt. Eine zweckmäßige Wahl für $s_{\max}$ ist

$$s_{\max} = c\,\text{spur}\boldsymbol{P}(0) \text{ mit } 2 \le c \le 5. \tag{3.204}$$

Die obere Grenze $c = 5$ wird bei großen Parameteränderungen gewählt.

e) *Datenabhängige Gewichtung*

Die in [DH87] eingeführte datenabhängige Gewichtung beruht darauf, dass in jedem Abtastschritt das Gütefunktional

$$I_4(k, \boldsymbol{p}_\mathrm{M}) = (1 - \lambda(k)) I_4(k-1, \boldsymbol{p}_\mathrm{M}) + \frac{1}{2}\lambda(k)\hat{\varepsilon}^2(k) \tag{3.205}$$

betrachtet wird. Das Gütefunktional im k-ten Abtastschritt ist also eine gewichtete Summe des Gütefunktionals aus dem vorangegangenen Schritt und des aktuellen quadratischen Fehlers (mit dem Vorfaktor 1/2). Diese Rekursionsgleichung wird von dem Gütefunktional

$$I_4(k+1, \boldsymbol{p}_\mathrm{M}) = \frac{1}{2}\sum_{l=n}^{k}\left(\prod_{m=l+1}^{k}(1-\lambda(m))\right)\lambda(l)\varepsilon^2(l) \tag{3.206}$$

erfüllt. Dieser Ansatz kann so interpretiert werden, dass das *Least-Squares*-Gütefunktional

$$I_3(k) = \frac{1}{2}\sum_{l=n}^{k}(\varepsilon_\mathrm{w}(l))^2 \tag{3.207}$$

mit dem gewichteten Fehlervektor

$$\varepsilon_\mathrm{w}(l) = \left(\prod_{m=l+1}^{k}\sqrt{(1-\lambda(m))}\right)\sqrt{\lambda(l)}\varepsilon(l) \tag{3.208}$$

verwendet wird.

Analog zu der Vorgehensweise in Anhang D.1 kann für dieses Gütefunktional ein rekursiver Schätzalgorithmus hergeleitet werden. Als Rekursionsgleichung für die Kovarianzmatrix ergibt sich

$$\boldsymbol{P}^{-1}(k+1) = [1-\lambda(k+1)]\,\boldsymbol{P}^{-1}(k) + \lambda(k+1)\boldsymbol{m}(k+1)\boldsymbol{m}^\mathrm{T}(k+1). \tag{3.209}$$

Über das Matrixinversionslemma kann dies in die Form

$$\begin{aligned}\boldsymbol{P}(k+1) = &\frac{1}{1-\lambda(k+1)}\times\\ &\left[\boldsymbol{P}(k) - \frac{\lambda(k+1)\boldsymbol{P}(k)\boldsymbol{m}(k+1)\boldsymbol{m}^\mathrm{T}(k+1)\boldsymbol{P}(k)}{1-\lambda(k+1)+\lambda(k+1)\boldsymbol{m}^\mathrm{T}(k+1)\boldsymbol{P}(k)\boldsymbol{m}(k+1)}\right].\end{aligned} \tag{3.210}$$

gebracht werden. Der Prädiktionsfehler $\hat{\varepsilon}(k+1)$ wird nach Gl. (3.104) berechnet und der geschätzte Parametervektor ergibt sich zu

$$\begin{aligned}\hat{\boldsymbol{p}}(k+1) &= \hat{\boldsymbol{p}}(k) + \lambda(k+1)\boldsymbol{P}(k+1)\boldsymbol{m}(k+1)\hat{\varepsilon}(k+1)\\ &= \hat{\boldsymbol{p}}(k) + \frac{\lambda(k+1)\boldsymbol{P}(k)\boldsymbol{m}(k+1)(k+1)}{1-\lambda(k+1)+\lambda(k+1)\boldsymbol{m}^\mathrm{T}(k+1)\boldsymbol{P}(k)\boldsymbol{m}}\,\hat{\varepsilon}(k+1).\end{aligned} \tag{3.211}$$

Zur Berechnung des Gewichtungsfaktors $\lambda(k+1)$ wird nach [DH87] eine weitere Rekursionsgleichung

$$\begin{aligned}\sigma^2(k+1) = &[1-\lambda(k+1)]\,\sigma^2(k) + \lambda(k+1)\gamma^2\\ &-\frac{\lambda(k+1)\,[1-\lambda(k+1)]\,\hat{\varepsilon}^2(k+1)}{1-\lambda(k+1)+\lambda(k+1)\boldsymbol{m}^\mathrm{T}(k+1)\boldsymbol{P}(k)\boldsymbol{m}(k+1)}\end{aligned} \tag{3.212}$$

verwendet, wobei γ die Obergrenze für den Betrag der Störung ist. Die Motivation für die Einführung von Gl. (3.212) und deren Verknüpfung mit dem Gewichtungsfaktor $\lambda(k+1)$ beruht auf einer geometrischen Sicht des Schätzproblems. Die Matrix $\boldsymbol{P}(k)$ beschreibt dabei einen Ellipsoiden im Parameterraum, der alle möglichen Parameterwerte enthält. Im Verlauf der Schätzung wird dieser Ellipsoid verkleinert, wobei der Gewichtungsfaktor $\lambda(k)$ gerade über die Minimierung der Größe des Ellipsoiden bestimmt wird.[20]

Die Bestimmung des Gewichtungsfaktors $\lambda(k+1)$ ist abhängig von $\sigma^2(k)$. Wenn die Summe aus dem Quadrat des Prädiktionsfehlers $\hat{\varepsilon}^2(k+1)$ und $\sigma^2(k)$ kleiner ist als das Quadrat der Obergrenze für die Störamplitude, wird mit $\lambda(k+1) = 0$ die Schätzung angehalten;[21] anderenfalls wird für $\lambda(k+1)$ das Minimum aus einer Konstanten α mit $0 < \alpha < 1$ und einem zu berechnenden Wert $\nu(k+1)$ gewählt, d.h.

$$\lambda(k+1) = \begin{cases} 0 & \text{falls } \sigma^2(k) + \varepsilon^2(k+1) \leq \gamma^2, \\ \min\left[\alpha, \nu(k+1)\right] & \text{sonst.} \end{cases} \tag{3.213}$$

Die Größe $\nu(k+1)$ wird dabei gemäß

$$\nu(k+1) = \begin{cases} \alpha, & \text{falls } \hat{\varepsilon}(k+1) = 0, \\ \dfrac{1-\beta(k+1)}{2}, & \text{falls } G(k+1) = 1, \\ \dfrac{1 - \sqrt{\frac{G(k+1)}{1+\beta(k+1)[G(k+1)-1]}}}{1 - G(k+1)}, & \text{falls } 1 + \beta(k+1)[G(k+1)-1] > 0, \\ \alpha, & \text{falls } 1 + \beta(k+1)[G(k+1)-1] \leq 0 \end{cases} \tag{3.214}$$

berechnet, wobei

$$G(k+1) = \boldsymbol{m}^{\mathrm{T}}(k+1)\boldsymbol{P}(k)\boldsymbol{m}(k+1) \tag{3.215}$$

und

$$\beta(k+1) = \frac{\gamma^2 - \sigma^2(k)}{\hat{\varepsilon}^2(k+1)} \tag{3.216}$$

gilt.

Bei der Implementierung des hier vorgestellten Algorithmus tritt das Problem auf, dass die Größe $\sigma^2(k)$ im Laufe der Schätzung negativ werden kann. An Gl. (3.212) ist zu erkennen, dass dies besonders bei einem großen Fehler $\hat{\varepsilon}(k)$ vorkommen kann, aber auch, wenn die Abschätzung der Störamplitude γ nicht groß genug gewählt wird. Ein negatives $\sigma^2(k)$ führt aber im Normalfall dazu, dass die Schätzung über Gl. (3.213) ausgeschaltet wird. Der Parameterschätzwert kann dann bei einer Parameteränderung nicht mehr nachgeführt werden. Um auch Parameteränderungen zu schätzen, sowie allgemein bessere

[20] Hier liegt die Betrachtungsweise einer unbekannten, in der Amplitude begrenzten Störung zugrunde, über die keine weiteren stochastischen Annahmen gemacht werden (*Unknown-but-Bounded Noise*). In dem Schätzverfahren wird der Bereich im Parameterraum, in dem alle mit den Messungen vereinbaren Parameterwerte liegen können, in einem möglichst kleinen Ellipsoiden eingeschlossen (*Ellipsoidal Overbounding*). Der geschätzte Parametervektor ist gerade der Mittelpunkt des Ellipsoiden.

[21] Die Messung liefert dann keine weiteren Informationen und der Ellipsoid kann nicht verkleinert werden.

Konvergenzeigenschaften zu erreichen, ist es zweckmäßig, falls mit Gl. (3.212) $\sigma(k+1) < 0$ wird, den Wert von $\sigma(k+1)$ auf den gewählten Anfangswert

$$\sigma^2(0) = \tau^2/\alpha \tag{3.217}$$

zurückzusetzen, wobei τ eine obere Abschätzung der Norm des wahren Parametervektors $\boldsymbol{p}$ ist, also $\|\boldsymbol{p}\|^2 = \boldsymbol{p}^{\mathrm{T}}\boldsymbol{p} \leq \tau^2$ gilt. Dabei stellt α den oben bereits definierten Initialisierungswert der Kovarianzmatrix $\boldsymbol{P}(0) = \alpha\mathbf{I}$ dar. Vor Beginn der Schätzung muss dieser Wert, ebenso wie auch eine obere Grenze γ für die Störamplitude und der Gewichtungswert r, gewählt werden.

Bevor die oben vorgestellten gewichteten rekursiven *Least-Squares*-Verfahren einer näheren Beurteilung unterzogen werden, sei darauf hingewiesen, dass in der Literatur verschiedene weitere Verfahren zur Wahl der Gewichtung vorgeschlagen wurden, auf die hier jedoch nicht im Detail eingegangen wird (siehe z.B. [MSD87, SF87, KKI93]). Von den zuvor beschriebenen Verfahren zeigt dasjenige mit exponentieller Gewichtung nur eine langsame Konvergenz der Schätzung. Es ist bei Prozessen mit geringer Erregung völlig ungeeignet, da hierbei ein Anwachsen der Kovarianzmatrix stattfindet, welches schließlich zum *Estimator-Windup*-Effekt führt. Die in [MSD87, SF87] angegebenen Verfahren können in manchen Fällen zwar diese Parameterdrift bei geringer Erregung verhindern, nachteilig ist jedoch die langsame Konvergenz der Schätzung und der vergleichsweise hohe Rechenaufwand beim erstgenannten Verfahren bzw. die schwierige Einstellbarkeit beim letzeren. Bessere Ergebnisse liefern die Verfahren, bei denen die Spur der Kovarianzmatrix konstant gehalten wird. Die Konvergenz der Schätzung erfolgt schneller, aber die Varianz bleibt wegen des gleichmäßigen Einflusses der Ausgangsstörung relativ hoch. Noch schnellere Konvergenz der Schätzung erreichen die Verfahren mit Regularisierung der Kovarianzmatrix, sowie jene mit fehlerabhängiger bzw. datenabhängiger Gewichtung. Die geringste Varianz zeigte dabei die fehlerabhängige Gewichtung. Ein Nachteil der datenabhängigen Gewichtung liegt darin, dass bei geringer Erregung über einen sehr langen Zeitraum die Gefahr des *Estimator-Windup*-Effektes wächst. Die Parameterdrift sowohl bei daten- als auch bei fehlerabhängiger Gewichtung verläuft langsamer als bei den anderen Verfahren, speziell dann, wenn die Einstellparameter für die jeweilige Störung günstig gewählt wurden. Die Regularisierung der Kovarianzmatrix ist dagegen robust einstellbar, zeigt aber eine wesentlich größere Schätzvarianz und benötigt einen hohen Rechenaufwand.

Sowohl die rekursiven *Least-Squares*-Verfahren mit einer konstanten Spur der Kovarianzmatrix als auch die zuletzt genannten Verfahren können aufgrund umfangreicher Simulationsstudien [Fab89] als anwendbar auf Prozesse mit ständiger Erregung angesehen werden. Allerdings ist das Problem bei geringer Erregung des Prozesses mit diesen Verfahren nicht zu lösen. Zweckmäßiger ist es dann, in Zeiten geringer Erregung des Prozesseingangssignals die Schätzung mittels Vorgabe eines Grenzwertes abzuschalten.

3.4.2.2 Weitere Maßnahmen

Neben der im vorangegangenen Abschnitt behandelten Gewichtung der Kovarianzmatrix über den Vergessensfaktor $\lambda(k)$ bestehen noch weitere Möglichkeiten zur Verbesserung der rekursiven Parameterschätzung. Im Folgenden wird kurz auf die Konstanthaltung der

Spur der Kovarianzmatrix über Regularisierung, die Rücksetzung der Kovarianzmatrix und die Addition einer Diagonalmatrix eingegangen.

a) *Regularisierung zur Konstanthaltung der Spur der Kovarianzmatrix*

In [GHP85] wird ein Verfahren vorgeschlagen, das auf der Konstanthaltung der Spur der Kovarianzmatrix beruht, bei dem aber nicht ein variabler Gewichtungsfaktor, sondern eine Matrixregularisierung zugrunde gelegt wird. Die Anpassung der Kovarianzmatrix erfolgt in der Form

$$\boldsymbol{P}(k+1) := \begin{cases} \boldsymbol{P}(k+1) + \dfrac{c_1 - \mathrm{spur}(\boldsymbol{P}(k+1))}{n'}\mathbf{I} & \text{für } \mathrm{spur}(\boldsymbol{P}(k+1)) > c_0, \\ \\ \dfrac{c_0 \boldsymbol{P}(k+1)}{\mathrm{spur}(\boldsymbol{P}(k+1))} + \dfrac{c_1 - c_0}{n'}\mathbf{I} & \text{für } \mathrm{spur}(\boldsymbol{P}(k+1)) \leq c_0, \end{cases} \tag{3.218}$$

wobei auf der rechten Seite dieser Zuweisung wieder die nach Gl. (3.110) berechnete Kovarianzmatrix steht. Dabei ist n' die Gesamtzahl der zu schätzenden Parameter, c_1 die Größe der konstanten Spur und c_0 stellt den Vorgabewert für die Kovarianzanpassung dar, wobei $0 < c_0 < c_1$ gilt. Die Anpassung des Parameterschätzvektors $\hat{\boldsymbol{p}}(k+1)$ erfolgt nach Gl. (3.115). Für die Anwendung müssen dann noch die Werte c_1 und c_0 gewählt werden, womit auch der Startwert der Kovarianzmatrix

$$\boldsymbol{P}(0) = \frac{c_1}{n'}\mathbf{I} \tag{3.219}$$

festliegt. Der Anfangswert des Schätzvektors wird gewöhnlich als

$$\hat{\boldsymbol{p}}(0) = \mathbf{0}$$

gewählt, sofern nicht aus *A-priori*-Wissen ein besserer Anfangswert zur Verfügung steht.[22]

b) *Rücksetzung der Kovarianzmatrix*

Dieses Verfahren [Bau77, GET83] stellt eine weitere Möglichkeit dar, die Abnahme der Kovarianzmatrix zu verhindern. Dies kann erfolgen, indem nach einer bestimmten Anzahl $k = k_\mathrm{R}$ von Rekursionsschritten die Matrix $\boldsymbol{P}(k+1)$ auf ihren Anfangswert $\boldsymbol{P}(0) = \alpha\mathbf{I}$ zurück gesetzt wird, wobei $30 \leq k_\mathrm{R} \leq 100$ eine zweckmäßige Wahl ist [Bau77]. Alternativ kann dies nach Erreichen eines gewählten Minimalwertes s_min für die Spur von $\boldsymbol{P}(k+1)$ durchgeführt werden, also

$$\boldsymbol{P}(k+1) := \begin{cases} \alpha\mathbf{I}, & \text{wenn } \mathrm{spur}\,(\boldsymbol{P}(k+1)) < s_\mathrm{min}, \\ \boldsymbol{P}(k+1), & \text{sonst}, \end{cases} \tag{3.220}$$

wobei $\alpha > s_\mathrm{min}$ gilt und auf der rechten Seite der Zuweisung abermals die nach Gl. (3.110) berechnete Kovarianzmatrix steht. Diese Methode ist besonders einfach, weil sowohl die Berechnung der Spur von $\boldsymbol{P}(k+1)$ als auch das Rücksetzen von $\boldsymbol{P}(k+1)$ nur geringen Rechenaufwand erfordern.

[22] Streng genommen beginnt mit der bislang verwendeten Zeitindizierung die Schätzung mit dem Zeitindex n, da die vorangegangenen n Werte für $k = 0, \ldots, n-1$ verwendet werden müssen, um den Datenvektor $\boldsymbol{m}(n)$ zu füllen. Im Folgenden wird aber der Zeitindex 0 für die Startwerte verwendet.

c) *Addition einer Diagonalmatrix*

In [GS84] wird als Alternative zur Rücksetztechnik eine Modifikation der Kovarianzmatrix in Abhängigkeit der Größe der Spur von $\boldsymbol{P}(k+1)$ gemäß

$$\boldsymbol{P}(k+1) := \begin{cases} \boldsymbol{P}(k+1) + \boldsymbol{Q}(k+1), & \text{wenn } \operatorname{spur}(\boldsymbol{P}(k+1)) < s_{\min}, \\ \boldsymbol{P}(k+1), & \text{sonst}, \end{cases} \tag{3.221}$$

vorgeschlagen. Dabei entspricht $\boldsymbol{P}(k+1)$ auf der rechten Seite wieder der unmodifizierten Kovarianzmatrix $\boldsymbol{P}(k+1)$ entsprechend Gl. (3.110), $s_{\min}$ ist die festzulegende untere Schranke der Spur der Kovarianzmatrix und $\boldsymbol{Q}$ ist eine Diagonalmatrix

$$\boldsymbol{Q}(k+1) = \alpha_1(k+1)\,\mathbf{I} \tag{3.222}$$

mit $\alpha_1(k+1) > 0$. Im Unterschied zur Rücksetztechnik geht bei dieser Vorgehensweise die nicht angepasste Matrix durch Hinzuaddieren von $\boldsymbol{Q}(k+1)$ in die angepasste Matrix ein und wird nicht wie bei der Rücksetztechnik ignoriert.

Werden die unter den Punkten a) bis c) betrachteten Verfahren einer Einschätzung unterzogen, so kann festgestellt werden, dass die Nachteile des ungewichteten und des exponentiell gewichteten Verfahrens behoben werden, doch wird durch Rücksetzen und Addition einer Diagonalmatrix die Varianz der Schätzung größer. Das Verfahren mit Konstanthaltung der Spur über Regularisierung liefert ungefähr dieselben Ergebnisse wie jenes mit konstanter Kovarianzspur, die durch einen variablen Vergessensfaktor erreicht wird. Bei fehlender Erregung reagiert dieses Verfahren jedoch mit Wegdriften der Parameterschätzung.

3.4.2.3 Schätzung eines Gleichanteils im Ausgangssignal

Bei zahlreichen praktischen Anwendungen der Identifikationsverfahren ist es erforderlich, einen Offset y_0, der dem Ausgangssignal $y(k)$ überlagert ist, zu bestimmen. In diesem Fall beschreibt die Differenzengleichung, Gl. (3.25), den Prozess nicht mehr richtig, wodurch die Anwendung der zuvor betrachteten Parameterschätzverfahren zu falschen Ergebnissen führen würde. Nachfolgend werden am Beispiel der einfachen ARX-Modellstruktur drei Möglichkeiten zur Schätzung dieses Offsets beschrieben, die den Einsatz des rekursiven *Least-Squares*-Verfahrens weiter ermöglichen.

a) *Schätzung als zusätzlicher Parameter*

Eine einfache Möglichkeit, den verfälschenden Einfluss des Offsets y_0 auf die Parameterschätzung zu beseitigen, besteht darin, y_0 als zusätzlichen Parameter mitzuschätzen. Hierzu wird angenommen, dass der Offset y_0 als Bestandteil der Störung über das gleiche Störfilter auf den Ausgang wirkt, welches auch für das weiße Rauschen $\varepsilon(k)$ angenommen wird. Die resultierende Modellstruktur ist in Bild 3.7 gezeigt und führt analog zu Gl. (3.25) auf die Differenzengleichung

$$y(k) + \sum_{\mu=1}^{n} a_\mu y(k-\mu) - \sum_{\mu=1}^{n} b_\mu u(k-\mu) = \varepsilon(k) + y_0, \tag{3.223}$$

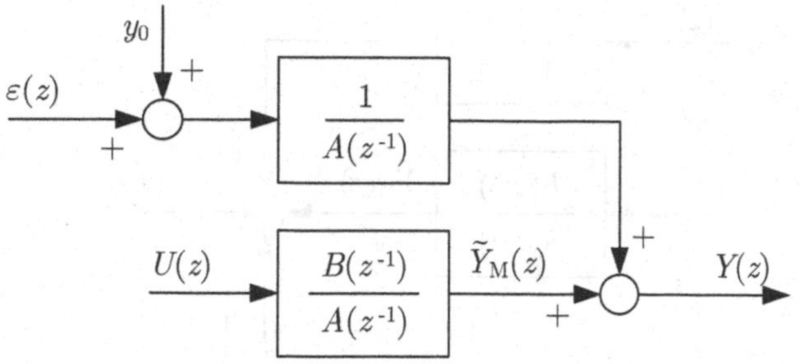

Bild 3.7 ARX-Modellstruktur für das lineare System mit einem stochastischen Störsignal und einem gefilterten Offset

wobei zur Vereinfachung weiterhin gleiche Grade von Zähler- und Nennerpolynom, also $n_A = n_B = n$, und ein System ohne Durchgriff ($b_0 = 0$) angenommen werden.

Wird y_0 als zusätzlicher Parameter betrachtet, so ergibt sich entsprechend Gl. (3.27) das Ausgangssignal

$$y(k) = \boldsymbol{m}^{\mathrm{T}}(k)\boldsymbol{p}_{\mathrm{M}} + \varepsilon(k) \tag{3.224}$$

mit dem Daten- oder Regressionsvektor

$$\boldsymbol{m}(k) = \left[-y(k-1) \ldots -y(k-n) \,\vdots\, u(k-1) \ldots u(k-n) \,\vdots\, 1\right]^{\mathrm{T}} \tag{3.225}$$

und dem Parametervektor

$$\boldsymbol{p}_{\mathrm{M}} = \left[a_1 \ldots a_n \,\vdots\, b_1 \ldots b_n \,\vdots\, y_0\right]^{\mathrm{T}}. \tag{3.226}$$

Diese Modifikation des Datenvektors und des Parametervektors ermöglicht somit weiterhin die Anwendung der vorgestellten rekursiven Verfahren, wobei lediglich ein Parameter zusätzlich geschätzt werden muss. Allerdings muss beachtet werden, dass dieses Verfahren nicht den Offset am Ausgang des Systems schätzt, sondern den am Eingang des Störfilters angenommenen. Der geschätzte Offset kann aber mit der stationären Verstärkung des Störmodells unmittelbar auf einen Ausgangsoffset umgerechnet werden.

b) *Getrennte Schätzung*

In [SF87] wird eine getrennte Schätzung des wie in Bild 3.8 gezeigt unmittelbar auf das Ausgangssignal einwirkenden Offsets über die Gleichung

$$\hat{y}_0(k+1) = \beta\hat{y}_0(k) + (1-\beta)y(k+1) \tag{3.227}$$

vorgeschlagen. Dabei ist $\beta < 1$ ein Bewertungsfaktor, der frei gewählt werden kann. Damit erfordert die getrennte Offset-Schätzung wesentlich weniger Aufwand als die Berechnung der Rekursionsgleichungen mit einem zusätzlichen Parameter.

Diese Modellstruktur führt auf die Differenzengleichung

$$y(k) - y_0(k) + \sum_{\mu=1}^{n} a_\mu \left[y(k-\mu) - y_0(k-\mu)\right] - \sum_{\mu=1}^{n} b_\mu u(k-\mu) = \varepsilon(k). \tag{3.228}$$

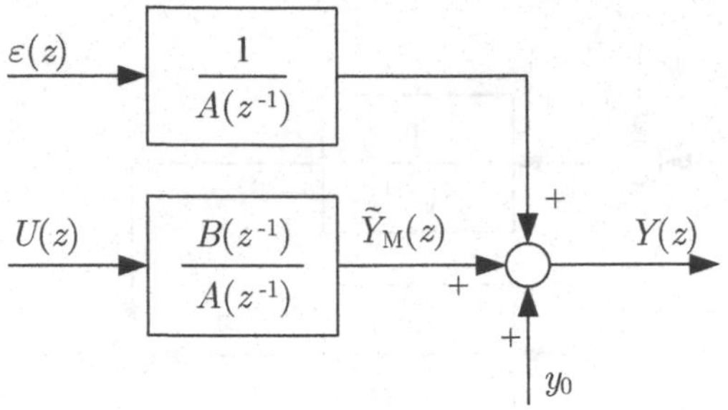

Bild 3.8 ARX-Modellstruktur für das lineare System mit einem stochastischen Störsignal und einem Offset

Um nun die vorgestellten Parameterschätzverfahren unverändert anwenden zu können, muss der Datenvektor mit Hilfe des geschätzten Offsets also nur gemäß

$$\boldsymbol{m}(k) = \left[-y(k-1)+y_0(k-1)\ldots -y(k-n)+y_0(k-n) \;\vdots\; u(k-1)\ldots u(k-n)\right]^{\mathrm{T}} \quad (3.229)$$

modifiziert werden. Der Prädiktionsfehler berechnet sich dann aus Gl. (3.228) ähnlich wie in Gl. (3.104) zu

$$\hat{\varepsilon}(k+1) = y(k+1) - \boldsymbol{m}^{\mathrm{T}}(k+1)\hat{\boldsymbol{p}}(k) - y_0(k+1). \quad (3.230)$$

Eine andere Rekursionsgleichung für die getrennte Offset-Schätzung wurde in [CG79] vorgeschlagen. Hierbei geht nicht das aktuelle Ausgangssignal, sondern der Prädiktionsfehler gemäß

$$\hat{y}_0(k+1) = \hat{y}_0(k) + (1-\beta)\hat{\varepsilon}(k) \quad (3.231)$$

in die Schätzung ein, wobei $\beta < 1$ wieder eine frei wählbare Konstante ist. Der Prädiktionsfehler wird über Gl. (3.230) berechnet. Bezüglich des Aufwands unterscheiden sich diese beiden Ansätze nicht.

3.4.2.4 Wahl der Startparameter

Für die praktische Anwendung der in diesem Kapitel behandelten rekursiven Parameterschätzverfahren ist die Initialisierung der Größen $\hat{\boldsymbol{p}}(k)$ und $\boldsymbol{P}(k)$ erforderlich. Zwei Möglichkeiten bieten sich zur Bestimmung zweckmäßiger Startwerte an:

- Direkt vor dem eigentlichen rekursiven Lösungsverfahren findet mit relativ wenigen Messwerten N eine grobe Bestimmung des Parametervektors $\hat{\boldsymbol{p}}(N)$ und der Kovarianzmatrix $\boldsymbol{P}(N)$ mit Hilfe eines direkten Lösungsverfahrens statt. Diese Werte werden dann als Startwerte für eine rekursive Lösung verwendet.
- Als Startwerte der rekursiven Lösungsverfahren werden Erfahrungswerte aus vorhergehenden Identifkationsläufen verwendet.

Das erste Verfahren kann als sehr zweckmäßig angesehen werden. Es ist jedoch zu beachten, dass die direkte Berechnung erst nach Abschluss der Messung einer gewissen Anzahl von Signalwerten und somit noch während der sich direkt anschließenden Messwerterfassung für das gewählte rekursive Lösungsverfahren durchgeführt werden kann. Dies bedeutet, dass die rekursive Berechnung trotz der bereits erfassten Messwerte erst dann beginnen kann, wenn das Ergebnis der direkten Berechnung vorliegt.

Wenn eine solche Vorabberechnung z.B. aufgrund der zur Verfügung stehenden Rechen- oder Speicherkapazität nicht angewendet werden kann, bietet sich das zweite Vorgehen an. Für die zuvor in diesem Kapitel behandelten rekursiven Varianten des *Least-Squares-* und des Hilfsvariablen-Verfahrens eignen sich die Startwerte

$$\hat{\boldsymbol{p}}(0) = \mathbf{0}, \tag{3.232a}$$

$$\boldsymbol{P}(0) = \alpha \mathbf{I} \text{ mit } \alpha = 10^2 \dots 10^4 \tag{3.232b}$$

recht gut [Lee64].[23] Mit dem rekursiven Hilfsvariablen-Verfahren lassen sich gute Ergebnisse erzielen, wenn als Startverfahren zunächst das rekursive *Least-Squares*-Verfahren eingesetzt wird, um einen Startwert für den Umschaltzeitpunkt auf das rekursive Hilfsvariablen-Verfahren zu erhalten.

Grundsätzlich ist zu beachten, dass die Wahl von α die Schätzung hauptsächlich im Anfangsstadium beeinflusst. Nach einer längeren Dauer der Schätzung ist die konkrete Wahl von α nicht mehr entscheidend. Für den speziellen *Online*-Betrieb einer Parameterschätzung, insbesondere beim Einsatz in einem adaptiven Regelsystem oder zur Fehlererkennung in einem dynamischen System, ist es aber wichtig, dass die geschätzten Parameter sehr schnell konvergieren. Bei großem α behält der Verstärkungsvektor $\boldsymbol{q}$ länger große Werte und die Parameterschätzung konvergiert rascher. Allerdings wirkt sich diese Verstärkung auch auf die Empfindlichkeit gegenüber dem das Ausgangssignal überlagernde Rauschsignal aus. Bei hoher Verstärkung geht dieses bei der Parameterschätzung stärker in den Schätzwert ein, der dadurch stärker verrauscht ist. Die Festlegung eines geeigneten Wertes von α hängt demnach einerseits von der Größe des Rauschens im Ausgangssignal $y(k)$ und andererseits von der Größe des Eingangssignals $u(k)$ ab. Bei nur gering gestörten Signalen kann daher im Allgemeinen α groß gewählt werden.

3.4.3 Rekursives gewichtetes Hilfsvariablen-Verfahren

Beim rekursiven gewichteten Hilfsvariablen-Verfahren wird analog zu Gl. (3.185) eine Diagonalmatrix

$$\tilde{\boldsymbol{W}} = \begin{bmatrix} \prod\limits_{m=n}^{N} \lambda(m) & 0 & \dots & 0 \\ 0 & \prod\limits_{m=n+1}^{N} \lambda(m) & \dots & 0 \\ \vdots & \vdots & \ddots & \vdots \\ 0 & 0 & \dots & \lambda(N) \end{bmatrix} \tag{3.233}$$

[23] siehe Fußnote 22.

als Gewichtungsmatrix verwendet. Für die weiteren Betrachtungen wird zunächst das direkte (nicht rekursive) gewichtete Hilfsvariablen-Verfahren hergeleitet. Dazu wird das dem Hilfsvariablen-Verfahren zugrunde liegende Gütefunktional auf der Basis von N Messungen gemäß Gl. (3.123)

$$I_2(\boldsymbol{p}_{\mathrm{M}}) = \frac{1}{2}\boldsymbol{\varepsilon}^{\mathrm{T}}\boldsymbol{W}\boldsymbol{W}^{\mathrm{T}}\boldsymbol{\varepsilon}$$

mit der oben eingeführten Gewichtungsmatrix zu einem gewichteten Kriterium der Form

$$I_5(\boldsymbol{p}_{\mathrm{M}}) = \frac{1}{2}\boldsymbol{\varepsilon}^{\mathrm{T}}\tilde{\boldsymbol{W}}^{\mathrm{T}}\boldsymbol{W}\boldsymbol{W}^{\mathrm{T}}\tilde{\boldsymbol{W}}\boldsymbol{\varepsilon} \tag{3.234}$$

erweitert. Das Minimum von $I_5(\boldsymbol{p}_{\mathrm{M}})$ ergibt sich durch Nullsetzen der Ableitung

$$\left.\frac{\mathrm{d}I_5(\boldsymbol{p}_{\mathrm{M}})}{\mathrm{d}\boldsymbol{p}_{\mathrm{M}}}\right|_{\boldsymbol{p}_{\mathrm{M}}=\hat{\boldsymbol{p}}} = -\boldsymbol{M}^{\mathrm{T}}\tilde{\boldsymbol{W}}^{\mathrm{T}}\boldsymbol{W}\boldsymbol{W}^{\mathrm{T}}\tilde{\boldsymbol{W}}\boldsymbol{y} + \boldsymbol{M}^{\mathrm{T}}\tilde{\boldsymbol{W}}^{\mathrm{T}}\boldsymbol{W}\boldsymbol{W}^{\mathrm{T}}\tilde{\boldsymbol{W}}\boldsymbol{M}\hat{\boldsymbol{p}} = \boldsymbol{0}. \tag{3.235}$$

Auflösen liefert den gesuchten Parameterschätzvektor

$$\hat{\boldsymbol{p}} = \left(\boldsymbol{M}^{\mathrm{T}}\tilde{\boldsymbol{W}}^{\mathrm{T}}\boldsymbol{W}\boldsymbol{W}^{\mathrm{T}}\tilde{\boldsymbol{W}}\boldsymbol{M}\right)^{-1}\boldsymbol{M}^{\mathrm{T}}\tilde{\boldsymbol{W}}^{\mathrm{T}}\boldsymbol{W}\boldsymbol{W}^{\mathrm{T}}\tilde{\boldsymbol{W}}\boldsymbol{y}, \tag{3.236}$$

woraus sich unter Berücksichtigung der Matrixinversionsregel $(\boldsymbol{AB})^{-1} = \boldsymbol{B}^{-1}\boldsymbol{A}^{-1}$ die direkte Lösungsgleichung des gewichteten Hilfsvariablen-Verfahrens

$$\hat{\boldsymbol{p}} = \left(\boldsymbol{W}^{\mathrm{T}}\tilde{\boldsymbol{W}}\boldsymbol{M}\right)^{-1}\boldsymbol{W}^{\mathrm{T}}\tilde{\boldsymbol{W}}\boldsymbol{y} \tag{3.237}$$

ergibt. Die Herleitung der rekursiven Version dieser Schätzgleichung kann Anhang D.2 entnommen werden. Für die rekursive Lösung resultiert

$$\hat{\varepsilon}(k+1) = y(k+1) - \boldsymbol{m}^{\mathrm{T}}(k+1)\hat{\boldsymbol{p}}(k), \tag{3.238a}$$

$$\boldsymbol{q}(k+1) = \boldsymbol{P}(k)\boldsymbol{w}(k+1)\left[1 + \boldsymbol{m}^{\mathrm{T}}(k+1)\boldsymbol{P}(k)\boldsymbol{w}(k+1)\right]^{-1}, \tag{3.238b}$$

$$\hat{\boldsymbol{p}}(k+1) = \hat{\boldsymbol{p}}(k) + \boldsymbol{q}(k+1)\hat{\varepsilon}(k+1), \tag{3.238c}$$

$$\boldsymbol{P}(k+1) = \frac{1}{\lambda(k+1)}\left[\boldsymbol{P}(k) - \boldsymbol{q}(k+1)\boldsymbol{m}^{\mathrm{T}}(k+1)\boldsymbol{P}(k)\right]. \tag{3.238d}$$

3.4.4 Methode der stochastischen Approximation

Die stochastische Approximation [RM51] wurde als ein Verfahren zur iterativen Lösung einer Gleichung $M(x) = \alpha$ zur Bestimmung der Variable x vorgeschlagen. Dabei wird davon ausgegangen, dass ein Wert für $M(x)$ nicht bestimmt werden kann, für ein vorliegendes x aber eine Zufallsvariable $y(x)$ existiert, für die $M(x) = \mathrm{E}\{y(x)|x\}$ gilt, $M(x)$ also der bedingte Erwartungswert von $y(x)$ für ein vorliegendes x ist.[24] Als Iterationsgleichung zur Bestimmung von x wird

[24] Die Größe $y(x)$ stellt damit gewissermaßen eine stochastisch gestörte, aber im Mittel richtige, Messung des Funktionswerts $M(x)$ dar.

$$x(k+1) = x(k) + a(k)(\alpha - y(x(k))) \tag{3.239}$$

verwendet [RM51], wobei $a(k)$ eine Schrittweite darstellt.

Für die Parameterschätzung kann dieser Ansatz verwendet werden, indem der Erwartungswert einer Funktion des Modellparametervektors minimiert wird, also

$$\mathrm{E}\{I(k, \boldsymbol{p}_{\mathrm{M}})\} \stackrel{!}{=} \min. \tag{3.240}$$

Der Parametervektor geht dabei in der Regel über den Modellfehler in diese Funktion ein, d.h. der Parametervektor soll so bestimmt werden, dass der Erwartungswert einer Funktion des Modellfehlers möglichst klein wird. Die notwendige Bedingung für ein Minimum

$$\frac{\mathrm{dE}\{I(k, \boldsymbol{p}_{\mathrm{M}})\}}{\mathrm{d}\boldsymbol{p}_{\mathrm{M}}} = \mathbf{0} \tag{3.241}$$

liefert nach Vertauschen der Differentiation und der Erwartungswertbildung die Gleichung

$$\mathrm{E}\left\{\frac{\mathrm{d}I(k, \boldsymbol{p}_{\mathrm{M}})}{\mathrm{d}\boldsymbol{p}_{\mathrm{M}}}\right\} = \mathbf{0}. \tag{3.242}$$

Werden nun die oben eingeführten Variablen M, y und x durch $\mathrm{E}\{\mathrm{d}I(k, \boldsymbol{p}_{\mathrm{M}})/\mathrm{d}\boldsymbol{p}_{\mathrm{M}}\}$, $\mathrm{d}I(k, \boldsymbol{p}_{\mathrm{M}})/\mathrm{d}\boldsymbol{p}_{\mathrm{M}}$ und $\hat{\boldsymbol{p}}$ ersetzt und α zu $\mathbf{0}$ gesetzt, so folgt aus Gl. (3.239) der rekursive Identifikationsalgorithmus

$$\hat{\boldsymbol{p}}(k+1) = \hat{\boldsymbol{p}}(k) - \gamma(k+1) \left.\frac{\mathrm{d}I(k+1, \boldsymbol{p}_{\mathrm{M}})}{\mathrm{d}\boldsymbol{p}_{\mathrm{M}}}\right|_{\boldsymbol{p}_{\mathrm{M}} = \hat{\boldsymbol{p}}(k)}. \tag{3.243}$$

Als Schrittweite wurde dabei $\gamma(k+1)$ statt $a(k)$ verwendet. Der Zeitindex $k+1$ im Gradienten auf der rechten Seite dieser Gleichung rührt daher, dass der Schätzwert $\hat{\boldsymbol{p}}(k+1)$ den Ausdruck $\mathrm{E}\{I(k+1, \boldsymbol{p}_{\mathrm{M}})\}$ minimieren soll.

Da in Gl. (3.240) ein stochastisches Gütefunktional verwendet wird, stellt der Ansatz der stochastischen Approximation hier ein stochastisches Gradientenabstiegsverfahren dar. Statt des Gradienten des stochastischen Gütefunktionals, der aufgrund der Erwartungswertbildung nicht bestimmt werden kann, wird gewissermaßen ein gemessener (bzw. aus Messwerten berechneter) Wert des Gradienten verwendet.

Andererseits stellt Gl. (3.243) auch einen Spezialfall des allgemeinen gradientenbasierten rekursiven Identifikationsalgorithmus [Zyp70] der Form

$$\hat{\boldsymbol{p}}(k+1) = \hat{\boldsymbol{p}}(k) - \boldsymbol{\Gamma}(k+1)\boldsymbol{R}^{-1}(k+1) \left.\frac{\mathrm{d}I(k+1, \boldsymbol{p}_{\mathrm{M}})}{\mathrm{d}\boldsymbol{p}_{\mathrm{M}}}\right|_{\boldsymbol{p}_{\mathrm{M}} = \hat{\boldsymbol{p}}(k)} \tag{3.244}$$

dar. In diesem wird über die Diagonalmatrix

$$\boldsymbol{\Gamma}(k+1) = \begin{bmatrix} \gamma_1(k+1) & & \mathbf{0} \\ & \ddots & \\ \mathbf{0} & & \gamma_{n'}(k+1) \end{bmatrix} \tag{3.245}$$

die Schrittweite bestimmt und über die Matrix $\boldsymbol{R}(k+1)$ die Suchrichtung verändert. Dabei ist wie zuvor n' die Gesamtzahl der zu schätzenden Parameter.

Das Gl. (3.243) entsprechende einfache Gradientenabstiegsverfahren ergibt sich aus dem allgemeinen Algorithmus nach Gl. (3.244) durch die Verwendung einer einheitlichen Schrittweite für alle Parameter, also $\boldsymbol{\Gamma}(k+1) = \gamma(k+1)\,\mathbf{I}$, und ohne Durchführung einer Änderung der Suchrichtung, also $\boldsymbol{R}(k+1) = \mathbf{I}$. Wird eine quadratische Gütefunktion

$$I(k, \boldsymbol{p}_{\mathrm{M}}) = \frac{1}{2}\,\varepsilon^2(k) \tag{3.246}$$

des Modellfehlers

$$\varepsilon(k) = y(k) - \boldsymbol{m}^{\mathrm{T}}(k)\,\boldsymbol{p}_{\mathrm{M}}$$

gewählt, gemäß Gl. (3.240) also der Erwartungswert des quadratischen Modellfehlers minmiert, ergibt sich der Gradient zu

$$\left.\frac{\mathrm{d}I(k+1, \boldsymbol{p}_{\mathrm{M}})}{\mathrm{d}\boldsymbol{p}_{\mathrm{M}}}\right|_{\boldsymbol{p}_{\mathrm{M}}=\hat{\boldsymbol{p}}(k)} = -\boldsymbol{m}(k+1)\,\hat{\varepsilon}(k+1). \tag{3.247}$$

Gl. (3.247) eingesetzt in Gl. (3.243) liefert die rekursive Berechnungsvorschrift

$$\boxed{\hat{\boldsymbol{p}}(k+1) = \hat{\boldsymbol{p}}(k) + \gamma(k)\boldsymbol{m}(k+1)\,\hat{\varepsilon}(k+1).} \tag{3.248}$$

Wird $\gamma(k+1)\boldsymbol{m}(k+1) = \boldsymbol{q}(k+1)$ gesetzt, lässt sich die strukturelle Ähnlichkeit zum rekursiven *Least-Squares*-Verfahren gemäß Gl. (3.105) erkennen. Es ist aber auch direkt ersichtlich, dass die Berechnung von $\hat{\boldsymbol{p}}(k+1)$ gegenüber dem rekursiven *Least-Squares*-Verfahren deutlich einfacher ist, zumal die Berechnung der Kovarianzmatrix entfällt. Da der Datenvektor $\boldsymbol{m}(k+1)$ sowie der Schätzfehler $\hat{\varepsilon}(k+1)$ in jedem Rechenschritt bekannt sind und für die Schrittweite $\gamma(k+1)$ nur recht einfache Bedingungen zur Gewährleistung der Konvergenz der Schätzung erfüllt sein müssen, erfordert die Parameterschätzung nach der Methode der stochastischen Approximation nach Gl. (3.248) wesentlich weniger Rechenaufwand als die nach dem rekursiven *Least-Squares*-Verfahren und ist daher rechentechnisch schneller durchzuführen.

Nach [Dvo56] und [You84] ist die Konvergenz der Schätzung mittels der Methode der stochastischen Approximation fast sicher, wenn die hinreichenden Bedingungen

$$\text{(i)} \quad \gamma(k) > 0, \tag{3.249a}$$

$$\text{(ii)} \quad \sum_{k=1}^{\infty} \gamma(k) \to \infty, \tag{3.249b}$$

$$\text{(iii)} \quad \sum_{k=1}^{\infty} \gamma^2(k) < \infty, \tag{3.249c}$$

$$\text{(iv)} \quad \lim_{k\to\infty} \gamma(k) = 0 \tag{3.249d}$$

erfüllt sind. Daneben existieren weitere Konvergenzbedingungen, auf die hier jedoch nicht eingegangen werden soll, da dazu Konzepte der stochastischen Konvergenz eingeführt werden müssten. Meist reichen aber die oben genannten Bedingungen für die Wahl von $\gamma(k)$ aus. Häufig wird die Schrittweite $\gamma(k)$ als harmonische Folge

$$\gamma(k) = \frac{1}{k} \tag{3.250}$$

gewählt [You84]. Mit der Wahl von $\gamma(k)$ wird letztlich die Konvergenzgeschwindigkeit festgelegt. Bei der praktischen Anwendung ist darauf zu achten, dass die Konvergenzgeschwindigkeit nicht zu gering wird. Besondere Maßnahmen zur Beschleunigung der Konvergenz der Parameterschätzung bei der Methode der stochastischen Approximation beruhen meist auf heuristischen Ansätzen [You84].

3.5 Prädiktionsfehler-Verfahren

Nachfolgend wird ein sehr allgemeines Verfahren, in der Literatur als Prädiktionsfehler-Verfahren (*Prediction-Error Method*) bekannt [LS83], zur Schätzung der Parameter eines allgemeinen linearen Modells in der direkten (nicht rekursiven) und der rekursiven Version vorgestellt.[25] Bei diesem Verfahren wird der Prädiktionsfehler entsprechend Gl. (3.32)

$$\varepsilon(k, \boldsymbol{p}_\mathrm{M}) = y(k) - y_\mathrm{M}(k \,|\, k-1, \boldsymbol{p}_\mathrm{M}) \tag{3.251}$$

betrachtet, wobei die Notation nach Gl. (3.39) verwendet wurde. Dieser Prädiktionsfehler soll im Sinne eines Gütefunktionals möglichst klein werden. Es wird also ein Prädiktormodell so eingestellt, dass es eine möglichst gute Vorhersage der gemessenen Werte des Ausgangssignales liefert. Für den im Weiteren diskutierten Fall der Identifikation von Eingrößensystemen wird bei diesen Methoden gewöhnlich das *Least-Squares*-Gütefunktional nach Gl. (3.50)

$$I_1(\boldsymbol{p}_\mathrm{M}) = \frac{1}{2}\sum_{l=n}^{N} \varepsilon^2(l, \boldsymbol{p}_\mathrm{M}) = \frac{1}{2}\boldsymbol{\varepsilon}^\mathrm{T}(N)\boldsymbol{\varepsilon}(N) \tag{3.252}$$

verwendet. Gesucht ist also der Parametervektor

$$\hat{\boldsymbol{p}}(N) = \arg\min_{\boldsymbol{p}_\mathrm{M}} I_1(\boldsymbol{p}_\mathrm{M}), \tag{3.253}$$

welcher das Gütefunktional aus Gl. (3.252) minimiert.

3.5.1 Direkte (nicht rekursive) Lösung

Zur Betrachtung der direkten (nicht rekursiven) Schätzung wird davon ausgegangen, dass eine genügend große Anzahl $N+1$ von Messwertepaaren $\{u(k), y(k)\}$, $k = 0, 1, \ldots, N$ zur Ermittlung von $\hat{\boldsymbol{p}}(N)$ zur Verfügung steht. In der Praxis werden bereits mit $N = 80$ bis 100 häufig recht genaue Ergebnisse erzielt. Dabei ist im Falle eines linearen Modells ausschlaggebend, wie nahe die Pole des geschätzten Modells, also des Prädiktors, in der Nähe des Einheitskreises der z-Ebene liegen. Je näher diese dem Wert $|z| = 1$ zustreben, desto mehr Messdaten sind erforderlich. Außerdem müssen Messwerte eines stationären Falles (keine Parameteränderungen über der Zeit) vorliegen und eine genügende und fortwährende Erregung des Systems durch das Eingangssignals gewährleistet sein.

[25] Die Prädiktionsfehler-Methode ist prinzipiell auch für die Schätzung von Parametern nichtlinearer Modell einsetzbar (siehe Abschnitt 8.2.3).

Sofern es sich, wie in vielen Fällen, nicht um ein Prädiktormodell handelt, bei dem die Prädiktion linear von den gesuchten Parametern abhängt, stellt Gl. (3.253) ein nichtlineares Optimierungsproblem dar, das sich nicht mehr analytisch, sondern nur noch numerisch lösen lässt. Als Lösungsverfahren eignet sich beispielsweise das bereits in Gl. (3.168) vorgestellte Newton-Raphson-Verfahren. Der Gradientenvektor des Gütefunktionals aus Gl. (3.252) ergibt sich zu

$$\frac{\mathrm{d}I_1}{\mathrm{d}\boldsymbol{p}_\mathrm{M}} = \sum_{l=n}^{N} \frac{\mathrm{d}\varepsilon(l,\boldsymbol{p}_\mathrm{M})}{\mathrm{d}\boldsymbol{p}_\mathrm{M}} \varepsilon(l,\boldsymbol{p}_\mathrm{M}). \tag{3.254}$$

Für das Newton-Raphson-Verfahren ist zusätzlich zum Gradientenvektor die Hesse-Matrix (Matrix der zweiten Ableitungen) erforderlich. Alternativ kann das Gauß-Newton-Verfahren eingesetzt werden. Bei diesem entfällt die Berechnung der Hesse-Matrix, stattdessen wird für diese die Gauß-Näherung

$$\frac{\mathrm{d}^2 I_1}{\mathrm{d}\boldsymbol{p}_\mathrm{M}^\mathrm{T}\mathrm{d}\boldsymbol{p}_\mathrm{M}} \approx \sum_{l=n}^{N} \frac{\mathrm{d}\varepsilon(l,\boldsymbol{p}_\mathrm{M})}{\mathrm{d}\boldsymbol{p}_\mathrm{M}} \cdot \frac{\mathrm{d}\varepsilon(l,\boldsymbol{p}_\mathrm{M})}{\mathrm{d}\boldsymbol{p}_\mathrm{M}^\mathrm{T}} \tag{3.255}$$

verwendet. Mit Gl. (3.251) folgt für den in diesen Ausdrücken auftauchenden Gradientenvektor des Prädiktionsfehlers

$$\frac{\mathrm{d}\varepsilon(l,\boldsymbol{p}_\mathrm{M})}{\mathrm{d}\boldsymbol{p}_\mathrm{M}} = -\frac{\mathrm{d}y_\mathrm{M}(l,\boldsymbol{p}_\mathrm{M})}{\mathrm{d}\boldsymbol{p}_\mathrm{M}}, \tag{3.256}$$

wobei zur Vereinfachung $y_\mathrm{M}(l,\boldsymbol{p}_\mathrm{M})$ für $y_\mathrm{M}(l\,|\,l-1,\boldsymbol{p}_\mathrm{M})$ geschrieben wird. Der Gradient des Prädiktionsfehlers bezüglich des Parametervektors wird als Fehler-Empfindlichkeit bezeichnet. Einsetzen von Gln. (3.254) bis (3.256) in Gl. (3.168) sowie die Verwendung des aktuell vorliegenden Parameterschätzwertes zur Gradientenberechnung liefert die iterative Form der direkten (nicht rekursiven) Parameterschätzung nach dem Gauß-Newton-Verfahren.

$$\begin{aligned}\hat{\boldsymbol{p}}(\nu+1) = \hat{\boldsymbol{p}}(\nu) + \gamma(\nu+1) &\left[\sum_{l=n}^{N} \left.\frac{\mathrm{d}y_\mathrm{M}(l,\boldsymbol{p}_\mathrm{M})}{\mathrm{d}\boldsymbol{p}_\mathrm{M}}\right|_{\boldsymbol{p}_\mathrm{M}=\hat{\boldsymbol{p}}(\nu)} \cdot \left.\frac{\mathrm{d}y_\mathrm{M}(l,\boldsymbol{p}_\mathrm{M})}{\mathrm{d}\boldsymbol{p}_\mathrm{M}^\mathrm{T}}\right|_{\boldsymbol{p}_\mathrm{M}=\hat{\boldsymbol{p}}(\nu)}\right]^{-1} \\ &\times \sum_{l=n}^{N} \left.\frac{\mathrm{d}y_\mathrm{M}(l,\boldsymbol{p}_\mathrm{M})}{\mathrm{d}\boldsymbol{p}_\mathrm{M}}\right|_{\boldsymbol{p}_\mathrm{M}=\hat{\boldsymbol{p}}(\nu)} \varepsilon(l,\hat{\boldsymbol{p}}(\nu)).\end{aligned} \tag{3.257}$$

Zur Berechnung des auch als (Ausgangs-)Empfindlichkeit bezeichneten Gradienten der Modellausgangsgröße $\mathrm{d}y_\mathrm{M}(l,\boldsymbol{p}_\mathrm{M})/\mathrm{d}\boldsymbol{p}_\mathrm{M}$ mit $\boldsymbol{p}_\mathrm{M} = \hat{\boldsymbol{p}}(\nu)$ ist im Allgemeinen, wie bereits in Abschnitt 3.3.4 ausgeführt, ein Empfindlichkeitsmodell erforderlich.[26]

Als Sonderfall ergibt sich für das ARX-Modell (siehe Tabelle 3.2) anhand der Gln. (3.31) und (3.32) mit

$$\varepsilon(l,\boldsymbol{p}_\mathrm{M}) = y(l) - \boldsymbol{m}^\mathrm{T}(l)\,\boldsymbol{p}_\mathrm{M} \tag{3.258}$$

der Gradientenvektor (bzw. die Ausgangs-Empfindlichkeit)

[26] Die Gradientenberechnung über Empfindlichkeitsmodelle wird in Abschnitt 8.2.5 im Zusammenhang mit der Identifikation nichtlinearer Systeme eingehender behandelt.

$$\left.\frac{\mathrm{d}y_{\mathrm{M}}(l,\boldsymbol{p}_{\mathrm{M}})}{\mathrm{d}\boldsymbol{p}_{\mathrm{M}}}\right|_{\boldsymbol{p}_{\mathrm{M}}=\hat{\boldsymbol{p}}(\nu)} = \boldsymbol{m}(l). \tag{3.259}$$

In diesem Fall liefert die Anwendung des Prädiktionsfehler-Verfahrens gerade das in Abschnitt 3.3.1 beschriebene *Least-Squares*-Verfahren.

Das Prädiktionsfehler-Verfahren stellt einen sehr allgemeinen Schätzansatz dar. So lassen sich neben dem *Least-Squares*-Verfahren für das ARX-Modell sehr viele weitere Parameterschätzverfahren als Prädiktionsfehler-Verfahren interpretieren, so z.B. auch die *Maximum-Likelihood*-Schätzung, wobei dann allerdings ein anderes Gütekriterium verwendet werden muss [GP77, LS83]. Der Vollständigkeit halber sei noch darauf hingewiesen, dass sich das Prädiktionsfehler-Verfahren auch zur Identifikation von Mehrgrößensystemen [LS83] und nichtlinearen Systemen eignet, worauf aber hier nicht im Detail eingegangen werden kann.

3.5.2 Rekursive Schätzung

Analog zur Herleitung des rekursiven *Least-Squares*-Verfahrens gemäß den Gln. (3.104), (3.105), (3.109) und (3.110) lässt sich auch für das zuvor dargestellte iterative Prädiktionsfehler-Verfahren eine rekursive Version entwickeln, indem für jede neue Iteration $\nu+1$ ein weiteres Messdatenpaar $\{u(k+1),\, y(k+1)\}$ hinzugefügt wird. Der Iterationsschritt ν entspricht damit dann gleichzeitig dem Abtastschritt k. Bei der Berechnung des neuen Parameterschätzwerts $\hat{\boldsymbol{p}}(k+1)$ wird dann das Gütefunktional

$$I_1(k+1,\boldsymbol{p}_{\mathrm{M}}) = \frac{1}{2}\sum_{l=n}^{k+1}\varepsilon^2(l,\boldsymbol{p}_{\mathrm{M}}) = \frac{1}{2}\boldsymbol{\varepsilon}^{\mathrm{T}}(k+1)\boldsymbol{\varepsilon}(k+1) \tag{3.260}$$

betrachtet. Die Schrittweite wird zu $\gamma(k)=1$ gesetzt. Aus dem Iterationsalgorithmus nach Gl. (3.257) wird damit zunächst

$$\begin{aligned}\hat{\boldsymbol{p}}(k+1) = \hat{\boldsymbol{p}}(k) + &\left[\sum_{l=n}^{k+1}\left.\frac{\mathrm{d}y_{\mathrm{M}}(l,\boldsymbol{p}_{\mathrm{M}})}{\mathrm{d}\boldsymbol{p}_{\mathrm{M}}}\right|_{\boldsymbol{p}_{\mathrm{M}}=\hat{\boldsymbol{p}}(k)}\cdot\left.\frac{\mathrm{d}y_{\mathrm{M}}(l,\boldsymbol{p}_{\mathrm{M}})}{\mathrm{d}\boldsymbol{p}_{\mathrm{M}}^{\mathrm{T}}}\right|_{\boldsymbol{p}_{\mathrm{M}}=\hat{\boldsymbol{p}}(k)}\right]^{-1}\\ &\times\sum_{l=n}^{k+1}\left.\frac{\mathrm{d}y_{\mathrm{M}}(l,\boldsymbol{p}_{\mathrm{M}})}{\mathrm{d}\boldsymbol{p}_{\mathrm{M}}}\right|_{\boldsymbol{p}_{\mathrm{M}}=\hat{\boldsymbol{p}}(k)}\varepsilon(l,\hat{\boldsymbol{p}}(\nu)).\end{aligned} \tag{3.261}$$

Zur weiteren Vereinfachung wird nun die allgemein für die Herleitung rekursiver Parameterschätzverfahren übliche Annahme gemacht, dass der jeweils vorliegende Parameterschätzwert $\hat{\boldsymbol{p}}(k)$ bereits optimal ist, also das zugehörige Gütefunktional minimiert hat. Dann gilt für die erste Ableitung des Gütefunktionals

$$\left.\frac{\mathrm{d}I_1(k,\boldsymbol{p}_{\mathrm{M}})}{\mathrm{d}\boldsymbol{p}_{\mathrm{M}}}\right|_{\boldsymbol{p}_{\mathrm{M}}=\hat{\boldsymbol{p}}(k)} = -\sum_{l=n}^{k}\left.\frac{\mathrm{d}y_{\mathrm{M}}(l,\boldsymbol{p}_{\mathrm{M}})}{\mathrm{d}\boldsymbol{p}_{\mathrm{M}}}\right|_{\boldsymbol{p}_{\mathrm{M}}=\hat{\boldsymbol{p}}(k)}\varepsilon(l,\boldsymbol{p}_{\mathrm{M}}) = \boldsymbol{0} \tag{3.262}$$

und damit

$$\left.\frac{\mathrm{d}I_1(k+1,\boldsymbol{p}_{\mathrm{M}})}{\mathrm{d}\boldsymbol{p}_{\mathrm{M}}}\right|_{\boldsymbol{p}_{\mathrm{M}}=\hat{\boldsymbol{p}}(k)} = \left.\frac{\mathrm{d}y_{\mathrm{M}}(k+1,\boldsymbol{p}_{\mathrm{M}})}{\mathrm{d}\boldsymbol{p}_{\mathrm{M}}}\varepsilon(k+1,\boldsymbol{p}_{\mathrm{M}})\right|_{\boldsymbol{p}_{\mathrm{M}}=\hat{\boldsymbol{p}}(k)}. \tag{3.263}$$

Aus dem Iterationsalgorithmus wird dann

$$\hat{\boldsymbol{p}}(k+1) = \hat{\boldsymbol{p}}(k) + \left[\sum_{l=n}^{k+1} \left.\frac{\mathrm{d}y_{\mathrm{M}}(l,\boldsymbol{p}_{\mathrm{M}})}{\mathrm{d}\boldsymbol{p}_{\mathrm{M}}}\right|_{\boldsymbol{p}_{\mathrm{M}}=\hat{\boldsymbol{p}}(k)} \cdot \left.\frac{\mathrm{d}y_{\mathrm{M}}(l,\boldsymbol{p}_{\mathrm{M}})}{\mathrm{d}\boldsymbol{p}_{\mathrm{M}}^{\mathrm{T}}}\right|_{\boldsymbol{p}_{\mathrm{M}}=\hat{\boldsymbol{p}}(k)}\right]^{-1} \times \left.\frac{\mathrm{d}y_{\mathrm{M}}(k+1,\boldsymbol{p}_{\mathrm{M}})}{\mathrm{d}\boldsymbol{p}_{\mathrm{M}}}\right|_{\boldsymbol{p}_{\mathrm{M}}=\hat{\boldsymbol{p}}(k)} \varepsilon(k+1,\hat{\boldsymbol{p}}(\nu)). \tag{3.264}$$

Wird dann noch auf die vollständige Neuberechnung der approximierten Hesse-Matrix mit dem neu vorliegenden Gradientenvektor verzichtet und stattdessen nur der neu hinzukommende Term addiert, die approximierte Hesse-Matrix also rekursiv gemäß

$$\sum_{l=n}^{k+1} \left.\frac{\mathrm{d}y_{\mathrm{M}}(l,\boldsymbol{p}_{\mathrm{M}})}{\mathrm{d}\boldsymbol{p}_{\mathrm{M}}}\right|_{\boldsymbol{p}_{\mathrm{M}}=\hat{\boldsymbol{p}}(k)} \cdot \left.\frac{\mathrm{d}y_{\mathrm{M}}(l,\boldsymbol{p}_{\mathrm{M}})}{\mathrm{d}\boldsymbol{p}_{\mathrm{M}}^{\mathrm{T}}}\right|_{\boldsymbol{p}_{\mathrm{M}}=\hat{\boldsymbol{p}}(k)} \approx \sum_{l=n}^{k} \left.\frac{\mathrm{d}y_{\mathrm{M}}(l,\boldsymbol{p}_{\mathrm{M}})}{\mathrm{d}\boldsymbol{p}_{\mathrm{M}}}\right|_{\boldsymbol{p}_{\mathrm{M}}=\hat{\boldsymbol{p}}(k-1)} \cdot \left.\frac{\mathrm{d}y_{\mathrm{M}}(l,\boldsymbol{p}_{\mathrm{M}})}{\mathrm{d}\boldsymbol{p}_{\mathrm{M}}^{\mathrm{T}}}\right|_{\boldsymbol{p}_{\mathrm{M}}=\hat{\boldsymbol{p}}(k-1)} + \left.\frac{\mathrm{d}y_{\mathrm{M}}(k+1,\boldsymbol{p}_{\mathrm{M}})}{\mathrm{d}\boldsymbol{p}_{\mathrm{M}}}\right|_{\boldsymbol{p}_{\mathrm{M}}=\hat{\boldsymbol{p}}(k)} \cdot \left.\frac{\mathrm{d}y_{\mathrm{M}}(k+1,\boldsymbol{p}_{\mathrm{M}})}{\mathrm{d}\boldsymbol{p}_{\mathrm{M}}^{\mathrm{T}}}\right|_{\boldsymbol{p}_{\mathrm{M}}=\hat{\boldsymbol{p}}(k)} \tag{3.265}$$

berechnet, lässt sich analog zur Herleitung des rekursiven *Least-Squares*-Algorithmus die rekursive Form des Prädiktionsfehler-Verfahrens gemäß

$$\hat{\varepsilon}(k+1) = y(k+1) - \hat{y}\,(k+1,\hat{\boldsymbol{p}}(k))\,, \tag{3.266a}$$

$$\boldsymbol{q}(k+1) = \boldsymbol{P}(k)\frac{\mathrm{d}\hat{y}(k+1)}{\mathrm{d}\hat{\boldsymbol{p}}}\left[1 + \frac{\mathrm{d}\hat{y}(k+1)}{\mathrm{d}\hat{\boldsymbol{p}}^{\mathrm{T}}}\boldsymbol{P}(k)\frac{\mathrm{d}\hat{y}(k+1)}{\mathrm{d}\hat{\boldsymbol{p}}}\right]^{-1}, \tag{3.266b}$$

$$\hat{\boldsymbol{p}}(k+1) = \hat{\boldsymbol{p}}(k) + \boldsymbol{q}(k+1)\hat{\varepsilon}(k+1), \tag{3.266c}$$

$$\boldsymbol{P}(k+1) = \boldsymbol{P}(k) - \boldsymbol{q}(k+1)\frac{\mathrm{d}\hat{y}(k+1)}{\mathrm{d}\hat{\boldsymbol{p}}^{\mathrm{T}}}\boldsymbol{P}(k), \tag{3.266d}$$

herleiten, wobei zur Abkürzung für den mit dem jeweils aktuellen Parameterschätzwert berechneten Gradienten des vorhersagten Modellausgangs die Notation

$$\frac{\mathrm{d}\hat{y}(k)}{\mathrm{d}\hat{\boldsymbol{p}}} = \left.\frac{\mathrm{d}y_{\mathrm{M}}(k,\boldsymbol{p}_{\mathrm{M}})}{\mathrm{d}\boldsymbol{p}_{\mathrm{M}}}\right|_{\boldsymbol{p}_{\mathrm{M}}=\hat{\boldsymbol{p}}(k-1)} \tag{3.267}$$

verwendet wurde.

Das Gleichungssystem (3.266a) bis (3.266d) besitzt offensichtliche Ähnlichkeit mit dem rekursiven *Least-Squares*-Verfahren gemäß den Gln. (3.104), (3.105), (3.109) und (3.110), wobei der Datenvektor $\boldsymbol{m}(k+1)$ nur durch den Gradienten $\mathrm{d}\hat{y}(k)/\mathrm{d}\hat{\boldsymbol{p}}$ nach Gl. (3.267) und $\boldsymbol{m}^{\mathrm{T}}(k+1)\hat{\boldsymbol{p}}(k)$ durch $\hat{y}\,(k+1,\hat{\boldsymbol{p}}(k))$ zu ersetzen sind. Für die Anwendung dieses Verfahrens muss gewährleistet sein, dass das Modell zur Vorhersage von $\hat{y}\,(k+1,\hat{\boldsymbol{p}}(k))$ stabil bleibt.

Zur Beeinflussung der Konvergenzgeschwindigkeit der Parameterschätzung und insbesondere zur Identifikation von Regelstrecken mit langsam veränderlichen Parametern kann in Gl. (3.266d) ähnlich wie bei den gewichteten rekursiven *Least-Squares*-Verfahren (siehe Abschnitt 3.4.2.1) noch ein Gewichtungsfaktor $\lambda(k)$ eingeführt werden, der sowohl konstant als auch zeitvariant sein kann. Dies entspricht dann der Wahl einer Schrittweite $\gamma(k) \neq 1$.

3.5.3 Prädiktor für das ARMAX-Modell

Ausgehend von Gl. (3.24) wird nun der wichtige Sonderfall des ARMAX-Modells (siehe Tabelle 3.2)

$$Y(z) = \frac{B(z^{-1})}{A(z^{-1})}U(z) + \frac{C(z^{-1})}{A(z^{-1})}\varepsilon(z) \tag{3.268}$$

betrachtet, wobei vorausgesetzt wird, dass $u(t)$ und $\varepsilon(t)$ unkorreliert sind. Diese Bedingung ist gewöhnlich erfüllt, solange das zu identifizierende System nicht in einem geschlossenen Regelkreis betrieben wird. Wird $\varepsilon(z)$ in Gl. (3.268) durch die z-Transformierte der Gl. (3.251) ersetzt, also

$$\varepsilon(z) = \varepsilon(z, \boldsymbol{p}_{\mathrm{M}}) = Y(z) - Y_{\mathrm{M}}(z, \boldsymbol{p}_{\mathrm{M}}) \tag{3.269}$$

mit

$$Y_{\mathrm{M}}(z, \boldsymbol{p}_{\mathrm{M}}) = \mathscr{Z}\left\{y_{\mathrm{M}}(k \mid k-1, \boldsymbol{p}_{\mathrm{M}})\right\}, \tag{3.270}$$

so folgt nach kurzer Zwischenrechnung

$$Y_{\mathrm{M}}(z, \boldsymbol{p}_{\mathrm{M}}) = \frac{B(z^{-1})}{C(z^{-1})}U(z) + \frac{C(z^{-1}) - A(z^{-1})}{C(z^{-1})}Y(z). \tag{3.271}$$

Werden nun in Gl. (3.269) die Größen $Y(z)$ und $Y_{\mathrm{M}}(z, \boldsymbol{p}_{\mathrm{M}})$ aus den Gln. (3.268) und (3.271) ersetzt, dann ergibt sich der Prädiktionsfehler

$$\varepsilon(z, \boldsymbol{p}_{\mathrm{M}}) = \frac{B(z^{-1})}{A(z^{-1})}U(z) + \frac{C(z^{-1})}{A(z^{-1})}\varepsilon(z) - \frac{B(z^{-1})}{C(z^{-1})}U(z) - \frac{C(z^{-1}) - A(z^{-1})}{C(z^{-1})}Y(z)$$

bzw. in zusammengefasster Form

$$\varepsilon(z, \boldsymbol{p}_{\mathrm{M}}) = \frac{A(z^{-1})}{C(z^{-1})}Y(z) - \frac{B(z^{-1})}{C(z^{-1})}U(z). \tag{3.272}$$

Der Prädiktor wird somit durch die beiden Gln. (3.271) und (3.272) beschrieben. Dieser Prädiktor schätzt für den Abtastzeitpunkt k die Ausgangsgröße $y(k)$ einen Schritt im Voraus, also aufgrund der Information, die zum Abtastzeitpunkt $k-1$ zur Verfügung steht. Neben diesem Einschritt-Prädiktor ist es gelegentlich erforderlich, auch einen Mehrschritt-Prädiktor einzusetzen. Formal kann dazu der Prädiktionsfehler in Gl. (3.251) ersetzt werden durch

$$\varepsilon(k, \boldsymbol{p}_{\mathrm{M}}) = y(k) - y_{\mathrm{M}}(k \mid k-h, \boldsymbol{p}_{\mathrm{M}}), \tag{3.273}$$

wobei h als Prädiktionshorizont und $y_{\mathrm{M}}(k \mid k-h, \boldsymbol{p}_{\mathrm{M}})$ als h-Schritt-Prädiktion bezeichnet wird.

Häufig wird beim Prädiktionsfehler-Verfahren, ähnlich wie auch bei anderen Parameterschätzverfahren, eine Vorfilterung der Messdaten $u(k)$ und $y(k)$ durchgeführt, um bestimmte Frequenzbereiche dieser Signalfolgen stärker bewerten zu können. Wird die allgemeine Modellbeschreibung nach Gl. (3.16) verwendet und dabei Gl. (3.10) berücksichtigt, so folgt

$$Y(z) = G_{\mathrm{M}}(z)U(z) + G_{\mathrm{r}}(z)\varepsilon(z). \tag{3.274}$$

Wird nun eine Filter-Übertragungsfunktion $F(z)$ eingeführt und Gl. (3.274) mit dieser multipliziert, entsteht

$$Y_{\mathrm{F}}(z) = G_{\mathrm{M}}(z)U_{\mathrm{F}}(z) + F(z)G_{\mathrm{r}}(z)\varepsilon(z), \tag{3.275}$$

wobei

$$Y_{\mathrm{F}}(z) = F(z)Y(z), \tag{3.276a}$$

$$U_{\mathrm{F}}(z) = F(z)U(z) \tag{3.276b}$$

die z-Transformierten der gefilterten Eingangs- und Ausgangssignale darstellen. Diese Vorfilterung der Messdaten ist besonders dann zweckmäßig, wenn bei der Parameterschätzung die Gefahr einer Untermodellierung besteht, was bedeutet, dass ein System hoher Ordnung durch ein Modell niedrigerer Ordnung approximiert wird. Für einen solchen Fall empfiehlt sich zusätzlich auch der Einsatz eines Mehrschritt-Prädiktors.

Nachfolgend wird als Beispiel für den Fall eines ARMAX-Modells erster Ordnung (siehe Tabelle 3.2) der zugehörige Prädiktor hergeleitet.

Beispiel 3.2
Bei einem ARMAX-Modell erster Ordnung gilt für die Polynome in Gl. (3.268)

$$A(z^{-1}) = 1 + a_1 z^{-1}, \tag{3.277a}$$

$$B(z^{-1}) = b_1 z^{-1}, \tag{3.277b}$$

$$C(z^{-1}) = 1 + c_1 z^{-1}. \tag{3.277c}$$

Hierbei wurde wieder $b_0 = 0$ gesetzt, d.h. der in der Praxis meist vorliegende Fall eines nichtsprungförmigen Systems betrachtet. Damit folgt für den Parametervektor

$$\boldsymbol{p}_{\mathrm{M}} = [\,a_1 \quad b_1 \quad c_1\,]^{\mathrm{T}}. \tag{3.278}$$

Werden Gln. (3.277a) bis (3.277c) in die beiden Gln. (3.271) und (3.272) eingesetzt, so ergibt sich für den Prädiktor

$$Y_{\mathrm{M}}(z,\boldsymbol{p}_{\mathrm{M}}) = -c_1 z^{-1} Y_{\mathrm{M}}(z,\boldsymbol{p}_{\mathrm{M}}) + b_1 z^{-1} U(z) + (c_1 - a_1)\, z^{-1} Y(z) \tag{3.279a}$$

bzw. in der Zeitbereichsdarstellung die rekursive Form

$$y_{\mathrm{M}}(k,\boldsymbol{p}_{\mathrm{M}}) = -c_1 y_{\mathrm{M}}(k-1,\boldsymbol{p}_{\mathrm{M}}) + b_1 u(k-1) + (c_1 - a_1)\, y(k-1). \tag{3.279b}$$

Für den Prädiktionsfehler folgt nach Gl. (3.272)

$$\varepsilon(z,\boldsymbol{p}_{\mathrm{M}}) = -c_1 z^{-1} \varepsilon(z,\boldsymbol{p}_{\mathrm{M}}) - b_1 z^{-1} U(z) + (1 + a_1 z^{-1})\, Y(z) \tag{3.280a}$$

und die zugehörige Zeitbereichsdarstellung lautet

$$\varepsilon(k,\boldsymbol{p}_\mathrm{M}) = -c_1\varepsilon(k-1,\boldsymbol{p}_\mathrm{M}) - b_1u(k-1) + y(k) + a_1y(k-1). \tag{3.280b}$$

Um die rekursiven Beziehungen nach Gl. (3.266a) bis (3.266d) anwenden zu können, müssen entsprechend Gl. (3.256) noch die Ableitungen von Gl. (3.279b)

$$\frac{\mathrm{d}y_\mathrm{M}(k,\boldsymbol{p}_\mathrm{M})}{\mathrm{d}a_1} = -c_1\frac{\mathrm{d}y_\mathrm{M}(k,\boldsymbol{p}_\mathrm{M})}{\mathrm{d}a_1} - y(k-1), \tag{3.281a}$$

$$\frac{\mathrm{d}y_\mathrm{M}(k,\boldsymbol{p}_\mathrm{M})}{\mathrm{d}b_1} = -c_1\frac{\mathrm{d}y_\mathrm{M}(k,\boldsymbol{p}_\mathrm{M})}{\mathrm{d}b_1} + u(k-1) \tag{3.281b}$$

und

$$\frac{\mathrm{d}y_\mathrm{M}(k,\boldsymbol{p}_\mathrm{M})}{\mathrm{d}c_1} = -y_\mathrm{M}(k-1,\boldsymbol{p}_\mathrm{M}) - c_1\frac{\mathrm{d}y_\mathrm{M}(k,\boldsymbol{p}_\mathrm{M})}{\mathrm{d}c_1} + y(k-1) \tag{3.281c}$$

$$= \varepsilon(k-1,\boldsymbol{p}_\mathrm{M}) - c_1\frac{\mathrm{d}y_\mathrm{M}(k,\boldsymbol{p}_\mathrm{M})}{\mathrm{d}c_1} \tag{3.281d}$$

gebildet werden. Damit ergibt sich für die Berechnung des Gradienten der Vorhersage der Ausgangsgröße unter Verwendung der Notation aus Gl. (3.267) die Beziehung

$$\frac{\mathrm{d}\hat{y}(k)}{\mathrm{d}\hat{\boldsymbol{p}}^\mathrm{T}} = -\hat{c}_1\frac{\mathrm{d}\hat{y}(k-1)}{\mathrm{d}\hat{\boldsymbol{p}}^\mathrm{T}} + \left[-y(k-1) \quad u(k-1) \quad \hat{\varepsilon}(k-1,\hat{\boldsymbol{p}}(k-1))\right]. \tag{3.282}$$

Diese Beziehung stellt das Empfindlichkeitsmodell zur Berechnung des Gradienten des Modellausgangs nach dem Modellparametervektor dar. Um die Rekursionsrechnungen nach Gl. (3.266a) bis (3.266d) bzw. Gl. (3.279b) und Gl. (3.282) durchzuführen, müssen noch geeignete Startwerte festgelegt werden. ■

3.5.4 Kalman-Filter als Prädiktor

Für ein gestörtes Eingrößensystem wurden oben die Beschreibungen

$$Y(z) = G(z,\boldsymbol{p})\,U(z) + G_\mathrm{r}(z,\boldsymbol{p})\,\varepsilon(z) \tag{3.283}$$

im Bildbereich und

$$y(k+1) = \boldsymbol{m}^\mathrm{T}(k)\,\boldsymbol{p} + \varepsilon(k) \tag{3.284}$$

im Zeitbereich eingeführt, wobei $\varepsilon(k)$ ein zeitdiskretes weißes Rauschsignal mit dem Erwartungswert null sowie der Varianz σ_ε^2 ist. Gln. (3.283) und (3.284) beschreiben dabei das zu identifizierende wahre System. Dieses Eingrößensystem lässt sich auch in die Zustandsraumdarstellung [Unb09]

$$\boldsymbol{x}(k+1) = \boldsymbol{A}_\mathrm{d}(\boldsymbol{p})\,\boldsymbol{x}(k) + \boldsymbol{b}_\mathrm{d}(\boldsymbol{p})\,u(k), \tag{3.285a}$$

$$y(k) = \boldsymbol{c}_\mathrm{d}^\mathrm{T}(\boldsymbol{p})\,\boldsymbol{x}(k) + r_\mathrm{S}(k) \tag{3.285b}$$

überführen, wobei der Zusammenhang mit der Übertragungsfunktion

$$G(z,\boldsymbol{p}) = \boldsymbol{c}_\mathrm{d}^\mathrm{T}(\boldsymbol{p})\,[z\mathbf{I} - \boldsymbol{A}_\mathrm{d}(\boldsymbol{p})]^{-1}\,\boldsymbol{b}_\mathrm{d}(\boldsymbol{p}) \tag{3.286}$$

gilt und $r_\mathrm{S}(k)$ ein abgetastetes Rauschsignal mit

$$r_{\mathrm{S}}(k) = \mathscr{Z}^{-1}\left\{G_{\mathrm{r}}(z,\boldsymbol{p})\,\varepsilon(z)\right\} \tag{3.287}$$

darstellt. Hier ist der Parametervektor $\boldsymbol{p}$ in $G_{\mathrm{r}}(z,\boldsymbol{p})$ identisch mit jenem in $G(z,\boldsymbol{p})$. Der Parametervektor enthält also die Parameter der Übertragungsfunktion vom Eingangssignal $u(k)$ auf das Ausgangssignal $y(k)$ und die des Störsystems, also der Übertragungsfunktion von der Störgröße $\varepsilon(k)$ auf die Ausgangsgröße $y(k)$. Zweckmäßigerweise wird der Störterm $r_{\mathrm{S}}(k)$ aufgeteilt in Prozessrauschen $\boldsymbol{w}(k)$, das auf den Zustandsvektor wirkt, und Messrauschen $v(k)$, das die Ausgangsgröße beeinflusst. Damit lässt sich das Gleichungssystem (3.285a) und (3.285b) in der Form

$$\boldsymbol{x}(k+1) = \boldsymbol{A}_{\mathrm{d}}(\boldsymbol{p})\,\boldsymbol{x}(k) + \boldsymbol{b}_{\mathrm{d}}(\boldsymbol{p})\,u(t) + \boldsymbol{w}(k), \tag{3.288a}$$

$$y(k) = \boldsymbol{c}_{\mathrm{d}}^{\mathrm{T}}(\boldsymbol{p})\,\boldsymbol{x}(k) + v(k) \tag{3.288b}$$

darstellen. Hierbei stellen $\boldsymbol{w}(k)$ und $v(k)$ unabhängige abgetastete weiße Rauschsignale dar mit jeweils dem Mittelwert null sowie den Kovarianzen bzw. Varianzen

$$\mathrm{E}\left\{\boldsymbol{w}(k)\,\boldsymbol{w}^{\mathrm{T}}(l)\right\} = \boldsymbol{Q}(\boldsymbol{p})\,\delta(k-l), \tag{3.289a}$$

$$\mathrm{E}\left\{v(k)v(l)\right\} = r(\boldsymbol{p})\,\delta(k-l), \tag{3.289b}$$

$$\mathrm{E}\left\{\boldsymbol{w}(k)\,v(l)\right\} = \boldsymbol{0}. \tag{3.289c}$$

Dabei ist δ die zeitdiskrete Impulsfunktion, also $\delta(0) = 1$ und $\delta(\nu) = 0$ für alle $\nu \neq 0$. Als Modell für die Systemidentifikation kann auf Basis der Systemdarstellung nach Gl. (3.288a) und Gl. (3.288b) nun das Kalman-Filter als optimaler Zustandsprädiktor in der Form

$$y_{\mathrm{M}}(k,\boldsymbol{p}_{\mathrm{M}}) = \boldsymbol{c}_{\mathrm{d}}^{\mathrm{T}}(\boldsymbol{p}_{\mathrm{M}})\,\boldsymbol{x}_{\mathrm{M}}(k,\boldsymbol{p}_{\mathrm{M}}), \tag{3.290a}$$

$$\begin{aligned}\boldsymbol{x}_{\mathrm{M}}(k+1,\boldsymbol{p}_{\mathrm{M}}) = {} & \boldsymbol{A}_{\mathrm{d}}(\boldsymbol{p}_{\mathrm{M}})\,\boldsymbol{x}_{\mathrm{M}}(k,\boldsymbol{p}_{\mathrm{M}}) + \boldsymbol{b}_{\mathrm{d}}(\boldsymbol{p}_{\mathrm{M}})\,u(k) + \\ & + \boldsymbol{q}(k,\boldsymbol{p}_{\mathrm{M}})\,\left[y(k) - y_{\mathrm{M}}(k,\boldsymbol{p}_{\mathrm{M}})\right]\end{aligned} \tag{3.290b}$$

verwendet werden [Lju99].[27] Der Verstärkungsvektor des Kalman-Filters $\boldsymbol{q}(k,\boldsymbol{p}_{\mathrm{M}})$ wird so berechnet, dass die verallgemeinerte Varianz des Zustandsschätzfehlers

$$\tilde{\boldsymbol{x}}(k,\boldsymbol{p}_{\mathrm{M}}) = \boldsymbol{x}(k) - \boldsymbol{x}_{\mathrm{M}}(k,\boldsymbol{p}_{\mathrm{M}}) \tag{3.291}$$

minimal wird (siehe z.B. [AM79]). Die Berechnung von $\boldsymbol{q}(k,\boldsymbol{p}_{\mathrm{M}})$ erfordert die Bestimmung der Kovarianzmatrix des Zustandsschätzfehlers $\tilde{\boldsymbol{x}}(k,\boldsymbol{p}_{\mathrm{M}})$ über eine Riccati-Differenzengleichung. Darauf soll hier jedoch nicht näher eingegangen werden.

Mit dem Prädiktionsfehler

$$\varepsilon(k,\boldsymbol{p}_{\mathrm{M}}) = y(k) - y_{\mathrm{M}}(k,\boldsymbol{p}_{\mathrm{M}}) = \boldsymbol{c}_{\mathrm{d}}^{\mathrm{T}}(\boldsymbol{p}_{\mathrm{M}})\,\tilde{\boldsymbol{x}}(k,\boldsymbol{p}_{\mathrm{M}}) + v(k) \tag{3.292}$$

lässt sich der Prädiktor nach Gl. (3.290a) und Gl. (3.290b) in die sogenannte Innovationsform

[27] Die hier verwendete Notation weicht wegen der oben eingeführten Konvention, das Symbol ˆ nur für Größen zu verwenden, die auf Basis eines Schätzwerts $\hat{\boldsymbol{p}}$ berechnet werden, also $y_{\mathrm{M}}(k) = y_{\mathrm{M}}(k,\boldsymbol{p}_{\mathrm{M}})$ und $\hat{y}(k) = y_{\mathrm{M}}(k,\hat{\boldsymbol{p}})$, etwas von der bei der Zustandsschätzung üblichen Notation ab, bei der Zustandsschätzwert und Ausgangschätzwert des Kalman-Filters generell als $\hat{\boldsymbol{x}}$ und $\hat{y}$ bezeichnet werden.

$$y_{\mathrm{M}}(k,\boldsymbol{p}_{\mathrm{M}}) = \boldsymbol{c}_{\mathrm{d}}^{\mathrm{T}}(\boldsymbol{p}_{\mathrm{M}})\,\boldsymbol{x}_{\mathrm{M}}(k,\boldsymbol{p}_{\mathrm{M}}), \tag{3.293a}$$
$$\varepsilon(k,\boldsymbol{p}_{\mathrm{M}}) = y(k) - y_{\mathrm{M}}(k,\boldsymbol{p}_{\mathrm{M}}), \tag{3.293b}$$
$$\boldsymbol{x}_{\mathrm{M}}(k+1,\boldsymbol{p}_{\mathrm{M}}) = \boldsymbol{A}_{\mathrm{d}}(\boldsymbol{p}_{\mathrm{M}})\,\boldsymbol{x}_{\mathrm{M}}(k,\boldsymbol{p}_{\mathrm{M}}) + \boldsymbol{b}_{\mathrm{d}}(\boldsymbol{p}_{\mathrm{M}})\,u(k) + \boldsymbol{q}(k,\boldsymbol{p}_{\mathrm{M}})\,\varepsilon(k,\boldsymbol{p}_{\mathrm{M}}) \tag{3.293c}$$

umschreiben. Auf Basis dieses Prädiktors kann über den Ansatz des Prädiktionsfehler-Verfahrens ein Parameterschätzalgorithmus für die allgemeine Systemstruktur nach Gl. (3.283) entwickelt werden [LS83]. Dabei wird dieser Prädiktor so eingestellt, dass der Prädiktionsfehler möglichst klein wird. Unter bestimmten Voraussetzungen läßt sich dann zeigen, dass die Parameter des optimalen Prädiktors denen des zu identifizierenden Systems entsprechen. Dies soll aber im Folgenden nicht weiter betrachtet werden. Diese Vorgehensweise kann auch zur Parameterschätzung für nichtlineare Systeme eingesetzt werden, wobei dann statt des Kalman-Filters nichtlineare Filter zur Prädiktion verwendet werden. Dies wird in Abschnitt 8.4.5 betrachtet.

Das Kalman-Filter lässt sich unmittelbar auch zur Schätzung von Parametern für die in der Modellgleichung (3.284) angegebene Systemstruktur einsetzen. Unter der Voraussetzung, dass in Gl. (3.284) die im Parametervektor $\boldsymbol{p}$ zusammengefassten unbekannten Größen zeitinvariant sind, lässt sich für Gl. (3.284) die Zustandsraumdarstellung

$$\boldsymbol{p}(k+1) = \boldsymbol{p}(k), \tag{3.294a}$$
$$y(k) = \boldsymbol{m}^{\mathrm{T}}(k)\,\boldsymbol{p}(k) + \varepsilon(k) \tag{3.294b}$$

angeben. Dabei stellt $\boldsymbol{p}$ den Zustandsvektor dar, also

$$\boldsymbol{x}(k) = \boldsymbol{p}(k) = \mathrm{const} \tag{3.294c}$$

und $\varepsilon(k)$ ist das Messrauschen. Wenn der Regressionsvektor $\boldsymbol{m}(k)$ vom Parametervektor unabhängig ist (wie es beim ARX-Modell der Fall ist), es sich also um ein linear parameterabhängiges Modell handelt, kann auf diese Zustandsraumbeschreibung unmittelbar das Kalman-Filter gemäß Gl. (3.290) und Gl. (3.290b) angewendet werden. Dabei stellt der Parametervektor den zu schätzenden Zustandsvektor dar. Es lässt sich zeigen, dass das Kalman-Filter einen Schätzvektor $\hat{\boldsymbol{p}}$ liefert, der optimal im Sinne des kleinsten quadratischen Prädiktionsfehlers $\varepsilon(k)$ ist und somit zu genau derselben Lösung wie das klassische rekursive *Least-Squares*-Verfahren gemäß den Gln. (3.104), (3.105), (3.109) und (3.110) führt.

Der hier beschriebene Ansatz stellt einen Spezialfall der sogenannten Zustandserweiterung (*state augmentation*) dar, bei welcher die Parameter als zusätzliche Zustände aufgefasst und mit einem Zustandsschätzer bestimmt werden. Mit dieser Idee, die auf [Cox64] zurückgeht, ist prinzipiell jeder Zustandsschätzalgorithmus auch als Parameterschätzer zu verwenden. Dies kann auch zur Identifikation nichtlinearer Systeme eingesetzt werden, wobei dann die Schätzung über nichtlineare Filter erfolgt (siehe Abschnitt 8.4.4).

Um auch Systeme mit zeitvarianten Parametern, also mit $\boldsymbol{p}(k) \neq \mathrm{const}$, identifizieren zu können, wird Gl. (3.294a) modifiziert. Anstelle der Beziehung $\boldsymbol{x}(k+1) = \boldsymbol{x}(k)$ wird der *Random-Walk*-Ansatz

$$\boldsymbol{x}(k+1) = \boldsymbol{x}(k) + \boldsymbol{w}(k) \tag{3.295}$$

mit Gl. (3.289a) gemacht. Der Zustand (bzw. Parametervektor) wird dabei als integriertes weißes Rauschen (*Random Walk*, Brownsche Bewegung) modelliert. Gegenüber den zuvor angegebenen Lösungsgleichungen des rekursiven *Least-Squares*-Verfahrens ändert sich nur Gl. (3.110) dahingehend, dass auf der rechten Gleichungsseite die symmetrische, positiv definite Matrix $\boldsymbol{Q}$ hinzuaddiert wird, die auch zeitvariant angenommen werden kann. Es ergibt sich

$$\boldsymbol{P}(k+1) = \boldsymbol{P}(k) - \boldsymbol{q}(k+1)\,\boldsymbol{m}^{\mathrm{T}}(k+1)\,\boldsymbol{P}(k) + \boldsymbol{Q}(k). \tag{3.296}$$

Der zusätzliche Term $\boldsymbol{Q}$ verhindert ähnlich wie bei den in den Abschnitten 3.4.2.1 und 3.4.2.2 vorgeschlagenen Maßnahmen das Einschlafen der rekursiven Schätzung. Die Matrix $\boldsymbol{Q}$ stellt hier eine Entwurfsgröße dar und kann frei gewählt werden. Zweckmäßig ist ein Ansatz als Diagonalmatrix, deren Diagonalelemente verschiedene Bewertungen für die Varianzen der einzelnen Schätzparameter ermöglichen. Bezüglich der Größe der Diagonalelemente muss ein Kompromiss gefunden werden zwischen guten Konvergenzeigenschaften ($\boldsymbol{Q}$ „klein") und der Fähigkeit, zeitvarianten Parameteränderungen ausreichend schnell folgen zu können ($\boldsymbol{Q}$ „groß").

In Anlehnung an obige Vorgehensweise beim Einsatz des Kalman-Filters zur Parameterschätzung bei zeitvarianten Systemen wird in [Lju99] für das rekursive *Least-Squares*-Verfahren folgender allgemeiner Algorithmus aufgestellt:

$$\hat{\varepsilon}(k+1) = y(k+1) - \hat{y}(k+1, \hat{\boldsymbol{p}}(k)), \tag{3.297a}$$

$$\boldsymbol{q}(k+1) = \boldsymbol{P}(k)\,\boldsymbol{m}(k+1)\left[\, r(k) + \boldsymbol{m}^{\mathrm{T}}(k+1)\,\boldsymbol{P}(k)\,\boldsymbol{m}(k+1)\right]^{-1}, \tag{3.297b}$$

$$\hat{\boldsymbol{p}}(k+1) = \hat{\boldsymbol{p}}(k) + \boldsymbol{q}(k+1)\,\hat{\varepsilon}(k+1), \tag{3.297c}$$

$$\boldsymbol{P}(k+1) = \boldsymbol{P}(k) - \boldsymbol{q}(k+1)\,\boldsymbol{m}^{\mathrm{T}}(k+1)\,\boldsymbol{P}(k) + \boldsymbol{Q}(k). \tag{3.297d}$$

Formal entsprechen die Größen $\boldsymbol{Q}$ und r denen aus Gln. (3.289a) und (3.289b), jedoch stellen sie in der Praxis freie Entwurfsparameter dar, die gewählt werden müssen. Dieser Algorithmus zeigt eine starke Verwandtschaft mit einem in [SS89] hergeleiteten gewichteten rekursiven Prädiktionsfehler-Algorithmus, auf den aber hier nicht im Detail eingegangen werden soll. Im Falle schneller zeitlicher Parameteränderungen kann die zeitvariante Matrix $\boldsymbol{Q}(k)$ mittels eines parallel ablaufenden Algorithmus berechnet werden [And85].

Auf die Identifikation zeitvarianter Parameter wird im nachfolgenden Abschnitt weiter eingegangen.

3.6 Identifikation zeitvarianter Parameter

In den Abschnitten 3.4.2.1 und 3.4.2.2 sowie im vorangegangenen Abschnitt wurden bereits Möglichkeiten vorgestellt, mit denen auch zeitveränderliche Parameter in linearen Systemen identifiziert werden können. Neben den unterschiedlichen Gewichtungsverfahren für die rekursive *Least-Squares*-Schätzung muss in diesem Zusammenhang auch auf das Verfahren der Konstanthaltung der Spur der Kovarianzmatrix über Regularisierung sowie jenes der Rücksetzung der Kovarianzmatrix hingewiesen werden. Außerdem soll eine Modifikation des Kalman-Filters, das erweiterte Kalman-Filter (*Extended Kalman Filter*, EKF), erwähnt werden, welches allerdings auf eine nichtlineare Modellstruktur führt.[28] Das Hauptinteresse an diesen hier aufgezählten Verfahren ist durch die Möglichkeit begründet, sie im Echtzeit- oder *Online*-Betrieb einzusetzen, wobei die Schätzung $\hat{\boldsymbol{p}}(k)$ zum Zeitpunkt k auf allen zurückliegenden Messdaten beruht, die bis zu diesem Zeitpunkt vorliegen. Diese auf einer Filterung beruhenden Verfahren sind jedoch nicht in der Lage, die Schätzwerte bei schnellen Parameteränderungen nachzuführen. Vielmehr weist die Schätzung zeitvarianter Parameter mit derartigen rekursiven („Vorwärts"-) Filter-Verfahren stets eine gewisse zeitliche Verschiebung gegenüber dem tatsächlichen Verhalten der Parameter auf.

Dieses Verhalten lässt sich durch Einführung eines expliziten stochastischen Modells für die Parameteränderungen verbessern. Das stochastische Modell sollte dabei möglichst einfach und flexibel sein. Dazu eignet sich insbesondere eine Zustandsraumdarstellung. Für den Fall eines nichtsprungfähigen Eingrößen-ARX-Modells (siehe Tabelle 3.2; zur Vereinfachung hier weiterhin mit $n_A = n_B = n$ und ohne Totzeit, also mit $n_\mathrm{d} = 0$) wird für den i-ten zeitvarianten Modellparameter $p_{\mathrm{M},i}(k)$, $i = 1,2,\ldots,2n$, des Modellparametervektors $\boldsymbol{p}_\mathrm{M}(k)$ ein zweidimensionaler stochastischer Zustandsvektor

$$\boldsymbol{x}_i(k) = \begin{bmatrix} l_i(k) & d_i(k) \end{bmatrix}^\mathrm{T} \tag{3.298}$$

eingeführt. Dabei ist $l_i(k)$ der zeitvariante Wert des Parameters und $d_i(k)$ die zugehörige Änderungsgeschwindigkeit. Die Parameteränderung lässt sich dann mit einem *Random-Walk*-Ansatz, also als integriertes weißes Rauschen (Brownsche Bewegung), in Form einer stochastischen Differenzengleichung

$$\boldsymbol{x}_i(k+1) = \boldsymbol{F}_i \boldsymbol{x}_i(k) + \boldsymbol{G}_i \boldsymbol{w}_i(k), \quad i = 1,\ldots,2n, \tag{3.299}$$

mit

$$\boldsymbol{F}_i = \begin{bmatrix} \alpha_i & \beta_i \\ 0 & \gamma_i \end{bmatrix}, \tag{3.300}$$

$$\boldsymbol{G}_i = \begin{bmatrix} \delta_i & 0 \\ 0 & \eta_i \end{bmatrix} \tag{3.301}$$

und

$$\boldsymbol{w}_i(k) = \begin{bmatrix} w_{i\,1}(k) & w_{i\,2}(k) \end{bmatrix}^\mathrm{T} \tag{3.302}$$

beschreiben. Dabei sind $w_{i\,1}(k)$ und $w_{i\,2}(k)$ zeitdiskrete, mittelwertfreie weiße Rauschsignale, die stochastisch unabhängig von $\boldsymbol{x}_i(k)$ sind. Gl. (3.299) stellt die Verallgemeinerung von Gl. (3.295) dar. Wird für ein Eingrößensystem der so definierte komplette erweiterte Parametervektor

$$\boldsymbol{p}(k) = \boldsymbol{x}(k) = \begin{bmatrix} \boldsymbol{x}_1(k) \\ \vdots \\ \boldsymbol{x}_{2n}(k) \end{bmatrix} \tag{3.303}$$

als Zustand eingeführt, folgt die Zustandsraumdarstellung

[28] Der Einsatz des Erweiterten Kalman-Filters zur Parameterschätzung stellt einen Fall der bereits oben erwähnten Zustandserweiterung dar [Cox64], bei dem zu schätzende Parameter als zusätzliche Zustände aufgefasst und so ein erweiterter Zustandsvektor gebildet wird. Dieser Ansatz wird in Abschnitt 8.4.4 eingehender betrachtet.

$$\boldsymbol{x}(k+1) = \boldsymbol{F}\boldsymbol{x}(k) + \boldsymbol{G}\boldsymbol{w}(k), \tag{3.304a}$$
$$y(k) = \boldsymbol{h}^{\mathrm{T}}(k)\,\boldsymbol{x}(k) + v(k). \tag{3.304b}$$

Dabei ist $\boldsymbol{F}$ eine konstante $4n \times 4n$-dimensionale Blockdiagonalmatrix mit den Blöcken $\boldsymbol{F}_i$ entsprechend Gl. (3.300) und $\boldsymbol{G}$ eine konstante Blockdiagonalmatrix der Dimension $4n \times 4n$ mit den Blöcken G_i nach Gl. (3.301). Der Vektor $\boldsymbol{w}(k)$ der Länge $4n$ stellt weißes, mittelwertfreies Rauschen mit der angenommenen Kovarianzmatrix

$$\mathrm{E}\left\{\boldsymbol{w}(k)\,\boldsymbol{w}^{\mathrm{T}}(l)\right\} = \boldsymbol{Q}\delta(k-l). \tag{3.305}$$

dar. Aufgrund der stochastischen Unabhängigkeit von $w_{i\,1}(k)$ und $w_{i\,2}(k)$ ist $\boldsymbol{Q}$ eine Diagonalmatrix. Die Größe $v(k)$ ist ein stochastisches Rauschsignal (Messrauschen). Prozessrauschen $\boldsymbol{w}(k)$ und Messrauschen $v(k)$ werden als stochastisch unabhängig angenommen. Für das Messrauschen $v(k)$ wird zunächst noch nicht die Annahme getroffen, dass es sich um weißes Rauschen handelt. Gewöhnlich werden die in $\boldsymbol{F}$ und $\boldsymbol{G}$ enthaltenen Parameter α_i, β_i, γ_i, δ_i und η_i als konstant angenommen. Sie sind ebenfalls wie die Elemente von $\boldsymbol{Q}$ unbekannt und müssen anhand der verfügbaren Messdaten bestimmt werden, worauf weiter unten noch eingegangen wird. Weiterhin folgt für den Datenvektor

$$\boldsymbol{h}^{\mathrm{T}}(k) = \Big[-y(k-1)\;0\;\ldots\;-y(k-n)\;0 \;\vdots\; u(k-1)\;0\;\ldots\;u(k-n)\;0\Big]. \tag{3.306}$$

Für die Prädiktion von $\boldsymbol{x}(k+1)$ in Gl. (3.304a) gilt der Ansatz

$$\hat{\boldsymbol{x}}(k+1\,|\,k) = \boldsymbol{F}\hat{\boldsymbol{x}}(k\,|\,k). \tag{3.307}$$

Die zugehörige Fehlerkovarianzmatrix $\boldsymbol{P}(k+1\,|\,k)$ des Vorhersagewertes $\hat{\boldsymbol{x}}(k+1\,|\,k)$ ergibt sich dann aus dem Schätz- oder Zustandsfehler

$$\tilde{\boldsymbol{x}}(k+1\,|\,k) = \boldsymbol{x}(k+1) - \hat{\boldsymbol{x}}(k+1\,|\,k) \tag{3.308}$$

zu

$$\boldsymbol{P}(k+1\,|\,k) = \mathrm{E}\left\{\tilde{\boldsymbol{x}}(k+1\,|\,k)\,\tilde{\boldsymbol{x}}^{\mathrm{T}}(k+1\,|\,k)\right\}. \tag{3.309}$$

Einsetzen von Gl. (3.304a) und Gl. (3.307) in $\tilde{\boldsymbol{x}}(k+1\,|\,k)$ liefert mit Gl. (3.309)

$$\begin{aligned}\boldsymbol{P}(k+1\,|\,k) = {} & \mathrm{E}\Big\{[\,\boldsymbol{F}\tilde{\boldsymbol{x}}(k\,|\,k) + \boldsymbol{G}\boldsymbol{w}(k)]\;[\,\boldsymbol{F}\tilde{\boldsymbol{x}}(k\,|\,k) + \boldsymbol{G}\boldsymbol{w}(k)\,]^{\mathrm{T}}\Big\} \\ = {} & \boldsymbol{F}\,\mathrm{E}\left\{\tilde{\boldsymbol{x}}(k\,|\,k)\,\tilde{\boldsymbol{x}}^{\mathrm{T}}(k\,|\,k)\right\}\boldsymbol{F}^{\mathrm{T}} + \boldsymbol{G}\,\mathrm{E}\left\{\boldsymbol{w}(k)\,\boldsymbol{w}^{\mathrm{T}}(k)\right\}\boldsymbol{G}^{\mathrm{T}} \\ & + \boldsymbol{F}\,\mathrm{E}\left\{\tilde{\boldsymbol{x}}(k\,|\,k)\,\boldsymbol{w}^{\mathrm{T}}(k)\right\}\boldsymbol{G}^{\mathrm{T}} + \boldsymbol{G}\,\mathrm{E}\left\{\boldsymbol{w}^{\mathrm{T}}(k)\,\tilde{\boldsymbol{x}}(k\,|\,k)\right\}\boldsymbol{F}^{\mathrm{T}}\end{aligned}$$

mit

$$\tilde{\boldsymbol{x}}(k\,|\,k) = \boldsymbol{x}(k) - \hat{\boldsymbol{x}}(k\,|\,k). \tag{3.310}$$

Aus Gl. (3.304a) folgt, dass $\boldsymbol{w}(k)$ nur $\boldsymbol{x}(k+1)$ beeinflusst. Damit hängt $\boldsymbol{x}(k)$ nur von $\boldsymbol{w}(k-1)$ ab und da es sich bei $\boldsymbol{w}$ um ein weißes Rauschsignal handelt, sind $\boldsymbol{w}(k)$ und $\boldsymbol{w}(k-1)$ unkorreliert. Damit gilt $\mathrm{E}\left\{\tilde{\boldsymbol{x}}(k\,|\,k)\,\boldsymbol{w}^{\mathrm{T}}(k)\right\} = \boldsymbol{0}$ und $\mathrm{E}\left\{\boldsymbol{w}(k)\,\tilde{\boldsymbol{x}}^{\mathrm{T}}(k\,|\,k)\right\} = \boldsymbol{0}$. Somit ergibt sich für die Kovarianzmatrix

$$\boldsymbol{P}(k+1\,|\,k) = \boldsymbol{F}\,\boldsymbol{P}(k\,|\,k)\,\boldsymbol{F}^{\mathrm{T}} + \boldsymbol{G}\boldsymbol{Q}\boldsymbol{G}^{\mathrm{T}} \tag{3.311}$$

mit

$$\boldsymbol{P}(k\,|\,k) = \mathrm{E}\left\{\tilde{\boldsymbol{x}}(k\,|\,k)\,\tilde{\boldsymbol{x}}^{\mathrm{T}}(k\,|\,k)\right\}. \tag{3.312}$$

Für den einfachen *Random-Walk*-Ansatz nach Gl. (3.295) vereinfacht sich Gl. (3.311) zu

$$\boldsymbol{P}(k+1\,|\,k) = \boldsymbol{P}(k\,|\,k) + \boldsymbol{Q}, \tag{3.313}$$

was der Struktur von Gl. (3.296) ähnelt.

Für die Korrektur der Prädiktionswerte aus Gl. (3.307), Gl. (3.311) bzw. Gl. (3.313) können nun rekursive Standardalgorithmen eingesetzt werden. Da $v(k)$ nicht unbedingt ein weißes Signal ist, eignet sich vor allem das rekursive Hilfsvariablen-Verfahren mit den Gln. (3.124a) bis (3.124d) zur Lösung des hier vorliegenden Schätzproblems. In den Gln. (3.124a) bis (3.124d) sind dabei $\hat{\boldsymbol{p}}(k+1)$ durch $\hat{\boldsymbol{x}}(k+1\,|\,k+1)$, $\hat{\boldsymbol{p}}(k)$ durch $\hat{\boldsymbol{x}}(k+1\,|\,k)$, $\boldsymbol{P}(k+1)$ durch $\boldsymbol{P}(k+1\,|\,k+1)$, $\boldsymbol{P}(k)$ durch $\boldsymbol{P}(k+1\,|\,k)$, $\boldsymbol{m}^{\mathrm{T}}(k+1)$ durch $\boldsymbol{h}^{\mathrm{T}}(k+1)$ und der Hilfsvariablenvektor $\boldsymbol{w}(k)$ durch

$$\boldsymbol{h}_{\mathrm{H}}^{\mathrm{T}}(k) = \Big[-y_{\mathrm{H}}(k-1)\,0\ldots -y_{\mathrm{H}}(k-n)\,0 \;\vdots\; u(k-1)\,0\ldots u(k-n)\,0\Big] \tag{3.314}$$

zu ersetzen, wobei die in Gl. (3.314) enthaltenen Werte mit Hilfe des in Gl. (3.127) definierten Hilfsmodellss zur Verfügung stehen. Damit ergibt sich schließlich der rekursive Hilfsvariablen-Schätzalgorithmus

$$\begin{aligned}\hat{\boldsymbol{x}}(k+1\,|\,k+1) = {} & \hat{\boldsymbol{x}}(k+1\,|\,k) + \frac{\boldsymbol{P}(k+1\,|\,k)\,\boldsymbol{h}_{\mathrm{H}}(k+1)}{1+\boldsymbol{h}^{\mathrm{T}}(k+1)\,\boldsymbol{P}(k+1\,|\,k)\,\boldsymbol{h}_{\mathrm{H}}(k+1)} \times \\ & \times \Big[]y(k+1) - \boldsymbol{h}^{\mathrm{T}}(k+1)\,\hat{\boldsymbol{x}}(k+1\,|\,k)\Big],\end{aligned} \tag{3.315a}$$

$$\begin{aligned}\boldsymbol{P}(k+1\,|\,k+1) = {} & \boldsymbol{P}(k+1\,|\,k) - \frac{\boldsymbol{P}(k+1\,|\,k)\,\boldsymbol{h}_{\mathrm{H}}(k+1)}{1+\boldsymbol{h}^{\mathrm{T}}(k+1)\,\boldsymbol{P}(k+1\,|\,k)\,\boldsymbol{h}_{\mathrm{H}}(k+1)} \times \\ & \times \boldsymbol{h}^{\mathrm{T}}(k+1)\,\boldsymbol{P}(k+1\,|\,k).\end{aligned} \tag{3.315b}$$

Mit diesem Algorithmus wird der Parametervektor $\hat{\boldsymbol{x}}(k+1\,|k)$ sequentiell in der zeitlichen Reihenfolge geschätzt, in der die Messwerte $u(k)$ und $y(k)$ bzw. $y_{\mathrm{H}}(k)$ anfallen, also stets basierend auf Messwerten, die bis zum jeweiligen Zeitpunkt k verfügbar sind. Ist die Anzahl N der Messwerte bis zum Zeitpunkt $k = N$ klein, also bei kurzen Messzeiten, so wird der Schätzfehler $\tilde{\boldsymbol{x}}(k\,|\,k-1)$ in Gl. (3.308) nur langsam abnehmen. Da aber $\hat{\boldsymbol{x}}(k\,|k-1)$ aufgrund der Zustandsgleichung (3.304a) bzw. der Prädiktionsgleichung (3.307) auch alle späteren Werte der Parameterschätzung $\hat{\boldsymbol{x}}(k'\,|k'-1)$ mit $k < k' \leq N$ beeinflusst, liegt es nahe, für eine verbesserte Parameterschätzung ein festes Intervall $0 \leq k \leq N$ zu wählen und $\hat{\boldsymbol{x}}(k)$ auch unter Verwendung der späteren Messwerte im Bereich $k < k' \leq N$ zu korrigieren. Dies kann natürlich nur im *Offline*-Betrieb erfolgen, sobald alle Messdaten sowie alle mittels der Gln. (3.315a) und (3.315b) rekursiv berechneten Parameterschätzwerte $\hat{\boldsymbol{x}}(k+1\,|\,k)$ im zuvor genannten festen Intervall zur Verfügung stehen. Mit diesen Daten kann nun eine optimale rekursive Glättung durchgeführt werden [Gel74, You84, Nor88].

Hierzu wird nun die Annahme getroffen, dass auch das Messrauschen

$$v(k) = y(k) - \boldsymbol{h}^{\mathrm{T}}(k)\,\boldsymbol{x}(k). \tag{3.316}$$

unkorreliert ist mit der Kovarianz

$$\mathrm{E}\left\{v(k)(N)v^{\mathrm{T}}(l)\right\} = r\delta(k-l). \tag{3.317}$$

Die direkte Lösung für den geschätzten Parametervektor ist strukturell identisch mit der in Gl. (3.188) angegebenen Lösung des gewichteten *Least-Squares*-Verfahrens, nur dass dort die Diagonalelemente der Gewichtungsmatrix $\tilde{w}$ durch die inverse Kovarianz $1/r$ ersetzt werden müssen. Bei Systemen mit mehreren Ausgängen wäre anstelle von r die Kovarianzmatrix $\boldsymbol{R}$ zu verwenden. Die Kovarianz r bzw. $\boldsymbol{R}$ kann ebenso wie wie die Kovarianz des Prozessrauschens $\boldsymbol{Q}$ zeitvariant sein.

Der Grundgedanke des hier erwähnten Glättungsverfahrens besteht darin, ein Gütefunktional aus der Quadratsumme der gewichteten Modellfehler $v(k)$ und dem gewichteten Störvektor $\boldsymbol{w}(k)$ der Zustandsgleichung (3.304a) für $k = 1,2,\ldots N$ sowie dem gewichteten Anfangswert des Schätzfehlers $\tilde{\boldsymbol{x}}(0)$ zu bilden, wobei als Gewichtungsmatrizen die zugehörigen inversen Kovarianzmatrizen verwendet werden. Dieses Gütefunktional muss dann noch erweitert werden, um als Nebenbedingung auch die Zustandsgleichung (3.304a) zu erfüllen, wobei dazu wie bei der Herleitung der optimalen Zustandsregelung [Unb11] ein Lagrange-Multiplikator $\boldsymbol{\lambda}(k)$ eingeführt wird. Durch Nullsetzen der Ableitungen dieses Gütefunktionals nach den Variablen $\hat{\boldsymbol{x}}(k\,|\,N)$, $\tilde{\boldsymbol{x}}(0\,|N)$, $\boldsymbol{\lambda}(k)$ und $\boldsymbol{w}(k)$ ergeben sich schließlich folgende Beziehungen für den im festen Intervall $0 \leq k \leq N$ optimalen Rückwärts-Glättungsalgorithmus [Nor88]:

- Geglätteter Schätzwert:

$$\hat{\boldsymbol{x}}(k+1\,|\,N) = \hat{\boldsymbol{x}}(k+1\,|\,k) - \boldsymbol{P}(k+1\,|\,k)\,\boldsymbol{\lambda}(k), \quad k = 0,1,\ldots,N-1. \tag{3.318}$$

- Lagrange-Multiplikator:

$$\begin{aligned}\boldsymbol{\lambda}(k) = \Big[\mathbf{I} - \boldsymbol{h}(k+1)\,r^{-1}\boldsymbol{h}^{\mathrm{T}}(k+1)\,\boldsymbol{P}(k+1\,|k+1)\Big] \times \Big\{&\boldsymbol{F}^{\mathrm{T}}\boldsymbol{\lambda}(k+1)\\ -\boldsymbol{h}(k+1)\,r^{-1}\,\Big[y(k+1) - \boldsymbol{h}^{\mathrm{T}}(k+1)\,\hat{\boldsymbol{x}}(k+1\,|\,k)\Big]\Big\}&\end{aligned} \tag{3.319}$$

  mit $k = N-1,N-2,\ldots,0$ (rückwärts) und $\boldsymbol{\lambda}(N) = \mathbf{0}$.

Die Kovarianzmatrix des geglätteten Schätzwerts ist für die Glättung nicht erforderlich. Soll diese dennoch berechnet werden, kann dies über die Rekursion

$$\begin{aligned}\boldsymbol{P}(k\,|\,N) = {} & \boldsymbol{P}(k\,|\,k) + \boldsymbol{P}(k\,|\,k)\,\boldsymbol{F}^{\mathrm{T}}\,\boldsymbol{P}^{-1}(k+1\,|\,k)\times\\ & \times\left[\boldsymbol{P}(k+1\,|\,N) - \boldsymbol{P}(k+1\,|\,k)\right]\,\boldsymbol{P}^{-1}(k+1\,|\,k)\,\boldsymbol{F}\,\boldsymbol{P}(k\,|\,k)\end{aligned} \tag{3.320}$$

mit $k = N-1,N-2,\ldots,0$, beginnend mit der aus der Vorwärtsrekursion gemäß den Gln. (3.311) und (3.315b) berechneten Größe $\boldsymbol{P}(N\,|\,N)$ erfolgen.

Wie bereits erwähnt, wird diese rekursive Glättung im *Offline*-Betrieb durchgeführt, wobei nun alle Messdaten für $k = 0,1,\ldots,N$ sowie die Ergebnisse der rekursiven Schätzung nach den Gln. (3.315a) und (3.315b) bereits zur Verfügung stehen. Die Schätzung nach Gl. (3.318) basiert auf sämtlichen Messwerten im festen Intervall $0 \leq k < N$. Dadurch lässt sich die oben bereits erwähnte zeitliche Verschiebung der Schätzung nach Gl. (3.315a) gegenüber den wahren zeitvarianten Parametern beseitigen. Es wird also jede Parameteränderung zeitlich genau geschätzt, allerdings aufgrund des *Offline*-Betriebes nicht in Echtzeit. Dennoch ist diese Vorgehensweise von großem Vorteil, z.B. zur Interpolation von Fehlstellen oder der Beseitigung von Messfehlern.

Abschließend soll kurz noch auf die Ermittlung der in den Matrizen $\boldsymbol{F}$, $\boldsymbol{G}$ und $\boldsymbol{Q}$ enthaltenen Parameter eingegangen werden. Eine Vorausbestimmung von $\boldsymbol{F}$ und $\boldsymbol{G}$ ist gewöhnlich schwierig, weshalb dann häufig auf den einfachen *Random-Walk*-Ansatz nach Gl. (3.295) zurückgegriffen wird. Dann muss nur noch $\boldsymbol{Q}$ festgelegt werden. Dabei wird $\boldsymbol{Q}$ meist als Diagonalmatrix gewählt und die Diagonalelemente werden so festgelegt, dass diese in etwa der Änderungsgeschwindigkeit der wahren Parameter pro Abtastintervall entsprechen, soweit diese *a priori* abschätzbar ist. Sind in $\boldsymbol{x}(k)$ auch zeitinvariante Parameter enthalten, so wird das zugehörige Diagonalelement gleich null gesetzt. Wird mit dem allgemeinen *Random-Walk*-Ansatz gearbeitet, dann können die zusätzlich eingeführten Parameter zusammen mit $\boldsymbol{x}(k)$ geschätzt werden. Dabei treten aber Produkte dieser Parameter mit $\boldsymbol{x}(k)$ auf, was auf ein nichtlineares Schätzproblem führt. Zur Lösung dieses Problems stehen verschiedene anspruchsvolle und aufwendige Verfahren zur Verfügung [YMB01]. Eine gut geeignete Lösungsmethode ist der *Maximum-Likelihood*-Ansatz [Har81, Kit81].

3.7 Identifikation im Frequenzbereich

Die Parameterschätzung im Frequenzbereich ist besonders dann von praktischem Interesse, wenn gemessene bzw. aus Messdaten berechnete Werte des Frequenzgangs

$$G(\mathrm{j}\omega) = \frac{Y(\mathrm{j}\omega)}{U(\mathrm{j}\omega)} = R(\omega) + \mathrm{j}I(\omega) \tag{3.321}$$

eines linearen zeitkontinuierlichen Systems mit stochastisch gestörtem Ausgangssignal $y(t) = \mathscr{F}^{-1}\{Y(\mathrm{j}\omega)\}$ vorliegen. In diesem Fall kann das in Abschnitt 2.3.1 beschriebene Approximationsverfahren, dem der ungestörte Fall zugrunde liegt, nicht direkt angewendet werden. Die nichtparametrische Form von $G(\mathrm{j}\omega)$ kann als Ortskurve, Bode-Diagramm oder in Tabellenform für diskrete Frequenzwerte $\omega = \omega_l$ mit $l = 1,2,\dots,N$ im Frequenzbereich $0 \leq \omega < \infty$ bekannt sein. Gesucht ist eine parametrische Beschreibung der vollständigen Modellstruktur für das kontinuierliche System analog zum Blockschaltbild in Bild 3.3. Ähnlich wie im diskreten Fall wird davon ausgegangen, dass das Störsignal $r_\mathrm{M}(t)$ aus normalverteiltem mittelwertfreien weißen Rauschen $\varepsilon(t)$ durch Filterung mit der Störübertragungsfunktion $G_\mathrm{r}(s,\boldsymbol{p}_\mathrm{M})$ entsteht. Somit gilt

$$R_\mathrm{M}(s) = G_\mathrm{r}(s,\boldsymbol{p}_\mathrm{M})\,\varepsilon(s). \tag{3.322}$$

Für das deterministische Teilmodell des zu identifizierenden kontinuierlichen Systems wird die Übertragungsfunktion

$$G_\mathrm{M}(s,\boldsymbol{p}_\mathrm{M}) = \frac{\tilde{Y}_\mathrm{M}(s)}{U(s)} = \frac{b_0 + b_1 s + \ldots + b_n s^n}{a_0 + a_1 s + \ldots + a_{n-1}s^{n-1} + s^n} = \frac{B(s,\boldsymbol{p}_\mathrm{M})}{A(s,\boldsymbol{p}_\mathrm{M})} \tag{3.323}$$

angenommen. Im Vektor $\boldsymbol{p}_\mathrm{M}$ werden sämtliche zu ermittelnde Modellparameter zusammengefasst. Nun lässt sich das komplette zu identifizierende Modell des Systems wieder durch die Beziehung

$$Y(s) = G_\mathrm{M}(s,\boldsymbol{p}_\mathrm{M})\,U(s) + G_\mathrm{r}(s,\boldsymbol{p}_\mathrm{M})\,\varepsilon(s) \tag{3.324}$$

beschreiben. Zur Schätzung des Parametervektors $\boldsymbol{p}_\mathrm{M}$ wird analog zu Bild 3.4 die Laplace-Transformierte des verallgemeinerten Ausgangsfehlers

$$\varepsilon(s, \boldsymbol{p}_\mathrm{M}) = G_\mathrm{r}^{-1}(s, \boldsymbol{p}_\mathrm{M}) \left[Y(s) - \tilde{Y}_\mathrm{M}(s, \boldsymbol{p}_\mathrm{M}) \right] \tag{3.325}$$

eingeführt. Die beste Approximation des zu Gl. (3.321) gehörenden Frequenzgangs $G(\mathrm{j}\omega)$ durch den Frequenzgang $G_\mathrm{M}(\mathrm{j}\omega, \boldsymbol{p}_\mathrm{M})$, der sich aus Gl. (3.323) für $s = \mathrm{j}\omega$ ergibt, folgt durch Minimieren eines Gütefunktionals des verallgemeinerten Ausgangsfehlers nach Gl. (3.325). Wird dazu das quadratische Integralkriterium gewählt, so resultiert der geschätzte Parametervektor formal aus

$$\hat{\boldsymbol{p}} = \arg \min_{\boldsymbol{p}_\mathrm{M}} \left[\int_0^\infty \varepsilon^2(t, \boldsymbol{p}_\mathrm{M}) \, \mathrm{d}t \right], \tag{3.326}$$

oder im Frequenzbereich durch Anwendung der Parsevalschen Gleichung [Unb09]

$$\hat{\boldsymbol{p}} = \arg \min_{\boldsymbol{p}_\mathrm{M}} \left[\frac{1}{2\pi} \int_{-\infty}^{\infty} |\,\varepsilon(\mathrm{j}\omega, \boldsymbol{p}_\mathrm{M})\,|^2 \, \mathrm{d}\omega \right], \tag{3.327}$$

wobei sich für den Fehler im Frequenzbereich $\varepsilon(\mathrm{j}\omega)$ aus Gl. (3.325) mit $s = \mathrm{j}\omega$ die Beziehung

$$\varepsilon(\mathrm{j}\omega, \boldsymbol{p}_\mathrm{M}) = G_\mathrm{r}^{-1}(\mathrm{j}\omega, \boldsymbol{p}_\mathrm{M}) \left[Y(\mathrm{j}\omega) - \tilde{Y}_\mathrm{M}(\mathrm{j}\omega, \boldsymbol{p}_\mathrm{M}) \right] \tag{3.328}$$

ergibt. Für die numerische Auswertung wird das Integral in Gl. (3.327) approximiert durch den entsprechenden Summenausdruck für N diskrete Frequenzwerte $\omega = \omega_l$, die im Bereich $0 \leq \omega < \infty$ z.B. logarithmisch verteilt ausgewählt werden. Anstelle von Gl. (3.327) ergibt sich dann mit Gl. (3.328) unter Berücksichtigung der Substitution von $Y(\mathrm{j}\omega)$ gemäß Gl. (3.321) und $\tilde{Y}_\mathrm{M}(\mathrm{j}\omega,\boldsymbol{p}_\mathrm{M})$ gemäß Gl. (3.323) für den geschätzten Parametervektor

$$\hat{\boldsymbol{p}}(N) = \arg \min_{\boldsymbol{p}_\mathrm{M}} \left[\frac{1}{N} \sum_{l=1}^{N} \frac{|U(\mathrm{j}\omega_l)|^2}{|G_\mathrm{r}(\mathrm{j}\omega_l, \boldsymbol{p}_\mathrm{M})|^2} \,|\, G(\mathrm{j}\omega_l) - G_\mathrm{M}(\mathrm{j}\omega_l, \boldsymbol{p}_\mathrm{M})|^2 \right]. \tag{3.329}$$

Diese Bestimmung des Schätzwertes nach dieser Gleichung stellt einen *Least-Squares*-Ansatz im Frequenzbereich dar.

Im Sonderfall eines ARX-Modells wird gemäß Tabelle 3.2

$$G_\mathrm{r}(\mathrm{j}\omega_l, \boldsymbol{p}_\mathrm{M}) = 1/A(\mathrm{j}\omega_l, \boldsymbol{p}_\mathrm{M})$$

und

$$G_\mathrm{M}(\mathrm{j}\omega_l, \boldsymbol{p}_\mathrm{M}) = B(\mathrm{j}\omega_l, \boldsymbol{p}_\mathrm{M})/A(\mathrm{j}\omega_l, \boldsymbol{p}_\mathrm{M}).$$

Eingesetzt in Gl. (3.329) folgt

$$\hat{\boldsymbol{p}}(N) = \arg \min_{\boldsymbol{p}_\mathrm{M}} \left[\frac{1}{N} \sum_{l=1}^{N} |U(\mathrm{j}\omega_l)|^2 \, |G(\mathrm{j}\omega_l)\, A(\mathrm{j}\omega_l, \boldsymbol{p}_\mathrm{M}) - B(\mathrm{j}\omega_l, \boldsymbol{p}_\mathrm{M})|^2 \right]. \tag{3.330}$$

Der Fehler $G(\mathrm{j}\omega_l)\, A(\mathrm{j}\omega_l, \boldsymbol{p}_\mathrm{M}) - B(\mathrm{j}\omega_l, \boldsymbol{p}_\mathrm{M})$ ist linear in $\boldsymbol{p}_\mathrm{M}$ und das Gütefunktional kann mit dem *Least-Squares*-Verfahren minimiert werden.

Generell liefert Gl. (3.329) eine konsistente Schätzung, sofern das Störmodell $G_r(s)$ bekannt und zeitinvariant ist [SP91]. Oft sind die Parameter des Störmodells jedoch unbekannt und müssen gemeinsam mit jenen des deterministischen Teilmodells $G_M(s, \boldsymbol{p}_M)$ geschätzt werden, was jedoch im Falle des zuvor dargestellten ARX-Modells nicht der Fall ist. Als Alternative zur *Least-Squares*-Schätzung nach Gl. (3.329) bietet sich dann eine *Maximum-Likelihood*-Schätzung [Pin94, Lju99] an, worauf aber hier nicht näher eingegangen werden soll.

Weiterhin sei darauf hingewiesen, dass in Gl. (3.329) der Parametervektor im allgemeinen Fall nichtlinear in den Fehler und damit in das Gütefunktional eingeht und somit die Lösung auf ein nichtlineares *Least-Squares*-Problem führt. Einerseits eignen sich zu dessen Lösung numerische Optimierungsverfahren wie z.B. der Gauß-Newton-Algorithmus, wobei der Konvergenzbereich mittels des Levenberg-Marquardt-Verfahrens noch erweitert werde kann [Fle91, Pin94]. Andererseits führen verschiedene Verfahren das nichtlineare Optimierungsproblem auf die iterative Lösung einer linearen gewichteten *Least-Squares*-Schätzung zurück [Str75, Whi86, UR87].

3.8 Parameterschätzung von Eingrößensystemen im geschlossenen Regelkreis

Bei den in den vorangegangenen Abschnitten behandelten Identifikationsverfahren wurde angenommen, dass keine Rückführung zwischen Ausgang und Eingang des zu identifizierenden Systems besteht. Viele reale Prozesse werden jedoch im geschlossenen Regelkreis betrieben, der in vielen Fällen aus Gründen der Sicherheit und Wirtschaftlichkeit nicht geöffnet werden darf. Auch instabile Regelstrecken können nur im geschlossenen Regelkreis identifiziert werden. Es ist deshalb wichtig, über Methoden zu verfügen, die eine Parameterschätzung zum Zwecke der Systemidentifikation auch im geschlossenen Regelkreis erlauben. Für die Parameterschätzung im geschlossenen Regelkreis haben sich vor allem die folgenden drei Möglichkeiten bewährt:

a) die indirekte Identifikation [KT74, Gra75, KI75, Bau77, GLS77],

b) die direkte Identifikation [WE75, TK75, Wel76, Bau77, GLS77] und

c) die gemeinsame Eingangs-Ausgangs-Identifikation [GLS77, SS89, HS93, Lju99].

Alle drei Verfahren werden nachfolgend behandelt. Dabei wird als Erweiterung der in Bild 3.3 gezeigten Struktur ein Regelkreis gemäß Bild 3.9 betrachtet, wobei die Übertragungsfunktionen $G_M(z)$, $G_r(z)$ und $G_R(z)$ die Regelstrecke, das Störmodell und den Regler beschreiben.

3.8.1 Indirekte Identifikation

Wird vorausgesetzt, dass bei der Struktur eines asymptotisch stabilen Regelkreises nach Bild 3.9 die Übergangsfunktion der Regelstrecke kein sprungförmiges Verhalten aufweist,

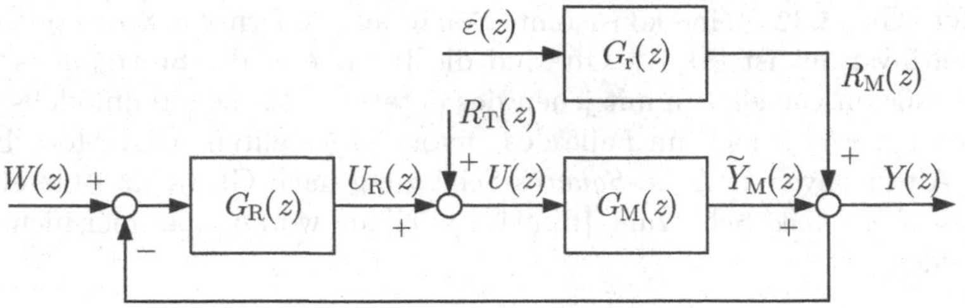

Bild 3.9 Geschlossener Regelkreis mit dem stochastischen Störsignal $R_M(z)$, der Stellgröße $U(z)$, dem Testsignal $R_T(z)$, der Regelgröße $Y(z)$ und der Führungsgröße $W(z)$

d.h. es gilt $b_0 = 0$ in Gl. (3.10), und das am Reglerausgang zusätzlich aufgeschaltete, messbare Testsignal $r_T(k)$ stationär und nicht mit dem Störsignal $r_M(k)$ korreliert sowie fortlaufend erregend ist, dann kann $r_T(k)$ als unabhängige Eingangsgröße des Regelkreises aufgefasst werden. Das im geschlossenen Regelkreis mit $r_T(k)$ bzw. dem Fehlersignal $\varepsilon(k)$ korrelierte Stellsignal $u(k)$ ergibt sich aus den Eingangsgrößen, und unter der zur Vereinfachung der Darstellung gemachten Voraussetzung, dass $w(k) = 0$ gesetzt wird, folgt entsprechend Bild 3.9 die Beziehung

$$Y(z) = \frac{G_M(z)}{1 + G_R(z)\,G_M(z)}\,R_T(z) + \frac{1}{1 + G_R(z)\,G_M(z)}\,R_M(z), \tag{3.331}$$

die nun auch durch die äquivalent umgeformte offene Struktur nach Bild 3.10 beschrieben wird.

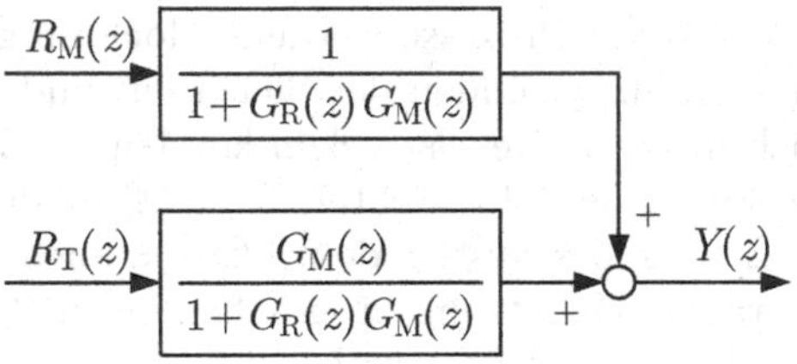

Bild 3.10 Äquivalent umgeformte offene Struktur des geschlossenen Regelkreises

Durch diese Umformung wird die Schätzung einer Modellübertragungsfunktion für das Verhalten des geschlossenen Regelkreises, also

$$G(z) = \frac{Y(z)}{R_T(z)} = \frac{G_M(z)}{1 + G_R(z)\,G_M(z)}, \tag{3.332}$$

möglich. Mit der geschätzten Übertragungsfunktion $\hat{G}(z)$ ergibt sich bei bekannter Reglerübertragungsfunktion $G_R(z)$ die gesuchte Übertragungsfunktion der Regelstrecke indirekt aus Gl. (3.332) durch Rückrechnung zu

$$\hat{G}_M(z) = \frac{\hat{G}(z)}{1 - G_R(z)\,\hat{G}(z)}. \tag{3.333}$$

Wird dabei als Schätzverfahren z.B. die rekursive Version des Hilfsvariablen-Verfahrens verwendet, so wird zur Ermittlung der Parameter von $\hat{G}_M(z)$ in folgenden Schritten vorgegangen:

- Bestimmung von $\hat{G}(z)$ durch Schätzung gemäß Bild 3.10 bzw. Gl. (3.331) mit dem gewichteten rekursiven Hilfsvariablen-Verfahren nach den Gln. (3.238a) bis (3.238d).
- Indirekte Berechnung der gesuchten Parameter nach Gl. (3.333), wobei die Kenntnis der Reglerübertragungsfunktion $G_{\mathrm{R}}(z)$ vorausgesetzt wird.

Bei diesem Verfahren werden also die gesuchten Parameter der Regelstrecke aus den geschätzten Parametern des gesamten Regelkreises ermittelt, wobei die Kenntnis des Reglers verwendet wird. Während bei dieser indirekten Identifikation einerseits alle Schwierigkeiten einer Parameterschätzung im geschlossenen Regelkreis durch deren Rückführung auf eine Parameterschätzung im offenen Regelkreis umgangen werden, ergibt sich andererseits ein erheblicher numerischer Aufwand, der eine schlechtere Konvergenz des Verfahrens zur Folge haben kann. So müssen die gesuchten Parameter der Regelstrecke über ein Modell ermittelt werden, das von höherer Ordnung ist als dasjenige der zu identifizierenden Regelstrecke. Die dabei erforderliche Umrechnung der Parameter kann numerische Schwierigkeiten verursachen; sie hat darüber hinaus eine Zunahme der Rechenzeit zur Folge.

3.8.2 Direkte Identifikation

Bei diesem Verfahren wird die gewählte Parameterschätzmethode so eingesetzt, als ob die Eingangs- und Ausgangssignale $u(t)$ und $y(t)$ der Regelstrecke aus Messungen im offenen Regelkreis stammen. Die Regelstrecke ist dann identifizierbar, wenn entweder

a) ein zusätzliches den Regelkreis fortwährend erregendes Testsignal $r_{\mathrm{T}}(k)$ aufgeschaltet wird,

b) zwischen verschiedenen Reglereinstellungen oder Reglertypen variiert wird oder

c) spezielle Bedingungen für die Ordnungen von Regelstreckenmodell und Regler erfüllt sind.

Um die Modellparameter im geschlossenen Regelkreis z.B. mit Hilfe des Hilfsvariablen-Verfahrens direkt bestimmen zu können, werden nicht nur, wie bei dem dem Vorgehen in Abschnitt 3.3.3, Hilfsvariablen $y_{\mathrm{H}}(k)$ für das Ausgangssignal $y(k)$ benötigt, sondern ebenfalls Hilfsvariablen für das wegen der Rückführung mit $r_{\mathrm{M}}(k)$ bzw. $\varepsilon(k)$ korrelierte Eingangssignal $u(k)$. Wird bei der indirekten Methode zusätzlich ein von $r_{\mathrm{M}}(k)$ bzw. $\varepsilon(k)$ statistisch unabhängiges Testsignal $r_{\mathrm{T}}(k)$, z.B. ein PRBS-Signal (siehe Abschnitt 2.2.4.2), am Reglerausgang aufgeschaltet, dann kann $r_{\mathrm{T}}(k)$ als Hilfsvariable für $u(k)$ verwendet werden, da es zwar mit dem Nutzanteil, jedoch nicht mit dem Störanteil von $u(k)$ korreliert ist. Werden die entsprechenden Hilfsvariablen $y_{\mathrm{H}}(k)$ für das Ausgangssignal $y(k)$ nach Bild 3.11 ermittelt, so können anstelle von Gl. (3.125) mit

$$\boldsymbol{w}^{\mathrm{T}}(k) = \left[-y_{\mathrm{H}}(k-1) \ldots -y_{\mathrm{H}}(k-n) \;\vdots\; r_{\mathrm{T}}(k-1) \ldots r_{\mathrm{T}}(k-n)\right] \tag{3.334}$$

für $k = n, \ldots, N$ als Zeilen der Hilfsvariablenmatrix $\boldsymbol{W}$ nach Gl. (3.118) die Bedingungen (3.119a) und (3.119b) erfüllt werden. Zur Identifikation wird wie bei der indirekten Methode das rekursive Hilfsvariablen-Verfahren gemäß der Gln. (3.124a) bis (3.124d) benutzt. Die Vorgehensweise entspricht dabei völlig der im offenen Regelkreis, nur sind in $\boldsymbol{w}^{\mathrm{T}}(k)$ die Eingangssignalwerte $u(k-1)$ durch die entsprechenden Werte $r_{\mathrm{T}}(k-1), \ldots,$ $r_{\mathrm{T}}(k-n)$ zu ersetzen.

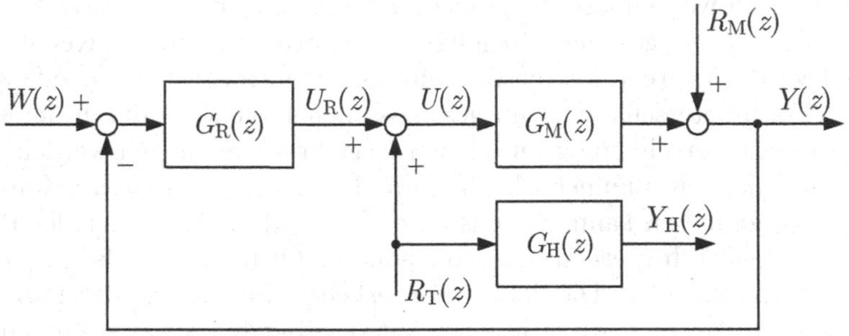

Bild 3.11 Spezielles Hilfsmodell für die rekursive Hilfsvariablen-Schätzung

Im Vergleich zur indirekten Methode hat die direkte Identifikation aufgrund der nicht erforderlichen Umrechnung der Parameter nicht nur numerische Vorteile, sondern vor allem einen geringeren Bedarf an Rechenzeit, der sich auch gegenüber der Schätzung im offenen Regelkreis nicht erhöht. Andererseits verschlechtern sich aber gelegentlich die numerischen Eigenschaften des Verfahrens durch die Verwendung von nunmehr zwei Hilfsvariablen.

Umfangreiche Untersuchungen [Bau77], bei denen für $r_{\mathrm{T}}(k)$ binäre Pseudo-Rauschsignale (PRBS) gewählt wurden, haben gezeigt, dass beide hier beschriebenen Möglichkeiten zur Parameterschätzung im geschlossenen Regelkreis im Zusammenhang mit der rekursiven Version des Hilfsvariablen-Verfahrens nur geringfügig schlechtere Ergebnisse liefern als eine Parameterschätzung im offenen Regelkreis. Allerdings ist zur Ermittlung dieser Schätzwerte in Abhängigkeit vom Störpegel der Regelgröße ca. das 1,5- bis 3-fache der Messzeit erforderlich, die bei der Parameterschätzung im offenen Regelkreis benötigt wird. Wird von geringfügigen Schwankungen im zeitlichen Verlauf der Schätzwerte bei der direkten Identifikation abgesehen, so ergeben sich für beide Methoden gleichwertige Identifikationsergebnisse.

3.8.3 Gemeinsame Eingangs-Ausgangs-Identifikation

Eine etwas aufwendigere Methode stellt die gemeinsame Eingangs-Ausgangs-Identifikation dar, bei der keine genaue Kenntnis über den Regler erforderlich ist. Sie eignet sich insbesondere für die Identifikation nichttechnischer Regelkreise oder für solche Fälle, in denen die Regelstrecke und der Regler eine inhärente Einheit bilden, wie z.B. bei biologischen und ökonomischen Regelkreisen. Der Grundgedanke dieses Verfahrens besteht darin, sowohl die Eingangsgröße (Stellgröße) $u(k)$ der Regelstrecke als auch deren Ausgangsgröße (Regelgröße) $y(k)$ gemäß Bild 3.9 in Abhängigkeit der beiden Eingangsgrößen

$r_{\mathrm{T}}(k)$ und $r_{\mathrm{M}}(k)$ darzustellen. Wird außerdem vorausgesetzt, dass für die Führungsgröße $w(k) = 0$ gesetzt wird, dann gilt auch hier Gl. (3.331) in der Form

$$Y(z) = S(z)\, G_{\mathrm{M}}(z)\, R_{\mathrm{T}}(z) + S(z)\, R_{\mathrm{M}}(z), \tag{3.335}$$

wobei zum Zwecke der kürzeren Schreibweise der auch als Empfindlichkeitsfunktion bezeichnete dynamische Regelfaktor $S(z)$ [Unb08] eingeführt wurde. Für die Stellgröße ergibt sich

$$U(z) = U_{\mathrm{R}}(z) + R_{\mathrm{T}}(z) = -G_{\mathrm{R}}\, Y(z) + R_{\mathrm{T}}(z)$$

und durch Einsetzen von Gl. (3.335) in diese Beziehung folgt

$$U(z) = -G_{\mathrm{R}}(z)\, [\, S(z)\, G_{\mathrm{M}}(z)\, R_{\mathrm{T}}(z) + S(z)\, R_{\mathrm{M}}(z)\,] + R_{\mathrm{T}}(z)$$

bzw. umgeformt

$$U(z) = [\, 1 - S(z)\, G_{\mathrm{R}}(z)\, G_{\mathrm{M}}\,]\; R_{\mathrm{T}}(z) - S(z)\, G_{\mathrm{R}}(z)\, R_{\mathrm{M}}(z). \tag{3.336}$$

Die Größen $Y(z)$ nach Gl. (3.335) und $U(z)$ nach Gl. (3.336) lassen sich nun beide als Ausgangsgößen eines gemeinsamen Systems mit den beiden Eingangsgrößen $R_{\mathrm{T}}(z)$ und $R_{\mathrm{M}}(z)$ gemäß Bild 3.12 und zusammengefasst in Vektor-Matrix-Schreibweise durch die Beziehung

$$\begin{bmatrix} Y(z) \\ U(z) \end{bmatrix} = \begin{bmatrix} S(z)\, G_{\mathrm{M}}(z) & S(z) \\ 1 - S(z)\, G_{\mathrm{R}}(z)\, G_{\mathrm{M}}(z) & -S(z)\, G_{\mathrm{R}}(z) \end{bmatrix} \begin{bmatrix} R_{\mathrm{T}}(z) \\ R_{\mathrm{M}}(z) \end{bmatrix} \tag{3.337}$$

darstellen.

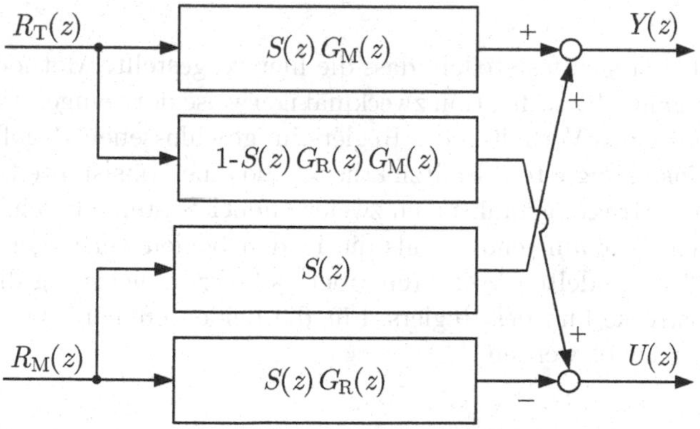

Bild 3.12 Darstellung von Gl. (3.337)

Beide Ausgangsgrößen $U(z)$ und $Y(z)$ können auch getrennt durch jeweils ein dem Bild 3.10 äquivalentes Blockschaltbild eines offenen Systems beschrieben werden, bei dem $R_{\mathrm{M}}(z)$ als Eingangsgröße des jeweiligen Störmodells auftritt. In gleicher Weise wie in Abschnitt 3.8.1 kann jetzt die Schätzung der Modellübertragungsfunktionen (ohne die Anteile der Störmodelle) für die beiden offenen Teilsysteme

$$G_{y\, r_{\mathrm{T}}}(z) = \frac{Y(z)}{R_{\mathrm{T}}(z)} = \frac{G_{\mathrm{M}}(z)}{1 + G_{\mathrm{M}}(z)\, G_{\mathrm{R}}(z)} \tag{3.338a}$$

und

$$G_{u\,r_\mathrm{T}}(z) = \frac{U(z)}{R_\mathrm{T}(z)} = 1 - \frac{G_\mathrm{M}(z)\,G_\mathrm{R}(z)}{1 + G_\mathrm{M}(z)\,G_\mathrm{R}(z)} = \frac{1}{1 + G_\mathrm{M}(z)\,G_\mathrm{R}(z)} \tag{3.338b}$$

erfolgen. Aus diesen beiden Beziehungen ergibt sich unmittelbar

$$G_{y\,r_\mathrm{T}}(z) = G_\mathrm{M}(z)\,G_{u\,r_\mathrm{T}}(z). \tag{3.339}$$

Die unabhängig voneinander geschätzten Übertragungsfunktionen $\hat{G}_{y\,r_\mathrm{T}}(z)$ und $\hat{G}_{u\,r_\mathrm{T}}(z)$ liefern dann mit Gl. (3.339) als Schätzung der Modellübertragungsfunktion der Regelstrecke schließlich

$$\hat{G}_\mathrm{M}(z) = \frac{\hat{G}_{y\,r_\mathrm{T}}(z)}{\hat{G}_{u\,r_\mathrm{T}}(z)}. \tag{3.340}$$

An dieser Stelle sei auf die Verwandschaft dieser Beziehung mit Gl. (2.62) bei der Korrelationsanalyse hingewiesen, wobei dort die Führungsgröße w als Testsignal benutzt wurde, was prinzipiell auch im vorliegenden Fall möglich ist. Allerdings ist die Aufschaltung des Testsignals am Reglerausgang für die Identifikation mittels Parameterschätzverfahren effektiver.

Falls die Übertragungsfunktion $G_\mathrm{R}(z)$ des Reglers nicht bekannt ist, lässt sich auch diese mit Hilfe von $\hat{G}_{r_\mathrm{T}u}(z)$ und $\hat{G}_{r_\mathrm{T}y}(z)$ anhand der Gln. (3.338b) und (3.340) bestimmen und es folgt

$$\hat{G}_\mathrm{R}(z) = \frac{1}{\hat{G}_\mathrm{M}(z)}\left[\frac{1}{\hat{G}_{u\,r_\mathrm{T}}(z)} - 1\right] = \frac{1}{\hat{G}_{y\,r_\mathrm{T}}(z)}\left[1 - \hat{G}_{u\,r_\mathrm{T}}(z)\right]. \tag{3.341}$$

Zusammenfassend lässt sich feststellen, dass die hier vorgestellte Methode der gemeinsamen Eingangs-Ausgangs-Identifikation zweckmäßigerweise dort eingesetzt wird, wo keine genaue Kenntnis über das Verhalten des Reglers im geschlossenen Regelkreis vorliegt. In Verbindung mit einer geeigneten Schätzmethode, die eine konsistente Schätzung garantiert, werden die Übertragungsfunktionen zweier offener Systeme geschätzt. Rechnerisch ist dieses Verfahren zwar aufwendiger als die in den beiden vorhergehenden Abschnitten 3.8.1 und 3.8.2 behandelten Verfahren, aber es liefert gleichzeitig die Schätzung der Modelle der Regelstrecke und des Reglers. Für die beiden offenen Systeme muss jeweils kein Störmodell berechnet werden.

3.8.4 Identifizierbarkeit

Die in Abschnitt 3.8.2 verbal angegebenen Voraussetzungen a) bis c) für die Identifizierbarkeit von Regelstrecke und eventuell auch Regler gelten für alle drei zuvor behandelten Identifikationsverfahren. Nachfolgend soll noch kurz auf die unter Punkt c) erwähnten speziellen Bedingungen für die Ordnungen von Regelstreckenmodell und Regler eingegangen werden. Dazu wird der Regelkreis nach Bild 3.9 für den praktisch sehr wichtigen Fall betrachtet, dass für die Regelstrecke ein ARMAX-Modellansatz gewählt wird [SS89]. Für die Übertragungsfunktionen in Bild 3.9 gilt

$$G_{\mathrm{R}}(z) = \frac{U_{\mathrm{R}}(z)}{Y(z)} = \frac{T(z^{-1})}{R(z^{-1})} = \frac{t_0 + t_1 z^{-1} + \cdots + t_{n_t} z^{-n_T}}{1 + r_1 z^{-1} + \cdots + r_{n_r} z^{-n_R}}, \tag{3.342a}$$

$$G_{\mathrm{M}}(z) = \frac{Y_{\mathrm{M}}(z)}{U(z)} = \frac{B(z^{-1})}{A(z^{-1})} z^{-n_{\mathrm{d}}} = \frac{b_0 + b_1 z^{-1} + \cdots + b_{n_b} z^{-n_B}}{1 + a_1 z^{-1} + \cdots + a_{n_A} z^{-n_A}} z^{-n_{\mathrm{d}}} \tag{3.342b}$$

und

$$G_{\mathrm{r}}(z) = \frac{R_{\mathrm{M}}(z)}{\varepsilon(z)} = \frac{C(z^{-1})}{A(z^{-1})} = \frac{c_0 + c_1 z^{-1} + \cdots + c_{n_c} z^{-n_C}}{1 + a_1 z^{-1} + \cdots + a_{n_a} z^{-n_A}}. \tag{3.342c}$$

Weiter müssen folgende Voraussetzungen erfüllt sein:

1) Die Polynome $A(z^{-1})$, $B(z^{-1})$ und $C(z^{-1})$ besitzen keine gemeinsamen Nullstellen.
2) Die Polynome $R(z^{-1})$ und $T(z^{-1})$ besitzen keine gemeinsamen Nullstellen.
3) Alle Nullstellen des Polynoms $C(z^{-1})$ liegen innerhalb des Einheitskreises.
4) Der geschlossenen Regelkreis ist asymptotisch stabil.
5) Die Grade der Polynome n_A, n_B, n_C und die Totzeit n_{d} sind bekannt.

Hierbei erscheint die Voraussetzung 5) einschränkend, doch vereinfacht diese Annahme die nachfolgende Betrachtung sehr. Die dabei gewonnenen Schlussfolgerungen gelten aber auch dann, wenn die Ordnung der Polynome zu groß angenommen werden.

Wird der Regelkreis in Bild 3.9 ohne das künstlich aufgebrachte Testsignal $R_{\mathrm{T}}(z)$ und ohne die Führungsgröße $W(z)$ betrachtet, so folgt mit den Gln. (3.342a) bis (3.342c)

$$Y = -G_{\mathrm{R}}\, G_{\mathrm{M}}\, Y + G_{\mathrm{r}}\, \varepsilon, \tag{3.343a}$$

$$\varepsilon = \frac{1}{G_{\mathrm{r}}} \left(1 + G_{\mathrm{R}}\, G_{\mathrm{M}}\right) Y = \frac{RA + TBz^{-n_{\mathrm{d}}}}{RC} Y, \tag{3.343b}$$

wobei zur Vereinfachung der Schreibweise das Argument z^{-1} nicht mehr angegeben wird. Eine identische Beziehung hierzu gilt auch für die Schätzung der Regelstreckenpolynome, sofern der Fall betrachtet wird, dass der Regler bekannt ist. Somit folgt aus Gln. (3.343a) und (3.343b) unter der Voraussetzung, dass die Polynome C und $RA + TB\, z^{-d}$ keine gemeinsamen Nullstellen besitzen und unter der nur schwachen Einschränkung, dass $n_A = n_B = n_C = n$ und $n_R = n_T = m$ angenommen wird,

$$\frac{RA + TBz^{-n_{\mathrm{d}}}}{RC} = \frac{R\hat{A} + T\hat{B}z^{-n_{\mathrm{d}}}}{R\hat{C}}. \tag{3.344}$$

Gl. (3.344) ist nur erfüllt, falls die Identitäten

$$C = \hat{C} \tag{3.345a}$$

und

$$RA + TB\, z^{-n_{\mathrm{d}}} = R\hat{A} + T\hat{B}\, z^{-n_{\mathrm{d}}} \tag{3.345b}$$

bzw.

$$R(\hat{A} - A) = -T(\hat{B} - B)\, z^{-n_\mathrm{d}} \tag{3.345c}$$

gelten. Bei bekannten Reglerpolynomen R und T enthält Gl. (3.345) gerade $2n + 1$ unbekannte Parameter der Regelstrecke. Um eine eindeutige Lösung dieser Gleichung zu erhalten, kann dieselbe auch als ein System von $n + m + n_\mathrm{d}$ linearen Gleichungen geschrieben werden, indem die in Gl. (3.345) enthaltenen $n + m + n_\mathrm{d}$ verschiedenen Terme gleicher Exponenten von z^{-1} jeweils gleichgesetzt werden. Damit ergibt sich für die Lösbarkeit die Bedingung

$$2n + 1 \leq n + m + n_\mathrm{d} \tag{3.346a}$$

oder

$$m \geq n + 1 - n_\mathrm{d}. \tag{3.346b}$$

Diese Ungleichung stellt zunächst nur eine notwendige Bedingung für die strukturelle Identifizierbarkeit des geschlossenen Regelkreises dar. Es lässt sich jedoch leicht zeigen, dass Gl. (3.346) auch eine hinreichende Bedingung ist. Aufgrund der zuvor genannten Voraussetzung 2) und der Identitätsbeziehung nach Gl. (3.345b) müsste $T\, z^{-n_\mathrm{d}}$ ein Faktor von $\hat{A} - A$ und R ein Faktor von $\hat{B} - B$ sein. Wegen der Ungleichung (3.346) ist dies jedoch nicht möglich, woraus folgt, dass $\hat{A} - A = 0$ und $\hat{B} - B = 0$ gelten müssen. Daraus folgen die Identitäten

$$\hat{A} = A,$$
$$\hat{B} = B$$

und mit Gl. (3.345a)

$$\hat{C} = C.$$

Damit ist die strukturelle Identifizierbarkeit von G_M durch die Ungleichung (3.346) als notwendige und hinreichende Bedingung gewährleistet. Es muss also eine genügend große Reglerordnung m oder Totzeit $n_\mathrm{d} \geq 1$ für eine gewählte Modellordnung in der Regelstrecke vorgesehen werden.

Im Folgenden soll noch der allgemeinere Fall behandelt werden [SS89], bei dem die zuvor getroffenen Voraussetzungen, wonach die beiden Polynome C und $RA + TB\, z^{-n_\mathrm{d}}$ keine gemeinsamen Nullstellen, sowie die Polynome von Regelstrecke und Regler jeweils gleiche Ordnung aufweisen sollen, fallen gelassen werden. Es wird angenommen, dass diese beiden Polynome n_F gemeinsame Nullstellen besitzen, die gemeinsam das Teilpolynom F bilden. Somit ergibt sich die Polynomfaktorisierung

$$C = C_0 F \tag{3.347a}$$

und

$$RA + TB\, z^{-n_\mathrm{d}} = K_0 F, \tag{3.347b}$$

wobei C_0 und K_0 die Restpolynome ohne gemeinsame Nullstellen sind. Mit diesen beiden Beziehungen folgt aus Gl. (3.344) unter Berücksichtigung, dass sich das Polynom R im Nenner beider Gleichungsseiten kürzt, also

$$\frac{R\hat{A} + T\hat{B}\, z^{-n_\mathrm{d}}}{\hat{C}} = \frac{K_0 F}{C_0 F} = \frac{K_0}{C_0},$$

oder umgeschrieben

$$C_0\left(R\hat{A} + T\hat{B}\,z^{-n_\mathrm{d}}\right) = \hat{C}K_0. \tag{3.348}$$

Analog zu den Gln. (3.347a) und (3.347b) muss für die geschätzten Polynome $\hat{A}$, $\hat{B}$ und $\hat{C}$ die Faktorisierung

$$\hat{C} = C_0 H \tag{3.349a}$$

und

$$R\hat{A} + T\hat{B}\,z^{-n_\mathrm{d}} = K_0 H \tag{3.349b}$$

gelten, wobei das Polynom H die gemeinsamen Nullstellen enthält und für die Ordnung n_H des Polynoms H die Bedingung $n_H \le n_F$ erfüllt sein muss. Wird Gl. (3.349b) mit F multipliziert, also

$$F\,(R\hat{A} + T\hat{B}\,z^{-n_\mathrm{d}}) = FK_0H,$$

und auf der rechten Gleichungsseite der Term K_0F durch Gl. (3.347b) ersetzt, so ergibt sich

$$F\,(R\hat{A} + T\hat{B}\,z^{-n_\mathrm{d}}) = H\,(RA + TB\,z^{-n_\mathrm{d}}).$$

Umgeformt folgt daraus die zur Gl. (3.345b) analoge Beziehung

$$R\,(F\hat{A} - HA) = -T\,(F\hat{B} - HB)\,z^{-n_\mathrm{d}}. \tag{3.350}$$

Unter der Voraussetzung, dass die Regelstrecke kein sprungförmiges Verhalten aufweist, d.h. $b_0 = 0$, sind in den Polynomen $\hat{A}$, $\hat{B}$ und $\hat{C}$ aus Gl. (3.348) insgesamt $n_A+n_B+n_C+1$ Parameter zu bestimmen. Um eine eindeutige Lösung von Gl. (3.349b) zu erhalten, kann diese Beziehung auch als ein System von mindestens $n_A + n_B + n_C + 1$ Gleichungen für die verschiedenen Terme gleicher Exponenten – wie bereits zuvor erwähnt – geschrieben werden. Die eindeutige Lösung hängt vom höchsten Grad der auftretenden Polynome ab. Es gilt somit analog zu Gl. (3.346a) als notwendige Bedingung für die Identifizierbarkeit der Regelstrecke

$$\begin{aligned} n_A + n_B + n_C + 1 &\le \max\left[\operatorname{grad} K_0 + n_C, n_C - n_G + \operatorname{grad}(R\hat{A} + T\hat{B}\,z^{-n_\mathrm{d}})\right] \\ &= n_C - n_F + \max(n_A + n_R, n_\mathrm{d} + n_B + n_T) \end{aligned}$$

und daraus folgt

$$n_F \le \max(n_R - n_B, n_\mathrm{d} + n_T - n_A) - 1 \tag{3.351}$$

Es lässt sich auch hier einfach zeigen, dass Gl. (3.351) eine nicht nur notwendige, sondern auch hinreichende Bedingung ist. Dazu wird Gl. (3.350) herangezogen. Da nach Voraussetzung 2) die Polynome R und $T\,z^{-n_\mathrm{d}}$ keine gemeinsamen Nullstellen besitzen, kann dieselbe Beweisführung wie für Gl. (3.345b) vorgenommen werden, aus der dann die Bedingungen

$$F\hat{A} - HA = 0 \tag{3.352a}$$

und

$$F\hat{B} - HB = 0 \tag{3.352b}$$

folgen. Weiter gilt mit den Gln. (3.349a) und (3.347a)

$$\hat{C}F = C_0FH = CH. \tag{3.353}$$

Da H alleiniger gemeinsamer Faktor der Polynome HA, HB und HC ist, ergeben sich aus den Gln. (3.352a), (3.352b) und (3.353) die Identitäten

$$H = F, \quad \hat{A} = A, \quad \hat{B} = B \quad \text{und} \quad \hat{C} = C.$$

Damit ist gezeigt, dass Gl. (3.351) die notwendige und hinreichende Bedingung für die strukturelle Identifizierbarkeit von G_{M} liefert. Es ist leicht nachzuvollziehen, dass die allgemeine Identifizierbarkeitsbedingung (3.351) auch den spezielleren Fall der Ungleichung (3.346b) mit einschließt. Dazu müssen nur die Beziehungen

$$n_F = 0, \quad n_R = n_T = m \quad \text{und} \quad n_A = n_B = n$$

in Gl. (3.351) eingesetzt werden. Es sei noch darauf hingewiesen, dass die Erfordernis der fortwährenden Erregung des Regelkreises durch das aufgeschaltete Testsignal $r_{\text{T}}(k)$ in den Fällen vermieden werden kann, in denen eine Umschaltung zwischen zwei oder mehreren Reglern bzw. Reglereinstellungen möglich ist. Auch auf diese Weise kann ein Regelstreckenmodell identifiziert werden. Dies soll abschließend an einem einfachen Beispiel gezeigt werden.

Beispiel 3.3

Gegeben sei das Modell einer Regelstrecke nach Gl. (3.20)

$$A(z^{-1})\,Y(z) - B(z^{-1})\,U(z) = V(z).$$

Mit $A(z^{-1}) = 1 + a_1 z^{-1}$ und $B(z^{-1}) = b_1 z^{-1}$ folgt

$$Y(z) = -a_1 z^{-1} Y(z) + b_1 z^{-1} U(z) + V(z). \tag{3.354}$$

Als Regler wird zunächst nach Gl. (3.342a) ein einfacher P-Regler mit $R(z^{-1}) = 1$ und $T(z^{-1}) = t_0$ gewählt. Ohne Berücksichtigung des Testsignals $R_{\text{T}}(z)$ ergibt sich das Stellsignal

$$U(z) = -\frac{T(z^{-1})}{R(z^{-1})}\,Y(z) = -t_0\,Y(z). \tag{3.355}$$

Wird Gl. (3.355) mit dem Faktor Kz^{-1} multipliziert und

$$z^{-1}\left[K\,U(z) + K\,t_0\,Y(z)\right] = 0$$

auf der rechten Seite von Gl. (3.354) addiert, also

$$Y(z) = -\left(a_1 - K\,t_0\right)\,z^{-1} Y(z) + \left(b_1 + K\right)\,z^{-1} U(z) + V(z),$$

so ändert sich nichts an Gl. (3.354), d.h. jedes Parameterpaar $\hat{a}_1 = a_1 - K\,t_0$ und $\hat{b}_1 = b_1 + K$ liefert dasselbe Verhalten der Regelstrecke. Somit ist dieser Regelkreis nicht eindeutig identifizierbar, da unendlich viele Lösungen im Parameterraum $\hat{a}_1$, $\hat{b}_1$ auf einer Geraden mit der Steigung $1/t_0$ liegen, wie sich leicht veranschaulichen lässt. Das Problem kann aber einfach gelöst werden, wenn ein Regler genügend hoher Ordnung gewählt wird. So genügt bereits ein Regler der Form

$$U(z) = -\left(t_0 + t_1 z^{-1}\right)\,Y(z), \quad t_1 \neq 0 \tag{3.356}$$

bzw. im Zeitbereich

$$u(k) = -t_0 y(k) - t_1 y(k-1). \tag{3.357}$$

Eine weitere Möglichkeit wäre ein zeitvarianter Regler der Form

$$u(k) = -t(k)\, y(k)$$

oder ein strukturumschaltender Regler des Typs von Gl. (3.355) mit der Verstärkung $t_0^* \neq t_0$, womit sich im Parameterraum $\hat{a}_1$, $\hat{b}_1$ ein Schnittpunkt der beiden Geraden mit den Steigungen $1/t_0$ und $1/t_0^*$ und somit eine eindeutige Lösung ergibt. ■

3.8.5 *Self-Tuning*-Regler

Der *Self-Tuning*-Regler stellt einen wichtigen Anwendungsfall für die Systemidentifikation mittels rekursiver Parameterschätzverfahren im geschlossenen Regelkreis dar. Aufgrund des fortlaufend im *Online*-Betrieb durchgeführten Identifikationsvorgangs ist dieser Regler auch bei anfänglich unbekannten oder zeitvarianten Regelstreckenparametern in der Lage, seine Parameter ständig gemäß einer bestimmten ausgewählten Optimierungsvorschrift an die aktuelle Situation anzupassen.

Das Prinzip dieses Reglers ist in Bild 3.13 dargestellt. Der *Self-Tuning*-Regler besteht aus zwei Rückführungen, einem inneren Grundregelkreis und einem übergeordneten äußeren Anpassungssystem für den Reglerparametervektor $\boldsymbol{p}_{\mathrm{R}}$, der sämtliche Reglerkoeffizienten enthält. Die Identifikationsstufe des Anpassungssystems besteht gewöhnlich aus einem rekursiven Parameterschätzverfahren. Das eigentliche Entwurfsprinzip beruht auf einer *Online*-Reglersynthese für die rekursiv identifizierte Regelstrecke, wobei in jedem Abtastschritt k die Schätzgrößen des Parametervektors $\hat{\boldsymbol{p}}(k)$ der Regelstrecke als die wahren Werte angesehen werden und die Unsicherheiten dieser Schätzwerte nicht berücksichtigt werden. Nach diesem sogenannten Gewissheitsprinzip (*Certainty Equivalence Principle*) wird also vereinfachend vorausgesetzt, dass die für den Reglerentwurf benötigten Parameter des im *Online*-Betrieb identifizierten Regelstreckenmodells das wahre Verhalten der Regelstrecke in jedem Abtastschritt genau beschreiben. Dadurch übertragen sich allerdings die Unsicherheiten der Schätzung auf den in jedem Abtastschritt neu durchgeführten Reglerentwurf, also auf die Berechnung der im Vektor $\boldsymbol{p}_{\mathrm{R}}(k)$ zusammengefassten Reglerkoeffizienten.

Dieses Entwurfsprinzip eines sich selbst anpassenden (adaptiven) Regelsystems lässt sich auf unterschiedliche Weise sehr flexibel realisieren, da verschiedene Verfahren sowohl zur rekursiven Regelstreckenidentifikation als auch zum Reglerentwurf in unterschiedlichen Versionen kombiniert werden können [Zyp70, CG75, Unb80, HB81, GS84, Gaw86, War87, Cha87, AW89, ILM92, Unb11], so z.B. durch Vorgabe der Phasen- und Amplitudenreserve, durch Polvorgabe, durch Verwendung einer Minimum-Varianz-Regelstrategie, durch Einsatz eines *Deadbeat*-Reglers oder einer optimalen Zustandsregelung.

Die Blockstruktur in Bild 3.13 stellt einen indirekten bzw. expliziten *Self-Tuning*-Regler dar, da dieser auf der Basis eines expliziten Modells der Regelstrecke entworfen wird. Hierbei sind die Identifikation und die Regleranpassung in jedem Abtastschritt getrennte Vorgänge. Häufig ist es möglich, die Reglerparameter direkt zu bestimmen, also direkt zu identifizieren, falls die Regelstreckenparameter indirekt durch die Reglerparameter

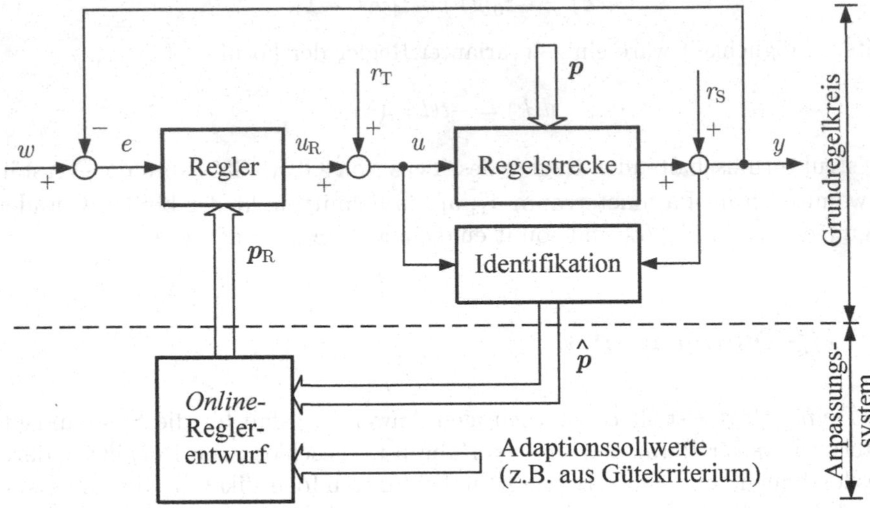

Bild 3.13 Prinzip des *Self-Tuning*-Reglers

ausgedrückt werden können. Ein so entworfener direkter bzw. impliziter *Self-Tuning*-Regler beruht also auf einem impliziten Modell der Regelstrecke. Derartige direkte *Self-Tuning*-Regler erlauben eine beträchtliche Vereinfachung des Adaptionsalgorithmus.

Ergänzend sei darauf hingewiesen, dass neben den verschiedenen *Self-Tuning*-Reglern auch andere adaptive Regelverfahren auf der Basis eines festen Referenzmodells existieren [Lan79, NM80, Nar86, LD86, Cha87, AW89, NA89, But90, Unb11]. Während ursprünglich der *Self-Tuning*-Regler für stochastisch gestörte Regelstrecken mit konstanten, aber unbekannten Parametern zum Zwecke einer einmaligen Adaption vorgesehen war, wurde der adaptive Referenzmodell-Regler anfänglich im Rahmen eines deterministischen Entwurfs insbesondere für Führungsverhalten an Regelstrecken mit ständig veränderlichen Parametern konzipiert. Beim adaptiven Referenzmodell-Regler werden gewöhnlich die Reglerparameter direkt nachgestellt. Beide Regler beruhten ursprünglich auf unterschiedlichen Entwurfsprinzipien und wurden für unterschiedliche Probleme eingesetzt. Der Entwurf des *Self-Tuning*-Reglers basierte auf der stochastischen Regelungstheorie, während der adaptive Referenzmodell-Regler auf Basis der deterministischen Regelungstheorie konzipiert wurde. Dennoch sind sich die beiden adaptiven Reglertypen sehr ähnlich und lassen sich teilweise ineinander überführen, was im Wesentlichen über die jeweils zugrunde liegenden Optimierungsvorschriften möglich ist. Darauf soll im Weiteren jedoch nicht näher eingegangen werden.

Jedes adaptive Regelsystem stellt aufgrund der stets in ihm enthaltenen und gegenseitig stark abhängigen Identifikations- und Regelalgorithmen ein hochgradig nichtlineares, zeitvariantes rückgekoppeltes System dar. Dies gilt, wie bereits anhand von Bild 3.13 zu erkennen ist, auch für solche adaptiven Regler, die bei linearen zeitinvarianten oder zeitvarianten Regelstrecken eingesetzt werden. Daher ist die Gewährleistung der Stabilität und der Konvergenz des verwendeten Schätzalgorithmus eine der wichtigsten Aufgaben beim Entwurf adaptiver Regelsysteme. Unter gewissen hinreichend realistischen Annahmen kann das Stabilitätsproblem bei adaptiven Regelsystemen als geklärt betrachtet werden [Ega79, Lan79, Mor80, GS84, WZ91]. Allerdings muss bei adaptiven Regelsystemen berücksichtigt werden, dass kleine Störungen oder Fehler im zugrunde liegenden Regelstreckenmodell bereits die Stabilität des Regelkreises gefährden können [Ega79, IK83, Roh85]. Um dies zu vermeiden, wurde das Konzept der robusten Stabilität entwickelt [Ega79, And86, Goo88, NA89, SB89, ID91, TI93, Cla94, IS96], welches durch verschiedene zusätzliche Maßnahmen im Regelkreis realisiert werden kann, z.B. durch Modifizierung des Adaptionsgesetzes unter Einbeziehung einer toten Zone, worauf aber hier nicht weiter eingegangen wird.

Bei der Realisierung eines expliziten *Self-Tuning*-Reglers nach dem Gewissheitsprinzip ist darauf zu achten, dass der rekursive Identifikationsalgorithmus für den Vektor $\hat{\boldsymbol{p}}$ der geschätzten Regelstreckenparameter, z.B. auf der Basis des rekursiven *Least-Squares*-Verfahrens gemäß den Gln. (3.104), (3.105), (3.109) und (3.110), also in der Form

$$\hat{\boldsymbol{p}}(k+1) = \hat{\boldsymbol{p}}(k) + \frac{\boldsymbol{P}(k)\,\boldsymbol{m}(k+1)}{1+\boldsymbol{m}^{\mathrm{T}}(k+1)\,\boldsymbol{P}(k)\,\boldsymbol{m}(k+1)}\,[y(k+1)-\hat{y}(k+1)]\,,$$

entsprechend der Aufgabe des adaptiven Reglers richtig reagiert. Wird die Adaption des *Self-Tuning*-Reglers an einer Regelstrecke mit konstanten Parametern nur zur einmaligen Anpassung der Reglereinstellwerte, also nur zur Inbetriebnahme, verwendet, so muss die Kovarianzmatrix $\boldsymbol{P}(k)$ für zunehmende Zeiten, also für $k \to \infty$, gegen die Nullmatrix $\boldsymbol{0}$ konvergieren. Bei einer Regelstrecke mit zeitvariantem Verhalten muss hingegen die Adaption ständig aktiv bleiben, sodass $\boldsymbol{P}(k)$ nicht zu klein werden darf. Der Identifikationsalgorithmus und somit die Adaption des Reglers darf in diesem Fall nicht einschlafen. Die Konvergenz von $\boldsymbol{P}(k)$ gegen $\boldsymbol{0}$ muss also verhindert werden, was z.B. mittels eines gewichteten rekursiven Schätzverfahrens, ähnlich wie bereits in Abschnitt 3.4.2.1 beschrieben, erfolgen kann. Die Gewichtung hat allerdings auch einen Nachteil. Ist die Erregung innerhalb des Regelsystems gering, so gilt

$$E\left\{\boldsymbol{m}(k)\,\boldsymbol{m}^{\mathrm{T}}(k)\right\} \approx \boldsymbol{0},$$

was zu $\boldsymbol{q}(k+1) = \boldsymbol{0}$ führt, sodass die Matrix $\boldsymbol{P}$ entsprechend der daraus sich ergebenden Beziehung gemäß Gl. (3.191)

$$\boldsymbol{P}(k+1) \approx \frac{1}{\lambda}\boldsymbol{P}(k)$$

mit $\lambda < 1$ über alle Grenzen wächst. Dies kann dazu führen, dass die Schätzung instabil wird. Dadurch können im Regelsystem Schwingungen oder gar momentane Instabilitäten auftreten. Allerdings wird dadurch das Regelsystem wieder erregt, sodass sich eine verbesserte Schätzung und auch eine stabile Regelung ergibt. Um dieses Phänomen des *Estimator Windup* zu vermeiden, ist sicherzustellen, dass das Eingangssignal das System fortwährend erregt, wobei möglichst über den gesamten Frequenzbereich bis zur Bandbreite der Regelstrecke angeregt werden sollte. Dies kann über die Führungsgröße $w(k)$ oder das Testsignal $r_{\mathrm{T}}(k)$ erzielt werden. Dabei ist allerdings wieder zu beachten, dass zu große Werte von $\boldsymbol{P}(k)$ zu großen Rundungsfehlern führen können, sodass aufgrund einer begrenzten numerischen Genauigkeit der adaptive Regelkreis wiederum instabil werden kann. Dies lässt sich durch eine zweckmäßige Wahl der Gewichtung im Bereich $0{,}95 \leq \lambda \leq 0{,}99$ vermeiden. Hinsichtlich einer ausführlichen Herleitung eines *Self-Tuning*-Reglers auf der Basis der stochastischen Regelungstheorie [Ast70], der z.B. bei einer stochastisch gestörten Regelstrecke minimale Varianz der Regelgröße garantiert, sei auf [Ast70, AW89, Unb11] verwiesen.

Ein idealer adaptiver Regler müsste ein Gütekriterium oder den Erwartungswert eines Gütekriteriums, das eine Funktion der Zustandsgrößen (einschließlich der geschätzten Parameter) sowie der Stellgröße darstellt, minimieren und gleichzeitig die Unsicherheit des geschätzten Parametervektors berücksichtigen. Die Stellgröße $u(k)$, die eine solche Optimierung liefert, stellt einen Kompromiss zweier sich widersprechender Forderungen dar. So muss $u(k)$ einerseits ein gutes Regelverhalten, also schnelles Eingreifen und Ausregeln der Regelabweichungen, gewährleisten, jedoch mit einer gewissen Vorsicht wegen der Modellunsicherheit. Andererseits sollte $u(k)$ die Regelstrecke zum Zwecke der Identifikation genügend stark erregen. Dieses kombinierte optimale Identifikations- und Regelproblem wurde erstmals von Feldbaum [Fel60, Fel65] als duale Regelung formuliert, konnte aber nur für einige ganz einfache Fälle analytisch gelöst werden. Die ideale duale Regelung stellt einen guten Kompromiss dar zwischen einerseits einem raschen Eingriff der Stellgröße $u(k)$ zur möglichst schnellen Beseitigung einer Regelabweichung $e(k)$ und andererseits einer genügend großen Erregung der Regelstrecke durch die Stellgröße $u(k)$ bei unsicheren oder sich schnell ändernden Parametern der Regelstrecke, um die Parameterschätzung so zu beschleunigen, dass die Regelgüte im nachfolgenden Abtastintervall verbessert wird. Der formale Entwurf eines solchen optimalen adaptiven dualen Reglers erfolgt nach Feldbaum über das Verfahren der dynamischen Programmierung. Allerdings lassen sich die dabei auftretenden Gleichungen wegen ihrer umfangreichen Dimension weder analytisch noch numerisch für praktische Anwendungen lösen. Aus dieser Situation heraus entstanden eine Reihe von Näherungslösungen, auf die hier aber nicht im Detail eingegangen, sondern auf weiterführende Literatur verwiesen wird [FU04].

4 Strukturprüfung für lineare Eingrößensysteme

4.1 Formulierung des Problems

Für das zu identifizierende deterministische Teilmodell wurde in Gl. (3.10) die diskrete Übertragungsfunktion

$$G_{\mathrm{M}}(z) = \frac{\tilde{Y}_{\mathrm{M}}(z)}{U(z)} = \frac{b_0 + b_1 z^{-1} + \ldots + b_n z^{-n}}{1 + a_1 z^{-1} + \ldots + a_n z^{-n}} \tag{4.1}$$

definiert, welche die Modellordnung n aufweist. Gewöhnlich bestimmen die physikalischen Eigenschaften (Anzahl der unabhängigen Energiespeicher) des zu identifizierenden Systems den Wert von n. Daher ist es in manchen Fällen möglich, die Modellordnung durch eine theoretische Systemidentifikation zumindest angenähert zu ermitteln, und zwar auch dann, wenn eine theoretische Systemidentifikation zur Berechnung der Modellparameter scheitert. Mit der Modellordnung n ist, abgesehen von einer eventuell vorhandenen Totzeit, die Struktur des mathematischen Modells festgelegt.

Ist die Abschätzung der Modellordnung n aus Betrachtung der physikalischen Systemeigenschaften nicht möglich, dann kann n mit Hilfe sogenannter Strukturprüfverfahren geschätzt werden. Mit diesen Verfahren soll eine möglichst kleine Modellordnung so bestimmt werden, dass die wesentlichen Systemeigenschaften mit dem entsprechenden mathematischen Modell gemäß Gl. (4.1) hinreichend genau beschrieben werden können. Die durch Strukturprüfverfahren geschätzte Ordnung muss nicht der Ordnung des physikalischen Systems entsprechen, da sie ja nur angibt, mit welcher Ordnung das System durch ein Modell hinreichend genau beschrieben wird. Dadurch können Strukturprüfverfahren in Verbindung mit einer Parameterschätzung auch zur Modellreduktion bei Systemen höherer Ordnung eingesetzt werden.

Die für eine Systemidentifikation infrage kommenden Strukturprüfverfahren lassen sich in drei Gruppen einteilen [UG74]:

- Verfahren zur *A-priori*-Ermittlung der Ordnung,
- Verfahren zur Bewertung der Ausgangssignalschätzung, und
- Verfahren zur Beurteilung der geschätzten Übertragungsfunktion.

Diese Verfahren werden im Folgenden vorgestellt und anschließend anhand eines Beispiels verglichen.

4.2 Verfahren zur *A-priori*-Ermittlung der Ordnung

Bei den Verfahren dieser Gruppe wird mit den gemessenen Eingangs- und Ausgangssignalen des zu identifizierenden Systems jeweils für verschiedene Modellordnungen eine spezielle Datenmatrix gebildet, die in Abhängigkeit von der Ordnung n auf Singularität überprüft wird. Diese Verfahren besitzen den Vorteil, vor der eigentlichen Parameterschätzung durchgeführt werden zu können. Die Ergebnisse dürfen jedoch nur als grobe Vorabschätzung der Ordnung angesehen werden und es sollte in jedem Fall eine Überprüfung mit einem Verfahren aus den anderen Gruppen durchgeführt werden.

4.2.1 Determinantenverhältnis-Test

Der Determinantenverhältnis-Test (*Determinant Ratio Test*) [Woo71] basiert auf der Idee, anhand einer Datenmatrix die statistische Abhängigkeit der Eingangs- und Ausgangssignale festzustellen. Dabei wird vorausgesetzt, dass das Rauschsignal r_S gemäß Bild 3.1 gleich null ist. Ausgangspunkt ist der aus den N Abtastwerten $u(0)$, $u(1)$, ..., $u(N-1)$ und $y(0)$, $y(1)$, ..., $y(N-1)$ des Eingangs- und Ausgangssignals für eine angenommene Modellordnung $\hat{n}$ gebildete $2\hat{n}$-dimensionale Spaltenvektor

$$\boldsymbol{h}(k,\hat{n}) = [u(k-1)\ y(k-1)\ \ldots\ u(k-\hat{n})\ y(k-\hat{n})]^{\mathrm{T}}\,, \tag{4.2}$$

mit dessen Hilfe die $2\hat{n} \times 2\hat{n}$-dimensionale Datenmatrix

$$\boldsymbol{H}(\hat{n}) = \frac{1}{N-\hat{n}+1} \sum_{k=\hat{n}}^{N} \boldsymbol{h}(k,\hat{n})\ \boldsymbol{h}^{\mathrm{T}}(k,\hat{n}) \tag{4.3}$$

aufgestellt wird. Wie leicht nachvollzogen werden kann, entsprechen die Elemente dieser Matrix ähnlich wie in Gl. (3.57) Schätzwerten für die Werte der Auto- und Kreuzkorrelationsfunktionen von Eingangs- und Ausgangssignal, also $R_{uu}(i)$, $R_{yy}(i)$ und $R_{uy}(i)$ für $i = 0,1,\ldots,\hat{n}-1$. Nun wird die Matrix $\boldsymbol{H}(\hat{n})$ nacheinander für verschiedene Ordnungen $\hat{n} = 1,2,\ldots,\hat{n}_{\max}$ aufgestellt. Wird die geschätzte Ordnung $\hat{n}$ größer als die tatsächliche Ordnung n des Systems, so werden $\hat{n}-n$ Spalten von $\boldsymbol{H}(\hat{n})$ Linearkombinationen der übrigen Spalten, d.h. die Matrix wird singulär. Dadurch erhält die Determinante der Matrix $\boldsymbol{H}(\hat{n})$ die Eigenschaft

$$\det\ \boldsymbol{H}(\hat{n}) = \begin{cases} \gamma > 0 & \text{für } \hat{n} \le n, \\ \delta \ll \gamma & \text{für } \hat{n} > n, \end{cases} \tag{4.4}$$

wobei die Größen γ und δ in Abhängigkeit von $\hat{n}$ beliebige Werte annehmen können; δ wird gewöhnlich sehr klein.[1]

Wird nun nacheinander das Determinantenverhältnis

$$DR(\hat{n}) = \frac{\det\ \boldsymbol{H}(\hat{n})}{\det\ \boldsymbol{H}(\hat{n}+1)} \tag{4.5}$$

[1] Da in der Praxis die Annahme der Rauschfreiheit nicht erfüllt sein wird, wird die Matrix $\boldsymbol{H}(\hat{n})$ nicht exakt singulär und die Determinante damit auch nicht gleich null.

der Determinanten der Matrix $\boldsymbol{H}(\hat{n})$ für direkt aufeinanderfolgende Modellordnungen $\hat{n}$ und $\hat{n}+1$ für $\hat{n} = 1,2,\ldots,\hat{n}_{\max}$ berechnet, dann wird angenommen, dass diejenige Modellordnung $\hat{n}$ der tatsächlichen Ordnung n des untersuchten Systems entspricht, für die das Determinantenverhältnis $DR(\hat{n})$ erstmalig eine deutliche Vergrößerung gegenüber dem zuvor berechneten Wert $DR(\hat{n}-1)$ zeigt.

4.2.2 Erweiterter Determinantenverhältnis-Test

Beim Determinantenverhältnis-Test wurde für das Störsignal r_{S} die Annahme $r_{\mathrm{S}} = 0$ getroffen. Für den Fall, dass überlagerte Rauschstörungen auftreten, wird versucht, diese bei der Bildung der Datenmatrix zu berücksichtigen. Unter der Voraussetzung, dass die $2\hat{n} \times 2\hat{n}$-dimensionale Kovarianzmatrix des aus N Signalwerten gebildeten Störvektors $\boldsymbol{r}_{\mathrm{S}}(N)$, also

$$\mathrm{E}\left\{\boldsymbol{r}_{\mathrm{S}}(N)\, \boldsymbol{r}_{\mathrm{S}}^{\mathrm{T}}(N)\right\} = \boldsymbol{R}(\hat{n}), \tag{4.6}$$

für die Modellordnung $\hat{n}$ bekannt ist oder ermittelt werden kann, ist es möglich, den erweiterten Determinantenverhältnis-Test anzuwenden. Stellt im speziellen Fall $r_{\mathrm{s}}(k) = \varepsilon(k)$ ein unkorreliertes Signal, also weißes Rauschen, dar, dann ist nur die Hauptdiagonale von $\boldsymbol{R}$ mit den Werten der Varianz besetzt.

Nun wird für den erweiterten Determinantenverhältnis-Test als Datenmatrix

$$\boldsymbol{H}^*(\hat{n}) = \boldsymbol{H}(\hat{n}) - \boldsymbol{R}(\hat{n}) \tag{4.7}$$

definiert. Ähnlich wie beim Determinantenverhältnis-Test wird dann für direkt aufeinanderfolgende Ordnungen $\hat{n} = 1,2,\ \ldots,\ \hat{n}_{\max}$ das erweiterte Determinantenverhältnis

$$EDR(\hat{n}) = \frac{\det \boldsymbol{H}^*(\hat{n})}{\det \boldsymbol{H}^*(\hat{n}+1)} \tag{4.8}$$

gebildet. Die Wahl der Ordnung erfolgt dann nach demselben Entscheidungskriterium wie beim Determinantenverhältnis-Test.

4.2.3 Instrumenteller Determinantenverhältnis-Test

Im Zusammenhang mit dem Hilfsvariablen-Verfahren für die Parameterschätzung (siehe Abschnitt 3.3.3) wurde der instrumentelle Determinantenverhältnis-Test vorgeschlagen [Wel78]. Hierbei wird wie beim zuvor behandelten erweiterten Determinantenverhältnis-Test die Störung r_{S} in der Datenmatrix berücksichtigt. Da die Bildung der Datenmatrix mit den gestörten Ausgangssignalen zu einem Fehler führen würde, werden die bei der Hilfsvariablen-Methode mittels eines Hilfsmodells geschätzten ungestörten Ausgangssignale zur Bildung dieser Datenmatrix verwendet [YJ80]. Anstelle des in Gl. (4.2) eingeführten Messvektors $\boldsymbol{h}$ werden nun der Hilfsvariablenvektor $\boldsymbol{w}$ aus Gl. (3.125) und anstelle von $\boldsymbol{h}^{\mathrm{T}}$ der aus denselben Elementen nur durch Umstellen gebildete Messvektor $\boldsymbol{m}^{\mathrm{T}}$ gemäß Gl. (3.93) zur Aufstellung der Datenmatrix

$$\boldsymbol{H}^{**}(\hat{n}) = \frac{1}{N-\hat{n}+1} \sum_{k=\hat{n}}^{N} \boldsymbol{w}(k,\hat{n})\, \boldsymbol{m}^{\mathrm{T}}(k,\hat{n}) \tag{4.9}$$

benutzt. Ähnlich wie bei den zuvor besprochenen Tests lässt sich dann das Determinantenverhältnis für direkt aufeinanderfolgende Ordnungen $\hat{n} = 1{,}2, \ldots, \hat{n}_{\max}$

$$IDR(\hat{n}) = \frac{\det \boldsymbol{H}^{**}(\hat{n})}{\det \boldsymbol{H}^{**}(\hat{n}+1)} \tag{4.10}$$

bilden. Die zu wählende Ordnung ergibt sich wiederum nach dem gleichen Entscheidungskriterium wie beim Determinantenverhältnis-Test. Durch die Einführung eines Hilfsvariablen-Schätzers für den Vektor $\boldsymbol{w}$, der ja selbst zuvor ermittelt werden muss, ermöglicht der hier beschriebene Test streng genommen nicht *a priori* die Ermittlung der Modellordnung.

4.3 Verfahren zur Bewertung der Ausgangssignalschätzung

4.3.1 Signalfehlertest

Ein einfaches, jedoch sehr wirksames Verfahren zur Bestimmung der Modellordnung besteht darin, den zeitlichen Verlauf verschiedener charakteristischer Signale für alle infrage kommenden, geschätzten Modellordnungen $\hat{n}_i$ zu berechnen und dann diese mit den tatsächlich gemessenen Signalverläufen zu vergleichen. Hierzu eignen sich das mit den geschätzten Parametern für die jeweilige Modellordnung $\hat{n}$ numerisch berechnete Modellausgangssignal $\hat{y}(k,\hat{n})$ bzw. für den Fall, dass die Übergangs- oder Gewichtsfunktion des tatsächlichen Systems, d.h. die entsprechenden Signalfolgen $h(k)$ und $g(k)$, bekannt sind, die zugehörige geschätzte Übergangs- oder Gewichtsfolge $\hat{h}(k,\hat{n})$ und $\hat{g}(k,\hat{n})$. Dann können die Signalfehler zwischen den exakten und geschätzten Signalwerten für verschiedene Modellordnungen $\hat{n}$ zu

$$\hat{\varepsilon}_y(k,\hat{n}) = y(k) - \hat{y}(k,\hat{n}), \tag{4.11a}$$

$$\hat{\varepsilon}_h(k,\hat{n}) = h(k) - \hat{h}(k,\hat{n}), \tag{4.11b}$$

$$\hat{\varepsilon}_g(k,\hat{n}) = g(k) - \hat{g}(k,\hat{n}) \tag{4.11c}$$

berechnet und verglichen werden, sofern die exakten Signalverläufe bekannt sind, was jedoch meist nur für $y(k)$ zutrifft. Je kleiner diese Fehler sind, desto besser ist das Modell, durch das der tatsächliche Prozess beschrieben werden soll. Die Ermittlung der genauesten Modellordnung lässt sich bei einem nicht zu stark verrauschten Ausgangssignal $y(k)$ einfach durch eine optische Beurteilung des Fehlersignals $\hat{\varepsilon}_y(k,\hat{n})$ durchführen. Als Modellordnung $\hat{n}$ wird dann derjenige Wert gewählt, für den sich ein kleines Fehlersignal $\hat{\varepsilon}_y(k,\hat{n})$ ergibt, welches sich durch weitere Erhöhung der Ordnung nicht wesentlich weiter verringern lässt. Da allerdings der Signalfehler bei einer Erhöhung der Modellordnung aufgrund der erhöhten Zahl der für die Modellanpassung zur Verfügung stehenden Parameter stets kleiner wird, besteht prinzipiell die Gefahr der Wahl einer zu hohen Modellordnung, was als Übermodellierung bezeichnet wird. Vermeiden lässt sich dieses Problem, indem der Signalfehler für einen Satz von Eingangs-Ausgangs-Daten berechnet wird, der nicht für die Parameterschätzung verwendet wurde. Da die Beurteilung der Ausgangssignalschätzung einen Spezialfall der Modellvalidierung darstellt, wird diese Vorgehensweise auch als Kreuzvalidierung bezeichnet. So kann z.B. der zur Verfügung stehende Datensatz in zwei Teile geteilt werden, von denen der erste für die Parameterschätzung herangezogen wird und der zweite für die Modellvalidierung.

4.3.2 Fehlerfunktionstest

Der Fehlerfunktionstest beruht auf dem Signalfehler nach Gl. (4.11a), mit dessen Hilfe das Gütefunktional

$$I_v(\hat{n}) = \frac{1}{2}\sum_{k=\hat{n}}^{N} \hat{\varepsilon}_y^2(k,\hat{n}) \tag{4.12}$$

ähnlich wie in Gl. (3.50) für verschiedene Modellordnungen $\hat{n}$ berechnet wird. Wird die Fehlerfunktion innerhalb einer rekursiven Parameterschätzung unter Verwendung der ARX-Modellstruktur bestimmt, so wird der Signalfehler $\hat{\varepsilon}_y(k,\hat{n})$ über Gl. (3.104) berechnet. Als Modellordnung wird der Wert gewählt, bei dem $I_v(\hat{n})$ einen Wert annimmt, der sich durch weitere Erhöhung der Modellordnung nicht weiter wesentlich verringern lässt.

Auch hier besteht prinzipiell die im vorangegangenen Abschnitt beschriebene Gefahr der Übermodellierung. Neben der bereits erwähnten Kreuzvalidierung lässt sich das Problem der Übermodellierung auch durch die im Folgenden beschriebenen statistischen Tests (F-Test und Test über Informationskriterien) vermeiden, bei denen die Modellordnung explizit in das Kriterium eingeht.

4.3.3 F-Test

Der F-Test ist ein statistisches Verfahren, welches im Rahmen der Strukturprüfung dazu verwendet werden kann, zwei Modelle mit einer unterschiedlichen Modellordnung und damit einer unterschiedlichen Anzahl von Parametern zu vergleichen. Dabei stellt der F-Test einen deterministischen Hypothesentest dar. Vor der Erläuterung des F-Tests soll daher zunächst kurz und etwas vereinfacht das Vorgehen bei einem deterministischen Hypothesentest erläutert werden [Boe98]. Bei einem solchen Test wird aus den Messdaten eine skalare Testgröße berechnet. Die Messdaten stellen dabei eine Realisierung einer (vektoriellen) Zufallsvariable dar. Die Verteilung dieses Zufallsvektors ist, bis auf einen Parametervektor, bekannt. Für den Test werden zwei Hypothesen verwendet, die als Nullhypothese H_0 und als Einshypothese oder Alternative H_1 bezeichnet werden. Diese Hypothesen entsprechen dabei Bereichen, in denen der unbekannte Parameter liegen kann, d.h. der Nullhypothese entspricht die Bedingung $\boldsymbol{p} \in H_0$ und der Einshypothese die Bedingung $\boldsymbol{p} \in H_1$.

Es wird davon ausgegangen, dass aus der den Messdaten zugrunde liegenden Verteilung die Verteilung der Testgröße für den Fall, dass die Nullhypothese zutrifft, bestimmt werden kann. Bei einem deterministischen Test kann dann eine Testfunktion ψ gemäß

$$\psi(\boldsymbol{y}) = \begin{cases} 1 & \text{für } f(\boldsymbol{y}) > F, \\ 0 & \text{sonst} \end{cases} \tag{4.13}$$

eingeführt werden, wobei $\boldsymbol{y}$ der Vektor der Messdaten und $f(\boldsymbol{y})$ die Testgröße ist. Der Wert von 1 entspricht dabei dem Ablehnen der Nullhypothese.[2] Die Nullhypothese wird also abgelehnt, wenn der Wert der Testgröße die Schwelle F überschreitet.

Nun wird die Wahrscheinlichkeit des inkorrekten Ablehnens der Nullhypothese betrachtet, also die Wahrscheinlichkeit dafür, dass die Testgröße bei erfüllter Nullhypothese die Schwelle überschreitet. Für einen bestimmten Wert des Parametervektors $\boldsymbol{p} \in H_0$ ist dies durch die Güte β des Tests

$$\beta(\boldsymbol{p}) = P\{\, f > F \,|\, \boldsymbol{p} \,\} \tag{4.14}$$

bestimmt. Da der Parameter unbekannt ist, wird für den Fall der erfüllten Nullhypothese nun die maximale Wahrscheinlichkeit des inkorrekten Ablehnens berechnet, also

$$\alpha = \sup_{\boldsymbol{p} \in H_0} \beta(\boldsymbol{p}) = \sup_{\boldsymbol{p} \in H_0} P\{\, f > F \,|\, \boldsymbol{p} \,\} \tag{4.15}$$

die auch als Niveau des Tests oder als Irrtumswahrscheinlichkeit bezeichnet wird.

Etwas einfacher wird die Betrachtung, wenn die Nullhypothese dem Fall entspricht, dass der Parametervektor einem vorgegebenen Wert entspricht. Dies kann dann durch entsprechende Verschiebung auch als $H_0 = \{\boldsymbol{0}\}$ dargestellt werden. Die Nullhypothese entspricht also dem Fall $\boldsymbol{p} = \boldsymbol{0}$. Dann kann auf die Bildung des Supremums verzichtet und die Irrtumswahrscheinlichkeit als

$$\alpha = P\{\, f > F \,|\, \boldsymbol{p} = \boldsymbol{0} \,\} \tag{4.16}$$

angegeben werden. Im Folgenden wird dieser Fall betrachtet.

Wie eingangs erwähnt, wird davon ausgegangen, dass die Verteilung der Testgröße unter Annahme der Nullhypothese bestimmt werden kann. Unter der Nullhypothese gilt also

$$f \sim W_0, \tag{4.17}$$

wobei W_0 für die bekannte, hier aber nicht weiter spezifizierte Verteilung steht.[3] Um dann eine vorgegebene Irrtumswahrscheinlichkeit α gemäß Gl. (4.16) zu erhalten, muss als Schwelle F der Wert F_α gewählt werden, den eine W_0-verteilte Zufallsgröße gerade mit der Wahrscheinlichkeit α überschreitet.

Bei der Anwendung des F-Tests zur Strukturprüfung werden zwei Modelle mit den Ordnungen $\hat{n}_1$ und $\hat{n}_2 > \hat{n}_1$ verglichen. Hierzu wird die Testgröße

$$f(\hat{n}_2,\hat{n}_1) = \frac{I_{v1} - I_{v2}}{I_{v2}} \cdot \frac{\tilde{N} - 2\hat{n}_2}{2(\hat{n}_2 - \hat{n}_1)}\,, \tag{4.18}$$

definiert, wobei $\tilde{N}$ die Anzahl der zur Berechnung der Fehlerfunktion verwendeten Messwerte angibt.[4] Die Nullhypothese entspricht nun der Annahme, dass die beim Modell mit der Ordnung $\hat{n}_2$ gegenüber dem Modell mit der Ordnung $\hat{n}_1$ zusätzlich hinzugekommenen Parameter die Werte null haben, also zur Modellbeschreibung nicht erforderlich sind. Unter der Nullhypothese besitzt die Testgröße gerade dann eine $F(2\Delta n,\tilde{N}-2\hat{n}_2)$-Verteilung [Sac78], wenn die Signalfehler $\hat{\varepsilon}_y(k,\hat{n})$ normalverteilt und die Fehlerfunktionen I_{v1} und I_{v2} damit χ^2-(Chi-Quadrat)-verteilte Zufallsvariablen sind. Dabei ist $\Delta n = \hat{n}_2 - \hat{n}_1$.

[2] Allgemein kann der Wert der Testfunktion als Wahrscheinlichkeit dafür interpretiert werden, dass die Nullhypothese abgelehnt werden sollte. Bei einem randomisierten Test kann die Testgröße entsprechend Werte von null bis eins annehmen.

[3] Die Notation $x \sim W$ steht dabei dafür, dass die Zufallsgröße x der Verteilung W unterliegt.

[4] Der Faktor 2 bei den Modellordnungen rührt dabei daher, dass ein Modell der Ordnung $\hat{n}$ gerade $2\hat{n}$ Regressoren aufweist.

Als Schwellwert $F_{2\Delta n,\tilde{N}-2\hat{n}_2,\alpha}$ für den Test wird dann der Zahlenwert genommen, der von einer $F(2\Delta n,\tilde{N}-2\hat{n}_2)$-verteilten Zufallsgröße gerade mit der Wahrscheinlichkeit α überschritten wird. Die Schwellwerte können für bestimmte Wahrscheinlichkeiten, z.B. für $\alpha = 5\%$, 1% oder $0{,}1\%$ den Tabellen der F-Verteilung [Sac78] entnommen werden. In Bild 4.1 sind die Schwellwerte für eine $F(s,\infty)$-Verteilung graphisch dargestellt [Goe73]. Überschreitet die Testgröße den Schwellwert, wird die Nullhypothese abgelehnt, d.h. die zusätzlichen Modellparameter sind signifikant und das Modell mit der höheren Ordnung ist im statistischen Sinne besser als das Modell mit der niedrigeren Ordnung.

Für die praktische Anwendung kann so vorgegangen werden, dass immer ein Modell der Ordnung $\hat{n}_1 = \hat{n}$ mit einem Modell der um eins erhöhten Ordnung, also $\hat{n}_2 = \hat{n}+1$, verglichen wird. Die Ordnung $\hat{n}$ wird dann solange erhöht, bis sich der Fehlerfunktionswert $I_v(\hat{n}+1)$ nur unwesentlich vom Fehlerfunktionswert $I_v(\hat{n})$ unterscheidet (also eine ausreichende Modellgüte erreicht wurde) und die Testgröße $f(\hat{n}_1+1,\hat{n}_1)$ erstmals kleiner als der Schwellwert $F_{2,\tilde{N}-2\hat{n}-2,\alpha}$ aus der Tabelle der F-Verteilung wird (die zusätzlichen Parameter also als null angenommen werden können).

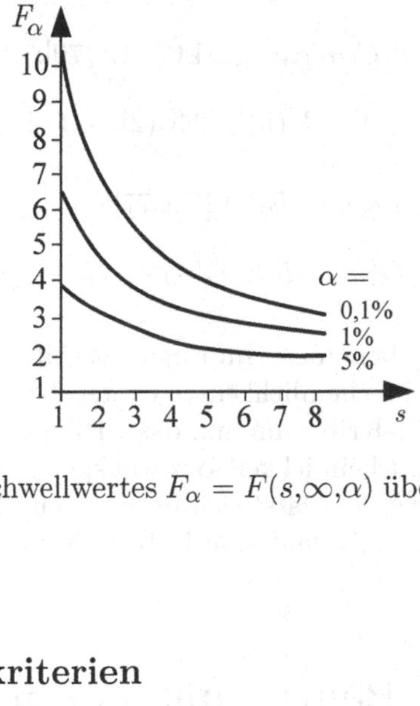

Bild 4.1 Darstellung des Schwellwertes $F_\alpha = F(s,\infty,\alpha)$ über s für verschiedene Irrtumswahrscheinlichkeiten α

4.3.4 Informationskriterien

Informationskriterien lassen sich zweckmäßigerweise in der logarithmischen Form

$$I_{\text{Krit}} = \tilde{N} \ln I_v(\hat{n}) + f(\hat{n},\tilde{N}) \tag{4.19}$$

darstellen, wobei $I_v(\hat{n})$ die durch Gl. (4.12) beschriebene Fehlerfunktion aus $\tilde{N} = N-n+1$ Werten des Modellfehlers $\hat{\varepsilon}_y(k,\hat{n})$ ist und $\hat{n}$ die Ordnung der Modellübertragungsfunktion gemäß Gl. (4.1) angibt.[5] Der erste Summand auf der rechten Seite von Gl. (4.19) bewertet die Anpassung des geschätzten Modellausgangssignals $\hat{y}(k,\hat{n})$ an das gemessene

[5] Gelegentlich wird in der Literatur bei den Informationskriterien als Fehlerfunktion der mittlere quadratische Fehler verwendet, hier also $I_v(\hat{n}) = \frac{1}{N-\hat{n}+1}\sum_{k=\hat{n}}^{N} \hat{\varepsilon}_y^2(k,\hat{n})$, was jedoch keinen Unterschied macht, da sich mit dieser Fehlerfunktion der Wert des Informationskriteriums lediglich um den konstanten Wert $\tilde{N}\ln(\tilde{N}/2)$ verringern würde.

Ausgangssignal $y(k)$ des Systems. Der zweite Term berücksichtigt die Komplexität, also die Ordnung $\hat{n}$ der Modellübertragungsfunktion $G_{\mathrm{M}}(z)$ nach Gl. (4.1).

Während der erste Term von I_{Krit} mit zunehmender Komplexität des Modells gewöhnlich abnimmt, nimmt der zweite Term mit wachsender Modellordnung $\hat{n}$ zu. Das beste Modell wird somit durch den kleinsten Wert des jeweiligen Informationskriteriums, also durch $I_{\mathrm{Krit}} = \min$, bestimmt.

Folgende Informationskriterien werden hierzu benutzt:[6]

a) *Final Prediction Error Criterion* (FPE) [Aka70]:

$$FPE(\hat{n}) = \tilde{N} \ln I_v(\hat{n}) + \tilde{N} \ln \frac{\tilde{N} + 2\hat{n} + 1}{\tilde{N} - (2\hat{n} + 1)}. \tag{4.20}$$

b) *Akaike Information Criterion* (AIC) [Aka73, BD77]:

$$AIC(\hat{n},\Phi_1) = \tilde{N} \ln I_v(\hat{n}) + (2\hat{n} + 1)\,\Phi_1; \;\; \Phi_1 > 0. \tag{4.21}$$

c) *Law of Iterated Logarithm Criterion* (LILC) [HQ79]:

$$LILC(\hat{p}\Phi_2) = \tilde{N} \ln I_v(\hat{n}) + 2\Phi_2(2\hat{n} + 1)\, \ln(\ln \tilde{N}); \;\; \Phi_2 \geq 1. \tag{4.22}$$

d) *Bayesian Information Criterion* (BIC) [Kas77]:

$$BIC(\hat{n}) = \tilde{N} \ln I_v(\hat{n}) + (2\hat{n} + 1)\, \ln \tilde{N}. \tag{4.23}$$

Verglichen mit dem F-Test haben diese Informationskriterien den Vorteil, dass keine subjektiv wählbare Irrtumswahrscheinlichkeit α vorgegeben werden muss. Es lässt sich zeigen, dass für $\Phi_1 = 2$ das AIC-Kriterium und das FPE-Kriterium auf einen F-Test mit einer bestimmten Irrtumswahrscheinlichkeit α zurückgeführt werden können, sofern $\tilde{N}$ genügend groß ist [Soe77]. Außerdem lässt sich nachweisen, dass auch das BIC- und das LILC-Kriterium asymptotisch äquivalent zum F-Test sind [Kor89].

4.4 Verfahren zur Beurteilung der geschätzten Übertragungsfunktion

Während bei den zuvor besprochenen Verfahren zur Bestimmung der Modellordnung entweder die messbaren Eingangs- und Ausgangssignale oder die Signalfehler benutzt wurden, werden in dieser letzten hier dargestellten Gruppe von Strukturprüfverfahren die geschätzten Übertragungsfunktionen $G_{\mathrm{M}}(z)$ und $G_{\mathrm{r}}(z)$ und damit direkt die geschätzten Modellparameter verwendet.

[6] Hier werden die geläufigeren englischen Begriffe für die Kriterien verwendet.

4.4.1 Polynom-Test

Der Grundgedanke dieses Strukturprüfverfahrens besteht darin, die Polynome $A(z^{-1})$, $B(z^{-1})$, $C(z^{-1})$, $D(z^{-1})$ und $E(z^{-1})$ der geschätzten Übertragungsfunktion gemäß Tabelle 3.2 daraufhin zu untersuchen, ob sie gemeinsame Wurzeln besitzen. Zunächst werden Modelle mit den Ordnungen $\hat{n} = 1{,}2, \ldots, \hat{n}_{\max}$ für das System identifiziert. Danach werden jeweils für die geschätzten Übertragungsfunktionen die Pole und Nullstellen bestimmt und ihre Lage im Einheitskreis der z-Ebene dargestellt. Bei einer zu groß gewählten Modellordnung $\hat{n} > n$ werden die zusätzlichen Pole $z_{p,i}$ für $i > n$ annähernd durch Nullstellen kompensiert. Es wird angenommen, dass die richtige Modellordnung $\hat{n} = n$ dann vorliegt, wenn bei schrittweiser Verkleinerung der Modellordnung erstmals keine Pol-Nullstellen-Kompensation auftritt. Andererseits kann aber auch geprüft werden, ob einzelne Wurzeln für zunehmende Modellordnung n nahezu unverändert bleiben und somit als systemeigene oder charakteristische Wurzeln angesehen werden können.

4.4.2 Kombinierter Polynom- und Dominanz-Test

Obwohl der Polynom-Test ein sehr zuverlässiges Strukturprüfverfahren ist, ermöglicht die graphische Darstellung keine exakte Beurteilung, da bei der Anwendung stets subjektiv, d.h. aufgrund einer gewissen Erfahrung, entschieden werden muss, welche Pol-Nullstellen-Verteilung für das Modell zugelassen wird. Diese graphische Auswertung lässt sich aber objektiver durchführen und damit vereinfachen, wenn ähnlich wie bei den Modellreduktionsverfahren [Lit79] jedem Pol ein Dominanzmaß zugeordnet wird. Diese Vorgehensweise soll als kombinierter Polynom- und Dominanz-Test bezeichnet werden, der gemäß den nachfolgend beschriebenen Schritten durchgeführt wird.

Schritt 1: Vorbereitung

Es wird die maximal mögliche Ordnung des Systems mit $n_{\max}$ abgeschätzt. Mit Hilfe eines beliebigen Parameterschätzverfahrens wird ein diskretes Modell gemäß Gl. (4.1) bestimmt, wobei im Allgemeinen $b_0 = 0$ (nichtsprungfähiges System) gewählt wird. Die Pole und Nullstellen dieser Übertragungsfunktion werden graphisch in der z-Ebene dargestellt.

Schritt 2: Polynom-Test

Wird vorausgesetzt, dass die Prozesseigenschaften durch ein Modell der Ordnung $\tilde{n}$ hinreichend genau beschrieben werden können, so besitzt das im Schritt 1 geschätzte Modell gerade $n_{\max} - \tilde{n}$ Pole, die keinen wesentlichen Einfluss auf die Prozessdynamik haben. Diese Pole werden entweder durch Nullstellen kompensiert oder sie weisen einen vernachlässigbaren dominanten Einfluss auf. Zur Bestimmung der Ordnung mittels des Polynom-Tests wird auf graphischem Wege die Anzahl der Pole festgestellt, deren Kompensation durch Nullstellen eindeutig erkennbar ist. So ist eine Bestimmung einer vorläufigen Modellordnung $\tilde{n}$ möglich, mit der das Modell keine eindeutigen Pol-Nullstellen-Kürzungen mehr aufweist. Für die verbleibenden Pole kann die Entscheidung, ob eine Kompensation vorliegt, oder ob die Pol- und Nullstellen unterschiedlich sind, nur mit einiger Erfahrung und in Abhängigkeit von den Systemeigenschaften und den auftretenden Störungen getroffen werden. Für diese Entscheidung können aber bekannte Dominanzmaße, wie im nächsten Schritt gezeigt wird, herangezogen werden.

Schritt 3: Dominanz-Test

Wird die sich aus dem Polynom-Test ergebende vorläufige Modellordnung mit $\tilde{n}$ bezeichnet, so kann z.B. für einfache Pole das Modell gemäß Gl. (4.1) auch in der Form

$$G_{\mathrm{M}}(z) = \sum_{\nu=1}^{\tilde{n}} \frac{c_\nu}{z - z_\nu} = \sum_{\nu=1}^{\tilde{n}} \frac{\alpha_\nu (1 - z_\nu)}{z - z_\nu} \tag{4.24}$$

angegeben werden, wobei die Konstante α_ν den Quotienten aus dem zum Pol z_ν gehörenden Residuum c_ν und $(1 - z_\nu)$ beschreibt, der bei komplexen Polen ebenfalls komplex werden kann. In [Lit79] wird gezeigt, dass für den Endwert der Übergangsfolge des Modells gemäß Gl. (4.24) gerade die Beziehung

$$\lim_{k\to\infty} h(k) = \sum_{\nu=1}^{\tilde{n}} \operatorname{Re} \alpha_\nu \tag{4.25}$$

gilt, die unmittelbar die stationäre Verstärkung beschreibt. Somit lassen sich die einzelnen Faktoren $\operatorname{Re}\alpha_\nu$ auch als Verstärkungen der Pole interpretieren. Wird nun das dimensionslose Dominanzmaß

$$D_\nu = \frac{\operatorname{Re}\alpha_\nu}{\sum\limits_{i=1}^{\tilde{n}} \operatorname{Re}\alpha_i} \tag{4.26}$$

für $\nu = 1,2,\ldots,\tilde{n}$ gebildet, so entsteht ein Maß dafür, welchen Einfluss jeder Pol auf die Übergangsfolge des Modells hat. So bedeutet z.B. $D_\nu = 0{,}01$, dass der ν-te Pol einen Anteil von 1% am Endwert gemäß Gl. (4.25) besitzt. In Abhängigkeit von der gewünschten Genauigkeit der Übergangsfolge kann nun anhand der D_ν-Werte eine weitere Reduktion der Modellordnung auf den endgültigen Wert $\hat{n}$ erfolgen.

Andererseits kann aber auch das Dominanzmaß des am wenigsten dominanten Poles

$$D_{\min} = \min_\nu D_\nu \tag{4.27}$$

betrachtet werden. Wird $D_{\min}$ für verschiedene Modellordnungen $1,2,\ldots,\tilde{n}$ berechnet, so wird der Wert $\hat{n}$ als korrekte Modellordnung angenommen, für den erstmalig

$$D_{\min}(\hat{n}+1) \ll D_{\min}(\hat{n}) \tag{4.28}$$

gilt.

Das hier beschriebene Strukturprüfverfahren hat sich an zahlreichen gestörten und ungestörten Systemen als sehr leistungsfähig erwiesen.

4.5 Vergleich der Verfahren

Die Leistungsfähigkeit der Strukturprüfverfahren soll nachfolgend anhand eines einfachen Beispiels verglichen werden. Dazu wird ein System zweiter Ordnung mit der kontinuierlichen Übertragungsfunktion

$$G(s) = \frac{1}{(2s+1)(11s+1)} \tag{4.29}$$

betrachtet. Für dieses System wird die Abtastzeit zu $T = 1{,}6$ s gewählt. Als diskrete Übertragungsfunktion bei Verwendung eines Haltegliedes nullter Ordnung ergibt sich

$$G(z) = \frac{0{,}004308z^{-1} + 0{,}0315z^{-2}}{1 - 1{,}314z^{-1} + 0{,}3886z^{-2}}\,. \tag{4.30}$$

Das durch Gl. (4.30) beschriebene System wurde digital simuliert, wobei als Eingangssignal ein PRBS-Signal mit der Amplitude $u(k) = \pm 1$ gewählt wurde. Dem Ausgangssignal wurden keine zusätzlichen Störungen überlagert. Die Messreihe umfasste 380 Messpunkte. Da das System vor Aufschalten der Erregung in Ruhe war und damit zurückliegende Signale zu null gesetzt werden können, können hier alle 380 Messpunkte zur Parameterschätzung herangezogen werden, es gilt also $\tilde{N} = N = 380$. Der Verlauf des Eingangs- und des Ausgangssignals ist in Bild 4.2 dargestellt.

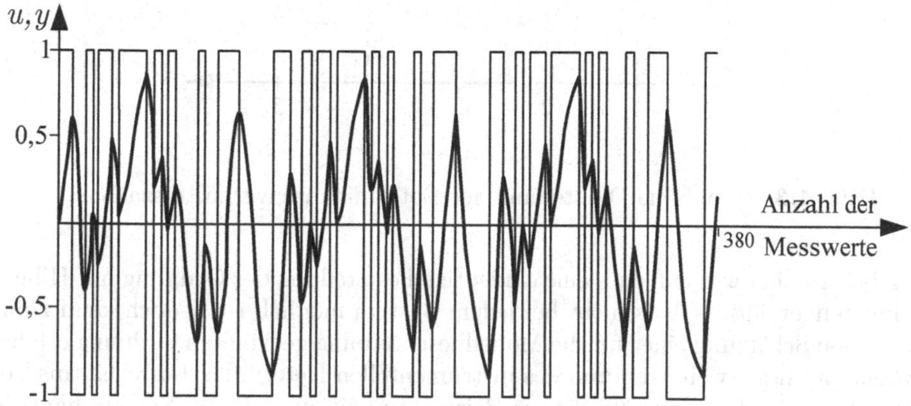

Bild 4.2 Eingangs- und Ausgangssignal des simulierten Systems

Anhand der mittels der Simulation erzeugten Daten konnten sowohl die Parameterschätzung durchgeführt, als auch die nachfolgenden Strukturprüfverfahren angewendet werden. Auf diese Art lassen sich die Identifikationsergebnisse für die Parameter und die Struktur mit den tatsächlichen Werten direkt vergleichen.

Determinantenverhältnis-Test. Da den Eingangs- und Ausgangssignalen keine Störungen überlagert wurden, ist es möglich, den einfachen Determinantenverhältnis-Test anzuwenden. Entsprechend der Gl. (4.5) wurde das Verhältnis

$$DR(\hat{n}) = \frac{\det\, \boldsymbol{H}(\hat{n})}{\det\, \boldsymbol{H}(\hat{n}+1)}$$

für $\hat{n} = 1,2,3,4,5$ berechnet. Diese Werte sind in Tabelle 4.1 dargestellt. Der erste deutliche Anstieg ist zwischen den Werten von $DR(1)$ und $DR(2)$ feststellbar. Verdeutlicht wird dies auch anhand der graphischen Darstellung in Bild 4.3. Daraus ist erkennbar, dass der Anstieg von $DR(\hat{n})$ beim Übergang von $\hat{n} = 1$ auf $\hat{n} = 2$ am größten ist. Somit wird die Modellordnung $\hat{n} = 2$ gewählt.

Tabelle 4.1 Tabelle der Determinantenverhältniszahlen

$\hat{n}$	1	2	3	4	5
$DR(\hat{n})$	522	5431	8920	19913	61584

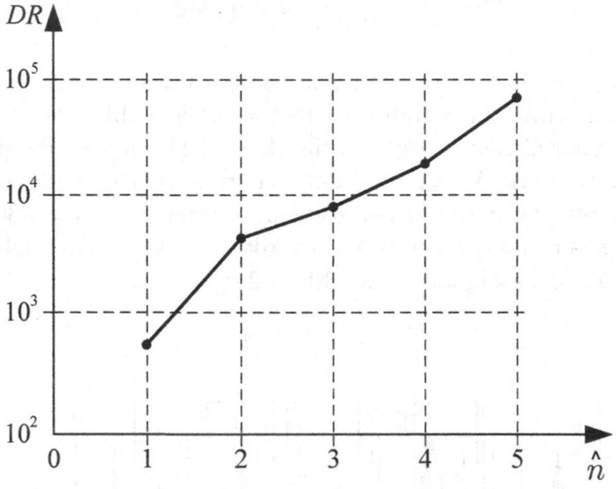

Bild 4.3 Graphische Darstellung der Determinantenverhältniszahlen

Es soll dabei erwähnt werden, dass eine eindeutige Feststellung der Ordnung mit Hilfe des Determinantenverhältnis-Tests nicht bei jedem System möglich ist, jedoch kann zumindest eine grobe Schätzung einer für die Modellbeschreibung geeigneten Ordnung erfolgen. Die Anwendung des erweiterten und des instrumentellen Determinantenverhältnis-Tests ist nicht notwendig, da es sich bei diesem Beispiel um ein ungestörtes System handelt.

Signalfehlertest. In diesem Test wird das gemessene Ausgangssignal mit den für verschiedene Ordnungen geschätzten Ausgangssignalen verglichen, wobei als Eingangssignal deterministische Signale verwendet werden können. Für das vorliegende Beispiel wurde der Systemeingang sprungförmig erregt, sodass entsprechend Gl. (4.11b) der Fehler

$$\hat{\varepsilon}_h(k,\hat{n}) = h(k) - \hat{h}(k,\hat{n})$$

untersucht wurde. In vier Identifikationsläufen wurden die Übertragungsfunktionen mit den Modellordnungen $\hat{n} = 1,2,3,4$ geschätzt. In einer anschließenden Simulation wurde dann das Übergangsverhalten der vier Übergangsfolgen $\hat{h}(k,1)$, $\hat{h}(k,2)$, $\hat{h}(k,3)$ und $\hat{h}(k,4)$ ermittelt und in Bild 4.4 die Signalfehler

$$\hat{\varepsilon}_1(k) = h(k) - \hat{h}(k,1) \ ,$$

$$\hat{\varepsilon}_2(k) = h(k) - \hat{h}(k,2) \ ,$$

$$\hat{\varepsilon}_3(k) = h(k) - \hat{h}(k,3)$$

und

$$\hat{\varepsilon}_4(k) = h(k) - \hat{h}(k,4)$$

dargestellt. Um diese Signalfehler zu verdeutlichen, wurden für die Ordinatenachse verschiedene Maßstäbe gewählt. Während $\hat{\varepsilon}_1(k)$ noch relativ groß ist, sind die Signalfehler $\hat{\varepsilon}_2(k)$, $\hat{\varepsilon}_3(k)$ und $\hat{\varepsilon}_4(k)$ sehr klein. Die Ordnung des Systems wurde zu $\hat{n} = 2$ bestimmt,

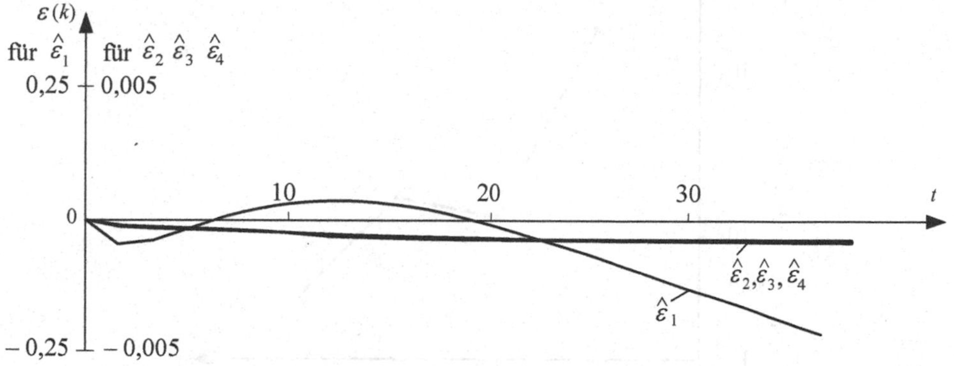

Bild 4.4 Signalfehler des Übergangsverhaltens

da sich für $\hat{n} = 2$ eine deutliche Verringerung des Signalfehlers ergibt, eine weitere Erhöhung der Ordnung aber keine deutliche Verringerung mehr bewirkt. Insgesamt stellt der Signalfehlertest ein recht zuverlässiges Verfahren für deterministisch erregte Systeme dar.

Fehlerfunktionstest. Der diesem Strukturprüfverfahren zugrunde gelegte Signalfehler $\hat{\varepsilon}(k)$ wurde nach Gl. (3.104) während der Identifikationsläufe für die Modelle mit den Ordnungen $\hat{n} = 1{,}2{,}3{,}4$ berechnet.[7] Sodann erfolgte die Berechnung der Fehlerfunktionswerte nach Gl. (4.12). Für 380 Messwerte ergaben sich die Fehlerfunktionswerte gemäß Tabelle 4.2. Diese Werte sind in Bild 4.5 mit logarithmischer Ordinate aufgetragen. Hier ergibt sich ein erster eindeutiger Abfall der Fehlerfunktionswerte für $\hat{n} = 2$, sodass daraus auf die Ordnung des Systems $\hat{n} = 2$ geschlossen werden kann. Eine weitere Erhöhung bewirkt keine weitere signifikante Reduktion des Fehlerfunktionswerts.

Tabelle 4.2 Fehlerfunktionswerte für die Ordnungen $\hat{n} = 1{,}2{,}3{,}4$

$\hat{n}$	1	2	3	4
$I_v(\hat{n})$	$2{,}46 \cdot 10^{-3}$	$0{,}137 \cdot 10^{-3}$	$0{,}17 \cdot 10^{-3}$	$0{,}028 \cdot 10^{-3}$

F-Test. Mit Hilfe des F-Tests wird eine Prüfung ermöglicht, mit welchem Modell minimaler Ordnung das identifizierte System darstellbar ist. Für die Berechnung der Testgröße

$$F(\hat{n}) = \frac{I_{v1} - I_{v2}}{I_{v2}} \cdot \frac{N - 2\hat{n}_2}{2\Delta n}$$

[7] Es wurde also der Fehler $\hat{\varepsilon}(k)$ *online* jeweils mit dem aus der rekursiven Parameterschätzung vorliegenden Parameterschätzwert berechnet. Diese *Online*-Schätzung begründet auch den Anstieg des Fehlerfunktionswerts bei der Erhöhung der Ordnung von 2 auf 3 (siehe Tabelle 4.2). Alternativ wäre eine Fehlerberechnung mit einem direkt (nicht rekursiv) ermittelten Parameterschätzwert oder mit dem letzten Parameterschätzwert nach Verarbeitung der gesamten Messreihe möglich (dies allerdings nicht *online*).

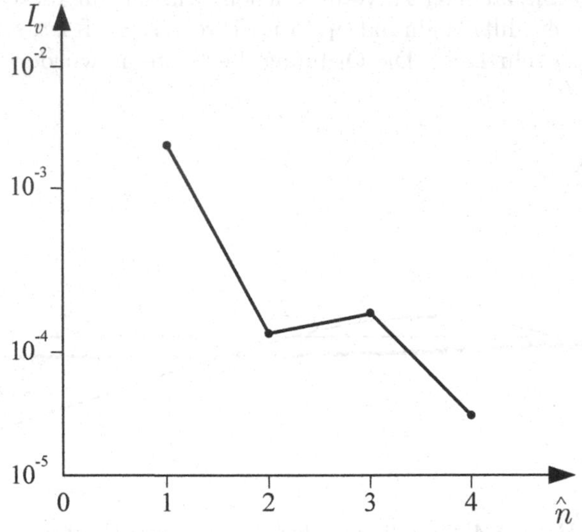

Bild 4.5 Logarithmische Darstellung der Fehlerfunktion

wurden die Fehlerfunktionswerte der Tabelle 4.2 verwendet. Da der Funktionswert $I_v(3)$ größer als der Funktionswert $I_v(2)$ ist, braucht die Testgröße $F(2)$ nicht berechnet zu werden. In diesem Fall steht bereits eindeutig fest, dass das System durch das Modell mit der Ordnung $\hat{n} = 2$ besser dargestellt werden kann als durch das Modell mit der Ordnung $\hat{n} = 3$. In diesem Beispiel muss daher nur noch geprüft werden, ob das System auch durch ein Modell mit der Ordnung $\hat{n} = 1$ ausreichend gut beschrieben werden kann. Bei 380 Messwerten ergibt sich für die Testgröße

$$F(\hat{n} = 1) = 3188 .$$

Wird eine Irrtumswahrscheinlichkeit von $\alpha = 0{,}1\%$ zugelassen, so folgt aus Bild 4.1, dass $F(\hat{n} = 1) > F_t$ ist, d.h. das System kann nicht mit einem Modell der Ordnung $\hat{n} = 1$ beschrieben werden. Als Ergebnis des F-Testes ergibt sich daher die Modellordnung $\hat{n} = 2$.

Akaike Information Criterion. Mit dem aus den Messungen vorgegebenen Wert $N = 380$ und der frei wählbaren Größe $\Phi_1 = 400$ ergeben sich mit Gl. (4.21) die in Tabelle 4.3 dargestellten Zahlenwerte. Für das Modell der Ordnung $\hat{n} = 2$ resultiert der kleinste Wert des Kriteriums.

Tabelle 4.3 Werte des AIC-Kriteriums mit $\Phi_1 = 400$

$\hat{n}$	1	2	3	4
$AIC(\hat{n},\Phi_1)$	-1083,8	-1382	-569	-382

Polynom-Test. Für den Polynom-Test werden zunächst die Übertragungsfunktionen der Modelle mit den Ordnungen $\hat{n} = 1,2,3,4$ geschätzt. Daraus werden dann die Pol- und Nullstellen berechnet und wie in Bild 4.6 gezeigt in der z-Ebene eingezeichnet. Beginnend mit der höchsten Ordnung $\tilde{n} = 4$ wird geprüft, welche Pole durch Nullstellen kompensiert werden. Dabei lässt sich feststellen, dass das Polpaar $z_{P\,3,4} = -0{,}3326 \pm j \cdot 0{,}4455$ durch das Nullstellenpaar $z_{N\,3,4} = -0{,}3323 \pm j \cdot 0{,}4466$ recht genau kompensiert wird. Daraus ergibt sich als vorläufiges Ergebnis die Ordnung $\tilde{n} = 2$. Dieses Ergebnis wird nun überprüft, indem die Pole und Nullstellen des Modells der Ordnung $\tilde{n} = 3$ verglichen werden. Hier wird recht eindeutig der Pol $z_{P\,3} = -0{,}3486$ durch die Nullstelle $z_{N\,3} = -0{,}3421$ gekürzt, sodass auch ohne weiteres Heranziehen des kombinierten Polynom- und Dominanz-Tests das vorläufige Ergebnis bestätigt wird. Da bei den Modellen mit den Ordnungen $\tilde{n} = 1$ und $\tilde{n} = 2$ keine Pol-Nullstellen-Kompensation auftritt, sind mindestens zwei Pole und eine Nullstelle für die Darstellung notwendig. Die minimale Modellordnung für eine hinreichend genaue Darstellung ist also $\hat{n} = 2$.

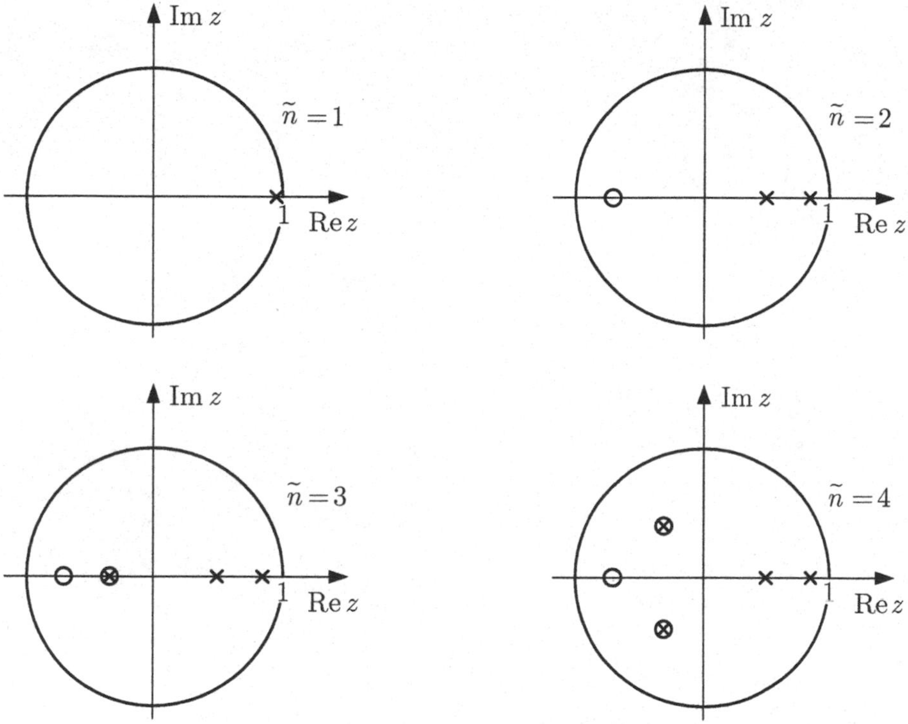

Bild 4.6 Darstellung der Pole in der z-Ebene für die Modellordnungen $\tilde{n} = 1{,}2{,}3$ und 4

5 Identifikation linearer Mehrgrößensysteme mittels Parameterschätzverfahren

5.1 Einführung

Das Ziel bei der Parameterschätzung von linearen Mehrgrößensystemen besteht in der Entwicklung eines mathematischen Modells, welches das zu identifizierende System mit r Eingangsgrößen $u_j(k)$, $j = 1,\ldots,r$, und m Ausgangsgrößen $y_i(k)$, $i = 1,\ldots,m$, bezüglich seines statischen und dynamischen Verhaltens hinreichend genau beschreibt. Obwohl das prinzipielle Vorgehen ähnlich ist wie bei der Parameterschätzung von linearen Eingrößensystemen, stellt dennoch die Parameterschätzung bei linearen Mehrgrößensystemen keine einfache, formale Erweiterung des Eingrößenfalles dar, da folgende zusätzliche Probleme auftreten:

- Es muss ein kanonischer Modellansatz gefunden werden, der es erlaubt, alle Zusammenhänge zwischen den Eingangs- und Ausgangssignalen sowie alle Kopplungen der Ausgangssignale untereinander beschreiben zu können.
- Die Schätzalgorithmen müssen so geändert werden, dass sie trotz der großen Anzahl von Messdaten und Parametern hinsichtlich der Rechenzeit schnell sind und bezüglich des Speicherplatzbedarfs mit vertretbarem Aufwand realisiert werden können.
- Für jeden Teil des Mehrgrößensystems müssen die Voraussetzungen für die Identifizierbarkeit, wie beispielsweise die richtige Wahl der Abtastzeit, der Ordnung und der Testsignale erfüllt sein.

Nachfolgend wird auf diese zusätzlichen Probleme eingegangen. Es werden zunächst Modellansätze auf Basis von Übertragungsfunktionen bzw. Übertragungsmatrizen betrachtet (Abschnitt 5.2), wobei drei verschiedene Ansätze (Gesamtmodellansatz, Teilmodellansatz und Einzelmodellansatz) vorgestellt werden. Die eigentliche Parameterschätzung wird in Abschnitt 5.3 betrachtet. Anschließend wird ein auf Polynommatrizen basierender Ansatz vorgestellt (Abschnitt 5.4) und als letztes die sogenannten *Subspace*-Identifikation auf Basis der Zustandsraumdarstellung behandelt (Abschnitt 5.5).

5.2 Modellansätze mittels Übertragungsfunktionen und Übertragungsmatrizen

Zur Identifikation linearer Mehrgrößensysteme stehen Modellansätze sowohl für die Zustandsraumdarstellung als auch für die Darstellung mittels Übertragungsfunktionen bzw.

Übertragungsmatrizen zur Verfügung. Zunächst soll auf die letztere Beschreibungsform näher eingegangen werden [Die81].

5.2.1 Gesamtmodellansatz

Entsprechend Bild 5.1 beschreibt das Gesamtmodell ein lineares, zeitinvariantes zeitdiskretes Mehrgrößensystem mit r Eingangssignalen $u_j(k)$, $j = 1,\ldots,r$, und m Ausgangssignalen $y_{\mathrm{M},i}(k)$, $i = 1,\ldots,m$, durch die Beziehung

$$\begin{bmatrix} \tilde{Y}_{\mathrm{M},1}(z) \\ \vdots \\ \tilde{Y}_{\mathrm{M},m}(z) \end{bmatrix} = \begin{bmatrix} G_{\mathrm{M},11}(z) & \ldots & G_{\mathrm{M},1r}(z) \\ \vdots & \ddots & \vdots \\ G_{\mathrm{M},m1}(z) & \ldots & G_{\mathrm{M},mr}(z) \end{bmatrix} \begin{bmatrix} U_1(z) \\ \vdots \\ U_r(z) \end{bmatrix}, \tag{5.1}$$

bzw. in zusammengefasster Form

$$\tilde{\boldsymbol{Y}}_{\mathrm{M}}(z) = \underline{\boldsymbol{G}}_{\mathrm{M}}(z)\, \boldsymbol{U}(z)\,, \tag{5.2}$$

wobei $\underline{\boldsymbol{G}}(z)$ die Übertragungsmatrix des Gesamtmodells darstellt. In Gl. (5.1) beschreiben die zeitdiskreten Übertragungsfunktionen

$$G_{\mathrm{M},ij}(z) = \frac{B_{ij}(z^{-1})}{A_{ij}(z^{-1})} = \frac{b_{ij,1}z^{-1} + \ldots + b_{ij,n_{ij}}z^{-n_{ij}}}{1 + a_{ij,1}z^{-1} + \ldots + a_{ij,n_{ij}}z^{-n_{ij}}} \tag{5.3}$$

die Signalübertragung vom Eingang j zum Ausgang i, wobei eine Normierung auf den Wert $a_{0,ij} = 1$ vorgenommen und nichtsprungfähiges Systemverhalten vorausgesetzt wird ($b_{0,ij} = 0$). Die Berücksichtigung einer Totzeit $z^{-n_{\mathrm{d},ij}}$ ist ohne weitere Voraussetzungen möglich und wird hier nur zur einfacheren Darstellung weggelassen.

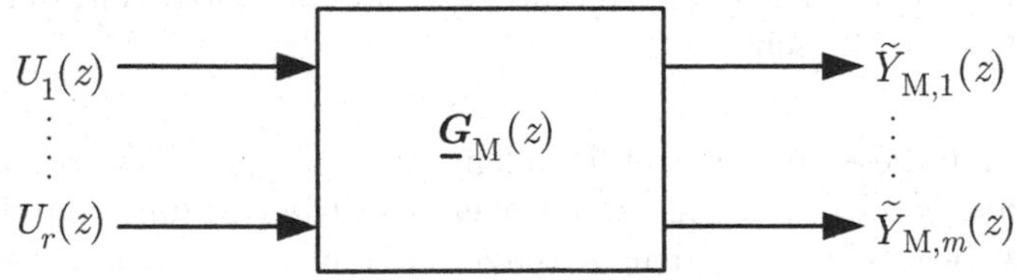

Bild 5.1 Gesamtmodellansatz eines linearen Mehrgrößensystems

Als Differenz zwischen den Ausgangsvektoren des tatsächlichen Systems $\boldsymbol{y}(k)$ und des Modells $\tilde{\boldsymbol{y}}_{\mathrm{M}}(k)$ ergibt sich mit Gl. (5.1)

$$\boldsymbol{Y}(z) - \tilde{\boldsymbol{Y}}_{\mathrm{M}}(z) = \begin{bmatrix} Y_1(z) \\ \vdots \\ Y_m(z) \end{bmatrix} - \begin{bmatrix} G_{\mathrm{M},11}(z) & \ldots & G_{\mathrm{M},1r}(z) \\ \vdots & \ddots & \vdots \\ G_{\mathrm{M},m1}(z) & \ldots & G_{\mathrm{M},mr}(z) \end{bmatrix} \begin{bmatrix} U_1(z) \\ \vdots \\ U_r(z) \end{bmatrix}. \tag{5.4}$$

In dieser Beziehung kann der gemeinsame Hauptnenner aller Matrizenelemente $G_{\mathrm{M},ij}(z)$ gemäß Gl. (5.3) gebildet werden. Dieser lautet

$$A^*(z^{-1}) = \prod_{\substack{i=1,\ldots,m\\ j=1,\ldots,r}} A_{ij}(z^{-1}) = 1 + a_1^* z^{-1} + \cdots + a_n^* z^{-n} , \tag{5.5}$$

wobei sich die Ordnung n aus der Summe der Ordnungen n_{ij} der Übertragungsfunktionen $G_{\mathrm{M},ij}(z)$, also als

$$n = \sum_{i=1}^{m} \sum_{j=1}^{r} n_{ij} \tag{5.6}$$

ergibt. Da vor der Identifikation die Pole nicht bekannt sind, kann eine Zusammenfassung zu gemeinsamen Polen nicht erfolgen. Die Einführung des gemeinsamen Hauptnenners gemäß Gl. (5.5) bewirkt eine Erweiterung der Zählerpolynome $B_{ij}(z^{-1})$ der Übertragungsfunktionen $G_{ij}(z)$ in der Form

$$B_{ij}^*(z^{-1}) = \frac{B_{ij}(z^{-1})}{A_{ij}(z^{-1})} A^*(z^{-1}) = b_{ij,1}^* z^{-1} + \ldots + b_{ij,n}^* z^{-n} . \tag{5.7}$$

Diese Polynome besitzen ebenfalls die Ordnung n.

Ähnlich wie für Eingrößensysteme bei angepasstem Modell Gl. (3.16) gilt, kann für Mehrgrößensysteme der Ausgangsvektor durch

$$\boldsymbol{Y}(z) = \tilde{\boldsymbol{Y}}_{\mathrm{M}}(z) + \underline{\boldsymbol{G}}_{\mathrm{r}}(z)\boldsymbol{\varepsilon}(z) \tag{5.8}$$

mit dem Fehlervektor

$$\boldsymbol{\varepsilon}(z) = [\ \varepsilon_1(z) \ \ldots \ \varepsilon_m(z)\ ]^{\mathrm{T}} \tag{5.9a}$$

und der $m \times m$-dimensionalen Übertragungsmatrix eines Störmodells

$$\underline{\boldsymbol{G}}_{\mathrm{r}}(z) = \frac{1}{A^*(z^{-1})} \underline{\boldsymbol{G}}_{\mathrm{r}}^*(z) \tag{5.9b}$$

beschrieben werden. Wird speziell für $\underline{\boldsymbol{G}}_{\mathrm{r}}^*(z)$ die Einheitsmatrix gewählt, also

$$\underline{\boldsymbol{G}}_{\mathrm{r}}^*(z) = \mathbf{I}, \tag{5.10}$$

so entspricht dies für Mehrgrößensysteme gemäß Tabelle 3.2 der ARX-Modellstruktur, die bei der Schätzung nach dem *Least-Squares-* und dem Hilfsvariablen-Verfahren zugrunde gelegt wird. Somit folgt aus Gl. (5.8) unter Verwendung der Gln. (5.9) und (5.10)

$$\boldsymbol{Y}(z) - \tilde{\boldsymbol{Y}}_{\mathrm{M}}(z) = \frac{1}{A^*(z^{-1})}\boldsymbol{\varepsilon}(z). \tag{5.11}$$

Wird in Gl. (5.4) die linke Seite durch Gl. (5.11) ersetzt und auf der rechten Gleichungsseite der zuvor definierten Hauptnenner nach Gl. (5.5) verwendet, so ergibt sich unter Beachtung von Gl. (5.7)

$$\frac{1}{A^*(z^{-1})}\boldsymbol{\varepsilon}(z) = \begin{bmatrix} Y_1(z) \\ \vdots \\ Y_m(z) \end{bmatrix} - \frac{1}{A^*(z^{-1})} \begin{bmatrix} B_{11}^*(z^{-1}) & \ldots & B_{1r}^*(z^{-1}) \\ \vdots & \ddots & \vdots \\ B_{m1}^*(z^{-1}) & \ldots & B_{mr}^*(z^{-1}) \end{bmatrix} \begin{bmatrix} U_1(z) \\ \vdots \\ U_r(z) \end{bmatrix} . \tag{5.12}$$

Hieraus folgt durch Multiplikation mit $A^*(z^{-1})$ unter den oben getroffenen Voraussetzungen als Modellfehler des Gesamtmodells

$$\begin{aligned}\begin{bmatrix}\varepsilon_1(z)\\ \vdots \\ \varepsilon_m(z)\end{bmatrix} &= \begin{bmatrix}A^*(z^{-1}) & \dots & 0\\ \vdots & \ddots & \vdots\\ 0 & \dots & A^*(z^{-1})\end{bmatrix}\begin{bmatrix}Y_1(z)\\ \vdots\\ Y_m(z)\end{bmatrix}\\ &- \begin{bmatrix}B^*_{11}(z^{-1}) & \dots & B^*_{1r}(z^{-1})\\ \vdots & \ddots & \vdots\\ B^*_{m1}(z^{-1}) & \dots & B^*_{mr}(z^{-1})\end{bmatrix}\begin{bmatrix}U_1(z)\\ \vdots\\ U_r(z)\end{bmatrix}.\end{aligned} \tag{5.13}$$

Diese Beziehung kann nun zur eigentlichen Herleitung der Schätzgleichungen verwendet werden. Die Anzahl n'_{GM} der beim Gesamtmodellansatz zu schätzenden Parameter ist aufgrund der in allen Polynomen $A^*(z^{-1})$ und $B^*_{ij}(z^{-1})$ enthaltenen Ordnung n sehr groß und berechnet sich zu

$$n'_{\text{GM}} = (m \cdot r + 1)\, n\,, \tag{5.14}$$

wobei n durch Gl. (5.6) gegeben ist. Aufgrund der großen Anzahl der zu schätzenden Parameter eignet sich dieses Gesamtmodell nur für Systeme mit einer kleinen Anzahl von Eingangs- und Ausgangsgrößen sowie einer niedrigen Ordnung n. Diesen Nachteilen stehen keine Vorteile gegenüber, sodass dieser Modellansatz für eine praktische Parameterschätzung keine große Bedeutung erlangt hat.

5.2.2 Teilmodellansatz

Das zuvor besprochene Gesamtmodell lässt sich entsprechend seiner Anzahl von m Ausgangssignalen in ebenfalls m unabhängige Teilmodelle mit jeweils einem Ausgangssignal, wie in Bild 5.2 dargestellt, aufspalten. Das i-te Teilmodell besitzt den Eingangsvektor

$$\bar{\boldsymbol{u}}_i = [\ \bar{u}_{i1}\ \dots\ \bar{u}_{ir_i}\ ]^{\text{T}}\ , \tag{5.15}$$

wobei als Eingangssignale $\bar{u}_{ij}$ der Teilmodelle sowohl

- die Eingangssignale des Gesamtmodells u_ν, $\nu = 1, \dots, r$, als auch
- die den anderen Teilmodellen entsprechenden Ausgangssignale y_μ, $\mu = 1, \dots, i-1, i+1, \dots, m$,

auftreten können. Die maximal mögliche Anzahl der Eingangssignale des i-ten Teilmodells ist somit

$$r_i = r + m - 1. \tag{5.16}$$

Mit diesem Modellansatz lassen sich eine Vielzahl von Teilmodellen in kanonischen und nicht-kanonischen Strukturen realisieren.

Der Aufbau eines Teilmodells ist in Bild 5.3 dargestellt. Dabei beschreiben die Übertragungsfunktionen $\bar{G}_{\text{M},ij}(z)$ das Verhalten zwischen Teilmodelleingang $\bar{U}_{ij}(z)$ und Teilmodellausgang $\tilde{Y}_{\text{M},i}(z)$. Die Ausgangsgröße des i-ten Teilmodells ergibt sich unmittelbar aus Bild 5.3 zu

$$\tilde{Y}_{\text{M},i}(z) = [\bar{G}_{\text{M},i1}(z)\ \dots\ \bar{G}_{\text{M},ir_i}(z)]\begin{bmatrix}\bar{U}_{i1}(z)\\ \vdots\\ \bar{U}_{ir_i}(z)\end{bmatrix}, \tag{5.17}$$

wobei die Übertragungsfunktionen

$$\bar{G}_{\mathrm{M},ij}(z) = \frac{\bar{B}_{ij}(z^{-1})}{\bar{A}_{ij}(z^{-1})}, \quad i = 1, \ldots, m, \quad j = 1, \ldots, r_i, \tag{5.18}$$

die Ordnungen n_{ij} besitzen. Analog zu Gl. (5.4) ergibt sich als Differenz zwischen den Ausgangssignalen des tatsächlichen Systems y_i und des Teilmodells $\tilde{y}_{\mathrm{M},i}$

$$Y_i(z) - \tilde{Y}_{\mathrm{M},i}(z) = Y_i(z) - \begin{bmatrix} \frac{\bar{B}_{i1}(z^{-1})}{\bar{A}_{i1}(z^{-1})} & \cdots & \frac{\bar{B}_{ir_i}(z^{-1})}{\bar{A}_{ir_i}(z^{-1})} \end{bmatrix} \begin{bmatrix} \bar{U}_{i1}(z) \\ \vdots \\ \bar{U}_{ir_i}(z) \end{bmatrix}. \tag{5.19}$$

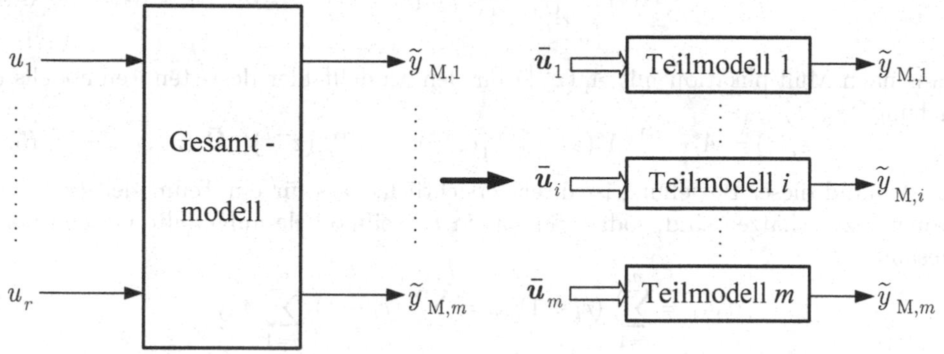

Bild 5.2 Aufteilung des Gesamtmodells in m Teilmodelle

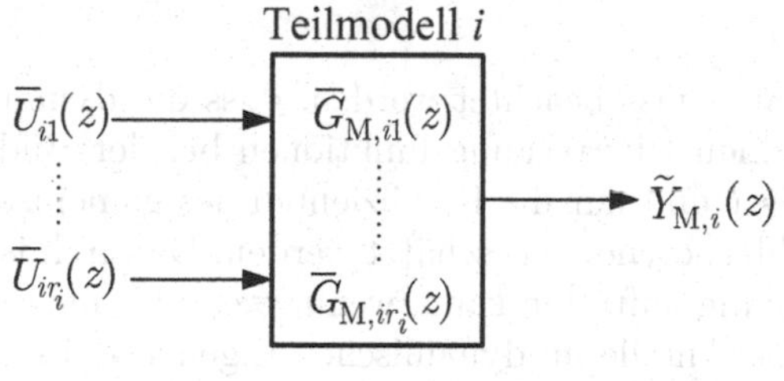

Bild 5.3 Aufbau eines Teilmodells

Zweckmäßigerweise wird auch hier wieder der gemeinsame Hauptnenner aller Übertragungsfunktionen $\bar{G}_{\mathrm{M},ij}$ des betreffenden Teilmodells

$$A_i^*(z^{-1}) = \prod_{j=1}^{r_i} \bar{A}_{ij}(z^{-1}) = 1 + a_{1,i}^* z^{-1} + \ldots + a_{n_i,i}^* z^{-n_i} \tag{5.20}$$

gebildet, wobei die Ordnung n_i die Summe der Ordnungen n_{ij} ist, also

$$n_i = \sum_{j=1}^{r_i} n_{ij}\,. \tag{5.21}$$

Die erweiterten Zählerpolynome

$$B_{ij}^*(z^{-1}) = \frac{\bar{B}_{ij}(z^{-1})}{\bar{A}_{ij}(z^{-1})} A_i^*(z^{-1}) = b_{ij,1}^* z^{-1} + \ldots + b_{ij,n_i}^* z^{-n_i} \tag{5.22}$$

besitzen dieselbe Ordnung n_i. Wird beim Teilmodellansatz ähnlich wie beim Gesamtmodellansatz die ARX-Modellstruktur, also die bei der Schätzung mittels des *Least-Squares-* und des Hilfsvariablen-Verfahrens zugrunde gelegte Modellstruktur, verwendet, so ergibt sich aus Gl. (5.19) unter Verwendung der Gln. (5.20) und (5.22)

$$\begin{aligned}\frac{1}{A_i^*(z^{-1})}\, \varepsilon_i(z) &= Y_i(z) - \tilde{Y}_{\mathrm{M},i}(z) \\ &= Y_i(z) - \frac{1}{A_i^*(z^{-1})} \left[B_{i1}^*(z^{-1}) \ldots B_{ir_i}^*(z^{-1})\right] \bar{\boldsymbol{U}}_i(z)\,, \end{aligned} \tag{5.23}$$

woraus nach Multiplikation mit $A_i^*(z^{-1})$ für den Modellfehler des i-ten Teilmodells die Gleichung

$$\varepsilon_i(z) = A_i^*(z^{-1})\, Y_i(z) - \left[B_{i1}^*(z^{-1}) \ \ldots \ B_{ir_i}^*(z^{-1})\right] \bar{\boldsymbol{U}}_i(z)\,. \tag{5.24}$$

folgt. Anhand dieser Beziehung ist direkt ersichtlich, dass für ein Teilmodell $(r_i + 1)\, n_i$ Parameter zu schätzen sind, sodass für das in m Teilmodelle aufgeteilte Gesamtmodell insgesamt

$$n'_{\mathrm{TM}} = \sum_{i=1}^{m} (r_i + 1)\, n_i = \sum_{i=1}^{m} (r_i + 1) \sum_{j=1}^{r_i} n_{ij} \tag{5.25}$$

Parameter bestimmt werden müssen. Da die maximale Anzahl von Eingangssignalen nach Gl. (5.16) praktisch nur selten auftritt, führt die Verwendung des Teilmodellansatzes gegenüber dem Gesamtmodellansatz zu einer Reduzierung der Anzahl der zu schätzenden Parameter.

Bei dem Teilmodellansatz muss beachtet werden, dass die dynamischen und statischen Eigenschaften der einzelnen Übertragungsfunktionen bei der Bildung des gemeinsamen Nenners zusammengefasst und nur die Koeffizienten des gemeinsamen Nennerpolynoms und der erweiterten Zählerpolynome geschätzt werden. Dadurch ist es möglich, dass eine falsche Parameterschätzung auftreten kann, wenn zwei oder mehrere Übertragungsfunktionen annähernd gleiche Anteile im dynamischen Eigenverhalten besitzen. Trotz dieser fehlerhaften Parameterschätzung ist, wie in [Die81] gezeigt wird, eine gute Schätzung der Ausgangssignale der Teilsysteme gewährleistet.

5.2.3 Einzelmodellansatz

Wird beim Teilmodellansatz jeder Übertragungsfunktion $\tilde{G}_{\mathrm{M},ij}(z)$ ein eigener Ausgang $\tilde{Y}_{\mathrm{M},ij}(z)$ zugeordnet, so ergibt sich gemäß Bild 5.4 eine Aufteilung des Teilmodells in r_i Einzelmodelle, die jeweils nur einen Eingang und Ausgang besitzen. Damit kann das Modell des zu identifizierenden Mehrgrößensystems als eine Parallelschaltung von Eingrößensystemen betrachtet werden. Offensichtlich vereinfacht sich damit die Identifikationsaufgabe wesentlich, da diese nun auf die Parameterschätzung von Eingrößensystemen zurückgeführt werden kann. Allerdings wäre eine derartige Systemidentifikation nur möglich, wenn die Ausgangssignale $y_{ij}(k)$ der Einzelsysteme als Messgrößen zur Verfügung stünden. Dann würde es sich aber um den trivialen Fall der Identifikation von Eingrößensystemen handeln. Die weiteren Überlegungen gehen daher davon aus, dass die Signale $y_{ij}(k)$ nicht direkt messbar sind.

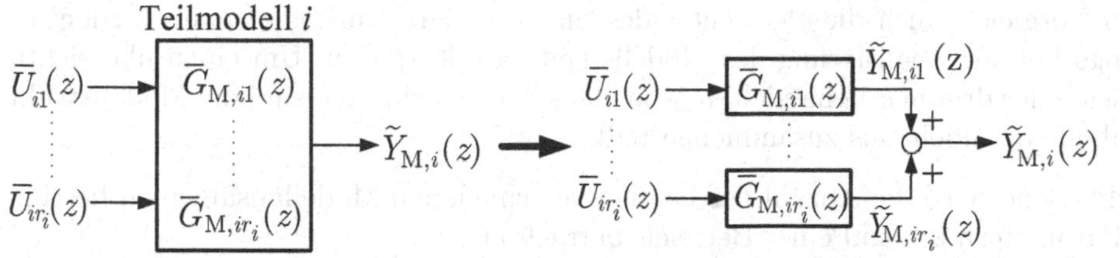

Bild 5.4 Aufteilung des i-ten Teilmodells in r_i Einzelmodelle

Um dennoch eine Aufteilung in Einzelmodelle durchführen zu können, müssen die unbekannten Signale geschätzt werden. Diese Schätzung wird mit Hilfe eines Signalmodells durchgeführt, welches z.B. mit dem zuvor behandelten Teilmodellansatz realisiert werden kann [LMF78, Die81]. Der Algorithmus besteht demnach aus zwei Stufen:

- der Ausgangssignalschätzung mittels eines Signalmodells und
- der Schätzung der Parameter der Einzelmodelle.

Zunächst werden also die Ausgangssignale mit dem Signalmodell geschätzt. Von der Genauigkeit dieser Signalschätzung ist die Güte der anschließenden Parameterschätzung der Einzelmodelle in der zweiten Stufe abhängig.

Die Differenz zwischen dem mit dem Signalmodell geschätzten Ausgangssignal $y_{ij}(k)$ und dem Ausgangssignal des Einzelmodells $\tilde{y}_{M,ij}(k)$ kann wie bei der Herleitung der beiden anderen Modellansätze für Mehrgrößensysteme zur Aufstellung der Gleichung des Modellfehlers des Einzelmodells $\bar{G}_{M,ij}$ benutzt werden. Für die Identifikation des Einzelmodells $\bar{G}_{M,ij}$ übernehmen also die mit dem Signalmodell geschätzten Signale die Rolle der Messwerte. Wird auch hier wieder die ARX-Modellstruktur (vgl. Tabelle 3.2) verwendet, so folgt für das Einzelmodell mit der Übertragungsfunktion

$$\bar{G}_{M,ij}(z) = \frac{\bar{B}_{ij}(z^{-1})}{\bar{A}_{ij}(z^{-1})} \tag{5.26}$$

die Modellgleichung

$$\frac{1}{\bar{A}_{ij}(z^{-1})}\,\varepsilon_{ij}(z) = Y_{ij}(z) - \tilde{Y}_{M,ij}(z) = Y_{ij}(z) - \frac{\bar{B}_{ij}(z^{-1})}{\bar{A}_{ij}(z^{-1})}\,\bar{U}_{ij}(z) \tag{5.27}$$

und durch Multiplikation mit $\bar{A}_{ij}(z^{-1})$ die Gleichung für den Modellfehler des Einzelmodells ij

$$\varepsilon_{ij}(z) = \bar{A}_{ij}(z^{-1})\,Y_{ij}(z) - \bar{B}_{ij}(z^{-1})\,\bar{U}_{ij}(z)\,. \tag{5.28}$$

Die Anzahl der beim Einzelmodellansatz zu schätzenden Parameter

$$n'_{\mathrm{EM}} = 2\sum_{i=1}^{m}\sum_{j=1}^{r_i} n_{ij} \tag{5.29}$$

ist zwar wesentlich geringer als beim Gesamt- und Teilmodellansatz, jedoch müssen bei einem Vergleich auch die Parameter des Signalmodells hinzugerechnet werden, die allerdings bei der Realisierung des Modells keine Rolle spielen. Um einen übersichtlichen Vergleich der drei hier behandelten Modellansätze zu erhalten, sind die Modellstrukturen in Tabelle 5.1 nochmals zusammengestellt.

Abschließend wird die Anzahl der bei den verschiedenen Modellansätzen zu bestimmenden Parametern anhand eines Beispiels betrachtet.

Beispiel 5.1
Gegeben sei ein System mit $r = 2$ Eingängen und $m = 2$ Ausgängen. Alle Einzelmodelle haben dieselbe Ordnung $n_{ij} = 2$. Außerdem haben auch beide Teilmodelle jeweils nur 2 Eingänge, d.h. $r_i = 2$, $i = 1{,}2$.

Die Anzahl der zu schätzenden Parameter ergibt sich

- für den Gesamtmodellansatz mit Gl. (5.6) und Gl. (5.14) zu

$$n'_{\mathrm{GM}} = (mr+1)\sum_{i=1}^{m}\sum_{j=1}^{r} n_{ij} = (2\cdot 2+1)\,(2+2+2+2) = 40\,,$$

- für den Teilmodellansatz mit Gl. (5.25) zu

$$n'_{\mathrm{TM}} = \sum_{i=1}^{m}(r_i+1)\sum_{j=1}^{r_i} n_{ij} = (3+3)\,(2+2) = 24$$

- und für den Einzelmodellansatz mit Gl. (5.29) zu

$$n'_{\mathrm{EM}} = 2\sum_{i=1}^{m}\sum_{j=1}^{r_i} n_{ij} = 2\,(2+2+2+2) = 16\,.$$

■

5.3 Algorithmen zur Parameterschätzung von linearen Mehrgrößensystemen

Auf Basis der in Abschnitt 5.2 hergeleiteten Modellansätze für Mehrgrößensysteme ist leicht einzusehen, dass sich die Schätzgleichungen für die Identifikation von linearen Mehrgrößensystemen tatsächlich nur durch die geänderten Dimensionen der Daten- und Parametervektoren von denen unterscheiden, die in den vorangegangenen Kapiteln für die Identifikation von Eingrößensystemen ermittelt wurden. Nachfolgend sollen nur die rekursiven Schätzalgorithmen für den Teilmodell- und den Einzelmodellansatz bei Verwendung des *Least-Squares-* und des Hilfsvariablen-Verfahrens dargestellt werden.

Tabelle 5.1 Aufbau des Gesamtmodells, der Teilmodelle und der Einzelmodelle [Die81]

	Schematische Darstellung	Anzahl der Modelle	Anzahl der Parameter
Gesamtmodell	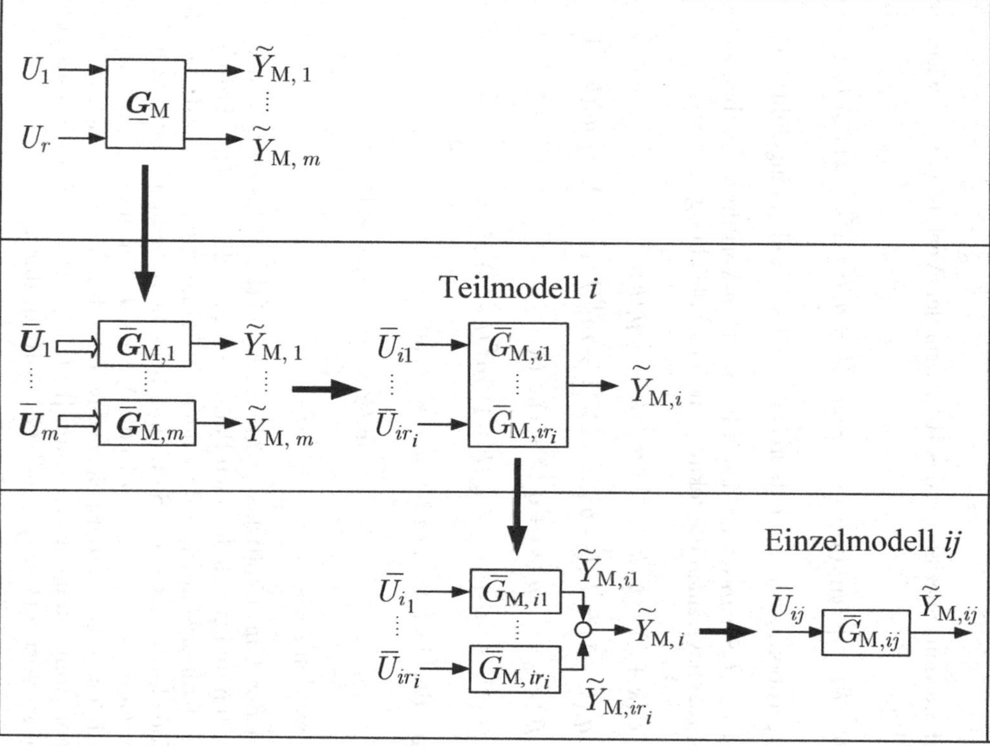	1	$n'_{\mathrm{GM}} = (mr+1)\sum_{i=1}^{m}\sum_{j=1}^{r} n_{ij}$
Teilmodell		m	$n'_{\mathrm{TM}} = \sum_{i=1}^{m}(r_i+1)\sum_{j=1}^{r_i} n_{ij}$
Einzelmodell		mr_i	$n'_{\mathrm{EM}} = 2\sum_{i=1}^{m}\sum_{j=1}^{r_i} n_{ij}$

5.3.1 Parameterschätzung bei Verwendung des Teilmodellansatzes

Für das i-te Teilmodell können anhand der Beziehung für den Modellfehler, Gl. (5.24), der Datenvektor

$$\boldsymbol{m}_i^{\mathrm{T}}(k) = [\ -y_i(k-1) \ldots -y_i(k-n_i) \vdots \bar{u}_{i1}(k-1) \ldots \bar{u}_{i1}(k-n_i) \vdots \ldots$$
$$\ldots \vdots \bar{u}_{ir_i}(k-1) \ldots \bar{u}_{ir_i}(k-n_i)\ ] \tag{5.30a}$$

oder zusammengefasst

$$\boldsymbol{m}_i^{\mathrm{T}}(k) = \left[\boldsymbol{m}_{y_i}^{\mathrm{T}} \vdots \ \boldsymbol{m}_{\bar{u}_{i1}}^{\mathrm{T}} \cdots \boldsymbol{m}_{\bar{u}_{ir_i}}^{\mathrm{T}}\right] \tag{5.30b}$$

und der Parametervektor

$$\boldsymbol{p}_{\mathrm{M},i}^{\mathrm{T}} = \left[a_{i,1}^* \ldots a_{i,n_i}^* \vdots \ b_{i1,1}^* \ldots b_{i1,n_i}^* \vdots \ \ldots \vdots \ b_{ir_i,1}^* \ldots b_{ir_i,n_i}^*\right] \tag{5.31}$$

definiert werden. Speziell für das Hilfsvariablen-Verfahren wird wiederum ein Hilfsvariablenvektor

$$\boldsymbol{w}_i^{\mathrm{T}}(k) = \left[-y_{\mathrm{H},i}(k-1) \ldots -y_{\mathrm{H},i}(k-n_i) \vdots \ \bar{u}_{i1}(k-1) \ldots \bar{u}_{ir_i}(k-n_i)\right] \tag{5.32}$$

gebildet, wobei hierfür ein entsprechendes Hilfsmodell eingeführt werden muss.

Für das *Least-Squares-* und das Hilfsvariablen-Verfahren ergeben sich dann ähnlich wie bei Eingrößensystemen die rekursiven Schätzgleichungen

$$\varepsilon_i(k+1) = y_i(k+1) - \boldsymbol{m}_i^{\mathrm{T}}(k+1)\,\hat{\boldsymbol{p}}_i(k), \tag{5.33a}$$

$$\boldsymbol{q}_i(k+1) = \boldsymbol{P}_i(k)\,\boldsymbol{w}_i(k+1)\ \left[1 + \boldsymbol{m}_i^{\mathrm{T}}(k+1)\,\boldsymbol{P}_i(k)\,\boldsymbol{w}_i(k+1)\right]^{-1}, \tag{5.33b}$$

$$\hat{\boldsymbol{p}}_i(k+1) = \hat{\boldsymbol{p}}_i(k) + \boldsymbol{q}_i(k+1)\,\varepsilon_i(k+1), \tag{5.33c}$$

$$\boldsymbol{P}_i(k+1) = \boldsymbol{P}_i(k) - \boldsymbol{q}_i(k+1)\,\boldsymbol{m}_i^{\mathrm{T}}(k+1)\,\boldsymbol{P}_i(k), \tag{5.33d}$$

wobei für den Fall des *Least-Squares*-Verfahrens

$$\boldsymbol{w}_i(k+1) = \boldsymbol{m}_i(k+1) \tag{5.34}$$

gesetzt werden muss.

Anhand der Gln. (5.30) bis (5.34) ist ersichtlich, dass wegen der großen Anzahl von Messwerten und zu schätzenden Parametern bei der rechentechnischen Realisierung Probleme auftreten können, insbesondere bei zunehmender Anzahl von Eingangsgrößen r_i und Modellordnungen n_{ij}. So nimmt bei einem Teilmodellansatz mit $r_i = 5$ Eingängen und der Gesamtordnung $n_i = 16$ die Matrix $\boldsymbol{P}$ bereits die Dimension 96×96 an. Dieser Nachteil der großen Datenspeicherung kann durch einen speicherplatzarmen und schnellen Algorithmus umgangen werden [LMF78]. Dieser Algorithmus geht von Gl. (5.33a) aus, sofern dort $\boldsymbol{q}_i(k+1)$ gemäß Gl. (3.103b) durch

$$\boldsymbol{q}_i(k+1) = \boldsymbol{P}_i(k+1)\,\boldsymbol{m}_i(k+1) \tag{5.35}$$

ersetzt wird. In der so entstandenen Gleichung

$$\hat{\boldsymbol{p}}_i(k+1) = \hat{\boldsymbol{p}}_i(k) + \boldsymbol{P}_i(k+1)\,\boldsymbol{m}_i(k+1)\,\varepsilon_i(k+1) \tag{5.36}$$

wird die Matrix $\boldsymbol{P}_i$ nicht explizit, sondern nur in Verbindung mit dem Datenvektor $\boldsymbol{m}_i$ verwendet. Um den großen Speicherplatz für die Matrix $\boldsymbol{P}_i$ zu sparen, ist es zweckmäßiger, den Vektor des Produktes

$$\boldsymbol{k}_i(k+1) = \boldsymbol{P}_i(k+1)\,\boldsymbol{m}_i(k+1) \tag{5.37}$$

rekursiv zu entwickeln. Die rekursive Berechnung von $\boldsymbol{k}_i$ wird auch in [Die81] angegeben. Da dieses Verfahren mathematisch sehr aufwendig ist, eignet es sich nicht für Eingrößensysteme und zeigt seine Vorteile erst bei Mehrgrößensystemen mit mehreren Eingängen und einer größeren Ordnung n_i bei Verwendung des Teilmodellansatzes.

5.3.2 Parameterschätzung bei Verwendung des Einzelmodellansatzes

Da die Einzelmodelle Eingrößensysteme beschreiben, muss gegenüber den Schätzgleichungen für Eingrößensysteme, wie sie in Kapitel 3 hergeleitet wurden, nur eine zusätzliche Indizierung eingeführt werden, um das jeweilige Einzelmodell zu kennzeichnen. Ausgehend von der Kenntnis des Ausgangssignals $y_{ij}(k)$ (aus einem Signalmodell geschätzt) lassen sich aus Gl. (5.28) für jedes Einzelmodell der Datenvektor

$$\boldsymbol{m}_{ij}^{\mathrm{T}}(k) = \Big[-y_{ij}(k-1)\,\ldots\,-y_{ij}(k-n_{ij})\,\vdots\,\bar{u}_{ij}(k-1)\,\ldots\,\bar{u}_{ij}(k-n_{ij})\Big] \tag{5.38a}$$

oder zusammengefasst

$$\boldsymbol{m}_{ij}^{\mathrm{T}} = \Big[\boldsymbol{m}_{y_{ij}}^{\mathrm{T}}\,\vdots\,\boldsymbol{m}_{\bar{u}_{ij}}^{\mathrm{T}}\Big] \tag{5.38b}$$

und der Parametervektor

$$\boldsymbol{p}_{\mathrm{M},ij} = \Big[a_{ij,1}\,\ldots\,a_{ij,n_{ij}}\,\vdots\,b_{ij,1}\,\ldots\,b_{ij,n_{ij}}\Big]^{\mathrm{T}} \tag{5.39}$$

definieren. Wird für das Hilfsvariablen-Verfahren noch der Hilfsvariablenvektor

$$\boldsymbol{w}_{ij}^{\mathrm{T}}(k) = \Big[-y_{\mathrm{H},ij}(k-1)\,\ldots\,-y_{\mathrm{H},ij}(k-n_{ij})\,\vdots\,\bar{u}_{ij}(k-1)\,\ldots\,\bar{u}_{ij}(k-n_{ij})\Big] \tag{5.40}$$

eingeführt, so lassen sich für das *Least-Squares-* und das Hilfsvariablen-Verfahren die Schätzgleichungen

$$\varepsilon_{ij}(k+1) = \bar{y}_{ij}(k+1) - \boldsymbol{m}_{ij}^{\mathrm{T}}(k+1)\,\hat{\boldsymbol{p}}_{ij}(k) \tag{5.41a}$$

$$\boldsymbol{q}_{ij}(k+1) = \boldsymbol{P}_{ij}(k)\,\boldsymbol{w}_{ij}(k+1)\,\left[1 + \boldsymbol{m}_{ij}^{\mathrm{T}}(k+1)\,\boldsymbol{P}_{ij}(k)\,\boldsymbol{w}_{ij}(k+1)\right]^{-1}, \tag{5.41b}$$

$$\hat{\boldsymbol{p}}_{ij}(k+1) = \hat{\boldsymbol{p}}_{ij}(k) + \boldsymbol{q}_{ij}(k+1)\,\varepsilon_{ij}(k+1), \tag{5.41c}$$

$$\boldsymbol{P}_{ij}(k+1) = \boldsymbol{P}_{ij}(k) - \boldsymbol{q}_{ij}(k+1)\,\boldsymbol{m}_{ij}^{\mathrm{T}}(k+1)\,\boldsymbol{P}_{ij}(k), \tag{5.41d}$$

angeben, wobei für das *Least-Squares*-Verfahren

$$\boldsymbol{w}_{ij}(k+1) = \boldsymbol{m}_{ij}(k+1)$$

gesetzt werden muss.

5.4 Modellansatz mittels Polynommatrizen

In Gl. (5.1) wurde die Übertragungsmatrix $\underline{\boldsymbol{G}}_{\mathrm{M}}(z)$ des Gesamtmodells durch $m \cdot r$ Einzelübertragungsfunktionen $G_{\mathrm{M},ij}(z)$, $i = 1,\ldots,m$, $j = 1,\ldots,r$, beschrieben, die sich ihrerseits wiederum mit einem Zählerpolynom $B_{ij}(z)$ und einem Nennerpolynom $A_{ij}(z)$ darstellen lassen. In Analogie dazu kann auch die gesamte Übertragungsmatrix $\underline{\boldsymbol{G}}(z)$ durch einen Matrizenquotienten aus einer Zählerpolynommatrix $\underline{\boldsymbol{B}}(z)$ und einer Nennerpolynommatrix $\underline{\boldsymbol{A}}(z)$ dargestellt werden. Wegen der Nichtkommutativität des Matrizenproduktes müssen dabei der rechte Polynommatrizenquotient

$$\underline{\boldsymbol{G}}(z) = \underline{\boldsymbol{B}}_{\mathrm{R}}(z)\,\underline{\boldsymbol{A}}_{\mathrm{R}}^{-1}(z) \tag{5.42a}$$

und der linke Polynommatrizenquotient

$$\underline{\boldsymbol{G}}(z) = \underline{\boldsymbol{A}}_{\mathrm{L}}^{-1}(z)\,\underline{\boldsymbol{B}}_{\mathrm{L}}(z) \tag{5.42b}$$

unterschieden werden, deren Polynommatrizen im Allgemeinen unterschiedlich sind. Jedoch sind beide Darstellungen dual zueinander. Mit Hilfe von Gl. (5.42b) folgt anstelle von Gl. (5.2) als Gesamtmodellansatz der linke Polynommatrizenquotient

$$\tilde{\boldsymbol{Y}}_{\mathrm{M}}(z) = \underline{\boldsymbol{A}}^{-1}(z)\,\underline{\boldsymbol{B}}(z)\,\boldsymbol{U}(z), \tag{5.43}$$

wobei im Weiteren auf die Indizierung mit L verzichtet wird. In dieser Darstellung sind die Zähler- und die Nennermatrix

$$\underline{\boldsymbol{A}}(z) = \begin{bmatrix} A_{11}(z) & \ldots & A_{1m}(z) \\ \vdots & \ddots & \vdots \\ A_{m1}(z) & \ldots & A_{mm}(z) \end{bmatrix} \tag{5.44a}$$

und

$$\underline{\boldsymbol{B}}(z) = \begin{bmatrix} B_{11}(z) & \ldots & B_{1r}(z) \\ \vdots & \ddots & \vdots \\ B_{m1}(z) & \ldots & B_{mr}(z) \end{bmatrix} \tag{5.44b}$$

voll besetzt mit Poynomen der Form

$$A_{ij}(z) = a_{ij,0} + a_{ij,1}z^{-1} + \cdots + a_{ij,n_{A_{ij}}}z^{-n_{A_{ij}}} \tag{5.45a}$$

mit $i = 1,\ldots,m$ und $j = 1,\ldots,m$ sowie

$$B_{ij}(z) = b_{ij,0} + b_{ij,1}z^{-1} + \cdots + b_{ij,n_{B_{ij}}}z^{-n_{B_{ij}}} \tag{5.45b}$$

mit $i = 1,\ldots,m$ und $j = 1,\ldots,r$.

Wird für die in den Polynommatrizen auftretenden Polynomordnungen eine kanonische Struktur [Unb09] zugrunde gelegt, z.B. eine Diagonalstruktur, so sind in diesem Falle die maximalen Polynomordnungen $n_{A_{ij}}$ und $n_{B_{ij}}$ wegen $n_{B_{ij}} \geq n_{B_{ij}}$ in Abhängigkeit von den Polynomordnungen der Hauptdiagonalelemente von $\underline{\boldsymbol{A}}(z)$ festgelegt. Durch Vorgabe der Polynomordnungen der Hauptdiagonalen von $\underline{\boldsymbol{A}}(z)$ ergibt sich der Gesamtmodellansatz nach Gl. (5.43). Die Notwendigkeit, wie in Gl. (5.5) einen gemeinsamen Hauptnenner zu bilden, entfällt, da der Ansatz keine gebrochen rationalen Funktionen enthält. Für die Form

$$\underline{\boldsymbol{A}}(z)\,\tilde{\boldsymbol{Y}}_{\mathrm{M}}(z) = \underline{\boldsymbol{B}}(z)\,\boldsymbol{U}(z) \tag{5.46a}$$

folgt durch Ausmultiplizieren

$$A_{i1}(z)\,\tilde{Y}_{\mathrm{M},1}(z) + \ldots + A_{im}(z)\,\tilde{Y}_{\mathrm{M},m}(z) = B_{i1}(z)\,U_1(z) + \ldots + B_{ir}(z)\,U_r(z) \tag{5.46b}$$

für $i = 1,2,\ldots,m$. Diese Gleichungen können nacheinander von einem Schätzalgorithmus abgearbeitet werden. Die obere Grenze der Anzahl n'_{PM} der zu schätzenden Modellparameter erreicht mit

$$n'_{\mathrm{PM}} = \sum_{j=1}^{m}\left(n_{A_{ij}} + 1\right) + \sum_{j=1}^{r}\left(n_{B_{ij}} + 1\right) - 1 \tag{5.47}$$

etwa dieselbe Größe, die der Teilmodellansatz, Gl. (5.25), liefert. Gl. (5.47) gilt unter der Annahme, dass die Parameter in Gl. (5.45a) und (5.45b) normiert wurden, z.B. auf $a_{0,11} = 1$, wodurch ein Parameter weniger zu schätzen ist. Da aber die Strukturindizes $n_{A_{ij}}$ und $n_{B_{ij}}$ die Obergrenzen der einzelnen Polynomordnungen von $A_{ij}(z)$ und $B_{ij}(z)$ darstellen, ist bei grob unterschiedlicher maximaler Ordnung $n_{A_{ij}}$ und $n_{B_{ij}}$ der Teilpolynome die Anzahl der zu schätzenden Parameter geringer als bei einem Teilmodellansatz nach Gl. (5.19). Die Gültigkeit der Gl. (5.47) ist sofort nachvollziehbar, wenn die Polynome von $\underline{\boldsymbol{A}}(z)$ und $\underline{\boldsymbol{B}}(z)$ im Detail ausgeschrieben werden.

Nachfolgend wird die Anzahl der zu schätzenden Parameter beim Ansatz mittels Polynommatrizen für ein Beispiel bestimmt.

Beispiel 5.2
Gegeben sei das bereits in Beispiel 5.1 betrachtete Mehrgrößensystem mit $r = 2$ Eingangsgrößen und $m = 2$ Ausgangsgrößen. In der Hauptdiagonalen von $\underline{\boldsymbol{A}}(z)$ werde als maximale Polynomordnung $n_{A_{ij}} = 2$ und weiterhin $n_{B_{ij}} = 2$ angenommen. Damit ergibt sich als maximale Anzahl der zu schätzenden Parameter

$$n'_{\mathrm{PM}} = 6 + 6 - 1 = 11.$$

■

Nach einer erfolgreichen Parameterschätzung steht ohne weitere Nachbehandlung direkt eine einfache und brauchbare mathematische Beschreibung eines linearen zeitinvarianten Mehrgrößensystems zur Verfügung.

5.4.1 Schätzgleichung zur Parameterbestimmung

Bei der Identifikation eines Mehrgrößensystems wird, ähnlich wie in Kapitel 3 für Eingrößen-Systeme bereits beschrieben, zunächst wieder von der Vorstellung ausgegangen, dass das mathematische Modell dem tatsächlichen System parallel geschaltet ist und die Ausgangsgrößen des Systems $\boldsymbol{y}(k)$ bzw. im z-Bereich $\boldsymbol{Y}(z)$ und des Modells $\tilde{\boldsymbol{y}}_{\mathrm{M}}(k)$ bzw. $\tilde{\boldsymbol{Y}}_{\mathrm{M}}(z)$ miteinander verglichen werden. Für ein vollständig angepasstes Modell würde die vektorielle Abweichung

$$\tilde{\boldsymbol{E}}(z) = \boldsymbol{Y}(z) - \tilde{\boldsymbol{Y}}_{\mathrm{M}}(z) \tag{5.48}$$

der Ausgangssignale gerade dem Rauschsignal entsprechen. Wird der Modellansatz in Form eines linken Polynommatrizenquotienten gemäß Gl. (5.43) gewählt, dessen Polynommatrizen strukturgleich zur kanonischen Beobachtbarkeitsnormalform (siehe Anhang E) sein sollen, und vorausgesetzt, dass der Vektor der messbaren Ausgangssignale $\boldsymbol{Y}(z)$ sich aus dem Vektor der ungestörten Signale $\boldsymbol{Y}_\mathrm{S}(z)$ und dem von den Eingangssignalen nicht beeinflussbaren Vektor der Störsignale $\boldsymbol{R}_\mathrm{S}(z)$ in der Form

$$\boldsymbol{Y}(z) = \boldsymbol{Y}_\mathrm{S}(z) + \boldsymbol{R}_\mathrm{S}(z) \tag{5.49}$$

zusammensetzt, dann kann in Analogie zu der Darstellung in Bild 3.4 der Modellansatz gemäß Gl. (5.43) erweitert werden, indem die Störung durch einen geeigneten Störmodellansatz, z.B. analog zu Gl. (3.18) in der Form

$$\underline{\boldsymbol{G}}_\mathrm{r}(z) = \underline{\boldsymbol{A}}^{-1}(z)\,\underline{\boldsymbol{G}}_\mathrm{r}^*(z) \tag{5.50}$$

berücksichtigt wird. Hier wurde auf eine Faktorisierung der Übertragungsmatrizen $\underline{\boldsymbol{G}}_\mathrm{r}^*(z)$ und $\underline{\boldsymbol{G}}_\mathrm{r}(z)$ verzichtet. Für den Ausgangsfehler $\tilde{e}$, der für ein angepasstes Modell gerade der Störung r_S entspricht, gilt also

$$\tilde{\boldsymbol{E}}(z) = \underline{\boldsymbol{G}}_\mathrm{r}(z)\,\boldsymbol{\varepsilon}(z). \tag{5.51}$$

Werden die Gln. (5.43), (5.50) und (5.51) in Gl. (5.48) eingesetzt, so ergibt sich schließlich analog zur Gl. (3.19) die Beziehung

$$\boldsymbol{Y}(z) = \underline{\boldsymbol{A}}^{-1}(z)\,\underline{\boldsymbol{B}}(z)\,\boldsymbol{U}(z) + \underline{\boldsymbol{A}}^{-1}(z)\,\underline{\boldsymbol{G}}_\mathrm{r}^*(z)\,\boldsymbol{\varepsilon}(z), \tag{5.52}$$

die in Form des vektoriellen verallgemeinerten Ausgangsfehlers in Bild 5.5 dargestellt ist. Durch Multiplikation von links mit $\underline{\boldsymbol{A}}(z)$ folgt aus Gl. (5.52)

$$\underline{\boldsymbol{A}}(z)\,\boldsymbol{Y}(z) - \underline{\boldsymbol{B}}(z)\,\boldsymbol{U}(z) = \underline{\boldsymbol{G}}_\mathrm{r}^*(z)\,\boldsymbol{\varepsilon}(z) = \boldsymbol{V}(z), \tag{5.53}$$

worin die rechte Gleichungsseite den vektoriellen verallgemeinerten Gleichungsfehler $\boldsymbol{V}(z)$ als korreliertes Störsignal beschreibt. Dieser Zusammenhang ist in Bild 5.6 dargestellt. Darin erscheint der korrelierte vektorielle Modellfehler $\boldsymbol{V}(z)$ als Größe, die über das Störmodell, beschrieben durch $\underline{\boldsymbol{G}}_\mathrm{r}^*(z)$, aus vektoriellem weißem Rauschen $\boldsymbol{\varepsilon}(z)$ erzeugt wird.

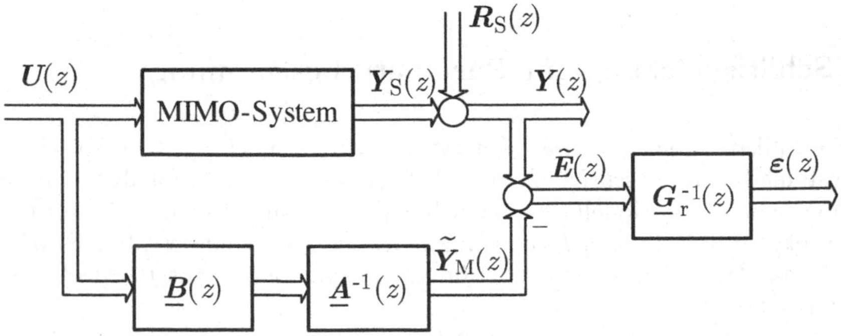

Bild 5.5 Blockschaltbild zum verallgemeinerten Modellfehler

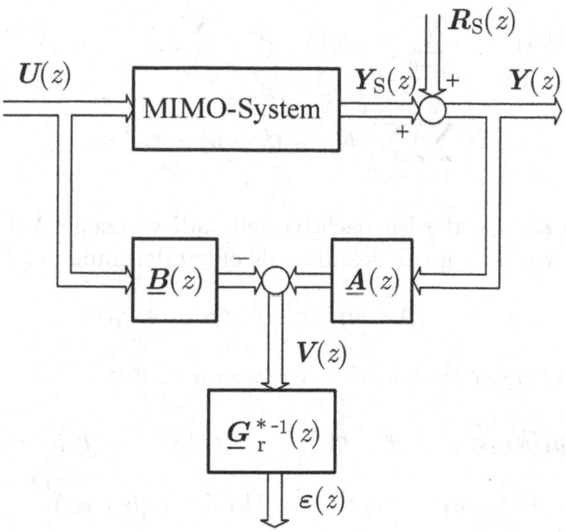

Bild 5.6 Blockschaltbild zum verallgemeinerten Gleichungsfehler

Analog zur Parameterschätzung bei Eingrößensystemen (siehe Tabelle 3.2) können auch bei Mehrgrößensystemen verschiedenartige Störmodelle, beschrieben durch entsprechende Polynommatrizen, berücksichtigt werden. Um die nachfolgende Betrachtung möglichst übersichtlich zu halten, wird vorausgesetzt, dass für die Übertragungsmatrix des Störmodells $\underline{G}_r^*(z)$ die Einheitsmatrix $\mathbf{I}$ gewählt wird. Dies entspricht gemäß Tabelle 3.2 der ARX-Modellstruktur bzw. dem *Least-Squares*-Modell. Für den verallgemeinerten Gleichungsfehler folgt damit aus Gl. (5.53)

$$\boldsymbol{V}(z) = \boldsymbol{\varepsilon}(z). \tag{5.54}$$

Dieser besitzt offensichtlich die idealisierten Eigenschaften des weißen Rauschens. Die Modellgleichung für das nun vorliegende Schätzproblem lautet somit

$$\underline{\boldsymbol{A}}(z)\,\boldsymbol{Y}(z) = \underline{\boldsymbol{B}}(z)\,\boldsymbol{U}(z) + \boldsymbol{\varepsilon}(z). \tag{5.55}$$

Zeilenweises Ausmultiplizieren der rechten und linken Seite dieser Gleichung liefert zunächst das Gleichungssystem mit den Polynomen $A_{ij}(z)$ und $B_{ij}(z)$

$$A_{i1}(z)\,Y_1(z) + \ldots + A_{im}(z)\,Y_m(z) = B_{i1}(z)\,U_1(z) + \ldots + B_{ir}(z)\,U_r(z) + \varepsilon_i(z) \tag{5.56}$$

für $i = 1{,}2,\ldots,m$, dessen i-te Gleichung auf der linken Seite noch sämtliche Modellausgangsgrößen enthält. Die umgeformte Gl. (5.56)

$$A_{ii}(z)\,Y_i(z) = -\sum_{\substack{j=1\\j\neq i}}^{m} A_{ij}(z)\,Y_j(z) + \sum_{j=1}^{r} B_{ij}(z)\,U_j(z) + \varepsilon_i(z)$$

kann nach inverser z-Transformation in der diskreten Zeitbereichsdarstellung weiter aufgelöst werden, sodass sich schließlich die Differenzengleichungen der Ausgangsgrößen in der Form

$$
\begin{aligned}
y_i(k+v_{ii}) = &- \sum_{\mu=0}^{v_{ii}-1} a_{ii,\mu} y_i(k+\mu) - \sum_{\substack{j=1\\j\neq i}}^{m} \sum_{\mu=0}^{v_{ij}} a_{ij,\mu} y_j(k+\mu) \\
&+ \sum_{j=1}^{r} \sum_{\mu=0}^{v_{ii}-1} b_{ij,\mu} u_j(k+\mu) + \varepsilon_i(k)
\end{aligned}
\tag{5.57}
$$

ergibt, wobei die Größen v_{ij} die Beobachtbarkeitsindizes (siehe Anhang E) darstellen. Damit kann für jede Ausgangsgröße des Modells eine Gleichung der Form

$$y_i(k+v_{ii}) = \boldsymbol{m}_i^{\mathrm{T}}(k+v_{ii})\, \boldsymbol{p}_{\mathrm{M},i} + \varepsilon_i(k) \tag{5.58}$$

aufgestellt werden, worin der Daten- oder Regressionsvektor

$$
\begin{aligned}
\boldsymbol{m}_i(k+v_{ii}) = \Big[&-y_1(k) \ldots - y_1(k+\eta_{1i}) \,\vdots\, \ldots \,\vdots\, -y_m(k) \ldots - y_m(k+\eta_{1m}) \,\vdots\, \ldots \\
&\vdots\, u_1(k) \ldots u_1(k+v_{ii}) \,\vdots\, \ldots \,\vdots\, u_r(k) \ldots u_r(k+v_{ii})\Big]^{\mathrm{T}}
\end{aligned}
\tag{5.59}
$$

nur Messwerte und der Parametervektor

$$
\begin{aligned}
\boldsymbol{p}_{\mathrm{M},i} = \Big[&a_{i1,0} \ldots a_{i1,\eta_{1i}} \,\vdots\, \ldots \,\vdots\, a_{im,0} \ldots a_{im,\eta_{im}} \,\vdots\, \ldots \\
&\vdots\, b_{i1,0} \ldots b_{i1,v_{1i}} \,\vdots\, \ldots \,\vdots\, b_{ir,0} \ldots b_{ir,v_{ii}}\Big]^{\mathrm{T}}
\end{aligned}
\tag{5.60}
$$

sämtliche zu schätzende Größen enthält. Der zu eins normierte führende Koeffizient der Polynome $A_{ii}(z)$ erscheint dabei nicht im Parametervektor, denn es gilt

$$\eta_{ij} = \begin{cases} v_{ij} & \text{für } i \neq j, \\ v_{ij} - 1 & \text{für } i = j. \end{cases}$$

Wird die Modellgleichung, Gl. (5.58), für jeden Modellausgang mit den abgetasteten Signalwerten für $k = 0,1,\ldots,N - v_{ii}$ zusammengefasst, so ergibt sich das vektorielle Gleichungssystem

$$\boldsymbol{y}_i(N) = \boldsymbol{M}_i(N)\boldsymbol{p}_{\mathrm{M},i} + \boldsymbol{\varepsilon}_i(N), \quad i = 1,2,\ldots,m, \tag{5.61}$$

mit dem Ausgangssignalvektor

$$\boldsymbol{y}_i(N) = \begin{bmatrix} y_i(v_{ii}) & y_i(v_{ii}+2) & \ldots & y_i(N) \end{bmatrix}^{\mathrm{T}} \tag{5.62}$$

und der Daten- oder Messwertematrix

$$\boldsymbol{M}_i(N) = \begin{bmatrix} \boldsymbol{m}_i^{\mathrm{T}}(v_{ii}) \\ \boldsymbol{m}_i^{\mathrm{T}}(v_{ii}+1) \\ \vdots \\ \boldsymbol{m}_i^{\mathrm{T}}(N) \end{bmatrix}, \tag{5.63}$$

sowie dem Fehlervektor

$$\boldsymbol{\varepsilon}_i(N) = \begin{bmatrix} \varepsilon_i(v_{ii}) & \varepsilon_i(v_{ii}+1) & \ldots & \varepsilon_i(N) \end{bmatrix}^{\mathrm{T}}. \tag{5.64}$$

Zur Ermittlung des jeweiligen Parametervektors $\boldsymbol{p}_{\mathrm{M},i}$ muss das zugehörige Gleichungssystem, Gl. (5.61), ausgewertet werden. Ähnlich wie im Falle der in Abschnitt 3.3.1 dargestellten Lösung für Eingrößensysteme ist es zweckmäßig, als Gütekriterium die Summe der kleinsten Fehlerquadrate

$$I_i(\boldsymbol{p}_{\mathrm{M},i}) = \frac{1}{2}\sum_{l=v_{ii}}^{N} \varepsilon_i^2(l) = \frac{1}{2}\boldsymbol{\varepsilon}_i^{\mathrm{T}}(N)\boldsymbol{\varepsilon}_i(N) \tag{5.65}$$

zu wählen. Durch Umformen von Gl. (5.61) und Einsetzen in Gl. (5.65) ergibt sich

$$I_i(\boldsymbol{p}_{\mathrm{M},i}) = \frac{1}{2}[\,\boldsymbol{y}_i(N) - \boldsymbol{M}_i(N)\boldsymbol{p}_{\mathrm{M},i}\,]^{\mathrm{T}}[\,\boldsymbol{y}_i(N) - \boldsymbol{M}_i(N)\boldsymbol{p}_{\mathrm{M},i}\,], \tag{5.66}$$

sodass durch Nullsetzen der ersten Ableitung

$$\left.\frac{\mathrm{d}I_i(\boldsymbol{p}_{\mathrm{M},i})}{\mathrm{d}\boldsymbol{p}_{\mathrm{M},i}}\right|_{\boldsymbol{p}_{\mathrm{M},i}=\hat{\boldsymbol{p}}_i} = -\boldsymbol{M}_i^{\mathrm{T}}(N)\boldsymbol{y}_i(N) + \boldsymbol{M}_i^{\mathrm{T}}(N)\boldsymbol{M}_i(N)\hat{\boldsymbol{p}}_i = \boldsymbol{0} \tag{5.67}$$

der gesuchte Parametervektor

$$\hat{\boldsymbol{p}}_i = \hat{\boldsymbol{p}}_i(N) = [\,\boldsymbol{M}_i^{\mathrm{T}}(N)\boldsymbol{M}_i(N)\,]^{-1}\boldsymbol{M}_i(N)\boldsymbol{y}_i(N) \tag{5.68a}$$

oder in verkürzter Schreibweise

$$\hat{\boldsymbol{p}}_i(N) = \boldsymbol{M}_i^{*-1}(N)\boldsymbol{y}_i^*(N) \tag{5.68b}$$

mit

$$\boldsymbol{M}_i^*(N) = \boldsymbol{M}_i^{\mathrm{T}}(N)\boldsymbol{M}_i(N) \tag{5.69a}$$

und

$$\boldsymbol{y}_i^*(N) = \boldsymbol{M}_i^{\mathrm{T}}(N)\boldsymbol{y}_i(N) \tag{5.69b}$$

folgt. Damit erfordert die Berechnung aller Modellparameter die Lösung von m linearen Gleichungssystemen. Zu beachten ist, dass die Invertierbarkeit der quadratischen Matrix $\boldsymbol{M}_i^*(N)$ aus Gl. (5.69a) an einige Voraussetzungen gebunden ist. Zunächst muss gewährleistet sein, dass mindestens

$$N_i + 1 = (r+1)\,v_{ii} - 1 + \sum_{j=1}^{m} v_{ij} \tag{5.70}$$

Messwerte von jedem Eingangs- und Ausgangssignal vorliegen, denn erst ab dieser Mindestzahl N_i entspricht die Anzahl $N_i - v_i i + 1$ der Gleichungen der Anzahl $\sum_{j=1}^{m} v_{ij} - 1 + rv_{ii}$ der zu schätzenden Parameter. In der Praxis werden wieder erheblich mehr Messwerte für die Parameterschätzung verwendet. Außerdem müssen die Eingangssignale die Bedingung der fortwährenden Erregung erfüllen, sodass auch die Ausgangssignale ausreichend Informationen über das zu identifizierende Mehrgrößensystem enthalten, wobei zu gewährleisten ist, dass die Bewegung der Ausgangssignale in linearen Bereichen stattfindet. Schließlich ist ein Informationsverlust dann zu erwarten, wenn eine zu kleine Abtastzeit der kontinuierlichen Signalwerte gewählt wurde. Neben diesen Bedingungen kann beim Ansatz zu hoher Polynomordnungen die Messwertematrix annähernd singulär werden.

5.4.2 Numerische Lösung des Schätzproblems

5.4.2.1 Direkte Lösung

In Abschnitt 5.4.1 wurde gezeigt, dass das Problem der Parameterschätzung von Mehrgrößensystemen strukturell, wie für Eingrößensysteme bei der direkten Lösungsmethode (siehe Abschnitt 3.3.1), die Lösung linearer Gleichungssysteme erfordert. Einige numerische Verfahren gehen von Gl. (5.68b) in der umgestellten Form

$$\boldsymbol{M}_i^*(N)\,\hat{\boldsymbol{p}}_i(N) = \boldsymbol{y}_i^*(N), \tag{5.71}$$

die auch als Normalengleichung bezeichnet wird, aus und liefern den Parametervektor $\hat{\boldsymbol{p}}_i$ nach der Inversion der quadratischen und symmetrischen Matrix $\boldsymbol{M}_i^*(N) = \boldsymbol{M}_i(N)\boldsymbol{M}_i(N)$. Andere Verfahren basieren direkt auf dem im Allgemeinen überbestimmten Gleichungssystem, Gl. (5.61), in der Form

$$\boldsymbol{M}_i(N)\,\boldsymbol{p}_{\mathrm{M},i}(N) + \boldsymbol{\varepsilon}_i(N) = \boldsymbol{y}_i(N), \tag{5.72}$$

und ermitteln über eine Orthogonaltransformation der Matrix $\boldsymbol{M}_i(N)$ einen Parametervektor, der den Fehlervektor $\boldsymbol{\varepsilon}_i(N)$ minimiert. Ohne hier auf die Details der Durchführung der numerischen Lösungsverfahren einzugehen, sei darauf hingewiesen, dass für die direkte Auswertung der Normalengleichung, Gl. (5.71), sich die Cholesky-Faktorisierung [Ste73], die Gauß-Elimination oder auch verschiedene andere in Abschnitt 3.3.1 bereits genannte Verfahren gut eignen. Zur Lösung überbestimmter Gleichungssysteme der Form von Gl. (5.72) wird die zuvor erwähnte Orthogonaltransformation von $\boldsymbol{M}_i(N)$ mittels der Zerlegung nach singulären Werten oder einer QR-Faktorisierung ausgeführt [LH74, Keu88].

5.4.2.2 Rekursive Lösung

Der Vollständigkeit halber sei erwähnt, dass auch für Mehrgrößensysteme, ähnlich wie für Eingrößensysteme in Abschnitt 3.3.2 bereits dargestellt, eine rekursive Lösung des Parameterschätzproblems hergeleitet werden kann. Ausgangspunkt für die Herleitung des rekursiven Schätzalgorithmus ist zweckmäßigerweise Gl. (5.71) für den k-ten Abtastschritt

$$\boldsymbol{M}_i^*(k)\boldsymbol{p}_{\mathrm{M},i}(k) = \boldsymbol{y}_i^*(k). \tag{5.73}$$

Mit den neu hinzukommenden Signalen wird ein neuer Messvektor $\boldsymbol{m}_i(k+1)$ gebildet, welcher der Messwertematrix als weitere untere Zeile zugeordnet wird. In vollständig analoger Vorgehensweise wie beim Eingrößensystem ergeben sich dann die rekursiven Gleichungen

$$\hat{\varepsilon}_i(k+1) = y_i(k+1) - \hat{y}(k+1) = y_i(k+1) - \boldsymbol{m}_i^{\mathrm{T}}(k+1)\hat{\boldsymbol{p}}_i(k), \tag{5.74a}$$

$$\boldsymbol{q}_i(k+1) = \frac{\boldsymbol{M}_i^{*-1}(k)\boldsymbol{m}_i^T(k+1)}{1+\boldsymbol{m}_i^T(k+1)\boldsymbol{M}_i^{*-1}(k)\boldsymbol{m}_i(k+1)}, \tag{5.74b}$$

$$\hat{\boldsymbol{p}}_i(k+1) = \hat{\boldsymbol{p}}(k) - \boldsymbol{q}_i(k+1)\hat{\varepsilon}_i(k+1), \tag{5.74c}$$

$$\boldsymbol{M}_i^{*-1}(k+1) = \boldsymbol{M}_i^{*-1}(k) - \boldsymbol{q}_i(k+1)\boldsymbol{m}_i^T(k+1)\boldsymbol{M}_i^{*-1}(k). \tag{5.74d}$$

5.4.3 Strukturprüfung

Im Gegensatz zur Berechnung der Modellparameter stellt die Bestimmung einer geeigneten Modellstruktur für Mehrgrößensysteme den schwierigeren Teil der Identifikationsaufgabe dar. Die Struktur eines Mehrgrößensystems wird bestimmt durch die im Anhang E in den Gln. (E.8) und (E.9) eingeführten Beobachtbarkeitsindizes $v_1,\ldots,v_m$, die anhand der gemessenen Eingangs- und Ausgangssignale zu bestimmen sind. Aus Gl. (5.57) geht hervor, dass Strukturbeziehungen für die Spalten einer Datenmatrix bestehen. Nach [Gui75] ermöglicht diese Tatsache die Bestimmung der Beobachtbarkeits- oder der Strukturindizes $v_1,\ldots,v_m$ aus den Datenmatrizen $\boldsymbol{M}_i(N)$ nach Gl. (5.63) für $i = 1,\ldots,m$ durch Aussuchen linear unabhängiger Spalten nach demselben Auswahlprinzip, das auch zur Bestimmung der Beobachtbarkeitsindizes in Gl. (E.8) mit Hilfe der Beobachtbarkeitsmatrix, Gl. (E.7), angewendet wurde. Zweckmäßigerweise wird bei der Ermittlung linear unabhängiger Spalten wieder links begonnen. Wird ein linear abhängiger Vektor gefunden, dann gehören alle bisher verbliebenen Vektoren zum gleichen Teilsystem, während alle weiteren rechts neben dem gefundenen Vektor linear abhängig sind und fortgesetzte Tests unnötig machen. Der um eins verringerte Index des gefundenen linear abhängigen Vektors stellt den Strukturindex v_i des i-ten Teilsystems dar. Diese Prozedur ist für alle Teilsysteme $i = 1,\ldots,m$ durchzuführen. Voraussetzung für die Anwendbarkeit dieses Verfahrens ist, dass die jeweilige Datenmatrix nicht aufgrund ungeeigneter Eingangs- und Ausgangssignale linear abhängige Spaltenvektoren enthält. Daher ist es erforderlich, dass die Eingangssignale alle interessierenden Zustände eines Mehrgrößensystems genügend anregen. Außerdem muss die Anzahl Messwerte im Verhältnis zur Systemordnung genügend groß sein. Weiterhin ist die Anwendung des hier skizzierten Verfahrens nur möglich, wenn den Messsignalen keine zu großen Störungen überlagert sind. Auch können Rundungsfehler die Ursache dafür sein, dass die betreffende Datenmatrix $\boldsymbol{M}_i(N)$ nichtsingulär wird. Da diese für eine gute Modellbildung erforderlichen Bedingungen bei praktischen Anwendungen nur selten eingehalten werden können, kann es zweckmäßiger sein, die Strukturparameter verschiedener in Betracht kommender Modelle grob abzuschätzen und anschließend bei der Auswahl des günstigsten Modells mehrere Kriterien anzuwenden. Dazu eignen sich verschiedene, in Kapitel 4 behandelte Verfahren, wie z.B. ein Fehlerfunktionstest oder ein Signalfehlertest. Mit diesen Verfahren lassen sich die Strukturindizes v_i, also die Ordnung der Teilmodelle sowie der Einzelmodelle, gut bestimmen.

5.5 Modellansatz mittels Zustandsraumdarstellung

5.5.1 Zusammenhang zwischen Zustandsraumdarstellung und Eingangs-Ausgangs-Beschreibung

Die Zustandsraumdarstellung eines linearen, zeitinvarianten zeitdiskreten Systems ist durch

$$\boldsymbol{x}(k+1) = \boldsymbol{A}\boldsymbol{x}(k) + \boldsymbol{B}\boldsymbol{u}(k) \tag{5.75a}$$

und

$$\boldsymbol{y}(k) = \boldsymbol{C}\boldsymbol{x}(k) + \boldsymbol{D}\boldsymbol{u}(k) \tag{5.75b}$$

gegeben [Unb09], wobei die Vektoren und Matrizen folgende Dimensionen aufweisen:

$\boldsymbol{x}(k)$	$(n \times 1)$	Zustandsvektor,
$\boldsymbol{u}(k)$	$(r \times 1)$	Eingangsvektor,
$\boldsymbol{y}(k)$	$(m \times 1)$	Ausgangsvektor,
$\boldsymbol{A}$	$(n \times n)$	Systemmatrix,
$\boldsymbol{B}$	$(n \times r)$	Eingangsmatrix,
$\boldsymbol{C}$	$(m \times n)$	Ausgangs- oder Beobachtungsmatrix,
$\boldsymbol{D}$	$(m \times r)$	Durchgangsmatrix.

Anwendung der z-Transformation [Unb09] auf die Gln. (5.75a) und (5.75b) liefert (unter der Annahme verschwindender Anfangsbedingungen)

$$\boldsymbol{X}(z) = (z\mathbf{I} - \boldsymbol{A})^{-1}\boldsymbol{B}\boldsymbol{U}(z) \tag{5.76a}$$

und

$$\boldsymbol{Y}(z) = \boldsymbol{C}\boldsymbol{X}(z) + \boldsymbol{D}\boldsymbol{U}(z). \tag{5.76b}$$

Wird $\boldsymbol{X}(z)$ in Gl. (5.76b) durch Gl. (5.76a) ersetzt, ergibt sich

$$\boldsymbol{Y}(z) = \left[\boldsymbol{C}(z\mathbf{I} - \boldsymbol{A})^{-1}\boldsymbol{B} + \boldsymbol{D}\right]\boldsymbol{U}(z) \tag{5.77}$$

und der Vergleich mit Gl. (5.2) zeigt, dass der Ausdruck in der eckigen Klammer gerade die $m \times r$-dimensionale Übertragungsmatrix

$$\underline{\boldsymbol{G}}(z) = \boldsymbol{C}(z\mathbf{I} - \boldsymbol{A})^{-1}\boldsymbol{B} + \boldsymbol{D} \tag{5.78}$$

des Systems darstellt, deren Elemente

$$G_{ij}(z) = \frac{Y_i(z)}{U_j(z)} = \frac{M_{ij}(z)}{N(z)}, \quad i = 1, \ldots, m, \quad j = 1, \ldots, r, \tag{5.79}$$

die Einzelübertragungsfunktionen des MIMO-Systems repräsentieren. Hierbei liefert das Polynom

$$N(z) = \det(z\mathbf{I} - \boldsymbol{A}) = \sum_{\nu=0}^{n-1} n_\nu z^\nu + z^n \tag{5.80}$$

durch Nullsetzen die Pole des Systems bzw. die Eigenwerte der Matrix $\boldsymbol{A}$. Die Polynome (mit maximaler Ordnung n)

$$M_{ij}(z) = \sum_{\nu=0}^{n} m_{ij,\nu} z^{\nu} \tag{5.81}$$

liefern durch Nullsetzen die Nullstellen der Übertragungsfunktionen $G_{ij}(z)$. Aus Gl. (5.79) folgt als Eingangs-Ausgangs-Beschreibung der einzelnen Übertragungspfade des Systems im z-Bereich

$$Y_i(z) = \sum_{j=1}^{r} \frac{M_{ij}(z)}{N(z)} U_j(z), \quad i = 1,\ldots,m. \tag{5.82}$$

Die inverse z-Transformation von Gl. (5.82) ergibt schließlich die Differenzengleichungen für die Eingangs-Ausgangs-Beschreibung von MIMO-Systemen

$$y_i(k+n) = \sum_{j=1}^{r} \sum_{\nu=0}^{n} m_{ij,\nu} u_j(k+\nu) - \sum_{\nu=0}^{n-1} n_{\nu} y_i(k+\nu). \tag{5.83}$$

Speziell für SISO-Systeme gilt $y_i = y$, $u_j = u$, $i = j = 1$ und somit folgt anstelle von Gl. (5.83) die Differenzengleichung

$$y(k+n) = \sum_{\nu=0}^{n} m_{\nu} u(k+\nu) - \sum_{\nu=0}^{n-1} n_{\nu} y(k+\nu) \tag{5.84}$$

als Eingangs-Ausgangs-Beschreibung.

Eine weitere Beschreibungsform für das Eingangs-Ausgangs-Verhalten eines diskreten Systems liefert die sukzessive Lösung der Zustandsgleichung (5.75a), wobei diese für $k = 1,2,\ldots$ angeschrieben wird [Unb09]:

$$\begin{aligned} \boldsymbol{x}(1) &= \boldsymbol{A}\boldsymbol{x}(0) + \boldsymbol{B}\boldsymbol{u}(0), \\ \boldsymbol{x}(2) &= \boldsymbol{A}^2\boldsymbol{x}(0) + \boldsymbol{A}\boldsymbol{B}\boldsymbol{u}(0) + \boldsymbol{B}\boldsymbol{u}(1), \\ &\vdots \\ \boldsymbol{x}(k) &= \boldsymbol{A}^k\boldsymbol{x}(0) + \sum_{\nu=0}^{k-1} \boldsymbol{A}^{k-\nu-1}\boldsymbol{B}\boldsymbol{u}(\nu). \end{aligned} \tag{5.85}$$

Die Lösung gemäß Gl. (5.85) setzt sich aus den beiden Termen der homogenen Lösung für den Anfangszustand $\boldsymbol{x}(0)$ (freie Antwort) und der partikulären Lösung (durch die Eingangsgröße $\boldsymbol{u}(k)$ erzwungene Antwort) zusammen. Durch Einsetzen von Gl. (5.85) in Gl. (5.75b) ergibt sich

$$\boldsymbol{y}(k) = \boldsymbol{C}\boldsymbol{A}^k\boldsymbol{x}(0) + \sum_{\nu=0}^{k-1} \boldsymbol{C}\boldsymbol{A}^{k-\nu-1}\boldsymbol{B}\boldsymbol{u}(\nu) + \boldsymbol{D}\boldsymbol{u}(k) \tag{5.86a}$$

und durch die Substitution $k - \nu = \mu$ folgt

$$\boldsymbol{y}(k) = \boldsymbol{C}\boldsymbol{A}^k\boldsymbol{x}(0) + \sum_{\mu=1}^{k} \boldsymbol{C}\boldsymbol{A}^{\mu-1}\boldsymbol{B}\boldsymbol{u}(k-\mu) + \boldsymbol{D}\boldsymbol{u}(k). \tag{5.86b}$$

Der Summenterm in Gl. (5.86b) kann als Faltungssumme

$$\boldsymbol{y}(k) = \sum_{\mu=0}^{k} \boldsymbol{G}(\mu)\boldsymbol{u}(k-\mu) \tag{5.87}$$

des Eingangsvektors $\boldsymbol{u}(k)$ mit der $m \times r$-dimensionalen Gewichtsfolgematrix oder Matrix der Impulsantwortfolgen

$$\boldsymbol{G}(k) = \begin{cases} \boldsymbol{0} & \text{für } k = -1, -2, \ldots, \\ \boldsymbol{D} & \text{für } k = 0, \\ \boldsymbol{C}\boldsymbol{A}^{k-1}\boldsymbol{B} & \text{für } k = 1,2, \ldots, \end{cases} \tag{5.88}$$

interpretiert werden. Dabei stellen die Elemente dieser Matrix

$$\boldsymbol{G}(k) = \begin{bmatrix} g_{11}(k) & \ldots & g_{1r}(k) \\ \vdots & \ddots & \vdots \\ g_{m1}(k) & \ldots & g_{mr}(k) \end{bmatrix} \tag{5.89}$$

die Werte der Gewichtsfolgen $g_{ij}(k)$ zum Zeitpunkt k dar, die sich als Antwort aller m Systemausgangsgrößen $y_i(k)$ auf die Erregung aller r Systemeingangsgrößen $u_j(k)$ durch diskrete δ-Impulse

$$\delta(k) = \begin{cases} 1 & \text{für } k = 0, \\ 0 & \text{für } k \neq 0, \end{cases}$$

ergeben. Da für kausale Systeme $\boldsymbol{G}(k-\mu) = \boldsymbol{0}$ für $k < \mu$ gilt, darf die obere Grenze k der Summe in Gl. (5.87) auch durch ∞ ersetzt werden. Im Falle eines Eingrößensystems vereinfacht sich Gl. (5.87) zur skalaren Faltungssumme

$$y(k) = \sum_{\mu=0}^{k} g(\mu)u(k-\mu) \tag{5.90}$$

mit der Gewichts- oder normierten Impulsantwortfolge $g(k)$.

Die Matrizen $\boldsymbol{G}(0)$, $\boldsymbol{G}(1)$, $\boldsymbol{G}(2)$, ... werden auch als Markov-Parameter des Systems bezeichnet. Abschließend sei noch erwähnt, dass die z-Transformation von $\boldsymbol{G}(k)$

$$\mathscr{Z}\{\boldsymbol{G}(k)\} = \underline{\boldsymbol{G}}(z) \tag{5.91}$$

wiederum die Übertragungsmatrix gemäß Gl. (5.78) liefert. Damit wurden die wichtigsten Beschreibungsformen für das Eingangs-Ausgangs-Verhalten von Eingrößen- und Mehrgrößensystemen in diskreter Zustandsraumdarstellung und ihre gegenseitigen Zusammenhänge als Basis für die folgenden Abschnitte vorgestellt.

5.5.2 Ho-Kalman-Realisierungsalgorithmus

Das klassische Realisierungsproblem der Regelungstheorie [HK66] besteht in der Herleitung einer Zustandsraumdarstellung $(\boldsymbol{A},\boldsymbol{B},\boldsymbol{C},\boldsymbol{D})$ minimaler Ordnung n (Minimalrealisierung) gemäß Gl. (5.75) aus einer vorgegebenen anderen Systemdarstellung wie z.B. den Markov-Parametern $\boldsymbol{G}(k)$ bzw. den Impulsantwortfolgen $g_{ij}(k)$. Mit Gl. (5.89) wird mit den Markov-Parametern $\boldsymbol{G}(k)$ für $k = 1,2,\ldots,2n+1$ die $m(n+1) \times r(n+1)$-dimensionale Hankel-Matrix

$$\boldsymbol{G}_{n+1}(k) = \begin{bmatrix} \boldsymbol{G}(1) & \boldsymbol{G}(2) & \cdots & \boldsymbol{G}(n+1) \\ \boldsymbol{G}(2) & \boldsymbol{G}(3) & \cdots & \boldsymbol{G}(n+2) \\ \vdots & \vdots & \ddots & \vdots \\ \boldsymbol{G}(n+1) & \boldsymbol{G}(n+2) & \cdots & \boldsymbol{G}(2n+1) \end{bmatrix} \tag{5.92}$$

gebildet. Man setzt dabei voraus, dass das untersuchte System vollständig steuerbar und beobachtbar ist [Unb09], d.h. für die $n \times nr$-dimensionale Steuerbarkeitsmatrix

$$\boldsymbol{S}_1 = \begin{bmatrix} \boldsymbol{B} & \boldsymbol{AB} & \cdots & \boldsymbol{A}^{n-1}\boldsymbol{B} \end{bmatrix} \tag{5.93a}$$

gilt

$$\operatorname{rang} \boldsymbol{S}_1 = n \tag{5.93b}$$

und für die $nm \times n$-dimensionale Beobachtbarkeitsmatrix

$$\boldsymbol{S}_2 = \begin{bmatrix} \boldsymbol{C} \\ \boldsymbol{CA} \\ \vdots \\ \boldsymbol{CA}^{n-1} \end{bmatrix} \tag{5.94a}$$

entsprechend

$$\operatorname{rang} \boldsymbol{S}_2 = n. \tag{5.94b}$$

Wird die $n \times (n+1)r$-dimensionale erweiterte Steuerbarkeitsmatrix

$$\boldsymbol{S}_{1,n+1} = \begin{bmatrix} \boldsymbol{B} & \boldsymbol{AB} & \cdots & \boldsymbol{A}^{n}\boldsymbol{B} \end{bmatrix} \tag{5.95}$$

eingeführt sowie die $(n+1)m \times n$-dimensionale erweiterte Beobachtbarkeitsmatrix

$$\boldsymbol{S}_{2,n+1} = \begin{bmatrix} \boldsymbol{C} \\ \boldsymbol{CA} \\ \vdots \\ \boldsymbol{CA}^{n} \end{bmatrix}, \tag{5.96}$$

dann ergibt sich als Produkt dieser beiden Matrizen [HK66] die $m(n+1) \times r(n+1)$-dimensionale Matrix

$$\boldsymbol{G}_{n+1} = \boldsymbol{S}_{2,n+1}\boldsymbol{S}_{1,n+1} = \begin{bmatrix} \boldsymbol{CB} & \boldsymbol{CAB} & \cdots & \boldsymbol{CA}^{n}\boldsymbol{B} \\ \boldsymbol{CAB} & \boldsymbol{CA}^2\boldsymbol{B} & \cdots & \boldsymbol{CA}^{n+1}\boldsymbol{B} \\ \vdots & \vdots & \ddots & \vdots \\ \boldsymbol{CA}^{n}\boldsymbol{B} & \boldsymbol{CA}^{n+1}\boldsymbol{B} & \cdots & \boldsymbol{CA}^{2n}\boldsymbol{B} \end{bmatrix}. \tag{5.97}$$

Aufgrund der Sylvesterschen Ungleichung für den Rang des Produktes zweier Matrizen [Kai80] gilt für den Rang von Gl. (5.97)

$$\operatorname{rang} \boldsymbol{G}_{n+1} = n. \tag{5.98}$$

Das weitere Vorgehen besteht nun in einer Singulärwertzerlegung der Matrix $\boldsymbol{G}_{n+1}$ mit dem Ziel, die Systemmatrizen $\boldsymbol{A}$, $\boldsymbol{B}$, $\boldsymbol{C}$ und $\boldsymbol{D}$ bis auf eine Ähnlichkeitstransformation [Unb09] mit der $n \times n$-dimensionalen Transformationsmatrix $\boldsymbol{T}$ in der Form

$$\boldsymbol{A}' = \boldsymbol{T}^{-1}\boldsymbol{A}\boldsymbol{T},\ \boldsymbol{B}' = \boldsymbol{T}^{-1}\boldsymbol{B},\ \boldsymbol{C}' = \boldsymbol{C}\boldsymbol{T},\ \boldsymbol{D}' = \boldsymbol{D} \text{ und } \boldsymbol{x}' = \boldsymbol{T}^{-1}\boldsymbol{x} \tag{5.99}$$

zu bestimmen. Für diese Singulärwertzerlegung von $\boldsymbol{G}_{n+1}$ müssen zuerst aus der Eigenwertgleichung

$$P(\lambda) = \det(\lambda\mathbf{I} - \boldsymbol{G}_{n+1}\boldsymbol{G}_{n+1}^{\mathrm{T}}) = 0 \tag{5.100}$$

die Eigenwerte λ_i der Matrix $\boldsymbol{G}_{n+1}\boldsymbol{G}_{n+1}^{\mathrm{T}}$ für $i = 1,2,\ldots,m(n+1)$ bestimmt werden. Wegen Gl. (5.98) gilt

$$\lambda_1 \geq \lambda_2 \geq \ldots \geq \lambda_n > 0 = \lambda_{n+1} = \ldots = \lambda_{m(n+1)}. \tag{5.101}$$

Die n von null verschiedenen Singulärwerte von $\boldsymbol{G}_{n+1}$ ergeben sich dann aus den positiven Quadratwurzeln von λ_i zu

$$\sigma_i = \sqrt{\lambda_i}, \quad i = 1,2,\ldots,n. \tag{5.102}$$

Die Matrix $\boldsymbol{G}_{n+1}$ lässt sich mit den Singulärwerten in die Form

$$\boldsymbol{G}_{n+1} = \begin{bmatrix} \boldsymbol{U}_n & \boldsymbol{U}_2 \end{bmatrix} \begin{bmatrix} \boldsymbol{\Sigma}_n & \mathbf{0} \\ \mathbf{0} & \mathbf{0} \end{bmatrix} \begin{bmatrix} \boldsymbol{V}_n^{\mathrm{T}} \\ \boldsymbol{V}_2^{\mathrm{T}} \end{bmatrix} = \boldsymbol{U}_n\boldsymbol{\Sigma}_n\boldsymbol{V}_n^{\mathrm{T}} \tag{5.103}$$

zerlegen. Dabei ist $\boldsymbol{\Sigma}_n$ eine $n \times n$-dimensionale Diagonalmatrix, welche als Diagonalelemente die Singulärwerte von $\boldsymbol{G}_{n+1}$, also $\sigma_1 \geq \sigma_2 \geq \ldots \geq \sigma_n$, und den Rang n besitzt. In Gl. (5.103) sind $\boldsymbol{U}_n$ und $\boldsymbol{V}_n$ orthogonale Matrizen der Dimension $m(n+1) \times n$ bzw. $n \times r(n+1)$, d.h. es gilt $\boldsymbol{U}_n^{\mathrm{T}}\boldsymbol{U}_n = \mathbf{I}$ und $\boldsymbol{V}_n^{\mathrm{T}}\boldsymbol{V}_n = \mathbf{I}$. Mit dem Ansatz

$$\boldsymbol{U}_n = \boldsymbol{S}_{2,n+1}\boldsymbol{T} = \begin{bmatrix} \boldsymbol{C}\boldsymbol{T} \\ \boldsymbol{C}\boldsymbol{T}\boldsymbol{T}^{-1}\boldsymbol{A}\boldsymbol{T} \\ \vdots \\ \boldsymbol{C}\boldsymbol{T}(\boldsymbol{T}^{-1}\boldsymbol{A}\boldsymbol{T})^n \end{bmatrix} = \begin{bmatrix} \boldsymbol{C}' \\ \boldsymbol{C}'\boldsymbol{A}' \\ \vdots \\ \boldsymbol{C}'(\boldsymbol{A}')^n \end{bmatrix} \tag{5.104}$$

ergibt sich durch Einsetzen in Gl. (5.103) und unter Berücksichtigung obiger Orthogonalitätsbeziehung die $n \times n$-dimensionale Transformationsmatrix

$$\boldsymbol{T} = \boldsymbol{S}_{1,n+1}\boldsymbol{V}_n\boldsymbol{\Sigma}_n^{-1}. \tag{5.105}$$

Wegen Gl. (5.98) ist $\boldsymbol{T}$ invertierbar und somit wird die Matrix $\boldsymbol{C}'$ in Gl. (5.104) durch die ersten m Zeilen von $\boldsymbol{U}_n$ gebildet, was in der Schreibweise nach [VV07] in der Form

$$\boldsymbol{C}' = \boldsymbol{U}_n(1:m, :). \tag{5.106}$$

angegeben wird. Die Schreibweise des in den Klammern stehenden Arguments bezieht sich vor dem Komma auf die Zeilen der Originalmatrix $\boldsymbol{U}_n$ mit Angabe der Anfangs- und Endzeile derselben, getrennt durch einen Doppelpunkt und nach dem Komma auf die Spalten von $\boldsymbol{U}_n$; sofern sich letztere wie im hier vorliegenden Fall nicht ändern, steht nur ein Doppelpunkt.

Die Matrix $\boldsymbol{A}'$ folgt aus Gl. (5.104) durch Lösung der überbestimmten Matrizengleichung

$$\boldsymbol{U}_n(1:m(n-1), :)\boldsymbol{A}' = \boldsymbol{U}_n(m+1:mn, :). \tag{5.107}$$

Die links- und rechtsseitige Multiplikation von Gl. (5.105) mit $\boldsymbol{T}^{-1}$ bzw. $\boldsymbol{\Sigma}_n\boldsymbol{V}_n^{\mathrm{T}}$ liefert

$$\begin{aligned}\boldsymbol{\Sigma}_n \boldsymbol{V}_n^{\mathrm{T}} &= \boldsymbol{T}^{-1}\boldsymbol{S}_{1,n+1} \\ &= \left[\boldsymbol{T}^{-1}\boldsymbol{B} \quad \boldsymbol{T}^{-1}\boldsymbol{A}\boldsymbol{T}\boldsymbol{T}^{-1}\boldsymbol{B}\cdots(\boldsymbol{T}^{-1}\boldsymbol{A}\boldsymbol{T})^n\boldsymbol{T}^{-1}\boldsymbol{B}\right] \\ &= \left[\boldsymbol{B}' \quad \boldsymbol{A}'\boldsymbol{B}'\cdots(\boldsymbol{A}')^n\boldsymbol{B}'\right].\end{aligned}$$

Damit ergibt sich die Matrix $\boldsymbol{B}'$ aus den ersten r Spalten der Matrix $\boldsymbol{\Sigma}_n\boldsymbol{V}_n^{\mathrm{T}}$. Es gilt also

$$\boldsymbol{B}' = \boldsymbol{\Sigma}_n\boldsymbol{V}_n^{\mathrm{T}}(:,1:r). \tag{5.108}$$

Schließlich folgt die Matrix $\boldsymbol{D}' = \boldsymbol{D}$ direkt aus Gl. (5.88) für $k = 0$, d.h.

$$\boldsymbol{D}' = \boldsymbol{D} = \boldsymbol{G}(0). \tag{5.109}$$

Sind z.B. die Markov-Parameter eines Systems bekannt, so lässt sich mit den Gln. (5.104) bis (5.109) nun die zugehörige Zustandsraumdarstellung herleiten. Der hier beschriebene Algorithmus wird als Ho-Kalman-Realisierungsalgorithmus bezeichnet [HK66].

5.5.3 *Subspace*-Identifikation

Die zahlreichen in den letzten Jahren in der Literatur vorgeschlagenen *Subspace*-Identifikationsverfahren [VD92, Vib95, OM96, VV07] basierend prinzipiell auf der Realisierungstheorie von Ho und Kalman [HK66]. Nachfolgend werden die Grundlagen dieser Verfahren in Anlehnung an [VV07] vorgestellt.

Zunächst wird von der Voraussetzung ausgegangen, dass das zu identifizierende Mehrgrößen-System gemäß Gln. (5.75a) und (5.75b) steuerbar und beobachtbar sei. Wird nun in Gl. (5.75b) der Zustandsvektor $\boldsymbol{x}(k)$ durch Gl. (5.85) ersetzt, so ergibt sich für den Ausgangsvektor die Gl. (5.86a). Sind die Abtastfolgen der Eingangs- und Ausgangsvektoren $\boldsymbol{u}(k)$ und $\boldsymbol{y}(k)$ im Intervall $0 \le k \le L-1$, $L > n$ gegeben, dann entsteht aus Gl. (5.86a) die Vektor-Matrix-Darstellung

$$\underbrace{\begin{bmatrix}\boldsymbol{y}(0)\\ \boldsymbol{y}(1)\\ \boldsymbol{y}(2)\\ \vdots\\ \boldsymbol{y}(L-1)\end{bmatrix}}_{\substack{\text{Ausgangsdaten-}\\ \text{Vektor } (Lm\times 1)}} = \underbrace{\begin{bmatrix}\boldsymbol{C}\\ \boldsymbol{CA}\\ \boldsymbol{CA}^2\\ \vdots\\ \boldsymbol{CA}^{L-1}\end{bmatrix}}_{\substack{\boldsymbol{S}_{2,L} \text{ erweiterte}\\ \text{Beobachtbarkeitsmatrix } (Lm\times n)}} \cdot \underbrace{\boldsymbol{x}(0)}_{\substack{\text{Zustandsvektor}\\ \text{für } k=0 \ (n\times 1)}}$$

$$+ \underbrace{\begin{bmatrix}\boldsymbol{D} & \boldsymbol{0} & \boldsymbol{0} & \cdots & \boldsymbol{0}\\ \boldsymbol{CB} & \boldsymbol{D} & \boldsymbol{0} & \cdots & \boldsymbol{0}\\ \boldsymbol{CAB} & \boldsymbol{CB} & \boldsymbol{D} & \cdots & \boldsymbol{0}\\ \vdots & \vdots & \vdots & \ddots & \vdots\\ \boldsymbol{CA}^{L-2}\boldsymbol{B} & \boldsymbol{CA}^{L-3}\boldsymbol{B} & \boldsymbol{CA}^{L-2}\boldsymbol{B} & \cdots & \boldsymbol{D}\end{bmatrix}}_{\substack{\boldsymbol{T}_2 \text{ Toeplitz-}\\ \text{Matrix } (Lm\times Lr)}} \underbrace{\begin{bmatrix}\boldsymbol{u}(0)\\ \boldsymbol{u}(1)\\ \boldsymbol{u}(2)\\ \vdots\\ \boldsymbol{u}(L-1)\end{bmatrix}}_{\substack{\text{Eingangsdaten-}\\ \text{Vektor } (Lr\times 1)}}. \tag{5.110}$$

Gl. (5.110) kann bei einem zeitinvarianten System auch für verschiedene Zeitverschiebungen und bis zum Zeitpunkt $k = N + L - 2$ verfügbaren Abtastwerten der Eingangs- und Ausgangssignale angeschrieben werden, wobei die Matrizen $\boldsymbol{S}_{2,L}$ und $\boldsymbol{T}_2$ unverändert bleiben, also

$$\underbrace{\begin{bmatrix} \boldsymbol{y}(0) & \boldsymbol{y}(1) & \cdots & \boldsymbol{y}(N-1) \\ \boldsymbol{y}(1) & \boldsymbol{y}(2) & \cdots & \boldsymbol{y}(N) \\ \vdots & \vdots & \ddots & \vdots \\ \boldsymbol{y}(L-1) & \boldsymbol{y}(L) & \cdots & \boldsymbol{y}(N+L-2) \end{bmatrix}}_{\boldsymbol{Y}_{L,N}} = \boldsymbol{S}_{2,L} \underbrace{\left[\, \boldsymbol{x}(0) \quad \boldsymbol{x}(1) \quad \cdots \quad \boldsymbol{x}(N-1) \,\right]}_{\boldsymbol{X}_N}$$

$$+\boldsymbol{T}_2 \underbrace{\begin{bmatrix} \boldsymbol{u}(0) & \boldsymbol{u}(1) & \cdots & \boldsymbol{u}(N-1) \\ \boldsymbol{u}(1) & \boldsymbol{u}(2) & \cdots & \boldsymbol{u}(N) \\ \vdots & \vdots & \ddots & \vdots \\ \boldsymbol{u}(L-1) & \boldsymbol{u}(L) & \cdots & \boldsymbol{u}(N+L-2) \end{bmatrix}}_{\boldsymbol{U}_{L,N}}. \tag{5.111}$$

In kompakter Form zusammengefasst ergibt sich damit die Datengleichung der *Subspace*-Identifikation

$$\boxed{\boldsymbol{Y}_{L,N}^{(Lm\times N)} = \boldsymbol{S}_{2,L}^{(Lm\times n)} \boldsymbol{X}_N^{(n\times N)} + \boldsymbol{T}_2^{(Lm\times Lr)} \boldsymbol{U}_{L,N}^{(Lr\times N)},} \tag{5.112}$$

wobei hier zur besseren Übersichtlichkeit die Dimensionen der Matrizen hochgestellt und in Klammern mit angegeben sind.

Die Eingangs- und Ausgangsdatenmatrizen $\boldsymbol{Y}_{L,N}$ und $\boldsymbol{U}_{L,N}$ bilden sogenannte Block-Hankel-Matrizen, wobei L die Anzahl der Zeilenblöcke und N die Anzahl der Spalten derselben beschreiben. Gl. (5.112) stellt den Zusammenhang zwischen einerseits den Datenmatrizen $\boldsymbol{Y}_{L,N}$ und $\boldsymbol{U}_{L,N}$ und andererseits den in den Matrizen $\boldsymbol{S}_{2,L}$ und $\boldsymbol{T}_2$ enthaltenen Systemmatrizen $\boldsymbol{A}$, $\boldsymbol{B}$, $\boldsymbol{C}$ und $\boldsymbol{D}$ sowie der Zustandsmatrix $\boldsymbol{X}_N$ her. Ähnlich wie bei dem in Abschnitt 5.5.2 beschriebenen Verfahren nach Ho-Kalman [HK66] können nun die vier Systemmatrizen $\boldsymbol{A}$, $\boldsymbol{B}$, $\boldsymbol{C}$ und $\boldsymbol{D}$ bestimmt werden. Die hierzu erforderliche Vorgehensweise wird nachfolgend vorgestellt. Dabei wird die Bedingung

$$n \leq L \leq N \tag{5.113}$$

vorausgesetzt und zunächst nur das autonome System mit

$$\boldsymbol{u}(k) = \boldsymbol{0} \text{ für alle } k \geq 0$$

bzw. der Zustandsraumdarstellung

$$\boldsymbol{x}(k+1) = \boldsymbol{A}\boldsymbol{x}(k), \quad \boldsymbol{x}(0) \neq 0 \tag{5.114a}$$
$$\boldsymbol{y}(k) = \boldsymbol{C}\boldsymbol{x}(k) \tag{5.114b}$$

betrachtet. Dann folgt aus Gl. (5.112) die Datengleichung

$$\boldsymbol{Y}_{L,N} = \boldsymbol{S}_{2,L}\boldsymbol{X}_N. \tag{5.115}$$

sowie die $n \times N$-dimensionale Zustandsmatrix

$$\boldsymbol{X}_N = \begin{bmatrix} \boldsymbol{x}(0) & \boldsymbol{A}\boldsymbol{x}(0) & \boldsymbol{A}^2\boldsymbol{x}(0) & \cdots & \boldsymbol{A}^{N-1}\boldsymbol{x}(0) \end{bmatrix}. \tag{5.116}$$

Ist das System steuerbar, dann hat die Zustandsmatrix $\boldsymbol{X}_N$ vollen Rang, d.h. es gilt

$$\operatorname{rang} \boldsymbol{X}_N = n. \tag{5.117}$$

Wird für das System vollständige Steuerbarkeit und Beobachtbarkeit vorausgesetzt, dann gilt auch

$$\operatorname{rang} \boldsymbol{S}_{2,n+1} = n. \tag{5.118}$$

Ähnlich zur Vorgehensweise in Gl. (5.103) beim Ho-Kalman-Verfahren kann die Matrix $\boldsymbol{Y}_{L,N}$ in Gl. (5.115) einer Singulärwertzerlegung

$$\boldsymbol{Y}_{L,N} = \boldsymbol{U}_n \boldsymbol{\Sigma}_n \boldsymbol{V}_n^{\mathrm{T}} \tag{5.119}$$

unterzogen werden, wobei $\boldsymbol{\Sigma}_n$ eine $n \times n$-dimensionale Matrix mit

$$\operatorname{rang} \boldsymbol{\Sigma}_n = n \tag{5.120}$$

ist. Dann wird der Ansatz analog zu Gl. (5.104) mit der $n \times n$-dimensionalen Ähnlichkeitstransformationsmatrix $\boldsymbol{T}$

$$\boldsymbol{U}_n = \boldsymbol{S}_{2,L}\boldsymbol{T} = \begin{bmatrix} \boldsymbol{C}\boldsymbol{T} \\ \boldsymbol{C}\boldsymbol{T}\boldsymbol{T}^{-1}\boldsymbol{A}\boldsymbol{T} \\ \vdots \\ \boldsymbol{C}\boldsymbol{T}(\boldsymbol{T}^{-1}\boldsymbol{A}\boldsymbol{T})^{L-1} \end{bmatrix} = \begin{bmatrix} \boldsymbol{C}' \\ \boldsymbol{C}'\boldsymbol{A}' \\ \vdots \\ \boldsymbol{C}'\boldsymbol{A}'^{(L-1)} \end{bmatrix} \tag{5.121}$$

gemacht. Wie direkt aus Gl. (5.121) ersichtlich ist, ist die Matrix $\boldsymbol{C}'$ identisch mit den ersten m Zeilen der $Lm \times n$-dimensionalen Datenmatrix $\boldsymbol{U}_n$. Somit folgt mit der bereits in Abschnitt 5.5.2 eingeführten Schreibweise

$$\boldsymbol{C}' = \boldsymbol{U}_n(1:m, :). \tag{5.122}$$

Die Matrix $\boldsymbol{A}'$ ergibt sich ähnlich wie in Gl. (5.107) durch Auflösung der überbestimmten Matrizengleichung

$$\boldsymbol{U}_n(1:(L-1)m, :)\boldsymbol{A}' = \boldsymbol{U}_n(m+1:Lm, :), \tag{5.123}$$

die ebenfalls direkt aus Gl. (5.121) folgt.

Nun wird das zwangserregte System mit

$$\boldsymbol{u}(k) \neq \boldsymbol{0}$$

betrachtet. Die Aufgabe besteht dann zunächst darin, unter Verwendung der bekannten Datenmatrizen $\boldsymbol{U}_{L,N}$ und $\boldsymbol{Y}_{L,N}$ anhand der Datengleichung (5.112) die erweiterte Beobachtbarkeitsmatrix $\boldsymbol{S}_{2,N}$ zu bestimmen. Wäre die Toeplitz-Matrix $\boldsymbol{T}_2$ bekannt, dann könnte einfach die Differenz $\boldsymbol{Y}_{L,N} - \boldsymbol{T}_2\boldsymbol{U}_{L,N}$ gebildet und anschließend über eine Singulärwertzerlegung die erweiterte Beobachtbarkeitsmatrix bestimmt werden. Da dieser Weg jedoch ausscheidet, liegt es nahe, $\boldsymbol{T}_2$ mittels des direkten *Least-Squares*-Verfahrens (siehe Abschnitt 3.3.1) zu schätzen. Dabei wird als Gütekriterium I der quadratische Fehler obiger Differenz verwendet, also

$$I = (\boldsymbol{Y}_{L,N} - \boldsymbol{T}_2\boldsymbol{U}_{L,N})^{\mathrm{T}}(\boldsymbol{Y}_{L,N} - \boldsymbol{T}_2\boldsymbol{U}_{L,N}), \tag{5.124}$$

was analog zu Gl. (3.54) auf die Berechnung des Schätzwerts gemäß

$$\hat{\boldsymbol{T}}_2 = \boldsymbol{Y}_{L,N}\boldsymbol{U}_{L,N}^{\mathrm{T}}(\boldsymbol{U}_{L,N}\boldsymbol{U}_{L,N}^{\mathrm{T}})^{-1} \tag{5.125}$$

führt. Mit diesem Schätzwert kann die Differenz

$$\boldsymbol{Y}_{L,N} - \hat{\boldsymbol{T}}_2\boldsymbol{U}_{L,N} = \boldsymbol{Y}_{L,N}[\mathbf{I}_N - \boldsymbol{U}_{L,N}^{\mathrm{T}}(\boldsymbol{U}_{L,N}\boldsymbol{U}_{L,N}^{\mathrm{T}})^{-1}\boldsymbol{U}_{L,N}] \tag{5.126}$$

gebildet werden. In dieser Beziehung stellt der Ausdruck in der eckigen Klammer gerade eine $N \times N$-dimensionale orthogonale Projektionsmatrix auf den Nullraum von $\boldsymbol{U}_{L,N}$

$$\boldsymbol{P}_{L,N}^{\perp} = \mathbf{I}_N - \boldsymbol{U}_{L,N}^{\mathrm{T}}(\boldsymbol{U}_{L,N}\boldsymbol{U}_{L,N}^{\mathrm{T}})^{-1}\boldsymbol{U}_{L,N} \tag{5.127}$$

dar mit der Eigenschaft

$$\boldsymbol{U}_{L,N}^{\mathrm{T}}\boldsymbol{P}_{L,N}^{\perp} = \mathbf{0}, \tag{5.128}$$

wobei vorausgesetzt wird, dass die Matrix $\boldsymbol{U}_{L,N}\boldsymbol{U}_{L,N}^{\mathrm{T}}$ vollen Rang besitzt. Wird nun die Datengleichung, Gl. (5.112), von rechts mit der Projektionsmatrix $\boldsymbol{P}_{L,N}^{\perp}$ multipliziert, so folgt unter Beachtung der Gl. (5.128) die Beziehung

$$\boldsymbol{Y}_{L,N}\boldsymbol{P}_{L,N}^{\perp} = \boldsymbol{S}_{2,L}\boldsymbol{X}_N\boldsymbol{P}_{L,N}^{\perp}, \tag{5.129}$$

in der offensichtlich der Einfluss der Eingangsdatenmatrix $\boldsymbol{U}_{L,N}$ auf die Ausgangsdatenmatrix $\boldsymbol{Y}_{L,N}$ eliminiert wurde.

Sofern der Eingangsvektor $\boldsymbol{u}(k)$ bzw. die Eingangsdatenmatrix $\boldsymbol{U}_{L,N}$ eines Systems gemäß Gln. (5.75) minimaler Ordnung n vollen Rang hat und die Bedingung

$$\operatorname{rang}\begin{bmatrix} \boldsymbol{X}_N \\ \hdashline \boldsymbol{U}_{L,N} \end{bmatrix} = n + Lr \tag{5.130}$$

erfüllt ist, gilt für Gl. (5.129) die Rangbedingung

$$\operatorname{rang}[\boldsymbol{Y}_{L,N}\boldsymbol{P}_{L,N}^{\perp}] = \operatorname{rang}[\boldsymbol{S}_{2,N}] = n. \tag{5.131}$$

Bevor nachfolgend Gl. (5.131) bewiesen wird, soll noch darauf hingewiesen werden, dass anhand der Gln. (5.130) und (5.131) die Zeilenzahl Lm der erweiterten Beobachtbarkeitsmatrix $\boldsymbol{S}_{2,L}$ bei vorgegebenen Eingangs- und Ausgangssignalen ermittelt werden kann. Für deren Rang gilt Gl. (5.118).

Die explizite Berechnung der $Lm \times N$-dimensionalen Matrix $\boldsymbol{Y}_{L,N}\boldsymbol{P}_{L,N}^{\perp}$ in Gl. (5.131) kann umgangen werden, indem folgende RQ-Faktorisierung [VD92] der Gesamtdatenmatrix

$$\begin{bmatrix} \boldsymbol{U}_{L,N} \\ \hdashline \boldsymbol{Y}_{L,N} \end{bmatrix} = \boldsymbol{R}\boldsymbol{Q} = \begin{bmatrix} \boldsymbol{R}_{11}^{(Lr\times Lr)} & \mathbf{0} & \mathbf{0} \\ \hdashline \boldsymbol{R}_{21}^{(Lm\times Lr)} & \boldsymbol{R}_{22}^{(Lm\times Lm)} & \mathbf{0} \end{bmatrix} \begin{bmatrix} \boldsymbol{Q}_1^{(Lr\times N)} \\ \hdashline \boldsymbol{Q}_2^{(Lm\times N)} \\ \hdashline \boldsymbol{Q}_3^{(N-Lm-Lr)\times N)} \end{bmatrix} \tag{5.132}$$

durchgeführt wird, wobei $\boldsymbol{Q}$ eine orthogonale Matrix mit der Dimension $N \times N$ ist, d.h. es gilt $\boldsymbol{Q}\boldsymbol{Q}^{\mathrm{T}} = \boldsymbol{Q}^{\mathrm{T}}\boldsymbol{Q} = \mathbf{I}_N$. Die Orthogonalität von $\boldsymbol{Q}$ liefert

$$\boldsymbol{Q}_i\boldsymbol{Q}_j^{\mathrm{T}} = \begin{cases} \mathbf{0} & \text{wenn } i \neq j, \\ \mathbf{I} & \text{sonst} \end{cases} \tag{5.133a}$$

und es gilt

$$\boldsymbol{Q}^{\mathrm{T}}\boldsymbol{Q} = \boldsymbol{Q}_1^{\mathrm{T}}\boldsymbol{Q}_1 + \boldsymbol{Q}_2^{\mathrm{T}}\boldsymbol{Q}_2 + \boldsymbol{Q}_3^{\mathrm{T}}\boldsymbol{Q}_3. \tag{5.133b}$$

Aus Gl. (5.132) folgen die beiden Beziehungen

$$\boldsymbol{U}_{L,N} = \boldsymbol{R}_{11}\boldsymbol{Q}_1 \tag{5.134a}$$

und

$$\boldsymbol{Y}_{L,N} = \boldsymbol{R}_{21}\boldsymbol{Q}_1 + \boldsymbol{R}_{22}\boldsymbol{Q}_2. \tag{5.134b}$$

Wird Gl. (5.134a) in Gl. (5.127) eingesetzt, ergibt sich

$$\boldsymbol{P}_{L,N}^{\perp} = \mathbf{I}_N - \boldsymbol{Q}_1^{\mathrm{T}}\boldsymbol{R}_{11}^{\mathrm{T}}(\boldsymbol{R}_{11}\boldsymbol{Q}_1\boldsymbol{Q}_1^{\mathrm{T}}\boldsymbol{R}_{11}^{\mathrm{T}})^{-1}\boldsymbol{R}_{11}\boldsymbol{Q}_1. \tag{5.135}$$

Werden Gl. (5.133a) sowie die Tatsache, dass $\boldsymbol{R}_{11}$ eine quadratische Matrix ist, berücksichtigt, folgt aus Gl. (5.135)

$$\boldsymbol{P}_{L,N}^{\perp} = \mathbf{I}_N - \boldsymbol{Q}_1^{\mathrm{T}}\boldsymbol{Q}_1$$

und daraus mit Gl. (5.133b)

$$\boldsymbol{P}_{L,N}^{\perp} = \boldsymbol{Q}_2^{\mathrm{T}}\boldsymbol{Q}_2 + \boldsymbol{Q}_3^{\mathrm{T}}\boldsymbol{Q}_3. \tag{5.136}$$

Die linksseitige Multiplikation von Gl. (5.136) mit $\boldsymbol{Y}_{L,N}$ gemäß Gl. (5.134b) liefert

$$\begin{aligned} \boldsymbol{Y}_{L,N}\boldsymbol{P}_{L,N}^{\perp} &= (\boldsymbol{R}_{21}\boldsymbol{Q}_1 + \boldsymbol{R}_{22}\boldsymbol{Q}_2)(\boldsymbol{Q}_2^{\mathrm{T}}\boldsymbol{Q}_2 + \boldsymbol{Q}_3^{\mathrm{T}}\boldsymbol{Q}_3) \\ &= \underbrace{\boldsymbol{R}_{21}\boldsymbol{Q}_1\boldsymbol{Q}_2^{\mathrm{T}}\boldsymbol{Q}_2}_{\mathbf{0}} + \boldsymbol{R}_{22}\underbrace{\boldsymbol{Q}_2\boldsymbol{Q}_2^{\mathrm{T}}}_{\mathbf{I}}\boldsymbol{Q}_2 + \underbrace{\boldsymbol{R}_{21}\boldsymbol{Q}_1\boldsymbol{Q}_3^{\mathrm{T}}\boldsymbol{Q}_3}_{\mathbf{0}} + \underbrace{\boldsymbol{R}_{22}\boldsymbol{Q}_2\boldsymbol{Q}_3^{\mathrm{T}}\boldsymbol{Q}_3}_{\mathbf{0}} \\ &= \boldsymbol{R}_{22}\boldsymbol{Q}_2. \end{aligned} \tag{5.137}$$

Unter der Voraussetzung, dass die $Lm \times N$-dimensionale Matrix $\boldsymbol{Q}_2$ vollen Rang besitzt, und nach Anwendung der Sylvesterschen Ungleichung für den Rang des Produktes zweier Matrizen [Kai80] ergibt sich schließlich für Gl. (5.137)

$$\operatorname{rang} \boldsymbol{R}_{22}\boldsymbol{Q}_2 = \operatorname{rang} \boldsymbol{R}_{22} = n \tag{5.138}$$

und damit ist die Gültigkeit von Gl. (5.131) bewiesen. Eine anschauliche Interpretation des hier beschriebenen Verfahrens geht aus Gl. (5.129) hervor. In der in dieser Gleichung enthaltenen erweiterten Beobachtbarkeitsmatrix $\boldsymbol{S}_{2,L}$ beschreiben die n Spaltenvektoren Unterräume (*Subspaces*), die insgesamt, vorausgesetzt die Matrix $\boldsymbol{X}_N\boldsymbol{P}_{L,N}^{\perp}$ hat vollen Rang, den Raum der Matrix $\boldsymbol{Y}_{L,N}\boldsymbol{P}_{L,N}^{\perp}$ bilden. Auf dieser geometrischen Interpretation beruht auch die Bezeichnung der *Subspace*-Identifikation.

Um nun die Anzahl an Zeilen Lm der Matrix $\boldsymbol{S}_{2,L}$ zu bestimmen, muss nicht die große Matrix $\boldsymbol{Q}_2$ mit der Dimension $Lm \times N$ und $N \gg Lm$ gespeichert werden, sondern es genügt stattdessen, die kleinere Matrix $\boldsymbol{R}_{22}$ mit der Dimension $Lm \times Lm$ zu verwenden. Diese Matrix wird einer Singulärwertzerlegung

$$\boldsymbol{R}_{22} = \boldsymbol{U}_n \boldsymbol{\Sigma}_n \boldsymbol{V}_n^{\mathrm{T}} \tag{5.139}$$

unterzogen, wobei die Diagonalmatrix die Dimension $n \times n$ und den Rang

$$\operatorname{rang} \boldsymbol{\Sigma}_n = n \tag{5.140}$$

besitzt. Dann lassen sich die Systemmatrizen $\boldsymbol{A}'$ und $\boldsymbol{C}'$ mit Hilfe der Gln. (5.120) bis (5.123) bestimmen. Die Matrizen $\boldsymbol{B}'$ und $\boldsymbol{D}'$ sowie der Anfangszustand

$$\boldsymbol{x}'(0) = \boldsymbol{T}^{-1}\boldsymbol{x}(0) \tag{5.141}$$

können durch die direkte Lösung eines *Least-Squares*-Problems [VV07] ähnlich wie in Gl. (5.124) bestimmt werden, worauf nun kurz eingegangen werden soll. Zweckmäßigerweise werden zunächst der übersichtlichen Schreibweise wegen das Kroneckerprodukt

$$\boldsymbol{E} \otimes \boldsymbol{F} = \begin{bmatrix} e_{11}\boldsymbol{F} & \cdots & e_{1n}\boldsymbol{F} \\ \vdots & \ddots & \vdots \\ e_{m1}\boldsymbol{F} & \cdots & e_{mn}\boldsymbol{F} \end{bmatrix} \tag{5.142}$$

mit der $m \times n$-dimensionalen Matrix $\boldsymbol{E}$ sowie deren Vektorschreibweise

$$\operatorname{col} \boldsymbol{E} = \begin{bmatrix} \boldsymbol{e}_1 \\ \vdots \\ \boldsymbol{e}_n \end{bmatrix} \tag{5.143}$$

mit den m-dimensionalen Spaltenvektoren $\boldsymbol{e}_i$ eingeführt. Wird diese Notation in Gl. (5.86a) angewendet, so ergibt sich unter Beachtung der Ähnlichkeitstransformationsmatrizen gemäß Gl. (5.99)

$$\begin{aligned} \boldsymbol{y}(k) = {} & \boldsymbol{C}'(\boldsymbol{A}')^k \boldsymbol{x}'(0) + \left[\sum_{\nu=0}^{k-1} \boldsymbol{u}^{\mathrm{T}}(\nu) \otimes \boldsymbol{C}'(\boldsymbol{A}')^{k-\nu-1}\right] \operatorname{col} \boldsymbol{B}' \\ & + \left[\boldsymbol{u}^{\mathrm{T}}(k) \otimes \mathbf{I}_m\right] \operatorname{col} \boldsymbol{D}'. \end{aligned} \tag{5.144}$$

Die noch zu identifizierenden Parameter, also der Anfangszustandsvektor $\boldsymbol{x}'(0)$ sowie die Elemente der Matrizen $\boldsymbol{B}'$ und $\boldsymbol{D}'$, werden nun in dem Parametervektor

$$\boldsymbol{p}_{\mathrm{M}} = \begin{bmatrix} \boldsymbol{x}'(0) \\ \operatorname{col} \boldsymbol{B}' \\ \operatorname{col} \boldsymbol{D}' \end{bmatrix} \tag{5.145}$$

mit der Dimension $n(1+r)+mr$ zusammengefasst. Dann verbleibt in Gl. (5.144) anhand der zuvor ermittelten Schätzwerte der Matrizen $\boldsymbol{A}'$ und $\boldsymbol{C}'$ sowie der Messwerte der Eingangs- und Ausgangsvektoren $\boldsymbol{u}(k)$ und $\boldsymbol{y}(k)$ die $m \times (n(1+r)+mr)$-dimensionale Datenmatrix

$$\boldsymbol{M}^{\mathrm{T}}(k) = \left[\boldsymbol{C}'\boldsymbol{A}'^k \;\vdots\; \textstyle\sum_{\nu=0}^{k-1} \boldsymbol{u}^{\mathrm{T}}(\nu) \otimes \boldsymbol{C}'\boldsymbol{A}'^{k-\nu-1} \;\vdots\; \boldsymbol{u}^{\mathrm{T}}(k) \otimes \mathbf{I}_m\right]. \tag{5.146}$$

mit der das *Least-Squares*-Problem, also die Minimierung des quadratischen Fehlers nach dem Kriterium analog zu Gl. (3.50)

$$I_1(\boldsymbol{p}_{\mathrm{M}}) = \frac{1}{2}\left[\boldsymbol{y}(N) - \boldsymbol{M}^{\mathrm{T}}(N)\,\boldsymbol{p}_{\mathrm{M}}\right]^{\mathrm{T}}\left[\boldsymbol{y}(N) - \boldsymbol{M}^{\mathrm{T}}(N)\,\boldsymbol{p}_{\mathrm{M}}\right] \tag{5.147}$$

durchgeführt werden kann.

Eine Alternative zur Lösung des zuvor beschriebenen *Least-Squares*-Problems wird in [VD92] beschrieben. Dabei wird von den Matrizen $\boldsymbol{R}_{21}$ und $\boldsymbol{R}_{22}$ der RQ-Faktorisierung nach Gl. (5.132) ausgegangen, wobei die spezielle Struktur der Toeplitz-Matrix $\boldsymbol{T}_2$ von Gl. (5.110) genutzt wird. Darauf soll aber hier nicht näher eingegangen werden. Es sei noch darauf hingewiesen, dass die zuvor beschriebene Vorgehensweise auch dann angewendet werden kann, wenn dem Systemausgangsvektor $\boldsymbol{y}(k)$ noch zusätzlich weißes Messrauschen überlagert ist. Auch in diesem Fall ergibt sich eine konsistenten Schätzung der Systemmatrizen. Modifikationen der hier beschriebenen Vorgehensweise für die Fälle, in denen farbiges Messrauschen und/oder Prozessrauschen vorliegt, werden in [VV07] ausführlich behandelt.

5.5.4 Praktische Gesichtspunkte

Bei der Identifikation von Mehrgrößensystemen treten eine Reihe von Problemen auf. Hierbei spielt zunächst die richtige Wahl der Abtastzeit der Signale eine wichtige Rolle. In einem Mehrgrößensystem besitzen die einzelnen Übertragungsglieder häufig unterschiedliches dynamisches Verhalten, sodass die Wahl einer Abtastzeit z.B. nach Gl. (6.1), für alle Übertragungsglieder oft nicht günstig ist. Andererseits können nur bei Verwendung des Einzelmodellansatzes verschiedene Abtastzeiten gewählt werden.

Bei einem großen System komplexer Struktur werden meist nur diejenigen Stellgrößen als Eingangsgrößen des Modells verwendet, die eine schnelle Prozessbeeinflussung ermöglichen. Dadurch wird zwar einerseits eine Modellreduktion und andererseits die Erfüllung der Identifizierbarkeitsbedingung der ständigen Erregung der Eingangssignale erreicht. Andererseits ist jedoch zu berücksichtigen, dass dadurch eventuell wesentliche Einflussgrößen nicht erfasst werden und somit im Modell als Störgrößen angenommen werden müssen.

Können die Eingänge eines Mehrgrößensystems frei angeregt werden, so eignen sich als Testsignale binäre Pseudorauschsignale (PRBS-Signale), recht gut, die allerdings eine gewisse zeitliche Verschiebung gegeneinander aufweisen müssen, um eine Korrelation zu vermeiden. Bei realen Prozessen, wie z.B. einem Hochofen oder einer chemischen Anlage, wird das Betriebspersonal aber eine ständige Erregung des Prozesses zum Zwecke einer Systemidentifikation kaum zulassen. Bestenfalls stehen dann Messungen zur Verfügung, die während eines sehr unruhigen Prozessverlaufes entstanden sind, bei dem das Betriebspersonal aufgrund von Störungen viele Stellgrößenänderungen vornehmen musste. Eventuell ist es dann notwendig, die gesamte Modellbildung auf Grundlage mehrerer Messreihen durchzuführen, wobei die Zeitinvarianz des Prozesses vorausgesetzt werden muss. Wird davon ausgegangen, dass die Identifikation innerhalb eines normalen Prozessablaufes stattfindet, sollte die Dynamik aller Einzelmodelle möglichst stark und mindestens über einen Zeitraum von $50 \cdot n$ Abtastungen erregt werden, wobei n die Gesamtmodellordnung ist. Da dies bei realen Prozessen nur selten möglich ist, sollte bei den nicht erregten Einzelmodellen stets eine grobe Fehlerabschätzung vorgenommen werden.

Weitere Probleme können bei der Bestimmung der Ordnung der Einzelmodelle eines Mehrgrößensystems auftreten. Hierbei haben sich als Strukturprüfverfahren besonders der Polynom-Test (siehe Abschnitt 4.4.1) sowie der kombinierte Polynom- und Dominanz-Test (siehe Abschnitt 4.4.2) als sehr zuverlässig erwiesen. Abschließend sollte darauf hingewiesen werden, dass das Problem der Identifikation in geschlossener Regelkreisstruktur und von zeitvarianten Mehrgrößensystemen mit Hilfe von Parameterschätzverfahren bisher noch nicht als befriedigend gelöst angesehen werden kann.

6 Identifikation unter Verwendung zeitkontinuierlicher Modelle

6.1 Problemstellung

Reale dynamische Systeme werden gewöhnlich in zeitkontinuierlicher Form mittels Differentialgleichungen beschrieben. Zeitkontinuierliche Modelle stellen meist eine natürliche Basis für das Verständnis der physikalischen Zusammenhänge in einem dynamischen System dar. Im Gegensatz zu zeitdiskreten Modellen bewahren zeitkontinuierliche Modelle die vollständige Systeminformation, wohingegen der Diskretisierungsprozess eines zeitkontinuierlichen Systems stets mit einem (meist unerwünschten) Informationsverlust und einer Vergrößerung der Anzahl der Modellparameter verbunden ist. Am einfachen Beispiel einer nichtsprungförmigen rationalen Übertragungsfunktion $G(s)$ mit der Ordnung n und dem Zählergrad $m < n$ lässt sich leicht zeigen, dass die Diskretisierung eine rationale z-Übertragungsfunktion $G(z)$ mit der gleichen Anzahl von n Polen und $n-1$ Nullstellen liefert. Im Gegensatz zu den Polen lassen sich die Nullstellen im Allgemeinen nicht in geschlossener Form als Funktionen der Parameter von $G(s)$ und der Abtastzeit T darstellen [AHS84]. Dies hat zur Folge, dass die Parameter von $G(z)$ keinen direkten Bezug zu den physikalischen Systemparametern haben.[1] Außerdem können bei einer zu hoch gewählten Abtastfrequenz numerische Probleme auftreten. Die Abtastzeit T bzw. die Abtastfrequenz $f_\mathrm{s} = 2\pi/T$ kann z.B. gemäß

$$0{,}23 \leq T\omega_\mathrm{b} \leq 0{,}38 \text{ bzw. } 2\pi f_\mathrm{s} \approx (6\ldots 10)\,\omega_\mathrm{b} \tag{6.1}$$

gewählt werden, wobei ω_b die Bandbreite des zu $G(s)$ gehörenden Frequenzgangs $G(\mathrm{j}\omega)$ ist [Unb11].[2] Ferner ist zu beachten, dass für $T \to 0$ die s-Ebene nicht in die z-Ebene übergeht, vielmehr wird die gesamte s-Ebene wegen $z = \mathrm{e}^{Ts}$ in den Punkt $(1, \mathrm{j}0)$ abgebildet.[3] Ein weiterer Nachteil der Verwendung von zeitdiskreten Modellen zur Systemidentifikation besteht darin, dass die Rückrechnung vom zeitdiskreten Modell zum originalen zeitkontinuierlichen Modell ohne Informationen oder Annahmen über die Signalverläufe zwischen den Abtastzeitpunkten nicht möglich ist.

Trotz der hier genannten Nachteile haben sich zur Systemidentifikation wegen der einfacheren Handhabung mittels der seit den 1970er Jahren immer stärker verfügbaren Kapazität an digitaler Rechentechnik zeitdiskrete Modelle durchgesetzt. Weiterhin ist vielfach nicht ausreichend bekannt, dass auch Verfahren existieren, die es ermöglichen, anhand von gemessenen Eingangs- und Ausgangssignalen ein zeitkontinuierliches Modell zu ermitteln, das besser geeignet ist, das dynamische Verhalten des betreffenden Systems zu

[1] Diese Aussage bezieht sich auf die mittels der z-Transformation aufgestellten zeitdiskreten Modelle. Zeitdiskrete Modelle, die mit der in Abschnitt 6.4 betrachteten δ-Transformation aufgestellt werden, stellen hier eine Ausnahme dar, da die Parameter dieser Modelle für kleine Abtastzeiten denen des kontinuierlichen Modells entsprechen.

[2] Auf die Wahl der Abtastzeit wird bei der Betrachtung praktischer Aspekte der Identifikation in Abschnitt 9.6 ausführlicher eingegangen.

[3] Die in Abschnitt 6.4 behandelte δ-Transformation vermeidet diesen Nachteil.

beschreiben, wobei das physikalische Verständnis erhalten bleibt. In diesem Kapitel wird daher ein Überblick über die wichtigsten hierzu existierenden Methoden gegeben. Für einen tieferen Einstieg in dieses Gebiet sei auf die umfangreiche weiterführende Literatur verwiesen (z.B. [UR87, SR91, Mos98, RU06, GW08]).

6.2 Verfahren zur Behandlung der zeitlichen Ableitungen der Eingangs-Ausgangs-Signale

Ein zeitkontinuierliches Modell, z.B. eine Differentialgleichung, beschreibt einen Zusammenhang zwischen den Ableitungen der Eingangs- und der Ausgangssignale. Da die gemessenen Signale meist mit Rauschen überlagert sind, ist die numerische Bildung der Ableitungen nicht direkt, z.B. über einfache Differenzenbildung, möglich. Zur Lösung dieses Problems existieren aber verschiedene Möglichkeiten [RU06]. Bei allen Methoden wird die das System beschreibende Differentialgleichung zuerst in eine algebraische Gleichung überführt. Dann wird daraus ein lineares Regressionsmodell erstellt, dessen Parameter geschätzt werden. Die Hauptaufgabe besteht dabei in der Behandlung der Ableitungsterme der Signale dahingehend, dass keine explizite Differentiation der zeitkontinuierlichen Signale erforderlich ist. Dazu eignen sich insbesondere folgende Verfahren [SR91, Mos98, RU06]:

1. Verfahren mit Modulationsfunktionen,
2. Linearfilter-Verfahren,
3. Integrations-Verfahren und
4. Verfahren mittels der δ-Transformation.

Diese Verfahren werden der Anschaulichkeit halber nachfolgend anhand einfacher Beispiele vorgestellt, z.B. an einem System erster Ordnung, beschrieben durch die Differentialgleichung

$$a_1 \frac{\mathrm{d}y(t)}{\mathrm{d}t} + y(t) = b_0 u(t). \tag{6.2}$$

Die Aufgabe besteht dabei darin, anhand vorgegebener (gemessener) zusammengehörender Eingangs- und Ausgangssignale $u(t)$ und $y(t)$ die zugehörigen Parameter, hier also a_1 und b_0, zu bestimmen.

6.2.1 Verfahren mit Modulationsfunktionen

6.2.1.1 Grundgedanke des Verfahrens

Das Modulationsfunktionsverfahren geht auf Shinbrot zurück [Shi57]. Bei der Anwendung dieses Verfahrens zur Systemidentifikation besteht das Ziel darin, eine vorgegebene lineare oder nichtlineare Differentialgleichung in eine algebraische Gleichung zu überführen und so die explizite Bildung der Ableitungen zu vermeiden. Shinbrot [Shi57] verwendete dazu Modulationsfunktionen der Form

$$\phi_m(t) = \sin^2(m\pi t/T_0) \tag{6.3}$$

sowie deren i-te Ableitungen $\phi_m^{(i)}(t)$ für $i = 1{,}2,\ldots,n-1$, wobei n die höchste in der Differentialgleichung des zu identifizierenden Systems auftretende Ableitung angibt. Allgemein ist die Modulationsfunktion $\phi_m(t)$ ein Element, welches zu einer ganzen Familie von Modulationsfunktionen $\{\phi_m(t)\}$, $m = 0{,}1{,}2,\ldots$, gehört. Die Größe T_0 entspricht der Zeitdauer der verwendeten Messung.

Die prinzipielle Vorgehensweise bei diesem Verfahren soll am Beispiel der Identifikation der Parameter von Gl. (6.2) gezeigt werden. Dazu werden beide Seiten dieser Differentialgleichung mit $\phi_m(t)$ multipliziert und über das Intervall $[\,0,\,T_0\,]$ der verfügbaren Messdaten $u(t)$ und $y(t)$ integriert. Dies ergibt

$$a_1 \int_0^{T_0} \phi_m(t)\frac{\mathrm{d}y}{\mathrm{d}t}\,\mathrm{d}t + \int_0^{T_0} \phi_m(t)y(t)\,\mathrm{d}t = b_0 \int_0^{T_0} \phi_m(t)u(t)\,\mathrm{d}t. \tag{6.4}$$

Partielle Integration des ersten linksseitigen Terms liefert

$$a_1 y(t)\phi_m(t)\Big|_0^{T_0} - a_1 \int_0^{T_0} \frac{\mathrm{d}\phi_m}{\mathrm{d}t} y(t)\,\mathrm{d}t + \int_0^{T_0} \phi_m(t)y(t)\,\mathrm{d}t = b_0 \int_0^{T_0} \phi_m(t)u(t)\,\mathrm{d}t. \tag{6.5}$$

Für die Modulationsfunktion gemäß Gl. (6.3) gilt $\phi_m(0) = \phi_m(T_0) = 0$. Damit verschwindet der erste linksseitige Term dieser Gleichung und aus Gl. (6.5) folgt

$$\int_0^{T_0} \phi_m(t)y(t)\,\mathrm{d}t = a_1 \int_0^{T_0} \frac{\mathrm{d}\phi_m}{\mathrm{d}t} y(t)\,\mathrm{d}t + b_0 \int_0^{T_0} \phi_m(t)u(t)\,\mathrm{d}t. \tag{6.6}$$

Für $m = 1{,}2$ und vorgegebene Modulationsfunktion können dann unter Verwendung der gemessenen Eingangs-Ausgangs-Signale $u(t)$ und $y(t)$ die Integrale im resultierenden linearen algebraischen Gleichungssystem

$$\begin{bmatrix} \int_0^{T_0} \frac{\mathrm{d}\phi_1}{\mathrm{d}t} y(t)\,\mathrm{d}t & \int_0^{T_0} \phi_1(t)u(t)\,\mathrm{d}t \\ \int_0^{T_0} \frac{\mathrm{d}\phi_2}{\mathrm{d}t} y(t)\,\mathrm{d}t & \int_0^{T_0} \phi_2(t)u(t)\,\mathrm{d}t \end{bmatrix} \begin{bmatrix} a_1 \\ b_0 \end{bmatrix} = \begin{bmatrix} \int_0^{T_0} \phi_1(t)y(t)\,\mathrm{d}t \\ \int_0^{T_0} \phi_2(t)y(t)\,\mathrm{d}t \end{bmatrix} \tag{6.7}$$

(numerisch) berechnet und damit die Parameter a_1 und b_0 eindeutig bestimmt werden. In Gl. (6.7) tauchen keine Ableitungen der möglicherweise gestörten Eingangs-Ausgangs-Signale mehr auf. Bei den auftretenden Ableitungen handelt es sich um die Ableitungen der bekannten Modulationsfunktionen, die analytisch berechnet werden können. Bei gestörten Eingangs-Ausgangs-Signalen bewirkt die Integration zusätzlich eine Glättung. Die Operation der Multiplikation mit $\phi_m(t)$ und der anschließenden Integration über der Zeit wird als Modulation mit $\phi_m(t)$ bezeichnet.

6.2.1.2 Hartley-Modulationsfunktion

Neben der von Shinbrot [Shi57] benutzten und in Gl. (6.2) angegebenen Modulationsfunktion wurden zur Systemidentifikation verschiedene andere Modulationsfunktionen vorgeschlagen, so z.B. die Fourier-Modulationsfunktion [Pea92], die Hermite-Modulationsfunktion [JJM92], die trigonometrische Modulationsfunktion [PL83] oder die Hartley-Modulationsfunktion [PU95, Dan99]. Wie bereits erwähnt hat der Einsatz von Modulationsfunktionen bei der Identifikation dynamischer Systeme zum Ziel, die das System beschreibende Differentialgleichung in eine algebraische Gleichung zu überführen. Dazu müssen die gewählte Modulationsfunktion $\phi_m(t)$ und ihre $n-1$ Ableitungen die Bedingung

$$\phi_m^{(i)}(0) = \phi_m^{(i)}(T_0) = 0, \quad i = 0,1,\ldots,n-1, \tag{6.8}$$

erfüllen. Mit $\phi_m(t)$, $m = 0,1,2,\ldots$, wird wieder ein Element einer Familie $\{\phi_m(t)\}$ von Modulationsfunktionen n-ter Ordnung bezeichnet. Nachfolgend wird etwas detaillierter auf die Hartley-Modulationsfunktion eingegangen, die auf der Hartley-Transformation (siehe Anhang F) beruht.

Die Hartley-Modulationsfunktion ist definiert als

$$\phi_m(t) = \frac{1}{T_0}\sum_{l=0}^{n}(-1)^l \binom{n}{l} \operatorname{cas}((n+m-l)\omega_0 t), \tag{6.9}$$

wobei die Beziehungen $\omega_0 = 2\pi/T_0$ und $\operatorname{cas} t = \cos t + \sin t$ gelten. In der Literatur wird meist eine Darstellung ohne den Vorfaktor $1/T_0$ verwendet, der hier aber verwendet wird, um auf die übliche Darstellung der Reihenentwicklung zu kommen. Bild 6.1 zeigt als Beispiel eine normierte Darstellung einer Familie von Hartley-Modulationsfunktionen für $m = 0,1,2$ und $n = 2$.

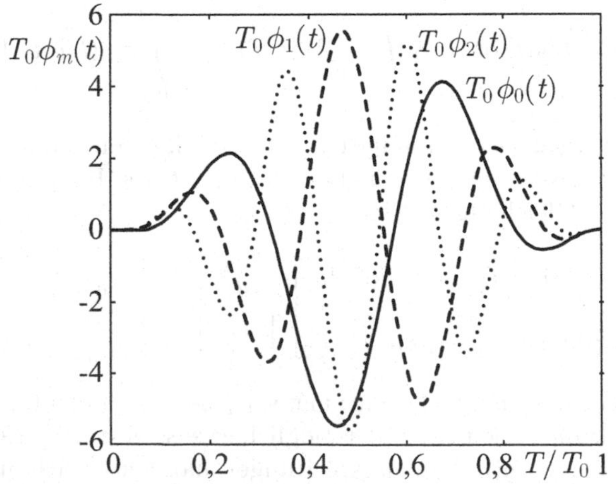

Bild 6.1 Familie von Hartley-Modulationsfunktionen für $n = 2$

Ein Unterschied der Hartley-Modulationsfunktion im Gegensatz z.B. zur Fourier-Modulationsfunktion besteht darin, dass $\phi_m(t)$ eine reellwertige Funktion ist. Zum besseren

Verständnis der Hartley-Modulationsfunktion wird in Anhang F etwas ausführlicher auf die Hartley-Transformation eingegangen.

Mit der in Gl. (6.9) angegebenen m-ten Hartley-Modulationsfunktion lässt sich die als Hartley-Spektralkoeffizient[4] bezeichnete Größe des im Intervall $[0, T_0]$ existierenden Signals $x(t)$ durch die Beziehung

$$\bar{H}_x(m, \omega_0) = \int_0^{T_0} x(t)\phi_m(t)\,\mathrm{d}t \tag{6.10}$$

definieren. Mit $\phi_m(t)$ gemäß Gl. (6.9) folgt aus Gl. (6.10)

$$\begin{aligned}\bar{H}_x(m, \omega_0) &= \frac{1}{T_0}\sum_{l=0}^{n}(-1)^l \binom{n}{l} \int_0^{T_0} x(t)\,\mathrm{cas}[(n+m-l)\omega_0 t]\,\mathrm{d}t \\ &= \sum_{l=0}^{n}(-1)^l \binom{n}{l} H_x[(n+m-l)\omega_0],\end{aligned} \tag{6.11}$$

wobei der hierin enthaltene Term $H_x(k\omega_0)$ der k-te Hartley-Reihenkoeffizient

$$H_x(k\omega_0) = \frac{1}{T_0}\int_0^{T_0} x(t)\,\mathrm{cas}(k\omega_0 t)\,\mathrm{d}t \tag{6.12}$$

der außerhalb des Intervalls $[0, T_0]$ periodisch fortgesetzt gedachten Funktion $x(t)$ ist. Die Hartley-Spektralkoeffizienten des Signals $x(t)$ ergeben sich also als Linearkombination der Hartley-Reihenkoeffizienten dieses Signals. Wenn diese Hartley-Reihenkoeffizienten genügend genau mittels der diskreten Hartley-Transformation berechnet werden können, dann können dazu nach [Bra90] schnelle Algorithmen angewendet werden. Darauf wird weiter unten im Zusammenhang mit den rechentechnischen Gesichtspunkten nochmals kurz eingegangen.

In ähnlicher Weise können auch die Hartley-Spektralkoeffizienten der Ableitungen von Signalen berechnet werden. Wird mit $x^{(i)}(t)$ die i-te Ableitung des Signals $x(t)$ bezeichnet, dann sind die HMF-Spektren von $x^{(i)}(t)$ für $1 \le i \le n$ gegeben durch die Beziehung [PU95]

$$\bar{H}_x^{(i)}(m, \omega_0) = \sum_{l=0}^{n}(-1)^l \binom{n}{l} [\mathrm{cas}'(i\pi/2)](n+m-l)^i \omega_0^i H_x[(-1)^i(n+m-l)\omega_0] \tag{6.13}$$

mit $\mathrm{cas}'\,t = \cos t - \sin t$.

Für die praktische Anwendung ist weiterhin der Fall von Interesse, dass zwei Signale $x(t)$ und $y(t)$ sowie deren Ableitungen in der Form $x(t)y^{(i)}(t)$ multiplikativ miteinander verknüpft sind.[5] Für ein solches Produkt ergibt sich als Hartley-Spektralkoeffizient

[4] Die Hartley-Spektralkoeffizienten werden auch als HMF-Spektrum bezeichnet, wobei streng genommen die Gesamtheit aller Spektralkoeffizienten das HMF-Spektrum definieren.

[5] Dieser Fall kann im Zusammenhang mit der Identifikation nichtlinearer Systeme auftreten, worauf weiter unten eingegangen wird.

$$\bar{H}_{xy}^{(i)}(m,\omega_0) = H_x(m\omega_0) \odot \bar{H}_y^{(i)}(m,\omega_0). \tag{6.14}$$

Der hochgestellte Index i bezieht sich dabei auf die Ableitung des Signals $y(t)$. Für die Definition der Operation $\odot$ wird auf Anhang F verwiesen.

Im Folgenden wird gezeigt, wie die Hartley-Modulationsfunktion zur Parameterschätzung bei linearen und bestimmten Klassen von nichtlinearen Systemen eingesetzt werden kann. Anschließend wird auf rechentechnische Aspekte eingegangen und dann die Parameterschätzung an einem nichtlinearen Beispielsystem erläutert.

a) *Parameterschätzung eines linearen Systems*

Das zu identifizierende System sei gegeben durch die Differentialgleichung

$$\sum_{i=0}^{n_y} a_i y^{(i)}(t) = \sum_{i=0}^{n_u} b_i u^{(i)}(t) \tag{6.15}$$

mit $n_y \geq n_u$, wobei $y^{(i)}$ und $u^{(i)}$ die i-ten Ableitungen der Eingangs-Ausgangs-Signale darstellen. Nun werden beide Gleichungsseiten mit der Modulationsfunktion $\phi_m(t)$ multipliziert und im Intervall $[\,0, T_0\,]$ integriert. Dies ergibt

$$\sum_{i=0}^{n_y} a_i \int_0^{T_0} y^{(i)}(t)\phi_m(t)\,\mathrm{d}t = \sum_{i=0}^{n_u} b_i \int_0^{T_0} u^{(i)}(t)\phi_m(t)\,\mathrm{d}t. \tag{6.16}$$

Diese Darstellung stellt ein Hartley-Modulationsfunktionsmodell dar. Mit Gl. (6.10) wird dies auf die Form

$$\sum_{i=0}^{n_y} a_i \bar{H}_y^{(i)}(m,\omega_0) = \sum_{i=0}^{n_u} b_i \bar{H}_u^{(i)}(m,\omega_0) \tag{6.17}$$

gebracht, wobei für $\phi_m(t)$ gemäß Gl. (6.9) $n \geq n_y$ gewählt wird. Die hierin enthaltenen HMF-Spektren $\bar{H}_u^{(i)}(m,\omega_0)$ und $\bar{H}_y^{(i)}(m,\omega_0)$ können mittels Gl. (6.13) ohne explizite Differentiation der Eingangs-Ausgangs-Signale berechnet werden. Zur Normierung wird $a_0 = 1$ gesetzt. Dann kann Gl. (6.17) unter Annahme eines zusätzlichen Fehlersignals $\varepsilon(m,\omega_0)$ als lineare Regressionsgleichung

$$y_\mathrm{V}(m,\omega_0) = \boldsymbol{m}^\mathrm{T}(m,\omega_0)\,\boldsymbol{p}_\mathrm{M} + \varepsilon(m,\omega_0) \tag{6.18}$$

geschrieben werden mit den Vektoren

$$\boldsymbol{m}^\mathrm{T}(m,\omega_0) = \left[-\bar{H}_y^{(1)}(m,\omega_0)\;\ldots\;-\bar{H}_y^{(n_y)}(m,\omega_0)\,\vdots\,\bar{H}_u(m,\omega_0)\;\ldots\;\bar{H}_u^{(n_u)}(m,\omega_0)\right], \tag{6.19}$$

$$\boldsymbol{p}_\mathrm{M} = \left[a_1\;\ldots\;a_{n_y}\,\vdots\,b_0\;\ldots\;b_{n_u}\right]^\mathrm{T} \tag{6.20}$$

und den skalaren Werten

$$y_\mathrm{V}(m,\omega_0) = \bar{H}_y(m,\omega_0) \tag{6.21}$$

und $\varepsilon(m,\omega_0)$. Hierbei stellt in der Sichtweise der Systemidentifikation der Ausdruck $\boldsymbol{m}^\mathrm{T}(m,\omega_0)\,\boldsymbol{p}_\mathrm{M}$ die Modellausgangsgröße dar, also

$$y_\mathrm{M}(m,\omega_0) = \boldsymbol{m}^\mathrm{T}(m,\omega_0)\,\boldsymbol{p}_\mathrm{M} \tag{6.22}$$

dar. Der Fehler $\varepsilon(m,\omega_0)$ wird dann als Differenz (Vergleich) zwischen der Größe $y_V(m,\omega_0)$ und der Modellausgangsgröße $y_M(m,\omega_0)$ gebildet. Daher wird die Größe $y_V(m,\omega_0)$ als Vergleichsgröße bezeichnet.[6]

Die Gln. (6.18) bis (6.21) sind analog zu den Gln. (3.27) bis (3.29). Sie sind somit direkt für eine Parameterschätzung mittels eines Standardverfahrens, z.B. des *Least-Squares*-Verfahrens, geeignet. Zweckmäßigerweise wird dazu $m = 0,1,2,\ldots,N-1$, gewählt, womit sich N Regressionsgleichungen der Form von Gl. (6.18) ergeben, die zu einer Vektorgleichung analog zu Gl. (3.46) zusammengefasst werden können. Dies wird anhand eines Beispiels erläutert.

Beispiel 6.1
Betrachtet wird das durch Gl. (6.2) beschriebene System. Gemäß den Gln. (6.18) bis (6.21) sowie unter Annahme eines zusätzlichen Fehlersignals $\varepsilon(m,\omega_0)$ resultiert die einfache Regressionsgleichung

$$y_V(m,\omega_0) = \begin{bmatrix} -\bar{H}_y^{(1)}(m,\omega_0) & \bar{H}_u(m,\omega_0) \end{bmatrix} \begin{bmatrix} a_1 \\ b_0 \end{bmatrix} + \varepsilon(m,\omega_0), \tag{6.23}$$

welche unmittelbar für eine *Least-Squares*-Schätzung der unbekannten Parameter a_1 und b_0 durch Minimieren des Gütefunktionals

$$I(\boldsymbol{p}_M) = \frac{1}{2}\sum_{m=0}^{N-1} \varepsilon^2(m,\omega_0) = \frac{1}{2}\sum_{m=0}^{N-1} [y_V(m,\omega_0) - \boldsymbol{m}^T(m,\omega_0)\,\boldsymbol{p}_M]^2 \tag{6.24}$$

mit

$$\boldsymbol{p}_M = \begin{bmatrix} a_1 \\ b_0 \end{bmatrix} \tag{6.25a}$$

und

$$\boldsymbol{m}^T(m,\omega_0) = \begin{bmatrix} -\bar{H}_y^{(1)}(m,\omega_0) & \bar{H}_u(m,\omega_0) \end{bmatrix} \tag{6.25b}$$

verwendet werden kann. Dann ergibt sich in Analogie zu Gl. (3.54) der geschätzte Parametervektor zu

$$\hat{\boldsymbol{p}} = (\boldsymbol{M}^T\boldsymbol{M})^{-1}\boldsymbol{M}^T\boldsymbol{y}_V \tag{6.26a}$$

mit

$$\boldsymbol{y}_V = [\; y_V(0,\omega_0) \;\; \ldots \;\; y_V(0,\omega_0) \;\; \ldots \;\; y_V(N-1,\omega_0) \;]^T \tag{6.26b}$$

$$\boldsymbol{M}^T = [\; \boldsymbol{m}(0,\omega_0) \;\; \cdots \;\; \boldsymbol{m}(0,\omega_0) \;\; \cdots \;\; \boldsymbol{m}(N-1,\omega_0) \;]. \tag{6.26c}$$

Dabei sollte N so gewählt werden, dass nur numerisch signifikante Hartley-Spektralkoeffizienten verwendet werden. ■

b) *Parameterschätzung nichtlinearer Systeme* [PU95]

Das hier beschriebene Verfahren zur Systemidentifikation mittels Modulationsfunktionen hat den großen Vorteil, dass es nicht nur für lineare, sondern auch für eine breite Klasse nichtlinearer Systeme eingesetzt werden kann. Obwohl erst in Kapitel 8 ausführlich auf die Identifikation nichtlinearer Systeme eingegangen wird, soll für das hier vorgestellte HMF-Verfahren kurz seine Anwendbarkeit auf zwei Modellstrukturen für kontinuierliche nichtlineare Systeme gezeigt werden.

[6] Diese Sichtweise der Systemidentifikation mit einer recht allgemein definierten Vergleichsgröße wird in Abschnitt 8.2 ausführlicher behandelt.

1) *Integrierbare Modelle*

Integrierbare Modelle werden durch die Differentialgleichung

$$\sum_{i=0}^{n_y} a_i \frac{\mathrm{d}^i y(t)}{\mathrm{d}t^i} - \sum_{i=0}^{n_u} b_i \frac{\mathrm{d}^i u(t)}{\mathrm{d}t^i} + \sum_{j=1}^{n_f} \sum_{i=0}^{d_{f_j}} c_{j,i} \frac{\mathrm{d}^i f_j(u(t),y(t))}{\mathrm{d}t^i} = 0 \tag{6.27}$$

beschrieben. Ein Beispiel hierfür ist der fremderregte van der Polsche Oszillator, der durch die nichtlineare Differentialgleichung

$$\ddot{y} - \alpha(1-y^2)\dot{y} + \beta y = u \tag{6.28}$$

beschrieben wird. Der Term $y^2\dot{y}$ stellt gerade die erste zeitliche Ableitung von $y^3/3$ dar. Multiplikation von Gl. (6.27) mit der Modulationsfunktion $\phi_m(t)$ und anschließende Integration über das Intervall $(0,T_0)$, also Modulation mit $\phi_m(t)$, liefert

$$\sum_{i=0}^{n_y} a_i \bar{H}_y^{(i)}(m,\omega_0) - \sum_{i=0}^{n_u} b_i \bar{H}_u^{(i)}(m,\omega_0) + \sum_{j=1}^{n_f} \sum_{i=0}^{d_{f_j}} c_{j,i} \bar{H}_{f_j}^{(i)}(m,\omega_0) = 0. \tag{6.29}$$

Auch diese Gleichung lässt sich auf die Form einer linearen Regressionsgleichung gemäß Gl. (6.18) bringen.

2) *Faltbare Modelle*

Die Systembeschreibung entsprechend Gl. (6.27) lässt sich zu einer noch allgemeineren Form

$$\begin{aligned} &\sum_{i=0}^{n_y} a_i \frac{\mathrm{d}^i y(t)}{\mathrm{d}t^i} - \sum_{i=0}^{n_u} b_i \frac{\mathrm{d}^i u(t)}{\mathrm{d}t^i} \\ &+ \sum_{j=1}^{n_f} \sum_{i=0}^{d_{f_j}} c_{j,i} \frac{\mathrm{d}^i f_j(u(t),y(t))}{\mathrm{d}t^i} \\ &+ \sum_{k=1}^{n_g} \sum_{j=1}^{n_h} \sum_{i=0}^{d_{h_j}} d_{k,j,i} g_k(u(t),y(t)) \frac{\mathrm{d}^i h_j(u(t),y(t))}{\mathrm{d}t^i} = 0 \end{aligned} \tag{6.30}$$

erweitern. Systeme, die durch diese Differentialgleichung beschrieben werden können, werden als faltbare Systeme bezeichnet. Indem Gl. (6.30) mit $\phi_m(t)$ moduliert wird, ergibt sich

$$\begin{aligned} &\sum_{i=0}^{n_y} a_i \bar{H}_y^{(i)}(m,\omega_0) - \sum_{i=0}^{n_u} b_i \bar{H}_u^{(i)}(m,\omega_0) \\ &+ \sum_{j=1}^{n_f} \sum_{i=0}^{d_{f_j}} c_{j,i} \bar{H}_{f_j}^{(i)}(m,\omega_0) \\ &+ \sum_{k=1}^{n_g} \sum_{j=1}^{n_h} \sum_{i=0}^{d_{h_j}} d_{k,j,i} (H_{g_k}(m\omega_0) \odot \bar{H}_{h_j}^{(i)}(m,\omega_0)) = 0 \end{aligned} \tag{6.31}$$

Diese Beziehung kann wiederum in die Form einer linearen Regression gemäß Gl. (6.18) gebracht werden. Bezüglich der Operation $\odot$ wird wieder auf Anhang F verwiesen. Die Modellierung von nichtlinearen System mit Modulationsfunktionsmodellen wird ausführlich in Abschnitt 7.3.3 und die Identifikation auf Basis dieser Modelle in Abschnitt 8.3.3.5 behandelt.

c) *Rechentechnische Aspekte*

Die spektralen Komponenten der kontinuierlichen Hartley-Transformation können durch schnelle Algorithmen der diskreten Hartley-Transformation berechnet werden [Bra90]. Die Verwendung der diskreten Hartley-Transformation entspricht der Näherung des Integrals aus Gl. (6.12) durch

$$H_x(m\omega_0) = \frac{1}{T_0}\int\limits_0^{T_0} x(t)\,\mathrm{cas}(m\omega_0 t)\,\mathrm{d}t \approx \frac{1}{N}\sum_{k=0}^{N-1} x(kT_0/N)\,\mathrm{cas}(2\pi km/N) \tag{6.32}$$

unter Verwendung von N Abtastwerten $x(0)$, $x(T_0/N)$, $x(2T_0/N), \ldots, x((N-1)T_0/N)$ der Funktion $x(t)$. In Fällen, in denen dieser Ansatz keine gute Approximation liefert, kann alternativ für die Näherung des Integrals die erweiterte Simpson'sche Regel angewendet werden. Dies liefert

$$\begin{aligned} H(m\omega_0) &= \frac{1}{T_0}\int\limits_0^{T_0} x(t)\,\mathrm{cas}(m\omega_0 t)\,\mathrm{d}t \\ &\approx \frac{1}{3(N-1)}\left[\tilde{x}_0 + 4\sum_{k=1,3,\ldots}^{N-2}\tilde{x}_k + 2\sum_{k=2,4,\ldots}^{N-3}\tilde{x}_k + \tilde{x}_{N-1}\right], \end{aligned} \tag{6.33a}$$

wobei $N = 2L+1$ Abtastwerte

$$\tilde{x}_k = x\left(\frac{kT_0}{N-1}\right)\mathrm{cas}\left(\frac{2\pi km}{N-1}\right), \quad k = 0,\ldots,N-1, \tag{6.33b}$$

verwendet werden. Dabei ist L die Anzahl der für die Näherung des Integrals mit der erweiterten Simpson'schen Regel benutzen Intervalle. Für die Berechnung der HMF-Spektren der Signale, Funktionen von Signalen, Ableitungen von Signalen und deren Funktionen sowie Produkten davon müssen die Gln. (6.11) bis (6.14) benutzt werden.

d) *Beispiel*

Als anschauliches Beispiel für die Parameterschätzung wird ein nichtlineares System gewählt, das durch die Differentialgleichung

$$\alpha_0\ddot{y} + \alpha_1\dot{y} + \alpha_2 y^2\dot{y} + \alpha_3\dot{y}^2 + y = \beta_0 u + \beta_1 u^3 \tag{6.34}$$

beschrieben wird. Für verschiedene Parameterkombinationen von α_1, α_2, α_3, α_4, β_0 und β_1 ergeben sich aus Gl. (6.34) folgende Sonderfälle:

- lineares System: $\alpha_2 = \alpha_3 = \beta_1 = 0$,
- integrierbares System: $\alpha_3 = 0$,
- Hammerstein-System:[7] $\alpha_2 = \alpha_3 = 0$.

[7] Ein Hammerstein-System besteht aus einem linearen Teilsystem mit einer vorgeschalteten statischen Eingangsnichtlinearität (siehe Abschnitt 7.3.7.1).

In der allgemeinen Form gemäß Gl. (6.30) stellt dieses Beispiel ein faltbares System dar, denn mit

$$\dot{y}^2 = \frac{1}{2}\frac{\mathrm{d}^2(y^2)}{\mathrm{d}t^2} - y\ddot{y} \tag{6.35}$$

kann Gl. (6.34) umgeschrieben werden in die Form

$$\alpha_0\ddot{y} + \alpha_1\dot{y} + \frac{\alpha_2}{3}\frac{\mathrm{d}(y^3)}{\mathrm{d}t} + \alpha_3\left(\frac{1}{2}\frac{\mathrm{d}^2(y^2)}{\mathrm{d}t^2} - y\ddot{y}\right) + y = \beta_0 u + \beta_1 u^3. \tag{6.36}$$

Da Gl. (6.29) eine Differentialgleichung zweiter Ordnung ist, werden Hartley-Modulationsfunktionen zweiter Ordnung benötigt, also $n = 2$, und es ergibt sich

$$\alpha_0\bar{H}_y^{(2)} + \alpha_1\bar{H}_y^{(1)} + \frac{\alpha_2}{3}\bar{H}_{y^3}^{(1)} + \alpha_3\left(\frac{1}{2}\bar{H}_{y^2}^{(2)} - H_y \odot \bar{H}_y^{(2)}\right) + \bar{H}_y = \beta_0\bar{H}_u + \beta_1\bar{H}_{u^3}. \tag{6.37}$$

Zur Parameterschätzung müssen somit die folgenden Rechenschritte ausgeführt werden:

1. Berechnung der Hartley-Reihenkoeffizienten H_y, H_{y^2}, H_{y^3}, H_u und H_{u^3} von y, y^2, y^3, u, u^3,
2. Berechnung der zugehörigen HMF-Spektren $\bar{H}_y$, $\bar{H}_y^{(1)}$, $\bar{H}_y^{(2)}$, $\bar{H}_{y^2}^{(2)}$, $\bar{H}_{y^3}^{(1)}$, $\bar{H}_u$ und $\bar{H}_{u^3}$ nach Gln. (6.11) und (6.13),
3. Berechnung von $H_y \odot \bar{H}_y^{(2)}$,
4. Aufstellen der Vektoren $\boldsymbol{p}_{\mathrm{M}}$ und $\boldsymbol{m}$ und Parameterschätzung von $\hat{\boldsymbol{p}}$ über das *Least-Squares*-Verfahren entsprechend der Vorgehensweise wie in den Gln. (6.23) bis (6.26).

e) *Abschließende Anmerkungen*

Hartley-Modulationsfunktionen zur Identifikation dynamischer Systeme wurden erstmals in [PU95] vorgeschlagen und in [Dan99] für die praktische Anwendung weiterentwickelt. Im Gegensatz zu Fourier-Modulationsfunktionen [Pea92] handelt es sich bei Hartley-Modulationsfunktionen um reellwertige Funktionen. Die spektrale Darstellung kann direkt mit schnellen Algorithmen berechnet werden [Bra90]. Die Methode ist darüber hinaus auch anwendbar auf eine große Klasse nichtlinearer zeitkontinuierlicher dynamischer Systeme. Bei der Anwendung der HMF-Methode ist es sehr hilfreich, eine nichtlineare Differentialgleichung in eine geeignete faltbare Form von Gl. (6.30) zu überführen. Dazu werden abschließend in Ergänzung zu Gl. (6.35) noch einige weitere Identitäten angegeben, die für eine solche Überführung nützlich sein können.

Identitäten 2. Ordnung

(i)

$$\dot{u}^2 = \frac{1}{2}\frac{\mathrm{d}^2(u^2)}{\mathrm{d}t^2} - u\ddot{u}, \tag{6.38a}$$

(ii)

$$\dot{u}\dot{y} = \frac{1}{2}\left[\frac{\mathrm{d}^2(uy)}{\mathrm{d}t^2} - y\ddot{u} - u\ddot{y}\right]. \tag{6.38b}$$

Identitäten 3. Ordnung

(iii)

$$\dot{u}\ddot{u} = \frac{1}{6}\left[\frac{\mathrm{d}^3(u^2)}{\mathrm{d}t^3} - 2u\frac{\mathrm{d}^3 u}{\mathrm{d}t^3}\right], \tag{6.38c}$$

(iv)

$$\dot{u}^3 = \frac{1}{6}\left[\frac{\mathrm{d}^3(u^3)}{\mathrm{d}t^3} - 3u\frac{\mathrm{d}^3(u^2)}{\mathrm{d}t^3} + 3u^2\frac{\mathrm{d}^3 u}{\mathrm{d}t^3}\right], \tag{6.38d}$$

(v)

$$\dot{u}^2\dot{y} = \frac{1}{2}\left[\frac{\mathrm{d}^3(u^2 y)}{\mathrm{d}t^3} - y\frac{\mathrm{d}^3(u^2)}{\mathrm{d}t^3} - u\frac{\mathrm{d}^3 y}{\mathrm{d}t^3} - y\frac{\mathrm{d}^3 u}{\mathrm{d}t^3}\right], \tag{6.38e}$$

(vi)

$$\dot{u}\ddot{y} + \ddot{u}\dot{y} = \frac{1}{3}\left[\frac{\mathrm{d}^3(uy)}{\mathrm{d}t^3} - u\frac{\mathrm{d}^3 y}{\mathrm{d}t^3} - y\frac{\mathrm{d}^3 u}{\mathrm{d}t^3}\right]. \tag{6.38f}$$

Allgemein kann jede höhere Ableitung durch wiederholte Anwendung der Leibniz-Formel

$$\frac{\mathrm{d}^n(uy)}{\mathrm{d}t^n} = \sum_{i=0}^{n}\binom{n}{i}\frac{\mathrm{d}^i u}{\mathrm{d}t^i}\frac{\mathrm{d}^{n-i} y}{\mathrm{d}t^{n-i}} \tag{6.38g}$$

gebildet werden.

6.2.2 Linearfilter-Verfahren

6.2.2.1 Grundgedanke des Verfahrens

Um bei der Systemidentifikation die Bildung der Ableitungen der Eingangs-Ausgangs-Signale zu umgehen, wurde erstmals in [Ruc63] der Einsatz einer linearen Filterbank vorgeschlagen und in der Folgezeit mit großem Erfolg für die Parameterbestimmung kontinuierlicher linearer Systeme angewendet und erweitert [You65, Sch69]. Die Grundidee dieses Verfahrens besteht darin, durch Filterung der Eingangs-Ausgangs-Signale $u(t)$ und $y(t)$ in zwei identischen Filteranordnungen gemäß Bild 6.2 die Parameter a_μ und b_ν (für $\mu = 1,\ldots,n$, $\nu = 0,\ldots,m$, $n \geq m$ und $a_0 = 1$) der zu identifizierenden Übertragungsfunktion

$$G(s) = \frac{Y(s)}{U(s)} = \frac{\sum\limits_{\nu=0}^{n_u} b_\nu s^\nu}{1 + \sum\limits_{\mu=1}^{n_y} a_\mu s^\mu} = \frac{B(s)}{A(s)} \tag{6.39}$$

zu ermitteln. Dazu werden $q = n_y + n_u + 1$ Tiefpass-Filter mit den Übertragungsfunktionen $1/H_i(s)$ benötigt, wobei $H_i(s)$, $i = 1,\ldots,q$, Hurwitz-Polynome[8] mindestens vom Grad n sein müssen. Außerdem sollte die Dynamik dieser Filterübertragungsfunktionen $1/H_i(s)$ mindestens um das Zehnfache schneller als jene von $G(s)$ sein. Die gefilterten Eingangs-Ausgangs-Signale werden im Bildbereich beschrieben durch

[8] Ein Polynom wird als Hurwitz-Polynomm bezeichnet, wenn alle Nullstellen des Polynoms negative Realteile haben.

$$U_i^*(s) = H_i^{-1}(s)U(s)$$

und

$$Y_i^*(s) = H_i^{-1}(s)Y(s).$$

Daraus folgt

$$A(s)Y_i^*(s) = B(s)U_i^*(s). \tag{6.40}$$

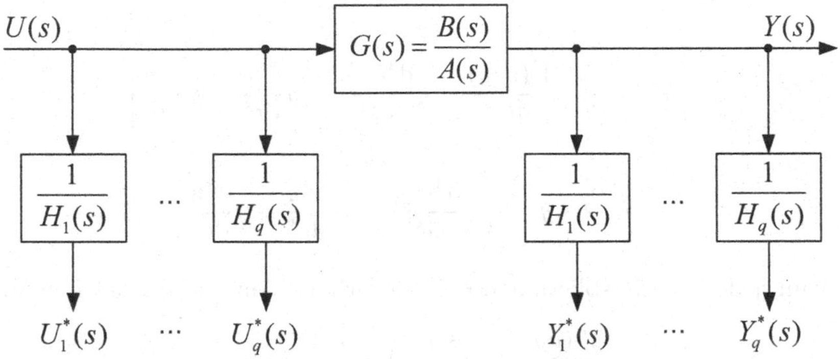

Bild 6.2 Blockschaltbild des Linearfilter-Verfahrens

Die inverse Laplace-Transformation liefert die Differentialgleichung

$$y^*(t) + \sum_{\mu=1}^{n_y} a_\mu \frac{\mathrm{d}^\mu y_i^*(t)}{\mathrm{d}t^\mu} = \sum_{\nu=0}^{n_u} b_\nu \frac{\mathrm{d}^\nu u_i^*(t)}{\mathrm{d}t^\nu}. \tag{6.41}$$

Da aus den Filterübertragungsfunktionen $1/H_i(s)$ auch die Ableitungen der gefilterten Signale $u_i^*(t)$ und $y_i^*(t)$ direkt gewonnen werden, stellt Gl. (6.41) zusammen mit den entsprechenden Ableitungen ein algebraisches Gleichungssystem für die unbekannten q Systemparameter a_μ und b_ν dar. Dazu sind q verschiedene Filterpaare $1/H_i(s)$ erforderlich, um dann das Gleichungssystem

$$\begin{array}{cccccccc} y_1^*(t) & +\ldots+ & a_{n_y} \frac{\mathrm{d}^{n_y} y_1^*(t)}{\mathrm{d}t^{n_y}} & = & b_0 u_1^*(t) & +\ldots+ & b_{n_u} \frac{\mathrm{d}^{n_u} u_1^*(t)}{\mathrm{d}t^{n_u}} \\ & & \vdots & & & & \\ y_q^*(t) & +\ldots+ & a_{n_y} \frac{\mathrm{d}^{n_y} y_q^*(t)}{\mathrm{d}t^{n_y}} & = & b_0 u_q^*(t) & +\ldots+ & b_{n_u} \frac{\mathrm{d}^{n_u} u_q^*(t)}{\mathrm{d}t^{n_u}} \end{array}$$

zu erhalten. In Matrix-Vektor-Schreibweise lautet dieses Gleichungssystem

$$\boldsymbol{y}^*(t) = \boldsymbol{M}(t)\, \boldsymbol{p}_\mathrm{M} \tag{6.42}$$

mit der $q \times q$-dimensionalen Datenmatrix

$$\boldsymbol{M}(t) = \left[\begin{array}{ccc:cccc} -\frac{\mathrm{d}y_1^*(t)}{\mathrm{d}t} & \ldots & -\frac{\mathrm{d}^{ny} y_1^*(t)}{\mathrm{d}t^{ny}} & u_1^*(t) & \frac{\mathrm{d}u_1^*(t)}{\mathrm{d}t} & \ldots & \frac{\mathrm{d}^{nu} u_1^*(t)}{\mathrm{d}t^{nu}} \\ \vdots & \ddots & \vdots & \vdots & \vdots & \ddots & \vdots \\ -\frac{\mathrm{d}y_q^*(t)}{\mathrm{d}t} & \ldots & -\frac{\mathrm{d}^{ny} y_q^*(t)}{\mathrm{d}t^{ny}} & u_q^*(t) & \frac{\mathrm{d}u_q^*(t)}{\mathrm{d}t} & \ldots & \frac{\mathrm{d}^{nu} u_q^*(t)}{\mathrm{d}t^{nu}} \end{array}\right], \tag{6.43a}$$

dem Parametervektor

$$\boldsymbol{p}_{\mathrm{M}} = \left[a_1 \; a_2 \ldots a_{n_y} \;\vdots\; b_0 \ldots b_{n_u} \right]^{\mathrm{T}} \tag{6.43b}$$

und dem Ausgangs- oder Datenvektor

$$\boldsymbol{y}^*(t) = \left[\; y_1^*(t) \quad y_2^*(t) \quad \ldots \quad y_q^*(t) \; \right]^{\mathrm{T}}. \tag{6.43c}$$

Aus Gl. (6.42) folgt als Lösung für den im Rahmen der Identifikation gesuchte Parametervektor

$$\hat{\boldsymbol{p}} = \boldsymbol{M}^{-1}(t)\,\boldsymbol{y}^*(t). \tag{6.44}$$

Diese direkte Lösung über Matrixinversion ist allerdings nur im Falle (nahezu) unverrauschter Signale anzuwenden. Bei verrauschten Signalen ist die Lösung über das *Least-Squares*-Verfahren (s. Abschnitt 6.2.2.3) vorzuziehen.

6.2.2.2 Reduktion der Anzahl der Filterpaare

Nur ein Filterpaar wird benötigt, wenn zu q verschiedenen Zeitpunkten $t_k = kT$, wobei T die Abtastzeit darstellt, q Paare gefilterter Eingangs-Ausgangs-Signale $\{u^*(t_k), y^*(t_k)\}$ zur Bildung der Datenmatrix gemäß Gl. (6.43a) in der Form

$$\boldsymbol{M}(t_k) = \begin{bmatrix} -\left.\frac{\mathrm{d}y^*}{\mathrm{d}t}\right|_{t=t_{k-q+1}} & \ldots & -\left.\frac{\mathrm{d}^{n_y}y^*}{\mathrm{d}t^{n_y}}\right|_{t=t_{k-q+1}} & \left.u^*\right|_{t=t_{k-q+1}} & \ldots & \left.\frac{\mathrm{d}^{n_u}u^*}{\mathrm{d}t^{n_u}}\right|_{t=t_{k-q+1}} \\ \vdots & \ddots & \vdots & \vdots & \ddots & \vdots \\ -\left.\frac{\mathrm{d}y^*}{\mathrm{d}t}\right|_{t=t_k} & \ldots & -\left.\frac{\mathrm{d}^{n_y}y^*}{\mathrm{d}t^{n_y}}\right|_{t=t_k} & \left.u^*\right|_{t=t_k} & \ldots & \left.\frac{\mathrm{d}^{n_u}u^*}{\mathrm{d}t^{n_u}}\right|_{t=t_k} \end{bmatrix} \tag{6.45a}$$

verwendet werden. Wird dann noch der Vektor der gefilterten Ausgangssignalwerte

$$\boldsymbol{y}^*(t_k) = \left[\; y^*(t_{k-q+1}) \quad \ldots \quad y^*(t_k) \; \right]^{\mathrm{T}}, \tag{6.45b}$$

gebildet, ergibt sich analog zu Gl. (6.42)

$$\boldsymbol{y}^*(t_k) = \boldsymbol{M}(t_k)\,\boldsymbol{p}_{\mathrm{M}} \tag{6.46}$$

und als Lösung der Parametervektor

$$\hat{\boldsymbol{p}} = \hat{\boldsymbol{p}}(t_k) = \boldsymbol{M}^{-1}(t_k)\boldsymbol{y}^*(t_k). \tag{6.47}$$

Daraus ist ersichtlich, dass der Parametervektor zu jedem Abtastzeitpunkt $t_k \geq qT$ berechnet werden kann. Diese Vorgehensweise liefert gute Ergebnisse, wenn als Abtastzeit $T < \pi/(5\omega_n)$ gewählt wird, wobei ω_n die Grenzfrequenz des Signals $y^*(t)$ ist, und den Eingangs-Ausgangs-Signalen keine signifikanten Störsignale überlagert sind.

6.2.2.3 Lösung mittels des Least-Squares-Verfahrens

Unter der Annahme, dass das Ausgangssignal des zu identifizierenden Systems durch ein stochastisches Rauschsignal gestört ist, kann ein Prädiktionsfehler zwischen $y^*(t_k)$ und dessen Vorhersagewert in der Form

$$\varepsilon(t_k) = y^*(t_k) - \boldsymbol{m}^{\mathrm{T}}(t_k)\,\boldsymbol{p}_{\mathrm{M}}, \tag{6.48}$$

gebildet werden, wobei $\boldsymbol{m}^{\mathrm{T}}(t_k)$ durch den letzten Zeilenvektor der Matrix aus Gl. (6.45a) gegeben ist. Aus Gl. (6.48) folgt für q verschiedene Zeitpunkte t_k, $k = 1,2,\ldots,q$, die entsprechende vektorielle Form

$$\boldsymbol{\varepsilon}(t_k) = \boldsymbol{y}^*(t_k) - \boldsymbol{M}(t_k)\,\boldsymbol{p}_{\mathrm{M}}, \tag{6.49}$$

wobei $\boldsymbol{p}_{\mathrm{M}}$, $\boldsymbol{M}(t_k)$ und $\boldsymbol{y}^*(t_k)$ durch die Gln. (6.43b), (6.45a) und (6.45b) definiert sind. Der Fehlervektor ist

$$\boldsymbol{\varepsilon}(t_k) = \begin{bmatrix} \varepsilon(t_{k-q+1}) & \ldots & \varepsilon(t_k) \end{bmatrix}^{\mathrm{T}} \tag{6.50}$$

mit den Elementen gemäß Gl. (6.48). Analog zu Abschnitt 3.3 lassen sich nun zur Minimierung des Schätzfehlervektors $\boldsymbol{\varepsilon}(t_k)$ das direkte und das rekursive *Least-Squares*-Verfahren anwenden. Die direkte Lösung lautet analog zu Gl. (3.54)

$$\hat{\boldsymbol{p}}(t_k) = \left[\boldsymbol{M}^{\mathrm{T}}(t_k)\boldsymbol{M}(t_k)\right]^{-1} \boldsymbol{M}^{\mathrm{T}}(t_k)\,\boldsymbol{y}^*(t_k). \tag{6.51}$$

Als rekursive Lösung ergibt sich in Analogie zu den Gln. (3.104), (3.105), (3.109) und (3.110)

$$\hat{\boldsymbol{p}}(t_k) = \hat{\boldsymbol{p}}(t_{k-1}) + \boldsymbol{q}(t_k)\left[y^*(t_k) - \boldsymbol{m}^{\mathrm{T}}(t_k)\,\hat{\boldsymbol{p}}(t_{k-1})\right] \tag{6.52}$$

mit dem Verstärkungsvektor

$$\boldsymbol{q}(t_k) = \boldsymbol{P}(t_{k-1})\boldsymbol{m}(t_k)\left[1 + \boldsymbol{m}^{\mathrm{T}}(t_k)\boldsymbol{P}(t_{k-1})\boldsymbol{m}(t_k)\right]^{-1} \tag{6.53}$$

und der Kovarianzmatrix

$$\boldsymbol{P}(t_k) = \boldsymbol{P}(t_{k-1}) - \boldsymbol{q}(t_k)\boldsymbol{m}^{\mathrm{T}}(t_k)\boldsymbol{P}(t_{k-1}). \tag{6.54}$$

Zusätzlich müssen noch Anfangswerte für $\hat{\boldsymbol{p}}$ und $\boldsymbol{P}$ vorgegeben werden.

Das hier beschriebene Linearfilter-Verfahren wird in der in der englischsprachigen Literatur als Zustandsgrößenfilter-Verfahren (*State Variable Filter Method, SVF-Method*) bezeichnet [You84, You02]. Dieses Verfahren kann auch zum Entwurf adaptiver Regler eingesetzt werden [ILM92]. Für die Parameterschätzung selbst haben sich nicht nur die zuvor besprochenen *Least-Squares*-Verfahren, sondern auch das iterative *Maximum-Likelihood*-Verfahren und insbesondere das verbesserte Hilfsvariablen-Verfahren [YJ80] bewährt.

6.2.3 Integrations-Verfahren

6.2.3.1 Poisson-Momentenfunktional-Verfahren

Wie bei den zuvor betrachteten Verfahren mit Modulationsfunktionen und dem Linearfilter-Verfahren wird auch beim Poisson-Momentenfunktional-Verfahren (PMF-Verfahren) die Bildung der Ableitung durch eine Integration bzw. durch eine Filterung vermieden. Hierzu wird der Operator

$$M_k\{y\}_t = \int_0^t y(\tau)p_k(t-\tau)\,\mathrm{d}\tau \tag{6.55}$$

definiert. Die Größe $M_k\{y\}_t$ wird als das Poisson-Momentenfunktional (PMF) von $y(t)$ bezeichnet. Das tiefgestellte t gibt dabei den Zeitpunkt an, für den das Poisson-Momentenfunktional berechnet wird und bestimmt auch die obere Integrationsgrenze. Der Term

$$p_k(t) = \frac{t^k}{k!}\mathrm{e}^{-\lambda t} \tag{6.56}$$

wird als k-te Poisson-Impulsfunktion bezeichnet. Die Nützlichkeit des Poisson-Momentenfunktionals für die Behandlung von zeitlichen Ableitungen wird an den folgenden Betrachtungen ersichtlich.

Für das Poisson-Momentenfunktional der j-ten Ableitung von $y(t)$ gilt

$$M_k\left\{\frac{\mathrm{d}^j y}{\mathrm{d}t^j}\right\}_t = \int_0^t \frac{(t-\tau)^k}{k!}\,\mathrm{e}^{-\lambda(t-\tau)}\,\frac{\mathrm{d}^j y(\tau)}{\mathrm{d}\tau^j}\,\mathrm{d}\tau. \tag{6.57}$$

Die partielle Integration von Gl. (6.57) liefert

$$\begin{aligned} M_k\left\{\frac{\mathrm{d}^j y}{\mathrm{d}t^j}\right\}_t =& \frac{(t-\tau)^k}{k!}\,\mathrm{e}^{-\lambda(t-\tau)}\,\frac{\mathrm{d}^{j-1} y(\tau)}{\mathrm{d}\tau^{j-1}}\Big|_0^t - \\ & \int_0^t \left[-\frac{(t-\tau)^{k-1}}{(k-1)!}\,\mathrm{e}^{-\lambda(t-\tau)} + \lambda\,\frac{(t-\tau)^k}{k!}\,\mathrm{e}^{-\lambda(t-\tau)}\right]\frac{\mathrm{d}^{j-1} y(\tau)}{\mathrm{d}\tau^{j-1}}\,\mathrm{d}\tau \end{aligned} \tag{6.58}$$

und daraus folgt

$$M_k\left\{\frac{\mathrm{d}^j y}{\mathrm{d}t^j}\right\}_t = -\lambda M_k\left\{\frac{\mathrm{d}^{j-1} y}{\mathrm{d}t^{j-1}}\right\}_t + M_{k-1}\left\{\frac{\mathrm{d}^{j-1} y}{\mathrm{d}t^{j-1}}\right\}_t - p_k(t)\frac{\mathrm{d}^{j-1} y(t)}{\mathrm{d}t^{j-1}}\Big|_{t=0}. \tag{6.59}$$

So ergibt sich für das das Poisson-Momentenfunktional der ersten Ableitung von $y(t)$

$$M_k\left\{\frac{\mathrm{d}y}{\mathrm{d}t}\right\}_t = -\lambda M_k\{y\}_t + M_{k-1}\{y\}_t - p_k(t)y(0). \tag{6.60}$$

Für das Poisson-Momentenfunktional der zweiten Ableitung folgt

$$M_k\left\{\frac{\mathrm{d}^2 y}{\mathrm{d}t^2}\right\}_t = -\lambda M_k\left\{\frac{\mathrm{d}y}{\mathrm{d}t}\right\}_t + M_{k-1}\left\{\frac{\mathrm{d}y}{\mathrm{d}t}\right\}_t - p_k(t)\frac{\mathrm{d}y(t)}{\mathrm{d}t}\Big|_{t=0} \tag{6.61}$$

und daraus mit Gl. (6.60)

$$\begin{aligned} M_k\left\{\frac{\mathrm{d}^2 y}{\mathrm{d}t^2}\right\}_t =\;& \lambda^2 M_k\{y\}_t - \lambda M_{k-1}\{y\}_t + \lambda p_k(t)y(0) \\ & - \lambda M_{k-1}\{y\}_t + M_{k-2}\{y\}_t - p_{k-1}(t)y(0) \\ & - p_k(t)\frac{\mathrm{d}y(t)}{\mathrm{d}t}\Big|_{t=0}. \end{aligned} \tag{6.62}$$

Dies kann zusammengefasst werden zu

$$\begin{aligned} M_k\left\{\frac{\mathrm{d}^2 y}{\mathrm{d}t^2}\right\}_t &= \lambda^2 M_k\{y\}_t - 2\lambda M_{k-1}\{y\}_t + M_{k-2}\{y\}_t \\ &\quad - p_k(t)\left.\frac{\mathrm{d}y(t)}{\mathrm{d}t}\right|_{t=0} - (p_{k-1}(t) - \lambda p_k(t))y(0). \end{aligned} \tag{6.63}$$

Hieraus ist ersichtlich, dass die PMF der Ableitungen durch Linearkombinationen der PMF der Originalfunktion ausgedrückt werden können.

Die PMF der Originalfunktion $y(t)$, also die Größen $M_0\{y\}_t, \ldots, M_k\{y\}_t$, können als Ausgangsgrößen einer Poisson-Filterkette gebildet (und damit direkt gemessen) werden. Die Poisson-Filterkette ist eine Reihenschaltung von $k+1$ identischen Teilfiltern mit jeweils derselben Übertragungsfunktion $1/(s+\lambda)$ gemäß Bild 6.3, welche als Eingangsgröße das Originalsignal $y(t)$ besitzt.

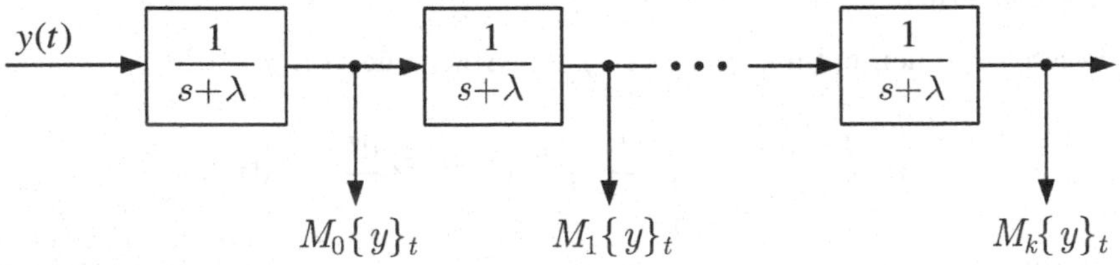

Bild 6.3 Poisson-Filterkette

Am Beispiel des durch Gl. (6.2) beschriebenen Systems soll die Anwendung des zuvor skizzierten Verfahrens zur Identifikation der Systemparameter a_1 und b_0 gezeigt werden. Dazu wird der Operator M_k, also die Bildung des k-ten PMF nach Gl. (6.55), direkt auf Gl. (6.2) angewendet. Dies ergibt

$$a_1 M_k\left\{\frac{\mathrm{d}y}{\mathrm{d}t}\right\}_t + M_k\{y\}_t = b_0 M_k\{u\}_t . \tag{6.64}$$

Einsetzen von Gl. (6.60) liefert

$$a_1\left(-\lambda M_k\{y\}_t + M_{k-1}\{y\}_t - p_k(t)y(0)\right) + M_k\{y\}_t = b_0 M_k\{u\}_t$$

oder umgeformt in vektorieller Schreibweise

$$\begin{bmatrix} \lambda M_k\{y\}_t - M_{k-1}\{y\}_t + p_k(t)y(0) & M_k\{u\}_t \end{bmatrix} \begin{bmatrix} a_1 \\ b_0 \end{bmatrix} = M_k\{y\}_t . \tag{6.65}$$

Zur Lösung dieser Gleichung mit den beiden unbekannten Parametern a_1 und b_0 werden mindestens zwei Gleichungen benötigt. Für $k = 1{,}2$ ergibt sich

$$\begin{bmatrix} \lambda M_1\{y\}_t - M_0\{y\}_t + p_1(t)y(0)M_1\{y\}_t & M_1\{u\}_t \\ \lambda M_2\{y\}_t - M_1\{y\}_t + p_2(t)y(0)M_1\{y\}_t & M_2\{u\}_t \end{bmatrix} \begin{bmatrix} a_1 \\ b_0 \end{bmatrix} = \begin{bmatrix} M_1\{y\}_t \\ M_2\{y\}_t \end{bmatrix} . \tag{6.66}$$

Für einen bestimmten Messzeitpunkt t lässt sich dieses lineare Gleichungssystem einfach mit den bereits weiter oben erwähnten Standardverfahren nach dem Parametervektor

$$\boldsymbol{p}_{\mathrm{M}} = \begin{bmatrix} a_1 \\ b_0 \end{bmatrix}$$

lösen, da in den Gleichungen nur Messwerte der Eingangs-Ausgangs-Signale sowie die bekannten bzw. vorgegebenen Größen λ und $p_k(t)$ auftreten. Zur Berücksichtigung eines Messfehlers, bedingt durch verrauschte Eingangs-Ausgangs-Signale, kann zusätzlich ein Gleichungsfehler eingeführt werden. Die Lösung kann dann mittels Standardminimierungsverfahren, z.B. dem *Least-Squares*-Verfahren, ermittelt werden.

6.2.3.2 Methode der orthogonalen Funktionen

Zur Betrachtung der Methode der orthogonalen Funktionen werden zunächst orthogonale Basisfunktionen für quadratisch integrierbare Funktionen eingeführt. Eine reelle Funktion $f(t)$ wird als quadratisch integrierbar auf dem Interval $0 \leq t \leq T_0$ bezeichnet, wenn sie die Bedingung

$$\int_0^{T_0} f^2(t)\,\mathrm{d}t < \infty \tag{6.67}$$

erfüllt, das Integral also existiert. Gewöhnlich erfüllen Eingangs-Ausgangs-Signale eines technischen Systems diese Bedingung. Vorausgesetzt $u(t)$ und $y(t)$ seien quadratisch integrierbar, dann kann z.B. $y(t)$ in Form einer beschränkten orthogonalen Reihenentwicklung

$$y(t) \approx \sum_{i=0}^{m-1} y_i \varphi_i(t) \tag{6.68}$$

mit

$$y_i = \frac{1}{h} \int_0^{T_0} y(t)\varphi_i(t)\,\mathrm{d}t \tag{6.69}$$

approximiert werden, wobei die speziellen Polynome $\varphi_i(t)$ als orthogonale Basisfunktionen definiert werden, die im Zeitintervall $[\,0, T_0\,]$ bezüglich einer nicht negativen Gewichtungsfunktion $w(t) \geq 0$ orthogonal sind. Dann gilt

$$\langle \varphi_i, \varphi_j \rangle := \int_0^{T_0} w(t)\varphi_i(t)\varphi_j(t)\,\mathrm{d}t = \begin{cases} 0 & \text{für } i \neq j, \\ h & \text{für } i = j, \end{cases} \tag{6.70}$$

für $i,j = 0,1,2,\ldots$, wobei h eine positive Konstante ist. Zahlreiche Polynome, wie z.B. Jacobi-, Tschebyscheff-, Legendre-, Laguerre- oder Hermite-Polynome erfüllen die Bedingung von Gl. (6.70) [UR87, SR91].

Die Darstellung der Signale mit orthogonalen Basisfunktionen wird nun zur Identifikation des in Gl. (6.2) beschriebenen Beispielsystems angewendet. Die Eingangs-Ausgangs-Signale $u(t)$ und $y(t)$ des durch Gl. (6.2) beschriebenen Systems mit den zu identifizierenden Parametern a_1 und b_0 können mittels zweier Terme einer allgemeinen Basisfunktion $\varphi(t)$, die im Intervall $[\,0, T_0\,]$ orthogonal ist, gemäß

$$\begin{aligned} y(t) &\approx y_1\varphi_1(t) + y_2\varphi_2(t), \\ u(t) &\approx u_1\varphi_1(t) + u_2\varphi_2(t) \end{aligned} \tag{6.71}$$

mit

$$\begin{aligned} y_1 &= \langle y,\varphi_1\rangle, \\ y_2 &= \langle y,\varphi_2\rangle, \\ u_1 &= \langle u,\varphi_1\rangle, \\ u_2 &= \langle u,\varphi_2\rangle. \end{aligned} \tag{6.72}$$

approximiert werden, wobei die Notation $\langle\cdot\,,\cdot\rangle$ aus Gl. (6.70) verwendet wurde. Die Integration von Gl. (6.2) über das Intervall $[0,t]$, $t \in [0,T_0]$, liefert

$$a_1\,(y(t) - y(0)s(t)) + \int_0^t y(\tau)\,\mathrm{d}\tau = b_0 \int_0^t u(\tau)\,\mathrm{d}\tau, \tag{6.73}$$

wobei $s(t)$ die Einheitssprungfunktion ist. Nach Einsetzen von $u(t)$ und $y(t)$ aus Gl. (6.71) in Gl. (6.73) und Berücksichtigung der dann auftretenden Integrale von $\varphi_1(t)$ und $\varphi_2(t)$, die in derselben orthogonalen Reihenentwicklung wie in Gl. (6.71) in der Form

$$\int_0^t \varphi_1(\tau)\,\mathrm{d}\tau \approx e_{11}\varphi_1(t) + e_{12}\varphi_2(t), \tag{6.74a}$$

$$\int_0^t \varphi_2(\tau)\,\mathrm{d}\tau \approx e_{21}\varphi_1(t) + e_{22}\varphi_2(t) \tag{6.74b}$$

angegeben werden können, sowie der in Gl. (6.73) auftretenden Einheitssprungfunktion

$$s(t) \approx s_1\varphi_1(t) + s_2\varphi_2(t), \tag{6.75}$$

folgt

$$\begin{aligned} &a_1\,\{y_1\varphi_1(t) + y_2\varphi_2(t) - y(0)s_1\varphi_1(t) - y(0)s_2\varphi_2(t)\} \\ &\quad + y_1\,[e_{11}\varphi_1(t) + e_{12}\varphi_2(t)] + y_2\,[e_{21}\varphi_1(t) + e_{22}\varphi_2(t)] \\ &\qquad = b_0\,\{u_1\,[e_{11}\varphi_1(t) + e_{12}\varphi_2(t)] + u_2\,[e_{21}\varphi_1(t) + e_{22}\varphi_2(t)]\}\,. \end{aligned}$$

Zusammenfassen der Terme mit gleichen Basisfunktionen ergibt die beiden Gleichungen

$$\varphi_1(t)\,\{a_1\,[y_1 - y(0)s_1] + y_1e_{11} + y_2e_{21}\} = \varphi_1(t)b_0\,[u_1e_{11} + u_2e_{21}]\,, \tag{6.76a}$$

$$\varphi_2(t)\,\{a_1\,[y_2 - y(0)s_2] + y_1e_{12} + y_2e_{22}\} = \varphi_2(t)b_0\,[u_1e_{12} + u_2e_{22}]\,. \tag{6.76b}$$

Die Gln. (6.76a) und (6.76b) werden dann noch in Matrix-Vektor-Form gemäß

$$\left[\begin{array}{c|c} y(0)s_1 - y_1 & u_1e_{11} + u_2e_{21} \\ y(0)s_2 - y_2 & u_1e_{12} + u_2e_{22} \end{array}\right] \begin{bmatrix} a_1 \\ b_0 \end{bmatrix} = \begin{bmatrix} y_1e_{11} + y_2e_{21} \\ y_1e_{12} + y_2e_{22} \end{bmatrix} \tag{6.77}$$

geschrieben. Durch zweckmäßige Wahl der orthogonalen Basisfunktionen $\varphi_1(t)$ und $\varphi_2(t)$ und Vorgabe der damit modifizierten Messwerte im Identifikationsintervall $[0,T_0]$ kann Gl. (6.77) nach dem gesuchten Parametervektor $[\,a_1\;b_0\,]^{\mathrm{T}}$ aufgelöst werden. Unter den infrage kommenden orthogonalen Funktionen sind besonders die Block-Puls-Funktionen [Rao83] wegen ihrer einfachen Anwendung von besonderer Bedeutung. Die hier vorgestellte Methode wurde der Anschaulichkeit halber nur am sehr einfachen Beispiel eines Systems erster Ordnung vorgestellt. Für die Anwendung bei Systemen höherer Ordnung sei auf weiterführende Literatur verwiesen [Rao83, UR87, SR91].

6.3 Verfahren mit selbstanpassendem Modell

Der Grundgedanke der Verfahren mit selbstanpassendem oder adaptivem Modell besteht darin, dass dem zu identifizierenden System mit den Eingangs-Ausgangs-Signalen $u(t)$ und $y(t)$ ein Modell mit möglichst ähnlicher Struktur parallel geschaltet wird, welches dasselbe Eingangssignal $u(t)$ wie das zu identifizierende System erhält. Das Ausgangssignal des Modells $y_{\mathrm{M}}(t)$ wird mit $y(t)$ verglichen und die resultierende Abweichung (auch als Modellfehler bezeichnet)

$$e(t) = y(t) - y_{\mathrm{M}}(t) \tag{6.78}$$

benutzt, um die Modellparameter nach einer zuvor festgelegten Strategie so zu verändern, dass $e(t)$ möglichst klein wird.[9] Anhand des nachfolgenden einfachen Beispiels soll das prinzipielle Vorgehen erläutert werden [RU06].

6.3.1 Einführendes Beispiel

Das betrachtete System habe rein proportionales Verhalten mit dem konstanten Verstärkungsfaktor K, der zu identifizieren ist. In diesem Fall folgt mit Gl. (6.78)

$$e(t) = y(t) - y_{\mathrm{M}}(t) = Ku(t) - K_{\mathrm{M}}(t)u(t), \tag{6.79}$$

wobei $K_{\mathrm{M}}(t)$ der Verstärkungsfaktor des Modells ist. Der Verstärkungsfaktor des Modells $K_{\mathrm{M}}(t)$ soll mittels einer bestimmten Rechenvorschrift so angepasst werden, dass

$$\lim_{t\to\infty} K_{\mathrm{M}}(t) = K$$

erfüllt ist. Hierbei wird vorausgesetzt, dass K konstant ist, jedoch könnte K auch zeitvariant sein, wobei dann gefordert werden würde, dass der Verstärkungsfaktor des Modells $K_{\mathrm{M}}(t)$ dem Verstärkungsfaktor des Systems $K(t)$ möglichst gut folgen soll. Für den Adaptionsvorgang kann als Kriterium der quadratische Fehler

$$I[K_{\mathrm{M}}(t)] = \frac{1}{2}e^2(t) = \frac{1}{2}\left[K - K_{\mathrm{M}}(t)\right]^2 u^2(t) \tag{6.80}$$

gewählt werden und $K_{\mathrm{M}}(t)$ soll dann über der Zeit so angepasst werden, dass der quadratische Fehler minimal wird. Wird zur Anpassung von $K_{\mathrm{M}}(t)$ das Gradienten-Verfahren angewendet, dann folgt

$$\frac{\mathrm{d}K_{\mathrm{M}}(t)}{\mathrm{d}t} = -\alpha\,\frac{\mathrm{d}I\left[K_{\mathrm{M}}(t)\right]}{\mathrm{d}K_{\mathrm{M}}(t)} = \alpha\, e(t,K_{\mathrm{M}})\, u(t), \tag{6.81}$$

wobei α eine noch frei wählbare Größe ist, welche die Anpassungsgeschwindigkeit bestimmt. Die Integration von Gl. (6.81) ergibt das Adaptionsgesetz

$$K_{\mathrm{M}}(t) = K_{\mathrm{M}}(0) + \alpha \int_0^t e(\tau,K_{\mathrm{M}}(\tau))\, u(\tau)\, \mathrm{d}\tau. \tag{6.82}$$

[9] Die Modellausgangsgröße y_{M}, die hier mit der Systemausgangsgröße y verglichen wird, entspricht in der Notation der vorangegangenen Kapitel der Größe $\tilde{y}_{\mathrm{M}}$, siehe z.B. Bild 3.1. Hier ist aber keine Unterscheidung zwischen $\tilde{y}_{\mathrm{M}}$ und y_{M} erforderlich, sodass y_{M} verwendet wird.

Einsetzen von Gl. (6.79) in Gl. (6.81) liefert

$$\frac{\mathrm{d}K_{\mathrm{M}}(t)}{\mathrm{d}t} = -\alpha\,[K_{\mathrm{M}}(t) - K]\,u^2(t) \tag{6.83}$$

und durch Einführung des Parameter-Fehlers

$$\tilde{K}(t) = K_{\mathrm{M}}(t) - K, \tag{6.84}$$

folgt für konstantes K die Fehlerdifferentialgleichung

$$\frac{\mathrm{d}\tilde{K}(t)}{\mathrm{d}t} = -\alpha\,\tilde{K}(t)\,u^2(t). \tag{6.85}$$

Die Lösung dieser Differentialgleichung lautet

$$\tilde{K}(t) = \tilde{K}(0)\,\mathrm{e}^{-\alpha\int_0^t u^2(\tau)\,\mathrm{d}\tau}. \tag{6.86}$$

Damit $K_{\mathrm{M}}(t)$ zum tatsächlichen Parameter K konvergiert, also

$$\lim_{t\to\infty} \tilde{K}(t) = 0 \tag{6.87}$$

gilt, müssen die Bedingungen $\alpha > 0$ und

$$\lim_{t\to\infty} \int_0^t u^2(\tau)\,\mathrm{d}\tau \to \infty \tag{6.88}$$

erfüllt sein. Damit der Fehler gemäß Gl. (6.86) ständig abnimmt, muss in jedem Zeitintervall $t \le \tau \le t + \triangle t$ mit $\triangle t > 0$

$$\int_t^{t+\triangle t} u^2(\tau)\,\mathrm{d}\tau > 0 \tag{6.89}$$

gelten, was hier die Bedingung nach fortwährender Erregung des Systems darstellt.

Bei den bisherigen Betrachtungen wurde entsprechend Gl. (6.78) nur der ungestörte Fall behandelt. Wird aber der realistischere Fall, dass dem Ausgangssignal $y(t)$ zusätzlich ein stochastisches Störsignal $r(t)$ überlagert ist, berücksichtigt, ergibt sich als Ausdruck für den Modellfehler anstelle von Gl. (6.78)

$$e(t) = y(t) + r(t) - y_{\mathrm{M}}(t) \tag{6.90}$$

und damit folgt anstelle von Gl. (6.85)

$$\frac{\mathrm{d}\tilde{K}(t)}{\mathrm{d}t} = -\alpha\,\tilde{K}(t)\,u^2(t) + \alpha\,r(t)\,u(t). \tag{6.91}$$

Diese Differentialgleichung hat die Lösung

$$\tilde{K}(t) = \tilde{K}(0)\,\mathrm{e}^{-\alpha\int_0^t u^2(\tau)\,\mathrm{d}\tau} + \mathrm{e}^{-\alpha\int_0^t u^2(\tau)\,\mathrm{d}\tau} \cdot \int_0^t \mathrm{e}^{\alpha\int_0^\tau u^2(\nu)\mathrm{d}\nu} \cdot \alpha\,r(\tau)\,u(\tau)\,\mathrm{d}\tau. \tag{6.92}$$

Ist das Adaptionsgesetz für den ungestörten Fall ($r(t) = 0$) asymptotisch stabil, gilt also $\lim_{t\to\infty} \tilde{K}(t) = 0$, dann führt eine beschränkte Störung $r(t)$ auch auf einen beschränkten Fehler $\tilde{K}(t)$. Mit dem Wert α muss dann im gestörten Fall ein Kompromiss zwischen der Konvergenzgeschwindigkeit und dem Einfluss der Störung geschlossen werden, während im ungestörten Fall prinzipiell ein beliebig großer Wert von α gewählt werden kann. Ist beispielsweise $u(t) = 1$ und $r(t) = 0$, dann bewirkt ein großer Wert von α eine schnelle Konvergenz für die Lösung $\tilde{K}(t) = \tilde{K}(0)\,\mathrm{e}^{-\alpha t}$, wie aus Gl. (6.86) leicht zu ersehen ist. Im gestörten Fall, also für $r(t) \neq 0$, ergibt sich für $u(t) = 1$ aus Gl. (6.92)

$$\tilde{K}(t) = \tilde{K}(0)\,\mathrm{e}^{-\alpha t} + \alpha\,\mathrm{e}^{-\alpha t} \int_0^t \mathrm{e}^{\alpha\tau}\, r(\tau)\,\mathrm{d}\tau. \tag{6.93}$$

Hieraus ist leicht zu erkennen, dass die Störung $r(t)$ umso weniger Einfluss hat, je kleiner α ist. Für eine gute Störunterdrückung wird also ein kleiner Wert von α benötigt, während für ein schnelles Abklingen von $\tilde{K}(t)$ ein großer Wert von α erforderlich ist. Somit muss bezüglich der Wahl des frei wählbaren Parameters α stets ein Kompromiss geschlossen werden.

Abschließend soll der zeitvariante Fall betrachtet werden, bei dem der Verstärkungsfaktor des zu identifizierenden P-Gliedes nicht konstant ist, also $K = K(t) \neq \mathrm{const}$ gilt. Hierfür ergibt sich aus Gl. (6.84)

$$\frac{\mathrm{d}\tilde{K}(t)}{\mathrm{d}t} = -\alpha\,\tilde{K}(t)\,u^2(t) - \frac{\mathrm{d}K(t)}{\mathrm{d}t}. \tag{6.94}$$

Wird als Beispiel wieder $u(t) = 1$ betrachtet und eine konstante Änderungsgeschwindigkeit (Drift) des Verstärkungsfaktors $\mathrm{d}K(t)/\mathrm{d}t = \beta = \mathrm{const}$ angenommen, folgt aus Gl. (6.94)

$$\frac{\mathrm{d}\tilde{K}(t)}{\mathrm{d}t} = -\alpha\,\tilde{K}(t) - \beta \tag{6.95}$$

und daraus als Lösung

$$\tilde{K}(t) = \left[\tilde{K}(0) + \frac{\beta}{\alpha}\right]\mathrm{e}^{-\alpha t} - \frac{\beta}{\alpha} \tag{6.96}$$

Aus dieser Beziehung ist wiederum ersichtlich, dass der geschätze Parameter dem wahren Parameter umso schneller erfolgt, je größer α gewählt wird.

6.3.2 Gradienten-Verfahren mit Parallel-Modell

Nachfolgend wird ein Gradienten-Verfahren zur Identifikation konstanter und langsam zeitveränderlicher Parameter einer Regelstrecke mit der Übertragungsfunktion $G(s)$ vorgestellt, deren Parameter mittels eines parallel geschalteten Modells, das selbsteinstellende (adaptive) Parameter besitzt, ermittelt werden. Dieses Modell besitze die Übertragungsfunktion

$$G_{\mathrm{M}}(s, \boldsymbol{p}_{\mathrm{M}}) = \frac{Y_{\mathrm{M}}(s, \boldsymbol{p}_{\mathrm{M}})}{U(s)} = \frac{B(s, \boldsymbol{b})}{A(s, \boldsymbol{a})} = \frac{\sum\limits_{j=0}^{n_u} b_j s^j}{s^{n_y} + \sum\limits_{i=0}^{n_y-1} a_i s^i} \tag{6.97}$$

mit dem zu identifizierenden Parametervektor

$$\begin{aligned} \boldsymbol{p}_{\mathrm{M}} &= \left[p_{\mathrm{M},1} \;\dots\; p_{\mathrm{M},n_y+n_u+1} \right]^{\mathrm{T}} \\ &= \left[a_0 \dots a_{n_y-1} \,\vdots\, b_0 \dots b_{n_u} \right]^{\mathrm{T}} \\ &= \left[\boldsymbol{a}^{\mathrm{T}} \,\vdots\, \boldsymbol{b}^{\mathrm{T}} \right]^{\mathrm{T}}. \end{aligned} \tag{6.98}$$

Wird zur Minimierung des Modellfehlers $e(t)$ gemäß Gl. (6.79) wiederum das Gradienten-Verfahren mit dem Gütekriterium

$$I[\boldsymbol{p}_{\mathrm{M}}(t)] = \frac{1}{2}\left[y(t) - y_{\mathrm{M}}(t, \boldsymbol{p}_{\mathrm{M}}(t))\right]^2 \tag{6.99}$$

verwendet, ergibt sich für den zu identifizierenden Parametervektor

$$\boldsymbol{p}_{\mathrm{M}}(t) = \boldsymbol{p}_{\mathrm{M}}(0) + \alpha \int_0^t e(\tau, \boldsymbol{p}_{\mathrm{M}}) \frac{\mathrm{d}y_{\mathrm{M}}(\tau, \boldsymbol{p}_{\mathrm{M}})}{\mathrm{d}\boldsymbol{p}_{\mathrm{M}}} \, \mathrm{d}\tau. \tag{6.100}$$

Wird nun der Vektor der Ausgangs-Empfindlichkeiten mit

$$\boldsymbol{v}(t, \boldsymbol{p}_{\mathrm{M}}) = \frac{\mathrm{d}y_{\mathrm{M}}(t, \boldsymbol{p}_{\mathrm{M}})}{\mathrm{d}\boldsymbol{p}_{\mathrm{M}}}, \tag{6.101}$$

definiert, so folgt unter der Annahme langsamer Parameteränderungen im Bildbereich

$$V(s, \boldsymbol{p}_{\mathrm{M}}) = \frac{\mathrm{d}Y_{\mathrm{M}}(s, \boldsymbol{p}_{\mathrm{M}})}{\mathrm{d}\boldsymbol{p}_{\mathrm{M}}} = \frac{\mathrm{d}G_{\mathrm{M}}(s, \boldsymbol{p}_{\mathrm{M}})}{\mathrm{d}\boldsymbol{p}_{\mathrm{M}}} U(s) \tag{6.102}$$

mit dem Vektor der Übertragungsfunktionen des Empfindlichkeitsmodells

$$\frac{\mathrm{d}G_{\mathrm{M}}(s, \boldsymbol{p}_{\mathrm{M}})}{\mathrm{d}\boldsymbol{p}_{\mathrm{M}}} = \left[\frac{\mathrm{d}\,G_{\mathrm{M}}(s, \boldsymbol{p}_{\mathrm{M}})}{\mathrm{d}\,p_{\mathrm{M},1}} \quad \dots \quad \frac{\mathrm{d}\,G_{\mathrm{M}}(s, \boldsymbol{p}_{\mathrm{M}})}{\mathrm{d}\,p_{\mathrm{M},n_y+n_u+1}} \right]^{\mathrm{T}}. \tag{6.103}$$

Das Einsetzen von Gl. (6.97) in Gl. (6.103) liefert die nach den Polynomen $A(s, \boldsymbol{a})$ und $B(s, \boldsymbol{b})$ getrennten Empfindlichkeits-Übertragungsfunktionen

$$\frac{\mathrm{d}G_{\mathrm{M}}(s, \boldsymbol{p}_{\mathrm{M}})}{\mathrm{d}\boldsymbol{a}} = -G_{\mathrm{M}}(s, \boldsymbol{p}_{\mathrm{M}}) \frac{1}{A(s, \boldsymbol{a})} \boldsymbol{d}_{n_y-1}(s) \tag{6.104}$$

und

$$\frac{\mathrm{d}G_{\mathrm{M}}(s, \boldsymbol{p}_{\mathrm{M}})}{\mathrm{d}\boldsymbol{b}} = \frac{1}{A(s, \boldsymbol{a})} \boldsymbol{d}_{n_u}(s), \tag{6.105}$$

wobei der Vektor $\boldsymbol{d}_\nu(s)$ über

$$\boldsymbol{d}_\nu(s) = \left[\begin{matrix} 1 & s & s^2 & \dots & s^\nu \end{matrix} \right]^{\mathrm{T}} \tag{6.106}$$

definiert ist.

Die Gln. (6.104) und (6.105) ermöglichen die Realisierung des Adaptionsgesetzes nach Gl. (6.100). Das Blockschaltbild dieser Realisierung zeigt Bild 6.4. Der Anschaulichkeit halber wurde dabei als Argument der Signale sowohl im Frequenzbereich die Variable s, als auch im Zeitbereich die Variable t gemischt verwendet.

Die konstante Größe α ist prinzipiell frei wählbar, wobei ein großer Wert wieder zu einer schnelleren Adaption der zu identifizierenden Parameter führt, jedoch die Stabilität des Adaptionsalgorithmus gefährden kann. Hier muss wiederum ein Kompromiss eingegangen werden, sofern nicht der Algorithmus auf der Basis eines garantiert stabilen Entwurfs entwickelt wird. Das hier vorgestellte Gradienten-Verfahren mit parallelem Modell kann wesentlich vereinfacht werden, wenn entweder ein reziprokes Serien-Modell oder ein Serien-Parallelmodell verwendet wird [SR91]. Die Stabilitätsuntersuchung kann über das Aufstellen einer Ljapunov-Funktion erfolgen, wobei jedoch die Auswahl einer geeigneten Ljapunow-Funktion bei zunehmender Komplexität des zu identifizierenden Systems schwieriger wird. Es kann dann zweckmäßiger sein, adaptive Identifikationsverfahren zu verwenden, die direkt auf der Stabilitätstheorie beruhen. Aus Platzgründen wird hierauf nicht näher eingegangen und stattdessen auf weiterführende Literatur verwiesen [UR87, Unb91, RU06].

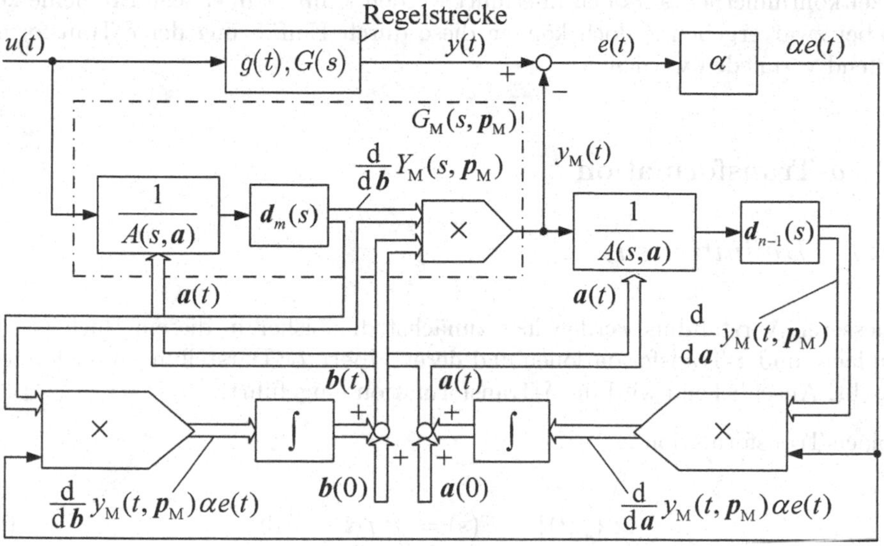

Bild 6.4 Blockschaltbild zur Realisierung des adaptiven Identifikationsverfahrens

Abschließend wird die Berechnung der Empfindlichkeitsübertragungsfunktionen anhand eines einfaches Beispiel betrachtet. Es wird die Modell-Übertragungsfunktion

$$G_{\mathrm{M}}(s, \boldsymbol{p}_{\mathrm{M}}) = \frac{b_0 + b_1 s}{a_0 + s} = \frac{B(s, \boldsymbol{b})}{A(s, \boldsymbol{a})} \tag{6.107}$$

angenommen, wobei $\boldsymbol{p}_{\mathrm{M}} = \begin{bmatrix} a_0 & b_0 & b_1 \end{bmatrix}^{\mathrm{T}}$ der Parametervektor ist. Aus den Gln. (6.104) und (6.105) ergeben sich die Empfindlichkeitsübertragungsfunktionen

$$\begin{aligned}
\frac{\mathrm{d}G_{\mathrm{M}}}{\mathrm{d}a_0} &= -G_{\mathrm{M}}(s, \boldsymbol{p}_{\mathrm{M}}) \frac{1}{A(s, a_0)} = -\frac{b_1 s + b_0}{(s + a_0)^2}, \\
\frac{\mathrm{d}G_{\mathrm{M}}}{\mathrm{d}b_0} &= \frac{1}{A(s, a_0)} = \frac{1}{s + a_0}, \\
\frac{\mathrm{d}G_{\mathrm{M}}}{\mathrm{d}b_1} &= \frac{s}{A(s, a_0)} = \frac{s}{s + a_0}.
\end{aligned}$$

Mit diesen drei Empfindlichkeitsübertragungsfunktionen lässt sich das Adaptionsgesetz nach Gl. (6.100) leicht realisieren.

6.4 Anwendung der δ-Transformation zur Identifikation linearer zeitkontinuierlicher Systeme

Das Ziel der nachfolgend beschriebenen Methode besteht darin, aus diskreten Messwerten der Eingangs-Ausgangs-Signale ein passendes lineares zeitkontinuierliches Modell für das jeweils untersuchte System zu ermitteln. Als Zwischenschritt wird dabei ein spezielles zeitdiskretes Modell bestimmt, das jedoch anhand einer zweckmäßig gewählten Abtastzeit in ein zeitkontinuierliches Modell überführt werden kann. Numerische Probleme können sich dabei zwar ergeben, jedoch können diese durch Einführung der δ-Transformation weitgehend vermieden werden.

6.4.1 δ-Transformation

6.4.1.1 Definitionen

Zum besseren Verständnis werden hier zunächst die bisher in diesem Buch verwendeten Laplace- und z-Transformationen und deren Operator-Darstellungen nochmals kurz vorgestellt. Anschließend wird die δ-Transformation eingeführt.[10]

1) Laplace-Transformation

$$\mathscr{L}\{f(t)\} = F(s) = \int\limits_{0^-}^{\infty} f(t)\mathrm{e}^{-\mathrm{s}t}\,\mathrm{d}t \tag{6.108}$$

und Rücktransformation (inverse Laplace-Transformation)

$$f(t) = \mathscr{L}^{-1}\{F(s)\}, \quad t \geq 0.$$

2) z-Transformation

$$\mathscr{Z}\{f(k)\} = F_z(z) = \sum_{k=0}^{\infty} f(k)z^k \tag{6.109}$$

und Rücktransformation (inverse z-Transformation)

$$f(k) = \mathscr{Z}^{-1}\{F_z(z)\}, \quad k = 0{,}1,\ldots.$$

Wichtig zu erwähnen ist die z-Übertragungsfunktion eines kontinuierlichen Systems bei Vorschaltung eines Haltegliedes nullter Ordnung [Unb09], die sich gemäß

[10] Die Bezeichnung steht in keinem Zusammenhang zur δ-Impulsfunktion. Es handelt sich aber um eine in der Literatur für die nachfolgend betrachtete Transformation übliche Bezeichnung.

$$H_0G_z(z) = \frac{z-1}{z}\mathcal{Z}\left\{\frac{G(s)}{s}\right\} = \frac{z-1}{z}\mathscr{Z}\left\{\mathscr{L}^{-1}\left\{\frac{G(s)}{s}\right\}_{t=kT}\right\}, \tag{6.110}$$

ergibt, wobei T die Abtastzeit und $\mathcal{Z}$ die hierin enthaltenen aufeinanderfolgenden Operationen der inversen Laplace-Transformation und der z-Transformation beschreiben.

3) δ-Transformation [Gu66, MG90]

$$\mathcal{D}\{f(k)\} = F_T(\delta) = TF_z(z)\Big|_{z=\delta T+1} = T\sum_{k=0}^{\infty} f(k)(\delta T+1)^k, \tag{6.111}$$

wobei δ eine komplexe Variable darstellt, die direkt über die komplexe Variable z durch die Substitution

$$\delta = \frac{z-1}{T} \tag{6.112}$$

definiert ist.[11] Ähnlich wie bei der Laplace- und der z-Transformation kann hier auch die Rücktransformation

$$\mathcal{D}^{-1}\{F_T(\delta)\} = f(k) \tag{6.113}$$

definiert werden. Eine wichtige Rolle spielen bei dieser δ-Transformation insbesondere die Transformationen der Differenzenquotienten. Für diese ergeben sich die folgenden Zusammenhänge:

a) Erster Differenzenquotient:

$$\mathcal{D}\left\{\frac{f(k+1)-f(k)}{T}\right\} = \delta\mathcal{D}\{f(k)\} - f(0)(1+\delta T). \tag{6.114a}$$

Für $f(0) = 0$ gilt

$$\mathcal{D}\left\{\frac{f(k+1)-f(k)}{T}\right\} = \delta F_T(\delta). \tag{6.114b}$$

Daraus ist ersichtlich, dass die Multiplikation von $\mathcal{D}\{f(k)\}$ mit δ im δ-Bereich im Zeitbereich der Bildung des Differenzenquotienten, also gewissermaßen der zeitlichen Ableitung, entspricht.[12] Zweckmäßigerweise wird der kürzeren Schreibweise halber für die Bildung des Differenzenquotienten der Operator

$$\Delta f(k) = \Delta^1 f(k) = \frac{f(k+1)-f(k)}{T} \tag{6.115a}$$

eingeführt. Damit folgt mit Gl. (6.114b)

$$\Delta^1 f(k) = \mathcal{D}^{-1}(\delta F_T(\delta)) = \mathcal{D}^{-1}(\delta\mathcal{D}\{f(k)\}). \tag{6.115b}$$

[11] Abweichend von der Notation in [MG90] wird hier die Variable δ als komplexe Variable der δ-Transformation verwendet. In [MG90] wird δ als Operator zur Bildung des Differenzenquotienten verwendet und γ als komplexe Variable der Transformation. Für die Bildung des Differenzenquotienten wird hier (s.u.) der Operator Δ verwendet.

[12] Dies kann als analog dazu gesehen werden, dass die Multiplikation mit s im Bildbereich der Laplace-Transformation im Zeitbereich der Bildung der Ableitung entspricht. So lässt sich zeigen (s.u.), dass für $T \to 0$ die δ-Transformierte in die Laplace-Transformierte übergeht.

b) Höhere Differenzenquotienten:

Entsprechend Gl. (6.115b) folgt in verkürzter Schreibweise für die höheren Differenzenquotienten:

$$\begin{aligned}\mathcal{D}^{-1}(\delta^2 F_T(\delta)) = \Delta^2 f(k) &= \frac{\Delta^1 f(k+1) - \Delta^1 f(k)}{T} \\ &= \frac{f(k+2) - 2f(k+1) + f(k)}{T^2} \end{aligned}\tag{6.115c}$$

$$\begin{aligned}\mathcal{D}^{-1}(\delta^3 F_T(\delta)) = \Delta^3 f(k) &= \frac{\Delta^2 f(k+1) - \Delta^2 f(k)}{T} \\ &= \frac{f(k+3) - 3f(k+2) - 3f(k+1) + f(k)}{T^3}, \end{aligned}\tag{6.115d}$$

$$\vdots$$

$$\mathcal{D}^{-1}(\delta^i F_T(\delta)) = \Delta^i f(k) = \frac{\Delta^{i-1} f(k+1) - \Delta^{i-1} f(k)}{T}. \tag{6.115e}$$

Analog zur Laplace- und z-Transformation lässt sich auch für die δ-Transformation eine Zuordnung der wichtigsten Zeitfunktionen $f(t)$ und der zugehörigen δ-Transformierten $F_T(\delta)$ erstellen. In Tabelle 6.1 sind die wichtigsten Standardfunktionen aus [MG90] zusammengestellt. Wie in Gl. (6.111) angegeben, können die in Tabelle 6.1 aufgelisteten δ-Transformierten $F_T(\delta)$ aus den in der Literatur üblicherweise angegebenen Korrespondenztabellen für die z-Transformation (z.B. in [Kuo90, Che94b, Unb09]), bestimmt werden, in dem die Variable z gemäß Gl. (6.112) durch $\delta T + 1$ ersetzt wird und die Funktion anschließend mit der Abtastzeit T multipliziert wird. Aus Tabelle 6.1 wird ebenfalls ersichtlich, dass für $T \to 0$ mit der Substitution von δ durch s die δ-Transformierte in die Laplace-Transformierte übergeht.

Die wichtigsten Theoreme der δ-Transformation wie beispielsweise für Addition, Differentiation, Integration, Verschiebe-Operation, Faltung und die inverse Transformation sind in [MG90] ausführlich dargestellt und sollen hier nicht weiter behandelt werden, zumal sie auch direkt über die z-Transformation unter Verwendung von Gl. (6.112) hergeleitet werden können.

6.4.1.2 δ-Übertragungsfunktion

Aufgrund der im vorangehenden Abschnitt eingeführten Definitionen beschreiben die komplexen Variablen s, z und δ Bildbereiche, in die kontinuierliche und diskrete Funktionen $f(t)$ bzw. $f(k)$ transformiert oder gegenseitig abgebildet werden können. Diese Variablen s, z und δ als Operatoren zu bezeichnen, wie es häufig in der Literatur geschieht, ist im Zusammenhang mit den entsprechenden Transformationen nicht korrekt.[13] Jedoch können diese komplexen Variablen zu bestimmten Operationen verwendet werden, wie z.B. um die Operation einer Zeitverschiebung eines Abtastsignals um einen Abtastschritt im Bildbereich durch die Beziehung

[13] Ohne unmittelbaren Bezug zu den entsprechenden Transformationen kann jedoch, wie bei der Heaviside'schen Operatorenrechnung, s als Differentiationsoperator definiert werden und ebenso z^{-1} als Verschiebeoperator.

Tabelle 6.1 Korrespondenz-Tabelle zur δ-Transformation [MG90]

Nr.	Zeitfunktion ($f(t) = 0, t < 0$)	δ-Transformierte $F_T(\delta)$
1	Einheitsimpuls $d(t)$	1
2	Einheitssprung $\sigma(t)$	$\frac{1+\delta T}{\delta}$
3	t	$\frac{1+\delta T}{\delta^2}$
4	t^2	$\frac{(1+\delta T)(2+\delta T)}{\delta^3}$
5	e^{-at}	$\frac{1+\delta T}{\delta+a}$
6	te^{-at}	$\frac{(1+\delta T)(1-aT)}{(\delta+a)^2}$
7	t^2e^{-at}	$\frac{(1+\delta T)(2+\delta T)(1-aT)}{(\delta+a)^3}$
8	$\sin\omega_0 t$	$\frac{(1+\delta T)\frac{1}{T}\sin(\omega_0 T)}{\delta^2+\frac{2}{T}[1-\cos(\omega_0 T)]\delta+\frac{2}{T^2}[1-\cos(\omega_0 T)]}$
9	$\cos\omega_0 t$	$\frac{(1+\delta T)[\delta+\frac{1}{T}(1-\cos(\omega_0 T))]}{\delta^2+\frac{2}{T}[1-\cos(\omega_0 T)]\delta+\frac{2}{T^2}[1-\cos(\omega_0 T)]}$

$$\mathscr{Z}\{f(k-1)\} = z^{-1}F(z) \tag{6.116}$$

zu beschreiben. Im Folgenden wird dargestellt, wie aus der Übertragungsfunktion eines kontinuierlichen Verzögerungsgliedes mit einem vorgeschalteten Halteglied nullter Ordnung die δ-Übertragungsfunktion berechnet werden kann. Zunächst ergibt sich die z-Übertragungsfunktion des kontinuierlichen Systems mit der Übertragungsfunktion $G(s)$ und dem vorgeschalteten Haltgelied nullter Ordnung zu [Unb09]

$$H_0G(z) = \frac{Y(z)}{U(z)} = \frac{z-1}{z}\mathcal{Z}\left\{\frac{G(s)}{s}\right\}, \tag{6.117}$$

wobei der Operator $\mathcal{Z}$ für das Anwenden der inversen Laplace-Transformation gefolgt von der z-Transformation steht, also $\mathcal{Z}\{\cdot\} = \mathscr{Z}\{\mathscr{L}^{-1}\{\cdot\}\}$. Daraus kann die δ-Übertragungsfunktion berechnet werden, indem die δ-Transformierten der Signale verwendet werden, also

$$\frac{Y_T(\delta)}{U_T(\delta)} = G(\delta). \tag{6.118}$$

Mit der Definition der δ-Transformation gemäß Gl. (6.111) ergibt sich

$$G(\delta) = \frac{Y_T(\delta)}{U_T(\delta)} = \frac{TY(z)|_{z=\delta T+1}}{TU(z)|_{z=\delta T+1}} = \left.\frac{Y(z)}{U(z)}\right|_{z=\delta T+1} = H_0G(z)|_{z=\delta T+1}\,. \tag{6.119}$$

Am nachfolgenden Beispiel wird die Vorgehensweise anhand der Berechnung der δ-Übertragungsfunktion eines kontinuierlichen Verzögerungsgliedes erster Ordnung mit der Zeitkonstante T_1 gezeigt.

Beispiel 6.2
Gegeben sei die Übertragungsfunktion eines kontinuierlichen Systems

$$G(s) = \frac{Y(s)}{U(s)} = \frac{1}{T_1 s + 1}, \tag{6.120}$$

wobei $U(s)$ und $Y(s)$ die Eingangs- bzw. Ausgangsgröße im Laplace-Bereich beschreiben.

1. Schritt: Die z-Transformation von Gl. (6.120) mit Halteglied nullter Ordnung liefert unter Verwendung der Korrespondenztabelle [Unb09] und der Abtastzeit T

$$H_0G(z) = \frac{Y(z)}{U(z)} = \frac{z-1}{z}\mathcal{Z}\left\{\frac{G(s)}{s}\right\} = \frac{z-1}{z}\mathcal{Z}\left\{\frac{a_0}{s(s+a_0)}\right\} = \frac{1-c}{z-c} \tag{6.121}$$

mit $a_0 = 1/T_1$ und $c = \mathrm{e}^{-a_0 T} = \mathrm{e}^{-T/T_1}$.

2. Schritt: Die δ-Transformation von Gl. (6.120) erfolgt mittels Gl. (6.121) durch die Substitution $z = \delta T + 1$ gemäß Gl. (6.112) und liefert direkt die δ-Übertragungsfunktion

$$G(\delta) = \frac{Y(\delta)}{U(\delta)} = \frac{1-c}{\delta T + 1 - c} = \frac{1}{1 + \delta \frac{T}{1-c}} = \frac{1}{1 + \delta \frac{T}{1-\mathrm{e}^{T/T_1}}}. \tag{6.122}$$

Mit

$$T^* = \frac{T}{1 - \mathrm{e}^{T/T_1}} \tag{6.123}$$

entsteht schließlich die gesuchte δ-Übertragungsfunktion

$$G(\delta) = \frac{1}{T^*\delta + 1}. \tag{6.124}$$

Aus Gl. (6.123) folgt, dass die Zeitkonstante T^* der δ-Übertragungsfunktion für kleine Abtastzeiten, also $T \to 0$, gegen T_1 strebt. Daraus ist ersichtlich, dass sich für kleine Abtastzeiten die δ-Übertragungsfunktion der s-Übertragungsfunktion nähert. Dies ist eine ganz wesentliche Eigenschaft, die insbesondere dann Vorteile bietet, wenn stark verrauschte Eingangs-Ausgangs-Signale vorliegen. ■

Anhand eines zweiten, etwas erweiterten Beispiels soll die Konvergenz der δ-Übertragungsfunktion gegen die s-Übertragungsfunktion nochmals gezeigt werden. Dabei wird auch kurz auf ein Problem eingegangen, welches bei der Systemidentifikation unter Verwendung der z-Transformation bzw. der entsprechenden Differenzengleichungen auftreten und mit der δ-Transformation vermieden werden kann.

Beispiel 6.3
Ausgangspunkt sei wiederum ein PT_1-Übertragungsglied, welches durch die Differentialgleichung

$$\frac{\mathrm{d}y}{\mathrm{d}t} + a_0 y(t) = b_0 u(t) \tag{6.125a}$$

bzw. durch die zugehörige Übertragungsfunktion im s-Bereich, die sich durch die Laplace-Transformation von Gl. (6.125a) zu

$$G(s) = \frac{Y(s)}{U(s)} = \frac{b_0}{s + a_0} = \frac{K}{T_1 s + 1} \tag{6.125b}$$

ergibt, beschrieben wird. Dabei ist die Verstärkung $K = b_0/a_0$ und die Zeitkonstante $T_1 = 1/a_0$. Die Differentialgleichung (6.125a) kann also auch als

$$T_1 \frac{\mathrm{d}y}{\mathrm{d}t} + y(t) = Ku(t) \tag{6.125c}$$

geschrieben werden. Analog zu Gl. (6.121) liefert die Verwendung eines Haltegliedes nullter Ordnung aus Gl. (6.125b) die z-Übertragungsfunktion

$$H_0G(z) = \frac{b_0}{a_0} \frac{1 - c}{z - c} \tag{6.126}$$

mit $c = \mathrm{e}^{-a_0 T}$. Die zugehörige Differenzengleichung lautet

$$y(k+1) - cy(k) = \frac{b_0}{a_0}(1 - c)\, u(k). \tag{6.127}$$

Für die Koeffizienten dieser Differenzengleichung gilt wegen $c = \mathrm{e}^{-a_0 T}$ für kleine Abtastzeiten

$$c \approx 1$$

und damit

$$\frac{b_0}{a_0}(1 - c) \approx 0.$$

Im Grenzfall $T \to 0$ geht die Differenzengleichung daher über in

$$y(k+1) - y(k) = 0. \tag{6.128}$$

bzw.

$$y(k+1) = y(k). \tag{6.129}$$

Bei der Parameterschätzung, gerade bei verrauschten Signalen, kann dies zu Problemen führen, da der wahre Wert ($c = 1$) an der Stabilitätsgrenze liegt. Wird ein Wert $c > 1$ geschätzt, ist das ermittelte Model instabil, was gerade bei der rekursiven Schätzung problematisch ist.

Die δ-Übertragungsfunktion ergibt sich aus Gl. (6.126) mit der Substitution $z = \delta T + 1$ zu

$$G(\delta) = \frac{b_0}{a_0} \frac{1 - c}{\delta T + 1 - c} = \frac{\frac{b_0}{a_0}}{1 + \delta \frac{T}{1 - \mathrm{e}^{-a_0 T}}}. \tag{6.130}$$

Mit der Abkürzung der Zeitkonstanten im δ-Bereich

$$T^* = \frac{T}{1 - \mathrm{e}^{-a_0 T}} \tag{6.131}$$

ergibt sich analog zu Gl. (6.124)

$$G(\delta) = \frac{\frac{b_0}{a_0}}{T^*\delta + 1} = \frac{K}{T^*\delta + 1}. \tag{6.132}$$

Die zugehörige Differenzengleichung lautet

$$T^*\Delta y(k) + y(k) = Ku(k) \tag{6.133}$$

und weist damit eine gewisse Ähnlichkeit zur Differentialgleichung (6.125c) auf. Mit Hilfe der l'Hospitalschen Regel folgt aus Gl. (6.131) für $T \to 0$

$$\lim_{T\to 0} T^* = \lim_{T\to 0} \frac{T'}{(1 - \mathrm{e}^{-a_0 T})'} = \lim_{T\to 0} \frac{1}{a_0 \mathrm{e}^{-a_0 T}} = \frac{1}{a_0} = T_1. \tag{6.134}$$

Hiermit ist gezeigt, dass sich die δ-Übertragungsfunktion gemäß Gl. (6.132) für kleine Abtastzeiten T der s-Übertragungsfunktion nähert. Mit

$$\lim_{T\to 0} \Delta y(k) = \frac{\mathrm{d}y(t)}{\mathrm{d}t} \tag{6.135}$$

geht auch die Differenzengleichung (6.132) für $T \to 0$ in die Differentialgleichung (6.125c) über. Auf die Vorteile der Verwendung des auf der δ-Transformation basierenden Modells in der Systemidentifikation wird in Abschnitt 6.4.3.3 näher eingegangen. ■

6.4.1.3 Lösung einer gewöhnlichen Differentialgleichung mittels der δ-Transformation

Wie in [MG90] ausgeführt, lässt sich δ auch als Variable einer verallgemeinerten Transformation auffassen. So geht, wie bereits erwähnt, durch den Grenzübergang $T \to 0$ und die Substitution $s = \delta$ die δ-Transformierte in die Laplace-Transformierte über. Ebenso geht mit der Substitution $\delta = (z-1)/T$ die δ-Transformierte in die z-Transformierte über. Mit dieser verallgemeinerten Transformation können dann Differenzengleichungen und Differentialgleichungen behandelt werden. In dieser verallgemeinerten Transformation gilt dann sowohl

$$\mathcal{D}\left\{\frac{f(k+1) - f(k)}{T}\right\} = \delta F(\delta) \tag{6.136a}$$

als auch

$$\mathcal{D}\left\{\frac{\mathrm{d}f(t)}{\mathrm{d}t}\right\} = \delta F(\delta), \tag{6.136b}$$

wobei das tiefgestellte T nicht mehr verwendet wird, da nun sowohl kontinuierliche als auch abgetastete Signale behandelt werden können. Nachfolgend wird anhand eines einfachen Beispiels [MG90] diese Vorgehensweise anhand der Lösung $y(t)$ der Differentialgleichung

$$T_1 \frac{\mathrm{d}y(t)}{\mathrm{d}t} + y(t) = u(t) \tag{6.137}$$

eines dynamischen Systems erster Ordnung mit der Zeitkonstante T_1 und der Eingangsgröße

$$u(t) = t \quad \text{für } t \geq 0$$

sowie der Anfangsbedingung $y(0)$ mittels der δ-Transformation vorgestellt. Mit Gl. (6.136b), angewendet auf Gl. (6.137), sowie der Eingangsgröße $u(t)$ nach Tabelle 6.1 (Nr. 3), ergibt sich im δ-Bereich die algebraische Gleichung

$$T_1\,[\,\delta Y(\delta) - y(0)\,(1+\delta T)\,] + Y(\delta) = \frac{1+\delta T}{\delta^2}. \tag{6.138}$$

Auflösen von Gl. (6.138) nach $Y(\delta)$ liefert

$$Y(\delta) = \frac{(1+T\delta)\,(1+y(0)\,T_1\,\delta^2)}{(1+T_1\delta)\,\delta^2} \tag{6.139}$$

und durch Aufspaltung folgt

$$Y(\delta) = (1+T\delta)\,Y^*(\delta) \tag{6.140a}$$

mit

$$Y^*(\delta) = \frac{1+y(0)\,T_1\,\delta^2}{(1+T_1\delta)\,\delta^2}. \tag{6.140b}$$

Die Partialbruchzerlegung von $Y^*(\delta)$ lautet

$$Y^*(\delta) = \frac{c_1}{1+T_1\delta} + \frac{c_2}{\delta^2} + \frac{c_3}{\delta}. \tag{6.141}$$

Die Konstanten c_1, c_2 und c_3 ergeben sich durch einfachen Koeffizientenvergleich zu

$$c_1 = [\,T_1 + y(0)\,]\,T_1, \quad c_2 = 1 \quad \text{und} \quad c_3 = -T_1.$$

Mit Gl. (6.141), eingesetzt in Gl. (6.140a), resultiert schließlich als Lösung im δ-Bereich

$$Y(\delta) = [\,T_1 + y(0)\,]\,T_1\,\frac{1+T\delta}{1+T_1\delta} + \frac{1+T\delta}{\delta^2} - T_1\,\frac{1+T\delta}{\delta}. \tag{6.142}$$

Gl. (6.142) ist nun in einer Form, die anhand von Tabelle 6.1 mit Hilfe der unter Nr. 1, 2 und 5 aufgelisteten Korrespondenzen direkt in den Zeitbereich in die Form

$$y(t) = [\,T_1 + y(0)\,]\;\mathrm{e}^{-at} + t - T_1 \quad \text{für } t \geq 0 \tag{6.143}$$

mit $a = 1/T_1$ zurücktransformiert werden kann.

6.4.1.4 Abbildungseigenschaften der δ-Transformation

Werden die Eingangs-Ausgangs-Signale eines zeitkontinuierlichen Systems, das durch die gebrochen rationale Übertragungsfunktion

$$G(s) = \frac{Z(s)}{N(s)} = \frac{b_0 + b_1 s + \ldots + b_{n_u} s^{n_u}}{a_0 + a_1 s + \ldots + a_{n_y} s^{n_y}} = \frac{b_{n_u}(s - s_{\mathrm{N}_1})\ldots(s - s_{\mathrm{N}_{n_u}})}{a_{n_y}(s - s_{\mathrm{P}_1})\ldots(s - s_{\mathrm{P}_{n_y}})} \tag{6.144}$$

mit $n_y \geq n_u$ beschrieben wird, mit der Abtastzeit T abgetastet, so werden die Pole s_{P_i} in die Pole

$$z_{\mathrm{P}_i} = \mathrm{e}^{s_{\mathrm{P}_i} T} \tag{6.145}$$

der komplexen z-Ebene abgebildet. Handelt es sich um ein stabiles System, dann werden alle in der linken s-Halbebene gelegenen n Pole s_{P_i}, $i = 1,2,\ldots,n_y$, in das Innere des Einheitskreises der z-Ebene transformiert und die Stabilität bleibt somit gewährleistet. Die Abbildung der Pole s_{P_i} in die z-Ebene gemäß Gl. (6.145) wird für kleine Abtastzeiten bezogen auf die Grenzfrequenz des betrachteten Systems und insbesondere für $T \to 0$ sehr kritisch, da alle in der Nähe von $z_{\mathrm{P}_i} = 1 + \mathrm{j} \cdot 0$ liegen werden. Dies führt bei der Systemidentifikation zu schlecht konditionierten Berechnungen, d.h. zu einer beschränkten Rechengenauigkeit und zu Stabilitätsproblemen.

Für die n_u Nullstellen s_{N_i}, $i = 1,2,\ldots,m$, gibt es keine ähnlich einfachen Abbildungsgesetze wie Gl. (6.145). Das verwendete Halteglied beeinflusst die Lage der Nullstellen in der z-Ebene erheblich. Dies betrifft besonders auch das meist verwendete Halteglied nullter Ordnung [Unb09]. In der linken s-Halbebene gelegene Nullstellen s_{N_i} eines stabilen zeitkontinuierlichen Systems werden nicht unbedingt in das Innere des Einheitskreises der z-Ebene abgebildet. Wie in [AHS84] gezeigt wird, hängt das Auftreten derartiger instabiler Nullstellen direkt auch von der Wahl der Abtastzeit T ab. Bei allen zeitkontinuierlichen Systemen, die einen Polüberschuss $n_y - n_u > 2$ aufweisen, treten beim zugehörigen zeitdiskreten System stets instabile Nullstellen auf, vorausgesetzt dass die Abtastzeit T genügend klein ist.[14]

Die hier beschriebenen, unangenehmen Eigenschaften der z-Transformation können durch die Einführung der δ-Transformation vermieden werden. Die δ-Transformation bietet eine Reihe von Vorteilen. So geht, wie bereits erwähnt, die δ-Transformation für $T = 0$ formal in die Laplace-Transformation über. Außerdem ergeben sich wesentlich verbesserte numerische Eigenschaften. So lässt sich z.B. die Konditionierung der Kovarianzmatrix bei der rekursiven Parameterschätzung, Gl. (3.110), wesentlich gegenüber der Formulierung im z-Bereich verbessern. Ähnlich zu den in der Literatur, z.B. [Unb09], angegebenen Abbildungseigenschaften von Polen, Stabilitätsbereichen und Dämpfungsmaßen, zwischen s- und z-Bereich, lassen sich derartige Zusammenhänge auch für den δ-Bereich herleiten. Dabei ist die diskrete Darstellung im δ-Bereich unabhängig vom Typ des Haltegliedes, da dasselbe nicht die Pole der zugehörigen z-Übertragungsfunktion beeinflusst. Die zuvor erwähnte eindeutige Zuordnung der Pole in den komplexen Bildbereichen der s- und z-Ebene gilt in gleicher Weise auch für die δ-Ebene. So lassen sich aus der Lage der Pole in der komplexen δ-Ebene für die dynamischen Systemeigenschaften, wie Stabilität, Dämpfung usw., eindeutige Schlussfolgerungen herleiten. Ohne auf die Herleitungen der Zusammenhänge zwischen s- und z-Bereich näher einzugehen, sind in Tabelle 6.2 für einige wichtige Fälle die zugehörigen Abhängigkeiten graphisch dargestellt, wobei beide Bereiche, ähnlich wie Gl. (6.145), über die Beziehung

$$\delta_{\mathrm{P}_i} = \frac{\mathrm{e}^{s_{\mathrm{P}_i} T} - 1}{T} \tag{6.146}$$

miteinander verknüpft sind. Sämtliche in Tabelle 6.2 unter den Ziffern 1 bis 4 dargestellte Fälle betreffen die Abbildung der linken s-Halbebene auf die δ-Ebene.

Unter Nr. 1 wird die Abbildung der nichtpositiven reellen Achse der s-Ebene, also $-\infty < \mathrm{Re}\, s \leq 0$, $\mathrm{Im}\, s = 0$, in die δ-Ebene in Abhängigkeit von der Abtastzeit T dargestellt. Diese Abbildung liefert $-\frac{1}{T} \leq \mathrm{Re}\, \delta \leq 0$, $\mathrm{Im}\, \delta = 0$.

[14] Wenngleich die Nullstellen nichts mit der Stabilität des Systems zu tun haben, ist die Bezeichnung instabile Nullstellen für Nullstellen außerhalb des Stabilitätsgebiets üblich. Alternativ wird von nichtminimalphasigen Nullstellen gesprochen.

Entsprechend beschreibt Nr. 2 die Abbildung einer Geraden in der linken s-Ebene im Abstand $-a$ parallel zur Imaginärachse im Bereich $0 \le \operatorname{Im} s < \infty$ in einen Halbkreis mit dem Mittelpunkt $-\frac{1}{T}$ auf der reellen Achse der δ-Ebene und dem Radius $1/(T e^{aT})$, der mit $\operatorname{Re} \delta \ge 0$ entgegen der Uhrzeigerrichtung durchlaufen wird. Für den Bereich $-\infty < \operatorname{Im} s \le 0$ ergibt sich als Abbildung in der δ-Ebene der spiegelbildliche Halbkreis, der nun in Uhrzeigerrichtung durchlaufen wird.

Die unter Nr. 3 gezeigten Ursprungsgeraden in der linken s-Halbebene mit beliebiger Steigung charakterisieren in der s-Ebene die Lage von Polen gleichen Dämpfungsgrades. Sie bilden sich für kleine Werte von T in der linken δ-Ebene zunächst ähnlich ab wie in der s-Ebene, enden aber nicht bei $-\infty$ wie im s-Bereich, vielmehr sind sie im weiteren Verlauf spiralförmig und enden auf der negativ reellen Achse der δ-Ebene bei $\operatorname{Re} \delta = -1/T$.

Wie unter Nr. 4 dargestellt, wird der Stabilitätsrand, der in der s-Ebene auf der imaginären Achse $-\infty < \operatorname{Im} s < \infty$ liegt, in der δ-Ebene in Abhängigkeit von der Abtastzeit T in einen Kreis abgebildet, der jeweils den Ursprungspunkt der δ-Ebene berührt und dessen Mittelpunkt im Abstand $1/T$ auf der negativen reellen Achse liegt. Für $T \to \infty$ schrumpft dieser Kreis zu dem Ursprungspunkt $\operatorname{Re} \delta = 0$, $\operatorname{Im} \delta = 0$ und für $T \to 0$ ergibt sich ein Kreis mit unendlich großem Radius, der die Imaginärachse der δ-Ebene bildet. Damit wird für $T \to 0$ die zeitdiskrete Systemdarstellung sehr ähnlich der zeitkontinuierlichen Systemdarstellung. Für weitere Details der Abbildungseigenschaften sei aus Platzgründen auf [NG91] verwiesen.

6.4.2 Realisierung der δ-Operation

6.4.2.1 Bildung der Differenzenquotienten im δ-Bereich

Aus der Definition gemäß Gl. (6.112) gilt zwischen z- und δ-Bereich die Beziehung

$$\delta = \frac{z-1}{T}. \tag{6.147}$$

Die entsprechende Differenzengleichung lautet

$$\Delta y(k) = \frac{y(k+1) - y(k)}{T}. \tag{6.148}$$

Zur Bildung des ersten bis zum n-ten Differenzenquotienten des Signals $y(k)$ müssen damit die Werte $y(k)$, $y(k+1)$, ..., $y(k+n)$ vorliegen. Daraus können dann gemäß

$$\Delta^1 y(k+i) = \frac{y(k+i+1) - y(k+i)}{T} \tag{6.149}$$

für $i = 0, \ldots, n-1$ die ersten Differenzenquotienten $\Delta y(k)$, ..., $\Delta y(k+n-1)$ berechnet werden. Daraus lassen sich dann über

$$\Delta^2 y(k+i) = \frac{\Delta^1 y(k+i+1) - \Delta^1 y(k+i)}{T} \tag{6.150}$$

für $i = 0, \ldots, n-2$ die zweiten Differenzenquotienten $\Delta^2 y(k)$, ..., $\Delta^2 y(k+n-2)$ berechnen. Dies lässt sich fortsetzen bis zum n-ten Differenzenquotienten

Tabelle 6.2 Abbildung zwischen der s- und der δ-Ebene über die δ-Transformation

Nr.	s-Bereich	$\delta = \frac{e^{Ts}-1}{T}$	δ-Bereich
1	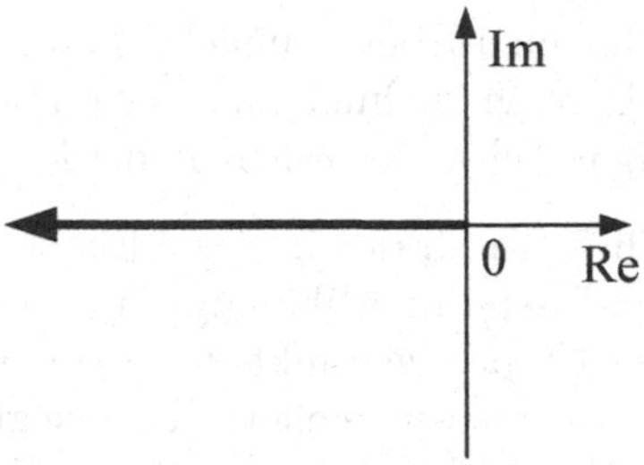		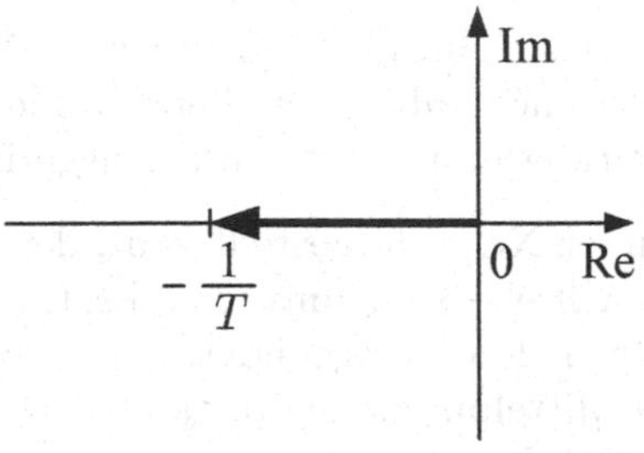
2	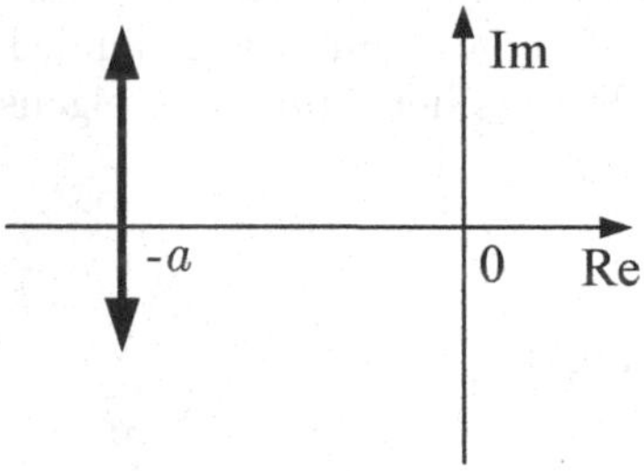		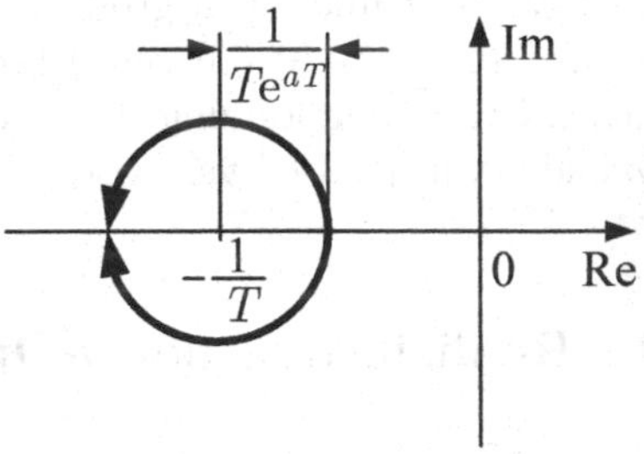
3	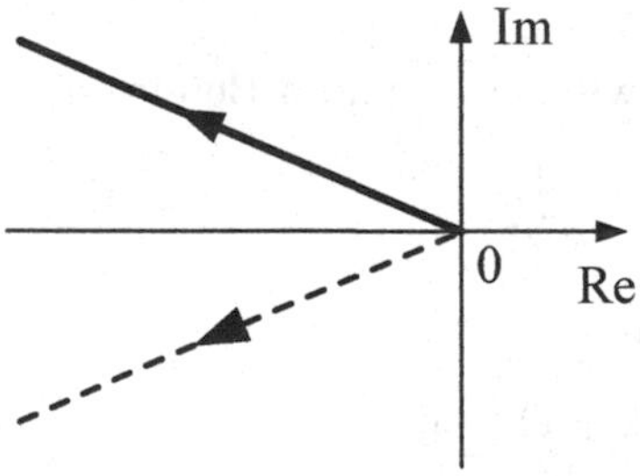		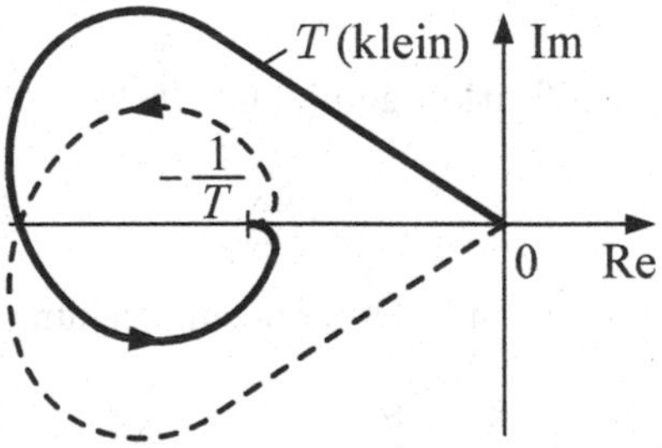
4	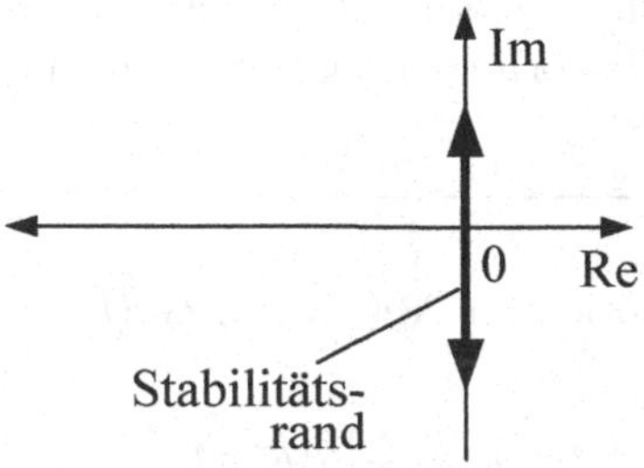		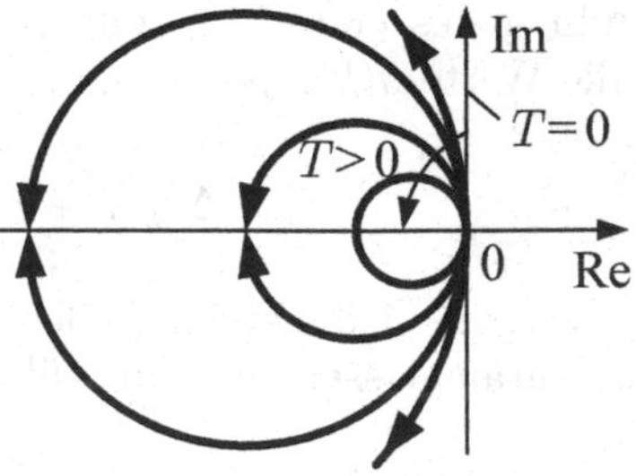

$$\Delta^n y(k) = \frac{\Delta^{n-1} y(k+1) - \Delta^{n-1} y(k)}{T}. \tag{6.151}$$

Allgemein gilt

$$\Delta^j y(k+i) = \frac{\Delta^{j-1} y(k+i+1) - \Delta^{j-1} y(k+i)}{T}, \quad j = 1, \ldots, n, \quad i = 0, \ldots, n-j. \tag{6.152}$$

Alternativ kann unter Verwendung des aktuellen Wertes $y(k)$ und zurückliegender Werte $y(k-1)$, …, $y(k-n)$ die Beziehung

$$\Delta^j y(k-i) = \frac{\Delta^{j-1} y(k-i+1) - \Delta^{j-1} y(k-i)}{T}, \quad j = 1, \ldots, n, \quad i = j, \ldots, n. \tag{6.153}$$

hergeleitet werden. Bild 6.5 zeigt die δ-Operation im Bild- und im Zeitbereich.

6.4.2.2 Realisierung der δ^{-1}-Operation

Für die inverse δ-Operation gilt

$$\delta^{-1} = \frac{T}{z-1} = T \frac{z^{-1}}{1 - z^{-1}}. \tag{6.154}$$

Die Darstellung der inversen δ-Operation im Bildbereich und die Realisierung im Zeitbereich sind in Bild 6.6 dargestellt. Eingangsgröße ist in dieser Darstellung der Differenzenquotient des Signals, also die Änderung vom aktuellen auf den darauffolgenden Schritt. Aus dieser Darstellung ist ersichtlich, dass die inverse δ-Operation der Bildung der Summe bzw. der zeitdiskreten Integration des Signals entspricht.[15]

6.4.3 Identifikation zeitkontinuierlicher Systeme im δ-Bereich

6.4.3.1 ARX-Modellansatz im δ-Bereich

Der ARX-Modellansatz lautet gemäß Tabelle 3.2 im z-Bereich

$$Y(z) = \frac{B(z^{-1})}{A(z^{-1})} U(z) + \frac{1}{A(z^{-1})} \varepsilon(z). \tag{6.155}$$

Handelt es sich um ein nichtsprungfähiges System, d.h. $b_0 = 0$, dann gilt für die Polynome

$$A(z^{-1}) = 1 + a_1 z^{-1} + \ldots + a_{n_y} z^{-n_y} \tag{6.156a}$$

und

$$B(z^{-1}) = \qquad b_1 z^{-1} + \ldots + b_{n_u} z^{-n_u}. \tag{6.156b}$$

Durch inverse z-Transformation ergibt sich aus Gl. (6.155) die Zeitbereichsdarstellung entsprechend Gl. (3.27)

[15] Auch dies zeigt wieder die Ähnlichkeit zur Laplace-Transformation, bei der die s^{-1}-Operation im Bildbereich der Integration im Zeitbereich entspricht.

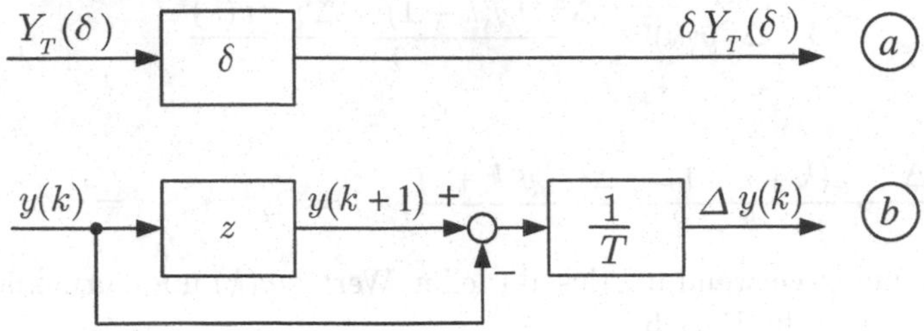

Bild 6.5 (a) Darstellung der δ-Operation und (b) Realisierung im Zeitbereich (Bildung des Differenzenquotienten Δy)

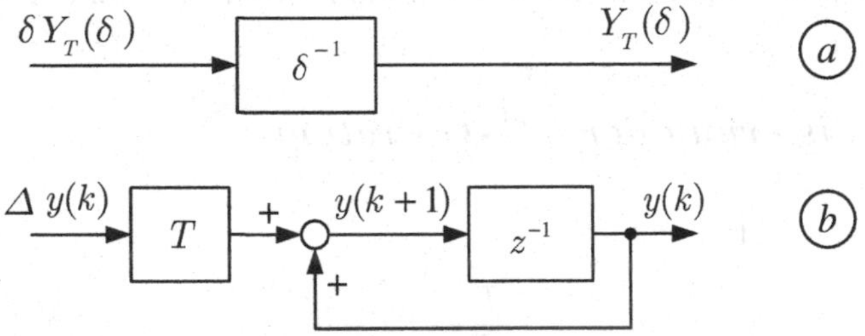

Bild 6.6 (a) Darstellung der inversen δ-Operation und (b) Realisierung im Zeitbereich (Berechnung von y durch zeitdiskrete Integration)

$$y(k) = \boldsymbol{m}^{\mathrm{T}}(k)\,\boldsymbol{p}_{\mathrm{M}} + \varepsilon(k) \tag{6.157}$$

mit dem Modellparametervektor

$$\boldsymbol{p}_{\mathrm{M}} = \left[a_1 \ldots a_{n_y} \,\vdots\, b_1 \ldots b_{n_u}\right]^{\mathrm{T}} \tag{6.158a}$$

und dem Daten- oder Regressionsvektor

$$\boldsymbol{m}^{\mathrm{T}}(k) = \left[-y(k-1) \ldots -y(k-n_y) \,\vdots\, u(k-1) \ldots u(k-n_u)\right]. \tag{6.158b}$$

Der Übergang vom z-Bereich in den δ-Bereich führt zum ARX-Modellansatz

$$Y_T(\delta) = \frac{B(\delta)}{A(\delta)} U_T(\delta) + \frac{1}{A(\delta)} \varepsilon_T(\delta) \tag{6.159}$$

mit den Polynomen

$$A(\delta) = 1 + \alpha_1 \delta + \ldots + \alpha_{n_y} \delta^{n_y} \tag{6.160a}$$

und

$$B(\delta) = \qquad \beta_1 \delta + \ldots + \beta_{n_u} \delta^{n_u}. \tag{6.160b}$$

Werden nun noch der Modellparametervektor

$$\boldsymbol{p}_{\mathrm{M},\delta} = \left[\alpha_1 \ldots \alpha_{n_y} \,\vdots\, \beta_1 \ldots \beta_{n_u}\right]^{\mathrm{T}} \tag{6.161a}$$

und der Datenvektor

$$\boldsymbol{m}_T^{\mathrm{T}}(\delta) = \left[-\delta Y_T(\delta)\ -\delta^2 Y_T(\delta)\ \dots\ -\delta^{n_y} Y_T(\delta) \,\vdots\, \delta U_T(\delta)\ \delta^2 U_T(\delta)\ \dots\ \delta^{n_u} U_T(\delta)\right] \quad (6.161\text{b})$$

definiert, folgt aus Gl. (6.159) unmittelbar

$$Y_T(\delta) = \boldsymbol{m}_T^{\mathrm{T}}(\delta)\,\boldsymbol{p}_{\mathrm{M},\delta} + \varepsilon_T(\delta). \quad (6.162)$$

Die Rücktransformation von Gl. (6.162) in den Zeitbereich liefert mit Gl. (6.115)

$$y(k) = \left[-\Delta^1 y(k)\ \dots\ -\Delta^{n_y} y(k) \,\vdots\, \Delta^1 u(k)\ \dots\ \Delta^{n_u} u(k)\right] \begin{bmatrix} \alpha_1 \\ \vdots \\ \alpha_{n_y} \\ \hdashline \beta_1 \\ \vdots \\ \beta_{n_u} \end{bmatrix} + \varepsilon(k). \quad (6.163)$$

Gl. (6.163) stellt die Ausgangsbasis für die Berechnung des Parametervektors $\boldsymbol{p}_{\mathrm{M},\delta}$ entsprechend Gl. (6.161a) dar. Diese Berechnung kann, wie in Abschnitt 3.3.1 für das *Least-Squares*-Verfahren beschrieben, als direkte Lösung oder als rekursive Lösung gemäß der Vorgehensweise in Abschnitt 3.3.2 durchgeführt werden. Selbstverständlich können außer dem hier erwähnten direkten oder rekursiven *Least-Squares*-Verfahren auch andere Parameterschätzverfahren angewendet werden.

6.4.3.2 ARMAX-Modellansatz im δ-Bereich

Der ARMAX-Modellansatz aus Tabelle 3.2 kann direkt für den δ-Bereich übernommen werden. Er lautet analog zu Gl. (6.155)

$$Y_T(\delta) = \frac{B(\delta)}{A(\delta)} U_T(\delta) + \frac{C(\delta)}{A(\delta)} \varepsilon_T(\delta), \quad (6.164)$$

wobei sich der Schätzwert des Modellfehlers $\varepsilon_T(\delta)$ aus den Schätzwerten der Polynome $A(\delta)$, $B(\delta)$ und $C(\delta)$ in der Form

$$\hat{\varepsilon}_T(\delta) = \frac{1}{\hat{C}(\delta)} \left[\hat{A}(\delta) Y_T(\delta) - \hat{B}(\delta) U_T(\delta)\right], \quad (6.165)$$

also als nichtlinear in den Modellparametern der noch unbekannten Polynome ergibt. Dies kann jedoch vermieden werden, indem die Eingangs-Ausgangs-Signale $U_T(\delta)$ und $Y_T(\delta)$ einer Vorfilterung unterzogen werden [MG90, YCW91]. Mit den vorgefilterten Eingangs-Ausgangs-Signalen

$$U_T^*(\delta) = \frac{1}{\hat{C}(\delta)} U_T(\delta) \quad (6.166\text{a})$$

und

$$Y_T^*(\delta) = \frac{1}{\hat{C}(\delta)} Y_T(\delta) \tag{6.166b}$$

entsteht anstelle von Gl. (6.165) die in den Modellparametern lineare Form

$$\hat{\varepsilon}_T(\delta) = \hat{A}(\delta) Y_T^*(\delta) - \hat{B}(\delta) U_T^*(\delta). \tag{6.167}$$

Die Einbeziehung eines derartigen Vorfilters mit der Übertragungsfunktion $1/\hat{C}(\delta)$ mit

$$\hat{C}(\delta) = 1 + \hat{c}_1\delta + \ldots + \hat{c}_{n_y}\delta^{n_y} \tag{6.168}$$

löst elegant auch die Bestimmung der Differenzenquotienten, die sich als Nebenprodukt der Filteroperation direkt ergeben. Dazu wird von Gl. (6.166b) ausgegangen und diese unter der Annahme bereits bekannter Parameter c_i in die Form

$$Y_T(\delta) = Y_T^*(\delta)\left[1 + c_1\delta + c_2\delta^2 + \ldots + c_{n_y}\delta^{n_y}\right], \tag{6.169}$$

gebracht, die dann zweckmäßig nach dem Term mit der höchsten Potenz von δ aufgelöst wird. Dies liefert

$$\delta^{n_y} Y_T^*(\delta) = \frac{1}{c_{n_y}}\left\{Y_T(\delta) - \left[c_{n_y-1}\delta^{n_y-1}Y_T^*(\delta) + \ldots + c_1\delta Y_T^*(\delta) + Y_T^*(\delta)\right]\right\}. \tag{6.170}$$

In Bild 6.7 ist das zu dieser Beziehung gehörende Blockschaltbild in der Regelungsnormalform [Unb09] dargestellt. Diese Darstellung enthält als wesentlichen Bestandteil eine Hintereinanderschaltung von δ^{-1}-Funktionsblöcken, die im Zeitbereich jeweils die Integration der zugehörigen Eingangsgröße vornehmen. Am Ende dieser rückgekoppelten Kette von δ^{-1}-Funktionsblöcken ergibt sich die Ausgangsgröße $Y_T^*(\delta)$. Die Eingangsgröße des Filters ist $Y_T(\delta)$. Als Nebenprodukt dieser Vorfilterung, sofern sie praktisch durchführbar wäre, sind also auch die Differenzenquotienten der Eingangs-Ausgangs-Signale verfügbar. Da aber die Parameter der Polynome $A(\delta)$, $B(\delta)$ und $C(\delta)$ zunächst nicht bekannt sind, kann das hier vorgestellte Verfahren [MG90, YCW91] nicht in einer direkten Lösung wie in Abschnitt 3.3.1 realisiert werden, vielmehr müssen die Parameter der Polynome $A(\delta)$, $B(\delta)$ und $C(\delta)$ rekursiv wie in Abschnitt 3.3.2 ermittelt werden, z.B. mittels der rekursiven Hilfsvariablen-Methode gemäß den Gln. (3.124a) bis (3.124d). Für diese Methode wird der detaillierte Lösungsweg in [YCW91] beschrieben.

6.4.3.3 Vorteile der Identifikation mittels der δ-Transformation

Die Darstellung eines dynamischen zeitkontinuierlichen Systems mittels einer zeitdiskreten Übertragungsfunktion im δ-Bereich weist bei hinreichend kleiner Abtastzeit T eine große Ähnlichkeit mit der zeitkontinuierlichen Übertragungsfunktion im s-Bereich auf. Dazu muss aber die Abtastzeit $T = 2\pi/\omega_\mathrm{s}$ sehr klein bzw. die Abtastfrequenz ω_p groß sein. Als Richtwert für die Abtastfrequenz kann

$$\omega_\mathrm{s} \geq 25\omega_\mathrm{b}. \tag{6.171}$$

angegeben werden. Dann werden die zu identifizierenden Parameter α_i und β_j für $i = 1,\ldots,n_y$ und $j = 1,\ldots,n_u$ der δ-Übertragungsfunktion

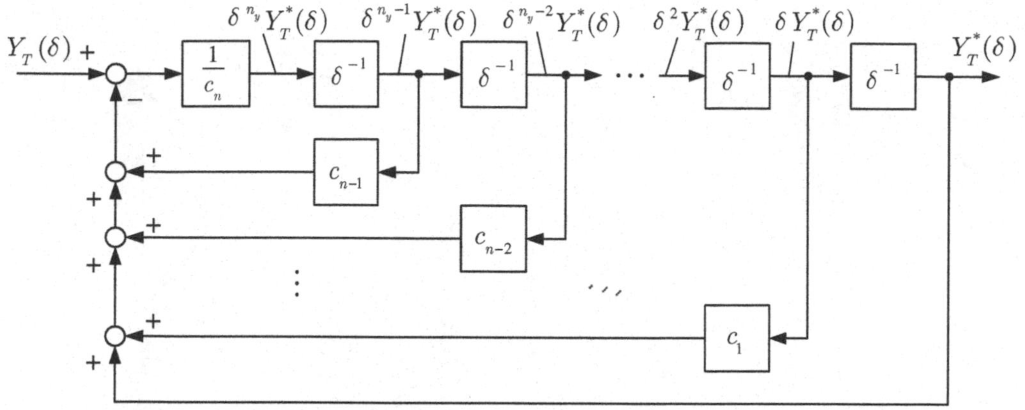

Bild 6.7 Blockschaltbild zur Realisierung des Vorfilters

$$G(\delta) = \frac{B(\delta)}{A(\delta)} = \frac{\beta_1\delta + \cdots + \beta_{n_u}\delta^{n_u}}{1 + \alpha_1\delta + \cdots + \alpha_{n_y}\delta^{n_y}} \tag{6.172}$$

die Parameter $a_1^*, \ldots, a_{n_y}^*$ und $b_1^*, \ldots, b_{n_u}^*$ der zugehörigen s-Übertragungsfunktion

$$G(s) = \frac{B^*(s)}{A^*(s)} = \frac{b_1^* s + \cdots + b_m^* s^{n_u}}{1 + a_1^* s + \cdots + a_{n_y}^* s^{n_y}} \tag{6.173}$$

mit genügend hoher Genauigkeit approximieren, da für $T \to 0$ die Beziehung

$$G(\delta) \approx G(s)\Big|_{s=\delta} \tag{6.174}$$

gilt. Im z-Bereich würde die Forderung der schnellen Abtastfrequenz nach Gl. (6.171) allerdings zu erheblichen numerischen Problemen und damit zu großen Ungenauigkeiten in den Schätzwerten führen, da dann für $T \to 0$ dic Pole und eventuell auch einige Nullstellen der z-Übertragungsfunktion in unmittelbarer Nähe des kritischen Punktes $z = 1$ auf der reellen Achse der z-Ebene abgebildet würden. Bei der schnellen Abtastung ist somit die Schätzung der Modellparameter im δ-Bereich jener im z-Bereich überlegen, zumal die geschätzten Modellparameter $\hat{\alpha}_i$ und $\hat{\beta}_j$ sehr gute Approximationen der Parameter

$$\alpha_i \approx a_i^* \quad \text{und} \quad \beta_j \approx b_j^*$$

des zeitkontinuierlichen Modells gemäß Gl. (6.173) liefern. Zur Ermittlung der optimalen Modellordnung $n_y = \hat{n}_{\text{opt}}$ wird zweckmäßigerweise zunächst ein zu großen Wert gewählt. Dann werden die Koeffizienten der höheren Potenzen δ^i für $i > \hat{n}_{\text{opt}}$ sehr klein und können daher vernachlässigt werden, sofern die Darstellung nach den Gln. (6.160a) und (6.160b) gewählt wird.

7 Modelle für nichtlineare dynamische Systeme

7.1 Einführung

In den vorangegangenen Kapiteln wurden Identifikationsverfahren für lineare Systeme behandelt.[1] Lineare Systeme spielen in der Regelungstechnik und in der Nachrichtentechnik eine große Rolle, da für die Analyse und auch für die Synthese solcher Systeme (z.B. für den Entwurf von linearen Regelungen) eine weitgehend geschlossene Theorie existiert. In vielen Fällen wird daher angestrebt, Systeme mit linearen Modellen zu beschreiben. Reale Systeme weisen aber oftmals nichtlineares Verhalten auf. Unter gewissen Voraussetzungen, z.B. wenn die Systeme nur in der Umgebung von bestimmten Arbeitspunkten betrieben werden, kann es dennoch möglich sein, auch das Verhalten dieser Systeme mit linearen Modellen nachzubilden. In anderen Fällen lassen sich diese Systeme nur durch nichtlineare Modelle ausreichend gut beschreiben. Für die Systemidentifikation muss dann ein nichtlineares Modell verwendet werden, mit welchem das Systemverhalten hinreichend gut beschrieben werden kann. Die Identifikation nichtlinearer Systeme wird in diesem und im nachfolgenden Kapitel behandelt. In diesem Kapitel werden Modelle für nichtlineare dynamische Systeme vorgestellt. Im nachfolgenden Kapitel werden die Grundlagen der Identifikation nichtlinearer Systeme sowie einige ausgewählte Identifikationsansätze behandelt.

Das Verhalten linearer, zeitinvarianter Systeme lässt sich, wie in den vorangegangenen Kapiteln ausgeführt, durch eine Vielzahl von Modellen beschreiben (lineare Differential- oder Differenzengleichungen, Faltungsintegral oder -summe, Übertragungsfunktion, Zustandsraummodelle). Dabei sind diese Modelle allgemeingültig, d.h. jedes lineare zeitinvariante System lässt sich durch diese Modelle beschreiben und diese Modelle können ineinander umgerechnet werden.[2] Bei nichtlinearen Systemen ist dies grundlegend anders. Zwar gibt es Modelle, mit denen es unter bestimmten Voraussetzungen möglich ist, nichtlineare Systeme allgemein zu beschreiben. Diese Modelle sind aber sehr komplex und vergleichsweise unhandlich. Die einfacher zu handhabenden Modelle, die zur Verfügung stehen, sind aber meist nicht geeignet, beliebige nichtlineare Systeme zu beschreiben. Bei der Identifikation nichtlinearer Systeme ist daher die Auswahl eines geeigneten Modells ein wichtiger erster Schritt. Das gewählte Modell bestimmt ganz entscheidend, welches Verfahren für die Identifikation eingesetzt werden kann. Aufgrund der Vielzahl von möglichen Modellbeschreibungen und Identifikationsverfahren würde eine vollständige Darstellung aller Modellstrukturen und Identifikationsverfahren, sofern eine solche überhaupt gelingen würde, den Rahmen eines einführenden Buches sprengen. Daher werden in

[1] In Abschnitt 6.2.1 wurde allerdings im Zusammengang mit den Modulationsfunktionsansätzen bereits die Identifikation nichtlinearer zeitkontinuierlicher Systeme angesprochen.

[2] Streng genommen gilt dies nur für endlichdimensionale Systeme, da unendlichdimensionale Systeme (z.B. kontinuierliche Systeme mit einer Totzeit) nicht durch ein endlichdimensionales Zustandsraummodell beschrieben werden können.

diesem Kapitel nur die wichtigsten Modellstrukturen vorgestellt. Dazu werden zunächst die Modellstrukturen anhand zugrunde liegender Unterscheidungskriterien klassifiziert (Abschnitt 7.2). Die betrachteten Unterscheidungskriterien sind in Tabelle 7.1 aufgeführt. Im Anschluss daran erfolgt eine Darstellung der wesentlichen Modellstrukturen für nichtlineare Systeme. Die Tabellen 7.2 und 7.3 geben eine Übersicht der behandelten Modellstrukturen mit Verweisen auf die entsprechenden Abschnitte. Im nachfolgenden Kapitel werden dann die Grundlagen der Identifikationsverfahren behandelt und einige ausgewählte Identifikationsverfahren detaillierter vorgestellt. Insgesamt soll der Leser so in die Lage versetzt werden, Identifikationsverfahren für nichtlineare Systeme zu verstehen und ggf. nach der Lektüre weiterführender Literatur anzuwenden, sowie die dabei auftretenden Probleme zu durchdringen. Aus den Inhalten dieses und des nachfolgenden Kapitels sollte klar werden, dass die Identifikation von nichtlinearen Systemen im Allge-

Tabelle 7.1 Unterscheidungskriterien für dynamische Systeme/Modelle

Unterscheidungskriterium	**Abschnitt(e)**
dynamisch/statisch	7.2.1
kausal/nicht kausal	7.2.1
Eingangs-Ausgangs-Beschreibung/ Zustandsraumbeschreibung	7.2.1, 7.2.2
zeitkontinuierlich/zeitdiskret/ kontinuierlich-diskret	7.2.1, 7.2.3
Anteil des Vorwissens, *White-Box-*/ *Gray-Box-*/ *Black-Box*-Modelle	7.2.1, 7.2.4
parametrisch/nichtparametrisch	7.2.1, 7.2.5
linear parameterabhängig/ nichtlinear parameterabhängig	7.2.1, 7.2.6
linear parametriert/ nichtlinear parametriert	7.2.1, 7.2.6
stochastisch/deterministisch	7.2.1, 7.2.7
stetig differenzierbare Nichtlinearitäten/ nicht stetig differenzierbare Nichtlinearitäten	7.2.1
blockorientiert/nichtblockorientiert	7.2.1
allgemein/speziell	7.2.1

meinen ein noch tieferes Verständnis der grundlegenden Zusammenhänge erfordert, als dies schon bei der Identifikation linearer Systeme der Fall ist. Es sei in diesem Zusammenhang auch darauf hingewiesen, dass für die Systemidentifikation keine allgemeinen Standardvorgehensweisen angegeben werden können, die garantierte Ergebnisse liefern.

Tabelle 7.2 Modelle in Eingangs-Ausgangs-Beschreibung

Modellstruktur	**Eigenschaften**	**Abschnitt(e)**
Volterra-Reihe	zeitkontinuierlich oder zeitdiskret, nichtparametrisch, allgemein	7.3.1
Komprimierte Volterra-Reihe	zeitkontinuierlich oder zeitdiskret, parametrisch, erfordert Vorwissen	7.3.1.1
Homogenes System	zeitkontinuierlich oder zeitdiskret, nichtparametrisch, oft aus linearen Teilsystemen und einfachen Nichtlinearitäten zusammengesetzt, Antwort y auf u und $\alpha^q y$ auf αu bei systemordnung q	7.3.1.2
Polynomsystem	zeitkontinuierlich oder zeitdiskret, nichtparametrisch, Parallelschaltung endlich vieler homogenere Systeme	7.3.1.2
Wiener-Reihe	zeitkontinuierlich, nichtparametrisch, für Anregung mit weißem Rauschen	7.3.2
Differentialgleichung	zeitkontinuierlich, parametrisch, speziell (*Gray-Box*-Modell)	7.3.3
Modulationsfunktionsmodell	zeitkontinuierlich, parametrisch, speziell (*Gray-Box*-Modell), über Modulation in algebraische Gleichung überführte Differentialgleichung	7.3.3
Differenzengleichung/ NARMA(X)-Modell	zeitdiskret, parametrisch, Spezialfälle NAR(X), NOE, NFIR	7.3.4

Tabelle 7.2 (Fortsetzung)

Kolmogorov-Gabor-Polynom	zeitdiskret, nichtparametrisch, allgemein (Spezialfall des NARX-Modells)	7.3.5
Bilineares Eingangs-Ausgangs-Modell	zeitdiskret, parametrisch, speziell	7.3.6
Hammerstein-Modell/NL-Modell	zeitkontinuierlich oder zeitdiskret, vorwärtsgerichtetes blockorientiertes Modell	7.3.7, 7.3.7.1
Wiener-Modell/LN-Modell	zeitkontinuierlich oder zeitdiskret, vorwärtsgerichtetes blockorientiertes Modell	7.3.7, 7.3.7.2
Wiener-Hammerstein-Modell/LNL-Modell	zeitkontinuierlich oder zeitdiskret, vorwärtsgerichtetes blockorientiertes Modell	7.3.7
Hammerstein-Wiener-Modell/NLN-Modell	zeitkontinuierlich oder zeitdiskret, vorwärtsgerichtetes blockorientiertes Modell	7.3.7
Lur'e-Modell	zeitkontinuierlich oder zeitdiskret, rückgekoppeltes blockorientiertes Modell	7.3.7, 7.3.7.3
Urysohn-Modell	zeitkontinuierlich oder zeitdiskret, vorwärtsgerichtetes blockorientiertes Modell, Parallelschaltung von r Hammerstein-Modellen	7.3.7.4
Projection-Pursuit-Modell	zeitkontinuierlich oder zeitdiskret, vorwärtsgerichtetes blockorientiertes Modell, Parallelschaltung von r Wiener-Modellen	7.3.7.4

Tabelle 7.2 (Fortsetzung)

LFR-Modell	zeitkontinuierlich oder zeitdiskret, rückgekoppeltes blockorientiertes Modell, statische Nichtlinearität mit vor-, nach- und parallelgeschalteten linearen Systemen sowie Rückkopplung über lineares Modell	7.3.7.4
Künstliches neuronales Netz	zeitdiskret, parametrisch, *Black-Box*-Modell	7.3.8
Fuzzy-Modell	zeitdiskret, parametrisch	7.3.9

Tabelle 7.3 Modelle in Zustandsraumbeschreibung

Modellstruktur	**Eigenschaften**	**Abschnitt(e)**
Allgemeines Zustandsraummodell	zeitkontinuierlich/zeitdiskret/ kontinuierlich-diskret, parametrisch (gilt für alle nachfolgend aufgeführten Modellstrukturen)	7.4
Steuerungslineares Modell	s.o.	7.4.1
Zustandslineares Modell	s.o.	7.4.2
Bilineares Modell	s.o.	7.4.3
Hammerstein-Modell/NL-Modell	s.o., vorwärtsgerichtetes blockorientiertes Modell, Spezialfall des zustandslinearen Modells	7.4.4.1
Wiener-Modell/LN-Modell	s.o., vorwärtsgerichtetes blockorientiertes Modell	7.4.4.2
Hammerstein-Wiener-Modell/NLN-Modell	s.o., vorwärtsgerichtetes blockorientiertes Modell	7.4.4.3

Tabelle 7.3 (Fortsetzung)

Wiener-Hammerstein-Modell/LNL-Modell	s.o., vorwärtsgerichtetes blockorientiertes Modell	7.4.4.4
Lur'e-Modell	s.o., rückgekoppeltes blockorientiertes Modell, nichtsprungfähiges Lur'e-Modell ist Spezialfall des steuerungslinearen Modells	7.4.4.5
Urysohn-Modell	s.o., vorwärtsgerichtetes blockorientiertes Modell, Parallelschaltung von r Hammerstein-Modellen	7.4.4.6
Projection-Pursuit-Modell	s.o., vorwärtsgerichtetes blockorientiertes Modell, Parallelschaltung von r Wiener-Modellen	7.4.4.6

7.2 Übersicht und Einteilung dynamischer Modelle

7.2.1 Grundlegende Einteilungskriterien

Dynamische Modelle dienen dazu, das Verhalten dynamischer Systeme mathematisch zu beschreiben. Dass es sich bei einem System um ein dynamisches System handelt, kommt bei Systemen mit Eingangs- und Ausgangsgrößen dadurch zum Ausdruck, dass die Ausgangsgröße $y(t)$ zum Zeitpunkt t_1 nicht nur vom momentanen Wert der Eingangsgröße $u(t_1)$, sondern auch vom Verlauf des Systemeingangs in der Vergangenheit abhängt. So ist z.B. die momentane Geschwindigkeit eines Fahrzeugs nicht von den momentan wirksamen Antriebs- und Widerstandskräften bestimmt, sondern von den Verläufen dieser Kräfte in der Vergangenheit. Die bewegte Masse des Fahrzeugs speichert gewissermaßen in der Größe Geschwindigkeit Informationen aus der Vergangenheit. Der Ausgang $y(t_1)$ hängt also von $u(t)$ für $t \leq t_1$ ab. Derartige Systeme werden auch als speicherfähige Systeme oder als Systeme mit Gedächtnis bezeichnet. Entsprechend sind Systeme, bei denen die Ausgangsgröße nur vom momentanen Wert der Eingangsgröße abhängt, Systeme ohne Gedächtnis. Diese werden auch statische Systeme genannt.

Prinzipiell ist der Fall denkbar, dass der Systemausgang $y(t)$ zum Zeitpunkt t_1 auch von Werten der Eingangsgröße in der Zukunft abhängt. Solche Systeme werden als nichtkausale Systeme bezeichnet. In der Natur treten derartige Systeme nicht auf. Insbesondere in der Signalverarbeitung können bestimmte Systeme aber als nichtkausale Systeme interpretiert werden. Als Beispiel sei eine Speicherung von verrauschten Messwerten (z.B. gemessenen Temperaturen) mit anschließender Mittelung genannt. So könnte bei gemessenen Tagestemperaturen der einem bestimmten Tag (z.B. Mittwoch) zugeordnete Temperaturwert über eine Mittelung von zurückliegenden Werten (z.B. der Werte von Montag und Dienstag), dem aktuellen Wert (der gemessenen Temperatur am Mittwoch) und nachfolgenden Werten (z.B. den am Donnerstag und Freitag gemessenen Temperaturen) bestimmt werden. Dieser Signalverarbeitungsalgorithmus kann dann als

$$y(k) = \frac{u(k-2) + u(k-1) + u(k) + u(k+1) + u(k+2)}{5} \tag{7.1}$$

dargestellt werden und entspricht einem nichtkausalen System, da die Ausgangsgröße $y(k)$, der gemittelte Temperaturwert, von Werten der Eingangsgröße u, dem gemessenen Temperaturwert, zu späteren Zeitpunkten, nämlich $u(k+1)$ und $u(k+2)$, abhängt.

Entsprechend sind Systeme, bei denen die Ausgangsgröße $y(t)$ zum Zeitpunkt t_1 nur vom momentanen Wert des Systemeingangs $u(t_1)$ und vom Verlauf des Systemeingangs in der Vergangenheit, also insgesamt von $u(t)$ für $t \leq t_1$, abhängt, kausale Systeme. Kausale Systeme, bei denen der momentane Wert der Ausgangsgröße $y(t_1)$ nicht vom momentanen Wert der Eingangsgröße $u(t_1)$ abhängt, sondern nur vom Verlauf in der Vergangenheit, also von $u(t)$ für $t < t_1$ werden als streng kausale Systeme bezeichnet. Ein streng kausales System wird auch als nichtsprungfähiges System oder als System ohne Durchgriff bezeichnet. Für ein kausales, aber nicht streng kausales System sind die Bezeichnungen sprungfähiges System und System mit Durchgriff ebenfalls gebräuchlich. Antikausale Systeme und streng antikausale Systeme können entsprechend definiert werden. Bei den folgenden Betrachtungen wird immer von kausalen Systemen ausgegangen.

Bei der Beschreibung des Verhaltens eines dynamischen Systems durch ein Modell kann zwischen einer Eingangs-Ausgangs-Beschreibung und einer Zustandsraumbeschreibung unterschieden werden. Etwas vereinfacht ausgedrückt wird mit einer Eingangs-Ausgangs-Beschreibung nur der Zusammenhang zwischen den Eingangs- und den Ausgangsgrößen angegeben, während bei der Zustandsraumdarstellung auch spezielle innere Größen des Systems, die Systemzustände, berücksichtigt werden. Die Unterscheidung zwischen der Eingangs-Ausgangs-Beschreibung und der Zustandsraumbeschreibung wird in Abschnitt 7.2.2 detaillierter ausgeführt.

Weiterhin kann für die Beschreibung eines dynamischen Systems ein (zeit)kontinuierliches Modell oder ein (zeit)diskretes Modell sowie die Mischform eines kontinuierlich-diskreten Modells verwendet werden. Bei zeitkontinuierlichen Modellen werden die Eingangs- und Ausgangsgrößen sowie ggf. interne Zwischengrößen (z.B. die oben genannten Zustandsgrößen) als Verläufe über der kontinuierlichen Zeitvariable t beschrieben. Bei zeitdiskreten Modellen werden diese Größen als Wertefolgen beschrieben, bei denen die Werte bestimmten Zeitpunkten t_k zugeordnet sind. Das zeitdiskrete Modell beschreibt dann den Zusammenhang zwischen dem Wert der Ausgangsgröße zu einem bestimmten Zeitpunkt und den Werten der Eingangs- und Ausgangsgrößen zu anderen Zeitpunkten. Über den Verlauf der Größen zwischen diesen Zeitpunkten liefert ein zeitdiskretes System zumindest ohne weitere Annahmen keine Informationen. Modelle, bei denen die zugrunde liegende Systemdynamik mit kontinuierlichen Zeitsignalen beschrieben wird, die Messwerte der Ausgangsgrößen aber nur zu bestimmten Zeitpunkten vorliegen, werden als kontinuierlich-diskrete Modelle bezeichnet. Diese Aspekte werden in Abschnitt 7.2.3 näher betrachtet.

Eine weitere Unterscheidung kann danach erfolgen, wie hoch der Anteil des Vorwissens über das System ist, welches bei der Modellbildung verwendet wird. Üblicherweise werden die Modelle dazu auf einer Skala zwischen schwarz (sogenannte *Black-Box*-Modelle, bei denen keinerlei Vorwissen einfließt) und weiß (*White-Box*-Modelle, die komplett aus Vorwissen aufgestellt werden) eingeteilt. Die Zwischenstufen auf dieser Skala werden als *Gray-Box*-Modelle bezeichnet. Auf die Unterscheidungen zwischen diesen Modellen wird in Abschnitt 7.2.4 weiter eingegangen.

Modelle können auch dahingehend unterschieden werden, ob diese durch eine endliche Anzahl von Parametern beschrieben werden. Ist dies der Fall, wird von parametrischen Modellen gesprochen. Modellstrukturen mit unendlich vielen Parametern (z.B. in Form einer Entwicklung in eine unendlichen Reihe) oder Modellstrukturen, in denen explizit gar keine Parameter auftauchen (z.B. aufgezeichnete kontinuierliche Verläufe über der Zeit, Diagramme, verbale Beschreibungen) werden als nichtparametrische Modelle bezeichnet. Diese Unterscheidung ist allerdings nicht ganz scharf. So werden oftmals Modellstrukturen, die zur exakten und vollständigen Systembeschreibung unendlich viele Parameter benötigen, bei denen aber für die praktische Anwendung nur eine endliche (meist immer noch sehr hohe) Anzahl dieser Parameter berücksichtigt wird, dennoch als nichtparametrische Modelle bezeichnet. Solche Modelle entstehen z.B. durch Abbruch einer unendlichen Reihe nach einer endlichen Anzahl von Gliedern. Die Unterscheidung zwischen parametrischen und nichtparametrischen Modellen wird in Abschnitt 7.2.5 ausführlicher behandelt.

Von großer Bedeutung ist auch die Art, wie die Ausgangsgröße von den unbekannten, bei der Systemidentifikation zu bestimmenden Parametern abhängt. Für Modelle mit einer linearen Abhängigkeit der Modellausgangsgröße von den Parametern ergeben sich meist einfachere Parameterschätzverfahren als für Modelle mit einer nichtlinearen Abhängigkeit. Daher wird entsprechend zwischen linear parameterabhängigen Modellen und nichtlinear parameterabhängigen Modellen unterschieden. Streng genommen muss hier allerdings unterschieden werden zwischen Modellen, bei denen eine lineare Abhängigkeit der Ausgangsgröße von den Parametern vorliegt und Modellen, bei denen die Modellgleichungen linear parametriert sind. So führt z.B. eine lineare Parametrierung der Zustandsdifferentialgleichung bei einem Zustandsraummodell nicht zu einer linearen Abhängigkeit des Zustands von den Parametern. Damit liegt dann auch keine lineare Abhängigkeit der Ausgangsgröße von den Parametern vor. Die Unterscheidung zwischen linear und nichtlinear parameterabhängigen Modellen wird in Abschnitt 7.2.6 behandelt. Da, wie oben erwähnt, die Parameterschätzung bei linear parameterabhängigen Modellen einfacher ist, wird oftmals versucht, solche Modelle einzusetzen oder Modellparameter geeignet umzudefinieren, um auf eine lineare Abhängigkeit zu kommen.

Ein weiterer wesentlicher Aspekt bei der Beschreibung des Systemverhaltens ist die Berücksichtigung von Störgrößen. Dies ist besonders im Hinblick auf die Systemidentifikation wichtig. Treten signifikante Störgrößen auf, wirken sich diese auf die Parameterschätzung aus. Es ist dann erforderlich, den Einfluss dieser Störungen über ein Störmodell zu berücksichtigen. Dabei müssen die tatsächlich auftretenden Störungen ausreichend gut durch das verwendete Störmodell charakterisiert werden. Ein falsches Störmodell kann zu falschen (z.B. nicht konsistenten) Ergebnissen der Parameterschätzung führen. Störgrößen werden meist durch stochastische Signale beschrieben. Die so entstandenen Modelle werden als stochastisch gestörte Modelle oder auch als stochastische Modelle bezeichnet. Modelle, bei denen keine stochastischen Störgrößen berücksichtigt werden, werden als deterministische Modelle bezeichnet.[3] Das Vernachlässigen von Störungen erfolgt zum einen, wenn davon ausgegangen werden kann, dass der Störeinfluss sehr klein ist, zum anderen aber auch, um zu einem einfachen Parameterschätzverfahren zu gelangen, also gewissermaßen aus Bequemlichkeitsgründen. In letzterem Fall sollte versucht werden, den Effekt dieser Vereinfachung zu untersuchen (z.B. experimentell durch Simulationsstudien). Die Berücksichtigung von Störgrößen wird in Abschnitt 7.2.7 detaillierter behandelt.

Mit den hier genannten Unterscheidungskriterien können die Modelle eingeteilt und in ihren wesentlichen Aspekten beschrieben werden. Die Unterscheidungskriterien werden daher in den folgenden Abschnitten detaillierter behandelt. Anschließend erfolgt in den Abschnitten 7.3 und 7.4 eine detaillierte Vorstellung einzelner Modellansätze. In Abschnitt 7.3 werden Eingangs-Ausgangs-Modelle und in Abschnitt 7.4 Zustandsraummodelle vorgestellt.

Bei der Klassifikation von Modellen für nichtlineare Systeme sind natürlich andere und weitere Einteilungen als die hier gewählten möglich. So kann z.B. eine Einteilung dahingehend erfolgen, ob es sich bei den in den Modellen enthaltenen Nichtlinearitäten um stetig differenzierbare Nichtlinearitäten handelt oder nicht [IM11]. Auch können andere Kriterien in den Vordergrund gestellt werden. So könnten z.B. die blockorientierten Modelle, die hier als Spezialfälle der Eingangs-Ausgangs-Beschreibung und der Zustandsraumbeschreibung behandelt werden, als eigene Modellklasse interpretiert werden. Eine Unterteilung in allgemeine Modelle (also Modelle, die prinzipiell eine sehr große Klasse von nichtlinearen Systemen beschreiben können) und spezielle Modelle (die auf die Beschreibung von Unterklassen von nichtlinearen Systemen oder im Spezialfall auf die Beschreibung eines speziellen Systems zugeschnitten sind) wäre ebenfalls möglich. Für eine ausführlichere Beschäftigung mit dieser Thematik, auch unter dem Blickwinkel der historischen Entwicklung dieses Gebiets, wird auf verschiedene Übersichtsartikel verwiesen [Meh79, Bil80, Bil85, LB85a, LB85b, Jud95, Sjo95, Unb96, Sin00, GS01, Unb06, Lju10].

7.2.2 Eingangs-Ausgangs-Beschreibung und Zustandsraumbeschreibung

Eine Eingangs-Ausgangs-Beschreibung kann so angegeben werden, dass als Signale im Modell nur die Eingangsgröße $u(t)$ und die Ausgangsgröße $y(t)$ auftauchen. Das System bzw. das Modell kann dann als Operator aufgefasst werden, welcher die Eingangsfunktion $u(t)$ auf die Ausgangsfunktion $y(t)$ abbildet. Dieser allgemeine Zusammenhang kann in der Form

$$y = Hu \tag{7.2}$$

oder

$$y(t) = H\left[u(t)\right] \tag{7.3}$$

[3] Gelegentlich werden auch Modelle als deterministische Modelle bezeichnet, wenn lediglich die Ausgangsgröße als durch Messrauschen gestört, die Systemdynamik ansonsten aber als deterministisch angenommen wird.

dargestellt werden, wobei H der Systemoperator ist.[4] Diese Gleichungen drücken dabei aus, dass die Ausgangsfunktion $y(t)$ durch das Anwenden des Systemoperators H auf die Eingangsfunktion $u(t)$ entsteht. So stellt der Ausdruck Hu in Gl. (7.2) nicht die Multiplikation von H mit u dar. Die Gl. (7.3) darf auch nicht so verstanden werden, dass die Ausgangsgröße $y(t)$, also der Wert der Ausgangsgröße zum Zeitpunkt t, eine *Funktion* der Eingangsgröße $u(t)$, also des Werts der Eingangsgröße zum Zeitpunkt t, ist. Das Argument $u(t)$ steht in diesem Fall vielmehr für den gesamten Verlauf der Eingangsgröße, also für die Eingangsfunktion. Streng genommen muss also unterschieden werden zwischen dem Wert einer Funktion zu einem bestimmten Zeitpunkt und dem gesamten Verlauf dieser Funktion. Da das Argument des Operators H die Funktion $u(t)$ ist, handelt es sich bei diesem Operator um ein Funktional. Der Mathematiker Vito Volterra (1860 - 1940), der wesentliche Beiträge zur Theorie der Funktionale entwickelt hat [Vol31], hat für ein Funktional, welches von der Funktion $u(t)$ im Intervall $[\,a,b\,]$ abhängt, die Notation

$$H \,\Big|\Big[u(t)\Big]\Big|_{a}^{b} \tag{7.4}$$

verwendet ([Rug81], S. 37). In dieser Notation kommt zum Ausdruck, dass das Argument des Operators eine Funktion und nicht der Funktionswert an der Stelle t ist. In Anlehnung an [Lud77] könnte die Notation

$$\boldsymbol{y}(t) = H\left[\boldsymbol{u}_{[-\infty,t]}\right] \tag{7.5}$$

verwendet werden, um diesen Sachverhalt zu betonen. Da bei der Beschäftigung mit dynamischen Systemen die geschilderten Zusammenhänge aber allgemein klar sind, wird auf diese etwas komplizierte Notation verzichtet und die einfachere Notation nach Gl. (7.2) oder Gl. (7.3) verwendet. Bei zeitvarianten Systemen ist der Systemoperator zusätzlich von der Zeit abhängig.

Als Beispiel für die Systemdarstellung über ein Funktional kann die Berechnung der Ausgangsgröße eines linearen, zeitkontinuierlichen, kausalen, zeitinvarianten Eingrößensystems über das Faltungsintegral betrachtet werden, also

$$y(t) = \int_{-\infty}^{t} g(t-\tau)u(\tau)\,\mathrm{d}\tau = \int_{0}^{\infty} g(\tau)u(t-\tau)\,\mathrm{d}\tau. \tag{7.6}$$

Hier ist unmittelbar ersichtlich, dass der momentane Wert der Ausgangsgröße $y(t)$ aus dem gesamten in der Vergangenheit liegenden Verlauf der Eingangsgröße $u(t)$ berechnet wird.

In vielen Fällen kann der Zusammenhang zwischen der Eingangs- und der Ausgangsgröße, also die Abbildung der Eingangsfunktion auf die Ausgangsfunktion bzw. der Operator, auch einfacher, z.B. in Form von Differentialgleichungen, angegeben werden. So lässt sich ein lineares, endlichdimensionales, zeitkontinuierliches und zeitinvariantes Eingrößensystem durch die lineare gewöhnliche Differentialgleichung mit konstanten Koeffizienten

$$\sum_{i=0}^{n_y} a_i y^{(i)}(t) = \sum_{i=0}^{n_u} b_i u^{(i)}(t) \tag{7.7}$$

[4] Üblicherweise wird der Begriff Systemoperator verwendet, obwohl im Sinne einer durchgängigen Unterscheidung zwischen System und Modell der Begriff Modelloperator korrekter wäre.

beschreiben, wobei der hochgestellte Index (i) für die i-te Ableitung nach der Zeit t steht. In dieser Darstellung tauchen neben der Eingangs- und der Ausgangsgröße auch die zeitlichen Ableitungen dieser Größen auf. Bei nichtlinearen Systemen können entsprechend nichtlineare Differentialgleichungen verwendet werden. Generell lassen sich Eingangs-Ausgangs-Beschreibungen danach einteilen, wie der Zusammenhang zwischen der Eingangs- und der Ausgangsgröße mathematisch dargestellt wird.

Bei einer Zustandsraumbeschreibung tauchen dagegen neben den Eingangs- und Ausgangsgrößen noch interne Speichergrößen auf, die als Zustandsgrößen bezeichnet werden und in dem Zustandsvektor zusammengefasst werden (wobei sowohl eine einzelne Zustandsgröße als auch der Zustandsvektor kurz als Zustand und die Zustandsgrößen zusammen als Zustände bezeichnet werden). Bei zeitkontinuierlichen Systemen wird die Systemdynamik dann durch ein System von gekoppelten Differentialgleichungen erster Ordnung dargestellt. Ein zeitkontinuierliches Zustandsraummodell mit der Eingangsgröße $\boldsymbol{u}(t)$, der Ausgangsgröße $\boldsymbol{y}(t)$ und dem Zustandsvektor $\boldsymbol{x}(t)$ hat die allgemeine Darstellung

$$\dot{\boldsymbol{x}}(t) = \boldsymbol{f}(\boldsymbol{x}(t),\boldsymbol{u}(t),t), \tag{7.8a}$$

$$\boldsymbol{y}(t) = \boldsymbol{h}(\boldsymbol{x}(t),\boldsymbol{u}(t),t). \tag{7.8b}$$

Dabei ist die zeitliche Änderung des Zustandsvektors $\dot{\boldsymbol{x}}(t)$ eine Funktion des momentanen Werts des Zustandsvektors $\boldsymbol{x}(t)$ und des momentanen Werts der Eingangsgröße $\boldsymbol{u}(t)$. Der momentane Wert der Ausgangsgröße $\boldsymbol{y}(t)$ ergibt sich ebenfalls als Funktion der momentanen Werte der Eingangsgröße $\boldsymbol{u}(t)$ und des Zustandsvektors $\boldsymbol{x}(t)$. Der oben eingeführte Systemoperator wird also hier durch ein Differentialgleichungssystem erster Ordnung mit der rechten Seite $\boldsymbol{f}$ (eine Funktion) und durch eine Ausgangsgleichung mit der Funktion $\boldsymbol{h}$ beschrieben. Bild 7.1 zeigt die Struktur eines allgemeinen, nichtlinearen zeitkontinuierlichen Zustandsraummodells. Hier wurde der allgemeine Fall eines zeitvarianten Modells betrachtet, was durch die explizite Abhängigkeit der Funktionen $\boldsymbol{f}$ und $\boldsymbol{h}$ von der Zeitvariable t zum Ausdruck kommt.

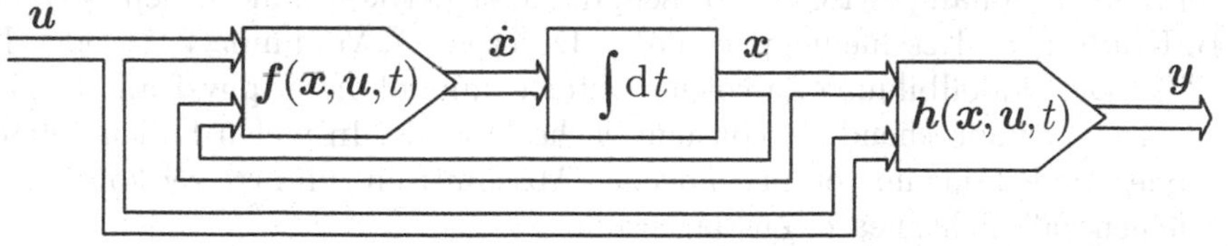

Bild 7.1 Allgemeines nichtlineares zeitkontinuierliches Zustandsraummodell

Bei streng kausalen (nichtsprungfähigen) Systemen hängt die Ausgangsgröße nicht direkt von der Eingangsgröße ab, die Ausgangsgleichung lautet also

$$\boldsymbol{y}(t) = \boldsymbol{h}(\boldsymbol{x}(t),t). \tag{7.9}$$

Bei zeitinvarianten Systemen hängen die Funktionen $\boldsymbol{f}$ und $\boldsymbol{h}$ nicht von der Zeit t ab. Bild 7.2 zeigt ein zeitinvariantes, streng kausales, zeitkontinuierliches Zustandsraummodell. Zeitdiskrete Systeme werden im Zustandsraum durch Differenzengleichungssysteme erster Ordnung beschrieben. Dies wird im nachfolgenden Abschnitt behandelt.

Bei Modellen physikalischer Systeme entsprechen die Elemente des Zustandsvektors oft Größen, die dem Inhalt von Energie- oder auch Massenspeichern im System zugeordnet

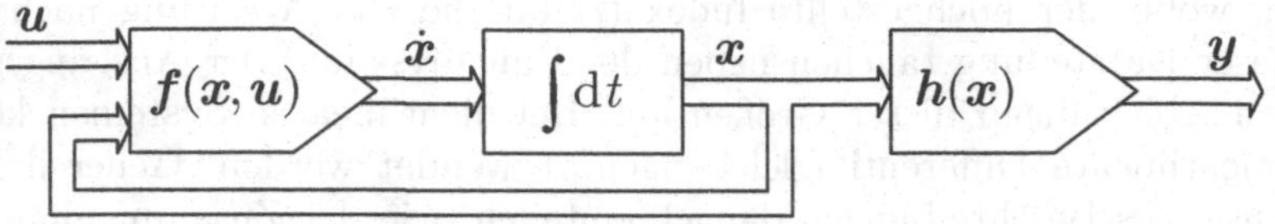

Bild 7.2 Nichtsprungfähiges nichtlineares zeitkontinuierliches Zustandsraummodell

werden können, z.B. Auslenkungen von Federn, Geschwindigkeiten von bewegten Massen, Spannungen über Kapazitäten, Ströme durch Induktivitäten, Füllstände oder Drücke in Behältern.

Im Gegensatz zur Eingangs-Ausgangs-Beschreibung tauchen in der Zustandsraumbeschreibung nur noch die momentanen Werte der Eingangsgröße und der Ausgangsgröße auf, also weder der zurückliegende Verlauf noch Ableitungen der Eingangsgröße. Die Speicherung der Information über den Verlauf der Eingangsgröße in der Vergangenheit findet damit im Zustandsvektor statt. In der Interpretation eines Systems bzw. eines Modells als Operator kann ein Zustandsraummodell auch so aufgefasst werden, dass die Differentialgleichung erster Ordnung den Verlauf der Eingangsgröße auf die Zustandsgröße abbildet und die Ausgangsgleichung die Zustandsgröße und ggf. (bei nicht streng kausalen Systemen) die Eingangsgröße auf die Ausgangsgröße. Die weitere Einteilung von Zustandsraummodellen erfolgt danach, wie die Funktionen $\boldsymbol{f}$ und $\boldsymbol{h}$ aufgestellt bzw. gewählt werden.

7.2.3 Zeitkontinuierliche und zeitdiskrete Modelle

Die meisten physikalischen und technischen Prozesse weisen eine zeitkontinuierliche Systemdynamik auf. Die zugrunde liegenden physikalischen Gesetzmäßigkeiten beschreiben dabei den Zusammenhang zwischen Größen, die über der kontinuierlichen Zeit definiert sind, z.B. Kräfte $F(t)$, Beschleunigungen $a(t)$, Drücke $p(t)$, Volumina $V(t)$, oder Temperaturen $T(t)$. Die Modellbildung für solche Systeme anhand dieser physikalischen Zusammenhänge liefert entsprechend zeitkontinuierliche Modelle. In vielen Fällen entsteht als resultierendes Modell das im vorangegangenen Abschnitt eingeführte zeitkontinuierliche, im allgemeinen Fall nichtlineare, Zustandsraummodell

$$\dot{\boldsymbol{x}}(t) = \boldsymbol{f}(\boldsymbol{x}(t),\boldsymbol{u}(t)), \tag{7.10a}$$

$$\boldsymbol{y}(t) = \boldsymbol{h}(\boldsymbol{x}(t),\boldsymbol{u}(t)), \tag{7.10b}$$

wobei hier von einem zeitinvarianten System ausgegangen wird.[5]

Die im Prozess auftretenden Signale werden oftmals mit digital arbeitender Hardware erfasst, verarbeitet und weiter übertragen, z.B. über Bussysteme. Bei Signalverarbeitungsalgorithmen, die für Regelung, Steuerung oder Überwachung eingesetzt werden,

[5] Da hier recht allgemein Modelle für dynamische Systeme betrachtet werden und noch nicht auf die Systemidentifikation eingegangen wird, ist eine strenge Unterscheidung zwischen System und Modell nicht erforderlich. Es wird daher auf das tiefgestellte M bei den Zuständen und den Ausgangsgrößen verzichtet.

handelt es sich oft um komplexere Algorithmen, die auf digital arbeitender Hardware implementiert werden. In diesen Fällen wird mit Messwerten gearbeitet, die nur zu diskreten Zeitpunkten vorliegen (z.B. alle 10 ms). Wird die Ausgangsgröße nur zu bestimmten Zeitpunkten t_k gemessen, ergibt sich das entsprechende Zustandsraummodell

$$\dot{\boldsymbol{x}}(t) = \boldsymbol{f}(\boldsymbol{x}(t),\boldsymbol{u}(t)), \tag{7.11a}$$

$$\boldsymbol{y}(t_k) = \boldsymbol{h}(\boldsymbol{x}(t_k),\boldsymbol{u}(t_k)), \tag{7.11b}$$

welches als kontinuierlich-diskretes Modell bezeichnet wird. An den Funktionen $\boldsymbol{f}$ und $\boldsymbol{h}$ hat sich dabei gegenüber dem kontinuierlichen Modell nichts geändert. Über das Modell kann nach wie vor prinzipiell der Wert der Ausgangsgröße für jeden beliebigen Zeitpunkt berechnet werden. Für die Modellierung ist es daher unerheblich, ob es sich um ein kontinuierliches oder ein kontinuierlich-diskretes Modell handelt. Für die Systemidentifikation und auch für die Regelung ist dies aber ganz entscheidend. Bei einem kontinuierlich-diskreten Modell liegen Messungen der Ausgangsgröße nur zu bestimmten Zeitpunkten t_k, $k = 0,1,2,\ldots$, vor und auch nur diese Messwerte können für die Systemidentifikation oder Regelung herangezogen werden. Identifikationsverfahren, die den kontinuierlichen Verlauf der Ausgangsgröße $\boldsymbol{y}(t)$ benötigen, können dann nur noch eingesetzt werden, wenn sich dieser Verlauf mit ausreichender Genauigkeit aus den Messungen zu den Zeitpunkten t_k rekonstruieren lässt, z.B. durch Interpolation.

Oftmals wird statt einer zeitkontinuierlichen Dynamik des Modells eine zeitdiskrete Dynamik gewünscht. Dies ist z.B. in der linearen Regelungstechnik der Fall, wenn mit zeitdiskreten Methoden ein Regler entworfen und dafür die Regelstrecke als zeitdiskrete Übertragungsfunktion $G(z)$ oder in Form eines zeitdiskreten Zustandsraummodells dargestellt werden soll [Unb09]. Ein allgemeines, zeitinvariantes, zeitdiskretes Zustandsraummodell hat die Form

$$\boldsymbol{x}_\mathrm{d}(t_{k+1}) = \boldsymbol{f}_\mathrm{d}(\boldsymbol{x}_\mathrm{d}(t_k),\boldsymbol{u}(t_k)), \tag{7.12a}$$

$$\boldsymbol{y}_\mathrm{d}(t_k) = \boldsymbol{h}(\boldsymbol{x}_\mathrm{d}(t_k),\boldsymbol{u}(t_k)). \tag{7.12b}$$

Bei linearen, zeitinvarianten Systemen ist unter bestimmten Voraussetzungen eine exakte Umrechnung des zeitkontinuierlichen Modells in ein zeitdiskretes Modell möglich. Dies ist z.B. dann der Fall, wenn das Eingangssignal $\boldsymbol{u}(t)$ zwischen zwei Abtastzeitpunkten konstant ist, es sich also um ein stufenförmiges Signal handelt. Dann kann mit der exakten z-Transformation aus der kontinuierlichen Übertragungsfunktion $G(s)$ die zeitdiskrete Übertragungsfunktion $G(z)$ berechnet werden oder mit den entsprechenden Umrechnungsbeziehungen das kontinuierliche Zustandsraummodell in ein zeitdiskretes Zustandsraummodell überführt werden [Unb09].

Bei nichtlinearen Systemen ist eine solche exakte Diskretisierung im Allgemeinen nicht möglich. Die sich aus Gl. (7.10a) durch Integration gemäß

$$\boldsymbol{x}(t_{k+1}) = \boldsymbol{x}(t_k) + \int\limits_{t_k}^{t_{k+1}} \boldsymbol{f}(\boldsymbol{x}(t),\boldsymbol{u}(t))\,\mathrm{d}t \tag{7.13}$$

zum Zeitpunkt t_{k+1} ergebende Zustandsgröße $\boldsymbol{x}(t_{k+1})$ ist also nicht identisch mit $\boldsymbol{x}_\mathrm{d}(t_{k+1})$ aus Gl. (7.12a). Sofern das diskretisierte Modell eine gute Näherung für das kontinuierliche Modell darstellt, sollte

$$\boldsymbol{x}_{\mathrm{d}}(t_{k+1}) \approx \boldsymbol{x}(t_{k+1}) \tag{7.14}$$

gelten. Dies ist gleichbedeutend mit

$$\boldsymbol{f}_{\mathrm{d}}(\boldsymbol{x}_{\mathrm{d}}(t_k),\boldsymbol{u}(t_k)) \approx \boldsymbol{x}(t_k) + \int_{t_k}^{t_{k+1}} \boldsymbol{f}(\boldsymbol{x}(t),\boldsymbol{u}(t))\,\mathrm{d}t. \tag{7.15}$$

Eine näherungsweise Diskretisierung kann über die Näherung des Integrals auf der rechten Seite dieser Gleichung, z.B. über die Trapezregel, erfolgen. Auf die Systemidentifikation hat dies insofern Auswirkungen, als dass aufgrund der Näherung unbekannte Systemparameter des kontinuierlichen Modells über das näherungsweise diskretisierte Modell möglicherweise nicht mehr ausreichend genau geschätzt werden können. Ist also eine sehr genaue Schätzung von Parametern des kontinuierlichen Modells erforderlich, kann es sinnvoll sein, die kontinuierliche Systemdynamik beizubehalten und mit einem kontinuierlich-diskreten Modell zu arbeiten [Boh00, BU01].

7.2.4 *Black-Box-*, *Gray-Box-* und *White-Box*-Modelle

Ein weiteres Unterscheidungskriterium bei der Einteilung von Modellen für dynamische Systeme ist der Anteil des Vorwissens über die Systemstruktur, der in die Modellierung einfließt. Hier wird auf einer Skala zwischen schwarz (sogenannte *Black-Box*-Modelle) und weiß (*White-Box*-Modelle) unterschieden, wobei zwischen *Black-Box*-Modellen und *White-Box*-Modellen die *Gray-Box*-Modelle liegen. Die Unterscheidung besteht darin, wie die Modellstruktur, also die Gleichungen, die das Verhalten des Systems beschreiben, und die in diesen Gleichungen auftretenden Parameter, ermittelt werden. Bei *White-Box*-Modellen wird die Modellstruktur aus bekannten, z.B. physikalischen Gesetzmäßigkeiten oder aus physikalischen Ansätzen bestimmt (Newtonsche Mechanik, Kirchhoffsche Gesetze, Lagrange-Formalismus, siehe z.B. [Mac64, SM67, Jan10]). Die Parameter (z.B. Werte mechanischer und elektrischer Bauteile) sind bekannt bzw. durch die Konstruktion vorgegeben. Zur Bestimmung des gesamten Modells sind also keinerlei Messungen oder Experimente am System erforderlich. Das Aufstellen eines *White-Box*-Modells entspricht damit, wie bereits in Abschnitt 1.2 ausgeführt, einer theoretischen Modellbildung.

Bei *Black-Box*-Modellen liegt der umgekehrte Fall vor. Hier wird davon ausgegangen, dass keinerlei Kenntnis über die Modellstruktur vorliegt oder ggf. vorhandenes Vorwissen nicht für die Modellbildung herangezogen wird. Stattdessen wird eine Modellstruktur verwendet, die allgemein in der Lage ist, das Verhalten einer großen Klasse von dynamischen Systemen ausreichend gut nachzubilden, sofern die Modellstruktur komplex genug gewählt wird, z.B. durch eine hinreichend große Anzahl von Modellparametern. Es werden also allgemeine Approximationsansätze verwendet. Die Modellparameter haben bei solchen allgemeinen Approximationsansätzen keine physikalische Bedeutung und werden über Methoden der Systemidentifikation aus gemessenen Eingangs- und Ausgangssignalen des Systems bestimmt. Diese Vorgehen entspricht der experimentellen Modellbildung bzw. Systemidentifikation.

Als *Gray-Box*-Modelle werden Modelle bezeichnet, bei denen die Modellgleichungen zumindest teilweise aus bekannten Gesetzmäßigkeiten oder anderen, z.B. physikalisch motivierten, Überlegungen ermittelt werden, aber die in den Modellgleichungen auftretenden

Parameter zumindest teilweise unbekannt sind. Diese unbekannten Parameter werden, wie bei den *Black-Box*-Modellen auch, über experimentelle Systemidentifikation aus gemessenen Eingangs- und Ausgangsdaten ermittelt. Je nach dem Umfang des einfließenden Vorwissens können den Modellen verschiedene Grautöne [Jam12] zugeordnet und so eine Einteilung auf einer Skala von Weiß bis Schwarz vorgenommen werden [Lju10]. Natürlich ist eine solche Einteilung zu einem gewissen Maße willkürlich.

7.2.5 Parametrische und nichtparametrische Modelle

Bei Modellbildung und Systemidentifikation kann zwischen parametrischen und nichtparametrischen Modellen unterschieden werden. Als nichtparametrische Modelle werden dabei im strengen Sinne Modelle bezeichnet, die nicht durch Gleichungen mit einer endlichen Anzahl von Parametern beschrieben werden (wobei, wie weiter unten ausgeführt, auch eine etwas weniger strenge Definition möglich ist). Als Beispiel kann wieder die Berechnung der Ausgangsgröße eines linearen, kausalen, zeitinvarianten, zeitkontinuierlichen Eingrößensystems über das Faltungsintegral

$$y(t) = \int_{-\infty}^{t} g(t-\tau)u(\tau)\,\mathrm{d}\tau = \int_{0}^{\infty} g(\tau)u(t-\tau)\,\mathrm{d}\tau \tag{7.16}$$

herangezogen werden. Das Modell ist hierbei durch die Gewichtsfunktion $g(t)$ beschrieben, also durch den gesamten Verlauf einer kontinuierlichen Funktion über der Zeit für $t \geq 0$ (bei kausalen Systemen) und nicht durch eine endliche Anzahl von Parametern. Für lineare, kausale, zeitinvariante, zeitdiskrete Systeme kann die Ausgangsgröße über die Faltungssumme

$$y(k) = \sum_{i=0}^{\infty} g(i)u(k-i) \tag{7.17}$$

berechnet werden. Hier ist das Modell durch die Gewichtsfolge $g(0)$, $g(1)$, $g(2)$, ... vollständig beschrieben, also durch unendlich viele Werte. In beiden Fällen handelt es sich um nichtparametrische Modelle.

Ein Beispiel für ein parametrisches Modell ist die Beschreibung eines linearen, zeitinvarianten, zeitdiskreten Modells durch die lineare Differenzengleichung mit konstanten Koeffizienten

$$y(k) = -\sum_{i=1}^{n_y} a_i y(k-i) + \sum_{i=0}^{n_u} b_i u(k-i). \tag{7.18}$$

Das Modell wird in diesem Fall vollständig durch die $n_y + n_u + 1$ Parameter $a_1, \ldots, a_{n_y}$ und $b_0, \ldots, b_{n_u}$ beschrieben.

Diese Unterscheidung in parametrische und nichtparametrische Modelle ist nicht ganz scharf, da oftmals auch Modelle als nichtparametrisch bezeichnet werden, die zwar zur exakten und vollständigen Systembeschreibung unendlich viele Werte benötigen, bei denen aber in der praktischen Anwendung nur eine endliche (meist immer noch recht hohe) Anzahl dieser Werte berücksichtigt wird.[6] Dabei kommt es auch auf die Interpretation an,

[6] Es kann also auch zur Unterscheidung herangezogen werden, wie allgemeingültig das Modell ist. So wird z.B. in [Nor88] die „working definition" eines parametrischen Modells als „pretty restrictive model,

d.h. darauf, ob die Werte als Systemparameter oder als Verlauf einer Funktion aufgefasst werden. So kann ein stabiles, zeitdiskretes, zeitinvariantes lineares System ausreichend gut durch eine endliche Faltungssumme

$$y(k) = \sum_{i=0}^{N} g(i)u(k-i) \tag{7.19}$$

beschrieben werden, wenn die Anzahl $N+1$ der berücksichtigten Terme hinreichend groß gewählt wird. Werden die Werte $g(0)$, ..., $g(N)$ nun als Modellparameter interpretiert, könnte diese Beschreibung als parametrisches Modell bezeichnet werden. Bei einer Interpretation als Funktionswerte der Impulsantwort könnte diese Darstellung aber auch als nichtparametrisches Modell aufgefasst werden.

Bei der Unterscheidung zwischen parametrischen und nichtparametrischen Modellen im Zusammenhang mit der Systemidentifikation kann weiterhin als Kriterium herangezogen werden, was für ein Identifikationsverfahren zum Einsatz kommt. Neben der Unterscheidung zwischen parametrischen und nichtparametrischen Modellen kann auch zwischen parametrischen und nichtparametrischen Identifikationsverfahren unterschieden werden [Lju10]. Dann werden Modelle, die über parametrische Identifikation bestimmt werden, als parametrische Modelle und entsprechend über nichtparametrische Identifikation bestimmte Modelle als nichtparametrische Modelle bezeichnet. Die Unterscheidung zwischen parametrischen und nichtparametrischen Identifikationsverfahren basiert darauf, dass es bei der Systemidentifikation um das Bestimmen von Funktionen (oder deren Parametern) geht, mit denen das Systemverhalten beschrieben werden kann. Die Funktionen müssen dabei aus Messungen bestimmt werden. Dies steht in enger Beziehung zur Regressionsanalyse, bei der mit statistischen Verfahren Abhängigkeiten zwischen Variablen ermittelt werden. In der Regression wird ebenfalls zwischen parametrischer und nichtparametrischer Regression unterschieden. Bei der parametrischen Regression wird ein spezieller funktionaler Ansatz für die Abhängigkeit zwischen den Variablen gemacht (z.B. ein linearer Ansatz bei der linearen Regression oder eine logistische Funktion bei der logistischen Regression). Es werden dann die Parameter dieser Funktion bestimmt. Bei der nichtparametrischen Regression werden für die zu bestimmenden Abhängigkeiten im Voraus keine speziellen, sondern sehr allgemeine funktionale Ansätze gemacht (z.B. allgemeine Polynome), die teilweise auch aus den Daten selbst abgeleitet werden [Hae90]. Diese nichtparametrischen Ansätze lassen sich auch in der Systemidentifikation anwenden, es wird dann von nichtparametrischer Systemidentifikation gesprochen.

Als sehr einfaches Beispiel für diese Unterscheidung kann wieder die Modellbeschreibung eines linearen, zeitdiskreten, zeitinvarianten Systems über die endliche Faltungssumme

$$y(k) = \sum_{i=0}^{N} g(i)u(k-i) \tag{7.20}$$

herangezogen werden. Eine Bestimmung der Impulsantwort, also der Werte $g(0)$, ...,$g(N)$, ist prinzipiell über Anregung des Systems mit einem Impuls und Aufzeichnung der Antwort möglich. Zweckmäßigerweise wird diese Experiment mehrmals durchgeführt und die Impulsantwort dann durch Mittelung über die verschiedenen Messungen bestimmt. Diese

identified in stages (structure, parameters, coefficients)“ angegeben. Ein nichtparametrisches Modell wird entsprechend als ein „fairly unrestrictive model, identified all in one go“ definiert.

Vorgehensweise ist eine nichtparametrische Systemidentifikation. Die bestimmten Werte werden dabei als Funktionswerte der Impulsantwort und nicht als Systemparameter interpretiert. Werden die Werte $g(0), \ldots, g(N)$ hingegen aus allgemeinen Messungen der Eingangs- und Ausgangsgröße über Parameterschätzverfahren bestimmt (und damit als Systemparameter interpretiert), wäre dies eine parametrische Systemidentifikation. Aus dieser Diskussion wird deutlich, dass eine klare Abgrenzung nicht möglich ist. Für die praktische Anwendung ist eine solche Abgrenzung auch nicht erforderlich.

7.2.6 Linear und nichtlinear parameterabhängige Modelle

Wie in Abschnitt 3.1 erläutert, wird für die Systemidentifikation oftmals der Fehler zwischen dem gemessenen Ausgangssignal eines Systems und dem mit einem Modell berechneten Signal verwendet. Ziel ist es dann, die Parameter des Modells so zu bestimmen, dass dieser Fehler klein wird. Es wird also ein Modell über die Einstellung von Parametern so angepasst, dass ein Fehler klein wird. Identifikationsverfahren, bei denen so vorgegangen wird, werden als Fehlerminimierungs- oder Modellanpassungsverfahren bezeichnet. Die meisten Verfahren zur Systemidentifikation können als Modellanpassungsverfahren aufgefasst werden. Modellanpassungsverfahren werden in Abschnitt 8.2.2 detaillierter betrachtet.

Die Berechnung des Fehlers kann bei verschiedenen Identifikationsverfahren unterschiedlich erfolgen. Bei linearen Systemen kann z.B. der in Abschnitt 3.2 eingeführte verallgemeinerte Ausgangsfehler verwendet werden. Um zu einer möglichst allgemeinen Darstellung zu kommen, wird im Folgenden davon ausgegangen, dass aus den Eingangs- und Ausgangsdaten eine Größe berechnet wird, die einen Modellfehler darstellt. In diese Berechnung gehen Modellparameter ein, die in dem Modellparametervektor $\boldsymbol{p}_{\mathrm{M}}$ zusammengefasst sind. Dies ist in Bild 7.3 gezeigt.

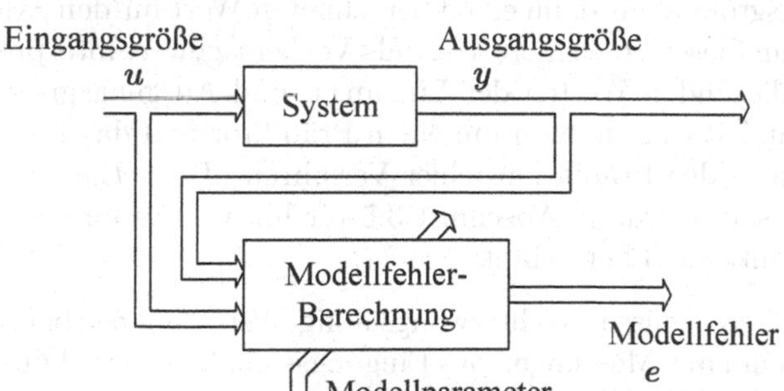

Bild 7.3 Modellfehlerberechnung

Die Berechnung des Modellfehlers kann sehr allgemein dargestellt werden, indem eine aus den Eingangs- und Ausgangsdaten berechnete Vergleichsgröße $\boldsymbol{y}_{\mathrm{V}}$ eingeführt wird. Der Fehler wird dann gemäß

$$\boldsymbol{e} = \boldsymbol{y}_{\mathrm{V}} - \boldsymbol{y}_{\mathrm{M}}(\boldsymbol{p}_{\mathrm{M}}) \tag{7.21}$$

als Differenz zwischen Vergleichsgröße $\boldsymbol{y}_\mathrm{V}$ und Modellausgangsgröße $\boldsymbol{y}_\mathrm{M}$ gebildet.[7] Die Berechnung des Fehlers als Differenz zwischen Vergleichsgröße und Modellausgang ist in Bild 7.4 dargestellt.

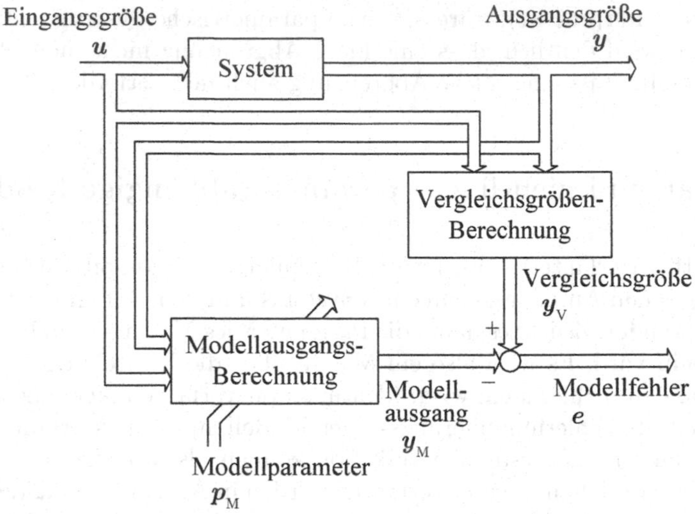

Bild 7.4 Berechnung des Modellfehlers als Differenz zwischen Vergleichsgröße und Modellausgangsgröße

Wie eingangs erwähnt, wird als Vergleichsgröße oftmals direkt der gemessene Systemausgang im Zeitbereich verwendet, also

$$\boldsymbol{y}_\mathrm{V} = \boldsymbol{y}. \tag{7.22}$$

Die Modellausgangsgröße stellt dann einen berechneten Wert für den Systemausgang dar. In vielen Fällen kann dieser berechnete Wert als Vorhersagewert interpretiert werden, der aus zeitlich zurückliegenden Werten der Eingangs- und Ausgangsgröße bestimmt wird. Bei dem Modell handelt es sich dann um einen Prädiktor und das Identifikationsverfahren fällt in die Klasse der Prädiktionsfehler-Verfahren (*Prediction Error Method*). Der Prädiktionsfehleransatz wurde in Abschnitt 3.5 für lineare Systeme behandelt und wird allgemein in Abschnitt 8.2.3 betrachtet.

Die Größen $\boldsymbol{y}_\mathrm{V}$ und $\boldsymbol{y}_\mathrm{M}$ müssen nicht zwangsläufig Werte im Zeitbereich sein. Es kann sich auch allgemein um aus Messungen des Eingangssignals $\boldsymbol{u}(t)$ und des Ausgangssignals $\boldsymbol{y}(t)$ bestimmte Größen handeln. Bei einer Identifikation linearer Eingrößensysteme im Frequenzbereich (d.h. aus gemessenen Frequenzgangsdaten) könnte y_V der gemessene (bzw. aus Eingangs- und Ausgangsdaten im Zeitbereich berechnete) Frequenzgang, also

$$y_\mathrm{V} = G(\mathrm{j}\omega), \tag{7.23}$$

und

$$y_\mathrm{M}(\boldsymbol{p}_\mathrm{M}) = G_\mathrm{M}(\mathrm{j}\omega, \boldsymbol{p}_\mathrm{M}) \tag{7.24}$$

[7] Bei der Betrachtung hier ist es erforderlich, zwischen der Beschreibung des Modells und des Systems zu unterscheiden. Daher wird für die Modellgrößen der tiefgestellte Index M verwendet. Sofern eine solche Unterscheidung nicht notwendig ist, wird auf den Index M verzichtet.

der berechnete Frequenzgang des Modells G_M sein.

Besonders einfach ist die Bestimmung der Modellparameter, wenn der Modellfehler affin von den zu bestimmenden Parametern abhängt. Eine solche affine Abhängigkeit entsteht, wenn die Modellausgangsgröße $\boldsymbol{y}_\mathrm{M}$ linear von dem Parametervektor $\boldsymbol{p}_\mathrm{M}$ abhängt. Ist dies der Fall, lässt sich die Ausgangsgröße y_M in der Form

$$y_\mathrm{M}(\boldsymbol{p}_\mathrm{M}) = \boldsymbol{m}^\mathrm{T}\boldsymbol{p}_\mathrm{M} \tag{7.25}$$

darstellen, wobei zur Vereinfachung ein Eingrößensystem betrachtet wird. Der Vektor $\boldsymbol{m}$, der als Daten- oder Regressionsvektor bezeichnet wird, hängt nicht (auch nicht implizit) von dem Parametervektor $\boldsymbol{p}_\mathrm{M}$ ab. Damit ist der Modellfehler durch

$$e(\boldsymbol{p}_\mathrm{M}) = y_\mathrm{V} - y_\mathrm{M}(\boldsymbol{p}_\mathrm{M}) = y_\mathrm{V} - \boldsymbol{m}^\mathrm{T}\boldsymbol{p}_\mathrm{M} \tag{7.26}$$

gegeben, hängt also affin von dem Parametervektor ab.

Die Parameterschätzung ist bei einem linear parameterabhängigen Modell bzw. einem affin parameterabhängigen Fehler sehr einfach, da z.B. die Verwendung der Summe der quadratischen Fehler als Gütefunktional (*Least-Squares*-Gütefunktional) zu einer geschlossenen Lösung für den gesuchten Parametervektor führt. Es ergeben sich für linear parameterabhängige Modelle ebenfalls sehr einfache rekursive Parameterschätzverfahren. Dies lässt sich anschaulich darüber begründen, dass Parameterschätzverfahren oftmals auf der Minimierung eines Gütefunktionals basieren. Für die Minimierung können iterative Optimierungsalgorithmen eingesetzt werden. Dabei wird der Parametervektor in jedem Iterationsschritt in eine Richtung korrigiert, die zu einer Abnahme des Gütefunktionals führen soll. Bei gradientenbasierten Verfahren wird für die Korrektur des Parameterschätzwerts der Gradient des Gütefunktionals bezüglich des Parametervektors verwendet. Ganz allgemein führt die Berechnung des Gradienten eines Gütefunktionals $I(e(\boldsymbol{p}_\mathrm{M}))$, welches über den Fehler e vom Parametervektor $\boldsymbol{p}_\mathrm{M}$ abhängt, über die Kettenregel auf

$$\frac{\mathrm{d}I}{\mathrm{d}\boldsymbol{p}_\mathrm{M}} = \frac{\mathrm{d}I}{\mathrm{d}e} \cdot \frac{\mathrm{d}e}{\mathrm{d}\boldsymbol{p}_\mathrm{M}}. \tag{7.27}$$

Zur Berechnung des Gradienten des Gütefunktionals wird also der Gradient des Fehlervektors benötigt. Bei allgemeinen Modellen kann die Berechnung dieses Gradienten sehr aufwendig sein und es werden für die Gradientenberechnung sogenannte Empfindlichkeitsmodelle benötigt (siehe Abschnitt 8.2.5). Bei Modellen mit einer linearen Abhängigkeit vom Parametervektor ergibt sich aus Gl. (7.26)

$$\frac{\mathrm{d}e}{\mathrm{d}\boldsymbol{p}_\mathrm{M}} = \frac{\mathrm{d}(y_\mathrm{V} - y_\mathrm{M}(\boldsymbol{p}_\mathrm{M}))}{\mathrm{d}\boldsymbol{p}_\mathrm{M}} = -\boldsymbol{m}. \tag{7.28}$$

Die Berechnung des Gradienten ist damit sehr einfach bzw. der Gradient entspricht dem Datenvektor (mit negativen Vorzeichen), ist damit vom Parametervektor unabhängig und muss nicht berechnet werden.[8] Bei nichtlinear parameterabhängigen Modellen dagegen hängt der Gradient vom Parametervektor ab und muss für die Berechnung mit dem jeweils vorliegenden Parameterschätzwert bestimmt werden. Für Parameterschätzwerte, die weit von den wahren Werten entfernt sind, kann der Gradient in die falsche Richtung zeigen, was sich negativ auf die Konvergenzeigenschaften des Schätzverfahrens auswirken kann.

[8] Die Unabhängigkeit des Gradienten vom Parametervektor hat zur Folge, dass der Gradient gewissermaßen immer richtig ist, d.h. in die richtige Richtung zeigt.

Ein Beispiel für ein linear parameterabhängiges Modell ist das für die in Abschnitt 3.2 behandelte Identifikation auf Basis der ARX-Struktur verwendete Modell. Bei diesem Modell wird die Modellausgangsgröße aus dem aktuellen Wert $u(k)$ und zurückliegenden Werten $u(k-1), \ldots, u(k-n_u)$ der Eingangsgröße sowie zurückliegenden Werten der Ausgangsgröße $y(k-1), \ldots, y(k-n_y)$ gemäß

$$\begin{aligned} y_{\mathrm{M}}(k) &= -\sum_{i=1}^{n_y} a_i y(k-i) + \sum_{i=0}^{n_u} b_i u(k-i) \\ &= \begin{bmatrix} -y(k-1) & \ldots & -y(k-n_y) & u(k) & \ldots & u(k-n_u) \end{bmatrix} \begin{bmatrix} a_1 \\ \vdots \\ a_{n_y} \\ b_0 \\ \vdots \\ b_{n_u} \end{bmatrix} \\ &= \boldsymbol{m}^{\mathrm{T}}(k)\, \boldsymbol{p}_{\mathrm{M}} \end{aligned} \tag{7.29}$$

berechnet. Der Modellausgang $y_{\mathrm{M}}(k)$ kann als Vorhersage für den aktuellen Wert der Ausgangsgröße $y(k)$ angesehen werden. Die Abweichung zwischen dem Messwert und dem Vorhersagewert ist dann der Fehler

$$e(k) = y(k) - y_{\mathrm{M}}(k). \tag{7.30}$$

Der Datenvektor

$$\boldsymbol{m}(k) = \begin{bmatrix} -y(k-1) & \ldots & -y(k-n_y) & u(k) & \ldots & u(k-n_u) \end{bmatrix}^{\mathrm{T}} \tag{7.31}$$

beinhaltet nur Messdaten und hängt daher nicht vom Parametervektor ab. Es handelt sich also um ein linear parameterabhängiges Modell.

Hier ist es wichtig, zwischen einer linearen Parameterabhängigkeit und einer linearen Parametrierung zu unterscheiden. Um dies zu verdeutlichen, wird der in Abschnitt 3.5.3 betrachtete Prädiktor für ein ARMAX-Modell betrachtet. Bei diesem wird die Modellausgangsgröße über

$$y_{\mathrm{M}}(k) = -\sum_{i=1}^{n_y} a_i y(k-i) + \sum_{i=0}^{n_u} b_i u(k-i) + \sum_{i=1}^{n_e} c_i (y(k-i) - y_{\mathrm{M}}(k-i)) \tag{7.32}$$

berechnet. Dieses Modell kann mit

$$\boldsymbol{m}(k) = \begin{bmatrix} -y(k-1) \\ \vdots \\ -y(k-n_y) \\ u(k) \\ \vdots \\ u(k-n_u) \\ y(k-1) - y_{\mathrm{M}}(k-1) \\ \vdots \\ y(k-n_e) - y_{\mathrm{M}}(k-n_e) \end{bmatrix}, \quad \boldsymbol{p}_{\mathrm{M}} = \begin{bmatrix} a_1 \\ \vdots \\ a_{n_y} \\ b_0 \\ \vdots \\ b_{n_u} \\ c_1 \\ \vdots \\ c_{n_e} \end{bmatrix} \tag{7.33}$$

ebenfalls als

$$y_{\mathrm{M}}(k) = \boldsymbol{m}^{\mathrm{T}}(k)\,\boldsymbol{p}_{\mathrm{M}} \tag{7.34}$$

geschrieben werden. Explizit geht der Parametervektor in diese Gleichung nur linear ein, es handelt sich also um ein linear parametriertes Modell. Der Datenvektor $\boldsymbol{m}$ enthält aber zurückliegende berechnete Werte des Modellausgangs y_{M}. Da der Modellausgang y_{M} wiederum vom Parametervektor abhängig ist, hängt auch der Datenvektor implizit vom Parametervektor ab, d.h. es gilt

$$y_{\mathrm{M}}(k) = \boldsymbol{m}^{\mathrm{T}}(k,\boldsymbol{p}_{\mathrm{M}})\,\boldsymbol{p}_{\mathrm{M}} \tag{7.35}$$

Es handelt sich damit nicht um ein linear parameterabhängiges Modell.

Diese Unterscheidung kann auch anhand der Betrachtung eines Zustandsraummodells verdeutlicht werden. So können Zustandsraummodelle linear parametriert sein. Das Zustandsraummodell

$$\dot{\boldsymbol{x}}_{\mathrm{M}}(t) = \boldsymbol{f}(\boldsymbol{x}_{\mathrm{M}}(t),\boldsymbol{u}(t),\boldsymbol{p}_{\mathrm{M}}), \tag{7.36}$$

$$\boldsymbol{y}_{\mathrm{M}}(t) = \boldsymbol{h}(\boldsymbol{x}_{\mathrm{M}}(t),\boldsymbol{u}(t),\boldsymbol{p}_{\mathrm{M}}) \tag{7.37}$$

ist linear parametriert, wenn die Funktionen $\boldsymbol{f}$ und $\boldsymbol{h}$ linear vom Parametervektor $\boldsymbol{p}_{\mathrm{M}}$ abhängen. Die Funktionen $\boldsymbol{f}$ und $\boldsymbol{h}$ können dann in der Form

$$\boldsymbol{f}(\boldsymbol{x}_{\mathrm{M}}(t),\boldsymbol{u}(t),\boldsymbol{p}_{\mathrm{M}}) = \boldsymbol{M}_f(\boldsymbol{x}_{\mathrm{M}}(t),\boldsymbol{u}(t))\cdot\boldsymbol{p}_{\mathrm{M}} \tag{7.38}$$

und

$$\boldsymbol{h}(\boldsymbol{x}_{\mathrm{M}}(t),\boldsymbol{u}(t),\boldsymbol{p}_{\mathrm{M}}) = \boldsymbol{M}_h(\boldsymbol{x}_{\mathrm{M}}(t),\boldsymbol{u}(t))\cdot\boldsymbol{p}_{\mathrm{M}} \tag{7.39}$$

dargestellt werden. Die matrixwertigen Funktionen $\boldsymbol{M}_f(\boldsymbol{x}_{\mathrm{M}}(t),\boldsymbol{u}(t))$ und $\boldsymbol{M}_h(\boldsymbol{x}_{\mathrm{M}}(t),\boldsymbol{u}(t))$ hängen dabei nicht explizit von dem Parametervektor $\boldsymbol{p}_{\mathrm{M}}$ ab. Es handelt sich damit zwar um ein linear parametriertes Zustandsraummodell, es liegt aber keine lineare Abhängigkeit der Zustandsgröße vom Parametervektor vor, da der Zustandsvektor $\boldsymbol{x}_{\mathrm{M}}(t)$, der in $\boldsymbol{M}_f$ eingeht, implizit wiederum vom Parametervektor $\boldsymbol{p}_{\mathrm{M}}$ abhängt. Aus dem gleichen Grund liegt bei einem solchen Modell auch keine lineare Abhängigkeit der Ausgangsgröße von den Parametern vor.

Für die Darstellung eines allgemeinen, zeitdiskreten, linear parameterabhängigen Modells werden die zurückliegenden Werte der Ausgangsgröße des Systems $\boldsymbol{y}(k-1), \ldots, \boldsymbol{y}(k-n_y)$ und ggf. der aktuelle Wert und die zurückliegenden Werte der Eingangsgröße $\boldsymbol{u}(k-n_{\mathrm{d}})$, $\ldots$, $\boldsymbol{u}(k-n_u)$ in dem Vektor

$$\boldsymbol{\varphi}(k) = \begin{bmatrix} \boldsymbol{y}^{\mathrm{T}}(k-1) & \ldots & \boldsymbol{y}^{\mathrm{T}}(k-n_y) & \boldsymbol{u}^{\mathrm{T}}(k-n_{\mathrm{d}}) & \ldots & \boldsymbol{u}^{\mathrm{T}}(k-n_{\mathrm{u}}) \end{bmatrix}^{\mathrm{T}} \tag{7.40}$$

zusammengefasst. Über die Größe $n_{\mathrm{d}} \leq n_u$ wird hier eine mögliche Totzeit von n_{d} Abtastschritten berücksichtigt. Um hier auch den Fall von Mehrgrößensystemen zu berücksichtigen, werden für die Eingangs- und Ausgangsgröße Vektoren verwendet. Die Modellausgangsgröße für den Zeitpunkt k ist linear von den Modellparametern abhängig und kann damit in der Form

$$\begin{aligned} \boldsymbol{y}_{\mathrm{M}}(k) &= \boldsymbol{m}_1(\boldsymbol{\varphi}(k),k)\,p_{\mathrm{M},1} + \ldots + \boldsymbol{m}_s(\boldsymbol{\varphi}(k),k)\,p_{\mathrm{M},s} \\ &= \sum_{i=1}^{s} \boldsymbol{m}_i(\boldsymbol{\varphi}(k),k)p_{\mathrm{M},i} \end{aligned} \tag{7.41}$$

geschrieben werden. Die vektorwertigen Funktionen $\boldsymbol{m}_1(\boldsymbol{\varphi}(k),k), \ldots, \boldsymbol{m}_s(\boldsymbol{\varphi}(k),k)$ in dem vektorwertigen Argument $\boldsymbol{\varphi}(k)$ stellen dann gewissermaßen Basisfunktionen dar, aus denen durch Linearkombination die Modellausgangsgröße berechnet wird. Im Allgemeinen können diese Funktionen auch als zeitabhängig zugelassen werden, was einem zeitvarianten Modell mit zeitinvarianten Parametern entspricht. Durch Zusammenfassen dieser Funktionen in einer Matrix gemäß

$$\boldsymbol{M}(\boldsymbol{\varphi}(k),k) = \begin{bmatrix} \boldsymbol{m}_1(\boldsymbol{\varphi}(k),k) & \ldots & \boldsymbol{m}_s(\boldsymbol{\varphi}(k),k) \end{bmatrix} \tag{7.42}$$

lässt sich die Modellausgangsgröße für den Zeitpunkt k als

$$\boldsymbol{y}_{\mathrm{M}}(k) = \boldsymbol{M}(\boldsymbol{\varphi}(k),k)\,\boldsymbol{p}_{\mathrm{M}} \tag{7.43}$$

mit dem Modellparametervektor

$$\boldsymbol{p}_{\mathrm{M}} = \begin{bmatrix} p_{\mathrm{M},1} \\ \vdots \\ p_{\mathrm{M},s} \end{bmatrix} \tag{7.44}$$

darstellen.

Da die Parameterschätzung bei linear parameterabhängigen Modellen sehr einfach ist, wird oft versucht, eine solche Modellstruktur zu verwenden. Die Parameterschätzung für linear parameterabhängige Modelle durch Minimierung eines quadratischen Gütefunktionals wird in Abschnitt 8.4.2 behandelt. Dabei werden auch Probleme aufgezeigt, die durch eine unbedarfte Überführung einer Systemidentifikationsaufgabe in eine Struktur mit linearer Parameterabhängigkeit entstehen können. Die rekursive Parameterschätzung für linear parameterabhängige Modelle wird in Abschnitt 8.4.2 vorgestellt.

7.2.7 Berücksichtigung von Störungen

In den vorangegangenen Abschnitten wurden Modelleigenschaften behandelt und Modellstrukturen vorgestellt. Dabei wurde davon ausgegangen, dass mit den Modellen eine Beziehung zwischen Eingangs- und Ausgangsgrößen beschrieben wird. In diesem Abschnitt wird ausgeführt, dass in vielen Fällen zusätzlich der Einfluss von Störungen zu berücksichtigen ist bzw. das Vernachlässigen eines solchen Störeinflusses zu systematischen Fehlern führen kann. Zur Verdeutlichung dieses Sachverhalts wird die grundsätzliche Aufgabenstellung der Systemidentifikation nochmals allgemeiner dargestellt, um dann auszuführen, wie Störsignale in der Modellstruktur berücksichtigt werden können.

Bei der Systemidentifikation wird zunächst davon ausgegangen, dass es ein reales System gibt, welches über zeitveränderliche Größen (Signale) mit der Umwelt in Wechselwirkung steht. Diese Wechselwirkung wird so dargestellt, dass Eingangsgrößen auf das System wirken und das System Ausgangsgrößen hat, welche durch die Eingangsgrößen beeinflusst werden. Als Modell für ein solches System wird ganz allgemein eine mathematische Beziehung zwischen den Eingangs- und den Ausgangsgrößen verstanden ([Pro82], Abschnitt 3.1; [Lju99], Abschnitt 5.7). Das Modell verknüpft demnach Eingangs- und Ausgangsgrößen sowie ggf. interne Größen untereinander und mit den Systemparametern.

Für ein zeitkontinuierliches Modell mit einer Eingangsgröße u und einer Ausgangsgröße y kann eine Verknüpfung zwischen diesen Größen z.B. in Form einer Differentialgleichung

$$F(y(t),\dot{y}(t),\ldots,y^{(n_y)}(t),u(t),\dot{u}(t),\ldots,u^{(n_u)}(t),t) = 0 \tag{7.45}$$

oder bei einem zeitdiskreten Modell in Form einer Differenzengleichung

$$F(y(k),y(k-1),\ldots,y(k-n_y),u(k),u(k-1),\ldots,u(k-n_u),k) = 0 \tag{7.46}$$

dargestellt werden. Als Ausgangsgrößen werden dabei meist nur die technisch relevanten, d.h. die für den jeweiligen Verwendungszweck des Modells interessierenden, Signale betrachtet. Es ist leicht nachzuvollziehen, dass versucht werden sollte, alle Größen als Eingangsgrößen zu berücksichtigen, die einen wesentlichen, nicht zu vernachlässigenden Einfluss auf die Ausgangsgrößen haben. Weggelassen werden können dabei ggf. Größen, die direkt von anderen, berücksichtigten Größen abhängen, also gewissermaßen redundant sind.

Im Allgemeinen stellt das Modell keine exakte Beschreibung des Systems dar. Dies ist zum einen darin begründet, dass beim Erstellen des Modells vereinfachende Annahmen gemacht wurden oder auch Parameter nicht exakt bekannt sind. Es liegen also Modellunsicherheiten vor. Zum anderen liefern reale Systeme häufig auch bei Betrieb unter genau gleichen Bedingungen (soweit dies überhaupt möglich ist) unterschiedliche Ergebnisse. Gemessene Größen schwanken z.B. allein schon aufgrund eines immer vorhandenen Messrauschens. Ein anderer Grund sind nicht berücksichtigte Eingangsgrößen. Sowohl für das Messrauschen als auch für die nicht berücksichtigten Eingangsgrößen wird in der Systemidentifikation meist ein stochastischer Ansatz gemacht, d.h. es wird davon ausgegangen, dass diese Größen zufälliger Natur sind.

Dies motiviert eine stochastische Sichtweise des Systems und ein entsprechendes stochastisches Modell. Ein solches Modell wäre die Wahrscheinlichkeitsdichte $f_y(\,y(t),t|\,u_{[-\infty,t]})$ der Ausgangsgröße y für den Zeitpunkt t bedingt durch den Verlauf der Eingangsgröße bis zu diesem Zeitpunkt, hier durch $u_{[-\infty,t]}$ dargestellt. Mit dieser Wahrscheinlichkeitsdichte könnte (zumindest prinzipiell) der Erwartungswert für die Ausgangsgröße y zum Zeitpunkt t

$$\mathrm{E}\left\{y(t)\right\} = \int_{-\infty}^{\infty} y \cdot f_y(\,y,t|\,u_{[-\infty,t]})\,\mathrm{d}y \tag{7.47}$$

oder auch die Wahrscheinlichkeit $P(a \leq y(t) \leq b)$ dafür, dass die Ausgangsgröße in einem bestimmten Intervall $[\,a,b\,]$ liegt, über

$$P(a \leq y(t) \leq b) = \int_{a}^{b} f_y(\,y,t|\,u_{[-\infty,t]})\,\mathrm{d}y \tag{7.48}$$

berechnet werden. Die Wahrscheinlichkeitsdichte als Modellbeschreibung hängt dann von den Modellparametern ab. Eine derartige Modellbeschreibung ist allerdings zum einen recht unhandlich und unanschaulich, zum anderen auch vergleichsweise schwierig zu bestimmen. Anschaulicher ist eine Beschreibung, in welche die Störgrößen explizit eingehen und ein Systemmodell und ein Störmodell verwendet werden. Diese Beschreibung soll im Folgenden vorgestellt werden.

In der Regelungstechnik werden auf das System einwirkende Größen oftmals dahingehend unterschieden, ob es sich um beeinflussbare oder um nichtbeeinflussbare Größen handelt. Erstere werden als Stellgrößen und letztere als Störgrößen oder Störungen bezeichnet. Diese Sichtweise ist allgemein in Bild 7.5 gezeigt. Die Störgrößen und die Stellgrößen stellen zusammen die Eingangsgrößen dar. Für den Entwurf von Regelungen ist eine solche Unterscheidung anhand des Kriteriums der Beeinflussbarkeit sinnvoll, da die Regelung die Aufgabe hat, über die Veränderung der Stellgrößen den Auswirkungen von Veränderungen der Störgrößen entgegenzuwirken. In der Theorie der optimalen Regelung wird diese Unterscheidung mit dem Konzept der erweiterten Regelstrecke (*Augmented Plant*) konsequent verfolgt. Die erweiterte Regelstrecke enthält dabei auch die Entwurfsanforderungen in Form von Gewichtsfunktionen, über die u.a. ausgedrückt wird, in welchem Frequenzbereich eine gute Störunterdrückung gefordert wird [ML92, ZDG96]. Diese Sichtweise führt allerdings dazu, dass ein von außen vorgegebener, durch die Regelung nicht beeinflussbarer Sollwert in der Entwurfsaufgabe als Störgröße aufgefasst wird, was etwas der Sichtweise der regelungstechnischen Praxis widerspricht.

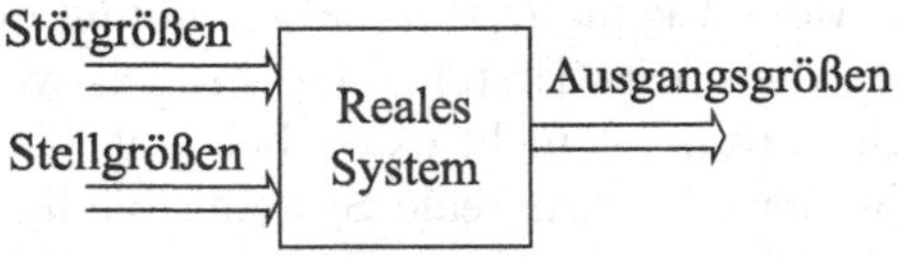

Bild 7.5 System mit Störgrößen und Stellgrößen als Eingangsgrößen

Für die Beschreibung der Systemidentifikationsaufgabe ist hingegen eine Unterscheidung in Signale mit bekannten Eigenschaften und Signale mit (teilweise) unbekannten Eigenschaften zweckmäßiger. Den idealen Fall eines Signals mit bekannten Eigenschaften stellt ein Signal dar, welches als vollständiger Verlauf über der Zeit vorliegt, z.B. aus einer Messung oder als vorgegebener Verlauf. Die Signale mit bekannten Eigenschaften stellen dann die Eingangsgrößen und die Signale mit unbekannten Eigenschaften die Störgrößen dar. Störgrößen und System bilden dann, wie in Bild 7.6 dargestellt, ein gestörtes System.

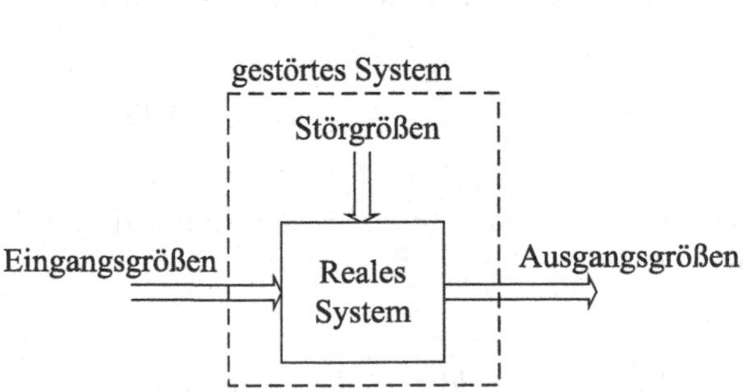

Bild 7.6 Gestörtes System

Die Aufgabe der Systemidentifikation besteht ganz allgemein darin, einen Zusammenhang zwischen den Eingangsgrößen und den Ausgangsgrößen zu ermitteln. Die Ausgangsgrößen werden dabei auch durch die auf das System wirkenden Störgrößen beeinflusst. Bei der Ermittlung des Zusammenhangs zwischen den Eingangs- und den Ausgangsgrößen durch Systemidentifikation ist es daher in vielen Fällen zweckmäßig, die Eigenschaften des Störsignals zu berücksichtigen, da ansonsten systematische Fehler entstehen können. Dies kann anhand eines sehr einfachen Beispiels verdeutlicht werden. Hierzu wird der Fall betrachtet, dass es sich bei dem realen System um ein reines Verstärkungsglied handelt und dass dieser Zusammenhang, nicht aber der Wert der Verstärkung, bekannt ist. Zusätzlich wirkt eine konstante Störgröße z_0 auf das Ausgangssignal, deren Wert ebenfalls nicht bekannt ist. Zwischen der Eingangsgröße u und der Ausgangsgröße y besteht also der Zusammenhang

$$y(t) = Ku(t) + z_0 \tag{7.49}$$

Die Verstärkung K des Systems soll nun über eine Messung, also durch experimentelle Systemidentifikation, bestimmt werden. Wird das System dazu mit einer konstanten Eingangsgröße $u(t) = u_0$ beaufschlagt, ergibt sich auch eine konstante Ausgangsgröße $y(t) = y_0$. Wird jetzt nur die Information verwendet, dass es sich bei dem System um ein Verstärkungsglied handelt, also der Zusammenhang

$$y(t) = Ku(t) \tag{7.50}$$

ohne Berücksichtigung der Störung angenommen, liegt es nahe, den Wert der Verstärkung über

$$\hat{K} = \frac{y_0}{u_0} \tag{7.51}$$

zu bestimmen. Damit ergibt sich aber mit Gl. (7.49)

$$\hat{K} = \frac{Ku_0 + z_0}{u_0} = K + \frac{z_0}{u_0} \tag{7.52}$$

Es wird also nicht der richtige Wert der Verstärkung bestimmt. Würde der korrekte Zusammenhang gemäß Gl. (7.49) als Ansatz gewählt, könnte aus zwei Messungen mit konstanten Eingangssignalen sowohl die Verstärkung K als auch die konstante Störung z_0 ermittelt werden.

Der durch dieses triviale Beispiel aufgezeigte Sachverhalt kann dahingehend verallgemeinert werden, dass für die Systemidentifikation ein Systemmodell (im Beispiel ein Verstärkungsglied) und ein Modell für die Störung (im Beispiel eine konstante Größe) verwendet werden müssen. Bild 7.7 verdeutlicht diesen Ansatz. Das Störmodell stellt hier zunächst ein Signalmodell dar, welches die Eigenschaften des Störsignals beschreibt, und wird daher in Bild 7.7 auch als Störsignalmodell bezeichnet. Bei der Systemidentifikation ist es dann erforderlich, das Systemmodell und die Eigenschaften des Störsignals zu bestimmen (im obigen Beispiel also die Verstärkung K und den konstanten Wert der Störung z_0).

Für Störgrößen wird oftmals angenommen, dass es sich um stochastische Signale handelt. Stochastische Signale können durch Kenngrößen wie Erwartungswert, Autokorrelationsfunktion (im Zeitbereich) oder spektrale Leistungsdichte (im Frequenzbereich) beschrieben werden. Die Bestimmung dieser Kenngrößen wird als Signalanalyse bezeichnet [Str75, Pro82]. Gerade bei stochastischen Störsignalen ist es für die Systemidentifikation hilfreich, die Störsignale als Ausgänge von (Stör-)Modellen darzustellen, die durch stochastische Signale mit bekannten Eigenschaften angeregt werden, z.B. durch normalverteiltes weißes Rauschen mit der Intensität eins. Die Bestimmung der Signaleigenschaften der Störgrößen wird damit auf die Bestimmung eines Störmodells zurückgeführt. Bild 7.8 zeigt die so entstehende Modellstruktur. Dabei wird die Eingangsgröße für das Systemmodell mit $\boldsymbol{u}$ bezeichnet und die Eingangsgröße für das Störmodell mit $\boldsymbol{\varepsilon}$, was der in

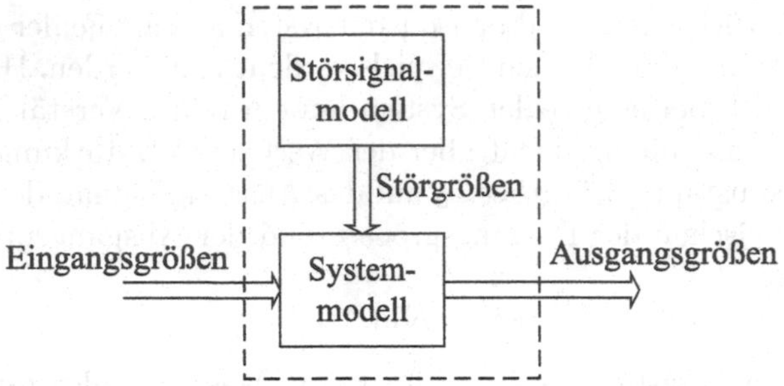

Bild 7.7 Modellstruktur mit Systemmodell und Störsignalmodell

Kapitel 3 verwendeten Notation entspricht. Die Ausgangsgröße wird mit $\boldsymbol{y}$ bezeichnet. Hier ist wieder zu beachten, dass unter Eingangsgrößen nicht zwangsläufig bekannte (z.B. gemessene) Signale zu verstehen sind, sondern nur Signale mit bekannten Eigenschaften. So handelt es sich bei der Eingangsgröße des Störmodells $\boldsymbol{\varepsilon}$ im Allgemeinen nicht um ein bekanntes Signal.

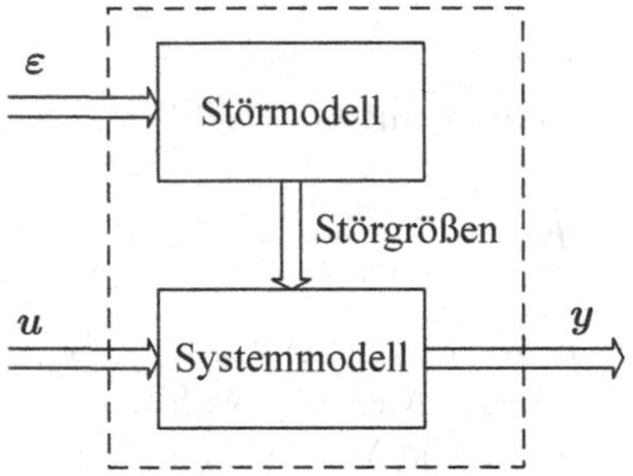

Bild 7.8 Modellstruktur mit Systemmodell und Störmodell mit Eingangsgröße

Von Bedeutung ist weiterhin, wie die Störgrößen auf das System wirken. Bei physikalisch motivierten Modellen ist damit insbesondere gemeint, an welchen Stellen Störgrößen angreifen. Wird z.B. das dynamische Verhalten eines Fahrzeugs modelliert, so können Seitenkräfte, Steigung, Gegenwind und andere ähnliche Größen Störungen darstellen, die an verschiedenen Stellen auf das System wirken.

In vielen Fällen werden über die Störgrößen auch Effekte wie (Mess-)Rauschen sowie allgemeine Modellungenauigkeiten berücksichtigt. Eine Aussage darüber, wo genau diese Störgrößen angreifen, ist dann nicht mehr möglich und auch nicht mehr zweckmäßig. In diesem Fall sind zwei Ansätze für den Angriffsort der Störgrößen üblich. Bei einer Eingangs-Ausgangs-Beschreibung wird oftmals davon ausgegangen, dass die Störgröße additiv auf den Ausgang des Systems wirkt. Die Störung wird dann als Ausgangsstörung oder bei Regelstrecken auch als Laststörung bezeichnet.[9] Diese angenommene Modellstruktur ist in Bild 7.9 gezeigt. Für lineare Systeme entspricht dies gerade der in Kapitel 3 (siehe Bild 3.3) verwendeten allgemeinen Modellstruktur

$$Y = G_{\mathrm{M}}U + G_{\mathrm{r}}\varepsilon \tag{7.53}$$

[9] Eine Störung am Eingang der Systems wird allgemein als Eingangsstörung und bei Regelstrecken auch als Versorgungsstörung bezeichnet.

in der das Systemmodell durch die Übertragungsfunktion G_M und das Störmodell durch die Übertragungsfunktion G_r beschrieben wird. Bei linearen Systemen ist die Annahme einer Störung am Ausgang des Systemmodells allgemeingültig, da an anderen Stellen angreifende Störungen aufgrund der Linearität auf den Modellausgang umgerechnet werden können.[10]

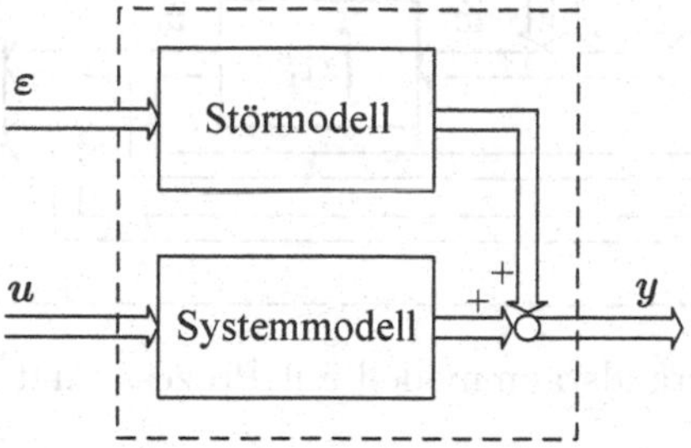

Bild 7.9 Modellstruktur mit Störung am Ausgang des Systemmodells

In Verbindung mit der Modellierung des Systems im Zustandsraum ist ein weiterer Ansatz üblich. Eine allgemeine Systembeschreibung im Zustandsraum ohne Berücksichtigung von Störungen lautet

$$\dot{\boldsymbol{x}}(t) = \boldsymbol{f}(\boldsymbol{x}(t),\boldsymbol{u}(t),t), \tag{7.54a}$$

$$\boldsymbol{y}(t) = \boldsymbol{h}(\boldsymbol{x}(t),\boldsymbol{u}(t),t) \tag{7.54b}$$

mit der Zustandsgröße $\boldsymbol{x}$, der Eingangsgröße $\boldsymbol{u}$ und der Ausgangsgröße $\boldsymbol{y}$. Bezüglich der Störungen ist es bei einer solchen Beschreibung üblich, anzunehmen, dass eine stochastische Störgröße additiv auf die zeitliche Änderung der Zustandsgröße und eine weitere stochastische Störgröße additiv auf die Ausgangsgröße wirkt. Werden diese Störgrößen mit $\boldsymbol{w}$ und $\boldsymbol{v}$ bezeichnet, ergibt sich

$$\dot{\boldsymbol{x}}(t) = \boldsymbol{f}(\boldsymbol{x}(t),\boldsymbol{u}(t),t) + \boldsymbol{w}(t), \tag{7.55a}$$

$$\boldsymbol{y}(t) = \boldsymbol{h}(\boldsymbol{x}(t),\boldsymbol{u}(t),t) + \boldsymbol{v}(t). \tag{7.55b}$$

Dabei wird die auf die Zustandsänderung wirkende Störgröße $\boldsymbol{w}$ als Prozessrauschen und die auf die Ausgangsgröße wirkende Störgröße $\boldsymbol{v}$ als Messrauschen bezeichnet. Bild 7.10 zeigt die sich so ergebende Modellstruktur.[11]

Wie bereits angesprochen und am Beispiel gezeigt, wirkt sich das verwendete Störmodell auf das Identifikationsergebnis aus. Es ist daher erforderlich, mit dem Störmodell die tatsächlich auftretenden Störungen hinreichend gut zu beschreiben. Andernfalls können bei der Systemidentifikation systematische Fehler auftreten, z.B. eine Abweichung (*Bias*) zwischen den geschätzten Parametern und den wahren Parametern. Diese Problematik wird in Abschnitt 8.3.3.7 für die *Least-Squares*-Parameterschätzung detaillierter betrachtet. Bei Verwendung eines mit einem falschen Störmodell ermittelten Modells zur Vorhersage zukünftiger Ausgangswerte ergibt sich oftmals keine erwartungstreue Vorhersage, sondern es treten wiederum systematische Fehler auf.

[10] Streng genommen gilt dies nur, wenn zwischen Störmodell und Systemmodell keine Pol-Nullstellen-Kürzungen auftreten.

[11] Prinzipiell sind auch Modellstrukturen möglich, bei denen das Rauschen nicht nur additiv auf die Zustandsänderung und die Ausgangsgröße wirkt. Häufig wird allerdings die hier angegebene Struktur verwendet.

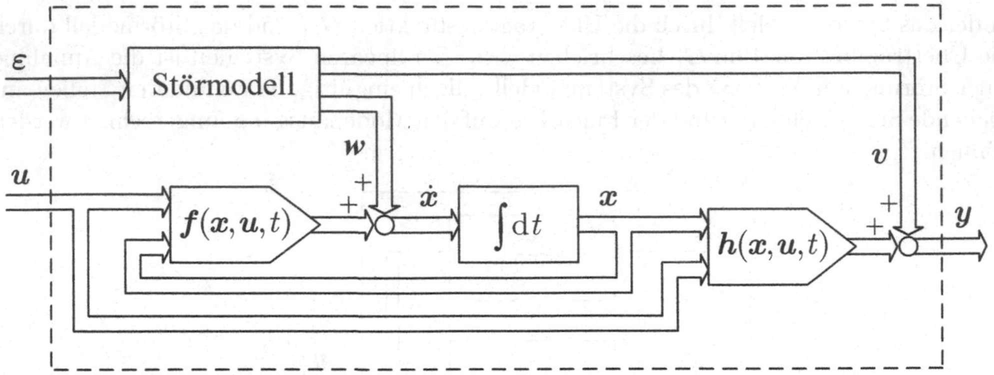

Bild 7.10 Zustandsraummodell mit Prozess- und Messrauschen

Unter recht wenig einschränkenden Voraussetzungen können für lineare Systeme die oben angegebenen Modellstrukturen (Ausgangsstörung bzw. Prozess- und Messrauschen) verwendet werden. Bei nichtlinearen Systemen ist dies nicht der Fall, da eine an einer bestimmten Stelle auftretende Störgröße aufgrund der Nichtlinearität des Übertragungsverhaltens im Allgemeinen nicht mehr auf eine am Ausgang auftretende Störgröße oder auf eine Darstellung mit Prozess- und Messrauschen umgerechnet werden kann. Bei stark gestörten nichtlinearen Systemen kann daher eine genauere Betrachtung des Störmodells erforderlich sein. Allerdings verkompliziert ein aufwendigeres Störmodell auch das Verfahren zur Parameterschätzung. Daher wird auch bei nichtlinearen Systemen versucht, mit einem Störmodell zu arbeiten, welches eine einfache Lösung des Parameterschätzproblems erlaubt. In vielen Fällen wird das Störmodell gar nicht explizit berücksichtigt, sondern eine heuristische Herangehensweise gewählt. Dies entspricht gewissermaßen einer deterministischen Systemidentifikation, während bei einer expliziten Berücksichtigung eines stochastischen Störmodells von stochastischer Systemidentifikation gesprochen wird.

7.3 Eingangs-Ausgangs-Modelle

7.3.1 Volterra-Reihe

In diesem Abschnitt wird die Volterra-Reihe als Systembeschreibung betrachtet. Die Volterra-Reihe stellt eine recht allgemeine Beschreibung für nichtlineare Systeme dar, anhand der auch die für die Beschreibung eines allgemeinen nichtlinearen Systems erforderliche Komplexität ersichtlich wird. Auch wenn die Volterra-Reihe für die eigentliche Systemidentifikation aufgrund dieser Komplexität vergleichsweise schlecht geeignet ist, ist eine Beschäftigung mit dieser Systembeschreibung für das grundlegende Verständnis sinnvoll. Die Volterra-Reihe stellt auch die Basis für die NARMAX-Modelle dar, die weiter unten in Abschnitt 7.3.4 betrachtet werden.

Wie in Abschnitt 7.2 bereits dargestellt, kann die Eingangs-Ausgangs-Beziehung in der Form

$$y(t) = H\left[u(t)\right] \tag{7.56}$$

dargestellt werden, wobei es sich bei H um den Systemoperator handelt, der durch ein Funktional gegeben ist. Zur Vereinfachung der Notation werden im Folgenden nur zeitinvariante Eingrößensysteme betrachtet. Die Betrachtungen in diesem Abschnitt gelten aber auch für zeitvariante Systeme. Dann wären der Operator bzw. die diesen Operator beschreibenden Ausdrücke zusätzlich von der Zeit abhängig, was lediglich die Notation etwas verkomplizieren würde. Bild 7.11 zeigt die Eingangs-Ausgangs-Beschreibung mit dem Systemoperator H.

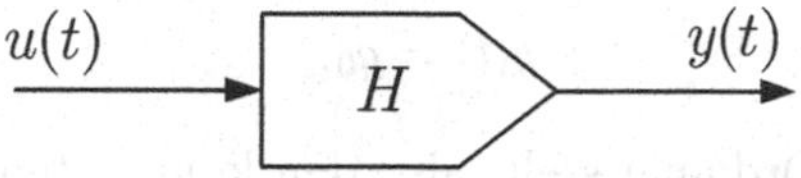

Bild 7.11 Eingangs-Ausgangs-Beschreibung mit Systemoperator H

Unter bestimmten Voraussetzungen, die an dieser Stelle als erfüllt vorausgesetzt werden, lässt sich das Funktional in Form einer unendlichen Funktionalreihe

$$y(t) = \sum_{i=0}^{\infty} H_i\left[u(t)\right] \tag{7.57}$$

darstellen.[12] Dabei ist H_i der Volterra-Operator i-ter Ordnung. Für $i = 0$ gilt

$$H_0\left[u(t)\right] = g_0, \tag{7.58}$$

der Volterra-Operator nullter Ordnung entspricht also dem konstanten Wert g_0. Für $i = 1{,}2,\ldots$ sind die Volterra-Operatoren durch

$$H_i\left[u(t)\right] = \int_{-\infty}^{\infty} \cdots \int_{-\infty}^{\infty} g_i(\tau_1,\tau_2,\ldots,\tau_i)u(t-\tau_1)u(t-\tau_2)\ldots u(t-\tau_i)\,\mathrm{d}\tau_i \ldots \mathrm{d}\tau_2\,\mathrm{d}\tau_1 \tag{7.59}$$

gegeben. Die Funktionen $g_i(\tau_1,\tau_2,\ldots,\tau_i)$, $i = 1{,}2,\ldots$, sind die Volterra-Kerne i-ter Ordnung. Die Gln. (7.57), (7.58) und (7.59) definieren die Volterra-Reihe [Vol31]. Für H_1, H_2 und H_3 ergibt sich aus Gl. (7.59)

$$H_1\left[u(t)\right] = \int_{-\infty}^{\infty} g_1(\tau_1)u(t-\tau_1)\,\mathrm{d}\tau_1, \tag{7.60}$$

$$H_2\left[u(t)\right] = \int_{-\infty}^{\infty}\int_{-\infty}^{\infty} g_2(\tau_1,\tau_2)u(t-\tau_1)u(t-\tau_2)\,\mathrm{d}\tau_2\,\mathrm{d}\tau_1, \tag{7.61}$$

$$H_3\left[u(t)\right] = \int_{-\infty}^{\infty}\int_{-\infty}^{\infty}\int_{-\infty}^{\infty} g_3(\tau_1,\tau_2,\tau_3)u(t-\tau_1)u(t-\tau_2)u(t-\tau_3)\,\mathrm{d}\tau_3\,\mathrm{d}\tau_2\,\mathrm{d}\tau_1. \tag{7.62}$$

[12] Eine leicht nachvollziehbare Voraussetzung ist, dass die unendliche Reihe konvergiert, was vom Eingangssignal $u(t)$ abhängt (siehe z.B. [Sche06], S. 200-202). Eine ausführliche Behandlung dieser Thematik findet sich in [PP77].

Für zeitvariante Systeme hängen die Volterra-Kerne zusätzlich von der Zeit ab, sind also durch $g_i(t,\tau_1,\tau_2,\ldots,\tau_i)$ gegeben.

Der Volterra-Operator erster Ordnung aus Gl. (7.60) entspricht gerade dem Faltungsintegral. Dies bedeutet, dass die normierte Impulsantwort (Gewichtsfunktion) eines linearen Systems gerade der Volterra-Kern erster Ordnung ist und bei einem linearen System der nullte Kern und alle Kerne mit der Ordnung größer eins gerade null sind. Die Volterra-Kerne können damit als eine Art verallgemeinerte Gewichtsfunktionen aufgefasst werden und die Volterra-Reihe als Verallgemeinerung der Systembeschreibung über das Faltungsintegral bzw. die Impulsantwort.[13]

Ohne Anregung, also für $u(t) = 0$, folgt aus Gln. (7.57), (7.58) und (7.59)

$$y(t) = g_0. \tag{7.63}$$

Der Volterra-Kern nullter Ordnung stellt also den konstanten Wert der Ausgangsgröße dar, der sich ohne Vorliegen einer Eingangsgröße ergibt. Bei Systemen, bei denen ohne Eingangssignal auch das Ausgangssignal gleich null ist, verschwindet dieser Term. Er kann auch ohne Verlust der Allgemeingültigkeit weggelassen werden, da ein neuer Ausgang durch Abziehen dieses konstanten Terms definiert werden kann.

Als untere Schranke der Integration wurde hier bislang $-\infty$ verwendet. Bei kausalen Systemen hängt der Systemausgang nicht von Werten des Systemeingangs in der Zukunft ab. Die Volterra-Kerne $g_i(\tau_1,\ldots,\tau_i)$ für $i = 1,2,\ldots$ sind bei kausalen Systemen daher nur dann ungleich null, wenn alle Argumente $\tau_1,\ldots,\tau_i$ nichtnegativ sind, da andernfalls aus Gl. (7.59) eine Abhängigkeit des momentanen Ausgangssignals von dem Verlauf des Eingangssignals in der Zukunft folgen würde. Bei kausalen Systemen kann damit die untere Integrationsschranke in Gl. (7.59) zu null gesetzt werden, also

$$H_i\left[u(t)\right] = \int_0^\infty \ldots \int_0^\infty g_i(\tau_1,\tau_2,\ldots,\tau_i)u(t-\tau_1)u(t-\tau_2)\ldots u(t-\tau_i)\,\mathrm{d}\tau_i\ldots\mathrm{d}\tau_2\,\mathrm{d}\tau_1. \tag{7.64}$$

Wenn, wie bei der Betrachtung von Systemen in der Regelungstechnik oft angenommen, $u(t) = 0$ für $t < 0$ gilt, kann des Weiteren die obere Integrationsschranke zu t gesetzt werden. Dann ergibt sich

$$H_i\left[u(t)\right] = \int_0^t \ldots \int_0^t g_i(\tau_1,\tau_2,\ldots,\tau_i)u(t-\tau_1)u(t-\tau_2)\ldots u(t-\tau_i)\,\mathrm{d}\tau_i\ldots\mathrm{d}\tau_2\,\mathrm{d}\tau_1. \tag{7.65}$$

Die allgemeine Form mit der Integration von $-\infty$ bis ∞ ist aber oftmals handlicher, da bei Substitutionen der Integrationsvariablen dann in den meisten Fällen die Integrationsgrenzen beibehalten werden können.

[13] Allerdings entspricht der erste Volterra-Kern nur bei einem linearen System der normierten Impulsantwort. Bei einem nichtlinearen System ist die Antwort auf einen Impuls durch die Summe der Werte der Kerne auf der Diagonalen, also $g_1(t) + g_2(t,t) + g_3(t,t,t) + \ldots$, gegeben ([MM78], S. 143).

Eine äquivalente Darstellung ergibt sich aus Gl. (7.59) durch Variablensubstitution[14] zu

$$H_i\left[u(t)\right] = \int\limits_{-\infty}^{\infty} \dots \int\limits_{-\infty}^{\infty} g_i(t-\tau_1,t-\tau_2,\dots,t-\tau_i)u(\tau_1)u(\tau_2)\dots u(\tau_i)\,\mathrm{d}\tau_i\dots\mathrm{d}\tau_2\,\mathrm{d}\tau_1. \quad (7.66)$$

Für kausale Systeme kann die obere Integrationsschranke durch t ersetzt werden, also

$$H_i\left[u(t)\right] = \int\limits_{-\infty}^{t} \dots \int\limits_{-\infty}^{t} g_i(t-\tau_1,t-\tau_2,\dots,t-\tau_i)u(\tau_1)u(\tau_2)\cdots u(\tau_i)\,\mathrm{d}\tau_i\dots\mathrm{d}\tau_2\,\mathrm{d}\tau_1. \quad (7.67)$$

Wenn zusätzlich $u(t) = 0$ für $t < 0$ gilt, kann die untere Integrationsschranke wieder zu null gesetzt werden, sodass

$$H_i\left[u(t)\right] = \int\limits_{0}^{t} \dots \int\limits_{0}^{t} g_i(t-\tau_1,t-\tau_2,\dots,t-\tau_i)u(\tau_1)u(\tau_2)\dots u(\tau_i)\,\mathrm{d}\tau_i\dots\mathrm{d}\tau_2\,\mathrm{d}\tau_1 \quad (7.68)$$

folgt.

In der Volterra-Reihe können unterschiedliche Kerndarstellungen verwendet werden, die durch Variablensubstitutionen in den Zeitargumenten der Integrale ineinander überführt werden können ([Rug81]; [Schw91], Definition 2.4). Im Wesentlichen sind drei Kerndarstellungen von Interesse (symmetrische Kerne, Dreieck-Kerne und reguläre Kerne).

Bei symmetrischen Kernen gilt

$$g_{i,\mathrm{sym}}(\tau_1,\dots,\tau_i) = g_{i,\mathrm{sym}}(\tau_{\pi(1)},\dots,\tau_{\pi(i)}) \quad (7.69)$$

wobei die Symbole $\pi(1)$ bis $\pi(i)$ dafür stehen, dass als Indizes alle möglichen Permutationen der Zahlen 1 bis i verwendet werden. Für einen symmetrischen Kern dritter Ordnung gilt also

$$\begin{aligned} &g_{3,\mathrm{sym}}(\tau_1,\tau_2,\tau_3) = g_{3,\mathrm{sym}}(\tau_1,\tau_3,\tau_2) = g_{3,\mathrm{sym}}(\tau_2,\tau_1,\tau_3) = \\ &= g_{3,\mathrm{sym}}(\tau_2,\tau_3,\tau_1) = g_{3,\mathrm{sym}}(\tau_3,\tau_1,\tau_2) = g_{3,\mathrm{sym}}(\tau_3,\tau_2,\tau_1). \end{aligned} \quad (7.70)$$

Über die Beziehung

$$g_{i,\mathrm{sym}}(\tau_1,\dots,\tau_i) = \frac{1}{i!}\sum_{\pi(\cdot)} g_i(\tau_{\pi(1)},\dots,\tau_{\pi(i)}) \quad (7.71)$$

kann die Funktionaldarstellung mit einem beliebigen Kern i-ter Ordnung in die Darstellung mit einem symmetrischen Kern i-ter Ordnung überführt werden. Der Index $\pi(\cdot)$ in der Summendarstellung steht dabei dafür, dass die Summation über alle möglichen Permutationen von $\tau_1,\dots,\tau_i$ ausgeführt wird. Ein beliebiger Kern dritter Ordnung $g_3(\tau_1,\tau_2,\tau_3)$ wird also über

[14] Es wird die neue Integrationsvariable $\sigma_i = t-\tau_i$ eingeführt und nach der Variablensubstitution wieder durch τ_i ersetzt.

$$\begin{aligned} g_{3,\mathrm{sym}}(\tau_1,\tau_2,\tau_3) = & \frac{1}{6}g_3(\tau_1,\tau_2,\tau_3) \\ & + \frac{1}{6}g_3(\tau_1,\tau_3,\tau_2) \\ & + \frac{1}{6}g_3(\tau_2,\tau_1,\tau_3) \\ & + \frac{1}{6}g_3(\tau_2,\tau_3,\tau_1) \\ & + \frac{1}{6}g_3(\tau_3,\tau_1,\tau_2) \\ & + \frac{1}{6}g_3(\tau_3,\tau_2,\tau_1) \end{aligned} \tag{7.72}$$

in einen symmetrischen Kern dritter Ordnung $g_{3,\mathrm{sym}}(\tau_1,\tau_2,\tau_3)$ überführt. Damit ist die Darstellung mit symmetrischen Kernen eine allgemeingültige Darstellung, es kann also ohne Einschränkung der Allgemeinheit von symmetrischen Kernen ausgegangen werden.

Eine weitere Darstellung ist die mit sogenannten Dreieck-Kernen. Für einen Kern i-ter Ordnung gibt es $i!$ Möglichkeiten, einen Dreieck-Kern zu definieren. Ein möglicher Dreieck-Kern ist ein Kern, für den $g_{i,\mathrm{tri}}(\tau_1,\ldots,\tau_i) = 0$ gilt, sofern $\tau_{j+k} > \tau_k$ für mindestens eine positive ganze Zahl $k \leq i$ und eine positive ganze Zahl $j \leq i-k$ erfüllt ist. Bei einem Kern dritter Ordnung bedeutet dies

$$g_{3,\mathrm{tri}}(\tau_1,\tau_2,\tau_3) = 0 \quad \text{für} \quad \tau_2 > \tau_1, \tag{7.73a}$$

$$g_{3,\mathrm{tri}}(\tau_1,\tau_2,\tau_3) = 0 \quad \text{für} \quad \tau_3 > \tau_1, \tag{7.73b}$$

$$g_{3,\mathrm{tri}}(\tau_1,\tau_2,\tau_3) = 0 \quad \text{für} \quad \tau_3 > \tau_2, \tag{7.73c}$$

also z.B.

$$g_{3,\mathrm{tri}}(2,3,1), = 0 \tag{7.74a}$$

$$g_{3,\mathrm{tri}}(2,1,3), = 0 \tag{7.74b}$$

$$g_{3,\mathrm{tri}}(3,1,2) = 0. \tag{7.74c}$$

Der Dreieckbereich, in dem der Kern Werte ungleich null annehmen kann, ist also in diesem Beispiel durch

$$\tau_3 \leq \tau_2 \leq \tau_1 \tag{7.75}$$

gegeben.

Mit dem so definierten Dreieck-Kern können die Funktionale in der Form

$$H_i\left[u(t)\right] = \int_{-\infty}^{\infty}\int_{-\infty}^{\tau_1}\int_{-\infty}^{\tau_2}\cdots\int_{-\infty}^{\tau_{i-1}} g_{i,\mathrm{tri}}(\tau_1,\tau_2,\ldots,\tau_i)u(t-\tau_1)u(t-\tau_2)\ldots u(t-\tau_i)\,\mathrm{d}\tau_i\ldots\mathrm{d}\tau_2\,\mathrm{d}\tau_1 \tag{7.76}$$

oder alternativ in der Form

$$H_i\left[u(t)\right] =$$

$$\int_{-\infty}^{\infty}\int_{\tau_1}^{\infty}\int_{\tau_2}^{\infty}\cdots\int_{\tau_{i-1}}^{\infty} g_{i,\mathrm{tri}}(t-\tau_1,t-\tau_2,\ldots,t-\tau_i)u(\tau_1)u(\tau_2)\ldots u(\tau_i)\,\mathrm{d}\tau_i\ldots\mathrm{d}\tau_2\,\mathrm{d}\tau_1 \tag{7.77}$$

dargestellt werden.

Die verwendete Definition des Dreieck-Kerns bzw. des Dreieckbereichs ist nicht die einzig mögliche. Es würde sich z.B. auch um einen Dreieck-Kern handeln, wenn $g_{i,\mathrm{tri}}(\tau_1,\ldots,\tau_i) = 0$ gilt, sofern $\tau_{j+k} < \tau_k$ für mindestens eine positive ganze Zahl $k \leq i$ und eine positive ganze Zahl $j \leq i-k$ erfüllt ist. Der Dreieckbereich, in dem der Kern Werte ungleich null annehmen kann, ist dann durch

$$\tau_1 \leq \tau_2 \leq \tau_3 \tag{7.78}$$

gegeben. Für einen Kern dritter Ordnung lassen sich so neben den Dreieckbereichen aus Gln. (7.75) und (7.78) auch noch die Dreieckbereiche

$$\tau_1 \leq \tau_3 \leq \tau_2, \tag{7.79a}$$

$$\tau_2 \leq \tau_1 \leq \tau_3, \tag{7.79b}$$

$$\tau_2 \leq \tau_3 \leq \tau_1, \tag{7.79c}$$

$$\tau_3 \leq \tau_1 \leq \tau_2 \tag{7.79d}$$

definieren, insgesamt also $3! = 6$ Dreieckbereiche. Wie bereits erwähnt, gibt es für einen Kern i-ter Ordnung allgemein $i!$ Möglichkeiten, einen Dreieck-Kern zu definieren. Diese entsprechen den möglichen Anordnungen der Argumente in den Ungleichungen zur Definition des Dreieckbereichs. Durch ein Umsortieren der Argumente kann immer eine Volterra-Reihendarstellung mit einem Dreieck-Kern in Form von Gl. (7.76) bzw. Gl. (7.77) angegeben werden. Es lässt sich zeigen, dass die Darstellung mit einem symmetrischen Kern immer in eine Darstellung mit einem Dreieck-Kern überführt werden kann [Rug81]. Damit ist auch die Darstellung mit Dreieck-Kernen allgemeingültig.

Als weitere Darstellungsmöglichkeit wird noch die Darstellung mit sogenannten regulären Kernen betrachtet. Für die Überführung eines Kerns auf einen regulären Kern werden in der allgemeinen Darstellung des Funktionals in Gl. (7.59) sukzessive die Integrationsvariablen gemäß

$$\tau_j = \tilde{\tau}_j + \tau_{j+1}, \quad j = 1,2,\ldots,i-1, \tag{7.80}$$

und

$$\tau_i = \tilde{\tau}_i \tag{7.81}$$

ersetzt. Im Einzelnen bedeutet dies

$$\begin{aligned}
\tau_i &= \tilde{\tau}_i,\\
\tau_{i-1} &= \tilde{\tau}_{i-1} + \tilde{\tau}_i,\\
&\vdots\\
\tau_2 &= \tilde{\tau}_2 + \tilde{\tau}_3 + \ldots + \tilde{\tau}_i,\\
\tau_1 &= \tilde{\tau}_1 + \tilde{\tau}_2 + \ldots + \tilde{\tau}_i
\end{aligned} \tag{7.82}$$

Dies führt auf

$$H_i\,[u(t)] = \int\limits_{-\infty}^{\infty}\int\limits_{-\infty}^{\infty}\int\limits_{-\infty}^{\infty}\dots\int\limits_{-\infty}^{\infty} g_i(\tilde{\tau}_1+\ldots+\tilde{\tau}_i,\tilde{\tau}_2+\ldots+\tilde{\tau}_i,\ldots,\tilde{\tau}_{i-1}+\tilde{\tau}_i,\tilde{\tau}_i)\cdot \\ \cdot u(t-\tilde{\tau}_1-\ldots-\tilde{\tau}_i)u(t-\tilde{\tau}_2-\ldots-\tilde{\tau}_i)\ldots u(t-\tilde{\tau}_i)\,\mathrm{d}\tilde{\tau}_i\ldots\mathrm{d}\tilde{\tau}_2\,\mathrm{d}\tilde{\tau}_1. \tag{7.83}$$

Für die Darstellung mit einem regulären Kern wird angenommen, dass $g_i(\tau_1,\ldots,\tau_i)$ ein Dreieck-Kern ist, der außerhalb des Dreieckbereichs $\tau_1 \geq \tau_2 \geq \ldots \geq \tau_i \geq 0$ gleich null ist. Damit ist g_i gleich null, wenn die Bedingung

$$\tilde{\tau}_j+\tilde{\tau}_{j+1}+\ldots+\tilde{\tau}_i > \tilde{\tau}_{j-k}+\tilde{\tau}_{j-k+1}+\ldots+\tilde{\tau}_{j-1}+\tilde{\tau}_j+\tilde{\tau}_{j+1}+\ldots+\tilde{\tau}_i \tag{7.84}$$

für mindestens eine positive ganze Zahl j mit $j \leq i$ und eine positive ganze Zahl k mit $j-i+1 \leq k \leq j-1$ erfüllt ist. Dies ist der Fall, wenn mindestens eine der Bedingungen

$$\begin{aligned} \tilde{\tau}_2+\ldots+\tilde{\tau}_i &> \tilde{\tau}_1+\tilde{\tau}_2+\ldots+\tilde{\tau}_i, \\ \tilde{\tau}_3+\ldots+\tilde{\tau}_i &> \tilde{\tau}_2+\tilde{\tau}_3+\ldots+\tilde{\tau}_i, \\ &\vdots \\ \tilde{\tau}_{i-1}+\tilde{\tau}_i &> \tilde{\tau}_{i-2}+\tilde{\tau}_{i-1}+\tilde{\tau}_i, \\ \tilde{\tau}_i &> \tilde{\tau}_{i-1}+\tilde{\tau}_i \end{aligned} \tag{7.85}$$

erfüllt ist, was gleichbedeutend ist mit

$$\begin{aligned} \tilde{\tau}_1 &< 0, \\ \tilde{\tau}_2 &< 0, \\ &\vdots \\ \tilde{\tau}_{i-1} &< 0. \end{aligned} \tag{7.86}$$

Zusätzlich kommt wegen des oben angenommenen Dreieckbereichs $\tau_1 \geq \tau_2 \geq \ldots \geq \tau_i \geq 0$ die Bedingung

$$\tilde{\tau}_i < 0 \tag{7.87}$$

hinzu. Die Größen $\tilde{\tau}_1,\ldots,\tilde{\tau}_i$ wurden zur Durchführung der Variablensubstitution eingeführt. Zur Vereinfachung werden jetzt statt $\tilde{\tau}_1,\ldots,\tilde{\tau}_i$ wieder $\tau_1,\ldots,\tau_i$ verwendet.

Damit ist gezeigt, dass aus einem Dreieck-Kern mit dem Dreieckbereich $\tau_1 \geq \tau_2 \geq \ldots \geq \tau_i \geq 0$ über

$$g_{i,\mathrm{reg}}(\tau_1,\tau_2,\ldots,\tau_{i-1},\tau_i) = g_{i,\mathrm{tri}}(\tau_1+\ldots+\tau_i,\tau_2+\ldots+\tau_i,\ldots,\tau_{i-1}+\tau_i,\tau_i) \tag{7.88}$$

ein regulärer Kern eingeführt werden kann. Dieser ist damit gleich null, wenn mindestens eine der Bedingungen

$$\tau_j < 0, \quad j = 1,2,\ldots,i, \tag{7.89}$$

erfüllt ist, also außerhalb des ersten Orthanten im Ursprung. Die Darstellung des Funktionals mit dem regulären Kern ist dann

$$H_i[u(t)] = \int_0^\infty \int_0^\infty \int_0^\infty \cdots \int_0^\infty g_{i,\mathrm{reg}}(\tau_1,\tau_2,\ldots,\tau_{i-1},\tau_i) u(t-\tau_1-\ldots-\tau_i) \cdot \\ \cdot u(t-\tau_2-\ldots-\tau_i)\ldots u(t-\tau_i)\,\mathrm{d}\tau_i \ldots \mathrm{d}\tau_2\,\mathrm{d}\tau_1. \tag{7.90}$$

Die Volterra-Reihendarstellung selbst und auch die Tatsache, dass es sich bei dieser Darstellung um eine (unter bestimmten Voraussetzungen) allgemeingültige Systembeschreibung handelt, kann recht anschaulich aus der Betrachtung der Zusammenhänge für ein lineares System abgeleitet werden. Dies ist auch im Hinblick auf die Herleitung weiterer Modellansätze von Interesse und wird daher im Folgenden betrachtet.

Bei einem zeitkontinuierlichen linearen System kann der Zusammenhang zwischen der Ausgangs- und der Eingangsgröße durch das Faltungsintegral beschrieben werden. Für ein kausales System gilt

$$y(t) = \int_0^\infty g(\tau)u(t-\tau)\,\mathrm{d}\tau. \tag{7.91}$$

Dabei ist $g(t)$ die normierte Impulsantwort des Systems. Aus dieser Beziehung wird ein näherungsweiser Zusammenhang zwischen Eingangs- und Ausgangsgröße hergeleitet. Dazu wird das Integrationsintervall in Zeitabschnitte der Länge T zerlegt und die Ausgangsgröße als

$$y(t) = \int_0^T g(\tau)u(t-\tau)\,\mathrm{d}\tau + \int_T^{2T} g(\tau)u(t-\tau)\,\mathrm{d}\tau + \int_{2T}^{3T} g(\tau)u(t-\tau)\,\mathrm{d}\tau + \ldots \tag{7.92}$$

geschrieben. Nun wird angenommen, dass sich das Signal $u(t)$ so langsam ändert bzw. die Zeitabschnitte so klein sind, dass $u(t)$ in jedem Zeitabschnitt als näherungsweise konstant angenommen werden kann. Damit resultiert

$$y(t) \approx \int_0^T g(\tau)\,\mathrm{d}\tau \cdot u(t) + \int_T^{2T} g(\tau)\,\mathrm{d}\tau \cdot u(t-T) + \int_{2T}^{3T} g(\tau)\,\mathrm{d}\tau \cdot u(t-2T) + \ldots. \tag{7.93}$$

Wird nun noch die Annahme getroffen, dass auch die Impulsantwort $g(t)$ in jedem Zeitabschnitt durch einen konstanten Wert angenähert werden kann, so ergibt sich

$$y(t) \approx g(0)u(t)T + g(T)u(t-T)T + g(2T)u(t-2T)T + \ldots. \tag{7.94}$$

Etwas allgemeiner formuliert heißt dies, dass sich die Ausgangsgröße näherungsweise als eine Funktion aller zurückliegender Werte der Eingangsgröße darstellen lässt, wobei diese Funktion hier eine gewichtete Summe ist. Für $T \to 0$ geht diese näherungsweise Beschreibung in den exakten Ausdruck des Faltungsintegrals über.

Der allgemeine Zusammenhang, dass die Ausgangsgröße eine Funktion aller zurückliegender Werte der Eingangsgröße ist, also

$$y(t) \approx f(u(t)T, u(t-T)T, u(t-2T)T, \ldots), \tag{7.95}$$

wird jetzt auch für nichtlineare Systeme als Ansatz gewählt. Die Multiplikation der zurückliegenden Werte der Eingangsgröße mit dem Zeitintervall T ist dabei prinzipiell bedeutungslos und dient nur dazu, den Übergang auf die Integraldarstellung etwas anschaulicher zu machen. Um eine allgemeingültige Darstellung zu erhalten, wird die Funktion f in eine Taylor-Reihe um den Ursprung entwickelt. Die Taylor-Entwicklung führt auf

$$
\begin{aligned}
y(t) = {} & \\
& \sum_{m_1=0}^{\infty} \left. \frac{\partial f}{\partial(u(t-m_1T)\cdot T)} \right|_{u(t)=u(t-T)=\ldots=0} \\
& \qquad \cdot u(t-m_1T)\cdot T \\
& + \sum_{m_1=0}^{\infty}\sum_{m_2=0}^{\infty} \frac{1}{2!} \left. \frac{\partial^2 f}{\partial(u(t-m_1T)\cdot T)\,\partial(u(t-m_2T)\cdot T)} \right|_{u(t)=u(t-T)=\ldots=0} \\
& \qquad \cdot u(t-m_1T)\cdot T\cdot u(t-m_2T)\cdot T \\
& + \sum_{m_1=0}^{\infty}\sum_{m_2=0}^{\infty}\sum_{m_3=0}^{\infty} \frac{1}{3!} \left. \frac{\partial^3 f}{\partial(u(t-m_1T)\cdot T)\,\partial(u(t-m_2T)\cdot T)\,\partial(u(t-m_3T)\cdot T} \right|_{u(t)=u(t-T)=\ldots=0} \\
& \qquad \cdot u(t-m_1T)\cdot T\cdot u(t-m_2T)\cdot T\cdot u(t-m_3T)\cdot T \\
& + \quad \ldots .
\end{aligned}
\tag{7.96}
$$

Dabei wurde angenommen, dass für $u(t) = u(t-T) = u(t-2T) = \ldots = 0$ das Ausgangssignal verschwindet. Andernfalls müsste zusätzlich ein konstanter Anteil in der Reihenentwicklung berücksichtigt werden.

Zur Abkürzung werden die Größen g_1, g_2, g_3, $\ldots$ gemäß

$$
\begin{aligned}
g_1(m_1) &= \left. \frac{\partial f}{\partial(u(t-m_1T)\cdot T)} \right|_{u(t)=u(t-T)=\ldots=0}, \\
g_2(m_1,m_2) &= \frac{1}{2!} \left. \frac{\partial^2 f}{\partial(u(t-m_1T)\cdot T)\,\partial(u(t-m_2T)\cdot T)} \right|_{u(t)=u(t-T)=\ldots=0}, \\
g_3(m_1,m_2,m_3) &= \frac{1}{3!} \left. \frac{\partial^3 f}{\partial(u(t-m_1T)\cdot T)\,\partial(u(t-m_2T)\cdot T)\,\partial(u(t-m_3T)\cdot T)} \right|_{u(t)=u(t-T)=\ldots=0}, \\
&\ \vdots
\end{aligned}
\tag{7.97}
$$

definiert. Damit kann die Taylor-Entwicklung als

$$
\begin{aligned}
y(t) = & \sum_{m_1=0}^{\infty} g_1(m_1)u(t-m_1T)\cdot T \\
& + \sum_{m_1=0}^{\infty}\sum_{m_2=0}^{\infty} g_2(m_1,m_2)u(t-m_1T)u(t-m_2T)\cdot T^2 \\
& + \sum_{m_1=0}^{\infty}\sum_{m_2=0}^{\infty}\sum_{m_3=0}^{\infty} g_3(m_1,m_2,m_3)u(t-m_1T)u(t-m_2T)u(t-m_3T)\cdot T^3 \\
& + \ldots
\end{aligned}
\tag{7.98}
$$

angegeben werden.

Bei der Herleitung des allgemeinen Zusammenhangs wurde das Zeitintervall in eine Summe von einzelnen Abschnitten zerlegt und so das Integral durch eine Summe approximiert. Nun wird der umgekehrte Weg beschritten, also der Grenzübergang $T \to 0$ durchgeführt. Damit entsteht der Integralausdruck

$$
\begin{aligned}
y(t) = & \int_0^{\infty} g_1(\tau_1)u(t-\tau_1)\,\mathrm{d}\tau_1 \\
& + \int_0^{\infty}\int_0^{\infty} g_2(\tau_1,\tau_2)u(t-\tau_1)u(t-\tau_2)\,\mathrm{d}\tau_2\,\mathrm{d}\tau_1 \\
& + \int_0^{\infty}\int_0^{\infty}\int_0^{\infty} g_3(\tau_1,\tau_2,\tau_3)u(t-\tau_1)u(t-\tau_2)u(t-\tau_3)\,\mathrm{d}\tau_3\,\mathrm{d}\tau_2\,\mathrm{d}\tau_1 \\
& + \ldots,
\end{aligned}
\tag{7.99}
$$

der gerade der in Gln. (7.57) und (7.59) eingeführten Volterra-Reihendarstellung entspricht. Anhand dieser Herleitung kann nachvollzogen werden, dass es sich bei der Volterra-Reihe um eine allgemeine Darstellung eines nichtlinearen Systems handelt.

Aus den Gleichungen der Volterra-Reihendarstellung ist zu erkennen, dass es sich um eine vergleichsweise unhandliche Systembeschreibung handelt. So müssten alle, also unendlich viele, Volterra-Kerne als kontinuierliche Verläufe über den Zeitvariablen τ_1, τ_2, $\tau_3, \ldots$ bekannt sein, um den Systemausgang berechnen zu können. Weiterhin müssten für die Berechnung auch unendlich viele Integrationen durchgeführt werden. Es liegt damit ein Modell vor, welches nicht durch eine endliche Anzahl von Parametern beschrieben wird, also ein nichtparametrisches Modell. Bei der Systemidentifikation müssten demnach alle Volterra-Kerne als kontinuierliche Verläufe über den Zeitvariablen τ_1, τ_2, $\tau_3, \ldots$ bestimmt werden (analog zu der in Abschnitt 2.2.4 beschriebenen Bestimmung der Gewichtsfunktion für lineare Systeme), was in der Praxis nicht durchführbar ist. Ein erster Ansatz zur Vereinfachung besteht darin, nur eine Volterra-Reihe bis zur Ordnung q zu verwenden, die Reihenentwicklung also nach dem q-ten Term abzubrechen. Dies liefert

$$\begin{aligned} y(t) = & \int_0^\infty g_1(\tau_1)u(t-\tau_1)\,\mathrm{d}\tau_1 \\ & + \int_0^\infty \int_0^\infty g_2(\tau_1,\tau_2)u(t-\tau_1)u(t-\tau_2)\,\mathrm{d}\tau_2\,\mathrm{d}\tau_1 \\ & + \ldots \\ & + \int_0^\infty \ldots \int_0^\infty g_q(\tau_1,\ldots,\tau_q)u(t-\tau_1)\ldots(t-\tau_q)\,\mathrm{d}\tau_q\ldots\mathrm{d}\tau_1. \end{aligned} \tag{7.100}$$

Ein System mit einer Beschreibung nach Gl. (7.100) wird als Polynomsystem q-ter Ordnung bezeichnet. Für die Systembeschreibung werden jetzt also nur noch q Volterra-Kerne verwendet und bei einer Systemidentifikation müssten auch nur noch diese q Kerne bestimmt werden. Die Schwierigkeit, dass es sich bei den Kernen um Verläufe über der Zeit und nicht um einzelne Werte handelt, bleibt allerdings bestehen.

In den meisten Anwendungen werden Eingangs- und Ausgangsgrößen von Systemen nur zu bestimmten Zeitpunkten gemessen, also abgetastet. Wie in Abschnitt 7.2.3 ausgeführt, liegt es dann nahe, eine zeitdiskrete Modellbeschreibung zu verwenden. Eine solche Systembeschreibung stellt Gl. (7.98) dar, wobei T der Abtastzeit entspricht. Der Systemausgang zum Zeitpunkt $t = kT$ ist damit durch

$$\begin{aligned} y(kT) = & \sum_{m_1=0}^{\infty} g_1(m_1)u((k-m_1)T)\cdot T \\ & + \sum_{m_1=0}^{\infty}\sum_{m_2=0}^{\infty} g_2(m_1,m_2)u((k-m_1)T)u((k-m_2)T)\cdot T^2 \\ & + \sum_{m_1=0}^{\infty}\sum_{m_2=0}^{\infty}\sum_{m_3=0}^{\infty} g_3(m_1,m_2,m_3)u((k-m_1)T)u((k-m_2)T)u((k-m_3)T)\cdot T^3 \\ & + \ldots \end{aligned} \tag{7.101}$$

gegeben. Diese Systembeschreibung wird als zeitdiskrete Volterra-Reihe bezeichnet. Anstelle der zeitkontinuierlichen Volterra-Kerne als Verläufe über der Zeitvariable t treten hierbei jetzt die zeitdiskreten Volterra-Kerne als Wertefolgen $g_i(m_1,\ldots,m_i)$ auf.

Um diese etwas übersichtlicher darzustellen, wird, wie bei zeitdiskreten Systemen üblich, k statt kT als Zeitvariable verwendet. Gleichzeitig werden die Potenzen von T mit in die Reihenkoeffizienten aufgenommen. Dies führt auf die Form

$$\begin{aligned} y(k) = & \sum_{m_1=0}^{\infty} \tilde{g}_1(m_1)u(k-m_1) \\ & + \sum_{m_1=0}^{\infty}\sum_{m_2=0}^{\infty} \tilde{g}_2(m_1,m_2)u(k-m_1)u(k-m_2) \\ & + \sum_{m_1=0}^{\infty}\sum_{m_2=0}^{\infty}\sum_{m_3=0}^{\infty} \tilde{g}_3(m_1,m_2,m_3)u(k-m_1)u(k-m_2)u(k-m_3) \\ & + \quad \ldots, \end{aligned} \tag{7.102}$$

wobei

$$\tilde{g}_i(m_1,\ldots,m_i) = g_i(m_1,\ldots,m_i) \cdot T^i \tag{7.103}$$

gilt.

Weiterhin kann berücksichtigt werden, dass in den Summationen Terme mit gleichen, nur anders sortierten, Produkten von zurückliegenden Werten der Eingangsgröße auftauchen, die zusammengefasst werden können, also nur einmal in der Summe berücksichtigt werden müssen. Über die Umrechnungsbeziehung

$$\bar{g}_i(m_1,\ldots,m_i) = \sum_{\pi(\cdot)} \tilde{g}_i(m_{\pi(1)},\ldots,m_{\pi(i)}) \tag{7.104}$$

kann die zeitdiskrete Volterra-Reihe als

$$\begin{aligned} y(k) = & \sum_{m_1=0}^{\infty} \bar{g}_1(m_1)u(k-m_1) \\ & + \sum_{m_1=0}^{\infty}\sum_{m_2=m_1}^{\infty} \bar{g}_2(m_1,m_2)u(k-m_1)u(k-m_2) \\ & + \sum_{m_1=0}^{\infty}\sum_{m_2=m_1}^{\infty}\sum_{m_3=m_2}^{\infty} \bar{g}_3(m_1,m_2,m_3)u(k-m_1)u(k-m_2)u(k-m_3) \\ & + \ldots \end{aligned} \tag{7.105}$$

angegeben werden. Mit dem Symbol $\pi(\cdot)$ unter dem Summenzeichen wird dabei wieder die Summation über alle möglichen Permutationen der Argumente gekennzeichnet. Ein Vergleich mit Gl. (7.76) zeigt, dass dies der Darstellung mit einem Dreieck-Kern entspricht. Alternativ kann auch eine Darstellung mit einem symmetrischen Kern verwendet werden.

In der allgemeinen Form der zeitdiskreten Volterra-Reihe treten unendlich viele Glieder der Reihe auf, was wiederum eine recht unhandliche Darstellung ist. Als Vereinfachung bietet es sich auch hier an, eine zeitdiskrete Volterra-Reihe q-ter Ordnung zu verwenden, also die Reihenentwicklung gemäß

$$\begin{aligned} y(k) = & \sum_{m_1=0}^{\infty} \bar{g}_1(m_1)u(k-m_1) \\ & + \sum_{m_1=0}^{\infty}\sum_{m_2=m_1}^{\infty} \bar{g}_2(m_1,m_2)u(k-m_1)u(k-m_2) \\ & + \ldots \\ & + \sum_{m_1=0}^{\infty} \ldots \sum_{m_q=m_{q-1}}^{\infty} \bar{g}_q(m_1,\ldots,m_q)u(k-m_1)\ldots u(k-m_q) \end{aligned} \tag{7.106}$$

nach dem q-ten Glied abzubrechen.

Für eine weitere Vereinfachung kann die Tatsache benutzt werden, dass die Volterra-Kerne bei stabilen Systemen für große Zeitindizes abklingen. Die Volterra-Kerne können dann ab einer oberen Schranke des Zeitindizes zu null gesetzt werden, ohne dass signifikante Abweichungen auftreten. Dies führt auf die Darstellung

$$\begin{aligned}y(k) = &\sum_{m_1=0}^{n_u} \bar{g}_1(m_1)u(k-m_1)\\ &+\sum_{m_1=0}^{n_u}\sum_{m_2=m_1}^{n_u} \bar{g}_2(m_1,m_2)u(k-m_1)u(k-m_2)\\ &+\ldots\\ &+\sum_{m_1=0}^{n_u}\ldots\sum_{m_q=m_{q-1}}^{n_u} \bar{g}_q(m_1,\ldots,m_q)u(k-m_1)\ldots u(k-m_q),\end{aligned} \tag{7.107}$$

wobei n_u der Zeitindex ist, bis zu dem die Werte der Volterra-Kerne berücksichtigt werden. Dieser wird als Antwortlänge bezeichnet, da bei Verschwinden der Anregung auch die Antwort nach weiteren n_u Schritten, also ab dem $(n_u + 1)$-ten Schritt, verschwindet. Diese Darstellung wird als endliche zeitdiskrete Volterra-Reihe q-ter Ordnung oder kurz als endliche zeitdiskrete Volterra-Reihe bezeichnet.[15] Zur Vereinfachung wurde hier für alle Volterra-Kerne die gleiche Antwortlänge verwendet, was nicht zwingend erforderlich ist. Die allgemeine Form, bei der kein Dreieck-Kern verwendet wird, lautet entsprechend

$$\begin{aligned}y(k) = &\sum_{m_1=0}^{n_u} \tilde{g}_1(m_1)u(k-m_1)\\ &+\sum_{m_1=0}^{n_u}\sum_{m_2=0}^{n_u} \tilde{g}_2(m_1,m_2)u(k-m_1)u(k-m_2)\\ &+\ldots\\ &+\sum_{m_1=0}^{n_u}\ldots\sum_{m_q=0}^{n_u} \tilde{g}_q(m_1,\ldots,m_q)u(k-m_1)\ldots u(k-m_q).\end{aligned} \tag{7.108}$$

In Gln. (7.107) und (7.108) tauchen der aktuelle Wert und zurückliegende Werte der Eingangsgröße jeweils einzeln und in multiplikativen Kombinationen auf. Mit dem Kroneckerprodukt bzw. der Kroneckerpotenz kann eine kompaktere Darstellung angegeben werden. Hierzu wird

$$\boldsymbol{\varphi}(k) = \begin{bmatrix} u(k) & \ldots & u(k-n_u) \end{bmatrix}^{\mathrm{T}} = \begin{bmatrix} \varphi_1(k) & \ldots & \varphi_{N_\varphi}(k) \end{bmatrix}^{\mathrm{T}} \tag{7.109}$$

mit

$$N_\varphi = n_u + 1 \tag{7.110}$$

definiert. Die i-te Kroneckerpotenz $\boldsymbol{\varphi}^{\otimes,i}(k)$ von $\boldsymbol{\varphi}(k)$ ist

$$\boldsymbol{\varphi}^{\otimes,i}(k) = \underbrace{\boldsymbol{\varphi}(k)\otimes\boldsymbol{\varphi}(k)\otimes\ldots\otimes\boldsymbol{\varphi}(k)}_{i \text{ Faktoren}}, \tag{7.111}$$

wobei $\otimes$ für das bereits in Gl. (5.142) eingeführte Kroneckerprodukt steht. In der Kroneckerpotenz tauchen redundante Einträge auf. So ergibt sich z.B. für den Fall $N_\varphi = 2$, also

[15] Streng genommen ist dies eine zeitdiskrete Volterra-Reihe endlicher Ordnung mit endlicher Antwortlänge.

$$\boldsymbol{\varphi} = \begin{bmatrix} \varphi_1 & \varphi_2 \end{bmatrix}^{\mathrm{T}}, \tag{7.112}$$

die dritte Kroneckerpotenz zu

$$\boldsymbol{\varphi}^{\otimes,3} = \boldsymbol{\varphi} \otimes \boldsymbol{\varphi} \otimes \boldsymbol{\varphi} = \begin{bmatrix} \varphi_1\varphi_1\varphi_1 \\ \varphi_1\varphi_1\varphi_2 \\ \varphi_1\varphi_2\varphi_1 \\ \varphi_1\varphi_2\varphi_2 \\ \varphi_2\varphi_1\varphi_1 \\ \varphi_2\varphi_1\varphi_2 \\ \varphi_2\varphi_2\varphi_1 \\ \varphi_2\varphi_2\varphi_2 \end{bmatrix} = \begin{bmatrix} \varphi_1^3 \\ \varphi_1^2\varphi_2 \\ \varphi_1^2\varphi_2 \\ \varphi_1\varphi_2^2 \\ \varphi_1^2\varphi_2 \\ \varphi_1\varphi_2^2 \\ \varphi_1\varphi_2^2 \\ \varphi_2^3 \end{bmatrix}. \tag{7.113}$$

Um zu einer reduzierten Darstellung zu gelangen, kann eine Matrix verwendet werden, mit der diese Einträge beseitigt werden und damit ein reduzierter Vektor gebildet wird. Die Matrix für die Eliminierung von redundanten Einträgen in der i-ten Kroneckerpotenz eines Vektors der Länge n wird mit $\boldsymbol{T}_{\mathrm{red},n,i}$ bezeichnet.[16] Diese Matrix hat

$$n_{\mathrm{red}} = \frac{(n+i-1)!}{(n-1)!i!} \tag{7.114}$$

Zeilen und n^i Spalten. Die reduzierte Kroneckerpotenz ergibt sich dann gemäß

$$\boldsymbol{\varphi}^{\otimes,\mathrm{red},i} = \boldsymbol{T}_{\mathrm{red},n,i} \cdot \boldsymbol{\varphi}^{\otimes,i}. \tag{7.115}$$

Für das betrachtete Beispiel der dritten Kroneckerpotenz eines Vektors der Länge 2 ist

$$\boldsymbol{T}_{\mathrm{red},2,3} = \begin{bmatrix} 1 & 0 & 0 & 0 & 0 & 0 & 0 & 0 \\ 0 & 1 & 0 & 0 & 0 & 0 & 0 & 0 \\ 0 & 0 & 1 & 0 & 0 & 0 & 0 & 0 \\ 0 & 0 & 0 & 0 & 0 & 0 & 0 & 1 \end{bmatrix} \tag{7.116}$$

eine Möglichkeit für die Wahl von $\boldsymbol{T}_{\mathrm{red},2,3}$. Daraus folgt der reduzierte Vektor

$$\begin{aligned} \boldsymbol{\varphi}^{\otimes,\mathrm{red},3} &= \boldsymbol{T}_{\mathrm{red},2,3} \cdot \boldsymbol{\varphi}^{\otimes,3} \\ &= \begin{bmatrix} 1 & 0 & 0 & 0 & 0 & 0 & 0 & 0 \\ 0 & 1 & 0 & 0 & 0 & 0 & 0 & 0 \\ 0 & 0 & 1 & 0 & 0 & 0 & 0 & 0 \\ 0 & 0 & 0 & 0 & 0 & 0 & 0 & 1 \end{bmatrix} \begin{bmatrix} \varphi_1^3 \\ \varphi_1^2\varphi_2 \\ \varphi_1^2\varphi_2 \\ \varphi_1\varphi_2^2 \\ \varphi_1^2\varphi_2 \\ \varphi_1\varphi_2^2 \\ \varphi_1\varphi_2^2 \\ \varphi_2^3 \end{bmatrix} = \begin{bmatrix} \varphi_1^3 \\ \varphi_1^2\varphi_2 \\ \varphi_1\varphi_2^2 \\ \varphi_2^3 \end{bmatrix}. \end{aligned} \tag{7.117}$$

Mit Einführung des Daten- oder Regressionsvektors

$$\boldsymbol{m}(\boldsymbol{\varphi}(k)) = \begin{bmatrix} \boldsymbol{\varphi}^{\otimes,\mathrm{red},1}(k) \\ \vdots \\ \boldsymbol{\varphi}^{\otimes,\mathrm{red},q}(k) \end{bmatrix} \tag{7.118}$$

und des Parametervektors

[16] Es wird darauf hingewiesen, dass diese Matrix nicht eindeutig ist.

$$p = \begin{bmatrix} \bar{g}_1(0) \\ \vdots \\ \bar{g}_1(n_u) \\ \bar{g}_2(0{,}0) \\ \vdots \\ \bar{g}_2(0{,}n_u) \\ \bar{g}_2(1{,}1) \\ \vdots \\ \bar{g}_2(1{,}n_u) \\ \bar{g}_2(2{,}2) \\ \vdots \\ \bar{g}_2(n_u{,}n_u) \\ \bar{g}_3(0{,}0{,}0) \\ \vdots \\ \bar{g}_n(n_u{,}n_u{,}\dots{,}n_u) \end{bmatrix} \tag{7.119}$$

kann Gl. (7.107) in der Form

$$y(k) = \boldsymbol{m}^{\mathrm{T}}(\boldsymbol{\varphi}(k))\,\boldsymbol{p} \tag{7.120}$$

geschrieben werden. Aus dieser kompakten Darstellung ist ersichtlich, dass es sich bei der endlichen zeitdiskreten Volterra-Reihe um einen Spezialfall der weiter unten in Abschnitt 7.3.5 behandelten Systembeschreibung durch ein Kolmogorov-Gabor-Polynom handelt.

Wird für die Identifikation auf Basis dieser Systembeschreibung das Modell

$$y_{\mathrm{M}}(k) = \boldsymbol{m}^{\mathrm{T}}(\boldsymbol{\varphi}(k))\,\boldsymbol{p}_{\mathrm{M}} \tag{7.121}$$

verwendet, hängt die Modellausgangsgröße $y_{\mathrm{M}}(k)$ linear von dem Modellparametervektor $\boldsymbol{p}_{\mathrm{M}}$ ab. Es liegt also ein linear parameterabhängiges Modell vor, was für die Identifikation prinzipiell sehr günstig ist, da damit ein affin parameterabhängiger Fehler aufgestellt werden kann (siehe Abschnitt 7.2.6). Die Parameterschätzung für die Modellbeschreibung mit einer endlichen zeitdiskreten Volterra-Reihe wird in Abschnitt 8.3.3.3 näher betrachtet.

Mit der endlichen zeitdiskreten Volterra-Reihe wird das Eingangs-Ausgangsverhalten des Systems durch eine endliche Anzahl von Werten der Volterra-Kerne beschrieben. Bei einer Systemidentifikation müssten diese Werte als unbekannte Parameter bestimmt werden. Da diese endliche Anzahl von Parametern durch das Abbrechen einer unendlichen Reihe entstanden ist, wird auch dieses Modell meist als nichtparametrisches Modell bezeichnet. Aus der Darstellung folgt weiterhin, dass eine große Anzahl von Werten der Volterra-Kerne benötigt wird. Für eine Volterra-Reihe q-ter Ordnung mit der Antwortlänge n_u müssen

$$s = \sum_{i=1}^{q} \binom{n_u + i}{i} = \sum_{i=1}^{q} \frac{(n_u + i)!}{n_u!\, i!} \tag{7.122}$$

Werte der Dreieck-Volterra-Kerne bestimmt werden. So ergeben sich z.B. für ein vergleichsweise kleines Modell der Ordnung $q = 3$ und der Antwortlänge $n_u = 30$ bereits 5983 zu bestimmende Parameter.

Aufgrund dieser hohen Zahl von Parametern stellt die Volterra-Reihe in der allgemeinen Form keinen geeigneten Ansatz für eine Systemidentifikation über Schätzung der Parameter dar. Eine Reduktion der Parameter lässt sich durch die Verwendung einer komprimierten Volterra-Reihe als Modell erzielen. Dieser Ansatz wird im folgenden Abschnitt diskutiert.

7.3.1.1 Komprimierte Volterra-Reihe

Um eine Verringerung der Anzahl der Parameter zu erzielen, kann für die Volterra-Kerne der Ansatz gemacht werden, diese als Linearkombinationen vorgegebener Basisfunktionen darzustellen ([Rug81], Abschnitt 7.1). Es wird von der allgemeinen Form

$$\begin{aligned} y(k) = & \sum_{m_1=0}^{n_u} \tilde{g}_1(m_1)u(k-m_1) \\ & + \sum_{m_1=0}^{n_u}\sum_{m_2=0}^{n_u} \tilde{g}_2(m_1,m_2)u(k-m_1)u(k-m_2) \\ & + \ldots \\ & + \sum_{m_1=0}^{n_u} \ldots \sum_{m_q=0}^{n_u} \tilde{g}_q(m_1,\ldots,m_q)u(k-m_1)\ldots u(k-m_q) \end{aligned} \tag{7.123}$$

ausgegangen. Für den ersten Volterra-Kern entspricht die Darstellung über Basisfunktionen dem Ansatz

$$\tilde{g}_1(m_1) = \sum_{\nu_1=1}^{M_1} r_{1,\nu_1}(m_1) \cdot w_{\nu_1}. \tag{7.124}$$

Dabei werden M_1 Basisfunktionen $r_{1,1}$ bis r_{1,M_1} zur Darstellung des ersten Volterra-Kerns $\tilde{g}_1$ verwendet. Der Term $r_{1,\nu_1}(m_1)$ entspricht dem Wert der ν_1-ten Basisfunktion an der Stelle m_1. Die ν_1-te Basisfunktion geht über die Multiplikation mit dem Gewicht w_{ν_1} in die gewichtete Summe ein. In Vektorschreibweise kann dies als

$$\tilde{g}_1(m_1) = \begin{bmatrix} r_{1,1}(m_1) & \ldots & r_{1,M_1}(m_1) \end{bmatrix} \begin{bmatrix} w_1 \\ \vdots \\ w_{M_1} \end{bmatrix} \tag{7.125}$$

dargestellt werden. Der erste Volterra-Kern ist damit durch die

$$N_{\mathrm{w}_1} = M_1 \tag{7.126}$$

Gewichte der verwendeten Basisfunktionen beschrieben.

Für den zweiten Volterra-Kern wird der Ansatz

$$\tilde{g}_2(m_1,m_2) = \sum_{\nu_1=1}^{M_2} \sum_{\nu_2=1}^{M_2} r_{2,\nu_1}(m_1) \cdot r_{2,\nu_2}(m_2) \cdot w_{\nu_1,\nu_2} \tag{7.127}$$

gemacht. Dabei werden M_2 Basisfunktionen $r_{2,1}$ bis r_{2,M_2} zur Darstellung des zweiten Volterra-Kerns $\tilde{g}_2$ verwendet. Die Terme $r_{2,\nu_1}(m_1)$ und $r_{2,\nu_2}(m_2)$ entsprechen den Werten der ν_1-ten Basisfunktion an der Stelle m_1 bzw. der ν_2-ten Basisfunktion an der Stelle m_2 und w_{ν_1,ν_2} ist das Gewicht des Produktes der beiden Basisfunktionen.

In Vektor-Matrix-Schreibweise kann Gl. (7.127) als

$$\tilde{g}_2(m_1,m_2) = \begin{bmatrix} r_{2,1}(m_1) & \ldots & r_{2,M_2}(m_1) \end{bmatrix} \cdot \begin{bmatrix} w_{1,1} & w_{1,2} & \cdots & w_{1,M_2} \\ w_{2,1} & w_{2,2} & \cdots & w_{2,M_2} \\ \vdots & \vdots & \ddots & \vdots \\ w_{M_2,1} & w_{M_2,2} & \cdots & w_{M_2,M_2} \end{bmatrix} \cdot \begin{bmatrix} r_{2,1}(m_2) \\ \vdots \\ r_{2,M_2}(m_2) \end{bmatrix} \tag{7.128}$$

geschrieben werden. Ohne Einschränkung der Allgemeinheit kann davon ausgegangen werden, dass es sich um symmetrische Kerne handelt. Für den Kern zweiter Ordnung gilt also

$$\tilde{g}_2(m_1,m_2) = \tilde{g}_2(m_2,m_1). \tag{7.129}$$

Dies ist erfüllt, wenn

$$w_{\nu_1,\nu_2} = w_{\nu_2,\nu_1} \tag{7.130}$$

gilt. Die Matrix der Gewichte in der Vektor-Matrix-Darstellung ist also symmetrisch, d.h.

$$\tilde{g}_2(m_1,m_2) = \begin{bmatrix} r_{2,1}(m_1) & \cdots & r_{2,M_2}(m_1) \end{bmatrix} \begin{bmatrix} w_{1,1} & w_{1,2} & \cdots & w_{1,M_2} \\ w_{1,2} & w_{2,2} & \cdots & w_{2,M_2} \\ \vdots & \vdots & \ddots & \vdots \\ w_{1,M_2} & w_{2,M_2} & \cdots & w_{M_2,M_2} \end{bmatrix} \cdot \begin{bmatrix} r_{2,1}(m_2) \\ \vdots \\ r_{2,M_2}(m_2) \end{bmatrix}. \tag{7.131}$$

Der zweite Volterra-Kern wird damit durch

$$N_{\mathrm{w}_2} = \frac{M_2(M_2+1)}{2} = \binom{M_2+1}{2} = \frac{(M_2+1)!}{2!(M_2-1)!} \tag{7.132}$$

Gewichte vollständig beschrieben.

Der allgemeine Ansatz für den i-ten Volterra-Kern lautet

$$\tilde{g}_i(m_1,\ldots,m_i) = \sum_{\nu_1=1}^{M_i} \cdots \sum_{\nu_i=1}^{M_i} r_{i,\nu_1}(m_1) \cdot \ldots \cdot r_{i,\nu_i}(m_i) \cdot w_{\nu_1,\ldots,\nu_i}. \tag{7.133}$$

Der i-te Volterra-Kern wird also durch eine Linearkombination aller möglichen Produkte von jeweils i aus insgesamt M_i Basisfunktionen dargestellt. Aufgrund der Symmetrie der Kerne ergeben sich

$$N_{\mathrm{w}_i} = \begin{pmatrix} M_i - 1 + i \\ i \end{pmatrix} = \frac{(M_i - 1 + i)!}{i!(M_i - 1)!} \tag{7.134}$$

Gewichte.[17] Insgesamt folgen so

$$N_{\mathrm{w}} = \sum_{i=1}^{q} N_{\mathrm{w}_i} = \sum_{i=1}^{q} \begin{pmatrix} M_i - 1 + i \\ i \end{pmatrix} = \sum_{i=1}^{q} \frac{(M_i - 1 + i)!}{i!(M_i - 1)!} \tag{7.135}$$

Gewichte für das gesamte Modell. Für das Beispiel eines Volterra-Modells der Ordnung $q = 3$ mit fünf Basisfunktionen für jeden Kern, also $M_1 = M_2 = M_3 = 5$, ergeben sich 55 Gewichte. Bei sieben Basisfunktionen für jeden Kern würden sich 119 Gewichte ergeben. Die Verwendung von Basisfunktionen bewirkt also eine deutliche Reduzierung der Parameter, die für die Beschreibung des Modells erforderlich und damit bei einer Systemidentifikation zu bestimmen sind. Allerdings müssen die Basisfunktionen so gewählt werden, dass mit einer niedrigen Anzahl von Basisfunktionen eine hohe Approximationsgüte erzielt werden kann. Die Wahl der Basisfunktionen und die Festlegung der benötigten Anzahl von Basisfunktionen erfordern dabei Vorwissen über das System. Aufgrund der verringerten Anzahl der Parameter kann die komprimierte Volterra-Reihe als ein parametrisches Modell aufgefasst werden.

Durch Einsetzen der Ausdrücke für die Volterra-Kerne aus Gln. (7.124), (7.127) und (7.133) in Gl. (7.107) ergibt sich die Modellbeschreibung zu

$$\begin{aligned} y(k) = & \sum_{m_1=0}^{n_u} \sum_{\nu_1=1}^{M_1} r_{1,\nu_1}(m_1) \cdot u(k - m_1) \cdot w_{\nu_1} \\ & + \sum_{m_1=0}^{n_u} \sum_{m_2=0}^{n_u} \sum_{\nu_1=1}^{M_2} \sum_{\nu_2=1}^{M_2} r_{2,\nu_1}(m_1) \cdot r_{2,\nu_2}(m_2) \\ & \qquad \cdot u(k - m_1) \cdot u(k - m_2) \cdot w_{\nu_1,\nu_2} \\ & + \ldots \\ & + \sum_{m_1=0}^{n_u} \ldots \sum_{m_q=0}^{n_u} \sum_{\nu_1=1}^{M_q} \ldots \sum_{\nu_q=1}^{M_q} r_{q,\nu_1}(m_1) \cdot \ldots \cdot r_{q,\nu_q}(m_q) \\ & \qquad \cdot u(k - m_1) \cdot \ldots \cdot u(k - m_q) \cdot w_{\nu_1,\ldots,\nu_q}. \end{aligned} \tag{7.136}$$

Hier wurde eine zeitdiskrete Darstellung verwendet. Es könnte aber völlig analog auch eine zeitkontinuierliche komprimierte Volterra-Reihe angegeben werden, wobei lediglich zeitkontinuierliche Basisfunktionen zu verwenden wären.

[17] Dies entspricht gerade der Anzahl der möglichen Kombinationen bei Herausgreifen von i aus M Elementen mit Wiederholung („Zurücklegen") und ohne Berücksichtigung der Anordnung.

Ein Ansatz für die Identifikation nichtlinearer Systeme mittels Darstellung der Volterra-Kerne durch Basisfunktionen und Parameterschätzung ist in [Kur94] beschrieben. Die verwendete Modellbeschreibung wird dort als komprimierte Volterra-Reihe bezeichnet.

7.3.1.2 Homogene Systeme und Polynomsysteme

Eine spezielle Unterklasse nichtlinearer Systeme stellen die homogenen Systeme dar ([Rug81], Abschnitt 1.1). Ein homogenes System q-ter Ordnung hat die Darstellung

$$y(t) = \int_0^\infty \ldots \int_0^\infty g_q(\tau_1,\ldots,\tau_q)u(t-\tau_1)\ldots u(t-\tau_q)\,\mathrm{d}\tau_q \ldots \mathrm{d}\tau_1 = H_q\left[u(t)\right]. \tag{7.137}$$

Dieses System wird als homogenes System q-ter Ordnung bezeichnet, weil die Beziehung gilt, dass das System auf ein Eingangssignal der Form $\alpha u(t)$ mit dem Ausgang $\alpha^q y(t)$ reagiert, wobei $y(t)$ die Antwort des Systems auf das Eingangssignal $u(t)$ ist. Der zugehörige Systemoperator wird entsprechend als homogener Operator bezeichnet. Ein zeitdiskretes homogenes System q-ter Ordnung wird durch

$$y(k) = \sum_{m_1=0}^\infty \sum_{m_2=m_1}^\infty \ldots \sum_{m_q=m_{q-1}}^\infty \bar{g}_q(m_1,m_2,\ldots,m_q)\cdot \\ \cdot u(k-m_1)u(k-m_2)\ldots u(k-m_q) \tag{7.138}$$

beschrieben. Lineare Systeme sind damit homogene Systeme erster Ordnung.

Homogene Systeme entsprechen oft Systemen, die sich aus linearen, zeitinvarianten Teilsystemen und einfachen Nichtlinearitäten zusammensetzen. Ein Beispiel hierfür ist das in Bild 7.12 gezeigte System, bei dem der Ausgang durch Multiplikation der Ausgänge dreier linearer Teilsysteme gebildet wird ([Rug81], Beispiel 1.1). Der Ausgang der einzelnen linearen Teilsysteme ist durch das jeweilige Faltungsintegral

$$y_i(t) = \int_0^\infty g_i(\tau)u(t-\tau)\,\mathrm{d}\tau, \quad i = 1,2,3, \tag{7.139}$$

bestimmt. Damit gilt für den Ausgang des Gesamtsystems

$$\begin{aligned} y(t) &= y_1(t)\cdot y_2(t)\cdot y_3(t) \\ &= \int_0^\infty g_1(\tau)u(t-\tau)\,\mathrm{d}\tau \cdot \int_0^\infty g_2(\tau)u(t-\tau)\,\mathrm{d}\tau \cdot \int_0^\infty g_3(\tau)u(t-\tau)\,\mathrm{d}\tau. \end{aligned} \tag{7.140}$$

Durch Einführung neuer Integrationsvariablen lässt sich das Integral zu einem Mehrfachintegral zusammenfassen und es ergibt sich

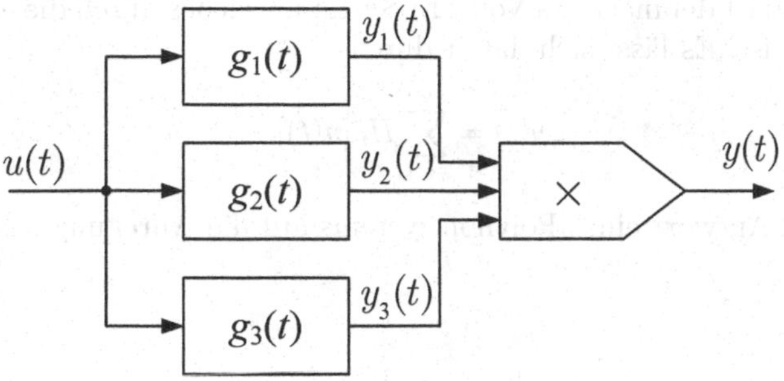

Bild 7.12 Multiplikative Verknüpfung dreier linearer Teilsysteme

$$\begin{aligned} y(t) &= \int_0^\infty g_1(\tau_1)u(t-\tau_1)\,\mathrm{d}\tau_1 \cdot \int_0^\infty g_2(\tau_2)u(t-\tau_2)\,\mathrm{d}\tau_2 \cdot \int_0^\infty g_3(\tau_3)u(t-\tau_3)\,\mathrm{d}\tau_3 \\ &= \int_0^\infty\int_0^\infty\int_0^\infty g_1(\tau_1)g_2(\tau_2)g_3(\tau_3)u(t-\tau_1)u(t-\tau_2)u(t-\tau_3)\,\mathrm{d}\tau_3\,\mathrm{d}\tau_2\,\mathrm{d}\tau_1. \end{aligned} \tag{7.141}$$

Das System ist also ein homogenes System dritter Ordnung

$$y(t) = \int_0^\infty\int_0^\infty\int_0^\infty g(\tau_1,\tau_2,\tau_3)u(t-\tau_1)u(t-\tau_2)u(t-\tau_3)\,\mathrm{d}\tau_3\,\mathrm{d}\tau_2\,\mathrm{d}\tau_1 \tag{7.142}$$

mit dem Kern

$$g(\tau_1,\tau_2,\tau_3) = g_1(\tau_1)g_2(\tau_2)g_3(\tau_3). \tag{7.143}$$

Ein Volterra-System entspricht damit einer unendlichen Summe, also einer Parallelschaltung unendlich vieler, homogener Systeme. Ein System, welches durch eine endliche Summe (d.h. durch eine Parallelschaltung endlich vieler) homogener Systeme darstellbar ist, also

$$\begin{aligned} y(t) = & \int_0^\infty g_1(\tau_1)u(t-\tau_1)\,\mathrm{d}\tau_1 \\ & + \int_0^\infty\int_0^\infty g_2(\tau_1,\tau_2)u(t-\tau_1)u(t-\tau_2)\,\mathrm{d}\tau_2\,\mathrm{d}\tau_1 \\ & + \ldots \\ & + \int_0^\infty \ldots \int_0^\infty g_q(\tau_1,\ldots,\tau_q)u(t-\tau_1)\ldots(t-\tau_q)\,\mathrm{d}\tau_q\ldots\mathrm{d}\tau_1 \end{aligned} \tag{7.144}$$

wird, wie im Zusammenhang mit Gl. (7.100) bereits erwähnt, als Polynomsystem q-ter Ordnung bezeichnet, wobei der höchste Kern $g_q(\tau_1,\ldots,\tau_q)$ nicht identisch null sein darf. Ein zeitdiskretes Polynomsystem wird durch die entsprechenden Summenausdrücke beschrieben.

Ein Polynomsystem ist demnach ein Volterra-System, welches durch die ersten q Volterra-Kerne beschrieben ist. Es lässt sich damit durch

$$y(t) = \sum_{i=1}^{q} H_i \left[u(t)\right] \tag{7.145}$$

darstellen. Für die Antwort eines Polynomsystems auf die Anregung $\alpha u(t)$ gilt

$$\sum_{i=1}^{q} H_i \left[\alpha u(t)\right]) =$$

$$\sum_{i=1}^{q} \alpha^i H_i \left[u(t)\right] = \alpha^q H_q \left[u(t)\right] + \alpha^{q-1} H_{q-1} \left[u(t)\right] + \ldots + \alpha H_1 \left[u(t)\right], \tag{7.146}$$

was die Bezeichnung Polynomsystem erklärt. Der entsprechende Systemoperator wird als Polynomoperator bezeichnet.

7.3.1.3 Einsatz der Volterra-Reihe in der Systemidentifikation

Der Einsatz der Volterra-Reihen-Darstellung für die Systemidentifikation wird z.B. in [Rug81] und in [MM78] behandelt. Die Identifikation entspricht dabei der Bestimmung der Kerne $g_i(\tau_1, \ldots, \tau_i)$ als Verläufe über der Zeit bei der kontinuierlichen Volterra-Reihe bzw. der Bestimmung der einzelnen Werte der Kerne $\bar{g}_i(m_1, \ldots, m_i)$ bei zeitdiskreten Systemen.

Die Volterra-Kerne können prinzipiell durch Anregung mit Impulssignalen bestimmt werden ([Sche65, CR79]; [Rug81], Abschnitt 7.2). Bei linearen Systemen entspricht dies der Aufnahme der Impulsantwort durch Impulsanregung. Dieses Verfahren ist aufwendig und nur für vergleichsweise einfache Systeme anwendbar. Es hat daher für die Praxis keine wesentliche Bedeutung erlangt.

Weiterhin können die Volterra-Kerne aus der eingeschwungenen Frequenzantwort bestimmt werden ([Rug81], Abschnitt 7.3), was bei linearen Systemen der Messung des Frequenzgangs entspricht. Dies basiert auf der Überführung der Volterra-Darstellung im Zeitbereich auf die Darstellung im Frequenzbereich über die mehrdimensionale Fourier- oder Laplace-Transformation ([Rug81], Kapitel 2). Diese Identifikationsverfahren sind allerdings nur unter sehr einschränkenden Annahmen über die Systemstruktur anwendbar. Dabei werden im Wesentlichen nur blockorientierte Modelle betrachtet, also Modelle, die Verschaltungen statischer Nichtlinearitäten mit linearen dynamischen Systemen entsprechen (siehe Abschnitt 7.3.7). Eine allgemeine Betrachtung ist z.B. für Systeme möglich, die sich als Hintereinanderschaltungen von linearen dynamischen Systemen und statischen Nichtlinearitäten darstellen lassen, wobei die statischen Nichtlinearitäten einer Potenzbildung entsprechen [SR73, SR74]. Die Identifikation von Systemen, die einer Parallelschaltung solcher Systeme entsprechen, wird z.B. in [BR74, BR75, WR76] behandelt. Wiener-Hammerstein-Modelle,[18] bei denen die statische Nichtlinearität durch ein Polynom beschrieben wird, werden in [Web74, SJ75, WER98, TG02] betrachtet. Eine sehr

[18] Bei einem Wiener-Hammerstein-Modell ist einem linearen dynamischen System eine statische Nichtlinearität und ein weiteres lineares dynamisches System nachgeschaltet. Dieses Modell wird auch als LNL-Modell bezeichnet (siehe Abschnitt 7.3.7).

allgemeine Struktur, die aus einer statischen Nichtlinearität und vor-, nach- und parallelgeschalteten, sowie auf den Eingang zurückgekoppelten, linearen dynamischen Systemen besteht, wird in [Van96, VS97, VS99] behandelt. In [Chi02] wird ein Verfahren vorgestellt, mit dem über die Frequenzantwort abgeschätzt wird, bis zu welcher Ordnung die Volterra-Kerne berücksichtigt werden müssen. Ein Verfahren für die Messung des zweiten Volterra-Kerns ist in [BTC83] vorgeschlagen.

Eine weitere Möglichkeit besteht darin, die Volterra-Kerne für nichtlineare Systeme durch Anregung mit weißem Rauschen über Korrelationsmessungen zu bestimmen ([Rug81], Abschnitt 7.4). Für lineare Systeme entspricht dies der in Kapitel 2 behandelten Bestimmung der Gewichtsfunktion durch Korrelation, die auf den in Anhang A dargestellten statistischen Zusammenhängen für lineare Systeme basiert. Ähnliche statistische Beziehungen, die allerdings deutlich komplizierter sind, lassen sich auch für nichtlineare Systeme auf Basis der Volterra-Reihendarstellung angeben. Diese Zusammenhänge bilden die Grundlage für die Bestimmung der Kerne aus Korrelationsmessungen. Eine ausführliche Behandlung dieser Thematik findet sich in der Literatur [Rug81, Schw91, Sche06]. Zu erheblichen Problemen führt dabei die Einschränkung, dass die Werte der Volterra-Kerne $g_i(\tau_1,\ldots,\tau_i)$ nur für ungleiche Argumente ($\tau_k \neq \tau_l$ für $k \neq l$) bestimmt werden können ([Rug81], Abschnitt 7.4). Dies ist in Abschnitt 8.3.2 weiter ausgeführt. Von Wiener [Wie58] wurde eine andere Reihendarstellung, die Wiener-Reihe, vorgeschlagen, mit der diese Probleme vermieden werden können. Diese Darstellung wird im nachfolgenden Abschnitt beschrieben.

Bei zeitdiskreten Systemen können prinzipiell die Koeffizienten der endlichen zeitdiskreten Volterra-Reihe aus Eingangs-Ausgangs-Messungen über die Lösung eines überbestimmten Gleichungssystems (z.B. durch Minimierung der Summe der quadratischen Fehler) bestimmt werden ([Rug81], Abschnitt 7.1). Für die Praxis ist dies aufgrund der hohen Anzahl der zu bestimmenden Koeffizienten weniger tauglich. Es ist daher erforderlich, die Struktur des Modells dahingehend zu optimieren, dass nur die signifikanten Terme der Volterra-Reihe berücksichtigt werden. Dies kann z.B. erreicht werden, indem die Modellkomplexität mit in das Gütefunktional der Identifikation einbezogen wird. Eine Diskussion dieses Aspekts sowie eine Liste neuerer Arbeiten zur Identifikation zeitdiskreter Volterra-Reihen-Modelle finden sich in [LYK11]. Durch Einsatz einer komprimierten Reihe wie in [Kur94] (siehe Abschnitt 7.3.1.1) kann die Anzahl der zu bestimmenden Koeffizienten reduziert werden, was allerdings Vorwissen über das System erfordert.

7.3.2 Wiener-Reihe

Die im vorigen Abschnitt beschriebene Problematik bei der Messung der Volterra-Kerne über Korrelationsanalyse mit Rauschanregung lässt sich über die Verwendung einer anderen Systembeschreibung, der Wiener-Reihendarstellung [Wie58], weitestgehend vermeiden. Die Wiener-Reihendarstellung beschreibt den Zusammenhang zwischen Ausgangs- und Eingangssignal gemäß

$$y(t) = \sum_{i=0}^{\infty} G_i[k_i,u(t)], \tag{7.147}$$

wobei davon ausgegangen wird, dass es sich bei dem Eingangssignal um stationäres, mittelwertfreies, weißes, gaußverteiltes Rauschen mit der Autokorrelationsfunktion $R_{uu}(\tau) = A\delta(\tau)$ handelt.[19]

Die Wiener-Operatoren $G_i[k_i,u(t)]$ sind Polynomsysteme, die durch den symmetrischen Wiener-Kern $k_i(t_1,t_2,\ldots,t_i)$ spezifiziert sind. Für den nullten Wiener-Operator gilt

$$G_0\,[k_0,u(t)] = k_0, \tag{7.148}$$

d.h. der nullte Wiener-Operator entspricht gerade dem nullten Wiener-Kern, der konstant ist. Die Wiener-Operatoren für $i = 1,2,\ldots$ sind durch

$$\begin{aligned} G_i\,[k_i,u(t)] = \sum_{\nu=0}^{[i/2]} \frac{(-1)^\nu i! A^\nu}{2^\nu (i-2\nu)!\nu!} \int_{-\infty}^{\infty} \ldots \int_{-\infty}^{\infty} k_i(\tau_1,\ldots,\tau_{i-2\nu},\sigma_1,\sigma_1,\ldots,\sigma_\nu,\sigma_\nu)\,\mathrm{d}\sigma_\nu \ldots \mathrm{d}\sigma_1 \cdot \\ \cdot\, u(t-\tau_1)\ldots u(t-\tau_{i-2\nu})\,\mathrm{d}\tau_{i-2\nu}\ldots\mathrm{d}\tau_1 \end{aligned} \tag{7.149}$$

bestimmt, wobei $[i/2]$ für die größte ganze Zahl nicht größer als $i/2$ steht. Die Wiener-Operatoren G_1, G_2 und G_3 ergeben sich aus Gl. (7.149) zu

$$G_1\,[k_1,u(t)] = \int_{-\infty}^{\infty} k_1(\tau_1)u(t-\tau_1)\,\mathrm{d}\tau_1, \tag{7.150}$$

$$G_2\,[k_2,u(t)] = \int_{-\infty}^{\infty}\int_{-\infty}^{\infty} k_2(\tau_1,\tau_2)u(t-\tau_1)u(t-\tau_2)\,\mathrm{d}\tau_2\,\mathrm{d}\tau_1 - A\int_{-\infty}^{\infty} k_2(\sigma_1,\sigma_1)\,\mathrm{d}\sigma_1 \tag{7.151}$$

und

$$\begin{aligned} G_3\,[k_3,u(t)] = \int_{-\infty}^{\infty}\int_{-\infty}^{\infty}\int_{-\infty}^{\infty} k_3(\tau_1,\tau_2,\tau_3)u(t-\tau_1)u(t-\tau_2)u(t-\tau_3)\,\mathrm{d}\tau_3\,\mathrm{d}\tau_2\,\mathrm{d}\tau_1 \\ -\,3A\int_{-\infty}^{\infty}\int_{-\infty}^{\infty} k_3(\tau_1,\sigma_1,\sigma_1)\,\mathrm{d}\sigma_1\,u(t-\tau_1)\,\mathrm{d}\tau_1. \end{aligned} \tag{7.152}$$

Zwischen den Volterra-Kernen und den Wiener-Kernen besteht der allgemeine Zusammenhang

$$\begin{aligned} g_{i,\mathrm{sym}}(t_1,\ldots,t_i) = \sum_{\nu=0}^{\infty} \frac{(-1)^\nu (i+2\nu)! A^\nu}{i!\nu! 2^\nu} \cdot \\ \cdot \int_{-\infty}^{\infty} \ldots \int_{-\infty}^{\infty} k_{i+2\nu}(t_1,\ldots,t_i,\sigma_1,\sigma_1,\ldots,\sigma_\nu,\sigma_\nu)\,\mathrm{d}\sigma_\nu\ldots\mathrm{d}\sigma_1 \end{aligned} \tag{7.153}$$

[19] Die Wiener-Reihendarstellung gilt auch, wenn dies nicht der Fall ist. Allerdings ist dann die nachfolgend beschriebene Eigenschaft der Orthogonalität der Kerne nicht gegeben, was zur Folge hat, dass die in Abschnitt 8.3.2 angegebenen Beziehungen zur Bestimmung der Wiener-Kerne aus Korrelationen nicht gelten ([Schw91], S. 484).

und

$$k_i(t_1,\ldots,t_i) = \sum_{\nu=0}^{\infty} \frac{(i+2\nu)!A^\nu}{i!\nu!2^i} \cdot \int_{-\infty}^{\infty} \ldots \int_{-\infty}^{\infty} g_{i+2\nu,\mathrm{sym}}(t_1,\ldots,t_i,\tau_1,\tau_1,\ldots,\tau_\nu,\tau_\nu)\,\mathrm{d}\tau_\nu \ldots \mathrm{d}\tau_1. \tag{7.154}$$

Die Wiener- und Volterra-Kerne können also über diese Beziehungen ineinander umgerechnet werden ([Rug81], Theoreme 5.3 und 5.4).

Eine wesentliche Eigenschaft der Wiener-Operatoren ist, dass diese orthogonal zueinander sind, d.h. es gilt

$$\mathrm{E}\left\{G_i\left[k_i,u(t_1)\right] \cdot G_j\left[k_j,u(t_2)\right]\right\} = 0 \quad \text{für alle } t_1, t_2, i \neq j, \tag{7.155}$$

wobei E{} für die Bildung des Erwartungswerts steht. Weiterhin sind die Wiener-Operatoren orthogonal zu jedem anderen beliebigen Polynomoperator F_j niedrigerer Ordnung, es gilt also

$$\mathrm{E}\left\{G_i\left[k_i,u(t_1)\right] F_j\left[u(t_2)\right]\right\} = 0 \quad \text{für alle } t_1, t_2, j = 0,1,\ldots,i-1. \tag{7.156}$$

Aus diesen Beziehungen folgt, dass eine direkte Bestimmung der Werte der Wiener-Kerne über Anregung mit weißem Rauschen und Korrelation zumindest prinzipiell sehr einfach ist. Diese direkte Bestimmung von Wiener-Kernen wird in Abschnitt 8.3.2 behandelt.

7.3.2.1 Einsatz der Wiener-Reihe in der Systemidentifikation

Auf Basis der Wiener-Reihe haben Lee und Schetzen [LS65] einen Ansatz zur Bestimmung der Wiener-Kerne über Anregung mit weißem Rauschen und Korrelation vorgeschlagen. Insgesamt hat die Systembeschreibung durch Funktionalreihen (Volterra und Wiener) zu einer Vielzahl von Anwendungen in der Modellierung und Identifikation von (neuro-)biologischen und physiologischen Systemen geführt (eine Reihe von Arbeiten werden in [PP77, MM78] genannt). Da der Ansatz der Wiener-Reihe die oben geschilderten Probleme der Bestimmung der Volterra-Reihe vermeidet, ist dabei hauptsächlich der Ansatz über die Wiener-Reihe verwendet worden.

In der neueren Literatur zur Identifikation nichtlinearer Systeme liegt der Schwerpunkt klar auf der Identifikation zeitdiskreter Systeme über Parameterschätzverfahren. Die Korrelationsansätze zur Bestimmung der Wiener-Kerne bei zeitkontinuierlichen Systemen haben dadurch an Bedeutung verloren. Bei der Identifikation von nichtlinearen zeitdiskreten Systemen über Parameterschätzung kann die zeitdiskrete Volterra-Reihe problemlos als Modellstruktur verwendet werden, da die oben genannten Einschränkungen bezüglich der Bestimmung von Kernen für gleiche Argumente nicht auftreten. Allerdings besteht das bereits oben erwähnte Problem der hohen Anzahl an Parametern.

7.3.3 Differentialgleichungen und Modulationsfunktionsmodelle

Wie bei linearen Systemen kann auch bei nichtlinearen Systemen die Beziehung zwischen Eingangs- und Ausgangsgrößen in Form von Differentialgleichungen vorliegen. Wird hier von Differentialgleichungsmodellen gesprochen, wird immer davon ausgegangen, dass es sich um eine Beschreibung des Eingangs-Ausgangs-Verhaltens handelt, die Differentialgleichung also in $y(t)$ und $u(t)$ sowie den zeitlichen Ableitungen dieser Größen angegeben wird. Ein Zustandsraummodell wird in diesem Sinne nicht als Differentialgleichungsmodell bezeichnet, auch wenn die Dynamik bei einem kontinuierlichen Zustandsraummodell gemäß Gl. (7.8a) durch eine vektorielle Differentialgleichung (bzw. ein Differentialgleichungssystem) erster Ordnung beschrieben wird.

Eine sehr allgemeine Darstellung eines zeitinvarianten Differentialgleichungsmodells ist für den Eingrößenfall der Zusammenhang

$$F(y(t),\dot{y}(t),\dots,y^{(n_y)}(t),u(t),\dot{u}(t),\dots,u^{(n_u)}(t),\boldsymbol{p}) = 0, \tag{7.157}$$

also eine implizite Differentialgleichung, die von einem Parametervektor $\boldsymbol{p}$ abhängt. Für die Parameterschätzung ist ein solch allgemeiner Ansatz wenig geeignet, da für die Bestimmung des Parametervektors durch direkte Auswertung dieses Zusammenhangs Werte des Eingangssignals $u(t)$ und des Ausgangssignals $y(t)$ sowie Werte für die zugehörigen Ableitungen $\dot{u}(t)$, ..., $u^{(n_u)}(t)$ und $\dot{y}(t)$, ..., $y^{(n_y)}(t)$ vorliegen müssten. Über Differenzenbildung, also

$$\dot{y}(t_k) \approx \frac{y(t_k) - y(t_{k-1})}{t_k - t_{k-1}} \tag{7.158}$$

für die erste Ableitung, kann es in einfachen Fällen möglich sein, die Ableitungen näherungsweise zu berechnen. Meist wird dies aber nicht zum Ziel führen, da durch die Bildung der Differenzen ein vorhandenes Messrauschen verstärkt wird. Gerade bei mehrfachen Differenzenbildungen zur Bestimmung der höheren Ableitungen führt dies dazu, dass die so berechneten Ableitungen keine brauchbaren Signale mehr darstellen.

Eine Parameterschätzung für nichtlineare Differentialgleichungsmodelle unter Vermeidung der expliziten Bildung der zeitlichen Ableitungen ist möglich, wenn die nichtlinearen Differentialgleichungen eine spezielle Struktur aufweisen [PL85, Pea88, Pea92]. Der Grundgedanke dabei ist, dass, ähnlich wie bei linearen Systemen, die Differentialgleichung durch eine Transformation exakt, also nicht durch Approximation der Ableitungen, in eine algebraische Gleichung überführt werden kann. Bei linearen Systemen erfolgt eine solche Überführung über die Fourier- oder die Laplace-Transformation. Für nichtlineare Systeme wird hierzu eine Menge von Modulationsfunktionen n-ter Ordnung definiert. Die Funktion $\phi_m(t)$ ist eine Modulationsfunktion n-ter Ordnung auf dem Intervall $[0, T_0]$, wenn die Ableitungen dieser Funktion bis zur Ordnung n existieren und die Beziehung

$$\phi_m^{(i)}(0) = \phi_m^{(i)}(T_0) = 0, \quad i = 0,1,\dots,n-1, \tag{7.159}$$

erfüllt ist. Die Funktion selbst und ihre Ableitungen müssen also an den Rändern des betrachteten Intervalls gerade den Wert null liefern.

Eine mögliche Menge von Modulationsfunktionen bilden die Fourier-Modulationsfunktionen [PL85, Pea88, Pea92], welche gemäß

$$\begin{aligned}\phi_{m,\text{Fourier}}(t) &= \frac{1}{T_0}\sum_{l=0}^{n}(-1)^l\begin{pmatrix} n \\ l \end{pmatrix}\mathrm{e}^{-\mathrm{j}(n+m-l)\omega_0 t} \\ &= \frac{1}{T_0}\sum_{l=0}^{n}(-1)^{n-l}\begin{pmatrix} n \\ l \end{pmatrix}\mathrm{e}^{-\mathrm{j}(m+l)\omega_0 t} \\ &= \frac{1}{T_0}\sum_{l=m}^{n+m}(-1)^{n-(l-m)}\begin{pmatrix} n \\ l-m \end{pmatrix}\mathrm{e}^{-\mathrm{j}l\omega_0 t}\end{aligned} \tag{7.160}$$

definiert sind. Dabei spielt

$$\omega_0 = \frac{2\pi}{T_0} \tag{7.161}$$

die Rolle der Frequenzauflösung der dazugehörigen Transformation.

Eine weitere mögliche Menge von Modulationsfunktionen ist die der Hartley-Modulationsfunktionen [PU95, Dan99, Pat04], welche gemäß

$$\begin{aligned}\phi_{m,\text{Hartley}}(t) &= \frac{1}{T_0}\sum_{l=0}^{n}(-1)^l\begin{pmatrix} n \\ l \end{pmatrix}\left(\cos\left([n+m-l]\,\omega_0 t\right)+\sin\left([n+m-l]\,\omega_0 t\right)\right) \\ &= \frac{1}{T_0}\sum_{l=0}^{n}(-1)^{n-l}\begin{pmatrix} n \\ l \end{pmatrix}\left(\cos\left([m+l]\,\omega_0 t\right)+\sin\left([m+l]\,\omega_0 t\right)\right) \\ &= \frac{1}{T_0}\sum_{l=m}^{n+m}(-1)^{n-(l-m)}\begin{pmatrix} n \\ l-m \end{pmatrix}\left(\cos\left(l\omega_0 t\right)+\sin\left(l\omega_0 t\right)\right)\end{aligned} \tag{7.162}$$

definiert sind. Zur einheitlichen Darstellung wird hier im Gegensatz zur Literatur auch bei der Hartley-Modulationsfunktion der Vorfaktor $1/T_0$ verwendet.

Beide Modulationsfunktionen lassen sich in der Form

$$\phi_m(t) = \frac{1}{T_0}\,\boldsymbol{c}_m^{\mathrm{T}}\,\boldsymbol{\varphi}_m(t) \tag{7.163}$$

darstellen, wobei $\boldsymbol{c}_m$ ein Koeffizientenvektor ist und $\boldsymbol{\varphi}_m(t)$ ein Vektor mit Basisfunktionen der zugrunde liegenden Transformation. Dieser hat die Form

$$\boldsymbol{\varphi}_m(t) = \begin{bmatrix} \varphi(m\cdot\omega_0 t) \\ \varphi((m+1)\cdot\omega_0 t) \\ \varphi((m+2)\cdot\omega_0 t) \\ \vdots \\ \varphi((m+n)\cdot\omega_0 t) \end{bmatrix}. \tag{7.164}$$

Für die Fourier-Modulationsfunktion ist dabei

$$\varphi(x) = \mathrm{e}^{-\mathrm{j}x} \tag{7.165}$$

und für die Hartley-Modulationsfunktion

$$\varphi(x) = \cos(x) + \sin(x). \tag{7.166}$$

Als Modulation wird die Operation bezeichnet, bei der eine Funktion $x(t)$ mit der Modulationsfunktion $\phi_m(t)$ multipliziert und dieses Produkt über dem Intervall $[0, T_0]$ integriert wird. Diese Operation liefert

$$
\begin{aligned}
\int_0^{T_0} x(t)\phi_m(t)\,\mathrm{d}t &= \boldsymbol{c}_m^{\mathrm{T}} \cdot \frac{1}{T_0}\int_0^{T_0} x(t)\boldsymbol{\varphi}_m(t)\,\mathrm{d}t \\
&= \boldsymbol{c}_m^{\mathrm{T}} \begin{bmatrix} \frac{1}{T_0}\int_0^{T_0} x(t)\varphi(m\cdot\omega_0 t)\,\mathrm{d}t \\ \frac{1}{T_0}\int_0^{T_0} x(t)\varphi((m+1)\cdot\omega_0 t)\,\mathrm{d}t \\ \vdots \\ \frac{1}{T_0}\int_0^{T_0} x(t)\varphi((m+n)\cdot\omega_0 t)\,\mathrm{d}t \end{bmatrix} \\
&= \boldsymbol{c}_m^{\mathrm{T}} \begin{bmatrix} C_x(m\omega_0) \\ C_x((m+1)\omega_0) \\ \vdots \\ C_x((m+n)\omega_0) \end{bmatrix}.
\end{aligned}
\tag{7.167}
$$

Die Integralausdrücke bzw. die Terme C_x sind dabei die Koeffizienten der zugehörigen Reihenentwicklungen. So entspricht der Ausdruck

$$
C_x(l\omega_0) = \frac{1}{T_0}\int_0^{T_0} x(t)\varphi(l\omega_0 t)\,\mathrm{d}t \tag{7.168}
$$

für den Fall der Fourier-Modulationsfunktion mit $\varphi(x) = \mathrm{e}^{-\mathrm{j}\,x}$ gerade

$$
F_x(l\omega_0) = \frac{1}{T_0}\int_0^{T_0} x(t)\mathrm{e}^{-\mathrm{j}\,l\omega_0 t}\,\mathrm{d}t \tag{7.169}
$$

und damit dem l-ten Fourier-Reihenkoeffizienten. Im Falle der Hartley-Modulationsfunktion ergibt sich mit $\varphi(x) = \cos(x) + \sin(x)$ entsprechend der l-te Hartley-Reihenkoeffizient

$$
H_x(l\omega_0) = \frac{1}{T_0}\int_0^{T_0} x(t)\left(\cos(l\omega_0 t) + \sin(l\omega_0 t)\right)\,\mathrm{d}t. \tag{7.170}
$$

Das Ergebnis der Modulation mit $\phi_m(t)$ wird m-ter Spektralkoeffizient der entsprechenden Transformation genannt und mit $\bar{F}_x(m, \omega_0)$ bzw. $\bar{H}_x(m, \omega_0)$ bezeichnet. Also ist

$$
\bar{F}_x(m, \omega_0) = \int_0^{T_0} x(t)\phi_{m,\mathrm{Fourier}}(t)\,\mathrm{d}t = \boldsymbol{c}_m^{\mathrm{T}} \begin{bmatrix} F_x(m\omega_0) \\ F_x((m+1)\omega_0) \\ \vdots \\ F_x((m+n)\omega_0) \end{bmatrix} \tag{7.171}
$$

der m-te Fourier-Spektralkoeffizient und

$$\bar{H}_x(m,\omega_0) = \int_0^{T_0} x(t)\phi_{m,\mathrm{Hartley}}(t)\,\mathrm{d}t = \boldsymbol{c}_m^{\mathrm{T}} \begin{bmatrix} H_x(m\omega_0) \\ H_x((m+1)\omega_0) \\ \vdots \\ H_x((m+n)\omega_0) \end{bmatrix} \tag{7.172}$$

der m-te Hartley-Spektralkoeffizient.

Der Spektralkoeffizient ist eine Linearkombination der entsprechenden Koeffizienten der zugrunde liegenden Reihenentwicklung. Explizit ergibt sich für die einzelnen Spektralkoeffizienten

$$\begin{aligned} \bar{F}_x(m,\omega_0) &= \sum_{l=0}^{n} (-1)^l \binom{n}{l} F_x((n+m-l)\omega_0) \\ &= \sum_{l=0}^{n} (-1)^{n-l} \binom{n}{l} F_x((m+l)\omega_0) \\ &= \sum_{l=m}^{m+n} (-1)^{n-(l-m)} \binom{n}{l-m} F_x(l\omega_0) \end{aligned} \tag{7.173}$$

bzw.

$$\begin{aligned} \bar{H}_x(m,\omega_0) &= \sum_{l=0}^{n} (-1)^l \binom{n}{l} H_x((n+m-l)\omega_0) \\ &= \sum_{l=0}^{n} (-1)^{n-l} \binom{n}{l} H_x((m+l)\omega_0) \\ &= \sum_{l=m}^{m+n} (-1)^{n-(l-m)} \binom{n}{l-m} H_x(l\omega_0). \end{aligned} \tag{7.174}$$

Die Operation der Modulation dient der Vermeidung der expliziten Bildung der Ableitung. Wird die Modulation auf eine nach der Zeit abgeleitete Funktion angewendet, ergibt sich

$$\int_0^{T_0} \frac{\mathrm{d}^i x(t)}{\mathrm{d}t^i}\phi_m(t)\,\mathrm{d}t = (-1)^i \int_0^{T_0} x(t)\frac{\mathrm{d}^i \phi_m(t)}{\mathrm{d}t^i}\,\mathrm{d}t, \tag{7.175}$$

was leicht durch sukzessives Durchführen der partiellen Integration und Berücksichtigen von $\phi_m^{(i)}(0) = \phi_m^{(i)}(T_0)$, $i = 0{,}1,\ldots,n-1$, gezeigt werden kann. Die Bildung der Ableitung von $x(t)$ kann also durch eine Bildung der Ableitung der Modulationsfunktion ersetzt werden. Diese kann problemlos berechnet werden, da die Modulationsfunktion bekannt ist. Der m-te Fourier- bzw. Hartley-Spektralkoeffizient der i-ten Ableitung der Funktion $x(t)$ wird mit $\bar{F}_x^{(i)}(m,\omega_0)$ bzw. $\bar{H}_x^{(i)}(m,\omega_0)$ bezeichnet, also

$$\bar{F}_x^{(i)}(m,\omega_0) = \int_0^{T_0} \frac{\mathrm{d}^i x(t)}{\mathrm{d}t^i}\phi_{m,\mathrm{Fourier}}(t)\,\mathrm{d}t = (-1)^i \int_0^{T_0} x(t)\frac{\mathrm{d}^i \phi_{m,\mathrm{Fourier}(t)}}{\mathrm{d}t^i}\,\mathrm{d}t \tag{7.176}$$

bzw.

$$\bar{H}_x^{(i)}(m,\omega_0) = \int\limits_0^{T_0} \frac{\mathrm{d}^i x(t)}{\mathrm{d}t^i}\phi_{m,\mathrm{Hartley}}(t)\,\mathrm{d}t = (-1)^i \int\limits_0^{T_0} x(t)\frac{\mathrm{d}^i \phi_{m,\mathrm{Hartley}}(t)}{\mathrm{d}t^i}\,\mathrm{d}t. \tag{7.177}$$

Bilden der Ableitung und Einsetzen führt für die Fourier-Modulationsfunktion auf den Ausdruck

$$\begin{aligned}\bar{F}_x^{(i)}(m,\omega_0) &= \sum_{l=0}^{n}(-1)^l \begin{pmatrix} n \\ l \end{pmatrix} (n+m-l)^i (\mathrm{j}\omega_0)^i F_x((n+m-l)\omega_0) \\ &= \sum_{l=0}^{n}(-1)^{n-l} \begin{pmatrix} n \\ l \end{pmatrix} (m+l)^i (\mathrm{j}\omega_0)^i F_x((m+l)\omega_0) \\ &= \sum_{l=m}^{m+n}(-1)^{n-(l-m)} \begin{pmatrix} n \\ l-m \end{pmatrix} l^i (\mathrm{j}\omega_0)^i F_x(l\omega_0).\end{aligned} \tag{7.178}$$

und für die Hartley-Modulationsfunktion auf

$$\begin{aligned}\bar{H}_x^{(i)}(m,\omega_0) &= \sum_{l=0}^{n}(-1)^l \begin{pmatrix} n \\ l \end{pmatrix} (\cos\tfrac{i\pi}{2} - \sin\tfrac{i\pi}{2})(n+m-1)^i \omega_0^i H_x((-1)^i(n+m-l)\omega 0) \\ &= \sum_{l=0}^{n}(-1)^{n-l} \begin{pmatrix} n \\ l \end{pmatrix} (\cos\tfrac{i\pi}{2} - \sin\tfrac{i\pi}{2})(m+l)^i \omega_0^i H_x((-1)^i(m+l)\omega 0) \\ &= \sum_{l=m}^{m+n}(-1)^{n-(l-m)} \begin{pmatrix} n \\ l-m \end{pmatrix} (\cos\tfrac{i\pi}{2} - \sin\tfrac{i\pi}{2})\, l^i\, \omega_0^i H_x((-1)^i l\omega_0).\end{aligned} \tag{7.179}$$

Für die Modulation eines Produktes zweier Funktionen im Zeitbereich ergibt sich im Transformationsbereich für die Fourier-Modulationsfunktion die Faltung der Fourier-Reihenkoeffizienten der einen Funktion mit den Fourier-Spektralkoeffizienten der anderen Funktion, d.h.

$$\begin{aligned}\int\limits_0^{T_0} x_1(t)x_2(t)\phi_{m,\mathrm{Fourier}}(t)\,\mathrm{d}t &= F_{x_1}(m\omega_0) * \bar{F}_{x_2}(m,\omega_0) \\ &= \sum_{k=-\infty}^{\infty} F_{x_1}(k\omega_0)\cdot \bar{F}_{x_2}(m-k,\omega_0).\end{aligned} \tag{7.180}$$

Bei Verwendung der Hartley-Modulationsfunktion ergibt sich

$$\begin{aligned}\int\limits_0^{T_0} x_1(t)x_2(t)\phi_{m,\mathrm{Hartley}}(t)\,\mathrm{d}t = {} & \frac{1}{2}H_{x_1}(m\omega_0) * \bar{H}_{x_2}(m,\omega_0) \\ & + \frac{1}{2}H_{x_1}(m\omega_0) * \bar{H}_{x_2}(m,-\omega_0) \\ & + \frac{1}{2}H_{x_1}(-m\omega_0) * \bar{H}_{x_2}(m,\omega_0) \\ & - \frac{1}{2}H_{x_1}(-m\omega_0) * \bar{H}_{x_2}(m,-\omega_0),\end{aligned} \tag{7.181}$$

also eine Addition von vier Faltungssummen. Aufgelöst entspricht dies

$$\begin{aligned}\int_0^{T_0} x_1(t)x_2(t)\phi_{m,\mathrm{Hartley}}(t)\,\mathrm{d}t = & \frac{1}{2}\sum_{k=-\infty}^{\infty} H_{x_1}(k\omega_0)\cdot \bar{H}_{x_2}(m-k,\omega_0) \\ & +\frac{1}{2}\sum_{k=-\infty}^{\infty} H_{x_1}(k\omega_0)\cdot \bar{H}_{x_2}(m-k,-\omega_0) \\ & +\frac{1}{2}\sum_{k=-\infty}^{\infty} H_{x_1}(-k\omega_0)\cdot \bar{H}_{x_2}(m-k,\omega_0) \\ & -\frac{1}{2}\sum_{k=-\infty}^{\infty} H_{x_1}(-k\omega_0)\cdot \bar{H}_{x_2}(m-k,-\omega_0).\end{aligned} \tag{7.182}$$

Durch Einsetzen von Gl. (7.179) für die Berechnung der Hartley-Spektralkoeffizienten ergibt sich

$$\begin{aligned}\int_0^{T_0} x_1(t)x_2(t)\phi_{m,\mathrm{Hartley}}(t)\,\mathrm{d}t = & \frac{1}{2}\sum_{k=-\infty}^{\infty} H_{x_1}(k\omega_0)\sum_{l=0}^{n}(-1)^l\binom{n}{l} \\ & \cdot\{H_{x_2}((m+n-k-l)\omega_0) \\ & +H_{x_2}(-(m+n-k-l)\omega_0) \\ & +H_{x_2}((m+n+k-l)\omega_0) \\ & -H_{x_2}(-(m+n+k-l)\omega_0)\}.\end{aligned} \tag{7.183}$$

Zur Vereinfachung wird für diese Operation das Symbol $\odot$ verwendet, also

$$\begin{aligned}H_{x_1}(m\omega_0)\odot\bar{H}_{x_2}(m,\omega_0) = & \frac{1}{2}H_{x_1}(m\omega_0)*\bar{H}_{x_2}(m,\omega_0) \\ & +\frac{1}{2}H_{x_1}(m\omega_0)*\bar{H}_{x_2}(m,-\omega_0) \\ & +\frac{1}{2}H_{x_1}(-m\omega_0)*\bar{H}_{x_2}(m,\omega_0) \\ & -\frac{1}{2}H_{x_1}(-m\omega_0)*\bar{H}_{x_2}(m,-\omega_0).\end{aligned} \tag{7.184}$$

In der Literatur ist die Verwendung des Symbols $\otimes$ statt $\odot$ üblich. Da das Symbol $\otimes$ aber auch für das Kroneckerprodukt gebräuchlich ist, wird hier $\odot$ verwendet.

Damit gilt

$$\int_0^{T_0} x_1(t)x_2(t)\phi_{m,\mathrm{Hartley}}(t)\,\mathrm{d}t = H_{x_1}(m\omega_0)\odot\bar{H}_{x_2}(m,\omega_0). \tag{7.185}$$

Für den Fall, dass es sich bei einer der zwei Funktionen im Produkt um eine Ableitung nach der Zeit handelt, ist entsprechend in der Faltungsoperation der Spektralkoeffizient der Ableitung zu verwenden. Es ergibt sich

$$\int_0^{T_0} x_1(t)\frac{\mathrm{d}^i x_2(t)}{\mathrm{d}t^i}\phi_{m,\mathrm{Fourier}}(t)\,\mathrm{d}t = F_{x_1}(m\omega_0) * \bar{F}_{x_2}^{(i)}(m,\omega_0) \tag{7.186}$$

bzw.

$$\int_0^{T_0} x_1(t)\frac{\mathrm{d}^i x_2(t)}{\mathrm{d}t^i}\phi_{m,\mathrm{Hartley}}(t)\,\mathrm{d}t = H_{x_1}(m\omega_0) \odot \bar{H}_{x_2}^{(i)}(m,\omega_0). \tag{7.187}$$

Nun wird als Spezialfall einer nichtlinearen Differentialgleichung die Gleichung

$$\begin{aligned}&\sum_{i=0}^{n_y} a_i\frac{\mathrm{d}^i y(t)}{\mathrm{d}t^i} - \sum_{i=0}^{n_u} b_i\frac{\mathrm{d}^i u(t)}{\mathrm{d}t^i}\\ &+\sum_{j=1}^{n_f}\sum_{i=0}^{d_{f_j}} c_{j,i}\frac{\mathrm{d}^i f_j(u(t),y(t))}{\mathrm{d}t^i}\\ &+\sum_{k=1}^{n_g}\sum_{j=1}^{n_h}\sum_{i=0}^{d_{h_j}} d_{k,j,i}g_k(u(t),y(t))\frac{\mathrm{d}^i h_j(u(t),y(t))}{\mathrm{d}t^i} = 0\end{aligned} \tag{7.188}$$

betrachtet. Die Nichtlinearität kommt dadurch zum Ausdruck, dass Funktionen f_j, $j = 1,\ldots,n_f$, und h_j, $j = 1,\ldots,n_h$, sowie deren Ableitungen $\mathrm{d}^i f_j/\mathrm{d}t^i$, $j = 1,\ldots,n_f$, $i = 1,\ldots,d_{f_j}$, und $\mathrm{d}^i h_j/\mathrm{d}t^i$, $j = 1,\ldots,n_h$, $i = 1,\ldots,d_{h_j}$, auftreten, sowie Funktionen g_k, $k = 1,\ldots,n_g$, die in Produkttermen mit den Ableitungen der Funktionen h_j vorkommen.

Modulation mit der Hartley-Modulationsfunktion liefert für die einzelnen Terme

$$\int_0^{T_0}\sum_{i=0}^{n_y} a_i\frac{\mathrm{d}^i y(t)}{\mathrm{d}t^i}\phi_m(t)\,\mathrm{d}t = \sum_{i=0}^{n_y} a_i\bar{H}_y^{(i)}(m,\omega_0), \tag{7.189a}$$

$$\int_0^{T_0}\sum_{i=0}^{n_u} b_i\frac{\mathrm{d}^i u(t)}{\mathrm{d}t^i}\phi_m(t)\,\mathrm{d}t = \sum_{i=0}^{n_u} b_i\bar{H}_u^{(k)}(m,\omega_0), \tag{7.189b}$$

$$\int_0^{T_0}\sum_{j=1}^{n_f}\sum_{i=0}^{d_{f_j}} c_{j,i}\frac{\mathrm{d}^i f_j(u(t),y(t))}{\mathrm{d}t^i}\phi_m(t)\,\mathrm{d}t = \sum_{j=1}^{n_f}\sum_{i=0}^{d_{f_j}} c_{j,i}\bar{H}_{f_j}^{(i)}(m,\omega_0) \tag{7.189c}$$

und

$$\begin{aligned}&\int_0^{T_0}\sum_{k=1}^{n_g}\sum_{j=1}^{n_h}\sum_{i=0}^{d_{h_j}} d_{k,j,i}g_k(u(t),y(t))\frac{\mathrm{d}^i h_j(u(t),y(t))}{\mathrm{d}t^i}\phi_m(t)\,\mathrm{d}t\\ &=\sum_{k=1}^{n_g}\sum_{j=1}^{n_h}\sum_{i=0}^{d_{h_j}} d_{k,j,i}(H_{g_k}(m\omega_0)\odot\bar{H}_{h_j}^{(i)}(m,\omega_0)).\end{aligned} \tag{7.189d}$$

Für die gesamte Differentialgleichung lautet das Resultat damit

$$\begin{aligned}&\sum_{i=0}^{n_y} a_i \bar{H}_y^{(i)}(m,\omega_0) - \sum_{i=0}^{n_u} b_i \bar{H}_u^{(i)}(m,\omega_0)\\&+\sum_{j=1}^{n_f}\sum_{i=0}^{d_{f_j}} c_{j,i}\bar{H}_{f_j}^{(i)}(m,\omega_0)\\&+\sum_{k=1}^{n_g}\sum_{j=1}^{n_h}\sum_{i=0}^{d_{h_j}} d_{k,j,i}(H_{g_k}(m\omega_0)\odot \bar{H}_{h_j}^{(i)}(m,\omega_0)) = 0.\end{aligned} \tag{7.190}$$

Aus der Differentialgleichung in den Zeitsignalen wird so eine algebraische Gleichung in den Hartley-Spektralkoeffizienten bzw. den Koeffizienten der Hartley-Reihenentwicklung.

Die Verwendung der Fourier-Modulationsfunktion liefert das entsprechende Ergebnis

$$\begin{aligned}&\sum_{i=0}^{n_y} a_i \bar{F}_y^{(i)}(m,\omega_0) - \sum_{i=0}^{n_u} b_i \bar{F}_u^{(i)}(m,\omega_0)\\&+\sum_{j=1}^{n_f}\sum_{i=0}^{d_{f_j}} c_{j,i}\bar{F}_{f_j}^{(i)}(m,\omega_0)\\&+\sum_{k=1}^{n_g}\sum_{j=1}^{n_h}\sum_{i=0}^{d_{h_j}} d_{k,j,i}(F_{g_k}(m\omega_0) * \bar{F}_{h_j}^{(i)}(m,\omega_0)) = 0.\end{aligned} \tag{7.191}$$

Mit der Normierung

$$a_0 = 1 \tag{7.192}$$

lassen sich Gl. (7.190) bzw. (7.191) auch in der Form

$$\begin{aligned}\bar{H}_y(m,\omega_0) = &-\sum_{i=1}^{n_y} a_i \bar{H}_y^{(i)}(m,\omega_0) + \sum_{i=0}^{n_u} b_i \bar{H}_u^{(i)}(m,\omega_0)\\&-\sum_{j=1}^{n_f}\sum_{i=0}^{d_{f_j}} c_{j,i}\bar{H}_{f_j}^{(i)}(m,\omega_0)\\&-\sum_{k=1}^{n_g}\sum_{j=1}^{n_h}\sum_{i=0}^{d_{h_j}} d_{k,j,i}(H_{g_k}(m\omega_0)\odot \bar{H}_{h_j}^{(i)}(m,\omega_0))\end{aligned} \tag{7.193}$$

bzw.

$$\begin{aligned}\bar{F}_y(m,\omega_0) = &-\sum_{i=1}^{n_y} a_i \bar{F}_y^{(i)}(m,\omega_0) + \sum_{i=0}^{n_u} b_i \bar{F}_u^{(i)}(m,\omega_0)\\&-\sum_{j=1}^{n_f}\sum_{i=0}^{d_{f_j}} c_{j,i}\bar{F}_{f_j}^{(i)}(m,\omega_0)\\&-\sum_{k=1}^{n_g}\sum_{j=1}^{n_h}\sum_{i=0}^{d_{h_j}} d_{k,j,i}(F_{g_k}(m\omega_0) * \bar{F}_{h_j}^{(i)}(m,\omega_0))\end{aligned} \tag{7.194}$$

angeben. Mit Zusammenfassen der Größen auf der rechten Seite der Gleichung gemäß

$$\begin{aligned}\boldsymbol{m}(m,\omega_0) = \Big[-\bar{H}_y^{(1)}(m,\omega_0) \,\vdots \ldots \vdots\, -\bar{H}_y^{(n_y)}(m,\omega_0) \,\vdots\, \bar{H}_u^{(0)}(m,\omega_0) \,\vdots \ldots \\ \ldots \vdots\, \bar{H}_u^{(n_u)}(m,\omega_0) \,\vdots\, -\bar{H}_{f_1}^{(0)}(m,\omega_0) \,\vdots \ldots \\ \ldots \vdots\, -\bar{H}_{f_{n_f}}^{(d_{f_{n_f}})}(m,\omega_0) \,\vdots\, -H_{g_1}(m\omega_0) \odot \bar{H}_{h_1}^{(0)}(m,\omega_0) \,\vdots \ldots \\ \ldots \vdots\, -H_{g_{n_g}}(m\omega_0) \odot \bar{H}_{h_{n_h}}^{(d_{h_{n_h}})}(m,\omega_0) \Big]^{\mathrm{T}}\end{aligned} \tag{7.195}$$

bzw.

$$\begin{aligned}\boldsymbol{m}(m,\omega_0) = \Big[-\bar{F}_y^{(1)}(m,\omega_0) \,\vdots \ldots \vdots\, -\bar{F}_y^{(n_y)}(m,\omega_0) \,\vdots\, \bar{F}_u^{(0)}(m,\omega_0) \,\vdots \ldots \\ \ldots \vdots\, \bar{F}_u^{(n_u)}(m,\omega_0) \,\vdots\, -\bar{F}_{f_1}^{(0)}(m,\omega_0) \,\vdots \ldots \\ \ldots \vdots\, -\bar{F}_{f_{n_f}}^{(d_{f_{n_f}})}(m,\omega_0) \,\vdots\, -F_{g_1}(m\omega_0) * \bar{F}_{h_1}^{(0)}(m,\omega_0) \,\vdots \ldots \\ \ldots \vdots\, -F_{g_{n_g}}(m\omega_0) * \bar{F}_{h_{n_h}}^{(d_{h_{n_h}})}(m,\omega_0) \Big]^{\mathrm{T}}\end{aligned} \tag{7.196}$$

und

$$\boldsymbol{p} = \Big[a_1 \ldots a_{n_y} \; b_0 \ldots b_{n_u} \; c_{1,0} \ldots c_{n_f,d_{f_{n_f}}} \; d_{1,1,0} \ldots d_{n_g,n_h,d_{h_{n_h}}} \Big]^{\mathrm{T}} \tag{7.197}$$

können Gl. (7.193) bzw. Gl. (7.194) in der kompakten Form als Regressionsgleichung

$$\bar{H}_y(m,\omega_0) = \boldsymbol{m}^{\mathrm{T}}(m,\omega_0)\,\boldsymbol{p} \tag{7.198}$$

bzw.

$$\bar{F}_y(m,\omega_0) = \boldsymbol{m}^{\mathrm{T}}(m,\omega_0)\,\boldsymbol{p} \tag{7.199}$$

mit dem Daten- oder Regressionsvektor $\boldsymbol{m}(m,\omega_0)$ und dem Parametervektor $\boldsymbol{p}$ geschrieben werden.

Wird für die Identifikation auf Basis dieser Systembeschreibung das Modell

$$y_{\mathrm{M}}(k) = \boldsymbol{m}^{\mathrm{T}}(m,\omega_0)\boldsymbol{p}_{\mathrm{M}} \tag{7.200}$$

mit der Modellausgangsgröße

$$y_{\mathrm{M}} = \bar{H}_y(m,\omega_0) \tag{7.201}$$

bzw.

$$y_{\mathrm{M}} = \bar{F}_y(m,\omega_0) \tag{7.202}$$

und dem Modellparametervektor $\boldsymbol{p}_{\mathrm{M}}$ eingesetzt, hängt die Modellausgangsgröße $y_{\mathrm{M}}(k)$ linear von dem Modellparametervektor $\boldsymbol{p}_{\mathrm{M}}$ ab. Es liegt damit ein linear parameterabhängiges Modell vor, was die Parameterschätzung sehr einfach macht, da eine affin parameterabhängige Fehlergleichung aufgestellt werden kann (siehe Abschnitt 7.2.6). Die Parameterschätzung für Modulationsfunktionsmodelle wird in Abschnitt 8.3.3.5 behandelt.

Die Spektralkoeffizienten ergeben sich gemäß den Gln. (7.173) und (7.174) bzw. für abgeleitete Größen gemäß Gln. (7.178) und (7.179) als Linearkombination der Koeffizienten der Reihenentwicklung. Zur Berechnung der Koeffizienten der Reihenentwicklung ist entsprechend Gln. (7.169) und (7.170) eine Integration auszuführen. Dies lässt sich so interpretieren, dass über die Modulation die Differentiation in eine Integration überführt wurde. Für die praktische Durchführung einer Parameterschätzung bei abgetasteten Daten bedeutet dies, dass die Integrale näherungsweise, z.B. über die Trapezregel oder wie bereits in Abschnitt 6.2.1.2 beschrieben mit der Simpson'schen Regel, aus den abgetasteten Zeitsignalen berechnet werden müssen.

An dieser Stelle soll auf eine Besonderheit der hier verwendeten Modelldarstellung hingewiesen werden. Der letzte Summand in Gl. (7.188) führt durch die Modulation auf eine Faltung. Der Index der Faltungssumme läuft von $-\infty$ bis $+\infty$, siehe auch Gl. (7.182). Für die exakte Berechnung der Faltungssumme müssten alle, also unendlich viele, Spektral- und damit auch Reihenkoeffizienten berechnet werden. In der praktischen Implementierung werden nur endlich viele Koeffizienten berechnet und die Faltung damit über einen eingeschränkten Frequenzbereich durchgeführt, die Faltungssumme wird also nur näherungsweise berechnet. Systeme bzw. Modelle, bei denen dieser Term auftaucht, werden faltbare Modelle [PU95, Dan99, Unb06] genannt. Auch die Bezeichnung inexakte Modelle [Pea88, Pea92] wird verwendet, da die Faltungssumme als unendliche Reihe numerisch nicht exakt berechnet werden kann. Ist dieser Term nicht vorhanden, ist die Gleichung exakt in dem Sinne, dass eine exakte Berechnung mit endlich vielen Spektral- bzw. Reihenkoeffizienten möglich ist. Es ist also keine Faltung, sondern lediglich eine Integration erforderlich. Daher werden derartige Modelle als integrierbare Modelle [PU95, Dan99, Pat04, Unb06] oder exakte Modelle [Pea88, Pea92] bezeichnet.

Weiterhin ist zu beachten, dass kein Rauschen berücksichtigt wurde. Der Ansatz für die Parameterschätzung über Modulationsfunktionen wurde explizit für rauschfreie Systeme entwickelt [PL85, Pea88, Pea92]. Eine Berücksichtigung von Rauschen ist prinzipiell möglich, würde aber die Ansätze deutlich verkomplizieren. Hinzu kommt, dass bei den Ansätzen zur Parameterschätzung unter Verwendung von Modulationsfunktionen die Linearität der Modellbeschreibung ausgenutzt wird, indem der Gleichungsfehler und nicht der Ausgangsfehler verwendet wird. Bei signifikantem Rauschen kommt daher das in Abschnitt 8.3.3 beschriebene Problem eines systematischen Fehlers (*Bias*) bei der Schätzung zum Tragen. Der Rauscheinfluss kann empirisch untersucht werden, indem Daten durch Simulation erzeugt und mit unterschiedlich starkem Rauschen überlagert werden. Dann kann der sich einstellende *Bias* in den Parameterschätzwerten in Abhängigkeit von der Größe des Rauschens quantifiziert dargestellt werden (z.B. graphisch als Diagramm der Größe des *Bias* uber dem Signal-Rausch-Verhältnis) [PL85, Pea92, Dan99].

Zur Verwendung des in diesem Abschnitt vorgestellten Ansatzes für die Systemidentifikation muss die Struktur der Differentialgleichung bekannt sein. Es stellt sich daher die Aufgabe, im Rahmen der Systemmodellierung zunächst diese Struktur zu bestimmen. Hierbei muss Vorwissen einfließen, z.B. aus einer Modellierung des Systems mit Hilfe von physikalischen Gesetzmäßigkeiten. Es handelt sich bei Modellen in Form von Differentialgleichungen daher meist um *Gray-Box*-Modelle, bei denen die Systemstruktur bekannt ist, diese aber unbekannte Systemparameter enthält.

7.3.4 Differenzengleichungen und NARMAX-Modelle

Bei der Betrachtung der Volterra-Reihe in Abschnitt 7.3.1 entstand für zeitdiskrete Modelle der Ansatz, den aktuellen Wert der Ausgangsgröße $y(k)$ aus dem aktuellen Wert der Eingangsgröße $u(k)$ sowie allen zurückliegenden Werten der Eingangsgröße $u(k-1)$, $u(k-2)$, ... zu bestimmen, also

$$y(k) = f(u(k),u(k-1),u(k-2),\ldots). \tag{7.203}$$

Dabei steht f für einen allgemeinen funktionalen Zusammenhang und nicht für eine konkrete Funktion (insbesondere wird f im Folgenden mehrfach verwendet, bezeichnet dabei aber nicht immer den gleichen Zusammenhang). Diese Beziehung wurde in Form einer unendlichen Reihe dargestellt. Durch Begrenzen der Antwortlänge wurde daraus ein Zusammenhang der Form

$$y(k) = f(u(k),u(k-1),\ldots,u(k-n_u)). \tag{7.204}$$

Durch Abbrechen der Reihenentwicklung nach dem q-ten Glied der Reihe konnte f durch eine endliche Anzahl von Termen und damit auch eine endliche Anzahl von Parametern beschrieben werden. Hier werden wieder nur zeitinvariante Systeme betrachtet, ansonsten wäre die Funktion f zusätzlich explizit von der Zeitvariable k abhängig.

Für lineare Systeme entspricht dieser Zusammenhang der endlichen Faltungssumme

$$y(k) = \sum_{i=0}^{n_u} g(i)u(k-i). \tag{7.205}$$

In Anlehnung an die Beschreibungsformen für lineare Systeme, bei denen neben zurückliegenden Werten der Eingangsgröße auch zurückliegende Werte der Ausgangsgröße verwendet werden, kann auch für nichtlineare Systeme der Ansatz

$$y(k) = f(y(k-1),y(k-2),\ldots,y(k-n_y),u(k),u(k-1),\ldots,u(k-n_u)) \tag{7.206}$$

gemacht werden.

Bei Systemen, auf die Störungen wirken, wird das Modell um eine Eingangsgröße erweitert, welche die Störung darstellt. Die einfachste Erweiterung besteht darin, eine Störgröße $\varepsilon(k)$ additiv auf der rechten Seite zu berücksichtigen, also das Modell

$$y(k) = f(y(k-1),\ldots,y(k-n_y),u(k),\ldots,u(k-n_u)) + \varepsilon(k) \tag{7.207}$$

zu verwenden. Für die Störgröße wird dabei meist angenommen, dass es sich um weißes Rauschen handelt. Eine Erweiterung dieses Modells ergibt sich, wenn angenommen wird, dass die Ausgangsgröße auch von zurückliegenden Werten der Störgröße abhängen kann. Dies wird in der Modellstruktur

$$y(k) = f(y(k-1),\ldots,y(k-n_y),u(k),\ldots,u(k-n_u),\varepsilon(k-1),\ldots,\varepsilon(k-n_\varepsilon)) + \varepsilon(k) \tag{7.208}$$

berücksichtigt. Die entsprechende Struktur für lineare Systeme

$$y(k) = -\sum_{i=1}^{n_y} a_i y(k-i) + \sum_{i=0}^{n_u} b_i u(k-i) + \sum_{i=1}^{n_\varepsilon} c_i \varepsilon(k-i) + \varepsilon(k) \tag{7.209}$$

wird als ARMAX-Modell (*Autoregressive Moving Average with Exogenous Input*) bezeichnet (siehe Tabelle 3.2). Für das nichtlineare Modell nach Gl. (7.208) ist daher die Bezeichnung NARMAX (*Nonlinear Autoregressive Moving Average with Exogenous Input*) gebräuchlich [LB85a, LB85b]. Der erste Term auf der rechten Seite von Gl. (7.209) enthält dabei zurückliegende Werte der Ausgangsgröße und stellt den autoregressiven Anteil dar. Der zweite Term auf der rechten Seite enthält die externe Eingangsgröße u (*Exogenous Input*). Der letzte Term stellt eine gewichtete Summe zurückliegender Werte der Störgröße dar, die auch als gleitende gewichtete Mittelwertbildung aufgefasst werden kann (*Moving Average*). Die Bezeichnung NARMAX ist allerdings nicht ganz korrekt, da Gl. (7.208) eine allgemeine Abhängigkeit des Ausgangs $y(k)$ von zurückliegenden Werten von $\varepsilon(k)$ beschreibt, der nicht unbedingt einer gewichteten Mittelwertbildung entsprechen muss.[20]

Aus dem ARMAX-Modell können einige Spezialfälle abgeleitet werden. Ohne die gewichtete Mittelung des Rauschsignals ergibt sich das ARX-Modell (*Autoregressive with Exogenous Input*)

$$y(k) = -\sum_{i=1}^{n_y} a_i y(k-i) + \sum_{i=0}^{n_u} b_i u(k-i) + \varepsilon(k). \tag{7.210}$$

Entsprechend wird die Modellstruktur aus Gl. (7.207)

$$y(k) = f(y(k-1),\ldots,y(k-n_y),u(k),\ldots,u(k-n_u)) + \varepsilon(k) \tag{7.211}$$

als NARX Modell bezeichnet.

Ohne autoregressiven Anteil und ohne gewichtete Mittelung des Rauschsignals ergibt sich das FIR-Modell (*Finite Impulse Response*)

$$y(k) = \sum_{i=0}^{n_u} b_i u(k-i) + \varepsilon(k). \tag{7.212}$$

Dementsprechend wird das aus Gl. (7.204) durch Hinzufügen eines Rauschterms entstehende Modell

$$y(k) = f(u(k),\ldots,u(k-n_u)) + \varepsilon(k) \tag{7.213}$$

als NFIR-Modell bezeichnet. Werden Rauschterme beim (N)FIR und beim (N)ARX-Modell nicht berücksichtigt, wird von einem deterministischen (N)FIR bzw. deterministischen (N)ARX-Modell gesprochen.

In der Systemidentifikation werden hauptsächlich Systeme mit Eingangsgrößen betrachtet. Der Vollständigkeit halber sei aber erwähnt, dass für Systeme ohne Eingangsgrößen (wobei die Rauschanregung nicht als Eingangsgröße aufgefasst wird) das AR-Modell über

$$y(k) = -\sum_{i=1}^{n_y} a_i y(k-i) + \varepsilon(k), \tag{7.214}$$

das MA-Modell über

[20] Auch im linearen Fall handelt es sich nicht um eine Mittelwertbildung, da die Summe der Koeffizienten nicht eins ergeben muss. Die Bezeichnung *Moving Sum* anstelle von *Moving Average* wäre daher korrekter.

$$y(k) = \varepsilon(k) + \sum_{i=1}^{n_\varepsilon} c_i \varepsilon(k-i) \tag{7.215}$$

und das ARMA-Modell über

$$y(k) = -\sum_{i=1}^{n_y} a_i y(k-i) + \varepsilon(k) + \sum_{i=1}^{n_\varepsilon} c_i \varepsilon(k-i) \tag{7.216}$$

definiert ist. Diese werden verwendet, um stochastische Prozesse über die Anregung von linearen Systemen mit weißem Rauschen zu modellieren, z.B. in der Zeitreihenanalyse. Entsprechend können das NAR-Modell über

$$y(k) = f(y(k-1), \ldots, y(k-n_y)) + \varepsilon(k), \tag{7.217}$$

das NMA-Modell gemäß

$$y(k) = f(\varepsilon(k-1), \ldots, \varepsilon(k-n_\varepsilon)) + \varepsilon(k) \tag{7.218}$$

und das NARMA-Modell als

$$y(k) = f(y(k-1), \ldots, y(k-n_y), \varepsilon(k-1), \ldots, \varepsilon(k-n_\varepsilon)) + \varepsilon(k) \tag{7.219}$$

definiert werden.

Eine weitere Modellstruktur ist das Ausgangsfehlermodell (*Output Error*, OE-Modell). Dieses ist dadurch gekennzeichnet, dass sich der ungestörte Modellausgang aus zurückliegenden Werten des ungestörten Modellausgangs und dem aktuellen Wert sowie zurückliegenden Werten der Eingangsgröße ergibt. Für lineare Systeme ist das OE-Modell durch

$$y(k) = -\sum_{i=1}^{n_y} a_i y(k-i) + \sum_{i=0}^{n_u} b_i u(k-i) + \sum_{i=1}^{n_y} a_i \varepsilon(k-i) + \varepsilon(k) \tag{7.220}$$

gegeben. Dieses stellt einen Spezialfall des ARMAX-Modells aus Gl. (7.209) mit $n_\varepsilon = n_y$ und $c_i = a_i$, $i = 1, \ldots, n_y$, dar. Dieses Modell kann auch in der Form

$$y(k) = -\sum_{i=1}^{n_y} a_i (y(k-i) - \varepsilon(k-i)) + \sum_{i=0}^{n_u} b_i u(k-i) + \varepsilon(k) \tag{7.221}$$

geschrieben werden, aus der ersichtlich wird, dass die ungestörte Ausgangsgröße $y - \varepsilon$, die sich durch Abziehen der Störgröße ε von der gestörten Ausgangsgröße y ergibt, in die Berechnung der aktuellen Ausgangsgröße eingeht. Entsprechend kann ein nichtlineares Ausgangsfehlermodell (NOE-Modell) in der Form

$$y(k) = f(y(k-1) - \varepsilon(k-1), \ldots, y(k-n_y) - \varepsilon(k-n_y), u(k), \ldots, u(k-n_u)) + \varepsilon(k) \tag{7.222}$$

definiert werden.

Die hier eingeführten Modellbeschreibungen stellen Differenzengleichungen dar. Wird bei Systemmodellen von Differenzengleichungsmodellen gesprochen, wird davon ausgegangen, dass es sich um eine Beschreibung des Eingangs-Ausgangs-Verhaltens handelt, die Differenzengleichungen also in zurückliegenden Werten der Ausgangsgröße und der Eingangsgröße angegeben werden. Das zeitdiskrete Zustandsraummodell der Form

$$\boldsymbol{x}(k+1) = \boldsymbol{f}(\boldsymbol{x}(k),\boldsymbol{u}(k)), \tag{7.223a}$$
$$\boldsymbol{y}(k) = \boldsymbol{h}(\boldsymbol{x}(k),\boldsymbol{u}(k)) \tag{7.223b}$$

wird in diesem Sinne nicht als Differenzengleichungsmodell bezeichnet, wenngleich es ein Differenzengleichungssystem erster Ordnung ist. Weiterhin soll hier nur von Differenzengleichungsmodellen gesprochen werden, wenn die Gleichungen eine endliche Anzahl von Termen enthalten, insbesondere also nicht für Modellbeschreibungen mit unendlichen Reihen.

Das NARMAX-Modell stellt eine sehr allgemeine Modellbeschreibung dar. Viele Modellformen nichtlinearer Systeme lassen sich in dieser Form darstellen. Prinzipiell bestehen die Unterschiede darin, welche Funktion f auf der rechten Seite von Gl. (7.208) verwendet wird. Auch die endliche zeitdiskrete Volterra-Reihe stellt ein Differenzengleichungsmodell dar. Bei der Systemidentifikation bzw. bei der Modellbildung allgemein stellt sich dann die Frage, welcher Ansatz für die Funktion f zu wählen ist. Als weitere Modellansätze, die auf Differenzengleichungen bzw. NARMAX-Modelle führen, werden im Folgenden das Kolmogorov-Gabor-Polynom (Abschnitt 7.3.5), das zeitdiskrete bilineare Eingangs-Ausgangs-Modell (Abschnitt 7.3.6), blockorientierte Modelle (Abschnitt 7.3.7) und künstliche neuronale Netze (Abschnitt 7.3.8) betrachtet.

7.3.5 Kolmogorov-Gabor-Polynom

Das Kolmogorov-Gabor-Polynom [GWW61] stellt einen Modellansatz dar, der dem der Volterra-Reihe endlicher Ordnung sehr ähnlich ist. Dieser Modellansatz lässt sich aus dem allgemeinen Ansatz des NARX-Modells

$$y(k) = f(y(k-1),y(k-2),\ldots,y(k-n_y),u(k),u(k-1),\ldots,u(k-n_u)) + \varepsilon(k) \tag{7.224}$$

herleiten.[21] Dazu wird eine allgemeine Darstellung der Funktion f entwickelt. Der Rauschterm wird zur Vereinfachung im Folgenden nicht weiter berücksichtigt (könnte aber jeweils auf den rechten Seiten der Gleichungen für $y(k)$ angegeben werden). Zur Vereinfachung der Notation werden zunächst die Eingangs- und Ausgangsgrößen in einem Vektor $\varphi(k)$ zusammengefasst, also

$$\begin{aligned}\boldsymbol{\varphi}(k) &= \begin{bmatrix} y(k-1) & \ldots & y(k-n_y) & u(k) & \ldots & u(k-n_u) \end{bmatrix}^{\mathrm{T}} \\ &= \begin{bmatrix} \varphi_1(k) & \ldots & \varphi_{n_y}(k) & \varphi_{n_y+1}(k) & \ldots & \varphi_{n_y+n_u+1}(k) \end{bmatrix}^{\mathrm{T}}.\end{aligned} \tag{7.225}$$

Zur Abkürzung wird für die Dimension des Vektors $\boldsymbol{\varphi}(k)$ die Größe

$$N_{\varphi} = n_y + n_u + 1 \tag{7.226}$$

eingeführt.

[21] Die Herleitung erfolgt hier etwas heuristisch über eine Taylor-Entwicklung des allgemeinen NARX-Ansatzes. Eine mathematisch strenge Herleitung des Kolmogorov-Gabor-Polynoms und der Vorschlag, dieses für die Systemidentifikation zu verwenden, findet sich in [GWW61].

Die Ausgangsgröße kann dann auch als

$$y(k) = f(\boldsymbol{\varphi}(k)) \tag{7.227}$$

geschrieben werden. Ähnlich wie bei der Herleitung der Volterra-Reihe wird nun die Funktion f in eine Taylor-Reihe um den Ursprung entwickelt. Bei f handelt es sich um eine skalare Funktion in einem vektorwertigen Argument. Die Taylor-Reihe kann in der Form

$$\begin{aligned} y(k) = & \sum_{m_1=1}^{N_\varphi} \left.\frac{\partial f(\boldsymbol{\varphi})}{\partial \varphi_{m_1}}\right|_{\boldsymbol{\varphi}=0} \varphi_{m_1}(k) \\ & + \sum_{m_1=1}^{N_\varphi} \sum_{m_2=1}^{N_\varphi} \frac{1}{2!} \left.\frac{\partial^2 f(\boldsymbol{\varphi})}{\partial \varphi_{m_1} \partial \varphi_{m_2}}\right|_{\boldsymbol{\varphi}=0} \varphi_{m_1}(k)\varphi_{m_2}(k) \\ & + \sum_{m_1=1}^{N_\varphi} \sum_{m_2=1}^{N_\varphi} \sum_{m_3=1}^{N_\varphi} \frac{1}{3!} \left.\frac{\partial^3 f(\boldsymbol{\varphi})}{\partial \varphi_{m_1} \partial \varphi_{m_2} \partial \varphi_{m_3}}\right|_{\boldsymbol{\varphi}=0} \varphi_{m_1}(k)\varphi_{m_2}(k)\varphi_{m_3}(k) \\ & + \ldots \end{aligned} \tag{7.228}$$

angegeben werden. Dabei wurde angenommen, dass für $\boldsymbol{\varphi}(k) = \mathbf{0}$ das Ausgangssignal verschwindet. Andernfalls müsste zusätzlich ein konstanter Anteil in der Reihenentwicklung berücksichtigt werden.

Eine elegantere, und auch für die weiteren Betrachtungen und eine Implementierung handlichere, Darstellung ergibt sich, wenn die Taylor-Entwicklung von $f(\boldsymbol{\varphi}(k))$ in der Form

$$y(k) = f(\boldsymbol{\varphi}(k)) = f(0) + \sum_{i=1}^{\infty} \frac{1}{i!} \left.\frac{\partial^i f(\boldsymbol{\varphi})}{(\partial \boldsymbol{\varphi}^{\mathrm{T}})^i}\right|_{\boldsymbol{\varphi}=0} \cdot \boldsymbol{\varphi}^{\otimes,i}(k) \tag{7.229}$$

geschrieben wird. Dabei steht das hochgestellte $\otimes,i$ für die i-te Kroneckerpotenz, d.h.

$$\boldsymbol{\varphi}^{\otimes,i}(k) = \underbrace{\boldsymbol{\varphi}(k) \otimes \boldsymbol{\varphi}(k) \otimes \ldots \otimes \boldsymbol{\varphi}(k)}_{i\,\text{Faktoren}}, \tag{7.230}$$

mit dem bereits in Gl. (5.142) eingeführten und durch den Operator $\otimes$ dargestellten Kroneckerprodukt. Bei dem Ausdruck $\partial^i f(\boldsymbol{\varphi})/(\partial\boldsymbol{\varphi}^{\mathrm{T}})^i$ handelt es sich um die i-fache Ableitung der skalaren Funktion $f(\boldsymbol{\varphi})$ nach dem Zeilenvektor $\boldsymbol{\varphi}^{\mathrm{T}}$, also um einen Zeilenvektor der Länge iN_φ (siehe Anhang G).

In dieser Taylor-Entwicklung tauchen in der Ableitung und in dem Kroneckerpotenz-Term redundante Einträge auf. So ergibt sich z.B. für den Fall $N_\varphi = 2$, also

$$\boldsymbol{\varphi} = \begin{bmatrix} \varphi_1 & \varphi_2 \end{bmatrix}^{\mathrm{T}} \tag{7.231}$$

die dritte Ableitung der Funktion f zu

$$\frac{\partial^3 f(\boldsymbol{\varphi})}{(\partial\boldsymbol{\varphi}^{\mathrm{T}})^3} = \begin{bmatrix} \frac{\partial^3 f(\boldsymbol{\varphi})}{\partial\varphi_1\partial\varphi_1\partial\varphi_1} \\ \frac{\partial^3 f(\boldsymbol{\varphi})}{\partial\varphi_1\partial\varphi_1\partial\varphi_2} \\ \frac{\partial^3 f(\boldsymbol{\varphi})}{\partial\varphi_1\partial\varphi_2\partial\varphi_1} \\ \frac{\partial^3 f(\boldsymbol{\varphi})}{\partial\varphi_1\partial\varphi_2\partial\varphi_2} \\ \frac{\partial^3 f(\boldsymbol{\varphi})}{\partial\varphi_2\partial\varphi_1\partial\varphi_1} \\ \frac{\partial^3 f(\boldsymbol{\varphi})}{\partial\varphi_2\partial\varphi_1\partial\varphi_2} \\ \frac{\partial^3 f(\boldsymbol{\varphi})}{\partial\varphi_2\partial\varphi_2\partial\varphi_1} \\ \frac{\partial^3 f(\boldsymbol{\varphi})}{\partial\varphi_2\partial\varphi_2\partial\varphi_2} \end{bmatrix}^{\mathrm{T}} = \begin{bmatrix} \frac{\partial^3 f(\boldsymbol{\varphi})}{(\partial\varphi_1)^3} \\ \frac{\partial^3 f(\boldsymbol{\varphi})}{(\partial\varphi_1)^2\partial\varphi_2} \\ \frac{\partial^3 f(\boldsymbol{\varphi})}{(\partial\varphi_1)^2\partial\varphi_2} \\ \frac{\partial^3 f(\boldsymbol{\varphi})}{\partial\varphi_1(\partial\varphi_2)^2} \\ \frac{\partial^3 f(\boldsymbol{\varphi})}{(\partial\varphi_1)^2\partial\varphi_2} \\ \frac{\partial^3 f(\boldsymbol{\varphi})}{\partial\varphi_1(\partial\varphi_2)^2} \\ \frac{\partial^3 f(\boldsymbol{\varphi})}{\partial\varphi_1(\partial\varphi_2)^2} \\ \frac{\partial^3 f(\boldsymbol{\varphi})}{(\partial\varphi_2)^3} \end{bmatrix}^{\mathrm{T}} \tag{7.232}$$

und die dritte Kroneckerpotenz zu

$$\boldsymbol{\varphi}^{\otimes,3} = \boldsymbol{\varphi} \otimes \boldsymbol{\varphi} \otimes \boldsymbol{\varphi} = \begin{bmatrix} \varphi_1\varphi_1\varphi_1 \\ \varphi_1\varphi_1\varphi_2 \\ \varphi_1\varphi_2\varphi_1 \\ \varphi_1\varphi_2\varphi_2 \\ \varphi_2\varphi_1\varphi_1 \\ \varphi_2\varphi_1\varphi_2 \\ \varphi_2\varphi_2\varphi_1 \\ \varphi_2\varphi_2\varphi_2 \end{bmatrix} = \begin{bmatrix} \varphi_1^3 \\ \varphi_1^2\varphi_2 \\ \varphi_1^2\varphi_2 \\ \varphi_1\varphi_2^2 \\ \varphi_1^2\varphi_2 \\ \varphi_1\varphi_2^2 \\ \varphi_1\varphi_2^2 \\ \varphi_2^3 \end{bmatrix}. \tag{7.233}$$

Es ist ersichtlich, dass in beiden Ausdrücken redundante Einträge auftauchen. Um zu einer reduzierten Darstellung zu gelangen, wird die bereits in Abschnitt 7.3.1 eingeführte Matrix $\boldsymbol{T}_{\mathrm{red},n,i}$ verwendet. Durch die Multiplikation mit dieser Matrix werden die redundanten Einträge entfernt und es wird ein reduzierter Vektor gebildet. Für das ebenfalls bereits in Abschnitt 7.3.1 betrachtete Beispiel der dritten Kroneckerpotenz eines Vektors der Länge 2 kann die Matrix $\boldsymbol{T}_{\mathrm{red},2,3}$

$$\boldsymbol{T}_{\mathrm{red},2,3} = \begin{bmatrix} 1 & 0 & 0 & 0 & 0 & 0 & 0 & 0 \\ 0 & 1 & 0 & 0 & 0 & 0 & 0 & 0 \\ 0 & 0 & 0 & 1 & 0 & 0 & 0 & 0 \\ 0 & 0 & 0 & 0 & 0 & 0 & 0 & 1 \end{bmatrix} \tag{7.234}$$

verwendet werden. Die reduzierten Vektoren ergeben sich dann gemäß

$$\boldsymbol{T}_{\mathrm{red},2,3} \cdot \boldsymbol{\varphi}^{\otimes,3} = \begin{bmatrix} 1 & 0 & 0 & 0 & 0 & 0 & 0 & 0 \\ 0 & 1 & 0 & 0 & 0 & 0 & 0 & 0 \\ 0 & 0 & 0 & 1 & 0 & 0 & 0 & 0 \\ 0 & 0 & 0 & 0 & 0 & 0 & 0 & 1 \end{bmatrix} \begin{bmatrix} \varphi_1^3 \\ \varphi_1^2\varphi_2 \\ \varphi_1^2\varphi_2 \\ \varphi_1\varphi_2^2 \\ \varphi_1^2\varphi_2 \\ \varphi_1\varphi_2^2 \\ \varphi_1\varphi_2^2 \\ \varphi_2^3 \end{bmatrix} = \begin{bmatrix} \varphi_1^3 \\ \varphi_1^2\varphi_2 \\ \varphi_1\varphi_2^2 \\ \varphi_2^3 \end{bmatrix} \tag{7.235}$$

und

$$\frac{\partial^3 f(\boldsymbol{\varphi})}{(\partial \boldsymbol{\varphi}^{\mathrm{T}})^3} \cdot \boldsymbol{T}_{\mathrm{red},2,3}^{\mathrm{T}} = \begin{bmatrix} \frac{\partial^3 f(\boldsymbol{\varphi})}{(\partial\varphi_1)^3} \\ \frac{\partial^3 f(\boldsymbol{\varphi})}{(\partial\varphi_1)^2\partial\varphi_2} \\ \frac{\partial^3 f(\boldsymbol{\varphi})}{(\partial\varphi_1)^2\partial\varphi_2} \\ \frac{\partial^3 f(\boldsymbol{\varphi})}{\partial\varphi_1(\partial\varphi_2)^2} \\ \frac{\partial^3 f(\boldsymbol{\varphi})}{(\partial\varphi_1)^2\partial\varphi_2} \\ \frac{\partial^3 f(\boldsymbol{\varphi})}{\partial\varphi_1(\partial\varphi_2)^2} \\ \frac{\partial^3 f(\boldsymbol{\varphi})}{\partial\varphi_1(\partial\varphi_2)^2} \\ \frac{\partial^3 f(\boldsymbol{\varphi})}{(\partial\varphi_2)^3} \end{bmatrix}^{\mathrm{T}} \cdot \begin{bmatrix} 1 & 0 & 0 & 0 \\ 0 & 1 & 0 & 0 \\ 0 & 0 & 0 & 0 \\ 0 & 0 & 1 & 0 \\ 0 & 0 & 0 & 0 \\ 0 & 0 & 0 & 0 \\ 0 & 0 & 0 & 0 \\ 0 & 0 & 0 & 1 \end{bmatrix} = \begin{bmatrix} \frac{\partial^3 f(\boldsymbol{\varphi})}{(\partial\varphi_1)^3} \\ \frac{\partial^3 f(\boldsymbol{\varphi})}{(\partial\varphi_1)^2\partial\varphi_2} \\ \frac{\partial^3 f(\boldsymbol{\varphi})}{\partial\varphi_1(\partial\varphi_2)^2} \\ \frac{\partial^3 f(\boldsymbol{\varphi})}{(\partial\varphi_2)^3} \end{bmatrix}^{\mathrm{T}} . \tag{7.236}$$

Des Weiteren wird eine Matrix eingeführt, die den Originalvektor mit den redundanten Einträgen aus dem reduzierten Vektor wiederherstellt. Die Matrix für die Wiederherstellung von redundanten Einträgen aus der reduzierten i-ten Kroneckerpotenz eines Vektors der Länge n wird mit $\boldsymbol{T}_{\mathrm{full},n,i}$ bezeichnet. Diese Matrix hat n^i Zeilen und

$$n_{\mathrm{red}} = \frac{(n+i-1)!}{(n-1)!i!} \tag{7.237}$$

Spalten. Für das betrachtete Beispiel kann die Matrix

$$\boldsymbol{T}_{\mathrm{full},2,3} = \begin{bmatrix} 1 & 0 & 0 & 0 \\ 0 & 1 & 0 & 0 \\ 0 & 1 & 0 & 0 \\ 0 & 0 & 1 & 0 \\ 0 & 1 & 0 & 0 \\ 0 & 0 & 1 & 0 \\ 0 & 0 & 1 & 0 \\ 0 & 0 & 0 & 1 \end{bmatrix} . \tag{7.238}$$

verwendet werden. Mit den eingeführten Matrizen gilt also

$$\boldsymbol{T}_{\text{full},N_\varphi,i}\cdot\boldsymbol{T}_{\text{red},N_\varphi,i}\cdot\boldsymbol{\varphi}^{\otimes,i}=\boldsymbol{\varphi}^{\otimes,i} \tag{7.239}$$

und

$$\frac{\mathrm{d}^i f(\boldsymbol{\varphi})}{(\partial\boldsymbol{\varphi}^{\mathrm{T}})^i}=\frac{\mathrm{d}^i f(\boldsymbol{\varphi})}{(\partial\boldsymbol{\varphi}^{\mathrm{T}})^i}\cdot\boldsymbol{T}^{\mathrm{T}}_{\text{red},N_\varphi,i}\cdot\boldsymbol{T}^{\mathrm{T}}_{\text{full},N_\varphi,i}. \tag{7.240}$$

Damit kann die Taylor-Entwicklung aus Gl. (7.229) in der Form

$$f(\boldsymbol{\varphi}(k))=f(0)+\sum_{i=1}^{\infty}\frac{1}{i!}\Big(\left.\frac{\mathrm{d}^i f(\boldsymbol{\varphi})}{\partial\boldsymbol{\varphi}^{\mathrm{T}})^i}\right|_{\boldsymbol{\varphi}=0}\cdot\boldsymbol{T}^{\mathrm{T}}_{\text{red},N_\varphi,i}\cdot\boldsymbol{T}^{\mathrm{T}}_{\text{full},N_\varphi,i}\Big)\cdot\big(\boldsymbol{T}_{\text{full},N_\varphi,i}\cdot\boldsymbol{T}_{\text{red},N_\varphi,i}\cdot\boldsymbol{\varphi}^{\otimes,i}(k)\big) \tag{7.241}$$

angegeben werden. Mit der Definition des Vektors

$$\tilde{\boldsymbol{p}}_i^{\mathrm{T}}=\frac{1}{i!}\left.\frac{\mathrm{d}^i f(\boldsymbol{\varphi})}{(\partial\boldsymbol{\varphi}^{\mathrm{T}})^i}\right|_{\boldsymbol{\varphi}=\mathbf{0}}\cdot\boldsymbol{T}^{\mathrm{T}}_{\text{red},N_\varphi,i}\cdot\boldsymbol{T}^{\mathrm{T}}_{\text{full},N_\varphi,i}\cdot\boldsymbol{T}_{\text{full},N_\varphi,i} \tag{7.242}$$

der Länge n_{red} und der reduzierten Kroneckerpotenz

$$\boldsymbol{\varphi}^{\otimes,\text{red},i}=\boldsymbol{T}_{\text{red},N_\varphi,i}\cdot\boldsymbol{\varphi}^{\otimes,i} \tag{7.243}$$

sowie der bereits oben gemachten Annahme, dass der konstante Term verschwindet, also

$$f(0)=0 \tag{7.244}$$

gilt, lässt sich die Funktion $f(\boldsymbol{\varphi}(k))$ als

$$f(\boldsymbol{\varphi}(k))=\sum_{i=1}^{\infty}\tilde{\boldsymbol{p}}_i^{\mathrm{T}}\cdot\boldsymbol{\varphi}^{\otimes,\text{red},i}(k)=\sum_{i=1}^{\infty}\left(\boldsymbol{\varphi}^{\otimes,\text{red},i}\right)^{\mathrm{T}}\tilde{\boldsymbol{p}}_i \tag{7.245}$$

darstellen.

Für die praktische Anwendung wird eine Reihenentwicklung endlicher Ordnung verwendet, also

$$f(\boldsymbol{\varphi}(k))=\sum_{i=1}^{q}\tilde{\boldsymbol{p}}_i^{\mathrm{T}}\cdot\boldsymbol{\varphi}^{\otimes,\text{red},i}(k)=\sum_{i=1}^{q}\left(\boldsymbol{\varphi}^{\otimes,\text{red},i}(k)\right)^{\mathrm{T}}\tilde{\boldsymbol{p}}_i, \tag{7.246}$$

wobei q die Ordnung der Reihenentwicklung ist. Die so entstandene Modellbeschreibung wird als Kolmogorov-Gabor-Modell der Ordnung q bezeichnet, da sich aus der Taylor-Entwicklung ein sogenanntes Kolmogorov-Gabor-Polynom ergibt.

Neben der Herleitung über eine Taylor-Entwicklung lässt sich dieser Ansatz auch über den Approximationssatz von Weierstrass [Wei85a, Wei85b] begründen, nachdem jede stetige Funktion in einem kompakten Intervall beliebig gut durch Polynome approximiert werden kann. Das Kolmogorov-Gabor-Polynom stellt einen Spezialfall des im vorangegangenen Abschnitt eingeführten NARX-Modells dar.

Mit Einführung des Daten- oder Regressionsvektors

$$\boldsymbol{m}(\boldsymbol{\varphi}(k))=\begin{bmatrix}\boldsymbol{\varphi}^{\otimes,\text{red},1}(k)\\ \vdots\\ \boldsymbol{\varphi}^{\otimes,\text{red},q}(k)\end{bmatrix} \tag{7.247}$$

und des Parametervektors

$$\boldsymbol{p} = \begin{bmatrix} \tilde{\boldsymbol{p}}_1 \\ \vdots \\ \tilde{\boldsymbol{p}}_q \end{bmatrix} = \begin{bmatrix} p_1 \\ \vdots \\ p_s \end{bmatrix} \tag{7.248}$$

kann die Darstellung aus Gl. (7.246) weiter zu

$$y(k) = \boldsymbol{m}^{\mathrm{T}}(\boldsymbol{\varphi}(k))\,\boldsymbol{p} \tag{7.249}$$

zusammengefasst werden.

Wird für die Parameterschätzung das Modell

$$y_{\mathrm{M}}(k) = \boldsymbol{m}^{\mathrm{T}}(\boldsymbol{\varphi}(k))\,\boldsymbol{p}_{\mathrm{M}} \tag{7.250}$$

verwendet, hängt die Modellausgangsgröße $y_{\mathrm{M}}(k)$ linear von dem Modellparametervektor $\boldsymbol{p}_{\mathrm{M}}$ ab. Damit liegt ein linear parameterabhängiges Modell vor, welches auf eine affin parameterabhängige Fehlergleichung führt und damit eine sehr einfache Parameterschätzung ermöglicht (siehe Abschnitt 7.2.6). Die Parameterschätzung für das Kolmogorov-Gabor-Polynom wird in Abschnitt 8.3.3.2 behandelt.

Explizites Ausmultiplizieren der Kroneckerpotenzen liefert, wie aus Gl. (7.228) und aus dem Beispiel in Gl. (7.233) ersichtlich wird, Produktterme der Form $\varphi_{m_1}(k) \cdot \ldots \cdot \varphi_{m_i}(k)$. Bei diesen handelt es sich mit Gl. (7.225) um Produkte zurückliegender Werte des Eingangs- und Ausgangssignals. Eine allgemeine Darstellung mit den Eingangs- und Ausgangsgrößen $u(k), \ldots, u(k-n_u)$ und $y(k-1), \ldots, y(k-n_y)$ kann problemlos angegeben werden, ist aber sehr unübersichtlich. Um dennoch die Modellstruktur einmal aufzuzeigen, wird ein Beispiel betrachtet. Mit $n_y = 3$, $n_u = 2$ und $q = 2$ ergibt sich

$$\begin{aligned}
y(k) = {} & p_{\mathrm{M},1} \cdot y(k-1) + p_{\mathrm{M},2} \cdot y(k-2) + p_{\mathrm{M},3} \cdot y(k-3) \\
& + p_{\mathrm{M},4} \cdot u(k) + p_{\mathrm{M},5} \cdot u(k-1) + p_{\mathrm{M},6} \cdot u(k-2) \\
& + p_{\mathrm{M},7} \cdot y^2(k-1) + p_{\mathrm{M},8} \cdot y(k-1)y(k-2) + p_{\mathrm{M},9} \cdot y(k-1)y(k-3) \\
& + p_{\mathrm{M},10} \cdot y(k-1)u(k) + p_{\mathrm{M},11} \cdot y(k-1)u(k-1) + p_{\mathrm{M},12} \cdot y(k-1)u(k-2) \\
& + p_{\mathrm{M},13} \cdot y^2(k-2) + p_{\mathrm{M},14} \cdot y(k-2)y(k-3) + p_{\mathrm{M},15} \cdot y(k-2)u(k) \\
& + p_{\mathrm{M},16} \cdot y(k-2)u(k-1) + p_{\mathrm{M},17} \cdot y(k-2)u(k-2) \\
& + p_{\mathrm{M},18} \cdot y^2(k-3) + p_{\mathrm{M},19} \cdot y(k-3)u(k) + p_{\mathrm{M},20} \cdot y(k-3)u(k-1) \\
& + p_{\mathrm{M},21} \cdot y(k-3)u(k-2) + p_{\mathrm{M},22} \cdot u^2(k) \\
& + p_{\mathrm{M},23} \cdot u(k)u(k-1) + p_{\mathrm{M},24} \cdot u(k)u(k-2) + p_{\mathrm{M},25} \cdot u^2(k-1) \\
& + p_{\mathrm{M},26} \cdot u(k-1)u(k-2) + p_{\mathrm{M},27} \cdot u^2(k-2).
\end{aligned} \tag{7.251}$$

Es treten also die zurückliegenden Eingangs- und Ausgangsgrößen jeweils einzeln und in allen möglichen multiplikativen Kombinationen aus zwei Elementen auf. Bei Kolmogorov-Gabor-Modellen höherer Ordnung tauchen auch multiplikative Kombinationen aus mehr als zwei Faktoren auf.

Die Vektoren $\boldsymbol{m}$ und $\boldsymbol{p}$ aus Gln. (7.247) und (7.248) haben die Länge

$$s = \sum_{i=1}^{q} \begin{pmatrix} N_\varphi - 1 + i \\ i \end{pmatrix} = \sum_{i=1}^{q} \frac{(N_\varphi - 1 + i)!}{i!(N_\varphi - 1)!}. \tag{7.252}$$

Wie bei der Volterra-Reihe auch, treten im Kolomogorov-Gabor-Modell also sehr viele Modellparameter auf. Für das obige einfache Beispiel ergeben sich bereits 27 Parameter. Bei einem etwas komplexeren Modell mit Verwendung des aktuellen sowie fünf zurückliegender Werte des Eingangssignals, also $n_u = 5$, und vier zurückliegender Werte des Ausgangssignals, also $n_y = 4$, und einer Ordnung des Kolmogorov-Gabor-Polynoms von $q = 3$ ergeben sich 285 Parameter.

7.3.6 Bilineares zeitdiskretes Eingangs-Ausgangs-Modell

Einen weiteren Spezialfall eines nichtlinearen Differenzengleichungsmodells stellt das bilineare Eingangs-Ausgangs-Modell dar. Dieses Modell hat die Beschreibung

$$y(k) = -\sum_{i=1}^{n_y} a_i y(k-i) + \sum_{i=0}^{n_u} b_i u(k-i) - \sum_{i=1}^{n_y} \sum_{j=0}^{n_u} c_{i,j} y(k-i) u(k-j). \tag{7.253}$$

Die zurückliegenden Eingangs- und Ausgangsgrößen gehen also sowohl linear als auch multiplikativ verknüpft in die Berechnung der aktuellen Eingangsgröße ein.

Mit dem Vektor der Eingangs-Ausgangs-Daten

$$\boldsymbol{\varphi}(k) = \left[\ -y(k-1) \ \ \dots \ \ -y(k-n_y) \ \ u(k) \ \ \dots \ \ u(k-n_u)\ \right]^{\mathrm{T}} \tag{7.254}$$

und der Matrix

$$\boldsymbol{V} = \left[\begin{array}{c:c} \mathbf{I}_{n_y+n_u+1} & \mathbf{0}_{(n_y+n_u+1)\times(n_y+n_u+1)^2} \\ \hdashline \mathbf{0}_{(n_y(n_u+1))\times(n_y+n_u+1)} & \left[\mathbf{I}_{n_y} \ \ \mathbf{0}_{n_y\times(n_u+1)}\right] \otimes \left[\mathbf{0}_{(n_u+1)\times n_y} \ \ \mathbf{I}_{n_u+1}\right] \end{array} \right], \tag{7.255}$$

wobei $\otimes$ für das Kroneckerprodukt steht, kann eine kompakte Darstellung des Modells in Form der Regressionsgleichung

$$y(k) = \boldsymbol{m}^{\mathrm{T}}(\boldsymbol{\varphi}(k))\, \boldsymbol{p} \tag{7.256}$$

mit dem Daten- oder Regressionsvektor

$$\boldsymbol{m}(\boldsymbol{\varphi}(k)) = \boldsymbol{V} \cdot \begin{bmatrix} \boldsymbol{\varphi}(k) \\ \boldsymbol{\varphi}(k) \otimes \boldsymbol{\varphi}(k) \end{bmatrix} \tag{7.257}$$

angegeben werden. Dabei ist der Parametervektor

$$\boldsymbol{p} = [\ -a_1 \ \ \dots \ \ -a_{n_y} \ \ b_0 \ \ \dots \ \ b_{n_u} \ \ c_{1,0} \ \ \dots \ \ c_{1,n_u} \ \ c_{2,0} \ \ \dots \ \ c_{n_y,n_u}\ ]^{\mathrm{T}}. \tag{7.258}$$

Wird zur Parameterschätzung für ein bilineares zeitdiskretes Eingangs-Ausgangs-Modell das Modell

$$y_{\mathrm{M}}(k) = \boldsymbol{m}^{\mathrm{T}}(\boldsymbol{\varphi}(k))\,\boldsymbol{p}_{\mathrm{M}} \tag{7.259}$$

verwendet, hängt die Modellausgangsgröße $y_{\mathrm{M}}(k)$ linear von dem Modellparametervektor $\boldsymbol{p}_{\mathrm{M}}$ ab. Es handelt sich damit um ein linear parameterabhängiges Modell, was für die Parameterschätzung sehr vorteilhaft ist, da dieses Modell auf einen affin parameterabhängigen Fehler führt (siehe Abschnitt 7.2.6). Die Parameterschätzung für ein bilineares zeitdiskretes Eingangs-Ausgangs-Modell wird in Abschnitt 8.3.3.4 behandelt.

Bei Systemen mit r Eingangsgrößen ($r > 1$) ist ein bilineares Eingangs-Ausgangs-Modell entsprechend linear in jeder einzelnen Eingangsgröße, d.h. es tauchen dann zusätzlich Produkte der einzelnen Eingangsgrößen $u_l(k-i)u_m(k-j)$, $i,j = 0,\ldots,n_u$, $l,m = 1,\ldots,r$, $l \neq m$, auf. Eine detaillierte Behandlung findet sich in [Rug81].

Das bilineare zeitdiskrete Eingangs-Ausgangs-Modell weist aufgrund der speziellen, einfacheren Struktur nicht mehr die allgemeine Gültigkeit der Volterra-Reihe oder des Kolmogorov-Gabor-Polynoms auf. Die Modellstruktur des bilinearen Eingangs-Ausgangs-Modells kann daher nur für die Systemidentifikation verwendet werden, wenn aufgrund von Vorwissen über die Modellstruktur davon ausgegangen werden kann (oder wenn aufgrund von experimentellen Untersuchungen darauf geschlossen werden kann), dass sich das System ausreichend gut durch diese Struktur beschreiben lässt.

Die bilineare Zustandsraumdarstellung für zeitkontinuierliche Systeme

$$\dot{\boldsymbol{x}}(t) = \boldsymbol{A}\boldsymbol{x}(t) + \boldsymbol{B}u(t) + \boldsymbol{N}\boldsymbol{x}(t)u(t), \tag{7.260a}$$

$$y(t) = \boldsymbol{C}\boldsymbol{x}(t), \tag{7.260b}$$

welche in Abschnitt 7.4.3 ausführlicher betrachtet wird und hier zur Vereinfachung nur für ein Eingrößensystem angegeben wird, ist eine oft verwendete Beschreibungsform für nichtlineare Systeme [Moh91, Schw91]. Dies hängt damit zusammen, dass zum einen viele technische Systeme bilinear sind und zum anderen mit bilinearen Modellen allgemeine nichtlineare Systeme unter bestimmten Voraussetzungen näherungsweise beschrieben werden können [Schw91]. Allerdings entsteht durch Diskretisierung des bilinearen zeitkontinuierlichen Zustandsraummodells aus Gln. (7.260a) und (7.260b) *kein* zeitdiskretes bilineares Eingangs-Ausgangs-Modell nach Gl. (7.253). Daher kann nicht allgemein davon ausgegangen werden, dass das zeitdiskrete bilineare Eingangs-Ausgangs-Modell eine gute Näherung für zeitkontinuierliche bilineare Systeme ist.

7.3.7 Blockorientierte Modelle

Als blockorientierte Modelle werden Modelle bezeichnet, die sich als Verknüpfungen von linearen dynamischen Teilsystemen und statischen Nichtlinearitäten darstellen lassen. In der Darstellung als Blockdiagramm bestehen solche Systeme aus Blöcken, die lineare Teilsysteme darstellen und Blöcken, die statische Nichtlinearitäten beschreiben. Eine wichtige Klasse der blockorientierten Modelle sind vorwärtsgerichtete blockorientierte Modelle (*Feedforward Block-Oriented Models*), die aus Serien- oder Parallelschaltungen oder Kombinationen aus Serien- und Parallelschaltungen von linearen dynamischen Teilsystemen und statischen Nichtlinearitäten zusammengesetzt sind. Rückgekoppelte blockorientierte Modelle (*Feedback Block-Oriented Models*) enthalten Rückkopplungszweige.

Die wichtigsten Modelle in der Klasse der vorwärtsgerichteten blockorientierten Modelle sind das Hammerstein-Modell, das Wiener-Modell sowie das Wiener-Hammerstein-Modell und das Hammerstein-Wiener-Modell. Das Hammerstein-Modell besteht aus einer Serienschaltung einer statischen Nichtlinearität und einem linearen dynamischen System (Bild 7.13). Da die Nichtlinearität dem linearen Block vorgeschaltet ist, wird diese als Eingangsnichtlinearität bezeichnet. Das Hammerstein-Modell wird auch als NL-Modell bezeichnet, wobei NL für die Reihenfolge der Teilsysteme, also hier nichtlinear-linear, steht.

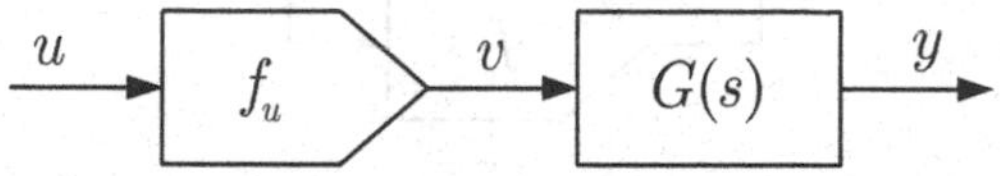

Bild 7.13 Zeitkontinuierliches Hammerstein-Modell (NL-Modell)

Das Wiener-Modell besteht aus einem linearen dynamischen System, dem eine statische Nichtlinearität nachgeschaltet ist (Bild 7.14). Diese statische Nichtlinearität ist daher eine Ausgangsnichtlinearität. Das Modell wird entsprechend auch als LN-Modell bezeichnet.

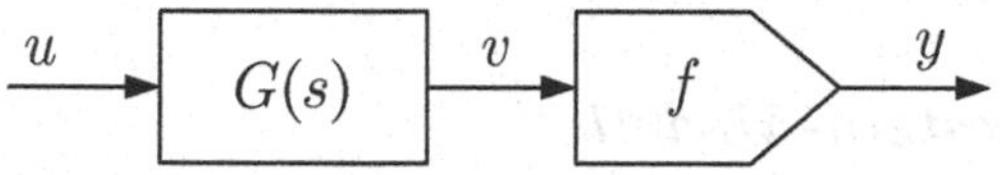

Bild 7.14 Zeitkontinuierliches Wiener-Modell (LN-Modell)

Beim Wiener-Hammerstein-Modell handelt es sich um ein Modell, bei dem einer statischen Nichtlinearität ein lineares dynamisches System vorgeschaltet und ein weiteres dynamisches lineares System nachgeschaltet ist (Bild 7.15). Entsprechend kann dieses Modell als LNL-Modell bezeichnet werden.

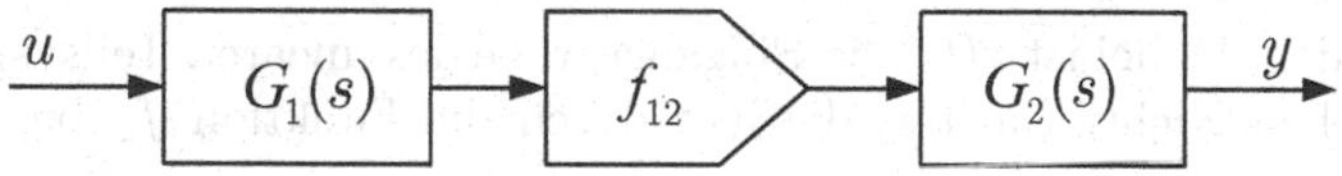

Bild 7.15 Zeitkontinuierliches Wiener-Hammerstein-Modell (LNL-Modell)

Das Hammerstein-Wiener-Modell oder NLN-Modell stellt den Fall dar, dass einem linearen dynamischen System eine Eingangsnichtlinearität vor- und eine Ausgangsnichtlinearität nachgeschaltet ist (Bild 7.16). Aufgrund der Tatsache, dass beim Wiener-Hammerstein-Modell und beim Hammerstein-Wiener-Modell lineare oder nichtlineare Modelle in jeweils andere Modelle eingebettet sind, werden diese Modelle auch als Sandwich-Modelle bezeichnet.

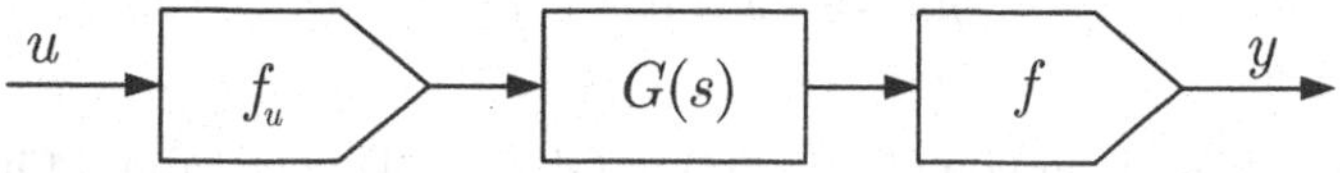

Bild 7.16 Zeitkontinuierliches Hammerstein-Wiener-Modell (NLN-Modell)

Das wichtigste Modell in der Klasse der rückgekoppelten blockorientierten Modelle ist das Lur'e-Modell. Das Lur'e-Modell besteht aus einem linearen dynamischen System, dessen Ausgang über eine statische Nichtlinearität auf den Eingang zurückgekoppelt ist (Bild 7.17). Dieses Modell wurde seit den Anfängen der nichtlinearen Regelungstechnik umfassend untersucht, insbesondere im Zusammenhang mit der sogenannten absoluten Stabilität [Lur57, Let61, AG64, Lef65, NT73].

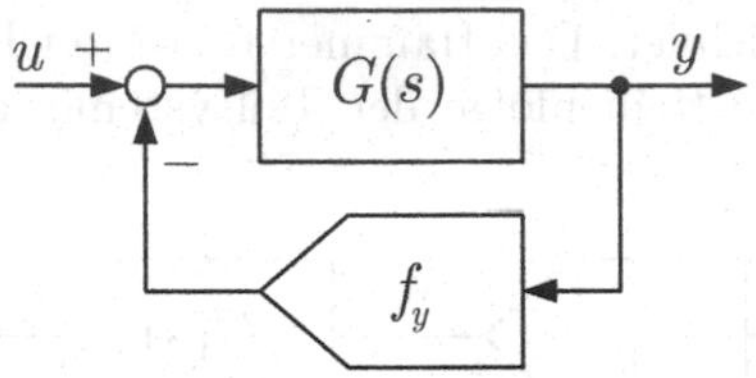

Bild 7.17 Zeitkontinuierliches Lur'e-Modell

Im Folgenden werden die Eingangs-Ausgangs-Beschreibungen für das Hammerstein-Modell (Abschnitt 7.3.7.1), das Wiener-Modell (Abschnitt 7.3.7.2) sowie das Lur'e-Modell (Abschnitt 7.3.7.3) angegeben. Abschließend wird kurz auf weitere blockorientierte Modelle eingegangen (Abschnitt 7.3.7.4).

7.3.7.1 Hammerstein-Modell

Wie bereits erwähnt, ist beim Hammerstein-Modell (NL-Modell) eine statische Eingangsnichtlinearität einem linearen dynamischen System vorgeschaltet (siehe Bild 7.13). Für den zeitkontinuierlichen Fall kann der lineare Systemteil durch die Differentialgleichung

$$y(t) = -\sum_{i=1}^{n_y} a_i \frac{\mathrm{d}^i y(t)}{\mathrm{d}t^i} + \sum_{i=0}^{n_u} b_i \frac{\mathrm{d}^i v(t)}{\mathrm{d}t^i} \tag{7.261}$$

beschrieben werden. Dabei ist $v(t)$, die Eingangsgröße des linearen Teilsystems, der Ausgang der statischen Nichtlinearität, die hier durch die Funktion f_u beschrieben wird, also

$$v(t) = f_u(u(t)). \tag{7.262}$$

Einsetzen von Gl. (7.262) in Gl. (7.261) liefert

$$y(t) = -\sum_{i=1}^{n_y} a_i \frac{\mathrm{d}^i y(t)}{\mathrm{d}t^i} + \sum_{i=0}^{n_u} b_i \frac{\mathrm{d}^i f_u(u(t))}{\mathrm{d}t^i}. \tag{7.263}$$

Alternativ kann der lineare Systemteil über das Faltungsintegral

$$y(t) = \int_0^\infty g(\tau) v(t-\tau)\,\mathrm{d}\tau \tag{7.264}$$

dargestellt werden. Einsetzen von Gl. (7.262) in Gl. (7.264) liefert dann für das Hammerstein-Modell die Beziehung

$$y(t) = \int_0^\infty g(\tau) f_u(u(t-\tau))\,\mathrm{d}\tau. \tag{7.265}$$

Für ein zeitdiskretes Hammerstein-Modell wird der lineare Systemteil durch die Differenzengleichung

$$y(k) = -\sum_{i=1}^{n_y} a_i y(k-i) + \sum_{i=0}^{n_u} b_i v(k-i) \tag{7.266}$$

und die statische Nichtlinearität durch

$$v(k) = f_u(u(k)) \tag{7.267}$$

beschrieben. Einsetzen von Gl. (7.267) in Gl. (7.266) liefert den Zusammenhang

$$y(k) = -\sum_{i=1}^{n_y} a_i y(k-i) + \sum_{i=0}^{n_u} b_i f_u(u(k-i)). \tag{7.268}$$

Wird zusätzlich noch ein Rauschsignal berücksichtigt, z.B. über

$$y(k) = -\sum_{i=1}^{n_y} a_i y(k-i) + \sum_{i=0}^{n_u} b_i f_u(u(k-i)) + \varepsilon(k) \tag{7.269}$$

oder über

$$y(k) = -\sum_{i=1}^{n_y} a_i y(k-i) + \sum_{i=0}^{n_u} b_i f_u(u(k-i)) + \varepsilon(k) + \sum_{i=1}^{n_\varepsilon} c_i \varepsilon(k-i) \tag{7.270}$$

stellt das Hammerstein-Modell einen Spezialfall des in Abschnitt 7.3.4 behandelten NARX- bzw. NARMAX-Modells dar.

Alternativ liefert die Beschreibung des linearen Systemteils über die Faltungssumme

$$y(k) = \sum_{i=0}^{\infty} g(i) v(k-i) \tag{7.271}$$

für das Gesamtmodell die Beziehung

$$y(k) = \sum_{i=0}^{\infty} g(i) f_u(u(k-i)). \tag{7.272}$$

Werden nur die ersten n_u Koeffizienten der Impulsantwort verwendet, also

$$y(k) = \sum_{i=0}^{n_u} g(i) f_u(u(k-i)), \tag{7.273}$$

entsteht ein Hammerstein-Modell mit endlicher Impulsantwort, welches ein NFIR-Modell (siehe Abschnitt 7.3.4) darstellt.

Bei der Identifikation eines Systems mit einem Hammerstein-Modell müssen $n_v + n_u + 1$ Koeffizienten des linearen Systemteils $a_1, a_2, \ldots, a_n$ und $b_0, b_1, \ldots, b_n$ oder die Werte bzw. der Verlauf der Impulsantwort g sowie die nichtlineare Funktion f_u bestimmt werden. Für die Bestimmung des Verlaufs der nichtlinearen Funktion f_u über Parameterschätzverfahren wird die Funktion oft als Linearkombination bekannter Funktionen dargestellt, also in der Form

$$f_u(u) = \sum_{j=1}^{n_f} \gamma_j f_{u,j}(u). \tag{7.274}$$

Einsetzen von Gl. (7.274) in Gl. (7.263) liefert für das zeitkontinuierliche Hammerstein-Modell

$$y(t) = -\sum_{j=1}^{n_y} a_j \frac{\mathrm{d}^j y(t)}{\mathrm{d}t^j} + \sum_{j=1}^{n_f} \sum_{i=0}^{n_u} \gamma_j b_i \frac{\mathrm{d}^i f_{u,j}(u(t))}{\mathrm{d}t^i}. \tag{7.275}$$

In Abschnitt 7.3.3 wurden integrierbare Modelle eingeführt, welche sich aus dem faltbaren Modell aus Gl. (7.188) durch Weglassen des letzten Terms ergeben. Ein integrierbares System kann demnach durch die Differentialgleichung

$$\sum_{i=0}^{n_y} a_i \frac{\mathrm{d}^i y(t)}{\mathrm{d}t^i} - \sum_{i=0}^{n_u} b_i \frac{\mathrm{d}^i u(t)}{\mathrm{d}t^i} = \sum_{j=1}^{n_f} \sum_{i=0}^{d_{f_j}} c_{j,i} \frac{\mathrm{d}^i f_j(u(t),y(t))}{\mathrm{d}t^i} \tag{7.276}$$

beschrieben werden, wobei hier gegenüber Gl. (7.188) das Vorzeichen der Koeffizienten $c_{j,i}$ getauscht wurde. Gl. (7.275) ergibt sich aus Gl. (7.276) mit $d_{f_j} = n_u$, $a_0 = 1$, $b_0 = b_1 = \ldots = b_{n_u} = 0$, $f_j(u(t),y(t)) = f_{u,j}(u(t))$ und

$$c_{j,i} = \gamma_j b_i. \tag{7.277}$$

Das zeitkontinuerliche Hammerstein-Modell nach Gl. (7.275) ist also ein integrierbares Modell und lässt sich daher auch in Form eines Modulationsfunktionsmodells darstellen (d.h. ohne die zeitlichen Ableitungen). Durch Anwenden des Modulationsfunktionsansatzes aus Abschnitt 7.3.3 ergibt sich die Hartley-Modulationsfunktionsdarstellung des Hammerstein-Modells zu

$$\bar{H}_y(m,\omega_0) = -\sum_{i=1}^{n_y} a_i \bar{H}_y^{(i)}(m,\omega_0) + \sum_{j=1}^{n_f} \sum_{i=0}^{n_u} \gamma_j b_i \bar{H}_{f_j}^{(i)}(m,\omega_0) \tag{7.278}$$

und die Fourier-Modulationsfunktionsdarstellung zu

$$\bar{F}_y(m,\omega_0) = -\sum_{i=1}^{n_y} a_i \bar{F}_y^{(i)}(m,\omega_0) + \sum_{j=1}^{n_f} \sum_{i=0}^{n_u} \gamma_j b_i \bar{F}_{f_j}^{(i)}(m,\omega_0). \tag{7.279}$$

Oftmals werden zur Beschreibung der statischen Nichtlinearitäten bei blockorientierten Modellen Polynome verwendet, d.h.

$$f(u) = \sum_{j=1}^{n_f} \gamma_j u^{j-1}, \tag{7.280}$$

also

$$f_{u,j}(u) = u^{j-1}. \tag{7.281}$$

Damit ergibt sich für die Spektralkoeffizienten

$$\bar{H}_{f_j}^{(i)}(m,\omega_0) = \bar{H}_{u^{j-1}}^{(i)}(m,\omega_0) \tag{7.282}$$

bzw.

$$\bar{F}_{f_j}^{(i)}(m,\omega_0) = \bar{F}_{u^{j-1}}^{(i)}(m,\omega_0) \tag{7.283}$$

und die Modulationsfunktionsdarstellungen werden zu

$$\bar{H}_y(m,\omega_0) = -\sum_{i=1}^{n_y} a_i \bar{H}_y^{(i)}(m,\omega_0) + \sum_{j=1}^{n_f}\sum_{i=0}^{n_u} \gamma_j b_i \bar{H}_{u^{j-1}}^{(i)}(m,\omega_0) \tag{7.284}$$

und

$$\bar{F}_y(m,\omega_0) = -\sum_{i=1}^{n_y} a_i \bar{F}_y^{(i)}(m,\omega_0) + \sum_{j=1}^{n_f}\sum_{i=0}^{n_u} \gamma_j b_i \bar{F}_{u^{j-1}}^{(i)}(m,\omega_0). \tag{7.285}$$

Für zeitdiskrete Systeme liefert Einsetzen von Gl. (7.274) in Gl. (7.268)

$$y(k) = -\sum_{i=1}^{n_y} a_i y(k-i) + \sum_{j=1}^{n_f}\sum_{i=0}^{n_u} \gamma_j b_i f_{u,j}(u(k-i)). \tag{7.286}$$

Mit der Darstellung der statischen Nichtlinearität durch ein Polynom gemäß Gln. (7.280) und (7.281) ergibt sich

$$y(k) = -\sum_{i=1}^{n_y} a_i y(k-i) + \sum_{j=1}^{n_f}\sum_{i=0}^{n_u} \gamma_j b_i u^{j-1}(k-i). \tag{7.287}$$

Bei den bisher betrachteten Hammerstein-Modellen handelt es sich um nichtlinear parametrierte Modelle, da die Modellparameter γ_i und b_i multiplikativ verknüpft auftauchen. Durch Einführen neuer Systemparameter

$$c_{j,i} = \gamma_j b_i \tag{7.288}$$

lässt sich das Modell in ein linear parametriertes Modell

$$\frac{\mathrm{d}^{n_y} y(t)}{\mathrm{d}t^{n_y}} = -\sum_{i=0}^{n_y-1} a_i \frac{\mathrm{d}^i y(t)}{\mathrm{d}t^i} + \sum_{j=1}^{n_f}\sum_{i=0}^{n_u} c_{j,i} \frac{\mathrm{d}^i f_{u,j}(u(t))}{\mathrm{d}t^i} \tag{7.289}$$

überführen, allerdings auf Kosten einer Überparametrierung. Statt ursprünglich $n_y + n_u + n_f + 1$ Parameter a_0, a_1, …, a_{n_v-1}, b_0, b_1, …, b_{n_u} und γ_1, γ_2, …, γ_{n_f} weist das Modell jetzt $n_y + (n_u + 1) \cdot n_f$ Parameter a_0, a_1, …, a_{n_v-1} und $c_{1,0}$, $c_{1,1}$, …, c_{n_f,n_u} auf. Werden z.B. über eine Parameterschätzung die $(n_u + 1) \cdot n_f$ Parameter $c_{1,0}$, $c_{1,1}$, …, c_{n_f,n_u} bestimmt, ist es im Allgemeinen nur noch näherungsweise möglich, daraus die $n_u + n_f$ Parameter b_0, b_1, …, b_{n_u} und γ_1, γ_2, …, γ_{n_f} zu bestimmen, da es sich bei dem aus Gl. (7.288) für $i = 1,\ldots,n_f$ und $j = 0,\ldots,n_u$ folgenden Gleichungssystem um ein überbestimmtes Gleichungssystem handelt.

7.3.7.2 Wiener-Modell

Beim Wiener-Modell ist eine statische Ausgangsnichtlinearität einem linearen dynamischen System nachgeschaltet (Bild 7.14). Wird das lineare Teilsystem durch die Differentialgleichung

$$v(t) = -\sum_{i=1}^{n_y} a_i \frac{\mathrm{d}^i v(t)}{\mathrm{d}t^i} + \sum_{i=0}^{n_u} b_i \frac{\mathrm{d}^i u(t)}{\mathrm{d}t^i}, \tag{7.290}$$

und die Ausgangsnichtlinearität durch

$$y(t) = f(v(t)) \tag{7.291}$$

beschrieben und existiert zur Nichtlinearität die Umkehrfunktion, kann also für den Ausgang des linearen Teilsystems

$$v(t) = f^{-1}(y(t)) \tag{7.292}$$

geschrieben werden, dann kann das zeitkontinuierliche Wiener-Modell in der Form

$$y(t) = f\left(-\sum_{i=1}^{n_y} a_i \frac{\mathrm{d}^i f^{-1}(y(t))}{\mathrm{d}t^i} + \sum_{i=0}^{n_u} b_i \frac{\mathrm{d}^i u(t)}{\mathrm{d}t^i}\right) \tag{7.293}$$

angegeben werden. Die Darstellung für zeitdiskrete Systeme ist

$$y(k) = f\left(-\sum_{i=1}^{n_y} a_i f^{-1}(y(k-i)) + \sum_{i=0}^{n_u} b_i u(k-i)\right). \tag{7.294}$$

Insgesamt ergibt sich für das Wiener-Modell eine kompliziertere Modellstruktur als für das Hammerstein-Modell, was im Wesentlichen damit zusammenhängt, dass sowohl die Funktion f als auch deren Umkehrfunktion im Modell auftauchen. Eine weitere Schwierigkeit entsteht, wenn zusätzlich eine Störgröße berücksichtigt werden muss. Wirkt z.B. auf den Ausgang des Gesamtsystems die Störgröße ε, z.B. Messrauschen, so gilt für ein zeitdiskretes System

$$y(k) = f(v(k)) + \varepsilon(k). \tag{7.295}$$

Damit kann das Gesamtsystem mit

$$y(k) = f\left(-\sum_{i=1}^{n_y} a_i f^{-1}(y(k-i) - \varepsilon(k-i)) + \sum_{i=0}^{n_u} b_i u(k-i)\right) + \varepsilon(k), \tag{7.296}$$

beschrieben werden. Dies stellt einen ein Spezialfall des NARMAX-Modells dar, in dem jetzt auch zurückliegende Werte des Rauschsignals nichtlinear in die Berechnung des aktuellen Systemausgangs eingehen. Für die Systemidentifikation sind daher Wiener-Modelle unhandlicher als Hammerstein-Modelle.

7.3.7.3 Lur'e-Modell

Das Lur'e-Modell besteht aus einem linearen dynamischen Teilsystem, dessen Ausgang über eine statische Nichtlinearität mit negativem Vorzeichen auf den Eingang zurückgekoppelt ist (Bild 7.17). Wird die statische nichtlineare Funktion mit f_y bezeichnet, lautet die Beziehung für das zeitkontinuierliche Lur'e-Modell

$$y(t) = -\sum_{i=1}^{n_y} a_i \frac{\mathrm{d}^i y(t)}{\mathrm{d}t^i} + \sum_{i=0}^{n_u} b_i \frac{\mathrm{d}^i (u(t) - f_y(y(t)))}{\mathrm{d}t^i}. \tag{7.297}$$

Dies ist nur dann eine explizite Differentialgleichung, wenn das lineare Teilsystem streng kausal ist, also $n_y > n_u$ gilt. Eine andere Darstellung ist

$$y(t) + \sum_{i=1}^{n_y} a_i \frac{\mathrm{d}^i y(t)}{\mathrm{d}t^i} - \sum_{i=0}^{n_u} b_i \frac{\mathrm{d}^i u(t)}{\mathrm{d}t^i} + \sum_{i=0}^{n_u} b_i \frac{\mathrm{d}^i f_y(y(t))}{\mathrm{d}t^i} = 0. \tag{7.298}$$

Wie auch beim Hammerstein-Modell (Abschnitt 7.3.7.1) bietet es sich an, die nichtlineare Funktion linear zu parametrieren, also den Ansatz

$$f_y(y) = \sum_{j=1}^{n_f} \gamma_j f_{y,j}(y) \tag{7.299}$$

zu machen. Damit ergibt sich

$$y(t) + \sum_{i=1}^{n_y} a_i \frac{\mathrm{d}^i y(t)}{\mathrm{d}t^i} - \sum_{i=0}^{n_u} b_i \frac{\mathrm{d}^i u(t)}{\mathrm{d}t^i} + \sum_{j=1}^{n_f}\sum_{i=0}^{n_u} \gamma_j b_i \frac{\mathrm{d}^i f_{y,j}(y(t))}{\mathrm{d}t^i} = 0. \tag{7.300}$$

Analog zum vorangegangenen Abschnitt kann gezeigt werden, dass das zeitkontinuierliche Lur'e-Modell ein integrierbares Modell beschriebt. Aus der Differentialgleichung eines integrierbaren Systems

$$\sum_{i=0}^{n_y} a_i \frac{\mathrm{d}^i y(t)}{\mathrm{d}t^i} - \sum_{i=0}^{n_u} b_i \frac{\mathrm{d}^i u(t)}{\mathrm{d}t^i} + \sum_{j=1}^{n_f}\sum_{i=0}^{d_{f_j}} c_{j,i} \frac{\mathrm{d}^i f_j(u(t),y(t))}{\mathrm{d}t^i} = 0 \tag{7.301}$$

folgt mit $d_{f_j} = n_u$, $a_0 = 1$, $f_j(u(t),y(t)) = f_{u,j}(y(t))$ und

$$c_{j,i} = \gamma_j b_i \tag{7.302}$$

das Lur'e-Modell nach Gl. (7.300). Durch Anwenden des Modulationsfunktionsansatzes aus Abschnitt 7.3.3 ergibt sich die Hartley-Modulationsfunktionsdarstellung des Lur'e-Modells zu

$$\bar{H}_y(m,\omega_0) + \sum_{i=1}^{n_y} a_i \bar{H}_y^{(i)}(m,\omega_0) - \sum_{i=0}^{n_u} b_i \bar{H}_u^{(i)}(m,\omega_0) + \sum_{j=1}^{n_f}\sum_{i=0}^{n_u} \gamma_j b_i \bar{H}_{f_{y,j}}^{(i)}(m,\omega_0) = 0 \tag{7.303}$$

und die Fourier-Modulationsfunktionsdarstellung zu

$$\bar{F}_y(m,\omega_0) + \sum_{i=1}^{n_y} a_i \bar{F}_y^{(i)}(m,\omega_0) - \sum_{i=0}^{n_u} b_i \bar{F}_u^{(i)}(m,\omega_0) + \sum_{j=1}^{n_f}\sum_{i=0}^{n_u} \gamma_j b_i \bar{F}_{f_{y,j}}^{(i)}(m,\omega_0) = 0. \tag{7.304}$$

Wird die statische Nichtlinearität als Polynom dargestellt, also

$$f_y(y) = \sum_{j=1}^{n_f} \gamma_j y^{j-1}, \tag{7.305}$$

d.h.

$$f_{y,j}(y) = y^{j-1}, \tag{7.306}$$

gilt für die Spektralkoeffizienten

$$\bar{H}^{(i)}_{f_{y,j}}(m,\omega_0) = \bar{H}^{(i)}_{y^{j-1}}(m,\omega_0) \tag{7.307}$$

bzw.

$$\bar{F}^{(i)}_{f_{y,j}}(m,\omega_0) = \bar{F}^{(i)}_{y^{j-1}}(m,\omega_0) \tag{7.308}$$

und die Modulationsfunktionsdarstellungen des Lur'e-Modells werden zu

$$\bar{H}_y(m,\omega_0)+\sum_{i=1}^{n_y} a_i\bar{H}^{(i)}_y(m,\omega_0)-\sum_{i=0}^{n_u} b_i\bar{H}^{(i)}_u(m,\omega_0)+\sum_{j=1}^{n_f}\sum_{i=0}^{n_u}\gamma_j b_i\bar{H}^{(i)}_{y^{j-1}}(m,\omega_0) = 0 \tag{7.309}$$

und

$$\bar{F}_y(m,\omega_0)+\sum_{i=1}^{n_y} a_i\bar{F}^{(i)}_y(m,\omega_0)-\sum_{i=0}^{n_u} b_i\bar{F}^{(i)}_u(m,\omega_0)+\sum_{j=1}^{n_f}\sum_{i=0}^{n_u}\gamma_j b_i\bar{F}^{(i)}_{y^{j-1}}(m,\omega_0) = 0. \tag{7.310}$$

Für das zeitdiskrete Lur'e-Modell ergibt sich der Zusammenhang

$$y(k) = -\sum_{i=1}^{n_y} a_i y(k-i) + \sum_{i=0}^{n_u} b_i(u(k-i) - f_y(y(k-i))). \tag{7.311}$$

Auch dies ist nur für ein streng kausales lineares Teilsystem, also $b_0 = 0$, eine explizite Differenzengleichung. Eine andere Darstellung ist

$$y(k) = -\sum_{i=1}^{n_y} a_i y(k-i) + \sum_{i=0}^{n_u} b_i u(k-i) - \sum_{i=0}^{n_u} b_i f_y(y(k-i)). \tag{7.312}$$

Für eine linear parametrierte nichtlineare Funktion ergibt sich daraus

$$y(k) = -\sum_{i=1}^{n_y} a_i y(k-i) + \sum_{i=0}^{n_u} b_i u(k-i) - \sum_{j=1}^{n_f}\sum_{i=0}^{n_u}\gamma_j b_i f_{y,j}(y(k-i)) \tag{7.313}$$

und bei einem Ansatz mit einem Polynom für die nichtlineare Funktion

$$y(k) = -\sum_{i=1}^{n_y} a_i y(k-i) + \sum_{i=0}^{n_u} b_i u(k-i) - \sum_{j=1}^{n_f}\sum_{i=0}^{n_u}\gamma_j b_i y^{j-1}(k-i). \tag{7.314}$$

Bei Berücksichtigung eines Rauschens ergibt sich eine ähnliche Problematik wie beim Wiener-Modell. Wird am Ausgang des Gesamtsystems, also hinter der Rückführung, ein additives Rauschen angenommen (z.B. Messrauschen), ergibt sich die Gleichung

$$\begin{aligned} y(k) = &-\sum_{i=1}^{n_y} a_i y(k-i) + \sum_{i=0}^{n_u} b_i u(k-i) \\ &-\sum_{i=0}^{n_u} b_i f_y(y(k-i)-\varepsilon(k-i)) + \varepsilon(k) + \sum_{i=1}^{n_y} a_i\varepsilon(k-i), \end{aligned} \tag{7.315}$$

die einen Spezialfall des in Abschnitt 7.3.4 behandelten NARXMAX-Modells darstellt. Wie beim Wiener-Modell auch gehen zurückliegende Werte des Rauschens nichtlinear in die Berechnung der aktuellen Ausgangsgröße ein.

7.3.7.4 Weitere blockorientierte Modelle

Da es sich bei blockorientierten Modellen um Verschaltungen statischer Nichtlinearitäten und dynamischer linearer Systeme handelt, können prinzipiell beliebig viele blockorientierte Modelle konstruiert werden. An dieser Stelle sollen drei weitere Modelle erwähnt werden. Die Parallelschaltung von r Hammerstein-Modellen wird als r-kanaliges Urysohn-Modell bezeichnet[22] und die Parallelschaltung von r Wiener-Modellen als r-kanaliges *Projection-Pursuit*-Modell [Pea05]. Eine sehr allgemeine Struktur, die aus einer statischen Nichtlinearität und vor-, nach-, und parallelgeschalteten, sowie auf den Eingang zurückgekoppelten, linearen dynamischen Systemen besteht, wird in [SS80, Van96, VS97, VS99, Lau07, Lau08, Van12] betrachtet. In [Van12] wird dieses Modell als LFR-Modell bezeichnet.

7.3.7.5 Einsatz blockorientierter Modelle zur Systemidentifikation

Aufgrund der einfach zu interpretierenden Systemstruktur werden blockorientierte Modelle häufig zur Modellierung und Identifikation nichtlinearer Systeme eingesetzt. Besonders vielversprechend ist ein solcher Modellansatz, wenn aufgrund von Vorwissen davon ausgegangen werden kann, dass sich ein System ausreichend gut durch ein blockorientiertes Modell darstellen lässt. Dies ist z.B. dann der Fall, wenn ein Stellglied mit nichtlinearem Verhalten auf ein im Wesentlichen lineares System wirkt und daher eine Beschreibung mit einem Hammerstein-Modell möglich ist.

Erste Ansätze zur Identifikation blockorientierter Modelle entstanden im Zusammenhang mit der Volterra- und Wiener-Reihendarstellung, da für solche Systeme eine Bestimmung der entsprechenden Kerne z.B. im Frequenzbereich möglich ist ([SR73, SR74]; siehe auch Abschnitt 7.3.1.3). In der Literatur wurden seitdem eine Vielzahl von Ansätzen für die Identifikation blockorientierter Modelle vorgeschlagen. Die Identifikation nichtlinearer Systeme durch blockorientierte Modelle stellt nach wie vor ein aktuelles Forschungsgebiet dar. Für eine Übersicht und eine Einteilung der Identifikationsverfahren wird auf die Literatur verwiesen [Bai03, GB10]. Neben den Identifikationsverfahren für die Modellparameter wurden auch Ansätze vorgeschlagen, mit denen geprüft werden kann, ob ein System durch ein blockorientiertes Modell beschrieben werden kann [SS80, Lau07, Lau08].[23]

7.3.8 Künstliche neuronale Netze

Ein künstliches neuronales Netz ist ein mathematisches Modell, mit dem versucht wird, die Informationsverarbeitung in biologischen neuronalen Netzen, z.B. im zentralen Nervensystem, nachzubilden. Die Entwicklung der künstlichen neuronalen Netze geht auf grundlegende Arbeiten von McCulloch und Pitts [MP43] und Hebb [Heb49] zurück. Für

---

[22] Dem Urysohn-Modell liegt die Urysohn-Reihe zugrunde [GN76]. In der Literatur findet sich auch die Schreibweise Uryson.

[23] Strukturprüfverfahren für nichtlineare Modelle werden in Abschnitt 8.5 näher betrachtet.

eine genauere Ausführung der historischen Entwicklung wird auf die Literatur verwiesen [HDB96]. Im Folgenden werden die aus Sicht der Systemidentifikation wesentlichen Grundlagen künstlicher neuronaler Netze behandelt. Bild 7.18 zeigt die Struktur der hier betrachteten vorwärtsgerichteten künstlichen neuronalen Netze (*Feedforward Networks*).

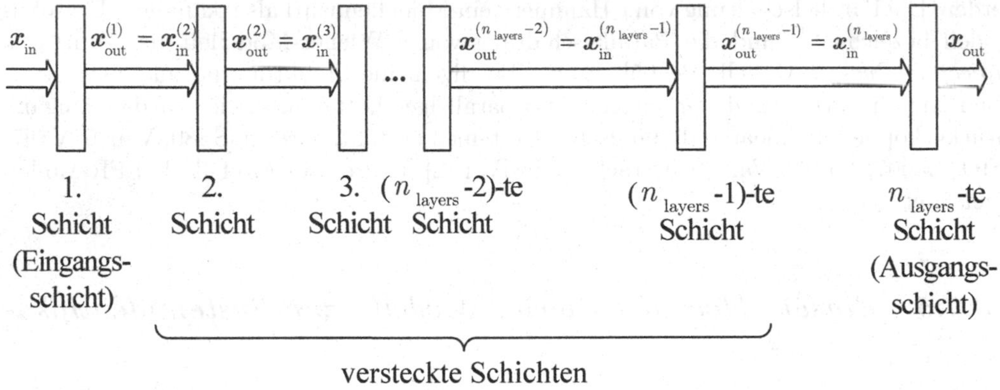

Bild 7.18 Struktur eines vorwärtsgerichteten künstlichen neuronalen Netzes

Ein künstliches neuronales Netz besteht aus einzelnen Prozesseinheiten (Neuronen), die in Schichten angeordnet sind. In jeder einzelnen Schicht befinden sich mehrere Neuronen. Im Folgenden wird mit dem Index l die Schicht bezeichnet, wobei ein hochgestelltes l in Klammern verwendet wird. Die Anzahl der Neuronen in der l-ten Schicht wird mit $n_{\text{neurons}}^{(l)}$ bezeichnet. Die Neuronen in der l-ten Schicht werden mit dem Index i durchnummeriert, d.h. der Index i gibt an, um welches Neuron es sich handelt. Die Struktur einer Schicht ist in Bild 7.18 dargestellt.

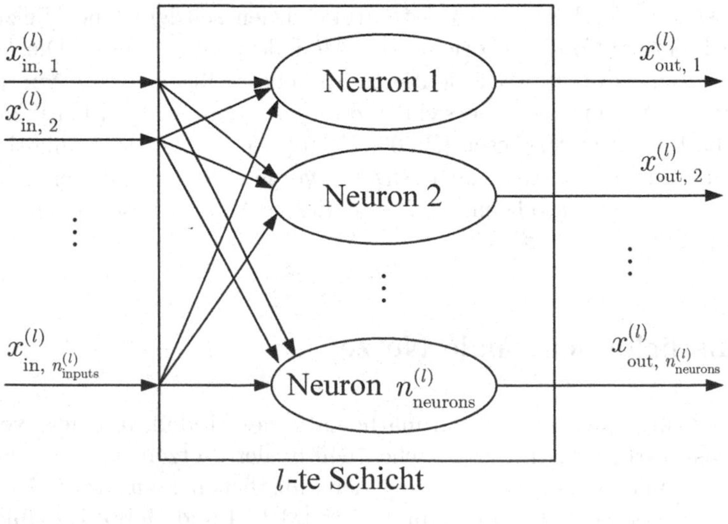

Bild 7.19 Struktur der l-ten Schicht eines künstlichen neuronalen Netzes

Die erste Schicht wird als Eingangsschicht (*Input Layer*) und die letzte Schicht als Ausgangsschicht (*Output Layer*) bezeichnet. Die dazwischen liegenden Schichten werden verborgene oder versteckte Schichten (*Hidden Layers*) genannt. Da jedes Netz eine Eingangs- und eine Ausgangsschicht enthält, ist mit der Anzahl der Schichten meist die Anzahl der verborgenen Schichten gemeint.

Ein Neuron besitzt einen oder mehrere Eingänge und einen Ausgang. Die Ausgänge aller Neuronen einer Schicht bilden den Ausgang dieser Schicht und die Eingänge aller Neuronen einer Schicht entsprechend den Eingang dieser Schicht. Bei den hier betrachteten vorwärtsgerichteten Netzen sind die Eingänge einer Schicht die Ausgänge vorangegangener Schichten. Bei rekurrenten Netzen (*Recurrent Networks*) die im Folgenden nicht betrachtet werden, existieren auch Rückkopplungen aus nachfolgenden auf vorangehende Schichten. Die Anzahl der Eingänge einer Schicht wird mit $n_{\text{inputs}}^{(l)}$ bezeichnet. Da die Ausgänge aller Neuronen einer Schicht den Ausgang der Schicht bilden, entspricht die Anzahl der Ausgänge einer Schicht gerade der Anzahl der Neuronen in dieser Schicht.

Im nachfolgenden Abschnitt wird der Aufbau eines Neurons für das i-te Neuron in der l-ten Schicht erläutert. Dabei wird davon ausgegangen, dass die Eingänge der l-ten Schicht auch die Eingänge jedes Neurons in dieser Schicht bilden. Dies schränkt die Allgemeinheit nicht ein, da in einem Neuron nicht berücksichtigte Eingänge mit einer Gewichtung von null versehen werden können und damit unwirksam sind. Ebenso kann davon ausgegangen werden, dass die Eingänge einer Schicht genau den Ausgängen der unmittelbar vorangegangenen Schicht entsprechen und keine Ausgänge weiter vorne liegender Schichten enthalten. Der Fall, bei dem dies nicht so ist, kann durch einfaches Durchführen der Ausgänge vorangegangener Schichten bis zur aktuellen Schicht auf den hier betrachteten Fall zurückgeführt werden.

7.3.8.1 Aufbau eines Neurons

Wie bereits erläutert, hat ein Neuron in der l-ten Schicht $n_{\text{inputs}}^{(l)}$ Eingangssignale. Diese werden mit $x_{\text{in},1}^{(l)}$ bis $x_{\text{in},n_{\text{inputs}}^{(l)}}^{(l)}$ bezeichnet und in dem Eingangsvektor

$$\boldsymbol{x}_{\text{in}}^{(l)} = \begin{bmatrix} x_{\text{in},1}^{(l)} \\ \vdots \\ x_{\text{in},n_{\text{inputs}}^{(l)}}^{(l)} \end{bmatrix} \tag{7.316}$$

zusammengefasst. Aus diesen Eingangssignalen wird durch das i-te Neuron das Ausgangssignal $x_{\text{out},i}^{(l)}$ gebildet.

Der Aufbau eines einzelnen Neurons ist in Bild 7.20 gezeigt. Das Neuron besteht aus drei hintereinander geschalteten Funktionen, der Gewichtungsfunktion, der Eingangsfunktion und der Aktivierungsfunktion. Im Vergleich mit einem biologischen Neuron bilden die Gewichtungsfunktion und die Eingangsfunktion die Synapse nach. Der Ausgang der Eingangsfunktion bzw. der Eingang der Aktivierungsfunktion wird als post-synaptisches Potential oder als Aktivität bezeichnet. Die Aktivierungsfunktion wird gelegentlich auch als Übertragungsfunktion (*Transfer Function*) bezeichnet, hier soll aber der Begriff Aktivierungsfunktion verwendet werden.

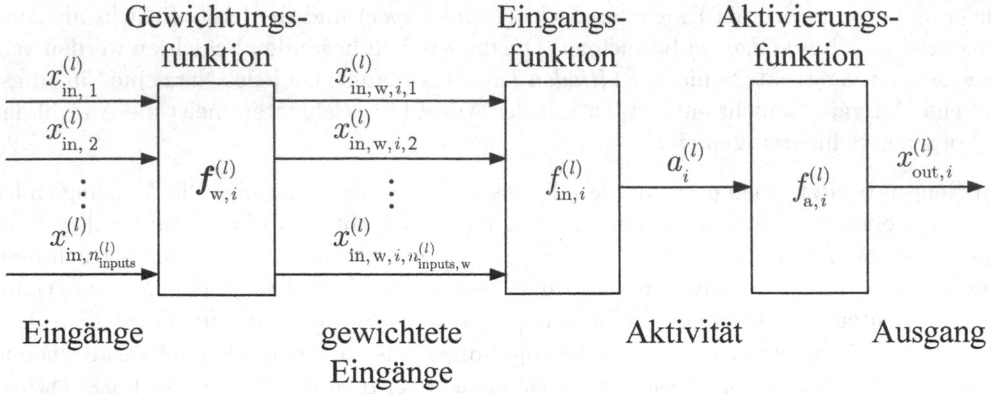

Bild 7.20 Allgemeine Struktur eines Neurons

Aus dem Eingangsvektor $\boldsymbol{x}^{(l)}_{\mathrm{in}}$ wird über die Gewichtungsfunktion der Vektor der gewichteten Eingänge des i-ten Neurons $\boldsymbol{x}^{(l)}_{\mathrm{in,w},\,i}$ gebildet, d.h.

$$\boldsymbol{x}^{(l)}_{\mathrm{in,w},i} = \begin{bmatrix} x^{(l)}_{\mathrm{in,w},i,1} \\ \vdots \\ x^{(l)}_{\mathrm{in,w},i,n^{(l)}_{\mathrm{inputs,w}}} \end{bmatrix} = \boldsymbol{f}^{(l)}_{\mathrm{w},i}(\boldsymbol{x}^{(l)}_{\mathrm{in}}), \tag{7.317}$$

wobei $\boldsymbol{f}^{(l)}_{\mathrm{w},i}$ die Gewichtungsfunktion ist. Im Allgemeinen ist dabei entweder

$$n^{(l)}_{\mathrm{inputs,w}} = n^{(l)}_{\mathrm{inputs}},$$

d.h. die Gewichtungsfunktion gewichtet die einzelnen Eingänge, oder

$$n^{(l)}_{\mathrm{inputs,w}} = 1,$$

d.h. die Gewichtungsfunktion bildet aus den Eingängen eine skalare Größe.

Die Aktivität $a^{(l)}_i$ entsteht aus dem gewichteten Eingangsvektor $\boldsymbol{x}^{(l)}_{\mathrm{in,w},i}$ über die Eingangsfunktion $f^{(l)}_{\mathrm{in},i}$ gemäß

$$a^{(l)}_i = f^{(l)}_{\mathrm{in},i}\left(\boldsymbol{x}^{(l)}_{\mathrm{in,w},i}\right), \tag{7.318}$$

d.h. die Eingangsfunktion bildet die gewichteten Eingangsgrößen auf den skalaren Wert der Aktivität ab.

Aus der Aktivität $a^{(l)}_i$ wird über die Aktivierungsfunktion $f^{(l)}_{\mathrm{a},i}$ die Ausgangsgröße $x^{(l)}_{\mathrm{out},i}$ gebildet, also

$$x^{(l)}_{\mathrm{out},i} = f^{(l)}_{\mathrm{a},i}\left(a^{(l)}_i\right). \tag{7.319}$$

Insgesamt besteht damit zwischen Ausgangs- und Eingangsgröße der Zusammenhang

$$x^{(l)}_{\mathrm{out},i} = f^{(l)}_{\mathrm{a},i}\left(a^{(l)}_i\right) = f^{(l)}_{\mathrm{a},i}\left(f^{(l)}_{\mathrm{in},i}\left(\boldsymbol{x}^{(l)}_{\mathrm{in,w},i}\right)\right) = f^{(l)}_{\mathrm{a},i}\left(f^{(l)}_{\mathrm{in},i}\left(\boldsymbol{f}^{(l)}_{\mathrm{w},i}(\boldsymbol{x}^{(l)}_{\mathrm{in}})\right)\right). \tag{7.320}$$

Diese Funktionsweise bzw. Struktur wird im Folgenden anhand zweier in neuronalen Netzen oft verwendeter Neuronen verdeutlicht, dem sogenannten einfachen Perzeptron, welches in Perzeptron-Netzen verwendet wird, und dem RBF-Neuron, dem eine Radialbasisfunktion (RBF) zugrunde liegt. Aus RBF-Neuronen bestehende Netze werden RBF-Netze genannt und stellen einen Vertreter der Basisfunktionsnetze dar.

7.3.8.2 Einfaches Perzeptron

Beim einfachen Perzeptron wird der Eingang der Aktivierungsfunktion durch eine gewichtete Summation der Eingangssignale des Neurons und eines zusätzlichen konstanten Wertes, der als *Bias* bezeichnet wird, gebildet. Die Aktivierungsfunktion stellt eine Schwellenwertfunktion dar. Diese Struktur ist in Bild 7.21 dargestellt.

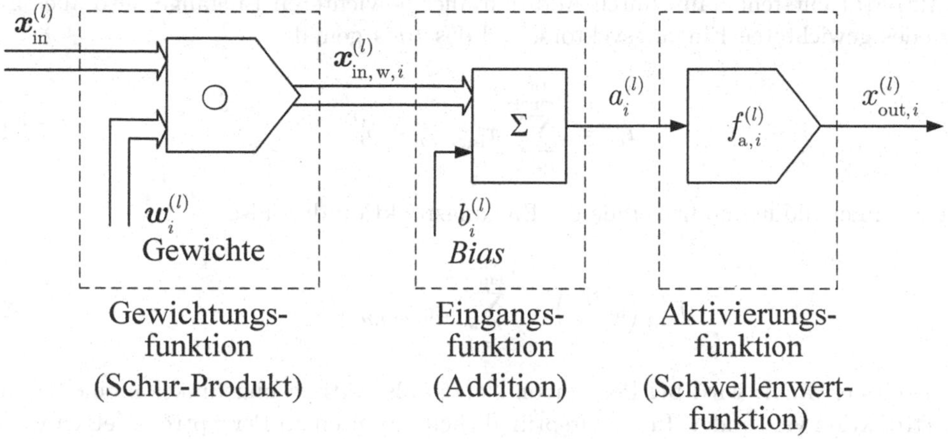

Bild 7.21 Struktur eines einfachen Perzeptrons

Der Eingang der Aktivierungsfunktion, die Aktivität $a_i^{(l)}$, ist also durch

$$a_i^{(l)} = \sum_{\nu=1}^{n_{\text{inputs}}^{(l)}} w_{i,\nu}^{(l)} \cdot x_{\text{in},\nu}^{(l)} + b_i^{(l)} \tag{7.321}$$

gegeben, wobei $w_{i,\nu}^{(l)}$ das Gewicht des ν-ten Eingangs und $b_i^{(l)}$ den Bias bezeichnet. Jeder Eingang $x_{\text{in},\nu}^{(l)}$ wird also mit dem Gewicht $w_{i,\nu}^{(l)}$ multipliziert. Der Vektor der gewichteten Eingänge ist damit durch

$$\boldsymbol{x}_{\text{in,w},i}^{(l)} = \begin{bmatrix} x_{\text{in,w},i,1}^{(l)} \\ \vdots \\ x_{\text{in,w},i,n_{\text{inputs}}^{(l)}}^{(l)} \end{bmatrix} = \begin{bmatrix} w_{i,1}^{(l)} \cdot x_{\text{in},1}^{(l)} \\ \vdots \\ w_{i,n_{\text{inputs}}^{(l)}}^{(l)} \cdot x_{\text{in},n_{\text{inputs}}^{(l)}}^{(l)} \end{bmatrix} \tag{7.322}$$

gegeben. Werden die Gewichte in dem Gewichtsvektor

$$\boldsymbol{w}_i^{(l)} = \begin{bmatrix} w_{i,1}^{(l)} \\ \vdots \\ w_{i,n_{\text{inputs}}^{(l)}}^{(l)} \end{bmatrix} \tag{7.323}$$

zusammengefasst, kann dies auch als

$$\boldsymbol{x}_{\text{in,w},i}^{(l)} = \boldsymbol{w}_i^{(l)} \circ \boldsymbol{x}_{\text{in}}^{(l)}, \tag{7.324}$$

geschrieben werden, wobei $\circ$ für das elementweise Produkt (Schur-Produkt) steht. Die Gewichtungsfunktion entspricht also der elementweisen Multiplikation des Eingangsvektors mit dem Gewichtsvektor, d.h.

$$\boldsymbol{f}_{\text{w},i}^{(l)}(\boldsymbol{x}_{\text{in}}^{(l)}) = \boldsymbol{w}_i^{(l)} \circ \boldsymbol{x}_{\text{in}}^{(l)}. \tag{7.325}$$

Die Aktivität entsteht dann durch Addition aller gewichteten Eingänge, also aller Elemente des gewichteten Eingangsvektors, und des *Bias* gemäß

$$a_i^{(l)} = \sum_{\nu=1}^{n_{\text{inputs}}^{(l)}} x_{\text{in,w},i,\nu}^{(l)} + b_i^{(l)}. \tag{7.326}$$

Diese Summenbildung stellt gerade die Eingangsfunktion dar, also

$$f_{\text{in},i}^{(l)}\left(\boldsymbol{x}_{\text{in,w}}^{(l)}\right) = \sum_{\nu=1}^{n_{\text{inputs}}^{(l)}} x_{\text{in,w},i,\nu}^{(l)} + b_i^{(l)}. \tag{7.327}$$

Wie bereits erwähnt, wird bei Perzeptron-Netzen als Aktivierungsfunktion eine Schwellenwertfunktion verwendet. In den ursprünglichen Arbeiten zu Perzeptron-Netzen wurde eine Aktivierungsfunktion verwendet, die nur einen Ausgangswert von null oder eins liefern kann, wobei das Ausgeben von eins auch als Feuern des Neurons bezeichnet wird. Der Ausgangswert von eins wird ausgegeben, wenn der Eingangswert größer als null ist. Damit gilt

$$x_{\text{out},i}^{(l)} = \begin{cases} 1 & \text{für } a_i^{(l)} > 0, \\ 0 & \text{sonst.} \end{cases} \tag{7.328}$$

Die Aktivierungsfunktion ist also

$$f_{\text{a},i}^{(l)}\left(a_i^{(l)}\right) = \begin{cases} 1 & \text{für } a_i^{(l)} > 0, \\ 0 & \text{sonst.} \end{cases} \tag{7.329}$$

Mit

$$a_i^{(l)} = \sum_{\nu=1}^{n_{\text{inputs}}^{(l)}} w_{i,\nu}^{(l)} \cdot x_{\text{in},\nu}^{(l)} + b_i^{(l)} \tag{7.330}$$

bedeutet dies, dass das Neuron feuert, wenn die gewichtete Summe der Eingänge größer ist als der *Bias* mit umgekehrtem Vorzeichen, also

$$x_{\mathrm{out},i}^{(l)} = \begin{cases} 1 & \text{für } \sum\limits_{\nu=1}^{n_{\mathrm{inputs}}^{(l)}} w_{i,\nu}^{(l)} \cdot x_{\mathrm{in},\nu}^{(l)} > -b_i^{(l)}, \\ 0 & \text{sonst.} \end{cases} \tag{7.331}$$

Daraus ist ersichtlich, dass der *Bias* (mit Vorzeichenwechsel) einen Schwellenwert darstellt.

Neben dieser harten Aktivierungsfunktion in Form einer reinen Schwelle können auch weichere Aktivierungsfunktionen verwendet werden, z.B. eine lineare Sättigungsfunktion der Form

$$f_{\mathrm{a},i}^{(l)}\left(a_i^{(l)}\right) = \begin{cases} 0 & \text{für } a_i^{(l)} < 0, \\ 1 & \text{für } a_i^{(l)} > 1, \\ a_i^{(l)} & \text{sonst,} \end{cases} \tag{7.332}$$

oder eine Sigmoide (Funktion mit einem S-förmigen Verlauf), z.B. die logistische Funktion

$$f_{\mathrm{a},i}^{(l)}\left(a_i^{(l)}\right) = \frac{1}{1 + \mathrm{e}^{-a_i^{(l)}}} \tag{7.333}$$

die auch als Log-Sigmoide bezeichnet wird.

Bei diesen Funktionen ist der Ausgang auf den Bereich 0 bis 1 beschränkt. Auch diese Beschränkung kann aufgehoben und der Bereich -1 bis 1 für das Ausgangssignal verwendet werden. Hierfür kann z.B. gemäß

$$f_{\mathrm{a},i}^{(l)}\left(a_i^{(l)}\right) = \tanh(a_i^{(l)}) = \frac{\mathrm{e}^{a_i^{(l)}} - \mathrm{e}^{-a_i^{(l)}}}{\mathrm{e}^{a_i^{(l)}} + \mathrm{e}^{-a_i^{(l)}}} \tag{7.334}$$

die hyperbolische Tangensfunktion genutzt werden, die ebenfalls eine Sigmoide darstellt.

Eine lineare Aktivierungsfunktion wird eingesetzt, wenn eine Schicht lediglich die Operation der Gewichtungs- und der Eingangsfunktion ausführen soll, die Aktivität aber nur durchgereicht werden soll. Dies erfolgt bei der ersten Schicht (Eingangsschicht) und der letzten Schicht (Ausgangsschicht). Die lineare Aktivierungsfunktion ist dann durch die Identität

$$f_{\mathrm{a},i}^{(l)}\left(a_i^{(l)}\right) = a_i^{(l)} \tag{7.335}$$

gegeben.

7.3.8.3 RBF-Neuronen und RBF-Netze

Eine weitere wichtige Klasse künstlicher neuronaler Netze stellen die Radialbasisfunktionsnetze (RBF-Netze) dar. Ein RBF-Netz besteht gewöhnlich aus drei Schichten, einer linearen Eingangsschicht, einer versteckten Schicht und einer linearen Ausgangsschicht. Die lineare Eingangsschicht ist dabei so beschaffen, dass der Eingangsvektor ohne Veränderung durch diese Schicht durchgereicht wird. Prinzipiell ist damit eigentlich keine (wirksame) Eingangsschicht vorhanden und die versteckte Schicht des RBF-Netzes stellt die erste Schicht dar.

Die versteckte Schicht enthält RBF-Neuronen. Die Struktur eines RBF-Neurons ist in Bild 7.22 gezeigt. Die Ausgangsgröße des i-ten Neurons in der versteckten Schicht $x_{\text{out},i}^{(\text{hidden})}$ berechnet sich gemäß

$$x_{\text{out},i}^{(\text{hidden})} = \varphi\left(b_i^{(\text{hidden})} \cdot \left\|\boldsymbol{x}_{\text{in}} - \boldsymbol{w}_i^{(\text{hidden})}\right\|\right). \tag{7.336}$$

Da nur eine versteckte Schicht vorhanden ist, wird auf die Angabe der Schicht l verzichtet. Dass es sich um die Ausgänge der Neuronen der versteckten Schicht handelt, wird durch das hochgestellte „(hidden)" gekennzeichnet. Beim Vektor der Eingangsgrößen $\boldsymbol{x}_{\text{in}}$ kann auf diese Angabe ganz verzichtet werden, da, wie oben ausgeführt, die Eingänge des Netzes auch die Eingänge der versteckten Schicht sind.

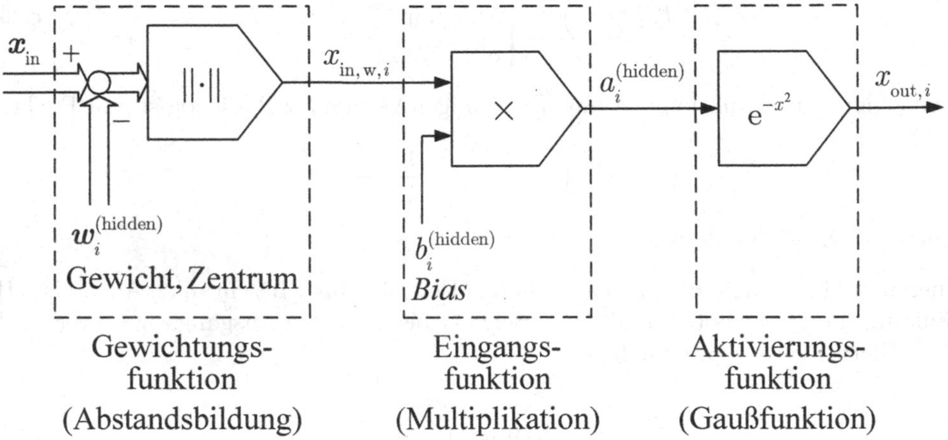

Bild 7.22 Struktur eines RBF-Neurons

Die Funktion $\|\cdot\|$ ist eine prinzipiell beliebige Norm. Über $\left\|\boldsymbol{x}_{\text{in}} - \boldsymbol{w}_i^{(\text{hidden})}\right\|$ wird der verallgemeinerte Abstand (im Sinne der verwendeten Norm) des Eingangsvektors $\boldsymbol{x}_{\text{in}}$ von dem Vektor $\boldsymbol{w}_i^{(\text{hidden})}$ bestimmt. Der Vektor $\boldsymbol{w}_i^{(\text{hidden})}$ wird als Zentrumsvektor oder kurz als Zentrum bezeichnet. Als Norm wird oftmals die euklidische Vektornorm verwendet.

Zur Darstellung dieser Funktion in der oben eingeführten Struktur bestehend aus Gewichtungsfunktion, Eingangsfunktion und Aktivierungsfunktion wird die Bestimmung der Norm als Gewichtungsfunktion des i-ten Neurons in der versteckten Schicht definiert, also

$$x_{\text{in,w},i}^{(\text{hidden})} = \boldsymbol{f}_{\text{w},i}^{(l)}(\boldsymbol{x}_{\text{in}}) = \left\|\boldsymbol{x}_{\text{in}} - \boldsymbol{w}_i^{(\text{hidden})}\right\|. \tag{7.337}$$

Die Ausgangsgröße der Gewichtungsfunktion, der gewichtete Eingang, ist hier also ein Skalar. Um weiterhin die Interpretation zuzulassen, dass die Gewichtungsfunktion von der Eingangsgröße und einem Gewicht abhängt, kann das Zentrum $\boldsymbol{w}_i^{(\text{hidden})}$ in einem verallgemeinerten Sinne als Gewicht aufgefasst werden. Daher wird auch $\boldsymbol{w}$ als Variable verwendet (statt, wie oft üblich, $\boldsymbol{c}$).[24]

[24] In der Neural Network Toolbox des mathematischen Softwarepakets Matlab wird diese Größe einheitlich, also auch für RBF-Netze, als *Weight* bezeichnet [BHD11].

Die Eingangsfunktion des i-ten Neurons in der versteckten Schicht ist die Multiplikation des gewichteten Eingangs mit $b_i^{\text{(hidden)}}$, also

$$a_i^{\text{(hidden)}} = f_{\text{in},i}^{\text{(hidden)}}(x_{\text{in,w},i}) = b_i^{\text{(hidden)}} \cdot x_{\text{in,w},i}^{\text{(hidden)}}. \tag{7.338}$$

Obwohl es sich bei $b_i^{\text{(hidden)}}$ nicht um einen *Bias* handelt (also um eine Größe, die addiert wird), wird aus Gründen der einheitlichen Darstellung der Struktur für unterschiedliche Netze (z.B. RBF-Netze und Perzeptron-Netze) b als Variable verwendet, damit die Eingangsfunktion immer vom gewichteten Eingang und dem Parameter b abhängt.[25]

Die Aktivierungsfunktion entspricht schließlich der Funktion φ. Für diese Funktion wird oftmals der Ansatz

$$\varphi\left(b_i^{\text{(hidden)}} \cdot \left\|\boldsymbol{x}_{\text{in}} - \boldsymbol{w}_i^{\text{(hidden)}}\right\|\right) = \mathrm{e}^{-\left(b_i^{\text{(hidden)}} \cdot \left\|\boldsymbol{x}_{\text{in}} - \boldsymbol{w}_i^{\text{(hidden)}}\right\|\right)^2}, \tag{7.339}$$

verwendet, welcher der Gauß-Funktion („Glockenkurve") entspricht. Die Aktivierungsfunktion ist dann

$$f_{\text{a},i}^{\text{(hidden)}}\left(a_i^{\text{(hidden)}}\right) = e^{-\left(a_i^{\text{(hidden)}}\right)^2}. \tag{7.340}$$

Es können aber auch andere Aktivierungsfunktionen, z.B. eine dreieckige Aktivierungsfunktion, verwendet werden.

Wie oben erwähnt, ist der versteckten Schicht eine lineare Ausgangsschicht nachgeschaltet. In dieser linearen Ausgangsschicht werden die Ausgänge der versteckten Schicht gewichtet und es wird ein *Bias* hinzuaddiert. Der j-te Netzausgang ist also durch

$$x_{\text{out},j} = \sum_{i=1}^{n_{\text{neurons}}^{\text{(hidden)}}} w_{j,i}^{\text{(output)}} \cdot x_{\text{out},i}^{\text{(hidden)}} + b_j^{\text{(output)}}, \quad j = 1, \ldots, n_{\text{outputs}}, \tag{7.341}$$

gegeben. Damit entspricht das j-te Neuron in der Ausgangsschicht gerade einem Perzeptron mit dem Gewichtsvektor

$$\boldsymbol{w}_j^{\text{(output)}} = \begin{bmatrix} w_{j,1}^{\text{(output)}} \\ \vdots \\ w_{j,n_{\text{neurons}}^{\text{(hidden)}}}^{\text{(output)}} \end{bmatrix}, \tag{7.342}$$

dem *Bias* $b_j^{\text{(output)}}$ und der linearen Aktivierungsfunktion

$$f_{\text{a},j}^{\text{(output)}}\left(a_j^{\text{(output)}}\right) = a_j^{\text{(output)}}. \tag{7.343}$$

Der j-te Ausgang eines RBF-Netzes ergibt sich damit insgesamt zu

$$x_{\text{out},j} = \sum_{i=1}^{n_{\text{neurons}}^{\text{(hidden)}}} w_{j,i}^{\text{(output)}} \cdot \varphi\left(b_i^{\text{(hidden)}} \cdot \left\|\boldsymbol{x}_{\text{in}} - \boldsymbol{w}_i^{\text{(hidden)}}\right\|\right) + b_j^{\text{(output)}}. \tag{7.344}$$

[25] In der Neural Network Toolbox des mathematischen Softwarepakets Matlab wird diese Größe einheitlich, also auch für RBF-Netze, als *Bias* bezeichnet [BHD11].

7.3.8.4 Aufbau eines neuronalen Netzes

In der oben eingeführten Notation mit Gewichtungsfunktion, Eingangsfunktion und Aktivierungsfunktion ergibt sich der Ausgang des i-ten Neurons in der l-ten Schicht zu

$$x_{\mathrm{out},i}^{(l)} = f_{\mathrm{a},i}^{(l)}\left(a_i^{(l)}\right) = f_{\mathrm{a},i}^{(l)}\left(f_{\mathrm{in},i}^{(l)}\left(\boldsymbol{x}_{\mathrm{in,w},i}^{(l)}\right)\right) = f_{\mathrm{a},i}^{(l)}\left(f_{\mathrm{in},i}^{(l)}\left(\boldsymbol{f}_{\mathrm{w},i}^{(l)}(\boldsymbol{x}_{\mathrm{in}}^{(l)})\right)\right). \tag{7.345}$$

Dabei ist

$$\boldsymbol{f}_{\mathrm{w},i}^{(l)}(\boldsymbol{x}_{\mathrm{in}}^{(l)}) = \boldsymbol{x}_{\mathrm{in,w},i}^{(l)} \tag{7.346}$$

der gewichtete Eingang des i-ten Neurons in der l-ten Schicht. Für die kompakte Darstellung eines Zusammenhangs für das gesamte Netz werden die gewichteten Eingänge aller Neuronen einer Schicht gemäß

$$\boldsymbol{X}_{\mathrm{in,w}}^{(l)} = \left[\begin{array}{ccc} \boldsymbol{x}_{\mathrm{in,w},1}^{(l)} & \cdots & \boldsymbol{x}_{\mathrm{in,w},n_{\mathrm{neurons}}^{(l)}}^{(l)} \end{array}\right], \tag{7.347}$$

spaltenweise in der Matrix $\boldsymbol{X}_{\mathrm{in,w}}^{(l)}$ angeordnet. Mit der Einführung der matrixwertigen Funktion

$$\boldsymbol{F}_{\mathrm{w}}^{(l)}(\boldsymbol{x}_{\mathrm{in}}^{(l)}) = \left[\begin{array}{ccc} \boldsymbol{f}_{\mathrm{w},1}^{(l)}(\boldsymbol{x}_{\mathrm{in}}^{(l)}) & \cdots & \boldsymbol{f}_{\mathrm{w},n_{\mathrm{neurons}}^{(l)}}^{(l)}(\boldsymbol{x}_{\mathrm{in}}^{(l)}) \end{array}\right] \tag{7.348}$$

kann dann

$$\boldsymbol{X}_{\mathrm{in,w}}^{(l)} = \boldsymbol{F}_{\mathrm{w}}^{(l)}(\boldsymbol{x}_{\mathrm{in}}^{(l)}) \tag{7.349}$$

geschrieben werden.

Auch die Eingänge der Aktivierungsfunktionen, also die Aktivitäten, aller Neuronen einer Schicht werden gemäß

$$\boldsymbol{a}^{(l)} = \left[\begin{array}{c} a_1^{(l)} \\ \vdots \\ a_{n_{\mathrm{neurons}}^{(l)}}^{(l)} \end{array}\right] \tag{7.350}$$

in dem Vektor $\boldsymbol{a}^{(l)}$ zusammengefasst. Dabei hängt die Aktivität des i-ten Neurons nur von dem gewichteten Eingang dieses Neurons ab, es gilt also

$$a_i^{(l)} = f_{\mathrm{in},i}^{(l)}(\boldsymbol{x}_{\mathrm{in,w},i}^{(l)}). \tag{7.351}$$

Der gewichtete Eingang des i-ten Neurons ergibt sich aus der in Gl. (7.347) eingeführten Matrix aller gewichteten Eingänge $\boldsymbol{X}_{\mathrm{in,w}}^{(l)}$ durch Herausnehmen der i-ten Spalte, was als

$$\boldsymbol{x}_{\mathrm{in,w},i}^{(l)} = \boldsymbol{X}_{\mathrm{in,w}}^{(l)} \cdot \mathbf{e}_i, \tag{7.352}$$

dargestellt werden kann, wobei $\mathbf{e}_i$ der i-te Einheitsbasisvektor ist, also ein Vektor mit einer Eins in der i-ten Position und Nullen an allen anderen Stellen.

Über die Einführung der vektorwertigen Funktion

$$\boldsymbol{f}_{\mathrm{in}}^{(l)}(\boldsymbol{X}_{\mathrm{in,w}}^{(l)}) = \left[\begin{array}{c} f_{\mathrm{in},1}^{(l)}\left(\boldsymbol{X}_{\mathrm{in,w}}^{(l)} \cdot \mathbf{e}_1\right) \\ \vdots \\ f_{\mathrm{in},n_{\mathrm{neurons}}^{(l)}}^{(l)}\left(\boldsymbol{X}_{\mathrm{in,w}}^{(l)} \cdot \mathbf{e}_{n_{\mathrm{neurons}}^{(l)}}\right) \end{array}\right] \tag{7.353}$$

kann dann für die Aktivität

$$\boldsymbol{a}^{(l)} = \boldsymbol{f}_{\text{in}}^{(l)}(\boldsymbol{X}_{\text{in,w}}^{(l)}) = \boldsymbol{f}_{\text{in}}^{(l)}(\boldsymbol{F}_{\text{w}}^{(l)}(\boldsymbol{x}_{\text{in}}^{(l)})) \tag{7.354}$$

geschrieben werden.

Auch die Ausgänge der l-ten Schicht werden gemäß

$$\boldsymbol{x}_{\text{out}}^{(l)} = \begin{bmatrix} x_{\text{out},1}^{(l)} \\ \vdots \\ x_{\text{out},n_{\text{neurons}}^{(l)}}^{(l)} \end{bmatrix} \tag{7.355}$$

in einem Vektor angeordnet. Dabei hängt das i-te Ausgangssignal $x_{\text{out},i}^{(l)}$, also das Ausgangssignal des i-ten Neurons, jeweils nur von der Aktivität dieses Neurons ab, also von $a_i^{(l)}$, d.h.

$$x_{\text{out},i}^{(l)} = f_{\text{a},i}^{(l)}(a_i^{(l)}). \tag{7.356}$$

Die i-te Aktivität ergibt sich aus dem in Gl. (7.350) eingeführten Vektor aller Aktivitäten $\boldsymbol{a}^{(l)}$ durch Herausnehmen des i-ten Elements, was durch

$$a_i^{(l)} = \mathbf{e}_i^{\text{T}} \cdot \boldsymbol{a}^{(l)} \tag{7.357}$$

dargestellt werden kann.

Mit Einführen der Funktion

$$\boldsymbol{f}_{\text{a}}^{(l)}(\boldsymbol{a}^{(l)}) = \begin{bmatrix} f_{\text{a},1}^{(l)}\left(\mathbf{e}_1^{\text{T}} \cdot \boldsymbol{a}^{(l)}\right) \\ \vdots \\ f_{\text{a},n_{\text{neurons}}^{(l)}}^{(l)}\left(\mathbf{e}_{n_{\text{neurons}}^{(l)}}^{\text{T}} \cdot \boldsymbol{a}^{(l)}\right) \end{bmatrix} \tag{7.358}$$

kann der Ausgang der l-ten Schicht als

$$\boldsymbol{x}_{\text{out}}^{(l)} = \boldsymbol{f}_{\text{a}}^{(l)}(\boldsymbol{a}^{(l)}) \tag{7.359}$$

geschrieben werden. Insgesamt ergibt sich aus den Gln. (7.349), (7.354) und (7.359)

$$\boldsymbol{x}_{\text{out}}^{(l)} = \boldsymbol{f}_{\text{a}}^{(l)}(\boldsymbol{a}^{(l)}) = \boldsymbol{f}_{\text{a}}^{(l)}(\boldsymbol{f}_{\text{in}}^{(l)}(\boldsymbol{X}_{\text{in,w}}^{(l)})) = \boldsymbol{f}_{\text{a}}^{(l)}(\boldsymbol{f}_{\text{in}}^{(l)}(\boldsymbol{F}_{\text{w}}^{(l)}(\boldsymbol{x}_{\text{in}}^{(l)}))) \tag{7.360}$$

als Zusammenhang zwischen dem Ausgang und dem Eingang der l-ten Schicht. Da der Ausgang einer Schicht der Eingang der folgenden Schicht ist, folgt für ein Netz mit n_{layers} Schichten

$$\begin{aligned} \boldsymbol{x}_{\text{out}} = \boldsymbol{f}_{\text{a}}^{(n_{\text{layers}})}(\boldsymbol{f}_{\text{in}}^{(n_{\text{layers}})}(\boldsymbol{F}_{\text{w}}^{(n_{\text{layers}})}(\boldsymbol{f}_{\text{a}}^{(n_{\text{layers}}-1)}(\boldsymbol{f}_{\text{in}}^{(n_{\text{layers}}-1)}(\boldsymbol{F}_{\text{w}}^{(n_{\text{layers}}-1)}(\ldots \\ \ldots \boldsymbol{f}_{\text{a}}^{(2)}(\boldsymbol{f}_{\text{in}}^{(2)}(\boldsymbol{F}_{\text{w}}^{(2)}(\boldsymbol{f}_{\text{a}}^{(1)}(\boldsymbol{f}_{\text{in}}^{(1)}(\boldsymbol{F}_{\text{w}}^{(1)}(\boldsymbol{x}_{\text{in}}))))))\ldots)))))). \end{aligned} \tag{7.361}$$

Diese Gleichung stellt in einer kompakten Form den vollständigen Zusammenhang zwischen den Eingangs- und den Ausgangsgrößen eines vorwärtsgerichteten neuronalen Netzes dar.

7.3.8.5 Verwendung künstlicher neuronaler Netze zur Beschreibung dynamischer Systeme

Die in Gl. (7.361) angegebene allgemeine Gleichung für die Berechnung der Ausgangsgröße eines künstlichen neuronalen Netzes $\boldsymbol{x}_{\text{out}}$ in Abhängigkeit von der Eingangsgröße $\boldsymbol{x}_{\text{in}}$ stellt einen statischen Zusammenhang dar. Um ein künstliches neuronales Netz zur Beschreibung dynamischer Systeme einzusetzen, muss die Dynamik über die Wahl der Eingangsgröße abgebildet werden. Soll ein neuronales Netz eingesetzt werden, um ein dynamisches System nachzubilden, bei dem sich die momentane Ausgangsgröße aus dem aktuellen Wert sowie zurückliegenden Werten der Eingangsgröße und zurückliegenden Werte der Ausgangsgröße, also gemäß

$$y(k) = f(y(k-1),y(k-2),\ldots,y(k-n_y),u(k),u(k-1),\ldots,u(k-n_u)) \tag{7.362}$$

ergibt, kann dies erfolgen, indem die Eingangsgröße des Netzes für den k-ten Zeitschritt als

$$\boldsymbol{x}_{\text{in}}(k) = \begin{bmatrix} y(k-1) & \ldots & y(k-n_y) & u(k) & \ldots & u(k-n_u) \end{bmatrix}^{\text{T}} \tag{7.363}$$

gewählt wird. Das künstliche neuronale Netz stellt dann die Funktion f dar. Bei der in Abschnitt 8.4.3 behandelten Parameterschätzung für künstliche neuronale Netze werden die Gewichte und die *Bias*-Werte des neuronalen Netzes bestimmt.

7.3.8.6 Systemidentifikation mit künstlichen neuronalen Netzen

Die ersten praktischen Anwendungen neuronaler Netze erfolgten nach der Entwicklung des Perzeptron-Netzes und eines zugehörigen Lernalgorithmus durch Rosenblatt [Ros58] in der Mustererkennung. Eine weitere Netzstruktur, das adaptive lineare neuronale Netz (ADALINE), und ein dafür geeigneter Lernalgorithmus wurden von Widrow und Hoff [WH60] vorgeschlagen. Aufgrund der Einschränkungen dieser Netzstrukturen und des Fehlens von leistungsfähigen Digitalrechnern ließ das Forschungsinteresse an künstlichen neuronalen Netzen zunächst nach. In den achtziger Jahren standen leistungsfähige Rechner zur Verfügung und das Forschungsinteresse stieg rasant an. Getrieben wurde dies zum einen durch die von Hopfield [Hop84] entwickelten gleichnamigen Netze sowie das von Werbos vorgeschlagene Backpropagationsverfahren [Wer74, RMP86]. Eine Übersicht der Ansätze bis 1990 findet sich in dem Artikel von Widrow und Lehr [WL90].

Ende der achtziger Jahre wurden neuronale Netze auch zur Identifikation und Regelung dynamischer Systeme eingesetzt. Interessante Übersichtsdarstellung der ersten Arbeiten zur Regelung und Identifikation sind die Aufsätze von Werbos [Wer89] und Tai, Ryaciotaki-Boussalis und Hollaway [TRH91].

Das Forschungsinteresse im Bereich der theoretischen Entwicklungen erreichte Mitte der neunziger Jahre einen Höhepunkt [Jun99]. Es wurden zahlreiche verschiedene Strukturen neuronaler Netze für den Einsatz in der Systemidentifikation entwickelt. Ein detaillierter Überblick über die verschiedenen Netzstrukturen findet sich in [Jun99]. Eine Übersicht über gradientenbasierte Lernalgorithmen für den Einsatz in der Identifikation gibt [Mcl98]. Der Fokus der Forschung der letzten Jahre liegt eher auf dem Einsatz von neuronalen Netzen zur Systemidentifikation für verschiedene konkrete Systeme oder Anwendungsgebiete. Aufgrund der Vielzahl der vorliegenden Arbeiten wird hier nicht weiter auf einzelne Arbeiten eingegangen. Stattdessen muss dem Anwender angeraten werden, dem Ansatz, neuronale Netze für ein konkretes Identifikationsproblem einzusetzen, eine sorgfältige Literaturrecherche voranzustellen. Die dabei gefundenen Arbeiten müssen dann gesichtet werden, um letztlich einen geeigneten Ansatz für das vorliegende Problem zu finden.

7.3.9 Fuzzy-Modelle

Als Fuzzy-Modelle werden Modelle bezeichnet, bei denen in der Modellbeschreibung unscharfe Mengen, sogenannte Fuzzy-Mengen (*Fuzzy Sets*), verwendet werden. Solche Mengen wurden 1965 von Zadeh eingeführt und zeichnen sich dadurch aus, dass nicht binär zwischen der Zugehörigkeit oder Nichtzugehörigkeit eines Elements zu der Menge unterschieden wird, sondern ein Zugehörigkeitswert im Interval $[0,1]$ verwendet wird [Zad65]. Im Gegensatz zur binären Logik wird die Logik auf diesen Variablen als unscharfe Logik oder Fuzzy-Logik bezeichnet.

Zadeh schlug 1973 vor, die unscharfe Logik für die Modellbildung komplexer Systeme einzusetzen [Zad73].[26] In der Regelungstechnik wurde dies mit der Entwicklung von Fuzzy-Reglern aufgegriffen, bei denen zunächst versucht wurde, eine erfolgreiche Strategie eines Anlagenfahrers oder Bedieners durch ein Fuzzy-Modell nachzubilden [Mam74, MA75]. Seit den achtziger Jahren werden Fuzzy-Modelle auch für die Systemidentifikation eingesetzt [Ton78, Ton80, CP81, HP82, Ped84, TS85, XL87, RSK88, Xu89]. Im Folgenden werden die Grundlagen von regelbasierten Fuzzy-Modellen dargestellt, da dies die Modelle sind, die in der Systemidentifikation hauptsächlich eingesetzt werden. Diese einführende Darstellung folgt in weiten Teilen der regelungstechnisch ausgerichteten Einführung in [Unb09]. Für weiterführende Beschäftigung mit diesem Thema wird auf die Literatur verwiesen [Kor97, Bab04].

7.3.9.1 Fuzzy-Mengen und Zugehörigkeitsfunktionen

In der klassischen Mengenlehre ist eine Menge durch Angabe aller enthaltenen Elemente vollständig bestimmt. Für eine Menge A mit den Elementen a_1, a_2, $\ldots$,a_n kann dies als

$$A = \{a_1, a_2, \ldots, a_n\} \tag{7.364}$$

geschrieben werden. Sind die Elemente a_1, a_2, $\ldots$, a_n auch Elemente einer umfassenderen Grundmenge X, so kann die Menge A über ihre charakteristische Funktion $\mu_A(x)$ für $x \in X$ beschrieben werden. Die charakteristische Funktion nimmt den Wert eins an, wenn das Element x in der Menge A enthalten ist, und den Wert null, wenn das Element x nicht in der Menge A enthalten ist, also

$$\mu_A(x) = \begin{cases} 1 & \text{falls } x \in A, \\ 0 & \text{sonst.} \end{cases} \tag{7.365}$$

[26] Interessanterweise geht auch der Begriff Systemidentifikation selbst auf Zadeh [Zad56] zurück.

Ein Element gehört also zur Menge oder nicht. Klassische Mengen werden daher auch als scharfe Mengen bezeichnet.

Bei einer unscharfen Menge (Fuzzy-Menge) kann die charakteristische Funktion, die dann auch als (Fuzzy-)Zugehörigkeitsfunktion (*Membership Function*) bezeichnet wird, Werte im Intervall $[0,1]$ annehmen. Jedem Element $x \in X$ wird so ein Grad der Zugehörigkeit zur Menge A zugeordnet. Die Menge A ist damit eine unscharfe Teilmenge der Grundmenge X und kann als

$$A = \{(x,\mu_A(x))|x \in X\} \tag{7.366}$$

angegeben werden. Die scharfe Menge stellt einen Sonderfall einer unscharfen Menge dar, der dadurch entsteht, dass die Zugehörigkeitsfunktion nur die Werte null und eins annimmt. Dies ist in Bild 7.23 gezeigt.

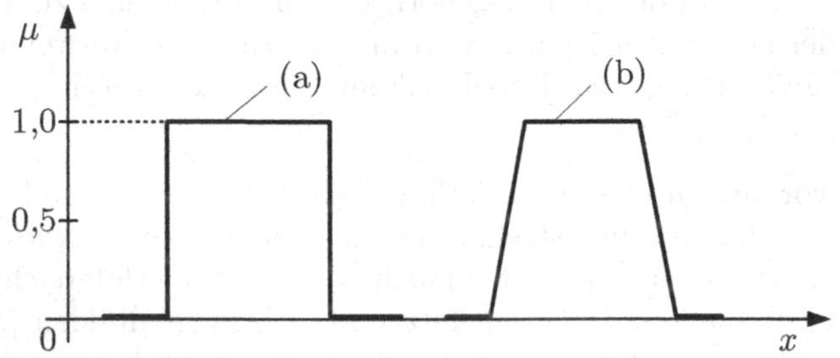

Bild 7.23 Zugehörigkeitsfunktion $\mu(x)$ für eine scharfe Menge (a) und eine Fuzzy-Menge (b)

Die Zugehörigkeitsfunktion $\mu_A(x)$ gibt also für die Elemente $x \in X$ die Zugehörigkeit zur Fuzzy-Menge A an. Zugehörigkeitsfunktionen können prinzipiell durch beliebige Verläufe gebildet werden. Der Einfachheit, insbesondere der einfachen Interpretierbarkeit, halber werden oftmals stückweise lineare Verläufe wie Dreiecke oder Trapeze verwendet. Ein Beispiel einer stückweise linearen trapezförmigen Zugehörigkeitsfunktion ist in Bild 7.24 gezeigt. Diese ist durch

$$\mu(x) = \begin{cases} 0 & \text{für } x < a, \\ \dfrac{x-a}{b-a} & \text{für } a \le x \le b, \\ 1 & \text{für } b < x < c, \\ \dfrac{d-x}{d-c} & \text{für } c \le x \le d, \\ 0 & \text{für } d < x \end{cases} \tag{7.367}$$

gegeben und damit durch die Parameter a, b, c und d beschrieben.

In Bild 7.24 sind auch die für Fuzzy-Mengen definierten Kenngrößen des Trägers, des Kerns und des Übergangs gezeigt. Der Träger (*Support*) oder auch die Einflussbreite einer unscharfen Menge ist der Bereich, in dem die Werte der Zugehörigkeitsfunktion nicht null sind. Der Kern (*Core*) einer unscharfen Menge ist die Menge aller Elemente, deren Zugehörigkeitsgrad eins ist. Der Übergang (*Boundary*) einer unscharfen Menge A ist der Bereich, in dem für die Zugehörigkeitsfunktion $0 < \mu_A(x) < 1$ gilt. Träger, Kern und Übergang stellen klassische (scharfe) Mengen dar.

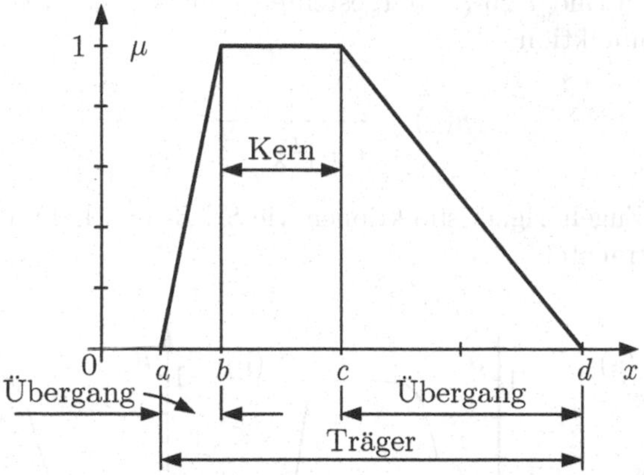

Bild 7.24 Stückweise lineare Zugehörigkeitsfunktion

Ein Element der Grundmenge X kann zu mehreren Fuzzy-Mengen gehören. Ein Beispiel zeigt Bild 7.25. Hier gehört das Element x_0 mit der Zugehörigkeit 0,75 zur Menge A und mit der Zugehörigkeit 0,25 zur Menge B.

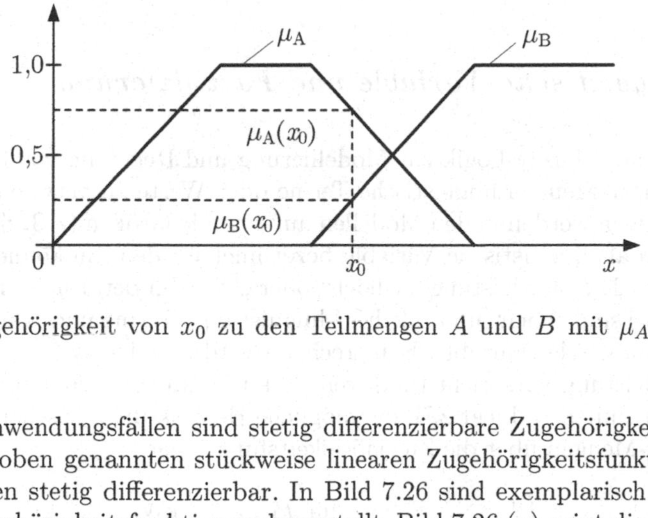

Bild 7.25 Zugehörigkeit von x_0 zu den Teilmengen A und B mit $\mu_A(x_0) = 0{,}75$ und $\mu_B(x_0) = 0{,}25$

In manchen Anwendungsfällen sind stetig differenzierbare Zugehörigkeitsfunktionen erforderlich. Die oben genannten stückweise linearen Zugehörigkeitsfunktionen sind nicht in allen Punkten stetig differenzierbar. In Bild 7.26 sind exemplarisch drei stetig differenzierbare Zugehörigkeitsfunktionen dargestellt. Bild 7.26 (a) zeigt die normierte Gaußfunktion, die durch

$$\mu(x) = \mathrm{e}^{-\frac{1}{2}\frac{(x-\varsigma)^2}{\sigma^2}} \tag{7.368}$$

gegeben ist. Dabei wird ς als Zentrum und σ als Formparameter bezeichnet. Der Formparameter σ bestimmt den Abstand zwischen dem Zentrum und dem links- bzw. rechtsseitigen Wendepunkt (W) der Funktion. Die in Bild 7.26 (b) gezeigte Funktion ist die Differenz zweier Sigmoiden und wird durch

$$\mu(x) = \frac{1}{1+\mathrm{e}^{-\alpha_1(x-\varsigma_1)}} - \frac{1}{1+\mathrm{e}^{-\alpha_2(x-\varsigma_2)}} \tag{7.369}$$

beschrieben. Bei der in Bild 7.26 (c) dargestellten Funktion handelt es sich um die verallgemeinerte Glockenfunktion

$$\mu(x) = \frac{1}{1 + \left|\frac{x-\gamma}{\alpha}\right|^{2\beta}}. \tag{7.370}$$

Verschiedene weitere Zugehörigkeitsfunktionen wie S-, Z- und Π-Funktionen werden z.B. in [BG90, May93] betrachtet.

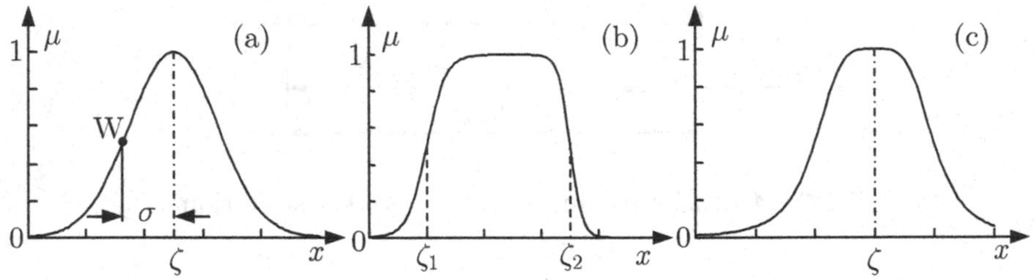

Bild 7.26 Beispiele für stetig differenzierbare Zugehörigkeitsfunktionen: (a) normierte Gauß-Funktion, (b) Differenz sigmoider Funktionen und (c) verallgemeinerte Glockenfunktion

7.3.9.2 Linguistische Variable und Fuzzifizierung

Bei Anwendungen der Fuzzy-Logik zur Modellierung und Regelung von Systemen ist es üblich, für die Fuzzy-Mengen linguistische Terme oder Werte zu verwenden. Mit diesen linguistischen Termen werden in den Modellen auftretende Größen (z.B. Signale) charakterisiert, die dann als linguistische Variable bezeichnet werden. So können linguistische Aussagen wie z.B. „Die Heizleistung ist hoch" oder „Die Temperatur ist niedrig" formuliert werden. Dabei sind „hoch" und „niedrig" linguistische Terme und „Heizleistung" und „Temperatur" linguistische Variable. Entsprechend wird eine Fuzzy-Menge definiert, die einer hohen Heizleistung entspricht (und weitere Fuzzy-Mengen für linguistische Werte wie „niedrig" oder „mittel"). Liegt z.B. die mögliche Heizleistung zwischen 0 und 10 kW, können die Fuzzy-Mengen über die Zugehörigkeitsfunktionen

$$\mu_{\text{niedrig}}(P_{\text{Heiz}}) = \begin{cases} 1 & \text{für } P_{\text{Heiz}} < 2\text{ kW}, \\ \dfrac{3\text{ kW} - P_{\text{Heiz}}}{1\text{ kW}} & \text{für } 2\text{ kW} \leq P_{\text{Heiz}} \leq 3\text{ kW}, \\ 0 & \text{für } 3\text{ kW} < P_{\text{Heiz}}, \end{cases} \tag{7.371a}$$

$$\mu_{\text{mittel}}(P_{\text{Heiz}}) = \begin{cases} 0 & \text{für } P_{\text{Heiz}} < 2\text{ kW}, \\ \dfrac{P_{\text{Heiz}} - 2\text{ kW}}{1\text{ kW}} & \text{für } 2\text{ kW} \leq P_{\text{Heiz}} \leq 3\text{ kW}, \\ 1 & \text{für } 3\text{ kW} < P_{\text{Heiz}} \leq 6\text{ kW}, \\ \dfrac{9\text{ kW} - P_{\text{Heiz}}}{3\text{ kW}} & \text{für } 6\text{ kW} < P_{\text{Heiz}} \end{cases} \tag{7.371b}$$

und

$$\mu_{\text{niedrig}}(P_{\text{Heiz}}) = \begin{cases} 0 & \text{für } P_{\text{Heiz}} < 6 \text{ kW}, \\ \dfrac{P_{\text{Heiz}} - 6 \text{ kW}}{3 \text{ kW}} & \text{für } 6 \text{ kW} \leq P_{\text{Heiz}} \leq 9 \text{ kW}, \\ 1 & \text{für } 9 \text{ kW} < P_{\text{Heiz}} \end{cases} \tag{7.371c}$$

beschrieben werden. Für eine Heizleistung von 7 kW ergeben sich die Zugehörigkeiten zu den Fuzzy-Mengen damit zu

$$\mu_{\text{niedrig}}(7 \text{ kW}) = 0, \tag{7.372a}$$

$$\mu_{\text{mittel}}(7 \text{ kW}) = \frac{2}{3} \tag{7.372b}$$

und

$$\mu_{\text{hoch}}(7 \text{ kW}) = \frac{1}{3}. \tag{7.372c}$$

In diesem Beispiel wurde ein scharfer Wert (*Crisp Value*), die Heizleistung, als linguistische Variable verwendet und über die linguistischen Terme niedrig, mittel und hoch in die Zugehörigkeitsgrade zu den entsprechenden Mengen überführt. Die Zugehörigkeitsgrade geben dabei an, inwieweit die linguistischen Aussagen erfüllt sind, z.B. die Aussage „Heizleistung ist hoch". Damit entsprechen die Zugehörigkeitsgrade auch gerade den weiter unten betrachteten Erfüllungsgraden der Aussagen. Der Übergang von scharfen Werten auf Zugehörigkeitsgrade von Fuzzy-Mengen wird als Fuzzifizierung bezeichnet.

7.3.9.3 Fuzzy-Regelbasis

Regelbasierte Fuzzy-Modelle sind durch eine bestimmte Anzahl von linguistischen Regeln charakterisiert. Diese Regeln haben allgemein die Form

$$R_l : \text{WENN} \quad \text{Bedingung}_l \quad \text{DANN} \quad \text{Folgerung}_l \tag{7.373}$$

mit $l = 1,\ldots,N_{\text{R}}$, wobei N_{R} die Anzahl der Regeln in der Regelbasis (Gesamtheit aller Regeln des Fuzzy-Modells) ist. Die Regeln bestehen also aus einem Bedingungsteil (Prämisse, *Antecedent*) und einer Folgerung (Konklusion, *Consequent*).

Zur weiteren Betrachtung wird davon ausgegangen, dass das Fuzzy-Modell n_{in} Eingangsgrößen x_1, ..., $x_{n_{\text{in}}}$ hat und daraus eine Ausgangsgröße y gebildet wird. Die Annahme nur einer Ausgangsgröße stellt keine Einschränkung dar, da Fuzzy-Modelle mit mehreren Ausgangsgrößen in Systeme mit jeweils einer Ausgangsgröße aufgeteilt werden können. Die Eingangsgrößen x_i sind jeweils Elemente einer zugehörigen (scharfen) Grundmenge X_i, also

$$x_i \in X_i, \quad i = 1,\ldots,n_{\text{in}}. \tag{7.374}$$

Die Ausgangsgröße y ist Element der scharfen Ausgangsmenge Y, d.h.

$$y \in Y. \tag{7.375}$$

Mit den n_{in} Eingangsgrößen lässt sich eine Regel allgemein in der Form

$$R_l : \text{WENN } (x_1 = A_{l,1}) \text{ UND } \ldots \text{ UND } (x_{n_{\text{in}}} = A_{l,n_{\text{in}}}) \text{ DANN Folgerung}_l \tag{7.376}$$

darstellen. Die Aussage $x_i = A_{l,i}$ bedeutet dabei, dass die Eingangsgröße x_i die Eigenschaft $A_{l,i}$ hat, was einer von null verschiedenen Zugehörigkeit zu der auf der Grundmenge X_i definierten Fuzzy-Menge $A_{l,i}$ entspricht. Es ist also eine linguistische Aussage. Für das Beispiel aus dem vorangegangenen Abschnitt könnte die Aussage „Heizleistung ist hoch" als Bedingung verwendet werden.

Diese allgemeine Regel mag zunächst aus verschiedenen Gründen einschränkend erscheinen. Zum einen tauchen in der Regel alle Eingangsvariablen $x_1, \ldots, x_{n_{\text{in}}}$ und entsprechend auch n_{in} Fuzzy-Mengen $A_{l,1}, \ldots, A_{l,n_{\text{in}}}$ auf. Bei einer Regelbasis mit N_{R} Regeln müssten also auch $N_{\text{R}} \cdot n_{\text{in}}$ Fuzzy-Mengen definiert werden. Dies stellt aber keine Einschränkung dar, da Regeln, die im Bedingungsteil nicht alle Eingangsvariablen enthalten, auf die allgemeine Form erweitert werden können. Formal werden hierzu die Universalmengen U_i für $i = 1, \ldots, n_{\text{in}}$ über die Zugehörigkeitsfunktionen

$$\mu_{U_i}(x_i) = 1 \text{ für alle } x_i \in X_i \tag{7.377}$$

definiert. Nicht benötigte Aussagen werden dann durch die Aussage $x_i = U_i$ dargestellt, welche für alle Werte der Eingangsgröße $x_i \in X_i$ erfüllt ist. Es wird also $A_{l,i} = U_i$ gesetzt. So ist z.B. eine Regel, in der nur eine Eingangsgröße x_j verwendet wird, also

$$R_l : \text{ WENN } (x_j = A_{l,j}) \text{ DANN Folgerung}_l \tag{7.378}$$

äquivalent zu der Regel

$$\begin{aligned} R_l :&\text{WENN } (x_1 = U_1) \text{ UND } \ldots \text{ UND } (x_{j-1} = U_{j-1}) \\ &\text{UND } (x_j = A_{l,j}) \text{ UND } (x_{j+1} = U_{j+1}) \text{ UND } \ldots \text{ UND } (x_{n_{\text{in}}} = U_{n_{\text{in}}}) \\ &\text{DANN Folgerung}_l. \end{aligned} \tag{7.379}$$

Zum anderen mag die allgemeine Regel einschränkend erscheinen, da nur Und-Verknüpfungen verwendet werden. Regeln, in denen Oder-Verknüpfungen auftreten, können aber in Regeln aufgeteilt werden, die nur Und-Verknüpfungen enthalten. So ist z.B. die Regel

$$\text{WENN } (x_1 = A_{l,1}) \text{ UND } (x_2 = A_{l,2}) \text{ ODER } (x_3 = A_{l,3}) \text{ DANN Folgerung}_l \tag{7.380}$$

aufgrund der stärkeren Bindung der Und-Verknüpfung äquivalent zu den zwei Regeln

$$\text{WENN } (x_1 = A_{l,1}) \text{ UND } (x_2 = A_{l,2}) \text{ DANN Folgerung}_l \tag{7.381}$$

und

$$\text{WENN } (x_3 = A_{l,3}) \text{ DANN Folgerung}_l. \tag{7.382}$$

Diese können durch Erweiterung mit den Universalmengen wieder auf die allgemeine Form gebracht werden. Regeln, die Nichterfüllung von Aussagen enthalten, können ebenfalls auf die allgemeine Form gebracht werden. Hierzu wird die zu einer Fuzzy-Menge A definierte Komplementärmenge $\bar{A}$ mit der Zugehörigkeitsfunktion

$$\mu_{\bar{A}} = 1 - \mu_A \tag{7.383}$$

verwendet. Es gilt dann

$$\text{NICHT } (x_i = A_{l,i}) \Leftrightarrow (x_i = \bar{A}_{l,i}). \tag{7.384}$$

Die Regel

$$R_l: \text{ WENN NICHT } [(x_1 = A_{l,1}) \text{ UND } (x_2 = A_{l,2})] \text{ DANN Folgerung}_l \tag{7.385}$$

kann damit unter Verwendung der De Morgan'schen Gesetze zu

$$\begin{aligned} R_l: & \text{ WENN NICHT } (x_1 = A_{l,1}) \text{ ODER NICHT } (x_2 = A_{l,2}) \\ & \text{DANN Folgerung}_l \end{aligned} \tag{7.386}$$

und weiter zu

$$R_l: \text{ WENN } (x_1 = \bar{A}_{l,1}) \text{ ODER } (x_2 = \bar{A}_{l,2}) \text{ DANN Folgerung}_l \tag{7.387}$$

umgeformt werden. Diese Regel enthält eine Oder-Verknüpfung und kann dann wie oben in zwei Regeln der allgemeinen Form umgewandelt werden.

Bei regelbasierten Fuzzy-Modellen gibt es zwei wichtige Varianten, das Mamdani-Modell [MA75] und das Takagi-Sugeno-Modell [TS85]. Beim Mamdani-Modell [MA75] ist auch die Folgerung eine linguistische Aussage. Die Regeln haben also die Form

$$R_l: \text{ WENN } (x_1 = A_{l,1}) \text{ UND } \ldots \text{ UND } (x_{n_{\text{in}}} = A_{l,n_{\text{in}}}) \text{ DANN } y = B_l \tag{7.388}$$

wobei B_l eine unscharfe Menge über der Ausgangsgrundmenge Y ist. Eine sehr einfache qualitative Beschreibung der Drehzahl-Drehmoment-Charakteristik zur Modellierung des Maximalmoments eines Verbrennungsmotors könnte z.B. durch die Regelbasis

$$R_1: \text{ WENN Drehzahl = niedrig DANN Drehmoment = niedrig,} \tag{7.389a}$$

$$R_2: \text{ WENN Drehzahl = mittel DANN Drehmoment = hoch,} \tag{7.389b}$$

$$R_3: \text{ WENN Drehzahl = hoch DANN Drehmoment = niedrig} \tag{7.389c}$$

erfolgen. Für diese Beschreibung müssen die Fuzzy-Mengen „niedrig", „mittel" und „hoch" für die Drehzahl sowie „niedrig" und „hoch" für das Drehmoment definiert werden.

Beim Takagi-Sugeno-Modell [TS85] wird für die Folgerung ein funktionaler Zusammenhang verwendet, die Ausgangsgröße also als Funktion der Eingangsgrößen dargestellt. Die Regeln haben dann die Form

$$\begin{aligned} R_l: & \text{ WENN } (x_1 = A_{l,1}) \text{ UND } \ldots \\ & \text{UND } (x_{n_{\text{in}}} = A_{l,n_{\text{in}}}) \text{ DANN } y = g_l(x_1, \ldots, x_{n_{\text{in}}}). \end{aligned} \tag{7.390}$$

Einen wichtigen Spezialfall stellt die Verwendung affiner Funktionen für die Ausgangsgröße dar. Die Regeln sind dann

$$R_l: \text{ WENN } (x_1 = A_{l,1}) \text{ UND } \ldots \text{ UND } (x_{n_{\text{in}}} = A_{l,n_{\text{in}}}) \text{ DANN } y = \boldsymbol{a}_l^{\mathrm{T}} \boldsymbol{x} + b_l, \tag{7.391}$$

wobei die Eingangsgrößen in dem Vektor

$$\boldsymbol{x} = \begin{bmatrix} x_1 \\ \vdots \\ x_{n_{\text{in}}} \end{bmatrix} \tag{7.392}$$

zusammengefasst sind und der Vektor

$$a_l = \begin{bmatrix} a_{l,1} \\ \vdots \\ a_{l,n_{\text{in}}} \end{bmatrix} \tag{7.393}$$

ein Koeffizientenvektor ist. Der Parameter b_l ist ein Offsetwert. Dieses Modell wird auch als Takagi-Sugeno-Modell erster Ordnung bezeichnet. Ein Takagi-Sugeno-Modell, in welchem der Ausgangsgröße in der Folgerung jeder Regel nur konstante Größen zugeordnet werden, die Regeln also die Form

$$R_l: \text{ WENN } (x_1 = A_{l,1}) \text{ UND } \ldots \text{ UND } (x_{n_{\text{in}}} = A_{l,n_{\text{in}}}) \text{ DANN } y = b_l \tag{7.394}$$

haben, wird Takagi-Sugeno-Modell nullter Ordnung genannt. Das Takagi-Sugeno-Modell wird gelegentlich nicht als regelbasiertes Modell, sondern als funktionales Fuzzy-Modell bezeichnet, da als Folgerung ein funktionaler Zusammenhang verwendet wird.

Zur Berechnung der Ausgangsgröße eines Fuzzy-Modells müssen also die in der Regelbasis enthaltenen Regeln für die aktuell vorliegenden Eingangsgrößen ausgewertet werden. Die Auswertung dieser Regeln wird als Fuzzy-Inferenz bezeichnet. Für diese Auswertung werden Operatoren der Fuzzy-Logik benötigt, die im folgenden Abschnitt behandelt werden.

7.3.9.4 Fuzzy-Logik-Operatoren

Im vorangegangenen Abschnitt wurden Und-, Oder- und Nicht-Operatoren verwendet. Diese werden auf Aussagen der Form $x_i = A_{l,i}$ angewendet. Zur Bestimmung des Ergebnisses der Operatoren wird zunächst für jede Aussage ein Übereinstimmungsmaß (auch als Kompatibilitätsmaß bezeichnet) bestimmt, welches durch die Zugehörigkeit der Größe x_i zur Fuzzy-Menge $A_{l,i}$ gegeben ist. Für das in Abschnitt 7.3.9.2 behandelte Beispiel der Heizleistung von 7 kW sind gemäß Gln. (7.372a), (7.372b) und (7.372c) die Übereinstimmungsmaße für die Aussagen „Heizleistung ist niedrig", „Heizleistung ist mittel" und „Heizleistung ist hoch" 0, $\frac{2}{3}$ und $\frac{1}{3}$. Mit den Übereinstimmungsmaßen für jede Aussage muss dann ein Übereinstimmungsmaß für die Verknüpfung bestimmt werden.

Für die elementaren Operatoren „und" (Vereinigung), „oder" (Durchschnitt) und „nicht" (Negation, Komplement) wurden von Zadeh Rechenvorschriften vorgeschlagen [Zad65]. Die Und-Operation entspricht dabei der Bildung des Minimums. Wird das Übereinstimmungsmaß einer Aussage mit β bezeichnet, ergibt sich das Übereinstimmungsmaß für die Und-Verknüpfung der Aussagen $x_i = A_{l,i}$ und $x_j = A_{l,j}$ nach den von Zadeh vorgeschlagenen Rechenregeln als

$$\beta(x_i = A_{l,i} \text{ UND } x_j = A_{l,j}) = \min(\mu_{A_{l,i}}(x_i), \mu_{A_{l,j}}(x_j)). \tag{7.395}$$

Dies entspricht gerade dem Minimum der beiden Zugehörigkeitsfunktionen. Das Übereinstimmungsmaß der Oder-Verknüpfung wird gemäß

$$\beta(x_i = A_{l,i} \text{ ODER } x_j = A_{l,j}) = \max(\mu_{A_{l,i}}(x_i), \mu_{A_{l,j}}(x_j)) \tag{7.396}$$

und das Übereinstimmungsmaß der Negation über

$$\beta(\text{NICHT } x_i = A_{l,i}) = 1 - \mu_{A_{l,i}}(x_i) = \mu_{\bar{A}_{l,i}}(x_i) \tag{7.397}$$

gebildet. Neben den von Zadeh vorgeschlagenen Rechenregeln existieren zahlreiche weitere Umsetzungen der Operatoren, die für den Und-Operator unter dem Oberbegriff der t-Norm und für den Oder-Operator unter dem Oberbegriff der t-Conorm bzw. s-Norm zusammengefasst werden [May93]. Die neben den von Zadeh vorgeschlagenen wichtigsten Umsetzungen sind die sogenannten probabilistischen Rechenregeln. Bei diesen entspricht der Und-Operator gemäß

$$\beta(x_i = A_{l,i} \text{ UND } x_j = A_{l,j}) = \mu_{A_{l,i}}(x_i) \cdot \mu_{A_{l,j}}(x_j) \tag{7.398}$$

dem algebraischen Produkt der Zugehörigkeitsfunktionen und der Oder-Operator

$$\beta(x_i = A_{l,i} \text{ ODER } x_j = A_{l,j}) = \mu_{A_{l,i}}(x_i) + \mu_{A_{l,j}}(x_j) - \mu_{A_{l,i}}(x_i) \cdot \mu_{A_{l,j}}(x_j) \tag{7.399}$$

der Summe beider Zugehörigkeitsfunktionen abzüglich des Produktes. Die Negation entspricht der in Gl. (7.397) definierten Rechenvorschrift.

7.3.9.5 Fuzzy-Inferenz

Das Ableiten einer linguistischen Folgerung durch Auswertung der Regelbasis wird als Fuzzy-Inferenz bezeichnet. Dies geschieht jeweils für die aktuell vorliegenden Eingangsgrößen eines Fuzzy-Modells. Dazu werden zunächst die Übereinstimmungsmaße für alle in den N_R Regeln auftretenden Aussagen $x_i = A_{l,i}$, $i = 1,\ldots,n_\mathrm{in}$, $l = 1,\ldots,N_\mathrm{R}$, bestimmt. Für die einzelnen Aussagen entsprechen die Erfüllungsgrade gerade den Zugehörigkeitsfunktionen, also

$$\beta_{l,i}(x_i) = \beta(x_i = A_{l,i}) = \mu_{A_{l,i}}(x_i), \tag{7.400}$$

wobei zur Abkürzung die Notation $\beta_{l,i}(x_i)$ für den Erfüllungsgrad der i-ten Aussage in der l-ten Regel eingeführt wurde. Aus diesen einzelnen Erfüllungsgraden $\beta_{l,i}$ wird dann für den Bedingungsteil der Regel durch Auswerten der Verknüpfungen ein Erfüllungsgrad β_l für die gesamte Regel bestimmt (der auch als Aktivierungsgrad oder Gesamtkompatibilitätsmaß bezeichnet wird). Für die Regel in der allgemeinen Form nach Gl. (7.376) und Anwendung des Und-Operators nach Zadeh aus Gl. (7.395) ergibt sich der Erfüllungsgrad zu

$$\beta_l(\boldsymbol{x}) = \min(\beta_{l,1}(x_1),\ldots,\beta_{l,n_\mathrm{in}}(x_{n_\mathrm{in}})) = \min(\mu_{A_{l,1}}(x_1),\ldots,\mu_{A_{l,n_\mathrm{in}}}(x_{n_\mathrm{in}})). \tag{7.401}$$

Als Ergebnis dieser Operationen liegt für jede Regel ein Erfüllungsgrad vor.

Für das weitere Vorgehen muss zwischen den oben eingeführten Modellen nach Mamdani und Takagi-Sugeno unterschieden werden. Beim Mamdani-Modell haben die Regeln die Form

$$R_l: \text{ WENN } (x_1 = A_{l,1}) \text{ UND } \ldots \text{ UND } (x_{n_\mathrm{in}} = A_{l,n_\mathrm{in}}) \text{ DANN } y = B_l. \tag{7.402}$$

Die Folgerung ist also eine linguistische Aussage (z.B. die Aussage „Drehmoment ist hoch" in dem in Abschnitt 7.3.9.3 betrachteten Beispiel). Dabei ist B_l eine Fuzzy-Menge mit der Zugehörigkeitsfunktion $\mu_{B_l}(y)$. Bei der Regelauswertung wird nun für diese linguistische Aussage eine Zugehörigkeitsfunktion $\mu_{B_l^*}(y)$ bestimmt, die als Ausgangszugehörigkeitsfunktion oder Konklusionszugehörigkeitsfunktion der l-ten Regel bezeichnet wird. Diese Regelauswertung wird als Aktivierung der Regel bezeichnet. Die dabei eingesetzte Rechenvorschrift wird Fuzzy-Implikation genannt. In der Regelungstechnik hat sich die Mamdani-Implikation durchgesetzt. Dieser liegt die Idee zugrunde, dass der Erfüllungsgrad der Folgerung durch den Erfüllungsgrad der Bedingung begrenzt wird. Dies kann auf zwei verschiedene Arten erfolgen. Beim Minimumverfahren wird die Ausgangszugehörigkeitsfunktion über

$$\mu_{B_l^*}(y) = \min(\beta_l(\boldsymbol{x}),\mu_{B_l}(y)) \tag{7.403}$$

bestimmt. Beim Produktverfahren erfolgt die Berechnung gemäß

$$\mu_{B_l^*}(y) = \beta_l(\boldsymbol{x}) \cdot \mu_{B_l}(y). \tag{7.404}$$

Bild 7.27 zeigt die Bildung der Ausgangszugehörigkeitsfunktion nach diesen beiden Verfahren.

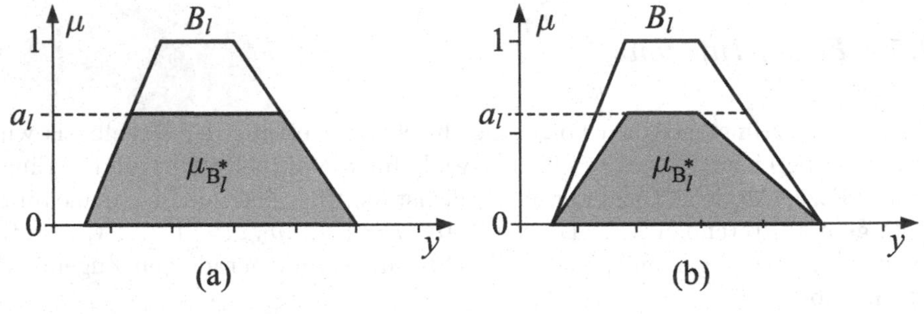

Bild 7.27 Bildung der Ausgangszugehörigkeitsfunktion nach (a) dem Minimumverfahren und (b) dem Produktverfahren

Neben dieser Mamdani-Implikationen existieren eine Vielzahl weiterer Verfahren, die der Literatur entnommen werden können [KF88, BG90, DHR93]. Als Ergebnis dieser Operation liegt nun für jede Regel eine Ausgangszugehörigkeitsfunktion (Konklusionszugehörigkeitsfunktion) $\mu_{B_l^*}(y)$, $l = 1,\ldots,N_\mathrm{R}$, vor.

Im folgenden Schritt werden alle Ausgangszugehörigkeitsfunktionen zu einer Gesamtzugehörigkeitsfunktion $\mu_{B^*}(y)$ der Ausgangsgröße zusammengefasst. Dies geschieht üblicherweise über die Anwendung der Oder-Verknüpfung in Form der Maximumbildung. Die Ausgangszugehörigkeitsfunktion des Fuzzy-Modells ergibt sich also zu

$$\mu_{B^*}(y) = \max(\mu_{B_1^*}(y),\ldots,\mu_{B_{N_\mathrm{R}}^*}(y)). \tag{7.405}$$

Wird für die Implikation das Minimum-Verfahren gemäß Gl. (7.403) verwendet, ergibt sich für die Bildung der Ausgangszugehörigkeitsfunktion die Max-Min-Inferenz

$$\mu_{B^*}(y) = \max_{l=1,\ldots,N_\mathrm{R}} \min(\beta_l(\boldsymbol{x}),\mu_{B_l}(y)). \tag{7.406}$$

Bei Verwendung des Produkt-Verfahrens für die Implikation ergibt sich für die Bildung der Ausgangszugehörigkeitsfunktion die Max-Prod-Inferenz

$$\mu_{B^*}(y) = \max_{l=1,\ldots,N_\mathrm{R}} \beta_l(\boldsymbol{x}) \cdot \mu_{B_l}(y). \tag{7.407}$$

Die Bildung des Maximums erfolgt dabei über alle Regeln, also nicht über den Bereich Y. Das Ergebnis der Inferenz liefert dementsprechend eine Zugehörigkeitsfunktion $\mu_{B^*}(y)$ als Verlauf über dem Bereich Y, also nicht einen einzelnen Wert. Der Vorgang der Regelauswertung wird nachfolgend an einem Beispiel verdeutlicht ([Unb09], Beispiel 10.3.2).

Beispiel 7.1
Die Auswertung der beiden Fuzzy-Regeln

$$\begin{aligned} &R_1: \text{WENN } x_1 = \text{„P"} \text{ UND } && x_2 = \text{„M"} \text{ DANN } y = \text{„M"} \\ &R_2: \text{WENN } x_1 = \text{„N"} \text{ ODER } && x_2 = \text{„K"} \text{ DANN } y = \text{„K"}, \end{aligned}$$

für ein Fuzzy-Modell mit den beiden Eingängen x_1 und x_2 sowie dem Ausgang y, wobei „K“ für „Klein“, „M“ für „Mittel“, „P“ für „Positive Steigung“ und „N“ für „Negative Steigung“ steht, wird graphisch dargestellt (Bild 7.28). Zur Lösung wird der Bedingungsteil von R_1 mit dem Und-Operator gemäß Gl. (7.395) und jener von R_2 mit dem Oder-Operator gemäß Gl. (7.396) ausgewertet, was im ersten Fall als Erfüllungsgrad den minimalen Wert von $\mu_{\mathrm{A}_{11}}(x_1)$ und $\mu_{\mathrm{A}_{12}}(x_2)$, also $\beta_1 = \mu_{\mathrm{A}_{12}}(x_2)$ und im zweiten Fall den maximalen Wert von $\mu_{\mathrm{A}_{21}}(x_1)$ und $\mu_{\mathrm{A}_{22}}(x_2)$, also $\beta_2 = \mu_{\mathrm{A}_{22}}(x_2)$ liefert.

Die Zugehörigkeitsfunktion des Konklusionsteils einer Regel R_l wird mit Hilfe des Erfülltheitsgrades β_l der betreffenden Regel l über das Minimumverfahren, Gl. (7.403), oder das Produktverfahren, Gl. (7.404), ermittelt. Im Falle der Anwendung des Minimumverfahrens folgt

$$\begin{aligned} \mu_{\mathrm{B}_1^*}(y) &= \min\{\mu_{\mathrm{A}_{12}}(x_2),\mu_{\mathrm{B}_1}(y)\}, \quad y \in Y, \\ \mu_{\mathrm{B}_2^*}(y) &= \min\{\mu_{\mathrm{A}_{22}}(x_2),\mu_{\mathrm{B}_2}(y)\}, \quad y \in Y \end{aligned}$$

und im Falle des Produktverfahrens

$$\begin{aligned} \mu'_{\mathrm{B}_1^*}(y) &= \mu_{\mathrm{A}_{12}}(x_2)\mu_{\mathrm{B}_1}(y), \quad y \in Y, \\ \mu'_{\mathrm{B}_2^*}(y) &= \mu_{\mathrm{A}_{22}}(x_2)\mu_{\mathrm{B}_2}(y), \quad y \in Y, \end{aligned}$$

wobei zur Unterscheidung beider Fälle die Ergebnisse des Produktverfahrens mit einem hochgestellten Strich versehen werden. Die beiden Regeln R_1 und R_2 werden in der Inferenz schließlich durch Zusammenfügen der Konklusionszugehörigkeitsfunktionen $\mu_{\mathrm{B}_1^*}(y)$ und $\mu_{\mathrm{B}_2^*}(y)$ bzw. $\mu'_{\mathrm{B}_1^*}(y)$ und $\mu'_{\mathrm{B}_2^*}(y)$ dazu verwendet, die Gesamtzugehörigkeitsfunktion $\mu_{\mathrm{B}^*}(y)$ bzw. $\mu'_{\mathrm{B}^*}(y)$ zu bilden. Die Anwendung der Max-Min-Inferenz nach Gl. (7.406) liefert

$$\mu_{\mathrm{B}^*}(y) = \max\{\min\{\mu_{\mathrm{A}_{12}}(x_2),\mu_{\mathrm{A}_{22}}(x_2),\mu_{\mathrm{B}_1}(y),\mu_{\mathrm{B}_2}(y)\}\}$$

und die Anwendung der Max-Prod-Inferenz nach Gl. (7.406)

$$\mu'_{\mathrm{B}^*}(y) = \max\{\mu_{\mathrm{A}_{12}}(x_2)\,\mu_{\mathrm{B}_1}(y),\mu_{\mathrm{A}_{22}}(x_2)\,\mu_{\mathrm{B}_2}(y)\},$$

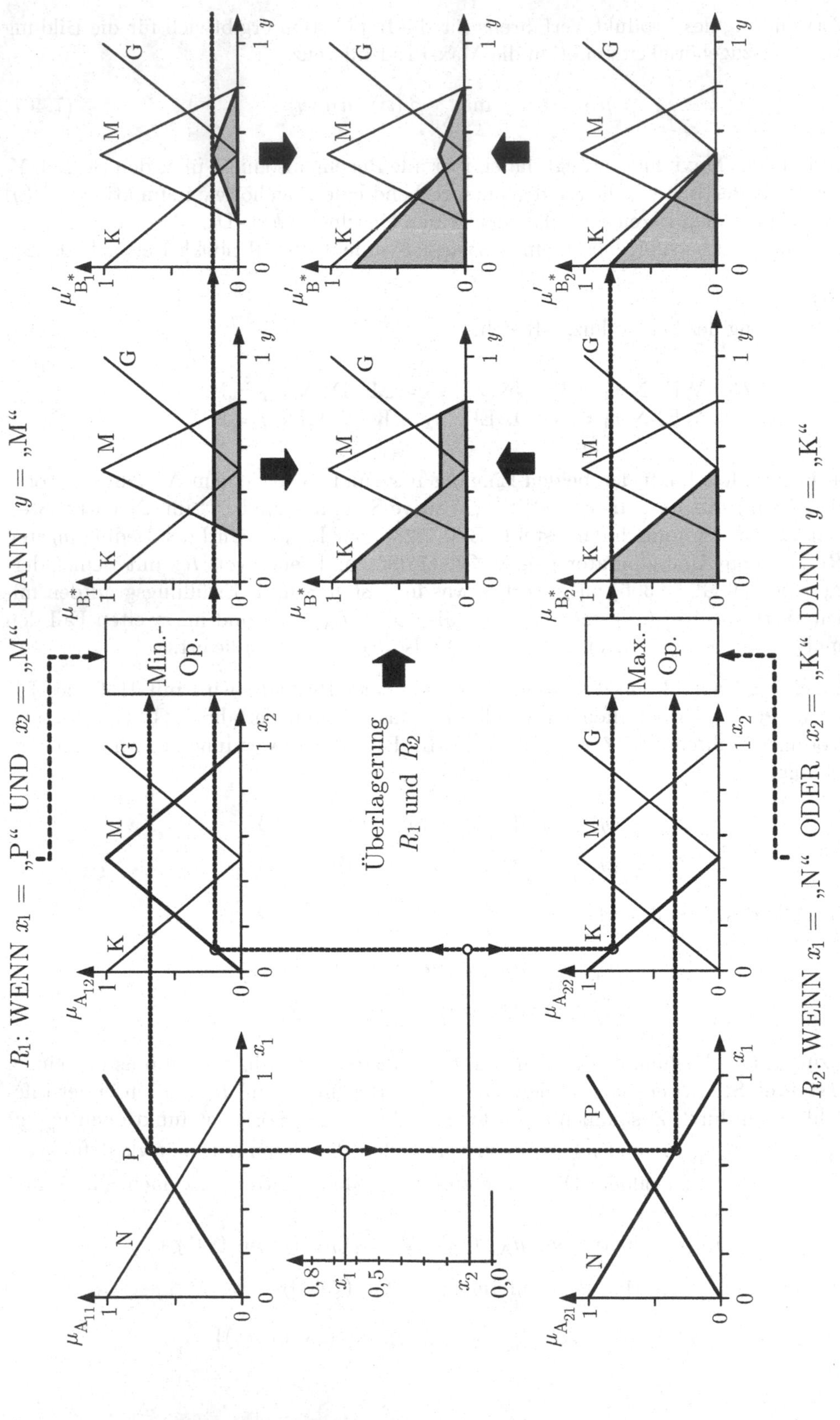

Bild 7.28 Beispiel zur Anwendung des Verfahrens der Max-Min-Inferenz (a) und der Max-Prod-Inferenz (b)

wobei zur Unterscheidung der Ergebnisse beider Verfahren wieder der hochgestellte Strich verwendet wird. ■

Als Ergebnis der Inferenz liegt eine Ausgangszugehörigkeitsfunktion $\mu_{B^*}(y)$ vor. Diese definiert eine unscharfe Menge B^*. In Anwendungen zur Regelung oder Modellierung ist es meist erforderlich, diese Ausgangszugehörigkeitsfunktion in einen scharfen Zahlenwert y für die Ausgangsgröße zu überführen. Dieser Vorgang wird als Defuzzifizierung bezeichnet und im folgenden Abschnitt beschrieben. Zuvor wird noch das Takagi-Sugeno-Modell behandelt.

Beim Takagi-Sugeno-Modell ist die Berechnung der Ausgangsgröße deutlich einfacher. Hier haben die Regeln die Form

$$\begin{aligned} R_l : \text{WENN } (x_1 = A_{l,1}) \text{ UND } \ldots \text{ UND } (x_{n_{\text{in}}} = A_{l,n_{\text{in}}}) \\ \text{DANN } y = g_l(x_1, \ldots, x_{n_{\text{in}}}). \end{aligned} \tag{7.408}$$

Die Folgerung ist also ein funktionaler Zusammenhang. Die Ausgangsgröße wird bestimmt, indem der gewichtete Mittelwert der Beiträge aller Regeln gemäß

$$y = \frac{\sum_{l=1}^{N_\text{R}} \beta_l(\boldsymbol{x}) g_l(\boldsymbol{x})}{\sum_{l=1}^{N_\text{R}} \beta_l(\boldsymbol{x})} \tag{7.409}$$

gebildet wird. Damit ist die Ausgangsgröße der Inferenz eine scharfe Größe (ein Zahlenwert) und eine Defuzzifizierung ist nicht erforderlich. Für ein Takagi-Sugeno-Modell erster Ordnung ergibt sich

$$y = \frac{\sum_{l=1}^{N_\text{R}} \beta_l(\boldsymbol{x})(\boldsymbol{a}_l^\text{T}\boldsymbol{x} + b_l)}{\sum_{l=1}^{N_\text{R}} \beta_l(\boldsymbol{x})} \tag{7.410}$$

und für ein Takagi-Sugeno-Modell nullter Ordnung

$$y = \frac{\sum_{l=1}^{N_\text{R}} \beta_l(\boldsymbol{x}) b_l}{\sum_{l=1}^{N_\text{R}} \beta_l(\boldsymbol{x})}. \tag{7.411}$$

7.3.9.6 Defuzzifizierung

Wie im vorangegangenen Abschnitt beschrieben, liefert die Auswertung der Regelbasis eines Mamdani-Modells eine Ausgangszugehörigkeitsfunktion. Diese muss dann noch über die Defuzzifizierung in einen scharfen Wert umgerechnet werden. Auch hierfür stehen verschiedene Verfahren zur Verfügung [KF88, DHR93, KF93, LW12], von denen hier die Maximum-Methode, die Schwerpunkt-Methode und die erweiterte Schwerpunkt-Methode sowie die *Singleton*-Schwerpunkt-Methode beschrieben werden.

Maximum-Methode

Bei der Maximum-Methode wird als Ausgangsgröße der Defuzzifizierung das Argument bestimmt, für den der Wert der Zugehörigkeitsfunktion maximal wird, also

$$y = \arg \max_{\psi \in Y} \mu_{B^*}(\psi). \tag{7.412}$$

Die Voraussetzung für die Anwendung dieses Verfahrens ist, dass die Fuzzy-Inferenz eine Zugehörigkeitsfunktion mit einem eindeutigen Maximum liefert. Dies ist dann der Fall, wenn die Max-Prod-Inferenz nach Gl. (7.407) eingesetzt wird und die Zugehörigkeitsfunktionen für die Folgerungen $\mu_{B_l}(y)$, $l = 1,\ldots,N_{\mathrm{R}}$, der einzelnen Regeln eindeutige Maxima haben, was z.B. bei dreieckförmigen Zugehörigkeitsfunktionen der Fall ist. Erweiterungen für den Fall, dass ν Maxima gleicher Höhe bei y_1, y_2, …, y_ν auftreten, also

$$\mu_{B^*}(y_1) = \mu_{B^*}(y_2) = \ldots = \mu_{B^*}(y_\nu) = \max_{\psi \in Y} \mu_{B^*}(\psi), \tag{7.413}$$

existieren in Form der Links-Max-Methode, bei welcher der kleinste (linksseitige) Wert ausgewählt wird, der Rechts-Max-Methode, bei welcher der größte (rechtsseitige) Wert ausgewählt wird, und der Maximum-Mittelwert-Methode, bei der Mittelwerte aller Werte gebildet werden. Für die Links-Max-Methode gilt

$$y = \min_{i=1,\ldots,\nu} y_i, \tag{7.414}$$

für die Rechts-Max-Methode

$$y = \max_{i=1,\ldots,\nu} y_i \tag{7.415}$$

und für die Maximum-Mittelwert-Methode

$$y = \frac{1}{\nu} \sum_{i=1}^{\nu} y_i. \tag{7.416}$$

Ein wesentlicher Nachteil der Maximum-Verfahren liegt darin, dass immer nur das globale Maximum der Ausgangszugehörigkeitsfunktionen berücksichtigt wird (bzw. ggf. gleich hohe Maxima). Der Verlauf der Ausgangszugehörigkeitsfunktion geht nicht weiter in die Berechnung ein. Weiterhin liefert diese Methode nur einen diskreten Wertebereich für die Ausgangsgröße, was gerade für die Modellierung von Systemen mit stetigen Ausgangsgrößen unvorteilhaft ist. Für die Lösung von Klassifizierungsaufgaben, z.B. in der Fehlerdiagnose oder bei der Zeichenerkennung stellt diese Methode aber ein geeignetes Verfahren dar.

Schwerpunkt-Methode und erweiterte Schwerpunkt-Methode

Bei der Schwerpunkt-Methode wird als Ausgangswert der Abszissenwert des Flächenschwerpunkts der Fläche unter der Ausgangszugehörigkeitsfunktion $\mu_{B^*}(y)$ gewählt. Dieser ist durch

$$y = \frac{\int_Y \psi \cdot \mu_{B^*}(\psi) \, \mathrm{d}\psi}{\int_Y \mu_{B^*}(\psi) \, \mathrm{d}\psi} \tag{7.417}$$

gegeben. Da der Schwerpunkt einer Fläche nicht an ihrem Rand liegen kann, kann die Ausgangsgröße damit auch keine Werte am Rand des Bereichs Y annehmen. Dies ist ein Nachteil, der z.B. bei einem Fuzzy-Regler dazu führen würde, dass nicht der gesamte Bereich des Ausgangssignals, also der Stellgröße, genutzt wird. Dies kann dadurch vermieden werden, dass die an den Grenzen des Bereichs Y liegenden Zugehörigkeitsfunktionen $\mu_{B_l}(y)$ symmetrisch zum Rand erweitert werden. Für die Schwerpunktbildung wird dann über den Bereich integriert, der sich durch diese Erweiterung ergibt. Dies ist in Bild 7.29 dargestellt, wobei y_{sp} der sich ergebenden Schwerpunkt ist. Diese Methode wird als erweiterte Schwerpunkt-Methode bezeichnet.

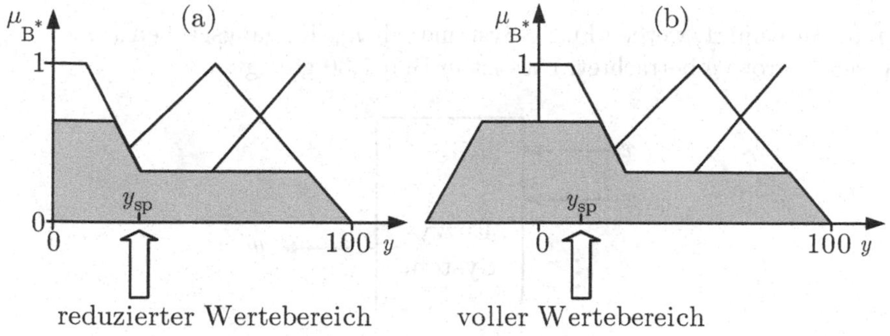

Bild 7.29 Bestimmung der Ausgangsgröße über (a) die Schwerpunkt-Methode und (b) die erweiterte Schwerpunkt-Methode

Singleton-Schwerpunkt-Methode

Die Defuzzifizierung nach der Schwerpunkt-Methode kann deutlich vereinfacht werden, wenn die in den Folgerungen verwendeten Mengen B_l über Zugehörigkeitsfunktionen definiert werden, die nur an einer einzigen Stelle in der Menge Y einen Wert ungleich null annehmen. Derartige Fuzzy-Mengen werden als *Singletons* bezeichnet. Für die Schwerpunktbildung wird die Zugehörigkeitsfunktion eines *Singletons* über den Dirac-Impuls gemäß

$$\mu_{B_l}(y) = \delta(y - y_l) \tag{7.418}$$

definiert. Die Zugehörigkeitsfunktion nimmt also an der Stelle y_l, dem Abszissenwert des *Singletons*, den Wert unendlich an und ist überall sonst gleich null. Die Fläche unter der Zugehörigkeitsfunktion ist eins. Über die Max-Prod-Inferenz nach Gl. (7.407) ergibt sich die Ausgangszugehörigkeitsfunktion zu

$$\mu_{B^*}(y) = \sum_{l=1}^{N_{\mathrm{R}}} \beta_l(\boldsymbol{x}) \cdot \delta(y - y_l). \tag{7.419}$$

Die Bildung des Flächenschwerpunkts nach Gl. (7.417) liefert dann

$$y = \frac{\sum\limits_{l=1}^{N_{\mathrm{R}}} \beta_l(\boldsymbol{x}) y_l}{\sum\limits_{l=1}^{N_{\mathrm{R}}} \beta_l(\boldsymbol{x})}. \tag{7.420}$$

Ein Vergleich mit Gl. (7.411) zeigt, dass diese Berechnung der Ausgangsgröße der des Takagi-Sugeno-Modells nullter Ordnung entspricht, wobei die Offset-Werte b_l des Takagi-Sugeno-Modells gerade den Abzissen-Werten y_l der *Singletons* entsprechen. Das Takagi-Sugeno-Modell nullter Ordnung stellt also einen Spezialfall des Mamdani-Modells dar, der aus der Anwendung der *Singleton*-Schwerpunkt-Methode für die Defuzzifizierung resultiert.

7.3.9.7 Aufbau eines regelbasierten Fuzzy-Systems

Wie bereits ausgeführt, werden Fuzzy-Systeme mit n_{in} Eingangsgrößen $x_1, \ldots, x_{n_{\mathrm{in}}}$ und einer Ausgangsgröße y betrachtet. Dies ist in Bild 7.30 gezeigt.

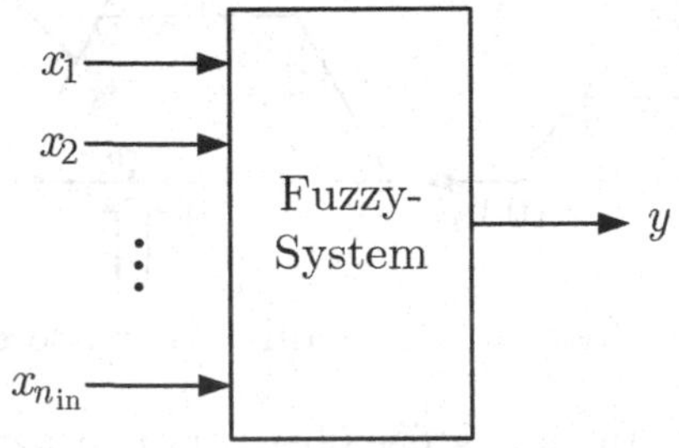

Bild 7.30 Fuzzy-System mit n_{in} Eingängen und einem Ausgang

Bei den Eingangsgrößen handelt es sich bei Aufgabenstellungen aus dem Bereich der Modellierung technischer Systeme und der Regelungstechnik meist um scharfe Größen (Zahlenwerte), die oft physikalisch gemessenen Signalen entsprechen. Ebenso liefern die für die genannten Aufgabenstellungen verwendeten Fuzzy-Modelle in der Regel eine scharfe Größe als Ausgangssignal. In der Systemidentifikation ist dies oftmals eine Größe, die dem Ausgang des wirklichen Systems entspricht. Bei Fuzzy-Reglern wäre dies die Stellgröße. Die Signalverarbeitung innerhalb des Fuzzy-Modells setzt sich aus den in den vergangenen Abschnitten beschriebenen Operationen Fuzzifizierung, Inferenz und, sofern erforderlich, Defuzzifizierung zusammen, wie in Bild 7.31 dargestellt.

In der Fuzzifizierung werden die linguistischen Aussagen $x_i = A_{l,i}$ für die Eingangsgrößen in Zugehörigkeitswerte der Eingangsgrößen $x_1, \ldots, x_{n_{\mathrm{in}}}$ zu den Fuzzy-Mengen $A_{1,1}$, $A_{1,2}$, …, $A_{1,n_{\mathrm{in}}}$, $A_{2,1}$, …, $A_{N_{\mathrm{R}},n_{\mathrm{in}}}$ umgerechnet. Diese sind gleichzeitig die Erfüllungsgrade der einzelnen Aussagen, also

$$\beta_{l,i}(x_i) = \beta(x_i = A_{l,i}) = \mu_{A_{l,i}}(x_i). \tag{7.421}$$

In der Fuzzifizierung werden also die Fuzzy-Mengen $A_{1,1}$, $A_{1,2}$, …, $A_{1,n_{\mathrm{in}}}$, $A_{2,1}$, …, $A_{N_{\mathrm{R}},n_{\mathrm{in}}}$ verwendet.

In der Inferenz wird, wie in Abschnitt 7.3.9.5 beschrieben, die Regelbasis des Fuzzy-Modells ausgewertet. Hierzu wird für jede Regel aus den Erfüllungsgraden der einzelnen Aussagen $\beta_{l,i}(x_i)$ ein Gesamterfüllungsgrad der Regel $\beta_l(\boldsymbol{x})$ berechnet. Dies erfolgt über die Und-Verknüpfung der einzelnen Erfüllungsgrade. Hierbei wird üblicherweise die Und-Verknüpfung nach Zadeh verwendet, was auf

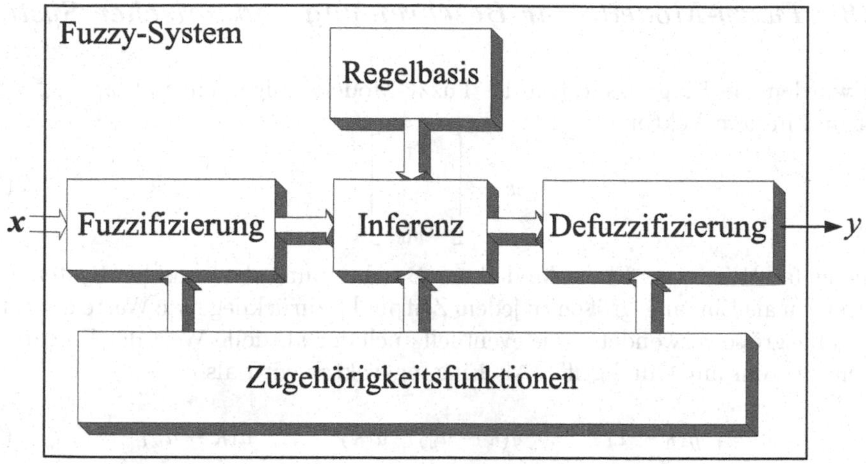

Bild 7.31 Aufbau eines regelbasierten Fuzzy-Systems

$$\beta_l(\boldsymbol{x}) = \min(\beta_{l,1}(x_1), \ldots, \beta_{l,n_{\text{in}}}(x_{n_{\text{in}}})) = \min(\mu_{A,1}(x_1), \ldots, \mu_{A,n_{\text{in}}}(x_{n_{\text{in}}})) \tag{7.422}$$

führt, oder die probabilistische Und-Verknüpfung gemäß

$$\beta_l(\boldsymbol{x}) = \beta_{l,1}(x_1) \cdot \beta_{l,2}(x_2) \cdot \ldots \cdot \beta_{l,n_{\text{in}}}(x_{n_{\text{in}}}) = \mu_{A_1}(x_1) \cdot \mu_{A_2}(x_2) \cdot \ldots \cdot \mu_{A_{n_{\text{in}}}}(x_{n_{\text{in}}}). \tag{7.423}$$

Aus dem Gesamterfüllungsgrad der Regel $\beta_l(\boldsymbol{x})$ und der Zugehörigkeitsfunktion $\mu_{B_l}(y)$ der Menge B_l wird für jede Regel eine Ausgangszugehörigkeitsfunktion $\mu_{B_l^*}(y)$ bestimmt. Dies wird als Implikation bezeichnet und erfolgt üblicherweise entweder über das Minimumverfahren

$$\mu_{B_l^*}(y) = \min(\beta_l(\boldsymbol{x}), \mu_{B_l}(y)) \tag{7.424}$$

oder über das Produktverfahren

$$\mu_{B_l^*}(y) = \beta_l(\boldsymbol{x}) \cdot \mu_{B_l}(y). \tag{7.425}$$

Aus den Ausgangszugehörigkeitsfunktionen der einzelnen Regeln wird über die Anwendung der Oder-Verknüpfung in Form der Maximumbildung die Ausgangszugehörigkeitsfunktion des Fuzzy-Modells gemäß

$$\mu_{B^*}(y) = \max(\mu_{B_1^*}(y), \ldots, \mu_{B_{N_{\text{R}}}^*}(y)) \tag{7.426}$$

gebildet. In die Inferenz gehen daher die aus der Fuzzifizierung kommenden Erfüllungsgrade der einzelnen Aussagen $\beta_{l,i}(x_i)$ und die Zugehörigkeitsfunktionen der Mengen B_1, ..., $B_{N_{\text{R}}}$ ein. Ausgangsgröße der Inferenz ist die Ausgangszugehörigkeitsfunktion $\mu_{B^*}(y)$.

In der Defuzzifizierung wird aus der Ausgangszugehörigkeitsfunktion $\mu_{B^*}(y)$ ein scharfer Wert für die Ausgangsgröße y gebildet. Dies kann nach den in Abschnitt 7.3.9.6 beschriebenen Verfahren, z.B. der Schwerpunkt-Methode, erfolgen. Eingangsgröße der Defuzzifizierung ist damit die Ausgangszugehörigkeitsfunktion $\mu_{B^*}(y)$ und die Ausgangsgröße ist der scharfe Wert y.

7.3.9.8 Fuzzy-Modelle zur Beschreibung dynamischer Systeme

Bislang wurden die Eingangsgrößen des Fuzzy-Modells allgemein mit x_1, …, x_{n_in} bezeichnet und in dem Vektor

$$\boldsymbol{x} = \begin{bmatrix} x_1 \\ \vdots \\ x_{n_\text{in}} \end{bmatrix} \tag{7.427}$$

zusammengefasst. Um das Fuzzy-Modell zur Beschreibung dynamischer Systeme einzusetzen, werden als Eingangsgrößen zu jedem Zeitpunkt zurückliegende Werte der Eingangs- und Ausgangsgröße verwendet sowie eventuell auch der aktuelle Wert der Eingangsgröße (bei einem System mit Durchgriff). Als Eingangsvektor wird also

$$\boldsymbol{x} = \begin{bmatrix} y(k-1) & \ldots & y(k-n_y) & u(k) & \ldots & u(k-n_u) \end{bmatrix}^\text{T} \tag{7.428}$$

definiert. Für jeden Zeitschritt wird mit dem Fuzzy-Modell aus diesen Eingangsgrößen die Ausgangsgröße

$$y(k) = f(y(k-1),\ldots,y(k-n_y),u(k),\ldots,u(k-n_u)) \tag{7.429}$$

berechnet. Diese Darstellung entspricht einem nichtlinearen autoregressiven Modell mit einem zusätzlichen Eingang (NARX-Modell, siehe Abschnitt 7.3.4), wobei hier kein zusätzlicher Rauschterm berücksichtigt wurde.

7.3.9.9 Systemidentifikation mit Fuzzy-Modellen

Als Ansatz für die Aufstellung von Fuzzy-Modellen wurde zunächst vorgeschlagen (siehe z.B. [Zad73, Mam74]), die linguistischen Variablen, die Regeln und die Zugehörigkeitsfunktionen direkt vorzugeben. Als Informationsquelle dient dabei eine verbale Beschreibung des Systemverhaltens durch einen Experten, z.B. einen erfahrenen Anlagenbediener. Für komplexere Systeme ist dieser Ansatz nur dann zielführend, wenn das Wissen und die Erfahrung des Experten für eine Modellbeschreibung ausreichend sind und in ein Fuzzy-Modell überführt werden können. Der Schritt der Überführung des Expertenwissens in ein Fuzzy-Modell selbst kann sehr langwierig sein, da z.B. wiederholt Befragungen des Experten erforderlich sein können. Diese Vorgehensweise wird als qualitative Modellierung bezeichnet und entspricht prinzipiell der theoretischen Modellbildung.

Seit den achtziger Jahren werden Fuzzy-Modelle auch für die experimentelle Systemidentifikation eingesetzt [Ton78, Ton80, CP81, HP82, Ped84, TS85, XL87, RSK88, Xu89]. Dies wird als Fuzzy-Identifikation bezeichnet. Wie bei anderen Identifikationsaufgaben auch müssen dabei die Modellstruktur und die Modellparameter bestimmt werden. Unter die Strukturbestimmung, die auch als Strukturprüfung bezeichnet wird, fallen die Festlegung von Eingangs- und Ausgangsvariablen sowie die Ermittlung der Anzahl und des Aufbaus der Regeln sowie der Anzahl und des Typs der Zugehörigkeitsfunktionen. Bei der Parameterbestimmung werden die Parameter der Zugehörigkeitsfunktionen und eventuell auch die Parameter der funktionalen Zusammenhänge in den Folgerungen bei Takagi-Sugeno-Modellen bestimmt. Die Schätzung der Parameter in den Folgerungen der

Regeln bei einem Takagi-Sugeno-Modell ist deutlich einfacher als die Parameterbestimmung für die Zugehörigkeitsfunktionen für den Bedingungsteil, da hier Standardverfahren wie z.B. die Minimierung der Summe der quadratischen Fehler (*Least-Squares*-Verfahren) eingesetzt werden können.

Für die Bestimmung der Fuzzy-Modellstruktur existieren eine Reihe von Verfahren. Eine Beschreibung von einzelnen Verfahren findet sich in [Kor97]. Ausgenutzt werden kann hierbei auch die funktionale Übereinstimmung von Takagi-Sugeno-Modellen und künstlichen neuronalen Netzen mit Radial-Basis-Funktionen [BV03]. Dabei können die Basisfunktionen der Netze als Zugehörigkeitsfunktionen interpretiert werden. Verfahren, die für die Parameterbestimmung bei RBF-Netzen entwickelt wurden, können dann auch für die Optimierung der Parameter von Fuzzy-Modellen verwendet werden. Dieser Ansatz wird als Neuro-Fuzzy-Identifikation bezeichnet [BV03].

7.4 Zustandsraummodelle

Bei den im vorangegangenen Abschnitt betrachteten Modellen handelt es sich um Eingangs-Ausgangs-Beschreibungen. Diese sind dadurch gekennzeichnet, dass nur die Eingangs- und die Ausgangsgrößen als Signale in den Modellen auftauchen. Bei Zustandsraummodellen werden dagegen interne Systemgrößen, die Zustandsgrößen, verwendet. Die Zustandsgrößen werden üblicherweise mit x_1, x_2, ..., x_n bezeichnet und in dem Zustandsvektor

$$\boldsymbol{x} = \begin{bmatrix} x_1 \\ \vdots \\ x_n \end{bmatrix} \tag{7.430}$$

zusammengefasst, wobei n die Anzahl der Zustandsgrößen angibt. Die Bezeichnung Zustand wird sowohl für einzelne Zustandsgrößen als auch für den gesamten Zustandsvektor verwendet, es werden also $x_i(t)$ als i-ter Zustand und auch $\boldsymbol{x}(t)$ als Zustand bezeichnet. Die Anzahl der Zustandsgrößen ist die Ordnung des Zustandsraummodells.

Das zeitkontinuierliche Zustandsraummodell wird durch die Zustands(differential)gleichung

$$\dot{\boldsymbol{x}}(t) = \boldsymbol{f}(\boldsymbol{x}(t),\boldsymbol{u}(t),t), \tag{7.431a}$$

die auch als Zustandsübergangsgleichung bezeichnet wird, und die Ausgangsgleichung

$$\boldsymbol{y}(t) = \boldsymbol{h}(\boldsymbol{x}(t),\boldsymbol{u}(t),t) \tag{7.431b}$$

beschrieben. Bild 7.32 zeigt die Struktur eines allgemeinen nichtlinearen zeitkontinuierlichen Zustandsraummodells.

Für die formale Definition eines Zustandsvektors ist ausschlaggebend, dass der Wert des Zustandsvektors zu einem beliebigen Zeitpunkt t_0, also $\boldsymbol{x}(t_0)$, zusammen mit dem Verlauf des Eingangssignals $\boldsymbol{u}(t)$ für $t \geq t_0$ das zukünftige Verhalten des Systems vollständig bestimmt [Foe13]. Mit dem Verhalten des Systems ist dabei der Verlauf der Zustandsgrößen in der Zukunft gemeint. Der momentane Wert des Zustandsvektors enthält also zu jedem Zeitpunkt die komplette Information über die Anregung des Systems in der

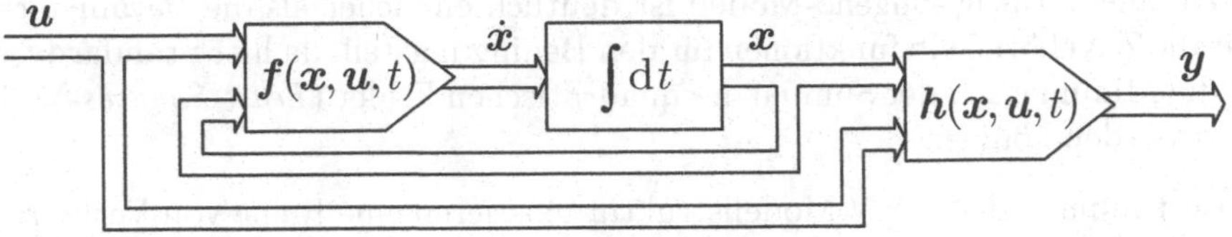

Bild 7.32 Allgemeines nichtlineares zeitkontinuierliches Zustandsraummodell

Vergangenheit. Daher werden zeitlich zurückliegende Zustände oder Eingangssignale zur Berechnung des Systemverhaltens in der Zukunft nicht benötigt.

Neben dieser Definition der Zustände existiert eine etwas schärfere Definition, bei der die Elemente $x_1(t)$, $x_2(t)$, ..., $x_n(t)$ nur dann als Zustände bezeichnet werden, wenn die Anzahl n minimal ist, also der Zustand gewissermaßen genau die Information enthält, die das Systemverhalten in der Zukunft bestimmt, aber keine zusätzliche nicht benötigte Information [SM67]. Eine Definition der Zustände darüber, dass diese den Verlauf der Ausgangsgröße eindeutig bestimmen müssen [Lud77] ist weniger sinnvoll, da dann bei einer Zerlegung des Systems in steuerbare und beobachtbare Teilsysteme (für lineare Systeme die Kalman-Zerlegung, [Unb09]) die dynamischen Größen der nicht beobachtbaren Systemteile keine Zustände wären, es also keine nicht beobachtbaren Zustände gäbe.

Die Zustandsraumdarstellung ist nicht eindeutig, d.h. aus einer Zustandsraumdarstellung kann über eine Zustandstransformation eine andere Zustandsraumdarstellung bestimmt werden, die das gleiche Eingangs-Ausgangs-Verhalten aufweist [Unb09]. Ebenso können auch Zustandsraummodelle unterschiedlicher Ordnungen das gleiche Eingangs-Ausgangs-Verhalten aufweisen. Ein Zustandsraummodell, welches ein bestimmtes Eingangs-Ausgangs-Verhalten mit der kleinstmöglichen Zahl an Zustandsgrößen darstellt, wird als Minimalrealisierung bezeichnet. Die Ordnung der Minimalrealisierung ist die minimale Ordnung des Systems (bezogen auf das Eingangs-Ausgangs-Verhalten).

Beim Aufstellen von Modellen für physikalische Systeme oder allgemein für technische Systeme resultiert oft direkt oder nach einfachen Umformungen eine Zustandsraumdarstellung, da sich viele physikalische Zusammenhänge durch Differentialgleichungen erster Ordnung beschreiben lassen und diese Gleichungen dann zu einem Differentialgleichungssystem zusammengefasst werden können. Da aus den physikalischen Zusammenhängen dann direkt die Gleichungen bekannt sind, handelt es sich bei nichtlinearen Zustandsraummodellen oftmals um *Gray-Box*-Modelle.

In vielen Fällen ergibt sich bei der Modellierung eines Systems eine zugrunde liegende zeitkontinuierliche Dynamik, während die Ausgangsgröße nur zu bestimmten Zeitpunkten gemessen wird. Dann liegt eine zeitdiskrete Ausgangsgleichung vor und das Modell wird durch

$$\dot{\boldsymbol{x}}(t) = \boldsymbol{f}(\boldsymbol{x}(t),\boldsymbol{u}(t),t), \tag{7.432a}$$

$$\boldsymbol{y}(t_k) = \boldsymbol{h}(\boldsymbol{x}(t_k),\boldsymbol{u}(t_k),t_k) \tag{7.432b}$$

beschrieben und als kontinuierlich-diskretes Zustandsraummodell bezeichnet. Bei einem zeitdiskreten Zustandsraummodell ist zusätzlich auch die Systemdynamik zeitdiskret und wird durch eine Differenzengleichung beschrieben. Die Beschreibung ist dann

$$\boldsymbol{x}(t_{k+1}) = \boldsymbol{f}(\boldsymbol{x}(t_k),\boldsymbol{u}(t_k),t_k) \tag{7.433a}$$

und

$$\boldsymbol{y}(t_k) = \boldsymbol{h}(\boldsymbol{x}(t_k),\boldsymbol{u}(t_k),t_k). \tag{7.433b}$$

Mit $\boldsymbol{f}$ und $\boldsymbol{h}$ werden hier allgemeine Funktionen beschrieben. Bei zeitdiskreten Modellen wird oftmals zur Vereinfachung k statt t_k als Zeitvariable verwendet, d.h. das Zustandsraummodell wird in der Form

$$\boldsymbol{x}(k+1) = \boldsymbol{f}(\boldsymbol{x}(k),\boldsymbol{u}(k),k) \tag{7.434a}$$

und

$$\boldsymbol{y}(k) = \boldsymbol{h}(\boldsymbol{x}(k),\boldsymbol{u}(k),k) \tag{7.434b}$$

angegeben. Bei den hier dargestellten Modellstrukturen wurde der allgemeine Fall eines zeitvarianten Systems betrachtet, was durch das explizite Auftauchen der Zeitvariable t (bzw. t_k oder k) als Argument der Funktionen zum Ausdruck kommt.

In den meisten Fällen ist davon auszugehen, dass auf das System Störungen in Form von Rauschen wirken. Wie bereits in Abschnitt 7.2.7 beschrieben, wird bei Zustandsraummodellen zwischen Prozess- oder Zustandsrauschen und Messrauschen unterschieden. Oftmals wird angenommen, dass das Prozessrauschen additiv in die Zustandsgleichung und das Messrauschen additiv in die Ausgangsgleichung eingeht. Mit dem Prozessrauschen $\boldsymbol{w}$ und dem Messrauschen $\boldsymbol{v}$ ergibt sich die Beschreibung der Dynamik, also die Zustandsgleichung, für den zeitkontinuierlichen Fall zu

$$\dot{\boldsymbol{x}}(t) = \boldsymbol{f}(\boldsymbol{x}(t),\boldsymbol{u}(t),t) + \boldsymbol{w}(t) \tag{7.435}$$

und für den zeitdiskreten Fall zu

$$\boldsymbol{x}(t_{k+1}) = \boldsymbol{f}(\boldsymbol{x}(t_k),\boldsymbol{u}(t_k),t_k) + \boldsymbol{w}(t_k). \tag{7.436}$$

Die Ausgangsgleichung ist entsprechend

$$\boldsymbol{y}(t) = \boldsymbol{h}(\boldsymbol{x}(t),\boldsymbol{u}(t),t) + \boldsymbol{v}(t) \tag{7.437}$$

bzw.

$$\boldsymbol{y}(t_k) = \boldsymbol{h}(\boldsymbol{x}(t_k),\boldsymbol{u}(t_k),t_k) + \boldsymbol{v}(t_k). \tag{7.438}$$

Oftmals wird für Prozess- und Messrauschen weißes Rauschen angenommen. Dann ist die Schreibweise in Gl. (7.435) nicht ganz korrekt, da es sich um eine stochastische Differentialgleichung handelt, die korrekt in der Form

$$\mathrm{d}\boldsymbol{x}(t) = \boldsymbol{f}(\boldsymbol{x}(t),\boldsymbol{u}(t),t)\mathrm{d}t + \boldsymbol{w}(t)\mathrm{d}t \tag{7.439}$$

geschrieben werden müsste (siehe z.B. ([Ast70], Abschnitt 3.4). Da es hier aber nur um die Darstellung des Zusammenhangs und nicht um die mathematische Behandlung stochastischer Differentialgleichungen geht, wird die Notation aus Gl. (7.435) verwendet.

Bei der Parameterschätzung unter Verwendung nichtlinearer Zustandsraummodelle wird davon ausgegangen, dass die Funktionen $\boldsymbol{f}$ und $\boldsymbol{h}$ von unbekannten Parametern abhängen, die in einem Parametervektor $\boldsymbol{p}$ zusammengefasst werden. Das System wird also durch ein parameterabhängiges kontinuierlich-diskretes Zustandsraummodell

$$\dot{\boldsymbol{x}}(t) = \boldsymbol{f}(\boldsymbol{x}(t),\boldsymbol{u}(t),\boldsymbol{p}) + \boldsymbol{w}(t), \tag{7.440a}$$
$$\boldsymbol{y}(t_k) = \boldsymbol{h}(\boldsymbol{x}(t_k),\boldsymbol{u}(t_k),\boldsymbol{p}) + \boldsymbol{v}(t_k) \tag{7.440b}$$

beschrieben. Aufgabe bei der Systemidentifikation ist es dann, aus Messungen der Eingangs- und Ausgangssignale $\boldsymbol{u}$ und $\boldsymbol{y}$ einen Schätzwert $\hat{\boldsymbol{p}}$ für den Parametervektor $\boldsymbol{p}$ zu bestimmen. Die Tatsache, dass in vielen Fällen, bei denen die Modelle aufgrund naturwissenschaftlicher Gesetzmäßigkeiten aufgestellt werden, eine zeitkontinuierliche Zustandsgleichung entsteht, ist bei nichtlinearen Systemen eher hinderlich. So ist der Rechen- und Implementierungsaufwand bei der Identifikation von Systemen mit einer zeitkontinuierlichen Dynamik höher. Eine exakte Umrechnung in eine zeitdiskrete Darstellung erfordert die Lösung der zeitkontinuierlichen Differentialgleichung. Während dies bei linearen Systemen zumindest für bestimmte Verläufe des Eingangssignals (z.B. konstant zwischen jeweils zwei Abtastzeitpunkten, also über ein Halteglied nullter Ordnung erzeugt) einfach möglich ist, ist dies bei nichtlinearen Systemen im Allgemeinen nicht möglich. Eine näherungsweise Diskretisierung kann dazu führen, dass bei einer Parameterschätzung auf Basis des diskretisierten Modells ein systematischer Schätzfehler entsteht.

Die weitere Klassifikation von Zustandsraummodellen kann danach erfolgen, welche Ansätze für die Funktionen $\boldsymbol{f}$ und $\boldsymbol{h}$ gemacht werden. Die im Folgenden diskutierten speziellen Zustandsraummodelle ergeben sich entsprechend aus bestimmten Ansätzen für die Funktionen $\boldsymbol{f}$ und $\boldsymbol{h}$. Zur Vereinfachung wird hier bei den meisten Modellen nur der am häufigsten auftretende Fall eines Systems ohne direkten Durchgriff der Eingangsgröße auf den Ausgang betrachtet. Es werden nur deterministische, zeitinvariante Modelle angegeben. Durch Berücksichtigung von additivem Prozess- und Messrauschen können hieraus die entsprechenden stochastischen Modelle gebildet werden. Bei zeitvarianten Systemen hängen die Funktionen bzw. die Matrixfaktoren zusätzlich noch von der Zeit ab.

7.4.1 Steuerungslineares Modell

Bei einem steuerungslinearen Modell geht die Stellgröße linear (streng genommen affin) in die Zustandsdifferentialgleichung ein. Die Zustandsraumdarstellung eines zeitkontinuierlichen steuerungslinearen Modells lautet

$$\dot{\boldsymbol{x}}(t) = \boldsymbol{f}(\boldsymbol{x}(t)) + \boldsymbol{B}(\boldsymbol{x}(t))\boldsymbol{u}(t), \tag{7.441a}$$

$$\boldsymbol{y}(t) = \boldsymbol{h}(\boldsymbol{x}(t)). \tag{7.441b}$$

Die Stellgröße $\boldsymbol{u}(t)$ geht also über die Multiplikation mit der von $\boldsymbol{x}(t)$ abhängigen Eingangsmatrix $\boldsymbol{B}$ ein. Bild 7.33 zeigt diese Modellstruktur.

Ein zeitdiskretes steuerungslineares Modell wird entsprechend durch

$$\boldsymbol{x}(t_{k+1}) = \boldsymbol{f}(\boldsymbol{x}(t_k)) + \boldsymbol{B}(\boldsymbol{x}(t_k))\boldsymbol{u}(t_k), \tag{7.442a}$$

$$\boldsymbol{y}(t_k) = \boldsymbol{h}(\boldsymbol{x}(t_k)) \tag{7.442b}$$

beschrieben und ein kontinuierlich-diskretes Modell durch

$$\dot{\boldsymbol{x}}(t) = \boldsymbol{f}(\boldsymbol{x}(t)) + \boldsymbol{B}(\boldsymbol{x}(t))\boldsymbol{u}(t), \tag{7.443a}$$

$$\boldsymbol{y}(t_k) = \boldsymbol{h}(\boldsymbol{x}(t_k)). \tag{7.443b}$$

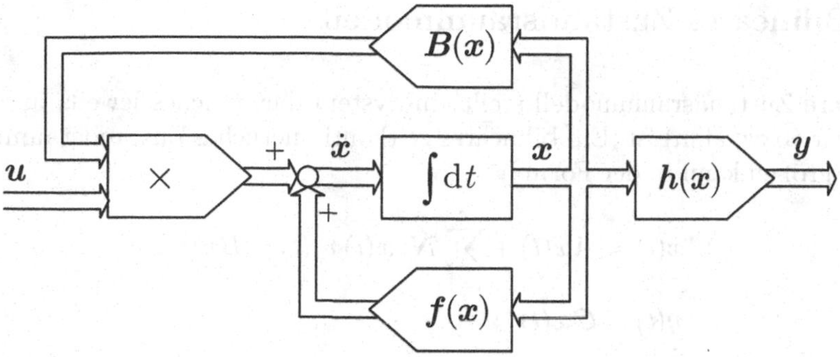

Bild 7.33 Steuerungslineares zeitkontinuierliches Zustandsraummodell

7.4.2 Zustandslineares Modell

Bei einem zustandslinearen Modell geht die Zustandsgröße linear (streng genommen affin) in die Zustandsgleichung und linear in die Ausgangsgleichung ein. Damit lautet das Zustandsraummodell für ein zeitkontinuierliches zustandslineares Modell

$$\dot{\boldsymbol{x}}(t) = \boldsymbol{A}(\boldsymbol{u}(t))\boldsymbol{x}(t) + \boldsymbol{g}(\boldsymbol{u}(t)), \tag{7.444a}$$

$$\boldsymbol{y}(t) = \boldsymbol{C}\boldsymbol{x}(t), \tag{7.444b}$$

für ein zeitdiskretes zustandslineares Modell

$$\boldsymbol{x}(t_{k+1}) = \boldsymbol{A}(\boldsymbol{u}(t_k))\boldsymbol{x}(t_k) + \boldsymbol{g}(\boldsymbol{u}(t_k)), \tag{7.445a}$$

$$\boldsymbol{y}(t_k) = \boldsymbol{C}\boldsymbol{x}(t_k) \tag{7.445b}$$

und für ein kontinuierlich-diskretes System

$$\dot{\boldsymbol{x}}(t) = \boldsymbol{A}(\boldsymbol{u}(t))\boldsymbol{x}(t) + \boldsymbol{g}(\boldsymbol{u}(t)), \tag{7.446a}$$

$$\boldsymbol{y}(t_k) = \boldsymbol{C}\boldsymbol{x}(t_k). \tag{7.446b}$$

Die Zustandsgröße geht also über die Multiplikation mit der von der Stellgröße $\boldsymbol{u}(t)$ abhängigen Systemmatrix $\boldsymbol{A}$ ein. Für ein zeitkontinuierliches Modell ist die Struktur in Bild 7.34 dargestellt.

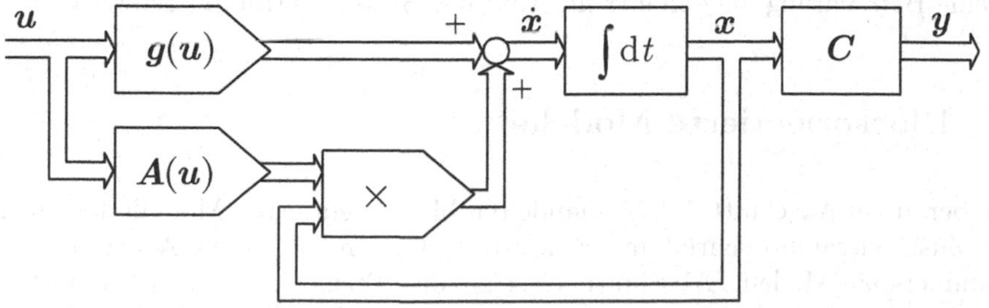

Bild 7.34 Zustandslineares zeitkontinuierliches Zustandsraummodell

7.4.3 Bilineares Zustandsraummodell

Das bilineare Zustandsraummodell stellt ein System dar, welches jeweils in $\boldsymbol{x}$ und in $\boldsymbol{u}$ alleine linear (bzw. affin) ist. Ein bilineares zeitkontinuierliches Zustandsraummodell mit r Eingangsgrößen kann in der Form

$$\dot{\boldsymbol{x}}(t) = \boldsymbol{A}\boldsymbol{x}(t) + \sum_{i=1}^{r} \boldsymbol{N}_i\, \boldsymbol{x}(t)\, u_i(t) + \boldsymbol{B}\boldsymbol{u}(t), \tag{7.447a}$$

$$\boldsymbol{y}(t) = \boldsymbol{C}\boldsymbol{x}(t) \tag{7.447b}$$

angegeben werden. Bei einem kontinuierlich-diskreten bilinearen Zustandsraummodell ändert sich nur die Ausgangsgleichung zu

$$\boldsymbol{y}(t_k) = \boldsymbol{C}\boldsymbol{x}(t_k). \tag{7.448}$$

In dem Summenterm in der Zustandsdifferentialgleichung (7.447a) tauchen Produktterme der Form $x_i(t)u_j(t)$, $i = 1,\dots,n$, $j = 1,\dots,r$, auf, wobei n die Anzahl der Zustandsgrößen ist. Unter Verwendung des Kroneckerprodukts lässt sich die Zustandsdifferentialgleichung kompakter als

$$\dot{\boldsymbol{x}}(t) = \boldsymbol{A}\boldsymbol{x}(t) + \boldsymbol{N}(\boldsymbol{u}(t) \otimes \boldsymbol{x}(t)) + \boldsymbol{B}\boldsymbol{u}(t) \tag{7.449}$$

mit

$$\boldsymbol{N} = \begin{bmatrix} \boldsymbol{N}_1 & \cdots & \boldsymbol{N}_r \end{bmatrix} \tag{7.450}$$

angeben, wobei $\otimes$ für das Kroneckerprodukt steht. Damit ist

$$\boldsymbol{u} \otimes \boldsymbol{x} = \begin{bmatrix} u_1 \\ \vdots \\ u_r \end{bmatrix} \otimes \boldsymbol{x} = \begin{bmatrix} u_1\boldsymbol{x} \\ \vdots \\ u_r\boldsymbol{x} \end{bmatrix}. \tag{7.451}$$

Entsprechend lauten die Gleichungen für ein zeitdiskretes bilineares Zustandsraummodell

$$\boldsymbol{x}(t_{k+1}) = \boldsymbol{A}\boldsymbol{x}(t_k) + \boldsymbol{N}(\boldsymbol{u}(t_k) \otimes \boldsymbol{x}(t_k)) + \boldsymbol{B}\boldsymbol{u}(t_k) \tag{7.452a}$$

und

$$\boldsymbol{y}(t_k) = \boldsymbol{C}\boldsymbol{x}(t_k). \tag{7.452b}$$

Bild 7.35 zeigt die Struktur eines zeitkontinuierlichen bilinearen Modells. Bilineare Modelle stellen eine wichtige Unterklasse nichtlinearer Systeme dar, da sich zum einen eine Vielzahl nichtlinearer Systeme durch bilineare Modelle beschreiben lässt und zum anderen die theoretische Behandlung der Unterklasse der bilinearen Modelle deutlich einfacher ist als eine Betrachtung allgemeiner nichtlinearer Systeme [Moh91, Schw91].

7.4.4 Blockorientierte Modelle

Für die bereits in Abschnitt 7.3.7 behandelten blockorientierten Modelle lassen sich sehr einfach Zustandsraumbeschreibungen angeben. In den folgenden Abschnitten werden das Hammerstein-Modell (Abschnitt 7.4.4.1), das Wiener-Modell (Abschnitt 7.4.4.2), das Hammerstein-Wiener-Modell (Abschnitt 7.4.4.3), das Wiener-Hammerstein-Modell (Abschnitt 7.4.4.4) sowie das Lur'e-Modell behandelt (Abschnitt 7.4.4.5). Abschließend erfolgt eine kurze Betrachtung weiterer blockorientierter Modelle (Abschnitt 7.4.4.6).

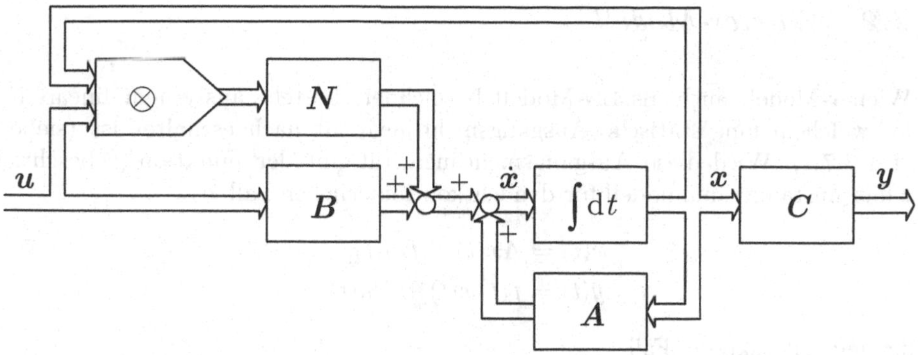

Bild 7.35 Bilineares zeitkontinuierliches Zustandsraummodell

7.4.4.1 Hammerstein-Modell

Beim auch als NL-Modell bezeichneten Hammerstein-Modell handelt es sich um ein lineares Teilsystem, welchem eine statische Nichtlinearität vorgeschaltet ist (siehe Abschnitt 7.3.7.1). Wird diese Eingangsnichtlinearität mit der Funktion f_u beschrieben, ergibt sich für den zeitkontinuierlichen Fall das Zustandsraummodell

$$\dot{\boldsymbol{x}}(t) = \boldsymbol{A}\boldsymbol{x}(t) + \boldsymbol{B} f_u(u(t)), \tag{7.453a}$$
$$y(t) = \boldsymbol{C}\boldsymbol{x}(t) + D f_u(u(t)) \tag{7.453b}$$

und für den zeitdiskreten Fall

$$\boldsymbol{x}(t_{k+1}) = \boldsymbol{A}\boldsymbol{x}(t_k) + \boldsymbol{B} f_u(u(t_k)), \tag{7.454a}$$
$$y(t_k) = \boldsymbol{C}\boldsymbol{x}(t_k) + D f_u(u(t_k)). \tag{7.454b}$$

Zur Vereinfachung wurde hier nur der Fall eines Eingrößensystems betrachtet. Es kann aber problemlos auch die Zustandsraumdarstellung eines Mehrgrößen-Hammerstein-Modells angegeben werden. Bild 7.36 zeigt das Zustandsraummodell eines zeitkontinuierlichen Hammerstein-Modells für den Eingrößenfall. Bei dem Hammerstein-Modell handelt es sich um einen Spezialfall des in Abschnitt 7.4.2 behandelten zustandslinearen Modells.

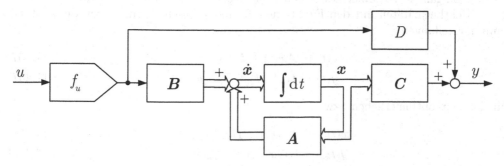

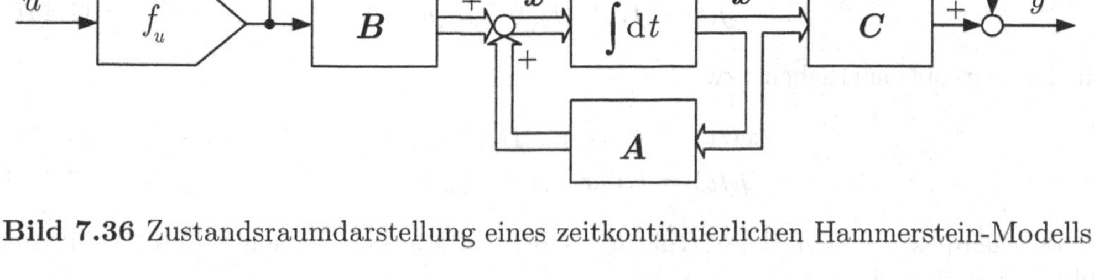

Bild 7.36 Zustandsraumdarstellung eines zeitkontinuierlichen Hammerstein-Modells

7.4.4.2 Wiener-Modell

Das Wiener-Model, auch als LN-Modell bezeichnet, besteht aus einem linearen Teilsystem, welchem eine statische Ausgangsnichtlinearität nachgeschaltet ist (siehe Abschnitt 7.3.7.2). Wird diese Ausgangsnichtlinearität mit der Funktion f beschrieben, lautet das Zustandsraummodell für den zeitkontinuierlichen Fall

$$\dot{\boldsymbol{x}}(t) = \boldsymbol{A}\boldsymbol{x}(t) + \boldsymbol{B}u(t), \tag{7.455a}$$

$$y(t) = f(\boldsymbol{C}\boldsymbol{x}(t) + Du(t)) \tag{7.455b}$$

und für den zeitdiskreten Fall

$$\boldsymbol{x}(t_{k+1}) = \boldsymbol{A}\boldsymbol{x}(t_k) + \boldsymbol{B}u(t_k) \tag{7.456a}$$

$$y(t_k) = f(\boldsymbol{C}\boldsymbol{x}(t_k) + Du(t_k)). \tag{7.456b}$$

Für den zeitkontinuierlichen Eingrößenfall ist die Struktur eines Wiener-Modells in Zustandsraumdarstellung in Bild 7.37 gezeigt.

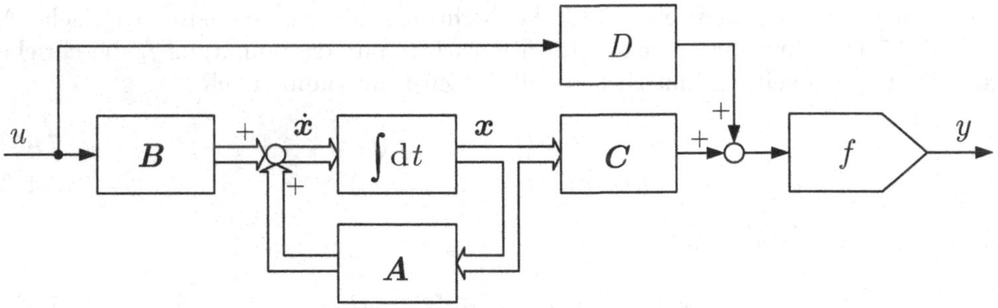

Bild 7.37 Zustandsraumdarstellung eines Wiener-Modells

7.4.4.3 Hammerstein-Wiener-Modell

Das Hammerstein-Wiener-Modell besteht aus einem linearen Systemteil mit einer statischen Eingangs- und einer statischen Ausgangsnichtlinearität (NLN-Modell). Werden diese Nichtlinearitäten mit den Funktionen f_u und f beschrieben, lauten die Zustandsraumdarstellungen

$$\dot{\boldsymbol{x}}(t) = \boldsymbol{A}\boldsymbol{x}(t) + \boldsymbol{B}f_u(u(t)), \tag{7.457a}$$

$$y(t) = f(\boldsymbol{C}\boldsymbol{x}(t) + Df_u(u(t))) \tag{7.457b}$$

für den zeitkontinuierlichen bzw.

$$\boldsymbol{x}(t_k) = \boldsymbol{A}\boldsymbol{x}(t_k) + \boldsymbol{B}f_u(u(t_k)), \tag{7.458a}$$

$$y(t_k) = f(\boldsymbol{C}\boldsymbol{x}(t_k) + Df_u(u(t_k))) \tag{7.458b}$$

für den zeitdiskreten Fall. Die Struktur für den zeitkontinuierlichen Eingrößenfall ist in Bild 7.38 dargestellt.

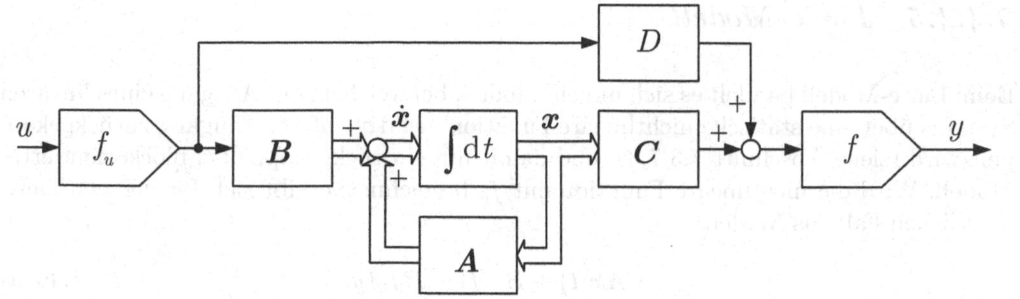

Bild 7.38 Zustandsraumdarstellung eines zeitkontinuierlichen Hammerstein-Wiener-Modells

7.4.4.4 Wiener-Hammerstein-Modell

Das Wiener-Hammerstein-Modell besteht aus einer statischen nichtlinearen Funktion, der jeweils ein lineares dynamisches System vor- und nachgeschaltet ist (LNL-Modell). Werden die linearen Teilsysteme mit den Indizes 1 und 2 gekennzeichnet und die statische Nichtlinearität mit der Funktion f_{12}, lautet die Zustandsraumdarstellung für den zeitkontinuierlichen Fall

$$\begin{bmatrix} \dot{\boldsymbol{x}}_1(t) \\ \dot{\boldsymbol{x}}_2(t) \end{bmatrix} = \begin{bmatrix} \boldsymbol{A}_1\boldsymbol{x}_1(t) + \boldsymbol{B}_1 u(t) \\ \boldsymbol{A}_2\boldsymbol{x}_2(t) + \boldsymbol{B}_2 f_{12}\left(\boldsymbol{C}_1\boldsymbol{x}_1(t) + D_1 u(t)\right) \end{bmatrix}, \tag{7.459a}$$

$$y(t) = \boldsymbol{C}\boldsymbol{x}_2(t) + D_2 f_{12}\left(\boldsymbol{C}_1\boldsymbol{x}_1(t) + D_1 u(t)\right). \tag{7.459b}$$

Für den zeitdiskreten Fall ergibt sich entsprechend

$$\begin{bmatrix} \boldsymbol{x}_1(t_{k+1}) \\ \boldsymbol{x}_2(t_{k+1}) \end{bmatrix} = \begin{bmatrix} \boldsymbol{A}_1\boldsymbol{x}_1(t_k) + \boldsymbol{B}_1 u(t_k) \\ \boldsymbol{A}_2\boldsymbol{x}_2(t_k) + \boldsymbol{B}_2 f_{12}(\boldsymbol{C}_1\boldsymbol{x}_1(t_k) + D_1 u(t_k)) \end{bmatrix}, \tag{7.460a}$$

$$y(t_k) = \boldsymbol{C}\boldsymbol{x}_2(t_k) + D_2 f_{12}\left(\boldsymbol{C}_1\boldsymbol{x}_1(t_k) + D_1 u(t_k)\right). \tag{7.460b}$$

Die Struktur ist für ein zeitkontinuierliches Eingrößensystem in Bild 7.39 gezeigt.

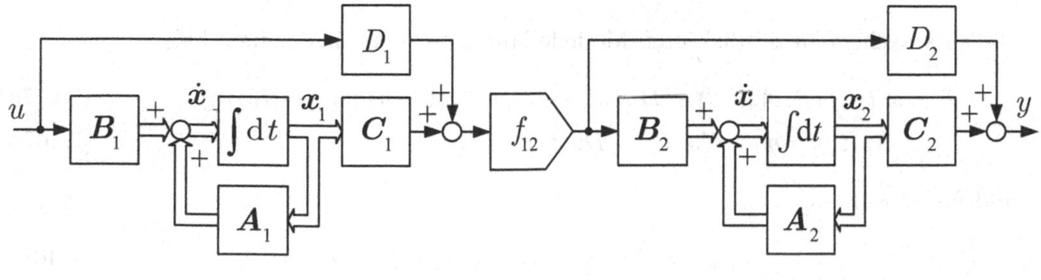

Bild 7.39 Zustandsraumdarstellung eines zeitkontinuierlichen Wiener-Hammerstein-Modells

7.4.4.5 Lur'e-Modell

Beim Lur'e-Modell handelt es sich um ein Modell, bei welchem der Ausgang eines linearen Systems über eine statische nichtlineare Funktion negativ auf den Eingang zurückgekoppelt wird (siehe Abschnitt 7.3.7.3), und damit um ein rückgekoppeltes blockorientiertes Modell. Wird die nichtlineare Funktion mit f_y bezeichnet, ergibt sich für den zeitkontinuierlichen Fall das Modell

$$\dot{\boldsymbol{x}}(t) = \boldsymbol{A}\boldsymbol{x}(t) + \boldsymbol{B}u(t) - \boldsymbol{B}f_y(y(t)), \tag{7.461a}$$
$$y(t) = \boldsymbol{C}\boldsymbol{x}(t) + Du(t) - Df_y(y(t)), \tag{7.461b}$$

welches kein Zustandsraummodell mehr darstellt, da es sich bei der Ausgangsgleichung um eine implizite Gleichung für $y(t)$ handelt und $y(t)$ zudem auch auf der rechten Seite der Differentialgleichung (7.461a) auftritt. Die Ausgangsgleichung (7.461b) kann zu

$$y(t) + Df_y(y(t)) = \boldsymbol{C}\boldsymbol{x}(t) + Du(t) \tag{7.462}$$

umgestellt werden. Wird dann die Funktion

$$g(y(t)) = y(t) + Df_y(y(t)) \tag{7.463}$$

definiert und existiert dazu die inverse Funktion, ergibt sich

$$y(t) = g^{-1}\left(\boldsymbol{C}\boldsymbol{x}(t) + Du(t)\right) \tag{7.464}$$

und damit für das Lur'e-Modell die Zustandsraumdarstellung

$$\dot{\boldsymbol{x}}(t) = \boldsymbol{A}\boldsymbol{x}(t) + \boldsymbol{B}u(t) - \boldsymbol{B}f_y(g^{-1}(\boldsymbol{C}\boldsymbol{x}(t) + Du(t))), \tag{7.465a}$$
$$y(t) = g^{-1}\left(\boldsymbol{C}\boldsymbol{x}(t) + Du(t)\right). \tag{7.465b}$$

Diese Modellstruktur ist in Bild 7.40 dargestellt. Für nichtsprungfähige Systeme (also $D = 0$) vereinfacht sich das Modell zu der in Bild 7.41 gezeigten Struktur mit dem Zustandsraummodell

$$\dot{\boldsymbol{x}}(t) = \boldsymbol{A}\boldsymbol{x}(t) + \boldsymbol{B}u(t) - \boldsymbol{B}f_y(\boldsymbol{C}\boldsymbol{x}(t)), \tag{7.466a}$$
$$y(t) = \boldsymbol{C}\boldsymbol{x}(t). \tag{7.466b}$$

Die entsprechenden zeitdiskreten Modelle lauten für den allgemeinen Fall

$$\boldsymbol{x}(t_{k+1}) = \boldsymbol{A}\boldsymbol{x}(t_k) + \boldsymbol{B}u(t_k) - \boldsymbol{B}f_y(g^{-1}(\boldsymbol{C}\boldsymbol{x}(t_k) + Du(t_k))), \tag{7.467a}$$
$$y(t_k) = g^{-1}\left(\boldsymbol{C}\boldsymbol{x}(t_k) + Du(t_k)\right) \tag{7.467b}$$

und für $D = 0$

$$\boldsymbol{x}(t_k) = \boldsymbol{A}\boldsymbol{x}(t_k) + \boldsymbol{B}u(t_k) - \boldsymbol{B}f_y(\boldsymbol{C}\boldsymbol{x}(t_k)), \tag{7.468a}$$
$$y(t_k) = \boldsymbol{C}\boldsymbol{x}(t_k). \tag{7.468b}$$

Das nichtsprungfähige Lur'e-Modell stellt einen Spezialfall des in Abschnitt 7.4.1 behandelten steuerungslinearen Modells dar.

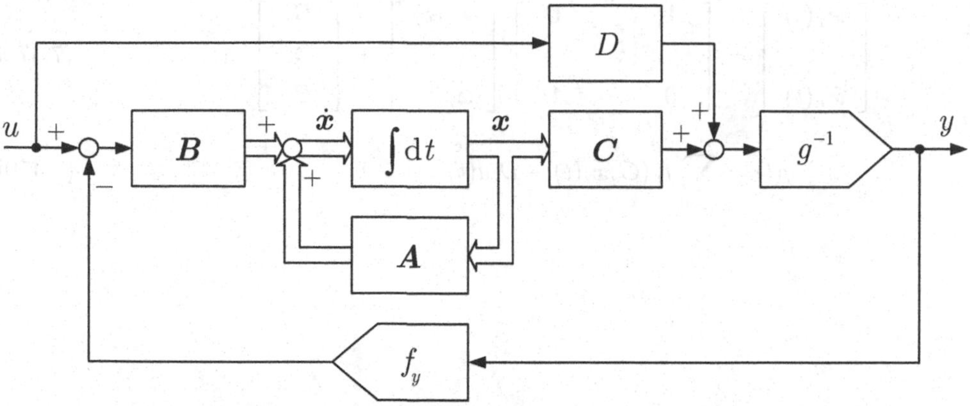

Bild 7.40 Zustandsraumdarstellung eines allgemeinen Lur'e-Modells

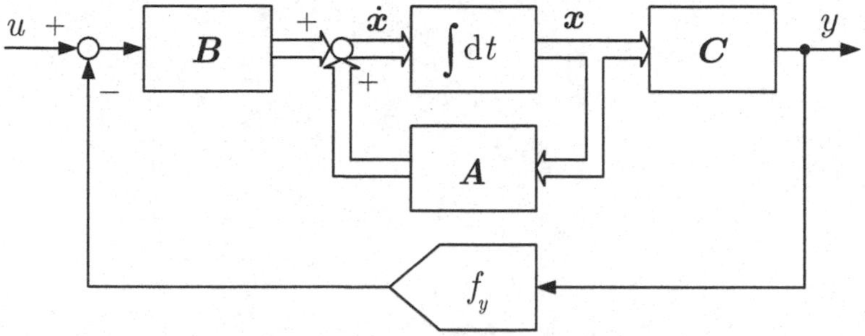

Bild 7.41 Zustandsraumdarstellung eines Lur'e-Modells ohne Durchgriff

7.4.4.6 Weitere blockorientierte Modelle

Auch für die bereits in Abschnitt 7.3.7.4 erwähnten weiteren blockorientierten Modelle können leicht Zustandsraumbeschreibungen angegeben werden. So ergibt sich z.B. für das aus einer Parallelschaltung von r Hammerstein-Modellen entstehende Urysohn-Modell für den zeitkontinuierlichen Fall die Zustandsraumdarstellung

$$\begin{bmatrix} \dot{\boldsymbol{x}}_1(t) \\ \vdots \\ \dot{\boldsymbol{x}}_r(t) \end{bmatrix} = \begin{bmatrix} \boldsymbol{A}_1 & & \boldsymbol{0} \\ & \ddots & \\ \boldsymbol{0} & & \boldsymbol{A}_r \end{bmatrix} \begin{bmatrix} \boldsymbol{x}_1(t) \\ \vdots \\ \boldsymbol{x}_r(t) \end{bmatrix} + \begin{bmatrix} \boldsymbol{B}_1 & & \boldsymbol{0} \\ & \ddots & \\ \boldsymbol{0} & & \boldsymbol{B}_r \end{bmatrix} \begin{bmatrix} f_{u,1}(u(t)) \\ \vdots \\ f_{u,r}(u(t)) \end{bmatrix}, \tag{7.469a}$$

$$y(t) = \begin{bmatrix} \boldsymbol{C}_1 & \cdots & \boldsymbol{C}_r \end{bmatrix} \begin{bmatrix} \boldsymbol{x}_1(t) \\ \vdots \\ \boldsymbol{x}_r(t) \end{bmatrix} + \begin{bmatrix} D_1 & \cdots & D_r \end{bmatrix} \begin{bmatrix} f_{u,1}(u(t)) \\ \vdots \\ f_{u,r}(u(t)) \end{bmatrix} \tag{7.469b}$$

und für das *Projection-Pursuit*-Modell (Parallelschaltung von r Wiener-Modellen) die Zustandsraumdarstellung

$$\begin{bmatrix} \dot{\boldsymbol{x}}_1(t) \\ \vdots \\ \dot{\boldsymbol{x}}_r(t) \end{bmatrix} = \begin{bmatrix} \boldsymbol{A}_1 & & \mathbf{0} \\ & \ddots & \\ \mathbf{0} & & \boldsymbol{A}_r \end{bmatrix} \begin{bmatrix} \boldsymbol{x}_1(t) \\ \vdots \\ \boldsymbol{x}_r(t) \end{bmatrix} + \begin{bmatrix} \boldsymbol{B}_1 \\ \vdots \\ \boldsymbol{B}_r \end{bmatrix} u(t), \tag{7.470a}$$

$$y(t) = \sum_{i=1}^{r} f_i \left(\boldsymbol{C}_i \boldsymbol{x}_i(t) + D_i u(t) \right). \tag{7.470b}$$

8 Verfahren zur Identifikation nichtlinearer Systeme

8.1 Einführung

Im vorangegangenen Kapitel wurden verschiedene Modellstrukturen zur Beschreibung nichtlinearer Systeme vorgestellt. Aufgrund der zahlreichen Beschreibungsmöglichkeiten für nichtlineare Systeme existiert auch eine Vielzahl von Verfahren zur Identifikation dieser Systeme. Der Versuch, dieses Gebiet erschöpfend zu behandeln, würde, wenn er denn überhaupt gelingen würde, den Rahmen eines einführenden Buches bei weitem sprengen. Daher werden in diesem Kapitel nur die für das Verständnis der Identifikation nichtlinearer Systeme wesentlichen Grundlagen behandelt. Zusätzlich werden einige ausgewählte Verfahren vorgestellt. Auch bei der Betrachtung dieser Verfahren stehen die allgemeine Vorgehensweise sowie die Grundlagen im Vordergrund. Dieses Kapitel erhebt nicht den Anspruch, die Funktion eines Handbuchs oder einer Methodensammlung zu erfüllen, in der eine Anwenderin oder ein Anwender ein bestimmtes Verfahren nachschlagen und dann unmittelbar einsetzen kann. Die Leserin oder der Leser soll durch den hier vorgestellten Stoff vielmehr in die Lage versetzt werden, den Einstieg in dieses Themengebiet zu finden und ggf. nach dem Studium weiterführender Literatur Identifikationsverfahren für nichtlineare Systeme zu verstehen, einzusetzen und weiterzuentwickeln. So werden z.B. mit der Bestimmung von Kernen für Volterra- oder Wiener-Reihen Verfahren vorgestellt, die ein Stück weit als historisch angesehen werden können und in der Praxis keine allzu große Bedeutung mehr haben. Auch die Parameterschätzung bei nichtlinearen Zustandsraummodellen spielt gegenüber der Parameterschätzung bei nichtlinearen Eingangs-Ausgangs-Modellen eine eher untergeordnete Rolle. Dies gilt auch für die Identifikation zeitkontinuierlicher nichtlinearer Systeme. Für ein grundlegendes und umfassendes Verständnis ist aber durchaus auch eine Beschäftigung mit diesen Verfahren zweckmäßig.

Das vorliegende Kapitel ist wie folgt gegliedert. Nach dieser Einführung wird in Abschnitt 8.2 anhand einer grundlegenden Einteilung von Identifikationsverfahren ein Überblick gegeben. Auf einige der dabei angegebenen Aspekte wird in Unterabschnitten weiter eingegangen. So erfolgt in der Übersicht eine Einteilung von Parameterschätzverfahren anhand der verwendeten Gütefunktionale in probabilistische Ansätze und Modellanpassungsverfahren. Diese werden in den Abschnitten 8.2.1 und 8.2.2 weiter betrachtet. Das Prädiktionsfehler-Verfahren, welches ein spezielles Modellanpassungsverfahren darstellt, wird in Abschnitt 8.2.3 behandelt. Oftmals werden bei der Parameterschätzung rekursive Algorithmen eingesetzt. Die Grundlagen der rekursiven Parameterschätzung werden daher in Abschnitt 8.2.4 betrachtet. Da Parameterschätzalgorithmen in vielen Fällen auf iterativen, gradientenbasierten Optimierungsalgorithmen basieren, die ein Gütefunktional minimieren, ist für die Durchführung der Schätzung eine Gradientenberechnung erforderlich. Die Bildung des Gradienten des Gütefunktionals führt dabei auf den Gradienten der Modellausgangsgröße. Die Berechnung dieses Gradienten wiederum ist in vielen Fällen nicht direkt möglich, sondern erfordert ein weiteres dynamisches Modell, welches als Empfindlichkeitsmodell bezeichnet wird. Dies wird in Abschnitt 8.2.5 behandelt.

Weiterhin wird in dem Überblick zwischen expliziten und impliziten Verfahren unterschieden. Explizite Verfahren führen über analytische Gleichungen mit geschlossenen Lösungen oder durch einfaches Ablesen aus gemessenen Signalen direkt auf Parameterschätzwerte, oder bei nichtparametrischen Modellen auf Funktionsverläufe. Bei impliziten Verfahren werden die unbekannten Parameter schrittweise ermittelt, wobei in jedem Schritt ein neuer, idealerweise verbesserter, Parameterschätzwert bestimmt wird. In Abschnitt 8.3 werden mit der Bestimmung von Kernen von Volterra- und Wiener-Reihen und mit der direkten *Least-Squares*-Schätzung bei affin parameterabhängiger Fehlergleichung zwei explizite Verfahren dargestellt. Bei der *Least-Squares*-Schätzung werden in den Unterabschnitten 8.3.3.2 bis 8.3.3.5 das Kolmogorov-Gabor-Polynom, die zeitdiskrete endliche Volterra-Reihe, das bilineare zeitdiskrete Eingangs-Ausgangs-Modell sowie Modulationsfunktionsmodelle betrachtet. In Abschnitt 8.4 werden implizite Verfahren vorgestellt. Dabei werden in den Unterabschnitten 8.4.2 bis 8.4.5 die rekursive *Least-Squares*-Schätzung bei linear parameterabhängigen Eingangs-Ausgangs-Modellen, das Backpropagationsverfahren für die Parameterschätzung bei künstlichen neuronalen Netzen sowie zwei Ansätze zur Parameterschätzung für Zustandsraummodelle behandelt.

8.2 Überblick und Einteilung der Verfahren

Für das Verständnis der Systemidentifikation ist es zweckmäßig, ein System als einen tatsächlichen Zusammenhang zwischen gemessenen Signalen oder zwischen aus diesen Signalen berechneten Größen zu verstehen. Ein System wird also als ein Zusammenhang aufgefasst, der Daten erzeugt. In diesen Zusammenhang gehen, wie in Abschnitt 7.2.7 ausgeführt, meist auch Störgrößen ein. Bei der Systemidentifikation soll dieser Zusammenhang durch ein Modell beschrieben werden. Das für die Beschreibung gewählte Modell hängt, sofern es sich um ein parametrisches Modell handelt, von Modellparametern ab. Diese werden in dem Modellparametervektor $\boldsymbol{p}_{\mathrm{M}}$ zusammengefasst. Oft wird bei der parametrischen Systemidentifikation davon ausgegangen, dass auch der Mechanismus der Datenerzeugung durch das System von Parametern abhängt. Diese werden als Systemparameter bezeichnet und in dem Vektor $\boldsymbol{p}$ zusammengefasst. Bei technischen Systemen können dies physikalische Parameter wie z.B. Massen, Federsteifigkeiten, Volumina, Materialwerte oder Konstruktionsparameter sein. Die betrachtete Systemstruktur ist in Bild 8.1 gezeigt. Die Aufgabe der Systemidentifikation besteht dann darin, Schätzwerte für die Parameter zu bestimmen. Die Schätzwerte werden im Folgenden in dem Vektor $\hat{\boldsymbol{p}}$ zusammengefasst.

Die Annahme der Existenz eines Systemparametervektors $\boldsymbol{p}$ entspricht der Annahme der Existenz eines parametrischen Modells, welches mit diesem Parametervektor das System exakt beschreibt. Dieser Parametervektor wird auch als wahrer Parametervektor bzw. die enthaltenen Elemente als wahre Parameter bezeichnet und das zugehörige Modell als wahres System. Das Modell, von welchem angenommen wird, dass es das System exakt beschreibt und das für die Identifikation verwendete Modell müssen dabei nicht gleich

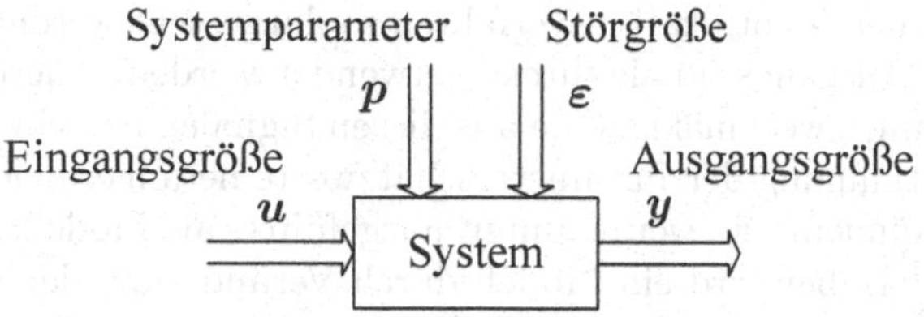

Bild 8.1 Angenommene Systemstruktur für die Identifikation

sein. Für die Identifikation kann z.B. auch ein mehr oder weniger stark vereinfachtes Modell verwendet werden.

Bei der Analyse von Identifikationsalgorithmen wird oftmals angenommen, dass es eine Entsprechung zwischen Systemparametern und Modellparametern gibt. Die bestimmten Werte der Parameter werden dann als Schätzwerte der Systemparameter aufgefasst. Die Systemparameter stellen damit die wahren Werte der Modellparameter dar und es werden z.B. Identifikationsverfahren dahingehend untersucht, ob und mit welchen Eigenschaften die bestimmten Schätzwerte gegen diese wahren Werte konvergieren.

Diese Sichtweise der Trennung in wahres System und Modell sowie Systemparameter und Modellparameter kann am Beispiel einer Untermodellierung verdeutlicht werden. Bei der Untermodellierung werden nicht alle Systemparameter durch Modellparameter abgebildet. Als Beispiel wird wird angenommen, dass das wahre System durch die Differenzengleichung

$$y(k) = -a_1 y(k-1) - a_2 y(k-2) + b_1 u(k-1) + \varepsilon(k) \tag{8.1}$$

beschrieben wird, wobei über ε eine Störung (Rauschen) berücksichtigt wird. Der Systemparametervektor ist

$$\boldsymbol{p} = \begin{bmatrix} a_1 & a_2 & b_1 \end{bmatrix}^{\mathrm{T}}. \tag{8.2}$$

Für die Systemidentifikation wird das Modell

$$y_{\mathrm{M}}(k) = -a_{\mathrm{M},1} y(k-1) + b_{\mathrm{M},1} u(k-1) \tag{8.3}$$

verwendet, also die Abhängigkeit des aktuellen Systemausgangswerts $y(k)$ vom zurückliegenden Wert $y(k-2)$ nicht berücksichtigt. Der Modellparametervektor ist damit

$$\boldsymbol{p}_{\mathrm{M}} = \begin{bmatrix} a_{\mathrm{M},1} & b_{\mathrm{M},1} \end{bmatrix}^{\mathrm{T}}. \tag{8.4}$$

Für die Identifikation stellen sich nun beispielsweise die Fragen, inwieweit es mit dem Modell aus Gl. (8.3) möglich ist, das Verhalten des wahren Systems nach Gl. (8.1) zu beschreiben und wie die in der Identifikation bestimmten Schätzwerte für die Modellparameter $a_{\mathrm{M},1}$ und $b_{\mathrm{M},1}$ in Beziehung stehen zu den Systemparametern a_1 und b_1. An diesem Beispiel wird auch deutlich, dass in der Identifikation nicht der Systemparametervektor, sondern der Modellparametervektor bestimmt wird.

Bei den bisherigen Betrachtungen wurde von parametrischen Modellen ausgegangen. Bei nichtparametrischen Modellen gelten die gemachten Aussagen gleichermaßen, wobei dann die Funktionsverläufe, welche die Modelle beschreiben, anstelle der Parameter verwendet werden. Allerdings werden oftmals, wie in Abschnitt 7.2.5 ausgeführt, auch nichtparametrische Modelle durch eine endliche Anzahl von Werten beschrieben. Diese Werte können dann auch als Parameter aufgefasst werden.

In vielen Fällen können Identifikationsverfahren so dargestellt werden, dass die gemessenen Eingangs- und Ausgangssignale direkt verwendet werden. Allerdings ist es für eine allgemeine Darstellung zweckmäßig, eine aus diesen Signalen berechnete Größe einzuführen, die für die Bestimmung der Parameterschätzwerte herangezogen wird. Viele Identifikationsverfahren können, wie weiter unten ausgeführt, als Modellanpassungsverfahren dargestellt werden.[1] Dabei wird ein Modell durch Veränderung der Modellparameter so angepasst, dass sich eine gute Übereinstimmung zwischen dem Verhalten des Systems und dem des Modells ergibt. Zur Beurteilung der Übereinstimmung wird die aus den Eingangs- und Ausgangsgrößen des Systems berechnete Größe mit einer berechneten Modellausgangsgröße verglichen und so ein Modellfehler gebildet. Die eingeführte Größe wird daher im Folgenden allgemein als Vergleichsgröße $\boldsymbol{y}_{\mathrm{V}}$ bezeichnet. Die Berechnung der Vergleichsgröße ist in Bild 8.2 dargestellt.

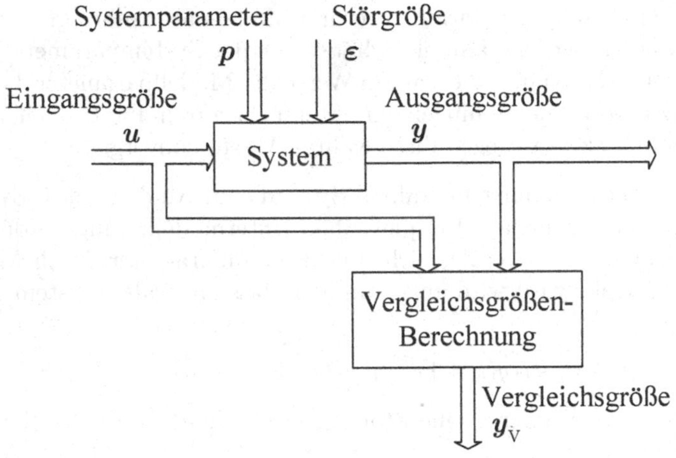

Bild 8.2 Berechnung einer Vergleichsgröße aus den gemessenen Eingangs- und Ausgangssignalen des Systems

Für eine Einteilung von Identifikationsverfahren kann in Anlehnung an [Eyk74] dahingehend unterschieden werden, ob zeitkontinuierliche Signale oder zeitdiskrete Signale verwendet werden. Verfahren, die mit zeitkontinuierlichen Signalen arbeiten, haben bei linearen Systemen eine gewisse Bedeutung erlangt (z.B. die in Kapitel 2 beschriebenen Verfahren der Korrelationsanalyse oder die direkte Messung des Frequenzgangs). Für diese Verfahren stehen Geräte zur Verfügung, mit Hilfe derer eine solche Systemidentifikation durchgeführt werden kann (z.B. Korrelatoren und Frequenzgangsanalysatoren).

Für nichtlineare Systeme existieren ähnliche Verfahren, die allerdings deutlich aufwendiger sind. Zudem erfolgt komplexe Signalverarbeitung heute in den allermeisten Fällen mit Digitalrechnern. Dabei werden abgetastete Signale verwendet. In der Praxis spielen daher Verfahren, die mit zeitkontinuierlichen Signalen arbeiten, für die Identifikation nichtlinearer Systeme eine eher geringe Rolle. Für das Verständnis grundlegender Zusammenhänge ist aber eine Beschäftigung mit derartigen Verfahren durchaus wichtig. In diesem Kapitel wird daher in Abschnitt 8.3.2 mit der Messung von Kernen für Volterra- und Wiener-Reihen ein Verfahren vorgestellt, bei welchem kontinuierliche Signale verwendet werden.

[1] Modellanpassungsverfahren werden auch als Fehlerminimierungsverfahren bezeichnet.

Weiterhin können Systemidentifikationsverfahren, ebenfalls in Anlehnung an [Eyk74] und [Str75] in explizite (oder direkte) und implizite (iterative) Verfahren eingeteilt werden. Bei expliziten Verfahren werden die Parameterschätzwerte, oder bei nichtparametrischen Modellen die Funktionsverläufe, in einem Schritt aus Gleichungen oder durch einfaches Ablesen aus gemessenen Signalen bestimmt. Ein Beispiel für ein explizites Verfahren ist die in Abschnitt 3.3.1 angegebene direkte Lösung des *Least-Squares*-Schätzproblems. Der *Least-Squares*-Schätzwert $\hat{\boldsymbol{p}}_{\text{LS}}$ für den Parametervektor ergibt sich dabei als geschlossene Lösung über die Gleichung

$$\hat{\boldsymbol{p}}_{\text{LS}} = [\boldsymbol{M}^{\text{T}}\boldsymbol{M}]^{-1}\boldsymbol{M}^{\text{T}}\boldsymbol{y} \tag{8.5}$$

aus dem Ausgangssignalvektor $\boldsymbol{y}$ und der Datenmatrix $\boldsymbol{M}$, die direkt aus gemessenen Werten gebildet werden. Auch die Bestimmung der Impulsantwort oder des Frequenzgangs eines linearen zeitkontinuierlichen Systems über die in Abschnitt 2.2.4 beschriebene Korrelationsanalyse stellt ein explizites Verfahren dar. So entspricht der Verlauf der Impulsantwort $g(\tau)$ über der Zeitvariable τ bei Anregung des Systems mit (näherungsweise) weißem Rauschen gerade der Kreuzkorrelationsfunktion des Eingangs- und des Ausgangssignals für die Zeitverschiebung τ, also

$$g(\tau) = R_{uy}(\tau). \tag{8.6}$$

Die Kreuzkorrelationsfunktion R_{uy} kann (näherungsweise) über einen Korrelator aus dem Eingangs- und dem Ausgangssignal bestimmt werden. Ob ein explizites Verfahren für eine bestimmte Modellstruktur existiert, hängt ganz wesentlich von dieser Modellstruktur ab. So muss die Modellstruktur so beschaffen sein, dass analytische Gleichungen mit einer geschlossenen Lösung für die Bestimmung von Parametern aus Messdaten aufgestellt werden können.

Bei impliziten Verfahren erfolgt die Ermittlung der unbekannten Parameter schrittweise, wobei in jedem Schritt ein neuer, idealerweise verbesserter, Parameterschätzwert bestimmt wird. Die Ermittlung des Parameterschätzwerts folgt dabei aus der Lösung einer Optimierungsaufgabe, bei der ein Gütefunktional minimiert wird. Das Gütefunktional bildet zahlenmäßig ab, wie gut ein vorliegender Parameterschätzwert bzw. ein vorliegendes Modell ist. Die schrittweise Lösung ergibt sich dann oftmals aus dem Einsatz eines iterativen Optimierungsverfahrens zur Minimierung des Gütefunktionals. Ein Beispiel für ein implizites Verfahren ist das in Abschnitt 3.5 für lineare Systeme behandelte Prädiktionsfehler-Verfahren. Bei diesem Verfahren werden *offline* oder *online* über eine Optimierung die Parameter eines Prädiktormodells schrittweise so eingestellt, dass sich eine möglichst gute Vorhersage des Ausgangswerts des Systems für den nächsten Zeitschritt ergibt. Dem optimal eingestellten Prädiktormodell können dann die Parameterschätzwerte entnommen werden.

Allgemein wird bei der Systemidentifikation versucht, ein möglichst gutes Modell oder einen möglichst guten Schätzwert für die Modellparameter zu bestimmen. Die Modellgüte wird dabei, wie bereits erwähnt, meist über ein Gütefunktional zahlenmäßig abgebildet. Das beste Modell bzw. der beste Parameterschätzwert ist das- bzw. derjenige, welches bzw. welcher den minimalen Wert des Gütefunktionals liefert. Die Systemidentifikation stellt dann, wie bereits angesprochen, ein Optimierungs- bzw. Minimierungsproblem dar. Eine gewisse Ausnahme bilden Identifikationsverfahren, bei denen Systemeigenschaften direkt gemessen werden. So liegt einer Identifikation über das Ablesen von charakteristischen Werten aus der Sprungantwort bei linearen Systemen (z.B. nach dem in

Abschnitt 2.2.1 beschriebenen Verfahren) kein explizites Gütefunktional zugrunde. Dennoch werden auch hier die abgelesenen Werte so bestimmt, dass sich eine möglichst gute Übereinstimmung zwischen System- und Modellverhalten ergibt.[2] Auch bei expliziten Verfahren, bei denen die Anzahl der Gleichungen bzw. die Anzahl der zu bestimmenden Parameter mit der Anzahl der Messwerte übereinstimmt und sich die Gleichungen exakt lösen lassen, wird kein Gütefunktional verwendet.[3] Sobald aber signifikantes Messrauschen vorliegt, wird in der Praxis mehrfach gemessen und eine Mittelung durchgeführt, was unter bestimmten Annahmen als Minimierung des mittleren quadratischen Fehlers aufgefasst werden kann. Auch die Ermittlung der Impulsantwort über die Korrelationsfunktion entspricht der Minimierung eines mittleren quadratischen Fehlers ([Str75], Abschnitt 2.4.6.1). Das zugrunde liegende Gütefunktional bietet damit eine weitere Einteilungsmöglichkeit für Systemidentifikationsverfahren. Hierbei ist die grundlegende Unterscheidung zwischen probabilistischen Ansätzen und Fehlerminimierungsansätzen möglich.[4]

Bei probabilistischen Ansätzen werden Wahrscheinlichkeitsdichten von gemessenen Signalen oder zu schätzenden Größen betrachtet. Aus diesen Wahrscheinlichkeitsdichten werden Schätzwerte bestimmt. Das Gütefunktional des Schätzproblems ergibt sich dabei aus den betrachteten Wahrscheinlichkeitsdichten. Probabilistische Ansätze für die Parameterschätzung werden in Abschnitt 8.2.1 detaillierter betrachtet. Bei Fehlerminimierungsansätzen wird unter Verwendung der Modellbeschreibung eine Fehlergröße, der Modellfehler, gebildet. Die Modellfehlerberechnung hängt dabei vom Modellparametervektor $\boldsymbol{p}_{\mathrm{M}}$ ab. Dieser Ansatz ist in Bild 8.3 gezeigt. Der Modellfehler geht dann in das Gütefunktional ein und die Minimierung des Gütefunktionals liefert den Parameterschätzwert.

Bei Fehlerminimierungsansätzen wird ein Fehler gebildet, indem die oben eingeführte Vergleichsgröße mit der berechneten Ausgangsgröße eines Modells verglichen wird. Die Differenz der beiden Größen liefert dann den Modellfehler. Dies ist in Bild 8.4 dargestellt. Das Modell hängt vom Modellparametervektor $\boldsymbol{p}_{\mathrm{M}}$ ab. Bei Fehlerminimierungsansätzen wird also ein Modell über Veränderung der Modellparameter so angepasst, dass sich möglichst kleine Modellfehler (im Sinne des Gütefunktionals) ergeben. Daher werden Fehlerminimierungsansätze im Folgenden als Modellanpassungsverfahren bezeichnet. Diese Ansätze werden in Abschnitt 8.2.2 detaillierter dargestellt. Unter bestimmten Annahmen über die stochastischen Eigenschaften des Modellfehlers entsprechen Modellanpassungsverfahren wiederum probabilistischen Ansätzen bzw. können probabilistische Verfahren als Modellanpassungsverfahren formuliert werden. In einer allgemeineren Sichtweise kann auch die Wahrscheinlichkeitsdichte der Vergleichsgröße bzw. der gemessenen Ausgangs-

[2] Das Gütefunktional kann also auch eine Beurteilung durch einen Menschen sein, der eine ausreichend gute Übereinstimmung zwischen Modell und System feststellt, ohne diese zahlenmäßig abzubilden.

[3] Derartige Verfahren werden als Interpolationsverfahren bezeichnet [Str75]. Ein Beispiel ist die in Abschnitt 2.2.2 beschriebene direkte Bestimmung der Impulsantwort über Entfaltung.

[4] Die Begriffsgebung der beiden Ansätze ist in der Literatur uneinheitlich. So wird z.B. in [Jaz70] zwischen probabilistischen und statistischen Schätzverfahren unterschieden, wobei unter dem statistischen Ansatz eine Fehlerminimierung *ohne* explizite Berücksichtigung von Annahmen über stochastische Eigenschaften der Fehler verstanden wird. Dagegen werden in [Eyk74, Str75, Lju99] Verfahren, bei denen stochastische Eigenschaften der Messdaten oder eines Fehlers einfließen, als statistische Ansätze bezeichnet. Verfahren, bei denen keine stochastischen Annahmen einfließen, werden dagegen als deterministische Methoden [Str75] oder *Engineering Approaches* [Eyk74] bezeichnet.

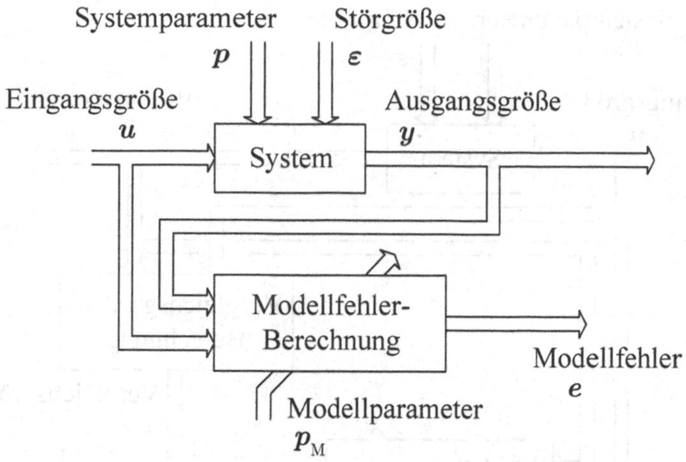

Bild 8.3 Berechnung eines Modellfehlers bei Fehlerminimierungsansätzen

signale direkt als anpassbares Modell aufgefasst werden ([Lju99], Abschnitt 5.7).[5] Daher werden im Folgenden die in das Gütefunktional eingehenden Parameter durchgängig als einstellbare Modellparameter aufgefasst und mit $\boldsymbol{p}_{\mathrm{M}}$ bezeichnet. Wie oben bereits ausgeführt, wird also unterschieden zwischen dem Vektor der Systemparameter $\boldsymbol{p}$, dem Vektor der einstellbaren Modellparameter $\boldsymbol{p}_{\mathrm{M}}$ und dem Parameterschätzwert $\hat{\boldsymbol{p}}$, der als Ergebnis der Systemidentifikation resultiert.

Einen Spezialfall eines Modellanpassungsverfahrens stellt das Prädiktionsfehler-Verfahren dar. Beim Prädiktionsfehler-Verfahren wird das einstellbare Modell so formuliert, dass die Modellausgangsgröße eine Vorhersage für einen zukünftigen Wert der Ausgangsgröße des Systems darstellt. Das Modell wird dann so eingestellt, dass diese Vorhersage möglichst gut ist (wiederum im Sinne eines Gütefunktionals). Die Parameterschätzwerte ergeben sich also aus dem optimal eingestellten Prädiktor. Viele Identifikationsverfahren können als Prädiktionsfehler-Verfahren dargestellt werden, auch wenn sie nicht explizit als Prädiktionsfehleransatz formuliert wurden ([LS83]; [Lju99], Abschnitt 7.2). In Abschnitt 8.2.3 wird dieser Ansatz etwas ausführlicher betrachtet.

Ein weiteres Unterscheidungskriterium ist, ob es sich um rekursive oder nichtrekursive Identifikationsverfahren handelt. Bei rekursiven Verfahren wird bei jedem Vorliegen einer neuen Messung ein neuer Parameterschätzwert bestimmt. Dies erfolgt durch Korrektur des bislang vorliegenden Schätzwerts. Dabei findet eine Datenreduktion in dem Sinne statt, dass Messwerte aus der Vergangenheit nicht gespeichert werden müssen, sondern die Information in dem Parameterschätzwert und einem mit diesem verbundenen Maß über die Unsicherheit zusammengefasst werden. Das Unsicherheitsmaß ist in der Regel eine Matrix, die als Kovarianzmatrix des Parameterschätzfehlers interpretiert werden kann. Rekursive Algorithmen werden vielfach bei Anwendungen eingesetzt, bei denen Parameterschätzwerte *online* benötigt werden, z.B. um eine Diagnose über den Prozess zu ermöglichen oder um bei der adaptiven Regelung einen Regler neu an den Prozess anzupassen. Beispiele für rekursive Verfahren sind das in Abschnitt 3.3.2 vorgestellte

[5] Dabei gehören dann die Störungen ebenfalls zum Modell bzw. stellen die stochastischen Eigenschaften der Störungen unbekannte Modellparameter dar.

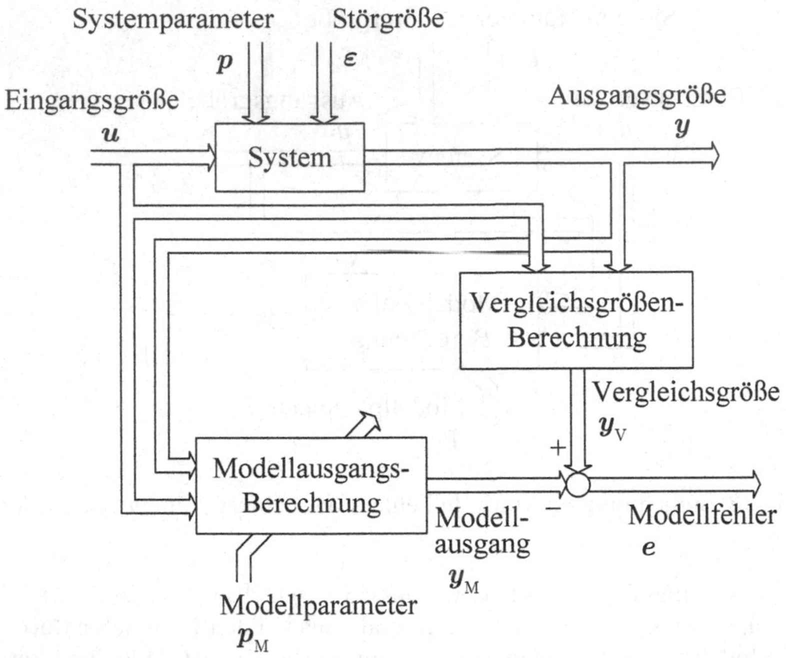

Bild 8.4 Berechnung des Modellfehlers als Differenz zwischen einer Vergleichsgröße und der Modellausgangsgröße

rekursive *Least-Squares*-Verfahren (RLS) und das in Abschnitt 3.3.3 behandelte rekursive Hilfsvariablen-Verfahren. Bei nichtrekursiven Verfahren werden demgegenüber alle Messdaten gespeichert und dann zur Bestimmung eines Parameterschätzwerts verwendet. Einen Zwischenfall stellen *batch*-rekursive Verfahren dar, bei denen eine bestimmte Anzahl (ein *Batch*) von Messdaten gesammelt wird. Aus diesem Block von Messdaten wird dann, wie bei rekursiven Verfahren auch, durch Korrektur des bislang vorliegenden Werts ein neuer Parameterschätzwert bestimmt. Die rekursive Parameterschätzung wird in Abschnitt 8.2.4 eingehender diskutiert.

Oftmals in Verbindung mit der Einteilung in rekursive und nicht rekursive Verfahren werden *Online*- und *Offline*-Identifikationsverfahren unterscheiden. Diese Unterscheidung sagt etwas darüber aus, wie die Identifikation durchgeführt wird. Eine Systemidentifikation in Echtzeit, also parallel zu den Messungen, stellt eine *Online*-Identifikation dar. Diese wird oftmals auf einem Prozessrechner oder einem Steuergerät ausgeführt. Dabei wird meistens, aber nicht notwendigerweise immer, ein rekursives Identifikationsverfahren eingesetzt. Bei ausreichender Rechenleistung und ausreichendem Speicher können auch *batch*-rekursive Verfahren eingesetzt werden. Bei einer *Offline*-Identifikation werden Messdaten zunächst aufgenommen und später zur Systemidentifikation ausgewertet. Die Systemidentifikation erfolgt dabei in vielen Fällen nicht auf dem Prozessrechner, mit dem die Messungen durchgeführt wurden, sondern z.B. auf einem Arbeitsplatzrechner mit höherer Rechenleistung. Eine *Offline*-Identifikation kann dabei aber auch mit einem rekursiven Identifikationsverfahren durchgeführt werden.

Die in diesem Abschnitt behandelten Aspekte werden in den nachfolgenden Abschnitten ausführlicher betrachtet. Wie oben ausgeführt, kann anhand des verwendeten Gütefunktionals eine Einteilung in probabilistische Verfahren und Modellanpassungsverfahren vorgenommen werden. Probabilistische Schätzverfahren (Bayes-, *Maximum-a-posteriori-* und *Maximum-Likelihood*-Schätzung) werden in Abschnitt 8.2.1 behandelt. Bei Modellanpassungsverfahren werden als Gütefunktional sehr häufig Varianten des *Least-Squares*-Gütefunktionals verwendet. Diese werden in Abschnitt 8.2.2 vorgestellt. In Abschnitt 8.2.3 wird der Spezialfall des Prädiktionsfehler-Verfahrens behandelt. In vielen Fällen ist eine rekursive Parameterschätzung von Interesse. Dies wird in Abschnitt 8.2.4 näher betrachtet, wobei zwei auf dem Gauß-Newton-Optimierungsverfahren aufbauende rekursive Parameterschätzverfahren vorgestellt werden. Die Parameterschätzung über Minimierung eines Gütefunktionals erfordert meist die Berechnung eines Gradienten des Modellfehlers bezüglich des Modellparametervektors. Diese Gradientenberechnung führt in vielen Fällen auf ein dynamisches Modell, welches als Empfindlichkeitsmodell bezeichnet wird. Diese Aspekte werden in Abschnitt 8.2.5 weiter ausgeführt.

Im Anschluss an diese grundlegenden Betrachtungen werden in den Abschnitten 8.3 und 8.4 ausgewählte Identifikationsverfahren vorgestellt. Dabei werden in Abschnitt 8.3 explizite Verfahren und in Abschnitt 8.4 implizite Verfahren behandelt. Zur Identifikation eines Modells für ein nichtlineares System ist es erforderlich, die Modellstruktur festzulegen. Aspekte der Bestimmung einer Modellstruktur über Verfahren zur Strukturprüfung werden in Abschnitt 8.5 betrachtet und in den dortigen Unterabschnitten ausgewählte Verfahren zur Strukturbestimmung behandelt.

8.2.1 Probabilistische Schätzverfahren

Bei probabilistischen Schätzverfahren werden die zu schätzenden Größen aus der Betrachtung von Wahrscheinlichkeitsdichten bestimmt. Dabei ergeben sich aus den betrachteten Wahrscheinlichkeitsdichten Gütefunktionale für die Schätzung. In den folgenden Abschnitten werden drei grundlegende Ansätze vorgestellt. In Abschnitt 8.2.1.1 wird die Bayes-Schätzung behandelt. Die *Maximum-a-posteriori*-Schätzung wird in Abschnitt 8.2.1.2 und die *Maximum-Likelihood*-Schätzung in Abschnitt 8.2.1.3 betrachtet. Die Markov-Schätzung stellt als Spezialfall der *Maximum-Likelihood*-Schätzung ein weiteres probabilistisches Schätzverfahren dar. Der Markov-Schätzung liegt allerdings ein linear parameterabhängiges Modell zugrunde, was es naheliegend macht, die Markov-Schätzung als Modellanpassungsverfahren aufzufassen. Die Markov-Schätzung wird daher zusammen mit den Modellanpassungsverfahren im nachfolgenden Abschnitt 8.2.2 behandelt.

8.2.1.1 Bayes-Schätzung

Bei der Bayes-Schätzung wird eine Kosten- oder Verlustfunktion $C(\boldsymbol{p}_\mathrm{M},\boldsymbol{p})$ verwendet. Diese gibt die bei der Wahl eines Wertes $\boldsymbol{p}_\mathrm{M}$ entstehenden „Kosten" an. Dabei ist $\boldsymbol{p}$ der wahre Wert. Häufig wird der quadratische Fehler verwendet, also

$$C(\boldsymbol{p}_\mathrm{M},\boldsymbol{p}) = (\boldsymbol{p}_\mathrm{M} - \boldsymbol{p})^\mathrm{T}(\boldsymbol{p}_\mathrm{M} - \boldsymbol{p}). \tag{8.7}$$

Als Bayes-Schätzwert $\hat{\boldsymbol{p}}_{\text{Bayes}}$ wird der Wert gewählt, der den Erwartungswert der Kostenfunktion bezüglich des zu schätzenden Parameters minimiert, also

$$\hat{\boldsymbol{p}}_{\text{Bayes}} = \arg\min_{\boldsymbol{p}_{\text{M}}} \mathrm{E}_{\boldsymbol{p}|\boldsymbol{y}_{\text{V}}} \left\{ C(\boldsymbol{p}_{\text{M}},\boldsymbol{p}) \right\}. \tag{8.8}$$

Der Erwartungswert der Kostenfunktion stellt damit das Gütefunktional der Schätzung dar. Die Schätzung minimiert also die zu erwartenden Kosten. Im Fall des quadratischen Fehlers als Kostenfunktion ist das Gütefunktional der mittlere quadratische Fehler zwischen dem Schätzwert und dem wahren Wert.

Zur Berechnung des Erwartungswerts der Kostenfunktion wird die bedingte Wahrscheinlichkeitsdichte $f_{\boldsymbol{p}}(\boldsymbol{p}|\boldsymbol{y}_{\text{V}})$ des gesuchten Parameters verwendet, wobei die Bedingung das Vorliegen der aktuellen Vergleichsgröße ist. Diese Wahrscheinlichkeitsdichte wird auch als *A-posteriori*-Wahrscheinlichkeitsdichte bezeichnet. Der gesuchte Parameter wird damit als Zufallsvariable aufgefasst. Etwas inkorrekt ausgedrückt gibt die Wahrscheinlichkeitsdichte $f_{\boldsymbol{p}}(\boldsymbol{p}|\boldsymbol{y}_{\text{V}})$ an, wie wahrscheinlich ein bestimmter Parameterwert hinsichtlich der Tatsache ist, dass gerade die vorliegenden Messwerte gemessen wurden (bzw. die aus den Messwerten berechnete Vergleichsgröße vorliegt).[6] Das tiefgestellte $\boldsymbol{p}|\boldsymbol{y}_{\text{V}}$ am Erwartungswertoperator kennzeichnet, dass der bedingte Erwartungswert gebildet wird. Mit der Wahrscheinlichkeitsdichte $f_{\boldsymbol{p}}(\boldsymbol{p}|\boldsymbol{y}_{\text{V}})$ ergibt sich der zu erwartende Wert der Kostenfunktion zu

$$\mathrm{E}_{\boldsymbol{p}|\boldsymbol{y}_{\text{V}}} \left\{ C(\boldsymbol{p}_{\text{M}},\boldsymbol{p}) \right\} = \int_{\mathbb{R}^s} C(\boldsymbol{p}_{\text{M}},\boldsymbol{p}) f_{\boldsymbol{p}}(\boldsymbol{p}|\boldsymbol{y}_{\text{V}})\,\mathrm{d}\boldsymbol{p}, \tag{8.9}$$

wobei s die Dimension des Parametervektors $\boldsymbol{p}$ ist. Als notwendige Bedingung für ein Minimum folgt

$$\frac{\mathrm{d}}{\mathrm{d}\boldsymbol{p}_{\text{M}}} \int_{\mathbb{R}^s} C(\boldsymbol{p}_{\text{M}},\boldsymbol{p}) f_{\boldsymbol{p}}(\boldsymbol{p}|\boldsymbol{y}_{\text{V}})\,\mathrm{d}\boldsymbol{p} \Bigg|_{\boldsymbol{p}_{\text{M}}=\hat{\boldsymbol{p}}_{\text{Bayes}}} = \boldsymbol{0}. \tag{8.10}$$

Als Beispiel wird die Verwendung einer quadratischen Kostenfunktion im skalaren Fall, also

$$C(p_{\text{M}},p) = (p_{\text{M}} - p)^2, \tag{8.11}$$

betrachtet. Die Bedingung für ein Minimum lautet dann

$$\frac{\mathrm{d}}{\mathrm{d}p_{\text{M}}} \int_{-\infty}^{\infty} (p_{\text{M}} - p)^2 f_p(p|\boldsymbol{y}_{\text{V}})\,\mathrm{d}p \Bigg|_{p_{\text{M}}=\hat{p}_{\text{Bayes}}} = 0. \tag{8.12}$$

Vertauschen von Integration und Differentiation liefert

$$\int_{-\infty}^{\infty} 2(\hat{p}_{\text{Bayes}} - p) f_{\boldsymbol{p}}(p|\boldsymbol{y}_{\text{V}})\,\mathrm{d}p = 0. \tag{8.13}$$

Daraus folgt

$$\hat{p}_{\text{Bayes}} \int_{-\infty}^{\infty} f_p(p|\boldsymbol{y}_{\text{V}})\,\mathrm{d}p = \int_{-\infty}^{\infty} p f_p(p|\boldsymbol{y}_{\text{V}})\,\mathrm{d}p. \tag{8.14}$$

[6] Inkorrekt ist diese Aussage deshalb, weil eine Wahrscheinlichkeitsdichte keine Wahrscheinlichkeit dafür angibt, dass eine Zufallsvariable einen bestimmten Wert annimmt. Aus der Wahrscheinlichkeitsdichte kann lediglich über Integration die Wahrscheinlichkeit dafür ermittelt werden, dass die Zufallsvariable einen Wert in einem vorgegebenen Intervall annimmt.

Der Term auf der rechten Seite dieser Gleichung entspricht gerade dem bedingten Erwartungswert von p. Da das Integral über eine Wahrscheinlichkeitsdichte von $-\infty$ bis ∞ eins ergibt, liefert dies den Schätzwert

$$\hat{p}_{\text{Bayes}} = \mathrm{E}_{p|y_\text{V}}\{p\}, \tag{8.15}$$

also den bedingten Erwartungswert von p.

Eine wesentliche Schwierigkeit bei der Bayes-Schätzung besteht in der Bestimmung der bedingten Wahrscheinlichkeitsdichte des gesuchten Parameters, also $f_{\boldsymbol{p}}(\boldsymbol{p}|\boldsymbol{y}_\text{V})$. Für diese gilt nach dem Theorem von Bayes

$$f_{\boldsymbol{p}}(\boldsymbol{p}|\boldsymbol{y}_\text{V}) = \frac{f_{\boldsymbol{y}_\text{V}}(\boldsymbol{y}_\text{V}|\boldsymbol{p})f_{\boldsymbol{p}}(\boldsymbol{p})}{f_{\boldsymbol{y}_\text{V}}(\boldsymbol{y}_\text{V})}. \tag{8.16}$$

Dabei kann die Wahrscheinlichkeitsdichte $f_{\boldsymbol{y}_\text{V}}(\boldsymbol{y}_\text{V})$ der verwendeten Vergleichsgröße über

$$f_{\boldsymbol{y}_\text{V}}(\boldsymbol{y}_\text{V}) = \int_{\mathbb{R}^s} f_{\boldsymbol{y}_\text{V}}(\boldsymbol{y}_\text{V}|\boldsymbol{p})f_{\boldsymbol{p}}(\boldsymbol{p})\,\mathrm{d}\boldsymbol{p} \tag{8.17}$$

bestimmt werden. Damit müssen für die Bayes-Schätzung also die unbedingte (*A-priori-*) Wahrscheinlichkeitsdichte $f_{\boldsymbol{p}}(\boldsymbol{p})$ des gesuchten Parameters und die bedingte Wahrscheinlichkeitsdichte $f_{\boldsymbol{y}_\text{V}}(\boldsymbol{y}_\text{V}|\boldsymbol{p})$ der für die Schätzung verwendeten Vergleichsgröße bekannt sein bzw. letztere bestimmt werden. Diese könnte prinzipiell aus den Wahrscheinlichkeitsdichten der auf das System wirkenden Rauschsignale und aus der Modellstruktur bestimmt werden. Allerdings ist es bei nichtlinearen Systemen bei Rauscheinwirkungen im Allgemeinen nicht möglich, analytische Ausdrücke für die Wahrscheinlichkeitsdichte des Ausgangssignals zu erhalten. Hier kann auf numerische Ansätze, z.B. sequentielle Monte-Carlo-Verfahren, zurückgegriffen werden, die allerdings einen hohen Rechenaufwand erfordern.

8.2.1.2 Maximum-a-posteriori-Schätzung

Wenn die bedingte (*A-posteriori-*)Wahrscheinlichkeitsdichte des gesuchten Parameters $f_{\boldsymbol{p}}(\boldsymbol{p}|\boldsymbol{y}_\text{V})$ vorliegt oder bestimmt werden kann (wobei die im vorangegangenen Abschnitt beschriebenen Schwierigkeiten bestehen), liegt es nahe, als Schätzwert den Wert zu wählen, bei dem die Wahrscheinlichkeitsdichte ein Maximum hat, also den Modalwert (wiederum inkorrekt ausgedrückt den bedingt durch das Vorliegen der aktuellen Messwerte wahrscheinlichsten Wert).[7] Als Schätzwert wird also

$$\hat{\boldsymbol{p}}_\text{MAP} = \arg\max_{\boldsymbol{p}_\text{M}} f_{\boldsymbol{p}}(\boldsymbol{p}_\text{M}|\boldsymbol{y}_\text{V}) = \arg\min_{\boldsymbol{p}_\text{M}}(-f_{\boldsymbol{p}}(\boldsymbol{p}_\text{M}|\boldsymbol{y}_\text{V})) \tag{8.18}$$

verwendet. Dies ist die sogenannte *Maximum-a-posteriori*-Schätzung. Das Gütefunktional entspricht dabei der bedingten Wahrscheinlichkeitsdichte mit negativem Vorzeichen.

[7] Inkorrekt ist dies wiederum, weil die Wahrscheinlichkeitsdichte keine Wahrscheinlichkeit für einen Wert angibt (siehe Fußnote 6).

8.2.1.3 Maximum-Likelihood-Schätzung

Das Prinzip der *Maximum-Likelihood*-Schätzung wurde bereits in Abschnitt 3.3.4 erläutert. Der Unterschied zu den in den beiden vorangegangenen Abschnitten behandelten Methoden der Bayes-Schätzung und der *Maximum-a-posteriori*-Schätzung besteht im Wesentlichen darin, dass in diese beiden Schätzverfahren Vorwissen (*A-priori*-Wissen) über die zu schätzende Größe in Form einer *A-priori*-Wahrscheinlichkeitsdichte $f_{\boldsymbol{p}}(\boldsymbol{p})$ eingeht. Aus dieser und der Wahrscheinlichkeitsdichte der Messung bzw. der Vergleichsgröße wird eine *A-posteriori*-Verteilung $f_{\boldsymbol{p}}(\boldsymbol{p}|\boldsymbol{y}_{\mathrm{V}})$ bestimmt, die für die Schätzung verwendet wird.

Bei der *Maximum-Likelihood*-Schätzung wird stattdessen die Wahrscheinlichkeitsdichte der Messwerte bzw. in hier zugrundeliegenden Sichtweise der Systemidentifikation die Wahrscheinlichkeitsdichte der Vergleichsgröße in Abhängigkeit von der zu schätzenden Größe $\boldsymbol{p}$ verwendet, also $f_{\boldsymbol{y}_{\mathrm{V}}}(\boldsymbol{y}_{\mathrm{V}};\boldsymbol{p})$. Die zu schätzende Größe wird dabei nicht mehr als Zufallsvariable, sondern als konstanter Parameter interpretiert.[8] Als Schätzwert wird nun der Wert verwendet, der dazu führt, dass die Wahrscheinlichkeitsdichte für die vorliegenden Messwerte ein Maximum aufweist. Wiederum etwas inkorrekt ausgedrückt wird der Parameter so bestimmt, dass die vorliegende Messung (bzw. die daraus berechnete Vergleichsgröße) unter allen möglichen Messungen die wahrscheinlichste ist. Der *Maximum-Likelihood*-Schätzwert ist damit

$$\hat{\boldsymbol{p}}_{\mathrm{ML}} = \arg\max_{\boldsymbol{p}_{\mathrm{M}}} f_{\boldsymbol{y}_{\mathrm{V}}}(\boldsymbol{y}_{\mathrm{V}};\boldsymbol{p}_{\mathrm{M}}) = \arg\min_{\boldsymbol{p}_{\mathrm{M}}}(-f_{\boldsymbol{y}_{\mathrm{V}}}(\boldsymbol{y}_{\mathrm{V}};\boldsymbol{p}_{\mathrm{M}})). \tag{8.19}$$

Bei Verwendung von Normalverteilungen für auftretende Rauschsignale tritt in der *Likelihood*-Funktion $f_{\boldsymbol{y}_{\mathrm{V}}}(\boldsymbol{y}_{\mathrm{V}};\boldsymbol{p}_{\mathrm{M}})$ die Exponentialfunktion auf. Um diese zu beseitigen, wird stattdessen die logarithmierte *Likelihood*-Funktion verwendet, die als *Log-Likelihood*-Funktion bezeichnet wird. Dies hat keinen Einfluss auf die Lage des Minimums, da der Logarithmus eine streng monoton steigende Funktion ist. Der Schätzwert wird dann über

$$\hat{\boldsymbol{p}}_{\mathrm{ML}} = \arg\max_{\boldsymbol{p}_{\mathrm{M}}}(\ln f_{\boldsymbol{y}_{\mathrm{V}}}(\boldsymbol{y}_{\mathrm{V}};\boldsymbol{p}_{\mathrm{M}})) = \arg\min_{\boldsymbol{p}_{\mathrm{M}}}(-\ln f_{\boldsymbol{y}_{\mathrm{V}}}(\boldsymbol{y}_{\mathrm{V}};\boldsymbol{p}_{\mathrm{M}})) \tag{8.20}$$

bestimmt. Das Gütefunktional ist also in diesem Fall die negative *Log-Likelihood*-Funktion. Der *Maximum-Likelihood*-Schätzer folgt formal aus dem *Maximum-a-posteriori*-Schätzer, wenn für die *A-priori*-Verteilung eine nichtinformative Verteilung angenommen wird, also eine *A-priori*-Verteilung, die keinen Einfluss auf die *A-posteriori*-Verteilung hat.

8.2.2 Modellanpassungsverfahren

Wie in der Einleitung zu diesem Abschnitt erläutert und in Bild 8.4 gezeigt, wird bei Modellanpassungsverfahren über die Modellbeschreibung aus den gemessenen Eingangs- und Ausgangsgrößen und den Modellparametern eine Fehlergröße berechnet, die als Modellfehler bezeichnet wird. Der Modellfehler wird als Differenz zwischen einer Vergleichsgröße und der Ausgangsgröße eines über Modellparameter einstellbaren Modells gebildet. Für den Modellfehler gilt damit

[8] Dies soll durch das Semikolon zwischen $\boldsymbol{y}_{\mathrm{V}}$ und $\boldsymbol{p}$ zum Ausdruck gebracht werden. Es handelt sich also bei $f_{\boldsymbol{y}_{\mathrm{V}}}(\boldsymbol{y}_{\mathrm{V}};\boldsymbol{p})$ nicht um die gemeinsame Wahrscheinlichkeitsdichte von $\boldsymbol{y}_{\mathrm{V}}$ und $\boldsymbol{p}$. Alternativ kann $\boldsymbol{p}$ auch als zufälliger Wert mit einer nichtinformativen Verteilung interpretiert werden.

$$\boldsymbol{e} = \boldsymbol{y}_\mathrm{V} - \boldsymbol{y}_\mathrm{M}. \tag{8.21}$$

Die Vergleichsgröße $\boldsymbol{y}_\mathrm{V}$ hängt dabei von den Systemparametern ab. Die Modellausgangsgröße $\boldsymbol{y}_\mathrm{M}$ ist abhängig von den Modellparametern und implizit auch von den Systemparametern, da in das Modell auch die Systemausgangsgröße eingeht. Der Modellfehler hängt also ebenfalls von den Systemparametern und den Modellparametern ab. Werden diese Abhängigkeiten explizit angegeben, lautet die Gleichung für den Modellfehler

$$\boldsymbol{e}(\boldsymbol{p}_\mathrm{M},\boldsymbol{p}) = \boldsymbol{y}_\mathrm{V}(\boldsymbol{p}) - \boldsymbol{y}_\mathrm{M}(\boldsymbol{p}_\mathrm{M},\boldsymbol{y}(\boldsymbol{p})). \tag{8.22}$$

Da es sich bei den Systemparametern um eine nicht beeinflussbare Größe handelt, ist die Abhängigkeit des Fehlers und der Vergleichsgröße von den Systemparametern für die weiteren Betrachtungen nicht relevant. Somit wird für den Fehler

$$\boldsymbol{e}(\boldsymbol{p}_\mathrm{M}) = \boldsymbol{y}_\mathrm{V} - \boldsymbol{y}_\mathrm{M}(\boldsymbol{p}_\mathrm{M}) \tag{8.23}$$

geschrieben. Im Folgenden wird gelegentlich der Fehler betrachtet, der sich ergibt, wenn die Modellparameter gerade den Systemparametern, also den wahren Werten, entsprechen, wenn also $\boldsymbol{p} = \boldsymbol{p}_\mathrm{M}$ gilt. Dieser Fehler ist

$$\boldsymbol{e}(\boldsymbol{p}) = \boldsymbol{y}_\mathrm{V} - \boldsymbol{y}_\mathrm{M}(\boldsymbol{p}). \tag{8.24}$$

Einen wichtigen Spezialfall stellt ein Modell dar, bei welchem die Modellausgangsgröße $\boldsymbol{y}_\mathrm{M}(\boldsymbol{p}_\mathrm{M})$ linear von dem Modellparametervektor $\boldsymbol{p}_\mathrm{M}$ abhängt. In diesem Fall lässt sich die Modellausgangsgröße als

$$\boldsymbol{y}_\mathrm{M}(\boldsymbol{p}_\mathrm{M}) = \boldsymbol{M}\boldsymbol{p}_\mathrm{M} \tag{8.25}$$

angeben, wobei $\boldsymbol{M}$ eine Datenmatrix ist, die aus den Eingangs- und Ausgangsgrößen des Systems gebildet wird und daher nicht von dem Modellparametervektor abhängt. Der Modellfehler ergibt sich damit zu

$$\boldsymbol{e}(\boldsymbol{p}_\mathrm{M}) = \boldsymbol{y}_\mathrm{V} - \boldsymbol{y}_\mathrm{M}(\boldsymbol{p}_\mathrm{M}) = \boldsymbol{y}_\mathrm{V} - \boldsymbol{M}\boldsymbol{p}_\mathrm{M} \tag{8.26}$$

und hängt affin vom Modellparametervektor ab. Diese Struktur ist in Bild 8.5 dargestellt.

Bei Modellanpassungsverfahren entspricht die Bestimmung der Modellparameter also der Anpassung einer Modellfehlerberechnung bzw. der Anpassung eines Modells. Die meisten der in der Systemidentifikation verwendeten Verfahren lassen sich als Modellanpassungsansatz darstellen. Die Anpassung findet dabei darüber statt, dass ein Gütefunktional, in welches die Modellfehler eingehen, minimiert wird. Unter bestimmten Annahmen über die stochastischen Eigenschaften des Modellfehlers entsprechen die Modellanpassungsansätze probabilistischen Ansätzen. Auch probabilistische Ansätze können allgemein als Modellanpassungsansätze interpretiert werden, wenn die parameterabhängigen Wahrscheinlichkeitsdichten direkt als anpassbare Modelle aufgefasst werden.

Eine weitere Einteilung der Modellanpassungsansätze kann über das verwendete Gütefunktional erfolgen. Dabei handelt es sich in vielen Fällen um Varianten des *Least-Squares*-Gütefunktionals. Diese werden in den folgenden Abschnitten vorgestellt. In den Abschnitten 8.2.2.1 und 8.2.2.2 werden die *Least-Squares*-Schätzung für den allgemeinen Fall und für den Spezialfall einer linearen Parameterabhängigkeit des Modellausgangs bzw. der affinen Parameterabhängigkeit des Fehlers behandelt. Die verallgemeinerte und

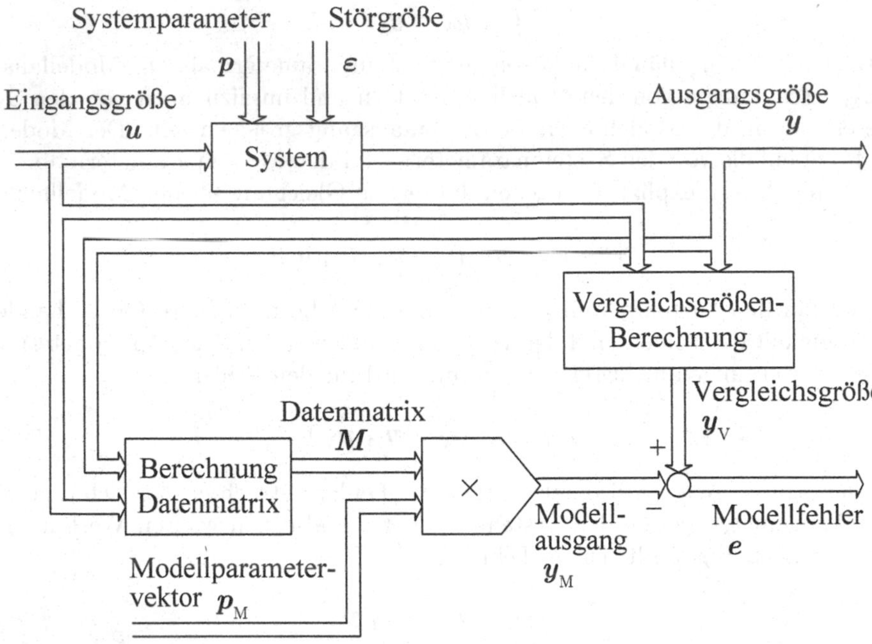

Bild 8.5 Berechnung des Modellfehlers bei linearer Parameterabhängigkeit des Modellausgangs

die gewichtete *Least-Squares*-Schätzung werden in Abschnitt 8.2.2.3 allgemein und in Abschnitt 8.2.2.4 für den Fall der linearen Parameterabhängigkeit des Modellausgangs betrachtet. Aus Annahmen über die stochastischen Eigenschaften des Modellfehlers ergibt sich für eine lineare Parameterabhängigkeit des Modellausgangs die Markov-Schätzung. Diese entspricht der verallgemeinerten *Least-Squares*-Schätzung mit einer speziellen Wahl der Gewichtungsmatrix. Die Markov-Schätzung wird in Abschnitt 8.2.2.5 vorgestellt.

8.2.2.1 Least-Squares-Schätzung

Die *Least-Squares*-Schätzung wurde bereits in den Abschnitten 3.3.1 und 3.3.2 für die ARX-Modellstruktur behandelt. In diesem Abschnitt wird die *Least-Squares*-Schätzung nochmals etwas allgemeiner dargestellt. Bei der *Least-Squares*-Schätzung wird eine allgemeine Abhängigkeit des Modellfehlers von den Modellparametern angenommen, wobei der Fehlervektor N einzelne Fehlergrößen enthält, also

$$\boldsymbol{e}(\boldsymbol{p}_{\mathrm{M}}) = \left[\ e_1(\boldsymbol{p}_{\mathrm{M}}) \quad \ldots \quad e_N(\boldsymbol{p}_{\mathrm{M}})\ \right]^{\mathrm{T}}, \tag{8.27}$$

die z.B. aus N Messungen gebildet werden.

Der Schätzwert für den Modellparametervektor wird jetzt so bestimmt, dass der Fehler $\boldsymbol{e}$ klein wird. Als Gütefunktional wird bei der *Least-Squares*-Schätzung die Summe der quadrierten Fehler verwendet. Dies kann als

$$I_{LS}(\boldsymbol{p}_M) = \frac{1}{2}\sum_{i=1}^{N} e_i^2(\boldsymbol{p}_M) = \frac{1}{2}\boldsymbol{e}^T(\boldsymbol{p}_M)\boldsymbol{e}(\boldsymbol{p}_M) \tag{8.28}$$

geschrieben werden, wobei der Vorfaktor $\frac{1}{2}$ keine weitere Rolle spielt, da er keinen Einfluss auf die Lösung des resultierenden Minimierungsproblems hat.[9] Dieses Gütekriterium kann auch als mittlerer quadratischer Fehler interpretiert werden bzw. als empirischer Erwartungswert des quadratischen Fehlers (empirische Varianz). Dieser wäre durch

$$\frac{1}{N}\sum_{i=1}^{N} e_i^2(\boldsymbol{p}_M) = \frac{1}{N}\boldsymbol{e}^T(\boldsymbol{p}_M)\boldsymbol{e}(\boldsymbol{p}_M) \tag{8.29}$$

gegeben und unterscheidet sich von dem in Gl. (8.28) angegebenen Gütefunktional nur durch einen konstanten Vorfaktor. Der *Least-Squares*-Schätzwert für den Parametervektor ergibt sich als der Wert, der das Gütefunktional minimiert, also

$$\hat{\boldsymbol{p}}_{LS} = \arg\min_{\boldsymbol{p}_M} \frac{1}{2}\boldsymbol{e}^T(\boldsymbol{p}_M)\boldsymbol{e}(\boldsymbol{p}_M). \tag{8.30}$$

Bei der Vergleichsgröße und der Modellausgangsgröße und damit auch bei dem Modellfehler muss es sich nicht notwendigerweise um Werte im Zeitbereich handeln. So liegen z.B. bei einer Identifikation im Frequenzbereich, also aus gemessenen Frequenzgangsdaten, Messwerte des Frequenzgangs eines Systems $G(\mathrm{j}\omega_i)$ für verschiedene Frequenzen ω_1, $\ldots$, ω_N vor. Die Parameter eines Modells

$$G_M(s) = \frac{b_m s^m + \cdots + b_1 s + b_0}{s^n + a_{n-1}s^{n-1} + \cdots + a_1 s + a_0} \tag{8.31}$$

sollen dann so bestimmt werden, dass der Frequenzgang des Modells $G_M(\mathrm{j}\omega)$ mit den gemessenen Werten gut übereinstimmt. Dies kann über die Minimierung des Gütefunktionals

$$I_{LS} = \frac{1}{2}\sum_{i=1}^{N} \overline{(G(j\omega_i) - G_M(j\omega_i))}(G(j\omega_i) - G_M(j\omega_i)) = \frac{1}{2}\boldsymbol{e}^*(\boldsymbol{p}_M)\boldsymbol{e}(\boldsymbol{p}_M), \tag{8.32}$$

welches die Summe der Fehlerbetragsquadrate im Frequenzbereich darstellt, erfolgen. Da es sich bei den Werten des Frequenzgangs um komplexe Größen handelt, wird das Betragsquadrat über die Multiplikation mit der konjugierten komplexen Größe berechnet, was durch den Strich über dem Modellfehler $G(j\omega_i) - G_M(j\omega_i)$ gekennzeichnet wird. Die quadratische Form wird über die Multiplikation mit dem konjugiert transponierten Vektor $\boldsymbol{e}^*(\boldsymbol{p}_M)$ gebildet.

Die *Least-Squares*-Schätzung stellt einen Spezialfall der *Maximum-Likelihood*-Schätzung dar, wie im Folgenden gezeigt wird. Es wird angenommen, dass der Fehlervektor $\boldsymbol{e}(\boldsymbol{p})$ einer multivariaten Normalverteilung mit dem Erwartungswert null, also

$$\mathrm{E}\{\boldsymbol{e}(\boldsymbol{p})\} = 0 \tag{8.33}$$

[9] Der Faktor $\frac{1}{2}$ wird deshalb gern angegeben, weil dieser einerseits bei Ableiten des Gütefunktionals aufgrund des quadratischen Fehlerausdrucks wegfällt und andererseits dieser Faktor auch dann auftaucht, wenn das *Least-Squares*-Gütefunktional als Spezialfall aus der *Maximum-Likelihood*-Schätzung hergeleitet wird (was weiter unten in diesem Abschnitt erfolgt).

und der Kovarianzmatrix

$$\mathrm{E}\left\{(\boldsymbol{e}(\boldsymbol{p})-\mathrm{E}\{\boldsymbol{e}(\boldsymbol{p})\})(\boldsymbol{e}(\boldsymbol{p})-\mathrm{E}\{\boldsymbol{e}(\boldsymbol{p})\})^{\mathrm{T}}\right\}=\mathrm{E}\{\boldsymbol{e}(\boldsymbol{p})\boldsymbol{e}^{\mathrm{T}}(\boldsymbol{p})\}=\sigma^2\mathbf{I} \tag{8.34}$$

unterliegt, wobei die skalare Größe σ bekannt ist.[10] Die Wahrscheinlichkeitsdichte von $\boldsymbol{e}(\boldsymbol{p})$ ist dann durch

$$f_{\boldsymbol{e}}(\boldsymbol{e};\boldsymbol{p})=\frac{1}{\sqrt{(2\pi)^N\cdot\sigma^{2N}}}\,\mathrm{e}^{-\frac{\boldsymbol{e}^{\mathrm{T}}(\boldsymbol{p})\boldsymbol{e}(\boldsymbol{p})}{2\sigma^2}} \tag{8.35}$$

gegeben. Die negative *Log-Likelihood*-Funktion ergibt sich damit zu

$$-\ln f_{\boldsymbol{e}}(\boldsymbol{e};\boldsymbol{p})=\frac{\boldsymbol{e}^{\mathrm{T}}(\boldsymbol{p})\boldsymbol{e}(\boldsymbol{p})}{2\sigma^2}+\frac{1}{2}\ln(\sigma^{2N})+\frac{N}{2}\ln(2\pi). \tag{8.36}$$

Bei der Minimierung dieser Funktion können die konstanten, von $\boldsymbol{p}$ unabhängigen Terme $\frac{1}{2}\ln(\sigma^{2N})$ und $\frac{N}{2}\ln(2\pi)$ weggelassen werden. Der Term σ^2 im Nenner stellt einen konstanten Faktor dar und kann daher ebenfalls entfallen. Der Parameterschätzwert, der die negative *Log-Likelihood*-Funktion minimiert, ergibt sich damit gemäß

$$\hat{\boldsymbol{p}}_{\mathrm{ML}}=\arg\min_{\boldsymbol{p}_{\mathrm{M}}}(-\ln f_{\boldsymbol{e}}(\boldsymbol{e};\boldsymbol{p}_{\mathrm{M}}))=\arg\min_{\boldsymbol{p}_{\mathrm{M}}}\frac{1}{2}\boldsymbol{e}^{\mathrm{T}}(\boldsymbol{p}_{\mathrm{M}})\boldsymbol{e}(\boldsymbol{p}_{\mathrm{M}}). \tag{8.37}$$

und entspricht damit genau dem Schätzwert der *Least-Squares*-Schätzung.

8.2.2.2 Least-Squares-Schätzung bei linearer Parameterabhängigkeit

Die *Least-Squares*-Schätzung wird sehr einfach, wenn der Modellausgang linear vom Parametervektor abhängt. In diesem Fall kann, wie in Bild 8.5 gezeigt, der Modellfehler in der affin parameterabhängigen Form

$$\boldsymbol{e}(\boldsymbol{p}_{\mathrm{M}})=\boldsymbol{y}_{\mathrm{V}}-\boldsymbol{M}\boldsymbol{p}_{\mathrm{M}} \tag{8.38}$$

geschrieben werden, wobei der Vektor $\boldsymbol{y}_{\mathrm{V}}$ und die Matrix $\boldsymbol{M}$ nicht vom Modellparametervektor $\boldsymbol{p}_{\mathrm{M}}$ abhängen. Die Lösung des Minimierungsproblems ergibt sich, wie in Abschnitt 3.3.1 gezeigt, zu

$$\hat{\boldsymbol{p}}_{\mathrm{LS}}=(\boldsymbol{M}^{\mathrm{T}}\boldsymbol{M})^{-1}\boldsymbol{M}^{\mathrm{T}}\boldsymbol{y}_{\mathrm{V}}. \tag{8.39}$$

Wegen der Linearität des Schätzwerts im Bezug auf den Vektor $\boldsymbol{y}_{\mathrm{V}}$ wird hier von einem linearen Schätzer gesprochen. Werden in der Systemidentifikation die Begriffe *Least-Squares*-Schätzung oder *Least-Squares*-Schätzwert verwendet, ist oftmals der Fall eines linear parameterabhängigen Modells und entsprechend eines linearen Schätzers gemeint. Bei nichtlinear parameterabhängigen Modellen wird daher meist explizit von einer nichtlinearen *Least-Squares*-Schätzung gesprochen. Die stochastischen Eigenschaften (Erwartungstreue, Konsistenz) der *Least-Squares*-Schätzung wurden bereits in Abschnitt 3.3.1 ausführlich betrachtet.

[10] Der dabei verwendete Fehlervektor $\boldsymbol{e}(\boldsymbol{p})$ ist, wie weiter oben ausgeführt, der Fehlervektor, der sich ergibt, wenn Modellparameter und Systemparameter übereinstimmen, also $\boldsymbol{p}_{\mathrm{M}}=\boldsymbol{p}$ gilt.

Aufgrund der Einfachheit der *Least-Squares*-Schätzung bei linearer Parameterabhängigkeit liegt es nahe, eine Modellbeschreibung zu wählen, die eine solche lineare Parameterabhängigkeit aufweist. Dies kann aber bedeuten, dass ein Rauscheinfluss auf die Messdaten nicht korrekt berücksichtigt wird und es daher zu systematischen Fehlern kommt. Dies wird in Abschnitt 8.3.3.7 weiter ausgeführt.

8.2.2.3 Verallgemeinerte und gewichtete Least-Squares-Schätzung

In das im vergangenen Abschnitt behandelte *Least-Squares*-Gütefunktional gehen alle Elemente des Fehlervektors $\boldsymbol{e}$ gleichermaßen stark ein. In bestimmten Fällen kann es wünschenswert sein, unterschiedliche Elemente des Fehlervektors verschieden stark in die Schätzung eingehen zu lassen. Dies ist dann zweckmäßig, wenn gute (z.B. im stochastischen Sinne, also wenig verrauschte) und schlechte (z.B. stark verrauschte) Messwerte vorliegen. Die mit den schlechten Messwerten gebildeten Fehler sollen dann mit einem geringeren Einfluss in die Schätzung eingehen. Um dies zu erzielen, kann das *Least-Squares*-Gütefunktional

$$I_{\mathrm{GLS}}(\boldsymbol{p}_{\mathrm{M}}) = \frac{1}{2}\boldsymbol{e}^{\mathrm{T}}(\boldsymbol{p}_{\mathrm{M}})\boldsymbol{W}\boldsymbol{e}(\boldsymbol{p}_{\mathrm{M}}) \tag{8.40}$$

mit der Gewichtungsmatrix $\boldsymbol{W}$ verwendet werden. Da allgemein für einen beliebigen Spaltenvektor $\boldsymbol{b}$ und eine quadratische Matrix $\boldsymbol{A}$ mit passenden Dimensionen

$$\boldsymbol{b}^{\mathrm{T}}\boldsymbol{A}\boldsymbol{b} = (\boldsymbol{b}^{\mathrm{T}}\boldsymbol{A}\boldsymbol{b})^{\mathrm{T}} = \boldsymbol{b}^{\mathrm{T}}\boldsymbol{A}^{\mathrm{T}}\boldsymbol{b} \tag{8.41}$$

und damit auch

$$\boldsymbol{b}^{\mathrm{T}}\boldsymbol{A}\boldsymbol{b} = \frac{1}{2}\boldsymbol{b}^{\mathrm{T}}\boldsymbol{A}\boldsymbol{b} + \frac{1}{2}\boldsymbol{b}^{\mathrm{T}}\boldsymbol{A}^{\mathrm{T}}\boldsymbol{b} = \boldsymbol{b}^{\mathrm{T}}\frac{\boldsymbol{A}+\boldsymbol{A}^{\mathrm{T}}}{2}\boldsymbol{b} \tag{8.42}$$

gilt, kann die Matrix $\boldsymbol{W}$ ohne Einschränkung der Allgemeinheit als symmetrisch angenommen werden. Zudem ist die Gewichtungsmatrix $\boldsymbol{W}$ positiv definit, was anschaulich damit begründet werden kann, dass alle Fehler positive Beiträge zum Gütefunktional liefern und sich nicht gegenseitig aufheben können.

Mit der Faktorisierung

$$\boldsymbol{W} = \boldsymbol{W}_e^{\mathrm{T}}\boldsymbol{W}_e, \tag{8.43}$$

die für positiv definite Matrizen immer möglich ist, entspricht dies der Verwendung des gewichteten Fehlervektors

$$\boldsymbol{e}_{\mathrm{w}}(\boldsymbol{p}_{\mathrm{M}}) = \boldsymbol{W}_e\boldsymbol{e}(\boldsymbol{p}_{\mathrm{M}}), \tag{8.44}$$

mit dem das Gütefunktional als

$$I_{\mathrm{GLS}}(\boldsymbol{p}_{\mathrm{M}}) = \frac{1}{2}\boldsymbol{e}_{\mathrm{w}}^{\mathrm{T}}(\boldsymbol{p}_{\mathrm{M}})\boldsymbol{e}_{\mathrm{w}}(\boldsymbol{p}_{\mathrm{M}}) \tag{8.45}$$

geschrieben werden kann. Der Schätzwert für die verallgemeinerte *Least-Squares*-Schätzung ergibt sich also zu

$$\hat{\boldsymbol{p}}_{\mathrm{GLS}} = \arg\min_{\boldsymbol{p}_{\mathrm{M}}} I_{\mathrm{GLS}}(\boldsymbol{p}_{\mathrm{M}}) = \arg\min_{\boldsymbol{p}_{\mathrm{M}}} \frac{1}{2}\boldsymbol{e}_{\mathrm{w}}^{\mathrm{T}}(\boldsymbol{p}_{\mathrm{M}})\boldsymbol{e}_{\mathrm{w}}(\boldsymbol{p}_{\mathrm{M}}). \tag{8.46}$$

Wird die Summe der gewichteten quadratischen Fehler als Gütefunktional verwendet, ergibt sich gemäß

$$\frac{1}{2}\sum_{i=1}^{N} w_{ii}e_i^2 = \frac{1}{2}\begin{bmatrix} e_1 & \dots & e_N \end{bmatrix} \begin{bmatrix} w_{11} & 0 & \dots & 0 \\ 0 & w_{22} & \dots & \vdots \\ \vdots & \vdots & \ddots & \vdots \\ 0 & 0 & \dots & w_{NN} \end{bmatrix} \begin{bmatrix} e_1 \\ \vdots \\ e_N \end{bmatrix} \tag{8.47}$$

als Gewichtungsmatrix gerade eine Diagonalmatrix. Die Schätzung mit einer Gewichtung der einzelnen Fehler, also mit einer diagonalen, oder für den Fall, dass es sich bei den einzelnen Fehlern um Vektoren handelt, einer blockdiagonalen, Gewichtungsmatrix, wird als gewichtetes *Least-Squares*-Verfahren bezeichnet. Für die Parameterschätzung bei Eingrößensystemen wurde das gewichtete *Least-Squares*-Verfahren in Form eines rekursiven Algorithmus bereits in Abschnitt 3.4.2.1 behandelt. Bei Verwendung einer allgemeinen Gewichtungsmatrix wird das Verfahren als verallgemeinertes *Least-Squares*-Verfahren (*Generalised Least Squares*) bezeichnet, wobei diese Bezeichnung oftmals die nachfolgend über den Zusammenhang zur *Maximum-Likelihood*-Schätzung hergeleitete Interpretation der Gewichtungsmatrix als inverse Kovarianzmatrix des Fehlervektors beinhaltet.

In Abschnitt 8.2.2.1 wurde der Zusammenhang zwischen der *Least-Squares*-Schätzung und der *Maximum-Likelihood*-Schätzung erläutert. Zur Herleitung der *Least-Squares*-Schätzung aus der *Maximum-Likelihood*-Schätzung wurde dabei für den Fehlervektor $\boldsymbol{e}(\boldsymbol{p})$ angenommen, dass dieser einer multivariaten Normalverteilung mit dem Erwartungswert null und der bekannten Kovarianzmatrix $\sigma^2\mathbf{I}$ unterliegt. Auch die verallgemeinerte *Least-Squares*-Schätzung stellt einen Spezialfall der *Maximum-Likelihood*-Schätzung dar, wie im Folgenden gezeigt wird. Es wird der Fall betrachtet, dass der Fehlervektor $\boldsymbol{e}(\boldsymbol{p})$ einer multivariaten Normalverteilung mit dem Erwartungswert null und der als bekannt angenommenen Kovarianzmatrix

$$\mathrm{E}\left\{(\boldsymbol{e}(\boldsymbol{p}) - \mathrm{E}\{\boldsymbol{e}(\boldsymbol{p})\})(\boldsymbol{e} - \mathrm{E}\{\boldsymbol{e}(\boldsymbol{p})\})^{\mathrm{T}}\right\} = \mathrm{E}\{\boldsymbol{e}(\boldsymbol{p})\boldsymbol{e}^{\mathrm{T}}(\boldsymbol{p})\} = \boldsymbol{A} \tag{8.48}$$

unterliegt. Die Wahrscheinlichkeitsdichte des Fehlers ist dann

$$f_{\boldsymbol{e}}(\boldsymbol{e};\boldsymbol{p}) = \frac{1}{\sqrt{(2\pi)^N \det \boldsymbol{A}}}\, \mathrm{e}^{-\frac{1}{2}\boldsymbol{e}^{\mathrm{T}}(\boldsymbol{p})\boldsymbol{A}^{-1}\boldsymbol{e}(\boldsymbol{p})}. \tag{8.49}$$

Die negative *Log-Likelihood*-Funktion ergibt sich damit zu

$$-\ln f_{\boldsymbol{e}}(\boldsymbol{e};\boldsymbol{p}) = \frac{1}{2}\boldsymbol{e}^{\mathrm{T}}(\boldsymbol{p})\boldsymbol{A}^{-1}\boldsymbol{e}(\boldsymbol{p}) + \frac{1}{2}\ln\det\boldsymbol{A} + \frac{N}{2}\ln(2\pi). \tag{8.50}$$

Mit $\boldsymbol{A} = \sigma^2\mathbf{I}$ und damit $\det\boldsymbol{A} = \sigma^{2N}$ würden sich aus den Gln. (8.49) und (8.50) gerade die Gln. (8.35) und (8.36) ergeben. Die beiden letzen Summanden auf der rechten Seite von Gl. (8.50) hängen nicht vom Parametervektor ab und können daher weggelassen werden. Als *Maximum-Likelihood*-Schätzwert resultiert

$$\hat{\boldsymbol{p}}_{\mathrm{ML}} = \arg\min_{\boldsymbol{p}_{\mathrm{M}}}(-\ln f_{\boldsymbol{e}}(\boldsymbol{e};\boldsymbol{p}_{\mathrm{M}})) = \arg\min_{\boldsymbol{p}_{\mathrm{M}}} \frac{1}{2}\boldsymbol{e}^{\mathrm{T}}(\boldsymbol{p}_{\mathrm{M}})\boldsymbol{A}^{-1}\boldsymbol{e}(\boldsymbol{p}_{\mathrm{M}}). \tag{8.51}$$

Das zu minimierende Gütefunktional entspricht also gerade dem Gütefunktional der verallgemeinerten *Least-Squares*-Schätzung mit der Gewichtungsmatrix

$$\boldsymbol{W} = \boldsymbol{A}^{-1}, \tag{8.52}$$

d.h. als Gewichtungsmatrix wird die inverse Kovarianzmatrix des Rauschvektors verwendet. Dieses Ergebnis ist anschaulich nachvollziehbar, da es bedeutet, dass stark verrauschte Messungen (also mit hoher Kovarianz des Rauschterms) durch die Gewichtung mit der inversen Kovarianz weniger stark in die Schätzung eingehen.

Da der Fehlervektor $\boldsymbol{e}$ die Kovarianzmatrix $\boldsymbol{A}$ hat, also

$$\mathrm{E}\left\{\boldsymbol{e}\boldsymbol{e}^{\mathrm{T}}\right\} = \boldsymbol{A} \tag{8.53}$$

gilt, hat der gewichtete Fehler $\boldsymbol{e}_{\mathrm{w}} = \boldsymbol{W}_e\,\boldsymbol{e}$ mit der aus den Gln. (8.43) und (8.52) folgenden Faktorisierung

$$\boldsymbol{W} = \boldsymbol{W}_e^{\mathrm{T}}\boldsymbol{W}_e = \boldsymbol{A}^{-1} = \boldsymbol{A}^{-\mathrm{T}/2}\boldsymbol{A}^{-1/2} \tag{8.54}$$

gerade die Kovarianzmatrix

$$\mathrm{E}\left\{\boldsymbol{e}_{\mathrm{w}}\boldsymbol{e}_{\mathrm{w}}^{\mathrm{T}}\right\} = \boldsymbol{A}^{-1/2}\,\mathrm{E}\left\{\boldsymbol{e}\boldsymbol{e}^{\mathrm{T}}\right\}\boldsymbol{A}^{-\mathrm{T}/2} = \boldsymbol{A}^{-1/2}\boldsymbol{A}\boldsymbol{A}^{-\mathrm{T}/2} = \mathbf{I}. \tag{8.55}$$

Bei dem gewichteteten Fehler handelt es sich also um unkorreliertes (weißes) Einheitsrauschen. Die Gewichtung mit der inversen Kovarianzmatrix entspricht daher einem „Weißen" (*Whitening*) des Fehlers.

Sofern der Fehlervektor aus den Fehlern zu aufeinanderfolgenden Zeitpunkten gebildet wird, für $\boldsymbol{e}$ in Gl. (8.58) also

$$\boldsymbol{e} = \begin{bmatrix} e(0) \\ \vdots \\ e(N-1) \end{bmatrix} \tag{8.56}$$

gilt, kann das Weißen auch über eine lineare Filterung erfolgen. So kann z.B. angenommen werden, dass der korrelierte Fehler e einem ARX-Prozess entspricht, also

$$e(k) + \sum_{\nu=1}^{n} c_\nu e(k-\nu) = \xi(k), \tag{8.57}$$

wobei es sich bei ξ um weißes Einheitsrauschen handelt. Die Filterung des Fehlers mit einem Filter mit der Übertragungsfunktion $C(z) = 1 + c_1 z^{-1} + \ldots c_n z^{-n}$ bewirkt dann ein Weißen des Fehlers. Dies stellt die Grundlage der bereits am Ende von Abschnitt 3.3.1 erwähnten iterativen und rekursiven Versionen des verallgemeinerten *Least-Squares*-Verfahrens zur Parameterschätzung für lineare Systeme dar, bei denen die Filterkoeffizienten in einem mehrstufigen Schätzverfahren bestimmt werden (siehe z.B. [Eyk74], Abschnitt 7.2.2; [UGB74], Abschnitt 7.2; [GP77], Abschnitte 5.3.2, 5.4.3 und 7.4.2; [Nor88], Abschnitt 7.2.2).

Ist der Zusammenhang zwischen der aus den Messdaten berechneten Vergleichsgröße und dem Systemparametervektor

$$\boldsymbol{y}_{\mathrm{V}} = \boldsymbol{M}\boldsymbol{p} + \boldsymbol{\varepsilon}, \tag{8.58}$$

wobei mit $\boldsymbol{\varepsilon}$ ein stochastisches Störsignal berücksichtigt wird, und wird als Modell

$$\boldsymbol{y}_{\mathrm{M}} = \boldsymbol{M}\boldsymbol{p}_{\mathrm{M}} \tag{8.59}$$

verwendet, wird die mit der inversen Fehlerkovarianzmatrix gewichtete *Least-Squares*-Schätzung als Markov-Schätzung bezeichnet. Diese wird in Abschnitt 8.2.2.5 betrachtet.

8.2.2.4 Verallgemeinerte Least-Squares-Schätzung bei linearer Parameterabhängigkeit

Für das in Abschnitt 8.2.2.2 eingeführte Modell mit linearer Parameterabhängigkeit

$$\boldsymbol{y}_{\mathrm{M}} = \boldsymbol{M}\boldsymbol{p}_{\mathrm{M}} \tag{8.60}$$

ergibt sich für den Modellfehler der affin parameterabhängige Ausdruck

$$\boldsymbol{e} = \boldsymbol{y}_{\mathrm{V}} - \boldsymbol{M}\boldsymbol{p}_{\mathrm{M}}. \tag{8.61}$$

Der Schätzwert für die verallgemeinerte *Least-Squares*-Schätzung

$$\hat{\boldsymbol{p}}_{\mathrm{GLS}} = \arg\min_{\boldsymbol{p}_{\mathrm{M}}} I_{\mathrm{GLS}}(\boldsymbol{p}_{\mathrm{M}}) \tag{8.62}$$

wird damit

$$\hat{\boldsymbol{p}}_{\mathrm{GLS}} = (\boldsymbol{M}^{\mathrm{T}}\boldsymbol{W}\boldsymbol{M})^{-1}\boldsymbol{M}^{\mathrm{T}}\boldsymbol{W}\boldsymbol{y}_{\mathrm{V}}. \tag{8.63}$$

Dies kann leicht gezeigt werden, indem mit der gewichteten Vergleichsgröße

$$\boldsymbol{y}_{\mathrm{V,w}} = \boldsymbol{W}_{e}\boldsymbol{y}_{\mathrm{V}} \tag{8.64}$$

und der gewichteten Datenmatrix

$$\boldsymbol{M}_{\mathrm{w}} = \boldsymbol{W}_{e}\boldsymbol{M} \tag{8.65}$$

der gewichtete Fehler

$$\boldsymbol{e}_{\mathrm{w}}(\boldsymbol{p}_{\mathrm{M}}) = \boldsymbol{W}_{e}(\boldsymbol{y}_{\mathrm{V}} - \boldsymbol{y}_{\mathrm{M}}(\boldsymbol{p}_{\mathrm{M}})) \tag{8.66}$$

als

$$\boldsymbol{e}_{\mathrm{w}}(\boldsymbol{p}_{\mathrm{M}}) = \boldsymbol{y}_{\mathrm{V,w}} - \boldsymbol{M}_{\mathrm{w}}\boldsymbol{p}_{\mathrm{M}} \tag{8.67}$$

geschrieben wird. Die Minimierung des Gütefunktionals

$$I_{\mathrm{GLS}}(\boldsymbol{e}_{\mathrm{w}}(\boldsymbol{p}_{\mathrm{M}})) = \frac{1}{2}\boldsymbol{e}_{\mathrm{w}}^{\mathrm{T}}(\boldsymbol{p}_{\mathrm{M}})\boldsymbol{e}_{\mathrm{w}}(\boldsymbol{p}_{\mathrm{M}}) \tag{8.68}$$

entspricht dann einem gewöhnlichen *Least-Squares*-Problem und liefert den Schätzwert

$$\hat{\boldsymbol{p}}_{\mathrm{GLS}} = (\boldsymbol{M}_{\mathrm{w}}^{\mathrm{T}}\boldsymbol{M}_{\mathrm{w}})^{-1}\boldsymbol{M}_{\mathrm{w}}^{\mathrm{T}}\boldsymbol{y}_{\mathrm{V,w}}. \tag{8.69}$$

Durch Einsetzen von Gln. (8.64) und (8.65) wird daraus

$$\hat{\boldsymbol{p}}_{\mathrm{GLS}} = (\boldsymbol{M}^{\mathrm{T}}\boldsymbol{W}_{e}^{\mathrm{T}}\boldsymbol{W}_{e}\boldsymbol{M})^{-1}\boldsymbol{M}^{\mathrm{T}}\boldsymbol{W}_{e}^{\mathrm{T}}\boldsymbol{W}_{e}\boldsymbol{y}_{\mathrm{V}}. \tag{8.70}$$

Mit der Darstellung von $\boldsymbol{W} = \boldsymbol{W}_{e}^{\mathrm{T}}\boldsymbol{W}_{e}$ gemäß Gl. (8.43) entspricht dies der Lösung nach Gl. (8.63).

Für den Fall, dass der Zusammenhang zwischen der aus den Messdaten berechneten Vergleichsgröße und dem Systemparametervektor durch

$$\boldsymbol{y}_{\mathrm{V}} = \boldsymbol{M}\boldsymbol{p} + \boldsymbol{\varepsilon} \tag{8.71}$$

gegeben ist, wobei mit dem Vektor $\boldsymbol{\varepsilon}$ ein stochastisches Störsignal berücksichtigt wird, kann der Schätzwert durch Einsetzen von Gl. (8.71) in Gl. (8.70) als

$$\hat{\boldsymbol{p}}_{\text{GLS}} = \boldsymbol{p} + (\boldsymbol{M}^{\text{T}}\boldsymbol{W}\boldsymbol{M})^{-1}\boldsymbol{M}^{\text{T}}\boldsymbol{W}\boldsymbol{\varepsilon} \tag{8.72}$$

geschrieben werden. Die Kovarianzmatrix des Schätzwerts ergibt sich in diesem Fall zu

$$E\left\{(\hat{\boldsymbol{p}}_{\text{GLS}} - \boldsymbol{p})(\hat{\boldsymbol{p}}_{\text{GLS}} - \boldsymbol{p})^{\text{T}}\right\} = (\boldsymbol{M}^{\text{T}}\boldsymbol{W}\boldsymbol{M})^{-1}\boldsymbol{M}^{\text{T}}\boldsymbol{W}\boldsymbol{A}\boldsymbol{W}\boldsymbol{M}(\boldsymbol{M}^{\text{T}}\boldsymbol{W}\boldsymbol{M})^{-1}, \tag{8.73}$$

wobei die Matrix $\boldsymbol{A}$ wiederum die Kovarianzmatrix des Fehlervektors ist, also

$$\mathrm{E}\left\{(\boldsymbol{\varepsilon} - \mathrm{E}\{\boldsymbol{\varepsilon}\})(\boldsymbol{\varepsilon} - \mathrm{E}\{\boldsymbol{\varepsilon}\})^{\text{T}}\right\} = \mathrm{E}\left\{\boldsymbol{\varepsilon}\boldsymbol{\varepsilon}^{\text{T}}\right\} = \boldsymbol{A}. \tag{8.74}$$

8.2.2.5 Markov-Schätzung

Am Ende des vorangegangenen Abschnitts wurde der Fall betrachtet, dass der Zusammenhang

$$\boldsymbol{y}_{\text{V}} = \boldsymbol{M}\boldsymbol{p} + \boldsymbol{\varepsilon} \tag{8.75}$$

gilt, wobei es sich bei dem Vektor $\boldsymbol{\varepsilon}$ um eine Zufallsgröße mit dem Erwartungswert null und der als bekannt angenommenen Kovarianzmatrix

$$\mathrm{E}\left\{(\boldsymbol{\varepsilon} - \mathrm{E}\{\boldsymbol{\varepsilon}\})(\boldsymbol{\varepsilon} - \mathrm{E}\{\boldsymbol{\varepsilon}\})^{\text{T}}\right\} = \mathrm{E}\left\{\boldsymbol{\varepsilon}\boldsymbol{\varepsilon}^{\text{T}}\right\} = \boldsymbol{A} \tag{8.76}$$

handelt. Für das linear parameterabhängige Modell

$$\boldsymbol{y}_{\text{M}} = \boldsymbol{M}\boldsymbol{p}_{\text{M}} \tag{8.77}$$

ergibt sich der verallgemeinerte *Least-Squares*-Schätzwert zu

$$\hat{\boldsymbol{p}}_{\text{GLS}} = (\boldsymbol{M}^{\text{T}}\boldsymbol{W}\boldsymbol{M})^{-1}\boldsymbol{M}^{\text{T}}\boldsymbol{W}\boldsymbol{y}_{\text{V}} = \boldsymbol{p} + (\boldsymbol{M}^{\text{T}}\boldsymbol{W}\boldsymbol{M})^{-1}\boldsymbol{M}^{\text{T}}\boldsymbol{W}\boldsymbol{\varepsilon} \tag{8.78}$$

und die Kovarianzmatrix des Schätzwerts zu

$$E\left\{(\hat{\boldsymbol{p}}_{\text{GLS}} - \boldsymbol{p})(\hat{\boldsymbol{p}}_{\text{GLS}} - \boldsymbol{p})^{\text{T}}\right\} = (\boldsymbol{M}^{\text{T}}\boldsymbol{W}\boldsymbol{M})^{-1}\boldsymbol{M}^{\text{T}}\boldsymbol{W}\boldsymbol{A}\boldsymbol{W}\boldsymbol{M}(\boldsymbol{M}^{\text{T}}\boldsymbol{W}\boldsymbol{M})^{-1}. \tag{8.79}$$

Es lässt sich zeigen, dass für die Wahl der Gewichtungsmatrix

$$\boldsymbol{W} = \boldsymbol{A}^{-1} \tag{8.80}$$

die Kovarianz des Schätzwerts minimal wird ([Eyk74], S. 189-90). Der mit dieser Gewichtungsmatrix erhaltene Schätzer wird als Markov-Schätzer bezeichnet. Für den Fall der stochastischen Unabhängigkeit von Datenmatrix $\boldsymbol{M}$ und Störung $\boldsymbol{\varepsilon}$ und Störung und stellt die Markov-Schätzung den besten linearen erwartungstreuen Schätzer (*Best Linear Unbiased Estimator, BLUE*) dar. Wie in Abschnitt 8.2.2.3 dargestellt, ergibt sich dieser Schätzer für den hier betrachteten Fall auch aus dem *Maximum-Likelihood*-Schätzer, wenn für den Fehlervektor eine Normalverteilung angenommen wird.

8.2.3 Prädiktionsfehler-Verfahren

Das Prädiktionsfehler-Verfahren stellt ein spezielles Modellanpassungsverfahren dar.[11] Dabei wird das Modell so formuliert, dass der Modellausgang $\boldsymbol{y}_{\mathrm{M}}$ eine Vorhersage (Prädiktion) des Systemausgangs für den nächsten Zeitschritt darstellt, der auf Basis aller bis zu diesem Zeitschritt vorliegenden Informationen gebildet wird ([Lju76, LS83]; [GP77], Abschnitte 4.5 und 5.4). Für diesen Schätzwert sind die Notationen $\hat{y}(t_k^+)$, $\hat{y}(t_k|t_{k-1})$ und $\hat{y}(k|k-1)$ üblich. Das Modell steht damit einen Prädiktor dar und das Verfahren kann so interpretiert werden, dass dieser Prädiktor so eingestellt wird, dass sich möglichst kleine Prädiktionsfehler im Sinne eines Gütefunktionals ergeben. Häufig wird dabei ein *Least-Squares*-Gütefunktional verwendet.

Für lineare zeitdiskrete Systeme sowohl in Eingangs-Ausgangs-Darstellung als auch in Zustandsraumdarstellung und für zeitkontinuierliche Systeme in Zustandsraumdarstellung können Prädiktionsfehler-Verfahren recht einfach hergeleitet werden und sind in der Literatur angegeben [GA82, LS83]. Bezüglich der Schätzung weisen diese Verfahren sehr günstige Eigenschaften auf (u.a. Konsistenz). Diese resultieren daraus, dass für lineare Systeme optimale Prädiktoren angegeben werden können und dass diese optimalen Prädiktoren ein Modell des Systems enthalten. Der optimal eingestellte Prädiktor ergibt sich dabei für den Fall, dass die Modellparameter den Systemparametern entsprechen, also

$$\boldsymbol{p} = \boldsymbol{p}_{\mathrm{M}} \tag{8.81}$$

gilt. Über eine optimale Einstellung des Prädiktors kann also ein Schätzwert für die Systemparameter ermittelt werden.

Zur Identifikation nichtlinearer Modelle können prinzipiell ebenfalls Prädiktionsfehler-Verfahren eingesetzt werden. Probleme können aber daraus resultieren, dass es für nichtlineare Systeme im Allgemeinen nicht möglich ist, geschlossene Lösungen für optimale Prädiktoren anzugeben. Es können daher nur Prädiktoren verwendet werden, die Näherungen des optimalen Prädiktors darstellen. Damit ist aber nicht mehr sichergestellt, dass sich der optimale eingestellte Prädiktor für $\boldsymbol{p} = \boldsymbol{p}_{\mathrm{M}}$ ergibt. Die Parameterwerte, die sich über eine optimale Einstellung des Prädiktors ergeben, stellen also im Allgemeinen keine konsistenten Schätzwerte der Systemparameter dar, sondern es ergibt sich ein systematischer Fehler (*Bias*). Inwieweit dieser Fehler signifikant ist, kann z.B. anhand von Simulationsstudien abgeschätzt werden. Hierbei können Daten über die Simulation eines Modells mit bekannten Parametern erzeugt werden. Aus diesen Daten wird dann versucht, die Modellparameter zu bestimmen. Die Übereinstimmung dieser ermittelten Modellparameter mit den bekannten Werten gibt Hinweise auf die zu erwartenden Fehler.

8.2.4 Rekursive Parameterschätzung

Wie in den vorangegangenen Abschnitten ausgeführt, lassen sich Parameterschätzprobleme als die Aufgabe der Minimierung eines Gütefunktionals darstellen. Es geht also darum, den Schätzwert

[11] Allerdings kann das Prädiktionsfehlerverfahren auch als probabilistisches Verfahren formuliert werden. So stellt unter bestimmten Voraussetzungen das *Maximum-Likelihood*-Verfahren einen Spezialfall des Prädiktionsfehler-Verfahrens dar (siehe z.B. [GP77], Abschnitt 5.4.; [Lju99], Abschnitt 7.4).

$$\hat{\boldsymbol{p}} = \arg\min_{\boldsymbol{p}_{\mathrm{M}}} I(\boldsymbol{p}_{\mathrm{M}}) \tag{8.82}$$

zu bestimmen. Es existieren eine Vielzahl von Ansätzen und Verfahren zur Lösung derartiger Optimierungsaufgaben. Auf eine ausführliche Behandlung soll an dieser Stelle verzichtet werden. In vielen Fällen wird es keine geschlossene Lösung des Optimierungsproblems geben, sodass dieses über iterative Optimierungsverfahren gelöst werden muss. Hierbei können diverse Probleme auftreten, wie z.B. das der fehlenden Konvergenz und das Auffinden lokaler Minima. Auch die stochastischen Eigenschaften, wie z.B. (asymptotische) Erwartungstreue oder Konsistenz, des so erhaltenen Schätzwerts sind prinzipiell von Interesse. Diese sind aber in vielen Fällen, wenn überhaupt, nur sehr schwer zu bestimmen.

In vielen Anwendungen sind rekursive Parameterschätzverfahren von Interesse. Bei diesen wird jeweils unter Hinzunahme eines weiteren Messwerts ein neuer Parameterschätzwert durch Korrektur des bislang vorliegenden Wertes berechnet. Hierunter fallen z.B. das in Abschnitt 3.3.2 behandelte rekursive *Least-Squares*-Verfahren sowie die in Abschnitt 3.4 dargestellten verbesserten rekursiven Verfahren. Rekursive Parameterschätzverfahren werden oftmals auf Basis des Gauß-Newton-Algorithmus hergeleitet. Im Folgenden werden zwei rekursive Parameterschätzverfahren vorgestellt, die sich durch Anwendung des Gauß-Newton-Ansatzes auf das *Least-Squares*- und das *Maximum-Likelihood*-Gütefunktional ergeben.

Die hier vorgestellten Algorithmen verwenden abgetastete Messungen der Ausgangsgröße. Prinzipiell können diese Parameterschätzverfahren auch zur Identifikation zeitkontinuierlicher Systeme aus abgetasteten Daten, also für kontinuierlich-diskrete Systeme, verwendet werden [Boh00]. In diesem Abschnitt wird daher für den Zeitindex die Notation t_k verwendet. Ein Ansatz zur Identifikation kontinuierlich-diskreter Systeme in Zustandsraumdarstellung mit dem im folgenden Abschnitt vorgestellten Parameterschätzverfahren wird in Abschnitt 8.4.5 vorgestellt.

8.2.4.1 Rekursiver Gauß-Newton-Algorithmus für ein Least-Squares-Gütefunktional

Ausgangspunkt für die Herleitung des hier vorgestellten Algorithmus ist das stochastische *Least-Squares*-Gütefunktional der Form

$$I(t_k, \boldsymbol{p}_{\mathrm{M}}) = \mathrm{E}\left\{\frac{1}{2}\boldsymbol{e}^{\mathrm{T}}(t_k, \boldsymbol{p}_{\mathrm{M}})\boldsymbol{A}^{-1}(t_k)\boldsymbol{e}(t_k, \boldsymbol{p}_{\mathrm{M}})\right\}, \tag{8.83}$$

also der Erwartungswert des mit der Matrix $\boldsymbol{A}^{-1}(t_k)$ gewichteten quadratischen Fehlers. Alternativ kann für die Herleitung das deterministische Gütefunktional

$$I(t_k, \boldsymbol{p}_{\mathrm{M}}) = \frac{1}{2}\sum_{i=1}^{k} \boldsymbol{e}^{\mathrm{T}}(t_i, \boldsymbol{p}_{\mathrm{M}})\boldsymbol{A}^{-1}(t_i)\boldsymbol{e}(t_i, \boldsymbol{p}_{\mathrm{M}}) \tag{8.84}$$

verwendet werden, welches bis auf einen Vorfaktor dem mittleren quadratischen Fehler, also der empirischen Varianz, entspricht. Dabei ist $\boldsymbol{e}(t_k, \boldsymbol{p}_{\mathrm{M}})$ der Fehler zwischen der Messung oder der aus der Messung berechneten Vergleichsgröße und dem Modellausgang zum Zeitpunkt t_k. Wenn der Fehler für den wahren Parameterwert, also für $\boldsymbol{p}_\mathrm{M} = \boldsymbol{p}$, normalverteilt ist mit dem Mittelwert null und der bekannten Kovarianzmatrix $\boldsymbol{A}(t_k)$, entspricht dieses Gütefunktional der negativen *Log-Likelihood*-Funktion bzw. der daraus erhaltene Schätzwert dem *Maximum-Likelihood*-Schätzwert.

Die Ausgangsgröße wird zu diskreten Zeitpunkten t_k gemessen. Damit kann aus diesen Messwerten und dem aktuellen Parameterschätzwert der Fehler zu diesen Zeitpunkten berechnet werden. Aus der Theorie der stochastischen Approximation ([Sar74a], siehe auch Abschnitt 3.4.4) und dem Gauß-Newton-Optimierungsalgorithmus kann ein Algorithmus hergeleitet werden, der aus einer neuen Messung zum Zeitpunkt t_{k+1} einen verbesserten Parameterschätzwert berechnet [Zyp87]. Dieser Algorithmus hat die Form

$$\hat{\boldsymbol{p}}(t_{k+1}) = \hat{\boldsymbol{p}}(t_k) - \frac{1}{k+1}\boldsymbol{R}^{-1}(t_{k+1}) \left.\frac{\mathrm{d}\boldsymbol{e}^\mathrm{T}(t_{k+1}, \boldsymbol{p}_\mathrm{M})}{\mathrm{d}\boldsymbol{p}_\mathrm{M}}\right|_{\boldsymbol{p}_\mathrm{M}=\hat{\boldsymbol{p}}(t_k)} \boldsymbol{A}^{-1}(t_{k+1})\boldsymbol{e}(t_{k+1}). \tag{8.85}$$

Dies ist gewissermaßen die allgemeine Form des Algorithmus aus Gl. (3.244) unter Berücksichtigung von Gl. (3.250). Das Produkt der letzten drei Terme resultiert aus der Bildung des Gradienten des Gütefunktionals.[12]

Zur Berechnung der Ableitung des Fehlers nach dem Parametervektor wird, wie für alle parameterabhängigen Werte, jeweils der aktuell vorliegende Parameterschätzwert verwendet. Zur Vereinfachung wird dafür im Folgenden die Notation

$$\frac{\mathrm{d}(\cdot)(t_k)}{\mathrm{d}\hat{\boldsymbol{p}}} = \left.\frac{\mathrm{d}(\cdot)(t_k,\boldsymbol{p}_\mathrm{M})}{\mathrm{d}\boldsymbol{p}_\mathrm{M}}\right|_{\boldsymbol{p}_\mathrm{M}=\hat{\boldsymbol{p}}(t_{k-1})} \tag{8.86}$$

verwendet.

Die Matrix $\boldsymbol{R}(t_k)$ ist die sogenannte normalisierte Informationsmatrix, die auch als Gauß-Näherung der Hesse-Matrix (Matrix der zweiten Ableitungen) des Gütefunktionals interpretiert werden kann. Diese ist gegeben durch

$$\boldsymbol{R}(t_k) = \frac{1}{k}\sum_{i=1}^{k} \frac{\mathrm{d}\boldsymbol{e}^\mathrm{T}(t_i)}{\mathrm{d}\hat{\boldsymbol{p}}}\boldsymbol{A}^{-1}(t_i)\frac{\mathrm{d}\boldsymbol{e}(t_i)}{\mathrm{d}\hat{\boldsymbol{p}}^\mathrm{T}} \tag{8.87}$$

und kann rekursiv über

$$\boldsymbol{R}(t_{k+1}) = \boldsymbol{R}(t_k) + \frac{1}{k+1}\left(\frac{\mathrm{d}\boldsymbol{e}^\mathrm{T}(t_{k+1})}{\mathrm{d}\hat{\boldsymbol{p}}}\boldsymbol{A}^{-1}(t_{k+1})\frac{\mathrm{d}\boldsymbol{e}(t_{k+1})}{\mathrm{d}\hat{\boldsymbol{p}}^\mathrm{T}} - \boldsymbol{R}(t_k)\right) \tag{8.88}$$

berechnet werden.

In diesem Algorithmus bzw. in das Gütefunktional in Gl. (8.84) bzw. Gl. (8.83) geht der Fehler $\boldsymbol{e}(t_i)$ immer gewichtet mit der Matrix $\boldsymbol{A}^{-1}(t_i)$ ein. In manchen Fällen wird ein Algorithmus gewünscht, in dem neuere Messungen stärker gewichtet werden als Messungen, die zeitlich weiter zurückliegen. Dies ist z.B. dann hilfreich, wenn die zu schätzenden Parameter zeitvariant sind. Ein derartiger Algorithmus ergibt sich, wenn die Methode

[12] Das Produkt der letzten drei Terme entspricht aber nicht dem Gradienten des Gütefunktionals aus Gl. (8.83), weil die Erwartungswertbildung, wie bei der stochastischen Approximation üblich, weggelassen wurde. Dem Gradienten des Gütefunktionals aus Gl. (8.84) entspricht es unter der Annahme, dass die bisherige Schätzung, also der Parameterschätzwert zum Zeitpunkt t_k, dem optimalen Wert entspricht (siehe auch Abschnitt 8.2.5).

der exponentiellen Gewichtung (exponentielles Vergessen) verwendet wird ([May82], S. 28-30; [Jaz70], S. 307-308), welche bereits in Abschnitt 3.4.2.1 vorgestellt wurde. Dabei wird in jedem Abtastschritt ein Gütefunktional mit einer neuen Folge von „gealterten" Gewichtungsmatrizen

$$\boldsymbol{A}_{\text{gealtert}}(t_i,t_k) = \lambda^{i-k}\boldsymbol{A}(t_i) \tag{8.89}$$

verwendet, wobei der sogenannte Vergessensfaktor λ eine positive reelle Zahl kleiner eins ist. Wird die Größe

$$\gamma(t_{k+1}) = \frac{\gamma(t_k)}{\lambda + \gamma(t_k)} = \frac{1-\lambda}{1-\lambda^{k+1}}. \tag{8.90}$$

eingeführt, kann die Gleichung für den neuen Parameterschätzwert als

$$\hat{\boldsymbol{p}}(t_{k+1}) = \hat{\boldsymbol{p}}(t_k) - \gamma(t_{k+1})\boldsymbol{R}^{-1}(t_{k+1})\frac{\mathrm{d}\boldsymbol{e}^{\mathrm{T}}(t_{k+1})}{\mathrm{d}\hat{\boldsymbol{p}}}\boldsymbol{A}^{-1}(t_{k+1})\boldsymbol{e}(t_{k+1}) \tag{8.91}$$

angegeben werden. Die Gleichung für die rekursive Berechnung von $\boldsymbol{R}$ ergibt sich zu

$$\boldsymbol{R}(t_{k+1}) = \boldsymbol{R}(t_k) + \gamma(t_{k+1})\left(\frac{\mathrm{d}\boldsymbol{e}^{\mathrm{T}}(t_{k+1})}{\mathrm{d}\hat{\boldsymbol{p}}}\boldsymbol{A}^{-1}(t_{k+1})\frac{\mathrm{d}\boldsymbol{e}(t_{k+1})}{\mathrm{d}\hat{\boldsymbol{p}}^{\mathrm{T}}} - \boldsymbol{R}(t_k)\right). \tag{8.92}$$

Zur Vermeidung der Inversion von $\boldsymbol{R}(t_{k+1})$ ist eine andere Formulierung des Algorithmus für die Implementierung zweckmäßiger. Dazu wird die Matrix

$$\boldsymbol{P}(t_k) = \gamma(t_k)\boldsymbol{R}^{-1}(t_k) \tag{8.93}$$

definiert, die unter bestimmten Annahmen als Kovarianzmatrix des Schätzfehlers interpretiert werden kann und deshalb üblicherweise als Kovarianzmatrix bezeichnet wird. Mit der Gewichtungsmatrix $\boldsymbol{S}(t_k)$ und der Verstärkungsmatrix $\boldsymbol{L}(t_k)$ kann der Algorithmus dann als

$$\boldsymbol{S}(t_{k+1}) = \lambda\boldsymbol{A}(t_{k+1}) + \frac{\mathrm{d}\boldsymbol{e}(t_{k+1})}{\mathrm{d}\hat{\boldsymbol{p}}^{\mathrm{T}}}\boldsymbol{P}(t_k)\frac{\mathrm{d}\boldsymbol{e}^{\mathrm{T}}(t_{k+1})}{\mathrm{d}\hat{\boldsymbol{p}}}, \tag{8.94a}$$

$$\boldsymbol{L}(t_{k+1}) = \boldsymbol{P}(t_k)\frac{\mathrm{d}\boldsymbol{e}^{\mathrm{T}}(t_{k+1})}{\mathrm{d}\hat{\boldsymbol{p}}}\boldsymbol{S}^{-1}(t_{k+1}), \tag{8.94b}$$

$$\hat{\boldsymbol{p}}(t_{k+1}) = \hat{\boldsymbol{p}}(t_k) - \boldsymbol{L}(t_{k+1})\boldsymbol{e}(t_{k+1}) \tag{8.94c}$$

und

$$\boldsymbol{P}(t_{k+1}) = \frac{1}{\lambda}(\boldsymbol{P}(t_k) - \boldsymbol{L}(t_{k+1})\boldsymbol{S}(t_{k+1})\boldsymbol{L}^{\mathrm{T}}(t_{k+1})) \tag{8.94d}$$

geschrieben werden.

Alternativ kann auch zuerst mit

$$\boldsymbol{P}(t_{k+1}) = \frac{1}{\lambda}\left(\boldsymbol{P}(t_k) - \boldsymbol{P}(t_k)\frac{\mathrm{d}\boldsymbol{e}^{\mathrm{T}}(t_{k+1})}{\mathrm{d}\hat{\boldsymbol{p}}}\boldsymbol{S}^{-1}(t_{k+1})\frac{\mathrm{d}\boldsymbol{e}(t_{k+1})}{\mathrm{d}\hat{\boldsymbol{p}}^{\mathrm{T}}}\boldsymbol{P}(t_k)\right) \tag{8.95}$$

die neue Kovarianzmatrix und daraus dann die Verstärkungsmatrix $\boldsymbol{L}(t_{k+1})$ für die Korrektur des Parameterschätzwerts gemäß

$$\boldsymbol{L}(t_{k+1}) = \boldsymbol{P}(t_{k+1})\frac{\mathrm{d}\boldsymbol{e}^{\mathrm{T}}(t_{k+1})}{\mathrm{d}\hat{\boldsymbol{p}}}\boldsymbol{A}^{-1}(t_{k+1}) \tag{8.96}$$

berechnet werden. Über die Definition der Matrizen

$$\bar{\boldsymbol{P}}(t_{k+1}) = \frac{1}{\lambda}\boldsymbol{P}(t_{k+1}) \tag{8.97}$$

und

$$\bar{\boldsymbol{S}}(t_{k+1}) = \frac{1}{\lambda}\boldsymbol{S}(t_{k+1}) \tag{8.98}$$

ergibt sich eine ebenfalls gebräuchliche Darstellung in der Form

$$\bar{\boldsymbol{S}}(t_{k+1}) = \boldsymbol{A}(t_{k+1}) + \frac{\mathrm{d}\boldsymbol{e}(t_{k+1})}{\mathrm{d}\hat{\boldsymbol{p}}^{\mathrm{T}}}\bar{\boldsymbol{P}}(t_k)\frac{\mathrm{d}\boldsymbol{e}^{\mathrm{T}}(t_{k+1})}{\mathrm{d}\hat{\boldsymbol{p}}}, \tag{8.99a}$$

$$\boldsymbol{L}(t_{k+1}) = \bar{\boldsymbol{P}}(t_k)\frac{\mathrm{d}\boldsymbol{e}^{\mathrm{T}}(t_{k+1})}{\mathrm{d}\hat{\boldsymbol{p}}}\bar{\boldsymbol{S}}^{-1}(t_{k+1}), \tag{8.99b}$$

$$\hat{\boldsymbol{p}}(t_{k+1}) = \hat{\boldsymbol{p}}(t_k) - \boldsymbol{L}(t_{k+1})\boldsymbol{e}(t_{k+1}) \tag{8.99c}$$

und

$$\bar{\boldsymbol{P}}(t_{k+1}) = \frac{1}{\lambda}(\bar{\boldsymbol{P}}(t_{k+1}) - \boldsymbol{L}(t_{k+1})\bar{\boldsymbol{S}}(t_{k+1})\boldsymbol{L}^{\mathrm{T}}(t_{k+1})). \tag{8.99d}$$

Die Gleichung für die neue Kovarianzmatrix entspricht in dieser Form Gl. (3.189) aus Abschnitt 3.4.1 für einen konstanten Vergessensfaktor $\rho(k) = \lambda$. Die Formulierungen des Algorithmus mit den Gln. (8.94a) bis (8.94d) und Gln. (8.99a) bis (8.99d) sind vollständig gleich, wenn für die Anfangswerte die Beziehung $\bar{\boldsymbol{P}}(t_0) = \boldsymbol{P}(t_0)/\lambda$ gilt. Tabelle 8.1 fasst den rekursiven Gauß-Newton-Algorithmus für das *Least-Squares*-Gütefunktional zusammen.

Zur Implementierung dieses Algorithmus muss der Gradient des Fehlers bezüglich des Parametervektors berechnet werden. Für allgemeine Modelle mit nichtlinearen Abhängigkeiten der Ausgangsgröße von den Parametern kann eine Berechnung des Gradienten schwierig oder unmöglich sein. Bei einer linearen Abhängigkeit des Fehlers von den Parametern, wenn also der Fehler in der Form

$$\boldsymbol{e}(t_k) = \boldsymbol{y}_{\mathrm{V}}(t_k) - \boldsymbol{M}(t_k)\,\boldsymbol{p}_{\mathrm{M}} \tag{8.100}$$

angegeben werden kann, wobei die Vergleichsgröße $\boldsymbol{y}_{\mathrm{V}}(t_k)$ und die Datenmatrix $\boldsymbol{M}(t_k)$ nicht vom Parametervektor abhängen, ergibt sich aus dem hier vorgestellten Algorithmus der rekursive *Least-Squares*-Algorithmus, der für lineare Systeme in Abschnitt 3.3.2 behandelt wird. Auf diesen Spezialfall wird in Abschnitt 8.4.2 näher eingegangen. In anderen Fällen kann eine rekursive Berechnung des Gradienten in Form eines Empfindlichkeitsmodells erforderlich sein. Gradientenberechnung und Empfindlichkeitsmodelle werden in Abschnitt 8.2.5 betrachtet.

Tabelle 8.1 Rekursiver Gauß-Newton-Algorithmus für ein *Least-Squares*-Gütefunktional

Gewichtungsmatrix (Möglichkeit I)	$\boldsymbol{S}(t_{k+1}) = \lambda \boldsymbol{A}(t_{k+1}) + \frac{\mathrm{d}\boldsymbol{e}(t_{k+1})}{\mathrm{d}\hat{\boldsymbol{p}}^{\mathrm{T}}} \boldsymbol{P}(t_k) \frac{\mathrm{d}\boldsymbol{e}^{\mathrm{T}}(t_{k+1})}{\mathrm{d}\hat{\boldsymbol{p}}}$
Gewichtungsmatrix (Möglichkeit II)	$\boldsymbol{S}(t_{k+1}) = \boldsymbol{A}(t_{k+1}) + \frac{\mathrm{d}\boldsymbol{e}(t_{k+1})}{\mathrm{d}\hat{\boldsymbol{p}}^{\mathrm{T}}} \boldsymbol{P}(t_k) \frac{\mathrm{d}\boldsymbol{e}^{\mathrm{T}}(t_{k+1})}{\mathrm{d}\hat{\boldsymbol{p}}}$
Verstärkungsmatrix	$\boldsymbol{L}(t_{k+1}) = \boldsymbol{P}(t_k) \frac{\mathrm{d}\boldsymbol{e}^{\mathrm{T}}(t_{k+1})}{\mathrm{d}\hat{\boldsymbol{p}}} \boldsymbol{S}^{-1}(t_{k+1})$
Parameterkorrektur	$\hat{\boldsymbol{p}}(t_{k+1}) = \hat{\boldsymbol{p}}(t_k) - \boldsymbol{L}(t_{k+1})\boldsymbol{e}(t_{k+1})$
Kovarianzmatrix-korrektur	$\boldsymbol{P}(t_{k+1}) = \frac{1}{\lambda}(\boldsymbol{P}(t_k) - \boldsymbol{L}(t_{k+1})\boldsymbol{S}(t_{k+1})\boldsymbol{L}^{\mathrm{T}}(t_{k+1}))$

8.2.4.2 Rekursiver Gauß-Newton-Algorithmus für ein Maximum-Likelihood-Gütefunktional

Auch für das *Maximum-Likelihood*-Gütefunktional kann ein rekursiver Gauß-Newton-Algorithmus entwickelt werden, der im Folgenden dargestellt wird. Dabei wird ersichtlich, dass dieser Algorithmus deutlich aufwendiger ist als die rekursive Schätzung auf Basis des *Least-Squares*-Gütefunktionals. In vielen Fällen wird daher die einfachere *Least-Squares*-Schätzung verwendet, auch wenn dies auf Kosten wünschenswerter Eigenschaften wie z.B. Konsistenz und minimale Varianz des Schätzfehlers geht.

Ausgangspunkt ist das *Maximum-Likelihood*-Gütefunktional, welches sich aus der negativen *Log-Likelihood*-Funktion für normal verteilte Fehler zu

$$I_{\mathrm{ML}}(t_k, \boldsymbol{p}_{\mathrm{M}}) = \frac{1}{2} \sum_{i=1}^{k} \left(\boldsymbol{e}^{\mathrm{T}}(t_i, \boldsymbol{p}_{\mathrm{M}}) \boldsymbol{A}^{-1}(t_i, \boldsymbol{p}_{\mathrm{M}}) \boldsymbol{e}(t_i, \boldsymbol{p}_{\mathrm{M}}) + \ln\det \boldsymbol{A}(t_i, \boldsymbol{p}_{\mathrm{M}})\right) \tag{8.101}$$

ergibt ([MN99], S. 325; [CMW96]). Dabei ist $\boldsymbol{A}$ die Kovarianzmatrix des Fehlers, die hier als unbekannt angenommen und ebenfalls über $\boldsymbol{p}_{\mathrm{M}}$ parametriert wird.[13]

[13] Die Parametrierung der Kovarianzmatrix entspricht prinzipiell der bereits in Abschnitt 8.2 erwähnten allgemeineren Sichtweise, die Wahrscheinlichkeitsdichte der Messwerte als Modell aufzufassen ([Lju99],

Im Folgenden wird zur Vereinfachung der Notation die Abhängigkeit der Größen vom Parametervektor nicht mehr explizit angegeben. Unter Berücksichtigung der Tatsache, dass alle parameterabhängigen Größen mit dem jeweils aktuell vorliegenden Schätzwert berechnet werden, lässt sich der Gradient dieses Gütefunktionals in Anlehnung an die Notation in [CMW96] und Gl. (8.86) als

$$\frac{\mathrm{d}I_{\mathrm{ML}}(t_k)}{\mathrm{d}\hat{\boldsymbol{p}}} = \sum_{i=1}^{k} \left(\frac{\mathrm{d}\boldsymbol{e}^{\mathrm{T}}(t_i)}{\mathrm{d}\hat{\boldsymbol{p}}} \boldsymbol{A}^{-1}(t_i)\boldsymbol{e}(t_i) + \frac{1}{2}(\boldsymbol{\eta}(t_i) - \boldsymbol{\mu}(t_i)) \right) \tag{8.102}$$

schreiben. Die Größen $\boldsymbol{\eta}$ und $\boldsymbol{\mu}$ ergeben sich dabei zu (siehe Gl. (12) in [CMW96])

$$\boldsymbol{\eta}(t_i) = \begin{bmatrix} \mathrm{spur}\left(\boldsymbol{A}^{-1}(t_i)\dfrac{\mathrm{d}\boldsymbol{A}(t_i)}{\mathrm{d}\hat{p}_1}\right) \\ \vdots \\ \mathrm{spur}\left(\boldsymbol{A}^{-1}(t_i)\dfrac{\mathrm{d}\boldsymbol{A}(t_i)}{\mathrm{d}\hat{p}_s}\right) \end{bmatrix} \tag{8.103}$$

und

$$\boldsymbol{\mu}(t_i) = \begin{bmatrix} \boldsymbol{e}^{\mathrm{T}}(t_i)\boldsymbol{A}^{-1}(t_i)\dfrac{\mathrm{d}\boldsymbol{A}(t_i)}{\mathrm{d}\hat{p}_1}\boldsymbol{A}^{-1}(t_i)\boldsymbol{e}(t_i) \\ \vdots \\ \boldsymbol{e}^{\mathrm{T}}(t_i)\boldsymbol{A}^{-1}(t_i)\dfrac{\mathrm{d}\boldsymbol{A}(t_i)}{\mathrm{d}\hat{p}_s}\boldsymbol{A}^{-1}(t_i)\boldsymbol{e}(t_i) \end{bmatrix}, \tag{8.104}$$

wobei s die Anzahl der zu bestimmenden Parameter ist.

Eine alternative Darstellung ([May82], Gl. (10-29a)) ist

$$\boldsymbol{\eta}(t_i) - \boldsymbol{\mu}(t_i) = \begin{bmatrix} \mathrm{spur}\left(\left[\boldsymbol{A}^{-1}(t_i) - \boldsymbol{A}^{-1}(t_i)\boldsymbol{e}(t_i)\boldsymbol{e}^{\mathrm{T}}(t_i)\boldsymbol{A}^{-1}(t_i)\right]\dfrac{\mathrm{d}\boldsymbol{A}(t_i)}{\mathrm{d}\hat{p}_1}\right) \\ \vdots \\ \mathrm{spur}\left(\left[\boldsymbol{A}^{-1}(t_i) - \boldsymbol{A}^{-1}(t_i)\boldsymbol{e}(t_i)\boldsymbol{e}^{\mathrm{T}}(t_i)\boldsymbol{A}^{-1}(t_i)\right]\dfrac{\mathrm{d}\boldsymbol{A}(t_i)}{\mathrm{d}\hat{p}_s}\right) \end{bmatrix}. \tag{8.105}$$

Mittels der Matrixdifferentialrechnung (siehe Anhang G) lassen sich die kompakteren Darstellungen

$$\boldsymbol{\eta}(t_i) = \left[\mathbf{I}_s \otimes \mathrm{row}(\boldsymbol{A}^{-1}(t_i))\right] \mathrm{col}\frac{\mathrm{d}\boldsymbol{A}(t_i)}{\mathrm{d}\hat{\boldsymbol{p}}^{\mathrm{T}}} \tag{8.106}$$

und

$$\boldsymbol{\mu}(t_i) = \left[\mathbf{I}_s \otimes \boldsymbol{e}^{\mathrm{T}}(t_i)\boldsymbol{A}^{-1}(t_i)\right] \frac{\mathrm{d}\boldsymbol{A}(t_i)}{\mathrm{d}\hat{\boldsymbol{p}}}\boldsymbol{A}^{-1}(t_i)\boldsymbol{e}(t_i) \tag{8.107}$$

oder

$$\boldsymbol{\eta}(t_i) - \boldsymbol{\mu}(t_i) = \left[\mathbf{I}_s \otimes \mathrm{row}(\boldsymbol{A}^{-1}(t_i) - \boldsymbol{A}^{-1}(t_i)\boldsymbol{e}(t_i)\boldsymbol{e}^{\mathrm{T}}(t_i)\boldsymbol{A}^{-1}(t_i))\right] \mathrm{col}\frac{\mathrm{d}\boldsymbol{A}(t_i)}{\mathrm{d}\hat{\boldsymbol{p}}^{\mathrm{T}}} \tag{8.108}$$

Abschnitt 5.7). Dabei kommt zum Ausdruck, dass die stochastischen Eigenschaften der auftretenden Störungen ebenfalls zum Modell gehören.

herleiten [Boh00]. Dabei bezeichnet „row“ den Zeilenoperator, der eine Matrix zeilenweise in einen Zeilenvektor umwandelt und „col“ den Spaltenoperator, der eine Matrix spaltenweise in einen Spaltenvektor umwandelt. Das Symbol $\otimes$ steht wieder für das Kroneckerprodukt.

Die normalisierte Informationsmatrix ergibt sich zu

$$\boldsymbol{R}(t_k) = \frac{1}{k}\sum_{i=1}^{k}\left(\frac{\mathrm{d}\boldsymbol{e}^{\mathrm{T}}(t_i)}{\mathrm{d}\hat{\boldsymbol{p}}}\boldsymbol{A}^{-1}(t_i)\frac{\mathrm{d}\boldsymbol{e}(t_i)}{\mathrm{d}\hat{\boldsymbol{p}}^{\mathrm{T}}} + \frac{1}{2}\boldsymbol{\eta}(t_i)\boldsymbol{\eta}^{\mathrm{T}}(t_i)\right). \tag{8.109}$$

Damit lässt sich der rekursive Gauß-Newton-Algorithmus aus [CMW96] unter Verwendung einer etwas anderen Notation und mit einem Vergessensfaktor in der in Tabelle 8.2 dargestellten Form angeben [Boh00].

8.2.5 Gradientenberechnung und Empfindlichkeitsmodelle

Wie in den vorangegangenen Abschnitten ausgeführt, entspricht die Aufgabe der Parameterschätzung in der Systemidentifikation der Minimierung eines Gütefunktionals. Im Folgenden soll davon ausgegangen werden, dass das Identifikationsverfahren als Modellanpassungsverfahren dargestellt werden kann. Damit geht in das Gütefunktional der Modellfehler $\boldsymbol{e}$ ein, der von dem Vektor der Modellparameter $\boldsymbol{p}_{\mathrm{M}}$ abhängt. Das Gütefunktional hat also allgemein die Form

$$I = I(\boldsymbol{e}(\boldsymbol{p}_{\mathrm{M}})). \tag{8.110}$$

Zur Minimierung des Gütefunktionals werden oft Optimierungsverfahren eingesetzt, die den Gradienten des Gütefunktionals verwenden. Ein Beispiel hierfür ist das in den Abschnitten 8.2.4.1 und 8.2.4.2 vorgestellte rekursive Gauß-Newton-Verfahren. Der Gradient des Gütefunktionals aus Gl. (8.110) ergibt sich über die Matrixkettenregel (siehe Anhang G, Abschnitt G.3) zu

$$\frac{\mathrm{d}I}{\mathrm{d}\boldsymbol{p}_{\mathrm{M}}} = \frac{\mathrm{d}\boldsymbol{e}^{\mathrm{T}}}{\mathrm{d}\boldsymbol{p}_{\mathrm{M}}}\cdot\frac{\mathrm{d}I}{\mathrm{d}\boldsymbol{e}}. \tag{8.111}$$

In dieser Beziehung tritt die Ableitung des Modellfehlers $\boldsymbol{e}$ nach dem Parametervektor $\boldsymbol{p}_{\mathrm{M}}$ auf. Der Modellfehler ist

$$\boldsymbol{e}(\boldsymbol{p}_{\mathrm{M}}) = \boldsymbol{y}_{\mathrm{V}} - \boldsymbol{y}_{\mathrm{M}}(\boldsymbol{p}_{\mathrm{M}}), \tag{8.112}$$

wobei nur die Modellausgangsgröße $\boldsymbol{y}_{\mathrm{M}}$ und nicht die Vergleichsgröße $\boldsymbol{y}_{\mathrm{V}}$ vom Modellparametervektor abhängt. Damit gilt für die Ableitung des Modellfehlers nach dem Parametervektor

$$\frac{\mathrm{d}\boldsymbol{e}^{\mathrm{T}}(\boldsymbol{p}_{\mathrm{M}})}{\mathrm{d}\boldsymbol{p}_{\mathrm{M}}} = -\frac{\mathrm{d}\boldsymbol{y}_{\mathrm{M}}^{\mathrm{T}}(\boldsymbol{p}_{\mathrm{M}})}{\mathrm{d}\boldsymbol{p}_{\mathrm{M}}}. \tag{8.113}$$

Die darin auftretende Ableitung des Modellausgangs $\boldsymbol{y}_{\mathrm{M}}$ nach dem Parametervektor $\boldsymbol{p}_{\mathrm{M}}$ wird als Ausgangs-Empfindlichkeit oder kurz als Empfindlichkeit bezeichnet.[14]

[14] Allerdings wird der Begriff Empfindlichkeit in der Systemidentifikation nicht nur für die Ableitung des Modellausgangs, sondern auch für die Ableitung der Fehlers (Fehler-Empfindlichkeit) sowie für die Ableitung ggf. vorhandener interner Größen im Modell, z.B. Zustandsgrößen (Zustands-Empfindlichkeit), nach dem Parametervektor verwendet. Bei der Parameterschätzung für neuronale Netze (siehe Abschnitt 8.4.3) wird die Ableitung des Gütefunktionals nach den Aktivitäten als Empfindlichkeit bezeichnet.

Tabelle 8.2 Rekursiver Gauß-Newton-Algorithmus für ein *Maximum-Likelihood*-Gütefunktional

Ausdrücke für die Gradienten-berechnung	$\boldsymbol{\eta}(t_{k+1}) = \left[\mathbf{I}_s \otimes \mathrm{row}(\boldsymbol{A}^{-1}(t_{k+1}))\right] \mathrm{col}\dfrac{\mathrm{d}\boldsymbol{A}(t_{k+1})}{\mathrm{d}\hat{\boldsymbol{p}}^{\mathrm{T}}}$ $\boldsymbol{\mu}(t_{k+1}) = \left[\mathbf{I}_s \otimes \boldsymbol{e}^{\mathrm{T}}(t_{k+1})\boldsymbol{A}^{-1}(t_{k+1})\right] \cdot \cdot \dfrac{\mathrm{d}\boldsymbol{A}(t_{k+1})}{\mathrm{d}\hat{\boldsymbol{p}}}\boldsymbol{A}^{-1}(t_{k+1})\boldsymbol{e}(t_{k+1})$
Gewichtungs-matrix	$\boldsymbol{S}(t_{k+1}) = \lambda\boldsymbol{A}(t_{k+1}) + \dfrac{\mathrm{d}\boldsymbol{e}(t_{k+1})}{\mathrm{d}\hat{\boldsymbol{p}}^{\mathrm{T}}}\boldsymbol{P}(t_k)\dfrac{\mathrm{d}\boldsymbol{e}^{\mathrm{T}}(t_{k+1})}{\mathrm{d}\hat{\boldsymbol{p}}}$
Verstärkungs-matrix	$\boldsymbol{L}(t_{k+1}) = \boldsymbol{P}(t_k)\dfrac{\mathrm{d}\boldsymbol{e}^{\mathrm{T}}(t_{k+1})}{\mathrm{d}\hat{\boldsymbol{p}}}\boldsymbol{S}^{-1}(t_{k+1})$
Zwischengrößen für Kovarianz-matrixkorrektur	$\boldsymbol{P}^*(t_{k+1}) = \dfrac{1}{\lambda}(\boldsymbol{P}(t_k) - \boldsymbol{L}(t_{k+1})\boldsymbol{S}(t_{k+1})\boldsymbol{L}^{\mathrm{T}}(t_{k+1}))$ $S^*(t_{k+1}) = 2 + \boldsymbol{\eta}^{\mathrm{T}}(t_{k+1})\boldsymbol{P}^*(t_{k+1})\boldsymbol{\eta}(t_{k+1})$ $\boldsymbol{L}^*(t_{k+1}) = \dfrac{\boldsymbol{P}^*(t_{k+1})\boldsymbol{\eta}(t_{k+1})}{S^*(t_{k+1})}$
Kovarianz-matrixkorrektur	$\boldsymbol{P}(t_{k+1}) = \boldsymbol{P}^*(t_{k+1}) - \boldsymbol{L}^*(t_{k+1})S^*(t_{k+1})\boldsymbol{L}^{*\mathrm{T}}(t_{k+1})$
Parameter-korrektur	$\hat{\boldsymbol{p}}(t_{k+1}) = \hat{\boldsymbol{p}}(t_k) - \boldsymbol{L}(t_{k+1})\boldsymbol{e}(t_{k+1}) - \dfrac{1}{2}\boldsymbol{P}(t_{k+1})(\boldsymbol{\eta}(t_{k+1}) - \boldsymbol{\mu}(t_{k+1}))$

Zur Implementierung eines gradientenbasierten Optimierungsalgorithmus für die Parameterschätzung muss also die Ausgangs-Empfindlichkeit bekannt sein bzw. berechnet werden können. Dabei ist es im Allgemeinen nicht möglich, für die Ausgangs-Empfindlichkeit einen geschlossenen Ausdruck anzugeben. Ein Spezialfall, bei dem ein geschlossener Ausdruck angegeben werden kann, ist der eines linear parameterabhängigen Eingangs-Ausgangs-Modells. Dieses Modell lautet

$$\boldsymbol{y}_{\mathrm{M}} = \boldsymbol{M}\boldsymbol{p}_{\mathrm{M}}, \tag{8.114}$$

wobei $\boldsymbol{M}$ eine vom Modellparametervektor unabhängige Datenmatrix ist. Die Ausgangs-Empfindlichkeit ergibt sich dann zu

$$\frac{\mathrm{d}\boldsymbol{y}_{\mathrm{M}}^{\mathrm{T}}}{\mathrm{d}\boldsymbol{p}_{\mathrm{M}}} = \boldsymbol{M}^{\mathrm{T}} \tag{8.115}$$

und ist somit vom Modellparametervektor unabhängig.

In vielen Fällen stellt der Modellfehler eine Größe im Zeitbereich dar und in das Gütefunktional gehen zurückliegenden Modellfehler ein, d.h.

$$I(t_k) = I(\boldsymbol{e}(t_0,\boldsymbol{p}_{\mathrm{M}}),\boldsymbol{e}(t_1,\boldsymbol{p}_{\mathrm{M}}),\ldots,\boldsymbol{e}(t_{k-1},\boldsymbol{p}_{\mathrm{M}}),\boldsymbol{e}(t_k,\boldsymbol{p}_{\mathrm{M}})). \tag{8.116}$$

Der Gradient des Gütefunktionals ergibt sich damit zu

$$\frac{\mathrm{d}I(t_k)}{\mathrm{d}\boldsymbol{p}_{\mathrm{M}}} = \sum_{i=0}^{k} \frac{\mathrm{d}\boldsymbol{e}^{\mathrm{T}}(t_i)}{\mathrm{d}\boldsymbol{p}_{\mathrm{M}}} \cdot \frac{\mathrm{d}I(t_i)}{\mathrm{d}\boldsymbol{e}(t_i)} = -\sum_{i=0}^{k} \frac{\mathrm{d}\boldsymbol{y}_{\mathrm{M}}^{\mathrm{T}}(t_i)}{\mathrm{d}\boldsymbol{p}_{\mathrm{M}}} \cdot \frac{\mathrm{d}I(t_i)}{\mathrm{d}\boldsymbol{e}(t_i)}. \tag{8.117}$$

Die Empfindlichkeit ist dann eine Größe im Zeitbereich, die oftmals über ein Empfindlichkeitsmodell berechnet werden kann. Das Empfindlichkeitsmodell stellt ein dynamisches Modell dar, dessen Ausgangsgröße die Empfindlichkeit ist. Als Beispiel wird der in Abschnitt 3.5.3 betrachtete Prädiktor für das ARMAX-Modell herangezogen. Im Zeitbereich lautet das Prädiktormodell

$$y_{\mathrm{M}}(t_k) = -\sum_{i=1}^{n_y} a_i y(t_{k-i}) + \sum_{i=0}^{n_u} b_i u(t_{k-i}) + \sum_{i=1}^{n_e} c_i (y(t_{k-i}) - y_{\mathrm{M}}(t_{k-i})). \tag{8.118}$$

Mit Einführung des Datenvektors

$$\boldsymbol{m}(t_k,\boldsymbol{p}_{\mathrm{M}}) = \begin{bmatrix} -y(t_{k-1}) \\ \vdots \\ -y(t_{k-n_y}) \\ u(t_k) \\ \vdots \\ u(t_{k-n_u}) \\ y(t_{k-1}) - y_{\mathrm{M}}(t_{k-1}) \\ \vdots \\ y(t_{k-n_e}) - y_{\mathrm{M}}(t_{k-n_e}) \end{bmatrix}, \tag{8.119}$$

der über die Größen $y_{\mathrm{M}}(t_{k-1}), \ldots, y_{\mathrm{M}}(t_{k-n_e})$ vom Parametervektor

$$\boldsymbol{p}_{\mathrm{M}} = \begin{bmatrix} a_1 & \dots & a_{n_y} & b_0 & \dots & b_{n_u} & c_1 & \dots & c_{n_e} \end{bmatrix}^{\mathrm{T}} \tag{8.120}$$

abhängt, kann das Modell aus Gl. (8.118) auch als

$$y_{\mathrm{M}}(t_k, \boldsymbol{p}_{\mathrm{M}}) = \boldsymbol{m}^{\mathrm{T}}(t_k, \boldsymbol{p}_{\mathrm{M}})\, \boldsymbol{p}_{\mathrm{M}} \tag{8.121}$$

geschrieben werden. Die Empfindlichkeit ergibt sich damit unter Beachtung der Produktregel zunächst zu

$$\frac{\mathrm{d}y_{\mathrm{M}}(t_k, \boldsymbol{p}_{\mathrm{M}})}{\mathrm{d}\boldsymbol{p}_{\mathrm{M}}} = \boldsymbol{m}(t_k, \boldsymbol{p}_{\mathrm{M}}) + \frac{\mathrm{d}\boldsymbol{m}^{\mathrm{T}}(t_k, \boldsymbol{p}_{\mathrm{M}})}{\mathrm{d}\boldsymbol{p}_{\mathrm{M}}} \cdot \boldsymbol{p}_{\mathrm{M}}. \tag{8.122}$$

Dabei ist mit Gl. (8.119)

$$\frac{\mathrm{d}\boldsymbol{m}^{\mathrm{T}}(t_k, \boldsymbol{p}_{\mathrm{M}})}{\mathrm{d}\boldsymbol{p}_{\mathrm{M}}} = \begin{bmatrix} \mathbf{0} & \cdots & \mathbf{0} & -\dfrac{\mathrm{d}y_{\mathrm{M}}(t_{k-1})}{\mathrm{d}\boldsymbol{p}_{\mathrm{M}}} & \cdots & -\dfrac{\mathrm{d}y_{\mathrm{M}}(t_{k-n_e})}{\mathrm{d}\boldsymbol{p}_{\mathrm{M}}} \end{bmatrix} \tag{8.123}$$

und es ergibt sich für die Berechnung der Empfindlichkeit schließlich die rekursive Gleichung

$$\frac{\mathrm{d}y_{\mathrm{M}}(t_k)}{\mathrm{d}\boldsymbol{p}_{\mathrm{M}}} = \boldsymbol{m}(t_k, \boldsymbol{p}_{\mathrm{M}}) - \sum_{i=1}^{n_e} c_i \frac{\mathrm{d}y_{\mathrm{M}}(t_{k-i})}{\mathrm{d}\boldsymbol{p}_{\mathrm{M}}}. \tag{8.124}$$

Eine solche rekursive Berechnungsvorschrift für die Empfindlichkeiten ist ein typischer Baustein vieler Identifikationsalgorithmen. Dies gilt, wie das Beispiel des linearen ARMAX-Modells zeigt, nicht nur für nichtlineare Systeme. Wie oben erwähnt, wird die Berechnungsvorschrift für die Empfindlichkeit als Empfindlichkeitsmodell bezeichnet. Für die Berechnung der Empfindlichkeit muss ein Anfangswert vorgegeben werden.

Als weitere Schwierigkeit ergibt sich, dass das Empfindlichkeitsmodell, wie aus Gl. (8.124) ersichtlich, wiederum von den Modellparametern abhängt. Die Empfindlichkeit kann damit jeweils nur für einen bestimmten Wert des Modellparametervektors berechnet werden. Sobald ein neuer Schätzwert vorliegt, müsste also die gesamte Empfindlichkeitsberechnung mit diesem neuen Parameterschätzwert nochmals durchgeführt werden. Prinzipiell wäre dies möglich. Für den Einsatz in rekursiven Parameterschätzverfahren ist ein solches Vorgehen aber ungeeignet. Daher wird bei rekursiven Identifikationsverfahren für die Berechnung der aktuellen Empfindlichkeit jeweils der aktuell vorliegende Parameterschätzwert verwendet und zurückliegende Werte der Empfindlichkeiten werden nicht neu berechnet. Da die Empfindlichkeit zum Zeitpunkt t_k benötigt wird, um den Gradienten zum Zeitpunkt t_k und daraus einen neuen Schätzwert $\hat{\boldsymbol{p}}(t_k)$ für den Zeitpunkt t_k zu berechnen, erfolgt die Berechnung dieser Empfindlichkeit mit dem vorherigen Schätzwert $\hat{\boldsymbol{p}}(t_{k-1})$. Für Gl. (8.124) bedeutet dies

$$\left.\frac{\mathrm{d}y_{\mathrm{M}}(t_k)}{\mathrm{d}\boldsymbol{p}_{\mathrm{M}}}\right|_{\boldsymbol{p}_{\mathrm{M}}=\hat{\boldsymbol{p}}(t_{k-1})} = \boldsymbol{m}(t_k,\hat{\boldsymbol{p}}(t_{k-1})) - \sum_{i=1}^{n} \hat{c}_i(t_{k-1}) \left.\frac{\mathrm{d}y_{\mathrm{M}}(t_{k-i})}{\mathrm{d}\boldsymbol{p}_{\mathrm{M}}}\right|_{\boldsymbol{p}_{\mathrm{M}}=\hat{\boldsymbol{p}}(t_{k-1-i})}. \tag{8.125}$$

Im Folgenden wird zur Vereinfachung wieder die in Abschnitt 8.2.4.1 eingeführte Notation

$$\frac{\mathrm{d}(\cdot)(t_k)}{\mathrm{d}\hat{\boldsymbol{p}}} = \left.\frac{\mathrm{d}(\cdot)(t_k, \boldsymbol{p}_{\mathrm{M}})}{\mathrm{d}\boldsymbol{p}_{\mathrm{M}}}\right|_{\boldsymbol{p}_{\mathrm{M}}=\hat{\boldsymbol{p}}(t_{k-1})} \tag{8.126}$$

verwendet. Mit dieser Notation lautet Gl. (8.125)

$$\frac{\mathrm{d}y_{\mathrm{M}}(t_k)}{\mathrm{d}\hat{\boldsymbol{p}}} = \boldsymbol{m}(t_k,\hat{\boldsymbol{p}}(t_{k-1})) - \sum_{i=1}^{n} \hat{c}_i(t_{k-1}) \frac{\mathrm{d}y_{\mathrm{M}}(t_{k-i})}{\mathrm{d}\hat{\boldsymbol{p}}}. \tag{8.127}$$

Für die Herleitung von rekursiven Parameterschätzverfahren wird bezüglich des Gradienten bzw. bezüglich des Gütefunktionals eine weitere Annahme getroffen, welche die Berechnung wesentlich vereinfacht. Der Gradient zum Zeitpunkt t_k aus Gl. (8.117) kann als

$$\frac{\mathrm{d}I(t_k)}{\mathrm{d}\boldsymbol{p}_{\mathrm{M}}} = \frac{\mathrm{d}I(t_{k-1})}{\mathrm{d}\boldsymbol{p}_{\mathrm{M}}} - \frac{\mathrm{d}\boldsymbol{y}_{\mathrm{M}}^{\mathrm{T}}(t_k)}{\mathrm{d}\boldsymbol{p}_{\mathrm{M}}} \cdot \frac{\mathrm{d}I(t_k)}{\mathrm{d}\boldsymbol{e}(t_k)} \tag{8.128}$$

angegeben werden. Einsetzen des für die Berechnung vorliegenden aktuellen Schätzwerts $\hat{\boldsymbol{p}}(t_{k-1})$ liefert

$$\left.\frac{\mathrm{d}I(t_k)}{\mathrm{d}\boldsymbol{p}_{\mathrm{M}}}\right|_{\boldsymbol{p}_{\mathrm{M}}=\hat{\boldsymbol{p}}(t_{k-1})} = \left.\frac{\mathrm{d}I(t_{k-1})}{\mathrm{d}\boldsymbol{p}_{\mathrm{M}}}\right|_{\boldsymbol{p}_{\mathrm{M}}=\hat{\boldsymbol{p}}(t_{k-1})} - \left.\frac{\mathrm{d}\boldsymbol{y}_{\mathrm{M}}^{\mathrm{T}}(t_k)}{\mathrm{d}\boldsymbol{p}_{\mathrm{M}}}\right|_{\boldsymbol{p}_{\mathrm{M}}=\hat{\boldsymbol{p}}(t_{k-1})} \cdot \frac{\mathrm{d}I(t_k)}{\mathrm{d}\boldsymbol{e}(t_k)}. \tag{8.129}$$

Es ergibt sich damit eine ähnliche Schwierigkeit wie beim Empfindlichkeitsmodell. Zur Berechnung des aktuellen Gradienten wird der zurückliegende Gradient benötigt, allerdings berechnet für den aktuellen Parameterschätzwert. Dies würde bei Vorliegen eines neuen Parameterschätzwerts eine Neuberechnung aller Gradienten erforderlich machen. Zur Vereinfachung wird nun angenommen, dass der vorangegangene Schätzwert $\hat{\boldsymbol{p}}(t_{k-1})$ gerade die optimale Lösung des zugrunde liegenden Optimierungsproblems war. Unter dieser Annahme ergibt sich

$$\left.\frac{\mathrm{d}I(t_{k-1})}{\mathrm{d}\boldsymbol{p}_{\mathrm{M}}}\right|_{\boldsymbol{p}_{\mathrm{M}}=\hat{\boldsymbol{p}}(t_{k-1})} = \boldsymbol{0} \tag{8.130}$$

und die Berechnung des Gradienten zum Zeitpunkt t_k über Gl. (8.129) vereinfacht sich zu

$$\frac{\mathrm{d}I(t_k)}{\mathrm{d}\hat{\boldsymbol{p}}} = -\frac{\mathrm{d}\boldsymbol{y}_{\mathrm{M}}^{\mathrm{T}}(t_k)}{\mathrm{d}\hat{\boldsymbol{p}}} \cdot \frac{\mathrm{d}I(t_k)}{\mathrm{d}\boldsymbol{e}(t_k)}, \tag{8.131}$$

wobei wieder die Notation nach Gl. (8.126) verwendet wurde. Damit ist keine Neuberechnung zeitlich zurückliegender Gradienten erforderlich.

Aus der allgemeinen Form eines rekursiven, auf dem Gradienten basierten Optimierungsalgorithmus [Zyp87]

$$\hat{\boldsymbol{p}}(t_{k+1}) = \hat{\boldsymbol{p}}(t_k) - \boldsymbol{\Gamma}(t_{k+1}) \frac{\mathrm{d}I(t_{k+1})}{\mathrm{d}\hat{\boldsymbol{p}}} \tag{8.132}$$

folgt mit der Näherung aus Gl. (8.131)

$$\hat{\boldsymbol{p}}(t_{k+1}) = \hat{\boldsymbol{p}}(t_k) + \boldsymbol{\Gamma}(t_{k+1}) \frac{\mathrm{d}\boldsymbol{y}_{\mathrm{M}}^{\mathrm{T}}(t_{k+1})}{\mathrm{d}\hat{\boldsymbol{p}}} \cdot \frac{\mathrm{d}I(t_{k+1})}{\mathrm{d}\boldsymbol{e}(t_{k+1})}. \tag{8.133}$$

Die gleiche Form ergibt sich über den Ansatz der stochastischen Approximation [Sar74a], bei dem das Gütefunktional als momentaner Erwartungswert einer Verlustfunktion F aufgefasst wird, die wiederum von dem Modellfehler abhängt, also

$$I(t_k) = \mathrm{E}\left\{F(\boldsymbol{e}(t_k, \boldsymbol{p}_{\mathrm{M}}))\right\}. \tag{8.134}$$

Mit der Optimalitätsbedingung

$$\left.\frac{\mathrm{d}I(t_k)}{\mathrm{d}\boldsymbol{p}_\mathrm{M}}\right|_{\boldsymbol{p}_\mathrm{M}=\hat{\boldsymbol{p}}} = \mathrm{E}\left\{ \left.\frac{\mathrm{d}F(\boldsymbol{e}(t_k,\boldsymbol{p}_\mathrm{M}))}{\mathrm{d}\boldsymbol{p}_\mathrm{M}}\right|_{\boldsymbol{p}_\mathrm{M}=\hat{\boldsymbol{p}}} \right\} = \mathbf{0} \tag{8.135}$$

folgt aus der Theorie der stochastischen Approximation der allgemeine iterative Algorithmus

$$\hat{\boldsymbol{p}}(t_{k+1}) = \hat{\boldsymbol{p}}(t_k) - \boldsymbol{\Gamma}(t_{k+1})\frac{\mathrm{d}F(\boldsymbol{e}(t_{k+1}))}{\mathrm{d}\hat{\boldsymbol{p}}} \tag{8.136}$$

mit der Verstärkungsmatrix $\boldsymbol{\Gamma}(t_k)$. Die Ableitung der Verlustfunktion ergibt sich zu

$$\frac{\mathrm{d}F(\boldsymbol{e}(t_k))}{\mathrm{d}\hat{\boldsymbol{p}}} = -\frac{\mathrm{d}\boldsymbol{y}_\mathrm{M}^\mathrm{T}(t_k)}{\mathrm{d}\hat{\boldsymbol{p}}} \cdot \frac{\mathrm{d}F(\boldsymbol{e}(t_k))}{\mathrm{d}\boldsymbol{e}(t_k)}. \tag{8.137}$$

Einsetzen von Gl. (8.137) in Gl. (8.136) liefert

$$\hat{\boldsymbol{p}}(t_{k+1}) = \hat{\boldsymbol{p}}(t_k) + \boldsymbol{\Gamma}(t_{k+1})\frac{\mathrm{d}\boldsymbol{y}_\mathrm{M}^\mathrm{T}(t_{k+1})}{\mathrm{d}\hat{\boldsymbol{p}}} \cdot \frac{\mathrm{d}F(\boldsymbol{e}(t_{k+1}))}{\mathrm{d}\boldsymbol{e}(t_{k+1})}. \tag{8.138}$$

Für die *Least-Squares*-Schätzung wird für den deterministisch hergeleiteten Algorithmus (8.133) das Gütefunktional

$$I(t_k) = \frac{1}{2}\sum_{i=1}^{k} \boldsymbol{e}^\mathrm{T}(t_i)\boldsymbol{A}^{-1}(t_i)\boldsymbol{e}(t_i) \tag{8.139}$$

mit der Ableitung

$$\frac{\mathrm{d}I(t_k)}{\mathrm{d}\boldsymbol{e}(t_k)} = \boldsymbol{A}^{-1}(t_k)\boldsymbol{e}(t_k) \tag{8.140}$$

und für den Algorithmus der stochastischen Approximation aus Gl. (8.138) das Gütefunktional

$$I(t_k) = \mathrm{E}\left\{\frac{1}{2}\boldsymbol{e}^\mathrm{T}(t_k)\boldsymbol{A}^{-1}(t_k)\boldsymbol{e}(t_k)\right\}, \tag{8.141}$$

also mit

$$F(\boldsymbol{e}(t_k)) = \frac{1}{2}\boldsymbol{e}^\mathrm{T}(t_k)\boldsymbol{A}^{-1}(t_k)\boldsymbol{e}(t_k) \tag{8.142}$$

und der Ableitung

$$\frac{\mathrm{d}F(\boldsymbol{e}(t_k))}{\mathrm{d}\boldsymbol{e}(t_k)} = \boldsymbol{A}^{-1}(t_k)\boldsymbol{e}(t_k) \tag{8.143}$$

verwendet. Damit sind die in den Algorithmen aus Gl. (8.133) und Gl. (8.138) verwendeten Ableitungen gleich und es entsteht in beiden Fällen der Algorithmus

$$\hat{\boldsymbol{p}}(t_{k+1}) = \hat{\boldsymbol{p}}(t_k) + \boldsymbol{\Gamma}(t_{k+1})\frac{\mathrm{d}\boldsymbol{y}_\mathrm{M}^\mathrm{T}(t_{k+1})}{\mathrm{d}\hat{\boldsymbol{p}}} \cdot \boldsymbol{A}^{-1}(t_{k+1})\boldsymbol{e}(t_{k+1}). \tag{8.144}$$

In Abschnitt 8.2.4.1 wurde der rekursive Gauß-Newton-Algorithmus für ein *Least-Squares*-Gütefunktional vorgestellt. Dieser entsteht aus dem allgemeinen Algorithmus nach Gl. (8.144), indem als Verstärkungsmatrix

$$\boldsymbol{\Gamma}(t_k) = \frac{1}{k}\boldsymbol{R}^{-1}(t_k) \tag{8.145}$$

verwendet wird. Dabei ist $\boldsymbol{R}(t_k)$ die normalisierte Informationsmatrix, die auch als Gauß-Näherung der Hesse-Matrix (Matrix der zweiten Ableitungen) des Gütefunktionals interpretiert werden kann und über

$$\boldsymbol{R}(t_k) = \frac{1}{k} \sum_{i=1}^{k} \frac{\mathrm{d}\boldsymbol{e}^{\mathrm{T}}(t_i)}{\mathrm{d}\hat{\boldsymbol{p}}} \boldsymbol{\Lambda}^{-1}(t_i) \frac{\mathrm{d}\boldsymbol{e}(t_i)}{\mathrm{d}\hat{\boldsymbol{p}}^{\mathrm{T}}} \tag{8.146}$$

berechnet wird.

8.3 Explizite Verfahren

8.3.1 Einführung

Wie im vorangegangenen Abschnitt erläutert, werden bei expliziten Verfahren die Parameterschätzwerte, oder bei nichtparametrischen Modellen Funktionsverläufe, direkt über analytische Gleichungen mit geschlossenen Lösungen oder durch einfaches Ablesen aus gemessenen Signalen emittelt. In den folgenden Abschnitten werden zwei explizite Verfahren vorgestellt. Wie im vorangegangenen Abschnitt erläutert, werden bei expliziten Verfahren die Parameterschätzwerte, oder bei nichtparametrischen Modellen Funktionsverläufe, direkt über analytische Gleichungen mit geschlossenen Lösungen oder durch einfaches Ablesen aus gemessenen Signalen emittelt. In den folgenden Abschnitten werden zwei explizite Verfahren vorgestellt.

Zunächst wird in Abschnitt 8.3.2 die Bestimmung von Kernen für Volterra- und Wiener-Reihen über Korrelationsanalyse behandelt. Dieses Vorgehen stellt eine nichtparametrische Identifikation dar. Anschließend wird in Abschnitt 8.3.3 die direkte *Least-Squares*-Schätzung bei linear parameterabhängigem Modell bzw. affin parameterabhängiger Fehlergleichung betrachtet. Nach einer allgemeinen Darstellung der Vorgehensweise in Abschnitt 8.3.3.1 werden als ausgewählte nichtlineare Modellstrukturen das Kolmogorov-Gabor-Polynom (Abschnitt 8.3.3.2), die zeitdiskrete endliche Volterra-Reihe (Abschnitt 8.3.3.5), das bilineare zeitdiskrete Eingangs-Ausgangs-Modell (Abschnitt 8.3.3.4) und Modulationsfunktionsmodelle (Abschnitt 8.3.3.5) behandelt. Die Lösung des zugrunde liegenden *Least-Squares*-Schätzproblems wird in Abschnitt 8.3.3.6 hergeleitet. Im Gegensatz zu der Vorgehensweise in Abschnitt 3.3.1, wo die direkte *Least-Squares*-Lösung bereits über Auswertung der Optimalitätsbedingung (Nullsetzen der ersten Ableitung) hergeleitet wurde, erfolgt die Herleitung in Abschnitt 8.3.3.6 über quadratische Ergänzung. Aufgrund der einfachen Lösung bei der Formulierung einer Identifikationsaufgabe als *Least-Squares*-Schätzproblem wird oftmals eine solche Formulierung angestrebt. In vielen Fällen wird dabei aber kein korrektes Störmodell zugrundegelegt bzw. das Störmodell gar nicht explizit betrachtet, was zu einem systematischen Schätzfehler führt. Diese Aspekte werden in Abschnitt 8.3.3.7 eingehender betrachtet.[15]

[15] Eine ähnliche Betrachtung des systematischen Fehlers bei der *Least-Squares*-Schätzung erfolgte bereits in Abschnitt 3.3.1 im Zusammenhang mit der Parameterschätzung für lineare Eingrößensysteme.

8.3.2 Bestimmung von Kernen für zeitkontinuierliche Volterra- und Wiener-Reihen

In Abschnitt 7.3.1 wurde die Volterra-Reihe für die Beschreibung nichtlinearer Systeme vorgestellt. Dabei wurde erwähnt, dass die Volterra-Reihe als eine Verallgemeinerung des Faltungsintegrals für lineare Systeme interpretiert werden kann bzw. das Faltungsintegral den Spezialfall eines Volterra-Systems erster Ordnung darstellt. Die Volterra-Kerne können also als eine Art verallgemeinerte Impulsantworten interpretiert werden. In Abschnitt 2.2.4.1 wurde beschrieben, wie über Korrelationsanalyse die Impulsantwort eines linearen Systems bestimmt werden kann. Dabei wird das Ergebnis verwendet, dass bei einer Anregung mit weißem Rauschen mit der Intensität A, also

$$\mathrm{E}\left\{u(t_1)u(t_2)\right\} = A\delta(t_1 - t_2), \tag{8.147}$$

die Beziehung

$$g(t_1) = \frac{1}{A}\mathrm{E}\left\{y(t)u(t-t_1)\right\} = \frac{1}{A}\mathrm{E}R_{yu}(t_1) \tag{8.148}$$

gilt. Für $A = 1$ entspricht dies Gl. (2.20). Unter Annahme der Ergodizität gilt für die Kreuzkorrelationsfunktion $R_{yu}(t_1)$ die Beziehung

$$R_{yu}(t_1) = \lim_{T\to\infty} \frac{1}{2T} \int_{-T}^{T} y(t)u(t-t_1)\,\mathrm{d}t. \tag{8.149}$$

Damit kann die Kreuzkorrelationsfunktion (und damit auch die Impulsantwort) näherungsweise durch Integration des Produktes des Ausgangssignals $y(t)$ und des zeitverschobenen Eingangssignals $u(t-t_1)$ über einen ausreichend langen Zeitraum bestimmt werden.

Für ein homogenes System n-ter Ordnung mit der Darstellung gemäß Gl. (7.137) und einem symmetrischen Kern folgt bei Anregung mit mittelwertfreiem weißem gaußverteiltem Rauschen der Intensität A der zu Gl. (8.148) ähnliche Zusammenhang

$$g_{\mathrm{sym},n}(t_1,t_2,\dots,t_n) = \frac{1}{n!A^n}\mathrm{E}\left\{y(t)u(t-t_1)u(t-t_2)\dots u(t-t_n)\right\}. \tag{8.150}$$

Dieser Ausdruck gilt allerdings nur für ungleiche Argumente, also für $t_i \neq t_j$, $i \neq j$.

Der in Gl. (8.150) auftretende Erwartungswert stellt dabei eine Kreuzkorrelationsfunktion höherer Ordnung dar. Aus Gleichung (8.150) könnten also durch Bestimmung der Kreuzkorrelationsfunktionen höherer Ordnungen Werte für den Kern eines homogenen Systems nach Gl. (7.137)) bestimmt werden. Die Einschränkung, dass über Gl. (8.150) der Kern für gleiche Argumente, also $g_{\mathrm{sym},n}(\tau,\tau,\dots,\tau)$ nicht bestimmbar ist, führt bei der allgemeinen Beschreibung eines Systems als Polynomsystem, d.h. als Parallelschaltung endlich vieler homogener Systeme, gemäß Gl. (7.144) bzw. Gl. (7.145) zu erheblichen Problemen. Diese lassen sich nur über zusätzliche, meist recht restriktive Annahmen umgehen (z.B. der Annahme spezieller Systemstrukturen, was wiederum Vorwissen erfordert). So führt der Ansatz, über die Kreuzkorrelationen die Kerne g_1 und $g_{\mathrm{sym},3}$ des durch

$$
\begin{aligned}
y(t) = & \int\limits_{-\infty}^{\infty} g_1(\tau_1) u(t-\tau_1)\,\mathrm{d}\tau_1 \\
& + \int\limits_{-\infty}^{\infty}\int\limits_{-\infty}^{\infty}\int\limits_{-\infty}^{\infty} g_{\mathrm{sym},3}(\tau_1,\tau_2,\tau_3) u(t-\tau_1) u(t-\tau_2) u(t-\tau_3)\,\mathrm{d}\tau_3\,\mathrm{d}\tau_2\,\mathrm{d}\tau_1
\end{aligned}
\tag{8.151}
$$

beschriebenen Polynomsystems dritter Ordnung zu bestimmen, auf die Gleichungen ([Rug81], S. 305; [Schw91], S. 477)

$$
g_{\mathrm{sym},3}(t_1,t_2,t_3) = \frac{1}{3!A^3}\mathrm{E}\left\{y(t)u(t-t_1)u(t-t_2)u(t-t_3)\right\} \text{ für } t_i \neq t_j, i \neq j \tag{8.152}
$$

und

$$
g_1(t_1) = \frac{1}{A}\mathrm{E}\left\{y(t)u(t-t_1)\right\} - 3A \int\limits_{-\infty}^{\infty} g_{\mathrm{sym},3}(\tau,\tau,t_1)\,\mathrm{d}\tau. \tag{8.153}
$$

Wegen der Bedingung $t_1 \neq t_2$ ist aber $g_{\mathrm{sym},3}(\tau,\tau,t_1)$ aus Gl. (8.152) und damit auch $g_1(t_1)$ aus Gl. (8.153) nicht bestimmbar. Der Kern kann also nicht (bzw. nicht ohne weitere einschränkende Annahmen) aus Korrelationsmessungen bestimmt werden.

Über die Verwendung einer anderen Systembeschreibung, der in Abschnitt 7.3.2 vorgestellten Wiener-Reihendarstellung, lassen sich diese Probleme vermeiden. Die Wiener-Reihendarstellung beschreibt den Zusammenhang zwischen Systemausgangssignal und Eingangssignal durch die Funktionalreihe

$$
y(t) = \sum_{i=0}^{\infty} G_i[k_i, u(t)]. \tag{8.154}
$$

Dabei ist $G_i[k_i,u(t)]$ der i-te Wiener-Operator, der über den i-ten Wiener-Kern k_i definiert ist. Für $i = 1,2,...$ ist der Wiener-Operator durch

$$
\begin{aligned}
G_i\left[k_i,u(t)\right] = & \\
& \sum_{j=0}^{[i/2]} \frac{(-1)^j i! A^j}{2^j (i-2j)! j!} \int\limits_{-\infty}^{\infty} \cdots \int\limits_{-\infty}^{\infty} k_i(\tau_1,\ldots,\tau_{i-2j},\sigma_1,\sigma_1,\ldots,\sigma_j,\sigma_j)\,\mathrm{d}\sigma_j \ldots \mathrm{d}\sigma_1 \cdot \\
& \cdot u(t-\tau_1)\ldots u(t-\tau_{i-2j})\,\mathrm{d}\tau_{i-2j}\ldots\mathrm{d}\tau_1
\end{aligned}
\tag{8.155}
$$

gegeben, wobei $[i/2]$ für die größte ganze Zahl nicht größer als $i/2$ steht. Der nullte Wiener-Operator ist

$$
G_0 = k_0, \tag{8.156}
$$

entspricht also dem nullten Wiener-Kern k_0, der eine Konstante ist. Der erste Wiener-Operator ergibt sich zu

$$
G_1\left[k_1,u(t)\right] = \int\limits_{-\infty}^{\infty} k_1(\tau_1) u(t-\tau_1)\,\mathrm{d}\tau \tag{8.157}
$$

und der zweite Wiener-Operator zu

$$G_2\left[k_2,u(t)\right] = \int\limits_{-\infty}^{\infty}\int\limits_{-\infty}^{\infty} k_2(\tau_1,\tau_2)u(t-\tau_1)u(t-\tau_2)\,\mathrm{d}\tau_2\,\mathrm{d}\tau_1 - A\int\limits_{-\infty}^{\infty} k_2(\sigma_1,\sigma_1)\,\mathrm{d}\sigma_1. \tag{8.158}$$

Bei der Verwendung der Wiener-Reihendarstellung wird davon ausgegangen, dass es sich bei dem Eingangssignal um stationäres, mittelwertfreies, weißes, gaußverteiltes Rauschen handelt.

Zur Bestimmung der Wiener-Kerne eines Polynomsystems q-ter Ordnung können die Kreuzkorrelationsfunktionen höherer Ordnung verwendet werden. Der zugrundeliegende Zusammenhang lautet

$$k_i(t_1,\ldots,t_i) = \frac{1}{i!A^i}\mathrm{E}\left\{y(t)u(t-t_1)\ldots u(t-t_i)\right\} \text{ für } t_i \neq t_j, i \neq j. \tag{8.159}$$

Im Gegensatz zu Gl. (8.150) gilt dieser Zusammenhang allgemein für die Wiener-Reihendarstellung und nicht nur für ein homogenes System. Die Bedingung der Ungleichheit der Argumente, $t_j \neq t_j, i \neq j$, die bei Verwendung der Volterra-Kerne beim Übergang von einem homogenen System auf ein Polynomsystem zu Problemen führte, stellt daher bei Verwendung der Wiener-Reihe keine wesentliche Einschränkung mehr dar.

Im Folgenden wird die in Gl. (8.159) angegebene Beziehung hergeleitet. Zunächst wird die Bestimmung des nullten Wiener-Kerns k_0 betrachtet. Dieser kann gemäß Gl. (8.159) mit $i=0$ über

$$\mathrm{E}\left\{y(t)\right\} = k_0 \tag{8.160}$$

bestimmt werden, entspricht also einfach dem Erwartungswert des Ausgangssignals. Um dies zu zeigen, wird der Erwartungswert des Ausgangssignals gebildet. Für diesen Erwartungswert gilt

$$\mathrm{E}\left\{y(t)\right\} = \sum_{i=0}^{q}\mathrm{E}\left\{G_i[k_i,u(t)]\right\}. \tag{8.161}$$

Für den Erwartungswert $\mathrm{E}\left\{G_i[k_i,u(t)]\right\}$ folgt mit Gl. (8.155)

$$\begin{aligned}\mathrm{E}\left\{G_i\left[k_i,u(t)\right]\right\} = \sum_{j=0}^{[i/2]}\frac{(-1)^j i! A^j}{2^j(i-2j)!j!}\int\limits_{-\infty}^{\infty}\ldots\int\limits_{-\infty}^{\infty} k_i(\tau_1,\ldots,\tau_{i-2j},\sigma_1,\sigma_1,\ldots,\sigma_j,\sigma_j)\,\mathrm{d}\sigma_j\ldots\mathrm{d}\sigma_1\\ \cdot\mathrm{E}\left\{u(t-\tau_1)\ldots u(t-\tau_{i-2j})\right\}\mathrm{d}\tau_{i-2j}\ldots\mathrm{d}\tau_1.\end{aligned} \tag{8.162}$$

Zur Abkürzung wird die Autokorrelationsfunktion n-ter Ordnung als

$$R_{uu}(t_1,t_2,\ldots,t_n) = \mathrm{E}\left\{u(t-t_1)\ldots u(t-t_n)\right\} \tag{8.163}$$

definiert. Die gewöhnliche Autokorrelationsfunktion entspricht dann der Autokorrelationsfunktion zweiter Ordnung mit

$$\begin{aligned}R_{uu}(t_1,t_2) &= \mathrm{E}\left\{u(t-t_1)u(t-t_2)\right\}\\ &= \mathrm{E}\left\{u(t-(t_1-t_2))u(t)\right\}\\ &= R_{uu}(t_1-t_2).\end{aligned} \tag{8.164}$$

Mit der Autokorrelationsfunktion n-ter Ordnung kann der Erwartungswert aus Gl. (8.162) auch als

$$\begin{aligned}\mathrm{E}\{G_i\,[k_i,u(t)]\} = \sum_{j=0}^{[i/2]} \frac{(-1)^j i! A^j}{2^j (i-2j)! j!} \cdot \\ \cdot \int_{-\infty}^{\infty} \ldots \int_{-\infty}^{\infty} k_i(\tau_1,\ldots,\tau_{i-2j},\sigma_1,\sigma_1,\ldots,\sigma_j,\sigma_j)\,\mathrm{d}\sigma_j \ldots \mathrm{d}\sigma_1 \cdot \\ \cdot R_{uu}(\tau_1,\ldots,\tau_{i-2j})\,\mathrm{d}\tau_{i-2j} \ldots \mathrm{d}\tau_1\end{aligned} \tag{8.165}$$

angegeben werden.

Für ein mittelwertfreies gaußverteiltes Signal lässt sich die Autokorrelationsfunktion n-ter Ordnung als Summe über Produkte der gewöhnlichen Autokorrelationsfunktion $R_{uu}(t_1,t_2) = R_{uu}(t_1 - t_2)$ darstellen. Der allgemeine Zusammenhang lautet

$$R_{uu}(t_1,t_2,\ldots,t_n) = \begin{cases} 0 & \text{für } n = 1,3,\ldots, \\ \frac{1}{(\frac{n}{2})! \cdot 2^{(\frac{n}{2})}} \cdot & \\ \cdot \sum\limits_{(\nu_1,\ldots,\nu_n)=\pi(n)} R_{uu}(t_{\nu_1} - t_{\nu_2}) \cdot & \\ \cdot R_{uu}(t_{\nu_3} - t_{\nu_4}) \ldots R_{uu}(t_{\nu_{n-1}} - t_{\nu_n}) & \text{für } n = 2,4,\ldots, \end{cases} \tag{8.166}$$

wobei $(\nu_1,\ldots,\nu_n) = \pi(n)$ dafür steht, dass für $\nu_1,\ldots,\nu_n$ alle möglichen Permutationen der Zahlen von 1 bis n eingesetzt werden. Im Gegensatz zur Literatur ([Rug81], Kapitel 5, Gl. (85); [Schw91], Kapitel 11, Gl. (121)) wurde hier eine etwas übersichtlichere Schreibweise gewählt, die jedoch wegen

$$R_{uu}(t_i - t_j) = R_{uu}(t_j - t_i) \tag{8.167}$$

redundante Einträge enthält. Für $n = 2$ ergibt sich

$$R_{uu}(t_1,t_2) = \frac{1}{2}\left\{R_{uu}(t_1 - t_2) + R_{uu}(t_2 - t_1)\right\}. \tag{8.168}$$

Daraus wird mit Gl. (8.167) das bekannte Resultat für die gewöhnliche Autokorrelation

$$R_{uu}(t_1,t_2) = R_{uu}(t_1 - t_2). \tag{8.169}$$

Für $n = 4$ ergibt sich unter Berücksichtigung von Gl. (8.167)

$$\begin{aligned} R_{uu}(t_1,t_2,t_3,t_4) = \; & R_{uu}(t_1 - t_2)R_{uu}(t_3 - t_4) \\ & + R_{uu}(t_1 - t_3)R_{uu}(t_2 - t_4) \\ & + R_{uu}(t_1 - t_4)R_{uu}(t_2 - t_3). \end{aligned} \tag{8.170}$$

Ist das Signal u weiß mit der Intensität A, gilt also für Autokorrelationsfunktion

$$R_{uu}(t_1,t_2) = A\delta(t_1 - t_2), \tag{8.171}$$

folgt aus Gl. (8.166)

$$R_{uu}(t_1,t_2,\ldots,t_n) = \frac{A^{\frac{n}{2}}}{(\frac{n}{2})!2^{\frac{n}{2}}} \cdot \sum_{(\nu_1,\ldots,\nu_n)=\pi(n)} \delta(t_{\nu_1} - t_{\nu_2}) \cdot \cdot \delta(t_{\nu_3} - t_{\nu_4}) \ldots \delta(t_{\nu_{n-1}} - t_{\nu_n}) \quad \text{für } n = 2,4,6,\ldots. \tag{8.172}$$

Einsetzen von Gl. (8.173) in Gl. (8.165) liefert für den Erwartungswert des Wiener-Operators

$$\mathrm{E}\{G_i[k_i,u(t)]\} = \sum_{j=0}^{i/2} \frac{(-1)^j i! A^j}{2^j (i-2j)! j!} \cdot \cdot \int_{-\infty}^{\infty} \ldots \int_{-\infty}^{\infty} k_i(\tau_1,\ldots,\tau_{i-2j},\sigma_1,\sigma_1,\ldots,\sigma_j,\sigma_j)\,\mathrm{d}\sigma_j \ldots \mathrm{d}\sigma_1 \cdot \cdot \frac{A^{\frac{i-2j}{2}}}{(\frac{i-2j}{2})!2^{\frac{i-2j}{2}}} \cdot \sum_{(\nu_1,\ldots,\nu_{i-2j})=\pi(i-2j)} \delta(\tau_{\nu_1} - \tau_{\nu_2}) \cdot \delta(\tau_{\nu_3} - \tau_{\nu_4}) \cdot \ldots \cdot \ldots \cdot \delta(\tau_{\nu_{i-2j-1}} - \tau_{\nu_{i-2j}})\,\mathrm{d}\tau_{i-2j} \ldots \mathrm{d}\tau_1, \tag{8.173}$$

wobei hier nur der Fall $i = 2,4,6,\ldots$ betrachtet wird. Der Fall $i = 1,3,5,\ldots$ kann behandelt werden, indem i durch $i-1$ ersetzt wird. Dieser Ausdruck kann umgestellt werden zu

$$\mathrm{E}\{G_i[k_i,u(t)]\} = \sum_{j=0}^{i/2} \frac{(-1)^j i! A^j}{2^j (i-2j)! j!} \frac{A^{\frac{i-2j}{2}}}{(\frac{i-2j}{2})!2^{\frac{i-2j}{2}}} \cdot \sum_{(\nu_1,\ldots,\nu_{i-2j})=\pi(i-2j)} \int_{-\infty}^{\infty} \ldots \int_{-\infty}^{\infty} k_i(\tau_1,\ldots,\tau_{i-2j},\sigma_1,\sigma_1,\ldots,\sigma_j,\sigma_j)\,\mathrm{d}\sigma_j \ldots \mathrm{d}\sigma_1 \cdot \cdot \delta(\tau_{\nu_1} - \tau_{\nu_2})\delta(\tau_{\nu_3} - \tau_{\nu_4}) \ldots \ldots \delta(\tau_{\nu_{i-2j-1}} - \tau_{\nu_{i-2j}})\,\mathrm{d}\tau_{i-2j} \ldots \mathrm{d}\tau_1. \tag{8.174}$$

Für das in dieser Gleichung auftauchende Mehrfachintegral ergibt sich durch sukzessives Integrieren über die Impulse

$$\int\limits_{-\infty}^{\infty} \cdots \int\limits_{-\infty}^{\infty} k_i(\tau_1,\ldots,\tau_{i-2j},\sigma_1,\sigma_1,\ldots,\sigma_j,\sigma_j)\,\mathrm{d}\sigma_j \ldots \mathrm{d}\sigma_1 \cdot$$

$$\delta(\tau_{\nu_1}-\tau_{\nu_2})\delta(\tau_{\nu_3}-\tau_{\nu_4})\ldots\delta(\tau_{\nu_{i-2j-1}}-\tau_{\nu_{i-2j}})\,\mathrm{d}\tau_{i-2j}\ldots\mathrm{d}\tau_1$$

$$= \int\limits_{-\infty}^{\infty} \cdots \int\limits_{-\infty}^{\infty} k_i(\sigma_1,\sigma_1,\ldots,\sigma_{i/2},\sigma_{i/2})\,\mathrm{d}\sigma_{i/2}\ldots\mathrm{d}\sigma_1. \quad (8.175)$$

Da in jedem Summanden der Reihe, also für jedes j, gerade $(i-2j)!$ (Anzahl der Permutationen) solcher Integrale als Summanden auftreten, ergibt sich insgesamt

$$\mathrm{E}\left\{G_i\left[k_i,u(t)\right]\right\} = \sum_{j=0}^{i/2} \frac{(-1)^j i! A^j}{2^j (i-2j)! j!} \frac{A^{\frac{i-2j}{2}}}{(\frac{i-2j}{2})! 2^{\frac{i-2j}{2}}} \cdot (i-2j)!$$
$$\cdot \int\limits_{-\infty}^{\infty} \cdots \int\limits_{-\infty}^{\infty} k_i(\sigma_1,\sigma_1,\ldots,\sigma_{i/2},\sigma_{i/2})\,\mathrm{d}\sigma_{i/2}\ldots\mathrm{d}\sigma_1. \quad (8.176)$$

Dies kann umgeschrieben werden zu

$$\mathrm{E}\left\{G_i\left[k_i,u(t)\right]\right\} = \frac{A^{\frac{i}{2}} i!}{2^{\frac{i}{2}}} \sum_{j=0}^{i/2} \frac{(-1)^j}{j!(\frac{i-2j}{2})!} \cdot$$
$$\cdot \int\limits_{-\infty}^{\infty} \cdots \int\limits_{-\infty}^{\infty} k_i(\sigma_1,\sigma_1,\ldots,\sigma_{i/2},\sigma_{i/2})\,\mathrm{d}\sigma_{i/2}\ldots\mathrm{d}\sigma_1. \quad (8.177)$$

Für den Summenausdruck auf der rechten Seite dieser Gleichung kann gezeigt werden, dass

$$\sum_{j=0}^{i/2} \frac{(-1)^j}{j!(\frac{i-2j}{2})!} =$$
$$\frac{1}{(\frac{i}{2})!} - \frac{1}{(\frac{i-2}{2})!} + \frac{1}{2(\frac{i-4}{2})!} \pm \ldots - \frac{1}{(\frac{i}{2}-2)!2} + \frac{1}{(\frac{i}{2}-1)!} - \frac{1}{(\frac{i}{2})!}$$
$$= 0. \quad (8.178)$$

Daher gilt also

$$\mathrm{E}\left\{G_i\left[k_i,u(t)\right]\right\} = 0. \quad (8.179)$$

Der nullte Wiener-Operator ist gemäß Gl. (8.156)

$$G_0 = k_0. \quad (8.180)$$

Damit folgt aus den Gln. (8.161), (8.179) und (8.180)

$$\mathrm{E}\left\{y(t)\right\} = k_0. \quad (8.181)$$

Über den Erwartungswert des Ausgangssignals kann also der nullte Wiener-Kern bestimmt werden.

Nun wird die Bestimmung des ersten Wiener-Kerns betrachtet. Für den ersten Wiener-Kern ergibt sich aus Gl. (8.159) mit $i = 1$

$$k_1(t_1) = \frac{1}{A}\mathrm{E}\left\{y(t)u(t-t_1)\right\}. \tag{8.182}$$

Der erste Wiener-Kern kann also genauso wie die Gewichtsfunktion bei linearen Systemen gemäß Gl. (2.20) über die Kreuzkorrelationsfunktion des Eingangs- und des Ausgangssignals bestimmt werden. Dies wird im Folgenden gezeigt. Für die Kreuzkorrelationsfunktion gilt

$$\mathrm{E}\left\{y(t)u(t-t_1)\right\} = \sum_{i=0}^{q} \mathrm{E}\left\{G_i[k_i,u(t)] \cdot u(t-t_1)\right\}. \tag{8.183}$$

Das Signal $u(t-t_1)$ kann als Ausgang eines Totzeitsystems mit der Totzeit t_1 und dem Eingangssignal $u(t)$ interpretiert werden. Die Gewichtsfunktion des Totzeitsystems ist $\delta(t-t_1)$, also ein verschobener Impuls. Damit gilt

$$u(t-t_1) = \int_{-\infty}^{\infty} \delta(\tau - t_1)u(t-\tau)\,\mathrm{d}\tau = F_1\left[u(t)\right]. \tag{8.184}$$

Das Signal $u(t-t_1)$ ist also der Ausgang eines Operators erster Ordnung, der mit F_1 bezeichnet wird. Damit kann Gl. (8.183) auch als

$$\begin{aligned} \mathrm{E}\left\{y(t)u(t-t_1)\right\} &= \sum_{i=0}^{q} \mathrm{E}\left\{G_i[k_i,u(t)] \cdot F_1[u(t)]\right\} \\ &= \mathrm{E}\left\{G_0[k_0,u(t)] \cdot F_1[u(t)]\right\} \\ &\quad + \mathrm{E}\left\{G_1[k_1,u(t)] \cdot F_1[u(t)]\right\} \\ &\quad + \mathrm{E}\left\{G_2[k_2,u(t)] \cdot F_1[u(t)]\right\} \\ &\quad + \ldots \end{aligned} \tag{8.185}$$

geschrieben werden. In Abschnitt 7.3.2 wurde als wesentliche Eigenschaft der Wiener-Operatoren die Orthogonalität zu jedem anderen Polynomoperator niedrigerer Ordnung, also

$$\mathrm{E}\left\{G_i\left[k_i,u(t_1)\right] \cdot F_j\left[u(t_2)\right]\right\} = 0 \text{ für alle } t_1,t_2, j = 0,1,\ldots,i-1, \tag{8.186}$$

herausgestellt. Mit dieser Beziehung verschwinden in Gl. (8.185) alle bis auf die ersten zwei Summanden. Es folgt

$$\mathrm{E}\left\{y(t)u(t-t_1)\right\} = \mathrm{E}\left\{G_0[k_0,u(t)] \cdot F_1[u(t)]\right] + \mathrm{E}\left[G_1[k_1,u(t)] \cdot F_1[u(t)]\right\}. \tag{8.187}$$

Einsetzen der Ausdrücke für die Wiener-Operatoren G_0 und G_1 aus Gl. (8.156) und Gl. (8.157) liefert

$$\mathrm{E}\left\{y(t)u(t-t_1)\right\} = \mathrm{E}\left\{k_0 u(t-t_1)\right\} + \int_{-\infty}^{\infty} k_1(\tau)\mathrm{E}\left\{u(t-\tau)u(t-t_1)\right\}\,\mathrm{d}\tau. \tag{8.188}$$

Da $u(t)$ mittelwertfrei ist und für die Autokorrelationsfunktion

$$\mathrm{E}\left\{u(t_1)u(t_2)\right\} = A\delta(t_1 - t_2) \tag{8.189}$$

gilt, folgt hieraus die Beziehung

$$\mathrm{E}\left\{y(t)u(t-t_1)\right\} = Ak_1(t_1). \tag{8.190}$$

Auf diese Weise lassen sich auch für die Wiener-Kerne höherer Ordnung entsprechende Zusammenhänge herleiten. Es wird noch der zweite Wiener-Kern betrachtet.

Für den zweiten Wiener-Kern folgt aus Gl. (8.159) mit $i = 2$

$$k_2(t_1,t_2) = \frac{1}{2A^2}\mathrm{E}\left\{y(t)u(t-t_1)u(t-t_2)\right\}, \tag{8.191}$$

wie im Folgenden gezeigt wird. Es gilt

$$\mathrm{E}\left\{y(t)u(t-t_1)u(t-t_2)\right\} = \sum_{i=0}^{N}\mathrm{E}\left\{G_i[k_i,u(t)]\cdot u(t-t_1)u(t-t_2)\right\}. \tag{8.192}$$

Das Signal $u(t-t_1)u(t-t_2)$ kann als Produkt der Ausgänge zweier Totzeitsysteme interpretiert werden. Damit kann das Signal $u(t-t_1)u(t-t_2)$ über

$$\begin{aligned} u(t-t_1)u(t-t_2) &= \int_{-\infty}^{\infty}\delta(\tau_1-t_1)u(t-\tau_1)\,\mathrm{d}\tau_1\cdot\int_{-\infty}^{\infty}\delta(\tau_2-t_2)u(t-\tau_2)\,\mathrm{d}\tau_2 \\ &= \int_{-\infty}^{\infty}\int_{-\infty}^{\infty}\delta(\tau_1-t_1)\delta(\tau_2-t_2)u(t-\tau_1)u(t-\tau_2)\,\mathrm{d}\tau_2\,\mathrm{d}\tau_1 \\ &= F_2\left[u(t)\right] \end{aligned} \tag{8.193}$$

als Ausgang eines Operators zweiter Ordnung dargestellt werden, der mit F_2 bezeichnet wird. Aufgrund der Orthogonalität, siehe Gl. (8.186), folgt dann aus Gl. (8.192)

$$\begin{aligned} \mathrm{E}\left\{y(t)u(t-t_1)u(t-t_2)\right\} = {} & \mathrm{E}\left\{G_0[k_0,u(t)]\cdot u(t-t_1)u(t-t_2)\right\} \\ & + \mathrm{E}\left\{G_1[k_1,u(t)]\cdot u(t-t_1)u(t-t_2)\right\} \\ & + \mathrm{E}\left\{G_2[k_2,u(t)]\cdot u(t-t_1)u(t-t_2)\right\}. \end{aligned} \tag{8.194}$$

Einsetzen der Ausdrücke für die Wiener-Operatoren G_0, G_1 und G_2 aus Gl. (8.156), Gl. (8.157) und Gl. (8.158) liefert

$$\begin{aligned}
\mathrm{E}\left\{y(t)u(t-t_1)u(t-t_2)\right\} = {} & k_0 \cdot \mathrm{E}\left\{u(t-t_1)u(t-t_2)\right\} \\
& + \int_{-\infty}^{\infty} k_1(\tau)\mathrm{E}\left\{u(t-\tau)u(t-t_1)u(t-t_2)\right\} \mathrm{d}\tau \\
& + \int_{-\infty}^{\infty}\int_{-\infty}^{\infty} k_2(\tau_1,\tau_2)\mathrm{E}\left\{u(t-\tau_1)u(t-\tau_2)\cdot \right. \\
& \qquad\qquad \left. \cdot\, u(t-t_1)u(t-t_2)\right\} \mathrm{d}\tau_2\,\mathrm{d}\tau_1 \\
& - A \int_{-\infty}^{\infty} k_2(\sigma_1,\sigma_1)\,\mathrm{d}\sigma_1 \cdot \mathrm{E}\left\{u(t-t_1)u(t-t_2)\right\}.
\end{aligned} \tag{8.195}$$

Für die dabei auftretenden Autokorrelationsfunktionen höherer Ordnung ergibt sich aus den Gln. (8.166) und (8.173)

$$\mathrm{E}\left\{u(t-\tau)u(t-t_1)u(t-t_2)\right\} = 0 \tag{8.196}$$

und

$$\begin{aligned}
\mathrm{E}\left\{u(t-\tau_1)u(t-\tau_2)u(t-t_1)u(t-t_2)\right\} = {} & A^2\delta(\tau_1-\tau_2)\delta(t_1-t_2) \\
& + A^2\delta(\tau_1-t_1)\delta(\tau_2-t_2) \\
& + A^2\delta(\tau_1-t_2)\delta(t_1-\tau_2).
\end{aligned} \tag{8.197}$$

Damit folgt als Zwischenergebnis

$$\begin{aligned}
\mathrm{E}\left\{y(t)u(t-t_1)u(t-t_2)\right\} = {} & k_0 A\delta(t_1-t_2) \\
& + A^2 \int_{-\infty}^{\infty}\int_{-\infty}^{\infty} k_2(\tau_1,\tau_2)\delta(\tau_1-\tau_2)\delta(t_1-t_2)\,\mathrm{d}\tau_2\,\mathrm{d}\tau_1 \\
& + A^2 \int_{-\infty}^{\infty}\int_{-\infty}^{\infty} k_2(\tau_1,\tau_2)\delta(\tau_1-t_1)\delta(\tau_2-t_2)\,\mathrm{d}\tau_2\,\mathrm{d}\tau_1 \\
& + A^2 \int_{-\infty}^{\infty}\int_{-\infty}^{\infty} k_2(\tau_1,\tau_2)\delta(\tau_1-t_2)\delta(t_1-\tau_2)\,\mathrm{d}\tau_2\,\mathrm{d}\tau_1 \\
& - A^2\delta(t_1-t_2) \int_{-\infty}^{\infty} k_2(\sigma_1,\sigma_1)\,\mathrm{d}\sigma_1.
\end{aligned} \tag{8.198}$$

Auswerten der Integralausdrücke liefert

$$\begin{aligned} \mathrm{E}\left\{y(t)u(t-t_1)u(t-t_2)\right\} = \; & k_0 A\delta(t_1-t_2) \\ & + A^2\delta(t_1-t_2)\int\limits_{-\infty}^{\infty} k_2(\tau_1,\tau_1)\,\mathrm{d}\tau_1 \\ & + A^2 k(t_1,t_2) \\ & + A^2 k(t_2,t_1) \\ & - A^2\delta(t_1-t_2)\int\limits_{-\infty}^{\infty} k_2(\sigma_1,\sigma_1)\,\mathrm{d}\sigma_1 \end{aligned} \tag{8.199}$$

und mit der Symmetrie der Wiener-Kerne, $k_2(t_1,t_2) = k_2(t_2,t_1)$, schließlich

$$\mathrm{E}\left\{y(t)u(t-t_1)u(t-t_2)\right\} = k_0 A\delta(t_1-t_2) + 2A^2 k(t_1,t_2). \tag{8.200}$$

Für $t_1 \neq t_2$ kann daher der zweite Wiener-Kern über

$$k_2(t_1,t_2) = \frac{1}{2A^2}\mathrm{E}\left\{y(t)u(t-t_1)u(t-t_2)\right\} \tag{8.201}$$

bestimmt werden. Auf diese Weise lässt sich die bereits oben angegebene allgemeine Beziehung

$$k_i(t_1,\ldots,t_i) = \frac{1}{i!A^i}\mathrm{E}\left\{y(t)u(t-t_1)\ldots u(t-t_i)\right\} \text{ für } t_i \neq t_j, i \neq j \tag{8.202}$$

herleiten. Über diese Beziehung können jeweils einzelne Punkte $k_i(t_1,\ldots,t_i)$ der Wiener-Kerne für bestimmte Argumente $t_1,\ldots,t_i$ bestimmt werden. Dies kann über die näherungsweise Bestimmung der Kreuzkorrelationsfunktionen höherer Ordnung gemäß

$$\mathrm{E}\left\{y(t)u(t-t_1)\ldots u(t-t_i)\right\} = \lim_{T\to\infty}\frac{1}{2T}\int\limits_{-T}^{T} y(t)u(t-t_1)\ldots u(t-t_i)\,\mathrm{d}t \tag{8.203}$$

erfolgen.

Daraus ergibt sich die Frage, wie aus der Messung einzelner Punkte $k_i(t_1,\ldots,t_i)$ der Wiener-Kerne das gesamte Modell, also die Verläufe der Wiener-Kerne über die Argumente bestimmt werden können. Eine Möglichkeit besteht darin, die Verläufe der Wiener-Kerne als Linearkombinationen bekannter Funktionen darzustellen. Für den i-ten Wiener-Kern könnte z.B. der Ansatz

$$k_i(t_1,\ldots,t_i) = \sum_{\nu_1=1}^{M_i}\cdots\sum_{v_i=\nu_{i-1}}^{M_i} w_{\nu_1,\ldots,\nu_i}\cdot r_{i,\nu_1}(t_1)\cdot\ldots\cdot r_{i,\nu_i}(t_i) \tag{8.204}$$

mit M_i Basisfunktionen $r_{i,1}(t_1),\ldots r_{i,M_i}(t_i)$ und $(M_i-1+i)!/(i!(M_i-1)!)$ Gewichten $w_{\nu_1,\ldots,\nu_i}$ gemacht werden. Dies liefert ein lineares Gleichungssystem in den zu bestimmenden Gewichten, welches für ausreichend viele Messwerte (mehr als die zu bestimmenden Gewichte) überbestimmt ist und z.B. über die Minimierung der Summe der Fehlerquadrate gelöst werden kann. Alternativ kann jeder Wiener-Kern gemäß

$$k_i(t_1, \ldots, t_i) = \sum_{\nu_1=1}^{\infty} \cdots \sum_{v_i=\nu_{i-1}}^{\infty} w_{\nu_1,\ldots,\nu_i} \cdot r_{\nu_1}(t_1) \cdot \ldots \cdot r_{\nu_i}(t_i) \tag{8.205}$$

dargestellt werden, wobei die Basisfunktionen r_{ν_1} bis r_{ν_i} jetzt eine orthonormale Basis darstellen, also

$$\int_0^\infty r_i(t) r_j(t)\, \mathrm{d}t = \begin{cases} 0 & \text{für } i \neq j, \\ 1 & \text{für } i = j. \end{cases} \tag{8.206}$$

Dann kann für die Gewichte die Beziehung

$$w_{\nu_1,\ldots,\nu_i} = \frac{1}{i!A^i} \mathrm{E}\left\{y(t) \cdot G_n[r_{\nu_1} \cdot \ldots \cdot r_{\nu_i}, u(t)]\right\} \tag{8.207}$$

hergeleitet werden ([Rug81], Kapitel 7, Gl. (74)). Für die praktische Auswertung zur Bestimmung des Gewichts muss das Signal $G_n[r_{\nu_1} \cdot \ldots \cdot r_{\nu_i}, u(t)]$ durch Beaufschlagen des durch den Wiener-Operator $G_n[r_{\nu_1} \cdot \ldots \cdot r_{\nu_i}, u(t)]$ beschriebenen Systems (mit dem bekannten Wiener-Kern $r_{\nu_1}(t) \cdot \ldots \cdot r_{\nu_i}(t)$) mit dem Eingangssignal $u(t)$ erzeugt werden.

Auch wenn die Bestimmung der Wiener-Kerne über Gl. (8.202) und anschließend ggf. der Gewichte mit dem Ansatz aus Gl. (8.204) bzw. aus Gl. (8.207) prinzipiell recht einfach möglich ist, spielt dieses Verfahren in der Praxis im Vergleich zu anderen Verfahren eher eine untergeordnete Rolle. Eine Schwierigkeit ist dabei, dass das System zur Anwendung dieses Verfahrens mit weißem (bzw. in der Praxis sehr breitbandigem) Rauschen angeregt werden muss. Die Verwendung von im normalen Betrieb eines Systems aufgezeichneten Daten ist daher nicht möglich. Weiterhin haben, wie bereits in der Einleitung zu diesem Kapitel ausgeführt, Verfahren, die auf zeitkontinuierlicher Signalverarbeitung aufbauen, wesentlich an Bedeutung verloren.

8.3.3 Direkte *Least-Squares*-Schätzung bei affin parameterabhängigem Modellfehler

8.3.3.1 Affin parameterabhängige Fehlergleichung

Die direkte *Least-Squares*-Schätzung kann verwendet werden, wenn die Gleichung für den Modellfehler so formuliert wird, dass der Modellfehler affin vom Parametervektor abhängt. Die Fehlergleichung muss also auf die Form

$$\boldsymbol{e} = \boldsymbol{y}_\mathrm{V} - \boldsymbol{M}\, \boldsymbol{p}_\mathrm{M} \tag{8.208}$$

gebracht werden können, wobei die Vergleichsgröße $\boldsymbol{y}_\mathrm{V}$ und die Datenmatrix $\boldsymbol{M}$ nur von den Eingangs- und Ausgangsdaten des Systems und nicht (auch nicht implizit) von dem Modellparametervektor abhängen. Dies bedeutet, dass für die Ableitung des Modellfehlers nach dem Modellparametervektor

$$\frac{\mathrm{d}\boldsymbol{e}^\mathrm{T}}{\mathrm{d}\boldsymbol{p}_\mathrm{M}} = -\boldsymbol{M}^\mathrm{T} \tag{8.209}$$

gilt.

Eine solche Darstellung ergibt sich bei Verwendung von abgetasteten Zeitbereichsdaten oftmals daraus, dass die Modellausgangsgröße für den Zeitpunkt k aus zurückliegenden Werten der Ausgangsgröße $\boldsymbol{y}(k-1)$, ..., $\boldsymbol{y}(k-n_y)$ und dem aktuellen Wert und zurückliegenden Werten der Eingangsgröße $\boldsymbol{u}(k)$, ..., $\boldsymbol{u}(k-n_u)$ berechnet wird. Als Beispiel hierfür wird die in Abschnitt 3.3 behandelte Parameterschätzung für lineare Systeme auf Basis des ARX-Modells behandelt. Bei diesem Modell wird gemäß

$$y_{\mathrm{M}}(k) = -\sum_{i=1}^{n_y} a_i y(k-i) + \sum_{i=0}^{n_u} b_i u(k-i) \tag{8.210}$$

die Modellausgangsgröße für den Zeitpunkt k aus dem aktuellen Wert und zurückliegenden Werten der Eingangsgröße $u(k)$, $u(k-1)$, ..., $u(k-n_u)$, und aus zurückliegenden Werten der Ausgangsgröße $y(k-1)$, ..., $y(k-n_y)$ berechnet. Die Modellausgangsgröße $y_{\mathrm{M}}(k)$ kann für Systeme ohne Durchgriff, also mit $b_0 = 0$, als Vorhersage oder Schätzwert für den aktuellen Wert der Ausgangsgröße auf Grundlage zeitlich zurückliegender Daten aufgefasst werden.[16] Dieses Modell hat $s = n_y + n_u + 1$ Modellparameter a_1, ..., a_{n_y}, b_0, ..., b_{n_u}, die in dem Modellparametervektor

$$\boldsymbol{p}_{\mathrm{M}} = \begin{bmatrix} p_{\mathrm{M},1} \\ \vdots \\ p_{\mathrm{M},s} \end{bmatrix} = \begin{bmatrix} a_1 \\ \vdots \\ a_{n_y} \\ b_0 \\ \vdots \\ b_{n_u} \end{bmatrix} \tag{8.211}$$

zusammengefasst werden. Zur Fehlerbildung wird die Modellausgangsgröße mit der Systemausgangsgröße verglichen. Als Vergleichsgröße wird also die Systemausgangsgröße verwendet, d.h.

$$y_{\mathrm{V}}(k) = y(k) \tag{8.212}$$

und der Fehler wird gemäß

$$e(k) = y_{\mathrm{V}}(k) - y_{\mathrm{M}}(k) = y(k) + \sum_{i=1}^{n_y} a_i y(k-i) - \sum_{i=0}^{n_u} b_i u(k-i) \tag{8.213}$$

gebildet. Mit der Größe

$$\boldsymbol{m}^{\mathrm{T}}(k) = \begin{bmatrix} -y(k-1) & \dots & -y(k-n_y) & u(k) & \dots & u(k-n_u) \end{bmatrix} \tag{8.214}$$

ergibt sich die Fehlergleichung für den Zeitpunkt k in der affin parameterabhängigen Form zu

$$e(k) = y(k) - \boldsymbol{m}^{\mathrm{T}}(k)\,\boldsymbol{p}_{\mathrm{M}}. \tag{8.215}$$

Der Ansatz

$$y_{\mathrm{M}}(k) = \boldsymbol{m}^{\mathrm{T}}(k)\,\boldsymbol{p}_{\mathrm{M}} \tag{8.216}$$

[16] Für ein System mit Durchgriff, also $b_0 \neq 0$, muss zur Berechnung der Modellausgangsgröße der aktuelle Wert der Eingangsgröße bekannt sein. Die Modellausgangsgröße wäre dann streng genommen nur noch eine Vorhersage, wenn der Wert der Eingangsgröße im Voraus bekannt ist.

stellt ein lineares Regressionsmodell dar. Der Datenvektor $\boldsymbol{m}^{\mathrm{T}}(k)$ wird daher auch als Regressionsvektor bezeichnet. Unter der Annahme, dass $\tilde{N}$ Messungen der Eingangs- und Ausgangsgröße $u(0)$, $u(1)$, ..., $u(\tilde{N}-1)$ und $y(0)$, $y(1)$, ..., $y(\tilde{N}-1)$ vorliegen, können mit

$$\tilde{n} = \max(n_y, n_u) \tag{8.217}$$

und

$$N = \tilde{N} - \tilde{n} \tag{8.218}$$

gemäß Gl. (8.214) die N Vektoren

$$\begin{aligned}
\boldsymbol{m}^{\mathrm{T}}(\tilde{n}) &= [-y(\tilde{n}-1) \quad \ldots \quad -y(\tilde{n}-n_y) \;\; u(\tilde{n}) \quad \ldots \quad u(\tilde{n}-n_u)]^{\mathrm{T}}, \\
\boldsymbol{m}^{\mathrm{T}}(\tilde{n}+1) &= [-y(\tilde{n}) \quad \ldots \quad -y(\tilde{n}+1-n_y) \;\; u(\tilde{n}+1) \quad \ldots \quad u(\tilde{n}+1-n_u)], \\
&\;\;\vdots \\
\boldsymbol{m}^{\mathrm{T}}(\tilde{n}+N-1) &= [-y(\tilde{n}+N-2) \quad \ldots \quad -y(\tilde{n}+N-1-n_y) \\
&\qquad u(\tilde{n}+N-1) \quad \ldots \quad u(\tilde{n}+N-1-n_u)]
\end{aligned} \tag{8.219}$$

gebildet werden. Damit können die N Fehlergleichungen

$$\begin{aligned}
e(\tilde{n}) &= y(\tilde{n}) - \boldsymbol{m}^{\mathrm{T}}(\tilde{n})\,\boldsymbol{p}_{\mathrm{M}}, \\
e(\tilde{n}+1) &= y(\tilde{n}+1) - \boldsymbol{m}^{\mathrm{T}}(\tilde{n}+1)\,\boldsymbol{p}_{\mathrm{M}}, \\
&\;\;\vdots \\
e(\tilde{n}+N-1) &= y(\tilde{n}+N-1) - \boldsymbol{m}^{\mathrm{T}}(\tilde{n}+N-1)\,\boldsymbol{p}_{\mathrm{M}}
\end{aligned} \tag{8.220}$$

aufgestellt werden. Mit

$$\boldsymbol{e} = \begin{bmatrix} e(\tilde{n}) \\ e(\tilde{n}+1) \\ \vdots \\ e(\tilde{n}+N-1) \end{bmatrix}, \tag{8.221}$$

$$\boldsymbol{y}_{\mathrm{V}} = \begin{bmatrix} y(\tilde{n}) \\ y(\tilde{n}+1) \\ \vdots \\ y(\tilde{n}+N-1) \end{bmatrix} \tag{8.222}$$

und

$$\boldsymbol{M} = \begin{bmatrix} \boldsymbol{m}^{\mathrm{T}}(\tilde{n}) \\ \boldsymbol{m}^{\mathrm{T}}(\tilde{n}+1) \\ \vdots \\ \boldsymbol{m}^{\mathrm{T}}(\tilde{n}+N-1) \end{bmatrix} \tag{8.223}$$

kann die Fehlergleichung als

$$\boldsymbol{e} = \boldsymbol{y}_{\mathrm{V}} - \boldsymbol{M}\,\boldsymbol{p}_{\mathrm{M}}, \tag{8.224}$$

also in der in Gl. (8.208) eingeführten Form, geschrieben werden. Das ARX-Modell führt also auf eine affin abhängige Fehlergleichung. Die Matrix $\boldsymbol{M}$ ergibt sich durch Einsetzen von Gl. (8.214) bzw. Gl. (8.220) in Gl. (8.223) explizit zu

$$\boldsymbol{M} = \begin{bmatrix} -y(\tilde{n}-1) & \dots & -y(\tilde{n}-n_y) & u(\tilde{n}) & \dots & u(\tilde{n}-n_u) \\ -y(\tilde{n}) & \dots & -y(\tilde{n}+1-n_y) & u(\tilde{n}+1) & \dots & u(\tilde{n}+1-n_u) \\ \vdots & \ddots & \vdots & \vdots & \ddots & \vdots \\ -y(\tilde{n}+N-2) & \dots & -y(\tilde{n}+N-1-n_y) & u(\tilde{n}+N-1) & \dots & u(\tilde{n}+N-1-n_u) \end{bmatrix}. \tag{8.225}$$

Für die Betrachtung des allgemeinen Falls bei nichtlinearen Systemen werden die zurückliegenden Werte der Ausgangsgröße $\boldsymbol{y}(k-1)$, …, $\boldsymbol{y}(k-n_y)$ und ggf. der aktuelle Wert sowie die zurückliegenden Werte der Eingangsgröße $\boldsymbol{u}(k-n_\mathrm{d})$, …, $\boldsymbol{u}(k-n_u)$ in dem Vektor

$$\boldsymbol{\varphi}(k) = \begin{bmatrix} \boldsymbol{y}^\mathrm{T}(k-1) & \dots & -\boldsymbol{y}^\mathrm{T}(k-n_y) & \boldsymbol{u}^\mathrm{T}(k-n_\mathrm{d}) & \dots & \boldsymbol{u}^\mathrm{T}(k-n_u) \end{bmatrix}^\mathrm{T} \tag{8.226}$$

zusammengefasst. Über die Größe $0 \le n_\mathrm{d} \le n_u$ wird hier eine mögliche Totzeit von n_d Abtastschritten berücksichtigt. Um hier auch den Fall von Mehrgrößensystemen zu berücksichtigen, werden für die Eingangs- und Ausgangsgröße Vektoren verwendet. Die Modellausgangsgröße für den Zeitpunkt k ist linear von den Modellparametern abhängig und kann damit in der Form

$$\boldsymbol{y}_\mathrm{M}(k) = \boldsymbol{m}_1(\boldsymbol{\varphi}(k),k)p_{\mathrm{M},1} + \dots + \boldsymbol{m}_s(\boldsymbol{\varphi}(k),k)p_{\mathrm{M},\mathrm{s}} = \sum_{i=1}^{s} \boldsymbol{m}_i(\boldsymbol{\varphi}(k),k)p_{\mathrm{M},i} \tag{8.227}$$

geschrieben werden. Die vektorwertigen Funktionen $\boldsymbol{m}_1(\boldsymbol{\varphi}(k),k)$, …, $\boldsymbol{m}_s(\boldsymbol{\varphi}(k),k)$ in dem vektorwertigen Argument $\boldsymbol{\varphi}(k)$ stellen dann gewissermaßen Basisfunktionen dar, aus denen durch Linearkombination die Modellausgangsgröße berechnet wird. Im Allgemeinen können diese Funktionen auch als zeitabhängig zugelassen werden, was einem zeitvarianten Modell mit zeitinvarianten Parametern entspricht. Durch Zusammenfassen dieser Funktionen in einer Matrix gemäß

$$\boldsymbol{M}(\boldsymbol{\varphi}(k),k) = \begin{bmatrix} \boldsymbol{m}_1(\boldsymbol{\varphi}(k),k) & \cdots & \boldsymbol{m}_s(\boldsymbol{\varphi}(k),k) \end{bmatrix} \tag{8.228}$$

lässt sich die Modellausgangsgröße für den Zeitpunkt k als

$$\boldsymbol{y}_\mathrm{M}(k) = \boldsymbol{M}(\boldsymbol{\varphi}(k),k)\,\boldsymbol{p}_\mathrm{M} \tag{8.229}$$

darstellen, wobei $\boldsymbol{p}_\mathrm{M}$ der Modellparametervektor

$$\boldsymbol{p}_\mathrm{M} = \begin{bmatrix} p_{\mathrm{M},1} \\ \vdots \\ p_{\mathrm{M},s} \end{bmatrix} \tag{8.230}$$

ist. Der Modellfehler für den Zeitpunkt k ergibt sich dann als Differenz der Vergleichsgröße und der Modellausgangsgröße gemäß

$$\boldsymbol{e}(k) = \boldsymbol{y}_{\mathrm{V}}(k) - \boldsymbol{M}(\boldsymbol{\varphi}(k),k)\,\boldsymbol{p}_{\mathrm{M}}. \tag{8.231}$$

Wiederum unter der Annahme, dass $\tilde{N}$ Messungen der Eingangs- und Ausgangsgröße, also $\boldsymbol{u}(0)$, $\boldsymbol{u}(1)$, ..., $\boldsymbol{u}(\tilde{N}-1)$ und $\boldsymbol{y}(0)$, $\boldsymbol{y}(1)$, ..., $\boldsymbol{y}(\tilde{N}-1)$ vorliegen, können mit

$$\tilde{n} = \max(n_y,n_u) \tag{8.232}$$

und

$$N = \tilde{N} - \tilde{n} \tag{8.233}$$

gemäß Gl. (8.226) die N Vektoren

$$\begin{aligned}
\boldsymbol{\varphi}(\tilde{n}) &= \big[\boldsymbol{y}^{\mathrm{T}}(\tilde{n}-1) \quad \cdots \quad \boldsymbol{y}^{\mathrm{T}}(\tilde{n}-n_y) \\
&\qquad \boldsymbol{u}^{\mathrm{T}}(\tilde{n}-n_{\mathrm{d}}) \quad \cdots \quad \boldsymbol{u}^{\mathrm{T}}(\tilde{n}-n_u)\big]^{\mathrm{T}}, \\
\boldsymbol{\varphi}(\tilde{n}+1) &= \big[\boldsymbol{y}^{\mathrm{T}}(\tilde{n}) \quad \cdots \quad \boldsymbol{y}^{\mathrm{T}}(\tilde{n}+1-n_y) \\
&\qquad \boldsymbol{u}^{\mathrm{T}}(\tilde{n}-n_{\mathrm{d}}+1) \quad \cdots \quad \boldsymbol{u}^{\mathrm{T}}(\tilde{n}+1-n_u)\big]^{\mathrm{T}}, \\
&\;\;\vdots \\
\boldsymbol{\varphi}(\tilde{n}+N-1) &= \big[\boldsymbol{y}^{\mathrm{T}}(\tilde{n}+N-2) \quad \cdots \quad \boldsymbol{y}^{\mathrm{T}}(\tilde{n}+N-1-n_y) \\
&\qquad \boldsymbol{u}^{\mathrm{T}}(\tilde{n}-n_{\mathrm{d}}+N-1) \quad \cdots \quad \boldsymbol{u}^{\mathrm{T}}(\tilde{n}+N-1-n_u)\big]^{\mathrm{T}}
\end{aligned} \tag{8.234}$$

gebildet werden. Damit können N Fehlergleichungen

$$\begin{aligned}
\boldsymbol{e}(\tilde{n}) &= \boldsymbol{y}_{\mathrm{V}}(\tilde{n}) - \boldsymbol{M}(\boldsymbol{\varphi}(\tilde{n}),\tilde{n})\,\boldsymbol{p}_{\mathrm{M}}, \\
\boldsymbol{e}(\tilde{n}+1) &= \boldsymbol{y}_{\mathrm{V}}(\tilde{n}+1) - \boldsymbol{M}(\boldsymbol{\varphi}(\tilde{n}+1),n\tilde{+}1)\,\boldsymbol{p}_{\mathrm{M}}, \\
&\;\;\vdots \\
\boldsymbol{e}(\tilde{n}+N-1) &= \boldsymbol{y}_{\mathrm{V}}(\tilde{n}+N-1) - \boldsymbol{M}(\boldsymbol{\varphi}(\tilde{n}+N-1),n+\tilde{N}-1)\,\boldsymbol{p}_{\mathrm{M}}
\end{aligned} \tag{8.235}$$

aufgestellt werden, wobei vorausgesetzt wird, dass aus den gemessenen Eingangs- und Ausgangsdaten auch die Vergleichsgröße berechnet werden kann. Oftmals wird, wie bei dem oben betrachteten ARX-Modell, als Vergleichsgröße direkt die Ausgangsgröße verwendet, d.h.

$$\boldsymbol{y}_{\mathrm{V}}(k) = \boldsymbol{y}(k). \tag{8.236}$$

Mit

$$\boldsymbol{e} = \begin{bmatrix} \boldsymbol{e}(\tilde{n}) \\ \boldsymbol{e}(\tilde{n}+1) \\ \vdots \\ \boldsymbol{e}(\tilde{n}+N-1) \end{bmatrix}, \tag{8.237}$$

$$\boldsymbol{y}_{\mathrm{V}} = \begin{bmatrix} \boldsymbol{y}_{\mathrm{V}}(\tilde{n}) \\ \boldsymbol{y}_{\mathrm{V}}(\tilde{n}+1) \\ \vdots \\ \boldsymbol{y}_{\mathrm{V}}(\tilde{n}+N-1) \end{bmatrix} \tag{8.238}$$

und

$$\boldsymbol{M} = \begin{bmatrix} \boldsymbol{M}(\boldsymbol{\varphi}(\tilde{n})) \\ \boldsymbol{M}(\boldsymbol{\varphi}(\tilde{n}+1)) \\ \vdots \\ \boldsymbol{M}(\boldsymbol{\varphi}(\tilde{n}+N-1)) \end{bmatrix} \tag{8.239}$$

können die N Fehlergleichungen (8.235) in der Form

$$\boldsymbol{e} = \boldsymbol{y}_{\mathrm{V}} - \boldsymbol{M}\,\boldsymbol{p}_{\mathrm{M}} \tag{8.240}$$

angegeben werden. Diese Gleichung entspricht gerade der affin parameterabhängigen Fehlergleichung (8.208).

Um die Notation durch Einführen zusätzlicher Größen nicht weiter zu verkomplizieren, wurden hier die Variablen $\boldsymbol{e}$, $\boldsymbol{y}_{\mathrm{V}}$ und $\boldsymbol{M}$ doppelt verwendet. So muss zwischen dem in Gl. (8.231) definierten Fehler $\boldsymbol{e}(k)$ zum Zeitpunkt k und dem in Gl. (8.237) definierten Vektor $\boldsymbol{e}$ (ohne Angabe eines Zeitindizes), der alle verwendeten Fehlergrößen enthält, unterschieden werden. Gleiches gilt für die Größen $\boldsymbol{y}_{\mathrm{V}}(k)$ und $\boldsymbol{y}_{\mathrm{V}}$. Auch muss zwischen der in der Fehlergleichung zum Zeitpunkt k verwendeten Matrix $\boldsymbol{M}(\boldsymbol{\varphi}(k),k)$ und der in Gl. (8.239) definierten Matrix $\boldsymbol{M}$, welche die Matrizen $\boldsymbol{M}(\boldsymbol{\varphi}(\tilde{n}))$, ..., $\boldsymbol{M}(\boldsymbol{\varphi}(\tilde{n}+N-1))$ enthält, unterschieden werden. Bei Eingrößensystemen entsteht diese Problematik nicht. Hier können die Gleichungen in der Form

$$\boldsymbol{\varphi}(k) = \begin{bmatrix} y(k-1) & \dots & y(k-n_y) & u(k-n_{\mathrm{d}}) & \dots & u(k-n_u) \end{bmatrix}^{\mathrm{T}}, \tag{8.241}$$

$$\begin{aligned} \boldsymbol{y}_{\mathrm{M}}(k) &= m_1(\boldsymbol{\varphi}(k))p_{\mathrm{M},1} + \ldots + m_s(\boldsymbol{\varphi}(k))p_{\mathrm{M,s}} \\ &= \sum_{i=1}^{s} m_i(\boldsymbol{\varphi}(k))p_{\mathrm{M},i} \\ &= \boldsymbol{m}^{\mathrm{T}}(\boldsymbol{\varphi}(k))\,\boldsymbol{p}_{\mathrm{M}} \end{aligned} \tag{8.242}$$

mit

$$\boldsymbol{m}(\boldsymbol{\varphi}(k)) = \begin{bmatrix} m_1(\boldsymbol{\varphi}(k)) & \dots & m_s(\boldsymbol{\varphi}(k)) \end{bmatrix}^{\mathrm{T}} \tag{8.243}$$

und

$$e(k) = y_{\mathrm{V}}(k) - \boldsymbol{m}^{\mathrm{T}}(\boldsymbol{\varphi}(k))\,\boldsymbol{p}_{\mathrm{M}} \tag{8.244}$$

angegeben werden. Mit

$$\boldsymbol{e} = \begin{bmatrix} e(\tilde{n}) \\ e(\tilde{n}+1) \\ \vdots \\ e(\tilde{n}+N-1) \end{bmatrix}, \tag{8.245}$$

$$\boldsymbol{y}_{\mathrm{V}} = \begin{bmatrix} y_{\mathrm{V}}(\tilde{n}) \\ y_{\mathrm{V}}(\tilde{n}+1) \\ \vdots \\ y_{\mathrm{V}}(\tilde{n}+N-1) \end{bmatrix} \tag{8.246}$$

und

$$\boldsymbol{M} = \begin{bmatrix} \boldsymbol{m}^{\mathrm{T}}(\boldsymbol{\varphi}(\tilde{n})) \\ \boldsymbol{m}^{\mathrm{T}}(\boldsymbol{\varphi}(\tilde{n}+1)) \\ \vdots \\ \boldsymbol{m}^{\mathrm{T}}(\boldsymbol{\varphi}(\tilde{n}+N-1)) \end{bmatrix} \tag{8.247}$$

lautet die Fehlergleichung wiederum

$$\boldsymbol{e} = \boldsymbol{y}_{\mathrm{V}} - \boldsymbol{M}\,\boldsymbol{p}_{\mathrm{M}}. \tag{8.248}$$

Aus der affin parameterabhängigen Fehlergleichung kann durch Minimierung des *Least-Squares*-Gütefunktionals direkt ein Parameterschätzwert bestimmt werden. Diese Lösung wurde bereits in Abschnitt 3.3.1 hergeleitet. Aus Gründen der Vollständigkeit erfolgt weiter unten in Abschnitt 8.3.3.6 nochmals eine Herleitung der Lösung, allerdings mit einer anderen Vorgehensweise.

Generell kann die hier beschriebene Parameterschätzung durchgeführt werden, wenn für die Modellausgangsgröße eine lineare Abhängigkeit vom Modellparametervektor angenommen wird, für $\boldsymbol{y}_{\mathrm{M}}$ also

$$\begin{aligned} \boldsymbol{y}_{\mathrm{M}}(k) &= \boldsymbol{m}_1(\boldsymbol{\varphi}(k),k)p_{\mathrm{M},1} + \cdots + \boldsymbol{m}_s(\boldsymbol{\varphi}(k),k)p_{\mathrm{M,s}} \\ &= \sum_{i=1}^{s} \boldsymbol{m}_i(\boldsymbol{\varphi}(k),k)p_{\mathrm{M},i} \\ &= \boldsymbol{M}(\boldsymbol{\varphi}(k),k)\,\boldsymbol{p}_{\mathrm{M}} \end{aligned} \tag{8.249}$$

geschrieben werden kann. Viele der in Kapitel 7 vorgestellten Modelle weisen diese lineare Parameterabhängigkeit auf und werden daher in den folgenden Abschnitten nochmals betrachtet. Bei den allgemeingültigen Modellstrukturen, wie dem Kolmogorov-Gabor-Polynom und der zeitdiskreten, endlichen Volterra-Reihe, die in den beiden folgenden Abschnitten behandelt werden, tritt allerdings das Problem auf, dass diese eine sehr hohe Anzahl von Parametern aufweisen und daher für die praktische Anwendung eher unhandlich sind. Vorteilhaft ist eine Situation, in der aufgrund von Vorwissen oder aus vorangegangenen Experimenten Informationen über die Struktur des Systems vorliegen und so der Datenvektor aufgestellt werden kann. Darunter fällt z.B. die Kenntnis der nichtlinearen Zusammenhänge zwischen den Eingangs- und Ausgangsdaten als auch die Kenntnis darüber, wie viele zurückliegende Werte der Eingangs- und Ausgangsgröße in die Berechnung eingehen. Die direkte Verwendung eines allgemeinen Modells ohne eine spezielle Struktur scheidet, wie bereits erwähnt, oftmals wegen der hohen Zahl der Parameter aus. Es können allerdings Verfahren zur Strukturprüfung eingesetzt werden, mit denen aus der hohen Anzahl der in allgemeinen Modellstrukturen auftretenden Terme die signifikanten Terme ermittelt bzw. die nicht signifikanten Terme eliminiert werden können. Die Strukturprüfung wird in Abschnitt 8.5 näher betrachtet.[17]

[17] Für lineare Systeme wurde die Strukturprüfung in Kapitel 4 behandelt.

8.3.3.2 Kolmogorov-Gabor-Polynom

In Abschnitt 7.3.5 wurde als Spezialfall eines NARX-Modells das Kolmogorov-Gabor-Polynom betrachtet. Die Beschreibung eines Systems mit einem Kolmogorov-Gabor-Polynom führt auf die Gleichung

$$y(k) = \boldsymbol{m}^{\mathrm{T}}(\boldsymbol{\varphi}(k))\,\boldsymbol{p}. \tag{8.250}$$

Dabei ist $\boldsymbol{p}$ der Parametervektor. Der Vektor $\boldsymbol{m}(\boldsymbol{\varphi}(k))$ ergibt sich für die Modellordnung q gemäß

$$\boldsymbol{m}(\boldsymbol{\varphi}(k)) = \begin{bmatrix} \boldsymbol{\varphi}^{\otimes,\mathrm{red},1}(k) \\ \vdots \\ \boldsymbol{\varphi}^{\otimes,\mathrm{red},q}(k) \end{bmatrix} \tag{8.251}$$

aus den reduzierten Kroneckerpotenzen des Vektors

$$\boldsymbol{\varphi}(k) = \begin{bmatrix} y(k-1) & \ldots & y(k-n_y) & u(k-n_{\mathrm{d}}) & \ldots & u(k-n_u) \end{bmatrix}^{\mathrm{T}}, \tag{8.252}$$

wobei über n_{d} eine eventuell vorliegende, bekannte Totzeit von n_{d} Abtastschritten berücksichtigt wird. Mit der Modellgleichung kann aus dem aktuellen Wert (bei $n_{\mathrm{d}} = 0$) und aus zurückliegenden Werten der Eingangsgröße $u(k-n_{\mathrm{d}})$, $u(k-n_{\mathrm{d}}-1)$, …, $u(k-n_u)$ und aus zurückliegenden Werten der Ausgangsgröße $y(k-1)$, …, $y(k-n_y)$ ein Wert für die aktuelle Ausgangsgröße berechnet werden. Dieser wird als Modellausgangsgröße

$$y_{\mathrm{M}}(k) = \boldsymbol{m}^{\mathrm{T}}(\boldsymbol{\varphi}(k))\,\boldsymbol{p}_{\mathrm{M}} \tag{8.253}$$

verwendet und zur Fehlerbildung mit der gemessenen Ausgangsgröße verglichen. Dies liefert

$$y_{\mathrm{V}}(k) = y(k) \tag{8.254}$$

und

$$e(k) = y(k) - y_{\mathrm{M}}(k) = y(k) - \boldsymbol{m}^{\mathrm{T}}(\boldsymbol{\varphi}(k))\,\boldsymbol{p}_{\mathrm{M}}. \tag{8.255}$$

Die Fehlergleichung ist affin parameterabhängig, sodass eine Parameterbestimmung über die direkte *Least-Squares*-Schätzung möglich ist.

8.3.3.3 Endliche zeitdiskrete Volterra-Reihe

In Abschnitt 7.3.1 wurde die zeitdiskrete endliche Volterra-Reihe eingeführt. Aus den Gln. (7.109), (7.118) und (7.119) ergibt sich die Darstellung der zeitdiskreten endlichen Volterra-Reihe der Ordnung q als

$$y(k) = \boldsymbol{m}^{\mathrm{T}}(\boldsymbol{\varphi}(k))\boldsymbol{p} \tag{8.256}$$

mit

$$\boldsymbol{m}(\boldsymbol{\varphi}(k)) = \begin{bmatrix} \boldsymbol{\varphi}^{\otimes,\mathrm{red},1}(k) \\ \vdots \\ \boldsymbol{\varphi}^{\otimes,\mathrm{red},q}(k) \end{bmatrix}, \tag{8.257}$$

$$\boldsymbol{\varphi}(k) = \begin{bmatrix} u(k-n_\mathrm{d}) & \dots & u(k-n_u) \end{bmatrix}^\mathrm{T} \tag{8.258}$$

und

$$\boldsymbol{p} = \begin{bmatrix} \bar{g}_1(0) \\ \vdots \\ \bar{g}_1(n_u - n_d) \\ \bar{g}_2(0{,}0) \\ \vdots \\ \bar{g}_2(0{,}n_u - n_\mathrm{d}) \\ \bar{g}_2(1{,}1) \\ \vdots \\ \bar{g}_2(1{,}n_u - n_\mathrm{d}) \\ \bar{g}_2(2{,}2) \\ \vdots \\ \bar{g}_2(n_u - n_d{,}n_u - n_\mathrm{d}) \\ \bar{g}_3(0{,}0{,}0) \\ \vdots \\ \bar{g}_n(n_u - n_d{,}n_u - n_d{,}\dots{,}n_u - n_\mathrm{d}) \end{bmatrix}. \tag{8.259}$$

Dabei wurde, abweichend zur Darstellung in Abschnitt 7.3.1, eine eventuell vorliegende, bekannte Totzeit von n_d Abtastschritten berücksichtigt. Auch hier kann mit dem Modellparametervektor die Modellausgangsgröße aus zurückliegenden Daten der Eingangsgröße gemäß

$$y_\mathrm{M}(k) = \boldsymbol{m}^\mathrm{T}(\boldsymbol{\varphi}(k))\,\boldsymbol{p}_\mathrm{M} \tag{8.260}$$

berechnet werden. Die Modellausgangsgröße hängt linear von dem Modellparametervektor ab.

Zur Fehlerbildung wird die Modellausgangsgröße mit der gemessenen Ausgangsgröße verglichen, also

$$y_\mathrm{V}(k) = y(k) \tag{8.261}$$

und

$$e(k) = y(k) - y_\mathrm{M}(k) = y(k) - \boldsymbol{m}^\mathrm{T}(\boldsymbol{\varphi}(k))\,\boldsymbol{p}_\mathrm{M}. \tag{8.262}$$

Die Fehlergleichung ist wieder affin parameterabhängig. Damit ist auch für dieses Modell eine Parameterschätzung über das direkte *Least-Squares*-Verfahren möglich. Das Hauptproblem dabei stellt, wie in Abschnitt 7.3.1 ausgeführt, die im Allgemeinen hohe Anzahl der Parameter dar, die sich hier zu

$$s = \sum_{i=1}^{n} \begin{pmatrix} n_u - n_\mathrm{d} + i \\ i \end{pmatrix} = \sum_{i=1}^{n} \frac{(n_u - n_\mathrm{d} + i)!}{(n_u - n_\mathrm{d})!\,i!} \tag{8.263}$$

ergibt.

8.3.3.4 Bilineares zeitdiskretes Eingangs-Ausgangs-Modell

In Abschnitt 7.3.6 wurde als Spezialfall des Differenzengleichungsmodells das bilineare zeitdiskrete Eingangs-Ausgangs-Modell vorgestellt. Auch bei diesem Modell handelt es sich um ein linear parameterabhängiges Modell, welches unter Berücksichtigung einer Totzeit von n_d Abtastschritten mit

$$\varphi(k) = \begin{bmatrix} -y(k-1) & \dots & -y(k-n_y) & u(k) & \dots & u(k-n_u-n_\mathrm{d}) \end{bmatrix}^\mathrm{T}, \tag{8.264a}$$

$$\boldsymbol{V} = \begin{bmatrix} \boldsymbol{V}_{11} & \boldsymbol{V}_{12} \\ \boldsymbol{V}_{21} & \boldsymbol{V}_{22} \end{bmatrix}, \tag{8.264b}$$

$$\boldsymbol{V}_{11} = \mathbf{I}_{n_y+n_u-n_\mathrm{d}+1}, \tag{8.264c}$$

$$\boldsymbol{V}_{12} = \mathbf{0}_{(n_y+n_u-n_\mathrm{d}+1)\times(n_y+n_u-n_\mathrm{d}+1)^2}, \tag{8.264d}$$

$$\boldsymbol{V}_{21} = \mathbf{0}_{(n_y(n_u-n_\mathrm{d}+1))\times(n_y+n_u-n_\mathrm{d}+1)}, \tag{8.264e}$$

$$\boldsymbol{V}_{22} = \begin{bmatrix} \mathbf{I}_{n_y} & \mathbf{0}_{n_y\times(n_u-n_\mathrm{d}+1)} \end{bmatrix} \otimes \begin{bmatrix} \mathbf{0}_{(n_u-n_\mathrm{d}+1)\times n_y} & \mathbf{I}_{n_u-n_\mathrm{d}+1} \end{bmatrix}, \tag{8.264f}$$

$$\boldsymbol{m}(\varphi(k)) = \boldsymbol{V}\cdot\begin{bmatrix} \varphi(k) \\ \varphi(k)\otimes\varphi(k) \end{bmatrix}, \tag{8.264g}$$

und

$$\boldsymbol{p}_\mathrm{M} = \begin{bmatrix} -a_1 & \dots & -a_{n_y} & b_0 & \dots & b_{n_u} & c_{1,0} & \dots & c_{1,n_u} & c_{2,0} & \dots & c_{n_y,n_u} \end{bmatrix}^\mathrm{T} \tag{8.264h}$$

in der Form

$$y_\mathrm{M}(k) = \boldsymbol{m}^\mathrm{T}(\varphi(k))\,\boldsymbol{p}_\mathrm{M} \tag{8.265}$$

dargestellt werden kann. Auch diese Gleichung stellt ein linear parameterabhängiges Modell in Form einer linearen Regressionsgleichung dar. Die Fehlergleichung ist damit affin parameterabhängig, sodass eine Parameterbestimmung über die direkte *Least-Squares*-Schätzung möglich ist.

8.3.3.5 Modulationsfunktionsmodelle

In Abschnitt 7.3.3 wurden das Hartley- und das Fourier-Modulationsfunktionsmodell für das nichtlineare Differentialgleichungsmodell

$$\begin{aligned} &\sum_{i=0}^{n_y} a_i \frac{\mathrm{d}^i y(t)}{\mathrm{d}t^i} - \sum_{i=0}^{n_u} b_i \frac{\mathrm{d}^i u(t)}{\mathrm{d}t^i} \\ &+ \sum_{j=1}^{n_f}\sum_{i=0}^{d_{f_j}} c_{j,i} \frac{\mathrm{d}^i f_j(u(t),y(t))}{\mathrm{d}t^i} \\ &+ \sum_{k=1}^{n_g}\sum_{j=1}^{n_h}\sum_{i=0}^{d_{h_j}} d_{k,j,i}\, g_k(u(t),y(t)) \frac{\mathrm{d}^i h_j(u(t),y(t))}{\mathrm{d}t^i} = 0 \end{aligned} \tag{8.266}$$

mit $a_0 = 1$ in der Form

$$\bar{H}_y(m,\omega_0) = \boldsymbol{m}^{\mathrm{T}}(m,\omega_0)\,\boldsymbol{p}_{\mathrm{M}} \tag{8.267}$$

bzw.

$$\bar{F}_y(m,\omega_0) = \boldsymbol{m}^{\mathrm{T}}(m,\omega_0)\,\boldsymbol{p}_{\mathrm{M}} \tag{8.268}$$

angegeben. Dabei ist der Daten- oder Regressionsvektor[18]

$$\begin{aligned}\boldsymbol{m}(m,\omega_0)^{\mathrm{T}} = \Big[& -\bar{H}_y^{(1)}(m,\omega_0) \,\vdots\, \cdots \,\vdots\, -\bar{H}_y^{(n_y)}(m,\omega_0) \,\vdots\, \bar{H}_u^{(0)}(m,\omega_0) \,\vdots\, \cdots \\ & \cdots \,\vdots\, \bar{H}_u^{(n_u)}(m,\omega_0) \,\vdots\, -\bar{H}_{f_1}^{(0)}(m,\omega_0) \,\vdots\, \cdots \\ & \cdots \,\vdots\, -\bar{H}_{f_{n_f}}^{(d_{f_{n_f}})}(m,\omega_0) \,\vdots\, -H_{g_1}(m\omega_0) \odot \bar{H}_{h_1}^{(0)}(m,\omega_0) \,\vdots\, \cdots \\ & \cdots \,\vdots\, -H_{g_{n_g}}(m\omega_0) \odot \bar{H}_{h_{n_h}}^{(d_{h_{n_h}})}(m,\omega_0) \Big]\end{aligned} \tag{8.269}$$

bzw.

$$\begin{aligned}\boldsymbol{m}(m,\omega_0) = \Big[& -\bar{F}_y^{(1)}(m,\omega_0) \,\vdots\, \cdots \,\vdots\, -\bar{F}_y^{(n_y)}(m,\omega_0) \,\vdots\, \bar{F}_u^{(0)}(m,\omega_0) \,\vdots\, \cdots \\ & \cdots \,\vdots\, \bar{F}_u^{(n_u)}(m,\omega_0) \,\vdots\, -\bar{F}_{f_1}^{(0)}(m,\omega_0) \,\vdots\, \cdots \\ & \cdots \,\vdots\, -\bar{F}_{f_{n_f}}^{(d_{f_{n_f}})}(m,\omega_0) \,\vdots\, -F_{g_1}(m\omega_0) * \bar{F}_{h_1}^{(0)}(m,\omega_0) \,\vdots\, \cdots \\ & \cdots \,\vdots\, -F_{g_{n_g}}(m\omega_0) * \bar{F}_{h_{n_h}}^{(d_{h_{n_h}})}(m,\omega_0) \Big]^{\mathrm{T}}\end{aligned} \tag{8.270}$$

und der Modellparametervektor

$$\begin{aligned}\boldsymbol{p}_{\mathrm{M}} = [\ & a_1 \ \ \dots \ \ a_{n_y} \ \ b_0 \ \ \dots \ \ b_{n_u} \ \ c_{1,0} \ \ \dots \\ & c_{n_f,d_{f_{n_f}}} \ \ d_{1,1,0} \ \ \dots \ \ d_{n_g,n_h,d_{h_{n_h}}} \ ]^{\mathrm{T}}.\end{aligned} \tag{8.271}$$

Die Reihenkoeffizienten $H_x(m\omega_0)$ und $F_x(m\omega_0)$ sind durch

$$H_x(m\omega_0) = \frac{1}{T}\int_0^T x(t)\,(\cos(m\omega_0 t) + \sin(m\omega_0 t))\,\mathrm{d}t \tag{8.272}$$

und

$$F_x(m\omega_0) = \frac{1}{T}\int_0^T x(t)\,\mathrm{e}^{-\mathrm{j}m\omega_0 t}\,\mathrm{d}t \tag{8.273}$$

[18] Dies ist nur eine mögliche Form des Datenvektors, die dadurch entsteht, dass in der Regressionsgleichung (8.267) der der nullten Ableitung der Ausgangsgröße entsprechende Term $\bar{H}_y(m,\omega_0)$ auf die linke Seite geschrieben und damit als Vergleichsgröße verwendet wird. Alternativ könnte z.B. der aus der höchsten Ableitung entstehende Term $\bar{H}_y^{(n_y)}(m,\omega_0)$ auf die linke Seite geschrieben werden (oder prinzipiell jeder andere Term). Eine Interpretation der Modellausgangsgröße als Vorhersagegröße ist in der Modulationsfunktionsdarstellung aufgrund der fehlenden Zuordnung der Größen zu Zeitpunkten nicht möglich.

gegeben. Die Spektralkoeffizienten werden aus den Reihenkoeffizienten über

$$\begin{aligned}\bar{H}_x^{(i)}(m,\omega_0) &= \sum_{l=0}^{n}(-1)^l\begin{pmatrix} n \\ l \end{pmatrix}(\cos\tfrac{i\pi}{2}-\sin\tfrac{i\pi}{2})(n+m-l)^i\omega_0^i H_x((-1)^i(n+m-l)\omega_0) \\ &= \sum_{l=0}^{n}(-1)^{n-l}\begin{pmatrix} n \\ l \end{pmatrix}(\cos\tfrac{i\pi}{2}-\sin\tfrac{i\pi}{2})(m+l)^i\omega_0^i H_x((-1)^i(m+l)\omega_0) \\ &= \sum_{l=m}^{m+n}(-1)^{n-(l-m)}\begin{pmatrix} n \\ l-m \end{pmatrix}(\cos\tfrac{i\pi}{2}-\sin\tfrac{i\pi}{2})(l\omega_0)^i H_x((-1)^i l\omega_0)\end{aligned} \tag{8.274}$$

und

$$\begin{aligned}\bar{F}_x^{(i)}(m,\omega_0) &= \sum_{l=0}^{n}(-1)^l\begin{pmatrix} n \\ l \end{pmatrix}(n+m-l)^i(\mathrm{j}\omega_0)^i F_x((n+m-l)\omega_0) \\ &= \sum_{l=0}^{n}(-1)^{n-l}\begin{pmatrix} n \\ l \end{pmatrix}(m+l)^i(\mathrm{j}\omega_0)^i F_x((m+l)\omega_0) \\ &= \sum_{l=m}^{m+n}(-1)^{n-(l-m)}\begin{pmatrix} n \\ l-m \end{pmatrix}(\mathrm{j}l\omega_0)^i F_x(l\omega_0)\end{aligned} \tag{8.275}$$

berechnet. Die Größe n muss dabei mindestens so groß gewählt werden wie die höchste in der Differentialgleichung (8.266) auftretende Ableitung, also

$$n \geq \max(n_y, n_u, d_{f_1}, \ldots, d_{f_{n_f}}, d_{h_1}, \ldots d_{h_{n_h}}). \tag{8.276}$$

Die Operation $\odot$ ist über

$$\begin{aligned}H_{x_1}(m\omega_0)\odot\bar{H}_{x_2}(m,\omega_0) = \;& \frac{1}{2}H_{x_1}(m\omega_0)*\bar{H}_{x_2}(m,\omega_0) \\ &+\frac{1}{2}H_{x_1}(m\omega_0)*\bar{H}_{x_2}(m,-\omega_0) \\ &+\frac{1}{2}H_{x_1}(-m\omega_0)*\bar{H}_{x_2}(m,\omega_0) \\ &-\frac{1}{2}H_{x_1}(-m\omega_0)*\bar{H}_{x_2}(m,-\omega_0)\end{aligned} \tag{8.277}$$

definiert und die Operation * steht für die Faltung, also

$$H_{g_i}(m\omega_0)*\bar{H}_{h_j}^{(k)}(m,\omega_0) = \sum_{l=-\infty}^{\infty} H_{g_i}(l\omega_0)\cdot\bar{H}_{h_j}^{(k)}(m-l,\omega_0) \tag{8.278}$$

bzw.

$$F_{g_i}(m\omega_0)*\bar{F}_{h_j}^{(k)}(m,\omega_0) = \sum_{l=-\infty}^{\infty} F_{g_i}(l\omega_0)\cdot\bar{F}_{h_j}^{(k)}(m-l,\omega_0). \tag{8.279}$$

Eine affin parameterabhängige Fehlergleichung

$$e(m,\omega_0) = y_\mathrm{V}(m,\omega_0) - y_\mathrm{M}(m,\omega_0) = y_\mathrm{V}(m,\omega_0) - \boldsymbol{m}^\mathrm{T}(m,\omega_0)\,\boldsymbol{p}_\mathrm{M} \tag{8.280}$$

ergibt sich, wenn als Modellausgangsgröße

$$y_\mathrm{M}(m,\omega_0) = \boldsymbol{m}^\mathrm{T}(m,\omega_0)\,\boldsymbol{p}_\mathrm{M} \tag{8.281}$$

und als Vergleichsgröße

$$y_\mathrm{V}(m,\omega_0) = \bar{H}_y(m,\omega_0) \tag{8.282}$$

bzw.

$$y_\mathrm{V}(m,\omega_0) = \bar{F}_y(m,\omega_0) \tag{8.283}$$

verwendet werden. Werden N Fehlergleichungen für $m = 0,\ldots,N-1$ aufgestellt, also

$$\begin{aligned} e(0,\omega_0) &= y_\mathrm{V}(0,\omega_0) - \boldsymbol{m}^\mathrm{T}(0,\omega_0)\,\boldsymbol{p}_\mathrm{M}, \\ e(1,\omega_0 &= y_\mathrm{V}(1,\omega_0) - \boldsymbol{m}^\mathrm{T}(1,\omega_0)\,\boldsymbol{p}_\mathrm{M}, \\ &\vdots \\ e(N-1,\omega_0) &= y_\mathrm{V}(N-1,\omega_0) - \boldsymbol{m}^\mathrm{T}(N-1,\omega_0)\,\boldsymbol{p}_\mathrm{M}, \end{aligned} \tag{8.284}$$

kann durch Zusammenfassen gemäß

$$\boldsymbol{e} = \begin{bmatrix} e(0,\omega_0) \\ e(1,\omega_0) \\ \vdots \\ e(N-1,\omega_0) \end{bmatrix}, \tag{8.285}$$

$$\boldsymbol{y}_\mathrm{V} = \begin{bmatrix} y_\mathrm{V}(0,\omega_0) \\ y_\mathrm{V}(1,\omega_0) \\ \vdots \\ y_\mathrm{V}(N-1,\omega_0) \end{bmatrix} \tag{8.286}$$

und

$$\boldsymbol{M} = \begin{bmatrix} \boldsymbol{m}^\mathrm{T}(0,\omega_0) \\ \boldsymbol{m}^\mathrm{T}(1,\omega_0) \\ \vdots \\ \boldsymbol{m}^\mathrm{T}(N-1,\omega_0) \end{bmatrix} \tag{8.287}$$

die Fehlergleichung wieder auf die affin parameterabhängige Form

$$\boldsymbol{e} = \boldsymbol{y}_\mathrm{V} - \boldsymbol{M}\,\boldsymbol{p}_\mathrm{M} \tag{8.288}$$

gebracht werden, die eine direkte *Least-Squares*-Schätzung ermöglicht.

8.3.3.6 Lösung des Schätzproblems

Zur Bestimmung des *Least-Squares*-Schätzwerts wird das verallgemeinerte *Least-Squares*-Gütefunktional

$$I_{\mathrm{GLS}} = \boldsymbol{e}^{\mathrm{T}} \boldsymbol{W} \boldsymbol{e} \tag{8.289}$$

minimiert. Der Schätzwert wird also gemäß

$$\hat{\boldsymbol{p}}_{\mathrm{GLS}} = \arg \min_{\boldsymbol{p}_{\mathrm{M}}} I_{\mathrm{GLS}}(\boldsymbol{p}_{\mathrm{M}}) = \arg \min_{\boldsymbol{p}_{\mathrm{M}}} \boldsymbol{e}^{\mathrm{T}} \boldsymbol{W} \boldsymbol{e} \tag{8.290}$$

bestimmt. Der Schätzwert kann, wie in Abschnitt 3.3.1, über Nullsetzen der ersten Ableitung bestimmt werden (wobei anschließend überprüft werden muss, ob es sich bei der so bestimmten Lösung auch um ein Minimum handelt). Hier wird der Ausdruck für den Schätzwert über die Methode der quadratischen Ergänzung hergeleitet.

Zunächst wird die quadratische Ergänzung für den skalaren Fall betrachtet. Es soll das minimierende Argument $\hat{x}$ der Funktion $f(x) = ax^2+2bx+c$ mit den reellen Koeffizienten $a > 0$, b und c bestimmt werden, also

$$\hat{x} = \arg \min_{x} \; ax^2 + 2bx + c. \tag{8.291}$$

Die zu minimierende Funktion wird zunächst durch Addition und Subtraktion von b^2/a und Ausklammern von a umgeschrieben zu

$$f(x) = a\left(x^2 + 2\left(\frac{b}{a}\right)x + \left(\frac{b}{a}\right)^2\right) + c - \frac{b^2}{a}. \tag{8.292}$$

Dies kann weiter umgeformt werden zu

$$f(x) = a\left(x + \frac{b}{a}\right)^2 + c - \frac{b^2}{a}. \tag{8.293}$$

Aus dieser Darstellung kann das minimierende Argument direkt abgelesen werden. Der erste Term auf der rechten Seite dieser Gleichung liefert aufgrund der Bildung des Quadrates und $a > 0$ immer einen nichtnegativen Beitrag. Die Funktion $f(x)$ nimmt somit einen minimalen Wert an, wenn dieser Ausdruck gerade verschwindet, was für

$$x = \hat{x} = -\frac{b}{a} \tag{8.294}$$

der Fall ist.

Als nächstes wird die matrixwertige Funktion

$$\boldsymbol{F}(\boldsymbol{X}) = \boldsymbol{X}^{\mathrm{T}}\boldsymbol{A}\boldsymbol{X} + \boldsymbol{X}^{\mathrm{T}}\boldsymbol{B} + \boldsymbol{B}^{\mathrm{T}}\boldsymbol{X} + \boldsymbol{C} \tag{8.295}$$

in dem matrixwertigen Argument $\boldsymbol{X}$ betrachtet. Dabei ist die Matrix $\boldsymbol{A}$ symmetrisch und positiv definit. Alle Matrizen werden als reell angenommen. Nach Addition und Subtraktion von $\boldsymbol{B}^{\mathrm{T}}\boldsymbol{A}^{-1}\boldsymbol{A}\boldsymbol{A}^{-1}\boldsymbol{B} = \boldsymbol{B}^{\mathrm{T}}\boldsymbol{A}^{-1}\boldsymbol{B}$ kann die Funktion umgeschrieben werden zu

$$\begin{aligned}\boldsymbol{F}(\boldsymbol{X}) = \boldsymbol{X}^{\mathrm{T}}\boldsymbol{A}\boldsymbol{X} + \boldsymbol{X}^{\mathrm{T}}\boldsymbol{A}\boldsymbol{A}^{-1}\boldsymbol{B} + \boldsymbol{B}^{\mathrm{T}}\boldsymbol{A}^{-1}\boldsymbol{A}\boldsymbol{X} + \boldsymbol{B}^{\mathrm{T}}\boldsymbol{A}^{-1}\boldsymbol{A}\boldsymbol{A}^{-1}\boldsymbol{B} \\ + \boldsymbol{C} - \boldsymbol{B}^{\mathrm{T}}\boldsymbol{A}^{-1}\boldsymbol{B}\end{aligned} \tag{8.296}$$

und durch Ausklammern des mittleren Terms $\boldsymbol{A}$ in den ersten vier Summanden weiter zu

$$\boldsymbol{F}(\boldsymbol{X}) = (\boldsymbol{X} + \boldsymbol{A}^{-1}\boldsymbol{B})^{\mathrm{T}}\boldsymbol{A}(\boldsymbol{X} + \boldsymbol{A}^{-1}\boldsymbol{B}) + \boldsymbol{C} - \boldsymbol{B}^{\mathrm{T}}\boldsymbol{A}^{-1}\boldsymbol{B}. \quad (8.297)$$

Die quadratische Form $(\boldsymbol{X}+\boldsymbol{A}^{-1}\boldsymbol{B})^{\mathrm{T}}\boldsymbol{A}(\boldsymbol{X}+\boldsymbol{A}^{-1}\boldsymbol{B})$ ist aufgrund der positiven Definitheit der Matrix $\boldsymbol{A}$ positiv definit. Ohne auf die Definition der Größe einer Matrix einzugehen, ist ersichtlich, dass die Matrixfunktion $\boldsymbol{F}(\boldsymbol{X})$ dann minimal wird, wenn dieser positiv definite Anteil verschwindet, was gerade für

$$\boldsymbol{X} = \hat{\boldsymbol{X}} = -\boldsymbol{A}^{-1}\boldsymbol{B} \quad (8.298)$$

der Fall ist.

Die quadratische Ergänzung wird nun zur Bestimmung des *Least-Squares*-Schätzwerts verwendet. Zunächst wird die Fehlergleichung

$$\boldsymbol{e} = \boldsymbol{y}_{\mathrm{V}} - \boldsymbol{M}\,\boldsymbol{p}_{\mathrm{M}} \quad (8.299)$$

in das Gütefunktional aus Gl. (8.289) eingesetzt. Dies liefert

$$I_{\mathrm{GLS}}(\boldsymbol{p}_{\mathrm{M}}) = (\boldsymbol{y}_{\mathrm{V}} - \boldsymbol{M}\,\boldsymbol{p}_{\mathrm{M}})^{\mathrm{T}}\boldsymbol{W}(\boldsymbol{y}_{\mathrm{V}} - \boldsymbol{M}\,\boldsymbol{p}_{\mathrm{M}}). \quad (8.300)$$

Durch Ausmultiplizieren ergibt sich

$$I_{\mathrm{GLS}}(\boldsymbol{p}_{\mathrm{M}}) = \boldsymbol{p}_{\mathrm{M}}^{\mathrm{T}}\boldsymbol{M}^{\mathrm{T}}\boldsymbol{W}\boldsymbol{M}\,\boldsymbol{p}_{\mathrm{M}} - \boldsymbol{p}_{\mathrm{M}}^{\mathrm{T}}\boldsymbol{M}^{\mathrm{T}}\boldsymbol{W}\boldsymbol{y}_{\mathrm{V}} - \boldsymbol{y}_{\mathrm{V}}^{\mathrm{T}}\boldsymbol{W}\boldsymbol{M}\,\boldsymbol{p}_{\mathrm{M}} + \boldsymbol{y}_{\mathrm{V}}^{\mathrm{T}}\boldsymbol{W}\boldsymbol{y}_{\mathrm{V}}. \quad (8.301)$$

Mit $\boldsymbol{X} = \boldsymbol{p}_{\mathrm{M}}$, $\boldsymbol{A} = \boldsymbol{M}^{\mathrm{T}}\boldsymbol{W}\boldsymbol{M}$, $\boldsymbol{B} = -\boldsymbol{M}^{\mathrm{T}}\boldsymbol{W}\boldsymbol{y}_{\mathrm{V}}$ und $\boldsymbol{C} = \boldsymbol{y}_{\mathrm{V}}^{\mathrm{T}}\boldsymbol{W}\boldsymbol{y}_{\mathrm{V}}$ entspricht $I_{\mathrm{GLS}}(\boldsymbol{p}_{\mathrm{M}})$ gerade $\boldsymbol{F}(\boldsymbol{X})$ aus Gl. (8.295). Damit folgt der *Least-Squares*-Schätzwert gemäß Gl. (8.298) zu

$$\hat{\boldsymbol{p}}_{\mathrm{GLS}} = (\boldsymbol{M}^{\mathrm{T}}\boldsymbol{W}\boldsymbol{M})^{-1}\boldsymbol{M}^{\mathrm{T}}\boldsymbol{W}\boldsymbol{y}_{\mathrm{V}}. \quad (8.302)$$

Dabei wird vorausgesetzt, dass die Inverse der Matrix $\boldsymbol{M}^{\mathrm{T}}\boldsymbol{W}\boldsymbol{M}$ existiert, sodass der *Least-Squares*-Schätzwert berechnet werden kann.

8.3.3.7 Systematischer Fehler bei der Least-Squares-Schätzung

Aufgrund der einfachen Parameterschätzung bei affin parameterabhängigem Modellfehler wird oftmals eine solche Abhängigkeit in der Fehlergleichung angestrebt. Eine unbedarfte Überführung eines Schätzproblems in eine affin parameterabhängige Fehlergleichung ohne Betrachtung der Eigenschaften des damit eingeführten Fehlers kann aber dazu führen, dass der Schätzalgorithmus zu unbefriedigenden Ergebnissen führt, so z.B. zu einem systematischen Schätzfehler. Dies wird im Folgenden anhand von zwei Beispielen erläutert (die grundlegenden Zusammenhänge sind in Abschnitt 3.3.1 für die Parameterschätzung bei linearen Eingrößensystemen beschrieben).

Hierfür wird die Parameterschätzung an einem linearen, zeitdiskreten Eingrößensystem im Zeitbereich und im Frequenzbereich herangezogen. Es wird davon ausgegangen, dass das System durch die Übertragungsfunktion

$$G(z) = \frac{b_0 + b_1 z^{-1} + \ldots + b_{n_u} z^{-n_u}}{1 + a_1 z^{-1} + \ldots + a_{n_y} z^{-n_y}} = \frac{B(z^{-1})}{A(z^{-1})} \quad (8.303)$$

beschrieben werden kann. Ohne Berücksichtigung eines Rauschsignals gilt also im Bildbereich zwischen Eingangs- und Ausgangssignal der Zusammenhang

$$Y(z) = \frac{B(z^{-1})}{A(z^{-1})} U(z). \tag{8.304}$$

Für die Systemidentifikation bietet sich nun die Möglichkeit an, den Ausgangswert eines Modells

$$G_{\mathrm{M}}(z) = \frac{b_{\mathrm{M},0} + b_{\mathrm{M},1} z^{-1} + \ldots + b_{\mathrm{M},n_u} z^{-n_u}}{1 + a_{\mathrm{M},1} z^{-1} + \ldots + a_{\mathrm{M},n_y} z^{-n_y}} = \frac{B_{\mathrm{M}}(z^{-1})}{A_{\mathrm{M}}(z^{-1})} \tag{8.305}$$

zu berechnen, also

$$\tilde{Y}_{\mathrm{M}}(z) = \frac{B_{\mathrm{M}}(z^{-1})}{A_{\mathrm{M}}(z^{-1})} U(z), \tag{8.306}$$

und den Fehler über den Vergleich des Modellausgangswerts mit dem gemessenen Signal, also gemäß

$$\tilde{E}(z) = E_{\mathrm{A}}(z) = Y(z) - \tilde{Y}_{\mathrm{M}}(z) = Y(z) - \frac{B_{\mathrm{M}}(z^{-1})}{A_{\mathrm{M}}(z^{-1})} U(z) \tag{8.307}$$

zu bilden.[19] Dieser Fehler wird als Ausgangsfehler bezeichnet, da die Differenz zwischen der Ausgangsgröße des Systems und der berechneten Ausgangsgröße des Modells verwendet wird. Daran, dass in Gl. (8.307) das Polynom $A_{\mathrm{M}}(z^{-1})$, welches von den Modellparametern $a_{\mathrm{M},1}$, …, a_{M,n_y} abhängt, im Nenner auftritt, ist zu erkennen, dass der Ausgangsfehler nichtlinear von den unbekannten Parametern abhängt. Gl. (8.307) kann auch als

$$\begin{aligned} E_{\mathrm{A}}(z) &= Y(z) - \tilde{Y}_{\mathrm{M}}(z) \\ &= Y(z) - \Big((1 - A_{\mathrm{M}}(z^{-1})) \tilde{Y}_{\mathrm{M}}(z) + B_{\mathrm{M}}(z^{-1}) U(z) \Big) \end{aligned} \tag{8.308}$$

geschrieben werden und entspricht damit im Zeitbereich der Differenzengleichung

$$\begin{aligned} e_{\mathrm{A}}(k) &= y(k) - \tilde{y}_{\mathrm{M}}(k) \\ &= y(k) - \left(- \sum_{i=1}^{n_y} a_{\mathrm{M},i} \tilde{y}_{\mathrm{M}}(k-i) + \sum_{i=0}^{n_u} b_{\mathrm{M},i} u(k-i) \right). \end{aligned} \tag{8.309}$$

Die nichtlineare Abhängigkeit des Fehlers von den Modellparametern äußert sich jetzt darin, dass die auf der rechten Seite dieser Gleichung auftretenden Größen $\tilde{y}_{\mathrm{M}}(k-1)$, …, $\tilde{y}_{\mathrm{M}}(k-n_y)$ wiederum von dem Modellparametervektor abhängen. Eine Bestimmung eines Schätzwerts über die lineare *Least-Squares*-Schätzung ist also nicht möglich.

Als alternative Möglichkeit bietet sich an, Gl. (8.304) zu

$$A(z^{-1}) Y(z) - B(z^{-1}) U(z) = 0 \tag{8.310}$$

umzustellen. Damit kann die Abweichung

$$E_{\mathrm{G}}(z) = A_{\mathrm{M}}(z^{-1}) Y(z) - B_{\mathrm{M}}(z^{-1}) U(z) \tag{8.311}$$

als Fehler verwendet werden. Dieser Fehler wird als Gleichungsfehler bezeichnet. Für den Gleichungsfehler kann auch

[19] Hier ist eine Unterscheidung zwischen den wahren Parametern des Systems und den Parametern des Modells zweckmäßig. Die Modellparameter werden daher mit dem Index M gekennzeichnet.

$$E_{\mathrm{G}}(z) = Y(z) - \left((1 - A_{\mathrm{M}}(z^{-1}))Y(z) + B_{\mathrm{M}}(z^{-1})U(z)\right) \tag{8.312}$$

geschrieben werden. Damit stellt die Systemausgangsgröße die Vergleichsgröße dar und die nun verwendete Modellausgangsgröße ergibt sich zu

$$Y_{\mathrm{M}}(z) = (1 - A_{\mathrm{M}}(z^{-1}))Y(z) + B_{\mathrm{M}}(z^{-1})U(z). \tag{8.313}$$

An dieser Beziehung ist bereits ersichtlich, dass eine lineare Abhängigkeit des Gleichungsfehlers von den Modellparametern vorliegt. Im Zeitbereich lautet Gl. (8.313)

$$y_{\mathrm{M}}(k) = -\sum_{i=1}^{n_y} a_{\mathrm{M},i} y(k-i) + \sum_{i=0}^{n_u} b_{\mathrm{M},i} u(k-i) \tag{8.314}$$

und der Gleichungsfehler ergibt sich im Zeitbereich zu

$$e_{\mathrm{G}}(k) = y(k) - \left(-\sum_{i=1}^{n_y} a_{\mathrm{M},i} y(k-i) + \sum_{i=0}^{n_u} b_{\mathrm{M},i} u(k-i)\right). \tag{8.315}$$

Diese Gleichung ist affin in den Parametern und erlaubt damit prinzipiell eine einfache Schätzung über das lineare *Least-Squares*-Verfahren. Diese Fehlergleichung entspricht der für das ARX-Modell hergeleiteten Gleichung (8.213). Gemäß Gl. (8.225) ist damit die Matrix $\boldsymbol{M}$ durch

$$\boldsymbol{M} = \begin{bmatrix} -y(\tilde{n}-1) & \dots & -y(\tilde{n}-n_y) & u(\tilde{n}) & \dots & u(\tilde{n}-n_u) \\ -y(\tilde{n}) & \dots & -y(\tilde{n}+1-n_y) & u(\tilde{n}+1) & \dots & u(\tilde{n}+1-n_u) \\ \vdots & \ddots & \vdots & \vdots & \ddots & \vdots \\ -y(\tilde{n}+N-2) & \dots & -y(\tilde{n}+N-1-n_y) & u(\tilde{n}+N-1 & \dots & u(\tilde{n}+N-1-n_u) \end{bmatrix} \tag{8.316}$$

gegeben. Zur Betrachtung des Parameterschätzfehlers wird, wie in Abschnitt 3.3.1, angenommen, dass die Eingangs-Ausgangs-Beziehung für das wahre System durch

$$Y(z) = \frac{B(z^{-1})}{A(z^{-1})} U(z) + R_{\mathrm{S}}(z) \tag{8.317}$$

gegeben ist, dem ungestörten Systemausgang also ein Störsignal r_{S} additiv überlagert ist. Im Zeitbereich lautet diese Beziehung

$$y(k) = -\sum_{i=1}^{n_y} a_i y(k-i) + \sum_{i=0}^{n_u} b_i u(k-i) + r_{\mathrm{S}}(k) + \sum_{i=1}^{n_y} a_i r_{\mathrm{S}}(k-i). \tag{8.318}$$

Die Vergleichsgröße

$$\boldsymbol{y}_{\mathrm{V}} = \begin{bmatrix} y(\tilde{n}) \\ y(\tilde{n}+1) \\ \vdots \\ y(\tilde{n}+N-1) \end{bmatrix} \tag{8.319}$$

ergibt sich damit gemäß

$$\boldsymbol{y}_{\mathrm{V}} = \boldsymbol{M}\boldsymbol{p} + \boldsymbol{\varepsilon} \tag{8.320}$$

mit

$$\boldsymbol{\varepsilon} = \begin{bmatrix} \varepsilon(\tilde{n}) \\ \varepsilon(\tilde{n}+1) \\ \vdots \\ \varepsilon(\tilde{n}+N-1) \end{bmatrix}, \tag{8.321}$$

wobei die einzelnen Elemente des Vektors $\boldsymbol{\varepsilon}$ durch

$$\varepsilon(k) = r_{\mathrm{S}}(k) + \sum_{i=1}^{n_y} a_i r_{\mathrm{S}}(k-i) \tag{8.322}$$

gegeben sind. Für das Produkt $\boldsymbol{M}^{\mathrm{T}}\boldsymbol{\varepsilon}$ ergibt sich

$$\boldsymbol{M}^{\mathrm{T}}\boldsymbol{\varepsilon} = \begin{bmatrix} -\sum\limits_{i=0}^{N-1} y(\tilde{n}-1+i)\varepsilon(\tilde{n}+i) \\ -\sum\limits_{i=0}^{N-1} y(\tilde{n}-2+i)\varepsilon(\tilde{n}+i) \\ \vdots \\ -\sum\limits_{i=0}^{N-1} y(\tilde{n}-n_y+i)\varepsilon(\tilde{n}+i) \\ \sum\limits_{i=0}^{N-1} u(\tilde{n}+i)\varepsilon(\tilde{n}+i) \\ \sum\limits_{i=0}^{N-1} u(\tilde{n}-1+i)\varepsilon(\tilde{n}+i) \\ \vdots \\ \sum\limits_{i=0}^{N-1} u(\tilde{n}-n_u+i)\varepsilon(\tilde{n}+i) \end{bmatrix}. \tag{8.323}$$

Damit sich eine konsistente Schätzung ergibt, müssen die in Abschnitt 3.3.1 eingeführten Bedingungen

$$\mathrm{E}\{\boldsymbol{\varepsilon}\} = \boldsymbol{0} \tag{8.324}$$

und

$$\operatorname{plim}\left(\boldsymbol{M}^{\mathrm{T}}\boldsymbol{\varepsilon}\right) = \boldsymbol{0} \tag{8.325}$$

erfüllt sein. Aus Gl. (8.322) folgt, dass Gl. (8.324) mit

$$\mathrm{E}\{r_s(k)\} = 0 \tag{8.326}$$

erfüllt ist. Die zweite Bedingung, Gl. (8.325), ist erfüllt, wenn jeder Eintrag in dem Vektor $\boldsymbol{M}^{\mathrm{T}}\boldsymbol{\varepsilon}$ den Erwartungswert null hat. Aus Gl. (8.323) ergeben sich damit die Bedingungen

$$\mathrm{E}\left\{y(\tilde{n}-k+i)\varepsilon(\tilde{n}+i)\right\} = 0 \quad \text{für } k = 1,\ldots,n_y,\ i = 0,\ldots,N-1, \tag{8.327}$$

und

$$\mathrm{E}\left\{u(\tilde{n}-k+i)\varepsilon(\tilde{n}+i)\right\}=0 \quad \text{für } k=1,\ldots,n_u,\ i=0,\ldots,N-1. \tag{8.328}$$

Gl. (8.328) bedeutet, dass die Eingangsgröße u und die über Gl. (8.322) definierte Störgröße ε unkorreliert sein müssen. Bei einer Identifikation im offenen Kreis, also ohne Rückführung der Ausgangsgröße auf den Eingang (wie es in einem geschlossenen Regelkreis der Fall wäre), stellt dies eine realistische Annahme dar. Aus Gl. (8.327) folgt, dass zurückliegende Werte der Ausgangsgröße y mit dem aktuellen Wert der Störgröße ε unkorreliert sein müssen. Die Ausgangsgröße $y(k)$ hängt aber, wie aus Gl. (8.318) ersichtlich, von der aktuellen Störgröße $\varepsilon(k)$ und von den n_y zurückliegenden Werten der Ausgangsgröße $y(k-1),\ldots,y(k-n_y)$ ab. Diese zurückliegenden Werte der Ausgangsgröße hängen wiederum von den Werten der Störgröße $\varepsilon(k-1),\ldots,\varepsilon(k-n_y)$ und den zurückliegenden Werten der Ausgangsgröße $y(k-2),\ldots,y(k-2n_y)$ ab, usw. Insgesamt hängt also der momentane Wert der Ausgangsgröße von allen zurückliegenden Werten der Störgröße ε ab. Zurückliegende Werte der Ausgangsgröße y können also nur dann mit dem aktuellen Wert der Störgröße unkorreliert sein, wenn zurückliegende Werte der Störgröße selbst mit dem aktuellen Wert der Störgröße unkorreliert sind. Aus Gl. (8.327) folgt also die Bedingung

$$\mathrm{E}\left\{\varepsilon(l)\varepsilon(m)\right\}=0 \quad \text{für} \quad l\neq m. \tag{8.329}$$

Es muss sich bei dem in Gl. (8.322) eingeführten Signal ε also um mittelwertfreies, unkorreliertes (weißes) Rauschen handeln. Im Bildbereich lautet Gl. (8.322)

$$\varepsilon(z)=(1+a_1z^{-1}+\ldots+a_{n_y}z^{-n_y})R_{\mathrm{S}}(z). \tag{8.330}$$

Das Signal r_s ergibt sich also über

$$R_{\mathrm{S}}(z)=\frac{1}{1+a_1z^{-1}+\ldots+a_{n_y}z^{-n_y}}\varepsilon(z)=\frac{1}{A(z^{-1})}\varepsilon(z). \tag{8.331}$$

Die additive Störung r_{S} am Ausgang des Systems muss also einem Signal entsprechen, welches aus einem mittelwertfreien, weißen Rauschsignal ε durch Filterung mit dem Störmodell

$$G_{\mathrm{r}}(z)=\frac{1}{1+a_1z^{-1}+\ldots+a_{n_y}z^{-n_y}} \tag{8.332}$$

entsteht. Die Dynamik des Störmodells (und damit das Spektrum des Rauschsignals) ergibt sich also gerade aus dem Nennerpolynom, d.h. den Polen, des Systems. In der Praxis wird eine solche Annahme so gut wie nie erfüllt sein. Dennoch wird dieser Ansatz oft verwendet, da er eine geschlossene Lösung liefert (siehe Abschnitt 3.3.1) bzw. auch sehr einfach in einer rekursiven Form implementiert werden kann (siehe Abschnitt 3.3.2). Ist diese Annahme nicht erfüllt, wird der Schätzwert einen *Bias*, also eine systematische Abweichung, aufweisen. Diese kann bei stärker verrauschten Signalen durchaus signifikant sein. Hinzu kommt, dass die *Least-Squares*-Schätzung mit der Kovarianzmatrix des Schätzfehlers zusätzlich zum Schätzwert auch eine Aussage über die statistische Güte des Schätzwerts liefert. In dem hier betrachteten Fall der falschen Annahmen über das Rauschen kommt erschwerend hinzu, dass die Kovarianzmatrix des Schätzfehlers klein werden kann. D.h. der Algorithmus liefert dann zusätzlich zum fehlerbehafteten Schätzwert noch die Aussage, dass dieser Schätzwert sehr genau ist.

Dieser Effekt des Auftretens eines systematischen Fehlers wird im Folgenden noch etwas näher betrachtet. Hierzu wird allgemein die Identifikation eines linearen Eingrößensystems über die Minimierung eines quadratischen Gütefunktionals betrachtet. Es wird vorausgesetzt, dass die Beziehung zwischen den Eingangs- und Ausgangsgrößen des Systems wie in Abschnitt 3.2 durch

$$Y(z) = G(z)U(z) + G_{\mathrm{r}}(z)\varepsilon(z) \tag{8.333}$$

gegeben ist. Dabei stellt ε eine weiße, mittelwertfreie stochastische Störgröße dar. Für die Identifikation über Modellanpassung wird die Modellausgangsgröße über

$$Y_{\mathrm{M}}(z) = W_u(z)U(z) + W_y(z)Y(z) \tag{8.334}$$

berechnet. Das Modell ist also durch die beiden zu bestimmenden Übertragungsfunktionen $W_u(z)$ und $W_y(z)$ beschrieben. Als Vergleichsgröße wird die Ausgangsgröße des Systems verwendet, sodass der Fehler durch

$$e(k) = y(k) - y_{\mathrm{M}}(k) \tag{8.335}$$

gegeben ist. Aus Gl. (8.335) folgt mit Gl. (8.334) im Bildbereich die Fehlergleichung

$$E(z) = Y(z) - W_u(z)U(z) - W_y(z)Y(z). \tag{8.336}$$

Mit Gl. (8.333) kann dies in der Form

$$E = (1 - W_y)\left[\left(G - \frac{W_u}{1 - W_y}\right)U + \left(G_{\mathrm{r}} - \frac{1}{1 - W_y}\right)\varepsilon\right] + \varepsilon \tag{8.337}$$

geschrieben werden, wobei hier auf die Angabe des Arguments z verzichtet wurde. Das *Least-Squares*-Gütekriterium kann in der Form

$$I_{\mathrm{LS}} = \mathrm{E}\left\{\frac{1}{2}e^2(k)\right\} \tag{8.338}$$

auch als mittlere Signalleistung aufgefasst werden. Die Signalleistung kann im Frequenzbereich über die spektrale Leistungsdichte berechnet werden. Damit gilt

$$I_{\mathrm{LS}} = \mathrm{E}\left\{\frac{1}{2}e^2(k)\right\} = \frac{1}{2}\,\frac{1}{2\pi}\int_{-\pi}^{\pi} S_{ee}(\Omega)\,\mathrm{d}\Omega. \tag{8.339}$$

Dabei ist $S_{ee}(\Omega)$ die spektrale Leistungsdichte des Fehlers und $\Omega = \omega T_{\mathrm{s}}$ die mit der Abtastzeit T_{s} normierte Kreisfrequenz.

Zur Berechnung der spektralen Leistungsdichte wird Gl. (8.337) in die Form

$$E = (1 - W_y)\begin{bmatrix} G - \dfrac{W_u}{1 - W_y} & G_{\mathrm{r}} - \dfrac{1}{1 - W_y} \end{bmatrix}\begin{bmatrix} U \\ \varepsilon \end{bmatrix} + \varepsilon \tag{8.340}$$

gebracht. Aus dieser Gleichung ist ersichtlich, dass sich der Fehler gemäß

$$E(z) = \tilde{\boldsymbol{G}}(z)\tilde{\boldsymbol{U}}(z) + \varepsilon(z) \tag{8.341}$$

als Ausgang des linearen Systems mit der Übertragungsfunktionsmatrix

$$\tilde{\boldsymbol{G}}(z) = \left[G(z) - \frac{W_u(z)}{1-W_y(z)} \quad G_{\mathrm{r}}(z) - \frac{1}{1-W_y(z)}\right] \tag{8.342}$$

und dem Eingangssignal

$$\tilde{\boldsymbol{u}} = \begin{bmatrix} u \\ \varepsilon \end{bmatrix} \tag{8.343}$$

überlagert mit dem additiven Störsignal ε darstellen lässt. Die spektrale Leistungsdichte des Fehlers ergibt sich damit zu

$$S_{ee}(\Omega) = \tilde{\boldsymbol{G}}(\mathrm{e}^{\,\mathrm{j}\omega})\boldsymbol{S}_{\tilde{\boldsymbol{u}}\tilde{\boldsymbol{u}}}(\Omega)\tilde{\boldsymbol{G}}^*(\mathrm{e}^{\,\mathrm{j}\omega}) + S_{\varepsilon\varepsilon}(\Omega). \tag{8.344}$$

Die spektrale Leistungsdichte des in Gl. (8.343) definierten Signals ist

$$\boldsymbol{S}_{\tilde{\boldsymbol{u}}\tilde{\boldsymbol{u}}}(\Omega) = \begin{bmatrix} S_{uu}(\Omega) & S_{u\varepsilon}(\Omega) \\ S_{\varepsilon u}(\Omega) & S_{\varepsilon\varepsilon}(\Omega) \end{bmatrix}. \tag{8.345}$$

Da es sich bei ε um ein weißes Störsignal handelt, ist die Leistungsdichte über alle Frequenzen konstant, also

$$S_{\varepsilon\varepsilon}(\Omega) = \sigma_\varepsilon^2. \tag{8.346}$$

Weiterhin wird vorausgesetzt, dass das Eingangssignal u und das Rauschsignal ε unkorreliert sind, es gilt also

$$S_{u\varepsilon}(\Omega) = S_{\varepsilon u}(\Omega) = 0. \tag{8.347}$$

Einsetzen von Gl. (8.342) und Gl. (8.345) in Gl. (8.344) unter Berücksichtigung von Gl. (8.346) und Gl. (8.347) liefert dann für die spektrale Leistungsdichte des Fehlers den Ausdruck

$$\begin{aligned} S_{ee}(\Omega) = {} & \left|1 - W_y(\mathrm{e}^{\mathrm{j}\Omega})\right|^2 \left| G(\mathrm{e}^{\mathrm{j}\Omega}) - \frac{W_u(\mathrm{e}^{\mathrm{j}\Omega})}{1-W_y(\mathrm{e}^{\mathrm{j}\Omega})}\right|^2 S_{uu}(\Omega) \\ & + \left|1 - W_y(\mathrm{e}^{\mathrm{j}\Omega})\right|^2 \left| G_{\mathrm{r}}(\mathrm{e}^{\mathrm{j}\Omega}) - \frac{1}{1-W_y(\mathrm{e}^{\mathrm{j}\Omega})}\right|^2 \sigma_\varepsilon^2 + \sigma_\varepsilon^2. \end{aligned} \tag{8.348}$$

Mit dieser Darstellung bietet es sich an, die Übertragungsfunktionen

$$G_{\mathrm{M},r}(z) = \frac{1}{1-W_y(z)} \tag{8.349}$$

und

$$G_{\mathrm{M}}(z) = \frac{W_u(z)}{1-W_y(z)} = G_{\mathrm{M},r}(z) W_u(z) \tag{8.350}$$

zu definieren. Damit kann die spektrale Leistungsdichte des Fehler als

$$\begin{aligned} S_{ee}(\Omega) = {} & \left(\left| \frac{G(\mathrm{e}^{\mathrm{j}\Omega}) - G_{\mathrm{M}}(\mathrm{e}^{\mathrm{j}\Omega})}{G_{\mathrm{M},r}(\mathrm{e}^{\mathrm{j}\Omega})} \right|^2 S_{uu}(\Omega) \right. \\ & + \left. \left| \frac{G_{\mathrm{r}}(\mathrm{e}^{\mathrm{j}\Omega}) - G_{\mathrm{M},r}(\mathrm{e}^{\mathrm{j}\Omega})}{G_{\mathrm{M},r}(\mathrm{e}^{\mathrm{j}\Omega})} \right|^2 \sigma_\varepsilon^2 \right) + \sigma_\varepsilon^2 \end{aligned} \tag{8.351}$$

geschrieben werden. Der *Least-Squares*-Schätzwert ergibt sich dann zu

$$\begin{aligned}\hat{\boldsymbol{p}}_{\mathrm{LS}} = \arg\min_{\boldsymbol{p}_{\mathrm{M}}} \int\limits_{-\pi}^{\pi} \Bigg(& \left| \frac{G(\mathrm{e}^{\mathrm{j}\Omega}) - G_{\mathrm{M}}(\mathrm{e}^{\mathrm{j}\Omega}, \boldsymbol{p}_{\mathrm{M}})}{G_{\mathrm{M},r}(\mathrm{e}^{\mathrm{j}\Omega}, \boldsymbol{p}_{\mathrm{M}})} \right|^2 S_{uu}(\Omega) \\ & + \left| \frac{G_{\mathrm{r}}(\mathrm{e}^{\mathrm{j}\Omega}) - G_{\mathrm{M},r}(\mathrm{e}^{\mathrm{j}\Omega}, \boldsymbol{p}_{\mathrm{M}})}{G_{\mathrm{M},r}(\mathrm{e}^{\mathrm{j}\Omega}, \boldsymbol{p}_{\mathrm{M}})} \right|^2 \sigma_\varepsilon^2 \Bigg) \,\mathrm{d}\Omega, \end{aligned} \tag{8.352}$$

wobei jetzt das Argument $\boldsymbol{p}_{\mathrm{M}}$ in den vom Modellparametervektor abhängigen Größen angegeben wird. In dem Gütefunktional in dieser Gleichung tauchen zwei Fehlerterme auf. Der Term

$$\Delta_{\mathrm{M},r}(\mathrm{e}^{\mathrm{j}\Omega}) = \frac{G_{\mathrm{r}}(\mathrm{e}^{\mathrm{j}\Omega}) - G_{\mathrm{M},r}(\mathrm{e}^{\mathrm{j}\Omega}, \boldsymbol{p}_{\mathrm{M}})}{G_{\mathrm{M},r}(\mathrm{e}^{\mathrm{j}\Omega}, \boldsymbol{p}_{\mathrm{M}})} \tag{8.353}$$

stellt den relativen Fehler des identifizierten Störmodells $G_{\mathrm{M},r}(z, \boldsymbol{p}_{\mathrm{M}})$ dar und der Term

$$\Delta_{\mathrm{M}}(\mathrm{e}^{\mathrm{j}\Omega}) = \frac{G(\mathrm{e}^{\mathrm{j}\Omega}) - G_{\mathrm{M}}(\mathrm{e}^{\mathrm{j}\Omega}, \boldsymbol{p}_{\mathrm{M}})}{G_{\mathrm{M},r}(\mathrm{e}^{\mathrm{j}\Omega}, \boldsymbol{p}_{\mathrm{M}})} \tag{8.354}$$

ist der mit dem inversen identifizierten Störmodell gewichtete Fehler des identifizierten Modells $G_{\mathrm{M}}(z, \boldsymbol{p}_{\mathrm{M}})$. Für eine konsistente Schätzung muss sich für

$$G(z) = G_{\mathrm{M}}(z, \boldsymbol{p}_{\mathrm{M}})\big|_{\boldsymbol{p}_{\mathrm{M}} = \boldsymbol{p}} \tag{8.355}$$

und

$$G_r(z) = G_{\mathrm{M},r}(z, \boldsymbol{p}_{\mathrm{M}})\big|_{\boldsymbol{p}_{\mathrm{M}} = \boldsymbol{p}} \tag{8.356}$$

ein Minimum des Gütefunktionals ergeben.

Für den Fall des ARX-Modells ist die Modellausgangsgröße gemäß Gl. (8.313) durch

$$Y_{\mathrm{M}}(z) = (1 - A_{\mathrm{M}}(z^{-1}))Y(z) + B_{\mathrm{M}}(z^{-1})U(z) \tag{8.357}$$

gegeben. Aus dem Vergleich mit der allgemeinen Gleichung (8.334) folgt

$$W_y(z) = 1 - A_{\mathrm{M}}(z^{-1}) \tag{8.358}$$

und

$$W_u(z) = B_{\mathrm{M}}(z^{-1}). \tag{8.359}$$

Die spektrale Leistungsdichte des Fehlers ergibt sich dann zu

$$\begin{aligned} S_{ee}(\omega) = \; & \left|A_{\mathrm{M}}(\mathrm{e}^{-\mathrm{j}\Omega})\right|^2 \left(\left| G(\mathrm{e}^{\mathrm{j}\Omega}) - \frac{B_{\mathrm{M}}(\mathrm{e}^{-\mathrm{j}\Omega})}{A_{\mathrm{M}}(\mathrm{e}^{-\mathrm{j}\Omega})} \right|^2 S_{uu}(\Omega) \right. \\ & \left. + \left| G_{\mathrm{r}}(\mathrm{e}^{\mathrm{j}\Omega}) - \frac{1}{A_{\mathrm{M}}(\mathrm{e}^{-\mathrm{j}\Omega})} \right|^2 \sigma_\varepsilon^2 \right). \end{aligned} \tag{8.360}$$

Aus diesem Ausdruck lassen sich einige allgemeine Eigenschaften des über

$$\hat{\boldsymbol{p}}_{\mathrm{LS}} = \arg\min_{\boldsymbol{p}_{\mathrm{M}}} \int_{-\pi}^{\pi} S_{ee}(\varOmega)\,\mathrm{d}\varOmega \tag{8.361}$$

bestimmten Schätzwerts ableiten. Das Gütefunktional hat dann für $\boldsymbol{p}_{\mathrm{M}} = \boldsymbol{p}$ ein Minimum, wenn

$$G(z) = \left.\frac{B_{\mathrm{M}}(z^{-1})}{A_{\mathrm{M}}(z^{-1})}\right|_{\boldsymbol{p}_{\mathrm{M}}=\boldsymbol{p}} \tag{8.362}$$

und

$$G_{\mathrm{r}}(z) = \left.\frac{1}{A_{\mathrm{M}}(z^{-1})}\right|_{\boldsymbol{p}_{\mathrm{M}}=\boldsymbol{p}} \tag{8.363}$$

gelten. In allen anderen Fällen wird sich ein Kompromiss zwischen einem kleinen relativen Fehler des Störmodells aus Gl. (8.353) und einem kleinen mit dem inversen identifizierten Störmodell gewichteten Modellfehlers nach Gl. (8.354) ergeben.

Insbesondere die Tatsache der Gewichtung des Modellfehlers mit dem inversen identifizierten Störmodell ist hier relevant. So wird die Störung in der Regel bandbegrenzt sein. Das identifizierte Störmodell stellt dann ein Tiefpassfilter dar. Die Gewichtung mit einem inversen Tiefpassfilter bedeutet, dass Fehler bei hohen Frequenzen stärker in das Gütefunktional eingehen. Das identifizierte Modell wird also bei hohen Frequenzen eine gute Übereinstimmung mit dem System aufweisen, während bei tiefen Frequenzen größere Abweichungen auftreten. Oft wird aber gerade der umgekehrten Fall angestrebt. So werden meist Modelle gewünscht, die im Bereich tiefer bis mittlerer Frequenzen eine gute Beschreibung des Systems liefern, während Abweichungen im Bereich hoher Frequenzen toleriert werden können.

Sehr anschaulich zeigt sich dieses Problem auch bei der Identifikation eines linearen Eingrößensystems im Frequenzbereich, also aus gemessenen Frequenzgangsdaten, über einen einfachen linearen Schätzansatz [Lev59, SK63, PS07]. Dies wird als zweites Beispiel betrachtet. Es wird davon ausgegangen, dass die Parameter des Systems mit der Übertragungsfunktion

$$G(s) = \frac{b_{n_u}s^{n_u} + \ldots + b_1 s + b_0}{s^{n_y} + a_{n_y-1}s^{n_y-1} + \ldots + a_1 s + a_0} = \frac{B(s)}{A(s)} \tag{8.364}$$

aus gemessenen Daten des Frequenzgangs bei den Frequenzen $\omega_1, \ldots, \omega_N$, also aus den Messwerten $G_{\mathrm{mess}}(j\omega_1), \ldots, G_{\mathrm{mess}}(j\omega_N)$ bestimmt werden sollen. Hier wird angenommen, dass für die Messwerte der Zusammenhang

$$G_{\mathrm{mess}}(\mathrm{j}\omega_i) = G(\mathrm{j}\omega_i) + \varepsilon(\mathrm{j}\omega_i) \tag{8.365}$$

gilt, wobei $\varepsilon(\mathrm{j}\omega_i)$ den Einfluss eines Rauschens auf den gemessenen Frequenzgang beschreibt. Formal entspricht dies einer Beziehung zwischen einem Eingangs- und einem Ausgangssignal, wenn als Ausgangssignal

$$Y_i = G_{\mathrm{mess}}(\mathrm{j}\omega_i) \tag{8.366}$$

und als Eingangssignal

$$U_i = 1 \tag{8.367}$$

definiert wird (da es sich hier um Größen im Frequenzbereich handelt, werden Großbuchstaben verwendet). Dann kann Gl. (8.365) auch als

$$Y_i = G(\mathrm{j}\omega_i)U_i + \varepsilon(\mathrm{j}\omega_i) \tag{8.368}$$

geschrieben werden. Als berechnetes Modellausgangssignal wird nun der Frequenzgang des Modells

$$G_{\mathrm{M}}(\mathrm{j}\omega_i) = \frac{B_{\mathrm{M}}(\mathrm{j}\omega_i)}{A_{\mathrm{M}}(\mathrm{j}\omega_i)} = \frac{b_{\mathrm{M},n_u}(\mathrm{j}\omega_i)^{n_u} + \ldots + b_{\mathrm{M},1}(\mathrm{j}\omega_i) + b_{\mathrm{M},0}}{(\mathrm{j}\omega_i)^{n_y} + a_{\mathrm{M},n_y-1}(\mathrm{j}\omega_i)^{n-1} + \ldots + a_{\mathrm{M},1}(\mathrm{j}\omega_i) + a_{\mathrm{M},0}} \tag{8.369}$$

verwendet. Das berechnete Modellausgangssignal entspricht also

$$\tilde{Y}_{\mathrm{M},i} = G_{\mathrm{M}}(\mathrm{j}\omega_i) \cdot U_i = G_{\mathrm{M}}(\mathrm{j}\omega_i) \cdot 1 = G_{\mathrm{M}}(\mathrm{j}\omega_i). \tag{8.370}$$

Die Differenz zwischen dem Messwert und dem berechneten Modellausgang kann als Fehlergröße definiert werden, also

$$\tilde{E}_i = E_{\mathrm{A},i} = G_{\mathrm{mess}}(\mathrm{j}\omega_i) - G_{\mathrm{M}}(\mathrm{j}\omega_i) = G_{\mathrm{mess}}(\mathrm{j}\omega_i) - \frac{B_{\mathrm{M}}(\mathrm{j}\omega_i)}{A_{\mathrm{M}}(\mathrm{j}\omega_i)}. \tag{8.371}$$

Da es sich hier um die Differenz zwischen dem gemessenen und dem berechneten Frequenzgang handelt, ist dies der Ausgangsfehler. Mit den Gln. (8.366), (8.367) und (8.370) kann dies auch als

$$E_{\mathrm{A},i} = Y_i - \tilde{Y}_{\mathrm{M},i} = Y_i - \frac{B_{\mathrm{M}}(\mathrm{j}\omega_i)}{A_{\mathrm{M}}(\mathrm{j}\omega_i)} U_i \tag{8.372}$$

geschrieben werden, was die Ähnlichkeit zu Gl. (8.307) zeigt. Der Ausgangsfehler ist allerdings auch hier nichtlinear in den Parametern und es existiert damit keine geschlossene Lösung für den gesuchten Parameterschätzwert.

In frühen Ansätzen zur Parameterschätzung aus Frequenzgangsdaten [Lev59] wurde zur Vermeidung der Nichtlinearität ebenfalls der Gleichungsfehler verwendet. Die heuristische Argumentation zur Verwendung dieses Fehlers ist hier ähnlich. Für das zu identifizierende System gilt

$$G(\mathrm{j}\omega) = \frac{B(\mathrm{j}\omega)}{A(\mathrm{j}\omega)}, \tag{8.373}$$

was gleichbedeutend ist mit

$$A(\mathrm{j}\omega_i)G(\mathrm{j}\omega_i) - B(\mathrm{j}\omega_i) = 0. \tag{8.374}$$

Nun wird davon ausgegangen, dass diese Gleichung auch für das Modell und die Messwerte erfüllt ist, also

$$A_{\mathrm{M}}(\mathrm{j}\omega_i)G_{\mathrm{mess}}(\mathrm{j}\omega_i) - B_{\mathrm{M}}(\mathrm{j}\omega_i) = 0 \tag{8.375}$$

gilt. Die Abweichung

$$E_{\mathrm{G},i} = A_{\mathrm{M}}(\mathrm{j}\omega_i)G_{\mathrm{mess}}(\mathrm{j}\omega_i) - B_{\mathrm{M}}(\mathrm{j}\omega_i) \tag{8.376}$$

stellt dann den Gleichungsfehler dar. Mit Gln. (8.366), (8.367) und (8.370) kann dies auch als

$$E_{\mathrm{G},i} = A_{\mathrm{M}}(\mathrm{j}\omega_i)Y_i - B_{\mathrm{M}}(\mathrm{j}\omega_i)U_i \tag{8.377}$$

geschrieben werden, was wiederum die Ähnlichkeit zu Gl. (8.311) zeigt. Der Gleichungsfehler ist auch hier linear in den Parametern und erlaubt damit eine sehr einfache Bestimmung des Parametervektors über die geschlossene Lösung des linearen *Least-Squares*-Problems. Allerdings wurde festgestellt [SK63] dass mit diesem Schätzansatz die Übereinstimmung zwischen dem Frequenzgang des identifizierten Systems und den gemessenen Werten im Bereich niedriger Frequenzen große Abweichungen zeigt. Dies ist darin begründet, dass die Verwendung des Gleichungsfehlers hier einer Hochpass-Filterung der Fehler zwischen den Messwerten und dem berechneten Frequenzgang entspricht. Der Gleichungsfehler ist ja gerade gegeben durch

$$E_{\mathrm{G},i} = A_{\mathrm{M}}(\mathrm{j}\omega_i)\left(G_{\mathrm{mess}}(\mathrm{j}\omega_i) - \frac{B_{\mathrm{M}}(\mathrm{j}\omega_i)}{A_{\mathrm{M}}(\mathrm{j}\omega_i)}\right) = A_{\mathrm{M}}(\mathrm{j}\omega_i)E_{\mathrm{A},i}. \tag{8.378}$$

Daraufhin wurde ein einfacher und zudem sehr robuster iterativer Algorithmus vorgeschlagen [SK63], bei dem die Linearität in den Parametern beibehalten bleibt. Hierzu wird mit dem im k-ten Iterationsschritt vorliegenden Parameterschätzwert $\hat{\boldsymbol{p}}_k$ der gewichtete Gleichungsfehler

$$\begin{aligned} E_{\mathrm{G,gew},i,k+1} &= A_{\mathrm{M}}^{-1}(\mathrm{j}\omega_i,\hat{\boldsymbol{p}}_k)E_{\mathrm{G},i,k+1} \\ &= A_{\mathrm{M}}^{-1}(\mathrm{j}\omega_i,\hat{\boldsymbol{p}}_k)\left(A_{\mathrm{M}}(\mathrm{j}\omega_i,\boldsymbol{p}_{\mathrm{M}})G_{\mathrm{mess}}(\mathrm{j}\omega_i) - B_{\mathrm{M}}(\mathrm{j}\omega_i,\boldsymbol{p}_{\mathrm{M}})\right) \end{aligned} \tag{8.379}$$

für die Bestimmung des nächsten Schätzwerts $\hat{\boldsymbol{p}}_{k+1}$ verwendet. Der so gewichtete Gleichungsfehler stellt eine Approximation des Ausgangsfehlers dar. Die Ermittlung des Parameterschätzwerts erfolgt also über

$$\hat{\boldsymbol{p}}_{k+1} = \arg\min_{\boldsymbol{p}_{\mathrm{M}}} \sum_{i=1}^{N} \left|A_{\mathrm{M}}^{-1}(\mathrm{j}\omega_i,\hat{\boldsymbol{p}}_k)\left(A_{\mathrm{M}}(\mathrm{j}\omega_i,\boldsymbol{p}_{\mathrm{M}})G_{\mathrm{mess}}(\mathrm{j}\omega_i) - B_{\mathrm{M}}(\mathrm{j}\omega_i,\boldsymbol{p}_{\mathrm{M}})\right)\right|^2 \tag{8.380}$$

Dieser von Sanathanan und Koerner [SK63] vorgeschlagene Algorithmus wird als SK-Iteration bezeichnet.

Diese Beispiele sollen zeigen, dass es nicht immer zielführend ist, aufgrund der einfacheren mathematischen Handhabbarkeit über die gewissermaßen implizite Annahme eines entsprechenden Störmodells (bzw. ohne die explizite Berücksichtigung des Störmodells) eine lineare Parameterabhängigkeit der Modellausgangsgröße herbeizuführen. In vielen Fällen führt dies zu einem systematischen Fehler bei der Parameterschätzung.

Allerdings ist der Einfluss des Rauschens an dieser Stelle noch nicht quantifiziert worden. Über die Größe des entstehenden Fehlers wurde also keine Aussage gemacht. Bei nur gering verrauschten Signalen ist der Einfluss auf die Schätzung meist auch nur gering. In diesen Fällen kann dann der Weg, ein Modell mit linearer Parameterabhängigkeit trotz eines damit verbundenen falschen Rauschmodells zu wählen, durchaus zu einem guten Identifikationsergebnis führen. Eine analytische Quantifizierung des Rauscheinflusses ist selbst bei linearen Modellen sehr schwierig. Gerade bei nichtlinearen Systemen bietet sich dann der Weg an, aus einer Simulation des Systemmodells mit angenommenen Parameterwerten verrauschte Daten zu erzeugen und für die Identifikation zu verwenden. Über die Durchführung mehrerer solcher Versuche mit zunehmender Rauschintensität kann dann der Rauscheinfluss auf den Schätzfehler experimentell abgeschätzt werden.

8.4 Implizite Verfahren

8.4.1 Einführung

Wie bereits zu Beginn dieses Kapitels erwähnt, wird bei impliziten (iterativen) Verfahren im Gegensatz zu expliziten (direkten) Verfahren die Lösung des Identifikationsproblems nicht in einem Schritt, sondern iterativ in mehreren Schritten ermittelt. Ein solches Vorgehen ist zum einen dann erforderlich, wenn die Lösung nicht analytisch, also in Form einer geschlossenen Lösung, bestimmt werden kann, sondern z.B. über ein iteratives Optimierungsverfahren ermittelt wird. Zum anderen stellen rekursive Identifikationsverfahren, bei dem das Identifikationsergebnis (meist ein Parameterschätzwert) nach Hinzukommen eines neuen Messwerts durch Korrektur des bisherigen Ergebnisses neu bestimmt wird, implizite Verfahren dar.

Im Folgenden werden einige implizite Verfahren behandelt. In Abschnitt 8.4.2 wird die rekursive *Least-Squares*-Schätzung bei linear parameterabhängigen Eingangs-Ausgangs-Modellen behandelt. Für die Parameterschätzung bei künstlichen neuronalen Multi-Layer-Perzeptron-Netzen wurde ein Parameterschätzalgorithmus entwickelt, der auf einer Rückwärtsberechnung der Empfindlichkeiten beruht und daher als Backpropagationsverfahren bezeichnet wird. Dieser wird in Abschnitt 8.4.3 vorgestellt. In den Abschnitten 8.4.4 und 8.4.5 wird die Parameterschätzung für nichtlineare Zustandsraummodelle behandelt. Dabei werden zwei Methoden vorgestellt. Ein sehr einfacher Ansatz besteht darin, die unbekannten Parameter als zusätzliche Zuständsgrößen mit in den Zustandsvektor aufzunehmen und diesen erweiterten Zustandsvektor über einen nichtlinearen Zustandsschätzer zu bestimmen. Dieser Ansatz wird als Zustandserweiterung (*State Augmentation*) bezeichnet und in Abschnitt 8.4.4 vorgestellt. Ein weiterer Ansatz beruht darauf, einen nichtlinearen Zustandsschätzer (z.B. das erweiterte Kalman-Filter) zur Schätzung der Zustände und damit auch der Ausgangsgröße zu verwenden und dann die Parameter dieses Zustandsschätzers so zu bestimmen, dass sich eine optimale Schätzung der Ausgangsgröße des Systems ergibt. Dieser Ansatz entspricht einem Prädiktionsfehler-Verfahren, bei dem der Zustandsschätzer als Prädiktor eingesetzt wird. Der Ansatz wird auch als adaptive Filterung bezeichnet und in Abschnitt 8.4.5 betrachtet.

8.4.2 Rekursive *Least-Squares*-Schätzung bei linear parameterabhängigen Eingangs-Ausgangs-Modellen

In Abschnitt 8.2.4 wurde ausgeführt, dass in vielen Anwendungen eine rekursive Parameterschätzung von Interesse ist. Dies ist gerade dann der Fall, wenn eine Parameterschätzung *online* erfolgen soll, bei technischen Systemen also z.B. während des Betriebs des Systems. Bei Hinzukommen eines neuen Messwerts bzw. eines neuen Messwertpaares der Eingangs- und der Ausgangsgröße soll dann ein neuer Parameterschätzwert bestimmt werden. Prinzipiell könnte dies durch Speicherung aller Messwerte und Neuberechnung des Parameterschätzwerts erfolgen. Dabei würden sich aber in jedem Schritt die zu verarbeitende Datenmenge und damit Speicherbedarf und Rechenzeit vergrößern. Daher stellt ein solcher Ansatz in den allermeisten Fällen keine brauchbare Lösung dar. Von Interesse sind dann rekursive Lösungen, bei denen der neue Parameterschätzwert durch Korrektur des vorangegangenen Schätzwerts bestimmt wird und keine Speicherung zurückliegender Messwerte erforderlich ist. Für linear parameterabhängige Eingangs-Ausgangs-Modelle und damit affin parameterabhängige Fehlergleichungen kann bei Verwendung eines quadratischen Gütefunktionals sehr einfach ein Algorithmus für eine rekursive Parameterschätzung hergeleitet werden. Es handelt sich bei diesem Algorithmus um eine rekursive Implementierung der in Abschnitt 8.3.3 behandelten direkten *Least-Squares*-Schätzung. Die Herleitung entspricht dabei der für lineare Systeme aus Abschnitt 3.3.2, wobei sich lediglich der Aufbau des Datenvektors ändert.

Der Algorithmus entsteht auch direkt aus dem in Abschnitt 8.2.4.1 vorgestellten rekursiven Gauß-Newton Algorithmus (Tabelle 8.1). Aufgrund der Berechnung des neuen Parameterschätzwerts nach Gl. (8.85) und der Berechnung der Gauß-Näherung der Hesse-Matrix nach Gl. (8.87) bzw. Gl. (8.88) geht in diesen Algorithmus der Gradient des Fehlers im k-ten Zeitpunkt bezüglich des Parametervektors ein. Für ein linear parameterabhängiges Modell lässt sich, wie in Abschnitt 8.3.3.1 ausgeführt, die Ausgangsgröße im k-ten Zeitschritt mit der Datenmatrix

$$\boldsymbol{M}(\boldsymbol{\varphi}(k),k) = \begin{bmatrix}\boldsymbol{m}_1(\boldsymbol{\varphi}(k),k) & \ldots & \boldsymbol{m}_s(\boldsymbol{\varphi}(k),k)\end{bmatrix}, \tag{8.381}$$

dem Vektor der benötigten Werte des Ausgangs- und des Eingangssignals

$$\boldsymbol{\varphi}(k) = \begin{bmatrix}\boldsymbol{y}^{\mathrm{T}}(k-1) & \ldots & \boldsymbol{y}^{\mathrm{T}}(k-n_y) & \boldsymbol{u}^{\mathrm{T}}(k-n_{\mathrm{d}}) & \ldots & \boldsymbol{u}^{\mathrm{T}}(k-n_u)\end{bmatrix}^{\mathrm{T}} \tag{8.382}$$

und dem Modellparametervektor

$$\boldsymbol{p}_{\mathrm{M}} = \begin{bmatrix} p_{\mathrm{M},1} \\ \vdots \\ p_{\mathrm{M},s} \end{bmatrix} \tag{8.383}$$

gemäß Gl. (8.229) als

$$\boldsymbol{y}_{\mathrm{M}}(k) = \boldsymbol{M}(\boldsymbol{\varphi}(k),k)\,\boldsymbol{p}_{\mathrm{M}} \tag{8.384}$$

darstellen.

Der Modellfehler für den Zeitpunkt k ergibt sich dann als Differenz der Vergleichsgröße und der Modellausgangsgröße gemäß

$$\boldsymbol{e}(k) = \boldsymbol{y}_{\mathrm{V}}(k) - \boldsymbol{y}_{\mathrm{M}}(k) = \boldsymbol{y}_{\mathrm{V}}(k) - \boldsymbol{M}(\boldsymbol{\varphi}(k),k)\,\boldsymbol{p}_{\mathrm{M}}. \tag{8.385}$$

Der Gradient des Fehlers bezüglich des Parametervektors ist dann

$$\frac{\mathrm{d}\boldsymbol{e}^{\mathrm{T}}(k)}{\mathrm{d}\boldsymbol{p}_{\mathrm{M}}} = -\frac{\mathrm{d}\boldsymbol{p}_{\mathrm{M}}^{\mathrm{T}}\boldsymbol{M}^{\mathrm{T}}(\boldsymbol{\varphi}(k),k)}{\mathrm{d}\boldsymbol{p}_{\mathrm{M}}} = -\boldsymbol{M}^{\mathrm{T}}(\boldsymbol{\varphi}(k),k). \tag{8.386}$$

Bei Systemen mit nur einer Ausgangsgröße wird statt der Matrix $\boldsymbol{M}(\boldsymbol{\varphi}(k),k)$ der Vektor $\boldsymbol{m}(\boldsymbol{\varphi}(k),k)$ verwendet und für die Ausgangsgröße

$$y_{\mathrm{M}}(k) = \boldsymbol{m}^{\mathrm{T}}(\boldsymbol{\varphi}(k),k)\,\boldsymbol{p}_{\mathrm{M}} \tag{8.387}$$

geschrieben. Der Gradient des Fehlers ergibt sich dann zu

$$\frac{\mathrm{d}e(k)}{\mathrm{d}\boldsymbol{p}_\mathrm{M}} = -\boldsymbol{m}(\boldsymbol{\varphi}(k),k). \tag{8.388}$$

Einsetzen dieses Gradienten in den in Abschnitt 8.2.4.1 (Tabelle 8.1) angegebenen rekursiven Gauß-Newton-Algorithmus für das *Least-Squares*-Gütefunktional liefert ein Parameterschätzverfahren für linear parameterabhängige Eingangs-Ausgangs-Modelle, welches im Folgenden beschrieben wird. Abweichend von der in Abschnitt 8.2.4.1 verwendeten Notation wird die Zeitvariable hier mit k statt mit t_k bezeichnet.

Als Gütefunktional wird das *Least-Squares*-Gütefunktional

$$I(k) = \frac{1}{2}\sum_{i=1}^{k} \boldsymbol{e}^\mathrm{T}(i,\boldsymbol{p}_\mathrm{M})\lambda^{k-i}\boldsymbol{A}^{-1}(i)\boldsymbol{e}(i,\boldsymbol{p}_\mathrm{M}) \tag{8.389}$$

verwendet, wobei die Gewichtung entsprechend Gl. (8.89) mit der gealterten Gewichtungsmatrix $\lambda^{k-i}\boldsymbol{A}^{-1}(i)$ erfolgt. Im k-ten Zeitschritt, also nach Verarbeitung der k-ten Messung liegen der Parameterschätzwert $\hat{\boldsymbol{p}}(k)$ und die Fehlerkovarianzmatrix dieses Schätzwerts $\boldsymbol{P}(k)$ vor (zur Initialisierung des Algorithmus müssen also Anfangswerte $\hat{\boldsymbol{p}}(0)$ und $\boldsymbol{P}(0)$ vorgegeben werden). Zur Berechnung eines neuen Parameterschätzwerts durch Verarbeitung der $(k+1)$-ten Messung werden ggf. aus dem aktuellen Wert und aus zurückliegenden Werten der Eingangsgröße und zurückliegenden Werten der Ausgangsgröße für den $(k+1)$-ten Zeitschritt der Vektor

$$\begin{aligned}\boldsymbol{\varphi}(k+1) = \big[\boldsymbol{y}^\mathrm{T}(k) \quad \ldots \quad \boldsymbol{y}^\mathrm{T}(k+1-n_y) \quad \boldsymbol{u}^\mathrm{T}(k-n_\mathrm{d}+1) \quad \ldots \\ \ldots \quad \boldsymbol{u}^\mathrm{T}(k+1-n_u)\big]^\mathrm{T}\end{aligned} \tag{8.390}$$

und damit die Matrix

$$\boldsymbol{M}(\boldsymbol{\varphi}(k+1),k+1) = \big[\boldsymbol{m}_1(\boldsymbol{\varphi}(k+1),k+1) \ \ldots \ \boldsymbol{m}_s(\boldsymbol{\varphi}(k+1),k+1)\big] \tag{8.391}$$

gebildet. Sofern keine Totzeit vorliegt ($n_\mathrm{d} = 0$), kann der Vektor $\boldsymbol{\varphi}(k+1)$ erst aufgestellt werden, wenn $\boldsymbol{u}(k+1)$ bekannt ist, ggf. also erst nach der $(k+1)$-ten Messung.

Mit diesen Größen wird die Modellausgangsgröße für den $(k+1)$-ten Zeitschritt als

$$\hat{\boldsymbol{y}}(k+1) = \boldsymbol{M}(\boldsymbol{\varphi}(k+1),k+1)\,\hat{\boldsymbol{p}}(k) \tag{8.392}$$

berechnet. Aus den Systemeingangs- und Ausgangsgrößen wird eine Vergleichsgröße $\boldsymbol{y}_\mathrm{V}(k+1)$ bestimmt, wobei oftmals direkt die Systemausgangsgröße als Vergleichsgröße verwendet wird, also $\boldsymbol{y}_\mathrm{V}(k+1) = \boldsymbol{y}(k+1)$. Dann wird der Fehler

$$\boldsymbol{e}(k+1) = \boldsymbol{y}_\mathrm{V}(k+1) - \boldsymbol{M}(\boldsymbol{\varphi}(k+1),k+1)\,\hat{\boldsymbol{p}}(k) \tag{8.393}$$

gebildet. Die Hilfsgröße $\boldsymbol{S}(k+1)$ wird entsprechend Abschnitt 8.2.4.1 (Tabelle 8.1) entweder über

$$\boldsymbol{S}(k+1) = \lambda\boldsymbol{A}(k+1) + \boldsymbol{M}(\boldsymbol{\varphi}(k+1),k+1)\boldsymbol{P}(k)\boldsymbol{M}^\mathrm{T}(\boldsymbol{\varphi}(k+1),k+1) \tag{8.394}$$

oder über

$$\boldsymbol{S}(k+1) = \boldsymbol{A}(k+1) + \boldsymbol{M}(\boldsymbol{\varphi}(k+1),k+1)\boldsymbol{P}(k)\boldsymbol{M}^\mathrm{T}(\boldsymbol{\varphi}(k+1),k+1) \tag{8.395}$$

gebildet. Die Berechnung der Verstärkungsmatrix $\boldsymbol{L}(k+1)$ für die Parameterkorrektur und die Korrektur der Fehlerkovarianzmatrix können dann entweder über

$$\boldsymbol{L}(k+1) = \boldsymbol{P}(k)\boldsymbol{M}^{\mathrm{T}}(\boldsymbol{\varphi}(k+1),k+1)\boldsymbol{S}^{-1}(k+1), \tag{8.396}$$

$$\boldsymbol{P}(k+1) = \frac{1}{\lambda}(\boldsymbol{P}(k) - \boldsymbol{L}(k+1)\boldsymbol{S}(k+1)\boldsymbol{L}^{\mathrm{T}}(k+1)) \tag{8.397}$$

oder über

$$\begin{aligned}\boldsymbol{P}(k+1) =& \frac{1}{\lambda}(\boldsymbol{P}(k) - \boldsymbol{P}(k)\boldsymbol{M}^{\mathrm{T}}(\boldsymbol{\varphi}(k+1),k+1)\times \\ & \times\, \boldsymbol{S}^{-1}(k+1)\boldsymbol{M}(\boldsymbol{\varphi}(k+1),k+1)\boldsymbol{P}(k)),\end{aligned} \tag{8.398}$$

$$\boldsymbol{L}(k+1) = \boldsymbol{P}(k+1)\boldsymbol{M}^{\mathrm{T}}(\boldsymbol{\varphi}(k+1),k+1)\boldsymbol{\Lambda}^{-1}(k+1) \tag{8.399}$$

durchgeführt werden. Die Parameterkorrektur erfolgt gemäß

$$\hat{\boldsymbol{p}}(k+1) = \hat{\boldsymbol{p}}(k) + \boldsymbol{L}(k+1)\boldsymbol{e}(k). \tag{8.400}$$

Im Gegensatz zu der Formulierung des Algorithmus in Abschnitt 8.2.4.1 wurde hier das negative Vorzeichen des Gradienten gemäß Gl. (8.386) bei der Berechnung der Verstärkungsmatrix in Gl. (8.396) bzw. Gl. (8.399) weggelassen und stattdessen bei der Parameterkorrektur in Gl. (8.400) berücksichtigt. Dadurch ergibt sich die Vorzeichenänderung in Gl. (8.400) gegenüber den entsprechenden Gln. (8.94c) und (8.99c) aus Abschnitt 8.2.4.1.

Dieser rekursive Parameterschätzalgorithmus kann bei Modellstrukturen eingesetzt werden, bei denen die Modellausgangsgröße linear und der Fehler damit affin von den Modellparametern abhängt. Hierunter fallen z.B. das in Abschnitt 7.3.5 und 8.3.3.2 behandelte Kolmogorov-Gabor-Polynom und die in Abschnitt 7.3.1 und Abschnitt 8.3.3.3 behandelte zeitdiskrete Volterra-Reihe. Der Datenvektor ist für beide Modelle durch

$$\boldsymbol{m}(\boldsymbol{\varphi}(k)) = \begin{bmatrix} \boldsymbol{\varphi}^{\otimes,\mathrm{red},1}(k) \\ \vdots \\ \boldsymbol{\varphi}^{\otimes,\mathrm{red},q}(k) \end{bmatrix} \tag{8.401}$$

gegeben, wobei q die Modellordnung ist. Für das Kolmorogov-Gabor-Polynom ist

$$\boldsymbol{\varphi}(k) = \begin{bmatrix} y(k-1) & \ldots & y(k-n_y) & u(k-n_{\mathrm{d}}) & \ldots & u(k-n_u) \end{bmatrix}^{\mathrm{T}} \tag{8.402}$$

und für die zeitdiskrete Volterra-Reihe

$$\boldsymbol{\varphi}(k) = \begin{bmatrix} u(k-n_{\mathrm{d}}) & \ldots & u(k-n_u) \end{bmatrix}^{\mathrm{T}}, \tag{8.403}$$

wobei jeweils eine bekannte Totzeit von n_{d} Abtastschritten berücksichtigt wurde.

8.4.3 Backpropagationsverfahren für Parameterschätzung bei künstlichen neuronalen Multi-Layer-Perzeptron-Netzen

8.4.3.1 Backpropagationsverfahren

Das Backpropagationsverfahren beschreibt eine Berechnungsvorschrift, mit der die als Empfindlichkeiten bezeichneten Ableitungen des Gütefunktionals nach den Aktivitäten eines neuronalen Netzes für ein aus mehreren Schichten aufgebautes Perzeptron-Netz (Multi-Layer-Perzeptron-Netz) berechnet werden können. Mit den Empfindlichkeiten können die Gradienten des Gütefunktionals nach den gesuchten Modellparametern berechnet werden, was wiederum eine Parameterschätzung für das neuronale Netz ermöglicht. Die Bezeichnung Backpropagationsverfahren rührt dabei daher, dass die Empfindlichkeiten Schicht für Schicht rückwärts berechnet werden. Im Folgenden wird diese Berechnungsvorschrift hergeleitet.

Wie in Abschnitt 7.3.8 ausgeführt, bestehen neuronale Netze aus Schichten, die wiederum aus Neuronen aufgebaut sind. Neuronen entsprechen dabei einer Vorschrift für die Berechnung einer Ausgangsgröße aus mehreren Eingangsgrößen. Die $n_{\mathrm{inputs}}^{(l)}$ Eingangssignale der l-ten Schicht $x_{\mathrm{in},1}^{(l)}, \ldots, x_{\mathrm{in},n_{\mathrm{inputs}}^{(l)}}^{(l)}$ werden in dem Vektor

$$\boldsymbol{x}_{\mathrm{in}}^{(l)} = \begin{bmatrix} x_{\mathrm{in},1}^{(l)} \\ \vdots \\ x_{\mathrm{in},n_{\mathrm{inputs}}^{(l)}}^{(l)} \end{bmatrix} \tag{8.404}$$

zusammengefasst. Es wird davon ausgegangen, dass jedes Neuron einer Schicht alle Eingangssignale dieser Schicht als Eingang erhält (was keine Einschränkung darstellt, da nicht eingehende Eingänge mit einem Gewicht von null versehen werden könnten). Die l-te Schicht hat $n_{\mathrm{neurons}}^{(l)}$ Neuronen mit jeweils einem Ausgang und damit insgesamt $n_{\mathrm{neurons}}^{(l)}$ Ausgänge $x_{\mathrm{out},i}^{(l)}, \ldots, x_{\mathrm{out},n_{\mathrm{neurons}}^{(l)}}^{(l)}$. Diese werden in dem Vektor

$$\boldsymbol{x}_{\mathrm{out}}^{(l)} = \begin{bmatrix} x_{\mathrm{out},1}^{(l)} \\ \vdots \\ x_{\mathrm{out},n_{\mathrm{neurons}}^{(l)}}^{(l)} \end{bmatrix} \tag{8.405}$$

zusammengefasst.

Hier werden nur vorwärtsgerichtete Netze (*Feedforward Neural Networks*) betrachtet. Bei diesen kann allgemein davon ausgegangen werden, dass die Eingänge einer Schicht die Ausgänge der vorangegangenen Schicht sind, also

$$\boldsymbol{x}_{\mathrm{in}}^{(l)} = \boldsymbol{x}_{\mathrm{out}}^{(l-1)}. \tag{8.406}$$

Damit ist auch

$$n_{\mathrm{inputs}}^{(l)} = n_{\mathrm{neurons}}^{(l-1)} = n_{\mathrm{outputs}}^{(l-1)}. \tag{8.407}$$

Insgesamt hat ein neuronales Netz n_{layers} Schichten. Der Eingang der ersten Schicht ist der Eingang des Netzes, also

$$\boldsymbol{x}_{\text{in}} = \boldsymbol{x}_{\text{in}}^{(1)}. \tag{8.408}$$

Der Ausgang der letzten Schicht ist der Ausgang des Netzes, also

$$\boldsymbol{x}_{\text{out}} = \boldsymbol{x}_{\text{out}}^{(n_{\text{layers}})}. \tag{8.409}$$

Der Ausgang einer Schicht wird über die Aktivierungsfunktionen $f_{\text{a},i}^{(l)}$ der einzelnen Neuronen aus den sogenannten Aktivitäten $a_i^{(l)}$ berechnet. Werden die Aktivierungsfunktionen und die Aktivitäten der einzelnen Neuronen in Vektoren zusammengefasst, kann dies in der Form

$$\boldsymbol{x}_{\text{out}}^{(l)} = \boldsymbol{f}_{\text{a}}^{(l)}(\boldsymbol{a}^{(l)}) \tag{8.410}$$

geschrieben werden. Dabei hängt das Ausgangssignal des i-ten Neurons $x_{\text{out},i}^{(l)}$ jeweils nur von der Aktivität dieses Neurons, also von $a_i^{(l)}$, ab, d.h.

$$x_{\text{out},i}^{(l)} = f_{\text{a},i}^{(l)}(a_i^{(l)}). \tag{8.411}$$

Die Aktivität eines Neurons ergibt sich aus dem Eingang des Neurons $\boldsymbol{x}_{\text{in}}^{(l)}$ über die Gewichtungsfunktion $\boldsymbol{f}_{\text{w},i}^{(l)}$ und die Eingangsfunktion $f_{\text{in},i}^{(l)}$ gemäß

$$a_i^{(l)} = f_{\text{in},i}^{(l)}\left(\boldsymbol{f}_{\text{w},i}^{(l)}(\boldsymbol{x}_{\text{in}}^{(l)})\right). \tag{8.412}$$

Die Gewichtungsfunktion des i-ten Neurons hängt dabei von den Gewichten $w_{i,\nu}^{(l)}$, $\nu = 1, \ldots, n_{\text{inputs}}^{(l)}$, ab. Alle Gewichte einer Schicht werden in der Gewichtsmatrix $\boldsymbol{W}^{(l)}$ zusammengefasst. Die Eingangsfunktion hängt von den *Bias*-Werten $b_i^{(l)}$ ab, die in dem Vektor $\boldsymbol{b}^{(l)}$ zusammengefasst werden. Die Gewichtsmatrizen $\boldsymbol{W}^{(1)}, \ldots, \boldsymbol{W}^{(n_{\text{layers}})}$ und die *Bias*-Vektoren $\boldsymbol{b}^{(1)}, \ldots, \boldsymbol{b}^{(n_{\text{layers}})}$ für alle Schichten stellen damit die Modellparameter des künstlichen neuronalen Netzes dar.

Für die Schätzung dieser Modellparameter wird ein Gütefunktional I definiert. Die Parameterschätzung über die Minimierung des Gütefunktionals erfolgt dann über einen iterativen Optimierungsalgorithmus. Der Backpropagationsalgorithmus wurde ursprünglich für das Gradientenabstiegsverfahren hergeleitet, welches einen sehr einfachen Algorithmus darstellt. Beim Gradientenabstiegsverfahren werden die Gewichte und die *Bias*-Vektoren gemäß

$$[\boldsymbol{W}^{(l)}]_{j+1} = [\boldsymbol{W}^{(l)}]_j - \alpha\left[\frac{\mathrm{d}I}{\mathrm{d}\boldsymbol{W}^{(l)}}\right]_j, \tag{8.413}$$

$$[\boldsymbol{b}^{(l)}]_{j+1} = [\boldsymbol{b}^{(l)}]_j - \alpha\left[\frac{\mathrm{d}I}{\mathrm{d}\boldsymbol{b}^{(l)}}\right]_j \tag{8.414}$$

in jedem Iterationsschritt neu berechnet. Hier werden durch die eckigen Klammern mit dem tiefgestellten Index j die Werte im j-ten Iterationsschritt gekennzeichnet. Diese Notation wird verwendet, um eine Verwechslung mit weiter unten eingeführten Zeitindizes zu vermeiden. Gleichzeitig wird auf die Kennzeichnung der Schätzwerte durch das Symbol $\hat{}$ verzichtet. Der Parameter α bestimmt die Steilheit des Gradientenabstiegs und wird in der Terminologie der neuronalen Netze als Lernrate bezeichnet.

Anstelle des Gradientenabstiegsverfahrens können bessere Optimierungsverfahren, z.B. das Gauß-Newton-Verfahren, das darauf aufbauende Levenberg-Marquardt-Verfahren oder die Methode der konjugierten Gradienten verwendet werden. Auf eine Behandlung der Optimierungsverfahren wird an dieser Stelle verzichtet. Eine detaillierte Beschäftigung mit diesen Verfahren ist aus Anwendersicht auch nicht unbedingt erforderlich, da diese Verfahren in Softwarepaketen wie z.B. dem Programmpaket Matlab bereits implementiert sind. Wichtiger und grundlegend für das Verständnis der Parameterschätzung bei neuronalen Netzen ist die Berechnung der Gradienten über das Backpropagationsverfahren, welche im Folgenden betrachtet wird.

Für die Parameterschätzung mit dem Gradientenabstiegsverfahren gemäß den Gln. (8.413) und (8.414)werden die berechneten Gradienten des Gütefunktionals bezüglich der Gewichte und der *Bias*-Werte benötigt. Die Gradienten werden dabei jeweils unter Verwendung der im j-ten Iterationsschritt zur Verfügung stehenden Werte berechnet, also

$$\left[\frac{\mathrm{d}I}{\mathrm{d}\boldsymbol{W}^{(l)}}\right]_j = \left.\frac{\mathrm{d}I}{\mathrm{d}\boldsymbol{W}^{(l)}}\right|_{\boldsymbol{W}^{(l)}=\left[\boldsymbol{W}^{(l)}\right]_j,\,\boldsymbol{b}^{(l)}=\left[\boldsymbol{b}^{(l)}\right]_j,\,l=1,\dots,n_{\mathrm{layers}}}, \tag{8.415}$$

$$\left[\frac{\mathrm{d}I}{\mathrm{d}\boldsymbol{b}^{(l)}}\right]_j = \left.\frac{\mathrm{d}I}{\mathrm{d}\boldsymbol{b}^{(l)}}\right|_{\boldsymbol{W}^{(l)}=\left[\boldsymbol{W}^{(l)}\right]_j,\,\boldsymbol{b}^{(l)}=\left[\boldsymbol{b}^{(l)}\right]_j,\,l=1,\dots,n_{\mathrm{layers}}}. \tag{8.416}$$

Wie zu Beginn dieses Abschnitts erwähnt, werden Multi-Layer-Perzeptron-Netze betrachtet. Bei einem Perzeptron wird, wie in Abschnitt 7.3.8.2 ausgeführt, die Aktivität über

$$a_i^{(l)} = \sum_{\nu=1}^{n_{\mathrm{inputs}}^{(l)}} w_{i,\nu}^{(l)} \cdot x_{\mathrm{in},\nu}^{(l)} + b_i^{(l)} \tag{8.417}$$

berechnet. Mit Gl. (8.404) und

$$\boldsymbol{W}^{(l)} = \begin{bmatrix} w_{1,1}^{(l)} & \dots & w_{1,n_{\mathrm{inputs}}^{(l)}}^{(l)} \\ \vdots & \ddots & \vdots \\ w_{n_{\mathrm{neurons}}^{(l)},1}^{(l)} & \dots & w_{n_{\mathrm{neurons}}^{(l)},n_{\mathrm{inputs}}^{(l)}}^{(l)} \end{bmatrix}, \tag{8.418}$$

$$\boldsymbol{a}^{(l)} = \begin{bmatrix} a_1^{(l)} \\ \vdots \\ a_{n_{\mathrm{neurons}}^{(l)}}^{(l)} \end{bmatrix}, \tag{8.419}$$

$$\boldsymbol{b}^{(l)} = \begin{bmatrix} b_1^{(l)} \\ \vdots \\ b_{n_{\mathrm{neurons}}^{(l)}}^{(l)} \end{bmatrix} \tag{8.420}$$

kann dies als

$$\boldsymbol{a}^{(l)} = \boldsymbol{W}^{(l)} \cdot \boldsymbol{x}_{\mathrm{in}}^{(l)} + \boldsymbol{b}^{(l)} \tag{8.421}$$

geschrieben werden.

Für die Berechnung der Gradienten wird nun die Ableitung des Gütefunktionals I nach einem Gewicht $w_{i,\nu}^{(l)}$ betrachtet. Da die Gewichte des i-ten Neurons nur in die Berechnung der Aktivität dieses Neurons und nicht in die Berechnung der Aktivitäten anderer Neuronen der gleichen Schicht eingehen, liefert die Kettenregel

$$\frac{\mathrm{d}I}{\mathrm{d}w_{i,\nu}^{(l)}} = \frac{\mathrm{d}I}{\mathrm{d}a_i^{(l)}} \cdot \frac{\mathrm{d}a_i^{(l)}}{\mathrm{d}w_{i,\nu}^{(l)}}. \tag{8.422}$$

Aus Gl. (8.417) folgt

$$\frac{\mathrm{d}a_i^{(l)}}{\mathrm{d}w_{i,\nu}^{(l)}} = x_{\mathrm{in},\nu}^{(l)}. \tag{8.423}$$

Einsetzen von Gl. (8.423) in Gl. (8.422) liefert

$$\frac{\mathrm{d}I}{\mathrm{d}w_{i,\nu}^{(l)}} = \frac{\mathrm{d}I}{\mathrm{d}a_i^{(l)}} \cdot x_{\mathrm{in},\nu}^{(l)}. \tag{8.424}$$

Für die Ableitung des Gütefunktionals I nach der Gewichtsmatrix $\boldsymbol{W}^{(l)}$ folgt damit

$$\begin{aligned}
\frac{\mathrm{d}I}{\mathrm{d}\boldsymbol{W}^{(l)}} &= \begin{bmatrix} \dfrac{\mathrm{d}I}{\mathrm{d}w_{1,1}^{(l)}} & \cdots & \dfrac{\mathrm{d}I}{\mathrm{d}w_{1,n_{\mathrm{inputs}}^{(l)}}^{(l)}} \\ \vdots & \ddots & \vdots \\ \dfrac{\mathrm{d}I}{\mathrm{d}w_{n_{\mathrm{neurons}}^{(l)},1}^{(l)}} & \cdots & \dfrac{\mathrm{d}I}{\mathrm{d}w_{n_{\mathrm{neurons}}^{(l)},n_{\mathrm{inputs}}^{(l)}}^{(l)}} \end{bmatrix} \\
&= \begin{bmatrix} \dfrac{\mathrm{d}I}{\mathrm{d}a_1^{(l)}} \cdot x_{\mathrm{in},1}^{(l)} & \cdots & \dfrac{\mathrm{d}I}{\mathrm{d}a_1^{(l)}} \cdot x_{\mathrm{in},n_{\mathrm{inputs}}^{(l)}}^{(l)} \\ \vdots & \ddots & \vdots \\ \dfrac{\mathrm{d}I}{\mathrm{d}a_{n_{\mathrm{neurons}}^{(l)}}^{(l)}} \cdot x_{\mathrm{in},1}^{(l)} & \cdots & \dfrac{\mathrm{d}I}{\mathrm{d}a_{n_{\mathrm{neurons}}^{(l)}}^{(l)}} \cdot x_{\mathrm{in},n_{\mathrm{inputs}}^{(l)}}^{(l)} \end{bmatrix} \\
&= \begin{bmatrix} x_{\mathrm{in},1}^{(l)} \\ \vdots \\ x_{\mathrm{in},n_{\mathrm{inputs}}^{(l)}}^{(l)} \end{bmatrix} \cdot \begin{bmatrix} \dfrac{\mathrm{d}I}{\mathrm{d}a_1^{(l)}} & \cdots & \dfrac{\mathrm{d}I}{\mathrm{d}a_{n_{\mathrm{neurons}}^{(l)}}^{(l)}} \end{bmatrix} \\
&= \boldsymbol{x}_{\mathrm{in}}^{(l)} \cdot \frac{\mathrm{d}I}{\mathrm{d}(\boldsymbol{a}^{(l)})^{\mathrm{T}}} .
\end{aligned} \tag{8.425}$$

Mit Gl. (8.406) ergibt sich

$$\frac{\mathrm{d}I}{\mathrm{d}\boldsymbol{W}^{(l)}} = \boldsymbol{x}_{\mathrm{out}}^{(l-1)} \cdot \frac{\mathrm{d}I}{\mathrm{d}(\boldsymbol{a}^{(l)})^{\mathrm{T}}}. \tag{8.426}$$

Die in dieser Gleichung auftretende Ableitung des Gütefunktionals I nach der Aktivität $\boldsymbol{a}^{(l)}$ wird als Empfindlichkeit bezeichnet.

In das Gütefunktional I geht die Ausgangsgröße des neuronalen Netzes ein, in der Regel über die Berechnung eines Fehlers als Differenz zur Ausgangsgröße des zu identifizierenden Systems. Bei der Berechnung der Ausgangsgröße eines Netzes werden die Aktivitäten durch die einzelnen Schichten des Netzes durchgereicht. Die l-te Aktivität geht also jeweils über die $l{+}1$-te Aktivität in die Berechnung ein. Für die Ableitung des Gütefunktionals I nach der Aktivität der l-ten Schicht $\boldsymbol{a}^{(l)}$ gilt daher mit der Kettenregel

$$\frac{\mathrm{d}I}{\mathrm{d}(\boldsymbol{a}^{(l)})^{\mathrm{T}}} = \frac{\mathrm{d}I}{\mathrm{d}(\boldsymbol{a}^{(l+1)})^{\mathrm{T}}} \cdot \frac{\mathrm{d}\boldsymbol{a}^{(l+1)}}{\mathrm{d}(\boldsymbol{a}^{(l)})^{\mathrm{T}}}. \tag{8.427}$$

Mit Gl. (8.421) ergibt sich

$$\frac{\mathrm{d}\boldsymbol{a}^{(l+1)}}{\mathrm{d}(\boldsymbol{a}^{(l)})^{\mathrm{T}}} = \frac{\mathrm{d}(\boldsymbol{W}^{(l+1)} \cdot \boldsymbol{x}_{\mathrm{in}}^{(l+1)} + \boldsymbol{b}^{(l+1)})}{\mathrm{d}(\boldsymbol{a}^{(l)})^{\mathrm{T}}}. \tag{8.428}$$

Da der *Bias*-Vektor nicht von der Aktivität abhängt, folgt

$$\frac{\mathrm{d}\boldsymbol{a}^{(l+1)}}{\mathrm{d}(\boldsymbol{a}^{(l)})^{\mathrm{T}}} = \boldsymbol{W}^{(l+1)} \cdot \frac{\mathrm{d}\boldsymbol{x}_{\mathrm{in}}^{(l+1)}}{\mathrm{d}(\boldsymbol{a}^{(l)})^{\mathrm{T}}}. \tag{8.429}$$

Einsetzen von Gl. (8.406) liefert

$$\frac{\mathrm{d}\boldsymbol{a}^{(l+1)}}{\mathrm{d}(\boldsymbol{a}^{(l)})^{\mathrm{T}}} = \boldsymbol{W}^{(l+1)} \cdot \frac{\mathrm{d}\boldsymbol{x}_{\mathrm{out}}^{(l)}}{\mathrm{d}(\boldsymbol{a}^{(l)})^{\mathrm{T}}}. \tag{8.430}$$

Die Ausgangsgröße $\boldsymbol{x}_{\mathrm{out}}^{(l)}$ ergibt sich gemäß Gl. (8.410) aus der Aktivierungsfunktion. Damit folgt

$$\frac{\mathrm{d}\boldsymbol{x}_{\mathrm{out}}^{(l)}}{\mathrm{d}(\boldsymbol{a}^{(l)})^{\mathrm{T}}} = \frac{\mathrm{d}\boldsymbol{f}_{\mathrm{a}}^{(l)}(\boldsymbol{a}^{(l)})}{\mathrm{d}(\boldsymbol{a}^{(l)})^{\mathrm{T}}}. \tag{8.431}$$

Es werden also die Ableitungen der Aktivierungsfunktionen $f_{\mathrm{a},i}^{(l)}(a_i^{(l)})$ nach ihrem Argument, also der Aktivität $a_i^{(l)}$, benötigt. Da die Aktivierungsfunktionen der Neuronen bekannt sind, können diese Ableitungen analytisch bestimmt werden. Wird z.B. die in Gl. (7.333) eingeführte Log-Sigmoide als Aktivierungsfunktion verwendet, also

$$f_{\mathrm{a},i}^{(l)}(a_i^{(l)}) = \frac{1}{1+\mathrm{e}^{-a_i^{(l)}}}, \tag{8.432}$$

ergibt sich die Ableitung zu

$$\frac{\mathrm{d}f_{\mathrm{a},i}^{(l)}(a_i^{(l)})}{\mathrm{d}a_i^{(l)}} = \frac{\mathrm{e}^{-a_i^{(l)}}}{\left(1+\mathrm{e}^{-a_i^{(l)}}\right)^2}. \tag{8.433}$$

Da die Ausgangsgröße des i-ten Neurons nur von der Aktivität des i-ten Neurons abhängt, folgt aus Gl. (8.431)

$$\frac{\mathrm{d}\boldsymbol{x}_{\mathrm{out}}^{(l)}}{\mathrm{d}(\boldsymbol{a}^{(l)})^{\mathrm{T}}} = \frac{\mathrm{d}\boldsymbol{f}_{\mathrm{a}}^{(l)}(\boldsymbol{a}^{(l)})}{\mathrm{d}(\boldsymbol{a}^{(l)})^{\mathrm{T}}}$$

$$= \begin{bmatrix} \frac{\mathrm{d}f_{\mathrm{a},1}^{(l)}(a_1^{(l)})}{\mathrm{d}a_1^{(l)}} & 0 & \dots & 0 \\ 0 & \frac{\mathrm{d}f_{\mathrm{a},2}^{(l)}(a_2^{(l)})}{\mathrm{d}a_2^{(l)}} & \dots & 0 \\ \vdots & \vdots & \ddots & \vdots \\ 0 & 0 & \dots & \frac{\mathrm{d}f_{\mathrm{a},n_{\mathrm{neurons}}}^{(l)}\left(a_{n_{\mathrm{neurons}}^{(l)}}^{(l)}\right)}{\mathrm{d}a_{n_{\mathrm{neurons}}^{(l)}}^{(l)}} \end{bmatrix}. \tag{8.434}$$

Einsetzen von Gl. (8.431) in Gl. (8.429) liefert

$$\frac{\mathrm{d}\boldsymbol{a}^{(l+1)}}{\mathrm{d}(\boldsymbol{a}^{(l)})^{\mathrm{T}}} = \boldsymbol{W}^{(l+1)} \cdot \frac{\mathrm{d}\boldsymbol{f}_{\mathrm{a}}^{(l)}(\boldsymbol{a}^{(l)})}{\mathrm{d}(\boldsymbol{a}^{(l)})^{\mathrm{T}}}. \tag{8.435}$$

und Einsetzen dieses Ergebnisses in Gl. (8.427) resultiert in

$$\frac{\mathrm{d}I}{\mathrm{d}(\boldsymbol{a}^{(l)})^{\mathrm{T}}} = \frac{\mathrm{d}I}{\mathrm{d}(\boldsymbol{a}^{(l+1)})^{\mathrm{T}}} \cdot \boldsymbol{W}^{(l+1)} \cdot \frac{\mathrm{d}\boldsymbol{f}_{\mathrm{a}}^{(l)}(\boldsymbol{a}^{(l)})}{\mathrm{d}(\boldsymbol{a}^{(l)})^{\mathrm{T}}}. \tag{8.436}$$

Mit Gl. (8.436) ist eine Rückwärtsberechnung der Empfindlichkeiten möglich.

Um die Rückwärtsberechnung beginnen zu können, muss noch die Empfindlichkeit bezüglich der Aktivität der Ausgangsschicht $\boldsymbol{a}^{(n_{\mathrm{layers}})}$ berechnet werden. Das Gütefunktional hängt im Allgemeinen von einem Modellfehler ab, der als Differenz des Netzausgangs und einer Vergleichsgröße, also gemäß

$$\boldsymbol{e} = \boldsymbol{y}_{\mathrm{V}} - \boldsymbol{x}_{\mathrm{out}} \tag{8.437}$$

bestimmt wird. Für die Ableitung des Gütefunktionals folgt dann mit der Kettenregel

$$\frac{\mathrm{d}I}{\mathrm{d}(\boldsymbol{a}^{(n_{\mathrm{layers}})})^{\mathrm{T}}} = \frac{\mathrm{d}I}{\mathrm{d}\boldsymbol{e}^{\mathrm{T}}} \cdot \frac{\mathrm{d}\boldsymbol{e}}{\mathrm{d}(\boldsymbol{a}^{(n_{\mathrm{layers}})})^{\mathrm{T}}} = -\frac{\mathrm{d}I}{\mathrm{d}\boldsymbol{e}^{\mathrm{T}}} \cdot \frac{\mathrm{d}\boldsymbol{x}_{\mathrm{out}}}{\mathrm{d}(\boldsymbol{a}^{(n_{\mathrm{layers}})})^{\mathrm{T}}}. \tag{8.438}$$

Die Ableitung von $\boldsymbol{x}_{\mathrm{out}}$ nach der Aktivität $\boldsymbol{a}^{(n_{\mathrm{layers}})}$ folgt mit Gl. (8.429) zu

$$\frac{\mathrm{d}\boldsymbol{x}_{\mathrm{out}}}{\mathrm{d}(\boldsymbol{a}^{(n_{\mathrm{layers}})})^{\mathrm{T}}} = \frac{\mathrm{d}\boldsymbol{f}_{\mathrm{a}}^{(n_{\mathrm{layers}})}(\boldsymbol{a}^{(n_{\mathrm{layers}})})}{\mathrm{d}(\boldsymbol{a}^{(n_{\mathrm{layers}})})^{\mathrm{T}}}. \tag{8.439}$$

Damit ergibt sich die Empfindlichkeit bezüglich der Aktivität zu

$$\frac{\mathrm{d}I}{\mathrm{d}(\boldsymbol{a}^{(n_{\mathrm{layers}})})^{\mathrm{T}}} = -\frac{\mathrm{d}I}{\mathrm{d}\boldsymbol{e}^{\mathrm{T}}} \cdot \frac{\mathrm{d}\boldsymbol{f}_{\mathrm{a}}^{(n_{\mathrm{layers}})}(\boldsymbol{a}^{(n_{\mathrm{layers}})})}{\mathrm{d}(\boldsymbol{a}^{(n_{\mathrm{layers}})})^{\mathrm{T}}}. \tag{8.440}$$

In vielen Fällen wird ein quadratisches Gütekriterium

$$I = \frac{1}{2} e^{\mathrm{T}} \boldsymbol{A}^{-1} e \tag{8.441}$$

mit der symmetrischen Gewichtungsmatrix $\boldsymbol{A}$ verwendet. Damit ergibt sich die Ableitung des Gütekriteriums bezüglich des Fehlers zu

$$\frac{\mathrm{d}I}{\mathrm{d}\boldsymbol{e}^{\mathrm{T}}} = \boldsymbol{e}^{\mathrm{T}} \boldsymbol{A}^{-1} \tag{8.442}$$

und aus Gl. (8.440) folgt

$$\frac{\mathrm{d}I}{\mathrm{d}\left(\boldsymbol{a}^{(n_{\text{layers}})}\right)^{\mathrm{T}}} = -\boldsymbol{e}^{\mathrm{T}} \boldsymbol{A}^{-1} \cdot \frac{\mathrm{d}\boldsymbol{f}_{\mathrm{a}}^{(n_{\text{layers}})}\left(\boldsymbol{a}^{(n_{\text{layers}})}\right)}{\mathrm{d}\left(\boldsymbol{a}^{(n_{\text{layers}})}\right)^{\mathrm{T}}}. \tag{8.443}$$

Bislang wurde ausgehend von Gl. (8.422) die Ableitung des Gütefunktionals nach den Gewichten bestimmt, die für die iterative Berechnung der Gewichte gemäß Gl. (8.413) erforderlich ist. Für die iterative Bestimmung der *Bias*-Vektoren nach Gl. (8.414) ist die Ableitung des Gütefunktionals nach den *Bias*-Vektoren erforderlich. Da gemäß Gl. (8.417) der *Bias*-Wert $b_i^{(l)}$ nur in die Berechnung der Aktivität $a_i^{(l)}$ eingeht, liefert die Kettenregel

$$\frac{\mathrm{d}I}{\mathrm{d}b_i^{(l)}} = \frac{\mathrm{d}I}{\mathrm{d}a_i^{(l)}} \cdot \frac{\mathrm{d}a_i^{(l)}}{\mathrm{d}b_i^{(l)}}. \tag{8.444}$$

Mit Gl. (8.417) gilt

$$\frac{\mathrm{d}a_i^{(l)}}{\mathrm{d}b_i^{(l)}} = 1. \tag{8.445}$$

Damit folgt

$$\frac{\mathrm{d}I}{\mathrm{d}\boldsymbol{b}^{(l)}} = \frac{\mathrm{d}I}{\mathrm{d}\boldsymbol{a}^{(l)}} = \left(\frac{\mathrm{d}I}{\mathrm{d}(\boldsymbol{a}^{(l)})^{\mathrm{T}}}\right)^{\mathrm{T}}. \tag{8.446}$$

Die Ableitung des Gütefunktionals nach dem *Bias*-Vektor entspricht also direkt der Empfindlichkeit.

Mit den hier hergeleiteten Beziehungen kann der Backpropagations-Algorithmus zur Parameterschätzung aufgestellt werden. Dabei wird davon ausgegangen, dass der Vektor der Netzeingangswerte $\boldsymbol{x}_{\text{in}} = \boldsymbol{x}_{\text{in}}^{(1)}$ und der Vektor der gewünschten Netzausgangswerte vorliegen. Diese werden in der bei neuronalen Netzen üblichen Terminologie als Zielwerte (*Targets*) bezeichnet. Da der Vektor der gewünschten Ausgänge für die Fehlerbildung die Vergleichsgröße darstellt, wird dieser hier als $\boldsymbol{y}_{\mathrm{V}}$ bezeichnet.

Im j-ten Iterationsschritt des Algorithmus liegen Schätzwerte für die Gewichte $\left[\boldsymbol{W}^{(1)}\right]_j$, $\ldots$, $\left[\boldsymbol{W}^{(n_{\text{layers}})}\right]_j$ und die *Bias*-Vektoren $\left[\boldsymbol{b}^{(1)}\right]_j, \ldots, \left[\boldsymbol{b}^{(n_{\text{layers}})}\right]_j$ vor. Die Eingangsgröße der ersten Schicht ist die Eingangsgröße des Netzes, also

$$\left[\boldsymbol{x}_{\text{in}}^{(1)}\right]_j = \boldsymbol{x}_{\text{in}}. \tag{8.447}$$

Damit werden die Aktivität und die Ausgangsgröße der ersten Schicht über

$$[\boldsymbol{a}^{(1)}]_j = [\boldsymbol{W}^{(1)}]_j \cdot [\boldsymbol{x}_{\text{in}}^{(1)}]_j + [\boldsymbol{b}^{(1)}]_j, \tag{8.448}$$

$$\left[\boldsymbol{x}_{\text{out}}^{(1)}\right]_j = \boldsymbol{f}_a^{(1)}\left([\boldsymbol{a}^{(1)}]_j\right) = \begin{bmatrix} f_{\text{a},1}^{(1)}\left(\mathbf{e}_1^{\text{T}} \cdot \left[\boldsymbol{a}^{(1)}\right]_j\right) \\ \vdots \\ f_{\text{a},n_{\text{neurons}}^{(1)}}^{(1)}\left(\mathbf{e}_{n_{\text{neurons}}^{(1)}}^{\text{T}} \cdot \left[\boldsymbol{a}^{(1)}\right]_j\right) \end{bmatrix} \tag{8.449}$$

berechnet. Dabei ist $\mathbf{e}_i$ der i-te Einheitsvektor, also ein Vektor mit einer Eins an der i-ten Stelle und Nullen an allen anderen Stellen.

Die Ausgangsgröße der ersten Schicht ist die Eingangsgröße der zweiten Schicht, also

$$\left[\boldsymbol{x}_{\text{in}}^{(2)}\right]_j = \left[\boldsymbol{x}_{\text{out}}^{(1)}\right]_j. \tag{8.450}$$

Damit werden Aktivität und Ausgangsgröße der zweiten Schicht gemäß

$$[\boldsymbol{a}^{(2)}]_j = [\boldsymbol{W}^{(2)}]_j \cdot [\boldsymbol{x}_{\text{in}}^{(2)}]_j + [\boldsymbol{b}^{(2)}]_j, \tag{8.451}$$

$$\left[\boldsymbol{x}_{\text{out}}^{(2)}\right]_j = \boldsymbol{f}_a^{(2)}\left([\boldsymbol{a}^{(2)}]_j\right) = \begin{bmatrix} f_{\text{a},1}^{(2)}\left(\mathbf{e}_1^{\text{T}} \cdot \left[\boldsymbol{a}^{(2)}\right]_j\right) \\ \vdots \\ f_{\text{a},n_{\text{neurons}}^{(2)}}^{(2)}\left(\mathbf{e}_{n_{\text{neurons}}^{(2)}}^{\text{T}} \cdot \left[\boldsymbol{a}^{(2)}\right]_j\right) \end{bmatrix} \tag{8.452}$$

berechnet. Dies wird bis zur letzten Schicht fortgesetzt.

Die Ausgangsgröße des Netzes ergibt sich als Ausgang der letzten Schicht, also

$$[\boldsymbol{x}_{\text{out}}]_j = \left[\boldsymbol{x}_{\text{out}}^{(n_{\text{layers}})}\right]_j. \tag{8.453}$$

Mit der berechneten Netzausgangsgröße kann der Fehler

$$[e]_j = \boldsymbol{y}_{\text{V}} - [\boldsymbol{x}_{\text{out}}]_j \tag{8.454}$$

gebildet werden.

Anschließend erfolgt die Backpropagation der Empfindlichkeiten. Die Empfindlichkeit der Ausgangsschicht wird gemäß Gl. (8.443) über

$$\left[\frac{\mathrm{d}I}{\mathrm{d}(\boldsymbol{a}^{(n_{\text{layers}})})^{\text{T}}}\right]_j = -\left[\boldsymbol{e}^{\text{T}}\right]_j \cdot \boldsymbol{A}^{-1} \cdot \left[\frac{\mathrm{d}\boldsymbol{f}_{\text{a}}^{(n_{\text{layers}})}(\boldsymbol{a}^{(n_{\text{layers}})})}{\mathrm{d}(\boldsymbol{a}^{(n_{\text{layers}})})^{\text{T}}}\right]_j \tag{8.455}$$

berechnet. Daraus wird die Empfindlichkeit der vorletzten Schicht gemäß Gl. (8.436) mit $l = n_{\text{layers}} - 1$ gemäß

$$\left[\frac{\mathrm{d}I}{\mathrm{d}(\boldsymbol{a}^{(n_{\text{layers}}-1)})^{\text{T}}}\right]_j = \left[\frac{\mathrm{d}I}{\mathrm{d}(\boldsymbol{a}^{(n_{\text{layers}})})^{\text{T}}}\right]_j \cdot [\boldsymbol{W}^{(n_{\text{layers}})}]_j \cdot \left[\frac{\mathrm{d}\boldsymbol{f}_{\text{a}}^{(n_{\text{layers}}-1)}(\boldsymbol{a}^{(n_{\text{layers}}-1)})}{\mathrm{d}(\boldsymbol{a}^{(n_{\text{layers}}-1)})^{\text{T}}}\right]_j \tag{8.456}$$

und entsprechend die der $(n_{\text{layers}} - 2)$-ten Schicht gemäß

$$\left[\frac{\mathrm{d}I}{\mathrm{d}(\boldsymbol{a}^{(n_{\text{layers}}-2)})^{\mathrm{T}}}\right]_j = \left[\frac{\mathrm{d}I}{\mathrm{d}(\boldsymbol{a}^{(n_{\text{layers}}-1)})^{\mathrm{T}}}\right]_j \cdot [\boldsymbol{W}^{(n_{\text{layers}}-1)}]_j \cdot \left[\frac{\mathrm{d}\boldsymbol{f}_{\mathrm{a}}^{(n_{\text{layers}}-2)}(\boldsymbol{a}^{(n_{\text{layers}}-2)})}{\mathrm{d}(\boldsymbol{a}^{(n_{\text{layers}}-2)})^{\mathrm{T}}}\right]_j \tag{8.457}$$

berechnet. Dies wird bis zur Berechnung der Empfindlichkeit der ersten Schicht

$$\left[\frac{\mathrm{d}I}{\mathrm{d}(\boldsymbol{a}^{(1)})^{\mathrm{T}}}\right]_j = \left[\frac{\mathrm{d}I}{\mathrm{d}(\boldsymbol{a}^{(2)})^{\mathrm{T}}}\right]_j \cdot [\boldsymbol{W}^{(2)}]_j \cdot \left[\frac{\mathrm{d}\boldsymbol{f}_{\mathrm{a}}^{(1)}(\boldsymbol{a}^{(1)})}{\mathrm{d}(\boldsymbol{a}^{(1)})^{\mathrm{T}}}\right]_j \tag{8.458}$$

fortgesetzt. Mit den so berechneten Empfindlichkeiten können die Gradienten bezüglich der Gewichtsmatrizen für alle Schichten entsprechend Gl. (8.425) über

$$\begin{aligned} \left[\frac{\mathrm{d}I}{\mathrm{d}\boldsymbol{W}^{(1)}}\right]_j &= \left[\boldsymbol{x}_{\text{in}}^{(1)}\right]_j \cdot \left[\frac{\mathrm{d}I}{\mathrm{d}(\boldsymbol{a}^{(1)})^{\mathrm{T}}}\right]_j, \\ &\vdots \\ \left[\frac{\mathrm{d}I}{\mathrm{d}\boldsymbol{W}^{(n_{\text{layers}})}}\right]_j &= \left[\boldsymbol{x}_{\text{in}}^{(n_{\text{layers}})}\right]_j \cdot \left[\frac{\mathrm{d}I}{\mathrm{d}(\boldsymbol{a}^{(n_{\text{layers}})})^{\mathrm{T}}}\right]_j \end{aligned} \tag{8.459}$$

und die Gradienten bezüglich der *Bias*-Vektoren entsprechend Gl. (8.446)

$$\begin{aligned} \left[\frac{\mathrm{d}I}{\mathrm{d}\boldsymbol{b}^{(1)}}\right]_j &= \left[\frac{\mathrm{d}I}{\mathrm{d}(\boldsymbol{a}^{(1)})^{\mathrm{T}}}\right]_j^{\mathrm{T}}, \\ &\vdots \\ \left[\frac{\mathrm{d}I}{\mathrm{d}\boldsymbol{b}^{(n_{\text{layers}})}}\right]_j &= \left[\frac{\mathrm{d}I}{\mathrm{d}(\boldsymbol{a}^{(n_{\text{layers}})})^{\mathrm{T}}}\right]_j^{\mathrm{T}} \end{aligned} \tag{8.460}$$

berechnet werden.

Damit kann eine Korrektur der Parameterschätzwerte durchgeführt werden. Bei Verwendung des Gradientenabstiegsverfahrens gemäß Gl. (8.413) und Gl. (8.414) ergibt sich für diesen Schritt

$$\begin{aligned} [\boldsymbol{W}^{(1)}]_{j+1} &= [\boldsymbol{W}^{(1)}]_j - \alpha \left[\frac{\mathrm{d}I}{\mathrm{d}\boldsymbol{W}^{(1)}}\right]_j, \\ &\vdots \\ [\boldsymbol{W}^{(n_{\text{layers}})}]_{j+1} &= [\boldsymbol{W}^{(n_{\text{layers}})}]_j - \alpha \left[\frac{\mathrm{d}I}{\mathrm{d}\boldsymbol{W}^{(n_{\text{layers}})}}\right]_j \end{aligned} \tag{8.461}$$

und

$$
\begin{aligned}
[\boldsymbol{b}^{(1)}]_{j+1} &= [\boldsymbol{b}^{(1)}]_j - \alpha \left[\frac{\mathrm{d}I}{\mathrm{d}\boldsymbol{b}^{(1)}} \right]_j , \\
&\vdots \\
[\boldsymbol{b}^{n_{\text{layers}}}]_{j+1} &= [\boldsymbol{b}^{n_{\text{layers}}}]_j - \alpha \left[\frac{\mathrm{d}I}{\mathrm{d}\boldsymbol{b}^{(n_{\text{layers}})}} \right]_j .
\end{aligned}
\tag{8.462}
$$

Anschließend wird $j := j + 1$ gesetzt und die Berechnung im nächsten Iterationsschritt fortgesetzt.

Zur Initialisierung des Algorithmus müssen Anfangswerte für die Gewichte $\left[\boldsymbol{W}^{(1)}\right]_0, \ldots,$ $\left[\boldsymbol{W}^{(n_{\text{layers}})}\right]_0$ und die *Bias*-Vektoren $\left[\boldsymbol{b}^{(1)}\right]_0, \ldots, \left[\boldsymbol{b}^{(n_{\text{layers}})}\right]_0$ vorgegeben werden.

Das Gradientenabstiegsverfahren stellt meist kein besonders gutes Optimierungsverfahren dar. Eine oftmals bessere Alternative für die Minimierung eines quadratischen Gütefunktionals ist der Levenberg-Marquardt-Algorithmus, welcher eine Modifikation des Gauß-Newton-Verfahrens ist. Das Backpropagationsverfahren für den Levenberg-Marquardt-Algorithmus wird im nächsten Abschnitt behandelt.

8.4.3.2 Backpropagationsverfahren mit Levenberg-Marquardt-Algorithmus

Beim Levenberg-Marquardt-Algorithmus wird das minimierende Argument des quadratischen Gütefunktionals

$$I = \frac{1}{2} \boldsymbol{e}^{\mathrm{T}}(\boldsymbol{p}_{\mathrm{M}}) \boldsymbol{A}^{-1} \boldsymbol{e}(\boldsymbol{p}_{\mathrm{M}}) \tag{8.463}$$

iterativ über

$$[\boldsymbol{p}_{\mathrm{M}}]_{j+1} = [\boldsymbol{p}_{\mathrm{M}}]_j + \left([\boldsymbol{J}]_j^{\mathrm{T}} \boldsymbol{A}^{-1} [\boldsymbol{J}]_j + \mu_j \mathrm{diag}([\boldsymbol{J}]_j^{\mathrm{T}} \boldsymbol{A}^{-1} [\boldsymbol{J}]_j) \right)^{-1} [\boldsymbol{J}]_j^{\mathrm{T}} \boldsymbol{A}^{-1} [\boldsymbol{e}]_j \tag{8.464}$$

bestimmt. Dabei ist

$$\boldsymbol{J} = \frac{\mathrm{d}\boldsymbol{e}}{\mathrm{d}\boldsymbol{p}_{\mathrm{M}}^{\mathrm{T}}} \tag{8.465}$$

die Jacobi-Matrix des Fehlers.

Die skalare Größe μ_j wird in jedem Schritt so angepasst, dass sich eine Reduktion des Wertes des Gütefunktionals ergibt. Eine Möglichkeit ist, einen Faktor $\beta > 1$ zu definieren und den Iterationsschritt zunächst mit $\mu_j = \mu_{j-1}/\beta$ durchzuführen. Wenn dies zu einer Verringerung des Gütefunktionals führt, wird mit diesem Wert für μ_j weitergerechnet. Wenn dies nicht der Fall ist, wird der Iterationsschritt mit $\mu_j = \mu_{j-1}$ durchgeführt. Führt dies zu einer Verringerung des Gütefunktionals, wird mit diesem Wert für μ_j weitergerechnet. Andernfalls wird μ_{j-1} zur Bildung von μ_j solange wiederholt mit β multipliziert, bis sich eine Verringerung des Gütefunktionals ergibt, d.h. es werden Iterationsschritte mit $\mu_{j-1}\beta$, $\mu_{j-1}\beta^2$, $\mu_{j-1}\beta^3$, ... durchgeführt. Es wird mit dem Wert für μ_j weitergerechnet, für den sich erstmalig eine Verringerung des Gütefunktionals ergibt.

Statt des Gradienten des Gütefunktionals beim Gradientenabstiegsverfahren wird also beim Levenberg-Marquardt-Algorithmus die Jacobi-Matrix des Fehlers benötigt. Für Multi-Layer-Perzeptron-Netze kann die Jacobi-Matrix bzw. die in dieser Matrix enthaltenen Empfindlichkeiten, ebenfalls über Backpropagation berechnet werden. Dies wird im Folgenden betrachtet. Dafür ist es zweckmäßig, zunächst die gesuchten Parameter des neuronalen Netzes, also die Gewichtsmatrizen $\boldsymbol{W}^{(1)}, \ldots, \boldsymbol{W}^{(n_{\text{layers}})}$ und die *Bias*-Vektoren $\boldsymbol{b}^{(1)}, \ldots, \boldsymbol{b}^{(n_{\text{layers}})}$ vektoriell zusammenzufassen. Dazu werden

$$\boldsymbol{w} = \begin{bmatrix} \operatorname{col} \boldsymbol{W}^{(1)} \\ \vdots \\ \operatorname{col} \boldsymbol{W}^{(n_{\text{layers}})} \end{bmatrix}, \tag{8.466}$$

und

$$\boldsymbol{b} = \begin{bmatrix} \boldsymbol{b}^{(1)} \\ \vdots \\ \boldsymbol{b}^{(n_{\text{layers}})} \end{bmatrix} \tag{8.467}$$

eingeführt und damit der Parametervektor des neuronalen Netzes über

$$\boldsymbol{p}_{\text{M}} = \begin{bmatrix} \boldsymbol{w} \\ \boldsymbol{b} \end{bmatrix} \tag{8.468}$$

definiert, wobei col für den Spaltenoperator steht, der eine Matrix spaltenweise in einen Spaltenvektor einsortiert. Für die Jacobi-Matrix gilt dann

$$\boldsymbol{J} = \frac{\mathrm{d}\boldsymbol{e}}{\mathrm{d}\boldsymbol{p}_{\text{M}}^{\text{T}}} = \left[\frac{\mathrm{d}\boldsymbol{e}}{\mathrm{d}(\operatorname{col} \boldsymbol{W}^{(1)})^{\text{T}}} \cdots \frac{\mathrm{d}\boldsymbol{e}}{\mathrm{d}(\operatorname{col} \boldsymbol{W}^{(n_{\text{layers}})})^{\text{T}}} \; \frac{\mathrm{d}\boldsymbol{e}}{\mathrm{d}(\boldsymbol{b}^{(1)})^{\text{T}}} \cdots \frac{\mathrm{d}\boldsymbol{e}}{\mathrm{d}(\boldsymbol{b}^{(n_{\text{layers}})})^{\text{T}}} \right]. \tag{8.469}$$

Für die Ableitungen des Fehlers nach den Gewichten der jeweiligen Schichten ergibt sich aus der Matrixkettenregel (siehe Anhang G, Abschnitt G.3)

$$\frac{\mathrm{d}\boldsymbol{e}}{\mathrm{d}(\operatorname{col} \boldsymbol{W}^{(l)})^{\text{T}}} = \frac{\mathrm{d}\boldsymbol{e}}{\mathrm{d}(\boldsymbol{a}^{(l)})^{\text{T}}} \cdot \frac{\mathrm{d}\boldsymbol{a}^{(l)}}{\mathrm{d}(\operatorname{col} \boldsymbol{W}^{(l)})^{\text{T}}} \tag{8.470}$$

und für die entsprechenden Ableitungen nach dem *Bias*-Vektor

$$\frac{\mathrm{d}\boldsymbol{e}}{\mathrm{d}(\boldsymbol{b}^{(l)})^{\text{T}}} = \frac{\mathrm{d}\boldsymbol{e}}{\mathrm{d}(\boldsymbol{a}^{(l)})^{\text{T}}} \cdot \frac{\mathrm{d}\boldsymbol{a}^{(l)}}{\mathrm{d}(\boldsymbol{b}^{(l)})^{\text{T}}}. \tag{8.471}$$

Die Aktivität ist gemäß Gl. (8.421) durch

$$\boldsymbol{a}^{(l)} = \boldsymbol{W}^{(l)} \cdot \boldsymbol{x}_{\text{in}}^{(l)} + \boldsymbol{b}^{(l)} \tag{8.472}$$

gegeben. Für die in Gl. (8.471) auftretende Ableitung der Aktivität nach dem *Bias*-Vektor gilt damit

$$\frac{\mathrm{d}\boldsymbol{a}^{(l)}}{\mathrm{d}(\boldsymbol{b}^{(l)})^{\text{T}}} = \mathbf{I}_{n_{\text{neurons}}^{(l)}}. \tag{8.473}$$

Einsetzen dieses Ergebnisses in Gl. (8.471) liefert

$$\frac{\mathrm{d}\boldsymbol{e}}{\mathrm{d}(\boldsymbol{b}^{(l)})^{\mathrm{T}}} = \frac{\mathrm{d}\boldsymbol{e}}{\mathrm{d}(\boldsymbol{a}^{(l)})^{\mathrm{T}}}. \tag{8.474}$$

Dies ist das zu Gl. (8.446) analoge Ergebnis, welches angibt, dass die Ableitung des Fehlers nach dem *Bias*-Vektor gerade der Ableitung des Fehlers nach der Aktivität entspricht.

Zur Berechnung der in Gl. (8.470) auftretenden Ableitung der Aktivität $\boldsymbol{a}^{(l)}$ nach dem Vektor der Gewichte $(\operatorname{col} \boldsymbol{W}^{(l)})^{\mathrm{T}}$ ist es zweckmäßig, Gl. (8.472) über die Beziehung (siehe z.B. ([Wei91], S. 76; [MN99], Kapitel 2, Theorem 2)

$$\operatorname{col} \boldsymbol{ABC} = (\boldsymbol{C}^{\mathrm{T}} \otimes \boldsymbol{A}) \operatorname{col} \boldsymbol{B}, \tag{8.475}$$

wobei $\otimes$ für das Kroneckerprodukt steht, in die Form

$$\boldsymbol{a}^{(l)} = ((\boldsymbol{x}_{\mathrm{in}}^{(l)})^{\mathrm{T}} \otimes \mathbf{I}_{n_{\mathrm{neurons}}^{(l)}}) \operatorname{col} \boldsymbol{W}^{(l)} + \boldsymbol{b}^{(l)} \tag{8.476}$$

zu bringen. Damit ergibt sich die in Gl. (8.470) auftretenden Ableitung zu

$$\frac{\mathrm{d}\boldsymbol{a}^{(l)}}{\mathrm{d}(\operatorname{col} \boldsymbol{W}^{(l)})^{\mathrm{T}}} = (\boldsymbol{x}_{\mathrm{in}}^{(l)})^{\mathrm{T}} \otimes \mathbf{I}_{n_{\mathrm{neurons}}^{(l)}}. \tag{8.477}$$

Einsetzen von Gl. (8.477) in Gl. (8.470) liefert

$$\frac{\mathrm{d}\boldsymbol{e}}{\mathrm{d}(\operatorname{col} \boldsymbol{W}^{(l)})^{\mathrm{T}}} = \frac{\mathrm{d}\boldsymbol{e}}{\mathrm{d}(\boldsymbol{a}^{(l)})^{\mathrm{T}}} \cdot ((\boldsymbol{x}_{\mathrm{in}}^{(l)})^{\mathrm{T}} \otimes \mathbf{I}_{n_{\mathrm{neurons}}^{(l)}}). \tag{8.478}$$

Die Elemente der Jacobi-Matrix in Gl. (8.469) können also über die Gln. (8.478) und (8.474) berechnet werden. In beiden Gleichungen tritt die Ableitung des Fehlers nach der Aktivität auf, die im Folgenden als (Fehler-)Empfindlichkeit bezeichnet werden soll und gewissermaßen die bei dem zuvor betrachteten Backpropagationsalgorithmus auftretende Empfindlichkeit des Gütefunktionals ersetzt.

Für die nun betrachtete Empfindlichkeit lässt sich mit der Vorgehensweise wie in den Gln. (8.427) bis (8.431) und (8.435) das der Gl. (8.436) entsprechende Ergebnis

$$\frac{\mathrm{d}\boldsymbol{e}}{\mathrm{d}(\boldsymbol{a}^{(l)})^{\mathrm{T}}} = \frac{\mathrm{d}\boldsymbol{e}}{\mathrm{d}(\boldsymbol{a}^{(l+1)})^{\mathrm{T}}} \cdot \boldsymbol{W}^{(l+1)} \cdot \frac{\mathrm{d}\boldsymbol{f}_{\mathrm{a}}^{(l)}(\boldsymbol{a}^{(l)})}{\mathrm{d}(\boldsymbol{a}^{(l)})^{\mathrm{T}}} \tag{8.479}$$

herleiten. Damit ist wiederum eine Backpropagation der Empfindlichkeiten möglich, beginnend mit der Empfindlichkeit der Ausgangsschicht. Diese ergibt sich mit der Fehlergleichung

$$\boldsymbol{e} = \boldsymbol{y}_{\mathrm{V}} - \boldsymbol{x}_{\mathrm{out}} \tag{8.480}$$

und Gl. (8.410) zu

$$\frac{\mathrm{d}\boldsymbol{e}}{\mathrm{d}(\boldsymbol{a}^{(n_{\mathrm{layers}})})^{\mathrm{T}}} = \frac{\mathrm{d}\boldsymbol{y}_{\mathrm{V}} - \boldsymbol{x}_{\mathrm{out}}}{\mathrm{d}(\boldsymbol{a}^{(n_{\mathrm{layers}})})^{\mathrm{T}}} = -\frac{\mathrm{d}\boldsymbol{x}_{\mathrm{out}}}{\mathrm{d}(\boldsymbol{a}^{(n_{\mathrm{layers}})})^{\mathrm{T}}} = -\frac{\mathrm{d}\boldsymbol{f}_{\mathrm{a}}^{(n_{\mathrm{layers}})}(\boldsymbol{a}^{(n_{\mathrm{layers}})})}{\mathrm{d}(\boldsymbol{a}^{(n_{\mathrm{layers}})})^{\mathrm{T}}}. \tag{8.481}$$

Mit den so hergeleiteten Beziehungen kann ein Algorithmus zur Parameterschätzung aufgestellt werden. Dabei wird wie zuvor davon ausgegangen, dass der Vektor der Netzeingangswerte $\boldsymbol{x}_{\text{in}} = \boldsymbol{x}_{\text{in}}^{(1)}$ und der Vektor der gewünschten Netzausgangswerte (*Targets*) $\boldsymbol{y}_{\text{V}}$ vorliegen und es wird ein gewichtetes quadratisches Gütefunktional, also

$$I = \frac{1}{2}\mathrm{e}^{\mathrm{T}}\boldsymbol{A}^{-1}\boldsymbol{e} \tag{8.482}$$

verwendet.

Im j-ten Iterationsschritt des Algorithmus liegen Schätzwerte für die Gewichte $\left[\boldsymbol{W}^{(1)}\right]_j$, ..., $\left[\boldsymbol{W}^{(n_{\text{layers}})}\right]_j$ und die *Bias*-Vektoren $\left[\boldsymbol{b}^{(1)}\right]_j, \ldots, \left[\boldsymbol{b}^{(n_{\text{layers}})}\right]_j$ vor. Diese bilden über

$$[\boldsymbol{p}_{\text{M}}]_j = \begin{bmatrix} \operatorname{col}\left[\boldsymbol{W}^{(1)}\right]_j \\ \vdots \\ \operatorname{col}\left[\boldsymbol{W}^{(n_{\text{layers}})}\right]_j \\ \left[\boldsymbol{b}^{(1)}\right]_j \\ \vdots \\ \left[\boldsymbol{b}^{(n_{\text{layers}})}\right]_j \end{bmatrix} \tag{8.483}$$

den im j-ten Iterationsschritt vorliegenden Parameterschätzwert.

Mit diesen Werten kann die Netzausgangsgröße bestimmt werden. Die Eingangsgröße der ersten Schicht ist die Eingangsgröße des Netzes, also

$$\left[\boldsymbol{x}_{\text{in}}^{(1)}\right]_j = \boldsymbol{x}_{\text{in}}. \tag{8.484}$$

Damit werden die Aktivität und die Ausgangsgröße der ersten Schicht über

$$[\boldsymbol{a}^{(1)}]_j = [\boldsymbol{W}^{(1)}]_j \cdot [\boldsymbol{x}_{\text{in}}^{(1)}]_j + [\boldsymbol{b}^{(1)}]_j, \tag{8.485}$$

$$\left[\boldsymbol{x}_{\text{out}}^{(1)}\right]_j = \boldsymbol{f}_a^{(1)}\left([\boldsymbol{a}^{(1)}]_j\right) = \begin{bmatrix} f_{\text{a},1}^{(1)}\left(\mathrm{e}_1^{\mathrm{T}} \cdot \left[\boldsymbol{a}^{(1)}\right]_j\right) \\ \vdots \\ f_{\text{a},n_{\text{neurons}}^{(1)}}^{(1)}\left(\mathrm{e}_{n_{\text{neurons}}^{(1)}}^{\mathrm{T}} \cdot \left[\boldsymbol{a}^{(1)}\right]_j\right) \end{bmatrix} \tag{8.486}$$

berechnet. Dabei ist $\mathbf{e}_i$ wieder der i-te Einheitsvektor, also ein Vektor mit einer Eins an der i-ten Stelle und Nullen an allen anderen Stellen.

Die Ausgangsgröße der ersten Schicht ist die Eingangsgröße der zweiten Schicht, also

$$\left[\boldsymbol{x}_{\text{in}}^{(2)}\right]_j = \left[\boldsymbol{x}_{\text{out}}^{(1)}\right]_j. \tag{8.487}$$

Damit werden Aktivität und Ausgangsgröße der zweiten Schicht gemäß

$$[\boldsymbol{a}^{(2)}]_j = [\boldsymbol{W}^{(2)}]_j \cdot [\boldsymbol{x}_{\text{in}}^{(2)}]_j + [\boldsymbol{b}^{(2)}]_j, \tag{8.488}$$

$$\left[\boldsymbol{x}_{\text{out}}^{(2)}\right]_j = \boldsymbol{f}_a^{(2)}\left([\boldsymbol{a}^{(2)}]_j\right) = \begin{bmatrix} f_{\text{a},1}^{(2)}\left(\mathbf{e}_1^{\text{T}} \cdot [\boldsymbol{a}^{(2)}]_j\right) \\ \vdots \\ f_{\text{a},n_{\text{neurons}}^{(2)}}^{(2)}\left(\mathbf{e}_{n_{\text{neurons}}^{(2)}}^{\text{T}} \cdot \left[\boldsymbol{a}^{(2)}\right]_j\right) \end{bmatrix} \tag{8.489}$$

berechnet. Dies wird bis zur letzten Schicht fortgesetzt.

Die Ausgangsgröße des Netzes ergibt sich als Ausgang der letzten Schicht, also

$$[\boldsymbol{x}_{\text{out}}]_j = \left[\boldsymbol{x}_{\text{out}}^{(n_{\text{layers}})}\right]_j. \tag{8.490}$$

Mit der berechneten Netzausgangsgröße kann der Fehler

$$[\boldsymbol{e}]_j = \boldsymbol{y}_{\text{V}} - [\boldsymbol{x}_{\text{out}}]_j \tag{8.491}$$

gebildet werden.

Dann erfolgt die Backpropagation der Empfindlichkeiten. Die Empfindlichkeit der Ausgangsschicht wird gemäß Gl. (8.481) über

$$\left[\frac{\mathrm{d}\boldsymbol{e}}{\mathrm{d}\left(\boldsymbol{a}^{(n_{\text{layers}})}\right)^{\text{T}}}\right]_j = -\left[\frac{\mathrm{d}\boldsymbol{f}_{\text{a}}^{(n_{\text{layers}})}\left(\boldsymbol{a}^{(n_{\text{layers}})}\right)}{\mathrm{d}\left(\boldsymbol{a}^{(n_{\text{layers}})}\right)^{\text{T}}}\right]_j \tag{8.492}$$

berechnet. Daraus wird die Empfindlichkeit der vorletzten Schicht gemäß Gl. (8.479) mit $l = n_{\text{layers}} - 1$ gemäß

$$\left[\frac{\mathrm{d}\boldsymbol{e}}{\mathrm{d}\left(\boldsymbol{a}^{(n_{\text{layers}}-1)}\right)^{\text{T}}}\right]_j = \left[\frac{\mathrm{d}\boldsymbol{e}}{\mathrm{d}\left(\boldsymbol{a}^{(n_{\text{layers}})}\right)^{\text{T}}}\right]_j \cdot \left[\boldsymbol{W}^{(n_{\text{layers}})}\right]_j \cdot \left[\frac{\mathrm{d}\boldsymbol{f}_{\text{a}}^{(n_{\text{layers}}-1)}\left(\boldsymbol{a}^{(n_{\text{layers}}-1)}\right)}{\mathrm{d}\left(\boldsymbol{a}^{(n_{\text{layers}}-1)}\right)^{\text{T}}}\right]_j \tag{8.493}$$

und die der $(n_{\text{layers}} - 2)$-ten Schicht entsprechend gemäß

$$\left[\frac{\mathrm{d}\boldsymbol{e}}{\mathrm{d}\left(\boldsymbol{a}^{(n_{\text{layers}}-2)}\right)^{\text{T}}}\right]_j = \left[\frac{\mathrm{d}\boldsymbol{e}}{\mathrm{d}\left(\boldsymbol{a}^{(n_{\text{layers}}-1)}\right)^{\text{T}}}\right]_j \cdot \left[\boldsymbol{W}^{(n_{\text{layers}}-1)}\right]_j \cdot \left[\frac{\mathrm{d}\boldsymbol{f}_{\text{a}}^{(n_{\text{layers}}-2)}\left(\boldsymbol{a}^{(n_{\text{layers}}-2)}\right)}{\mathrm{d}\left(\boldsymbol{a}^{(n_{\text{layers}}-2)}\right)^{\text{T}}}\right]_j \tag{8.494}$$

berechnet. Dies wird bis zur Berechnung der Empfindlichkeit der ersten Schicht über

$$\left[\frac{\mathrm{d}\boldsymbol{e}}{\mathrm{d}\left(\boldsymbol{a}^{(1)}\right)^{\text{T}}}\right]_j = \left[\frac{\mathrm{d}\boldsymbol{e}}{\mathrm{d}\left(\boldsymbol{a}^{(2)}\right)^{\text{T}}}\right]_j \cdot \left[\boldsymbol{W}^{(2)}\right]_j \cdot \left[\frac{\mathrm{d}\boldsymbol{f}_{\text{a}}^{(1)}\left(\boldsymbol{a}^{(1)}\right)}{\mathrm{d}\left(\boldsymbol{a}^{(1)}\right)^{\text{T}}}\right]_j \tag{8.495}$$

fortgesetzt.

Mit den berechneten Empfindlichkeiten werden die Elemente der Jacobi-Matrix gemäß Gl. (8.478) und Gl. (8.474)

$$\left[\frac{\mathrm{de}}{\mathrm{d}\left(\operatorname{col}\boldsymbol{W}^{(1)}\right)^{\mathrm{T}}}\right]_j = \left[\frac{\mathrm{de}}{\mathrm{d}\left(\boldsymbol{a}^{(1)}\right)^{\mathrm{T}}}\right]_j \cdot \left(\left[\boldsymbol{x}_{\mathrm{in}}^{(1)}\right]_j^{\mathrm{T}} \otimes \mathbf{I}_{n_{\mathrm{neurons}}^{(1)}}\right),$$

$$\vdots \tag{8.496}$$

$$\left[\frac{\mathrm{de}}{\mathrm{d}\left(\operatorname{col}\boldsymbol{W}^{(n_{\mathrm{layers}})}\right)^{\mathrm{T}}}\right]_j = \left[\frac{\mathrm{de}}{\mathrm{d}\left(\boldsymbol{a}^{(n_{\mathrm{layers}})}\right)^{\mathrm{T}}}\right]_j \cdot \left(\left[\boldsymbol{x}_{\mathrm{in}}^{(n_{\mathrm{layers}})}\right]_j^{\mathrm{T}} \otimes \mathbf{I}_{n_{\mathrm{neurons}}^{(n_{\mathrm{layers}})}}\right)$$

und

$$\left[\frac{\mathrm{de}}{\mathrm{d}\left(\boldsymbol{b}^{(1)}\right)^{\mathrm{T}}}\right]_j = \left[\frac{\mathrm{de}}{\mathrm{d}\left(\boldsymbol{a}^{(1)}\right)^{\mathrm{T}}}\right]_j,$$

$$\vdots \tag{8.497}$$

$$\left[\frac{\mathrm{de}}{\mathrm{d}\left(\boldsymbol{b}^{(n_{\mathrm{layers}})}\right)^{\mathrm{T}}}\right]_j = \left[\frac{\mathrm{de}}{\mathrm{d}\left(\boldsymbol{a}^{(n_{\mathrm{layers}})}\right)^{\mathrm{T}}}\right]_j$$

berechnet und daraus wird die Jacobi-Matrix

$$[\boldsymbol{J}]_j = \left[\left[\frac{\mathrm{de}}{\mathrm{d}\left(\operatorname{col}\boldsymbol{W}^{(1)}\right)^{\mathrm{T}}}\right]_j \cdots \left[\frac{\mathrm{de}}{\mathrm{d}\left(\operatorname{col}\boldsymbol{W}^{(n_{\mathrm{layers}})}\right)^{\mathrm{T}}}\right]_j \left[\frac{\mathrm{de}}{\mathrm{d}\left(\boldsymbol{b}^{(1)}\right)^{\mathrm{T}}}\right]_j \cdots \right.$$
$$\left. \left[\frac{\mathrm{de}}{\mathrm{d}\left(\boldsymbol{b}^{(n_{\mathrm{layers}})}\right)^{\mathrm{T}}}\right]_j\right] \tag{8.498}$$

zusammengesetzt.

Damit kann eine Korrektur der Parameterschätzwerte durchgeführt werden. Dies erfolgt über das Levenberg-Marquardt-Verfahren gemäß

$$[\boldsymbol{p}_{\mathrm{M}}]_{j+1} = [\boldsymbol{p}_{\mathrm{M}}]_j + \left([\boldsymbol{J}]_j^{\mathrm{T}}\,\boldsymbol{A}^{-1}[\boldsymbol{J}]_j + \mu_j \mathrm{diag}([\boldsymbol{J}]_j^{\mathrm{T}}\,\boldsymbol{A}^{-1}[\boldsymbol{J}]_j)\right)^{-1}[\boldsymbol{J}]_j^{\mathrm{T}}\,\boldsymbol{A}^{-1}[e]_j. \tag{8.499}$$

Dem neuen Parameterschätzwert $[\boldsymbol{p}_{\mathrm{M}}]_{j+1}$ können entsprechend Gl. (8.483) die neuen Schätzwerte für die Gewichte $\left[\boldsymbol{W}^{(1)}\right]_{j+1}, \ldots, \left[\boldsymbol{W}^{(n_{\mathrm{layers}})}\right]_{j+1}$ und die *Bias*-Vektoren $\left[\boldsymbol{b}^{(1)}\right]_{j+1}, \ldots, \left[\boldsymbol{b}^{(n_{\mathrm{layers}})}\right]_{j+1}$ entnommen werden. Anschließend wird $j := j+1$ gesetzt und die Berechnung mit dem nächsten Iterationsschritt fortgesetzt. Zur Initialisierung des Algorithmus müssen Anfangswerte für die Gewichte $\left[\boldsymbol{W}^{(1)}\right]_0, \ldots, \left[\boldsymbol{W}^{(n_{\mathrm{layers}})}\right]_0$ und die *Bias*-Vektoren $\left[\boldsymbol{b}^{(1)}\right]_0, \ldots, \left[\boldsymbol{b}^{(n_{\mathrm{layers}})}\right]_0$ vorgegeben werden.

8.4.3.3 Anwendung zur Identifikation dynamischer Systeme

In der Systemidentifikation soll, wie in Abschnitt 7.3.8.5 ausgeführt, über das künstliche neuronale Netz das Verhalten eines dynamischen Systems beschrieben werden, bei dem der aktuelle Wert der Ausgangsgröße von zurückliegenden Werten der Ausgangsgröße und ggf. vom aktuellen Wert sowie zurückliegenden Werten der Eingangsgröße abhängt, also gemäß

$$\boldsymbol{y}(k) = f(\boldsymbol{y}(k-1),\boldsymbol{y}(k-2),\ldots,\boldsymbol{y}(k-n_y),\boldsymbol{u}(k-n_\mathrm{d}),\boldsymbol{u}(k-n_\mathrm{d}-1),\ldots,\boldsymbol{u}(k-n_u)). \quad (8.500)$$

Dies wird erreicht, indem als Eingangsgröße des Netzes für den k-ten Zeitschritt der Vektor

$$\boldsymbol{x}_\mathrm{in}(k) = \left[\boldsymbol{y}^\mathrm{T}(k-1)\ldots\boldsymbol{y}^\mathrm{T}(k-n_y)\;\boldsymbol{u}^\mathrm{T}(k-n_\mathrm{d})\ldots\boldsymbol{u}^\mathrm{T}(k-n_u)\right]^\mathrm{T} \quad (8.501)$$

definiert wird. Aus dieser Eingangsgröße wird durch das neuronale Netz die Ausgangsgröße für den k-ten Zeitschritt $\boldsymbol{x}_\mathrm{out}(k)$ berechnet. Damit kann der Fehler für den k-ten Zeitschritt gemäß

$$\boldsymbol{e}(k) = \boldsymbol{y}(k) - \boldsymbol{x}_\mathrm{out}(k) \quad (8.502)$$

definiert werden.

Unter der Annahme, dass $\tilde{N}$ Messungen der Eingangs- und Ausgangsgröße, also $\boldsymbol{u}(0)$, $\boldsymbol{u}(1)$, ..., $\boldsymbol{u}(\tilde{N}-1)$ und $\boldsymbol{y}(0)$, $\boldsymbol{y}(1)$, ..., $\boldsymbol{y}(\tilde{N}-1)$ vorliegen, können mit

$$\tilde{n} = \max(n_y,n_u) \quad (8.503)$$

und

$$N = \tilde{N} - \tilde{n} \quad (8.504)$$

gemäß Gl. (8.501) die N Eingangsvektoren

$$\begin{aligned}
\boldsymbol{x}_\mathrm{in}(\tilde{n}) &= \big[\boldsymbol{y}^\mathrm{T}(\tilde{n}-1) \quad \ldots \quad \boldsymbol{y}^\mathrm{T}(\tilde{n}-n_y) \\
&\qquad \boldsymbol{u}^\mathrm{T}(\tilde{n}-n_\mathrm{d}) \quad \ldots \quad \boldsymbol{u}^\mathrm{T}(\tilde{n}-n_u)\big]^\mathrm{T}, \\
\boldsymbol{x}_\mathrm{in}(\tilde{n}+1) &= \big[\boldsymbol{y}^\mathrm{T}(\tilde{n}) \quad \ldots \quad \boldsymbol{y}^\mathrm{T}(\tilde{n}+1-n_y) \\
&\qquad \boldsymbol{u}^\mathrm{T}(\tilde{n}+1-n_\mathrm{d}) \quad \ldots \quad \boldsymbol{u}^\mathrm{T}(\tilde{n}+1-n_u)\big]^\mathrm{T}, \\
&\;\;\vdots \\
\boldsymbol{x}_\mathrm{in}(\tilde{n}+N-1) &= \big[\boldsymbol{y}^\mathrm{T}(\tilde{n}+N-2) \quad \ldots \quad \boldsymbol{y}^\mathrm{T}(\tilde{n}+N-1-n_y) \\
&\qquad \boldsymbol{u}^\mathrm{T}(\tilde{n}+N-1-n_\mathrm{d}) \quad \ldots \quad \boldsymbol{u}^\mathrm{T}(\tilde{n}+N-1-n_u)\big]^\mathrm{T}
\end{aligned} \quad (8.505)$$

gebildet werden. Entsprechend werden N Fehler

$$\begin{aligned}
\boldsymbol{e}(\tilde{n}) &= \boldsymbol{y}(\tilde{n}) - \boldsymbol{x}_\mathrm{out}(\tilde{n}), \\
\boldsymbol{e}(\tilde{n}+1) &= \boldsymbol{y}(\tilde{n}+1) - \boldsymbol{x}_\mathrm{out}(\tilde{n}+1), \\
&\;\;\vdots \\
\boldsymbol{e}(\tilde{n}+N-1) &= \boldsymbol{y}(\tilde{n}+N-1) - \boldsymbol{x}_\mathrm{out}(\tilde{n}+N-1)
\end{aligned} \quad (8.506)$$

definiert. Als Gütefunktional wird die Summe der gewichteten quadratischen Fehler

$$I = \frac{1}{2}\sum_{k=\tilde{n}}^{\tilde{n}+N-1} \boldsymbol{e}^\mathrm{T}(k)\boldsymbol{A}^{-1}(k)\boldsymbol{e}(k) \quad (8.507)$$

verwendet. Werden die einzelnen Fehlervektoren gemäß

$$\boldsymbol{e}_N = \begin{bmatrix} \boldsymbol{e}(\tilde{n}) \\ \vdots \\ \boldsymbol{e}(\tilde{n}+N-1) \end{bmatrix} \tag{8.508}$$

in einem Gesamtfehlervektor und die Gewichtungsmatrizen in der Matrix

$$\boldsymbol{A}_N^{-1} = \begin{bmatrix} \boldsymbol{A}^{-1}(\tilde{n}) & \mathbf{0} & \cdots & \mathbf{0} \\ \mathbf{0} & \boldsymbol{A}^{-1}(\tilde{n}+1) & \cdots & \mathbf{0} \\ \vdots & \vdots & \ddots & \vdots \\ \mathbf{0} & \mathbf{0} & \cdots & \boldsymbol{A}^{-1}(\tilde{n}+N-1) \end{bmatrix} \tag{8.509}$$

zusammengefasst, kann das Gütefunktional als

$$I = \frac{1}{2}\,\boldsymbol{e}_N^{\mathrm{T}}\,\boldsymbol{A}_N^{-1}\,\boldsymbol{e}_N \tag{8.510}$$

geschrieben werden.

Für die Minimierung dieses Gütefunktionals kann der im vergangenen Abschnitt betrachtete Levenberg-Marquardt-Algorithmus verwendet werden. Allerdings ergibt sich mit Gl. (8.508) die Jacobi-Matrix zu

$$\boldsymbol{J} = \frac{\mathrm{d}\boldsymbol{e}_N}{\mathrm{d}\boldsymbol{p}_{\mathrm{M}}^{\mathrm{T}}} = \begin{bmatrix} \dfrac{\mathrm{d}\boldsymbol{e}(\tilde{n})}{\mathrm{d}\boldsymbol{p}_{\mathrm{M}}^{\mathrm{T}}} \\ \vdots \\ \dfrac{\mathrm{d}\boldsymbol{e}(\tilde{n}+N-1)}{\mathrm{d}\boldsymbol{p}_{\mathrm{M}}^{\mathrm{T}}} \end{bmatrix}. \tag{8.511}$$

Mit dem über Gln. (8.466), (8.467) und (8.468) definierten Parametervektor ist die Jacobi-Matrix

$$\boldsymbol{J} = \begin{bmatrix} \dfrac{\mathrm{d}\boldsymbol{e}(\tilde{n})}{\mathrm{d}(\mathrm{col}\,\boldsymbol{W}^{(1)})^{\mathrm{T}}} & \cdots & \dfrac{\mathrm{d}\boldsymbol{e}(\tilde{n})}{\mathrm{d}(\mathrm{col}\,\boldsymbol{W}^{(n_{\mathrm{layers}})})^{\mathrm{T}}} & \dfrac{\mathrm{d}\boldsymbol{e}(\tilde{n})}{\mathrm{d}(\boldsymbol{b}^{(1)})^{\mathrm{T}}} & \cdots & \dfrac{\mathrm{d}\boldsymbol{e}(\tilde{n})}{\mathrm{d}(\boldsymbol{b}^{(n_{\mathrm{layers}})})^{\mathrm{T}}} \\ \vdots & \ddots & \vdots & \vdots & \ddots & \vdots \\ \dfrac{\mathrm{d}\boldsymbol{e}(\tilde{n}+N-1)}{\mathrm{d}(\mathrm{col}\,\boldsymbol{W}^{(1)})^{\mathrm{T}}} & \cdots & \dfrac{\mathrm{d}\boldsymbol{e}(\tilde{n}+N-1)}{\mathrm{d}(\mathrm{col}\,\boldsymbol{W}^{(n_{\mathrm{layers}})})^{\mathrm{T}}} & \dfrac{\mathrm{d}\boldsymbol{e}(\tilde{n}+N-1)}{\mathrm{d}(\boldsymbol{b}^{(1)})^{\mathrm{T}}} & \cdots & \dfrac{\mathrm{d}\boldsymbol{e}(\tilde{n}+N-1)}{\mathrm{d}(\boldsymbol{b}^{(n_{\mathrm{layers}})})^{\mathrm{T}}} \end{bmatrix}. \tag{8.512}$$

Es lässt sich leicht zeigen, dass für die einzelnen Elemente der Jacobi-Matrix die im vorangegangenen Abschnitt hergeleiteten Beziehungen gelten. Damit ergibt sich die Ableitung des Fehlers im k-ten Zeitschritt nach den Gewichten entsprechend Gl. (8.478) zu

$$\frac{\mathrm{d}\boldsymbol{e}(k)}{\mathrm{d}(\mathrm{col}\,\boldsymbol{W}^{(l)})^{\mathrm{T}}} = \frac{\mathrm{d}\boldsymbol{e}(k)}{\mathrm{d}(\boldsymbol{a}^{(l)})^{\mathrm{T}}} \cdot \left((\boldsymbol{x}_{\mathrm{in}}^{(l)}(k))^{\mathrm{T}} \otimes \mathbf{I}_{n_{\mathrm{neurons}}^{(l)}}\right) \tag{8.513}$$

und die Ableitung nach den *Bias*-Werten entsprechend Gl. (8.474) zu

$$\frac{\mathrm{d}e(k)}{\mathrm{d}(\boldsymbol{b}^{(l)})^{\mathrm{T}}} = \frac{\mathrm{d}e(k)}{\mathrm{d}(\boldsymbol{a}^{(l)}(k))^{\mathrm{T}}}. \tag{8.514}$$

Für die darin auftretenden Empfindlichkeiten gilt die Backpropagationsbeziehung aus Gl. (8.479), also

$$\frac{\mathrm{d}e(k)}{\mathrm{d}(\boldsymbol{a}^{(l)}(k))^{\mathrm{T}}} = \frac{\mathrm{d}e(k)}{\mathrm{d}(\boldsymbol{a}^{(l+1)}(k))^{\mathrm{T}}} \cdot \boldsymbol{W}^{(l+1)} \cdot \frac{\mathrm{d}\boldsymbol{f}_{\mathrm{a}}^{(l)}(\boldsymbol{a}^{(l)}(k))}{\mathrm{d}(\boldsymbol{a}^{(l)}(k))^{\mathrm{T}}} \tag{8.515}$$

mit dem Anfangswert nach Gl. (8.481)

$$\frac{\mathrm{d}e(k)}{\mathrm{d}(\boldsymbol{a}^{(n_{\mathrm{layers}})}(k))^{\mathrm{T}}} = -\frac{\mathrm{d}\boldsymbol{f}_{\mathrm{a}}^{(n_{\mathrm{layers}})}(\boldsymbol{a}^{(n_{\mathrm{layers}})}(k))}{\mathrm{d}(\boldsymbol{a}^{(n_{\mathrm{layers}})}(k))^{\mathrm{T}}}. \tag{8.516}$$

Damit kann unmittelbar der im Folgenden beschriebene Algorithmus für die Parameterschätzung angegeben werden. Dabei wird davon ausgegangen, dass aus den Eingangs- und Ausgangswerten gemäß Gl. (8.505) der Vektor der Netzeingangswerte $\boldsymbol{x}_{\mathrm{in}}(k) = \boldsymbol{x}_{\mathrm{in}}^{(1)}(k)$ für $k = \tilde{n}, \ldots, \tilde{n} + N - 1$ gebildet wurde. Es wird das Gütefunktional aus Gl. (8.507) verwendet.

Im j-ten Iterationsschritt des Algorithmus liegen Schätzwerte für die Gewichte $\left[\boldsymbol{W}^{(1)}\right]_j$, …, $\left[\boldsymbol{W}^{(n_{\mathrm{layers}})}\right]_j$ und die *Bias*-Vektoren $\left[\boldsymbol{b}^{(1)}\right]_j$, …, $\left[\boldsymbol{b}^{(n_{\mathrm{layers}})}\right]_j$ vor. Diese bilden über

$$[\boldsymbol{p}_{\mathrm{M}}]_j = \begin{bmatrix} \mathrm{col}\left[\boldsymbol{W}^{(1)}\right]_j \\ \vdots \\ \mathrm{col}\left[\boldsymbol{W}^{(n_{\mathrm{layers}})}\right]_j \\ \left[\boldsymbol{b}^{(1)}\right]_j \\ \vdots \\ \left[\boldsymbol{b}^{(n_{\mathrm{layers}})}\right]_j \end{bmatrix} \tag{8.517}$$

den im j-ten Iterationsschritt vorliegenden Parameterschätzwert.

Mit diesen Werten können die Netzausgangsgrößen $[\boldsymbol{x}_{\mathrm{out}}(k)]_j$ über

$$\left[\boldsymbol{x}_{\mathrm{in}}^{(1)}(k)\right]_j = \boldsymbol{x}_{\mathrm{in}}, \tag{8.518}$$

$$[\boldsymbol{a}^{(1)}(k)]_j = [\boldsymbol{W}^{(1)}]_j \cdot \left[\boldsymbol{x}_{\mathrm{in}}^{(1)}(k)\right]_j + [\boldsymbol{b}^{(1)}]_j, \tag{8.519}$$

$$\begin{aligned}\left[\boldsymbol{x}_{\mathrm{out}}^{(1)}(k)\right]_j &= \boldsymbol{f}_{\mathrm{a}}^{(1)}\left([\boldsymbol{a}^{(1)}(k)]_j\right) \\ &= \begin{bmatrix} f_{\mathrm{a},1}^{(1)}\left(\mathbf{e}_1^{\mathrm{T}} \cdot [\boldsymbol{a}^{(1)}(k)]_j\right) \\ \vdots \\ f_{\mathrm{a},n_{\mathrm{neurons}}^{(1)}}^{(1)}\left(\mathbf{e}_{n_{\mathrm{neurons}}^{(1)}}^{\mathrm{T}} \cdot [\boldsymbol{a}^{(1)}(k)]_j\right) \end{bmatrix},\end{aligned} \tag{8.520}$$

$$\left[\boldsymbol{x}_{\text{in}}^{(2)}(k)\right]_j = \left[\boldsymbol{x}_{\text{out}}^{(1)}(k)\right]_j, \tag{8.521}$$

$$[\boldsymbol{a}^{(2)}(k)]_j = [\boldsymbol{W}^{(2)}]_j \cdot \left[\boldsymbol{x}_{\text{in}}^{(2)}(k)\right]_j + [\boldsymbol{b}^{(2)}]_j, \tag{8.522}$$

$$\left[\boldsymbol{x}_{\text{out}}^{(2)}(k)\right]_j = \boldsymbol{f}_a^{(2)}\left([\boldsymbol{a}^{(2)}(k)]_j\right) = \begin{bmatrix} f_{\text{a},1}^{(2)}\left(\mathbf{e}_1^{\text{T}} \cdot [\boldsymbol{a}^{(2)}(k)]_j\right) \\ \vdots \\ f_{\text{a},n_{\text{neurons}}^{(2)}}^{(2)}\left(\mathbf{e}_{n_{\text{neurons}}^{(2)}}^{\text{T}} \cdot [\boldsymbol{a}^{(2)}(k)]_j\right) \end{bmatrix}, \tag{8.523}$$

$$\left[\boldsymbol{x}_{\text{in}}^{(3)}(k)\right]_j = \left[\boldsymbol{x}_{\text{out}}^{(2)}(k)\right]_j, \tag{8.524}$$

$$\vdots$$

$$\left[\boldsymbol{x}_{\text{out}}^{(n_{\text{layers}}-1)}(k)\right]_j = \boldsymbol{f}_a^{(n_{\text{layers}}-1)}\left([\boldsymbol{a}^{(n_{\text{layers}}-1)}(k)]_j\right) = \begin{bmatrix} f_{\text{a},1}^{(n_{\text{layers}}-1)}\left(\mathbf{e}_1^{\text{T}} \cdot [\boldsymbol{a}^{(n_{\text{layers}}-1)}(k)]_j\right) \\ \vdots \\ f_{\text{a},n_{\text{neurons}}^{(n_{\text{layers}}-1)}}^{(2)}\left(\mathbf{e}_{n_{\text{neurons}}^{(n_{\text{layers}}-1)}}^{\text{T}} \cdot [\boldsymbol{a}^{(n_{\text{layers}}-1)}(k)]_j\right) \end{bmatrix}, \tag{8.525}$$

$$\left[\boldsymbol{x}_{\text{in}}^{(n_{\text{layers}})}(k)\right]_j = \left[\boldsymbol{x}_{\text{out}}^{(n_{\text{layers}}-1)}(k)\right]_j, \tag{8.526}$$

$$\left[\boldsymbol{a}^{(n_{\text{layers}})}(k)\right]_j = [\boldsymbol{W}^{(n_{\text{layers}})}]_j \cdot \left[\boldsymbol{x}_{\text{in}}^{(n_{\text{layers}})}(k)\right]_j + [\boldsymbol{b}^{(n_{\text{layers}})}]_j, \tag{8.527}$$

$$\left[\boldsymbol{x}_{\text{out}}^{(n_{\text{layers}})}(k)\right]_j = \boldsymbol{f}_a^{(n_{\text{layers}})}\left([\boldsymbol{a}^{(n_{\text{layers}})}(k)]_j\right) = \begin{bmatrix} f_{\text{a},1}^{(n_{\text{layers}})}\left(\mathbf{e}_1^{\text{T}} \cdot [\boldsymbol{a}^{(n_{\text{layers}})}(k)]_j\right) \\ \vdots \\ f_{\text{a},n_{\text{neurons}}^{(n_{\text{layers}})}}^{(n_{\text{layers}})}\left(\mathbf{e}_{n_{\text{neurons}}^{(n_{\text{layers}})}}^{\text{T}} \cdot [\boldsymbol{a}^{(n_{\text{layers}})}(k)]_j\right) \end{bmatrix}, \tag{8.528}$$

$$[\boldsymbol{x}_{\text{out}}(k)]_j = \left[\boldsymbol{x}_{\text{out}}^{(n_{\text{layers}})}(k)\right]_j \tag{8.529}$$

für $k = \tilde{n}, \ldots, \tilde{n} + N - 1$ berechnet werden.

Mit der berechneten Netzausgangsgröße können die Fehler

$$[e(k)]_j = \boldsymbol{y}_{\text{V}}(k) - [\boldsymbol{x}_{\text{out}}(k)]_j \tag{8.530}$$

für $k = \tilde{n}, \ldots, \tilde{n} + N - 1$ gebildet werden.

Dann erfolgt die Backpropagation der Empfindlichkeiten gemäß

$$\left[\frac{\mathrm{d}\boldsymbol{e}(k)}{\mathrm{d}(\boldsymbol{a}^{(n_{\mathrm{layers}})}(k))^{\mathrm{T}}}\right]_j = -\left[\frac{\mathrm{d}\boldsymbol{f}_{\mathrm{a}}^{(n_{\mathrm{layers}})}(\boldsymbol{a}^{(n_{\mathrm{layers}})}(k))}{\mathrm{d}(\boldsymbol{a}^{(n_{\mathrm{layers}})}(k))^{\mathrm{T}}}\right]_j, \tag{8.531}$$

$$\begin{aligned}\left[\frac{\mathrm{d}\boldsymbol{e}(k)}{\mathrm{d}(\boldsymbol{a}^{(n_{\mathrm{layers}}-1)}(k))^{\mathrm{T}}}\right]_j &= \left[\frac{\mathrm{d}\boldsymbol{e}(k)}{\mathrm{d}(\boldsymbol{a}^{(n_{\mathrm{layers}})}(k))^{\mathrm{T}}}\right]_j \cdot \left[\boldsymbol{W}^{(n_{\mathrm{layers}})}\right]_j \cdot \\ &\quad \cdot \left[\frac{\mathrm{d}\boldsymbol{f}_{\mathrm{a}}^{(n_{\mathrm{layers}}-1)}(\boldsymbol{a}^{(n_{\mathrm{layers}}-1)}(k))}{\mathrm{d}(\boldsymbol{a}^{(n_{\mathrm{layers}}-1)}(k))^{\mathrm{T}}}\right]_j,\end{aligned} \tag{8.532}$$

$$\vdots$$

$$\begin{aligned}\left[\frac{\mathrm{d}\boldsymbol{e}(k)}{\mathrm{d}(\boldsymbol{a}^{(1)}(k))^{\mathrm{T}}}\right]_j &= \left[\frac{\mathrm{d}\boldsymbol{e}(k)}{\mathrm{d}(\boldsymbol{a}^{(2)}(k))^{\mathrm{T}}}\right]_j \cdot \left[\boldsymbol{W}^{(2)}\right]_j \cdot \\ &\quad \cdot \left[\frac{\mathrm{d}\boldsymbol{f}_{\mathrm{a}}^{(1)}(\boldsymbol{a}^{(1)}(k))}{\mathrm{d}(\boldsymbol{a}^{(1)}(k))^{\mathrm{T}}}\right]_j\end{aligned} \tag{8.533}$$

für $k = \tilde{n}, \ldots, \tilde{n} + N - 1$.

Mit den so berechneten Empfindlichkeiten werden die Elemente der Jacobi-Matrix über

$$\begin{aligned}\left[\frac{\mathrm{d}\boldsymbol{e}(k)}{\mathrm{d}(\mathrm{col}\,\boldsymbol{W}^{(1)})^{\mathrm{T}}}\right]_j &= \left[\frac{\mathrm{d}\boldsymbol{e}(k)}{\mathrm{d}(\boldsymbol{a}^{(1)}(k))^{\mathrm{T}}}\right]_j \cdot \left(\left[\boldsymbol{x}_{\mathrm{in}}^{(1)}(k)\right]_j^{\mathrm{T}} \otimes \mathbf{I}_{n_{\mathrm{neurons}}^{(1)}}\right) \\ &\ \ \vdots \\ \left[\frac{\mathrm{d}\boldsymbol{e}(k)}{\mathrm{d}(\mathrm{col}\,\boldsymbol{W}^{(n_{\mathrm{layers}})})^{\mathrm{T}}}\right]_j &= \left[\frac{\mathrm{d}\boldsymbol{e}(k)}{\mathrm{d}(\boldsymbol{a}^{(n_{\mathrm{layers}})}(k))^{\mathrm{T}}}\right]_j \cdot \left(\left[\boldsymbol{x}_{\mathrm{in}}^{(n_{\mathrm{layers}})}(k)\right]_j^{\mathrm{T}} \otimes \mathbf{I}_{n_{\mathrm{neurons}}^{(n_{\mathrm{layers}})}}\right)\end{aligned} \tag{8.534}$$

und

$$\begin{aligned}\left[\frac{\mathrm{d}\boldsymbol{e}(k)}{\mathrm{d}(\boldsymbol{b}^{(1)})^{\mathrm{T}}}\right]_j &= \left[\frac{\mathrm{d}\boldsymbol{e}(k)}{\mathrm{d}(\boldsymbol{a}^{(1)}(k))^{\mathrm{T}}}\right]_j \\ &\ \ \vdots \\ \left[\frac{\mathrm{d}\boldsymbol{e}(k)}{\mathrm{d}(\boldsymbol{b}^{(n_{\mathrm{layers}})}(k))^{\mathrm{T}}}\right]_j &= \left[\frac{\mathrm{d}\boldsymbol{e}(k)}{\mathrm{d}(\boldsymbol{a}^{(n_{\mathrm{layers}})}(k))^{\mathrm{T}}}\right]_j\end{aligned} \tag{8.535}$$

für $k = \tilde{n}, \ldots, \tilde{n} + N - 1$ berechnet und daraus die Jacobi-Matrix

$$J = \begin{bmatrix} \left[\frac{\mathrm{d}e(\tilde{n})}{\mathrm{d}(\mathrm{col}\,\boldsymbol{W}^{(1)})^{\mathrm{T}}}\right]_j & \cdots & \left[\frac{\mathrm{d}e(\tilde{n})}{\mathrm{d}(\mathrm{col}\,\boldsymbol{W}^{(n_{\mathrm{layers}})})^{\mathrm{T}}}\right]_j \\ \vdots & \ddots & \vdots \\ \left[\frac{\mathrm{d}e(\tilde{n}+N-1)}{\mathrm{d}(\mathrm{col}\,\boldsymbol{W}^{(1)})^{\mathrm{T}}}\right]_j & \cdots & \left[\frac{\mathrm{d}e(\tilde{n}+N-1)}{\mathrm{d}(\mathrm{col}\,\boldsymbol{W}^{(n_{\mathrm{layers}})})^{\mathrm{T}}}\right]_j \end{bmatrix} \tag{8.536}$$

$$\begin{bmatrix} \left[\frac{\mathrm{d}e(\tilde{n})}{\mathrm{d}(\boldsymbol{b}^{(1)})^{\mathrm{T}}}\right]_j & \cdots & \left[\frac{\mathrm{d}e(\tilde{n})}{\mathrm{d}(\boldsymbol{b}^{(n_{\mathrm{layers}})})^{\mathrm{T}}}\right]_j \\ \vdots & \ddots & \vdots \\ \left[\frac{\mathrm{d}e(\tilde{n}+N-1)}{\mathrm{d}(\boldsymbol{b}^{(1)})^{\mathrm{T}}}\right]_j & \cdots & \left[\frac{\mathrm{d}e(\tilde{n}+N-1)}{\mathrm{d}(\boldsymbol{b}^{(n_{\mathrm{layers}})})^{\mathrm{T}}}\right]_j \end{bmatrix}$$

zusammengesetzt.

Damit kann eine Korrektur der Parameterschätzwerte durchgeführt werden. Dieser wird über das Levenberg-Marquardt-Verfahren gemäß

$$[\boldsymbol{p}_{\mathrm{M}}]_{j+1} = [\boldsymbol{p}_{\mathrm{M}}]_j + \left([\boldsymbol{J}]_j^{\mathrm{T}} \boldsymbol{A}_N^{-1} [\boldsymbol{J}]_j + \mu_j \mathrm{diag}([\boldsymbol{J}]_j^{\mathrm{T}} \boldsymbol{A}_N^{-1} [\boldsymbol{J}]_j)\right)^{-1} [\boldsymbol{J}]_j^{\mathrm{T}} \boldsymbol{A}_N^{-1} [\boldsymbol{e}_N]_j \tag{8.537}$$

bestimmt, wobei der Fehlervektor $[\boldsymbol{e}_N]_j$ gemäß Gl. (8.508) aus den einzelnen Fehlervektoren und die Matrix $\boldsymbol{A}_N^{-1}$ gemäß Gl. (8.509) aus den einzelnen Gewichtungsmatrizen gebildet werden.

Dem neuen Parameterschätzwert $[\boldsymbol{p}_{\mathrm{M}}]_{j+1}$ können entsprechend Gl. (8.483) die neuen Schätzwerte für die Gewichte $\left[\boldsymbol{W}^{(1)}\right]_{j+1}, \ldots, \left[\boldsymbol{W}^{(n_{\mathrm{layers}})}\right]_{j+1}$ und die *Bias*-Vektoren $\left[\boldsymbol{b}^{(1)}\right]_{j+1}, \ldots, \left[\boldsymbol{b}^{(n_{\mathrm{layers}})}\right]_{j+1}$ entnommen werden. Anschließend wird $j := j + 1$ gesetzt und die Berechnung im nächsten Iterationsschritt fortgesetzt. Zur Initialisierung des Algorithmus müssen Anfangswerte für die Gewichte $\left[\boldsymbol{W}^{(1)}\right]_0, \ldots, \left[\boldsymbol{W}^{(n_{\mathrm{layers}})}\right]_0$ und die *Bias*-Vektoren $\left[\boldsymbol{b}^{(1)}\right]_0, \ldots, \left[\boldsymbol{b}^{(n_{\mathrm{layers}})}\right]_0$ vorgegeben werden.

8.4.4 Parameterschätzung für Zustandsraummodelle über Zustandserweiterung und nichtlineare Filterung

Bei der Parameterschätzung für Zustandsraummodelle wird davon ausgegangen, dass sich das System durch das allgemeine stochastische Zustandsraummodell (siehe Abschnitt 7.4)

$$\dot{\boldsymbol{x}}(t) = \boldsymbol{f}(\boldsymbol{x}(t),\boldsymbol{p},t) + \boldsymbol{w}(t), \tag{8.538a}$$

$$\boldsymbol{y}(t_k) = \boldsymbol{h}(\boldsymbol{x}(t_k),\boldsymbol{p},t_k)) + \boldsymbol{v}(t_k) \tag{8.538b}$$

bei kontinuierlicher Systemdynamik bzw.

$$\boldsymbol{x}(t_{k+1}) = \boldsymbol{f}(\boldsymbol{x}(t_k),\boldsymbol{p},t_k) + \boldsymbol{w}(t_k), \tag{8.539a}$$

$$\boldsymbol{y}(t_k) = \boldsymbol{h}(\boldsymbol{x}(t_k),\boldsymbol{p},t_k)) + \boldsymbol{v}(t_k) \tag{8.539b}$$

bei zeitdiskreter Systemdynamik ausgegangen.[20] Auf die explizite Angabe einer bei Systemidentifikationsaufgaben meist vorhandenen Eingangsgröße $\boldsymbol{u}(t)$ wird hier verzichtet. Für die Schätzung muss der Verlauf der Eingangsgröße über der Zeit bekannt sein (z.B. durch Vorgabe oder aus Messungen) und kann dann über die allgemeine Zeitabhängigkeit von $\boldsymbol{f}$ und $\boldsymbol{h}$ berücksichtigt werden. Hier wird vorausgesetzt, dass abgetastete Messungen der Ausgangsgröße vorliegen. Prinzipiell ließe sich das in diesem Abschnitt angegebene Verfahren auch für zeitkontinuierliche Modelle angeben, allerdings ist dies für die Praxis kaum von Bedeutung, da in nahezu allen Fällen Messwerte der Ausgangsgröße nur zu bestimmten Zeitpunkten vorliegen und digital verarbeitet werden.

Ausgangspunkt für die Parameterschätzung ist die Tatsache, dass Verfahren für die Bestimmung des Zustandsvektors $\boldsymbol{x}$ aus Messungen der Ausgangsgröße $\boldsymbol{y}$ (und ggf. der Eingangsgröße $\boldsymbol{u}$) existieren. Im deterministischen Fall sind dies Zustandsbeobachter, also Systeme, die einen Zustandsschätzwert $\hat{\boldsymbol{x}}(t)$ bzw. $\hat{\boldsymbol{x}}(k)$ so liefern, dass die Konvergenzbedingung

$$\lim_{t\to\infty} \|\boldsymbol{x}(t) - \hat{\boldsymbol{x}}(t)\| = 0 \tag{8.540}$$

bzw.

$$\lim_{k\to\infty} \|\boldsymbol{x}(t_k) - \hat{\boldsymbol{x}}(t_k)\| = 0 \tag{8.541}$$

erfüllt ist. Im stochastischen Fall wird aufgrund des Prozessrauschens eine solche Konvergenz nicht möglich sein, sodass hier eine im stochastischen Sinne optimale Schätzung des Zustandsvektors durchgeführt wird. Zustandsschätzer für stochastische Systeme werden kurz als Filter bezeichnet. Bei der Zustandsschätzung für nichtlineare Systeme werden entsprechend nichtlineare Filter verwendet.

Bei dem auf Cox [Cox64] zurückgehenden Ansatz der Zustandserweiterung zur Parameterschätzung werden die zu ermittelnden Systemparameter als zusätzliche Systemzustände interpretiert und dann zusammen mit den eigentlichen Systemzuständen über einen Zustandsschätzer ermittelt. Wird davon ausgegangen, dass die zu ermittelnden Parameter konstant sind, kann

$$\dot{\boldsymbol{p}}(t) = \mathbf{0} \tag{8.542}$$

bzw.

$$\boldsymbol{p}(t_{k+1}) = \boldsymbol{p}(t_k) \tag{8.543}$$

geschrieben werden. Zusammen mit den Gleichungen für die Zustandsdynamik (8.538a) bzw. (8.539a) führt dies auf das zustandserweiterte Modell

$$\begin{bmatrix} \dot{\boldsymbol{x}}(t) \\ \dot{\boldsymbol{p}}(t) \end{bmatrix} = \begin{bmatrix} \boldsymbol{f}(\boldsymbol{x}(t),\boldsymbol{p},t) \\ \mathbf{0} \end{bmatrix} + \begin{bmatrix} \boldsymbol{w}(t) \\ \mathbf{0} \end{bmatrix} \tag{8.544}$$

bei zeitkontinuierlicher Dynamik und

$$\begin{bmatrix} \boldsymbol{x}(t_{k+1}) \\ \boldsymbol{p}(t_{k+1}) \end{bmatrix} = \begin{bmatrix} \boldsymbol{f}(\boldsymbol{x}(t_k),\boldsymbol{p}(t_k),t_k \\ \boldsymbol{p}(t_k) \end{bmatrix} + \begin{bmatrix} \boldsymbol{w}(t_k) \\ \mathbf{0} \end{bmatrix} \tag{8.545}$$

[20] Wenngleich die dem nachfolgend vorgestellten Filteralgorithmus zugrunde liegende Systembeschreibung im Sinne der Systemidentifikation ein Modell darstellt, ist eine Unterscheidung zwischen Systemparametern und Modellparametern an dieser Stelle nicht erforderlich, da der Parameterschätzwert durchgängig mit $\hat{\boldsymbol{p}}$ gekennzeichnet wird.

bei zeitdiskreter Dynamik. Diese Modelle entsprechen wieder Zustandsraummodellen.

In dieser Formulierung fällt auf, dass das Prozessrauschen nur auf die Originalzustände wirkt, während zunächst kein Prozessrauschen für den Parametervektor angenommen wurde. Bei der Parameterschätzung mit einem nichtlinearen Filter ist es oftmals günstiger, formal auch ein Prozessrauschen für den Parametervektor anzunehmen, diesen also nicht als kontante Größe, sondern als Brownsche Bewegung (integriertes weißes Rauschen, *Random Walk*) zu modellieren. Statt der Gln. (8.542) und (8.543) wird also der Ansatz

$$\dot{\boldsymbol{p}}(t) = \boldsymbol{w}_p(t) \tag{8.546}$$

bzw.

$$\boldsymbol{p}(t_{k+1}) = \boldsymbol{p}(t_k) + \boldsymbol{w}_p(t_k) \tag{8.547}$$

mit dem Pseudo-Rauschen $\boldsymbol{w}_p$ gemacht. Die Modelle lauten dann

$$\begin{bmatrix} \dot{\boldsymbol{x}}(t) \\ \dot{\boldsymbol{p}}(t) \end{bmatrix} = \begin{bmatrix} \boldsymbol{f}(\boldsymbol{x}(t),\boldsymbol{p},t) \\ \boldsymbol{0} \end{bmatrix} + \begin{bmatrix} \boldsymbol{w}(t) \\ \boldsymbol{w}_p(t) \end{bmatrix} \tag{8.548}$$

und

$$\begin{bmatrix} \boldsymbol{x}(t_{k+1}) \\ \boldsymbol{p}(t_{k+1}) \end{bmatrix} = \begin{bmatrix} \boldsymbol{f}(\boldsymbol{x}(t_k),\boldsymbol{p}(t_k),t_k) \\ \boldsymbol{p}(t_k) \end{bmatrix} + \begin{bmatrix} \boldsymbol{w}(t_k) \\ \boldsymbol{w}_p(t_k) \end{bmatrix}. \tag{8.549}$$

Mit Einführung des erweiterten Zustandsvektors

$$\tilde{\boldsymbol{x}} = \begin{bmatrix} \boldsymbol{x} \\ \boldsymbol{p} \end{bmatrix}, \tag{8.550}$$

des erweiterten Prozessrauschens

$$\tilde{\boldsymbol{w}} = \begin{bmatrix} \boldsymbol{w} \\ \boldsymbol{w}_p \end{bmatrix}, \tag{8.551}$$

der Funktionen

$$\tilde{\boldsymbol{f}}(\tilde{\boldsymbol{x}},t) = \begin{bmatrix} \boldsymbol{f}(\boldsymbol{x},\boldsymbol{p},t) \\ \boldsymbol{0} \end{bmatrix} \tag{8.552}$$

und

$$\tilde{\boldsymbol{h}}(\tilde{\boldsymbol{x}},t) = \boldsymbol{h}(\boldsymbol{x},\boldsymbol{p},t) \tag{8.553}$$

kann das zustandserweiterte Modell als

$$\dot{\tilde{\boldsymbol{x}}}(t) = \tilde{\boldsymbol{f}}(\tilde{\boldsymbol{x}}(t),t) + \tilde{\boldsymbol{w}}(t), \tag{8.554}$$

$$\boldsymbol{y}(t_k) = \tilde{\boldsymbol{h}}(\tilde{\boldsymbol{x}}(t_k),t_k)) + \boldsymbol{v}(t_k) \tag{8.555}$$

bzw.

$$\tilde{\boldsymbol{x}}(t_{k+1}) = \tilde{\boldsymbol{f}}(\tilde{\boldsymbol{x}}(t_k),t_k) + \tilde{\boldsymbol{w}}(t_k), \tag{8.556}$$

$$\boldsymbol{y}(t_k) = \tilde{\boldsymbol{h}}(\tilde{\boldsymbol{x}}(t_k),t_k)) + \boldsymbol{v}(t_k) \tag{8.557}$$

geschrieben werden. Jetzt kann prinzipiell ein beliebiges nichtlineares Filter verwendet werden, um den erweiterten Zustandsvektor $\tilde{\boldsymbol{x}}$ zu schätzen. Damit werden also gleichzeitig die Systemzustände und die unbekannten Systemparameter geschätzt.

Dieses Verfahren ist auch für die Parameterschätzung bei linearen Systemen einsetzbar. Die linearen Systeme werden dabei durch die Zustandsraummodelle

$$\dot{\boldsymbol{x}}(t) = \boldsymbol{A}(\boldsymbol{p})\boldsymbol{x}(t) + \boldsymbol{B}(\boldsymbol{p})\boldsymbol{u}(t) + \boldsymbol{w}(t) \tag{8.558}$$

bei kontinuierlicher Systemdynamik bzw.

$$\boldsymbol{x}(t_{k+1}) = \boldsymbol{A}(\boldsymbol{p})\boldsymbol{x}(t_k) + \boldsymbol{B}(\boldsymbol{p})\boldsymbol{u}(t_k) + \boldsymbol{w}(t_k) \tag{8.559}$$

bei zeitdiskreter Systemdynamik sowie

$$\boldsymbol{y}(t_k) = \boldsymbol{C}(\boldsymbol{p})\boldsymbol{x}(t_k) + \boldsymbol{D}(\boldsymbol{p})\boldsymbol{u}(t_k) + \boldsymbol{v}(t_k) \tag{8.560}$$

beschrieben. Die Zustandserweiterung führt auf das Modell

$$\begin{bmatrix} \dot{\boldsymbol{x}}(t) \\ \dot{\boldsymbol{p}}(t) \end{bmatrix} = \begin{bmatrix} \boldsymbol{A}(\boldsymbol{p})\boldsymbol{x}(t) + \boldsymbol{B}(\boldsymbol{p})\boldsymbol{u}(t) \\ \boldsymbol{0} \end{bmatrix} + \begin{bmatrix} \boldsymbol{w}(t) \\ \boldsymbol{w}_p(t) \end{bmatrix} \tag{8.561}$$

bzw.

$$\begin{bmatrix} \boldsymbol{x}(t_{k+1}) \\ \boldsymbol{p}(t_{k+1}) \end{bmatrix} = \begin{bmatrix} \boldsymbol{A}(\boldsymbol{p}(t_k))\boldsymbol{x}(t_k) + \boldsymbol{B}(\boldsymbol{p}(t_k))\boldsymbol{u}(t_k) \\ \boldsymbol{p}(t_k) \end{bmatrix} + \begin{bmatrix} \boldsymbol{w}(t_k) \\ \boldsymbol{w}_p(t_k) \end{bmatrix}, \tag{8.562}$$

welches jetzt ein nichtlineares System darstellt.

8.4.4.1 Nichtlineare Filter zur Zustandsschätzung

Für die Zustandsschätzung bei nichtlinearen dynamischen Systemen gibt es eine Vielzahl von Verfahren. Allerdings existiert eine geschlossene Lösung im Sinne eines Optimalfilters, wie sie bei linearen Systemen durch das Kalman-Filter gegeben ist, bei nichtlinearen Filtern nicht. Es handelt sich bei den nichtlinearen Filtern daher immer um Näherungslösungen des Optimalfilters. Das bekannteste nichtlineare Filter ist das erweiterte Kalman-Filter (*Extended Kalman Filter*, EKF), welches aus dem Kalman-Filter über Linearisierung entlang der Zustandstrajektorie des Systems abgeleitet werden kann [Gel74]. Weitere Filter sind das *First-Order Bias-Corrected Filter* (FBF), das *Truncated Second-Order Filter* (TSF), und das *Modified Gaussian Second-Order Filter* (GSF) [Jaz70, Kre80, May82].

Der Zustandsschätzung liegt das allgemeine nichtlineare stochastische Zustandsraummodell

$$\dot{\boldsymbol{x}}(t) = \boldsymbol{f}(\boldsymbol{x}(t),t) + \boldsymbol{w}(t), \tag{8.563}$$

$$\boldsymbol{y}(t_k) = \boldsymbol{h}(\boldsymbol{x}(t_k),t_k)) + \boldsymbol{v}(t_k) \tag{8.564}$$

mit n Zuständen, also $\boldsymbol{x}(t) \in \mathbb{R}^n$, und m Ausgängen, also $\boldsymbol{y}(t) \in \mathbb{R}^m$, zugrunde, wobei auch hier wieder auf die explizite Angabe einer Eingangsgröße verzichtet wurde. Bei dem Modell kann es sich auch, wie in der Einleitung zu diesem Abschnitt ausgeführt, um ein zustandserweitertes Modell handeln, der Zustandsvektor kann also auch unbekannte Parameter als Zustände enthalten. Bei $\boldsymbol{w}$ und $\boldsymbol{v}$ handelt es sich um mittelwertfreies weißes Rauschen mit den über

$$\mathrm{E}\{\boldsymbol{w}(t)\boldsymbol{w}^{\mathrm{T}}(t')\} = \boldsymbol{Q}\delta(t-t') \tag{8.565}$$

und

$$\mathrm{E}\{\boldsymbol{v}(t)\boldsymbol{v}^{\mathrm{T}}(t')\} = \boldsymbol{R}\delta(t-t') \tag{8.566}$$

definierten Kovarianzmatrizen.[21] Die Matrizen $\boldsymbol{Q}$ und $\boldsymbol{R}$ können zeitvariant sein. Zur Vereinfachung der Notation wird hier aber auf die Angabe der Zeit als Argument verzichtet.

Auf die Theorie der nichtlinearen Filterung soll an dieser Stelle nicht detailliert eingegangen werden, stattdessen wird auf die Literatur verwiesen [Jaz70, Kre80, May82]. Es werden aber die Algorithmen der oben genannten Filter in einer allgemeinen Form angegeben [Boh00, BU00], da aus dieser Form auch die prinzipielle Funktion der Filter ersichtlich wird. Eine Implementierung dieser Filter ist anhand dieser Form sehr einfach möglich, wobei es keine Rolle spielt, ob nur die Zustände oder über Zustandserweiterung die Zustände und die Parameter geschätzt werden.

Der Filteralgorithmus in der allgemeinen Form ist in Tabelle 8.3 dargestellt. Zur Erläuterung der Funktionsweise des Filters wird zunächst davon ausgegangen, dass ein Schätzwert für den Zustandsvektor vorliegt, für den alle vorliegenden Informationen bis zum Zeitpunkt t_k einschließlich des Messwerts $\boldsymbol{y}(t_k)$ berücksichtigt wurden. Da der Messwert $\boldsymbol{y}(t_k)$ ebenfalls eingeflossen ist, kann dieser Schätzwert erst nach der Messung zum Zeitpunkt t_k berechnet werden. Für diesen Schätzwert wird daher $\hat{\boldsymbol{x}}(t_k^+)$ geschrieben, also der Zeitindex t_k^+ verwendet, um anzudeuten, dass es sich um einen Schätzwert handelt, der unmittelbar nach der Messung berechnet werden kann. Andere geläufige Notationen sind $\hat{\boldsymbol{x}}(t_k|t_k)$ und $\hat{\boldsymbol{x}}(k|k)$ wobei die Schreibweise $(t_k|t_k)$ bzw. $(k|k)$ andeuten soll, dass es sich um einen Schätzwert für den Zeitpunkt t_k unter Berücksichtigung aller Informationen einschließlich der zum Zeitpunkt t_k handelt. Weiterhin wird vorausgesetzt, dass die Kovarianzmatrix des Zustandsschätzfehlers bekannt ist, also

$$\boldsymbol{P}_{xx}(t_k^+) = \mathrm{E}\left\{(\hat{\boldsymbol{x}}(t_k^+) - \boldsymbol{x}(t_k))(\hat{\boldsymbol{x}}(t_k^+) - \boldsymbol{x}(t_k))^{\mathrm{T}}\right\}. \tag{8.567}$$

Diese Matrix ist ein Maß für die Unsicherheit des Schätzwerts.

Aus den Werten $\hat{\boldsymbol{x}}(t_k^+)$ und $\boldsymbol{P}_{xx}(t_k^+)$ werden nun die Werte $\hat{\boldsymbol{x}}(t_{k+1}^-)$ und $\boldsymbol{P}_{xx}(t_{k+1}^-)$ berechnet. Dabei ist $\hat{\boldsymbol{x}}(t_{k+1}^-)$ der Schätzwert des Zustands für den Zeitpunkt t_{k+1}, aber ohne Berücksichtigung des Messwerts, also ein Vorhersagewert. Die Matrix $\boldsymbol{P}_{xx}(t_{k+1}^-)$ ist die zugehörige Fehlerkovarianzmatrix. Diese Berechnung geschieht durch numerische Integration der Differentialgleichungen

$$\dot{\hat{\boldsymbol{x}}}(t) = \boldsymbol{f}(\hat{\boldsymbol{x}}(t),t) + \boldsymbol{b}_{\mathrm{p}}(\hat{\boldsymbol{x}}(t),\boldsymbol{P}_{xx}(t)), \tag{8.568}$$

$$\dot{\boldsymbol{P}}_{xx}(t) = \frac{\partial \boldsymbol{f}(\hat{\boldsymbol{x}}(t),t)}{\partial \hat{\boldsymbol{x}}^{\mathrm{T}}(t)}\boldsymbol{P}_{xx}(t) + \boldsymbol{P}_{xx}(t)\frac{\partial \boldsymbol{f}^{\mathrm{T}}(\hat{\boldsymbol{x}}(t),t)}{\partial \hat{\boldsymbol{x}}(t)} + \boldsymbol{Q}, \tag{8.569}$$

also gemäß

$$\hat{\boldsymbol{x}}(t_{k+1}^-) = \hat{\boldsymbol{x}}(t_k^+) + \int_{t_k}^{t_{k+1}} \left(\boldsymbol{f}(\hat{\boldsymbol{x}}(t),t) + \boldsymbol{b}_{\mathrm{p}}(\hat{\boldsymbol{x}}(t),\boldsymbol{P}_{xx}(t))\right) \mathrm{d}t, \tag{8.570}$$

$$\boldsymbol{P}_{xx}(t_{k+1}^-) = \boldsymbol{P}_{xx}(t_k^+) + \int_{t_k}^{t_{k+1}} \left(\frac{\partial \boldsymbol{f}(\hat{\boldsymbol{x}}(t),t)}{\partial \hat{\boldsymbol{x}}^{\mathrm{T}}(t)}\boldsymbol{P}_{xx}(t) + \boldsymbol{P}_{xx}(t)\frac{\partial \boldsymbol{f}^{\mathrm{T}}(\hat{\boldsymbol{x}}(t),t)}{\partial \hat{\boldsymbol{x}}(t)} + \boldsymbol{Q}\right) \mathrm{d}t. \tag{8.571}$$

[21] Wobei die Schreibweise der stochastischen Differentialgleichung wieder nicht ganz korrekt ist, siehe Abschnitt 7.4.

Tabelle 8.3 Allgemeine Darstellung des nichtlinearen Filteralgorithmus

Näherungsweise Extrapolation des Zustandsschätzwerts und der Kovarianzmatrix des Schätzfehlers von t_k^+ zu t_{k+1}^-:

$$\hat{\boldsymbol{x}}(t_{k+1}^-) = \hat{\boldsymbol{x}}(t_k^+) + \int_{t_k}^{t_{k+1}} \left(\boldsymbol{f}(\hat{\boldsymbol{x}}(t),t) + \boldsymbol{b}_{\mathrm{P}}(\hat{\boldsymbol{x}}(t),\boldsymbol{P}_{xx}(t))\right) \mathrm{d}t,$$

$$\boldsymbol{P}_{xx}(t_{k+1}^-) = \boldsymbol{P}_{xx}(t_k^+) + \int_{t_k}^{t_{k+1}} \left(\frac{\partial \boldsymbol{f}(\hat{\boldsymbol{x}}(t),t)}{\partial \hat{\boldsymbol{x}}^{\mathrm{T}}(t)} \boldsymbol{P}_{xx}(t) + \boldsymbol{P}_{xx}(t) \frac{\partial \boldsymbol{f}^{\mathrm{T}}(\hat{\boldsymbol{x}}(t),t)}{\partial \hat{\boldsymbol{x}}(t)} + \boldsymbol{Q} \right) \mathrm{d}t,$$

Prädiktion des Ausgangs und Berechnung des Prädiktionsfehlers:

$$\hat{\boldsymbol{y}}(t_{k+1}) = \boldsymbol{h}(\hat{\boldsymbol{x}}(t_{k+1}^-)) + \boldsymbol{b}_{\mathrm{M}}(\hat{\boldsymbol{x}}(t_{k+1}^-),\boldsymbol{P}_{xx}(t_{k+1}^-))$$
$$\boldsymbol{e}(t_{k+1}) = \boldsymbol{y}(t_{k+1}) - \hat{\boldsymbol{y}}(t_{k+1})$$

Näherungsweise Berechnung der Kovarianzmatrix des Prädiktionsfehlers:

$$\boldsymbol{A}(t_{k+1}) = \boldsymbol{R} + \frac{\partial \boldsymbol{h}(\hat{\boldsymbol{x}}(t_{k+1}^-),t_{k+1})}{\partial \hat{\boldsymbol{x}}^{\mathrm{T}}(t_{k+1}^-)} \boldsymbol{P}_{xx}(t_{k+1}^-) \frac{\partial \boldsymbol{h}^{\mathrm{T}}(\hat{\boldsymbol{x}}(t_{k+1}^-),t_{k+1})}{\partial \hat{\boldsymbol{x}}(t_{k+1}^-)} + \boldsymbol{M}(\hat{\boldsymbol{x}}(t_{k+1}^-),\boldsymbol{P}_{xx}(t_{k+1}^-))$$

Berechnung der Filterverstärkung:

$$\boldsymbol{K}(t_{k+1}) = \boldsymbol{P}_{xx}(t_{k+1}^-) \frac{\partial \boldsymbol{h}^{\mathrm{T}}(\hat{\boldsymbol{x}}(t_{k+1}^-),t_{k+1})}{\partial \hat{\boldsymbol{x}}(t_{k+1}^-)} \boldsymbol{A}^{-1}(t_{k+1})$$

Korrektur des Zustandsschätzwerts:

$$\hat{\boldsymbol{x}}(t_{k+1}^+) = \hat{\boldsymbol{x}}(t_{k+1}^-) + \boldsymbol{K}(t_{k+1})\, \boldsymbol{e}(t_{k+1})$$

Korrektur der Kovarianzmatrix des Schätzfehlers:

$$\boldsymbol{P}(t_{k+1}^+) = \left(\mathbf{I}_n - \boldsymbol{K}(t_{k+1}) \frac{\partial \boldsymbol{h}(\hat{\boldsymbol{x}}(t_{k+1}^-),t_{k+1})}{\partial \hat{\boldsymbol{x}}^{\mathrm{T}}(t_{k+1}^-)} \right) \boldsymbol{P}_{xx}(t_{k+1}^-)$$

An dieser Stelle fällt auf, dass die Extrapolationsgleichung (8.568) im Vergleich zur Differentialgleichung des Systems (8.563) den zusätzlichen Term $\boldsymbol{b}_{\mathrm{p}}(\hat{\boldsymbol{x}}(t),\boldsymbol{P}_{xx}(t))$ enthält. Das Vorhandensein dieses sogenannten Biaskorrekturterms (*Bias Correction Term*) ist darin begründet, dass bei nichtlinearen Funktionen im Allgemeinen

$$\mathrm{E}\{\boldsymbol{f}(\boldsymbol{x}(t))] \neq \boldsymbol{f}(\mathrm{E}\{\boldsymbol{x}(t)\}) \tag{8.572}$$

gilt. Bei der Berechnung des Schätzwertes als Erwartungswert über die Differentialgleichung gemäß

$$\mathrm{E}\{\dot{\hat{\boldsymbol{x}}}(t)\} \approx \boldsymbol{f}(\mathrm{E}\{\hat{\boldsymbol{x}}(t)\}) \tag{8.573}$$

entsteht also ein Fehler. Über das Hinzunehmen des Biaskorrekturterms wird versucht, den Einfluss dieses Fehlers zu reduzieren.

Auf Basis des Vorhersagewerts $\hat{\boldsymbol{x}}(t_{k+1}^-)$ wird dann ein Vorhersagewert für den Messwert der Ausgangsgröße zum Zeitpunkt t_{k+1} gemäß

$$\hat{\boldsymbol{y}}(t_{k+1}) = \boldsymbol{h}(\hat{\boldsymbol{x}}(t_{k+1}^-)) + \boldsymbol{b}_{\mathrm{M}}(\hat{\boldsymbol{x}}(t_{k+1}^-),\boldsymbol{P}_{xx}(t_{k+1}^-)) \tag{8.574}$$

berechnet. Auch hier kommt wegen

$$\mathrm{E}\{\boldsymbol{h}(\boldsymbol{x}(t))\} \neq \boldsymbol{h}(\mathrm{E}\{\boldsymbol{x}(t)\}) \tag{8.575}$$

ein weiterer Biaskorrekturterm $\boldsymbol{b}_{\mathrm{M}}(\hat{\boldsymbol{x}}(t_{k+1}^-),\boldsymbol{P}_{xx}(t_{k+1}^-))$ hinzu. Mit dem Vorhersagewert $\hat{\boldsymbol{y}}(t_{k+1})$ kann, nachdem die Messung vorliegt, gemäß

$$\boldsymbol{e}(t_{k+1}) = \boldsymbol{y}(t_{k+1}) - \hat{\boldsymbol{y}}(t_{k+1}) \tag{8.576}$$

die Differenz zwischen der Messung und der Vorhersage bestimmt werden. Diese Größe wird als Prädiktionsfehler bezeichnet. Zu diesem Fehler kann über

$$\begin{aligned}\boldsymbol{A}(t_{k+1}) = \;& \boldsymbol{R} + \frac{\partial \boldsymbol{h}(\hat{\boldsymbol{x}}(t_{k+1}^-),t_{k+1})}{\partial \hat{\boldsymbol{x}}^{\mathrm{T}}(t_{k+1}^-)}\,\boldsymbol{P}_{xx}(t_{k+1}^-)\,\frac{\partial \boldsymbol{h}^{\mathrm{T}}(\hat{\boldsymbol{x}}(t_{k+1}^-),t_{k+1})}{\partial \hat{\boldsymbol{x}}(t_{k+1}^-)}\\ &+ \boldsymbol{M}(\hat{\boldsymbol{x}}(t_{k+1}^-),\boldsymbol{P}_{xx}(t_{k+1}^-))\end{aligned} \tag{8.577}$$

näherungsweise die Kovarianzmatrix bestimmt werden. Dabei ist $\boldsymbol{M}(\hat{\boldsymbol{x}}(t_{k+1}^-),\boldsymbol{P}_{xx}(t_{k+1}^-))$ wiederum ein Korrekturterm, über den die Einflüsse der Nichtlinearitäten reduziert werden sollen. Gl. (8.577) entsteht aus einer abgebrochenen Taylor-Entwicklung der Kovarianzmatrix des Prädiktionsfehlers [Boh00].

Mit der Kovarianzmatrix des Schätzfehlers $\boldsymbol{P}_{xx}(t_{k+1}^-)$ und der Kovarianzmatrix $\boldsymbol{A}(t_{k+1})$ des Prädiktionsfehlers wird die Filterverstärkung

$$\boldsymbol{K}(t_{k+1}) = \boldsymbol{P}_{xx}(t_{k+1}^-)\,\frac{\partial \boldsymbol{h}^{\mathrm{T}}(\hat{\boldsymbol{x}}(t_{k+1}^-),t_{k+1})}{\partial \hat{\boldsymbol{x}}(t_{k+1}^-)}\,\boldsymbol{A}^{-1}(t_{k+1}) \tag{8.578}$$

berechnet. Über diese Filterverstärkung wird aus dem vorhergesagten Zustandsschätzwert $\hat{\boldsymbol{x}}(t_{k+1}^-)$ (also vor der Messung) und dem Prädiktionsfehler $\boldsymbol{e}(t_{k+1})$ der korrigierte Zustandsschätzwert $\hat{\boldsymbol{x}}(t_{k+1}^+)$ gemäß

$$\hat{\boldsymbol{x}}(t_{k+1}^+) = \hat{\boldsymbol{x}}(t_{k+1}^-) + \boldsymbol{K}(t_{k+1})\,\boldsymbol{e}(t_{k+1}) \tag{8.579}$$

bestimmt. Anschließend wird noch die Kovarianzmatrix des korrigierten Zustandsschätzwerts ermittelt. Diese ergibt sich zu

$$\boldsymbol{P}(t_{k+1}^{+}) = \left(\mathbf{I}_n - \boldsymbol{K}(t_{k+1}) \frac{\partial \boldsymbol{h}(\hat{\boldsymbol{x}}(t_{k+1}^{-}),t_{k+1})}{\partial \hat{\boldsymbol{x}}^{\mathrm{T}}(t_{k+1}^{-})} \right) \boldsymbol{P}_{xx}(t_{k+1}^{-}). \tag{8.580}$$

Mit den Werten $\hat{\boldsymbol{x}}(t_{k+1}^{+})$ und $\boldsymbol{P}(t_{k+1}^{+})$ kann nun eine Vorhersage für den Zeitpunkt t_{k+2}^{-} gemacht werden und der Filteralgorithmus so fortlaufend ausgeführt werden.

Zum Startzeitpunkt t_0^{-} oder t_0^{+} des Filters müssen die Startwerte $\hat{\boldsymbol{x}}(t_0^{-})$ und $\boldsymbol{P}(t_0^{-})$ oder $\hat{\boldsymbol{x}}(t_0^{+})$ und $\boldsymbol{P}(t_0^{+})$ festgelegt werden. Zusätzlich werden die Systembeschreibung, also die Funktionen $\boldsymbol{f}(\boldsymbol{x}(t),t)$ und $\boldsymbol{h}(\boldsymbol{x}(t),t)$ sowie die Matrizen $\boldsymbol{Q}$ und $\boldsymbol{R}$ benötigt, die, was hier nicht explizit ausgeführt wurde, auch zeitabhängig sein dürfen.

In der praktischen Anwendung werden die Kovarianzmatrizen des Rauschens so gut wie nie bekannt sein. Vielmehr werden diese dann als Einstellparameter für das Filter benutzt, über die eine Gewichtung zwischen dem Vertrauen in die angenommene Modellstruktur und in die Messungen vorgenommen werden kann. So bedeutet ein im Vergleich zum Messrauschen starkes Prozessrauschen (also eine große Matrix $\boldsymbol{Q}$ bzw. eine kleine Matrix $\boldsymbol{R}$) eine hohe Unsicherheit im Modell bzw. ein starkes Vertrauen in die Messung. Umgekehrt entspricht ein hohes Messrauschen (also eine große Matrix $\boldsymbol{R}$ bzw. eine kleine Matrix $\boldsymbol{Q}$) einem starken Vertrauen in das Modell bzw. einer hohen angenommenen Unsicherheit in der Messung. Für das Kalman-Filter kann gezeigt werden, dass die sich ergebende Filterverstärkung nur von dem Verhältnis der Kovarianzen von Prozess- und Messrauschen abhängt [Meh70].

Bislang nicht weiter betrachtet wurden die Korrekturterme $\boldsymbol{b}_{\mathrm{p}}$, $\boldsymbol{b}_{\mathrm{M}}$, und $\boldsymbol{M}$ in den Gln. (8.568) bzw. (8.570), (8.574) und (8.577). Für die oben erwähnten unterschiedlichen Filter EKF, FBF, TSF und GSF ergeben sich verschiedene Ausdrücke für diese Korrekturterme. Elementweise können die Korrekturterme gemäß

$$b_{\mathrm{p},i} = \begin{cases} 0 & \text{für EKF,} \\ \frac{1}{2}\,\mathrm{spur}\left(\frac{\partial^2 f_i}{\partial \boldsymbol{x} \partial \boldsymbol{x}^{\mathrm{T}}} \boldsymbol{P}_{xx}\right) & \text{für FBF, TSF und GSF,} \\ \frac{1}{2} \sum\limits_{j,k=1}^{n} P_{xx,jk} \frac{\partial^2 f_i}{\partial x_j \partial x_k} & \text{für FBF, TSF und GSF} \end{cases} \tag{8.581}$$

für $i = 1,\ldots,n$ ([May82], Gl. (12-51)); ([Jaz70], Gln. (9A.1), (9A.5) und (9A.7)),

$$b_{\mathrm{m},i} = \begin{cases} 0 & \text{für EKF,} \\ \frac{1}{2}\,\mathrm{spur}\left(\frac{\partial^2 h_i}{\partial \boldsymbol{x} \partial \boldsymbol{x}^{\mathrm{T}}} \boldsymbol{P}_{xx}\right) & \text{für FBF, TSF und GSF,} \\ \frac{1}{2} \sum\limits_{j,k=1}^{n} P_{xx,jk} \frac{\partial^2 h_i}{\partial x_j \partial x_k} & \text{für FBF, TSF und GSF} \end{cases} \tag{8.582}$$

für $i = 1,\ldots,m$ ([May82], Gl. (12-47); [Jaz70], Gln. (9B.16), (9A.7) und (9A.5)) sowie

$$M_{i,j} = \begin{cases} 0 & \text{für EKF und FBF,} \\ -b_{\mathrm{m},i}\, b_{\mathrm{m},j} & \text{für TSF,} \\ \dfrac{1}{2} \operatorname{spur}\left(\dfrac{\partial^2 h_i}{\partial \boldsymbol{x} \partial \boldsymbol{x}^{\mathrm{T}}} \boldsymbol{P}_{xx} \dfrac{\partial^2 h_j}{\partial \boldsymbol{x} \partial \boldsymbol{x}^{\mathrm{T}}} \boldsymbol{P}_{xx} \right) & \text{für GSF} \\ \displaystyle\sum_{k,l,p,q=1}^{n} \dfrac{\partial^2 h_i}{\partial x_k \partial x_l} P_{xx,lp} P_{xx,kq} \dfrac{\partial^2 h_j}{\partial x_p \partial x_q} & \text{für GSF} \end{cases} \tag{8.583}$$

für $i = 1,\ldots,m$, $j = 1,\ldots,m$ ([May82], Gl. (12-59); [Jaz70], Gl. (9B.12)) berechnet werden. Bei den doppelt angegebenen Fällen handelt es sich dabei jeweils um alternative Ausdrücke für die Berechnung.

Über eine durchgängige Anwendung der Matrixdifferentialrechnung (siehe Anhang G) lassen sich deutlich kompaktere Ausdrücke herleiten. Es ergeben sich [Boh00, BU00]

$$\boldsymbol{b}_{\mathrm{p}} = \begin{cases} \boldsymbol{0} & \text{für EKF,} \\ \dfrac{1}{2} \dfrac{\partial^2 \boldsymbol{f}}{\partial \boldsymbol{x}^{\mathrm{T}} \partial \boldsymbol{x}^{\mathrm{T}}} \operatorname{col} \boldsymbol{P}_{xx} & \text{für FBF, TSF, GSF,} \end{cases} \tag{8.584}$$

$$\boldsymbol{b}_{\mathrm{m}} = \begin{cases} \boldsymbol{0} & \text{für EKF,} \\ \dfrac{1}{2} \dfrac{\partial^2 \boldsymbol{h}}{\partial \boldsymbol{x}^{\mathrm{T}} \partial \boldsymbol{x}^{\mathrm{T}}} \operatorname{col} \boldsymbol{P}_{xx} & \text{für FBF, TSF, GSF} \end{cases} \tag{8.585}$$

und

$$\boldsymbol{M} = \begin{cases} \boldsymbol{0} & \text{für EKF, FBF,} \\ -\boldsymbol{b}_{\mathrm{m}} \boldsymbol{b}_{\mathrm{m}}^{\mathrm{T}} & \text{für TSF,} \\ \dfrac{1}{2} \dfrac{\partial^2 \boldsymbol{h}}{\partial \boldsymbol{x}^{\mathrm{T}} \partial \boldsymbol{x}^{\mathrm{T}}} \dfrac{(\mathbf{I}_{n^2} + \mathbf{U}_{nn})(\boldsymbol{P}_{xx} \otimes \boldsymbol{P}_{xx})}{2} \left(\dfrac{\partial^2 \boldsymbol{h}}{\partial \boldsymbol{x}^{\mathrm{T}} \partial \boldsymbol{x}^{\mathrm{T}}} \right)^{\mathrm{T}} & \text{für TSF.} \end{cases} \tag{8.586}$$

Dabei ist die Kronecker-Permutationsmatrix $\mathbf{U}_{kl}^{(kl \times kl)}$ durch

$$\mathbf{U}_{kl}^{(kl \times kl)} = \sum_{i=1}^{k} \sum_{j=1}^{l} \mathbf{E}_{ij}^{(k \times l)} \otimes \mathbf{E}_{ji}^{(l \times k)} \tag{8.587}$$

gegeben (siehe z.B. [Wei91], S. 73), wobei $\mathbf{E}_{ij}^{(k \times l)}$ eine $k \times l$-dimensionale Matrix bezeichnet, bei der das (i,j)-te Element eins ist und alle anderen Elemente null sind.

Die Parameterschätzung über Zustandserweiterung stellt einen durchaus intuitiven und einfachen Ansatz dar. Ein Nachteil dieses Ansatzes ist, dass die (asymptotische) Erwartungstreue der Schätzung nicht sichergestellt ist. Selbst bei dem einfachen Fall der Anwendung dieses Verfahrens für die Parameterschätzung bei linearen Zustandsraummodellen unter Verwendung des erweiterten Kalman-Filters kann gezeigt werden, dass ein systematischer Schätzfehler (*Bias*) auftritt [Lju79]. Allerdings ist damit über die Größe der Abweichung zu den wahren Werten nichts gesagt. Diese kann durchaus klein sein, die Parameter können also zu Werten konvergieren, die in der Nähe der wahren Werte liegen.

Zudem hängt dies von den Einstellparametern der nichtlinearen Filter ab. Es bietet sich daher an, vor dem Einsatz eines solchen Verfahrens Simulationsstudien durchzuführen (bei denen z.B. typische Werte als wahre Werte angenommen werden), um Aussagen darüber zu gewinnen, welche Konvergenzeigenschaften zu erwarten sind und um auch den Einfluss der Einstellparameter für das Filter abzuschätzen.

8.4.5 Parameterschätzung für Zustandsraummodelle über adaptive nichtlineare Filter

Im vorangegangenen Abschnitt wurden verschiedene nichtlineare Filter zur Zustandsschätzung bei nichtlinearen Systemen vorgestellt. Weiterhin wurde ausgeführt, dass Zustandsschätzer unmittelbar auch zur Parameterschätzung verwendet werden können, indem die unbekannten Parameter als zusätzliche Zustände aufgefasst werden und so ein erweitertes Zustandsraumodell aufgestellt wird [Cox64]. Allerdings kann schon für den sehr einfachen Fall der Zustands- und Parameterschätzung über das erweiterte Kalman-Filter gezeigt werden, dass dieser Ansatz einen systematischen Schätzfehler liefert [Lju79]. Weiterhin müssen für die Zustandsschätzung über nichtlineare Filter die Kovarianzmatrizen des Rauschens vorgegeben werden, die ebenfalls einen erheblichen Einfluss auf die sich ergebenden Schätzwerte haben können [Boh00].

Ein alternativer Ansatz, der diese Nachteile vermeiden oder verringern kann, besteht darin, die nichtlinearen Filter als Prädiktormodelle einzusetzen und für die Parameterschätzung das rekursive Gauß-Newton-Parameterschätzverfahren zu verwenden. Der so entstandene Algorithmus stellt ein Prädiktionsfehler-Verfahren dar. Da über die rekursive Parameterschätzung die Parameter eines nichtlinearen Filters eingestellt werden, wird auch von adaptiver Filterung gesprochen. Als Filter kann eines der im vorangegangenen Abschnitt behandelten Filteralgorithmen verwendet werden. In diesem Abschnitt wird die Herleitung nur für das erweiterte Kalman-Filter angegeben. Die Herleitung für die Filter höherer Ordnung (FBF, TSF, GSF) ist prinzipiell nicht schwierig, liefert aber recht umfangreiche und unübersichtliche Ausdrücke. Auf diese wird daher hier verzichtet, die entsprechenden Algorithmen finden sich in der Literatur [Boh00, BU01, Boh04].

Der Ausgangspunkt für die Herleitung ist wieder das allgemeine nichtlineare Zustandsraummodell mit zeitkontinuierlicher Dynamik und zeitdiskreten Messungen, also

$$\dot{\boldsymbol{x}}(t) = \boldsymbol{f}(\boldsymbol{x}(t),\boldsymbol{u}(t),\boldsymbol{p},t) + \boldsymbol{w}(t), \tag{8.588}$$

$$\boldsymbol{y}(t_k) = \boldsymbol{h}(\boldsymbol{x}(t_k),\boldsymbol{u}(t),\boldsymbol{p},t_k)) + \boldsymbol{v}(t_k), \tag{8.589}$$

mit n Zuständen, also $\boldsymbol{x}(t) \in \mathbb{R}^n$ und m Ausgängen, also $\boldsymbol{y}(t) \in \mathbb{R}^m$.[22] Bei $\boldsymbol{w}$ und $\boldsymbol{v}$ handelt es sich um mittelwertfreies weißes Rauschen mit über

$$\mathrm{E}\{\boldsymbol{w}(t)\boldsymbol{w}^{\mathrm{T}}(t')\} = \boldsymbol{Q}(\boldsymbol{p})\delta(t-t') \tag{8.590}$$

und

$$\mathrm{E}\{\boldsymbol{v}(t)\boldsymbol{v}^{\mathrm{T}}(t')\} = \boldsymbol{R}(\boldsymbol{p})\delta(t-t') \tag{8.591}$$

[22] Es wird weiterhin auf die Kennzeichnung des Parametervektors als Modellparametervektor verzichtet, siehe Fußnote 20.

definierten Kovarianzmatrizen. Als Prädiktor wird, wie oben erwähnt, das erweiterte Kalman-Filter verwendet. Die Gleichungen des erweiterten Kalman-Filters sind daher nochmals in Tabelle 8.4 für das oben angegebene Modell aufgeführt. Dabei wird zu Vereinfachung in den Funktionen $\boldsymbol{f}$ und $\boldsymbol{h}$ keine explizite Zeitabhängigkeit berücksichtigt und bei den Ableitungen $\partial \boldsymbol{f}/\partial \boldsymbol{x}^{\mathrm{T}}$, $\partial \boldsymbol{f}^{\mathrm{T}}/\partial \boldsymbol{x}$, $\partial \boldsymbol{h}/\partial \boldsymbol{x}^{\mathrm{T}}$ und $\partial \boldsymbol{h}^{\mathrm{T}}/\partial \boldsymbol{x}$ auf die Angabe der Argumente $\hat{\boldsymbol{x}}(t)$, $\boldsymbol{u}(t)$ und $\boldsymbol{p}$ verzichtet.

In das erweiterte Kalman-Filter gehen neben den Informationen über das System in Form der Funktionen $\boldsymbol{f}$ und $\boldsymbol{h}$ auch die Informationen über das Prozess- und das Messrauschen in Form der Matrizen $\boldsymbol{Q}$ und $\boldsymbol{R}$ ein. Diese werden im Allgemeinen unbekannt sein. Dies wird hier dadurch berücksichtigt, dass auch diese Matrizen als vom unbekannten Parametervektor abhängig dargestellt werden. Es werden also diese Matrizen entsprechend parametriert. Es ist erforderlich, dass $\boldsymbol{Q}$ immer positiv semidefinit und $\boldsymbol{R}$ immer positiv definit sein muss. Dies muss über eine entsprechende Parametrierung sichergestellt werden, da ein Verlust dieser Definitheitseigenschaften zu einer Instabilität des Filteralgorithmus führen kann. In vielen Fällen ist es ausreichend, die Matrix $\boldsymbol{R}$ als konstante, also nicht parameterabhängige, Diagonalmatrix vorzugeben. Für die Parametrierung von $\boldsymbol{Q}$ bietet sich dann

$$\boldsymbol{Q}(\boldsymbol{p}) = \begin{bmatrix} \frac{1}{2}p_{s-n+1}^2 & \cdots & 0 \\ \vdots & \ddots & \vdots \\ 0 & \cdots & \frac{1}{2}p_s^2 \end{bmatrix} \tag{8.592}$$

an, wobei s die Anzahl der insgesamt zu bestimmenden Parameter ist (also inklusive der Parameter in der Kovarianzmatrix $\boldsymbol{Q}$).

Als Gütefunktional für die Parameterschätzung wird das gewichtete *Least-Squares*-Gütefunktional

$$I(t_k) = \frac{1}{2}\sum_{i=1}^{k} \boldsymbol{e}^{\mathrm{T}}(t_i)\boldsymbol{A}^{-1}(t_i)\boldsymbol{e}(t_i) \tag{8.593}$$

verwendet, wobei $\boldsymbol{e}(t_k)$ der Fehler zwischen der Messung zum Zeitpunkt t_k und dem Vorhersagewert des Filters

$$\hat{\boldsymbol{y}}(t_k) = \boldsymbol{h}(\hat{\boldsymbol{x}}(t_k^-),\boldsymbol{u}(t_k^-),\boldsymbol{p}) \tag{8.594}$$

ist, also gemäß

$$\boldsymbol{e}(t_k) = \boldsymbol{y}(t_k) - \hat{\boldsymbol{y}}(t_k) \tag{8.595}$$

der Prädiktionsfehler. Als Gewichtungsmatrix wird die (näherungsweise berechnete) Kovarianzmatrix $\boldsymbol{A}(t_k)$ des Prädiktionsfehlers verwendet.

Für dieses Gütefunktional kann unmittelbar der in Tabelle 8.1 (Abschnitt 8.2.4.1) angegebene rekursive Gauß-Newton-Algorithmus verwendet werden. Hierfür wird die Ableitung des Prädiktionsfehlers nach dem Parametervektor benötigt, die sich mit Gl. (8.595) zu

$$\frac{\mathrm{d}\boldsymbol{e}^{\mathrm{T}}(t_{k+1})}{\mathrm{d}\boldsymbol{p}} = \frac{\mathrm{d}(\boldsymbol{y}^{\mathrm{T}}(t_{k+1}) - \hat{\boldsymbol{y}}^{\mathrm{T}}(t_{k+1}))}{\mathrm{d}\boldsymbol{p}} = -\frac{\mathrm{d}\hat{\boldsymbol{y}}^{\mathrm{T}}(t_{k+1})}{\mathrm{d}\boldsymbol{p}} \tag{8.596}$$

ergibt. Es wird also die Ableitung des Filterausgangswerts nach dem Parametervektor, also die Ausgangs-Empfindlichkeit, benötigt. Für diese folgt mit Gl. (8.594)

$$\frac{\mathrm{d}\hat{\boldsymbol{y}}^{\mathrm{T}}(t_{k+1})}{\mathrm{d}\boldsymbol{p}} = \left(\frac{\partial \boldsymbol{h}}{\partial \boldsymbol{x}^{\mathrm{T}}}\frac{\mathrm{d}\hat{\boldsymbol{x}}(t_{k+1}^-)}{\mathrm{d}\boldsymbol{p}^{\mathrm{T}}} + \frac{\partial \boldsymbol{h}}{\partial \boldsymbol{p}^{\mathrm{T}}}\right)^{\mathrm{T}}, \tag{8.597}$$

Tabelle 8.4 Erweitertes Kalman-Filter

Näherungsweise Extrapolation des Zustandsschätzwerts und der Kovarianzmatrix des Schätzfehlers von t_k^+ zu t_{k+1}^- durch Integration der Differentialgleichungen:

$$\dot{\hat{\boldsymbol{x}}}(t) = \boldsymbol{f}(\hat{\boldsymbol{x}}(t),\boldsymbol{u}(t),\boldsymbol{p})$$

$$\dot{\boldsymbol{P}}_{xx}(t) = \frac{\partial \boldsymbol{f}}{\partial \boldsymbol{x}^{\mathrm{T}}}\boldsymbol{P}_{xx}(t) + \boldsymbol{P}_{xx}(t)\frac{\partial \boldsymbol{f}^{\mathrm{T}}}{\partial \boldsymbol{x}} + \boldsymbol{Q}(\boldsymbol{p})$$

also gemäß

$$\hat{\boldsymbol{x}}(t_{k+1}^-) = \hat{\boldsymbol{x}}(t_k^+) + \int_{t_k}^{t_{k+1}} \boldsymbol{f}(\hat{\boldsymbol{x}}(t),\boldsymbol{u}(t),\boldsymbol{p})\,\mathrm{d}t$$

$$\boldsymbol{P}_{xx}(t_{k+1}^-) = \boldsymbol{P}_{xx}(t_k^+) + \int_{t_k}^{t_{k+1}} \left(\frac{\partial \boldsymbol{f}}{\partial \boldsymbol{x}^{\mathrm{T}}}\boldsymbol{P}_{xx}(t) + \boldsymbol{P}_{xx}(t)\frac{\partial \boldsymbol{f}^{\mathrm{T}}}{\partial \boldsymbol{x}} + \boldsymbol{Q}(\boldsymbol{p})\right)\mathrm{d}t$$

Prädiktion des Ausgangs und Berechnung des Prädiktionsfehlers:

$$\hat{\boldsymbol{y}}(t_{k+1}) = \boldsymbol{h}(\hat{\boldsymbol{x}}(t_{k+1}^-),\boldsymbol{u}(t_{k+1}),\boldsymbol{p})$$

$$\boldsymbol{e}(t_{k+1}) = \boldsymbol{y}(t_{k+1}) - \hat{\boldsymbol{y}}(t_{k+1})$$

Näherungsweise Berechnung der Kovarianzmatrix des Prädiktionsfehlers:

$$\boldsymbol{A}(t_{k+1}) = \boldsymbol{R}(\boldsymbol{p}) + \frac{\partial \boldsymbol{h}}{\partial \boldsymbol{x}^{\mathrm{T}}}\boldsymbol{P}_{xx}(t_{k+1}^-)\frac{\partial \boldsymbol{h}^{\mathrm{T}}}{\partial \boldsymbol{x}}$$

Berechnung der Filterverstärkung:

$$\boldsymbol{K}(t_{k+1}) = \boldsymbol{P}_{xx}(t_{k+1}^-)\frac{\partial \boldsymbol{h}^{\mathrm{T}}}{\partial \boldsymbol{x}}\boldsymbol{A}^{-1}(t_{k+1})$$

Korrektur des Zustandsschätzwerts:

$$\hat{\boldsymbol{x}}(t_{k+1}^+) = \hat{\boldsymbol{x}}(t_{k+1}^-) + \boldsymbol{K}(t_{k+1})\boldsymbol{e}(t_{k+1})$$

Korrektur der Kovarianzmatrix des Schätzfehlers:

$$\hat{\boldsymbol{x}}(t_{k+1}^+) = \hat{\boldsymbol{x}}(t_{k+1}^-) + \boldsymbol{K}(t_{k+1})\boldsymbol{e}(t_{k+1})$$

wobei bei den Ableitungen hier und im Folgenden auf die Angabe der Argumente verzichtet wird.

In diesem Ausdruck taucht der Term $\mathrm{d}\hat{\boldsymbol{x}}(t_{k+1}^-)/\mathrm{d}\boldsymbol{p}^{\mathrm{T}}$ auf, der als Zustands-Empfindlichkeit oder kurz als Empfindlichkeit bezeichnet wird. Für diese Zustands-Empfindlichkeit kann keine geschlossene Lösung angegeben werden, es kann aber ein Empfindlichkeitsmodell hergeleitet werden, welches eine rekursive Berechnung dieser Empfindlichkeit ermöglicht (wie in Abschnitt 8.2.5 ausgeführt). Hierzu wird zunächst der Ableitungsoperator $\mathrm{d}/\mathrm{d}\boldsymbol{p}^{\mathrm{T}}$ auf die Zustandspropagationsgleichung des erweiterten Kalman-Filters

$$\dot{\hat{\boldsymbol{x}}}(t) = \boldsymbol{f}(\hat{\boldsymbol{x}}(t),\boldsymbol{u}(t),\boldsymbol{p}) \tag{8.598}$$

angewendet und die Reihenfolge der Differentiationen vertauscht, was unter der Annahme konstanter Parameter möglich ist ([Eyk74], S. 348). Dies liefert

$$\frac{\mathrm{d}\dot{\hat{\boldsymbol{x}}}}{\mathrm{d}\boldsymbol{p}^{\mathrm{T}}} = \frac{\partial \boldsymbol{f}}{\partial \boldsymbol{x}^{\mathrm{T}}}\frac{\mathrm{d}\hat{\boldsymbol{x}}}{\mathrm{d}\boldsymbol{p}^{\mathrm{T}}} + \frac{\partial \boldsymbol{f}}{\partial \boldsymbol{p}^{\mathrm{T}}}. \tag{8.599}$$

Damit kann aus der Empfindlichkeit zum Zeitpunkt t_k^+, also $\mathrm{d}\hat{\boldsymbol{x}}(t_k^+)/\mathrm{d}\boldsymbol{p}^{\mathrm{T}}$, durch Integration der Differentialgleichung die Empfindlichkeit zum Zeitpunkt t_{k+1}^-, also $\mathrm{d}\hat{\boldsymbol{x}}(t_{k+1}^-)/\mathrm{d}\boldsymbol{p}^{\mathrm{T}}$, berechnet werden. Für die Empfindlichkeit ergibt sich also eine Propagationsgleichung. Etwas komplizierter ist die Auswertung der Zustandskorrekturgleichung

$$\hat{\boldsymbol{x}}(t_{k+1}^+) = \hat{\boldsymbol{x}}(t_{k+1}^-) + \boldsymbol{K}(t_{k+1})\boldsymbol{e}(t_{k+1}) \tag{8.600}$$

aus Tabelle 8.4. Anwenden des Ableitungsoperators $\mathrm{d}/\mathrm{d}\boldsymbol{p}^{\mathrm{T}}$ führt hier auf

$$\frac{\mathrm{d}\hat{\boldsymbol{x}}(t_{k+1}^+)}{\mathrm{d}\boldsymbol{p}^{\mathrm{T}}} = \frac{\mathrm{d}\hat{\boldsymbol{x}}(t_{k+1}^-)}{\mathrm{d}\boldsymbol{p}^{\mathrm{T}}} + \frac{\mathrm{d}\boldsymbol{K}(t_{k+1})\boldsymbol{e}(t_{k+1})}{\mathrm{d}\boldsymbol{p}^{\mathrm{T}}}. \tag{8.601}$$

Über die Produktregel der Matrixdifferentialrechnung (siehe Anhang G, Abschnitt G.2) kann dies in die Form

$$\frac{\mathrm{d}\hat{\boldsymbol{x}}(t_{k+1}^+)}{\mathrm{d}\boldsymbol{p}^{\mathrm{T}}} = \frac{\mathrm{d}\hat{\boldsymbol{x}}(t_{k+1}^-)}{\mathrm{d}\boldsymbol{p}^{\mathrm{T}}} + \boldsymbol{K}(t_{k+1})\frac{\mathrm{d}\boldsymbol{e}(t_{k+1})}{\mathrm{d}\boldsymbol{p}^{\mathrm{T}}} + \frac{\mathrm{d}\boldsymbol{K}(t_{k+1})}{\mathrm{d}\boldsymbol{p}^{\mathrm{T}}}(\mathbf{I}_s \otimes \boldsymbol{e}(t_{k+1})) \tag{8.602}$$

gebracht werden. Mit Gl. (8.596) wird daraus

$$\frac{\mathrm{d}\hat{\boldsymbol{x}}(t_{k+1}^+)}{\mathrm{d}\boldsymbol{p}^{\mathrm{T}}} = \frac{\mathrm{d}\hat{\boldsymbol{x}}(t_{k+1}^-)}{\mathrm{d}\boldsymbol{p}^{\mathrm{T}}} - \boldsymbol{K}(t_{k+1})\frac{\mathrm{d}\hat{\boldsymbol{y}}(t_{k+1})}{\mathrm{d}\boldsymbol{p}^{\mathrm{T}}} + \frac{\mathrm{d}\boldsymbol{K}(t_{k+1})}{\mathrm{d}\boldsymbol{p}^{\mathrm{T}}}(\mathbf{I}_s \otimes \boldsymbol{e}(t_{k+1})). \tag{8.603}$$

Dies ist die Korrekturgleichung der Zustands-Empfindlichkeit.

Über den in dieser Gleichung auftretenden Ausdruck $\mathrm{d}\boldsymbol{K}(t_{k+1})/\mathrm{d}\boldsymbol{p}^{\mathrm{T}}$ ergibt sich, wie die folgende Herleitung zeigt, ein recht komplexer Algorithmus. Aus der Gleichung für die Filterverstärkung (siehe Tabelle 8.4)

$$\boldsymbol{K}(t_{k+1}) = \boldsymbol{P}_{xx}(t_{k+1}^-)\frac{\partial \boldsymbol{h}^{\mathrm{T}}}{\partial \boldsymbol{x}}\boldsymbol{A}^{-1}(t_{k+1}) \tag{8.604}$$

folgt unmittelbar, dass zur Berechnung von $\mathrm{d}\boldsymbol{K}(t_{k+1})/\mathrm{d}\boldsymbol{p}^{\mathrm{T}}$ die Empfindlichkeit der Kovarianzmatrix (Kovarianz-Empfindlichkeit) des Schätzfehlers, also $\mathrm{d}\boldsymbol{P}_{xx}/\mathrm{d}\boldsymbol{p}^{\mathrm{T}}$ benötigt wird. Wird der Term $\mathrm{d}\boldsymbol{K}(t_{k+1})/\mathrm{d}\boldsymbol{p}^{\mathrm{T}}$ in der Berechnung vernachlässigt, ergibt sich ein wesentlich einfacherer Algorithmus, der eine große Ähnlichkeit zu dem Parameterschätzalgorithmus aufweist, der sich durch Zustandserweiterung und Schätzung über das erweiterten Kalman-Filter ergibt [Boh00]. Auf diesen Aspekt wird zum Ende dieses Abschnitts nochmals kurz eingegangen.

Die Ableitung der Filterverstärkung ergibt sich aus Gl. (8.604) über die Produktregel der Matrixdifferentialrechnung (siehe Anhang G, Abschnitt G.2) zu

$$\begin{aligned}\frac{\mathrm{d}\boldsymbol{K}(t_{k+1})}{\mathrm{d}\boldsymbol{p}^{\mathrm{T}}} = &\frac{\mathrm{d}\boldsymbol{P}_{xx}(t_{k+1}^{-})}{\mathrm{d}\boldsymbol{p}^{\mathrm{T}}}\left(\mathbf{I}_s \otimes \frac{\partial \boldsymbol{h}^{\mathrm{T}}}{\partial \boldsymbol{x}}\boldsymbol{A}^{-1}(t_{k+1})\right) \\ &+ \boldsymbol{P}_{xx}(t_{k+1}^{-})\frac{\mathrm{d}^2\boldsymbol{h}^{\mathrm{T}}}{\mathrm{d}\boldsymbol{p}^{\mathrm{T}}\mathrm{d}\boldsymbol{x}}\left(\mathbf{I}_s \otimes \boldsymbol{A}^{-1}(t_{k+1})\right) \\ &+ \boldsymbol{P}_{xx}(t_{k+1}^{-})\frac{\partial \boldsymbol{h}^{\mathrm{T}}}{\partial \boldsymbol{x}}\frac{\mathrm{d}\boldsymbol{A}^{-1}(t_{k+1})}{\mathrm{d}\boldsymbol{p}^{\mathrm{T}}}.\end{aligned} \tag{8.605}$$

Die Ableitung im zweiten Summanden auf der rechten Seite dieser Gleichung muss mit der Kettenregel der Matrixdifferentialrechnung berechnet werden, da $\boldsymbol{h}$ von $\boldsymbol{x}$ abhängt, welches wiederum von $\boldsymbol{p}$ abhängt. In der folgenden Herleitung werden die Ableitungen

$$\frac{\mathrm{d}^2\boldsymbol{f}}{\mathrm{d}\boldsymbol{p}^{\mathrm{T}}\mathrm{d}\boldsymbol{x}^{\mathrm{T}}} = \frac{\mathrm{d}}{\mathrm{d}\boldsymbol{p}^{\mathrm{T}}}\frac{\partial \boldsymbol{f}}{\partial \boldsymbol{x}^{\mathrm{T}}} = \frac{\partial^2\boldsymbol{f}}{\partial \boldsymbol{x}^{\mathrm{T}}\partial \boldsymbol{x}^{\mathrm{T}}}\left(\frac{\mathrm{d}\boldsymbol{x}}{\mathrm{d}\boldsymbol{p}^{\mathrm{T}}} \otimes \mathbf{I}_n\right) + \frac{\partial^2\boldsymbol{f}}{\partial \boldsymbol{p}^{\mathrm{T}}\partial \boldsymbol{x}^{\mathrm{T}}}, \tag{8.606a}$$

$$\frac{\mathrm{d}^2\boldsymbol{f}^{\mathrm{T}}}{\mathrm{d}\boldsymbol{p}^{\mathrm{T}}\mathrm{d}\boldsymbol{x}} = \frac{\mathrm{d}}{\mathrm{d}\boldsymbol{p}^{\mathrm{T}}}\frac{\partial \boldsymbol{f}^{\mathrm{T}}}{\partial \boldsymbol{x}} = \frac{\partial^2\boldsymbol{f}^{\mathrm{T}}}{\partial \boldsymbol{x}^{\mathrm{T}}\partial \boldsymbol{x}}\left(\frac{\mathrm{d}\boldsymbol{x}}{\mathrm{d}\boldsymbol{p}^{\mathrm{T}}} \otimes \mathbf{I}_n\right) + \frac{\partial^2\boldsymbol{f}^{\mathrm{T}}}{\partial \boldsymbol{p}^{\mathrm{T}}\partial \boldsymbol{x}}, \tag{8.606b}$$

$$\frac{\mathrm{d}^2\boldsymbol{h}}{\mathrm{d}\boldsymbol{p}^{\mathrm{T}}\mathrm{d}\boldsymbol{x}^{\mathrm{T}}} = \frac{\mathrm{d}}{\mathrm{d}\boldsymbol{p}^{\mathrm{T}}}\frac{\partial \boldsymbol{h}}{\partial \boldsymbol{x}^{\mathrm{T}}} = \frac{\partial^2\boldsymbol{h}}{\partial \boldsymbol{x}^{\mathrm{T}}\partial \boldsymbol{x}^{\mathrm{T}}}\left(\frac{\mathrm{d}\boldsymbol{x}}{\mathrm{d}\boldsymbol{p}^{\mathrm{T}}} \otimes \mathbf{I}_n\right) + \frac{\partial^2\boldsymbol{h}}{\partial \boldsymbol{p}^{\mathrm{T}}\partial \boldsymbol{x}^{\mathrm{T}}} \tag{8.606c}$$

und

$$\frac{\mathrm{d}^2\boldsymbol{h}^{\mathrm{T}}}{\mathrm{d}\boldsymbol{p}^{\mathrm{T}}\mathrm{d}\boldsymbol{x}} = \frac{\mathrm{d}}{\mathrm{d}\boldsymbol{p}^{\mathrm{T}}}\frac{\partial \boldsymbol{h}^{\mathrm{T}}}{\partial \boldsymbol{x}} = \frac{\partial^2\boldsymbol{h}^{\mathrm{T}}}{\partial \boldsymbol{x}^{\mathrm{T}}\partial \boldsymbol{x}}\left(\frac{\mathrm{d}\boldsymbol{x}}{\mathrm{d}\boldsymbol{p}^{\mathrm{T}}} \otimes \mathbf{I}_m\right) + \frac{\partial^2\boldsymbol{h}^{\mathrm{T}}}{\partial \boldsymbol{p}^{\mathrm{T}}\partial \boldsymbol{x}} \tag{8.606d}$$

benötigt. Bei den Ableitungen auf den linken Seiten der Gleichungen handelt es sich dabei nicht um Größen, die analytisch berechnet werden können, sondern um Größen, die bei der Ausführung des Algorithmus als numerische Werte berechnet werden. Die partiellen Ableitungen auf den rechten Seiten müssen allerdings als analytische Ausdrücke vorliegen, um deren Werte durch Einsetzen von $\hat{\boldsymbol{x}}$, $\boldsymbol{u}$ und $\hat{\boldsymbol{p}}$ berechnen zu können. Um $\mathrm{d}\boldsymbol{K}(t_{k+1})/\mathrm{d}\boldsymbol{p}^{\mathrm{T}}$ aus Gleichung (8.605) berechnen zu können, wird weiterhin der Ausdruck $\mathrm{d}\boldsymbol{A}^{-1}(t_{k+1})/\mathrm{d}\boldsymbol{p}^{\mathrm{T}}$ benötigt. Anwenden der Matrixproduktregel auf die Gleichung

$$\frac{\mathrm{d}\boldsymbol{A}(t_{k+1})\boldsymbol{A}^{-1}(t_{k+1}}{\mathrm{d}\boldsymbol{p}^{\mathrm{T}}} = \frac{\mathrm{d}\mathbf{I}}{\mathrm{d}\boldsymbol{p}^{\mathrm{T}}} = \mathbf{0} \tag{8.607}$$

liefert

$$\frac{\mathrm{d}\boldsymbol{A}(t_{k+1})\boldsymbol{A}^{-1}(t_{k+1})}{\mathrm{d}\boldsymbol{p}^{\mathrm{T}}} = \boldsymbol{A}(t_{k+1})\frac{\mathrm{d}\boldsymbol{A}^{-1}(t_{k+1})}{\mathrm{d}\boldsymbol{p}^{\mathrm{T}}} + \frac{\mathrm{d}\boldsymbol{A}(t_{k+1})}{\mathrm{d}\boldsymbol{p}^{\mathrm{T}}}\left(\mathbf{I}_s \otimes \boldsymbol{A}^{-1}(t_{k+1})\right) = \mathbf{0}. \tag{8.608}$$

Daraus ergibt sich für die Ableitung von $\boldsymbol{A}^{-1}(t_{k+1})$

$$\frac{\mathrm{d}\boldsymbol{A}^{-1}(t_{k+1})}{\mathrm{d}\boldsymbol{p}^{\mathrm{T}}} = -\boldsymbol{A}^{-1}(t_{k+1})\frac{\mathrm{d}\boldsymbol{A}(t_{k+1})}{\mathrm{d}\boldsymbol{p}^{\mathrm{T}}}\left(\mathbf{I}_s \otimes \boldsymbol{A}^{-1}(t_{k+1})\right). \tag{8.609}$$

Mit dem Ausdruck (siehe Tabelle 8.4)

$$\boldsymbol{A}(t_{k+1}) = \boldsymbol{R}(\boldsymbol{p}) + \frac{\partial \boldsymbol{h}}{\partial \boldsymbol{x}^{\mathrm{T}}}\boldsymbol{P}_{xx}(t_{k+1}^-)\frac{\partial \boldsymbol{h}^{\mathrm{T}}}{\partial \boldsymbol{x}} \tag{8.610}$$

folgt für die in Gl. (8.609) auftretende Ableitung $\mathrm{d}\boldsymbol{A}(t_{k+1})/\mathrm{d}\boldsymbol{p}^{\mathrm{T}}$ dann

$$\begin{aligned}\frac{\mathrm{d}\boldsymbol{A}(t_{k+1})}{\mathrm{d}\boldsymbol{p}^{\mathrm{T}}} = {} & \frac{\partial \boldsymbol{R}}{\partial \boldsymbol{p}^{\mathrm{T}}} + \frac{\mathrm{d}^2\boldsymbol{h}}{\mathrm{d}\boldsymbol{p}^{\mathrm{T}}\mathrm{d}\boldsymbol{x}^{\mathrm{T}}}\left(\mathbf{I}_s \otimes \boldsymbol{P}_{xx}(t_{k+1}^-)\frac{\partial \boldsymbol{h}^{\mathrm{T}}}{\partial \boldsymbol{x}}\right) \\ & + \frac{\partial \boldsymbol{h}}{\partial \boldsymbol{x}^{\mathrm{T}}}\frac{\mathrm{d}\boldsymbol{P}_{xx}(t_{k+1}^-)}{\mathrm{d}\boldsymbol{p}^{\mathrm{T}}}\left(\mathbf{I}_s \otimes \frac{\partial \boldsymbol{h}^{\mathrm{T}}}{\partial \boldsymbol{x}}\right) \\ & + \frac{\partial \boldsymbol{h}}{\partial \boldsymbol{x}^{\mathrm{T}}}\boldsymbol{P}_{xx}(t_{k+1}^-)\frac{\mathrm{d}^2\boldsymbol{h}^{\mathrm{T}}}{\mathrm{d}\boldsymbol{p}^{\mathrm{T}}\mathrm{d}\boldsymbol{x}}.\end{aligned} \tag{8.611}$$

In den Gln. (8.605) und (8.611) wird die Kovarianzmatrix-Empfindlichkeit $\mathrm{d}\boldsymbol{P}_{xx}/\mathrm{d}\boldsymbol{p}^{\mathrm{T}}$ benötigt. Wie auch für die Zustands-Empfindlichkeit kann für diese eine Propagations- und eine Korrekturgleichung hergeleitet werden. Anwenden des Differentiationsoperators $\mathrm{d}/\mathrm{d}\boldsymbol{p}^{\mathrm{T}}$ auf die Propagationsgleichung der Kovarianzmatrix (siehe Tabelle 8.4)

$$\dot{\boldsymbol{P}}_{xx}(t) = \frac{\partial \boldsymbol{f}}{\partial \boldsymbol{x}^{\mathrm{T}}}\boldsymbol{P}_{xx}(t) + \boldsymbol{P}_{xx}(t)\frac{\partial \boldsymbol{f}^{\mathrm{T}}}{\partial \boldsymbol{x}} + \boldsymbol{Q}(\boldsymbol{p}) \tag{8.612}$$

liefert die entsprechende Propagationsgleichung für die Kovarianz-Empfindlichkeit

$$\begin{aligned}\frac{\mathrm{d}\dot{\boldsymbol{P}}_{xx}}{\mathrm{d}\boldsymbol{p}^{\mathrm{T}}} = {} & \frac{\mathrm{d}^2\boldsymbol{f}}{\mathrm{d}\boldsymbol{p}^{\mathrm{T}}\mathrm{d}\boldsymbol{x}^{\mathrm{T}}}\left(\mathbf{I}_s \otimes \boldsymbol{P}_{xx}\right) + \frac{\partial \boldsymbol{f}}{\partial \boldsymbol{x}^{\mathrm{T}}}\frac{\mathrm{d}\boldsymbol{P}_{xx}}{\mathrm{d}\boldsymbol{p}^{\mathrm{T}}} \\ & + \frac{\mathrm{d}\boldsymbol{P}_{xx}}{\mathrm{d}\boldsymbol{p}^{\mathrm{T}}}\left(\mathbf{I}_s \otimes \frac{\partial \boldsymbol{f}^{\mathrm{T}}}{\partial \boldsymbol{x}}\right) + \boldsymbol{P}_{xx}\frac{\mathrm{d}^2\boldsymbol{f}^{\mathrm{T}}}{\mathrm{d}\boldsymbol{p}^{\mathrm{T}}\mathrm{d}\boldsymbol{x}} + \frac{\partial \boldsymbol{Q}}{\partial \boldsymbol{p}^{\mathrm{T}}}.\end{aligned} \tag{8.613}$$

Aus der Korrekturgleichung der Kovarianzmatrix gemäß Tabelle 8.4

$$\hat{\boldsymbol{x}}(t_{k+1}^+) = \hat{\boldsymbol{x}}(t_{k+1}^-) + \boldsymbol{K}(t_{k+1})\boldsymbol{e}(t_{k+1}) \tag{8.614}$$

folgt durch Differentiation die entsprechende Korrekturgleichung für die Kovarianz-Empfindlichkeit

$$\begin{aligned}\frac{\mathrm{d}\boldsymbol{P}_{xx}(t_{k+1}^+)}{\mathrm{d}\boldsymbol{p}^{\mathrm{T}}} = {} & \left(\mathbf{I}_n - \boldsymbol{K}(t_{k+1})\frac{\partial \boldsymbol{h}}{\partial \boldsymbol{x}^{\mathrm{T}}}\right)\frac{\mathrm{d}\boldsymbol{P}_{xx}(t_{k+1}^-)}{\mathrm{d}\boldsymbol{p}^{\mathrm{T}}} \\ & - \boldsymbol{K}(t_{k+1})\frac{\mathrm{d}^2\boldsymbol{h}}{\mathrm{d}\boldsymbol{p}^{\mathrm{T}}\mathrm{d}\boldsymbol{x}^{\mathrm{T}}}\left(\mathbf{I}_s \otimes \boldsymbol{P}_{xx}(t_{k+1}^-)\right) \\ & - \frac{\mathrm{d}\boldsymbol{K}(t_{k+1})}{\mathrm{d}\boldsymbol{p}^{\mathrm{T}}}\left(\mathbf{I}_s \otimes \frac{\partial \boldsymbol{h}}{\partial \boldsymbol{x}^{\mathrm{T}}}\boldsymbol{P}_{xx}(t_{k+1}^-)\right).\end{aligned} \tag{8.615}$$

Damit sind sämtliche Gleichungen des adaptiven erweiterten Kalman-Filters hergeleitet. Der gesamte Algorithmus mit allen erforderlichen Berechnungsschritten ist in Tabelle 8.5 zusammengefasst. Der Algorithmus setzt sich aus den drei Teilen des erweiterten Kalman-Filters, des zugehörigen Empfindlichkeitsmodells und des auf dem rekursiven Gauß-Newton-Algorithmus (siehe Abschnitt 8.2.4.1, Tabelle 8.1) basierenden rekursiven Parameterschätzverfahrens zusammen. Daher ist in Tabelle 8.5 jeweils gekennzeichnet, welchem Teil die jeweiligen Gleichungen zugeordnet werden können (Erweitertes Kalman-Filter EKF, Empfindlichkeitsmodell EM, Rekursives Gauß-Newton-Verfahren GN). Die Gleichungen für den Teil des Gauß-Newton-Verfahrens sind dabei direkt der Tabelle 8.1 entnommen und daher in diesem Abschnitt nicht nochmals gesondert hergeleitet worden.

Wie oben bereits erwähnt, entsteht die Komplexität dieses Algorithmus im Wesentlichen aus der Berechnung von $\mathrm{d}\boldsymbol{K}(t_{k+1})/\mathrm{d}\boldsymbol{p}^{\mathrm{T}}$ in der Zustandskorrekturgleichung. Eine wesentliche Vereinfachung resultiert, wenn dieser Term vernachlässigt wird, was einen Algorithmus ergibt, der dem des erweiterten Kalman-Filters für die Parameterschätzung über Zustandserweiterung sehr ähnlich ist. Das erweiterte Kalman-Filter mit Zustandserweiterung kann daher auch als eine Näherung des hier betrachteten adaptiven Kalman-Filters mit einer vereinfachten Gradientenberechnung interpretiert werden ([Boh00], Abschnitt 4.8 und Anhang C). Abschließend sei auf eine weitere Vereinfachung hingewiesen, die darauf basiert, dass die Filterverstärkung $\boldsymbol{K}$ als konstant angenommen wird und direkt geschätzt wird [Ahm94, Boh00]. Das so entstehende Filter wird als adaptives erweitertes Kalman-Filter mit konstanter Verstärkung bezeichnet (*Adaptive Constant-Gain Extended Kalman Filter*).

8.5 Strukturprüfung nichtlinearer Systeme

Zur Identifikation eines nichtlinearen Systems ist es erforderlich, festzulegen, welche Modellstruktur für die Identifikation eingesetzt werden soll. Hierbei kann der Fall vorliegen, dass eine Modellstruktur, also die Gleichungen, die das Modell beschreiben, aus physikalischen oder heuristischen Überlegungen abgeleitet wurde. Dies tritt z.B. auf, wenn ein Modell aus physikalischen Zusammenhängen aufgestellt wird und dabei nur Modellparameter unbekannt sind. Es liegt dann ein *Gray-Box*-Modell vor. Wenn kein Vorwissen vorliegt oder vorhandenes Vorwissen nicht in die Modellierung einfließen soll, werden *Black-Box*-Modelle verwendet. Beispiele für *Black-Box*-Modelle sind die Volterra-Reihe, das Kolmogorov-Gabor-Polynom und künstliche neuronale Netze. Sofern diese *Black-Box*-Modelle ausreichend komplex sind, ist es mit diesem Modellen prinzipiell möglich, das Verhalten nichtlinearer Systeme mit hoher Genauigkeit nachzubilden. Dabei tritt allerdings das Problem auf, dass bei *Black-Box*-Modellen mit zunehmender Modellkomplexität die Anzahl der Parameter stark ansteigt. Als Beispiel wird die Modellbeschreibung mit dem Kolmogorov-Gabor-Polynom betrachtet (siehe Abschnitt 7.3.5). Bei diesem Modell ergibt sich die Ausgangsgröße y_{M} gemäß

$$y_{\mathrm{M}}(k) = \boldsymbol{m}^{\mathrm{T}}(\boldsymbol{\varphi}(k))\,\boldsymbol{p}_{\mathrm{M}} \tag{8.616}$$

Tabelle 8.5 Adaptives erweitertes Kalman-Filter

EKF	Propagation des Zustandsschätzwerts für $t_k^+ \leq t \leq t_{k+1}^-$: $$\hat{\boldsymbol{x}}(t_{k+1}^-) = \hat{\boldsymbol{x}}(t_k^+) + \int_{t_k}^{t_{k+1}} \boldsymbol{f}(\hat{\boldsymbol{x}},\boldsymbol{u},\hat{\boldsymbol{p}}(t_k))\,\mathrm{d}t$$
EKF	Propagation der Kovarianzmatrix für $t_k^+ \leq t \leq t_{k+1}^-$: $$\boldsymbol{P}_{xx}(t_{k+1}^-) = \boldsymbol{P}_{xx}(t_k^+) + \int_{t_k}^{t_{k+1}} \left(\frac{\partial \boldsymbol{f}}{\partial \boldsymbol{x}^{\mathrm{T}}} \boldsymbol{P}_{xx} + \boldsymbol{P}_{xx} \frac{\partial \boldsymbol{f}^{\mathrm{T}}}{\partial \boldsymbol{x}} + \boldsymbol{Q}(\hat{\boldsymbol{p}}(t_k)) \right) \mathrm{d}t$$
EM	Propagation der Empfindlichkeiten für $t_k^+ \leq t \leq t_{k+1}^-$: $$\frac{\mathrm{d}\hat{\boldsymbol{x}}(t_{k+1}^-)}{\mathrm{d}\boldsymbol{p}^{\mathrm{T}}} = \frac{\mathrm{d}\hat{\boldsymbol{x}}(t_k^+)}{\mathrm{d}\boldsymbol{p}^{\mathrm{T}}} + \int_{t_k}^{t_{k+1}} \left(\frac{\partial \boldsymbol{f}}{\partial \boldsymbol{x}^{\mathrm{T}}} \frac{\mathrm{d}\hat{\boldsymbol{x}}}{\mathrm{d}\boldsymbol{p}^{\mathrm{T}}} + \frac{\partial \boldsymbol{f}}{\partial \boldsymbol{p}^{\mathrm{T}}} \right) \mathrm{d}t$$ $$\frac{\mathrm{d}\boldsymbol{P}_{xx}(t_{k+1}^-)}{\mathrm{d}\boldsymbol{p}^{\mathrm{T}}} = \frac{\mathrm{d}\boldsymbol{P}_{xx}(t_k^+)}{\mathrm{d}\boldsymbol{p}^{\mathrm{T}}} + \int_{t_k}^{t_{k+1}} \left(\frac{\mathrm{d}^2 \boldsymbol{f}}{\mathrm{d}\boldsymbol{p}^{\mathrm{T}} \mathrm{d}\boldsymbol{x}^{\mathrm{T}}} (\mathbf{I}_s \otimes \boldsymbol{P}_{xx}) + \right.$$ $$+ \frac{\partial \boldsymbol{f}}{\partial \boldsymbol{x}^{\mathrm{T}}} \frac{\mathrm{d}\boldsymbol{P}_{xx}}{\mathrm{d}\boldsymbol{p}^{\mathrm{T}}} + \frac{\mathrm{d}\boldsymbol{P}_{xx}}{\mathrm{d}\boldsymbol{p}^{\mathrm{T}}} \left(\mathbf{I}_s \otimes \frac{\partial \boldsymbol{f}^{\mathrm{T}}}{\partial \boldsymbol{x}} \right) +$$ $$\left. + \boldsymbol{P}_{xx} \frac{\mathrm{d}^2 \boldsymbol{f}^{\mathrm{T}}}{\mathrm{d}\boldsymbol{p}^{\mathrm{T}} \mathrm{d}\boldsymbol{x}} + \frac{\partial \boldsymbol{Q}}{\partial \boldsymbol{p}^{\mathrm{T}}} \right) \mathrm{d}t$$ mit $$\frac{\mathrm{d}^2 \boldsymbol{f}}{\mathrm{d}\boldsymbol{p}^{\mathrm{T}} \mathrm{d}\boldsymbol{x}^{\mathrm{T}}} = \frac{\partial^2 \boldsymbol{f}}{\partial \boldsymbol{x}^{\mathrm{T}} \partial \boldsymbol{x}^{\mathrm{T}}} \left(\frac{\mathrm{d}\boldsymbol{x}}{\mathrm{d}\boldsymbol{p}^{\mathrm{T}}} \otimes \mathbf{I}_n \right) + \frac{\partial^2 \boldsymbol{f}}{\partial \boldsymbol{p}^{\mathrm{T}} \partial \boldsymbol{x}^{\mathrm{T}}}$$ $$\frac{\mathrm{d}^2 \boldsymbol{f}^{\mathrm{T}}}{\mathrm{d}\boldsymbol{p}^{\mathrm{T}} \mathrm{d}\boldsymbol{x}} = \frac{\partial^2 \boldsymbol{f}^{\mathrm{T}}}{\partial \boldsymbol{x}^{\mathrm{T}} \partial \boldsymbol{x}} \left(\frac{\mathrm{d}\boldsymbol{x}}{\mathrm{d}\boldsymbol{p}^{\mathrm{T}}} \otimes \mathbf{I}_n \right) + \frac{\partial^2 \boldsymbol{f}^{\mathrm{T}}}{\partial \boldsymbol{p}^{\mathrm{T}} \partial \boldsymbol{x}}$$
EKF	Ausgangsprädiktion: $$\hat{\boldsymbol{y}}(t_{k+1}) = \boldsymbol{h}\left(\hat{\boldsymbol{x}}(t_{k+1}^-),\boldsymbol{u}(t_{k+1}),\hat{\boldsymbol{p}}(t_k)\right)$$

Tabelle 8.5 (Fortsetzung)

EM	Gradient der Ausgangsprädiktion: $$\frac{\mathrm{d}\hat{\boldsymbol{y}}^{\mathrm{T}}(t_{k+1})}{\mathrm{d}\boldsymbol{p}} = \left(\frac{\partial \boldsymbol{h}}{\partial \boldsymbol{x}^{\mathrm{T}}} \frac{\mathrm{d}\hat{\boldsymbol{x}}(t_{k+1}^{-})}{\mathrm{d}\boldsymbol{p}^{\mathrm{T}}} + \frac{\partial \boldsymbol{h}}{\partial \boldsymbol{p}^{\mathrm{T}}}\right)^{\mathrm{T}}$$
EKF	Prädiktionsfehler: $$\boldsymbol{e}(t_{k+1}) = \boldsymbol{y}(t_{k+1}) - \hat{\boldsymbol{y}}(t_{k+1})$$
EKF	Kovarianzmatrix des Prädiktionsfehlers: $$\boldsymbol{A}(t_{k+1}) = \boldsymbol{R}(\hat{\boldsymbol{p}}(t_k)) + \frac{\partial \boldsymbol{h}}{\partial \boldsymbol{x}^{\mathrm{T}}} \boldsymbol{P}_{xx}(t_{k+1}^{-}) \frac{\partial \boldsymbol{h}^{\mathrm{T}}}{\partial \boldsymbol{x}}$$
EM	Ableitung der Kovarianzmatrix des Prädiktionsfehlers: $$\begin{aligned}\frac{\mathrm{d}\boldsymbol{A}(t_{k+1})}{\mathrm{d}\boldsymbol{p}^{\mathrm{T}}} = \frac{\partial \boldsymbol{R}}{\partial \boldsymbol{p}^{\mathrm{T}}} &+ \frac{\mathrm{d}^2 \boldsymbol{h}}{\mathrm{d}\boldsymbol{p}^{\mathrm{T}} \mathrm{d}\boldsymbol{x}^{\mathrm{T}}} \left(\mathbf{I}_s \otimes \boldsymbol{P}_{xx}(t_{k+1}^{-}) \frac{\partial \boldsymbol{h}^{\mathrm{T}}}{\partial \boldsymbol{x}}\right) \\ &+ \frac{\partial \boldsymbol{h}}{\partial \boldsymbol{x}^{\mathrm{T}}} \frac{\mathrm{d}\boldsymbol{P}_{xx}(t_{k+1}^{-})}{\mathrm{d}\boldsymbol{p}^{\mathrm{T}}} \left(\mathbf{I}_s \otimes \frac{\partial \boldsymbol{h}^{\mathrm{T}}}{\partial \boldsymbol{x}}\right) \\ &+ \frac{\partial \boldsymbol{h}}{\partial \boldsymbol{x}^{\mathrm{T}}} \boldsymbol{P}_{xx}(t_{k+1}^{-}) \frac{\mathrm{d}^2 \boldsymbol{h}^{\mathrm{T}}}{\mathrm{d}\boldsymbol{p}^{\mathrm{T}} \mathrm{d}\boldsymbol{x}}\end{aligned}$$ mit $$\begin{aligned}\frac{\mathrm{d}^2 \boldsymbol{h}}{\mathrm{d}\boldsymbol{p}^{\mathrm{T}} \mathrm{d}\boldsymbol{x}^{\mathrm{T}}} &= \frac{\partial^2 \boldsymbol{h}}{\partial \boldsymbol{x}^{\mathrm{T}} \partial \boldsymbol{x}^{\mathrm{T}}} \left(\frac{\mathrm{d}\boldsymbol{x}}{\mathrm{d}\boldsymbol{p}^{\mathrm{T}}} \otimes \mathbf{I}_n\right) + \frac{\partial^2 \boldsymbol{h}}{\partial \boldsymbol{p}^{\mathrm{T}} \partial \boldsymbol{x}^{\mathrm{T}}} \\ \frac{\mathrm{d}^2 \boldsymbol{h}^{\mathrm{T}}}{\mathrm{d}\boldsymbol{p}^{\mathrm{T}} \mathrm{d}\boldsymbol{x}} &= \frac{\partial^2 \boldsymbol{h}^{\mathrm{T}}}{\partial \boldsymbol{x}^{\mathrm{T}} \partial \boldsymbol{x}} \left(\frac{\mathrm{d}\boldsymbol{x}}{\mathrm{d}\boldsymbol{p}^{\mathrm{T}}} \otimes \mathbf{I}_m\right) + \frac{\partial^2 \boldsymbol{h}^{\mathrm{T}}}{\partial \boldsymbol{p}^{\mathrm{T}} \partial \boldsymbol{x}}\end{aligned}$$

Tabelle 8.5 (Fortsetzung)

EM	Ableitung der inversiven Kovarianzmatrix des Prädiktionsfehlers: $$\frac{\mathrm{d}\boldsymbol{A}^{-1}(t_{k+1})}{\mathrm{d}\boldsymbol{p}^{\mathrm{T}}} = -\boldsymbol{A}^{-1}(t_{k+1})\,\frac{\mathrm{d}\boldsymbol{A}(t_{k+1})}{\mathrm{d}\boldsymbol{p}^{\mathrm{T}}}\left(\mathbf{I}_s \otimes \boldsymbol{A}^{-1}(t_{k+1})\right)$$
EKF	Filterverstärkung: $$\boldsymbol{K}(t_{k+1}) = \boldsymbol{P}_{xx}(t_{k+1}^{-})\,\frac{\partial \boldsymbol{h}^{\mathrm{T}}}{\partial \boldsymbol{x}}\,\boldsymbol{A}^{-1}(t_{k+1})$$
EM	Ableitung der Filterverstärkung: $$\begin{aligned}\frac{\mathrm{d}\boldsymbol{K}(t_{k+1})}{\mathrm{d}\boldsymbol{p}^{\mathrm{T}}} = {} & \frac{\mathrm{d}\boldsymbol{P}_{xx}(t_{k+1}^{-})}{\mathrm{d}\boldsymbol{p}^{\mathrm{T}}}\left(\mathbf{I}_s \otimes \frac{\partial \boldsymbol{h}^{\mathrm{T}}}{\partial \boldsymbol{x}}\boldsymbol{A}^{-1}(t_{k+1})\right) \\ & + \boldsymbol{P}_{xx}(t_{k+1}^{-})\frac{\mathrm{d}^2\boldsymbol{h}^{\mathrm{T}}}{\mathrm{d}\boldsymbol{p}^{\mathrm{T}}\mathrm{d}\boldsymbol{x}}\left(\mathbf{I}_s \otimes \boldsymbol{A}^{-1}(t_{k+1})\right) \\ & + \boldsymbol{P}_{xx}(t_{k+1}^{-})\frac{\partial \boldsymbol{h}^{\mathrm{T}}}{\partial \boldsymbol{x}}\frac{\mathrm{d}\boldsymbol{A}^{-1}(t_{k+1})}{\mathrm{d}\boldsymbol{p}^{\mathrm{T}}}.\end{aligned}$$
EM	Korrekturen der Empfindlichkeiten: $$\begin{aligned}\frac{\mathrm{d}\hat{\boldsymbol{x}}(t_{k+1}^{+})}{\mathrm{d}\hat{\boldsymbol{p}}^{\mathrm{T}}} = {} & \frac{\mathrm{d}\hat{\boldsymbol{x}}(t_{k+1}^{-})}{\mathrm{d}\boldsymbol{p}^{\mathrm{T}}} - \boldsymbol{K}(t_{k+1})\frac{\mathrm{d}\hat{\boldsymbol{y}}(t_{k+1})}{\mathrm{d}\boldsymbol{p}^{\mathrm{T}}} \\ & + \frac{\mathrm{d}\boldsymbol{K}(t_{k+1})}{\mathrm{d}\boldsymbol{p}^{\mathrm{T}}}\left(\mathbf{I}_s \otimes \boldsymbol{e}(t_{k+1})\right)\end{aligned}$$ $$\begin{aligned}\frac{\mathrm{d}\boldsymbol{P}_{xx}(t_{k+1}^{+})}{\mathrm{d}\boldsymbol{p}^{\mathrm{T}}} = {} & \left(\mathbf{I}_n - \boldsymbol{K}(t_{k+1})\frac{\partial \boldsymbol{h}}{\partial \boldsymbol{x}^{\mathrm{T}}}\right)\frac{\mathrm{d}\boldsymbol{P}_{xx}(t_{k+1}^{-})}{\mathrm{d}\boldsymbol{p}^{\mathrm{T}}} \\ & - \boldsymbol{K}(t_{k+1})\frac{\mathrm{d}^2\boldsymbol{h}}{\mathrm{d}\boldsymbol{p}^{\mathrm{T}}\mathrm{d}\boldsymbol{x}^{\mathrm{T}}}\left(\mathbf{I}_s \otimes \boldsymbol{P}_{xx}(t_{k+1}^{-})\right) \\ & - \frac{\mathrm{d}\boldsymbol{K}(t_{k+1})}{\mathrm{d}\boldsymbol{p}^{\mathrm{T}}}\left(\mathbf{I}_s \otimes \frac{\partial \boldsymbol{h}}{\partial \boldsymbol{x}^{\mathrm{T}}}\boldsymbol{P}_{xx}(t_{k+1}^{-})\right)\end{aligned}$$

Tabelle 8.5 (Fortsetzung)

EKF	Korrektur der Konvarianzmatrix: $$\boldsymbol{P}_{xx}(t_{k+1}^{+}) = \left(\mathbf{I}_n - \boldsymbol{K}(t_{k+1})\frac{\partial \boldsymbol{h}}{\partial \boldsymbol{x}^{\mathrm{T}}}\right)\boldsymbol{P}_{xx}(t_{k+1}^{-})$$
EKF	Zustandskorrektur: $$\hat{\boldsymbol{x}}(t_{k+1}^{+}) = \hat{\boldsymbol{x}}(t_{k+1}^{-}) + \boldsymbol{K}(t_{k+1})\boldsymbol{e}(t_{k+1})$$
GN	Verstärkungsmatrix für die Parameterschätzung: $$\boldsymbol{S}(t_{k+1}) = \lambda \boldsymbol{A}(t_{k+1}) + \frac{\mathrm{d}\hat{\boldsymbol{y}}(t_{k+1})}{\mathrm{d}\boldsymbol{p}^{\mathrm{T}}}\boldsymbol{P}_{pp}(t_k)\frac{\mathrm{d}\hat{\boldsymbol{y}}^{\mathrm{T}}(t_{k+1})}{\mathrm{d}\boldsymbol{p}}$$ $$\boldsymbol{L}(t_{k+1}) = \boldsymbol{P}_{pp}(t_k)\frac{\mathrm{d}\hat{\boldsymbol{y}}^{\mathrm{T}}(t_{k+1})}{\mathrm{d}\boldsymbol{p}}\boldsymbol{S}^{-1}(t_{k+1})$$
GN	Korrektur der Parameter-Kovarianzmatrix: $$\boldsymbol{P}_{pp}(t_{k+1}) = (\boldsymbol{P}_{pp}(t_k) - \boldsymbol{L}(t_{k+1})\boldsymbol{S}(t_{k+1})\boldsymbol{L}^{\mathrm{T}}(t_{k+1}))/\lambda$$
GN	Parameterkorrektur: $$\hat{\boldsymbol{p}}(t_{k+1}) = \hat{\boldsymbol{p}}(t_k) + \boldsymbol{L}(t_{k+1})\boldsymbol{e}(t_{k+1})$$

mit

$$\boldsymbol{m}(\boldsymbol{\varphi}(k)) = \begin{bmatrix} \boldsymbol{\varphi}^{\otimes,\mathrm{red},1}(k) \\ \vdots \\ \boldsymbol{\varphi}^{\otimes,\mathrm{red},q}(k) \end{bmatrix}. \tag{8.617}$$

Dabei ist

$$\begin{aligned} \boldsymbol{\varphi}(k) &= [\,y(k-1) \;\; \ldots \;\; y(k-n_y) \;\; u(k) \;\; \ldots \;\; u(k-n_u)\,]^{\mathrm{T}} \\ &= [\,\varphi_1(k) \;\; \ldots \;\; \varphi_{n_y}(k) \;\; \varphi_{n_y+1}(k) \;\; \ldots \;\; \varphi_{n_y+n_u+1}(k)\,]^{\mathrm{T}} \end{aligned} \tag{8.618}$$

und das hochgestellte „$\otimes$,red,i“ bezeichnet die in Gl. (7.115) in Abschnitt 7.3.1 eingeführte reduzierte Kroneckerpotenz i-ter Ordnung.

Für die Systemidentifikation stellt sich dann die Frage, wie für das Kolmogorov-Gabor-Polynom die Ordnung q gewählt werden muss und wie viele Werte der Eingangs- und Ausgangsgröße berücksichtigt werden müssen, wie groß also n_y und n_u sein müssen, um eine ausreichende Modellgenauigkeit zu erzielen. Für ein Kolmogorov-Gabor-Polynom dritter Ordnung, also $q = 3$, und Verwendung von vier zurückliegenden Werten des Ausgangssignals, also $n_y = 4$, und des aktuellen Werts sowie drei zurückliegender Werte des Eingangssignals, also $n_u = 3$, ergibt sich gemäß Gl. (7.252) ein Regressionsvektor mit 219 Elementen. Entsprechend weist das Modell auch 219 Modellparameter auf. Die Aufgabe bei der Strukturprüfung ist es dann, zu ermitteln, welche von diesen vielen Termen in der Modellbeschreibung benötigt werden.

Neben den allgemeinen *Black-Box*-Modellen werden für die Identifikation nichtlinearer Systeme gern blockorientierte Modelle bestehend aus statischen Nichtlinearitäten und linearen Teilmodellen eingesetzt (siehe Abschnitt 7.3.7). Dies kann dadurch motiviert sein, dass aufgrund von Vorwissen davon ausgegangen wird, dass sich das Modell gut durch ein solches Modell beschreiben lässt. Zum anderen kann aber auch der Versuch unternommen werden, das System durch ein blockorientiertes Modell zu beschreiben, ohne vorab zu wissen, ob dies mit ausreichender Genauigkeit möglich ist. Bei der Identifikation mit blockorientierten Modellen stellt sich dann die Frage, welche blockorientierte Struktur als Modell geeignet ist.

Insgesamt ist also für die Systemidentifikation eine Modellstruktur auszuwählen. Dies wird als Strukturbestimmung, Strukturidentifikation oder Strukturprüfung bezeichnet. Weitere geläufige Begriffe sind Strukturselektion oder Strukturklassifikation. Dabei besteht streng genommen ein Unterschied zwischen Strukturprüfung und Strukturbestimmung. Eine Strukturprüfung erfolgt anhand von notwendige Bedingungen, d.h. Bedingungen, die erfüllt sein müssen, wenn das System eine bestimmte Struktur hat. Wenn diese Bedingungen nicht erfüllt sind, kann daraus geschlossen werden, dass das System nicht die zugehörige Struktur aufweist. Wenn die Bedingungen erfüllt sind, kann aber nicht darauf geschlossen werden, dass das System zwangsläufig die zugehörige Struktur aufweist. Für eine solche Aussage wären hinreichende Bedingungen erforderlich. Bei der Strukturbestimmung wird hingegen eine Modellstruktur ausgewählt, die im Sinne eines Kriteriums die zur Beschreibung des Systems am besten geeignete Struktur darstellt. Die dabei verwendeten Kriterien müssen nicht zwangsläufig mathematisch strenge Bedingungen sein. So kann z.B. solange eine Erhöhung der Modellkomplexität erfolgen, bis keine wesentliche Verbesserung der Übereinstimmung zwischen System- und Modellverhalten mehr auftritt. Im Rahmen der Strukturbestimmung können auch Bedingungen der

Strukturprüfung ausgewertet werden, z.B. eine Modellstruktur verworfen werden, wenn notwendige Bedingungen für das Vorliegen dieser Struktur nicht erfüllt sind. Andererseits wird auch die Strukturbestimmung oftmals durch den Vergleich zweier (oder mehrerer) Modellstrukturen vorgenommen. Es wird also gewissermaßen auch bei der Strukturbestimmung eine Prüfung dahingehend vorgenommen, welches Modell besser (oder am besten) zur Beschreibung eines Systems geeignet ist. Daher wird hier durchgängig der Begriff Strukturprüfung verwendet, auch wenn im strengen Sinne eine Strukturbestimmung vorgenommen wird.

Weiterhin wird bei der Strukturprüfung ein System bzw. werden vorliegende Eingangs- und Ausgangsdaten überprüft, sodass oftmals von der Strukturprüfung eines Systems gesprochen wird. Dies kann aber auch so aufgefasst werden, dass eine angenommene Modellstruktur dahingehend geprüft wird, ob diese mit den Eingangs-Ausgangs-Daten vereinbar ist. Daher wird im Folgenden von der Strukturprüfung für ein bestimmtes Modell gesprochen.

Eine ausführliche Betrachtung der einzelnen Strukturbestimmungs- bzw. Strukturprüfungsansätze würde den Rahmen des vorliegenden Buches sprengen. Die folgende Darstellung verschiedener Ansätze hat daher eher Übersichtscharakter und zielt darauf ab, die den Verfahren zugrunde liegenden Ideen herauszustellen. Für eine tiefere Beschäftigung mit dem Thema wird auf die für die jeweiligen Ansätze genannte Literatur verwiesen.

8.5.1 Zerlegung des Ausgangs eines Polynomsystems in Anteile verschiedener Grade

Im Folgenden wird davon ausgegangen, dass sich das betrachtete System als Polynomsystem beschreiben lässt. Ein Polynomsystem der Ordnung q entspricht, wie in Abschnitt 7.3.1.2 ausgeführt, einer Parallelschaltung von $q+1$ homogenen Systemen. Diese homogenen Systeme werden jeweils durch einen homogenen Operator H_i, $i = 0,1,\ldots,q$, beschrieben. Die Eingangs-Ausgangs-Beziehung eines zeitdiskreten Polynomsystems der Ordnung q ist also durch

$$y(k) = \sum_{i=0}^{q} H_i\left[u(k)\right] \tag{8.619}$$

gegeben. Da es sich bei H_i um einen homogenen Operator handelt, gilt

$$H_i\left[\alpha \cdot u(k)\right] = \alpha^i \cdot H_i\left[u(k)\right]. \tag{8.620}$$

Für das Gesamtsystem folgt damit

$$\sum_{i=0}^{q} H_i\left[\alpha \cdot u(k)\right] = \sum_{i=0}^{q} \alpha^i \cdot H_i\left[u(k)\right]. \tag{8.621}$$

Daraus resultiert auch, dass der stationäre Zusammenhang zwischen Eingangs- und Ausgangsgröße bei einem Polynomsystem ein Polynom ist. Bild 8.6 zeigt die Aufteilung eines Polynomsystems in $q+1$ parallel geschaltete homogene Systeme.

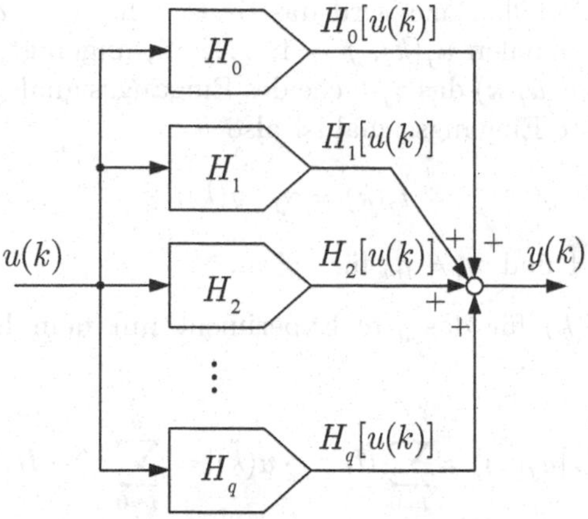

Bild 8.6 Polynomsystem q-ter Ordnung als Parallelschaltung $q + 1$ homogener Systeme

Bei dem Operator H_0 handelt es sich um einen konstanten Anteil, also

$$H_0 \left[u(k)\right] = g_0 \tag{8.622}$$

und der Operator H_1 stellt den linearen Systemteil dar. Für diesen ergibt sich die Antwort durch Faltung des Eingangssignals $u(k)$ mit der Impulsantwort $g_1(k)$ gemäß

$$H_1 \left[u(k)\right] = g_1(k) * u(k) = \sum_{i=0}^{\infty} g_1(i)u(k-i). \tag{8.623}$$

Der Operator H_1 ist also durch die Impulsantwort $g_1(k)$ beschrieben. Dies ist in der Darstellung des Systems in Bild 8.7 berücksichtigt. Alternativ kann der Operator H_1 durch die Übertragungsfunktion $G_1(z)$ beschrieben werden.

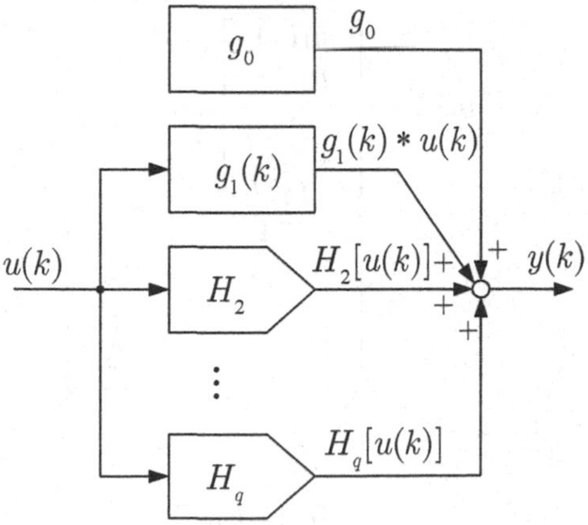

Bild 8.7 Alternative Darstellung des Polynomsystems q-ter Ordnung als Parallelschaltung $q + 1$ homogener Systeme

Im Folgenden wird ein recht einfaches, auf Gardiner [Gar66, Gar68] zurückgehendes Verfahren vorgestellt, mit dem es möglich ist, die Ausgangsgröße $y(k)$ in die einzelnen Teile

$H_i[u(k)]$ zu zerlegen [HK99]. Dazu wird das System in $N > q$ Experimenten mit N verschiedenen Eingangssignalen $u_j(k)$, $j = 1,2,\ldots,N$, angeregt, wobei das Eingangssignal im j-ten Experiment $u_j(k)$ das γ_j-fache des Eingangssignals des ersten Experiments $u_1(k) = u(k)$ ist. Das j-te Eingangssignal ist also

$$u_j(k) = \gamma_j \cdot u(k). \tag{8.624}$$

Dabei gilt $\gamma_j \neq 0$, $\gamma_1 = 1$ und $\gamma_l \neq \gamma_m$ für $l \neq m$.

Das Ausgangssignal $y_j(k)$ für das j-te Experiment mit dem Eingangssignal $u_j(k) = \gamma_j u(k)$ ergibt sich zu

$$y_j(k) = \sum_{i=0}^{q} H_i[u_j(k)] = \sum_{i=0}^{q} H_i[\gamma_j \cdot u(k)] = \sum_{i=0}^{q} {\gamma_j}^i \cdot H_i[u(k)]. \tag{8.625}$$

Dies lässt sich auch als

$$y_j(k) = \begin{bmatrix} 1 & \gamma_j & \ldots & \gamma_j^q \end{bmatrix} \begin{bmatrix} H_0[u(k)] \\ H_1[u(k)] \\ \vdots \\ H_q[u(k)] \end{bmatrix} \tag{8.626}$$

schreiben. Durch Zusammenfassen der Ausgangswerte für alle Experimente in einem Vektor ergibt sich das lineare Gleichungssystem

$$\begin{bmatrix} y_1(k) \\ y_2(k) \\ \vdots \\ y_N(k) \end{bmatrix} = \begin{bmatrix} 1 & 1 & \ldots & 1 \\ 1 & \gamma_2 & \ldots & \gamma_2^q \\ \vdots & \vdots & \ddots & \vdots \\ 1 & \gamma_N & \ldots & \gamma_N^q \end{bmatrix} \begin{bmatrix} H_0[u(k)] \\ H_1[u(k)] \\ \vdots \\ H_q[u(k)] \end{bmatrix}. \tag{8.627}$$

Zur Abkürzung werden

$$\boldsymbol{y}(k) = \begin{bmatrix} y_1(k) \\ y_2(k) \\ \vdots \\ y_N(k) \end{bmatrix}, \tag{8.628}$$

$$\boldsymbol{\Gamma} = \begin{bmatrix} 1 & 1 & \ldots & 1 \\ 1 & \gamma_2 & \ldots & \gamma_2^q \\ \vdots & \vdots & \ddots & \vdots \\ 1 & \gamma_N & \ldots & \gamma_N^q \end{bmatrix} \tag{8.629}$$

und

$$\boldsymbol{H}[u(k)] = \begin{bmatrix} H_0[u(k)] \\ H_1[u(k)] \\ \vdots \\ H_q[u(k)] \end{bmatrix} \tag{8.630}$$

eingeführt. Das Gleichungssystem lautet damit

$$\boldsymbol{y}(k) = \boldsymbol{\Gamma}\boldsymbol{H}\left[u(k)\right]. \tag{8.631}$$

Für $N = q + 1$ ist die Matrix $\boldsymbol{\Gamma}$ quadratisch und $\boldsymbol{H}\left[u(k)\right]$ kann über

$$\boldsymbol{H}\left[u(k)\right] = \boldsymbol{\Gamma}^{-1}\boldsymbol{y}(k) \tag{8.632}$$

gebildet werden. Für $N > q + 1$ ist das Gleichungssystem bezüglich $\boldsymbol{H}\left[u(k)\right]$ überbestimmt. In diesem Fall kann die *Least-Squares*-Lösung

$$\boldsymbol{H}_{\text{LS}}\left[u(k)\right] = (\boldsymbol{\Gamma}^{\text{T}}\boldsymbol{\Gamma})^{-1}\boldsymbol{\Gamma}^{\text{T}}\boldsymbol{y}(k) \tag{8.633}$$

berechnet werden. Aus den Zeitreihen der Antworten für die verschiedenen Experimente $y_j(k)$, $j = 1,2,\ldots,N$, kann dann die sich für die Anregung $u(k)$ ergebende Antwort $y(k)$ in die einzelnen Anteile $H_i\left[u(k)\right]$, $i = 0,1,\ldots,q$, zerlegt werden.

Über eine spezielle Wahl eines Eingangssignals mit einer sogenannten inversen Wiederholungseigenschaft (*Inverse Repeat Character*) ist es möglich, das Gleichungssystem in zwei kleinere Gleichungssysteme aufzuteilen [Gar73, HK99]. Dies reduziert den Rechenaufwand für die Matrixinversion. Bei der mittlerweile zur Verfügung stehenden Rechenleistung spielt dies aber keine wesentlichen Rolle mehr und wird daher auch nicht näher betrachtet.

Die Aufteilung des Ausgangssignals in die verschiedenen Anteile entspricht, wie bereits ausgeführt, einer Aufteilung des Systems in $q + 1$ parallelgeschaltete Teilsysteme. Anschließend kann eine Identifikation der einzelnen Teilsysteme erfolgen. Dies ist besonders einfach, wenn angenommen wird, dass es sich bei den einzelnen Teilsystemen um Wiener-, Hammerstein- oder Wiener-Hammerstein-Systeme handelt. Die Nichtlinearität im Pfad des q-ten Teilsystems entspricht dann der Bildung der q-ten Potenz und ist damit bekannt. Die entsprechenden Strukturen sind in den Bildern 8.8, 8.9 und 8.10 gezeigt. Die Parallelschaltung von Wiener-Hammerstein-Modellen mit Potenzfunktionen als Nichtlinearitäten gemäß Bild 8.8 wird als S_M-Modell bezeichnet [BR75].[23] Die in den Bildern 8.9 und 8.10 gezeigten Strukturen stellen Spezialfälle dieses allgemeinen Modells dar. Verfahren für die Identifikation von S_M-Modellen werden in ([HK99], Abschnitt 3.12) behandelt. Ein Verfahren besteht darin, die Aufteilung des Ausgangssignals in die verschiedenen Anteile mit dem oben dargestellten Verfahren nach Gardiner vorzunehmen und dann die einzelnen Teilsysteme mit Wiener-Hammerstein-Modellen zu identifizieren.

Ein anderer Ansatz zur Zerlegung des Systemausgangs in einzelnen Teile findet sich in [BD10]. Hierbei wird von einer Eingangs-Ausgangs-Beschreibung der Form

$$y(k) = f(u(k-1),\ldots,u(k-n_u)) + \varepsilon(k) \tag{8.634}$$

ausgegangen, wobei $\varepsilon(k)$ ein Rauschsignal ist. Dieser Zusammenhang beschreibt ein nichtlineares System mit endlicher Impulsantwort (NFIR-Modell, siehe Abschnitt 7.3.4) und einer Totzeit von einem Abtastschritt. Als Modell wird die Beziehung

$$\begin{aligned} y_{\text{M}}(k) =& f_0 + \sum_{j_1=1}^{n_u} f_{j_1}(u(k-j_1)) + \sum_{j_1=1}^{n_u}\sum_{j_2=j_1}^{n_u} f_{j_1,j_2}(u(k-j_1),u(k-j_2)) \\ &+ \ldots + \sum_{j_1=1}^{n_u}\sum_{j_2=j_1}^{n_u}\cdots\sum_{j_q=j_{q-1}}^{n_u} f_{j_1,\ldots,j_q}(u(k-j_1),\ldots,u(k-j_q)) \end{aligned} \tag{8.635}$$

[23] Dabei steht M für die höchste auftretende Potenz, also den Grad des Polynomsystems. Da der höchste Grad hier mit q bezeichnet wird, gilt $M = q$.

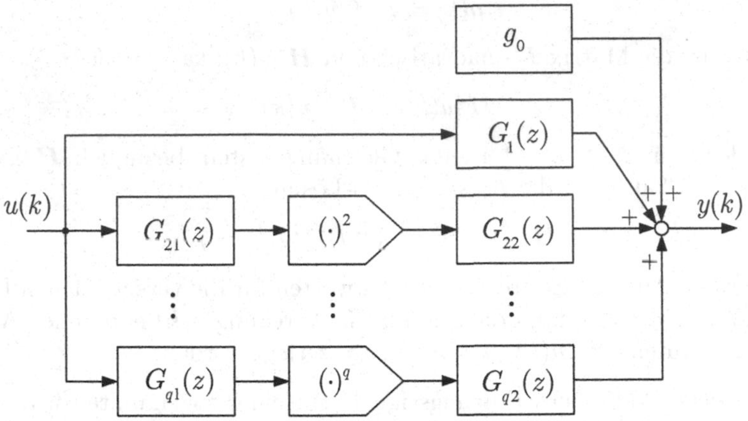

Bild 8.8 Parallelschaltung von $q+1$ homogenen Wiener-Hammerstein-Systemen

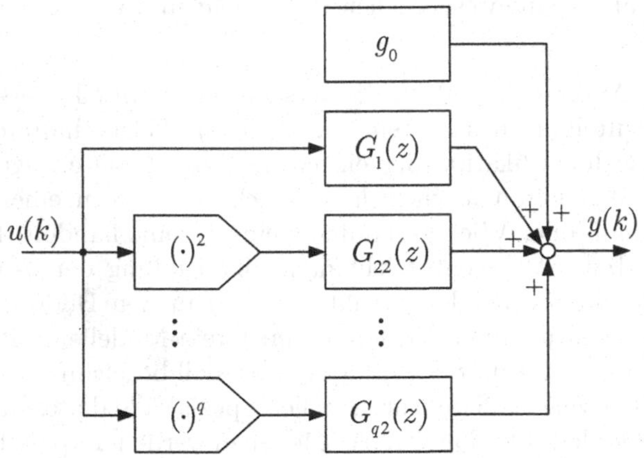

Bild 8.9 Parallelschaltung von $q+1$ homogenen Hammerstein-Systemen

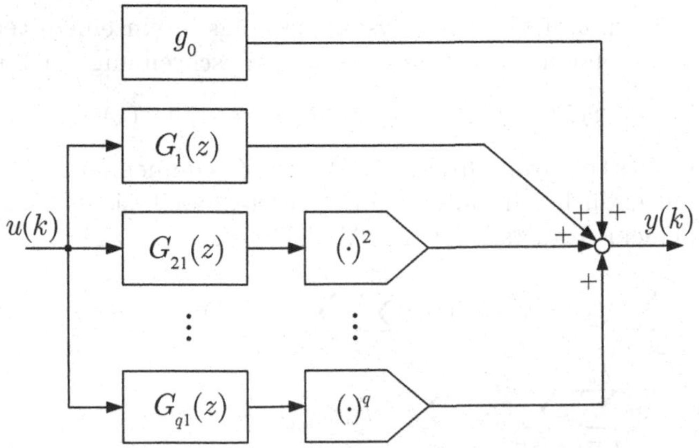

Bild 8.10 Parallelschaltung von $q+1$ homogenen Wiener-Systemen

angenommen, welches ein endliches Zadeh-Reihen-Modell ([HK99], Abschnitt 1.2.5) mit endlicher Antwortlänge und einer Totzeit von einem Abtastschritt darstellt. In [BD10] wird ein Verfahren zur separaten Identifikation der einzelnen Anteile f_0, f_{j_1,j_2}, f_{j_1,j_2,j_3}, ... vorgeschlagen, welches auf speziellen Eingangssignalen basiert. Allerdings ist dieses Verfahren nur für Systeme mit kurzen Antwortlängen, also kleinem n_u und Verkopplungen von zwei oder drei zurückliegenden Eingangsgrößen, also $q = 2$ oder $q = 3$, geeignet.

8.5.2 Prüfung auf Hammerstein- und Wiener-Struktur anhand von Sprungantworten

In [HU90] und ([HK99], Abschnitt 5.6.3) wird vorgeschlagen, anhand von Sprungantworten zu prüfen, ob es sich bei dem System um ein Wiener- oder ein Hammerstein-Modell handeln kann. Dabei werden die Antworten für verschiedene Eingangsamplituden aufgenommen und anschließend so normiert, dass der Anfangswert jeweils null und der Endwert jeweils eins entspricht. Bei einem Hammerstein-Modell müssen die normierten Antworten für alle Eingangsamplituden gleich sein. Wenn dies nicht der Fall ist, kann das System nicht durch ein Hammerstein-Modell beschrieben werden.

Um auf eine Wiener-Struktur zu prüfen, wird aus den unterschiedlichen Antworten die stationäre Verstärkung für jede Eingangsamplitude berechnet. Durch diese stationären Verstärkungen wird ein Polynom gelegt und so die Ausgangsnichtlinearität bestimmt. Die Sprungantworten werden dann durch die inverse Nichtlinearität auf den Ausgang des (angenommenen) linearen Systemteils zurückgerechnet. Diese zurückgerechneten Sprungantworten werden wieder so normiert, dass der Anfangswert jeweils null und der Endwert jeweils eins entspricht. Bei einem Wiener-Modell müssen die normierten zurückgerechneten Antworten für alle Eingangsamplituden gleich sein. Ist dies nicht der Fall, kann das System nicht durch ein Wiener-Modell beschrieben werden.

8.5.3 Strukturprüfung blockorientierter Modelle anhand geschätzter Kerne

Eine Strukturprüfung blockorientierter Modelle kann anhand geschätzter Volterra-Kerne erfolgen [CIS86, HK86, KH86, CJG90, Che94a, Che95, DSW03]. Dabei wird das Ergebnis verwendet, dass für blockorientierte Modelle bestimmte Beziehungen zwischen dem ersten und den zweiten Volterra-Kern erfüllt sein müssen. Diese Beziehungen für die Kerne können im Zeitbereich oder im Frequenzbereich angegeben werden.

Für eine Betrachtung im Frequenzbereich werden die Kerne durch die mehrdimensionale Laplace-Transformation in den Bildbereich übertragen (siehe z.B. [Rug81], Kapitel 2). Die mehrdimensionale Laplace-Transformation ist über

$$F(s_1,\ldots,s_i) = \int_0^\infty \ldots \int_0^\infty f(t_1,\ldots,t_n) \mathrm{e}^{-s_1 t_1} \ldots \mathrm{e}^{-s_i t_i} \, \mathrm{d}t_i \ldots \mathrm{d}t_1 \tag{8.636}$$

definiert, wobei hier auf die Betrachtung von Konvergenzbedingungen und der Fragestellung, ob als untere Schranke der Integration 0^- oder 0^+ gewählt werden sollte, verzichtet wird.[24] Die mehrdimensionale Fourier-Transformation ist entsprechend über

$$F(\omega_1,\ldots,\omega_i) = \int_{-\infty}^{\infty} \cdots \int_{-\infty}^{\infty} f(t_1,\ldots,t_n) \mathrm{e}^{-\mathrm{j}\omega_1 t_1} \ldots \mathrm{e}^{-\mathrm{j}\omega_i t_i} \, \mathrm{d}t_i \ldots \mathrm{d}t_1 \tag{8.637}$$

definiert, wobei hier auf die Angabe der imaginären Einheit j in den Argumenten der Fourier-Transformierten verzichtet wurde.

Für ein homogenes System q-ter Ordnung lautet die Eingangs-Ausgangs-Beziehung

$$y(t) = \int_0^{\infty} \cdots \int_0^{\infty} h_q(\tau_1,\ldots,\tau_q) u(t-\tau_1) \ldots u(t-\tau_q) \, \mathrm{d}\tau_q \ldots \mathrm{d}\tau_1. \tag{8.638}$$

Die Volterra-Kerne werden in diesem Abschnitt mit h und nicht wie bislang mit g bezeichnet, um Verwechslungen mit den Impulsantworten $g_1(t)$ und $g_2(t)$ der weiter unten betrachteten linearen Teilsysteme G_1 und G_2 zu vermeiden. Mit der mehrdimensionalen Laplace-Transformation kann die Eingangs-Ausgangs-Beziehung für ein homogenes System q-ter Ordnung im Bildbereich als

$$Y(s_1,\ldots,s_q) = H_i(s_1,\ldots,s_q) U(s_1) \ldots U(s_q) \tag{8.639}$$

angegeben werden. Dabei ist $H_q(s_1,\ldots,s_q)$ die mehrdimensionale Laplace-Transformierte des Volterra-Kerns $h_q(t_1,\ldots,t_q)$. Diese wird auch als Übertragungsfunktion des homogenen Systems bezeichnet ([Rug81], S.60).

In Gl. (8.150) ist eine Beziehung zwischen den Volterra-Kernen und den Kreuzkorrelationen höherer Ordnung bei Anregung mit einem mittelwertfreien weißen gaußverteilten Rauschen angegeben. Aufgrund dieser Beziehung können die Bedingungen für die Volterra-Kerne bei blockorientierten Modellstrukturen auch als Bedingungen für die Kreuzkorrelationsfunktionen formuliert werden.

Im Folgenden wird zunächst das Wiener-Hammerstein-Modell betrachtet. Für das in Bild 8.11 gezeigte Wiener-Hammerstein-Modell können bei Anregung mit weißem, gaußverteiltem Rauschen die Bedingungen

$$R_{yu}(\tau) = \mathrm{E}\{y(t)u(t-\tau)\} = C_1 \int_0^{\infty} g_2(\nu) g_1(\tau-\nu) \, \mathrm{d}\nu \tag{8.640}$$

und

$$\begin{aligned} R_{yuu}(\tau_1,\tau_2) &= \mathrm{E}\{y(t)u(t-\tau_1)u(t-\tau_2)\} \\ &= C_2 \int_0^{\infty} g_2(\nu) g_1(\tau_1-\nu) g_1(\tau_2-\nu) \, \mathrm{d}\nu + C_3 \delta(\tau_1-\tau_2) \end{aligned} \tag{8.641}$$

[24] Eine ausführliche Behandlung der Frage nach der unteren Schranke der Integration bei der eindimensionalen Laplace-Transformation findet sich in [LMT07].

hergeleitet werden (siehe z.B. [MM78, CIS86, KH86]). Dabei sind g_1 und g_2 die Impulsantworten der linearen Teilsysteme mit den Übetragungsfunktionen G_1 und G_2. Bei C_1, C_2 und C_3 handelt es sich um konstante Größen, die für die Strukturprüfung nicht weiter relevant sind. Der Impulsterm in Gl. (8.641) entfällt, wenn der Mittelwert des Ausgangssignals vor der Bildung der Kreuzkorrelation entfernt wird. Dieser Impulsterm wird daher im Folgenden nicht weiter berücksichtigt.

Die Fourier-Transformierte der Kreuzkorrelationsfunktion $R_{yu}(\tau)$ ist die Kreuzleistungsdichte $S_{yu}(\omega)$. Entsprechend sind Kreuzleistungsdichten höherer Ordnung über die mehrdimensionale Fourier-Transformation definiert (siehe z.B. Rug81, Abschnitt 5.4). So ist die Kreuzleistungsdichte zweiter Ordnung $S_{yuu}(\omega_1,\omega_2)$ die zweidimensionale Fourier-Transformierte der Kreuzkorrelationsfunktion zweiter Ordnung $R_{yuu}(\tau_1,\tau_2)$. Mit diesen Größen lauten die den Gln. (8.640) und (8.641) entsprechenden Beziehungen im Frequenzbereich

$$S_{yu}(\omega) = C_1 G_1(\omega) G_2(\omega) \tag{8.642}$$

und

$$S_{yuu}(\omega_1,\omega_2) = C_2 G_1(\omega_1) G_1(\omega_2) G_2(\omega_1 + \omega_2). \tag{8.643}$$

Für $\omega_2 = 0$ und $\omega_1 = \omega$ folgt aus Gl. (8.643)

$$S_{yuu}(\omega,0) = C_2 G_1(\omega) G_1(0) G_2(\omega). \tag{8.644}$$

Mit Gl. (8.642) ergibt sich dann

$$\frac{S_{yuu}(\omega,0)}{S_{yu}(\omega)} = \text{const.} \tag{8.645}$$

Die Kreuzleistungsdichte zweiter Ordnung $S_{yuu}(\omega,0)$ ist also für alle Frequenzen ω proportional zur Kreuzleistungsdichte $S_{yu}(\omega)$. Dies ist eine notwendige Bedingung für das Vorliegen einer Wiener-Hammerstein-Struktur und kann damit zur Strukturprüfung herangezogen werden. Diese Bedingung gilt auch bei Anregung mit farbigem, gaußverteiltem Rauschen [KH86].

Die entsprechende Bedingung im Zeitbereich lautet

$$\frac{\int\limits_0^\infty R_{yuu}(\tau_1,\tau_2)\,\mathrm{d}\tau_2}{R_{yu}(\tau_1)} = \text{const.} \tag{8.646}$$

Da die Wiener- und Volterra-Kerne als symmetrisch angenommen werden können, kann die Bedingung auch als

$$\frac{\int\limits_0^\infty R_{yuu}(\tau_1,\tau_2)\,\mathrm{d}\tau_1}{R_{yu}(\tau_2)} = \text{const} \tag{8.647}$$

geschrieben werden. Das Integral der Autokorrelationsfunktion zweiter Ordnung entlang einer Parallelen zu einer Achse ist also proportional zum Wert der Autokorrelationsfunktion am Schnittpunkt dieser Parallelen mit der anderen Achse.

Diese Beziehungen gelten auch für die Volterra-Kerne $h_1(\tau_1)$ und $h_2(\tau_1,\tau_2)$ und die Wiener-Kerne $k_1(\tau_1)$ und $k_2(\tau_1,\tau_2)$ des Gesamtsystems, also

$$\frac{\int\limits_0^\infty h_2(\tau_1,\tau_2)\,\mathrm{d}\tau_2}{h_1(\tau_1)} = \frac{\int\limits_0^\infty h_2(\tau_1,\tau_2)\,\mathrm{d}\tau_1}{h_1(\tau_2)} = \text{const} \tag{8.648}$$

und

$$\frac{\int\limits_0^\infty k_2(\tau_1,\tau_2)\,\mathrm{d}\tau_2}{k_1(\tau_1)} = \frac{\int\limits_0^\infty k_2(\tau_1,\tau_2)\,\mathrm{d}\tau_1}{k_1(\tau_2)} = \text{const.} \tag{8.649}$$

In der Praxis werden die Autokorrelationsfunktionen und auch die Kerne nur für eine endliche Anzahl von Werten bestimmt. Für den Fall, dass Werte der Kreuzkorrelationen $R_{yu}(i\Delta\tau)$ und $R_{yuu}(i\Delta\tau,j\Delta\tau)$ bzw. Werte der Kerne $h_1(i\Delta\tau)$ und $h_2(i\Delta\tau,j\Delta\tau)$ oder $k_1(i\Delta\tau)$ und $k_2(i\Delta\tau,j\Delta\tau)$ für $i,j = 0,\ldots,N-1$ vorliegen, können die Bedingungen

$$\frac{\sum\limits_{j=0}^{N-1} R_{yuu}(i\Delta\tau,j\Delta\tau)}{R_{yu}(i\Delta\tau)} = \frac{\sum\limits_{i=0}^{N-1} R_{yuu}(i\Delta\tau,j\Delta\tau)}{R_{yu}(j\Delta\tau)} = \text{const}, \tag{8.650}$$

$$\frac{\sum\limits_{j=0}^{N-1} h_2(i\Delta\tau,j\Delta\tau)}{h_1(i\Delta\tau)} = \frac{\sum\limits_{i=0}^{N-1} h_2(i\Delta\tau,j\Delta\tau)}{h_1(j\Delta\tau)} = \text{const} \tag{8.651}$$

und

$$\frac{\sum\limits_{j=0}^{N-1} k_2(i\Delta\tau,j\Delta\tau)}{k_1(i\Delta\tau)} = \frac{\sum\limits_{i=0}^{N-1} k_2(i\Delta\tau,j\Delta\tau)}{k_1(j\Delta\tau)} = \text{const} \tag{8.652}$$

verwendet werden [CIS86]. Dabei ist $\Delta\tau$ die Auflösung der ermittelten Kerne bzw. Korrelationsfunktionen.

Aus dem bisher betrachteten Wiener-Hammerstein-Modell folgt mit $G_1(s) = 1$ das Hammerstein-Modell. Die Impulsantwort von G_1 ist dann $g_1(t) = \delta(t)$. Damit resultiert aus Gl. (8.640)

$$R_{yu}(\tau) = C_1 \int\limits_0^\infty g_2(\nu)\delta(\tau-\nu)\,\mathrm{d}\nu = C_1 g_2(\tau) \tag{8.653}$$

und aus Gl. (8.641) mit $C_3 = 0$

$$R_{yuu}(\tau_1,\tau_2) = C_2 \int\limits_0^\infty g_2(\nu)\delta(\tau_1-\nu)\delta(\tau_2-\nu)\,\mathrm{d}\nu = C_2 g_2(\tau_1)\delta(\tau_2-\tau_1). \tag{8.654}$$

Dies bedeutet, dass die Kreuzkorrelationsfunktion zweiter Ordnung $R_{yuu}(\tau_1,\tau_2)$ nur für $\tau_1 = \tau_2$ ungleich null ist, in der von τ_1 und τ_2 aufgespannten Ebene also nur auf der Diagonalen. Dort gilt

$$R_{yuu}(\tau,\tau) = C_2 g_2(\tau)\delta(0). \tag{8.655}$$

Für die Kreuzkorrelationsfunktion $R_{yuu}(\tau,\tau)$ ergibt sich damit ein unendlicher Wert. Dies ist allerdings darin begründet, dass eine Anregung mit weißem Rauschen vorausgesetzt wird. In der Praxis wird nur mit einem bandbegrenzten Rauschen angeregt werden können. Dann ergibt sich für die Kreuzkorrelationsfunktion $R_{yuu}(\tau,\tau)$ ein endlicher Wert. Zusammen mit Gl. (8.653) gilt dann

$$\frac{R_{yuu}(\tau,\tau)}{R_{yu}(\tau)} = \text{const.} \tag{8.656}$$

Dies ist wiederum eine notwendige Bedingung, die bei einem Hammerstein-System erfüllt sein muss. Sofern vorausgesetzt wird, dass das System durch ein Kaskadenmodell, also eine Hintereinanderschaltung von linearen Teilmodellen und statischen Nichtlinearitäten, beschrieben werden kann, ist dies eine hinreichende Bedingung [CIS86].

Die entsprechenden Bedingungen für die Kreuzleistungsspektren und die Kerne lauten

$$\frac{S_{yuu}(\omega_1,\omega_2)}{S_{yu}(\omega_1+\omega_2)} = \text{const}, \tag{8.657}$$

$$\frac{h_2(\tau,\tau)}{h_1(\tau)} = \text{const} \tag{8.658}$$

und

$$\frac{k_2(\tau,\tau)}{k_1(\tau)} = \text{const}, \tag{8.659}$$

wobei für die Kerne $h_2(\tau_1,\tau_2)$ und $k_2(\tau_1,\tau_2)$ die Bedingung gilt, dass diese ebenfalls nur für $\tau_1 = \tau_2$ ungleich null sind.

Aus dem eingangs betrachteten Wiener-Hammerstein-Modell folgt mit $G_2(s) = 1$ das Wiener-Modell. Mit $G_2(s) = 1$ gilt für die Impulsantwort $g_2(t) = \delta(t)$ und aus Gl. (8.640) folgt

$$R_{yu}(\tau) = C_1 \int_0^\infty \delta(\nu) g_1(\tau-\nu)\,\mathrm{d}\nu = C_1 g_1(\tau). \tag{8.660}$$

Für die Kreuzkorrelationsfunktion zweiter Ordnung resultiert aus Gl. (8.641) mit $C_3 = 0$

$$R_{yuu}(\tau_1,\tau_2) = C_2 \int_0^\infty \delta(\nu) g_1(\tau_1-\nu) g_1(\tau_2-\nu)\,\mathrm{d}\nu = C_2 g_1(\tau_1) g_1(\tau_2). \tag{8.661}$$

Aus den Gln. (8.660) und (8.661) kann die Bedingung

$$\frac{R_{yuu}(\tau_1,\tau_2)}{R_{yu}(\tau_1)R_{yu}(\tau_2)} = \text{const} \tag{8.662}$$

hergeleitet werden. Die Kreuzkorrelationsfunktion zweiter Ordnung $R_{yuu}(\tau_1,\tau_2)$ ist damit bei einem Wiener-Modell proportional zum Produkt der Kreuzkorrelationsfunktionen $R_{yu}(\tau_1)$ und $R_{yu}(\tau_2)$. Für die Kerne lauten die zugehörigen Bedingungen

$$\frac{h_2(\tau_1,\tau_2)}{h_1(\tau_1)h_1(\tau_2)} = \text{const} \tag{8.663}$$

und

$$\frac{k_2(\tau_1,\tau_2)}{k_1(\tau_1)k_1(\tau_2)} = \text{const.} \tag{8.664}$$

Auch hierbei handelt es sich um notwendige Bedingungen.Wenn wiederum vorausgesetzt wird, dass das System durch ein Kaskadenmodell, also eine Hintereinanderschaltung von linearen Teilmodellen und statischen Nichtlinearitäten beschrieben werden kann, sind die Bedingungen hinreichend [CIS86].

Bislang wurden das Wiener-Hammerstein-Modell sowie die daraus ableitbaren Spezialfälle des Wiener- und des Hammerstein-Modells betrachtet. Für andere Modellstrukturen lassen sich ebenfalls derartige Bedingungen angeben. In [CIS86] werden allgemeine Kaskadensysteme sowie Wiener- und Hammerstein-Systeme mit zusätzlicher Einheitsrückkopplung betrachtet. Auch die für diese Modelle abgeleiteten Bedingungen sind allgemein nur notwendig. Wenn bei den Bedingungen für das Wiener- und Hammerstein-Modell mit Einheitsrückkopplung zusätzlich vorausgesetzt wird, dass es sich bei dem System um ein Kaskadenmodell mit Einheitsrückkopplung handelt, sind die Bedingungen auch hinreichend. Parallele Eingrößensysteme und rückgekoppelte Eingrößensysteme werden in [Che94a] betrachtet.

Bedingungen für Systeme mit zwei Eingangsgrößen sind in [CJG90] angegeben. Insgesamt werden Beziehungen zwischen den ersten und zweiten Kernen für zwölf verschiedene Modellstrukturen angegeben und eine systematische Strukturprüfungsprozedur vorgeschlagen [CJG90]. In [Che95] werden Modelle behandelt, die aus parallel geschalteten Wiener-, Hammerstein- oder Wiener-Hammerstein-Modellen bestehen. Dabei werden Modelle mit einer Eingangs- und zwei Ausgangsgrößen, Modelle mit zwei Eingangs- und zwei Ausgangsgrößen sowie Modelle mit mehr als zwei Eingangs- und bis zu zwei Ausgangsgrößen betrachtet. Eine statistische Auswertung der Bedingungen für Wiener-, Hammerstein- und Wiener-Hammerstein-Systeme wird in [DSW03] vorgeschlagen.

Wie bereits erwähnt, können die Volterra-Kerne auch im Frequenzbereich, also die mehrdimensionalen Fourier-Transformierten der Kerne, betrachtet werden. Eine Messung dieser Kerne im Frequenzbereich ist über Anregung mit geeigneten Multisinussignalen möglich [Law81, BTC83, Eva95, WER97, WER98]. Für Hammerstein-, Wiener- und Wiener-Hammerstein-Modelle sowie für ein nichtlineares Modell, bei der sich der Ausgang als Produkt der Ausgänge zweier linearer Systeme ergibt, ergeben sich in den Höhenliniendarstellungen der Volterra-Kerne im Frequenzbereich spezielle Muster, die zur Strukturprüfung genutzt werden können [Wei96]. Für weitere Details zur Strukturprüfung über Bedingungen für die Kerne oder Kreuzkorrelationsfunktionen wird auf die angegebene Literatur verwiesen.

8.5.4 Strukturprüfung blockorientierter Modelle anhand äquivalenter Frequenzantworten

Die Strukturprüfung eines Polynomsystems kann auch anhand von stationären Frequenzantworten erfolgen. Allgemein gilt, dass der Ausgang eines Polynomsystem q-ter Ordnung bei einer monofrequenten harmonischen Anregung Oberwellen bis zum q-fachen der Frequenz der Anregung enthält. Durch Auffinden der höchsten im Ausgangssignal vorhandenen Oberwelle bei harmonischer Anregung kann also vergleichsweise einfach der Grad des Polynomsystems bestimmt werden.

Zur Strukturprüfung kann dann für jede Oberwelle eine äquivalente Frequenzantwort bzw. eine äquivalente Übertragungsfunktion definiert werden [HK99]. Die äquivalente Übertragungsfunktion der i-ten Oberwelle ist als die Übertragungsfunktion definiert, dessen Frequenzantwort bei monofrequenter Anregung mit der Amplitude eins und der Frequenz ω gerade der i-ten Oberwelle im Ausgang des nichtlinearen Systems entspricht.

Im Folgenden wird ein Wiener-Hammerstein-System betrachtet (Bild 8.11). Die Nichtlinearität wird durch

$$u_2(t) = f_{12}(y_1(t)) = y_1^q(t) + \gamma_{q-1} y_1^{q-1}(t) + \ldots + \gamma_1 y_1(t) + \gamma_0 \tag{8.665}$$

beschrieben, also durch ein Polynom q-ter Ordnung. Der Koeffizient der höchsten Potenz ist dabei zu eins normiert. Dies stellt keine Einschränkung dar, da die Verstärkungen der linearen Teilsysteme entsprechend angepasst werden können.

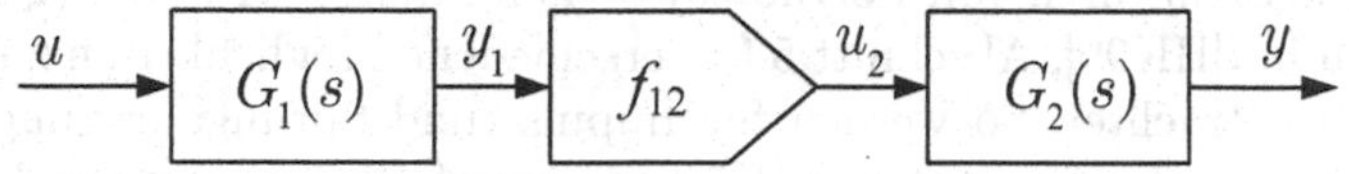

Bild 8.11 Wiener-Hammerstein-System

Es kann leicht nachgerechnet werden, dass sich für die Anregung

$$u(t) = \hat{u}\cos(\omega t) \tag{8.666}$$

als stationäre Antwort des Systems

$$y(t) = \frac{\hat{u}^q}{2^{q-1}} |G_1(j\omega)|^q \, |G_2(jq\omega)| \cos(q\omega t + q\varphi_1(\omega) + \varphi_2(q\omega)) + \ldots \tag{8.667}$$

ergibt, wobei Stabilität vorausgesetzt wird. Dabei sind φ_1 und φ_2 die Phasenwinkel des Frequenzgangs von G_1 bzw. G_2. Die restlichen Terme auf der rechten Seite dieser Gleichung bestehen aus den Anteilen der Oberwellen niedrigerer Ordnung sowie der Grundwelle. Die äquivalente Frequenzantwort $\tilde{G}_q(j\omega)$ der q-ten Oberwelle ist damit

$$\tilde{G}_q(j\omega) = \frac{\hat{u}^q}{2^{q-1}} G_1^q(j\omega) G_2(jq\omega) \tag{8.668}$$

bzw. die äquivalente Übertragungsfunktion

$$\tilde{G}_q(s) = \frac{\hat{u}^q}{2^{q-1}} G_1^q(s) G_2(qs). \tag{8.669}$$

An diesem Ausdruck sind folgende Eigenschaften der äquivalenten Übertragungsfunktion ersichtlich:

i) Die äquivalente Übertragungsfunktion $\tilde{G}_q(s)$ enthält die Pole und Nullstellen der Übertragungsfunktion $G_1(s)$ mit der Vielfachheit q.

ii) Die äquivalente Übertragungsfunktion $\tilde{G}_q(s)$ enthält die Pole und Nullstellen der Übertragungsfunktion $G_2(s)$ multipliziert mit dem Faktor $1/q$.

Eine Strukturprüfung des Systems kann nun erfolgen, indem das lineare Teilsystem $G_1(s)G_2(s)$ des Wiener-Hammerstein-Systems und die äquivalente Übertragungsfunktion der q-ten Oberwelle $\tilde{G}_q(s)$ identifiziert werden und dann die Pol-Nullstellen-Verteilungen verglichen werden [HK99]. Eine Identifikation der äquivalenten Übertragungsfunktion kann anhand der Amplitude und Phase der q-ten Oberwelle durchgeführt werden. Das lineare Teilsystem kann identifiziert werden, indem über die in Abschnitt 8.5.1 vorgestellte Methode der Anteil des linearen Teilsystems am gesamten Ausgangssignal bestimmt wird.

8.5.5 Strukturprüfung von blockorientierten Modellen zweiter Ordnung

Für acht einfache Strukturen von Polynomsystemen zweiter Ordnung (quadratische Systeme[25]) werden in ([HK99], Abschnitt 5.5) verschiedene Möglichkeiten zur Strukturprüfung ausführlich betrachtet. So werden für Impuls- und Sprunganregungen verschiedener Höhe die sogenannten äquivalenten Übertragungsfunktionen angegeben, welche der Impuls- oder Sprungantwort für die jeweilige Höhe der Anregung entsprechen ([HK99], Abschnitt 5.5.4). Diese äquivalenten Übertragungsfunktionen können durch Auswertung von Sprung- oder Impulsantworten bestimmt werden. Über einen Vergleich der Pol-Nullstellen-Verteilungen der äquivalenten Übertragungsfunktion und der Übertragungsfunktion des linearen Teilsystems kann untersucht werden, ob das System durch eine der acht einfachen Modellstrukturen beschrieben werden kann und durch welche. Diese Vorgehensweise weist gewisse Ähnlichkeiten mit der in Abschnitt 8.5.4 beschriebenen Methode auf, bei der allerdings die äquivalente Übertragungsfunktion aus der Frequenzantwort bestimmt wurde.

Auch wird eine Methode vorgestellt, bei der die Pol-Nullstellen-Verteilungen des linearen Teilsystems und der zur äquivalenten Frequenzantwort der zweiten Oberwelle gehörenden Übertragungsfunktion verglichen werden ([HK99], Abschnitt 5.5.3). Durch diesen Vergleich kann wiederum geprüft werden, ob das System durch eine der acht einfachen Strukturen beschrieben werden kann. Weiterhin werden Bedingungen für die Volterra-Kerne aufgestellt und Diagramme der sich für die betrachteten Systeme ergebenden Konturen in der Höhenliniendarstellung der Volterra-Kerne angegeben sowie die Strukturprüfung anhand von äquivalenten Frequenzantworten behandelt.

8.5.6 Strukturprüfung für ein Modell mit einer statischen Nichtlinearität anhand von Frequenzantworten

Für ein System mit einer Nichtlinearität, die einer eindeutigen und ursprungssymmetrischen Kennlinie entspricht, und die in weitere lineare dynamische Teilsysteme eingebettet ist, haben Singh und Subramanian [SS80] eine Methode zur Strukturprüfung über die Frequenzantwort vorgeschlagen (siehe auch ([HK99], Abschnitt 5.4). Es wird die in Bild 8.12

[25] Als quadratische Systeme werden hier Polynomsysteme zweiter Ordnung bezeichnet. Es sind also nicht Systeme mit einer gleichen Anzahl von Eingangs- und Ausgangsgrößen gemeint, die ebenfalls quadratische Systeme genannt werden.

gezeigte allgemeine Modellstruktur betrachtet. Durch die Strukturprüfung wird entschieden, ob sich das System durch diese Struktur oder eine der vier in den Bilder 8.13 bis 8.16 gezeigten einfacheren Modelle beschreiben lässt. Bild 8.13 zeigt ein Wiener-Hammerstein Modell, Bild 8.14 ein Wiener-Hammerstein-Modell mit einem zusätzlichen Parallelpfad, Bild 8.15 ein Wiener-Hammerstein-Modell mit einer Einheitsrückkopplung und Bild 8.16 ein Wiener-Hammerstein-Modell mit einer dynamischen linearen Rückkopplung.

Für die Strukturprüfung wird das System mit einer Sinusschwingung angeregt und die Frequenzantwort für die Grundwelle bestimmt. Dies liefert die komplexe Verstärkung des Systems bezogen auf die Grundwelle für eine Frequenz und eine Eingangsamplitude. Diese komplexe Verstärkung entspricht prinzipiell der Beschreibungsfunktion, die bei der Methode der harmonischen Balance für die Analyse nichtlinearer Systeme eingesetzt wird [Ath82, Unb09]. Allerdings ist die Beschreibungsfunktion nur für statische Nichtlinearitäten definiert, während hier die komplexe Verstärkung des Gesamtsystems betrachtet wird. Die so definierte Verstärkung ist frequenz- und amplitudenabhängig. Zur Strukturprüfung werden Ortskurven bestimmt, indem bei fester Frequenz die Amplitude des Eingangssignals variiert wird und die sich ergebenden komplexen Verstärkungen in der komplexen Ebene aufgetragen werden. Diese Ortskurven werden als M_f-Ortskurven bezeichnet [SS80].

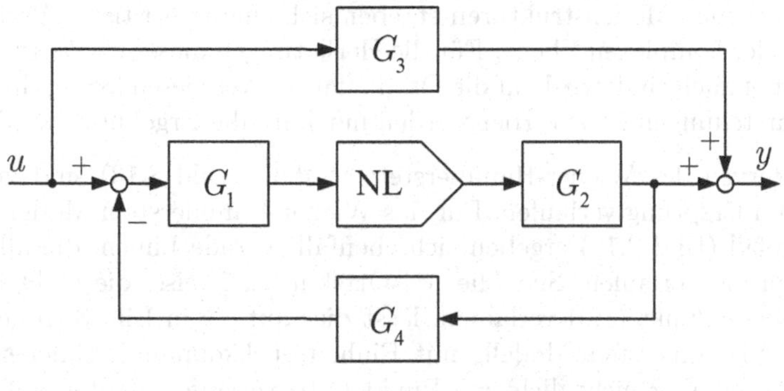

Bild 8.12 Allgemeines Modell für die Strukturprüfung nach [SS80]

Bild 8.13 Wiener-Hammerstein-Modell

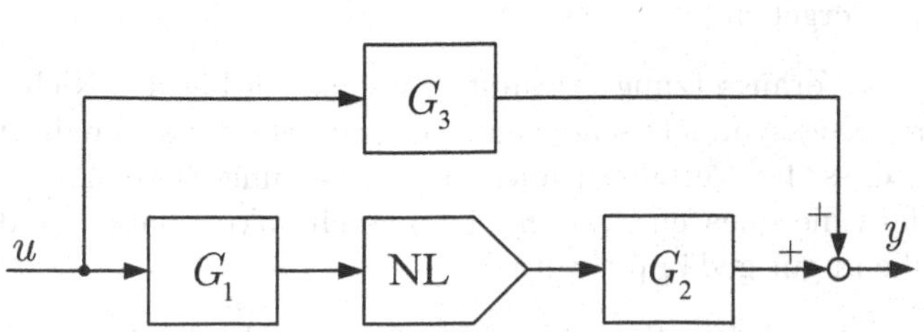

Bild 8.14 Wiener-Hammerstein-Modell mit zusätzlichem Parallelpfad

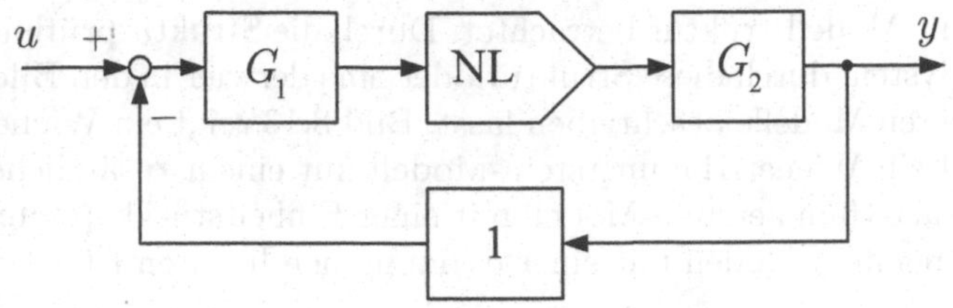

Bild 8.15 Wiener-Hammerstein-Modell mit Einheitsrückkopplung

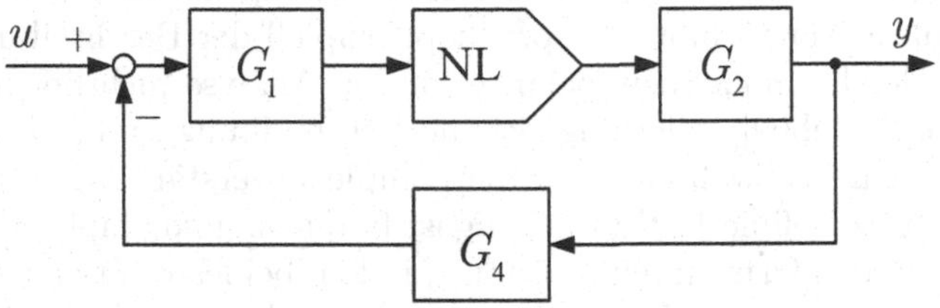

Bild 8.16 Wiener-Hammerstein-Modell mit dynamischer Rückkopplung

Für die verschiedenen Modellstrukturen ergeben sich charakteristische Verläufe der M_f-Ortskurven in der komplexen Ebene. Für die Herleitungen dieser charakteristischen Verläufe, die recht einfach sind, wird auf die Originalarbeit verwiesen [SS80], in der sich auch graphische Darstellungen finden. Hier werden nur kurz die Ergebnisse wiedergegeben.

Die M_f-Ortskurven des Wiener-Hammerstein-Modells (Bild 8.13) sind gerade Linien, welche dicht am Ursprung verlaufen. Für das Wiener-Hammerstein-Modell mit zusätzlichem Parallelpfad (Bild 8.14) ergeben sich ebenfalls gerade Linien, die allerdings nicht dicht am Ursprung verlaufen. Sind die M_f-Ortskurven Kreise, die dicht am Ursprung und dicht an dem Punkt (1,0) verlaufen, lässt dies auf die in Bild 8.15 gezeigte Struktur des Wiener-Hammerstein-Modells mit Einheitsrückkopplung schließen. Kreise, die dicht am Ursprung aber nicht dicht am Punkt (1,0) verlaufen, deuten auf eine Wiener-Hammerstein-Struktur mit dynamischer Rückkopplung (Bild 8.16) hin und Kreise, die weder dicht am Ursprung noch dicht am Punkt (1,0) verlaufen, auf die allgemeine Systemstruktur (Bild 8.12). Diese Aussagen basieren neben den theoretischen Untersuchungen auch auf experimentellen Ergebnissen, in denen der Einfluss von Rauschen und der Effekt von Oberwellen in den rückgekoppelten Strukturen untersucht wurden. Beispielsweise würden sich im rauschfreien Fall für das Wiener-Hammerstein-Modell M_f-Ortskurven ergeben, die durch den Ursprung verlaufen. Durch Rauschen kann sich hier aber eine kleine Verschiebung ergeben.

Eingangs wurde als Voraussetzung erwähnt, dass es sich bei der Nichtlinearität um eine eindeutige, ursprungssymmetrische Kennlinie handeln muss. Singh und Subramanian [SS80] geben an, dass das Verfahren auch bei Verletzung dieser Annahmen eingesetzt werden kann, sofern die linearen Systeme Tiefpasscharakter haben, sodass höhere Harmonische ausreichend gut gedämpft werden.

Ein anderes Verfahren wird in [Lau08] vorgeschlagen. Das System wird dabei mit farbigem, also korreliertem, Gaußschen Rauschen angeregt und aus dem Eingangssignal und dem Ausgangssignal wird ein lineares Modell identifiziert, welches als beste lineare Approximation bezeichnet wird. Dies erfolgt für verschiedene Anregungen, wobei die Farbigkeit, also das Spektrum, und der Effektivwert der Anregung verändert werden. Anhand der Änderungen des Amplituden- und des Phasenfrequenzgangs der besten linearen Approximation kann zwischen fünf Modellstrukturen unterschieden werden.

8.5.7 Strukturprüfung durch Auswahl signifikanter Regressoren bei linear parameterabhängigen Modellen

Für linear parameterabhängige Modelle bzw. Fehlergleichungen lassen sich aufgrund der Linearität in den Parametern sehr einfache Parameterschätzverfahren angeben. Bei diesen handelt es in der Regel um Varianten von Verfahren zur Minimierung der Summe der kleinsten Fehlerquadrate. Daher werden linear parameterabhängige Modelle gern zur Identifikation nichtlinearer Systeme eingesetzt. Im Folgenden wird von einem zeitdiskreten linear parameterabhängigen Modell der Form

$$y_{\mathrm{M}}(k) = \boldsymbol{m}^{\mathrm{T}}(\boldsymbol{\varphi}(k))\,\boldsymbol{p}_{\mathrm{M}} \tag{8.670}$$

ausgegangen. Dieses Modell entspricht einer stellt eine linearen Regressionsgleichung. Der Vektor

$$\boldsymbol{m}(\boldsymbol{\varphi}(k)) = \begin{bmatrix} m_1(\boldsymbol{\varphi}(k)) & \ldots & m_s(\boldsymbol{\varphi}(k)) \end{bmatrix}^{\mathrm{T}} \tag{8.671}$$

wird als Regressionsvektor bezeichnet und die Elemente dieses Vektors $m_1(\boldsymbol{\varphi}(k))$ bis $m_s(\boldsymbol{\varphi}(k))$ sind die Regressoren. Dabei enthält $\boldsymbol{\varphi}(k)$ gemäß

$$\begin{aligned} \boldsymbol{\varphi}(k) &= \begin{bmatrix} y(k-1) & \ldots & y(k-n_y) & u(k-n_d) & \ldots & u(k-n_u) \end{bmatrix}^{\mathrm{T}} \\ &= \begin{bmatrix} \varphi_1(k) & \ldots & \varphi_{n_y}(k) & \varphi_{n_y+1}(k) & \ldots & \varphi_{n_y+n_u-n_d+1}(k) \end{bmatrix}^{\mathrm{T}} \end{aligned} \tag{8.672}$$

die im Modell auftauchenden zurückliegenden Werte der Eingangs- und Ausgangsgröße.

Für die weiteren Betrachtungen wird ein Regressionsvektor $\boldsymbol{m}_{\mathrm{full}}(\boldsymbol{\varphi}(k))$ definiert, der alle Regressoren, die verwendet werden können, enthält. Dieser Regressionsvektor definiert damit eine Menge von Modellen, aus der sich durch Wahl eines bestimmten Modellparametervektors ein Modell ergibt. Welche Regressoren im Regressionsvektor enthalten sind, ergibt sich aus der gewählten Modellstruktur. Weiterhin wird davon ausgegangen, dass das Verhalten des wahren Systems durch

$$y(k) = \boldsymbol{m}_{\mathrm{full}}^{\mathrm{T}}(\boldsymbol{\varphi}(k))\,\boldsymbol{p} + \varepsilon(k) \tag{8.673}$$

beschrieben werden kann. Bei ε handelt es sich um normalverteiltes, mittelwertfreies, weißes Rauschen mit der Kovarianz σ_ε^2, d.h.

$$\mathrm{E}\{\varepsilon(k)\} = 0, \tag{8.674}$$

$$\mathrm{E}\{\varepsilon(k)\varepsilon(l)\} = \begin{cases} \sigma_\varepsilon^2 & \text{für } k = l, \\ 0 & \text{für } k \neq l. \end{cases} \tag{8.675}$$

Es wird angenommen, dass in dem Vektor $\boldsymbol{m}_{\text{full}}$ alle Regressoren, die für die Beschreibung des wahren Systems benötigt werden, vorhanden sind. Dies ist gleichbedeutend damit, dass das Modell des wahren Systems in der Menge der für die Identifikation zur Verfügung stehenden Modelle enthalten sein muss. Der Vektor $\boldsymbol{m}_{\text{full}}$ kann auch Regressoren enthalten, die für die Beschreibung des wahren Systems nicht benötigt werden, da dies darüber berücksichtigt werden kann, dass die zugehörigen Parameter den Wert null haben. Bei der Identifikation mit *Black-Box*-Modellen ist meist im Voraus nicht bekannt, welche Regressoren im Modell des wahren System vorhanden sind bzw. welche Regressoren für die Modellbeschreibung benötigt werden. Es können dann die Fälle auftreten, dass das Modell nicht alle benötigten Regressoren beinhaltet oder Regressoren enthält, die nicht benötigt werden. Die Anzahl der zur Verfügung stehenden Regressoren wird im Folgenden mit s_{max} und die Anzahl der bei einem gewählten Modell verwendeten Regressoren mit s bezeichnet.

Bei einer Identifikation mit linear parameterabhängigen *Black-Box*-Modellen wie z.B. dem Kolmogorov-Gabor-Polynom oder der zeitdiskreten, endlichen Volterra-Reihe, ergeben sich, wie oben bereits ausgeführt, schon für vergleichsweise „kleine" Modelle sehr viele Regressoren. Der Vektor $\boldsymbol{m}_{\text{full}}$ der zur Verfügung stehenden Regressoren ist also sehr groß. Bei der Strukturprüfung wird dann versucht, aus den zur Verfügung stehenden Regressoren die signifikanten Regressoren auszuwählen, d.h. die Regressoren, die im Modell benötigt werden.

Ein heuristischer Ansatz hierfür besteht darin, verschiedene Möglichkeiten für die Wahl der Regressoren durchzuprobieren und die so entstehenden Modelle zu vergleichen. Werden aus den zur Verfügung stehenden Regressoren alle möglichen Kombinationen ausprobiert, wäre dies ein systematischer Ansatz, der als vollständige oder erschöpfende Suche bezeichnet wird. Da es aber bei s_{max} möglichen Regressoren nach der binomischen Formel insgesamt

$$\sum_{i=1}^{s_{\text{max}}} \binom{s_{\text{max}}}{i} = \sum_{i=1}^{s_{\text{max}}} \frac{s_{\text{max}}!}{i!(s-i)!} = 2^{s_{\text{max}}} - 1 \tag{8.676}$$

Auswahlmöglichkeiten gibt, ist eine vollständige Suche nur in Fällen mit wenigen möglichen Regressoren praktikabel. Weiter unten werden systematische Verfahren zur Auswahl von zu vergleichenden Modellen vorgestellt.

Der Vergleich von Modellen mit verschieden gewählten Regressoren kann auf mehrere Arten erfolgen. Eine Möglichkeit besteht darin, ein Kriterium zu definieren, welche die Modellgüte in Form einer Zahl angibt. Da es sich bei der hier betrachteten Identifikationsaufgabe um eine lineare Regression handelt, können dabei in der linearen Regression verwendeten Kriterien eingesetzt werden. Einige dieser Kriterien werden im Folgenden betrachtet. Hierfür werden zunächst einige allgemeine Größen eingeführt.

Als Summe der gesamten quadrierten Abweichungen (*Total Sum of Squares*, TSS) wird die Größe

$$V_{\text{TSS}} = \sum_{i=0}^{N-1} (y(i) - \bar{y})^2 \tag{8.677}$$

bezeichnet. Dabei ist N die Anzahl der verwendeten Daten und $\bar{y}$ der berechnete Mittelwert der Ausgangsdaten. Bis auf einen Skalierungsfaktor entspricht V_{TSS} der empirischen Varianz (Stichprobenvarianz) des gemessenen Ausgangssignals. Daher wird V_{TSS} auch als Maß für die gesamte Varianz angesehen.

Ein Maß für die Varianz des über die Regression berechneten Modellausgangs stellt

$$V_{\mathrm{ESS}} = \sum_{i=0}^{N-1} \left(y_{\mathrm{M}}(i) - \bar{y}\right)^2 \tag{8.678}$$

dar. Dies kann als die durch das Modell erklärte Varianz interpretiert werden und wird daher auch als Summe der erklärten quadrierten Abweichungen (*Explained Sum of Squares*, ESS) bezeichnet.

Für die durch das Modell nicht erklärten quadratischen Abweichungen wird als Maß

$$V_{\mathrm{RSS}} = \sum_{i=0}^{N-1} \left(y(i) - y_{\mathrm{M}}(i)\right)^2 \tag{8.679}$$

eingeführt. Dabei wird der Fehler zwischen dem gemessenen Ausgangssignal und dem berechneten Modellausgangssignal als Residuum bezeichnet. Die Größe V_{RSS} ist dann die Summe der quadrierten Residuen (*Residual Sum of Squares*, RSS).

Zwischen V_{TSS}, V_{ESS} und V_{RSS} gilt die Beziehung

$$V_{\mathrm{TSS}} = V_{\mathrm{ESS}} + V_{\mathrm{RSS}}, \tag{8.680}$$

die Gesamtvarianz setzt sich also aus der erklärten Varianz und der Varianz der Residuen zusammen.

8.5.7.1 Direkte Verwendung der Summe der quadrierten Residuen

Eine durchaus intuitive Möglichkeit des Vergleichs von Modellen ist die direkte Verwendung von V_{RSS}. Für lineare Systeme wurde dies bereits in Abschnitt 4.3.2 behandelt und dort als Fehlerfunktionstest bezeichnet. Da V_{RSS} den Anteil der durch das Modell nicht erklärten Abweichungen angibt, wird ein Modell dann als besser angesehen, wenn es einen kleineren Wert für V_{RSS} liefert. Alternativ kann als normierte Größe das Bestimmtheitsmaß

$$R^2 = 1 - \frac{V_{\mathrm{RSS}}}{V_{\mathrm{TSS}}} = \frac{V_{\mathrm{TSS}} - V_{\mathrm{RSS}}}{V_{\mathrm{TSS}}} = \frac{V_{\mathrm{ESS}}}{V_{\mathrm{TSS}}} \tag{8.681}$$

verwendet werden. Dieses gibt an, wie hoch der Anteil der erklärten quadrierten Abweichungen an den gesamten quadrierten Abweichungen ist. Es gilt $0 \leq R^2 \leq 1$ und ein Modell, welches einen höherer Wert des Bestimmtheitsmaßes liefert, wird als besser angesehen. Das Bestimmtheitsmaß R^2 wird auch als multipler Determinationskoeffizient und R als multipler Korrelationskoeffizient bezeichnet.

Das Problem bei der Verwendung von V_{RSS} oder R^2 ist, dass bei einer Zunahme der Modellkomplexität, also der Verwendung von mehr Regressoren, V_{RSS} in der Regel abnimmt. Damit weist das Modell, welches über dieses Kriterium als bestes Modell ausgewählt wird, meist eine hohe Anzahl von Regressoren auf, oft sogar alle als möglich zugelassenen Regressoren. Dieses Problem wird in der Regression als Overfitting bezeichnet. Hier ist es daher hilfreich, für die Modellbeurteilung Messdaten heranzuziehen, die nicht für die Parameterschätzung verwendet wurden. Abhilfe schaffen auch Kriterien, bei denen die Komplexität des Modells, also die Anzahl der Regressoren, mit in das Kriterium eingeht. Diese werden im folgenden Abschnitt betrachtet.

8.5.7.2 Kriterien mit Berücksichtigung der Anzahl der Regressoren

Um das im vorangegangene Abschnitt beschriebene Problem des Overfittings, also die Bestimmung von Modellen mit zu vielen Regressoren, zu vermeiden, können Kriterien verwendet werden, in die auch die Anzahl der Regressoren eingeht. Ein mögliches Kriterium ist das angepasste Bestimmtheitsmaß, welches gemäß

$$R_{\mathrm{a}}^2 = 1 - (1 - R^2)\frac{N-1}{N-s} \tag{8.682}$$

berechnet wird. Wiederum wird ein Modell mit einem höheren Wert bei einem Vergleich als besseres Modell angesehen. Das angepasste Bestimmtheitsmaß folgt aus dem Bestimmtheitsmaß, indem über V_{RSS} und V_{TSS} Schätzer für die Varianz der Residuen und der Gesamtvarianz gemäß

$$\hat{\sigma}_{\varepsilon,\mathrm{biased}}^2 = \frac{1}{N}\sum_{i=0}^{N-1}\left(y(i) - y_{\mathrm{M}}(i)\right)^2 = \frac{1}{N}V_{\mathrm{RSS}} \tag{8.683}$$

und

$$\hat{\sigma}_{y,\mathrm{biased}}^2 = \frac{1}{N}\sum_{i=0}^{N-1}\left(y(i) - \bar{y}\right)^2 = \frac{1}{N}V_{\mathrm{TSS}} \tag{8.684}$$

aufgestellt werden. Das Bestimmtheitsmaß kann dann in der Form

$$R^2 = 1 - \frac{\frac{1}{N}V_{\mathrm{RSS}}}{\frac{1}{N}V_{\mathrm{TSS}}} = 1 - \frac{\hat{\sigma}_{e,\mathrm{biased}}^2}{\hat{\sigma}_{y,\mathrm{biased}}^2} \tag{8.685}$$

angegeben werden. Die in Gln. (8.683) und (8.684) angegebenen Schätzer für die Varianzen stellen keine erwartungstreuen Schätzer dar [Boe98]. Dies ist durch den Index „biased“ gekennzeichnet. Die erwartungstreuen Schätzer sind[26]

$$\hat{\sigma}_{\varepsilon,\mathrm{unbiased}}^2 = \frac{1}{N-s}\sum_{i=0}^{N-1}\left(y(i) - y_{\mathrm{M}}(i)\right)^2 = \frac{1}{N-s}V_{\mathrm{RSS}} \tag{8.686}$$

und

$$\hat{\sigma}_{y,\mathrm{unbiased}}^2 = \frac{1}{N-1}\sum_{i=0}^{N-1}\left(y(i) - \bar{y}\right)^2 = \frac{1}{N-1}V_{\mathrm{TSS}}. \tag{8.687}$$

Werden in Gl. (8.685) die nicht erwartungstreuen durch die erwartungstreuen Schätzer ersetzt, ergibt sich gerade das angepasste Bestimmtheitsmaß, also

$$R_{\mathrm{a}}^2 = 1 - \frac{\hat{\sigma}_{e,\mathrm{unbiased}}^2}{\hat{\sigma}_{y,\mathrm{unbiased}}^2} = 1 - \frac{\frac{1}{N-s}V_{\mathrm{RSS}}}{\frac{1}{N-1}V_{\mathrm{TSS}}} = 1 - (1 - R^2)\frac{N-1}{N-s}. \tag{8.688}$$

[26] Dabei liegt der Erwartungstreue die Annahme zugrunde, dass das Modell die korrekten Regressoren enthält.

Ein weiteres Kriterium kann aus dem bereits in Abschnitt 4.3.3 behandelten F-Test abgeleitet werden, auf den auch weiter unten nochmals eingegangen wird. Mit dem F-Test können zwei Modelle statistisch verglichen werden. Dazu werden für das Modell 1 mit s_1 Regressoren und das Modell 2 mit s_2 Regressoren, wobei $s_2 > s_1$ gilt, die zugehörigen Summen der quadrierten Residuen $V_{\mathrm{RSS}}^{(1)}$ und $V_{\mathrm{RSS}}^{(2)}$ berechnet und die Größe $F(s_2,s_1)$ über

$$F(s_2,s_1) = \frac{V_{\mathrm{RSS}}^{(1)} - V_{\mathrm{RSS}}^{(2)}}{V_{\mathrm{RSS}}^{(2)}} \frac{N - s_2}{s_2 - s_1} \tag{8.689}$$

gebildet. Um aus dem F-Test die Güte eines bestimmten Modells berechnen zu können, wird als Vergleichsmodell ein Modell verwendet, welches nur einen Gleichanteil liefert. Damit ist $s_1 = 1$ und

$$y_{\mathrm{M}}^{(1)}(k) = \bar{y}. \tag{8.690}$$

Modell 2 ist also das zu bewertenden Modell und Modell 1 das Vergleichsmodell. Aus Gl. (8.690) folgt mit Gl. (8.679) und Gl. (8.677)

$$V_{\mathrm{RSS}}^{(1)} = V_{\mathrm{TSS}}. \tag{8.691}$$

Wird die Ordnung des zu bewertenden Modells mit s bezeichnet, also $s_2 = s$, und die sich für das bewertende Modell ergebende Summe der quadrierten Residuen mit V_{RSS}, also $V_{\mathrm{RSS}}^{(2)} = V_{\mathrm{RSS}}$, ergibt sich die Größe $F(s_2,s_1)$ zu

$$F(s_2,s_1) = F(s,1) = \frac{V_{\mathrm{TSS}} - V_{\mathrm{RSS}}}{V_{\mathrm{RSS}}} \frac{N - s}{s - 1}. \tag{8.692}$$

Für die so erhaltene Größe wird die Bezeichnung $F_{\mathrm{overall}}(s)$ verwendet, also

$$F_{\mathrm{overall}}(s) = \frac{V_{\mathrm{TSS}} - V_{\mathrm{RSS}}}{V_{\mathrm{RSS}}} \frac{N - s}{s - 1}. \tag{8.693}$$

Der Vergleich dieser so berechneten Größe mit einem Schwellwert entspricht einem Test der Hypothese, dass bis auf den ersten Regressor (der Gleichanteil) alle weiteren Regressoren nicht signifikant sind. Wird der Schwellwert überschritten, wird diese Hypothese abgelehnt. Dieser Test wird als Overall-F-Test bezeichnet. Die Größe F_{overall} kann auch als ein Maß für die Güte eines Modells aufgefasst werden, wobei ein höherer Wert einem besseren Modell entspricht. Aus Gl. (8.681) folgt

$$\frac{R^2}{1 - R^2} = \frac{V_{\mathrm{TSS}} - V_{\mathrm{RSS}}}{V_{\mathrm{RSS}}}. \tag{8.694}$$

Die Beziehung zwischen F_{overall} und R^2 ist damit durch

$$F_{\mathrm{overall}}(s) = \frac{R^2}{1 - R^2} \frac{N - s}{s - 1} \tag{8.695}$$

gegeben.

Als weitere Kriterien können die in bereits in Abschnitt 4.3.4 betrachteten Informationskriterien verwendet werden.[27] Diese sind das FPE-Kriterium (*Final Prediction Error Criterion*) [Aka70]

[27] Wie in Abschnitt 4.3.4 werden diese Kriterien hier in einer vereinheitlichten Form angegeben. In der Literatur werden auch andere Darstellungen verwendet. So ist z.B. in [Aka70] $FPE(s)$ in der Form $(N + s)/(N - s)V_{\mathrm{RSS}}/N$ angegeben, aus der durch Logarithmieren und Multiplikation mit N die hier angegebene Ausdruck entsteht. Für den Vergleich verschiedener Modelstrukturen ist das Logarithmieren und Multiplizieren mit N unerheblich, da der Logarithmus eine monoton steigende Funktion darstellt.

$$FPE(s) = N \ln(\frac{1}{N} V_{\mathrm{RSS}}) + N \ln \frac{N+s}{N-s}, \tag{8.696}$$

das AIC-Kriterium (*Akaike Information Criterion*) [Aka73]

$$AIC(s) = N \ln(\frac{1}{N} V_{\mathrm{RSS}}) + \Phi_1 s \tag{8.697}$$

mit dem wählbaren Parameter $\Phi_1 > 0$, das LILC-Kriterium (*Law of Iterated Logarithm Criterion*) [HQ79]

$$LILC(s) = N \ln(\frac{1}{N} V_{\mathrm{RSS}}) + 2\Phi_2 s \ln(\ln(N)) \tag{8.698}$$

mit dem wählbaren Parameter $\Phi_2 \geq 1$ sowie das BIC-Kriterium (*Bayesian Information Criterion*) [Kas77]

$$BIC(s) = N \ln(\frac{1}{N} V_{\mathrm{RSS}}) + s \ln N. \tag{8.699}$$

Einen weiteren Ansatz stellt die Verwendung von Mallows C_P-Statistik dar [Mal73].[28] Dieses Kriterium kann ausgehend von der erwartungstreuen Schätzung der Varianz über die Beziehung

$$\mathrm{E}\left\{\frac{1}{N-s} \sum_{i=0}^{N-1} (y(i) - y_{\mathrm{M}}(i))^2\right\} = \mathrm{E}\left\{\frac{1}{N-s} V_{\mathrm{RSS}}\right\} = \sigma_\varepsilon^2 \tag{8.700}$$

hergeleitet werden. Diese Gleichung gilt nur, wenn das Modell alle benötigten Regressoren enthält. Ist dies nicht der Fall, ergibt sich

$$\mathrm{E}\left\{\frac{1}{N-s} \sum_{i=0}^{N-1} (y(i) - y_{\mathrm{M}}(i))^2\right\} = \mathrm{E}\left\{\frac{1}{N-s} V_{\mathrm{RSS}}\right\} = \sigma_\varepsilon^2 + B, \tag{8.701}$$

wobei es sich bei B um einen Biaswert handelt. Der Erwartungswert von V_{RSS} ist damit

$$\mathrm{E}\{V_{\mathrm{RSS}}\} = (N-s)\sigma_\varepsilon^2 + (N-s)B. \tag{8.702}$$

Division durch σ_ε^2 und Addition von $2s - N$ auf beiden Seiten liefert

$$\mathrm{E}\left\{\frac{V_{\mathrm{RSS}}}{\sigma_\varepsilon^2} - N + 2s\right\} = s + \frac{N-s}{\sigma_\varepsilon^2} B. \tag{8.703}$$

Aufbauend auf dieser Beziehung wird die Größe

$$C_P = \frac{V_{\mathrm{RSS}}}{\hat{\sigma}_\varepsilon^2} - N + 2s \tag{8.704}$$

definiert. Dabei ist $\hat{\sigma}_\varepsilon^2$ wiederum ein Schätzwert für die Varianz. Dieser kann aus den Residuen bestimmt werden, die sich bei einem Modell ergeben, welches alle zur Verfügung stehenden Regressoren enthält. Für ein Modell, welches alle benötigten Regressoren enthält, folgt

$$\mathrm{E}\{C_P\} = s. \tag{8.705}$$

[28] Das C wurde von Mallows zu Ehren des Statistikers Cuthbert Daniel gewählt [Mal73].

Der Erwartungswert von C_P ist also gerade die Anzahl der Regressoren. Die Übereinstimmung zwischen dem berechneten C_P-Wert und der Anzahl der Regressoren wird dann als Maß für die Modellgüte verwendet. Werden verschiedenen Modelle verglichen, stellt das Modell mit der kleinsten Abweichung zwischen der Anzahl der Regressoren und dem C_P-Wert das beste Modell dar. Sofern es mehrere Modelle mit sehr dicht beieinanderliegenden Abweichungen gibt, wird das Modell mit der geringsten Anzahl von Regressoren als bestes Modell aufgefasst.

8.5.7.3 Modellvergleich über den F-Test

Mit dem F-Test [GP77, Boe98], können, wie bereits in Abschnitt 4.3.3 und im vorangegangenen Abschnitt ausgeführt, zwei Modelle dahingehend verglichen werden, ob der Unterschied zwischen beiden Modellen statistisch signifikant ist. Das Modell 1 hat dabei s_1 Regressoren und das Modell 2 weist s_2 Regressoren auf, wobei $s_2 > s_1$ gilt, Modell 2 also mehr Regressoren aufweist. Das Modell 2 beinhaltet aber auch alle Regressoren von Modell 1, was so interpretiert werden kann, dass in Modell 2 weitere Regressoren aufgenommen bzw. in Modell 1 Regressoren weggelassen wurden. Mit dem F-Test wird die Hypothese getestet, dass die Parameter der in Modell 2 zusätzlich vorhandenen Regressoren gleich null sind, diese Regressoren also nicht benötigt werden.

Der F-Test basiert darauf, dass, wenn die Hypothese erfüllt ist, die Differenz der Summen der quadrierten Residuen beider Modelle dividiert durch die Rauschvarianz einer χ^2-Verteilung mit $s_2 - s_1$ Freiheitsgraden unterliegt, also

$$\frac{V_{\mathrm{RSS}}^{(1)} - V_{\mathrm{RSS}}^{(2)}}{\sigma_\varepsilon^2} \sim \chi^2_{s_2 - s_1}. \tag{8.706}$$

Die Summe der quadrierten Residuen des zweiten Modells dividiert durch die Varianz unterliegt einer χ^2-Verteilung mit $N - s_2$ Freiheitsgraden, d.h.

$$\frac{V_{\mathrm{RSS}}^{(2)}}{\sigma_\varepsilon^2} \sim \chi^2_{N - s_2}. \tag{8.707}$$

Damit ist die Verteilung der Testgröße

$$F(s_2,s_1) = \frac{V_{\mathrm{RSS}}^{(1)} - V_{\mathrm{RSS}}^{(2)}}{V_{\mathrm{RSS}}^{(2)}} \frac{N - s_2}{s_2 - s_1} \tag{8.708}$$

als Quotient zweier χ^2-verteilter Zufallsgrößen eine F-Verteilung mit $s_2 - s_1$ und $N - s_2$ Freiheitsgraden, also

$$F(s_2,s_1) = \frac{V_{\mathrm{RSS}}^{(1)} - V_{\mathrm{RSS}}^{(2)}}{V_{\mathrm{RSS}}^{(2)}} \frac{N - s_2}{s_2 - s_1} \sim \mathrm{F}_{s_2 - s_1, N - s_2}. \tag{8.709}$$

Diese Aussagen gelten, wie eingangs erwähnt, unter der Annahme, dass die Hypothese erfüllt ist. Aus der F-Verteilung kann zu einer bestimmten Schwelle P_t ein kritischer Wert F_t angegeben werden, sodass die Wahrscheinlichkeit, dass eine $\mathrm{F}_{s_2 - s_1, N - s_2}$-verteilte Zufallsgröße F den Wert F_t annimmt oder überschreitet, kleiner ist als P_t, d.h.

$$P(F \geq F_t) < P_t. \tag{8.710}$$

Die Hypothese wird dann abgelehnt, wenn der berechnete Wert $F(s_2,s_1)$ den kritischen Wert F_t überschreitet. Dies bedeutet, dass bei einem Überschreiten des kritischen Wertes davon ausgegangen wird, dass die zusätzlich aufgenommenen Regressoren signifikant sind. Wird der kritische Wert nicht überschritten, wird davon ausgegangen, dass die zusätzlich aufgenommenen Regressoren nicht signifikant sind.

Die angegebenen Verteilungen ergeben sich für das lineare Regressionsmodell entsprechend Gl. (8.670) mit den in Abschnitt 8.5.7 gemachten Annahmen bezüglich des wahren Systems und des Rauschens. Bei nichtlinear parameterabhängigen Modellen liegt keine lineare Regressionsgleichung mehr vor und die Parameterschätzung kann nicht mehr über das lineare *Least-Squares*-Verfahren erfolgen. Bei der Identifikation mit Prädiktionsfehlerverfahren bzw. mit dem *Maximum-Likelihood*-Verfahren, welches als Spezialfall des Prädiktionsfehlerverfahrens aufgefasst werden kann [GP77, Lju99], gelten die Aussagen zu den Verteilungen unter bestimmten Annahmen asymptotisch, d.h. für $N \to \infty$, sodass eine Verwendung des F-Tests bei einer hohen Anzahl von Messwerten auch dann gerechtfertigt ist.

8.5.7.4 Ermittlung der Signifikanz der geschätzten Parameter über den t-Test

Eine weitere Methode zur Ermittlung signifikanter Regressoren ist die Verwendung des t-Tests. Sofern die Bedingungen für die Erwartungstreue der *Least-Squares*-Schätzung erfüllt sind, ergeben sich bei Modellen, die alle benötigten und darüber hinaus nicht benötigte Regressoren beinhalten, für die Parameter der nicht benötigten Regressoren die Erwartungswerte null. Aufgrund von Rauschen werden sich bei einer durchgeführten Schätzung aber die Parameter der nicht benötigten Regressoren nicht exakt zu null ergeben. Über den t-Test kann die Hypothese getestet werden, ob ein bestimmter Modellparameter gleich null ist.

Hierbei wird die Tatsache benutzt, dass der Schätzfehler des Modellparametervektors bei der *Least-Squares*-Schätzung mit identisch normalverteiltem, weißem Rauschen als Störung ebenfalls normalverteilt ist mit dem Erwartungswert null, sofern die Datenmatrix und der Vektor der Störung stochastisch unabhängig sind.[29] Gleichzeitig liefert die Parameterschätzung auch die geschätzte Kovarianzmatrix des Schätzfehlers $\boldsymbol{P}$. Die Diagonalelemente dieser Kovarianzmatrix sind Schätzwerte der Varianzen der einzelnen Parameter $\hat{\sigma}^2_{\hat{p}_i}$. Mit den Parameterschätzwerten und den Varianzen wird die Größe

$$t_i = \frac{p_i - \hat{p}_i}{\sqrt{\hat{\sigma}^2_{\hat{p}_i}}} \tag{8.711}$$

[29] Diese Annahme ist bei der Parameterschätzung in der Systemidentifikation allerdings meistens nicht erfüllt, sofern die Datenmatrix zurückliegende Werte der Ausgangsgröße enthält, die wiederum von der Störung abhängen. Unter bestimmten Voraussetzungen ist der Parameterschätzfehler allerdings asymptotisch, d.h. für $N \to \infty$ normalverteilt, sodass dann für eine hohe Anzahl von Messdaten die Verwendung des t-Tests gerechtfertigt ist. Dies gilt auch bei der Schätzung mit Prädiktionsfehlerverfahren und für die *Maximum-Likelihood*-Schätzung bei nichtlinear parameterabhängigen Modellen.

definiert. Diese Größe unterliegt einer t-Verteilung mit $N-s$ Freiheitsgraden [GP77], also

$$t_i = \frac{p_i - \hat{p}_i}{\sqrt{\hat{\sigma}^2_{\hat{p}_i}}} \sim \mathrm{t}_{N-s}. \tag{8.712}$$

Aus der t-Verteilung kann ein kritischer Wert t_α angegeben werden, sodass die Wahrscheinlichkeit dafür, dass eine t_{N-s}-verteilte Zufallsgröße t in dem Intervall $-t_\alpha < t < t_\alpha$ liegt, gerade $1-\alpha$ ist, d.h.

$$P(-t_\alpha < t < t_\alpha) = 1 - \alpha. \tag{8.713}$$

Wird dies auf die Testgröße t_i angewendet, ergibt sich

$$P\left(\hat{p}_i - t_\alpha \sqrt{\hat{\sigma}^2_{\hat{p}_i}} < p_i < \hat{p}_i + t_\alpha \sqrt{\hat{\sigma}^2_{\hat{p}_i}}\right) = 1 - \alpha. \tag{8.714}$$

Mit der Wahrscheinlichkeit $1-\alpha$ liegt der wahre Parameterwert also in dem durch $\hat{p}_i \pm t_\alpha \sqrt{\hat{\sigma}^2_{\hat{p}_i}}$ bestimmten Intervall. Enthält dieses Intervall den Wert null, wird die Hypothese angenommen und der Parameter als nicht signifikant bewertet. Die Größe des bestimmten Intervalls hängt allerdings von der geschätzten Varianz des Parameterschätzfehlers ab. Sofern das Modell nicht alle signifikanten Regressoren enthält, ist auch die mit dem Modell geschätzte Varianz biasbehaftet, was zu falschen Ergebnissen des t-Test führen kann.

8.5.7.5 Strukturprüfung über vollständige Suche

Die in den vorangegangenen Abschnitten vorgestellten Kriterien können für eine Bestimmung der im Modell erforderlichen Regressoren verwendet werden. Eine bereits angesprochene, prinzipielle Möglichkeit besteht darin, die Parameter für alle möglichen Modelle, also alle möglichen Kombinationen von Regressoren, zu schätzen und daraus das beste Modell auszuwählen. Für die Auswahl des besten Modells können die in den Abschnitten 8.5.7.1 und 8.5.7.2 behandelten Kriterien herangezogen werden. Die Anzahl der möglichen Kombinationen von $s_{\max}$ Regressoren ergibt sich zu

$$\sum_{i=1}^{s_{\max}} \binom{s_{\max}}{i} = \sum_{i=1}^{s_{\max}} \frac{s_{\max}!}{i!(s-i)!} = 2^{s_{\max}} - 1. \tag{8.715}$$

Die Zahl der Kombinationen wächst also exponentiell mit der Zahl der möglichen Regressoren. Damit ist die vollständige Suche nur bei einer geringen Anzahl von möglichen Regressoren praktikabel. In den folgenden Abschnitten werden Verfahren vorgestellt, in denen systematisch die zu vergleichenden Modelle ausgewählt werden.

8.5.7.6 Strukturprüfung über Vorwärts- und Rückwärtsregression

Bei der Vorwärtsregression wird mit einem Modell mit nur einem Regressor begonnen und dann in jedem Schritt ein weiterer Regressoren hinzugefügt. Dabei wird jeweils geprüft, ob das Hinzufügen des weiteren Regressors eine Verbesserung herbeiführt bzw. ob der Regressor statistisch signifikant ist. Der hinzugefügte Regressor wird nur beibehalten, wenn dies erfüllt ist. Sobald ein ausreichend gutes Modell gefunden ist, wird der Prozess abgebrochen. Bei dieser Vorgehensweise werden einmal hinzugefügte Regressoren beibehalten. Nicht benötige Regressoren, die zunächst aber eine Modellverbesserung bewirken, gehen also in das endgültige Modell ein. Das endgültige Modell hängt damit stark davon ab, in welcher Reihenfolge die Regressoren hinzugefügt werden.

Bei der Rückwärtsregression wird mit einem Modell begonnen, welches alle möglichen Regressoren enthält. Dann werden jeweils einzelne Regressoren entfernt und es wird geprüft, ob das Entfernen des Regressors eine Verschlechterung des Modells herbeiführt bzw. ob der entfernte Regressor statistisch signifikant ist. Der Regressor wird endgültig entfernt, wenn dies nicht der Fall ist. Ein einmal entfernter Regressor wird nicht wieder ins Modell aufgenommen. Ein Nachteil dieser Vorgehensweise ist, dass bei vielen möglichen Regressoren mit einem sehr großen Modell begonnen werden muss und auch die in den nächsten Schritten betrachteten Modelle noch sehr viele Regressoren haben. Stark überparametrierte Schätzprobleme sind aber meist numerisch schlecht konditioniert.

Aufgrund der beschriebenen Nachteile sind beide Verfahren als nicht besonders geeignet einzustufen. Günstiger ist die im nächsten Abschnitt beschriebene Methode der schrittweisen Regression.

8.5.7.7 Strukturprüfung über schrittweise Regression

Eine Alternative zu den nicht praktikablen bzw. nicht besonders gut geeigneten Ansätzen der vollständigen Suche und der Vorwärts- bzw. Rückwärtsregression stellt die schrittweise Regression dar ([HK99], Abschnitt 5.9.3). Bei der schrittweisen Regression wird mit einem Startmodell begonnen, welches zunächst alle Regressoren enthält, von denen vermutet wird, dass sie signifikant sind. Anschließend wird aus allen nicht im Modell enthaltenen Regressoren der signifikanteste Regressor bestimmt. Dies kann z.B. der Regressor sein, dessen Aufnahme in das Modell den höchsten Wert für den F-Test liefert. Dann wird überprüft, ob die Modellverbesserung durch Aufnahme dieses Regressors größer ist als eine vorgegebene Schwelle. Bei Verwendung des F-Tests kann z.B. eine Schwelle für den Wert des F-Test spezifiziert werden. Der Regressor wird nur dann aufgenommen, wenn der Wert diese Schwelle überschreitet. Wenn aufgrund dieser Betrachtung kein Regressor aufgenommen wird, d.h. die Modellverbesserung durch Aufnahme des signifikantesten zusätzlichen Regressors die Schwelle nicht überschreitet, wird abgebrochen und das vorliegende Modell ist das endgültige Modell. Wurde ein Regressor aufgenommen, wird anschließend aus allen im Modell vorhandenen Regressoren derjenige ermittelt, dessen Weglassen zur geringsten Modellverschlechterung führt. Wenn für diesen Regressor die Modellverschlechterung eine Schwelle unterschreitet, wird der Regressor entfernt. Diese Berechnung kann z.B. wieder über den F-Test erfolgen, wobei dann der Regressor ausgewählt wird, dessen Entfernen zu dem kleinsten Wert des F-Tests führt. Unterschreitet der Wert des F-Tests eine Schwelle, wird der Regressor entfernt. Dies wird solange fortgesetzt, bis keine Regressoren mehr entfernt werden, also die Werte der F-Tests für alle verbleibenden Regressoren die Schwelle nicht unterschreiten. Dann wird das Verfahren mit der erneuten Prüfung der nicht im Modell enthaltenen Regressoren auf Signifikanz fortgesetzt. Dies erfolgt solange, bis keine weiteren Regressoren aufgenommen werden.

8.5.7.8 Orthogonale Regression

Der in diesem Abschnitt betrachteten *Least-Squares*-Schätzung liegt die Annahme zugrunde, dass der Zusammenhang zwischen den Messwerten und dem Parametervektor in Matrix-Vektor-Schreibweise durch

$$\boldsymbol{y} = \boldsymbol{M}\boldsymbol{p} + \boldsymbol{\varepsilon} \tag{8.716}$$

gegeben ist. Dabei ist $\boldsymbol{y}$ der Vektor der Messwerte, $\boldsymbol{M}$ eine aus Messwerten gebildete Datenmatrix ist und $\boldsymbol{\varepsilon}$ ein Rauschterm. Das für die Identifikation verwendete Modell lautet entsprechend

$$\boldsymbol{y}_{\mathrm{M}} = \boldsymbol{M}\boldsymbol{p}_{\mathrm{M}}. \tag{8.717}$$

Der *Least-Squares*-Schätzwert ergibt sich gemäß

$$\hat{\boldsymbol{p}} = (\boldsymbol{M}^{\mathrm{T}}\boldsymbol{M})^{-1}\boldsymbol{M}^{\mathrm{T}}\boldsymbol{y}_{\mathrm{V}}. \tag{8.718}$$

Im Folgenden wird das Schätzproblem für den Fall betrachtet, dass die Spalten der Datenmatrix orthogonal zueinander sind. Für diesen Fall wird die Datenmatrix mit $\boldsymbol{V}$ bezeichnet. Die i-te Spalte der Datenmatrix ist der Spaltenvektor $\boldsymbol{v}_i$, die Datenmatrix ist also durch

$$\boldsymbol{V} = \begin{bmatrix} \boldsymbol{v}_1 & \dots & \boldsymbol{v}_s \end{bmatrix} \tag{8.719}$$

gegeben. Die Spaltenvektoren sind orthogonal zueinander, d.h. es gilt

$$\boldsymbol{v}_i^{\mathrm{T}}\boldsymbol{v}_j = \begin{cases} 0 & \text{für } i \neq j, \\ \sigma_i^2 & \text{für } i = j, \end{cases} \tag{8.720}$$

wobei σ_i ein positiver Skalar ist.[30] Unter diesen Bedingungen gilt

$$\boldsymbol{V}^{\mathrm{T}}\boldsymbol{V} = \begin{bmatrix} \sigma_1^2 & 0 & \dots & 0 \\ 0 & \sigma_2^2 & \dots & \vdots \\ \vdots & \vdots & \ddots & 0 \\ 0 & \dots & \dots & \sigma_s^2 \end{bmatrix} \tag{8.721}$$

und damit

$$(\boldsymbol{V}^{\mathrm{T}}\boldsymbol{V})^{-1} = \begin{bmatrix} \frac{1}{\sigma_1^2} & 0 & \dots & 0 \\ 0 & \frac{1}{\sigma_2^2} & \dots & \vdots \\ \vdots & \vdots & \ddots & 0 \\ 0 & \dots & \dots & \frac{1}{\sigma_s^2} \end{bmatrix} \tag{8.722}$$

sowie

$$(\boldsymbol{V}^{\mathrm{T}}\boldsymbol{V})^{-1}\boldsymbol{V}^{\mathrm{T}} = \begin{bmatrix} \frac{1}{\sigma_1^2}\boldsymbol{v}_1^{\mathrm{T}} \\ \vdots \\ \frac{1}{\sigma_s^2}\boldsymbol{v}_s^{\mathrm{T}} \end{bmatrix}. \tag{8.723}$$

30 Die Matrix $\boldsymbol{V}$ ist eine Matrix mit orthogonalen Spaltenvektoren, aber keine orthogonale Matrix. Bei einer orthogonalen Matrix gilt $\boldsymbol{V}^{\mathrm{T}}\boldsymbol{V} = \mathbf{I}$ und damit sind die Spaltenvektoren zueinander orthonormal.

Die Systembeschreibung nach Gl. (8.716) bzw. das Modell nach Gl. (8.717) lässt sich auf die Form

$$\boldsymbol{y} = \boldsymbol{V}\boldsymbol{\theta} + \boldsymbol{\varepsilon} \tag{8.724}$$

bzw.

$$\boldsymbol{y}_{\mathrm{M}} = \boldsymbol{V}\boldsymbol{\theta}_{\mathrm{M}} \tag{8.725}$$

bringen. Dabei werden die Spaltenvektoren $\boldsymbol{v}_i$ der Matrix $\boldsymbol{V}$ aus den Spaltenvektoren $\boldsymbol{m}_i$ der Matrix $\boldsymbol{M}$ gemäß

$$\boldsymbol{v}_i = \boldsymbol{m}_i - \sum_{j=1}^{i-1} \frac{\boldsymbol{m}_i^{\mathrm{T}}\boldsymbol{v}_j}{\boldsymbol{v}_j^{\mathrm{T}}\boldsymbol{v}_j}, \quad i = 1, \ldots, s, \tag{8.726}$$

berechnet. Diese Orthogonalisierungsmethode wird als Gram-Schmidt-Orthogonalisierung bezeichnet [HK99].

Durch die Umrechnung von $\boldsymbol{M}$ zu $\boldsymbol{V}$ ergibt sich auch ein neuer Parametervektor $\boldsymbol{\theta}$. Die *Least-Squares*-Schätzung liefert für den neuen Parametervektor den Schätzwert

$$\hat{\boldsymbol{\theta}} = (\boldsymbol{V}^{\mathrm{T}}\boldsymbol{V})^{-1}\boldsymbol{V}^{\mathrm{T}}\boldsymbol{y}_{\mathrm{V}}. \tag{8.727}$$

Einsetzen von Gl. (8.723) liefert

$$\hat{\boldsymbol{\theta}} = \begin{bmatrix} \frac{1}{\sigma_1^2}\boldsymbol{v}_1^{\mathrm{T}}\boldsymbol{y}_{\mathrm{V}} \\ \vdots \\ \frac{1}{\sigma_s^2}\boldsymbol{v}_s^{\mathrm{T}}\boldsymbol{y}_{\mathrm{V}} \end{bmatrix}. \tag{8.728}$$

Die Schätzwerte für die einzelnen Elemente sind also alle unabhängig voneinander. Dies hat insbesondere zur Folge, dass das Weglassen einzelner Regressoren, also Spalten von $\boldsymbol{V}$, bzw. das Hinzufügen weiterer orthogonaler Regressoren keine Auswirkungen auf die Schätzwerte der Parameter der anderen Regressoren hat. Damit können nach der Orthogonalisierung alle Regressoren unabhängig voneinander untersucht und hinsichtlich der Signifikanz bewertet werden. Es muss dazu aber auch die aus allen Regressoren gebildete Datenmatrix orthogonalisiert werden. Da die Regressoren alle unabhängig voneinander auf ihre Signifikanz untersucht werden können, kann die Strukturprüfung über eine Vorwärtsregression erfolgen. Dieser Ansatz geht auf [DS80, Des81, DM84] zurück. Eine Beschreibung der Algorithmen findet sich auch in [HK99].

Aus dem für das Modell mit der orthogonalisierten Datenmatrix bestimmten Schätzwert $\hat{\boldsymbol{\theta}}$ kann über die Beziehungen

$$\hat{p}_s = \hat{\theta}_s, \tag{8.729}$$

$$\hat{p}_i = \hat{\theta}_i - \sum_{j=i+1}^{s} \frac{\boldsymbol{m}_j^{\mathrm{T}}\boldsymbol{v}_i}{\boldsymbol{m}_i^{\mathrm{T}}\boldsymbol{v}_i}\hat{p}_j, \quad i = s-1, \ldots, 1, \tag{8.730}$$

der Schätzwert für den Parametervektor des Originalmodells berechnet werden [HK99].

8.5.8 Strukturprüfung bei Parameterschätzung über *Maximum-Likelihood*- oder Prädiktionsfehler-Verfahren

Ähnliche Ansätze wie in Abschnitt 8.5.7 lassen sich auch für Systeme angeben, bei denen keine lineare Abhängigkeit des Fehlers von den Parametern angenommen wird. Ein Beispiel hierfür ist das NARMAX-Modell (siehe Abschnitt 7.3.4)

$$y(k) = f(y(k-1),\ldots,y(k-n_y),u(k),\ldots,u(k-n_u),\varepsilon(k-1),\ldots,\varepsilon(k-n_\varepsilon))+\varepsilon(k). \quad (8.731)$$

Ein Prädiktor kann aus diesem Modell hergeleitet werden, indem der Prädiktionsfehler

$$e(k) = y(k) - y_{\mathrm{M}}(k) \quad (8.732)$$

gleichzeitig als Schätzwert für die Störung $\varepsilon(k)$ verwendet wird. Damit wird das Prädiktormodell zu

$$\begin{aligned} y_{\mathrm{M}}(k) =& f(y(k-1),\ldots,y(k-n_y),u(k),\ldots \\ & \ldots,u(k-n_u),y(k-1)-y_{\mathrm{M}}(k-1),\ldots,y(k-n_\varepsilon)-y_{\mathrm{M}}(k-n_\varepsilon)). \end{aligned} \quad (8.733)$$

Dies kann auch als

$$y_{\mathrm{M}}(k) = f(y(k-1),\ldots,y(k-n_y),u(k),\ldots,u(k-n_u),y_{\mathrm{M}}(k-1),\ldots,y_{\mathrm{M}}(k-n_e)). \quad (8.734)$$

geschrieben werden, wobei hier mit f ein allgemeiner funktionaler Zusammenhang bezeichnet wird. Dieses Modell weist im Allgemeinen keine lineare Abhängigkeit von den Parametern ab, auch dann nicht, wenn die Modellgleichung linear parametriert ist.[31] Dies ist darin begründet, dass die zurückliegenden Modellausgangswerte $y_{\mathrm{M}}(k-1)$, ..., $y_{\mathrm{M}}(k-n_e)$ wiederum von den Modellparametern abhängen.

Die Parameterschätzung kann dann nicht mehr über eine einfache *Least-Squares*-Schätzung erfolgen. In diesem Fall bietet sich stattdessen eine Schätzung über das Prädiktionsfehler-Verfahren (siehe Abschnitt 8.2.3) oder das *Maximum-Likelihood*-Verfahren, welches einen Spezialfall des Prädiktionsfehlerverfahrens darstellt, an.[32] Unter recht allgemeinen Bedingungen sind die über das Prädiktionsfehler-Verfahren erhaltenen Schätzwerte asymptotisch normalverteilt [GP77, BV86, Lju99]. Dies bedeutet, dass die in Abschnitt 8.5.7 angegeben Kriterien für den Vergleich verschiedener Modelle auch für Modelle verwendet werden können, die über das Prädiktionsfehler-Verfahren oder die *Maximum-Likelihood*-Schätzung bestimmt wurden. Zur Strukturprüfung kann dann auch die schrittweise Regression in Verbindung mit diesen Kriterien eingesetzt werden [BV86].

Im Zusammenhang mit der *Maximum-Likelihood*-Schätzung kann ein Vergleich zweier geschätzter Modelle auch über den *Likelihood*-Quotienten erfolgen [GP77, LB87]. Der *Likelihood*-Quotient ist definiert als [GP77, Boe98]

---

[31] Der Unterschied zwischen linear parametrierten und linear parameterabhängigen Modellen wird in Abschnitt 7.2.6 behandelt.

[32] Neben dem Prädiktionsfehler-Verfahren existieren andere Verfahren, die auf der Kleinsten-Quadrate-Schätzung aufbauen, wie die Erweiterte *Least-Squares*-Schätzung (*Extended Least Squares*, auch als *Extended Matrix Method*, *Panuska's Method* und *Approximate Maximum Likelihood* bezeichnet) und die suboptimale *Least-Squares*-Schätzung, sowie das Hilfsvariablen-Verfahren (siehe Abschnitt 3.3.3). Diese wurden ursprünglich für lineare Systeme entwickelt, können aber auch für nichtlineare Systeme eingesetzt werden [BV84].

$$\lambda(\boldsymbol{y}) = \frac{f_{\boldsymbol{y}}(\boldsymbol{y}; \hat{\boldsymbol{p}}_{2,\mathrm{ML}})}{f_{\boldsymbol{y}}(\boldsymbol{y}; \hat{\boldsymbol{p}}_{1,\mathrm{ML}})}, \tag{8.735}$$

wobei $\hat{\boldsymbol{p}}_{1,\mathrm{ML}}$ und $\hat{\boldsymbol{p}}_{2,\mathrm{ML}}$ die *Maximum-Likelihood*-Schätzwerte für die beiden Modelle sind. Im Sinne eines Hypothesentests wird mit diesem Test die Hypothese getestet, dass das Modell 2 kein statistisch signifikant besseres Modell darstellt. Beim Vergleich zweier Modelle wird Modell 2 durch Aufnehmen weiterer Parameter aus Modell 1 gebildet bzw. Modell 1 durch Weglassen von Parametern aus Modell 2. Modell 2 hat dann s_2 frei wählbare Parameter und bei Modell 1 sind es s_1 frei wählbare Parameter, was auch so ausgedrückt werden kann, dass in Modell 1 $s_2 - s_1$ Parameter zu null gesetzt werden.[33] Diese Hypothese wird abgelehnt, wenn der Wert des *Likelihood*-Quotienten eine Schwelle überschreitet. Für die Bestimmung der Schwelle kann die Tatsache verwendet werden, dass die Verteilung der Testgröße $2 \log \lambda(y)$ asymptotisch gegen eine χ^2-Verteilung mit $s_2 - s_1$ Freiheitsgraden strebt [GP77, Boe98]. Der so entstandene Test wird als *Likelihood*-Quotienten-Test bezeichnet.

Aus dem *Likelihood*-Quotienten-Test kann der logarithmische Determinantenverhältnis-Test hergeleitet werden [LB87]. Hierbei ergibt sich die Testgröße zu

$$d(\boldsymbol{y}) = N \log \frac{\det \boldsymbol{A}(\hat{\boldsymbol{p}}_{1,\mathrm{ML}})}{\det \boldsymbol{A}(\hat{\boldsymbol{p}}_{2,\mathrm{ML}})} \tag{8.736}$$

wobei $\boldsymbol{A}$ die mit dem jeweiligen Parametervektor geschätzte Kovarianzmatrix der Prädiktionsfehler ist, also

$$\boldsymbol{A}(\hat{\boldsymbol{p}}) = \frac{1}{N} \sum_{k=1}^{N} \boldsymbol{e}(k,\hat{\boldsymbol{p}}) \boldsymbol{e}^{\mathrm{T}}(k,\hat{\boldsymbol{p}}). \tag{8.737}$$

Dabei ist N die Anzahl der Daten. Auch die Testgröße $d(\boldsymbol{y})$ ist asymptotisch χ^2-verteilt mit $s_2 - s_1$ Freiheitsgraden. Dieser Test ist im Gegensatz zum F-Test auch für Mehrgrößensysteme einsetzbar. Der logarithmische Determinantenverhältnis-Test und der F-Test sind für Eingrößensysteme asymptotisch äquivalent [LB87]. Für weitere Details wird auf die angegebene Literatur verwiesen.

[33] Der *Likelihood*-Quotienten-Test ist allerdings allgemeiner formuliert. Hierbei wird der Parametervektor des Modells 2 aus einer größeren Parametermenge und der Parametervektor des Modells 1 nur aus einer Untermenge der größeren Parametermenge geschätzt [Boe98]. Dies ist gleichbedeutend damit, dass die Schätzung für das erste Modell unter $s_2 - s_1$ Bedingungen der Form $l_i(\boldsymbol{p}_{\mathrm{M}}) = 0$, $i = 1, \ldots, s_2 - s_1$, durchgeführt wird [GP77].

9 Praktische Aspekte der Identifikation

9.1 Einführung und Überblick

In den vorangegangenen Kapiteln wurden verschiedene Modellstrukturen sowohl für lineare als auch nichtlineare Systeme sowie für diese Modellstrukturen einsetzbare Identifikationsverfahren vorgestellt. Die Vielzahl der Modelle und Verfahren lässt erkennen, dass für die Durchführung einer Systemidentifikation keine allgemeine Standardvorgehensweise angegeben werden kann, die garantierte Ergebnisse liefert. Es ist daher die Aufgabe des Anwenders, aus den Modellen und Verfahren eine Auswahl zu treffen, was zum einen eine tiefere Beschäftigung mit der Systemidentifikation selbst und zum anderen auch ein solides Grundlagenwissen in Mathematik, Signalverarbeitung, Mess- und Regelungstechnik sowie für die Implementierung eines Verfahrens in Programmierung erfordert. Neben den theoretischen Kenntnissen sind bei der Durchführung einer Systemidentifikation auch praktische Aspekte relevant, von denen einige wesentliche in diesem Kapitel behandelt werden. Gerade einer Person, welche noch nicht über viel Erfahrung in der Systemidentifikation verfügt, kann ergänzend angeraten werden, sich mit Fallstudien zur Identifikation bestimmter Systeme aus der Literatur zu beschäftigen.[1]

In Abschnitt 9.2 werden zunächst allgemeine Randbedingungen der Identifikationsaufgabe betrachtet, welche technischer, aber auch wirtschaftlicher, organisatorischer oder sogar rechtlicher Natur sein können. Vor der Durchführung einer Identifikation sollten theoretische Betrachtungen und Voruntersuchungen durch Simulationsstudien erfolgen. Diese Aspekte werden in den Abschnitten 9.3 und 9.4 betrachtet. Für die Aufnahme der erforderlichen Messdaten ist in vielen Fällen ein experimenteller Aufbau erforderlich, an dem auch erste Voruntersuchungen durchgeführt werden können. Hierfür zu berücksichtigende Punkte werden in Abschnitt 9.5 behandelt.

Vor Durchführung der Messungen sind die Abtastzeit und die Messdauer festzulegen sowie, sofern das System gezielt mit Testsignalen anregt werden kann, entsprechende Eingangssignale auszuwählen und zu erzeugen. Dies wird in den Abschnitten 9.6 bis 9.8 betrachtet. In den Unterabschnitten zu Abschnitt 9.8 wird insbesondere auf periodische Signale und deren Verwendung in der Identifikation eingegangen. Die Durchführung der Messungen und die nachfolgende Sichtung und Bearbeitung der Messdaten wird in den Abschnitten 9.9 und 9.10 behandelt.

Für die eigentliche Identifikation ist eine Modellstruktur festzulegen. Auf die Wahl der Modellstruktur wird in Abschnitt 9.11 und auf die Durchführung der Identifikation in

[1] In [HK99] werden als Fallstudien die Identifikation einer elektrisch stimulierten Zellmembran, eines Gärprozesses, zweier Wärmetauscher, zweier Destillationskolonnen, der Flutdynamiken zweier Flüsse und einer Zementmühle beschrieben. In [Lju99] werden die Identifikation eines Heißluftgebläses (Haarfön), der Dynamik eines Kampfflugzeuges und eines Pufferbehälters beschrieben.

Abschnitt 9.12 eingegangen. Abschließend ist bei einer Identifikationsaufgabe das Ergebnis der Identifikation zu bewerten und zu dokumentieren. Hierbei relevante Aspekte werden in Abschnitt 9.13 diskutiert.

9.2 Randbedingungen der Identifikationsaufgabe

Vor Beginn der eigentlichen Bearbeitung einer Identifikationsaufgabe sollten generell die Randbedingungen dieser Identifikationsaufgabe betrachtet werden. Dabei stehen aus ingenieurwissenschaftlicher Sicht primär technische Randbedingungen im Vordergrund, es sind jedoch auch betriebswirtschaftliche, organisatorische und möglicherweise sogar rechtliche Randbedingungen zu berücksichtigen.

Zunächst stellt sich die Frage, warum eine bestimmte Identifikationsaufgabe bearbeitet werden soll. Es ist also zu klären, warum für ein System ein Modell erforderlich ist. In den meisten Fällen wird die Antwort im Verwendungszweck des Modells liegen. So kann z.B. ein Modell benötigt werden, um damit einen Regelalgorithmus zu entwerfen und vor der Inbetriebnahme in der Simulation zu testen. Ebenso können Modelle zur Überwachung und Diagnose von Prozessen erforderlich sein. So können Modelle *online* parallel zum laufenden Prozess als Simulations- oder Vorhersagemodelle (z.B. in Beobachter- oder Filteralgorithmen) gerechnet und die Modellausgänge mit Messungen verglichen werden. Solche mitlaufenden Modelle können auch verwendet werden, um beim Ausfall von Sensoren noch einen sicheren Betrieb bis zur Reparatur zu ermöglichen (was z.B. in der elektronischen Motorsteuerung von Kraftfahrzeugen mit dem Notlaufbetrieb realisiert wird). Andererseits können Modelle auch wünschenswert sein, um ohne allzu konkreten Bezug zu einer technischen Aufgabe ein besseres Verständnis über die ablaufenden Prozesse zu erlangen. So ist es mit Modellen in der Simulation problemlos möglich, Betriebsbedingungen durchzuspielen, die am realen System zu Beschädigungen oder gefährlichen Situationen führen würden.

In diesem Zusammenhang ist weiterhin wichtig, wer ein Interesse an dem gesuchten Modell hat. Vielfach wird der spätere Nutzer des Modells (gewissermaßen der Auftraggeber) nicht mit demjenigen identisch sein, der die Modellierungs- oder Identifikationsaufgabe bearbeitet (der Auftragnehmer). Darüber hinaus sind weitere Aufgabenteilungen möglich. So kann eine Stelle (z.B. eine Abteilung innerhalb eines Unternehmens) die Aufstellung einer physikalisch motivierten Modellstruktur übernehmen und eine andere Stelle (eine andere Abteilung oder ein anderes Unternehmen) mit der Durchführung der Parameterbestimmung beauftragt werden. Für die Durchführung von Messungen kann wiederum eine andere Stelle zuständig sein. Zumindest wenn es sich um eine größere und wirtschaftlich bedeutsame Aufgabe handelt, sollte hier mit Methoden des Projektmanagements eine Planung erstellt werden, die neben der Zeitplanung u.a. auch die Verfügbarkeit benötigter Ressourcen (Personal, Messausrüstung usw.) berücksichtigt.

Bezüglich des Ergebnisses der Identifikationsaufgabe sind zwei grundlegende Unterscheidungen möglich. Zum einen kann der Fall vorliegen, dass für ein bestimmtes System ein Modell erstellt werden soll. Wenn dieses Modell ermittelt, validiert und dokumentiert ist, ist die Aufgabe gelöst. Meist muss noch die Vorgehensweise bei der Ermittlung des Modells dokumentiert werden, z.B. in Form eines Berichts, sowie die Messdaten und das

Modell in elektronischer Form (als Datei) in einem festgelegten Format übergeben werden.[2] Sofern für die Identifikation spezieller Programmcode erstellt wurde, kann auch eine Übergabe dieses Programmcodes an den Auftraggeber erforderlich sein, wenn dies so vereinbart wurde.

Zum anderen ist es möglich, dass nicht ein Modell für ein spezielles System ermittelt werden soll, sondern ein Identifikationsverfahren entwickelt und implementiert werden soll, welches für ein System oder für eine Vielzahl von Systemen geeignet ist. Mit diesem Verfahren möchte der Auftraggeber dann möglicherweise im Anschluss die eigentliche Identifikation selbst durchführen. Dies ist z.B. dann der Fall, wenn ein solches Verfahren ein System im *Online*-Betrieb identifizieren soll.

Auftraggeber und Einsatzzweck des Modells können erheblichen Einfluss auf die Wahl der Modellstruktur und die Durchführung der Identifikation haben. Nur in wenigen Fällen ist der Auftragnehmer in der Wahl der Modellstruktur und des Identifikationsverfahrens völlig frei. Dies wäre dann der Fall, wenn der Auftraggeber mit einem *Black-Box*-Modell (z.B. ausführbarer Programmcode oder ein Satz von Gleichungen) zufrieden wäre, welches das Eingangs-Ausgangs-Verhalten des Systems ausreichend gut nachbildet, und sich nicht dafür interessiert, wie dieses Modell ermittelt wurde. Oft wird aber der Auftraggeber Einfluss auf die Modellstruktur nehmen, so z.B. keine Modelle sehr hoher Komplexität wünschen, Modelle mit interpretierbaren Parametern bevorzugen und bei physikalischen Modellen plausible Parameterwerte erwarten (auch dann, wenn das Modell mit unplausiblen Parametern das Verhalten des Systems sehr gut nachbildet). Das Modell muss in diesem Fall mit möglicherweise vorhandenem Vorwissen vereinbar sein.

Steht die Entwicklung eines Algorithmus für den späteren Einsatz im Vordergrund, resultieren weitere Anforderungen hinsichtlich der Auswahl eines Identifikationsverfahrens. So muss dieses von den Mitarbeitern des Auftraggebers, die möglicherweise keine Spezialisten auf dem Gebiet der Systemidentifikation sind, zumindest grundlegend verstanden werden. Dies erfordert ggf. eine Beschränkung der Komplexität, auf jeden Fall aber eine entsprechende Dokumentation. Wenn ein entwickelter Algorithmus Einstellparameter aufweist, sind an diese weitere Anforderungen zu formulieren [Nel99]. So sollte es möglichst wenige Einstellparameter geben. Diese sollten gut interpretierbar sein, keine oder nur geringe Wechselwirkungen untereinander zeigen und einen unimodalen Einfluss haben, eine Erhöhung oder Reduzierung des Wertes also auch immer in eine Richtung wirken. Daneben müssen oftmals geeignete Voreinstellungen (*Default*-Werte) für die Einstellparameter angegeben werden.

Die Verfügbarkeit des Systems zur Durchführung von Messungen ist häufig ein kritischer Punkt. Produktions- oder Gewinnungsanlagen mit hohem Durchsatz können in der Regel nicht für längere Zeiträume zur Durchführung von Experimenten aus dem normalen Betrieb genommen werden, da dies erhebliche finanzielle Ausfälle nach sich zieht. Gerade bei einer organisatorischen Trennung der Verantwortlichkeiten wird dann das Bedienpersonal nur sehr eingeschränkt Zugriff auf die zu identifizierende Anlage gewähren. Bei Prozessen mit einer sehr langsamen Dynamik sind lange Messreihen erforderlich. Gleiches gilt bei stark verrauschten Signalen. Sofern es sich bei dem zu identifizierenden System um ein neuartiges Produkt oder eine wesentliche Weiterentwicklung eines bestehenden Produkts handelt, stehen oft nur wenige Prototypen zur Verfügung. Auch dann ist nur

[2] Bei der Validierung des Modells und der Erstellung der Dokumentation zu berücksichtigende Aspekte werden weiter unten in Abschnitt 9.13 betrachtet.

ein sehr eingeschränkter Zugriff möglich und Beschädigungen an diesen, meist sehr teuren, Prototypen sind auf jeden Fall zu vermeiden (was eine hohe Sorgfalt und Vorsicht beim Aufschalten von Eingangssignalen erfordert).

Daneben stellt sich die Frage nach Sicherheitsaspekten. Hier muss zum einen betrachtet werden, ob bei der Durchführung von Identifikationsexperimenten eine mögliche Gefährdung besteht. So ist sicherzustellen, dass eine Anlage oder ein Prozess nur unter zulässigen Bedingungen betrieben wird. Hinzu kommt, dass, sofern der Prozess mit Testsignalen beaufschlagt wird, die nicht normalen Betriebsbedingungen entsprechen, Sicherheitsfunktionen aufgrund dieser Abweichungen von den normalen Betriebsbedingungen den Prozess abschalten oder automatisch in einen sicheren Zustand fahren können. Zur Durchführung von Identifikationsexperimenten müssen dann solche Sicherheitsfunktionen außer Kraft gesetzt und der sichere Betrieb vom Bedienpersonal überwacht werden.

Zum anderen ist zu klären, welche Risiken bei der anschließenden Verwendung des Modells oder des Einsatzes des entwickelten Algorithmus bestehen. So sollte ein nicht korrekt geschätztes Modell z.B. in Verbindung mit einer adaptiven Regelung nicht dazu führen, dass eine Gefahr aufgrund eines Instabilwerdens des Regelkreises entsteht. Ein unerwünschtes Verhalten des Algorithmus muss vermieden oder durch weitere Überwachungsfunktionen erkannt und durch Ersatzreaktionen abgefangen werden. Vor dem Einsatz eines Algorithmus im Feld oder in Serienprodukten sind daher möglicherweise längere Testläufe erforderlich. Es sind in diesem Zusammenhang auch rechtliche Fragen der Haftung zu klären, z.B. inwieweit ein Auftraggeber einen Auftragnehmer bei Schäden aufgrund eines nicht korrekten Modells oder eines nicht korrekt arbeitenden Algorithmus in Regress nehmen kann.[3]

Es ist erkennbar, dass eine erschöpfende Behandlung dieser Thematik im Rahmen einer Einführung nicht erfolgen kann, zumal Fragestellungen aus angrenzenden Bereichen wie Anforderungs- und Projektmanagement, Betriebswirtschaft, Softwareentwicklung und Recht zum Tragen kommen. Statt einer systematischen, ausführlichen Behandlung sollen hier lediglich die folgenden Leitfragen als Orientierungshilfe formuliert werden.

- Warum soll eine Modellierungs- bzw. Identifikationsaufgabe bearbeitet werden?
- Soll (einmalig) ein Modell ermittelt oder ein Identifikationsalgorithmus für einen nachfolgenden Einsatz entwickelt und implementiert werden?
- Was ist der Einsatzzweck des Modells bzw. des Algorithmus? Welche weiteren Schlüsse sollen aus dem Modell gezogen werden? Wer wird das Modell bzw. den Algorithmus einsetzen? Welche Anforderungen an das Modell bzw. den Algorithmus entstehen daraus (Struktur, Komplexität, Genauigkeit, Dokumentation)?
- Welches Vorwissen über das zu identifizierende System steht zur Verfügung? Gibt es Vorarbeiten (Literaturrecherche)? Wurden schon Identifikationsexperimente an diesem oder ähnlichen Systemen durchgeführt? Sind bereits Messdaten verfügbar? Ist bekannt, ob und wo Schwierigkeiten zu erwarten sind?

[3] Die Versicherungswirtschaft bietet z.B. sogenannte IT-Policen an, die u.a. Schäden aufgrund von Software abdeckt. Dabei wird aber oftmals vorausgesetzt, dass die eingesetzte Software ausreichend getestet ist. Schäden, die in einer Testphase, also mit einer noch nicht ausreichend getesteten Software entstehen, wären dann standardmäßig nicht versichert.

- Ist eine Literaturrecherche speziell zu Identifikationsansätzen für das in dieser Aufgabe betrachtete System erforderlich?

- Welche Ressourcen (Personal, Zeit, Messausrüstung, Software) werden benötigt? Bis wann sollte die Aufgabe abgeschlossen sein? Steht das zu identifizierende System für Messungen zur Verfügung oder gibt es bereits Datensätze? Über welche Qualifikationen muss das Personal verfügen? Welche Werkzeuge (Software, Hardware) sollen eingesetzt werden? Muss nicht vorhandene Kompetenz eingekauft werden (externe Dienstleister)?

- Inwieweit kann das System in speziellen Experimenten mit Testsignalen anregt werden? Können nur Messungen aus dem normalen Betrieb verwendet werden? Wie lange sollten bzw. können die Messreihen sein?

- Wer führt Messungen durch? Bestehen Gefahren bei den Messungen und gibt es spezielle Sicherheitsanforderungen und entsprechende Maßnahmen?

- Welche Risiken und Sicherheitsanforderungen bestehen im späteren Einsatz? Was passiert bei Verwendung eines falschen Modells, einer falschen Implementierung oder falschen Einstellungen eines Algorithmus? Welche Tests sind durchzuführen? Welches Haftungsrisiko besteht für die beteiligten Parteien?

- Sind Geheimhaltungsvereinbarungen erforderlich? Wer hat später die Rechte an den Ergebnissen (Messdaten, ersteller Code, gewonnene Erkenntnisse)? Dürfen Teile der Ergebnisse weiterverwendet oder veröffentlicht werden?[4]

- Ist die Modellierungs- bzw. Identifikationsaufgabe mit den zur Verfügung stehenden Resourcen wirtschaftlich zu lösen? Lohnt der erforderliche Aufwand?

9.3 Theoretische Betrachtungen

Nach Klärung der allgemeinen Randbedingungen sollten einige theoretische Betrachtungen erfolgen. So sollte der spätere Anwender des Modells (oftmals der Betreiber des Prozesses oder der Anlage) eine möglichst detaillierte Beschreibung des Systems liefern. Anhand dieser ist festzulegen, für welche Teile des Prozesses und in welchen Betriebszuständen Modelle erstellt werden sollen. Es muss versucht werden, möglichst viele Informationen über den Prozess zusammenzustellen. Anhand dieser Informationen kann später auch das Identifikationsergebnis bewertet werden.

In diesem Schritt sind auch die Eingangs- und Ausgangsgrößen festzulegen. Oftmals weisen Prozesse eine Vielzahl von Eingangs- und Ausgangsgrößen auf und es sind dann diejenigen auszuwählen, die maßgeblich sind und für die das Eingangs-Ausgangs-Verhalten ermittelt werden soll. Daneben ist zu entscheiden, wie mit nichtbetrachteten Eingangsgrößen umzugehen ist. Idealerweise sollten diese während der Identifikationsexperimente konstant gehalten werden oder aber nur so stark fluktuieren, wie dies im späteren Betrieb auch zu erwarten ist.

[4] Diese Frage stellt sich insbesondere dann, wenn an der Aufgabe Universitäten oder Forschungsinstitute beteiligt sind, die oftmals großes Interesse an der Veröffentlichung wissenschaftlicher Ergebnisse haben.

Anhand einer theoretischen Vorbetrachtung können die folgenden Fragen geklärt werden [Unb11]:

- Welche physikalischen Zusammenhänge sollen durch das Modell beschrieben werden?
- Welche mathematische Beschreibungsform ist für die Beschreibung der physikalischen Zusammenhänge geeignet?
- Kann eine bis auf noch zu bestimmende Parameter bekannte Modellstruktur angegeben werden? Sind die Modellordnungen (bei linearen Modellen) und die Totzeit bekannt?
- Kann das Übergangsverhalten grob angegeben werden?
- Welche Arten von Störungen sind zu erwarten und wie lassen sich diese charakterisieren?

9.4 Voruntersuchungen durch Simulationsstudien

Ein für systematische Voruntersuchungen sehr günstiger Fall liegt vor, wenn für die Identifikation ein *Gray-Box*-Modell verwendet werden soll, also eine Modellstruktur, die auf physikalischen oder anderen naturwissenschaftlichen Gesetzmäßigkeiten basiert. Die prinzipielle Modellstruktur wird dann im Wesentlichen ohne experimentelle Untersuchungen aufgrund der Verknüpfung der zugrunde liegenden Gesetzmässigkeiten aufgestellt und steht damit für Simulationsuntersuchungen zur Verfügung. Voraussetzung dafür ist, dass typische oder plausible Werte für die unbekannten Parameter angegeben werden können. In vielen Fällen wird dies erfüllt sein, da es sich ja um physikalische bzw. technische Parameter handelt.

Anhand der Modellstruktur und typischer Parameterwerte können vorab das Systemverhalten untersucht und Schlüsse auf die Identifizierbarkeit gezogen werden. Generell lassen sich bei einer Systemidentifikation diejenigen Parameter gut ermitteln, die einen großen Einfluss auf das Systemverhalten haben. Anhand von Simulationsstudien kann der Einfluss verschiedener Parameter auf die Ausgangsgröße für bestimmte Eingangsgrößen untersucht werden. Für lineare Systeme ist dies auch im Frequenzbereich möglich. So kann z.B. der Einfluss einzelner Parameter auf den Frequenzgang des Systems analysiert werden, in dem diese Parameter variiert und jeweils der Frequenzgang graphisch dargestellt wird. Über eine solche Analyse ist auch feststellbar, in welchem Frequenzbereich das System angeregt werden sollte, um bestimmte Parameter gut ermitteln zu können.

Weiterhin kann anhand dieses Modells die gesamte Identifikationsaufgabe vorab in der Simulation durchgespielt werden. Hierzu wird das System in einem Simulationswerkzeug implementiert, wobei möglichst das gesamte System, so wie es in der Realität für die Datenerfassung aufgebaut wird, abgebildet wird. Dies bedeutet, dass z.B. die dynamischen Eigenschaften von Sensoren und Stellgliedern sowie auch die in der Datenerfassung verwendeten Filter mit in das Modell aufgenommen werden, sofern diese nicht viel schneller als die Dynamik des zu identifizierenden Systems sind. Dieses Modell ermöglicht dann, in unterschiedlichsten Szenarien Daten zu erzeugen und diese für die Parameterschätzung zu verwenden. Da die im Simulationsmodell verwendeten Parameter bekannt sind, kann unmittelbar untersucht werden, ob die geschätzen Parameter zu den wahren Werten konvergieren oder der Schätzfehler zumindest ausreichend klein ist. Dabei kann systematisch der Einfluss verschiedener Eingangssignale, verschiedener Abtastzeiten, unterschiedlicher Messdauer, verschiedener Filter usw. untersucht werden. In einem Simulationsmodell bestehen keinerlei Einschränkungen hinsichtlich der für eine Messung zur Verfügung stehenden Größen, sodass auch verschiedene Messkonfigurationen mit zusätzlichen Sensoren getestet werden können. Hinzu kommt, dass bei Vorliegen eines zeitkontinuierlichen *Gray-Box*-Modells dieses auch zeitkontinuierlich simuliert werden kann (über entsprechende numerische Integrationsverfahren). Die Systemidentifikation erfolgt allerdings zwangsläufig anhand von abgetasteten Daten (Zeitreihen).[5] Daher ist es mit dieser Vorgehensweise möglich, auch den Einfluss der Abtastung auf das Ergebnis der Parameterschätzung zu untersuchen.

Weiterhin kann die Identifikation mit unterschiedlich stark verrauschten Signalen durchgeführt werden, wobei auch das Spektrum des Rauschens frei vorgegeben werden kann. Die Identifikation kann zunächst unter Idealbedingungen (rauschfreie Signale) gestestet werden. Anschließend kann sukzessive von diesen Idealbedingungen abgewichen werden (stärkeres Rauschen, farbiges Rauschen). Die so erhaltenen Ergebnisse lassen sich für eine Interpretation gut darstellen (z.B. Schätzfehler über Rauschintensität, Schätzfehler über Abtastzeit) und analysieren.

Insgesamt können mit derartigen Voruntersuchungen u.a. die folgenden Fragestellungen untersucht werden.

- Welche Parameter haben einen großen Einfluss auf das Systemverhalten und (bei linearen Systemen) in welchem Frequenzbereich liegt dieser Einfluss vor? Kann auf die Schätzung von Parametern, die nur einen geringen Einfluss haben, verzichtet und können für diese typische Werte oder Werte aus der Literatur angenommen werden?

- Lassen sich einige Parameter (zumindest als grobe Werte) aus einfachen Vorversuchen bestimmen, z.B. stationäre Verstärkungen und Zeitkonstanten aus stationären Messungen oder Sprungantworten? Haben in bestimmten Betriebsbedingungen nur einige der Parameter einen Einfluss und können so gezielt bestimmt werden?

- Konvergieren die geschätzten Parameter unter Idealbedingungen zu den wahren (und in der Simulation bekannten) Parametern? Wie groß ist der zu erwartende Schätzfehler unter Idealbedingungen? Inwieweit hängt der Schätzfehler von den im Simulationsmodell verwendeten Werten ab? Welche Parameter sind gut und welche weniger gut zu identifizieren?

- Wie gut lässt sich das Verhalten des Systems mit *Black-Box*-Modellen nachbilden? Wie ausgeprägt ist bei einem nichtlinearen System die Nichtlinearität? Wie gut lässt sich das Verhalten des Systems mit linearen Modellen (ggf. in verschiedenen Arbeitspunkten) nachbilden?

[5] Sofern nicht der sehr unwahrscheinliche Fall vorliegt, dass ein Identifikationsalgorithmus in analoger Hardware implementiert werden soll. Auch dies ließe sich aber zeitkontinuierlich simulieren.

- Wie wirken sich verschiedene Eingangssignale auf das Identifikationsergebnis aus?
- Wie gut ist das System mit unterschiedlichen Sensorkonfigurationen identifizierbar? Ist der Einsatz zusätzlicher Sensoren zweckmäßig? Können ggf. vorhandene Sensoren weggelassen werden?
- Wie wirkt sich Rauschen (mit unterschiedlicher Intensität und unterschiedlichen spektralen Eigenschaften) auf das Identifikationsergebnis aus? Ist das Identifikationsergebnis auch unter realistischen Rauschannahmen noch ausreichend gut?
- Wie wirkt sich die Wahl der Abtastzeit auf das Identifikationsergebnis aus (auch in Kombination mit anderen Eigenschaften wie Rauschintensität und verschiedenen Eingangssignalen)?
- Wir wirken sich Einstellungen des Identifikationsverfahrens (z.B. Anfangsbedingungen, Adaptionsschrittweite, Vergessensfaktor) auf das Ergebnis aus?

Als Ergebnis dieser Untersuchungen sollte die Aussage gemacht werden können, ob die Identifikationsaufgabe mit vertretbarem Aufwand und mit der notwendigen Güte gelöst werden kann. Idealerweise werden gleichzeitig günstige Bedingungen für die Durchführung der Identifikation (Eingangssignale, Abtastzeit, Einstellung des Algorithmus usw.) ermittelt. Eine weitere Bearbeitung der Identifikationsaufgabe sollte dann nur erfolgen, wenn aufgrund dieser Voruntersuchungen Aussicht auf Erfolg besteht. Gelingt es in den Voruntersuchungen selbst unter Idealbedingungen nicht, ein ausreichend gutes Ergebnis zu erzielen, ist nicht davon auszugehen, dass dies mit Daten vom realen System gelingen wird. Es liegt dann möglicherweise ein sehr stark nichtlineares und damit schwer oder gar nicht identifizierbares System vor.

9.5 Experimenteller Aufbau und Voruntersuchungen

Sofern das System nicht bereits vollständig so ausgerüstet ist, dass eine Beaufschlagung mit Testsignalen (sofern zulässig) sowie ein Aufzeichnen von Eingangs- und Ausgangsdaten unmittelbar möglich ist, muss ein entsprechender experimenteller Aufbau erfolgen. Hierunter fallen die Auswahl, ggf. die Beschaffung sowie das Anbringen von Sensoren sowie deren Anbindung an ein Datenerfassungssystem. Je nach Anwendungsfall müssen auch zusätzliche Aktuatoren verwendet werden (bei der Untersuchung von schwingfähigen mechanischen Strukturen z.B. Krafterzeuger wie Shaker oder Impulshammer, die bei der Modalanalyse zum Einsatz kommen).

Das Datenerfassungssystem muss so beschaffen sein, dass es die Daten mit ausreichender Abtastfrequenz für einen genügend langen Zeitraum aufzeichnen und anschließend oder während der Messung an einen PC übertragen oder auf einem Datenträger speichern kann. Oft ist es zweckmäßig, ein (ggf. zusätzliches) Messsystem einzusetzen, bei dem die Messsignale während der laufenden Messungen betrachtet werden können (z.B. ein Oszilloskop). Auch das Auslesen prinzipiell bereits vorhandener Größen erfordert oftmals einen gewissen Aufwand. So müssen möglicherweise Daten eingelesen werden, die über Bussysteme übertragen werden.

Bei der Datenerfassung sind die Messsignale einer Tiefpass-Filterung zu unterziehen. Diese ist als *Anti-Aliasing*-Filterung der Messsignale vor der eigentlichen Analog-Digital-Wandlung erforderlich. Oftmals beinhaltet das Datenerfassungssystem eine solche Filterung, die zudem einstellbar ist (z.B. verschiedenen Filterordnungen und Eckfrequenzen). Es ist dann darauf zu achten, dass die Filterung korrekt eingestellt und die Einstellung dokumentiert wird.

Nach Fertigstellung und Inbetriebnahme des experimentellen Aufbaus sollte dieser anhand von ersten Messungen überprüft werden. Hierbei ist zu kontrollieren, ob die Messbereiche der Sensoren ausreichen oder ob eine Übersteuerung vorliegt, ob die Wertebereiche der Analog-Digital-Wandler ausgenutzt werden und ob alle Signale plausible Werte liefern. Auch das Übertragen von aufgenommenen Signalen zur Weiterverarbeitung auf einen PC sollte einmal probehalber ausgeführt werden. Im Anschluss an diese Überprüfung kann die eigentliche Messung durchgeführt werden. Hierfür müssen die Abtastzeit und die Messdauer festgelegt werden. Wenn das System mit speziellen Signalen erregt werden kann, sind diese auszuwählen und zu erzeugen. Diese Punkte werden in den nachfolgenden drei Abschnitten betrachtet.

9.6 Festlegung der Abtastzeit

Bei der Wahl der Abtastzeit spielt eine entscheidende Rolle, über welchen Frequenzbereich das Modell das Verhalten des Systems beschreiben soll. Bei realen Systemen existiert in der Regel eine Frequenz, ab der eine Anregung keine wesentliche Reaktion am Systemausgang mehr hervorruft bzw. ab der eine weitere Frequenzerhöhung einen weiteren Abfall der Ausgangsamplitude bewirkt. Auch wenn eine exakte Definition nur für lineare Systeme anhand des Frequenzgang einfach möglich ist, kann diese Frequenz allgemein als Bandbreite bezeichnet werden. Die Bandbreite stellt damit die höchste übertragbare Frequenz dar und ist ein Maß für die Dynamik („Schnelligkeit") des Systems.

In vielen Fällen wird die Anforderung bestehen, dass das Modell das Verhalten des Systems bis zur Bandbreite des Systems nachbilden soll. Entsprechend muss das Eingangssignal das System dann auch in diesem Frequenzbereich bzw. um auch den Abfall oberhalb der Bandbreite erfassen zu können noch bis zu etwas höheren Frequenzen anregen. Das Ausgangssignal wird entsprechend Anteile in diesem Frequenzbereich enthalten. Die Abtastung der Signale muss dann ausreichend schnell erfolgen, damit die höchsten auftretenden Frequenzen noch unterhalb der Nyquist-Frequenz (halbe Abtastfrequenz) liegen. Andererseits führt die Verwendung von zu schnell abgetasteten Signalen in den Parameterschätzverfahren oftmals zu numerischen Problemen. Dies ist darin begründet, dass sich die Signale zu benachbarten Abtastzeitpunkten bei sehr schneller Abtastung nur sehr wenig voneinander unterscheiden. Damit ist die Bedingung der fortwährenden Erregung verletzt, was sich darin äußert, dass die in den Parameterschätzgleichungen zu invertierende Matrix nahezu singulär wird.[6]

[6] Aufgrund der geringen Änderungen der Signale von Abtastzeitpunkt zu Abtastzeitpunkt sind die für die einzelnen Abtastzeitpunkte aufgestellen Regressionsgleichungen dann nahezu linear abhängig.

Als Richtwert für die Festlegung der Abtastfrequenz f_s wird oftmals, auch für die zeitdiskrete Regelung,[7] das Zehnfache der Bandbreite f_b angegeben [Che93, Lju99, DP04], also

$$f_s \approx 10 f_b. \tag{9.1}$$

Zur Festlegung der Abtastzeit ist also eine zumindest ungefähre Kenntnis der Bandbreite des Systems erforderlich. Sofern diese nicht aus Vorwissen oder aus physikalischen Überlegungen abgeschätzt werden kann,[8] bieten sich Vorversuche zur Bestimmung der Bandbreite an, wobei jeweils zu beachten ist, inwieweit diese Vorversuche durchgeführt werden können. Eine prinzipielle Möglichkeit besteht darin, dass System mit einem breitbandigen Eingangssignal anzuregen und das Eingangs- und Ausgangssignal sehr schnell abzutasten. Eine Betrachtung des Spektrums des Ausgangssignals liefert dann die Information, bis zu welcher Frequenz das Ausgangssignal spektrale Anteile enthält. Dabei ist dann aber noch zu untersuchen, ob diese durch das Eingangssignal erzeugt wurden oder ob es sich um hochfrequente Störsignale handelt. Unter der Annahme, dass es sich um ein lineares System handelt, ist hierzu die Betrachtung der Kohärenzfunktion zweckmäßig. Die Kohärenz $\gamma(f)$ ist gemäß

$$\gamma^2(f) = \frac{|S_{uy}(f)|^2}{S_{uu}(f) S_{yy}(f)} \tag{9.2}$$

definiert über den Quotienten aus dem Quadrat des Betrages des Kreuzleistungsdichtespektrums $S_{uy}(f)$ zwischen Eingangssignal u und Ausgangssignal y und des Produktes aus den Leistungsdichtepektren des Eingangssignals $S_{uu}(f)$ und des Ausgangssignals $S_{yy}(f)$. Die Kohärenz kann als Entsprechung des Korrelationskoeffizienten zwischen Eingangs- und Ausgangssignal als Funktion über der Frequenz interpretiert werden und stellt damit ein Maß für die Linearität des Zusammenhangs zwischen Eingangs- und Ausgangssignal dar. Ein Wert von eins entspricht dabei einem linearen Zusammenhang. Ein Wert niedriger als eins kann durch Rauschen auf dem Eingangs- oder Ausgangssignal, einen nichtlinearen Zusammenhang zwischen dem Eingangs- und Ausgangssignal, den Leckeffekt bei der Berechnung der Spektren über digitale Signalverarbeitung und über eine nichtberücksichtigte Totzeit verursacht werden [Her84]. Damit ist bei breitbandiger Anregung und Betrachtung des Ausgangsspektrums ein Kohärenzwert nahe bei eins bei einer Frequenz ein Indiz dafür, dass die spektralen Anteile bei dieser Frequenz auf die Eingangsanregung zurückzuführen sind.

In diesem Zusammenhang ist es auch hilfreich, Messungen ohne nennenswerte Erregung durch das Eingangssignal durchzuführen. Die Ausgangsgröße entspricht dann (bis auf einen konstanten oder sehr langsam veränderlichen Anteil) der Störung. Aus diesen Messungen können Informationen über das Spektrum der Störung gewonnen werden. Weiterhin kann aus den schnell abgetasteten Signalen bei breitbandiger Anregung über nichtparametrische Identifikation (Korrelationsanalyse, wie in Kapitel 2 beschrieben) der Frequenzgang des Systems bestimmt werden. Auch wenn dabei streng genommen die Linearität des Systems vorausgesetzt wird, liefert der so erhaltene Frequenzgang auch für nichtlineare Systeme eine ungefähre Information über die Bandbreite.

---

[7] Bei der zeitdiskreten Regelung muss dabei die angestrebte Bandbreite des geschlossenen Regelkreises betrachtet werden.

[8] Oftmals beschränken die Stellglieder, mit denen auf den Prozess eingewirkt wird, die Bandbreite und über diese Stellglieder sind entsprechende Informationen, z.B. über maximale Leistung, maximale Kräfte oder Drehmomente usw., aus technischen Unterlagen (Datenblätter) verfügbar.

Eine weitere Möglichkeit zur Bestimmung der Dynamik und damit der Abtastzeit ist das Aufnehmen und Auswerten der Sprungantwort. Bei ausreichend gut gedämpften Systemen kann statt der Bandbreite im Frequenzbereich die Anstiegszeit $t_{63\%}$ als Maß für die Schnelligkeit des Systems im Zeitbereich verwendet werden. Dabei ist $t_{63\%}$ die Zeit, nach welcher die Sprungsantwort 63% des stationären Endwerts erreicht. Die Abtastzeit kann nun als ein Zehntel bis ein Sechstel von $t_{63\%}$ gewählt werden [Unb09, Unb11], d.h.

$$T_\mathrm{s} \approx \left(\frac{1}{10} \dots \frac{1}{6}\right) t_{63\%}. \tag{9.3}$$

Bei Systemen mit einem dominanten rellen Pol bei $s = -1/T$ gilt $t_{63\%} \approx T$ und die dominante Zeitkonstante T entspricht ungefähr dem Kehrwert der 3dB-Bandbreite ω_b, also $T \approx 1/\omega_\mathrm{b}$. Aus Gl. (9.3) folgt dann eine Abtastfrequenz in Höhe des Sechs- bis Zehnfachen der Bandbreite.

Alternativ kann die Anstiegszeit $t_{10\%,\,90\%}$ abgelesen werden, welche die Sprungantwort benötigt, um nach erstmaligem Erreichen von 10% auf 90% des stationären Endwertes anzusteigen. Die Abtastzeit wird dann im Bereich eines Zehntels bis eines Sechstels der Anstiegszeit $t_{10\%,\,90\%}$ gewählt, also

$$T_\mathrm{s} \approx \left(\frac{1}{10} \dots \frac{1}{6}\right) t_{10\%,\,90\%}. \tag{9.4}$$

Bei einem Tiefpass erster Ordnung (PT1-Glied) mit der Differentialgleichung

$$T\dot{y}(t) + y(t) = Ku(t) \tag{9.5}$$

bzw. der Übertragungsfunktion

$$G(s) = \frac{K}{Ts+1} \tag{9.6}$$

ist die Beziehung zwischen $t_{10\%,\,90\%}$ und der 3dB-Bandbreite

$$\omega_\mathrm{b} = \frac{1}{T} \tag{9.7}$$

durch

$$t_{10\%,\,90\%} = T\ln(0{,}9) - T\ln(0{,}1) \approx \frac{2{,}2}{\omega_\mathrm{b}} \tag{9.8}$$

gegeben. Diese Beziehung zwischen der Anstiegszeit $t_{10\%,\,90\%}$ und der 3dB-Bandbreite ω_b gilt näherungsweise auch für Systeme mit Tiefpassverhalten höherer Ordnung. Damit kann Gl. (9.4) für die Abtastzeit T_s auch in der Form

$$T_\mathrm{s} \approx \frac{0{,}22}{\omega_\mathrm{b}} \dots \frac{0{,}37}{\omega_\mathrm{b}} \tag{9.9}$$

bzw. für die Abtastkreisfrequenz ω_s als

$$\omega_\mathrm{s} \approx (17 \dots 29)\,\omega_\mathrm{b} \tag{9.10}$$

angegeben werden.[9]

[9] Die in [Unb09, Unb11] angegebenen Grenzen von $0{,}23/\omega_\mathrm{b}$ und $0{,}38/\omega_\mathrm{b}$ ergeben sich, wenn die Anstiegszeit $t_{90\%}$ statt $t_{10\%,\,90\%}$ verwendet wird, also die Zeit, in welcher die Sprungantwort nach Auftreten des Sprunges 90% ihres stationären Endwertes erreicht.

Bei Systemen, bei denen weniger stark gedämpfte Schwingungen in der Systemantwort auftauchen, können die obigen Faustformeln nicht unmittelbar verwendet werden. Hier muss stattdessen beachtet werden, dass, wenn das identifizierte Modell auch das schwingende Verhalten nachbilden soll, eine ausreichende Anzahl von Abtastungen pro Periode der Schwingung stattfindet. Als Richtwert können zehn Abtastungen pro Periode angegeben werden, also

$$T_\mathrm{s} \approx 0{,}1\, T_\mathrm{min} \tag{9.11}$$

wobei T_min die Periodendauer der schnellsten Schwingung ist.

Auch die Verwendung des identifizierten Modells spielt bei der Wahl der Abtastzeit eine Rolle. Soll das identifizierte Modell zum Entwurf eines zeitdiskreten Reglers verwendet werden, sollte die Abtastzeit für die Identifikation der des Regelkreises entsprechen oder kleiner sein, d.h. es soll für die Identifikation mindestens so schnell abgetastet werden wie bei der Regelung. Eine Abtastung mit der Abtastfrequenz der Regelung bietet sich insofern an, als dass dann eine Umrechung des identifizierten Modells auf eine andere Abtastzeit entfällt.

Weiterhin ist zu beachten, dass die Signale vor der Abtastung (also analog) tiefpassgefiltert werden müssen, um *Aliasing* zu vermeiden. Für die Eckfrequenz des Filters f_c kann hier die Faustformel

$$f_\mathrm{c} = 0{,}8 \cdot f_\mathrm{Nyquist} = 0{,}4 \cdot f_\mathrm{s} \tag{9.12}$$

angegeben werden, wobei f_Nyquist die Nyquist-Frequenz (halbe Abtastfrequenz) ist. Sofern oberhalb der halben Abtastfrequenz signifikante Signalanteile zu erwarten sind, muss das *Anti-Aliasing*-Filter mit einem entsprechend steilen Abfall im Frequenzgang ausgelegt werden, also ein Filter hoher Ordnung verwendet werden. Eine Alternative besteht darin, die Signale zunächst sehr schnell abzutasten (wobei dann ein *Anti-Aliasing*-Filter niedriger Ordnung verwendet werden kann) und dann eine digitale Tiefpass-Filterung und eine anschließende Reduzierung der Abtastfrequenz durchzuführen. Die Reduzierung der Abtastfrequenz erfolgt zweckmäßigerweise durch Erhöhung der Abtastzeit auf ein ganzahliges Vielfaches der Originalabtastzeit, was dann einem einfachen Weglassen von Werten aus dem digital gefilterten Signal entspricht. Sollen im abgetasteten Signal Frequenzanteile bis zur (ggf. zunächst angenommenen) Bandbreite des Systems f_b betrachtet werden, wird mit einer Abtastfrequenz $\tilde{f}_\mathrm{s} \gg f_\mathrm{b}$ abgetastet. Die Abtastfrequenz $\tilde{f}_\mathrm{s}$ und die Eckfrequenz des analogen *Anti-Aliasing*-Filters $\tilde{f}_\mathrm{c} > f_\mathrm{b}$ werden so ausgelegt, dass im Transitionsbereich des Filters von $\tilde{f}_\mathrm{c}$ bis $0{,}5\tilde{f}_\mathrm{s}$ ein ausreichend starker Abfall des Amplitudenfrequenzgangs stattfindet. Wenn dieser Transitionsbereich über eine ausreichend schnelle Abtastung sehr groß gemacht wird, reicht ein analoges Filter niedriger Ordnung aus, um einen entsprechenden Abfall im Frequenzgang zu erzielen.

Aus dem schnell abgetasteten Signal kann anschließend durch Auswahl jedes L-ten Wertes ein Signal mit der Abtastfrequenz $f_\mathrm{s} = \tilde{f}_\mathrm{s}/L$ erzeugt werden. Da auch die neue, niedrigere Nyquist-Frequenz größer als die Bandbreite sein muss, ist dabei die Bedingung $0{,}5\,\tilde{f}_\mathrm{s}/f_\mathrm{b} > L$ einzuhalten. Die Auswahl jedes L-ten Wertes entspricht prinzipiell einer erneuten, langsameren Abtastung, sodass zuvor wieder eine *Anti-Aliasing*-Filterung erforderlich ist. Diese erfolgt über eine digitale Tiefpass-Filterung mit der Eckfrequenz f_c, wobei $0{,}5\,f_\mathrm{s} > f_\mathrm{c} > f_\mathrm{b}$ gelten muss. Dabei können die endgültige Abastfrequenz und die Filtereckfrequenz wieder über die Faustformeln $f_\mathrm{s} \approx 10 f_\mathrm{b}$ und $f_\mathrm{c} = 0{,}4 f_\mathrm{s}$ bestimmt werden.

Dieses als Überabtastung bezeichnete Verfahren hat den Vorteil, dass für die schnelle Abtastung ein sehr einfaches Filter verwendet werden kann und die eigentliche *Anti-Aliasing*-Filterung bei der nachfolgenden Reduzierung der Abtastfrequenz digital ausgeführt wird. Die digitale Filterung gerade mit Filtern hoher Ordnung ist einfacher durchzuführen (z.B. mittels entsprechender Software auf einem PC) als die analoge Filterung, welche einen entsprechenden Hardwareaufbau erfordert. Weiterhin kann aufgrund der schnellen Abtastung die für die Systemidentifikation betrachtete Bandbreite auch nach der Abtastung innerhalb des Durchlassbereichs des analogen *Anti-Aliasing*-Filters noch frei gewählt werden. Voraussetzung für die Überabtastung ist allerdings, dass mit dem Datenerfassungssystem die ggf. großen anfallenden Datenmengen aufgezeichnet und später auch weiterverarbeitet werden können.

In diesem Zusammenhang stellt sich die Frage nach dem Einfluss des *Anti-Aliasing*-Filters auf das Ergebnis der Identifikation und inweit die Dynamik des Filters berücksichtigt werden muss [Lju99]. Sofern die Abtastfrequenz des Filters und die Abtastfrequenz ausreichend weit oberhalb der Bandbereite des Systems liegen, kann der Einfluss des Filters auf die Signale vernachlässigt werden. Ist dies nicht der Fall, kann das Filter als Teil des Systems betrachtet werden. Bei einer *Black-Box*-Identifikation wird dann das System inklusive des Filters identifiziert, was eine höhere Modellordnung erfordern kann. Sofern bei linearen Systemen Eingangs- und Ausgangssignal aufgezeichnet und mit identischen *Anti-Aliasing*-Filtern gefiltert werden, hat die Filterung keinen Einfluss auf das Übertragungsverhalten, d.h. das Übertragungsverhalten zwischen den gefilterten Signalen entspricht dem zwischen den ungefilterten Signalen. Eine weitere Alternative bei Modellanpassungsverfahren (siehe Abschnitt 8.2.2) wie z.B. dem Prädiktionsfehlerverfahren (siehe Abschnitt 8.2.3) besteht darin, den Modellausgang mit dem bekannten *Anti-Aliasing*-Filter zu filtern [Lju99]. Dazu muss allerdings das analoge *Anti-Aliasing*-Filter zeitdiskret nachgebildet werden und die Identifikationsaufgabe verkompliziert sich möglicherweise dadurch, dass auch die Fehlergradienten gefiltert werden müssen. Das *Anti-Aliasing*-Filter muss dann also auch im Empfindlichkeitsmodell zur Gradientenberechnung berücksichtigt werden.[10]

Neben den hier genannten prinzipiellen Überlegungen zur Festlegung der Abtastzeit ist es möglich, den Einfluss der Abtastzeit auf das Ergebnis der Identifikation theoretisch zu untersuchen ([GP77], Abschnitt 6.5; [Lju99], Abschnitt 13.7; [Nor88], Abschnitt 9.2.3). Untersucht wird dabei der Einfluss der Abtastzeit auf die Varianz (bzw. die Kovarianzmatrix) der geschätzten Parameter. Die Suche nach der optimalen Abtastzeit kann dann als Optimierungsproblem formuliert werden, wobei zur Lösung des Optimierungsproblems die gesuchten Parameter bekannt sein müssen (sofern typische Parameterwerte bekannt sind, können über diese generelle Schlüsse gezogen werden). Außer in sehr speziellen Anwendungsfällen werden aber die nach den oben angegebenen Kriterien ausgewählten Abtastzeiten gute Ergebnisse liefern, sodass der erhebliche Aufwand theoretischer Untersuchung für die Praxis eher nicht gerechtfertigt scheint. Als interessantes Ergebnis ist jedoch festzuhalten, dass eine zu groß gewählte Abtastzeit, also eine zu langsame Abtastung, einen erheblich größere Verschlechterung der Parameterschätzung nach sich zieht als eine zu schnelle Abtastung [Lju99], wobei eine erheblich zu schnelle Abtastung wie oben beschrieben allerdings zu numerischen Problemen führt.

[10] Die bei der Parameterschätzung oftmals erforderliche Berechnung des Fehlergradienten wird in Abschnitt 8.2.5 behandelt.

9.7 Festlegung der Messdauer

Sofern die konkrete Problemstellung nicht die Entwicklung und Implementierung eines *Online*-Verfahrens erfordert, muss die Messdauer festgelegt werden. Es muss also bestimmt werden, wie viele Messungen durchgeführt werden und über welche Dauer dabei die Datenaufzeichnung erfolgen soll.[11]

Prinzipiell gilt hierbei die Aussage, dass die Güte der Identifikationsergebnisse mit zunehmender Messdauer steigt. Dies liegt zum einen daran, dass sich der Rauscheinfluss bei zunehmender Anzahl von Messdaten stärker herausmittelt.[12] Zum anderen sind die meisten Identifikationsverfahren nur asymptotisch erwartungstreu oder konsistent. Dies bedeutet, das ein systematischer Schätzfehler (*Bias*) vorliegt, der aber mit zunehmender Anzahl von Messdaten abnimmt. Allerdings sind in der Regel die zur Verfügung stehenden Ressourcen (Zeit, Personal, Messhardware) und auch der Zugriff auf das zu identifizierende System begrenzt, sodass nur so lange gemessen werden sollte, wie zur Erzielung einer hohen Güte der geschätzen Parameter erforderlich ist. Gerade bei schneller Abtastung kann auch die Messhardware bzw. der auf dieser zur Verfügung stehende Speicher die mögliche Länge der Messreihen einschränken. Die Angabe konkreter Richtwerte ist hier schwierig. Als absolute Untergrenze sollte eine Zahl von zehn Messdaten pro geschätzem Parameter nicht unterschritten werden. Gerade bei signifikant verrauschten Daten ist allerdings eine erhebliche höhere Zahl von Messdaten erforderlich. Bei bekannter Modellstruktur und typischen Parameterwerten kann, wie in Abschnitt 9.4 ausgeführt, der Einfluss der Messlänge vorab über Simulationsstudien untersucht werden.

Prinzipiell sollten lieber zu viele als zu wenige Messreihen aufgenommen werden. Dies gilt insbesondere dann, wenn der Zugriff auf das zu identifizierende System oder verwendete Hardware nur eingeschränkt möglich ist oder wenn größere Um- oder Aufbauten zur Durchführung der Messungen erforderlich sind. Es ist dann oftmals günstiger, die zur Verfügung stehende Messzeit voll auszuschöpfen als im Nachhinein festzustellen, dass zusätzliche, längere Messungen erforderlich sind.

Für eine heuristische Überprüfung der Annahme, dass ausreichend viele Messdaten aufgenommen wurden, kann die Identifikation sukzessive unter Verwendung eines Teils der Messreihe durchgeführt werden. Die Anzahl der verwendeten Daten wird dann nach und nach erhöht (es werden z.B. zunächst nur die ersten 10% der Messreihe, dann die ersten 20%, dann 30% usw. verwendet). Sofern sich das Identifikationsergebnis ab einer gewissen Datenmenge bei Zunahme weiterer Daten nur noch wenig ändert, kann darauf geschlossen werden, dass die Datenmenge ausreicht. Ändert sich hingegen auch bei Verwendung fast aller Daten das Ergebnis bei Hinzunahme weitere Daten noch wesentlich, ist dies ein Indiz dafür, dass die Länge der Messreihe nicht ausreichend ist.

Weiterhin ist zu berücksichtigen, dass nach der Identifikation eine Überprüfung des erhaltenen Modells erforderlich ist. Eine solche Überprüfung sollte anhand von Daten erfolgen, die nicht zur Identifikation herangezogen wurden, was als Kreuzvalidierung bezeichnet wird. Damit sollten nicht alle Messdaten für die eigentliche Identifikation verwendet,

---

[11] Auch bei der Entwicklung von *Online*-Verfahren werden diese oftmals vor dem eigentlichen Einsatz *offline* getestet. Insofern sind auch hier Daten aufzuzeichnen und es ist die Messdauer festzulegen.

[12] Diese Tatsache ist bereits aus der einfachen Mittelwertbildung verrauschter Daten leicht nachvollziehbar. Auch dort sinkt mit zunehmender Anzahl der Daten die Varianz des berechneten Mittelwertes.

sondern ein Teil der Daten für die Kreuzvalidierung reserviert werden. Dies erfordert entsprechend zusätzliche Messungen bzw. längere Messreihen. Die Überprüfung und Bewertung von Identifikationsergebnissen wird weiter unten in Abschnitt 9.13 ausführlicher betrachtet.

9.8 Wahl und Erzeugung des Eingangssignals

Wenn der günstige Fall vorliegt, dass das zu identifizierende System mit Testsignalen angeregt werden kann, sind diese auszuwählen und zu erzeugen. Dabei sind zunächst technische Randbedingungen zu beachten. So ist festzulegen, in welchem Betriebspunkt das System identifiziert werden soll und welche Anregungen technisch zulässig sind (z.B. Maximal- und Minimalamplituden, maximale Anstiegsraten, zulässige Betriebsbereiche der Ausgangssignale). Zweckmäßigerweise wird das System in den Betriebspunkten identifiziert, für die später auch das Modell verwendet werden soll. Weiterhin muss, wie oben bereits ausgeführt, das Eingangssignal das System in dem Frequenzbereich anregen, in dem ein genaues Modell angestrebt wird. Bei linearen Systemen reicht es hierzu aus, das Spektrum des Eingangssignals zu betrachten, während der Zeitverlauf des Signals eine untergeordnete Rolle spielt.[13] Bei nichtlinearen Systemen ist darüberhinaus zu betrachten, dass der Amplitudenbereich so gewählt wird, dass das nichtlineare Verhalten ausreichend zum Tragen kommt.

Das Eingangssignal eines zu identifizierenden physikalischen Systems ist in der Regel ein zeitkontinuierliches Signal. Die Erzeugung des Eingangssignals wird aber nur in speziellen Fällen so erfolgen, dass direkt ein zeitkontinuierliches Signal $u(t)$ erzeugt wird. Dies ist z.B. dann der Fall, wenn das Eingangssignal über einen Funktionsgenerator erzeugt wird, der direkt ein analoges Signal ausgibt. So können dann spezielle Testsignale, wie rampenförmige Signale, rechteckförmige Pulsfolgen, Sinussignale mit fester oder zeitlich variabler Frequenz oder auch Rauschsignale erzeugt werden. In den meisten Anwendungsfällen wird das zeitkontinuierliche Eingangssignal für das zu identifizierende System aber aus einem vorgebenen zeitdiskreten Signal in Form einer Zahlenfolge $u(k)$, $k = 0,1,2,\ldots$, bestimmt. Die Umwandlung in ein zeitkontinuierliches Signal erfolgt dann über einen Digital-Analog-Wandler so, dass jeweils für ein Zeitinterval ein konstantes Signal ausgegeben wird. Das ausgegebene Signal ist also jeweils zwischen zwei Abtastzeitpunkten konstant und damit insgesamt stufenförmig.[14] Es gilt also

$$\bar{u}(t) = u(t_k) \text{ für } t_k \leq t < t_{k+1}, \tag{9.13}$$

wobei durch den Überstrich gekennzeichnet wird, dass es sich um ein stufenförmiges Signal handelt. Diese Umwandlung entspricht der Verwendung eines Halteglieds nullter Ordnung (siehe z.B. [Unb09]).

[13] So hängen die asymptotischen Eigenschaften der Schätzung bei linearen Systemen nur von dem Spektrum des Eingangssignals und nicht von dessen Verlauf über der Zeit ab [Lju99].

[14] Auch dies ist nur näherungsweise der Fall, weil ein Digital-Anlog-Wandler keine Signale mit unendlicher hoher Änderungsgeschwindigkeit erzeugen kann. Das zeitkontinuierliche Signal kann damit zu einem Abtastzeitpunkt nicht springen.

Bei der Identifikation von zeitdiskreten Modellen wird direkt das Übertragungsverhalten zwischen der zeitdiskreten Eingangssgröße $u(k)$ und den Werten der abgetasteten Ausgangssgröße $y(k)$ identifiziert. Die Umwandlung des Eingangssignals $u(k)$ in ein zeitkontinuierliches Signal $\bar{u}(t)$ sowie die Abtastung des Ausgangssignals und eine vorher stattfindende *Anti-Aliasing*-Filterung sind dann Bestandteile des zu identifizierenden Systems und brauchen nicht gesondert betrachtet werden. Gelegentlich ist aber zu berücksichtigen, dass es sich bei dem aus einer Zahlenfolge erzeugten kontinuierlichen Signal um ein stufenförmiges Signal handelt. Dabei kommt zum Tragen, dass das stufenförmige Signal aufgrund der Sprünge zu den Abtastzeitpunkten spektrale Anteile enthält, die oberhalb der halben Abtastfrequenz liegen. Zwar werden diese durch die Umwandlung der Zahlenfolge in ein kontinuierliches Signal über das Halteglied nullter Ordnung unterdrückt, es ist aber dennoch zu klären, ob die noch vorhandenen höheren Frequenzanteile zu unerwünschtem Verhalten führen können. Ist dies der Fall, kann dem Ausgang des Digital-Analog-Wandler ein zusätzliches analoges Tiefpassfilter nachgeschaltet, also der Strecke vorgeschaltet, werden, welches die hohen Frequenzanteile weiter unterdrückt. Dieses Filter wird als Rekonstruktionsfilter bezeichnet.

Weiterhin ist zu beachten, dass das Eingangssignal die Bedingung der fortwährenden Erregung erfüllt. In den auf Regression basierenden Parameterschätzverfahren bedeutet dies, dass die Regressionsvektoren zu den einzelnen Zeitpunkten sich voneinander unterscheiden müssen, damit die zugehörigen Regressionsgleichungen linear unabhängig sind und so eine eindeutige Lösung für die gesuchten Parameter bestimmt werden kann. Etwas vereinfacht ausgedrückt ist dies in der Regel dann erfüllt, wenn das Signal ausreichend viele spektrale Anteile aufweist bzw. ausreichend breitbandig ist. Auf diesen Aspekt wird in Abschnitt 9.8.3.1 nochmals eingegangen.

Eine prinzipielle Unterscheidung bei der Wahl des Eingangssignals liegt darin, ob periodische oder nichtperiodische Signale verwendet werden. Dabei kann prinzipiell aus jedem Signal durch Wiederholung ein periodisches Signal erzeugt werden. Periodische Signale haben für die Identifikation gewisse Vorteile.[15] Daher werden periodische Signale im den nachfolgenden drei Abschnitten zunächst etwas allgemeiner betrachtet. Anschließend erfolgt in Abschnitt 9.8.4 eine Behandlung nichtperiodischer Signale.

9.8.1 Periodische Signale

9.8.1.1 Zeitkontinuierliche periodische Signale

Ein zeitkontinuierliches periodisches Signal mit der Periodenlänge T_0 erfüllt die Eigenschaft

$$u(t \pm iT_0) = u(t), \quad i = 0,1,2,\ldots. \tag{9.14}$$

Dieses Signal kann als Fourier-Reihe in der Form

$$u(t) = \sum_{\nu=-\infty}^{\infty} F_u(\nu\, 2\pi f_0)\, \mathrm{e}^{\mathrm{j}\,\nu\, 2\pi f_0\, t} \tag{9.15}$$

dargestellt werden. Dabei ist

[15] Die Vorteile periodischer Signale werden in Abschnitt 9.8.2 betrachtet.

$$F_u(\nu\,2\pi f_0) = |F_u(\nu\,2\pi f_0)| \cdot \mathrm{e}^{\mathrm{j}\,\arg\{F_u(\nu\,2\pi f_0)\}} \tag{9.16}$$

der zur Frequenz νf_0 gehörende komplexe Fourier-Reihenkoeffizient. Die Größe $f_0 = 1/T_0$ ist die Grundfrequenz. Die Grundkreisfrequenz ist entsprechend $\omega_0 = 2\pi f_0$. Die Grundfrequenz stellt die niedrigste in dem Signal auftretende Frequenz dar, also die Frequenz der langsamsten im Signal vorhandenen Schwingung.[16] Neben der Schwingung mit der Grundfrequenz kann das Signal Schwingungen mit einem Vielfachen dieser Grundfrequenz aufweisen, die als Oberwellen oder (höhere) Harmonische bezeichnet werden. In einem periodischen Signal mit der Grundfrequenz f_0 bzw. der Periode T_0 können also Harmonische mit den Frequenzen f_0, $2f_0$, $3f_0$, ... bzw. den Perioden T_0, $T_0/2$, $T_0/3$, ... auftreten, andere Schwingungsanteile jedoch nicht, da dann Gl. (9.14) nicht gelten würde. Die entsprechenden negativen Frequenzen folgen aus der komplexen Darstellung der reellwertigen schwingenden Anteile.

Für die komplexen Fourier-Reihenkoeffizienten gilt

$$F_u(\nu\,2\pi f_0) = \frac{1}{T_0}\int_0^{T_0} u(t)\mathrm{e}^{-\mathrm{j}\,\nu\,2\pi f_0\,t}\,\mathrm{d}t \tag{9.17}$$

bzw. allgemeiner

$$F_u(\nu\,2\pi f_0) = \frac{1}{t_2 - t_1}\int_{t_1}^{t_2} u(t)\mathrm{e}^{-\mathrm{j}\,\nu\,2\pi f_0\,t}\,\mathrm{d}t \tag{9.18}$$

mit

$$t_2 = t_1 \pm l \cdot T_0, \quad l = 1,2,\ldots.$$

Die Integration zur Berechnung der Fourier-Reihenkoeffizienten muss also über eine ganzzahlige Anzahl von Perioden des Signals durchgeführt werden.

Weiter gilt

$$F_u(-\nu\,2\pi f_0) = \bar{F}_u(\nu\,2\pi f_0), \tag{9.19}$$

wobei der Balken hier für die Bildung der konjugiert komplexen Größe steht. Damit ist die gesamte Information der Fourier-Reihe in den Koeffizienten für nichtnegative Frequenzen enthalten (oder entsprechend in den Koeffizienten für nichtpositive Frequenzen).

Zusammenfassen der Anteile negativer und positiver Frequenzen unter Anwendung der Euler-Formel $\mathrm{e}^{\mathrm{j}\,x} = \cos x + \mathrm{j}\sin x$ führt zu der alternativen reellwertigen Darstellung der Fourier-Reihe gemäß

$$u(t) = F_u(0) + \sum_{\nu=1}^{\infty} 2\,|F_u(\nu\,2\pi f_0)|\,\cos(\nu\,2\pi f_0\,t + \arg\{F_u(\nu\,2\pi f_0)\}). \tag{9.20}$$

Eine ebenfalls gebräuchliche Form ergibt sich durch Aufteilung der phasenverschobenen Kosinusfunktion in Sinus- und Kosinusfunktionen ohne Phasenverschiebung zu

$$u(t) = F_u(0) + \sum_{\nu=1}^{\infty} 2\,\mathrm{Re}\,\{F_u(\nu\,2\pi f_0)\}\,\cos(\nu\,2\pi f_0\,t) + \\ + \sum_{\nu=1}^{\infty} -2\mathrm{Im}\,\{F_u(\nu\,2\pi f_0)\}\,\sin(\nu\,2\pi f_0\,t). \tag{9.21}$$

[16] Sofern die dem konstanten Offset $F_u(0)$ entsprechende Frequenz null nicht betrachtet wird.

Die komplexen Fourier-Reihenkoeffizienten $F_u(\nu\, 2\pi f_0)$ stellen das zweiseitige komplexe Spektrum des periodischen Signals $u(t)$ dar. Die Beträge der komplexen Fourier-Reihenkoeffizienten $|F_u(\nu\, 2\pi f_0)|$ bilden das für negative und positive Frequenzen definierte zweiseitige Amplitudenspektrum und die doppelten Beträge, also $2\,|F_u(\nu\, 2\pi f_0)|$ entsprechend das nur für positive Frequenzen definierte einseitige Amplitudenspektrum. Bei der spektralen Darstellung werden häufig Effektivwerte (RMS-Werte, *Root-Mean-Square*) statt der Amplituden angegeben. So stellen $\frac{1}{2}\sqrt{2}\,|F_u(\nu\, 2\pi f_0)|$ und $\sqrt{2}\,|F_u(\nu\, 2\pi f_0)|$ das zweiseitige bzw. einseitige RMS-Spektrum dar. Die Quadrate der (halben) RMS-Werte stellen das einseitige (zweiseitige) Leistungsspektrum dar.

Neben der Fourier-Reihenentwicklung bzw. der entsprechenden Koeffizienten kann zur spektralen Darstellung auch die Fourier-Transformation verwendet werden. Die Fourier-Transformierte

$$U(\mathrm{j}\, 2\pi f) = \int_{-\infty}^{\infty} u(t)\, \mathrm{e}^{-\mathrm{j}\, 2\pi f t}\, \mathrm{d}t \tag{9.22}$$

ergibt sich mit Gl. (9.15) und Vertauschen von Summation und Integration zu

$$U(\mathrm{j}\, 2\pi f) = \sum_{\nu=-\infty}^{\infty} F_u(\nu\, 2\pi f_0) \int_{-\infty}^{\infty} \mathrm{e}^{\mathrm{j}\,\nu\, 2\pi f_0\, t}\, \mathrm{e}^{-\mathrm{j}\, 2\pi f t}\, \mathrm{d}t. \tag{9.23}$$

Das Integral auf der rechten Seite dieser Gleichung entspricht der Fourier-Transformierten der Funktion $\mathrm{e}^{\mathrm{j}\,\nu\, 2\pi f_0\, t}$ und für diese gilt

$$\int_{-\infty}^{\infty} \mathrm{e}^{\mathrm{j}\,\nu\, 2\pi f_0\, t}\, \mathrm{e}^{-\mathrm{j}\, 2\pi f t}\, \mathrm{d}t = 2\pi\delta(2\pi f - \nu\, 2\pi f_0). \tag{9.24}$$

Damit ergibt sich die Fourier-Transformierte $U(\mathrm{j}\, 2\pi f)$ zu

$$U(\mathrm{j}\, 2\pi f) = \sum_{\nu=-\infty}^{\infty} 2\pi F_u(\nu\, 2\pi f_0)\delta(2\pi f - \nu\, 2\pi f_0). \tag{9.25}$$

Das (zweiseitige komplexe) Fourier-Spektrum eines zeitkontinuierlichen periodischen Signals besteht also aus gewichteten Dirac-Impulsen an den Stellen 0, $\pm 2\pi f_0$, $\pm 4\pi f_0$, ... mit den Gewichten $2\pi F_u(0)$, $2\pi F_u(\pm 2\pi f_0)$, $2\pi F_u(\pm 4\pi f_0)$, ... Die Gewichte der Dirac-Impulse entsprechen damit den Fourier-Reihenkoeffizienten multipliziert mit dem Faktor 2π.

Das gleiche Beziehung ergibt sich, wenn $u(t)$ über die inverse Fourier-Transformierte gemäß

$$u(t) = \frac{1}{2\pi} \int_{-\infty}^{\infty} U(\mathrm{j}\omega)\mathrm{e}^{\mathrm{j}\omega t}\, \mathrm{d}\omega \tag{9.26}$$

dargestellt wird. Da $u(t)$ der Fourier-Reihe aus Gl. (9.15) entsprechen muss, folgt unter Berücksichtigung der Ausblendeigenschaft des Impulses in der Integration unmittelbar

$$U(\mathrm{j}\,\omega) = \sum_{\nu=-\infty}^{\infty} 2\pi F_u(\nu\, 2\pi f_0)\delta(\omega - \nu\, 2\pi f_0), \tag{9.27}$$

was Gl. (9.25) entspricht.

Nachfolgend soll noch auf das Zustandekommen des Vorfaktors 2π in Gl. (9.27) bzw. Gl. (9.25) eingegangen werden. Hierzu werden die Einheiten der beteiligten Größen betrachtet. Da der Dirac-Impuls die Fläche eins hat, entspricht die Einheit des Impulses gerade dem Kehrwert der Einheit des Arguments. Der in Gl. (9.27) bzw. Gl. (9.25) auftretende Impuls hat als Argument die Kreisfrequenz und damit als Einheit den Kehrwert der Kreisfrequenzeinheit, also $\frac{1}{\text{Kreisfrequenzeinheit}}$. Die Fourier-Reihenkoeffizienten eines Signals haben die Einheit der Signalamplitude. Die Einheit der Fourier-Transformierten $U(\mathrm{j}\omega)$ bzw. $U(\mathrm{j}\,2\pi f)$ ist damit $\frac{\text{Amplitudeneinheit}}{\text{Kreisfrequenzeinheit}}$. Dies folgt auch aus Gl. (9.26), da das Signal $u(t)$ durch Integration von $U(\mathrm{j}\omega)$ über die Kreisfrequenz entsteht. Wird in Gl. (9.26) die Substitution $\mathrm{d}\omega = 2\pi \mathrm{d}f$ vorgenommen, ergibt sich

$$u(t) = \int_{-\infty}^{\infty} U(\mathrm{j}\,2\pi f)\,\mathrm{e}^{\mathrm{j}\,2\pi f t}\,\mathrm{d}f. \tag{9.28}$$

Ein Vergleich mit der Fourier-Reihe aus Gl. (9.15) liefert dann

$$U(\mathrm{j}\,2\pi f) = \sum_{\nu=-\infty}^{\infty} F_u(\nu\,2\pi f_0)\delta(f - \nu f_0), \tag{9.29}$$

also einen Ausdruck ohne den Vorfaktor 2π. Hierbei ist aber zu berücksichtigen, dass der Dirac-Impuls $\delta(f - \nu f_0)$ als Argument die Frequenz und damit als Einheit den Kehrwert der Frequenzeinheit, also $\frac{1}{\text{Frequenzeinheit}}$, hat. Mit $\omega = 2\pi f$ gilt $\frac{1}{\text{Frequenzeinheit}} = \frac{2\pi}{\text{Kreisfrequenzeinheit}}$ und damit

$$\delta(f - \nu f_0) = 2\pi\delta(\omega - \nu\,2\pi f_0), \tag{9.30}$$

woraus die Gleichheit der Ausdrücke in den Gln. (9.29) und (9.27) folgt. Streng genommen müsste bei diesen Betrachtungen bei den Umrechnungen von Frequenz auf Kreisfrequenz in dem Faktor 2π noch die Einheit der Bogenlänge (Radiant) mitaufgenommen werden, also mit 2π rad multipliziert werden. Die Substitution $\mathrm{d}\omega = 2\pi\,\mathrm{rad} \cdot \mathrm{d}f$ in Gl. (9.26) würde dann dazu führen, dass die rechte Seite von Gl. (9.28) mit dem Faktor rad und die rechte Seite von Gl. (9.29) mit dem Faktor $\frac{1}{\text{rad}}$ multipliziert werden.[17]

In diesem Abschnitt wurden zeitkontinuierliche periodische Signale betrachtet. Für die Systemidentifikation werden in den allermeisten Fällen abgetastete Signale verwendet. In den folgenden zwei Abschnitten werden daher abgetastete Signale behandelt, wobei für diese Signale zunächst eine zeitkontinuierliche und anschließend eine zeitdiskrete Darstellung angegeben wird.

9.8.1.2 Abgetastete periodische Signale in zeitkontinuierlicher Darstellung

Einen Spezialfall eines zeitkontinuierlichen periodischen Signals stellt ein abgetastetes zeitkontinuierliches periodisches Signal dar. Zur Darstellung eines abgetasteten Signals

[17] Hier wurde davon ausgegangen, dass die Einheit der Fourier-Transformierten gerade $\frac{\text{Amplitudeneinheit}}{\text{Kreisfrequenzeinheit}}$ ist, dass Fourier-Spektrum also ein Dichtespektrum über der Kreisfrequenz ist. Alternativ könnte der Faktor 2π im Nenner von Gl. (9.26) mit der Einheit rad versehen werden. Die Fourier-Transformierte wäre dann ein Dichtespektrum über der Frequenz.

als zeitkontinuierliches Signal wird die Abtastung als Multiplikation mit einer Dirac-Impulsfolge interpretiert. Das abgetastete Signal $u^*(t)$ entsteht also als dem Originalsignal über

$$u^*(t) = u(t) \cdot \sum_{\mu=-\infty}^{\infty} \delta(t - \mu T_\mathrm{s}), \tag{9.31}$$

wobei T_s die Abtastzeit ist.[18]

Bei der Dirac-Impulsfolge handelt es sich um ein periodisches Signal mit der Periode T_s. Dieses kann als Fourier-Reihe gemäß

$$\sum_{\mu=-\infty}^{\infty} \delta(t - \mu T_\mathrm{s}) = \sum_{\mu=-\infty}^{\infty} \frac{1}{T_\mathrm{s}} \mathrm{e}^{\mathrm{j}\,\mu\, 2\pi f_\mathrm{s}\, t} \tag{9.32}$$

dargestellt werden. Das abgetastete Signal ist damit

$$u^*(t) = u(t) \cdot \sum_{\mu=-\infty}^{\infty} \frac{1}{T_\mathrm{s}} \mathrm{e}^{\mathrm{j}\,\mu\, 2\pi f_\mathrm{s}\, t}. \tag{9.33}$$

Im Folgenden wird vorausgesetzt, dass auch das abgetastete Signal $u^*(t)$ periodisch ist. Die Bedingung dafür ist, dass eine ganzzahlige Anzahl N_0^* von Abtastungen auf eine ganzzahlige Anzahl m von Perioden des Originalsignals entfallen. Dabei wird davon ausgegangen, dass N_0^* und m teilerfremd sind, was keine Einschränkung der Allgemeinheit darstellt. Die Abtastfrequenz ist dann

$$f_\mathrm{s} = \frac{N_0^*}{m} f_0 \tag{9.34}$$

und das abgestastete Signal $u^*(t)$ ist periodisch mit der Grundfrequenz

$$f_0^* = \frac{f_0}{m} \tag{9.35}$$

bzw. der Periodendauer

$$T_0^* = m T_0. \tag{9.36}$$

Ist also $m > 1$, was bedeutet, dass auf eine Periode des Originalsignals keine ganzzahlige Anzahl von Abtastungen entfällt, wird die Periode des abgetasteten Signals länger als die Periode des Originalsignals.

Die Fourier-Reihenkoeffizienten des abgetasteten Signals ergeben sich mit Gl. (9.33) zu

$$\begin{aligned} F_{u^*}(\nu\, 2\pi f_0^*) &= \frac{1}{T_0^*} \int_0^{T_0^*} u(t) \cdot \sum_{\mu=-\infty}^{\infty} \frac{1}{T_\mathrm{s}} \mathrm{e}^{\mathrm{j}\,\mu\, 2\pi f_\mathrm{s}\, t} \mathrm{e}^{-\mathrm{j}\,\nu\, 2\pi f_0^*\, t}\, \mathrm{d}t \\ &= \frac{1}{T_\mathrm{s}} \sum_{\mu=-\infty}^{\infty} \frac{1}{T_0^*} \int_0^{T_0^*} u(t)\, \mathrm{e}^{-\mathrm{j}\, 2\pi(\nu f_0^* - \mu f_\mathrm{s})\, t}\, \mathrm{d}t \\ &= \frac{1}{T_\mathrm{s}} \sum_{\mu=-\infty}^{\infty} F_u(2\pi(\nu f_0^* - \mu f_\mathrm{s})). \end{aligned} \tag{9.37}$$

[18] Bei dieser Darstellung handelt es sich um eine sehr nützliche Modellvorstellung, bei welcher die Dirac-Impulsfolge gewissermaßen das Hilfsmittel zur Darstellung der Signalwerte an den Abtastzeitpunkten in Form eines zeitkontinuierlichen Signals ist.

Aus dieser Darstellung ist ersichtlich, dass

$$F_{u^*}(2\pi(\nu f_0^* \pm i f_s)) = F_{u^*}(2\pi\nu f_0^*) \tag{9.38}$$

mit $i = 0,1,2,\ldots$ gilt, das Spektrum des abgetasteten Signals also periodisch mit der Periode f_s bzw. $2\pi f_s$ ist. Die Abtastung des kontinuierlichen Signals mit einem δ-Abtaster, also durch Multiplikation mit der Dirac-Impulsfolge, führt also zu einer periodischen Fortsetzung des Spektrums.

Die auf der rechten Seite von Gl. (9.37) verwendete Größe $F_u(2\pi(\nu f_0^* - \mu f_s))$ stellt dabei im allgemeinen Fall gewissermaßen die zu der Frequenz $\nu f_0^* - \mu f_s$ gehörende komplexe Amplitude dar. Wegen der Periodizität des Originalsignals $u(t)$ kann $F_u(2\pi(\nu f_0^* - \mu f_s))$ nur dann ungleich null sein, wenn die Frequenz $\nu f_0^* - \mu f_s$ ein ganzahliges Vielfaches von f_0 ist. Dann ist $F_u(2\pi(\nu f_0^* - \mu f_s))$ auch der zu der Frequenz $\nu f_0^* - \mu f_s$ gehörende Fourier-Reihenkoeffizient von $u(t)$.

Es lässt sich zeigen, dass dies für alle μ erfüllt ist, für die

$$\mu = \bar{\mu}_\nu + \gamma \cdot m \tag{9.39}$$

mit

$$\bar{\mu}_\nu = (\nu \cdot (N_0^* \bmod m)) \bmod m \tag{9.40}$$

gilt. Dabei ist γ eine beliebige ganze Zahl und mod steht für die Modulo-Operation, also die Bildung des Rests der ganzzahligen Division. Auf die zweite Anwendung der Modulo-Operation kann dabei prinzipiell verzichtet werden, da diese lediglich eine Beschränkung von $\bar{\mu}_\nu$ auf den Bereich $0,1,\ldots,m-1$ bewirkt. Damit kann Gl. (9.37) umgeschrieben werden zu

$$F_{u^*}(\nu\, 2\pi f_0^*) = \frac{1}{T_s} \sum_{\gamma=-\infty}^{\infty} F_u(2\pi(\nu f_0^* - (\bar{\mu}_\nu + \gamma \cdot m) f_s)). \tag{9.41}$$

Hieraus ist ersichtlich, dass sich der Fourier-Reihenkoeffizient $F_{u^*}(\nu\, 2\pi f_0^*)$ des abgetasteten Signals aus einer Überlagerung unendlich vieler, jeweils zu den um positive und negative ganzzahlige Vielfache der Abtastfrequenz verschobenen Originalfrequenz gehörenden, Fourier-Reihenkoeffizienten des Originalsignals ergibt. Dies stellt den *Aliasing*-Effekt dar.

Ähnliche Beziehungen folgen, wenn statt der Fourier-Reihenentwicklung die Fourier-Transformation zur spektralen Darstellung herangezogen wird. Für das abgetastete Signal $u^*(t)$ ergibt sich die Fourier-Transformierte aufgrund der Integration über die Impulsfolge zu

$$U^*(\mathrm{j}\, 2\pi f) = \int_{-\infty}^{\infty} u^*(t)\, \mathrm{e}^{-\mathrm{j}\, 2\pi f t}\, \mathrm{d}t = \sum_{k=-\infty}^{\infty} u(kT_s)\, \mathrm{e}^{-\mathrm{j}\, 2\pi f k T_s}, \tag{9.42}$$

was gerade der zeitdiskreten Fourier-Transformierten der Zahlenfolge $\ldots, u(-2T_s), u(-T_s), u(0), u(T_s), u(2T_s), \ldots$ entspricht.[19] Die Beziehung zwischen der Fourier-Transformierten des abgetasteten Signals $U^*(\mathrm{j}\, 2\pi f)$ und der Fourier-Transformierten des Originalsignals lautet

$$U^*(\mathrm{j}\, 2\pi f) = \frac{1}{T_s} \sum_{\mu=-\infty}^{\infty} U(\mathrm{j}\, 2\pi(f - \mu f_s)), \tag{9.43}$$

[19] Die zeitdiskrete Fourier-Transformation entsteht also aus der zeitkontinuierlichen Fourier-Transformation durch die Darstellung des abgetasteten Signals als Impulsfolge.

wobei dies unabhängig von der Periodizität von $u(t)$ ist.[20] Für periodische Signale folgt aus Gl. (9.25)

$$U^*(\mathrm{j}\,2\pi f) = \sum_{\nu=-\infty}^{\infty} 2\pi F_{u^*}(\nu\, 2\pi f_0^*)\delta(2\pi f - \nu\, 2\pi f_0^*). \tag{9.44}$$

Damit kann die Fourier-Transformierte $U^*(\mathrm{j}\,2\pi f)$ nur an den Stellen $f = \nu f_0^*$ ungleich null sein und entspricht dort einem Dirac-Impuls mit dem Gewicht $2\pi F_{u^*}(\nu\, 2\pi f_0^*)$.

9.8.1.3 Abgetastete periodische Signale in zeitdiskreter Darstellung

Im vorangegangenen Abschnitt wurde ein abgetastetes periodisches Signal als Impulsfolge dargestellt. Die Impulsfolge ist dabei ein Hilfsmittel, um ein abgetastetes Signal als zeitkontinuierliches Signal darstellen zu können. In der praktischen Anwendung werden bei abgetasteten Signalen aber die Signalwerte, also die durch die Abtastung entstehenden Zahlenfolgen (auch als Zeitreihen bezeichnet), verarbeitet. Die Signale werden dann zeitdiskret, also durch nur zu bestimmten Zeitpunkten gegebene Werte, dargestellt. Im Folgenden werden zeitdiskrete periodische Signale näher betrachtet.

Ein zeitdiskretes periodisches Signal mit einer Periodenlänge von N_0 Abtastschritten erfüllt die Eigenschaft

$$u(kT_\mathrm{s} \pm iN_0T_\mathrm{s}) = u(kT_\mathrm{s}), \quad i = 0{,}1{,}2, \ldots.$$

Dabei ist T_s die Abtastzeit, wobei eine äquidistante Abtastung vorausgesetzt wurde. Da eine Periodizität von N_0 Abtastschritten vorausgesetzt wird, gilt für die Abtastzeit

$$T_\mathrm{s} = \frac{T_0}{N_0} \tag{9.45}$$

und für die Abtastfrequenz

$$f_\mathrm{s} = N_0 f_0. \tag{9.46}$$

Dieses Signal kann als Fourier-Reihe in der Form

$$u(kT_\mathrm{s}) = \sum_{\nu=-\nu_{\max}}^{\nu_{\max}} F_u(\mathrm{e}^{\mathrm{j}\nu\, 2\pi f_0 T_\mathrm{s}})\, \mathrm{e}^{\mathrm{j}\,\nu\, 2\pi f_0\, kT_\mathrm{s}} \tag{9.47}$$

mit den $2\nu_{\max}+1$ Fourier-Reihenkoeffizienten $F_u(\mathrm{e}^{-\mathrm{j}\nu_{\max}\, 2\pi f_0 T_\mathrm{s}}), \ldots, F_u(\mathrm{e}^{\mathrm{j}\nu_{\max}\, 2\pi f_0 T_\mathrm{s}})$ dargestellt werden. Dabei ist $\nu_{\max} f_0$ die größte im zeitdiskreten Signal vorhandene Frequenz. Es gilt wieder

$$F_u(\mathrm{e}^{-\mathrm{j}\nu\, 2\pi f_0 T_\mathrm{s}}) = \bar{F}_u(\mathrm{e}^{\mathrm{j}\nu\, 2\pi f_0 T_\mathrm{s}}), \tag{9.48}$$

sodass das Signal $u(kT_\mathrm{s})$ vollständig über die $\nu_{\max}+1$ Fourier-Reihenkoeffizienten der nichtnegativen Frequenzen $F_u(\mathrm{e}^0)$, $F_u(\mathrm{e}^{\mathrm{j}\,2\pi f_0 T_\mathrm{s}})$, ..., $F_u(\mathrm{e}^{\mathrm{j}\nu_{\max} 2\pi f_0 T_\mathrm{s}})$ bestimmt ist. Mit Gl. (9.46) kann die Fourier-Reihe auch als

[20] Zur Herleitung dieser Beziehung kann in Gl. (9.37) die Berechnung des Fourier-Reihenkoeffizienten durch die Fourier-Transformation ausgetauscht werden, was dem Ersetzen der unteren Integrationsschranke durch $-\infty$ und der oberen Integrationsschranke durch ∞, dem Weglassen von $1/T_0^*$ sowie dem Ersetzen von νf_0^* durch f entspricht.

$$u(k) = \sum_{\nu=-\nu_{\max}}^{\nu_{\max}} F_u\left(\mathrm{e}^{\mathrm{j}\nu\frac{2\pi}{N_0}}\right) \mathrm{e}^{\mathrm{j}\nu\frac{2\pi}{N_0}k} \tag{9.49}$$

angegeben werden, wobei statt des Zeitarguments kT_s nur noch der Index k angegeben wird.

Für $\nu_{\max}$ gilt aufgrund des Abtasttheorems

$$\nu_{\max} = \begin{cases} \frac{N_0-1}{2} & \text{für } N_0 \text{ ungerade,} \\ \frac{N_0}{2} & \text{für } N_0 \text{ gerade,} \end{cases} \tag{9.50}$$

wobei hier das Abtasttheorem in der Formulierung $-f_\mathrm{s}/2 \le f \le f_\mathrm{s}/2$ verwendet wurde. In dem zeitdiskreten Signal $u(k)$ können also die Frequenzen $0, \pm\frac{f_\mathrm{s}}{N_0}, \pm 2\frac{f_\mathrm{s}}{N_0}, \ldots, \pm\nu_{\max}\frac{f_\mathrm{s}}{N_0}$ bzw. die diskreten, d.h. auf den Bereich $[-\pi, \pi]$ normierten, Frequenzen $0, \pm\frac{2\pi}{N_0}, \pm 2\frac{2\pi}{N_0}, \ldots, \pm\nu_{\max}\frac{2\pi}{N_0}$ auftreten.

Für einen geraden Wert von N_0 kann die Fourier-Reihe aus Gl. (9.49) mit Gl. (9.50) gemäß

$$u(k) = F_u\left(\mathrm{e}^{-\mathrm{j}\pi}\right)\mathrm{e}^{-\mathrm{j}\pi k} + \sum_{\nu=-(N_0/2-1)}^{N_0/2-1} F_u\left(\mathrm{e}^{\mathrm{j}\nu\frac{2\pi}{N_0}}\right) \mathrm{e}^{\mathrm{j}\nu\frac{2\pi}{N_0}k} + F_u\left(\mathrm{e}^{\mathrm{j}\pi}\right)\mathrm{e}^{\mathrm{j}\pi k} \tag{9.51}$$

und mit Gl. (9.48) weiter zu

$$u(k) = 2F_u\left(\mathrm{e}^{\mathrm{j}\pi}\right)\cdot(-1)^k + \sum_{\nu=-(N_0/2-1)}^{N_0/2-1} F_u\left(\mathrm{e}^{\mathrm{j}\nu\frac{2\pi}{N_0}}\right) \mathrm{e}^{\mathrm{j}\nu\frac{2\pi}{N_0}k} \tag{9.52}$$

umgeformt werden. Dabei wurde die Identität $\mathrm{e}^{-\mathrm{j}\pi k} = \mathrm{e}^{\mathrm{j}\pi k} = (-1)^k$ verwendet, aus der hier auch folgt, dass $F_u\left(\mathrm{e}^{-\mathrm{j}\pi}\right)$ und $F_u\left(\mathrm{e}^{\mathrm{j}\pi}\right)$ reellwertig und damit auch gleich sind.

Für die Fourier-Reihe aus Gl. (9.49) kann daher die Fallunterscheidung

$$u(k) = \begin{cases} \displaystyle\sum_{\nu=-(N_0-1)/2}^{(N_0-1)/2} F_u\left(\mathrm{e}^{\mathrm{j}\nu\frac{2\pi}{N_0}}\right) \mathrm{e}^{\mathrm{j}\nu\frac{2\pi}{N_0}k} & \text{für } N_0 \text{ ungerade,} \\ \displaystyle\sum_{\nu=-(N_0/2-1)}^{N_0/2-1} F_u\left(\mathrm{e}^{\mathrm{j}\nu\frac{2\pi}{N_0}}\right) \mathrm{e}^{\mathrm{j}\nu\frac{2\pi}{N_0}k} + 2F_u\left(\mathrm{e}^{\mathrm{j}\pi}\right)\cdot(-1)^k & \text{für } N_0 \text{ gerade} \end{cases} \tag{9.53}$$

angegeben werden. Die entsprechenden reellwertigen Reihendarstellungen lauten für ungerades N_0

$$u(k) = F_u(0) + \sum_{\nu=1}^{(N_0-1)/2} 2\left|F_u\left(\mathrm{e}^{\mathrm{j}\nu\frac{2\pi}{N_0}}\right)\right| \cos\left(\nu\frac{2\pi}{N_0}k + \arg\left\{F_u\left(\mathrm{e}^{\mathrm{j}\nu\frac{2\pi}{N_0}}\right)\right\}\right) \tag{9.54}$$

und für grades N_0

$$u(k) = F_u(0) + \sum_{\nu=1}^{N_0/2-1} 2\left|F_u\left(\mathrm{e}^{\mathrm{j}\nu\frac{2\pi}{N_0}}\right)\right| \cos\left(\nu\frac{2\pi}{N_0}k + \arg\left\{F_u\left(\mathrm{e}^{\mathrm{j}\nu\frac{2\pi}{N_0}}\right)\right\}\right) + 2F_u\left(\mathrm{e}^{\mathrm{j}\pi}\right)\cdot(-1)^k. \tag{9.55}$$

Zur Herleitung eines Ausdrucks zur Berechnung der Fourier-Reihenkoeffizienten wird eine Periode des Signals $u(k)$ zunächst über die inverse diskrete Fourier-Transformation (siehe z.B. [KK12]) gemäß

$$u(k) = \frac{1}{N_0} \sum_{\nu=0}^{N_0-1} U_{N_0}(\mathrm{e}^{\mathrm{j}\nu\frac{2\pi}{N_0}})\,\mathrm{e}^{\mathrm{j}\nu\frac{2\pi}{N_0}k} \tag{9.56}$$

dargestellt. Die Werte $U_{N_0}(\mathrm{e}^{\mathrm{j}\nu\frac{2\pi}{N_0}})$ werden über die diskrete Fourier-Transformation

$$U_{N_0}(\mathrm{e}^{\mathrm{j}\nu\frac{2\pi}{N_0}}) = \sum_{k=0}^{N_0-1} u(k)\,\mathrm{e}^{-\mathrm{j}\nu\frac{2\pi}{N_0}k} \tag{9.57}$$

berechnet.[21] Für ungerade Werte von N_0 kann Gl. (9.56) umgeschrieben werden zu

$$u(k) = \frac{1}{N_0} \sum_{\nu=-(N_0-1)/2}^{(N_0-1)/2} U_{N_0}(\mathrm{e}^{\mathrm{j}\nu\frac{2\pi}{N_0}})\,\mathrm{e}^{\mathrm{j}\nu\frac{2\pi}{N_0}k} \tag{9.58}$$

und für gerade Werte von N_0 zu

$$\begin{aligned} u(k) &= \frac{1}{N_0} \sum_{\nu=-(N_0/2-1)}^{N_0/2} U_{N_0}(\mathrm{e}^{\mathrm{j}\nu\frac{2\pi}{N_0}})\,\mathrm{e}^{\mathrm{j}\nu\frac{2\pi}{N_0}k} \\ &= \frac{1}{N_0} \sum_{\nu=-(N_0/2-1)}^{N_0/2-1} U_{N_0}(\mathrm{e}^{\mathrm{j}\nu\frac{2\pi}{N_0}})\,\mathrm{e}^{\mathrm{j}\nu\frac{2\pi}{N_0}k} + U_{N_0}\left(\mathrm{e}^{\mathrm{j}\pi}\right)\cdot(-1)^k. \end{aligned} \tag{9.59}$$

Insgesamt gilt also

$$u(k) = \begin{cases} \displaystyle\sum_{\nu=-(N_0-1)/2}^{(N_0-1)/2} \tfrac{1}{N_0}\, U_{N_0}(\mathrm{e}^{\mathrm{j}\nu\frac{2\pi}{N_0}})\,\mathrm{e}^{\mathrm{j}\nu\frac{2\pi}{N_0}k} & \text{für } N_0 \text{ ungerade,} \\[2ex] \displaystyle\sum_{\nu=-(N_0/2-1)}^{N_0/2-1} \tfrac{1}{N_0}\, U_{N_0}(\mathrm{e}^{\mathrm{j}\nu\frac{2\pi}{N_0}})\,\mathrm{e}^{\mathrm{j}\nu\frac{2\pi}{N_0}k} & \\ \qquad\qquad + \tfrac{1}{N_0}\, U_{N_0}\left(\mathrm{e}^{\mathrm{j}\pi}\right)\cdot(-1)^k & \text{für } N_0 \text{ gerade.} \end{cases} \tag{9.60}$$

Ein Vergleich von Gl. (9.60) mit Gl. (9.53) liefert den Zusammenhang zwischen den Fourier-Reihenkoeffizienten und der diskreten Fourier-Transformierten

$$F_u(\mathrm{e}^{\mathrm{j}\nu\frac{2\pi}{N_0}}) = \begin{cases} \frac{1}{N_0}\, U_{N_0}(\mathrm{e}^{\mathrm{j}\nu\frac{2\pi}{N_0}}) & \text{für } -\frac{N_0}{2} < \nu < \frac{N_0}{2}, \\ \frac{1}{2}\frac{1}{N_0}\, U_{N_0}(\mathrm{e}^{\mathrm{j}\pi}) & \text{für } \nu = \pm\frac{N_0}{2}. \end{cases} \tag{9.61}$$

Da die diskrete Fourier-Transformierte $U_{N_0}(\mathrm{e}^{\mathrm{j}\nu\frac{2\pi}{N_0}})$ in ν periodisch mit der Periode N_0 ist, gilt zwischen der diskreten Fourier-Transformierten und den Fourier-Reihenkoeffizienten die Beziehung

[21] Hier muss unterschieden werden zwischen der zeitdiskreten Fourier-Transformation (*Discrete-Time Fourier Transformation*, DTFT), die wie in Gl. (9.42) über die Summation von $-\infty$ bis ∞ definiert ist und der – hier verwendeten – diskreten Fourier-Transformation (*Discrete Fourier Transform*, DFT), die mit einer endlichen Anzahl von Werten berechnet wird.

$$U_{N_0}(\mathrm{e}^{\mathrm{j}\nu\frac{2\pi}{N_0}}) = U_{N_0}(\mathrm{e}^{\mathrm{j}\nu_0\frac{2\pi}{N_0}}) = \begin{cases} N_0\, F_u(\mathrm{e}^{\mathrm{j}\nu_0\frac{2\pi}{N_0}}) & \text{für } \nu \neq \pm\frac{N_0}{2}, \pm\frac{3N_0}{2}, \ldots \\ 2\,N_0\, F_u(\mathrm{e}^{\mathrm{j}\pi}) & \text{für } \nu = \pm\frac{N_0}{2}, \pm\frac{3N_0}{2}, \ldots . \end{cases} \tag{9.62}$$

mit

$$\nu_0 = \nu - \mathrm{sgn}(\nu)\cdot\left(\tfrac{2|\nu|+N_0-1}{2}\ \mathrm{div}\ N_0\right)\cdot N_0. \tag{9.63}$$

Die Operation der ganzzahligen Division div wird hierbei auf reelle Zahlen verallgemeinert angewendet.

Abschließend sollen noch die entsprechenden Beziehungen für die über

$$U(\mathrm{e}^{\mathrm{j}\,2\pi f}) = \sum_{\nu=-\infty}^{\infty} u(k)\,\mathrm{e}^{-\mathrm{j}\,2\pi f k T_\mathrm{s}} \tag{9.64}$$

definierte zeitdiskrete Fourier-Transformierte hergeleitet werden. Hierzu wird $u(k)$ zunächst über die inverse zeitdiskrete Fourier-Transformierte (*Inverse Discrete-Time Fourier Transform*, IDTFT) (siehe z.B. [KK12]) gemäß

$$u(k) = \frac{1}{2\pi}\int_{-\pi}^{\pi} U(\mathrm{e}^{\mathrm{j}\Omega})\,\mathrm{e}^{\mathrm{j}\Omega k}\,\mathrm{d}\Omega \tag{9.65}$$

dargestellt. Die Substitution $\Omega = \frac{2\pi}{N_0}\mu$ mit der reellen Hilfsvariable μ liefert

$$u(k) = \frac{1}{N_0}\cdot\int_{-\frac{N_0}{2}}^{\frac{N_0}{2}} U(\mathrm{e}^{\mathrm{j}\frac{2\pi}{N_0}\mu})\,\mathrm{e}^{\mathrm{j}\frac{2\pi}{N_0}\mu k}\,\mathrm{d}\mu. \tag{9.66}$$

Aus dem Vergleich mit der inversen diskreten Fourier-Transformation aus Gl. (9.60) folgt unter Berücksichtigung der Ausblendeigenschaft des Dirac-Impulses in der Integration und der Tatsache, dass an den Integrationsgrenzen nur über die Hälfte der Impulse integriert wird, die Beziehung

$$U(\mathrm{e}^{\mathrm{j}\Omega}) = \begin{cases} \displaystyle\sum_{\nu=-(N_0-1)/2}^{(N_0-1)/2} U_{N_0}(\mathrm{e}^{\mathrm{j}\nu\frac{2\pi}{N_0}})\,\delta(\Omega-\nu\tfrac{2\pi}{N_0}) & \text{für } N_0 \text{ ungerade,} \\ \tfrac{1}{2}U_{N_0}(\mathrm{e}^{-\mathrm{j}\pi})\,\delta(\Omega+\pi) & \\ \quad + \displaystyle\sum_{\nu=-(N_0/2-1)}^{N_0/2-1} U_{N_0}(\mathrm{e}^{\mathrm{j}\nu\frac{2\pi}{N_0}})\,\delta(\Omega-\nu\tfrac{2\pi}{N_0}) & \\ \qquad + \tfrac{1}{2}U_{N_0}(\mathrm{e}^{\mathrm{j}\pi})\,\delta(\Omega-\pi) & \text{für } N_0 \text{ gerade.} \end{cases} \tag{9.67}$$

Aus einem Vergleich der inversen Fourier-Transformation aus Gl. (9.66) und der Fourier-Reihe aus Gl. (9.60) oder auch durch Einsetzen von Gl. (9.62) in Gl. (9.67) folgt entsprechend

$$U(\mathrm{e}^{\mathrm{j}\Omega}) = \begin{cases} \sum\limits_{\nu=-(N_0-1)/2}^{(N_0-1)/2} N_0\, F_u(\mathrm{e}^{\mathrm{j}\nu\frac{2\pi}{N_0}})\, \delta(\Omega - \nu\frac{2\pi}{N_0}) & \text{für } N_0 \text{ ungerade,} \\ N_0\, F_u(\mathrm{e}^{-\mathrm{j}\pi})\, \delta(\Omega + \pi) & \\ \quad + \sum\limits_{\nu=-(N_0/2-1)}^{N_0/2-1} N_0\, F_u(\mathrm{e}^{\mathrm{j}\nu\frac{2\pi}{N_0}})\, \delta(\Omega - \nu\frac{2\pi}{N_0}) & \\ \qquad + N_0\, F_u(\mathrm{e}^{\mathrm{j}\pi})\, \delta(\Omega - \pi) & \text{für } N_0 \text{ gerade.} \end{cases} \tag{9.68}$$

9.8.1.4 Berechnung der Fourier-Reihenkoeffizienten aus abgetasteten Werten

Werden in der Systemidentifikation periodische Eingangssignale verwendet, ist es zweckmässig, die Fourier-Reihenkoeffizienten des Eingangs- und des Ausgangssignals zu berechnen, wobei erstere bei Vorgabe eines Anregungssignals auch bekannt sein können und dann nicht berechnet werden müssen. In der Regel stehen für die Berechnung nur Werte des Signals zu den Abtastzeitpunkten zur Verfügung. Im Folgenden wird daher die Berechnung der Fourier-Reihenkoeffizienten eines mit der Grundfrequenz f_0 bzw. der Periodendauer T_0 periodischen Signals $u(t)$ aus N abgetasteten Werten $u(iT_\mathrm{s})$, $i = 0,1,\ldots,N-1$ betrachtet. Zur Berechnung der Fourier-Reihenkoeffizienten wird in Gl. (9.17) das Integral gemäß

$$\frac{1}{NT_\mathrm{s}} \int_0^{NT_\mathrm{s}} u(t)\mathrm{e}^{-\mathrm{j}\,2\pi f\,t}\,\mathrm{d}t \approx \frac{1}{NT_\mathrm{s}} \sum_{i=0}^{N-1} u(iT_\mathrm{s})\mathrm{e}^{-\mathrm{j}\,2\pi f\,iT_\mathrm{s}} \cdot T_\mathrm{s} \tag{9.69}$$

durch eine Summe genähert, wobei die Integrationszeit T_0 durch die Messzeit NT_s ersetzt wurde. Die Frequenz f, für die der Fourier-Reihenkoeffizient berechnet wird und die im Folgenden als Analysefrequenz bezeichnet wird, bleibt zunächst noch unspezifiziert. Der über diese Beziehung aus N Werten berechnete Fourier-Reihenkoeffizient wird als $F_u^{(N)}(2\pi f)$ bezeichnet. Aus Gl. (9.69) ist unmittelbar ersichtlich, dass der so berechnete Fourier-Reihenkoeffizient gemäß

$$F_u^{(N)}(2\pi f) = F_u^{(N)}(2\pi(f \pm i f_\mathrm{s})), \quad i = 0,1,2,\ldots, \tag{9.70}$$

über der Frequenz periodisch ist mit der Periode f_s. Einsetzen der Fourier-Reihendarstellung von $u(t)$ aus Gl. (9.15) in Gl. (9.69) und Kürzen von T_s liefert

$$\begin{aligned} F_u^{(N)}(2\pi f) &= \frac{1}{N} \sum_{i=0}^{N-1} \sum_{\mu=-\infty}^{\infty} F_u(\mu\, 2\pi f_0)\, \mathrm{e}^{\mathrm{j}\,\mu\, 2\pi f_0\, iT_\mathrm{s}}\, \mathrm{e}^{-\mathrm{j}\,2\pi f\, iT_\mathrm{s}} \\ &= \frac{1}{N} \sum_{\mu=-\infty}^{\infty} F_u(\mu\, 2\pi f_0) \sum_{i=0}^{N-1} \mathrm{e}^{\mathrm{j}\,2\pi(\mu f_0 - f)\, iT_\mathrm{s}}. \end{aligned} \tag{9.71}$$

In dieser Gleichung stellt die endliche Summe die Partialsumme einer geometrischen Reihe dar. Diese Partialsumme ergibt sich zu

$$\sum_{i=0}^{N-1} \mathrm{e}^{\mathrm{j}\,2\pi(\mu f_0-f)\,iT_\mathrm{s}} = \sum_{i=0}^{N-1} \left(\mathrm{e}^{\mathrm{j}\,2\pi(\mu f_0-f)\,T_\mathrm{s}}\right)^i = \frac{\mathrm{e}^{\mathrm{j}\,2\pi(\mu f_0-f)\,NT_\mathrm{s}}-1}{\mathrm{e}^{\mathrm{j}\,2\pi(\mu f_0-f)\,T_\mathrm{s}}-1} \tag{9.72}$$

und kann weiter umgeformt werden zu

$$\begin{aligned}\sum_{i=0}^{N-1} \mathrm{e}^{\mathrm{j}\,2\pi(\mu f_0-f)\,iT_\mathrm{s}} =& \frac{\mathrm{e}^{\mathrm{j}\,2\pi(\mu f_0-f)\,\frac{N}{2}T_\mathrm{s}} - \mathrm{e}^{-\mathrm{j}\,2\pi(\mu f_0-f)\,\frac{N}{2}T_\mathrm{s}}}{\mathrm{e}^{\mathrm{j}\,2\pi(\mu f_0-f)\,\frac{1}{2}T_\mathrm{s}} - \mathrm{e}^{-\mathrm{j}\,2\pi(\mu f_0-f)\,\frac{1}{2}T_\mathrm{s}}} \cdot \frac{\mathrm{e}^{\mathrm{j}\,2\pi(\mu f_0-f)\,\frac{N}{2}T_\mathrm{s}}}{\mathrm{e}^{\mathrm{j}\,2\pi(\mu f_0-f)\,\frac{1}{2}T_\mathrm{s}}} \\ =& \frac{\sin\left(2\pi(\mu f_0-f)\,\frac{N}{2}T_\mathrm{s}\right)}{\sin\left(2\pi(\mu f_0-f)\,\frac{1}{2}T_\mathrm{s}\right)} \cdot \mathrm{e}^{-\mathrm{j}\,2\pi(\mu f_0-f)\,\frac{N-1}{2}T_\mathrm{s}}.\end{aligned} \tag{9.73}$$

Einsetzen von Gl.(9.73) in Gl. (9.71) liefert

$$F_u^{(N)}(2\pi f) = \frac{1}{N} \sum_{\mu=-\infty}^{\infty} F_u(\mu\, 2\pi f_0) \frac{\sin\left(2\pi(\mu f_0-f)\,\frac{N}{2}T_\mathrm{s}\right)}{\sin\left(2\pi(\mu f_0-f)\frac{1}{2}T_\mathrm{s}\right)} \cdot \mathrm{e}^{-\mathrm{j}\,2\pi(\mu f_0-f)\,\frac{N-1}{2}T_\mathrm{s}}. \tag{9.74}$$

Für die weiteren Betrachtungen ist es zweckmäßig, die Umformungen

$$\mu 2\pi f_0 = 2\pi\left(f + \tfrac{\mu f_0 - f}{f_s} \cdot f_s\right), \tag{9.75a}$$

$$2\pi(\mu f_0 - f)\,\frac{N}{2}T_\mathrm{s} = \pi N \cdot \tfrac{\mu f_0 - f}{f_s}, \tag{9.75b}$$

$$2\pi(\mu f_0 - f)\,\frac{1}{2}T_\mathrm{s} = \pi \cdot \tfrac{\mu f_0 - f}{f_s} \tag{9.75c}$$

und

$$2\pi(\mu f_0 - f)\,\frac{N-1}{2}T_\mathrm{s} = \pi(N-1) \cdot \tfrac{\mu f_0 - f}{f_s} \tag{9.75d}$$

vorzunehmen und Gl. (9.74) damit auf die Form

$$\begin{aligned}F_u^{(N)}(2\pi f) =& \frac{1}{N} \sum_{\mu=-\infty}^{\infty} F_u\left(2\pi\left(f + \tfrac{\mu f_0 - f}{f_s} \cdot f_s\right)\right) \cdot \\ &\cdot \frac{\sin\left(\pi N \cdot \frac{\mu f_0 - f}{f_s}\right)}{\sin\left(\pi \cdot \frac{\mu f_0 - f}{f_s}\right)} \cdot \mathrm{e}^{-\mathrm{j}\,\pi(N-1)\cdot \frac{\mu f_0 - f}{f_s}}\end{aligned} \tag{9.76}$$

zu bringen.[22] Aufgrund der Tatsache, dass

$$\frac{\sin\left(\pi N \cdot \frac{\mu f_0 - f}{f_s}\right)}{\sin\left(\pi \cdot \frac{\mu f_0 - f}{f_s}\right)} \cdot \mathrm{e}^{-\mathrm{j}\,\pi(N-1)\cdot \frac{\mu f_0 - f}{f_s}} = N \quad \text{für} \quad \tfrac{\mu f_0 - f}{f_s} \in \mathbb{Z} \tag{9.77}$$

bietet sich eine weitere Aufteilung des Ausdrucks in zwei Summenterme gemäß

[22] Der Ausdruck des Fourier-Reihenkoeffizienten F_u wird bei diesen Betrachtungen in einem etwas weiteren Sinne verwendet. Streng genommen handelt es sich bei F_u nur dann um einen Fourier-Reihenkoeffizienten, wenn das Argument ein Vielfaches des Grundfrequenz ist.

$$F_u^{(N)}(2\pi f) = \sum_{\substack{\mu=-\infty \\ \frac{\mu f_0 - f}{f_s} \in \mathbb{Z}}}^{\infty} F_u\left(2\pi\left(f + \tfrac{\mu f_0 - f}{f_s} \cdot f_s\right)\right) + \sum_{\substack{\mu=-\infty \\ \frac{\mu f_0 - f}{f_s} \notin \mathbb{Z}}}^{\infty} F_u\left(2\pi\left(f + \tfrac{\mu f_0 - f}{f_s} \cdot f_s\right)\right) \cdot \frac{\sin\left(\pi N \cdot \frac{\mu f_0 - f}{f_s}\right)}{N \sin\left(\pi \cdot \frac{\mu f_0 - f}{f_s}\right)} \cdot \mathrm{e}^{-\mathrm{j}\,\pi(N-1)\cdot\frac{\mu f_0 - f}{f_s}} \tag{9.78}$$

an.

Der zweite Summenterm auf der rechten Seite von Gln. (9.78) entspricht einer Überlagerung unendlicher vieler, jeweils um *nichtganzzahlige* Vielfache der Abtastfrequenz f_s verschobener Fourier-Reihenkoeffizienten des Signals multipliziert mit einem komplexen Faktor. Dieser Term entspricht dem aus der digitalen Signalverarbeitung bekannten *Leakage*-Effekt (siehe z.B. [KK12]).[23] Bei der hier betrachteten Berechnung der Fourier-Reihenkoeffizienten für periodische Signale führt der *Leakage*-Effekt zu einer Abweichung zwischen dem berechneten Fourier-Reihenkoeffizienten $F_u^{(N)}(2\pi f)$ und dem tatsächlichen Koeffizienten $F_u(2\pi f)$. Weiterhin kommt die allgemeine Auswirkung des *Leakage*-Effekts zum Tragen, die darin liegt, dass der berechnete Fourier-Reihenkoeffizient auch für Frequenzen ungleich null ist, für die die tatsächlichen Koeffizienten verschwinden. Im bislang betrachteten allgemeinen Fall liefert die Berechnung also spektrale Anteile, die im Originalsignal nicht vorhanden sind.

Damit stellt sich die Frage, unter welchen Bedingungen der *Leakage*-Effekt bei periodischen Signalen nicht zum Tragen kommt. Dies ist dann der Fall, wenn $N(\mu f_0 - f)/f_s$ für alle ganzzahligen μ eine ganze Zahl ist, da dann der in Gl. (9.78) im Zähler stehende Sinus-Ausdruck verschwindet. Hierfür müssen zwei Bedingungen erfüllt sein. Zum einen muss die Analysefrequenz f ein Vielfaches der sogenannten Frequenzauflösung f_s/N sein, also

$$f = \nu \frac{f_s}{N} \tag{9.79}$$

mit $\nu \in \mathbb{Z}$ gelten. Damit ergibt sich

$$N \cdot \frac{\mu f_0 - f}{f_s} = N \cdot \frac{\mu f_0}{f_s} - \nu. \tag{9.80}$$

Als zweite Bedingung kommt, wie nachfolgend gezeigt wird, hinzu, dass die Abtastung so stattfinden muss, dass das abgetastete Signal periodisch ist und dass für die Berechnung eine ganze Anzahl von Perioden verwendet wird. Das abgetastete Signal ist, wie im vorangegangenen Abschnitt ausgeführt, dann periodisch, wenn eine ganzzahlige Anzahl N_0^* von Abtastungen auf eine ganzzahlige Anzahl m von Perioden des Signals $u(t)$ entfällt, wobei ohne Einschränkung der Allgemeinheit vorausgesetzt wird, dass N_0^* und m teilerfremd sind. Damit gilt Gl. (9.34). Wird die Berechnung von $F_u^{(N)}(2\pi f)$ mit einer ganzen Anzahl l von Perioden durchgeführt, gilt

$$N = l N_0^*. \tag{9.81}$$

[23] Die deutschen Bezeichnungen Leck- oder Auslaufeffekt sind weniger geläufig.

Daraus folgt für den ersten Summanden auf der rechten Seite von Gl. (9.80)

$$N \cdot \frac{\mu f_0}{f_\mathrm{s}} = l N_0^* \cdot \mu \cdot \frac{m}{N_0^*} = \mu m l, \tag{9.82}$$

was für alle μ eine ganze Zahl ist. Das Argument der in Gl. (9.78) im Zähler auftretenden Sinusfunktion wird damit zu

$$\pi N \cdot \frac{\mu f_0 - f}{f_\mathrm{s}} = \pi \cdot (\mu m l - \nu)\,, \tag{9.83}$$

ist also ein ganzzahliges Vielfaches von π. Damit verschwindet die Sinusfunktion und der *Leakage*-Effekt tritt nicht auf. Zusammenfassend gilt also, dass der *Leakage*-Effekt nicht auftritt, wenn die Abtastung des Signals so durchgeführt wird, dass das abgetastete Signal periodisch ist, die Analysefrequenz ein Vielfaches der Frequenzauflösung ist und die Berechnung über eine ganzahlige Anzahl von Perioden durchgeführt wird.

Als nächstes wird der erste Summenterm in Gl. (9.78) betrachtet. Im ersten Summenterm bleiben nur die Summanden erhalten, für die $(\mu f_0 - f)/f_\mathrm{s}$ eine ganze Zahl ist. Aus Gl. (9.83) folgt

$$\frac{\mu f_0 - f}{f_\mathrm{s}} = \frac{\mu m l - \nu}{N}. \tag{9.84}$$

Dies ist dann eine ganze Zahl, wenn für ν und μ die Bedingungen $\nu = \kappa\, l$ und

$$\mu = \bar{\mu}_\kappa + \gamma N_0^* \tag{9.85}$$

mit

$$\bar{\mu}_\kappa = \frac{-\kappa\,(N_0^* \bmod m - 1)}{m} \bmod N_0^*, \tag{9.86}$$

erfüllt sind, wenn wobei κ und γ ganze Zahlen sind und mod für die Modulo-Funktion, also den Rest der ganzzahligen Division, steht. Aus diesen Bedingungen folgt

$$\frac{\mu f_0 - f}{f_\mathrm{s}} = \frac{\mu m - \kappa}{N_0^*} = \delta_\kappa + \gamma m \tag{9.87}$$

mit

$$\delta_\kappa = (-\kappa\,(N_0^* \bmod m)) \bmod m. \tag{9.88}$$

Auf die zweite Anwendung der Modulo-Funktion, also auf mod m in Gl. (9.88) und mod N_0^* in Gl. (9.86) kann dabei prinzipiell verzichtet werden, da diese nur dazu dienen, δ_κ auf den Bereich $0,1,\ldots,m-1$ und μ_κ auf den Bereich $0,1,\ldots,N_0^*-1$ zu beschränken. Aufgrund der Periodizität mit der Periode m in Gl. (9.87) bzw. mit N_0^* in Gl. (9.85) ist dies aber nicht unbedingt erforderlich.

Einsetzen von Gl. (9.79) und Gl. (9.87) in Gl. (9.78) liefert schließlich

$$F_u^{(N)}(2\pi \tfrac{\nu f_\mathrm{s}}{N}) = \begin{cases} \sum\limits_{\gamma=-\infty}^{\infty} F_u\left(2\pi\left(\frac{\nu f_\mathrm{s}}{N} - (\delta_{\frac{\nu}{l}} + \gamma m) f_\mathrm{s}\right)\right) & \text{für } \nu = 0, \pm\, l, \pm\, 2l, \ldots, \\ 0 & \text{sonst.} \end{cases} \tag{9.89}$$

Diese Gleichung beschreibt für $\nu = 0, \pm\, l, \pm\, 2l, \ldots$ den *Aliasing*-Effekt. Wird die Summe ausgeschrieben, lautet dies

$$
\begin{aligned}
F_u^{(N)}(2\pi \tfrac{\nu f_s}{N}) = \; & \ldots \\
& + F_u\left(2\pi\left(\tfrac{\nu f_s}{N} - \delta_{\frac{\nu}{l}} f_s - 2m f_s\right)\right) \\
& + F_u\left(2\pi\left(\tfrac{\nu f_s}{N} - \delta_{\frac{\nu}{l}} f_s - m f_s\right)\right) \\
& + F_u\left(2\pi\left(\tfrac{\nu f_s}{N} - \delta_{\frac{\nu}{l}} f_s\right)\right) \\
& + F_u\left(2\pi\left(\tfrac{\nu f_s}{N} - \delta_{\frac{\nu}{l}} f_s + m f_s\right)\right) \\
& + F_u\left(2\pi\left(\tfrac{\nu f_s}{N} - \delta_{\frac{\nu}{l}} f_s + 2m f_s\right)\right) \\
& + \ldots .
\end{aligned}
\tag{9.90}
$$

Eine andere Darstellung ergibt sich, wenn für das Frequenzargument der Fourier-Reihenkoeffizienten wie in der Ausgangsgleichung (9.74) der Ausdruck μf_0 verwendet wird. Mit Gl. (9.85) folgt dann

$$
F_u^{(N)}(2\pi \tfrac{\nu f_s}{N}) = \begin{cases} \sum\limits_{\gamma=-\infty}^{\infty} F_u\left(2\pi\left(\bar{\mu}_{\frac{\nu}{l}} + \gamma N_0^*\right) f_0\right) & \text{für } \nu = 0, \pm\, l, \pm\, 2l, \ldots, \\ 0 & \text{sonst.} \end{cases}
\tag{9.91}
$$

Ausgeschrieben für $\nu = 0, \pm\, l, \pm\, 2l, \ldots$ lautet dies

$$
\begin{aligned}
F_u^{(N)}(2\pi \tfrac{\nu f_s}{N}) = \; & \ldots \\
& + F_u\left(2\pi\left(\bar{\mu}_{\frac{\nu}{l}} f_0 - 2N_0^* f_0\right)\right) \\
& + F_u\left(2\pi\left(\bar{\mu}_{\frac{\nu}{l}} f_0 - N_0^* f_0\right)\right) \\
& + F_u\left(2\pi\, \bar{\mu}_{\frac{\nu}{l}} f_0\right) \\
& + F_u\left(2\pi\left(\bar{\mu}_{\frac{\nu}{l}} f_0 + N_0^* f_0\right)\right) \\
& + F_u\left(2\pi\left(\bar{\mu}_{\frac{\nu}{l}} f_0 + 2N_0^* f_0\right)\right) \\
& + \ldots .
\end{aligned}
\tag{9.92}
$$

Aus den Gln. (9.89) bis (9.92) geht hervor, welche Frequenzanteile außerhalb des Bereichs $-f_s/2 < f < f_s/2$ aufgrund des *Aliasing*-Effekts in diesen Bereich zurückgespiegelt werden. Anteile außerhalb dieses Bereiches verfälschen also die Berechnung der Fourier-Reihenkoeffizienten. Erkennbar ist dieser Effekt auch daran, dass die Berechnung prinzipiell für alle $\nu = 0,\ \pm l,\ \pm 2l,\ \ldots$ nichtverschwindende Fourier-Reihenkoeffizienten liefern kann. Das Signal $u(t)$ wurde aber periodisch mit der Grundfrequenz f_0 angenommen, sodass die Fourier-Reihenkoeffizienten auch nur für Vielfache dieser Grundfrequenz ungleich null sein können, also nur für

$$
\mu f_0 = \nu \, \frac{f_s}{N}.
\tag{9.93}
$$

Mit Gl. (9.34) und Gl. (9.81) entspricht dies

$$
\mu = \frac{\nu}{l\, m}.
\tag{9.94}
$$

Da μ eine ganze Zahl sein muss, muss ν ein Vielfaches von lm sein.

Aufgrund der Periodizität der berechneten Fourier-Reihenkoeffizienten reicht eine Berechnung bis zur maximalen Analysefrequenz $\nu_{\max} f_s/N$ aus. Diese muss kleiner sein als die halbe Abtastfrequenz, da ab dort die periodische Wiederholung beginnt. Mit $\nu = \kappa\, l$ und $\nu_{\max} = \kappa_{\max} f_s/N$ sowie $N = lN_0^*$ folgt

$$\kappa_{\max} = (N_0^* - 1) \text{ div } 2 \tag{9.95}$$

und

$$\nu_{\max} = ((N_0^* - 1) \text{ div } 2) \cdot l. \tag{9.96}$$

Dabei steht div für die ganzzahlige Division. Mit Gl. (9.19) steckt die gesamte Information in den Fourier-Reihenkoeffizienten für nichtnegative Frequenzen, sodass die Fourier-Reihenkoeffizienten für $\nu = 0,\, l,\, 2l,\, \ldots,\, \nu_{\max}$ die gesamte verfügbare Information des Signals enthalten.

Aus den hier gemachten Betrachtungen geht also hervor, dass zur Vermeidung von *Leakage* die Abtastung so vorgenommen werden sollte, dass das abgetastete Signal periodisch ist. Dies ist prinzipiell nur möglich, wenn die Periode des Signals entweder bekannt ist oder aus Messungen ermittelt werden kann. Als Analysefrequenz muss $\nu f_s/N$ gewählt und zur Berechnung der Fourier-Reihenkoeffizienten eine ganze Anzahl l an Perioden verwendet werden. Allerdings hat eine Verwendung von mehr als einer Periode, also $l > 1$ keinerlei Vorteile, da die berechneten Fourier-Reihenkoeffizienten nur für $\nu = 0, \pm\, l, \pm\, 2l, \ldots$ ungleich null sind. Durch die Verwendung mehrerer Perioden entstehen also Leerstellen in den berechneten Fourier-Reihenkoeffizienten. Sofern die Abtastfrequenz frei wählbar ist, bietet es sich zudem an, als Abtastfrequenz ein Vielfaches der Grundfrequenz des Signals zu verwenden, was $m = 1$ entspricht, da die Fourier-Reihenkoeffizienten aufgrund der Periodizität des Signals nur an den Stellen $\nu = 0, \pm\, lm, \pm\, 2lm, \ldots$ ungleich null sein können. Bei einer Wahl von $m > 1$ entstehen also wieder zusätzliche Leerstellen in den berechneten Werten.

Mit $N = lN_0^*$ ergibt sich für die Berechnung der Fourier-Reihenkoeffizienten aus Gl. (9.69)

$$F_u^{(lN_0^*)}(2\pi \tfrac{\nu f_s}{lN_0^*}) = \frac{1}{lN_0^*} \sum_{i=0}^{lN_0^*-1} u(iT_s)\, \mathrm{e}^{-\mathrm{j}\, 2\pi \frac{\nu}{lN_0^*} i} = \frac{1}{lN_0^*}\, U_{lN_0^*}(\mathrm{e}^{-\mathrm{j}\, 2\pi \frac{\nu}{lN_0^*}}). \tag{9.97}$$

Der berechnete Fourier-Reihenkoeffizient entspricht damit gerade der diskreten Fourier-Transformierten des abgetasteten Signals $u(iT_s)$ skaliert mit dem Vorfaktor $\frac{1}{lN_0^*}$, also auf die Länge des für die Berechnung verwendeten Signals normiert.

Zur Vermeidung von *Aliasing* muss sichergestellt werden, dass das Signal bei und oberhalb der halben Abtastfrequenz keine signifikanten spektralen Anteile aufweist. Dies kann durch eine entsprechende Wahl der Abtastfrequenz in Verbindung mit einer *Anti-Aliasing*-Filterung erreicht werden, was bereits in Abschnitt 9.6 behandelt wurde.

Sofern kein *Aliasing* auftritt, folgt aus Gl. (9.89)

$$F_u^{(lN_0^*)}(2\pi \tfrac{\nu f_s}{lN_0^*}) = F_u(2\pi \tfrac{\nu f_s}{lN_0^*}), \tag{9.98}$$

d.h. der aus lN_0^* Werten berechnete Fourier-Reihenkoeffizient entspricht exakt dem tatsächlichen Fourier-Reihenkoeffizienten. Da dieser wiederum nur dann ungleich null ist, wenn das Frequenzargument ein Vielfaches der Grundfrequenz f_0 ist, folgt weiter

$$F_u^{(lN_0^*)}(2\pi \tfrac{\nu f_s}{lN_0^*}) = \begin{cases} F_u(2\pi \tfrac{\nu f_s}{lN_0^*}), & \nu = 0, \pm ml, \pm 2ml, \ldots, \pm ((lN_0^* - 1) \operatorname{div} 2ml) \cdot ml \\ 0 & \text{sonst.} \end{cases} \tag{9.99}$$

9.8.1.5 *Stufenförmige periodische Signale*

Auch wenn die Systemidentifikation oftmals mit zeitdiskreten Verfahren durchgeführt wird, also mit Verfahren, bei denen die abgetasteten Eingangs- und Ausgangssignale in Form von Zahlenfolgen $u(k)$ und $y(k)$ mit $k = 0,1,2,\ldots$ verwendet werden, ist es gelegentlich zu beachten, dass die eigentlichen Eingangs- und Ausgangssignale des zu identifizierenden Systems zeitkontinuierliche Signale sind. Wenn das Eingangssignal frei wählbar ist, wird es in der Regel über einen Digital-Analog-Wandler aus einem Digitalsignal, also einer Zahlenfolge, erzeugt. Dieses Signal ist dann jeweils zwischen zwei Abtastzeitpunkten konstant und damit insgesamt stufenförmig.[24] Es gilt also

$$\bar{u}(t) = u(t_k) \text{ für } t_k \leq t < t_{k+1}, \tag{9.100}$$

wobei durch den Überstrich ausgedrückt wird, dass es sich um ein stufenförmiges Signal handelt.

Im Folgenden wird das Spektrum eines periodischen stufenförmigen Signals bei äquidistanter Abtastung, also mit $t_k = kT_s$ betrachtet, wobei T_s wieder die Abtastzeit ist. Für die Erzeugung eines stufenförmigen Signals aus der Zahlenfolge $u(k)$ kann die Modellvorstellung zugrunde gelegt werden, dass das Signal $\bar{u}(t)$ als Ausgang eines Haltegliedes nullter Ordnung entsteht, welches als Eingangssignal eine Impulsfolge

$$u^*(t) = \sum_{i=-\infty}^{\infty} u(i)\delta(t - iT_s) \tag{9.101}$$

erhält. In dieser Modellvorstellung wird also aus der Zahlenfolge $u(k)$ die Impulsfolge $u^*(t)$ und daraus über das Halteglied nullter Ordnung das stufenförmige Signal $\bar{u}(t)$.

Da hier periodische Signale betrachtet werden, wird die Zahlenfolge $u(k)$ periodisch mit der Periode N_0 angenommen. Die Impulsfolge aus Gl. (9.101) kann als Fourier-Reihe

$$u^*(t) = \sum_{\nu=-\infty}^{\infty} F_{u^*}(\nu\, 2\pi\, f_0)\, \mathrm{e}^{\mathrm{j}\,\nu\, 2\pi f_0 t} \tag{9.102}$$

geschrieben werden. Wird mit $u(t)$ ein periodisches Signal bezeichnet, aus welchem durch Abtastung zu den N Zeitpunkten kT_s, $k = 0,1,\ldots,N-1$, über eine Periode gerade die oben betrachteten Werte der Zahlenfolge entstehen, so folgt aus Gl. (9.38)

$$F_{u^*}(\nu\, 2\pi\, f_0) = \frac{1}{T_s} \sum_{\mu=-\infty}^{\infty} F_u(2\pi(\nu f_0 - \mu f_s)). \tag{9.103}$$

[24] Auch dies ist nur näherungsweise der Fall, weil ein Digital-Anlog-Wandler keine Signale mit unendlicher hoher Änderungsgeschwindigkeit erzeugen kann. Das zeitkontinuierliche Signal kann damit zu einem Abtastzeitpunkt nicht springen.

Wird das Signal $u(t)$ auf den Bereich $-f_s/2 < f < f_s/2$ bandbegrenzt angenommen, so entsteht kein *Aliasing* und unter Berücksichtigung der periodischen Fortsetzung des Spektrums der Impulsfolge ergibt sich

$$F_{u^*}(\nu\, 2\pi\, f_0) = \frac{1}{T_s} F_u(\nu_0\, 2\pi\, f_0) \tag{9.104}$$

mit

$$\nu_0 = \nu - \mathrm{sgn}(\nu) \cdot \left(\tfrac{2|\nu|+N_0-1}{2} \;\mathrm{div}\; N_0 \right) \cdot N_0. \tag{9.105}$$

Der Fourier-Reihenkoeffizient des Signals $u(t)$ entspricht dabei auch dem Fourier-Reihenkoeffizienten der Zahlenfolge $u(k)$ und Gl. (9.104) beschreibt damit den Übergang von der Zahlenfolge $u(k)$ auf die Impulsfolge $u^*(t)$ im Frequenzbereich.

Ein Halteglied nullter Ordnung hat die Übertragungsfunktion (s. z.B. [Unb09])

$$H_0(s) = \frac{1 - \mathrm{e}^{-sT_s}}{s} \tag{9.106}$$

und damit den Frequenzgang

$$H_0(\mathrm{j}\omega) = \frac{1 - \mathrm{e}^{-\mathrm{j}\,\omega T_s}}{\mathrm{j}\,\omega}. \tag{9.107}$$

Die Fourier-Reihenkoeffizienten des stufenförmigen Signals $\bar{u}(t)$ ergeben sich dann zu

$$F_{\bar{u}}(2\pi\nu f_0) = \frac{1 - \mathrm{e}^{-\mathrm{j}\,2\pi\nu f_0 T_s}}{\mathrm{j}\,2\pi\nu f_0} F_{u^*}(2\pi\nu f_0), \tag{9.108}$$

woraus mit Gl. (9.104)

$$F_{\bar{u}}(2\pi\nu f_0) = \frac{1 - \mathrm{e}^{-\mathrm{j}\,2\pi\nu f_0 T_s}}{\mathrm{j}\,2\pi\nu f_0 T_s} F_u(2\pi\nu_0 f_0) \tag{9.109}$$

folgt. Dies kann weiter umgeformt werden zu

$$F_{\bar{u}}(2\pi\nu f_0) = F_u(2\pi\nu_0 f_0)\, \frac{\sin\left(\pi \frac{\nu}{N}\right)}{\pi \frac{\nu}{N}}\, \mathrm{e}^{-\mathrm{j}\,\pi \frac{\nu}{N}}. \tag{9.110}$$

Das stufenförmige Signal enthält also spektrale Anteile bei den Frequenzen 0, f_0, $2f_0$, ... (Oberwellen), die aufgrund der periodischen Fortsetzung des Spektrums eines abgetasteten Signals entstehen und durch die Tiefpaßwirkung des Haltglied nullter Ordnung abgeschwächt werden. Für die Systemidentifikation ist zu klären, ob die damit verbundenen Anregung des zu identifizierenden Systems bei höheren Frequenzen zulässig ist. In vielen Fällen ist dies unproblematisch, da diese Oberwellen durch die begrenzte Bandbreite des Stellglieds noch weiter unterdrückt werden. Die Oberwellen im Eingangssignal führen natürlich auch zu Oberwellen im Ausgangssignal, die je nach Frequenzgang des zu identifizierenden Systems unterdrückt oder angehoben werden. Für die Signalverarbeitung und auch die Regelung ist dies meist unproblematisch, da die Oberwellen oberhalb der halben Abtastfrequenz liegen und dann vor der Abtastung durch das *Anti-Aliasing*-Filter unterdrückt werden. Bei Anregung von mechanischen Systemen oder auch bei Anregung akustischer Übertragungspfade kann aber der Effekt auftreten, dass diese Oberwellen im hörbaren Bereich liegen. Es wird dann die periodische Fortsetzung des Spektrums hörbar.[25] Ist eine Anregung mit den Oberwellen nicht erwünscht oder unzulässig, muss dem Halteglied nullter Ordnung ein analoges Tiefpaßfilter nachgeschaltet werden, welches dann als Rekonstruktionsfilter bezeichnet wird.

9.8.2 Verwendung periodischer Signale in der Identifikation

Für den Einsatz in der Identifikation weisen periodische Signale eine Reihe von Vorteilen auf. Bei Verwendung periodischer Eingangssignale wird im Allgemeinen auch das durch das Eingangssignal verursachte Ausgangssignal im quasistationären Zustand, also nach dem Abklingen von transienten Vorgängen (Einschalten, Einschwingen von Filtern), periodisch sein. Durch einfache Mittelung über mehrere Perioden lässt sich das periodische Ausgangssignal recht einfach rekonstruieren, da unkorrelierte Rauschanteile durch die Mittelung unterdrückt werden. Abziehen des so rekonstruierten periodischen Anteils (des Nutzsignals) vom Ausgangssignal liefert dann gewissermaßen den Rauschanteil und so lässt sich die Größe des Nutzsignals im Verhältnis zum Rauschen (das Signal-Rausch-Verhältnis) abschätzen. Auch kann aus dem nach Abziehen des periodischen Anteils verbleibenden Rauschen eine Aussage über das Spektrum des Rauschens gemacht werden. Allerdings wird ein periodischer Störanteil (der also nicht von der Eingangsgröße verursacht wird) durch die Mittelung über mehrere Perioden nur unterdrückt, wenn die Frequenz des Störanteiles kein ganzzahliges Vielfaches der Grundfrequenz des Eingangssignals ist. Ansonsten kann nicht ohne Weiteres unterschieden werden, ob der periodische Anteil im Ausgangssignal von der Eingangsgröße oder von einer Störung verursacht wird. Sofern es möglich ist, dass System ohne Eingangssignal zu betreiben und so am Ausgang nur die Störung zu messen, kann festgestellt werden, ob die Störung periodische Anteile enthält.

Weiterhin ist mit periodischen Eingangssignalen recht einfach eine Untersuchung auf nichtlineares Verhalten möglich. Bei einem linearen System enthält das (ungestörte) Ausgangssignal nur Frequenzanteile, die auch im Eingangssignal vorhanden sind. Treten Oberwellen auf, enthält das Ausgangssignal also Vielfache der im Eingangssignal vorhandenen Frequenzen, liegt ein nichtlineares System vor. Für eine solche Prüfung bietet sich die Anregung mit einem monofrequenten Signal mit fester Frequenz an, die dann für verschiedenen Frequenzen wiederholt werden sollte, oder die Anregung mit einem Gleitsinus, was weiter unten in Abschnitt 9.8.3.3 betrachtet wird. Das Ausgangssignal wird dann auf das Auftreten von Oberwellen untersucht.[26]

Bei linearen Systemen kann bei Verwendung periodischer Signale sehr einfach über die diskrete Fourier-Transformation ein Schätzwert für den Frequenzgang bestimmt werden, der als empirischer Übertragungsfunktionsschätzwert bezeichnet wird (*Empricial Transfer Function Estimate* [Lju99]). Bei einem stabilen, zeitinvarianten System ist bei periodischer Anregung die Ausgangsgröße im eingeschwungenen Zustand ebenfalls periodisch. Im zeitkontinuierlichen Fall kann dann die Eingangsgröße als Fourier-Reihe

[25] Bei der Anregung eines Systems mit einem Gleitsinus aufsteigender oder absteigender Frequenz kann dies z.B. dazu führen, dass eine zusätzliche absteigende oder aufsteigende Frequenzkomponente hörbar wird, was zunächst einen merkwürdigen Eindruck hinterlässt.

[26] In diesem Zusammenhang wird auch auf das in den Abschnitten 8.5.4 und 8.5.5 beschriebene Verfahren zur Strukturprüfung blockorientierter Modelle über harmonische Anregung verwiesen.

$$u(t) = \sum_{\nu=-\nu_{\max}}^{\nu_{\max}} F_u(\nu\, 2\pi f_0)\, \mathrm{e}^{\mathrm{j}\,\nu\, 2\pi f_0\, t} \tag{9.111}$$

und die (ungestörte) Ausgangsgröße entsprechend als

$$y(t) = \sum_{\nu=-\nu_{\max}}^{\nu_{\max}} F_y(\nu\, 2\pi f_0)\, \mathrm{e}^{\mathrm{j}\,\nu\, 2\pi f_0\, t} \tag{9.112}$$

dargestellt werden. Dabei ist f_0 die Grundfrequenz und $\nu_{\max} f_0$ die höchste in den Signalen auftretende Frequenz. Zwischen den Fourier-Reihenkoeffizienten des Ausgangs- und den Einganssignals besteht die Beziehung

$$F_y(\nu\, 2\pi f_0) = G(\mathrm{j}\nu\, 2\pi f_0) \cdot F_u(\nu\, 2\pi f_0). \tag{9.113}$$

Ein Schätzwert für den Frequenzgang des Systems an der Stelle νf_0 kann dann über das Verhältnis der Fourier-Reihenkoeffizienten gemäß

$$G(\mathrm{j}\nu\, 2\pi f_0) = \frac{F_y(\nu\, 2\pi f_0)}{F_u(\nu\, 2\pi f_0)} \tag{9.114}$$

bestimmt werden, sofern das Eingangssignal einen Anteil mit dieser Frequenz aufweist, also $F_u(\nu\, 2\pi f_0) \neq 0$ gilt.

Wenn die höchste auftretende Frequenz kleiner ist als die halbe Abtastfrequenz, d.h. $\nu_{\max} f_0 < f_s/2$, die Abtastung so erfolgt, dass das abgetastete Signal periodisch ist und für die Auswertung gerade eine Periode des abgetasteten Signals verwendet wird, können die Fourier-Reihenkoeffizienten, wie in Abschnitt 9.8.1.4 ausgeführt, gemäß

$$F_u^{(N)}(2\pi \tfrac{\nu f_s}{N}) = \frac{1}{N} U_N(\mathrm{e}^{2\pi \frac{\nu}{N}}) = \frac{1}{N} \sum_{i=0}^{N-1} u(iT_s)\, \mathrm{e}^{-\mathrm{j}\, 2\pi \frac{\nu}{N} i} \tag{9.115}$$

bzw.

$$F_y^{(N)}(2\pi \tfrac{\nu f_s}{N}) = \frac{1}{N} Y_N(\mathrm{e}^{2\pi \frac{\nu}{N}}) = \frac{1}{N} \sum_{i=0}^{N-1} y(iT_s)\, \mathrm{e}^{-\mathrm{j}\, 2\pi \frac{\nu}{N} i} \tag{9.116}$$

für $\nu = 0{,}1,\ldots,\nu_{\max}$ mit $\nu_{\max} = (N-1)$ div 2 über die mit $\frac{1}{N}$ skalierte diskrete Fourier-Transformierte berechnet werden. Diese Berechnung ist insofern exakt, als dass der *Leakage*-Effekt nicht auftritt und daher nicht, wie bei anderen auf Spektralanalyse basierenden Verfahren, geeignete Fensterfunktionen verwendet werden müssen (siehe z.B. [Her84]). Allerdings muss die Periodendauer des Eingangssignals bekannt sein und die Abtastung muss so erfolgen, dass auch das abgetastete Signal periodisch ist.

Der Frequenzgang des Systems wird bei dieser Vorgehensweise also aus den abgetasteten Werten des Eingangs- und des Ausgangssignals bestimmt. Hierbei sind zwei Fälle zu unterscheiden. Wird das kontinuierliche Eingangssignal des zu identifizierenden Systems abgetastet, so wird entsprechend der Frequenzgang zwischen dem kontinuierlichen Eingangssignal und dem kontinuierlichen Ausgangssignal identifiziert. Dies wird in der Regel der Frequenzgang des eigentlichen zu identifizierenden Systems mit der Übertragungsfunktion $G_S(s)$ inklusive des nachgeschalteten *Anti-Aliasing*-Filters mit der Übertragungsfunktion $F(s)$ sein, d.h.

$$G(\mathrm{j}\nu\, 2\pi f_0) = G_\mathrm{S}(\mathrm{j}\nu\, 2\pi f_0) \cdot F(\mathrm{j}\nu\, 2\pi f_0). \tag{9.117}$$

Bei dieser Vorgehensweise ist es unerheblich, wie das kontinuierlichen Eingangssignal $u(t)$ erzeugt wird.

In vielen Fällen wird das zeitkontinuierliche Eingangssignal direkt aus einem zeitdiskreten Signal (Zeitreihe) über einen Digital-Analog-Umsetzer erzeugt. Damit sind die Werte des Eingangssignals an den Abtastzeitpunkten bekannt und das Eingangssignal muss nicht abgetastet werden. Sofern der Digital-Analog-Umsetzer aus der Zahlenfolge $u(t_k)$ ein (näherungsweise) stufenförmiges Signal $\bar{u}(t)$ macht, kann der Einfluss des Digital-Analog-Umsetzers über die Darstellung des zeitdiskreten Signals als Impulsfolge und einem dem zeitkontinuierlichen System vorgeschalteten Halteglied nullter Ordnung beschrieben werden. Es müssen dann der Frequenzgang des Halteglieds nullter Ordnung gemäß Gl. (9.107) sowie der aus der Darstellung des Signals als Impulsfolge resultierende Vorfaktor $\frac{1}{T_\mathrm{s}}$, siehe Gl. (9.103) bzw. Gl. (9.104), berücksichtigt werden. Der so berechnete Frequenzgang entspricht dann auch dem Frequenzgang der zeitdiskreten Übertragungsfunktion $G_z(z)$ mit der Eingangsgröße $u(t_k)$ und der Ausgangsgröße $y(t_k)$, d.h.

$$G_z(\mathrm{e}^{\mathrm{j}\nu\, 2\pi f_0 T_\mathrm{s}}) = \frac{1}{T_\mathrm{s}} \cdot \frac{1 - \mathrm{e}^{\mathrm{j}\nu\, 2\pi f_0}}{\mathrm{j}\nu\, 2\pi f_0} \cdot G_\mathrm{S}(\mathrm{j}\nu\, 2\pi f_0) \cdot F(\mathrm{j}\nu\, 2\pi f_0). \tag{9.118}$$

Dabei ist $F(\mathrm{j}\nu\, 2\pi f_0)$ wieder der Frequenzgang des *Anti-Aliasing*-Filters bei der Frequenz $\nu\, 2\pi f_0$.

9.8.3 Spezielle periodische Signale

9.8.3.1 Monofrequente Sinussignale

Das wohl einfachste periodische Eingangssignal stellt eine Sinusschwingung mit einer Frequenz dar. Für den Einsatz von Parameterschätzverfahren im Zeitbereich ist dieses Eingangssignal allerdings ungeeignet, da dieses Signal die Bedingung der fortwährenden Erregung (*Persistent Excitation*) nicht erfüllt. So ist leicht nachzuvollziehen, dass der Versuch einer Systemidentifikation durch Anregung mit einem monofrequenten Sinussignal prinzipiell nur der Bestimmung des Frequenzgangs an einer einzigen Frequenz entspricht. Sofern die Modellstruktur mehr als zwei unabhängige unbekannte, zu bestimmende Parameter enthält, ist es mit der Messung des Frequenzgangs an einer Stelle, die prinzipiell zwei gemessenen Größen, Amplitude und Phase, entspricht, nicht möglich, diese eindeutig zu bestimmen. Dies kann dahingehend verallgemeinert werden, dass das Eingangssignale für die Identifikation von $2n$ Parametern bei linearen Modellen, also zur Identifikation eines Modells n-ter Ordnung, mindestens n unterschiedliche Frequenzanteile enthalten muss. Ein für die Schätzung von $2n$ Parametern geeignetes Signal wird daher auch als mit der Ordnung n fortwährend erregend bezeichnet [Nor88].

Allerdings hat ein monofrequentens Sinussignal als Testsignal zur Bestimmung des Frequenzgangs prinzipiell sehr gute Eigenschaften. So kann die gesamte Signalleistung bei einer Frequenz konzentriert werden, was zu einem hohen Signal-Rausch-Verhältnis führt.

Dies wiederum ermöglicht eine sehr genaue Bestimmung des Frequenzgangs bei der entsprechenden Frequenz. Weiterhin kann durch Prüfung des Ausgangssignals auf Frequenzen, die nicht der Frequenz des Eingangssignals entsprechen, auf periodische Rauschanteile oder nichtlineares Systemverhalten geschlossen werden. Daher ist die Messung des Frequenzgangs mit sinusförmiger Anregung bei verschiedenen Frequenzen ein gut geeignetes Verfahren für die Systemidentifikation, wobei aus dem so punktweise bestimmten Frequenzgang dann ggf. noch ein parametrisches Modell bestimmt werden muss. Demgegenüber steht jedoch ein hoher zeitlicher Aufwand, da allgemein eine hohe Anzahl von Frequenzen vermessen werden muss. Dieser Aufwand wird nur in Ausnahmefällen gerechtfertigt sein. Meist wird die Systemidentifikation mit Eingangssignalen durchgeführt, die mit ausreichend hoher Ordnung fortwährend erregend sind.

Als Alternative zu einem wiederholten Test mit sinusförmiger Anregung mit jeweils verschiedenenen Frequenzen kann ein sehr langsamer Gleitsinus verwendet werden (siehe Abschnitt 9.8.3.3) [Nat83]. Wenn dabei die Frequenzänderung sehr langsam erfolgt, ist das System näherungsweise zu jedem Zeitpunkt im eingeschwungenen Zustand und es können zu der jeweiligen Momentanfrequenz Amplitude und Phase abgelesen werden.

9.8.3.2 Multisinus-Signale

Ein Multisinus-Signal ist ein periodisches Signal, welches aus mehreren einzelnen Sinusschwingungen zusammengesetzt ist. Mit dieser Definition wäre gemäß der Darstellung als Fourier-Reihe jedes periodische Signal ein Multisinus-Signal. Als Multisinus-Signale werden aber meist nur Signale verstanden, bei denen die Amplituden und Phasen der einzelnen Sinusschwingungen gezielt vorgegeben werden. So kann im Prinzip das Spektrum der Anregung vorgegeben werden und festgelegt werden, bei welchen Frequenzen das System stärker und bei welchen Frequenzen das System weniger stark angeregt werden soll. Bei mechanischen Systemen kann z.B. die Anregung so gewählt werden, dass (bekannte) Resonanzfrequenzen nur wenig angeregt werden, um zu große Amplituden im Ausgangssignal zu vermeiden.

Im Folgenden werden nur zeitdiskrete Multisinus-Signale betrachtet. Über eine Digital-Analog-Umsetzung können daraus zeitkontinuierliche Multisinus-Signale erzeugt werden. Ein Multisinus-Signal

$$u(k) = A_u(0) + \sum_{\nu=1}^{\nu_{\max}} A_u(\nu f_0) \cos(2\pi\nu f_0 k T_{\mathrm{s}} + \phi_u(\nu f_0)) \tag{9.119}$$

mit der Grundfrequenz f_0 und N_0 Werten pro Periode, also der Abtastfrequenz $f_{\mathrm{s}} = N_0 f_0$, lässt sich sehr einfach über die inverse diskrete Fourier-Transformation aus den für die Frequenzen 0, f_0, $2f_0$, $\ldots$, $\nu_{\max} f_0$ mit $\nu_{\max} = (N_0 - 1)$ div 2 vorgegebenen Amplituden $A(\nu f_0)$ und Phasen $\phi_u(\nu f_0)$ berechnen.[27] Aus den Darstellungen der zeitdiskreten Fourier-Reihe in den Gln. (9.54) und (9.55) und dem in Gl. (9.62) angegebenen Zusammenhang zwischen der diskreten Fourier-Transformierten und den Fourier-Reihenkoeffizienten ergibt sich die Beziehung

[27] Hier wird angenommen, dass die höchste im Signal enthaltene Frequenz kleiner als die halbe Abtastfrequenz ist. Falls erforderlich, könnte auch noch ein Anteil bei der halben Abtastfrequenz berücksichtigt werden.

$$U_{N_0}(\mathrm{e}^{\mathrm{j}\frac{2\pi}{N_0}\nu}) = \begin{cases} N_0 A_u(0) & \text{für } \nu = 0, \\ \frac{1}{2} N_0 A_u(\nu f_0) \mathrm{e}^{\mathrm{j}\phi(\nu f_0)} & \text{für } 0 \leq \nu < \frac{N_0}{2}, \\ 0 & \text{für } \nu = \frac{N_0}{2}, \\ \frac{1}{2} N_0 A_u((N_0 - \nu) f_0) \mathrm{e}^{\mathrm{j}\phi((N_0-\nu)f_0)} & \text{für } \frac{N_0}{2} < \nu \leq N_0 - 1. \end{cases} \quad (9.120)$$

Mit den über diese Beziehung für $\nu = 0,1,2,\ldots N_0 - 1$ aus den Amplituden $A_u(0)$, ..., $A_u(\nu_{\max})$ und den Phasenwinkeln $\phi_u(1)$, ..., $\phi_u(\nu_{\max})$ bestimmten diskreten Fourier-Transformierten $U_{N_0}(\mathrm{e}^{\mathrm{j}\frac{2\pi}{N_0}\cdot 0})$, $U_{N_0}(\mathrm{e}^{\mathrm{j}\frac{2\pi}{N_0}\cdot 1})$, ..., $U_{N_0}(\mathrm{e}^{\mathrm{j}\frac{2\pi}{N_0}\cdot(N_0-1)})$, kann dann über die inverse diskrete Fourier-Transformation eine Periode des Signals $u(k)$ berechnet werden.

Die Vorgabe der Amplituden ist bei der Festlegung eines Multisinus-Signals oftmals einfach möglich, da damit direkt die Verteilung der Signalleistung auf die einzelnen Frequenzen festgelegt wird. Wird eine breitbandige, weißem Rauschen ähnliche Anregung gewünscht, können alle Amplituden gleich groß gewählt werden.

Bei der Wahl der Phasen ist zu beachten, dass eine ungünstige Phasenlage dazu führen kann, dass das Verhältnis von Maximalamplitude zu Signalleistung groß werden kann. Dies bedeutet, das bei vorgegebener Maximalamplitude nur eine vergleichsweise geringe Signalleistung in das zu identifizierende System eingebracht werden kann. Zur Identifikation sollte aufgrund des Signal-Rauschverhältnisses aber ein Eingangssignal mit hoher Leistung angestrebt werden. Ausgedrückt werden kann dies über das als Scheitelfaktor (*Crest Factor*) bezeichnete Verhältnis von Maximalamplitude zur Wurzel aus der mittleren Signalleistung (Effektivwert), also

$$k_{\mathrm{s}} = \frac{\max_k |u(k)|}{\sqrt{\lim_{N\to\infty} \frac{1}{N} \sum_{k=0}^{N-1} u^2(k)}}, \quad (9.121)$$

welches möglichst klein sein sollte.[28] Bei periodischen Signalen reicht zur Bestimmung des Scheitelfaktors eine Periode aus, d.h. statt des Grenzübergangs $N \to \infty$ wird für N gerade die Periodendauer eingesetzt. Bild 9.1 zeigt den Effekt eines hohen Scheitelfaktors bei ungünstiger Phasenlage. Dargestellt ist ein auf die Maximalamplitude eins normiertes Multisinussignal mit Frequenzanteilen gleicher Amplitude zwischen 10 Hz und 20 Hz und der Phansenlage null für alle Sinusanteile. Der Scheitelfaktor beträgt 4,69.

Eine Möglichkeit, einen niedrigen Scheitelfaktor zu erzielen, ist die Wahl der Phasenlage nach Schroeder [Sch70]. Hierbei wird die erste Phase $\phi_u(f_0)$ zufällig gewählt und alle weiteren Phasen über

$$\phi_u(\nu f_0) = \phi_u(f_0) - 2\pi \frac{\sum_{l=1}^{\nu} (\nu - l)\, A_u^2(\nu f_0)}{\sum_{\mu=1}^{\nu_{\max}} A_u^2(\mu f_0)}, \quad \nu = 2,\ldots,\nu_{\max}, \quad (9.122)$$

berechnet. In Bild 9.2 ist ein auf die Maximalamplitude eins normiertes Multisinussignal mit Frequenzenanteilen gleicher Amplitude im Bereich von 10 Hz bis 20 Hz und einer Phasenlage nach Schroeder gezeigt. Der Scheitelfaktor beträgt 1,91 und aus dem Amplitudenspektrum ist im Vergleich zu Bild 9.1 erkennbar, dass die einzelnen spektralen Anteil deutlich höhere Amplituden aufweisen.

[28] Der kleinstmögliche Scheitelfaktor ist 1 und dieser ergibt sich für ein binäres Rauschsignal mit $u(k) = \pm|c|$.

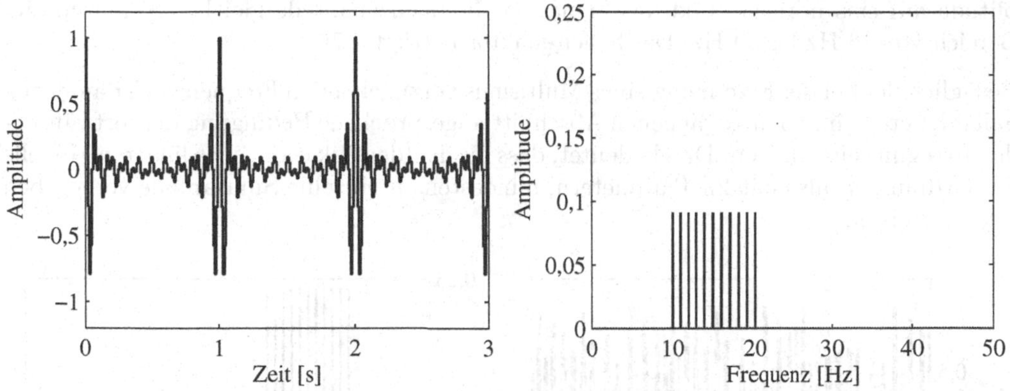

Bild 9.1 Zeitsignal (links) und einseitiges Amplitudenspektrum (rechts) eines Multisinus-Signals mit einer Periodendauer von 1 Sekunde und konstantem Amplitudenspektrum im Bereich von 10 Hz bis 20 Hz bei Phasenlage null (Abtastzeit 0,01 Sekunde); der Scheitelfaktor beträgt 4,69

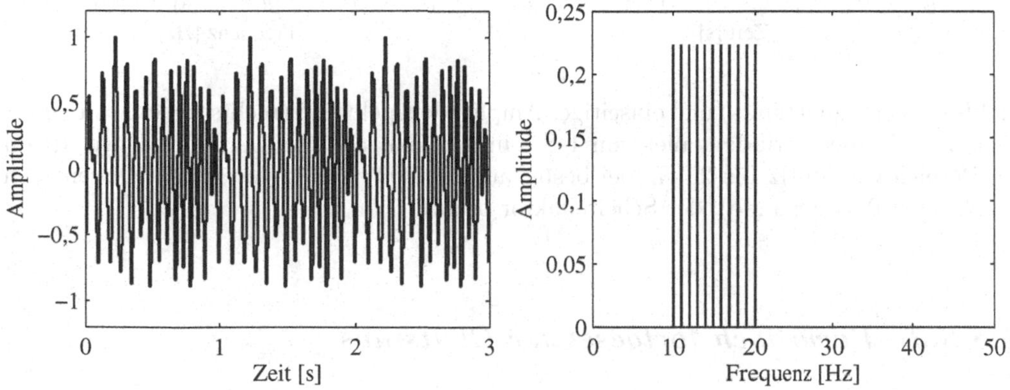

Bild 9.2 Zeitsignal (links) und einseitiges Amplitudenspektrum (rechts) eines Multisinus-Signals mit einer Periodendauer von 1 Sekunde und konstantem Amplitudenspektrum im Bereich von 10 Hz bis 20 Hz bei Phasenlage nach Schroeder [Sch70] (Abtastzeit 0,01 Sekunde); der Scheitelfaktor beträgt 1,91

Als Alternative bietet es sich angesichts der heute zur Verfügung stehenden Rechenleistung an, zu vorgegebenen Amplituden einfach zufällig sehr viele (z.B. 1.000 oder 10.000) Signale mit unterschiedlichen, zufälligen Phasen der einzelnen Schwingungen zu berechnen und daraus das Signal auszuwählen, welches den niedrigsten Scheitelfaktor aufweist. Zweckmäßigerweise wird dabei so vorgegangen, dass das bislang beste Signal (mit dem kleinsten Scheitelfaktor) mit einem neu erzeugten Signal verglichen und dann das Signal beibehalten wird, welches den kleineren Scheitelfaktor aufweist. So entfällt eine Speicherung der vielen erzeugten Signale. Ein aus 100.000 Multisinussignalen mit zufälliger Phasenlage ausgewähltes Signal ist in Bild 9.3 gezeigt. Dabei ist wieder die Maximalamplitude auf eins normiert und das Signal hat Frequenzenanteile gleicher Amplitude im Bereich von 10 Hz bis 20 Hz. Der Scheitelfaktor beträgt 1,76.

Bezüglich der bei der Erzeugung eines Multisinus vorzugebenden Frequenzen ist auf jeden Fall die bereits im vorangegangenen Abschnitt angesprochene Bedingung der fortwährenden Erregung einzuhalten. Dies bedeutet, dass für die Identifikation eines linearen Modells der Ordnung n, also mit $2n$ Parametern, mindestens n einzelne Sinusanteile vorgegeben werden müssen.

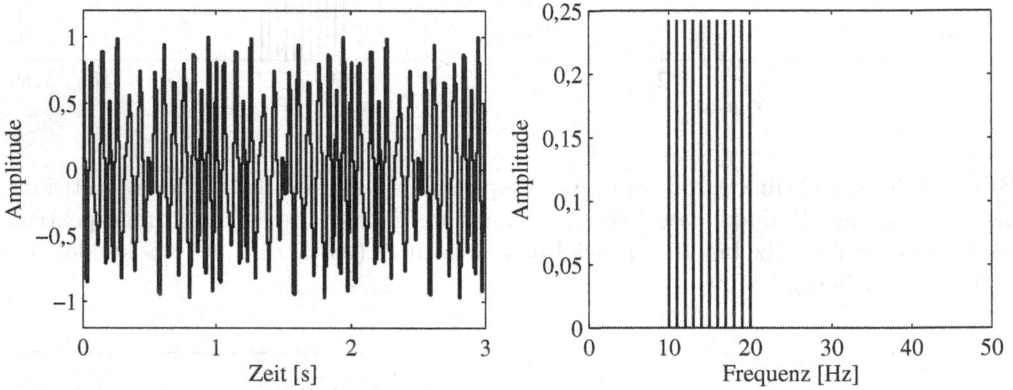

Bild 9.3 Zeitsignal (links) und einseitiges Amplitudenspektrum (rechts) eines Multisinus-Signals mit einer Periodendauer von 1 Sekunde und konstantem Amplitudenspektrum im Bereich von 10 Hz bis 20 Hz bei bester aus 100.000 zufällig gewählten Phasenlagen (Abtastzeit 0,01 Sekunde); der Scheitelfaktor beträgt 1,76

9.8.3.3 Periodisch fortgesetzter Gleitsinus

Als Gleitsinus (Sinus-Sweep, Chirp-Signal) wird ein sinusförmiges Signal verstanden, dessen Momentanfrequenz über der Zeit von einem Anfangswert in einen Endwert läuft. Ein kontinuierlicher Gleitsinus ist also ein Signal der Form

$$u(t) = A \sin(\varphi(t)) \tag{9.123}$$

wobei die Momentanfrequenz $\omega(t) = \dot{\varphi}(t)$ über der Zeit von dem Anfangswert $\omega_\mathrm{a} = \omega(t_\mathrm{a})$ in den Endwert $\omega_\mathrm{e} = \omega(t_\mathrm{e})$ läuft. Prinzipiell kann jeder beliebige Frequenzverlauf $\omega(t)$ vorgegeben und daraus durch Integration das Winkelargument $\varphi(t)$ erzeugt werden.

Von einem linearen Gleitsinus wird gesprochen, wenn die Frequenz mit konstanter Änderungsgeschwindigkeit von dem Anfangswert ω_a in den Endwert ω_e läuft, also

$$\omega(t) = \omega_\mathrm{a} + \frac{t - t_\mathrm{a}}{t_\mathrm{e} - t_\mathrm{a}}(\omega_\mathrm{e} - \omega_\mathrm{a}). \tag{9.124}$$

Durch Integration ergibt sich die Phase zu

$$\begin{aligned}\varphi(t) &= \omega_{\mathrm{a}} \cdot (t - t_{\mathrm{a}}) + \frac{1}{2}\frac{(t-t_{\mathrm{a}})^2}{t_{\mathrm{e}} - t_{\mathrm{a}}}(\omega_{\mathrm{e}} - \omega_{\mathrm{a}}) + \varphi_{\mathrm{a}} \\ &= \frac{1}{2} \cdot (\omega(t) + \omega_{\mathrm{a}}) \cdot (t - t_{\mathrm{a}}) + \varphi_{\mathrm{a}}\end{aligned} \tag{9.125}$$

mit der beliebig vorgebbaren Anfangsphase $\varphi_{\mathrm{a}} = \varphi(t_{\mathrm{a}})$.

Bei einem logarithmischen Gleitsinus ist die Momentanfrequenz durch

$$\omega(t) = \omega_{\mathrm{a}} \cdot \left(\frac{\omega_{\mathrm{e}}}{\omega_{\mathrm{a}}}\right)^{\frac{t-t_{\mathrm{a}}}{t_{\mathrm{e}}-t_{\mathrm{a}}}} \tag{9.126}$$

gegeben. Damit ändert sich der Logarithmus der Frequenz mit konstanter Geschwindigkeit, d.h.

$$\log \omega(t) = \log \omega_{\mathrm{a}} + \frac{t - t_{\mathrm{a}}}{t_{\mathrm{e}} - t_{\mathrm{a}}}(\log \omega_{\mathrm{e}} - \log \omega_{\mathrm{a}}). \tag{9.127}$$

Durch Integration von Gl. (9.126) entsteht aus der Momentanfrequenz die Phase zu

$$\begin{aligned}\varphi(t) &= \frac{\omega_{\mathrm{a}} \cdot (t_{\mathrm{e}} - t_{\mathrm{a}})}{\ln \frac{\omega_{\mathrm{e}}}{\omega_{\mathrm{a}}}} \left(\left(\frac{\omega_{\mathrm{e}}}{\omega_{\mathrm{a}}}\right)^{\frac{t-t_{\mathrm{a}}}{t_{\mathrm{e}}-t_{\mathrm{a}}}} - 1 \right) + \varphi_{\mathrm{a}} \\ &= \frac{t_{\mathrm{e}} - t_{\mathrm{a}}}{\ln \frac{\omega_{\mathrm{e}}}{\omega_{\mathrm{a}}}} (\omega(t) - \omega_{\mathrm{a}}) + \varphi_{\mathrm{a}},\end{aligned} \tag{9.128}$$

wobei die Anfangsphase $\varphi_{\mathrm{a}} = \varphi(t_{\mathrm{a}})$ wiederum vorgegeben werden kann. Bei einem logarithmischen Gleitsinus wird der Frequenzanstieg zu höheren Frequenzen hin schneller, d.h. es wird mehr Zeit im Bereich niedrigerer Frequenzen verbracht.

So sind prinzipiell auch Gleitsinus-Signale mit anderen Frequenzverläufen konstruierbar. Bei einem quadratischen Gleitsinus ändert sich das Quadrat der Frequenz mit konstanter Geschwindigkeit, also

$$\omega^2(t) = \omega_{\mathrm{a}}^2 + \frac{t - t_{\mathrm{a}}}{t_{\mathrm{e}} - t_{\mathrm{a}}}(\omega_{\mathrm{e}}^2 - \omega_{\mathrm{a}}^2). \tag{9.129}$$

Die Frequenz ist damit

$$\omega(t) = \sqrt{\omega_{\mathrm{a}}^2 + \frac{t - t_{\mathrm{a}}}{t_{\mathrm{e}} - t_{\mathrm{a}}}(\omega_{\mathrm{e}}^2 - \omega_{\mathrm{a}}^2)} \tag{9.130}$$

und durch Integration entsteht die Phase

$$\begin{aligned}\varphi(t) &= \frac{2}{3} \cdot \frac{t_{\mathrm{e}} - t_{\mathrm{a}}}{\omega_{\mathrm{e}}^2 - \omega_{\mathrm{a}}^2} \cdot \left(\left(\omega_{\mathrm{a}}^2 + \frac{t - t_{\mathrm{a}}}{t_{\mathrm{e}} - t_{\mathrm{a}}}(\omega_{\mathrm{e}}^2 - \omega_{\mathrm{a}}^2)\right)^{\frac{3}{2}} - \omega_{\mathrm{a}}^3 \right) + \varphi_{\mathrm{a}} \\ &= \frac{2}{3} \cdot \frac{t_{\mathrm{e}} - t_{\mathrm{a}}}{\omega_{\mathrm{e}}^2 - \omega_{\mathrm{a}}^2} \cdot (\omega^3(t) - \omega_a^3) + \varphi_{\mathrm{a}}.\end{aligned} \tag{9.131}$$

Da in der Systemidentifikation oftmals zeitdiskrete Eingangssignale verwendet werden (aus denen dann über die Digital-Analog-Wandlung kontinuierliche Signale erzeugt werden), sollen nun zeitdiskrete Gleitsinussignale betrachtet werden. Eine Möglichkeit zur Diskretisierung besteht darin, die Werte zu den Zeitpunkten t_k durch direktes Einsetzen von t_k für t in den entsprechenden kontinuierlichen Gleichungen für $y(t)$ zu berechnen.

Eine andere Möglichkeit ist, die Frequenz des diskreten Signals über die Phasenänderung gemäß

$$\varphi(t_{k+1}) = \varphi(t_k) + (t_{k+1} - t_k) \cdot \omega(t_k) \tag{9.132}$$

zu definieren und dann den Verlauf von $\omega(t_k)$ vorzugeben. Die Phase kann dann mit vorgegebenen $\omega(t_k)$ rekursiv über Gl. (9.132) berechnet werden. Nachfolgend werden über diese Möglichkeit ein linearer, ein logarithmischer und ein quadratischer Gleitsinus konstruiert.

Für einen linaren Gleitsinus mit einer Länge von N Abtastschritten ändert sich die Frequenz gemäß

$$\omega(t_k) = \omega_0 + \frac{t_k - t_0}{t_{N-1} - t_0} \cdot (\omega_{N-1} - \omega_0) \tag{9.133}$$

mit konstanter Änderungsgeschwindigkeit von der Anfangsfrequenz ω_0 zur Endfrequenz ω_{N-1}. In den Bilder 9.4 und 9.5 sind die Zeitsignale und die bei periodischer Fortsetzung entstehenden einseitigen Amplitudenspektren für zwei zeitdiskrete lineare Gleitsinussignale mit einer Länge von 1 Sekunde und einer Abtastzeit von 0,01 Sekunde gezeigt.[29] Bei dem in Bild 9.4 dargestellten Gleitsinus ändert sich die Frequenz von 0 Hz auf 49 Hz und bei dem in Bild 9.5 von 1 Hz auf 10 Hz.

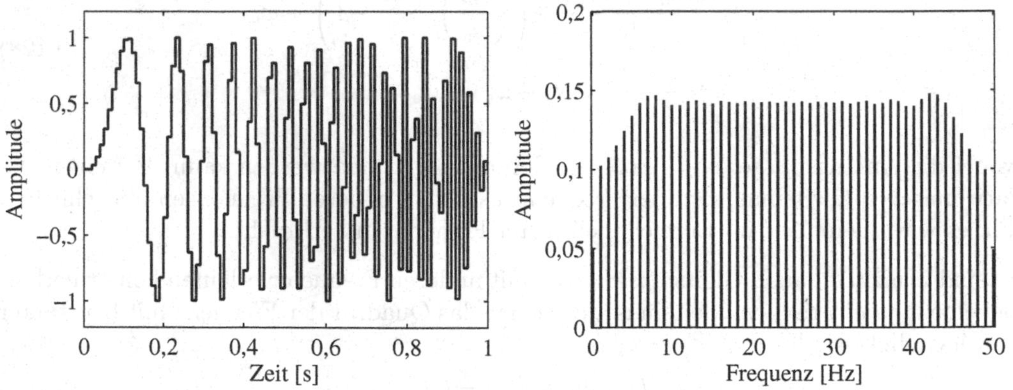

Bild 9.4 Zeitsignal (links) und einseitiges Amplitudenspektrum (rechts) eines linearen Gleitsinus mit einem Anstieg von 0 Hz auf 49 Hz in 1 Sekunde (Abtastzeit 0,01 Sekunde)

Bei einem logarithmischen Gleitsinus wird die Frequenz gemäß

$$\omega(t_k) = \omega_0 \cdot \left(\frac{\omega_{N-1}}{\omega_0}\right)^{\frac{t_k - t_0}{t_{N-1} - t_0}} \tag{9.134}$$

und bei einem quadratischen Gleitsinus gemäß

$$\omega(t_k) = \sqrt{\omega_0^2 + \frac{t_k - t_0}{t_{N-1} - t_0}(\omega_{N-1}^2 - \omega_0^2)} \tag{9.135}$$

[29] Zeitdiskrete Signale werden im Folgenden immer als stufenförmige Signale dargestellt. Die gezeigten Amplitudenspektren entsprechen einer periodischen Fortsetzung des Signals.

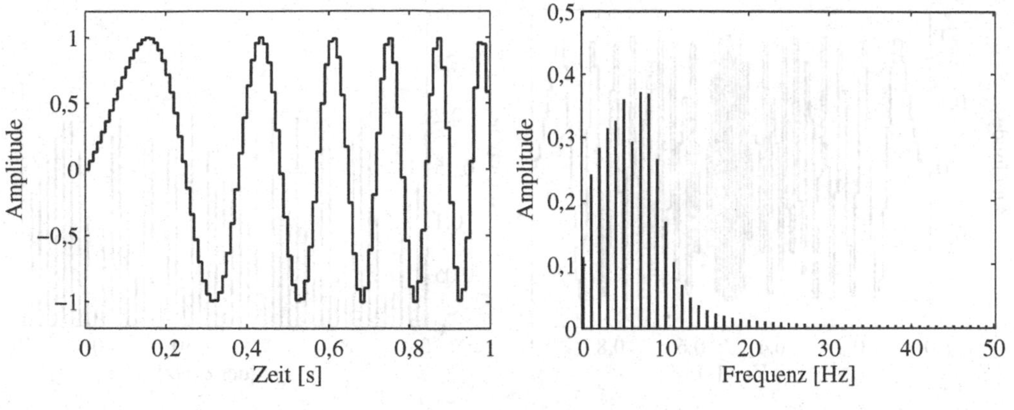

Bild 9.5 Zeitsignal (links) und einseitiges Amplitudenspektrum (rechts) eines linearen Gleitsinus mit einem Anstieg von 1 Hz auf 10 Hz in 1 Sekunde (Abtastzeit 0,01 Sekunde)

berechnet. Bei äquidistanter Abtastung, also konstanter Abtastzeit T_s, gilt $t_k = kT_s$ und die Gleichungen für die Frequenz $\omega(t_k) = \omega_k$ lauten dann

$$\omega_k = \omega_0 + \frac{k}{N-1} \cdot (\omega_{N-1} - \omega_0) \tag{9.136}$$

für den linearen Gleitsinus,

$$\omega_k = \omega_0 \cdot \left(\frac{\omega_{N-1}}{\omega_0}\right)^{\frac{k}{N-1}} \tag{9.137}$$

für den logarithmischen Gleitsinus und

$$\omega_k = \sqrt{\omega_0^2 + \frac{k}{N-1}(\omega_{N-1}^2 - \omega_0^2)} \tag{9.138}$$

für den quadratischen Gleitsinus. Bei der Erzeugung eines zeitdiskreten Gleitsinus ist zu beachten, dass das Abtasttheorem erfüllt bleibt, die Maximalfrequenz also nicht größer als die halbe Abtastfrequenz ist.

Zur Erzeugung eines periodischen Signals biete sich eine periodische Fortsetzung an. Da bei einer periodischen Fortsetzung durch einfaches Aneinanderreihen von gleichen Signalen jeweils an den Fortsetzungspunkten ein Frequenzsprung von der Endfrequenz auf die Anfangsfrequenz auftreten würde, kann es hierfür zweckmäßig sein, einen Gleitsinus zu konstruieren, bei dem die Frequenz zunächst vom Anfangswert auf den Endwert ansteigt und dann wieder auf den Anfangswert absinkt. In Bild 9.6 sind Zeitsignal und einseitiges Amplitudenspektrum eines zeitdiskreten linearen Gleitsinus gezeigt, bei dem die Frequenz innerhalb einer Sekunde von 0 auf 49 Hz ansteigt und wieder auf 0 abnimmt. Anhand des Spektrums ist allerdings zu erkennen, dass hier keine gleichmässige Anregung über den gesamten Frequenzbereich vorliegt.

Eine kontinuierliche Fortsetzung ohne Sprung in der Signalamplitude erfordert dabei zusätzlich, dass

$$u(t_a) = u(t_e). \tag{9.139}$$

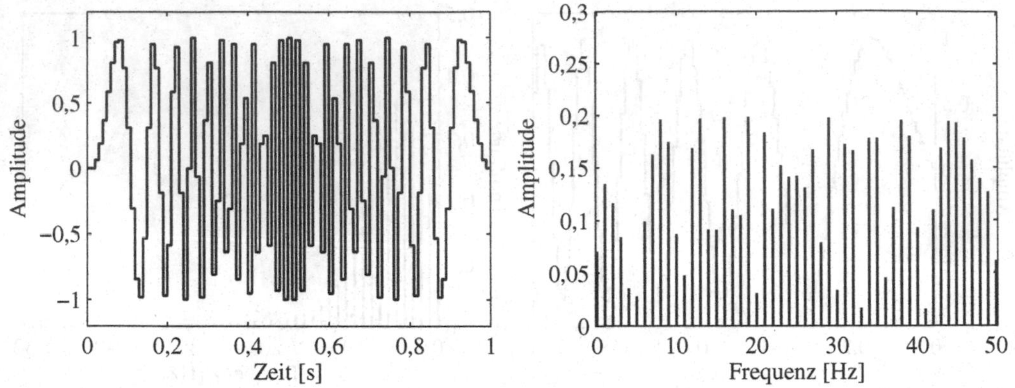

Bild 9.6 Zeitsignal (links) und einseitiges Amplitudenspektrum (rechts) eines linearen Gleitsinus mit einer Änderung von 0 Hz auf 49 Hz und zurück auf 0 Hz in 1 Sekunde (Abtastzeit 0,01 Sekunde)

Dies kann durch Wahl der Anfangsphase und der Dauer einer Periode des Gleitsinus erzielt werden, indem die Gleichung

$$u(t_a) = A \sin(\varphi(t_a)) = u(t_e) = A \sin(\varphi(t_e)) \tag{9.140}$$

nach $t_e - t_a$ und φ_a aufgelöst wird. Als Beispiel wird ein linearer Gleitsinus mit der Vorgabe

$$A \sin(\varphi(t_a)) = A \sin(\varphi(t_e)) = 0 \tag{9.141}$$

betrachtet. Die Forderung $A \sin(\varphi(t_a)) = 0$ lässt sich über $\varphi_a = 0$ erzielen und die Forderung $A \sin(\varphi(t_e)) = 0$ bedeutet, dass $\varphi(t_e)$ ein ganzzahliges Vielfaches von π sein muss, also $\varphi(t_e) = \nu \cdot \pi$ mit $\nu = 1,2,\ldots$. Für den linearen Gleitsinus ergibt sich $\varphi(t_e)$ dann aus Gl. (9.125) mit $t = t_e$ zu

$$\varphi(t_e) = \frac{1}{2} \cdot (\omega_e + \omega_a) \cdot (t_e - t_a) = \nu \cdot \pi. \tag{9.142}$$

Daraus entsteht die Bedingung

$$t_e - t_a = \nu \cdot \frac{1}{f_e + f_a}, \tag{9.143}$$

wobei statt der Kreisfrequenz ω die Frequenz f verwendet wurde. Die Dauer des Gleitsinus muss also ein ganzzahliges Vielfaches des Kehrwertes der Summe von Anfangs- und Endfrequenz sein.

Um mit einem Gleitsinus in dem vorgegebenen Frequenzbereich von ω_a bzw. ω_0 bis ω_e bzw. ω_{N-1} noch verschiedene Frequenzbereiche unterschiedlich stark anzuregen, kann zusätzlich noch die Amplitude des Gleitsinus-Signals über der Zeit verändert werden. Statt einem sofortigen Beaufschlagen mit der vollen Amplitude kann z.B. die Amplitude zu Beginn des Signals rampenförmig gemäß

$$A(t) = \begin{cases} A_{\max} \cdot \frac{t-t_a}{T_{\mathrm{Rampe}}} & \text{für } t_a \leq t \leq t_a + T_{\mathrm{Rampe}}, \\ A_{\max} & \text{für } t_a + T_{\mathrm{Rampe}} < t \leq t_e \end{cases} \tag{9.144}$$

von $A = 0$ bei $t = t_a$ auf die Maximalamplitude A_{max} bei $t = t_a + T_{Rampe}$ erhöht werden. Ebenso kann am Ende des Signals eine Verringerung der Amplitude über eine Rampe statt eines harten Abschaltens erfolgen, insgesamt also

$$A(t) = \begin{cases} A_{max} \cdot \frac{t-t_a}{T_{Rampe}} & \text{für } t_a \leq t \leq t_a + T_{Rampe}, \\ A_{max} & \text{für } t_a + T_{Rampe} < t < t_e - T_{Rampe}, \\ A_{max} \cdot \frac{t_e-t}{T_{Rampe}} & \text{für } t_e - T_{Rampe} \leq t \leq t_e. \end{cases} \tag{9.145}$$

In den Bilder 9.7 und 9.8 sind die Zeitsignale und die einseitigen Amplitudenspektren für zwei zeitdiskrete lineare Gleitsinussignale mit einer Länge von 1 Sekunde und einer Abtastzeit von 0,01 Sekunde gezeigt. Bei beiden Signalen wurde die Amplitude zu Beginn des Signals mit einer Rampenfunktion erhöht und am Ende des Signals mit einer Rampenfunktion verringert (Rampenlänge jeweils 20 Abtastschritte). Im Vergleich mit den Bilder 9.4 und 9.5 ist den Einfluss der Rampe gerade im Spektrum gut zu erkennen.

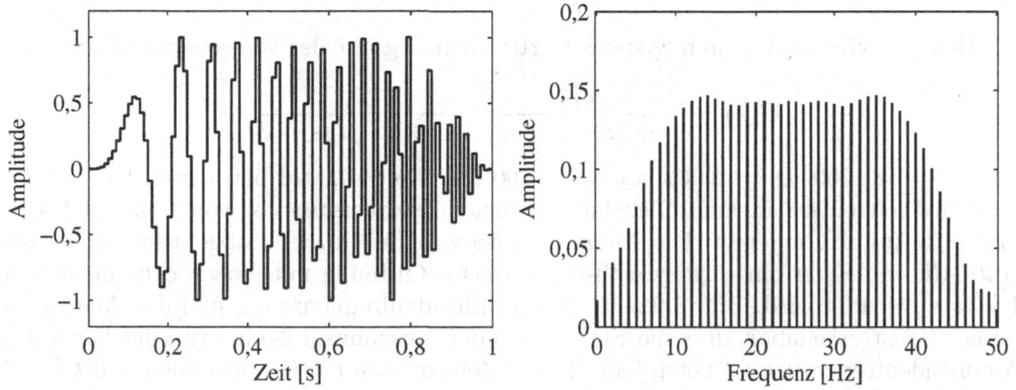

Bild 9.7 Zeitsignal (links) und einseitiges Amplitudenspektrum (rechts) eines linearen Gleitsinus mit einem Anstieg von 0 Hz auf 49 Hz in 1 Sekunde und einer Rampe von 20 Abtastschritten zu Beginn und Ende des Signals (Abtastzeit 0,01 Sekunde)

Die Anregung mit einem Gleitsinus hat für die Systemidentifikation den Vorteil, dass bei einer Darstellung des Ausgangssignals als Zeit-Frequenz-Diagramm im quasistationären Zustand Nichtlinearitäten an den mit der Frequenz der Grundwelle mitlaufenden Oberwellen sichtbar werden. Somit ist nichtlineares Systemverhalten sehr leicht erkennbar. Über die Größe der Amplituden der Oberwellen ist eine erste Abschätzung dahingehend möglich, wie ausgeprägt nichtlinear das Systemverhalten ist. So kann z.B. in verschiedenen Experimenten ein Gleitsinus mit verschiedenen Amplituden verwendet werden und anschließend können dann die Zeit-Frequenz-Diagramme verglichen werden. Weiterhin entspricht bei einem ausreichend langsamen Gleitsinus in den Bereichen konstanter Amplitude die Einhüllende des Ausgangssignals in etwa dem Verlauf des Amplitudenfrequenzgangs des Systems, sodass aus dem Verlauf des Ausgangssignals schon der ungefähre Verlauf des Amplitudenfrequenzgangs ersichtlich ist.

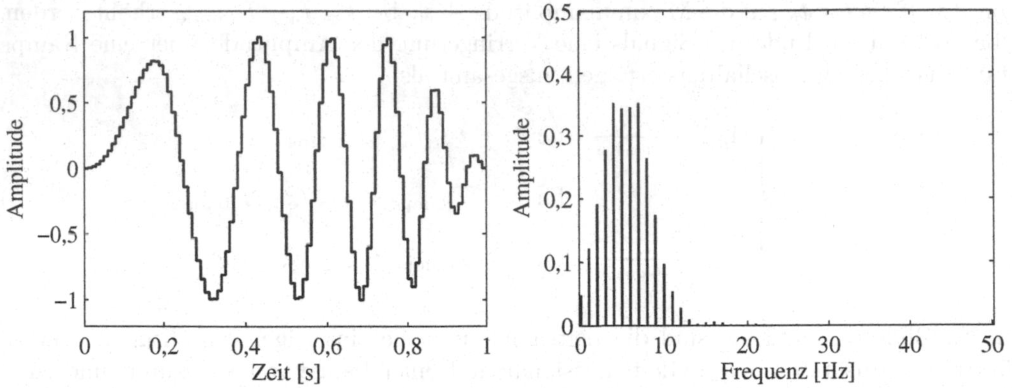

Bild 9.8 Zeitsignal (links) und einseitiges Amplitudenspektrum (rechts) eines linearen Gleitsinus mit einem Anstieg von 1 Hz auf 10 Hz in 1 Sekunde und einer Rampe von 20 Abtastschritten zu Beginn und Ende des Signals (Abtastzeit 0,01 Sekunde)

Als Beispiel wird ein linearen Systems vierter Ordnung mit der Übertragungsfunktion

$$G(s) = \frac{\omega_1^2}{s^2 + 2D_1\omega_1 s + \omega_1^2} \cdot \frac{\omega_2^2}{s^2 + 2D_2\omega_2 s + \omega_2^2}$$

mit $\omega_1 = 2\pi \cdot 200$, $D_1 = 0{,}008$, $\omega_2 = 2\pi \cdot 400$ und $D_2 = 0{,}0024$ betrachtet. Dieses System wird mit einem linearen Gleitsinus mit einem Frequenzanstieg von 1 Hz auf 1 kHz in drei Sekunden angeregt. Die Ausgangsgröße wird mit 10 kHz abgetastet, wobei als *Anti-Aliasing*-Filter ein Butterworth-Filter vierter Ordnung mit einer Eckfrequenz von 1 kHz verwendet wird. Bild 9.9 zeigt den Amplitudenfrequenzgang und das Ausgangssignal. Es ist erkennbar, dass die Einhüllende der Ausgangsgröße in etwa der Form des Amplitudenfrequenzgangs entspricht. Zu den Zeitpunkten $t = 0{,}6$ Sekunden und $t = 1{,}2$ Sekunden hat die Anregung die Momentanfrequenz 200 bzw. 400 Hz und es werden damit gerade die beiden Resonanzen des Systems angeregt. In Bild 9.10 sind die Zeit-Frequenz-Diagramme des Eingangssignals und des Ausgangssignals dargestellt. Das Fehlen von Oberwellen im Ausgangssignal deutet auf lineares Systemverhalten hin. Erkennbar ist auch das Ausschwingen nach Anregung der Resonanzen des Systems.

Nun wird der Fall betrachtet, dass dem linearen System eine kubische Nichtlinearität vorgeschaltet wird, der lineare Systemteil wird also mit $u^3(t)$ angeregt. Die zugehörigen Zeit-Frequenz-Diagramme sind in Bild 9.11 gezeigt. Die Oberwelle mit dem Dreifachen der Anregungsfrequenz ist im Zeit-Frequenz-Diagramm der Ausgangsgröße deutlich zu erkennen. Diese Oberwelle entsteht durch die kubische Nichtlinearität, was durch die in Bild 9.12 gezeigten Zeit-Frequenz-Darstellung der Eingangsgröße des linearen Systemteils (Ausgangsgröße der kubischen Nichtlinearität) nochmals verdeutlicht wird.

9.8.3.4 Periodisch fortgesetztes Rauschen

Prinzipiell kann ein periodisches Signal mit einem gewünschten Spektrum auch durch periodische Fortsetzung eines Rauschsignals erzeugt werden. Hierzu wird ein zeitdiskretes,

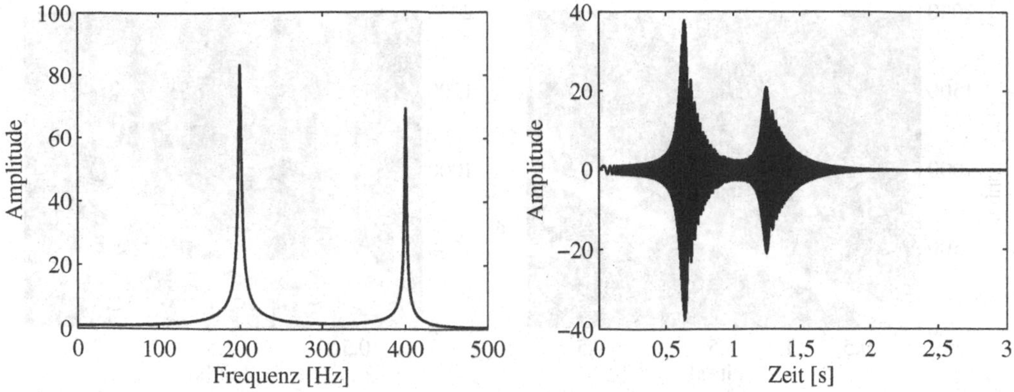

Bild 9.9 Amplitudenfrequenzgang (links) und Ausgangssignal bei Gleitsinusanregung (rechts) für ein System vierter Ordnung

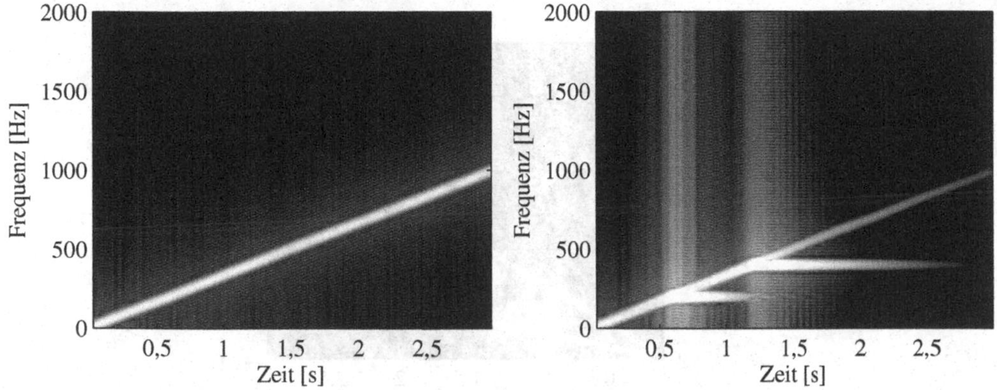

Bild 9.10 Zeit-Frequenz-Diagramme des Eingangssignals (links) und des Ausgangssignals (rechts) für ein lineares System vierter Ordnung bei Gleitsinusanregung

weißes Rauschsignal der Länge N erzeugt. Das endgültige Signal entsteht dann durch einfaches Aneinanderreihen des so generierten Signals. Da das so entstehende Signal periodisch und damit nicht mehr vollständig zufällig ist, wird es als Pseudo-Rauschen bezeichnet. Aufgrund der Periodizität stellt auch dieses Signal ein Multisinus-Signal dar (siehe Abschnitt 9.8.3.2).[30]

Ein gewünschtes Spektrum des Signals kann über einfache Filterung des diskretes Signals mit einem oder mehreren entsprechend entworfenen Filtern berechnet werden. Aufgrund der Periodizität des Signals ist aber zu beachten, dass es sich bei dem Spektrum des Signals um ein Linienspektrum handelt, da nur solche Frequenzanteile vorhanden sind,

[30] Die Bezeichnung Pseudo-Rauschen ist jedoch üblicher, da wie in Abschnitt 9.8.3.2 beschrieben, unter Multisinus-Signalen meist periodische Signale verstanden werden, bei denen die Amplituden und ggf. Phasen der einzelnen Sinusanteile direkt vorgegeben werden. Allerdings werden gelegentlich auch Multisinus-Signale als Pseudo-Rauschen bezeichnet.

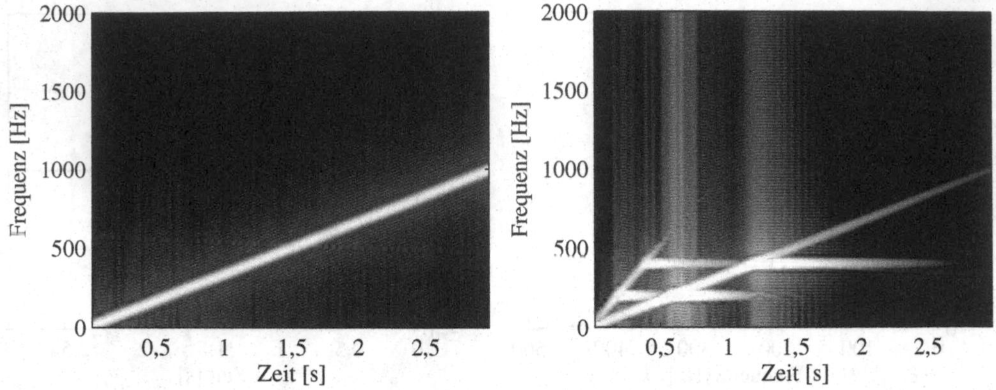

Bild 9.11 Zeit-Frequenz-Diagramme des Eingangssignals (links) und des Ausgangssignals (rechts) für ein lineares System vierter Ordnung mit vorgeschalteter kubischer Nichtlinearität bei Gleitsinusanregung

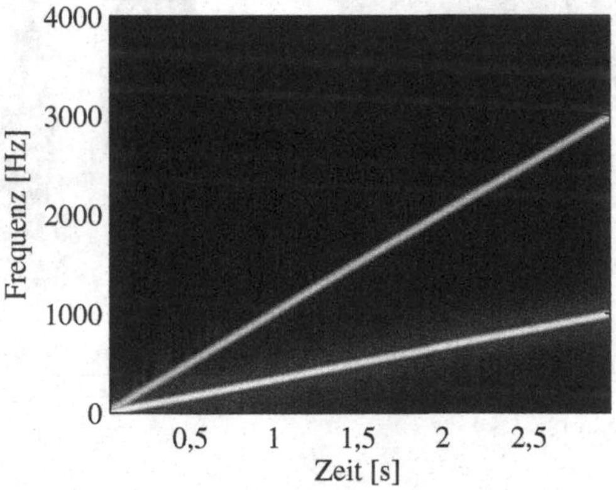

Bild 9.12 Zeit-Frequenz-Diagramm des Ausgangssignals der kubischen Nichtlinearität bei Gleitsinusanregung

die aufgrund der Periodizität des Signals in dieses hineinpassen, also nur die über die Länge einer Periode vorgegebenen Grundwelle und die Oberwellen.

9.8.3.5 *Pseudo-Random-Multilevel-Sequence-Signale*

Pseudo-Random-Multilevel-Sequence-Signale (PRMS-Signale) sind zeitdiskrete periodische Signale, die L verschiedene Amplitudenwerte annehmen können und die bzgl. ihrer spektralen bzw. den Korrelationseigenschaften dem weißen Rauschen ähnlich sind. Spezialfälle von PRMS-Signalen mit zwei bzw. drei Amplitudenwerten stellen die bereits in Abschnitt 2.2.4.2 behandelten binären und ternären Pseudo-Rauschsignale dar.

Ein PRMS-Signal mit den L möglichen Werten $0, 1, \ldots, L-1$, wobei L eine Primzahl ist,[31] und der Periodenlänge $N = L^n - 1$ kann über die Differenzengleichung

$$u(k) = \left(\sum_{\nu=1}^{n} (-c_{n-\nu} \cdot u(k-\nu)) \bmod L \right) \bmod L \tag{9.146}$$

erzeugt werden, wobei beliebige Anfangswerte $u(k) \in \{0,1,\ldots,L-1\}$, $k = -n, -n+1, \ldots, -1$, vorgegeben werden müssen, von denen mindestens einer ungleich null sein muss. Dabei steht mod für den Rest der ganzzahligen Division, die Operation mod L liefert also Werte in der Menge $\{0,1,\ldots,L-1\}$. Die Koeffizienten c_0, c_1, …, c_{n-1} müssen die Koeffizienten eines primitiven Polynoms n-ten Grades

$$P(x) = x^n + c_{n-1}x^{n-1} + \ldots + c_1 x + c_0 \tag{9.147}$$

über dem Galois-Körper GF(L) sein [Bar04, BTG04]. In den Tabellen 9.1 bis 9.10 sind primitive Polynome für $L = 2$ bis $L = 313$ angegeben, wobei die Werte von n bis zu dem Wert angegeben wurden, bei dem die Periodenlänge $L^n - 1$ noch unter 100.000 Werten liegt.[32]

In Bild 9.13 ist der Spezialfall eines mit einer Registerlänge von $n = 7$ erzeugten PRMS-Signals mit den $L = 2$ Signalwerten ± 1 und damit der Periodenlänge von $L^n - 1 = 127$ Abtastschritten gezeigt. Dieses Signal entspricht dem bereits in Abschnitt 2.2.4.2 behandelten PRBS-Signal. Aus dem Spektrum wird ersichtlich, dass dieses Signal weißem Rauschen ähnlich ist.

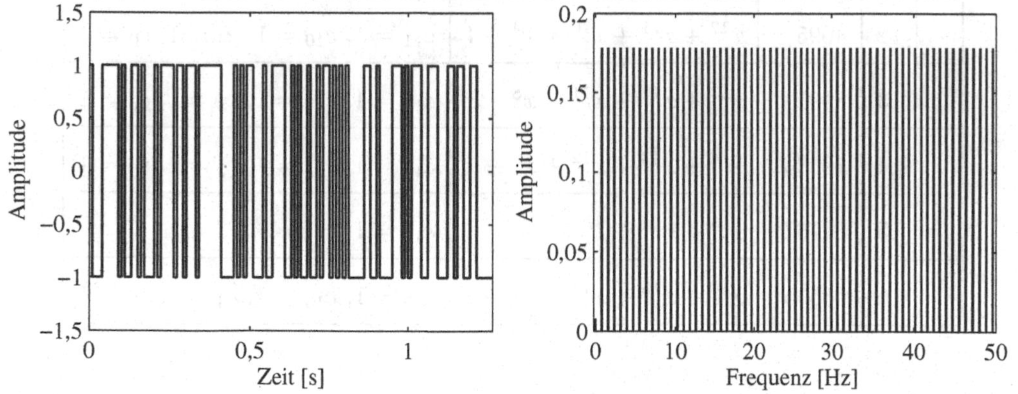

Bild 9.13 Zeitsignal (links) und einseitiges Amplitudenspektrum (rechts) eines PRBS-Signals mit einer Periodendauer von 127 Abtastschritten (Abtastzeit 0,01 Sekunde)

Für die Identifikation gerade von nichtlinearen Systemen sind PRMS-Signale dahingehend vorteilhaft, dass hier die Amplitudenwerte vorgegeben werden können und so eine Anregung des Systems mit verschiedenen Amplituden sichergestellt werden kann.

[31] Die möglichen Amplitudenwerte sind für die Signalerzeugung zunächst durchnummeriert, können aber im Anschluss an die Signalerzeugung beliebig neu skaliert werden.

[32] Eine umfangreiche Darstellung findet sich auf der Webseite „Polynomials over Galois Fields“ von Florent Chabaud (http://fchabaud.free.fr/English/default.php?COUNT=1&FILE0=Poly, Zugriff am 16. November 2015). Dieser sind auch die hier aufgeführten Polynome entnommen.

Tabelle 9.1 Primitive Polynome über GF(2)

L	n	$L^n - 1$	Primitives Polynom	Koeffizienten $\neq 0$
2	2	3	$x^2 + x + 1$	$c_1 = 1,\ c_0 = 1$
	3	7	$x^3 + x^2 + 1$	$c_2 = 1,\ c_0 = 1$
	4	15	$x^4 + x^3 + 1$	$c_3 = 1,\ c_0 = 1$
	5	31	$x^5 + x^3 + 1$	$c_3 = 1,\ c_0 = 1$
	6	63	$x^6 + x^5 + 1$	$c_5 = 1,\ c_0 = 1$
	7	127	$x^7 + x^6 + 1$	$c_6 = 1,\ c_0 = 1$
	8	255	$x^8 + x^7 + x^6 + x + 1$	$c_7 = 1,\ c_6 = 1\ c_1 = 1,\ c_0 = 1$
	9	511	$x^9 + x^5 + 1$	$c_5 = 1\ c_0 = 1$
	10	1023	$x^{10} + x^7 + 1$	$c_7 = 1,\ c_0 = 1$
	11	2047	$x^{11} + x^9 + 1$	$c_9 = 1,\ c_0 = 1$
	12	4095	$x^{12} + x^{11} + x^{10} + x^4 + 1$	$c_{11} = 1,\ c_{10} = 1,\ c_4 = 1,\ c_0 = 1$
	13	8191	$x^{13} + x^{12} + x^{11} + x^8 + 1$	$c_{12} = 1,\ c_{11} = 1,\ c_8 = 1,\ c_0 = 1$
	14	16383	$x^{14} + x^{13} + x^{12} + x^2 + 1$	$c_{13} = 1,\ c_{12} = 1,\ c_2 = 1,\ c_0 = 1$
	15	32767	$x^{15} + x^{14} + 1$	$c_{14} = 1,\ c_0 = 1$
	16	65535	$x^{16} + x^{15} + x^{13} + x^4 + 1$	$c_{15} = 1,\ c_{13} = 1,\ c_4 = 1,\ c_0 = 1$

9.8.4 Nichtperiodische Signale

In Abschnitt 9.8.2 wurde herausgestellt, dass die Verwendung periodischer Signale als Testsignale für die Systemidentifikation zahlreiche Vorteile bietet. Ein Nachteil periodischer Signale besteht allerdings darin, dass zu ihrer Erzeugung oftmals zusätzliche Hardware erforderlich ist. So kann es bei einigen Anlagen im normalen Betrieb durchaus möglich sein, diese mit sprungförmigen Signalen anzuregen, während die Aufschaltung periodischer (oder generell beliebiger) Signale nicht möglich ist.

Hinzu kommt, dass ein periodisches Signal immer eine begrenzte Anzahl von spektralen Komponenten enthält. Es ist damit immer nur fortwährend erregend mit begrenzter

Tabelle 9.2 Primitive Polynome über GF(3)

L	n	$L^n - 1$	Primitives Polynom	Koeffizienten $\neq 0$
3	2	8	$x^2 + x + 2$	$c_1 = 1$, $c_0 = 2$
	3	26	$x^3 + 2x^2 + 1$	$c_2 = 2$, $c_0 = 1$
	4	80	$x^4 + x^3 + 2$	$c_3 = 1$, $c_0 = 2$
	5	242	$x^5 + x^4 + x^2 + 1$	$c_4 = 1$, $c_2 = 1$, $c_0 = 1$
	6	728	$x^6 + x^5 + 2$	$c_5 = 1$, $c_0 = 2$
	7	2186	$x^7 + x^6 + x^4 + 1$	$c_6 = 1$, $c_4 = 1$ $c_0 = 1$
	8	6560	$x^8 + x^5 + 2$	$c_5 = 1$, $c_0 = 2$
	9	19682	$x^9 + x^7 + x^5 + 1$	$c_7 = 1$, $c_5 = 1$, $c_0 = 1$
	10	59048	$x^{10} + x^9 + x^7 + 2$	$c_9 = 1$, $c_7 = 1$, $c_0 = 2$

Tabelle 9.3 Primitive Polynome über GF(5)

L	n	$L^n - 1$	Primitives Polynom	Koeffizienten $\neq 0$
5	2	24	$x^2 + x + 2$	$c_1 = 1$, $c_0 = 2$
	3	124	$x^3 + x^2 + 2$	$c_2 = 1$, $c_0 = 2$
	4	624	$x^4 + x^3 + x + 3$	$c_3 = 1$, $c_1 = 1$, $c_0 = 3$
	5	3142	$x^5 + x^2 + 2$	$c_2 = 1$, $c_0 = 2$
	6	15624	$x^6 + x^5 + 2$	$c_5 = 1$, $c_0 = 2$
	7	78142	$x^7 + x^6 + 2$	$c_6 = 1$, $c_0 = 2$

Tabelle 9.4 Primitive Polynome über GF(7)

L	n	$L^n - 1$	Primitives Polynom	Koeffizienten $\neq 0$
7	2	48	$x^2 + x + 3$	$c_1 = 1,\ c_0 = 3$
	3	342	$x^3 + x^2 + x + 2$	$c_2 = 1,\ c_1 = 1,\ c_0 = 2$
	4	2400	$x^4 + x^3 + x^2 + 3$	$c_3 = 1,\ c_2 = 1,\ c_0 = 3$
	5	16806	$x^5 + x^4 + 4$	$c_4 = 1,\ c_0 = 4$

Tabelle 9.5 Primitive Polynome über GF(11)

L	n	$L^n - 1$	Primitives Polynom	Koeffizienten $\neq 0$
11	2	120	$x^2 + x + 7$	$c_1 = 1,\ c_0 = 7$
	3	1330	$x^3 + x^2 + 3$	$c_2 = 1,\ c_0 = 3$
	4	14640	$x^4 + x^3 + 8$	$c_3 = 1,\ c_0 = 8$

Tabelle 9.6 Primitive Polynome über GF(13)

L	n	$L^n - 1$	Primitives Polynom	Koeffizienten $\neq 0$
13	2	168	$x^2 + x + 2$	$c_1 = 1,\ c_0 = 2$
	3	2196	$x^3 + x^2 + 2$	$c_2 = 1,\ c_0 = 2$
	4	28560	$x^4 + x^3 + x^2 + 6$	$c_3 = 1,\ c_2 = 1,\ c_0 = 6$

Tabelle 9.7 Primitive Polynome über GF(17)

L	n	$L^n - 1$	Primitives Polynom	Koeffizienten $\neq 0$
17	2	288	$x^2 + x + 3$	$c_1 = 1,\ c_0 = 3$
	3	4912	$x^3 + x^2 + 7$	$c_2 = 1,\ c_0 = 7$
	4	83520	$x^4 + x^3 + 5$	$c_3 = 1,\ c_0 = 5$

Tabelle 9.8 Primitive Polynome über GF(19) bis GF(43)

L	n	$L^n - 1$	Primitives Polynom	Koeffizienten $\neq 0$
19	2	360	$x^2 + x + 2$	$c_1 = 1,\ c_0 = 2$
	3	6858	$x^3 + x^2 + 6$	$c_2 = 1,\ c_0 = 6$
23	2	528	$x^2 + x + 7$	$c_1 = 1,\ c_0 = 7$
	3	12166	$x^3 + x^2 + 6$	$c_2 = 1,\ c_0 = 6$
29	2	840	$x^2 + x + 3$	$c_1 = 1,\ c_0 = 3$
	3	24388	$x^3 + x^2 + 3$	$c_2 = 1,\ c_0 = 3$
31	2	960	$x^2 + x + 12$	$c_1 = 1,\ c_0 = 12$
	3	29790	$x^3 + x^2 + 9$	$c_2 = 1,\ c_0 = 9$
37	2	1368	$x^2 + x + 5$	$c_1 = 1,\ c_0 = 5$
	3	50652	$x^3 + x^2 + 17$	$c_2 = 1,\ c_0 = 17$
41	2	1680	$x^2 + x + 12$	$c_1 = 1,\ c_0 = 12$
	3	68920	$x^3 + x^2 + 11$	$c_2 = 1,\ c_0 = 11$
43	2	1848	$x^2 + x + 3$	$c_1 = 1,\ c_0 = 3$
	3	79506	$x^3 + x^2 + 9$	$c_2 = 1,\ c_0 = 9$

Ordnung und das System wird nur mit den im Signal enthaltenen Frequenzen angeregt.[33] Mit nichtperiodischen Eingangssignale kann das System daher gewissermaßen spektral breiter angeregt werden.

Einfache nichtperiodische Testsignale, wie z.B. die Sprungfunktion oder Impulssignale (Rechteckimpuls, Dreieckimpuls usw.), die in Tabelle 2.4 angegeben sind, eignen sich zwar für spezielle nichtparametrische Identifikationsansätze, aber weniger gut für parametrische Identifikation. Der Gleitsinus als nichtperiodisches Testsignal wurde in Abschnitt 9.8.3.1 als Ersatz für monofrequente Sinussignale mit verschiedenen Frequenzen behandelt, wobei hierbei nur Gleitsinussignale mit langsam veränderlicher Frequenz geeignet sind. Ein Gleitsinus mit schnell veränderlicher Frequenz hat ohne periodische Wiederholung als Testsignal kaum praktische Bedeutung [Nat83].

[33] So können z.B. Resonanzen (Polstellen) und Antiresonanzen (Nullstellen) im Frequenzgang übersehen werden, wenn das Testsignal keine spektralen Anteile in der Nähe der zugehörigen Frequenzen aufweist.

Tabelle 9.9 Primitive Polynome über GF(47) bis GF(173)

L	n	$L^n - 1$	Primitives Polynom	Koeffizienten $\neq 0$
47	2	2208	$x^2 + x + 13$	$c_1 = 1,\ c_0 = 13$
53	2	2808	$x^2 + x + 5$	$c_1 = 1,\ c_0 = 5$
59	2	3480	$x^2 + x + 2$	$c_1 = 1,\ c_0 = 2$
61	2	3720	$x^2 + x + 2$	$c_1 = 1,\ c_0 = 2$
67	2	4480	$x^2 + x + 12$	$c_1 = 1,\ c_0 = 12$
71	2	5040	$x^2 + x + 11$	$c_1 = 1,\ c_0 = 11$
73	2	5328	$x^2 + x + 11$	$c_1 = 1,\ c_0 = 11$
79	2	6240	$x^2 + x + 3$	$c_1 = 1,\ c_0 = 3$
83	2	6888	$x^2 + x + 2$	$c_1 = 1,\ c_0 = 2$
89	2	7920	$x^2 + x + 6$	$c_1 = 1,\ c_0 = 6$
97	2	9480	$x^2 + x + 5$	$c_1 = 1,\ c_0 = 5$
101	2	10200	$x^2 + x + 3$	$c_1 = 1,\ c_0 = 3$
103	2	10608	$x^2 + x + 5$	$c_1 = 1,\ c_0 = 5$
107	2	11448	$x^2 + x + 5$	$c_1 = 1,\ c_0 = 5$
109	2	11880	$x^2 + x + 6$	$c_1 = 1,\ c_0 = 6$
113	2	12768	$x^2 + x + 10$	$c_1 = 1,\ c_0 = 10$
127	2	16128	$x^2 + x + 3$	$c_1 = 1,\ c_0 = 3$
131	2	17160	$x^2 + x + 14$	$c_1 = 1,\ c_0 = 14$
137	2	18768	$x^2 + x + 6$	$c_1 = 1,\ c_0 = 6$
139	2	19320	$x^2 + x + 2$	$c_1 = 1,\ c_0 = 2$
149	2	22200	$x^2 + x + 3$	$c_1 = 1,\ c_0 = 3$
151	2	22800	$x^2 + x + 12$	$c_1 = 1,\ c_0 = 12$
157	2	24680	$x^2 + x + 6$	$c_1 = 1,\ c_0 = 6$
163	2	26568	$x^2 + x + 11$	$c_1 = 1,\ c_0 = 11$
167	2	27888	$x^2 + x + 5$	$c_1 = 1,\ c_0 = 5$
173	2	29928	$x^2 + x + 5$	$c_1 = 1,\ c_0 = 5$

Tabelle 9.10 Primitive Polynome über GF(179) bis GF(313)

L	n	$L^n - 1$	Primitives Polynom	Koeffizienten $\neq 0$
179	2	32040	$x^2 + x + 7$	$c_1 = 1,\ c_0 = 7$
181	2	32760	$x^2 + x + 18$	$c_1 = 1,\ c_0 = 18$
191	2	36480	$x^2 + x + 19$	$c_1 = 1,\ c_0 = 19$
193	2	37248	$x^2 + x + 5$	$c_1 = 1,\ c_0 = 5$
197	2	38808	$x^2 + x + 3$	$c_1 = 1,\ c_0 = 3$
199	2	39600	$x^2 + x + 6$	$c_1 = 1,\ c_0 = 6$
211	2	44520	$x^2 + x + 3$	$c_1 = 1,\ c_0 = 3$
223	2	49728	$x^2 + x + 5$	$c_1 = 1,\ c_0 = 5$
227	2	51528	$x^2 + x + 5$	$c_1 = 1,\ c_0 = 5$
229	2	52440	$x^2 + x + 6$	$c_1 = 1,\ c_0 = 6$
233	2	54288	$x^2 + x + 3$	$c_1 = 1,\ c_0 = 3$
239	2	57120	$x^2 + x + 13$	$c_1 = 1,\ c_0 = 13$
241	2	58080	$x^2 + x + 13$	$c_1 = 1,\ c_0 = 13$
251	2	63000	$x^2 + x + 19$	$c_1 = 1,\ c_0 = 19$
257	2	66048	$x^2 + x + 5$	$c_1 = 1,\ c_0 = 5$
263	2	69168	$x^2 + x + 7$	$c_1 = 1,\ c_0 = 7$
269	2	72360	$x^2 + x + 2$	$c_1 = 1,\ c_0 = 2$
271	2	73440	$x^2 + x + 21$	$c_1 = 1,\ c_0 = 21$
277	2	76728	$x^2 + x + 11$	$c_1 = 1,\ c_0 = 11$
281	2	78960	$x^2 + x + 3$	$c_1 = 1,\ c_0 = 3$
283	2	80088	$x^2 + x + 3$	$c_1 = 1,\ c_0 = 3$
293	2	85848	$x^2 + x + 2$	$c_1 = 1,\ c_0 = 2$
307	2	94248	$x^2 + x + 5$	$c_1 = 1,\ c_0 = 5$
311	2	96720	$x^2 + x + 17$	$c_1 = 1,\ c_0 = 17$
313	2	97968	$x^2 + x + 14$	$c_1 = 1,\ c_0 = 14$

Für die parametrische Systemidentifikation bieten sich als nichtperiodische Signale zunächst einmal Rauschsignale an. Der übliche Fall wird es dabei sein, ein zeitdiskretes Rauschen zu verwenden und über eine Digital-Analog-Wandlung mit einem Haltgelied nullter Ordnung das kontinuierliche Eingangssignal für das zu identifizierende System zu erzeugen. Zur Erzielung eines zeitdiskreten Rauschsignals mit einem gewünschten Spektrum kann zeitdiskretes, weißes, normalverteiltes (Gaußsches) Rauschen entsprechend gefiltert werden (mit einem linearen, zeitdiskreten Filter). Während gaußverteiltes Rauschen prinzipiell eine unbegrenzte Amplitude hat, wird das real verwendete Signal amplitudenbegrenzt sein, sodass hier noch eine Begrenzung auf einen Minimal- bzw. Maximalwert erfolgen muss. Ist eine breitbandige Anregung gewünscht, kann auch eine Periode des in Abschnitt 9.8.3.5 behandelten PRMS-Signals verwendet werden.

In Abschnitt 9.8.3.2 wurde der Scheitelfaktor behandelt und es wurde ausgeführt, dass der kleinstmögliche Scheitelfaktor von eins mit einem Signal erzielt wird, welches nur die Amplitudenwerte $\pm|c|$ annimmt. Zur Erzeugung eines solchen Signals kann zunächst ein mittelwertfreies weißes Rauschsignal so gefiltert werden, dass das gewünschte Spektrum erzielt wird und anschließend die Signum-Funktion auf dieses Signal angewendet werden. So entsteht ein Signal der Amplitude ± 1 (binäres Rauschen), welches dann auf die gewünschte Signalamplitude skaliert werden kann. Allerdings ist hierbei zu berücksichtigen, dass die Vorzeichenbildung das Spektrum des Signals verzerrt (siehe z.B. Beispiel 13.1 in [Lju99]).

Alternativ kann eine Periode eines PRBS-Signals (*Pseudo-Random Binary Noise*) verwendet werden, z.B. eine m-Impulsfolge (siehe Abschnitt 2.2.4.2), welches den Spezialfall des in Abschnitt 9.8.3.5 behandelten *Pseudo-Random-Multilevel-Sequence*-Signals für zwei Amplitudenwerte, also mit $L = 2$, darstellt. Dieses Signal ist dem weißen Rauschen ähnlich. Ein gewünschtes Spektrums kann dann prinzipiell wieder über Filterung erzielt werden, wobei das dann entstehende gefilterte Signal kein Binärsignal mehr ist. Zur Bandbegrenzung des Signals unter Beibehaltung des binären Charakters kann statt einer Filterung eine erneute Abtastung mit einer um den Faktor P höheren Abtastfrequenz durchgeführt werden, d.h. es werden zwischen zwei Abtastzeitpunkten des Originalsignals P konstante Signalwerte erzeugt. In [Lju99] wird für den Fall, dass als Abtastfrequenz des endgültigen Signals das Zehnfache der (angenommenen oder abgeschätzten) Bandbreite des zu identifizierenden Systems gewählt wird, vorgeschlagen, zunächst ein PRBS-Signal mit einer Abtastfrequenz zu erzeugen, welche dem 2,5-fachen der Bandbreite des zu identifizierenden Systems entspricht und dieses dann mit dem Zehnfachen der Bandbreite nochmals abzutasten, was $P = 4$ entspricht. Das so entstehende Signal hat dann eine Bandbreite, die etwa der Bandbreite des zu identifizierenden Systems entspricht.

An dieser Stelle sei darauf hingewiesen, dass zur Identifikation eines nichtlinearen Systems ein Binärsignal nicht geeignet ist. Vielmehr muss bei der Identifikation eines nichtlinearen Systems sichergestellt werden, dass auch die Amplitude des Eingangssignal ausreichend stark variiert wird.

9.9 Durchführung der Messungen

Sobald der experimentelle Aufbau in Betrieb genommen ist (siehe Abschnitt 9.5), Abtastzeit und Messdauer festgelegt sind (siehe Abschnitte 9.6 und 9.7) und, sofern das System mit speziellen Testsignalen anregt werden soll, die Testsignale erzeugt wurden (siehe Abschnitt 9.8), können die eigentlichen Messungen durchgeführt werden. Bei den ersten Messungen bietet es sich hier an, die Messsignale möglichst schnell zu sichten und sicherzustellen, dass die Übertragung der Signale z.B. auf einen Arbeitsplatzrechner funktioniert und die aufgenommenen Signale plausibel sind. Es kann durchaus zweckmäßig sein, zusätzliche Messtechnik einzusetzen (z.B. Oszilloskope), mit der Signale während der Messungen betrachtet werden können. Weiterhin sind im Sinne einer späteren Nachvollziehbarkeit der Messaufbau (z.B. Platzierung von zusätzlichen Sensoren) und alle weiteren Randbedingungen (z.B. Filtereinstellungen, Kanalbelegungen von Messgeräten) genau zu dokumentieren (schriftlich oder ggf. durch Fotografieren). Zu beachten ist hier auch, dass die Daten zum Schutz vor Verlust sicher gespeichert werden (z.B. durch Ablage auf Servern oder durch Anlegen von Sicherungskopien).

9.10 Sichtung und Bearbeitung der Messdaten

Nach Durchführung der Messung sind die Messdaten zu sichten und ggf. zu bearbeiten. Es sollte zunächst eine visuelle Inspektion der zeitlichen Verläufe von Eingangs- und Ausgangsdaten erfolgen. Eventuell können hier schon erste Auffälligkeiten festgestellt werden. Wird z.B. davon ausgegangen, dass die Eingangsdaten diejenigen sind, die maßgeblichen Einfluss auf die Ausgangsdaten haben, sollten starke Änderungen in den Eingangsdaten im interessierenden Frequenzbereich auch Änderungen der Ausgangsgröße nach sich ziehen. Ist dies nicht der Fall, müssen ggf. Modellannahmen hinsichtlich der Eingangs- und Ausgangsdaten nochmals einer Prüfung unterzogen werden. Gleiches gilt für große Änderungen in den Ausgangsdaten ohne entsprechende Änderungen in den Eingangsdaten. Hier wäre dann zu vermuten, dass andere, nicht berücksichtigte Einflussgrößen auf das System wirken.

Bei der weiteren Bearbeitung der Messdaten sind die folgenden Einflüsse zu berücksichtigen:

- Tieffrequente Störungen, z.B. Gleichanteile, Trends oder periodische Schwankungen.
- Hochfrequente Störungen mit Frequenzen oberhalb der Bandbreite des zu identifizierenden Systems.
- Vereinzelte impulsartige Störungen (Ausreißer), fehlende Messwerte.

Unter die tieffrequenten Störungen fällt auch ein vorhandener Gleichanteil. Sofern das System bei der Identifikation in einem bestimmten Arbeitspunkt betrieben wird, tritt oftmals das Problem auf, dass die stationäre Verstärkung des Systems bzgl. des Gleichanteils im Arbeitspunkt (Großsignalverhalten) nicht der stationären Verstärkung bei Signaländerungen um diesen Arbeitspunkt herum (Kleinsignalverhalten) entspricht.[34]

Eine einfache Lösung besteht dann darin, die Gleichanteile von den gemessenen Signalen abzuziehen. Die Größe der Gleichanteile kann entweder aus einer Kenntnis der physikalischen Zusammenhänge bestimmt werden (z.B. kann bei einem rotierenden System der stationäre Zusammenhang zwischen Drehmoment und Drehzahl bekannt sein) oder es können die Mittelwerte der gemessenen Eingangs- und Ausgangsdaten verwendet werden (die ggf. noch mit physikalischen Zusammenhängen auf Plausibilität überprüft werden können). Alternativ kann, wie in Abschnitt 3.4.2.3 ausgeführt, der Gleichanteil im Ausgangssignal explizit geschätzt werden.

Ein vorliegender Offset lässt sich in den Modellgleichungen auch über eine gemeinsame Nullstelle bei eins in den Zähler- und Nennerpolynomen darstellen. Wird z.B. die Modellgleichung

$$y(k) = ay(k-1) + bu(k-1) + \varepsilon(k) + y_0 \tag{9.148}$$

nochmals mit den um einen Abtastschritt verschobenen Werten gemäß

$$y(k-1) = ay(k-2) + bu(k-2) + \varepsilon(k-1) + y_0 \tag{9.149}$$

hingeschrieben und dann die Differenz der beiden Gleichungen gebildet, folgt

$$y(k) + (a-1)y(k) - ay(k-2) = bu(k-1) - bu(k-2) + \varepsilon(k-1) - \varepsilon(k-2). \tag{9.150}$$

Im z-Bereich lautet diese Gleichung

$$(1 + (a-1)z^{-1} - az^{-2})Y(z) = (bz^{-1} - bz^{-2})U(z) + (z^{-1} - z^{-2})\varepsilon(z) \tag{9.151}$$

bzw.

$$(1 + az^{-1})(1 - z^{-1})Y(z) = bz^{-1}(1 - z^{-1})U(z) + z^{-1}(1 - z^{-1})\varepsilon(z). \tag{9.152}$$

Diese Modellgleichung entspricht dann der ARMAX-Modellstruktur (siehe Tabelle 3.2) mit den Polynomen

$$A(z^{-1}) = (1 + az^{-1})(1 - z^{-1}),\ B(z^{-1}) = bz^{-1}(1 - z^{-1}) \text{ und } C(z^{-1}) = z^{-1}(1 - z^{-1}).$$

Bei ausreichend hoher Modellordnung wird daher bei Vorliegen eines Gleichanteils ein Modell mit einer gemeinsamen Nullstelle bei $z = 1$ in den Zähler- und Nennerpolynomen geschätzt werden. Im Umkehrschluss deutet eine gemeinsame Nullstelle bei $z = 1$ auf das Vorliegen eines Offsets hin. Weiterhin zeigen diese Ausführungen, dass Modelle, welche ein parametriertes Störmodell enthalten, weniger empfindlich bzgl. niederfrequenter Störungen sind. Das Ausgangsfehlermodell (OE-Modell, siehe Tabelle 3.2), welches kein parametriertes Störmodell enthält, ist hingegen sehr empfindlich bzgl. dieser Störungen und wird ein Modell liefern, bei dem eine gute Übereinstimmung zwischen System und Modell bzgl. des Gleichanteils auf Kosten einer schlechten Übereinstimmung bzgl. des dynamischen Verhaltens vorliegen wird [Lju99].

[34] Streng genommen liegt dann nichtlineares Systemverhalten vor. Wenn sich das System bzgl. der betrachteten Abweichungen um den Arbeitspunkt linear verhält, kann aber dennoch ein lineares Modell für die Identifikation angenommen werden.

Aus dieser Betrachtung wird auch klar, dass ein Gleichanteil durch einfache Differenzenbildung (diskretes Differenzieren) der Daten entfernt werden kann. Statt $u(k)$ und $y(k)$ werden also $u(k) - u(k-1)$ und $y(k) - y(k-1)$ verwendet. Allerdings ist dies dahingehend ungünstig, dass hochfrequente Signalanteile verstärkt werden. Dies kann dazu führen, dass sich eine gute Übereinstimmung zwischen System und identifiziertem Modell im Bereich hoher Frequenzen auf Kosten einer schlechteren Übereinstimmung im Bereich niedriger Frequenzen einstellen wird. Besser ist daher eine Hochpass-Filterung der Daten mit einem Filter, welches (wie der Differentiator auch) bei niedrigen Frequenzen eine geringe Verstärkung und bei hohen Frequenzen (im Gegensatz zum Differentiator) eine näherungsweise konstante Verstärkung von eins aufweist. Bei einer *Offline*-Identifikation können hierzu auch nichtkausale Filter verwendet werden.

Auch Trends oder langsame periodische (z.B. saisonale) Störungen können durch eine Hochpass-Filterung aus den Daten entfernt werden. Alternativ kann versucht werden, langsame periodische Störungen durch ein parametriertes Störmodell zu berücksichtigen, welches dann auf ein Pol- bzw. Nullstellenpaar bei der entsprechenden Frequenz führen würde.

Hochfrequente Störungen oberhalb der interessierenden Bandbreite des Systems sind zunächst ein Indiz dafür, dass die *Anti-Aliasing*-Filter mit einer zu hohen Eckfrequenz ausgelegt wurden bzw. die Abtastfrequenz unnötig hoch gewählt wurde. Hochfrequente Störungen können unproblematisch durch eine weitere, zeitdiskrete, Tiefpass-Filterung der Messsignale beseitigt werden. Bei einer zu hohen Abtastrate kann durch Auswahl jedes L-ten Messpunktes ein Signal mit dem $1/L$-fachen der urspünglichen Abtastfrequenz erzeugt werden.[35] Dabei muß zur Vermeidung von *Aliasing* zuvor aber wieder eine, auf die neue Abtastfrequenz abgestimmte, zeitdiskrete *Anti-Aliasing*-Filterung erfolgen.

Vereinzelte impulsförmige Störungen sowie fehlende oder falsche Messwerte sind prinzipiell nur dann geeignet zu behandeln, wenn sie in den Daten aufgefunden werden. In einfachen Fällen mag dies durch visuelle Inspektion der über der Zeit aufgetragenen Messdaten gelingen oder durch einfache Plausibilisierungsmaßnahmen (z.B. Prüfen auf die Überschreitung oberer oder Unterschreitung unterer Schwellwerte oder durch Prüfen auf gleiche aufeinanderfolgende Signalwerte, welche auf „eingefrorene“ Sensoren schließen lassen). Oftmals sind derartige Störungen erst nach der Identifikation eines Modells durch Vergleich des berechneten Modellausgangs mit dem Systemausgangs bzw. Betrachtung des Residuums aufzufinden. In Bereichen, in denen ungewöhnlich hohe Abweichungen zwischen der Messung und der Modellausgangsgröße auftreten, sollten dann die Daten nochmals gesichtet werden.

Eine einfache Möglichkeit zur Behandlung solcher Störungen ist es, Datensätze auszuwählen, die keine derartigen Störungen enthalten. Beim Herausschneiden von schlechten Segmenten aus einer Messreihe sind dann ggf. Techniken anzuwenden, mit denen aus den unterbrochenen Datensätzen geschätzte Modelle zu einem Modell zusammengeführt werden können. Fehlende Eingangs- und Ausgangsdaten können auch als zusätzliche Parameter geschätzt werden. Bei fehlenden Ausgangsdaten kann ein zeitvarianter Prädiktor verwendet werden, z.B. das Kalman-Filter, bei dem Techniken für den Umgang mit fehlenden oder falschen Daten recht einfach zu realisieren sind. So kann bei einer vollständig

[35] Es ist prinzipiell auch eine Reduzierung auf eine beliebige niedrigere Abtastfrequenz möglich. Dies würde allerdings eine Interpolation der Daten zwischen den Abtastschritten erfordern und wäre daher aufwendiger.

fehlenden Messung der Korrekturschritt des Kalman-Filters entfallen. In [Lju99] sind Ansätze für die Behandlung fehlender oder falscher Messwerte und für das Zusammenführen verschiedener Schätzungen näher beschrieben. Einige Verfahren zum Auffinden von Ausreißern werden in [IM11] behandelt.

9.11 Wahl einer Modellstruktur

Für die Wahl einer Modellstruktur bzw. die Auswahl zwischen verschiedenen Modellstrukturen können die in Kapitel 4 für lineare Systeme bzw. die in Abschnitt 8.5 für nichtlineare Systeme vorgestellten Verfahren eingesetzt werden. Bei linearen Modellen ist bezüglich der Modellstruktur lediglich die Ordnung des Modells auszuwählen und ggf. die vorhandene Totzeit. In der Praxis wird hier oftmals so vorgegangen, dass zunächst Modelle verschiedener Ordnungen identifiziert und einer Validierung (auch Kreuzvalidierung) unterzogen werden. So kann zunächst ein Bereich für die mögliche Modellordnung bestimmt werden. Mit der heute zur Verfügung stehenden Rechenleistung ist es dann bei nicht zu hoher maximaler Modellordnung durchaus möglich, alle in diesen Bereich fallenden Modelle zu schätzen und daraus das beste Modell auszuwählen.

Bei nichtlinearen Modellen ist die Wahl einer Modellstruktur ungleich schwieriger, sofern nicht eine aus physikalischen Überlegungen entstandene *Gray-Box*-Struktur verwendet wird. Für eine *Black-Box*-Identifikation wird oftmals heuristisch eine der in Kapitel 7 vorgestellten Modellstrukturen ausgewählt, wobei prinzipiell nur Modelle verwendet werden können, die keine zu hohe Anzahl an Parametern aufweisen. Durch systematisches Probieren kann dann eine geeignete Größe des Modells (Anzahl von Parametern, ausgewählte Regressoren) ermittelt werden. Dieses Probieren kann auch automatisiert erfolgen, z.B. über die schrittweise Regression oder die Vorwärts- bzw. Rückwärtsregression. Es kann hierzu festgehalten werden, dass es für die Identifikation nichtlinearer Systeme kein Verfahren gibt, welches das sichere Auffinden einer geeigneten Modellstruktur garantiert. Der Ansatz mit sehr allgemeinen Modellen (z.B. der Volterra-Reihe), die prinzipiell in der Lage sind, beliebige Systeme ausreichend gut nachzubilden, scheidet meist wegen der hohen Anzahl an benötigten Parametern aus. Weiterhin ist festzuhalten, dass die Parameterschätzung bei Modellen, bei denen die Ausgangsgröße linear von den zu identifizierenden Parametern abhängt (s. Abschnitt 7.2.6) einfacher durchzuführen ist. Daher werden solche linear parameterabhängigen Modelle bevorzugt eingesetzt.

Während es bei der *Offline*-Identifikation möglich ist, aus den vorliegenden Daten verschiedene Modelle zu identifizieren und daraus das am besten geeignete Modell auszuwählen, muss bei der Implementierung eines Algorithmus zur *Online*-Identifikation eine Modellstruktur festgelegt werden. Hierzu bietet es sich an, zunächst mit einer *Offline*-Identifikation eine Modellstruktur auszuwählen und die *Online*-Identifikation dann mit den gesammelten Messdaten zu testen. Sofern diese Tests erfolgreich verlaufen sind, kann die Identifikation dann im echten *Online*-Betrieb durchgeführt werden. Zu beachten ist hierbei weiterhin, dass, wie in Abschnitt 9.2 ausgeführt, bei der Wahl der Modellstruktur unter Umständen auch Anforderungen des Auftraggebers zu berücksichtigen sind.

9.12 Durchführen der Identifikation

Sobald Messdaten für die Identifikation zur Verfügung stehen und eine Modellstruktur ausgewählt wurde, kann die eigentliche Identifikation durchgeführt werden. Dabei ist ein Gütekriterium für die Identifikation sowie ein für die gewählte Modellstruktur geeignetes Identifikationsverfahren auszuwählen. Bei der Auswahl eines Identifikationsverfahrens spielen, wie bereits in Abschnitt 9.2 ausgeführt, ggf. Anforderungen des Auftraggebers eine Rolle.

Bezüglich der Durchführung der Identifikation muss zunächst dahingehend unterschieden werden, ob für ein bestimmtes System, gewissermaßen einmalig, eine Identifikation durchgeführt werden soll, oder ob ein Identifikationsverfahren implementiert werden soll, mit welchem dann im *Online*-Betrieb ein System fortlaufend identifiziert werden kann oder mit welchem verschiedene Systeme im *Offline*-Betrieb identifiziert werden können. Die einmalige Identifikation ist oftmals an einem Arbeitsplatz-PC mit Hilfe von Softwarepakten möglich, in denen zahlreiche Identifikationsverfahren bereits implementiert sind, wie z.B. die *System Identification Tooolbox* des Programmpaketes Matlab [Lju13]. Alternativ kann ein Identifikationsverfahren als Programmcode implementiert werden.

Steht hingegen die Implementierung eines Verfahrens für die mehrfache Durchführung einer Identifikation im Vordergrund, also gewissermaßen die Erstellung eines Softwarewerkzeugs, sind weitere Aspekte zu berücksichtigen. So sind geeignete Schnittstellen für das Einlesen von Daten, die Festlegung von Parametern des Identifikationsalgorithmus und die Ausgabe der Daten zu programmieren. Das Programm ist ggf. so zu gestalten, dass es auch von Personen benutzt werden kann, die mit den Details der Identifikationsverfahren nicht vertraut sind.

Soll ein Verfahren implementiert werden, mit dem eine *Online*-Schätzung durchgeführt wird, so bestehen noch darüber hinausgehende Anforderungen. So muss ggf. die Möglichkeit geschaffen werden, die Identifikationsergebnisse während der Identifikation betrachten zu können und auf die Identifikation Einfluss zu nehmen (möglicherweise über Verstellen von Parametern des Identifikationsalgorithmus, das Anhalten, Zurücksetzen und Wiederstarten der Identifikation). Eventuell sind eine automatische Plausibilisierung der Ergebnisse, ein Abfangen unplausibler Ergebnisse sowie die Behandlung von Ausnahmesituationen erforderlich. Dies ist oftmals der Fall, wenn das identifizierte Modell auch im *Online*-Betrieb weiter genutzt wird, z.B. bei einer adaptiven Regelung. Für den Fall, dass die Systemidentifikation unplausible Ergebnisse liefert (z.B. instabile Modelle) oder die geschätzen Parameter divergieren, die Schätzung also instabil wird, ist das System in einen sicheren Zustand zu überführen (Rückfallebene, Notlauf) und es sind ggf. Alarmmeldungen erforderlich. Von besonderer Bedeutung ist dies, wenn die Systemidentifikation in einem eingebetteten System (*Embedded System*) umgesetzt wird (z.B. in der elektronischen Motorsteuerung in einem Pkw) und der Anwender bzw. Benutzer (Fahrer) keine unmittelbaren Überwachungs- und Eingriffsmöglichkeiten hat.

Sofern Algorithmen in Software umgesetzt werden, ist auf eine ausreichende Dokumentation des entwickelten Programmcodes zu achten. Wird dieser für eine dritte Partei, z.B. einen Auftraggeber erstellt und diesem übergeben, ist zu klären, ob und in welchem Umfang anschließend noch Unterstützung beim Einsatz oder bei einer Fehlerbehebung zu leisten ist.

9.13 Bewertung und Dokumentation des Ergebnisses

Im Anschluss an die Durchführung einer Identifikation ist das identifizierte Modell hinsichtlich seiner Güte zu bewerten. Bei der fortlaufenden *Online*-Identifikation fällt darunter auch die im vorangegangenen Abschnitt angesprochenen Plausibilisierung und Überwachung. Sofern die Identifikation irgendwann abgeschlossen ist und ein endgültiges Modell vorliegt, kann dieses Modell noch weitgehender bewertet werden.

Als erste Bewertung wird meist eine Validierung des Modells bzw. ggf. mehrerer verschiedener identifizierter Modelle stattfinden. Hierzu wird zunächst die Übereinstimmung der mit dem Modell berechneten Ausgangsgröße mit der gemessenen Ausgangsgröße betrachtet. Dies kann graphisch-visuell erfolgen und es können geeignete Fehlermaße betrachtet werden, z.B. die Summe der quadrierten Residuen, der Maximal- und der Minimalwert des Residiums, das (angepasste) Bestimmtheitsmaß, der aus dem F-Test bestimmte Wert F_{overall} (siehe Abschnitt 8.5.7) sowie die Werte der Informationskriterien[36] (siehe Abschnitte 8.5.7 und 4.3.4).

Eine Betrachtung der Übereinstimmung zwischen der mit dem Modell berechneten Ausgangsgröße und der gemessenen Ausgangsgröße kann für die Daten erfolgen, welche auch für die Identifikation verwendet wurden. Aussagekräftiger ist aber eine Betrachtung weiterer Datensätze, die nicht für die Identifikation herangezogen wurden. Dies wird als Kreuzvalidierung bezeichnet. Es ist daher sinnvoll, nicht alle verfügbaren Daten für die Identifikation heranzuziehen, sondern einen Teil der Daten für die Kreuzvalidierung zu verwenden. Große Abweichungen an einzelnen Punkten oder Bereiche, in denen große Abweichungen zwischen der Modellausgangsgröße und der gemessenen Ausgangsgröße auftreten, sollten genauer betrachtet werden. Solche großen Abweichungen können durch fehlende oder falsche Messdaten oder durch Ausreißer (impulsartige Störungen) verursacht werden.

Daneben können die Residuen statistisch ausgewertet werden.[37] So sollten die Residuen bei einem guten Modell unabhängig von der Eingangsgröße sein, da eine Abhängigkeit bedeutet, dass nicht die gesamte Abhängigkeit zwischen Eingangs- und Ausgangsgröße über die Dynamik des identifizierten Modells abgebildet wird. Hierzu kann z.B. die Kovarianz oder die Kreuzkorrelation zwischen der Eingangsgröße und dem Residuum betrachtet werden. Ebenfalls kann die Schätzung eines weiteren dynamischen Modells für die Abhängigkeit zwischen der Eingangsgröße und dem Residuum erfolgen, z.B. in Form eines FIR-Modells [Lju99]. Die Impulsantwort dieses Modells zeigt dann auf, welche Dynamik zwischen der Eingangs- und der Ausgangsgröße nicht über das identifizerte Modell abgebildet wird. Der Amplitudenfrequenzgang dieses Fehlermodells lässt Rückschlüsse darauf zu, in welchem Frequenzbereich das identifizierte Modell den Zusammenhang zwischen Eingangs- und Ausgangsgröße gut abbildet.

---

[36] *Final Prediction Error Criterion, Akaike Information Criterion, Law of Iterated Logarithm Criterion* und *Bayesian Information Criterion.*

[37] Bei einer *Online*-Schätzung können hier die Residuen und die auch als Innovationen bezeichneten Prädiktionsfehler untersucht werden. Die Residuen sind dabei die Fehler, die sich ergeben, wenn der mit dem jeweiligen Messwert bestimmte Parameterschätzwert ins Modell eingesetzt und damit die Ausgangsgröße berechnet wird. Das Residuum ist also gewissermaßen der *A-posteriori*-Fehler, während der Prädiktionsfehler der *A-priori*-Fehler ist.

Weiterhin sollte, wenn das Modell (inklusive Störmodell) die gesamte Abhängigkeit zwischen der Eingangs- und der Ausgangsgröße abbildet, das Residuum keine Information mehr enthalten und daher weiß sein. Hierzu kann die Autokorrelationsfunktion betrachtet oder ein statistischer Test auf Weißheit durchgeführt werden.[38] Ein Histogramm der Residuen läßt Rückschlüsse auf die Verteilung des Residuums zu und kann ggf. mit Annahmen über die Verteilung des Rauschens verglichen werden.

Im Rahmen einer Bewertung werden auch die identifizierten Modelle direkt betrachtet. Bei linearen Modellen ist eine Betrachtung des Frequenzgangs sowie der Pole und Nullstellen bzw. der dazugehörigen Zeitkonstanten und der stationären Verstärkung zweckmäßig. Allgemein bietet es sich hierbei an, den Amplitudenfrequenzgang in physikalischen Einheiten anzugeben, die interpretiert werden können. Bei einem mechanischen System mit Kraft als physikalischer Eingangsgröße und Beschleunigung als physikalischer Ausgangssgröße ist z.B. eine Angabe des Amplitudenfrequenzgangs als Beschleunigung pro Kraft (inverse dynamische Masse) mit der Einheit $\frac{\mathrm{m/s^2}}{\mathrm{N}}$ meist aussagekräftiger als eine Angabe des Amplitudenfrequenzgangs als Sensorspannung pro Verstärkereingangsspannung ($\frac{\mathrm{V}}{\mathrm{V}}$ oder einheitenlos) oder Verstärkerausgangsstrom ($\frac{\mathrm{V}}{\mathrm{A}}$) oder auch als die Angabe von Beschleunigung pro Kraft als $\frac{1}{\mathrm{kg}}$. Auch wenn Eingangs- und Ausgangsgröße die gleiche Einheit haben (z.B. Spannungen), kann es zweckmäßig sein, die Einheiten anzugeben (also z.B. als $\frac{\mathrm{V}}{\mathrm{V}}$). Bei logarithmischer Darstellung in dB ist stets die Bezugsgröße anzugeben, also der Wert, der 0 dB entspricht.

Weiterhin kann die Sprungantwort des Systems betrachtet werden. Bei nichtlinearen Modellen sind die Antworten für verschiedenen Sprunghöhen zu bestimmen und es kann so auch der stationäre Zusammenhang zwischen Eingangs- und Ausgangsgröße ermittelt werden. Neben der Sprungantwort kann die Antwort auf andere Testsignale dargestellt werden.

Bei *Gray-Box*-Modellen können die Werte der Parameter betrachtet werden. Physikalisch unplausible Werte (zu große oder zu kleine Werte, unplausible Vorzeichen) können ihre Ursache darin haben, dass die verwendete Modellstruktur ungeeignet ist oder dass das verwendete Eingangssignal das System nicht ausreichend stark anregt. Es ist aber auch möglich, dass die ermittelten Parameter einem lokalen Minimum entsprechen. In diesem Fall kann eine erneute Parameterschätzung mit anderen Startwerten oder mit einer Beschränkung der Parameter auf zulässige Wertebereiche bessere Ergebnisse liefern (ein positiver Parameter kann z.B. als Quadrat eines zu schätzenden Parameters definiert werden). Liefert der Parameterschätzalgorithmus bei einer Beschränkung des Wertebereich der zu schätzenden Parameter Werte, die am Rand des zulässigen Bereichs liegen, d.h. „will“ der Algorithmus Werte bestimmen, die außerhalb des zulässigen Bereichs liegen, deutet dies wieder auf ein nicht geeignetes Modell hin. Allgemein kann die Ursache nicht plausibler Parameter auch die fehlende Identifizierbarkeit der Parameter sein.[39]

Bei einer rekursiven Schätzung der Parameter kann der Verlauf der geschätzten Parameter über der Zeit Aufschlüsse über die Güte der Schätzung zulassen. Meist treten zu Beginn einer rekursiven Schätzung zunächst starke Parameteränderungen auf, zumindest dann, wenn nur wenig Vorwissen über die Parameterwerte vorliegt. Nach einiger Zeit werden die Parameteränderungen dann kleiner (und die Prädiktionsfehler ebenfalls).

---

[38] Es sei darauf hingewiesen, dass die die Autokorrelation der Residuen nicht immer ein aussagekräftiges Kriterium der Modellgüte ist (siehe Bsp. 10.3.3 in [Nor88]).

[39] Siehe hierzu das Beispiel des RLC-Netzwerks in Abschnitt 3.1.

Abrupte Änderungen in den geschätzten Parametern zu späteren Zeitpunkten sollten genauer untersucht werden, da diese auf Änderungen in dem zu identifzierenden System oder auf fehlerhafte Daten hindeuten können.

Abschließend ist das Identifikationsergebnis und meist auch die Identifikationsdurchführung zu dokumentieren. Hier ist großer Wert auf Vollständigkeit und Reproduzierbarkeit zu legen. So sollten insbesondere auch die Messdaten elektronisch archiviert werden, um weitere Auswertungen zu einem späteren Zeitpunkt zu ermöglichen. Die Messungen selbst und die entsprechenden Einstellungen sollten dokumentiert werden (z.B. Filter- und Verstärkereinstellungen, Kanalbelegungen, Sensorpositionen, verwendete Sensoren). Zur Dokumentation gehört oftmals auch erstellter Programmcode mit entsprechender Kommentierung.

A Grundlagen der statistischen Behandlung linearer Systeme

Dynamische Systeme können durch zwei Arten von Eingangsgrößen erregt werden:

- durch deterministische Signale, bei denen jedem Zeitpunkt ein eindeutiger Signalwert zugewiesen ist, und
- durch stochastische Signale, bei denen jedem Zeitpunkt aus einer gewissen Menge von möglichen Signalwerten ein dem Zufall überlassener Wert zugeordnet wird.

Stochastische Signale besitzen meist keine direkt erkennbaren Gesetzmäßigkeiten, sodass die Kenntnis der gesamten Vergangenheit nicht zu einer genauen Vorhersage für die Zukunft ausreicht. Stochastische Signale – oder etwas allgemeiner – stochastische Prozesse werden daher gewöhnlich mit den Methoden der Wahrscheinlichkeitsrechnung beschrieben.

Statistische Methoden wurden zur Beschreibung von regelungstechnischen Systemen bereits in den 1940er Jahren vorgeschlagen [Kol41, Wie49]. Allerdings sind diese Verfahren in manchen Anwendungsbereichen der Regelungstechnik immer noch vergleichsweise wenig bekannt. Im nachfolgenden Anhang B wird daher eine kurze Einführung in die statistische Betrachtung linearer Systeme gegeben. Voraussetzung dazu sind einige Grundbegriffe aus der Wahrscheinlichkeitsrechnung, auf die in diesem Anhang zunächst eingegangen wird.

A.1 Grundbegriffe der Wahrscheinlichkeitsrechnung

A.1.1 Relative Häufigkeit und Wahrscheinlichkeit

Es wird ein Experiment betrachtet, bei dem das jeweilige Versuchsergebnis (oder der Ausgang) rein zufällig ist. Jedes Experiment besitzt eine Anzahl verschiedener möglicher, nicht vorhersehbarer Ausgänge e, auch Ereignisse genannt, deren Gesamtheit das Ensemble bildet. Beispiele hierfür sind:

a) Das Experiment mit einem Würfel: Die Gesamtheit der möglichen Ausgänge (das Ensemble) ist die Menge der sechs Zahlenwerte 1, 2, ..., 6. Jeder einzelne Zahlenwert ist ein möglicher Ausgang (Ereignis) e.

b) Das Experiment mit einer Münze: Die Gesamtheit der möglichen Ausgänge (Vorderseite oder Rückseite) ist das Ensemble.

Wird das gleiche Experiment N-mal unter gleichen Bedingungen durchgeführt und tritt das Ergebnis e dabei n_e-mal auf, dann kann die relative Häufigkeit hierfür durch

$$\rho_e = \frac{n_e}{N} \qquad \text{(A.1)}$$

definiert werden. Dabei gilt $0 \leq \rho_e \leq 1$ für alle möglichen Ereignisse e.

Beispiel A.1
Das Werfen einer Münze: Für die Häufigkeit und die relative Häufigkeit des Versuchsergebnisses „Vorderseite“ könnten sich z.B. die in Tabelle A.1 dargestellten Werte ergeben.

Tabelle A.1 Beispiel für den Verlauf der absoluten und relativen Häufigkeit des Ergebnisses „Vorderseite“ beim Werfen einer Münze

N	n_e	ρ_e
1	1	1
2	1	0,5
3	2	0,66
4	3	0,75
5	3	0,6
6	3	0,5
7	4	0,571
⋮	⋮	⋮
100	51	0,51
⋮	⋮	⋮
1000	505	0,505

■

Aus der Erfahrung ist bekannt, dass die relative Häufigkeit ρ_e einem Grenzwert zustrebt, der als die Wahrscheinlichkeit

$$P(e) = \lim_{N\to\infty} \frac{n_e}{N} \qquad \text{(A.2)}$$

des Versuchsergebnisses definiert werden kann. Da aufgrund von Gl. (A.2) für P der Wertebereich $0 \leq P \leq 1$ gilt, folgt für $P = 0$ die Definition des unmöglichen Ereignisses und für $P = 1$ die Definition des sicheren Ereignisses.

Gl. (A.2) ist jedoch für eine strenge mathematische Definition des Wahrscheinlichkeitsgriffs nicht voll befriedigend.[1] Daher wird heute die Wahrscheinlichkeit üblicherweise

[1] So kann aufgrund der Definition als Grenzwert der relativen Häufigkeit das unmögliche Ereignis durchaus eintreten (auch mehrmals), während das sichere Ereignis nicht zwangsweise bei jedem Experiment eintreten muss.

axiomatisch definiert. Jedes Ereignis A eines vom Zufall abhängigen Experiments mit der Menge E aller möglichen Ausgänge wird durch eine Zahl $P(A)$ beschrieben, die folgende drei Bedingungen (Axiome) erfüllt:

$$\begin{aligned} &1) \quad P(A) \geq 0 \\ &2) \quad P(E) = 1 \\ &3) \quad P(A \cup B) = P(A) + P(B) \quad \text{für} \quad A \cap B = \emptyset. \end{aligned} \tag{A.3}$$

$P(A)$ wird dann als die Wahrscheinlichkeit des Ereignisses A definiert. Hieraus ist ersichtlich, dass die Wahrscheinlichkeit durch einen nicht negativen, im Bereich $0 \leq P \leq 1$ normierten Zahlenwert definiert ist, der für $P = 0$ und $P = 1$ die oben bereits erwähnten Eigenschaften des unmöglichen und des sicheren Ereignisses beschreibt. Außerdem besagt das dritte Axiom, dass die Wahrscheinlichkeit additiv ist, d.h. die Wahrscheinlichkeit, dass A oder B stattfindet, ist gleich der Summe der Wahrscheinlichkeiten beider einander sich ausschließenden Ereignisse. Mit den Axiomen 1 bis 3 lassen sich weitere wahrscheinlichkeitstheoretische Begriffe definieren, so die bedingte Wahrscheinlichkeit $P(A|B)$ für das Eintreten des Ereignisses A unter der Bedingung, dass das Ereignis B stattgefunden hat. Hierfür gilt

$$P(A|B) = \frac{P(A \cap B)}{P(B)}. \tag{A.4}$$

wobei $P(B) > 0$ vorausgesetzt wird. Wichtig ist auch der Begriff der Unabhängigkeit zweier Ereignisse. Die Ereignisse A und B werden als unabhängig bezeichnet, wenn

$$P(A \cap B) = P(A) \cdot P(B) \tag{A.5}$$

gilt. Damit folgt aus Gl. (A.4) $P(A|B) = P(A)$ und in entsprechender Weise ergibt sich $P(B|A) = P(B)$, d.h. die Wahrscheinlichkeit des einen Ereignisses ist vom Eintreten des anderen unabhängig.

A.1.2 Verteilungsfunktion und Dichtefunktion

Wird jedem Versuchsausgang (Ereignis) e eine reelle Zahl $\xi(e)$ zugeordent, dann resultiert eine Funktion, die im Bereich aller möglichen Versuchsausgänge definiert ist. Diese Funktion wird als statistische Variable oder Zufallsvariable bezeichnet. Mit $\{\xi(e) \leq x\}$ wird die Menge aller Ereignisse beschrieben, bei denen die Zufallsvariable $\xi(e)$ Werte kleiner oder gleich x annimt. Die Gesamtheit aller Werte, welche die Zufallsvariable annehmen kann, heißt Ensemble. Sind nur diskrete Werte möglich, dann liegt eine diskrete Zufallsvariable vor. Hingegen kann eine kontinuierliche Zufallsvariable beliebige Werte in einem kontinuierlichen Intervall annehmen. Beispiele hierfür sind:

a) Würfel: Die Zufallsvariable $\xi(e)$ ist die Augenzahl und kann damit die diskreten Werte 1,2,. . . .6 annehmen.

b) Spannungsmessung mit einem Zeigerinstrument: Die Zufallsvariable $\xi(e)$ ist die Zeigerstellung des Voltmeters in Winkelgraden und kann alle positiven Werte des Messbereichs annehmen. Damit stellt $\xi(e)$ eine kontinuierliche Zufallsvariable dar.

Dem Ereignis $\{\xi \leq x\}$ wird die Wahrscheinlichkeit

$$P(\xi \leq x) = F_\xi(x) \tag{A.6}$$

zugeordnet, d.h. die Wahrscheinlichkeit, dass die Variable ξ den Wert x nicht überschreitet. Die so entstehende Funktion $F_\xi(x)$ wird als Wahrscheinlichkeitsverteilungsfunktion oder kurz als Wahrscheinlichkeitsverteilung oder Verteilungsfunktion der Zufallsvariablen ξ bezeichnet. Sie hat die Eigenschaften:

$$\begin{aligned}
&1)\quad 0 \leq F_\xi(x) \leq 1,\\
&2)\quad F_\xi(-\infty) = 0,\\
&3)\quad F_\xi(\infty) = 1,\\
&4)\quad F_\xi(x) \text{ ist eine monoton steigende Funktion, da für } x_2 > x_1\\
&\quad\quad F_\xi(x_2) - F_\xi(x_1) = P(x_1 < \xi \leq x_2) \geq 0 \text{ gilt},\\
&5)\quad F_\xi(x) \text{ kann kontinuierlich oder treppenförmig verlaufen (Bild A.1).}
\end{aligned} \tag{A.7}$$

Mit $x_1 = x_2 = x$, gilt im kontinuierlichen Fall für alle Werte von x

$$P(\xi = x) = 0, \tag{A.8}$$

d.h. die Wahrscheinlichkeit, dass ξ einen bestimmten Wert annimmt, ist stets gleich null. Im diskreten Fall gilt an einer Sprungstelle x_ν

$$P(\xi = x_\nu) = p_\nu, \tag{A.9}$$

d.h. die Verteilungsfunktion weist an der Stelle x_ν einen Sprung mit der Höhe p_ν auf.

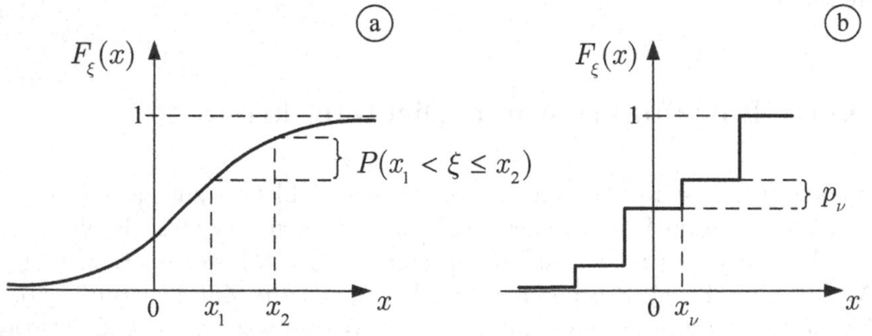

Bild A.1 Prinzipieller Verlauf von Verteilungsfunktionen für (a) kontinuierliche und (b) diskrete Zufallsvariable

Zur lokalen Beschreibung der Wahrscheinlichkeit wird die Wahrscheinlichkeitsdichtefunktion verwendet, kurz auch als Wahrscheinlichkeitsdichte oder Dichtefunktion bezeichnet. Sie ist definiert als

$$f_\xi(x) = \frac{\mathrm{d}F_\xi(x)}{\mathrm{d}x}. \tag{A.10}$$

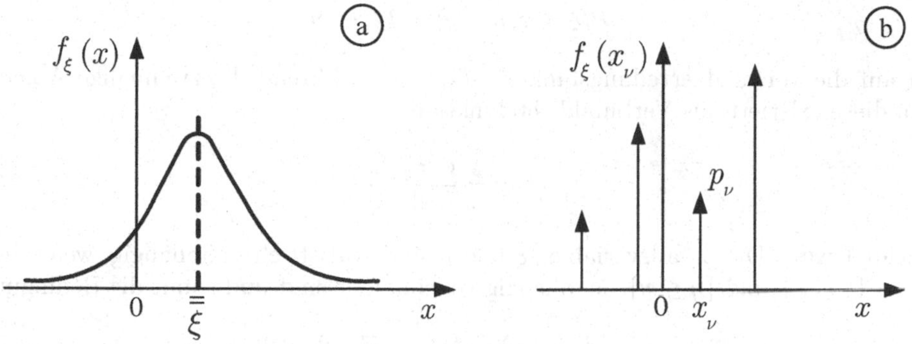

Bild A.2 Prinzipieller Verlauf von Wahrscheinlichkeitsdichten für (a) kontinuierliche und (b) diskrete Zufallsvariable

Im Falle kontinuierlicher Verteilungsfunktionen wird vorausgesetzt, dass $f_\xi(x)$ als gewöhnliche (stetige) Funktion existiert. Somit hat $f_\xi(x)$ z.B. den in Bild A.2a dargestellten Verlauf.

Aus Gl. (A.10) folgt

$$F_\xi(x) = \int_{-\infty}^{x} f_\xi(v)\mathrm{d}v = P(\xi \leq x). \tag{A.11a}$$

Außerdem gilt wegen $F_\xi(\infty) = 1$ die Beziehung

$$\int_{-\infty}^{\infty} f_\xi(x)\mathrm{d}x = 1. \tag{A.11b}$$

Im kontinuierlichen Fall ist die Wahrscheinlichkeit, dass die Größe ξ einen Wert annimmt, der im Intervall $x \leq \xi \leq x + \Delta x$ liegt, für kleine Δx-Werte ungefähr gegeben durch

$$P(x \leq \xi \leq x + \Delta x) \approx f_\xi(x)\Delta x. \tag{A.12}$$

Im diskreten Fall stellt f_ξ eine Folge von δ-Impulsen dar (Bild A.2b), deren Gewichte mit p_ν, $\nu = 1,2,\ldots,N$, definiert werden. Dabei gilt

$$P(\xi = x_\nu) = p_\nu$$

und

$$\sum_{\nu=1}^{N} p_\nu = 1.$$

Falls sich bei einem Experiment mehrere Zufallsvariablen $\xi(e)$, $\eta(e)$, $\zeta(e)$, ... definieren lassen, können die entsprechenden Ereignisse $\{\xi \leq x\}$, $\{\eta \leq y\}$, $\{\zeta \leq z\}$, ... durch die Verteilungsfunktionen $F_\xi(x)$, $F_\eta(y)$, $F_\zeta(z)$, ... und die Dichtefunktionen $f_\xi(x)$, $f_\eta(y)$, $f_\zeta(z)$, ... beschrieben werden. Für die beiden Zufallsvariablen $\xi(e)$ und $\eta(e)$ kann das Ereignis $\{\xi(e) \leq x, \eta(e) \leq y\}$ betrachtet werden. Die zugehörige Wahrscheinlichkeit

$$P(\xi \leq x, \eta \leq y) = F_{\xi\eta}(x,y) \tag{A.13}$$

führt auf die Verbundverteilungsfunktion $F_{\xi\eta}(x,y)$, während die zweimalige Ableitung, sofern diese existiert, als Verbunddichtefunktion

$$f_{\xi\eta}(x,y) = \frac{\mathrm{d}^2 F_{\xi\eta}(x,y)}{\mathrm{d}x\,\mathrm{d}y} \tag{A.14}$$

bezeichnet wird. Die Zufallsvariablen ξ und η sind statistisch unabhängig, wenn die Ereignisse $\{\xi \leq x\}$ und $\{\eta \leq y\}$ unabhängig voneinander sind und somit die Bedingung

$$F_{\xi\eta}(x,y) = F_{\xi}(x) \cdot F_{\eta}(y) \tag{A.15}$$

gilt. Die partielle Differentiation von Gl. (A.15) entsprechend Gl. (A.14) liefert dann die Beziehung

$$f_{\xi\eta}(x,y) = f_{\xi}(x) \cdot f_{\eta}(y). \tag{A.16}$$

A.1.3 Mittelwerte und Momente

Der Erwartungswert oder Mittelwert einer Zufallsvariablen ξ ist im kontinuierlichen Fall definiert als[2]

$$\overline{\overline{\xi}} = \mathrm{E}\{\xi\} = \int_{-\infty}^{\infty} x f_{\xi}(x)\,\mathrm{d}x \tag{A.17}$$

und im diskreten Fall als

$$\overline{\overline{\xi}} = \mathrm{E}\{\xi\} = \sum_{\nu=1}^{N} x_{\nu} P(\xi = x_{\nu}) = \sum_{\nu=1}^{N} x_{\nu} p_{\nu}. \tag{A.18}$$

Dabei kann $\overline{\overline{\xi}}$ als die Abszisse des geometrischen Schwerpunkts der unter der Kurve $f_{\xi}(x)$ eingeschlossenen Fläche interpretiert werden (siehe Bild A.2).

In entsprechender Weise gilt für den Erwartungswert $\overline{\overline{g}}$ einer Funktion $g(\xi)$ der Zufallsvariablen

$$\overline{\overline{g}} = \mathrm{E}\{g(\xi)\} = \int_{-\infty}^{\infty} g(x)\, f_{\xi}(x)\,\mathrm{d}x \tag{A.19}$$

bzw. im diskreten Fall

$$\overline{\overline{g}} = \mathrm{E}\{g(\xi)\} = \sum_{\nu=1}^{N} g(\xi_{\nu})\, p_{\nu}. \tag{A.20}$$

Für den Fall $g(\xi) = \xi^n$ wird der zugehörige Erwartungswert als das n-te Moment oder Moment n-ter Ordnung von ξ bezeichnet. Dementsprechend stellt der Mittelwert $\overline{\overline{\xi}}$ das erste Moment oder das Moment erster Ordnung der Zufallsvariablen ξ dar.

[2] Hier wird für den Erwartungswert entgegen der meist üblichen Notation ein doppelter Überstrich verwendet, um zwischen dem durch die Verteilungsfunktion bestimmten Erwartungswert und dem weiter unten betrachteten zeitlichen Mittelwert zu unterscheiden.

Als Varianz σ_ξ^2 wird das zweite Zentralmoment (d.h. bezogen auf $\overline{\overline{\xi}}$) der Zufallsvariablen ξ definiert, also

$$\sigma_\xi^2 = \mathrm{E}\left\{\left(\xi - \overline{\overline{\xi}}\right)^2\right\} = \int_{-\infty}^{\infty} \left(x - \overline{\overline{\xi}}\right)^2 f_\xi(x)\mathrm{d}x \tag{A.21a}$$

oder

$$\sigma_\xi^2 = \overline{\overline{(\xi^2)}} - \left(\overline{\overline{\xi}}\right)^2. \tag{A.21b}$$

Im diskreten Fall folgt entsprechend

$$\sigma_\xi^2 = \sum_{\nu=1}^{N} \left(x_\nu - \overline{\overline{\xi}}\right)^2 p_\nu. \tag{A.22}$$

Die Varianz lässt sich interpretieren als das Trägheitsmoment der Fläche unter $f_\xi(x)$ bezüglich der Achse $x = \overline{\overline{\xi}}$. Sie kann als Maß der Konzentration der Wahrscheinlichkeitsdichte $f_\xi(x)$ um den Wert $x = \overline{\overline{\xi}}$ gedeutet werden. Die Größe σ_ξ wird als Streuung oder Standardabweichung bezeichnet.

Der Erwartungswert des Produktes der Abweichungen der Zufallsvariablen ξ und η von den jeweiligen Mittelwerten wird als Kovarianz

$$C_{\xi\eta} = \mathrm{E}\left\{(\xi - \overline{\overline{\xi}})\,(\eta - \overline{\overline{\eta}})\right\} = \int_{-\infty}^{\infty}\int_{-\infty}^{\infty} (x - \overline{\overline{\xi}})(y - \overline{\overline{\eta}}) f_{\xi\eta}(x,y)\,\mathrm{d}x\,\mathrm{d}y \tag{A.23}$$

bezeichnet, wobei $f_{\xi\eta}$ die Verbunddichte der beiden Zufallsvariablen ist. Sind die beiden Zufallsvariablen statistisch unabhängig, dann gilt nach Gl. (A.16)

$$f_{\xi\eta}(x,y) = f_\xi(x) f_\eta(y),$$

und es folgt

$$\begin{aligned} \mathrm{E}\{\xi\,\eta\} &= \int_{-\infty}^{\infty}\int_{-\infty}^{\infty} x\,y\,f_{\xi\eta}(x,y)\mathrm{d}x\,\mathrm{d}y \\ &= \int_{-\infty}^{\infty} x\,f_\xi(x)\,\mathrm{d}x \int_{-\infty}^{\infty} y\,f_\eta(y)\,\mathrm{d}y \\ &= \mathrm{E}\,\{\xi\}\;\mathrm{E}\,\{\eta\}\,. \end{aligned} \tag{A.24}$$

Für die Kovarianz zweier statistisch abhängiger Zufallsvariablen ξ und η gilt, wie sich leicht nachweisen lässt,

$$\mathrm{E}\left\{(\xi - \overline{\overline{\xi}})(\eta - \overline{\overline{\eta}})\right\} = \mathrm{E}\,\{\xi\,\eta\} - \mathrm{E}\,\{\xi\}\;\mathrm{E}\,\{\eta\}\,. \tag{A.25}$$

Ist $\mathrm{E}\,\{\xi\,\eta\} = \mathrm{E}\,\{\xi\}\;\mathrm{E}\,\{\eta\}$, dann wird die Kovarianz in Gl. (A.25) gleich null. Zufallsvariablen, deren Kovarianz gleich null ist, heißen unkorreliert. Wie aus Gl. (A.24) hervorgeht, sind statistisch unabhängige Zufallsvariablen stets unkorreliert. Allerdings gilt die Umkehrung dieser Aussage im Allgemeinen nicht.

A.1.4 Gauß-Verteilung

Eine Zufallsvariable mit der Wahrscheinlichkeitsdichtefunktion

$$f_\xi(x) = \frac{1}{c\sqrt{2\pi}} e^{-\dfrac{(x-m)^2}{2c^2}} \tag{A.26}$$

wird als Gaußsche oder normalverteilte Zufallsvariable bezeichnet. Dabei ist der Erwartungswert

$$\overline{\overline{\xi}} = \int\limits_{-\infty}^{\infty} x\, f_\xi(x)\,\mathrm{d}x = m \tag{A.27}$$

und die Varianz

$$\sigma_\xi^2 = \int\limits_{-\infty}^{\infty} (x - \overline{\overline{\xi}})^2 f_\xi(x)\,\mathrm{d}x = c^2. \tag{A.28}$$

Im Falle $m = 0$ ergibt sich die Darstellung der Gauß-Verteilung für verschiedene Werte der Streuung $\sigma_\xi = c$ gemäß Bild A.3. Eine Änderung von m ruft nur eine Verschiebung der Kurve $f_\xi(x)$ hervor. Die Gauß-Verteilung ist für die praktische Anwendung von großer Bedeutung.

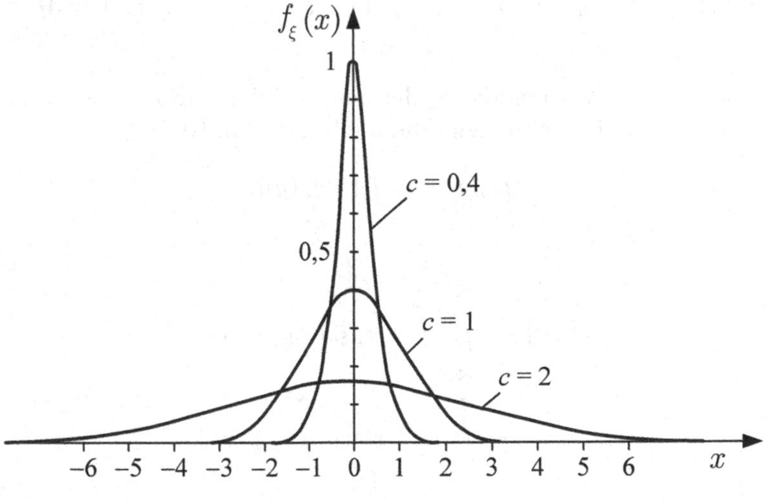

Bild A.3 Wahrscheinlichkeitsdichte der Gauß-Verteilung mit dem Mittelwert $\overline{\overline{\xi}} = m = 0$ für verschiedene Werte der Streuung $\sigma_\xi = c$

Es lässt sich zeigen, dass die Summe $\zeta = \xi + \eta$ zweier unabhängiger Gaußscher Zufallsvariablen ξ und η wiederum eine Gaußsche Zufallsvariable darstellt. Andererseits wird die Summe einer Anzahl unabhängiger Zufallsvariablen

$$\xi = \sum_{i=1}^{n} \xi_i \tag{A.29}$$

mit nahezu beliebigen Dichtefunktionen $f_{\xi_i}(x)$ für $n \to \infty$ (unter wenig einschränkenden Bedingungen) einer Gaußschen Zufallsvariablen zustreben. Diese Eigenschaft, die als zentraler Grenzwertsatz bezeichnet wird, bildet die Grundlage für die häufige Anwendung der Gauß-Verteilung in der Praxis.[3]

A.2 Stochastische Prozesse

A.2.1 Beschreibung stochastischer Prozesse

Eine Funktion $x(t)$ wird als stochastische Funktion bezeichnet, wenn der sich ergebende Wert von x zur Zeit t nur im statistischen Sinne bestimmt ist. Somit ist $x(t)$ eine Zufallsvariable. Beispiele hierfür sind die Schwankungen der Spannungen in elektrischen Netzen, die Störungen, die bei Flugregelungen durch die Luftparameter auftreten und das Wärmerauschen in elektronischen Bauteilen. Wird beispielsweise eine Messung unter gleichen Bedingungen n-mal jeweils für die Zeitdauer T durchgeführt und aufgezeichnet, so bilden die Aufzeichnung dieses Zufallsexperiments gemäß Bild A.4 eine Menge von stochastischen Zeitfunktionen. Die Gesamtheit aller möglichen Zeitfunktionen (in der Regel sind dies unendlich viele) bilden das Ensemble des Zufallsexperiments. Dieses Ensemble wird als stochastischer Prozess definiert. Eine einzelne Zeitfunktion wird als eine Realisierung des stochastischen Prozesses bezeichnet. Für die weiteren Überlegungen soll ein solcher skalarer stochastischer Prozess durch das Symbol $\mathsf{x}(t)$, $t \in T$, gekennzeichnet werden. Der Vollständigkeit halber sei angemerkt, dass von einer mehrdimensionalen oder vektoriellen stochastischen Funktion (und entsprechend von einem mehrdimensionalen oder vektoriellen stochastischen Prozess) gesprochen wird, wenn mehrere skalare stochastische Funktionen zu einer vektorwertigen Funktion $\boldsymbol{x}(t)$ zusammengefasst werden.

Zur Beschreibung eines stochastischen Prozesses $\mathsf{x}(t)$ werden die Verteilungsfunktion

$$F_{\mathsf{x}}(x,t) = P_{\mathsf{x}}(\mathsf{x}(t) \le x) \tag{A.30}$$

und die Dichtefunktion

$$f_{\mathsf{x}}(x,t) = \frac{\mathrm{d}F_{\mathsf{x}}(x,t)}{\mathrm{d}x} \tag{A.31}$$

verwendet, wobei die Funktionen in den Gln. (A.30) und (A.31) zeitabhängig sein können. Wie bereits durch Gl. (A.12) angedeutet, beschreibt für ein festes t die Größe $f_{\mathsf{x}}(x,t)\,\Delta x$ bei kleinem $\Delta x > 0$ näherungsweise die Wahrscheinlichkeit, dass der Wert der Zufallsvariablen zwischen x und $x + \Delta x$ liegt.

Zur Beschreibung eines stochastischen Prozesses $\mathsf{x}(t)$ werden auch noch die gemeinsamen Verteilungs- und Dichtefunktionen

$$F_{\mathsf{x}}(x_1, \ldots ,x_m; t_1, \ldots .t_m) = P_{\mathsf{x}}(\mathsf{x}(t_1) \le x_1, \ldots ,\mathsf{x}(t_m) \le x_m) \tag{A.32}$$

und

[3] Dabei wird von der Vorstellung ausgegangen, dass eine zufällige Größe sich als Überlagerung vieler unbekannter zufälliger Ursachen ergibt und somit näherungsweise normalverteilt ist.

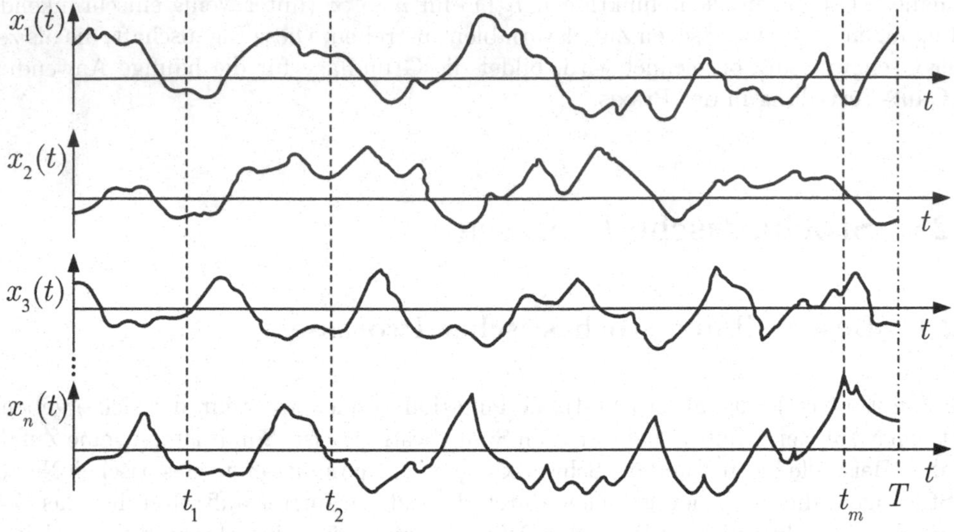

Bild A.4 Wiederholte Aufzeichnungen der stochastischen Funktion $x(t)$ aus n Messungen (der Index von x bezieht sich dabei auf die Messung, d.h. $x_i(t)$ ist der aufgezeichnete Verlauf von $x(t)$ aus der i-ten Messung)

$$f_{\mathsf{x}}(x_1,\ldots,x_m;t_1,\ldots.t_m) = \frac{\mathrm{d}^m F_{\mathsf{x}}(x_1,\ldots,x_m;t_1,\ldots.t_m)}{\mathrm{d}x_1\ldots\mathrm{d}x_m} \tag{A.33}$$

für jede Ordnung m und alle Zeiten $t_1,\ldots,t_m$ verwendet. Hierbei beschreibt Gl. (A.32) die Wahrscheinlichkeit dafür, dass zu den Zeitpunkten t_j, $j=1,\ldots,m$, für den stochastischen Prozess (also für alle möglichen Realisierungen) $\mathsf{x}(t_j) \le x_j$ gilt.

Bei Kenntnis der Gln. (A.32) und (A.33) für alle m ist der stochastische Prozess vollständig definiert. Oft sind zur Beschreibung eines stochastischen Prozesses bereits folgende Erwartungswerte ausreichend:

a) Mittelwert oder Erwartungswert:

$$\bar{\bar{\mathsf{x}}}(t) = \mathrm{E}\{\mathsf{x}(t)\} = \int_{-\infty}^{\infty} x\, f_{\mathsf{x}}(x,t)\,\mathrm{d}x. \tag{A.34}$$

b) Autokovarianzfunktion:

$$\begin{aligned} C_{\mathsf{xx}}(t_1,t_2) &= \mathrm{E}\left\{\left(\mathsf{x}(t_1)-\bar{\bar{\mathsf{x}}}(t_1)\right)\left(\mathsf{x}(t_2)-\bar{\bar{\mathsf{x}}}(t_2)\right)\right\} \\ &= \int_{-\infty}^{\infty}\int_{-\infty}^{\infty}\left(x_1-\bar{\bar{\mathsf{x}}}(t_1)\right)\left(x_2-\bar{\bar{\mathsf{x}}}(t_2)\right) f_{\mathsf{x}}(x_1,x_2;t_1,t_2)\,\mathrm{d}x_1\,\mathrm{d}x_2. \end{aligned} \tag{A.35}$$

Aus der Autokovarianzfunktion folgt für $t_1 = t_2 = t$ die Varianz $\sigma_{\mathsf{x}}^2(t)$ aus der Beziehung

$$\sigma_{\mathsf{x}}^2(x) = C_{\mathsf{xx}}(t,t). \tag{A.36}$$

Die Autokovarianzfunktion $C_{\mathsf{xx}}(t_1,t_2)$ hängt eng zusammen mit der Autokorrelationsfunktion.

c) Autokorrelationsfunktion:

$$R_{\mathsf{xx}}(t_1,t_2) = \mathrm{E}\left\{\mathsf{x}(t_1)\,\mathsf{x}(t_2)\right\} = C_{\mathsf{xx}}(t_1,t_2) + \overline{\overline{\mathsf{x}}}(t_1)\,\overline{\overline{\mathsf{x}}}(t_2). \tag{A.37}$$

d) Kreuzkovarianzfunktion:

$$C_{\mathsf{xy}}(t_1,t_2) = \mathrm{E}\left\{\left(\mathsf{x}(t_1) - \overline{\overline{\mathsf{x}}}(t_1)\right)\,\left(\mathsf{y}(t_2) - \overline{\overline{\mathsf{y}}}(t_2)\right)\right\}. \tag{A.38}$$

Die Kreuzkovarianzfunktion beschreibt die Abhängigkeit zweier stochastischer Prozesse $\mathsf{x}(t)$ und $\mathsf{y}(t)$. Diese Abhängigkeit kann auch durch die Kreuzkorrelationsfunktion beschrieben werden.

e) Kreuzkorrelationsfunktion:

$$R_{\mathsf{xy}}(t_1,t_2) = \mathrm{E}\left\{\mathsf{x}(t_1)\,\mathsf{y}(t_2)\right\} = C_{\mathsf{xy}}(t_1,t_2) + \overline{\overline{\mathsf{x}}}(t_1)\,\overline{\overline{\mathsf{y}}}(t_2). \tag{A.39}$$

Die Autokorrelationsfunktion und Kreuzkorrelationsfunktion sind bei der Systemidentifikation mittels Korrelationsanalyse von großer Bedeutung.

Mit der hier verwendeten Notation wird unterschieden zwischen dem stochastischen Prozess $\mathsf{x}(t)$ (also der Zufallsgröße) und dem (möglichen) Ergebnis $x(t)$ zum Zeitpunkt t. Bei der Betrachtung von Signalen, die Realisierungen von stochastischen Prozessen darstellen, wird auf diese strenge Unterscheidung zur Vereinfachung meist verzichtet. Bei der Betrachtung von Signalen $x(t)$ und $y(t)$ werden dann auch die stochastischen Prozesse mit $x(t)$ und $y(t)$ bezeichnet und entsprechend die Notation $\mathrm{E}\{x(t)\}$, σ_x^2, C_{xx}, C_{xy}, R_{xx}, R_{xy} usw. verwendet. Bei den Verteilungs- und Dichtefunktionen wird dann auf die Angabe des stochastischen Prozesses als Index verzichtet oder die Variable des Signals als Index verwendet, es wird also f oder f_x anstelle von f_{x} geschrieben. Mit dieser einfacheren Notation muss nicht jedes Mal explizit eine neue Variable für den stochastischen Prozess eingeführt werden.

A.2.2 Stationäre stochastische Prozesse

Die in Abschnitt A.2.1 behandelte allgemeine Theorie stochastischer Prozesse ist nicht besonders geeignet zur Anwendung auf praktische Probleme. Entsprechend dem realen Prozessverhalten wird deshalb für die folgenden Überlegungen angenommen, dass der Prozess stationär und ergodisch ist. Diese Begriffe werden folgendermaßen definiert:

a) Stationarität:

Ein stochastischer Prozess $\mathsf{x}(t)$ wird als stationär bezeichnet, wenn seine statistischen Eigenschaften von jeder Zeitverschiebung τ unabhängig sind. Dies hat zur Folge, dass die Prozesse $\mathsf{x}(t)$ und $\mathsf{x}(t+\tau)$ für beliebiges τ dieselben Verteilungs- und Dichtefunktionen besitzen. Es gilt also

$$f_{\mathsf{x}}(x,t) = f_{\mathsf{x}}(x,t+\tau). \tag{A.40}$$

Gl. (A.40) besagt, dass f_{x} unabhängig von t ist, sodass die Beziehung

$$f_{\mathsf{x}}(x,t) = f_{\mathsf{x}}(x) \tag{A.41}$$

gilt. Weiterhin ergibt sich unter dieser Voraussetzung

$$f_{\mathsf{x}}(x_1,x_2;\, t_1,t_2) = f_{\mathsf{x}}(x_1,x_2;\, \tau) \tag{A.42}$$

mit $\tau = t_2 - t_1$. Daraus folgt weiterhin

$$\overline{\overline{\mathsf{x}}}(t) = \mathrm{E}\,\{\mathsf{x}(t)\} = \overline{\overline{\mathsf{x}}} = \text{const} \tag{A.43}$$

und

$$R_{\mathsf{xx}}(t_1,t_2) = \mathrm{E}\,\{\mathsf{x}(t_1)\,\mathsf{x}(t_2)\} = R_{\mathsf{xx}}(\tau) = C_{\mathsf{xx}}(t_1,t_2) + \overline{\overline{\mathsf{x}}}^2. \tag{A.44}$$

Bei einem stationären stochastischen Prozess ist also der Mittelwert unabhängig von der Zeit und die Autokorrelationsfunktion nur eine Funktion der Zeitdifferenz τ.

b) Ergodizität:

Aufgrund der Ergodenhypothese wird ein stationärer stochastischer Prozess $\mathsf{x}(t)$ als ergodisch im strengen Sinne bezeichnet, wenn mit der Wahrscheinlichkeit eins alle über das Ensemble gebildeten Erwartungswerte mit den zeitlichen Mittelwerten jeder einzelnen Realisierung übereinstimmen. Sofern diese Übereinstimmung nur für den Erwartungswert $\mathrm{E}\,\{\mathsf{x}(t)\}$ und die Autokorrelationsfunktion $R_{\mathsf{xx}}(\tau) = \mathrm{E}\,\{\mathsf{x}(t)\mathsf{x}(t+\tau)\}$ gilt, wird $\mathsf{x}(t)$ als ergodisch im weiteren Sinne bezeichnet. Da die Betrachtungen in diesem Buch sich nur auf derartige Prozesse beziehen, werden diese der Kürze wegen ergodisch genannt. Die Ergodenhypothese besagt also, dass der Erwartungswert oder Mittelwert über das Ensemble

$$\overline{\overline{\mathsf{x}}} = \mathrm{E}\,\{\mathsf{x}(t)\} = \int_{-\infty}^{\infty} x\, f(x,t)\mathrm{d}x = \int_{-\infty}^{\infty} x\, f(x)\,\mathrm{d}x \tag{A.45}$$

dem zeitlichen Mittelwert einer Realisierung $x(t)$ entspricht, also

$$\overline{x(t)} = \lim_{T\to\infty} \frac{1}{2T} \int_{-T}^{T} x(t)\,\mathrm{d}t = \overline{x}. \tag{A.46}$$

Es gilt damit

$$\overline{x} = \overline{\overline{\mathsf{x}}}. \tag{A.47}$$

Entsprechend kann nach der Ergodenhypothese die Korrelationsfunktion

$$R_{\mathsf{xx}}(\tau) = \mathrm{E}\,\{\mathsf{x}(t)\,\mathsf{x}(t+\tau)\} = \int_{-\infty}^{\infty}\int_{-\infty}^{\infty} x_1 x_2 f(x_1,x_2,\tau)\,\mathrm{d}x_1\,\mathrm{d}x_2 \tag{A.48}$$

durch Mittelung über die Zeit bestimmt werden, also

$$R_{xx}(\tau) = \lim_{T\to\infty} \frac{1}{2T} \int_{-T}^{T} x_i(t)\, x_i(t+\tau)\, dt = \overline{x_i(t)\, x_i(t+\tau)}, \qquad (A.49)$$

wobei $x_i(t)$ wie in Bild A.4 gezeigt für eine Messung (Realisierung des stochastischen Prozesses) steht.

Zu beachten ist, dass ein ergodischer Prozess stets stationär ist. Andererseits ist aber nicht jeder stationäre Prozess ergodisch. Für die weiteren Ausführungen werden nur ergodische Prozesse betrachtet.

A.3 Korrelationsfunktionen und ihre Eigenschaften

Zur praktischen Untersuchung stochastischer Prozesse sind die Wahrscheinlichkeitsdichten eher weniger geeignet. Vielmehr spielen die Korrelationsfunktionen eine wichtigere Rolle.

A.3.1 Korrelationsfaktor

Der Korrelationsfaktor stellt ein quantitatives Maß für den Verwandtschaftsgrad (Korrelation) zweier Messreihen dar, die vom gleichen Parameter abhängen. Als Beispiel hierfür sei die Darstellung in Bild A.5 betrachtet, wobei $x(t)$ die Intensität der Werbung für ein Produkt und $y(t)$ die Menge der verkauften Produkte beschreibt. Nach Elimination der Zeit kann derselbe Sachverhalt auch gemäß Bild A.6 dargestellt werden.

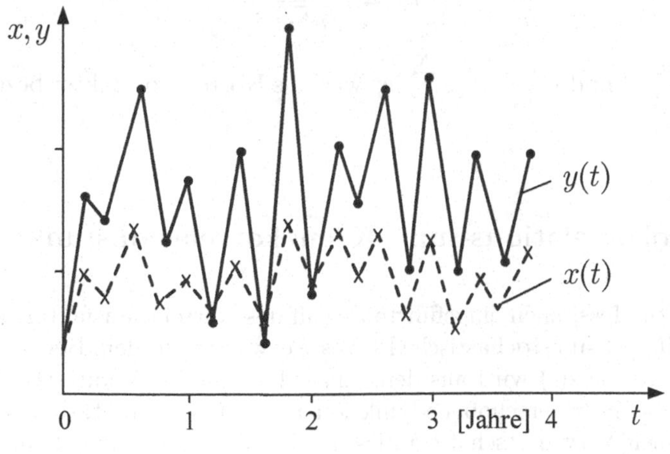

Bild A.5 Aufzeichnung zweier korrelierter Messreihen

Zur Bildung eines quantitativen Abhängigkeitsmaßes werden unter Annahme der Ergodenhypothese die empirischen, d.h. aus endlich vielen Daten berechneten, Mittelwerte

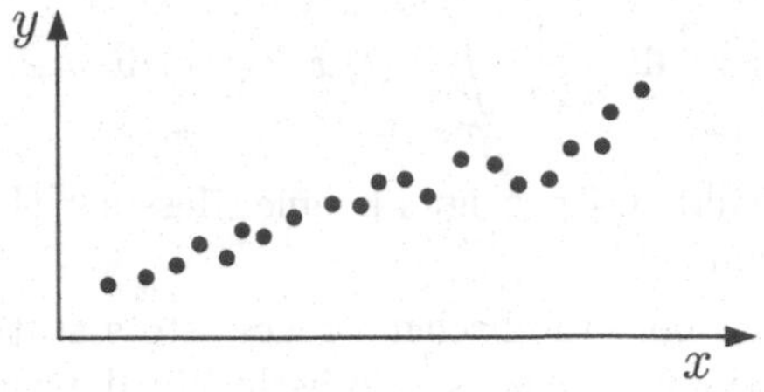

Bild A.6 Abhängigkeit der Messreihen nach Bild A.5

$$\overline{\overline{x}} = \frac{1}{N}\sum_{i=1}^{N} x_i, \quad \overline{\overline{y}} = \frac{1}{N}\sum_{i=1}^{N} y_i \tag{A.50}$$

eingeführt, wobei x_i und y_i die entsprechenden Messwerte von x und y repräsentieren und N die Zahl der Messwerte darstellt. Mit Einführen der mittelwertfreien Größen

$$v_i = x_i - \overline{\overline{x}} \text{ und } w_i = y_i - \overline{\overline{y}}$$

ergibt sich die empirische Kovarianz[4] der Messreihen $\{x_i\}$ und $\{y_i\}$ bzw. $\{v_i\}$ und $\{w_i\}$ zu

$$C_N = \frac{1}{N-1}\sum_{i=1}^{N} v_i\, w_i. \tag{A.51}$$

Beide Messreihen sind kovariant für $C_N > 0$ und kontravariant für $C_N < 0$. Geht C_N mit wachsenden N-Werten gegen null, so sind beide Messreihen nicht korreliert. Die normierte Größe

$$r_N = \frac{C_N}{\sqrt{v^2 w^2}} \tag{A.52}$$

mit $v^2 = \frac{1}{N-1}\sum\limits_{i=1}^{N} v_i^2$ und $w^2 = \frac{1}{N-1}\sum\limits_{i=1}^{N} w_i^2$ wird als Korrelationsfaktor bezeichnet. Es gilt stets $-1 \leq r_N \leq 1$.

A.3.2 Autokorrelations- und Kreuzkorrelationsfunktion

Der für die beiden Messreihen eingeführte Begriff des Korrelationsfaktors kann auf Funktionen und somit auch auf stochastische Prozesse erweitert werden. Bei einem ergodischen stochastischen Prozess $\mathsf{x}(t)$ wird aus dem Ensemble eine Funktion $x(t)$ herausgegriffen. Wird nun noch die um τ verschobene Funktion $x(t+\tau)$ betrachtet, so kann zur Beschreibung des zeitlichen Verwandtschaftsgrades der Funktion $x(t)$ und damit des stochastischen Prozesses $\mathsf{x}(t)$ die oben bereits eingeführte Autokorrelationsfunktion

[4] Die empirische Kovarianz wird auch als Stichprobenkovarianz bezeichnet und der empirische Mittelwert als Stichprobenmittelwert. Die hier berechnete Varianz wird wegen des Faktors $N-1$ im Nenner auch als korrigierte Stichprobenkovarianz bezeichnet.

$$R_{xx}(\tau) = \lim_{T\to\infty} \frac{1}{2T} \int_{-T}^{T} x(t)\, x(t+\tau)\, \mathrm{d}t \tag{A.53}$$

herangezogen werden. Analog zum Korrelationsfaktor beschreibt die Autokorrelationsfunktion $R_{xx}(\tau)$ die gegenseitige Abhängigkeit zwischen $x(t)$ und $x(t+\tau)$. Es ist intuitiv klar, dass für $\tau = 0$ die gegenseitige Verwandschaft der dann gleichen Größen $x(t)$ und $x(t+\tau) = x(t+0) = x(t)$ am größten ist. Es gilt also stets

$$R_{xx}(0) \geq |R_{xx}(\tau)|\,. \tag{A.54}$$

Dies kann wie folgt gezeigt werden. Aus

$$[x(t) \pm x(t+\tau)]^2 \geq 0$$

folgt

$$x^2(t) + x^2(t+\tau) \geq \pm 2x(t)\, x(t+\tau)$$

bzw. durch Integration von $-T$ bis T und Multiplikation mit $1/2T$

$$\frac{1}{2T}\int_{-T}^{T} x^2(t)\,\mathrm{d}t + \frac{1}{2T}\int_{-T}^{T} x^2(t+\tau)\,\mathrm{d}t \geq \pm\frac{1}{2T}\int_{-T}^{T} 2x(t)\,x(t+\tau)\,\mathrm{d}t.$$

Für $T \to \infty$ ergibt sich daraus für einen stationären Prozess

$$R_{xx}(0) + R_{xx}(0) \geq \pm 2R_{xx}(\tau)$$

und damit Gl. (A.53).

Für die Existenz der Autokorrelationsfunktion wird gefordert, dass $R_{xx}(\tau)$ für $\tau = 0$ einen endlichen Wert besitzt. Dieser Wert entspricht gemäß

$$R_{xx}(0) = \lim_{T\to\infty} \frac{1}{2T} \int_{-T}^{T} x^2(t)\, \mathrm{d}t < \infty \tag{A.55}$$

gerade der mittleren Signalleistung von $x(t)$. Bei Vergrößerung von τ nimmt die gegenseitige Abhängigkeit von $x(t)$ und $x(t+\tau)$ bei rein stochastischen Signalen immer weiter ab. Somit sind die stochastischen Signale $x(t)$ und $x(t+\tau)$ für $\tau \to \infty$ statistisch unabhängig, d.h. unkorreliert, und mit Gl. (A.24) und der Ergodenhypothese folgt

$$\lim_{\tau\to\infty} R_{xx}(\tau) = \lim_{\tau\to\infty} \left[\lim_{T\to\infty} \frac{1}{2T} \int_{-T}^{T} x(t)\,\mathrm{d}t \cdot \lim_{T\to\infty} \frac{1}{2T} \int_{-T}^{T} x(t+\tau) \right] = \overline{x}^2. \tag{A.56}$$

Ist der Prozess mittelwertfrei ($\overline{x} = \overline{\overline{\mathsf{x}}} = 0$), so ergibt sich hieraus

$$\lim_{\tau\to\infty} R_{xx}(\tau) = 0. \tag{A.57}$$

Für zwei ergodische stochastische Prozesse $\mathsf{x}(t)$ und $\mathsf{y}(t)$ kann unter Verwendung jeweils einer Realisierung $x(t)$ und $y(t)$ die statistische Abhängigkeit mittels der Kreuzkorrelationsfunktion

$$R_{xy}(\tau) = \lim_{T\to\infty} \frac{1}{2T} \int_{-T}^{T} x(t)\, y(t+\tau)\, \mathrm{d}t \tag{A.58}$$

oder

$$R_{xy}(\tau) = \lim_{T\to\infty} \frac{1}{2T} \int_{-T}^{T} x(t-\tau)\, y(t) \mathrm{d}t = R_{yx}(-\tau) \tag{A.59}$$

ausgedrückt werden.

A.3.3 Eigenschaften von Korrelationsfunktionen

Im Folgenden werden die wichtigsten Eigenschaften von Korrelationsfunktionen angegeben. Dabei wird von hier an die am Ende von Abschnitt A.2.1 eingeführte weniger strenge Notation verwendet und damit für die Korrelationsfunktionen R_{xx} und R_{xy} geschrieben.

a) Die Autokorrelationsfunktion ist eine gerade Funktion, d.h. es gilt

$$R_{xx}(\tau) = R_{xx}(-\tau). \tag{A.60}$$

Um dies zu zeigen, wird in der Beziehung

$$R_{xx}(-\tau) = \lim_{T\to\infty} \frac{1}{2T} \int_{-T}^{T} x(t)\, x(t-\tau)\, \mathrm{d}t$$

die Substitution $\sigma = t - \tau$ und somit $t = \sigma + \tau$ eingeführt. Damit folgt

$$R_{xx}(-\tau) = \lim_{T\to\infty} \frac{1}{2T} \int_{-T-\tau}^{T-\tau} x(\sigma+\tau)\, x(\sigma)\, \mathrm{d}\sigma.$$

Wegen der Stationarität hat die Zeitverschiebung τ der Integralgrenzen keinen Einfluss auf das Ergebnis, und es ergibt sich

$$R_{xx}(-\tau) = R_{xx}(\tau).$$

b) Der Anfangswert der Autokorrelationsfunktion $R_{xx}(0)$ ist – wie in Gl. (A.55) bereits gezeigt wurde – gleich dem quadratischen Mittelwert bzw. der mittleren Signalleistung des stochastischen Signals

$$R_{xx}(0) = \lim_{T\to\infty} \frac{1}{2T} \int_{-T}^{T} x^2(t)\, \mathrm{d}t \geq |R_{xx}(\tau)|\,. \tag{A.61}$$

c) Die Autokorrelationsfunktion eines stochastischen Signals mit verschwindendem Mittelwert strebt für $\tau \to \infty$ gemäß Gl. (A.57) gegen null (vgl. Bild A.7), also

$$\lim_{\tau\to\infty} R_{xx}(\tau) = 0. \tag{A.62}$$

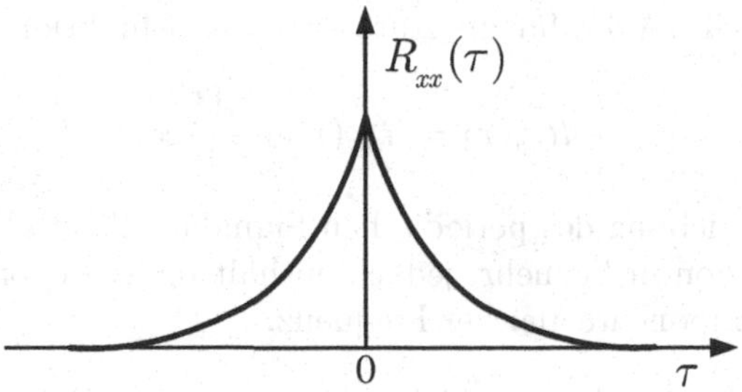

Bild A.7 Beispiel für die Autokorrelationsfunktion eines mittelwertfreien stochastischen Signals

d) Ein stochastisches Signal

$$v(t) = x(t) + A\cos(\omega t + \theta); \quad \omega \neq 0. \tag{A.63}$$

das einen mittelwertfreien rein stochastischen Signalanteil $x(t)$ sowie eine periodische Komponente enthält, besitzt die Autokorrelationsfunktion

$$\begin{aligned} R_{vv}(\tau) &= \lim_{T\to\infty} \frac{1}{2T} \int_{-T}^{T} v(t)\, v(t+\tau)\, \mathrm{d}t \\ &= \lim_{T\to\infty} \frac{1}{2T} \left[\int_{-T}^{T} x(t)\, x(t+\tau)\, \mathrm{d}t \right. \\ &\quad + A \int_{-T}^{T} x(t) \cos(\omega t + \omega\tau + \theta)\, \mathrm{d}t \\ &\quad + A \int_{-T}^{T} x(t+\tau) \cos(\omega t + \theta)\, \mathrm{d}t \\ &\quad \left. + A^2 \int_{-T}^{T} \cos(\omega t + \theta) \cos(\omega t + \omega\tau + \theta)\, \mathrm{d}t \right]. \end{aligned} \tag{A.64}$$

Da der rein stochastische Signalanteil $x(t)$ und das periodische Signal $\cos(\omega t + \theta)$ unkorreliert sind, gilt

$$\lim_{T\to\infty} \frac{A}{2T} \int_{-T}^{T} x(t) \cos(\omega t + \omega\tau + \theta)\, \mathrm{d}t = 0$$

und

$$\lim_{T\to\infty} \frac{A}{2T} \int_{-T}^{T} x(t+\tau) \cos(\omega t + \theta)\, \mathrm{d}t = 0.$$

Somit folgt aus Gl. (A.64) für die Autokorrelationsfunktion

$$R_{vv}(\tau) = R_{xx}(\tau) + \frac{A^2}{2}\cos\omega\tau. \tag{A.65}$$

Die Phasenverschiebung des periodischen Signalanteils erscheint also in der Autokorrelationsfunktion nicht mehr, jedoch enthält die Autokorrelationsfunktion eine harmonische Komponente gleicher Frequenz.

e) Ein stochastisches Signal

$$v(t) = x(t) + A_0, \tag{A.66}$$

welches aus einem mittelwertfreien stochastischen Anteil $x(t)$ und einem Gleichanteil $A_0 = \text{const}$ besteht, führt auf die Autokorrelationsfunktion

$$R_{vv}(\tau) = R_{xx}(\tau) + A_0^2. \tag{A.67}$$

Unter Beachtung von $R_{xx}(\tau) \to 0$ für $\tau \to \infty$ ergeben sich für die Fälle d) und e) die Darstellungen von Bild A.8.

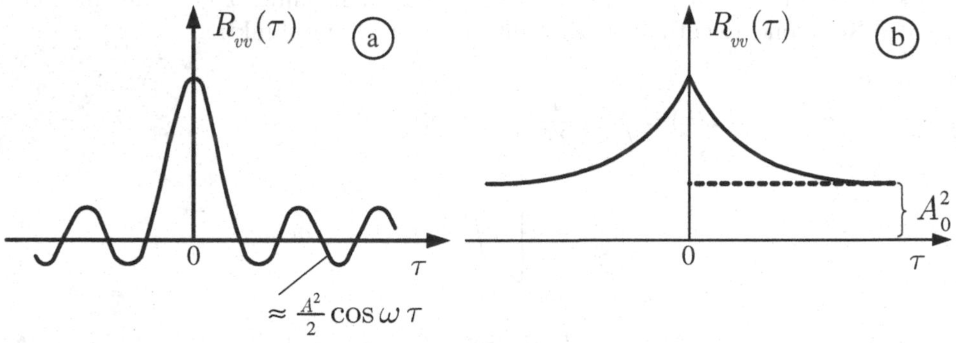

Bild A.8 Autokorrelationsfunktionen einer stochastischen Funktion mit (a) periodischem Anteil und (b) mit Gleichanteil

f) Für ein mittelwertfreies stochastisches Signal $x(t)$, dem eine Summe periodischer Anteile und ein Gleichanteil A_0 überlagert sind, also

$$v(t) = x(t) + A_0 + \sum_{\nu=1}^{n} A_\nu \cos(\omega_\nu t + \theta_\nu), \tag{A.68}$$

ergibt sich unter Beachtung der Gln. (A.65) und (A.67) die Autokorrelationsfunktion

$$R_{vv}(\tau) = R_{xx}(\tau) + A_0^2 + \sum_{\nu=1}^{n} \frac{A_\nu^2}{2}\cos\omega_\nu\tau. \tag{A.69}$$

g) Die Kreuzkorrelationsfunktion $R_{xy}(\tau)$ zweier Signale $x(t)$ und $y(t)$ ist im Allgemeinen keine gerade Funktion in τ. Für sie gelten – wie sich leicht nachweisen lässt – die Beziehungen

$$R_{xy}(\tau) = R_{yx}(-\tau) \tag{A.70}$$

und

$$|R_{xy}(\tau)| \leq \sqrt{R_{xx}(0)\, R_{yy}(0)} \leq \frac{1}{2}\left[R_{xx}(0) + R_{yy}(0) \right] \tag{A.71}$$

sowie

$$\lim_{\tau \to \pm\infty} R_{xy}(\tau) = 0. \tag{A.72}$$

Gl. (A.72) gilt, sofern eines der beiden Signale mittelwertfrei ist und keine periodischen Signalanteile enthalten sind. Die Kreuzkorrelationsfunktion ist ein Maß für die Verwandtschaft zweier stochastischer Signale. Wenn $x(t)$ und $y(t)$ von völlig unabhängigen Quellen stammen und keine konstanten oder periodischen Signalkomponenten besitzen, dann ist die Kreuzkorrelationsfunktion identisch null, und die beiden Zeitfunktionen werden als unkorreliert bezeichnet.

A.3.4 Bestimmung der Autokorrelationsfunktion

A. Analoge Methode

Wird das zur Korrelation verwendete Zeitintervall T groß genug gewählt, so gilt näherungsweise für die Autokorrelationsfunktion des im Bereich $0 \leq t \leq T$ gegebenen stochastischen Signals $x(t)$ aus Gl. (A.58) und Gl. (A.60)

$$R_{xx}(\tau) = \overline{x(t)\, x(t-\tau)} \approx \frac{1}{T-\tau} \int_{\tau}^{T} x(t)\, x(t-\tau)\, \mathrm{d}\tau. \tag{A.73}$$

Für verschiedene τ-Werte kann mittels des Blockschaltbildes gemäß Bild A.9 die Autokorrelationsfunktion $R_{xx}(\tau)$ bestimmt werden. Geräte, die auf diesem Messprinzip basieren, werden als als Korrelatoren bezeichnet.

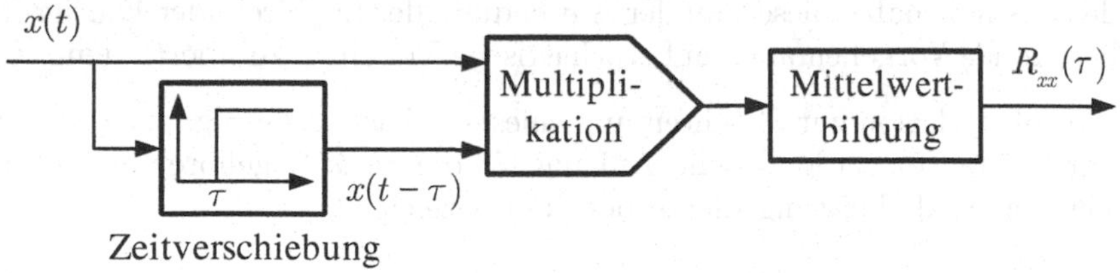

Bild A.9 Methode zur Messung der Autokorrelationsfunktion $R(\tau)$ einer stochastischen Funktion $x(t)$

B. Numerische (digitale) Methode

Zur Berechnung der Korrelationsfunktion nach Gl. (A.73) wird der Zeitabschnitt T in N kleine Intervalle Δt zerlegt, d.h.

$$T = N\Delta t. \tag{A.74}$$

Die Größen t und τ, also die Zeitpunkte der zu verarbeitenden Messwerte und die Zeipunkte, zu denen die Korrelationsfunktion berechnet wird, werden zweckmäßigerweise als Vielfache von Δt gewählt, also

$$t = t_\nu = \nu\Delta t, \quad \nu = 0{,}1{,}2,\ldots,N, \tag{A.75a}$$

und

$$\tau = \tau_\mu = \mu\Delta t, \quad \mu = 0{,}1{,}2,\ldots N. \tag{A.75b}$$

Dann kann das Integral in Gl. (A.73) als Summe angenähert werden. Dies führt auf

$$R_{xx}(\mu\Delta t) \approx \frac{1}{(N-\mu)} \sum_{\nu=\mu}^{N-1} x\,[\nu\Delta t]\; x\,[(\nu-\mu)\,\Delta t]\,. \tag{A.76}$$

In dieser Darstellung wird allerdings der Messwert $x(N\Delta t)$ nicht verwendet. Soll auch dieser Messwert verwendet werden, lautet die Gleichung

$$R_{xx}(\mu\Delta t) \approx \frac{1}{(N+1-\mu)} \sum_{\nu=\mu}^{N} x\,[\nu\Delta t]\; x\,[(\nu-\mu)\,\Delta t]\,. \tag{A.77}$$

Digitale Korrelatoren arbeiten auf der Basis von Gl. (A.76) oder Gl. (A.77).

A.4 Spektrale Leistungsdichte

A.4.1 Definition der spektralen Leistungsdichte

Deterministische Vorgänge in linearen dynamischen Systemen können entweder im Zeitbereich, z.B. mittels Differentialgleichungen, oder im Bildbereich (Frequenzbereich) mit Hilfe von Frequenzgängen bzw. Frequenzspektren oder Übertragungsfunktionen beschrieben werden. Es liegt nahe, dieses auf der Anwendung der Laplace- oder Fourier-Transformation beruhende Vorgehen auch auf stochastische Vorgänge zu übertragen.

Aus der Autokorrelation zur Beschreibung eines stochastischen Signals $x(t)$ ergibt sich durch Fourier-Transformation (siehe Anhang C) die zu $x(t)$ gehörende spektrale Leistungsdichte (auch als Leistungsdichtespektrum bezeichnet)

$$S_{xx}(\omega) = \mathscr{F}\left\{R_{xx}(\tau)\right\} = \int_{-\infty}^{\infty} R_{xx}(\tau)\,\mathrm{e}^{-\mathrm{j}\,\omega\tau}\mathrm{d}\tau. \tag{A.78}$$

die offensichtlich eine reelle Funktion darstellt. Die inverse Fourier-Transformation der spektralen Leistungsdichte liefert wiederum die Autokorrelationsfunktion

$$R_{xx}(\tau) = \mathscr{F}^{-1}\left\{S_{xx}(\omega)\right\} = \frac{1}{2\pi}\int_{-\infty}^{\infty} S_{xx}(\omega)\,\mathrm{e}^{\mathrm{j}\,\omega\tau}\mathrm{d}\omega. \tag{A.79}$$

Damit liegt aufgrund der Fourier-Transformation eine eindeutige Zuordnung zwischen $R_{xx}(\tau)$ und $S_{xx}(\omega)$ vor. Beide Größen enthalten dieselbe Information über $x(t)$, jeweils ausgedrückt im Zeit- und Frequenzbereich.

Da $R_{xx}(\tau)$ eine gerade Funktion ist, gilt auch

$$S_{xx}(\omega) = 2 \int_0^{\infty} R_{xx}(\tau) \cos \omega\tau \, \mathrm{d}\tau \tag{A.80}$$

sowie

$$R_{xx}(\tau) = \frac{1}{\pi} \int_0^{\infty} S_{xx}(\omega) \cos \omega\tau \, \mathrm{d}\omega \tag{A.81}$$

und somit ergibt sich für die mittlere Signalleistung gemäß Gl. (A.61)

$$R_{xx}(0) = \frac{1}{\pi} \int_0^{\infty} S_{xx}(\omega) \, \mathrm{d}\omega. \tag{A.82}$$

In entsprechender Weise kann für die Kreuzkorrelationsfunktion zwischen zwei stochastischen Signalen $x(t)$ und $y(t)$ das Kreuzleistungsdichtespektrum (auch als spektrale Kreuzleistungsdichte bezeichnet)

$$S_{xy}(\mathrm{j}\omega) = \mathscr{F}\{R_{xy}(\tau)\} = \int_{-\infty}^{\infty} R_{xy}(\tau) \mathrm{e}^{-\mathrm{j}\omega\tau} \mathrm{d}\tau \tag{A.83}$$

mit

$$R_{xy}(\tau) = \mathscr{F}^{-1}\{S_{xy}(\mathrm{j}\omega)\} = \frac{1}{2\pi} \int_{-\infty}^{\infty} S_{xy}(\mathrm{j}\omega) \, \mathrm{e}^{\mathrm{j}\omega\tau} \mathrm{d}\omega \tag{A.84}$$

eingeführt werden. Da gewöhnlich $R_{xy}(\tau)$ keine gerade Funktion ist, stellt das Kreuzleistungsspektrum eine komplexe Funktion dar.

A.4.2 Beispiele für spektrale Leistungsdichten

a) Stochastisches Signal mit überlagertem periodischem Anteil:

Dieses bereits oben betrachtete Signal wird durch

$$v(t) = x(t) + A \cos(\omega_0 t + \theta)$$

beschrieben. Die dafür hergeleitete Autokorrelationsfunktion lautet

$$R_{vv}(\tau) = R_{xx}(\tau) + \frac{A^2}{2} \cos \omega_0 \tau.$$

Die Anwendung der Gl. (A.78) auf diese Beziehung liefert

$$S_{vv}(\omega) = \int_{-\infty}^{\infty} R_{xx}(\tau) \, \mathrm{e}^{-\mathrm{j}\omega\tau} \mathrm{d}\tau + \frac{A^2}{2} \int_{-\infty}^{\infty} \cos \omega_0 \tau \, \mathrm{e}^{-\mathrm{j}\omega\tau} \mathrm{d}\tau. \tag{A.85}$$

Durch Umformung des zweiten Integrals auf der rechten Gleichungsseite folgt

$$\int_{-\infty}^{\infty} \cos\omega_0\tau\, \mathrm{e}^{-\mathrm{j}\omega\tau} \mathrm{d}\tau = \int_{-\infty}^{\infty} \cos\omega_0\tau \cos\omega\tau \mathrm{d}\tau - \mathrm{j} \int_{-\infty}^{\infty} \cos\omega_0\tau \sin\omega\tau \mathrm{d}\tau$$

$$= \frac{1}{2} \int_{\infty}^{\infty} \cos(\omega - \omega_0)\tau \mathrm{d}\tau + \frac{1}{2} \int_{-\infty}^{\infty} \cos(\omega + \omega_0)\tau \mathrm{d}\tau.$$

Wird für diese hierbei erhaltenen uneigentlichen Integrale die Beziehung

$$\int_{-\infty}^{\infty} \cos(\omega \pm \omega_0)\, \tau\, \mathrm{d}\tau = 2\pi\delta(\omega \pm \omega_0) \tag{A.86}$$

genutzt, so folgt schließlich als spektrale Leistungsdichte gemäß Gl.(A.85)

$$S_{vv}(\omega) = S_{xx}(\omega) + \frac{A^2}{2}\pi \left[\delta(\omega - \omega_0) + \delta(\omega + \omega_0) \right]. \tag{A.87}$$

Für den Teil der spektralen Leistungsdichte, der vom periodischen Signalteil herrührt, ergibt sich ein (diskretes) Linienspektrum entsprechend Bild A.10.

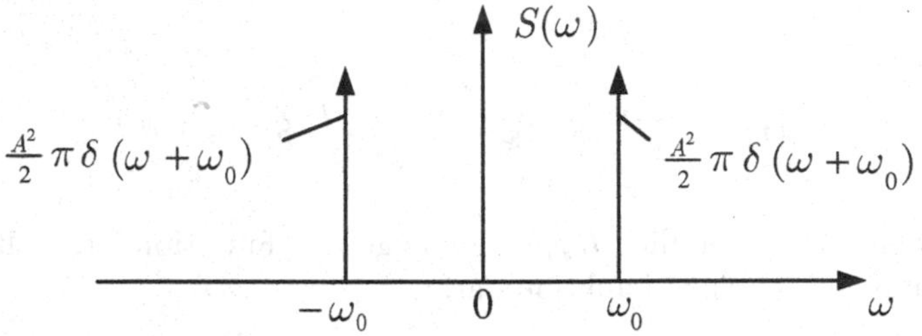

Bild A.10 Das Linienspektrum des periodischen Signalteils

b) Weißes Rauschen:

Ein stochastisches Signal mit konstanter spektraler Leistungsdichte

$$S_{xx}(\omega) = C = \text{const} \tag{A.88}$$

wird als weißes Rauschen bezeichnet. Die zugehörige Autokorrelationsfunktion lautet

$$R_{xx}(\tau) = \frac{1}{2\pi} C \int_{-\infty}^{\infty} \cos\omega\tau\, \mathrm{d}\omega$$

und liefert, ähnlich der Auswertung von Gl. (A.85), schließlich

$$R_{xx}(\tau) = C\delta(\tau) \text{ mit } C = c^2 = \sigma_\xi^2. \tag{A.89}$$

Der Prozess ist also völlig unkorreliert (vgl. Bild A.11). Es muss darauf hingewiesen werden, dass weißes Rauschen physikalisch nicht realisiert werden kann, denn die mittlere Signalleistung wird unendlich, und damit strebt $R_{xx}(0) \to \infty$. Weißes Rauschen kann jedoch zur näherungsweisen Beschreibung eines Signals verwendet werden, wenn die spektrale Leistungsdichte über einen gewissen Frequenzbereich, der besonders interessiert, angenähert konstant ist.

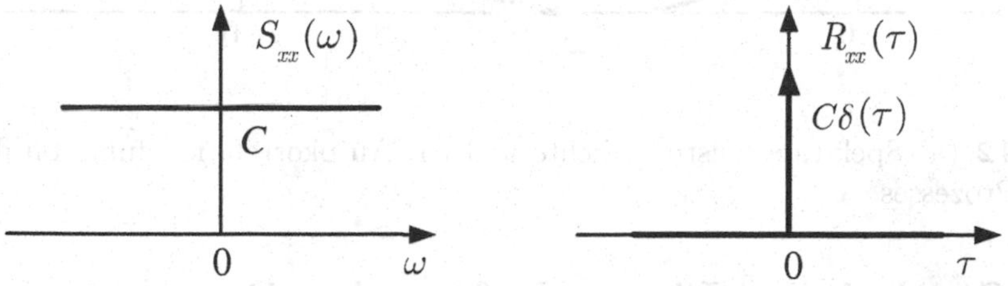

Bild A.11 Leistungsdichte und Autokorrelationsfunktion des weißen Rauschens

c) Bandbegrenztes weißes Rauschen:

Dieses stochastische Signal ist durch die spektrale Leistungsdichte

$$S_{xx}(\omega) = \begin{cases} C & \text{für } \omega_1 < |\,\omega\,| < \omega_2, \\ 0 & \text{sonst,} \end{cases} \tag{A.90}$$

mit $C = \text{const}$ definiert. Hierbei ist die mittlere Signalleistung endlich. Für die Autokorrelationsfunktion gilt

$$R_{xx}(\tau) = \frac{C}{\pi}\left[\frac{\sin\omega_2\tau}{\tau} - \frac{\sin\omega_1\tau}{\tau}\right]. \tag{A.91}$$

d) Gauß-Markov-Prozess:

Signale, die durch diesen Prozess beschrieben werden, besitzen die spektrale Leistungsdichte

$$S_{xx}(\omega) = \frac{2a}{\omega^2 + a^2} R_0 \tag{A.92}$$

und die Autokorrelationsfunktion

$$R_{xx}(\tau) = R_0 \mathrm{e}^{-a\,|\tau|}. \tag{A.93}$$

Der Vorteil dieses Prozesses ist die mathematische Einfachheit der Darstellung im Zeit- und Frequenzbereich (vgl. Bild A.12). Eine Reihe von stochastischen Signalen kann durch diese Beziehung hinreichend genau beschrieben werden. Beispielsweise lassen sich mit Werten von $a \gg 1$ Signale beschreiben, die dem (idealen) weißen Rauschen sehr nahe kommen.

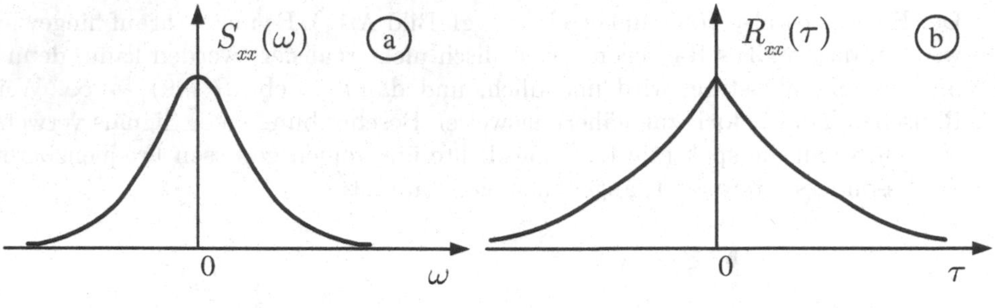

Bild A.12 (a) Spektrale Leistungsdichte und (b) Autokorrelationsfunktion des Gauß-Markov-Prozesses

A.5 Statistische Eigenschaften der Parameterschätzung

Genauigkeit und Güte einer Parameterschätzung (im statistischen Sinne) und damit auch die Güte des geschätzten Parametervektors $\hat{\boldsymbol{p}}$ können im Wesentlichen durch die vier Eigenschaften

1) erwartungstreu (*unbiased*),
2) passend (*consistent*),
3) wirksam (*efficient*) und
4) erschöpfend (*sufficient*)

beschrieben werden. Für den letzten Ausdruck werden in der deutschsprachigen Literatur unterschiedliche Bezeichnungen verwendet. Daher wurden die üblichen englischen Bezeichnungen mit angegeben. Die Definitionen dieser vier Eigenschaften sollen im Folgenden kurz dargestellt werden.

A.5.1 Erwartungstreue Schätzung

Es sei $\hat{\boldsymbol{p}}(N)$ der Schätzwert eines Parametervektors $\boldsymbol{p}$ auf der Grundlage von N gemessenen Datenpaaren $\{u(k), y(k)\}$, $k = 0,1,\dots,N-1$, der Eingangs- und Ausgangssignale eines Systems.[5] Es wird $\hat{\boldsymbol{p}}(N)$ dann als erwartungstreuer Schätzwert von $\boldsymbol{p}$, bezeichnet, wenn für den Erwartungswert von $\hat{\boldsymbol{p}}(N)$ die Beziehung

$$\mathrm{E}\{\hat{\boldsymbol{p}}(N)\} = \boldsymbol{p} \tag{A.94}$$

erfüllt ist. Gilt

$$\lim_{N\to\infty} \mathrm{E}\{\hat{\boldsymbol{p}}(N)\} = \boldsymbol{p}, \tag{A.95}$$

so heißt $\hat{\boldsymbol{p}}(N)$ asymptotisch erwartungstreu.

[5] Hier wird eine Schätzung aus Zeitbereichsdaten betrachtet. Die gleiche Aussagen gelten auch, wenn Daten im Frequenzbereich verwendet werden.

A.5.2 Konsistente Schätzung

Sofern der Schätzwert $\hat{\boldsymbol{p}}(N)$ des Parametervektors $\boldsymbol{p}$ für $N \to \infty$ stochastisch gegen $\boldsymbol{p}$ konvergiert, wird $\hat{\boldsymbol{p}}$ als konsistenter oder passender Schätzwert von $\boldsymbol{p}$ bezeichnet. Nach der Definition der stochastischen Konvergenz ist die Schätzung von $\boldsymbol{p}$ passend, wenn für die Wahrscheinlichkeit, dass $\|\,\hat{\boldsymbol{p}}(N) - \boldsymbol{p}\,\| > \varepsilon$ gilt, die Bedingung

$$\lim_{N\to\infty} P\{\|\,\hat{\boldsymbol{p}}(N) - \boldsymbol{p}\,\| > \varepsilon\} = 0 \quad \text{für alle } \varepsilon > 0 \tag{A.96}$$

erfüllt ist. Für die stochastische Konvergenz oder Konvergenz in Wahrscheinlichkeit wird auch die Notation plim verwendet, also

$$\operatorname{plim} \hat{\boldsymbol{p}} = \boldsymbol{p}. \tag{A.97}$$

A.5.3 Wirksame Schätzung

Mit $\hat{\boldsymbol{p}}_1(N)$ und $\hat{\boldsymbol{p}}_2(N)$ seien zwei Schätzwerte eines Parameters $\boldsymbol{p}$ auf der Grundlage einer bestimmten Anzahl N von Messwerten gegeben. Die Wirksamkeit des Schätzwertes $\hat{\boldsymbol{p}}_1(N)$ gegenüber $\hat{\boldsymbol{p}}_2(N)$ wird dann als das Verhältnis

$$\eta = \frac{\mathrm{E}\left\{[\,\hat{\boldsymbol{p}}_1(N) - \boldsymbol{p}_1\,]\,[\,\hat{\boldsymbol{p}}_1(N) - \boldsymbol{p}_1\,]^{\mathrm{T}}\right\}}{\mathrm{E}\left\{[\,\hat{\boldsymbol{p}}_2(N) - \boldsymbol{p}_2\,]\,[\,\hat{\boldsymbol{p}}_2(N) - \boldsymbol{p}_2\,]^{\mathrm{T}}\right\}} = \frac{\eta_1}{\eta_2} \tag{A.98}$$

definiert. Ist $\eta < 1$, dann ist die Schätzung $\hat{\boldsymbol{p}}_1$ wirksamer als $\hat{\boldsymbol{p}}_2$. Sofern nun $\hat{\boldsymbol{p}}_1$ und $\hat{\boldsymbol{p}}_2$ erwartungstreue Schätzungen sind, stellen η_1 und η_2 wegen Gl. (A.94) die Varianzen der Schätzfehler dar. Der Schätzwert $\hat{\boldsymbol{p}}_1(N)$ heißt wirksamer Schätzwert von $\boldsymbol{p}$, wenn für jeden beliebigen anderen Schätzwert $\hat{\boldsymbol{p}}_2(N)$ die Ungleichung

$$\eta_1 \leq \eta_2 \tag{A.99}$$

erfüllt ist. Dies bedeutet, dass kein anderer erwartungstreuer Schätzwert eine kleinere Varianz des Schätzfehlers liefert als $\hat{\boldsymbol{p}}_1(N)$.

A.5.4 Erschöpfende Schätzung

Der Schätzwert $\hat{\boldsymbol{p}}(N)$ eines Parametervektors $\boldsymbol{p}$ wird erschöpfend genannt, wenn der bedingte Erwartungswert $\mathrm{E}\{\hat{\boldsymbol{p}}(N)\,|\,u(0),\ldots,u(N-1); y(0),\ldots,y(N-1)\}$ des geschätzten Parametervektors $\hat{\boldsymbol{p}}(N)$ vom Parametervektor $\boldsymbol{p}$ unabhängig ist. Dabei stellen $u(k)$ und $y(k)$, $k = 0,\ldots,N-1$, eine Folge von Messwertpaaren des Eingangs- und Ausgangssignals aus einer Grundgesamtheit mit der Wahrscheinlichkeitsdichte $f(u(0),\ldots,u(N-1), y(0),\ldots,y(N-1); \boldsymbol{p})$ dar. Der Schätzwert $\hat{\boldsymbol{p}}(N)$ ist also erschöpfend, wenn keine andere Schätzung aus den gleichen Daten einen zusätzlichen Aufschluss über den Parametervektor $\boldsymbol{p}$ liefern kann. Erschöpfende Schätzungen sind zwar äußerst wünschenswert, können aber nur in ganz speziellen Fällen realisiert werden.

A.5.5 Cramer-Rao-Grenze

Werden alle N Eingangs- und Ausgangswerte des Systems in dem Vektor $\boldsymbol{x}(N)$ zusammengefasst und dieser als Stichprobe einer Zufallsvariablen $\boldsymbol{\xi}$ gesehen, die noch vom Parametervektor $\boldsymbol{p}$ abhängig ist, so lautet die zugehörige Wahrscheinlichkeitsdichte $f_{\boldsymbol{\xi}}(\boldsymbol{x}(N);\boldsymbol{p})$. Bei einer erwartungstreuen Schätzung gilt

$$\mathrm{E}\left\{\hat{\boldsymbol{p}}(N)\right\} = \boldsymbol{p}. \tag{A.100}$$

Als Maß für die Wirksamkeit der Schätzung von $\boldsymbol{p}(N)$ lässt sich die Kovarianzmatrix

$$\boldsymbol{P}^*(N) = \operatorname{cov}\hat{\boldsymbol{p}}(N) = \mathrm{E}\left\{\left[\hat{\boldsymbol{p}}(N)-\boldsymbol{p}\right]\left[\hat{\boldsymbol{p}}(N)-\boldsymbol{p}\right]^{\mathrm{T}}\right\} \tag{A.101}$$

gemäß Gl. (3.89) verwenden. Für diese Kovarianzmatrix gilt die Cramer-Rao-Ungleichung

$$\boldsymbol{P}^*(N) \geq \boldsymbol{F}^{-1}, \tag{A.102}$$

wobei die Matrix

$$\boldsymbol{F} = \mathrm{E}\left\{\left[\frac{\mathrm{d}}{\mathrm{d}\boldsymbol{p}}\ln f_{\boldsymbol{\xi}}\left(\boldsymbol{x}(N);\boldsymbol{p}\right)\right]\left[\frac{\mathrm{d}}{\mathrm{d}\boldsymbol{p}}\ln f_{\boldsymbol{\xi}}\left(\boldsymbol{x}(N);\boldsymbol{p}\right)\right]^{\mathrm{T}}\right\}, \tag{A.103}$$

die unter bestimmten Bedingungen auch als

$$\boldsymbol{F} = -\mathrm{E}\left\{\frac{\mathrm{d}^2}{\mathrm{d}\boldsymbol{p}\;\mathrm{d}\boldsymbol{p}^{\mathrm{T}}}\ln f_{\boldsymbol{\xi}}\left(\boldsymbol{x}(N);\boldsymbol{p}\right)\right\} \tag{A.104}$$

geschrieben werden kann, als Fisher-Informationsmatrix bezeichnet wird. Die Cramer-Rao-Ungleichung gilt für jede Wert von N und sämtliche Parameterschätzverfahren, sofern eine erwartungstreue Schätzung voliegt. Es lässt sich zeigen [Boe98, Lju99], dass für $N \to \infty$ die Maximum-Likelihood-Schätzung asymptotisch die Cramer-Rao-Grenze erreicht und damit die bestmögliche (asymptotisch wirksame) Schätzung darstellt.

Die in Abschnitt A.5 sehr knapp definierten Begriffe charakterisieren im Wesentlichen die Güte einer Schätzung. Auf die Darstellung weiterer Eigenschaften bzw. Erweiterung dieser Begriffe soll an dieser Stelle nicht eingegangen werden. Es wird dazu auf die entsprechende Literatur zur Schätztheorie verwiesen [Deu65, Nah69, Fis70].

B Statistische Bestimmung dynamischer Eigenschaften linearer Systeme

B.1 Grundlegende Zusammenhänge

Gegeben sei ein kausales, lineares, zeitinvariantes und asymptotisch stabiles System, das durch die Gewichtsfunktion $g(t)$ oder die Übertragungsfunktion $G(s)$ gemäß Bild B.1 beschrieben wird.

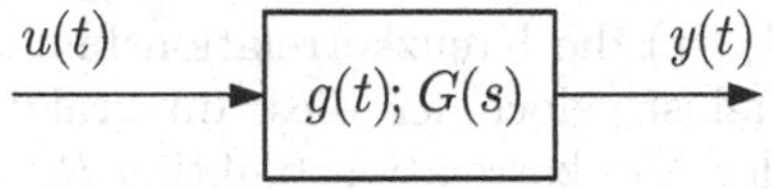

Bild B.1 Lineares, zeitinvariantes Übertragungssystem mit der Gewichtsfunktion $g(t)$ und der Übertragungsfunktion $G(s)$

Wirkt am Eingang dieses Systems das stationäre stochastische Signal $u(t)$, so lässt sich auch in diesem Fall das Ausgangssignal durch das Duhamelsche Faltungsintegral

$$y(t) = \int_0^\infty g(\sigma)\, u(t-\sigma)\, \mathrm{d}\sigma \tag{B.1}$$

beschreiben, wobei aufgrund der vorausgesetzten Kausalität $g(t) = 0$ für $t < 0$ gilt [Unb08]. Wird die Kreuzkorrelationsfunktion zwischen Eingangs- und Ausgangssignal dieses Systems, also

$$R_{yu}(\tau) = \lim_{T\to\infty} \frac{1}{2T} \int_{-T}^{T} y(t)\, u(t+\tau)\, \mathrm{d}t, \tag{B.2}$$

gebildet, dann folgt mit Gl. (B.1)

$$R_{yu}(\tau) = \lim_{T\to\infty} \frac{1}{2T} \int_{-T}^{T} \int_0^\infty g(\sigma)\, u(t-\sigma)\, u(t+\tau)\, \mathrm{d}\sigma\, \mathrm{d}t.$$

Nach dem hier zulässigen Vertauschen der Reihenfolge von Integration und Grenzwertbildung folgt

$$R_{yu}(\tau) = \int_0^\infty \left(\lim_{T\to\infty} \frac{1}{2T} \int_{-T}^{T} u(t-\sigma)\, u(t+\tau)\, \mathrm{d}t \right) g(\sigma)\, \mathrm{d}\sigma, \tag{B.3}$$

wobei

$$\lim_{T\to\infty} \frac{1}{2T} \int_{-T}^{T} u(t-\sigma)\, u(t+\tau)\, \mathrm{d}t = R_{uu}(\tau+\sigma)$$

gilt. Somit ergibt sich aus Gl. (B.3) direkt für die Kreuzkorrelationsfunktion

$$R_{yu}(\tau) = \int_{0}^{\infty} R_{uu}(\tau+\sigma)\, g(\sigma)\, \mathrm{d}\sigma = R_{uy}(-\tau), \tag{B.4a}$$

bzw. mit Gl. (A.70)

$$R_{uy}(\tau) = \int_{0}^{\infty} R_{uu}(\tau-\sigma)\, g(\sigma)\, \mathrm{d}\sigma. \tag{B.4b}$$

Diese wichtige Beziehung bietet die Möglichkeit, bei bekannter Gewichtsfunktion $g(t)$ und Autokorrelationsfunktion $R_{uu}(\tau)$ die Kreuzkorrelationsfunktion $R_{yu}(\tau)$ oder $R_{uy}(\tau)$ zu berechnen. Der wichtigere Fall ist jedoch der, diese Integralgleichung zur Berechnung der Gewichtsfunktion $g(t)$ aus der Autokorrelationsfunktion $R_{uu}(\tau)$ und der Kreuzkorrelationsfunktion $R_{uy}(\tau)$ heranzuziehen. Im Allgemeinen kann die Lösung durch Entfaltung aufwendig sein. Daher wird im Folgenden zunächst der Sonderfall betrachtet, bei dem das Eingangssignal weißes Rauschen ist.

Das Eingangssignal $u(t)$ sei weißes Rauschen mit der spektralen Leistungsdichte $S_{uu}(\omega) = C = 1$. Dann gilt für die Autokorrelationsfunktion des Eingangssignals $R_{uu}(\tau) = \delta(\tau)$. Somit folgt aus Gl. (B.4b) aufgrund der Ausblendeigenschaft des δ-Impulses

$$R_{uy}(\tau) = \int_{0}^{\infty} \delta(\tau-\sigma)\, g(\sigma)\, \mathrm{d}\sigma = g(\tau). \tag{B.5}$$

Dies bedeutet, dass hier die Messung der Kreuzkorrelationsfunktion identisch ist mit der Messung der Gewichtsfunktion, d.h. durch Erregen des Systems mit weißem Rauschen als Eingangsgröße kann $g(t)$ mittels eines Korrelators entsprechend Bild B.2 direkt gemessen werden.

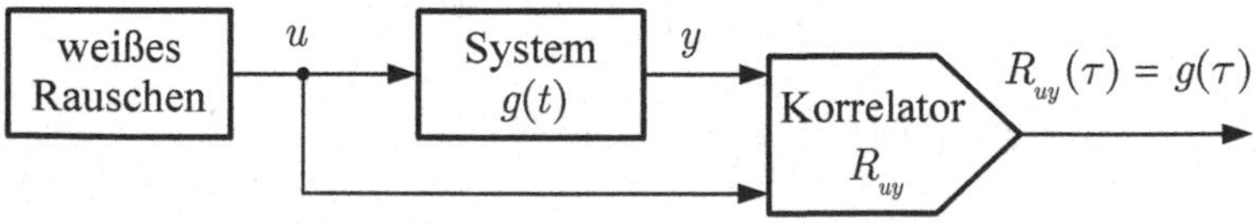

Bild B.2 Bestimmung der Gewichtsfunktion mit einem Korrelator

Auch im allgemeinen Fall kann Gl. (B.4b) zur Bestimmung von $g(t)$ herangezogen werden. Dies erfolgt dann in drei Schritten:

a) Messung von $u(t)$ und $y(t)$ und falls möglich gleichzeitige Korrelationsbildung, sonst

b) Berechnung von $R_{uu}(\tau)$ und $R_{uy}(\tau)$,

c) Auflösung der Grundgleichung (B.4b) nach $g(t)$.

Die Auflösung der Grundgleichung wird im nachfolgenden Abschnitt beschrieben.

B.2 Auflösung der Grundgleichung

B.2.1 Auflösung im Frequenzbereich

Aus Gl. (B.4b) folgt mit dem Faltungssatz der Fourier-Transformation (siehe Anhang C)

$$\mathscr{F}\{R_{uy}(\tau)\} = \mathscr{F}\{R_{uu}(\sigma)\} \cdot \mathscr{F}\{g(\sigma)\}. \tag{B.6}$$

Unter Berücksichtigung der Gln. (A.78) und (A.83) sowie des Zusammenhanges zwischen Zeit- und Frequenzbereich, bei dem die Fourier-Transformierte der Gewichtsfunktion $g(t)$ den Frequenzgang $G(\mathrm{j}\omega)$ des Systems liefert, folgt aus Gl. (B.6)

$$S_{uy}(\mathrm{j}\omega) = S_{uu}(\omega)\, G(\mathrm{j}\omega). \tag{B.7}$$

Somit ergibt sich als Lösung der Frequenzgang

$$G(\mathrm{j}\omega) = \frac{S_{uy}(\mathrm{j}\omega)}{S_{uu}(\omega)}. \tag{B.8}$$

Durch Rücktransformation in den Zeitbereich ergibt sich schließlich die Gewichtsfunktion

$$g(t) = \frac{1}{2\pi} \int\limits_{-\infty}^{\infty} G(\mathrm{j}\omega)\, \mathrm{e}^{\mathrm{j}\omega t}\, \mathrm{d}\omega. \tag{B.9}$$

Diese Beziehung kann jedoch direkt zur Berechnung von $g(t)$ nur dann verwendet werden, wenn $G(\mathrm{j}\omega)$ analytisch gegeben ist. Liegen die Korrelationsfunktionen $R_{uu}(\tau)$ und $R_{uy}(\tau)$ in gemessener Form vor, dann müssen zur Bestimmung von $G(\mathrm{j}\omega)$ zunächst die entsprechenden spektralen Leistungsdichten $S_{uu}(\omega)$ und $S_{uy}(\mathrm{j}\omega)$ numerisch aus $R_{uu}(\tau)$ und $R_{uy}(\tau)$ ermittelt werden.

Dies kann über eine Approximation der entsprechenden Korrelationsfunktion $R(\tau)$ durchgeführt werden [Unb75]. Dabei wird der Verlauf der Korrelationsfunktion $R(\tau)$ wie in Bild B.3 gezeigt in M äquidistante Zeitintervalle der Länge $\Delta\tau$ aufgeteilt (M geradzahlig). Dem Punkt $\tau = -(M/2)\Delta\tau$ wird die Ordinate R_0, den nachfolgenden die Ordinatenwerte R_n, $n = 1{,}2,\ldots,M$, zugeordnet. Da hier nur solche Korrelationsfunktionen betrachtet werden, für die bei $|\tau| \to \infty$ der Wert von $R(\tau)$ asymptotisch gegen null geht, wird für die gewählten Anfangs- und Endpunkte von $R(\tau)$

$$R_0 = R_1 = R_{M-1} = R_M = 0 \tag{B.10}$$

gesetzt. Auch wenn diese Bedingung bei der praktischen Anwendung nur näherungsweise erfüllt ist, muss sie für die Berechnung angenommen werden, um die Konvergenz von $S(\mathrm{j}\omega)$ zu sichern. Nun wird die Autokorrelationsfunktion gemäß

$$R(\tau) \approx \sum_{n=1}^{M-1} r_n(\tau) \tag{B.11}$$

durch eine Summe von Rampenfunktionen (siehe Bild B.4)

$$r_n(\tau) = \begin{cases} 0 & \text{für } \tau < (n - \frac{M}{2})\Delta\tau \\ \frac{p_n}{\Delta\tau}\,(\tau - (n - \frac{M}{2})\Delta\tau) & \text{für } \tau \geq (n - \frac{M}{2})\Delta\tau \end{cases} \tag{B.12}$$

mit

$$p_n = R_{n+1} - 2R_n + R_{n-1} \quad \text{für } n = 1,2,\ldots,M-1 \tag{B.13}$$

approximiert. Ist $S(\mathrm{j}\,\omega)$ die spektrale Leistungsdichte der Korrelationsfunktion $R(\tau)$ und $\tilde{S}(\mathrm{j}\,\omega)$ die durch die Approximation von $R(\tau)$ näherungsweise ermittelte spektrale Leistungsdichte, so gilt, wie nachfolgend gezeigt wird,

$$S(\mathrm{j}\,\omega) \approx \tilde{S}(\mathrm{j}\,\omega) = -\frac{\mathrm{e}^{\mathrm{j}\,\omega\frac{M}{2}\Delta\tau}}{\omega^2\Delta\tau} \sum_{n=1}^{M-1} p_n \mathrm{e}^{-\mathrm{j}\,\omega n\Delta\tau}. \tag{B.14}$$

Aufteilen von Gl. (B.14) nach Real- und Imaginärteil liefert

$$\mathrm{Re}\left\{\tilde{S}(\mathrm{j}\,\omega)\right\} = -\frac{1}{\omega^2\Delta\tau} \sum_{n=1}^{M-1} p_n \cos\left[\left(n - \frac{M}{2}\right)\omega\Delta\tau\right], \tag{B.15}$$

$$\mathrm{Im}\left\{\tilde{S}(\mathrm{j}\,\omega)\right\} = +\frac{1}{\omega^2\Delta\tau} \sum_{n=1}^{M-1} p_n \sin\left[\left(n - \frac{M}{2}\right)\omega\Delta\tau\right]. \tag{B.16}$$

Diese Beziehungen stellen eine sehr einfache Methode zur numerischen Fourier-Transformation sowohl der Auto- als auch der Kreuzkorrelationsfunktion dar [Unb75].

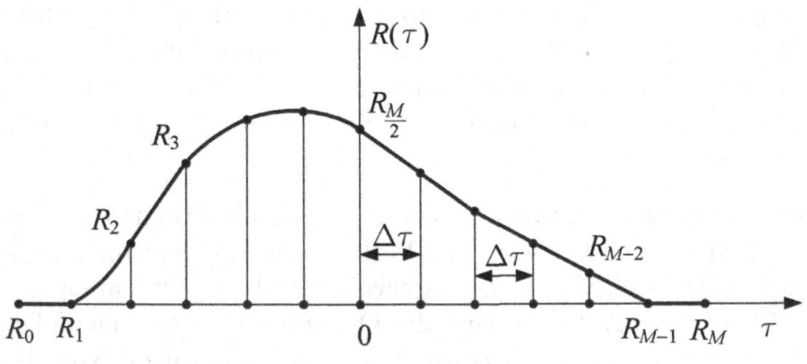

Bild B.3 Aufteilung der Korrelationsfunktion $R(\tau)$ in M Intervalle

Für die Herleitung der Gl. (B.14) wird folgende Hilfsbetrachtung angestellt. Ähnlich wie $R(\tau)$ und $S(\mathrm{j}\,\omega)$ gegenseitig durch Fourier-Transformation auseinander hervorgehen, gilt über die Laplace-Transformation die Zuordnung zwischen $g(t)$ und $G(s)$. Wird also der Verlauf von $R(\tau)$ in Bild B.3 als Gewichtsfunktion interpretiert, dann kann jede der diese Gewichtsfunktion approximierenden Rampenfunktionen gemäß Bild B.4 und Gl. (B.12) als Antwort eines Übertragungsgliedes auf eine Erregung mit einem δ-Impuls aufgefasst werden. Das Verhalten eines solchen Teilübertragungsgliedes wird, wie sich leicht nachvollziehen lässt, durch die Übertragungsfunktion

$$G_n(s) = \frac{p_n}{\Delta\tau}\frac{1}{s^2}\,\mathrm{e}^{+s\Delta\tau M/2}\,\mathrm{e}^{-sn\Delta\tau} \tag{B.17}$$

beschrieben. Die Überlagerung aller Rampenfunktionen liefert schließlich

$$G(s) = \sum_{n=1}^{M-1} G_n(s). \tag{B.18}$$

Mit $s = \mathrm{j}\omega$ und unter Berücksichtigung der Tatsache, dass in dieser Hilfsbetrachtung $G(\mathrm{j}\,\omega)$ gerade $S(\mathrm{j}\,\omega)$ entspricht, ergibt sich mit den Gln. (B.17) und (B.18) die Gl. (B.14).

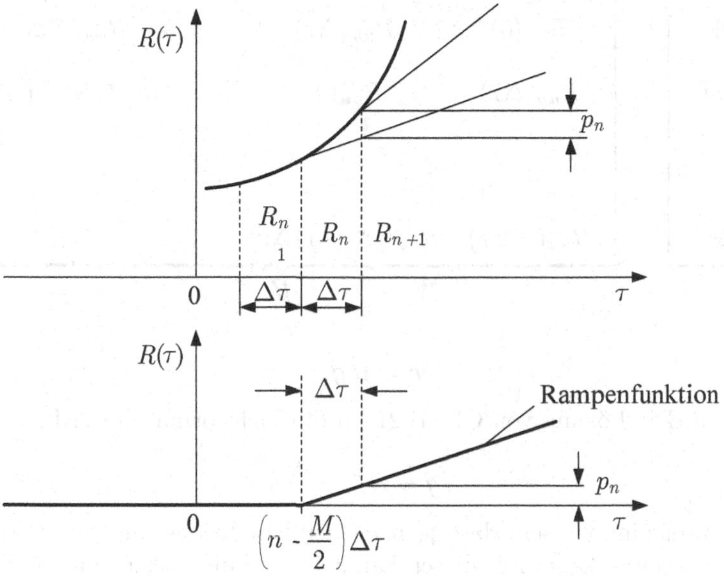

Bild B.4 Definition der Rampenfunktionen zur Näherung der Korrelationsfunktion

B.2.2 Numerische Lösung im Zeitbereich

In Gl. (B.4b)

$$R_{uy}(\tau) = \int_0^\infty R_{uu}(\tau - \sigma)g(\sigma)\mathrm{d}\sigma$$

kann das Integral näherungsweise in die Summenform

$$R_{uy}(\tau) \approx \sum_{n=0}^{N} R_{uu}(\tau - n\Delta\tau)g(n\Delta\tau)\Delta t \tag{B.19}$$

überführt werden. Wird τ ebenfalls in Schritten von $\Delta\tau$, also $\tau = 0, \Delta\tau, 2\Delta\tau, \ldots, N\Delta\tau$, gewählt, so liefert Gl. (B.19) das lineare algebraische Gleichungssystem

$$\begin{aligned}
\frac{1}{\Delta\tau} R_{uy}(0) &= R_{uu}(0)g(0) + R_{uu}(-\Delta\tau)g(\Delta\tau) + \ldots + R_{uu}(-N\Delta\tau)g(N\Delta\tau),\\
\frac{1}{\Delta\tau} R_{uy}(\Delta\tau) &= R_{uu}(\Delta\tau)g(0) + R_{uu}(0)g(\Delta\tau) + \ldots + R_{uu}(-(N-1)\Delta\tau)g(N\Delta\tau),\\
&\vdots \\
\frac{1}{\Delta\tau} R_{uy}(N\Delta\tau) &= R_{uu}(N\Delta\tau)g(0) + R_{uu}((N-1)\Delta\tau)g(\Delta\tau) + \ldots + R_{uu}(0)g(N\Delta\tau)
\end{aligned} \tag{B.20}$$

mit den $N+1$ Unbekannten $g(0), g(\Delta\tau), \ldots, g(N\Delta\tau)$. Unter Berücksichtigung der Symmetrieeigenschaft $R_{uu}(\tau - \sigma) = R_{uu}(\sigma - \tau)$ und mit der Abkürzung $g_n = g(n\Delta\tau)$, $n = 0,1,\ldots,N$, kann Gl. (B.20) in die Form

$$\underbrace{\begin{bmatrix} \frac{1}{\Delta\tau}R_{uy}(0) \\ \frac{1}{\Delta\tau}R_{uy}(\Delta\tau) \\ \vdots \\ \frac{1}{\Delta\tau}R_{uy}(N\Delta\tau) \end{bmatrix}}_{\boldsymbol{r}} = \underbrace{\begin{bmatrix} R_{uu}(0) & R_{uu}(\Delta\tau) & \ldots & R_{uu}(N\Delta\tau) \\ R_{uu}(\Delta\tau) & R_{uu}(0) & \ldots & R_{uu}((N-1)\Delta\tau) \\ \vdots & \vdots & \ddots & \vdots \\ R_{uu}(N\Delta\tau) & R_{uu}((N-1)\Delta\tau) & \ldots & R_{uu}(0) \end{bmatrix}}_{\boldsymbol{R}} \underbrace{\begin{bmatrix} g_0 \\ g_1 \\ \vdots \\ g_N \end{bmatrix}}_{\boldsymbol{g}}$$

bzw.

$$\boldsymbol{r} = \boldsymbol{R}\boldsymbol{g} \tag{B.21}$$

gebracht werden. Die Lösung von Gl. (B.21) ergibt sich formal durch Inversion von $\boldsymbol{R}$, also

$$\boldsymbol{g} = \boldsymbol{R}^{-1}\boldsymbol{r}. \tag{B.22}$$

Es sei aber darauf hingewiesen, dass je nach der Konditionszahl von $\boldsymbol{R}$ die Inversion Schwierigkeiten bereiten kann. Für diesen Fall müssen dann spezielle numerische Verfahren gewählt werden, z.B. Iterationsverfahren.

B.3 Zusammenhang zwischen den spektralen Leistungsdichten am Eingang und Ausgang linearer Systeme

Ein lineares zeitinvariantes, stabiles und kausales Übertragungssystem mit der Gewichtsfunktion $g(t)$ wird allgemein beschrieben durch das Duhamelsche Faltungsintegral

$$y(t) = \int_{-\infty}^{\infty} g(\sigma)\, u(t-\sigma)\, \mathrm{d}\sigma,$$

wobei wegen $g(\sigma) = 0$ für $\sigma < 0$ die untere Integrationsgrenze auch zu null gewählt werden kann. Für die Autokorrelationsfunktion des Ausgangssignals $y(t)$

$$R_{yy}(\tau) = \lim_{T\to\infty} \frac{1}{2T} \int_{-T}^{T} y(t)\, y(t+\tau)\, \mathrm{d}\tau$$

folgt mit obiger Beziehung

$$\begin{aligned} R_{yy}(\tau) &= \lim_{T\to\infty} \frac{1}{2T} \int_{-T}^{T} \left(\int_{-\infty}^{\infty} g(\sigma) u(t-\sigma) \mathrm{d}\sigma \right) \cdot \left(\int_{-\infty}^{\infty} g(\eta) u(t+\tau-\eta) \mathrm{d}\eta \right) \mathrm{d}t \\ &= \int_{-\infty}^{\infty} \int_{-\infty}^{\infty} g(\sigma) g(\eta) \left(\lim_{T\to\infty} \frac{1}{2T} \int_{-T}^{T} u(t-\sigma)\, u(t+\tau-\eta) \mathrm{d}t \right) \mathrm{d}\sigma\, \mathrm{d}\eta. \end{aligned} \tag{B.23}$$

Die Substitution $v = t - \sigma$ im letzten Teilintegral der Gl. (B.23) liefert

$$\lim_{T\to\infty} \frac{1}{2T} \int_{-T-\sigma}^{T-\sigma} u(v)\, u(v+\sigma+\tau-\eta)\, \mathrm{d}v = R_{uu}(\tau+\sigma-\eta),$$

und damit wird aus Gl. (B.23)

$$R_{yy}(\tau) = \int_{-\infty}^{\infty} \int_{-\infty}^{\infty} g(\sigma)\, g(\eta)\, R_{uu}(\tau+\sigma-\eta)\, \mathrm{d}\sigma\, \mathrm{d}\eta. \tag{B.24}$$

Durch Anwendung der Fourier-Transformation auf diese Beziehung ergibt sich als spektrale Leistungsdichte des stochastischen Ausgangssignals

$$S_{yy}(\omega) = \int_{-\infty}^{\infty} \int_{-\infty}^{\infty} \int_{-\infty}^{\infty} g(\sigma)\, g(\eta)\, R_{uu}(\tau+\sigma-\eta)\, \mathrm{e}^{-\mathrm{j}\,\omega\tau}\, \mathrm{d}\sigma\, \mathrm{d}\eta\, \mathrm{d}\tau. \tag{B.25}$$

Durch die Substitution $\nu = \tau + \sigma - \eta$ folgt hieraus

$$\begin{aligned} S_{yy}(\omega) &= \int_{-\infty}^{\infty} \int_{-\infty}^{\infty} \int_{-\infty}^{\infty} g(\sigma)\, \mathrm{e}^{-\mathrm{j}\,\omega\sigma}\, g(\eta)\, \mathrm{e}^{-\mathrm{j}\,\omega\eta}\, R_{uu}(\nu)\, \mathrm{e}^{-\mathrm{j}\,\omega\nu} \mathrm{d}\nu\, \mathrm{d}\sigma\, \mathrm{d}\eta \\ &= G(-\mathrm{j}\,\omega) \cdot G(\mathrm{j}\,\omega) \cdot S_{uu}(\omega) \end{aligned}$$

und schließlich

$$S_{yy}(\omega) = |G(\mathrm{j}\,\omega)|^2\, S_{uu}(\omega). \tag{B.26}$$

Die Gln. (B.7) und (B.26) sind von großer Bedeutung für den Zusammenhang der spektralen Leistungsdichten der Eingangs- und Ausgangssignale eines linearen, zeitinvarianten Systems. Sie stellen wesentliche Grundgleichungen zur Identifikation von linearen Systemen dar. Sind beispielsweise die Kreuzleistungsdichte $S_{uy}(\mathrm{j}\,\omega)$ zwischen Eingangs- und Ausgangssignal sowie die spektrale Leistungsdichte $S_{uu}(\omega)$ des Eingangssignals bekannt, so kann mit Gl. (B.7) direkt der Frequenzgang $G(\mathrm{j}\,\omega)$ nach Betrag und Phase berechnet werden. Sind nur die beiden spektralen Leistungsdichten $S_{uu}(\omega)$ und $S_{yy}(\omega)$ des Eingangs- bzw. Ausgangssignals bekannt, so liefert Gl. (B.26) den Betrag des Frequenzgangs, aus dem sich bei Systemen mit minimalem Phasenverhalten ebenfalls der Phasengang berechnen lässt. Durch Approximation des Frequenzgangs $G(\mathrm{j}\,\omega)$ lässt sich dann ein analytischer Ausdruck für die Übertragungsfunktion $G(s)$ des betreffenden Systems angeben [Unb02]. Damit liefert dieses Systemidentifikationsverfahren ein mathematisches Modell für das untersuchte System. Hierzu wird ein Beispiel betrachtet.

Beispiel B.1
Es wird der in Bild B.5 dargestellte Regelkreis betrachtet. Die Führungsgröße $w(t)$ sei ein stochastisches Signal, welches als ein über ein Formfilter mit der Übertragungsfunktion

$$G_{\mathrm{f}}(s) = \frac{1}{s+c} \tag{B.27}$$

aus weißem Rauschen mit der spektralen Leistungsdichte $S(\omega) = C$ entstandenes Signal angesehen werden kann. Berechnet werden soll die mittlere Signalleistung der Regelabweichung $e(t)$, wobei für die Übertragungsfunktion des offenen Regelkreises

$$G_0(s) = \frac{K}{s\,(Ts+1)} \tag{B.28}$$

gilt. Damit ergibt sich für die Übertragungsfunktion von der Führungsgröße zur Regelabweichung

$$G_e(s) = \frac{E(s)}{W(s)} = \frac{1}{1+G_0(s)} = \frac{s\,(Ts+1)}{Ts^2+s+K}. \tag{B.29}$$

Als spektrale Leistungsdichte der Regelabweichung $e(t)$ folgt nach Gl. (B.26)

$$S_{ee}(\omega) = |G_e(\mathrm{j}\,\omega)|^2\ S_{ww}(\omega). \tag{B.30}$$

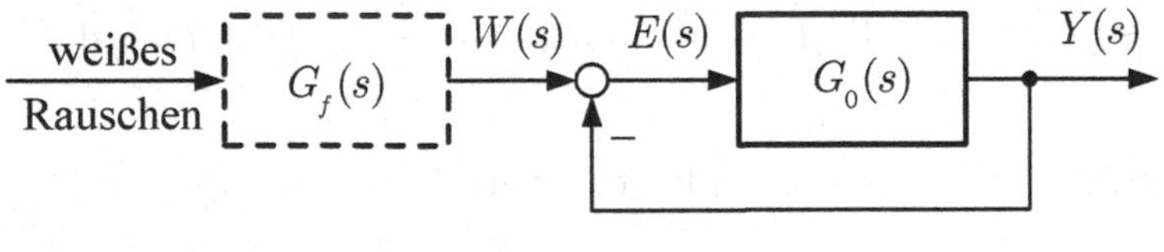

Bild B.5 Blockschaltbild des untersuchten Regelkreises

Mit

$$S_{ww}(\omega) = |G_{\mathrm{f}}(\mathrm{j}\,\omega)|^2 \cdot C = \frac{1}{\mathrm{j}\,\omega + c}\,\frac{1}{-\mathrm{j}\,\omega + c}\,C = \frac{C}{\omega^2+c^2}$$

ergibt sich aus Gl. (B.30)

$$\begin{aligned} S_{ee}(\omega) &= |G_e(\mathrm{j}\,\omega)|^2 \cdot \frac{C}{\omega^2+c^2} \\ &= \frac{T(\mathrm{j}\,\omega)^2+\mathrm{j}\,\omega}{T(\mathrm{j}\,\omega)^2+\mathrm{j}\,\omega+K}\cdot\frac{T(\mathrm{j}\,\omega)^2-\mathrm{j}\,\omega}{T(\mathrm{j}\,\omega)^2-\mathrm{j}\,\omega+K}\cdot\frac{C}{\omega^2+c^2}. \end{aligned} \tag{B.31}$$

Als mittlere Signalleistung der Regelabweichung (quadratischer Mittelwert von $e(t)$) folgt mit den Gln. (A.61) und (A.79)

$$\overline{e(t)}^2 = R_{ee}(0) = \frac{1}{2\pi} \int_{-\infty}^{\infty} S_{ee}(\omega)\mathrm{d}\omega. \tag{B.32}$$

Für die Auswertung dieses Integrals wird der Integrand ins Komplexe fortgesetzt und das Integral längs des in Bild B.6 dargestellten Weges B für $\rho \to \infty$ ausgewertet. Dabei verschwindet der Integralbeitrag auf dem Halbkreisbogen für $\rho \to \infty$. Deshalb lässt sich der Integrationsweg über die imaginäre Achse in Gl. (B.31) durch das Ringintegral über die geschlossene Kurve B ersetzen, ohne den Wert des Integrals zu verändern. Die Berechnung der mittleren Signalleistung nach Gl. (B.32) erfolgt dann in zwei Schritten:

Schritt 1: Die Integrationsvariable $\mathrm{j}\,\omega$ wird durch

$$s = \sigma + \mathrm{j}\,\omega \Rightarrow \mathrm{d}\omega = \frac{1}{\mathrm{j}}\,\mathrm{d}s$$

substituiert, der Integrand also ins Komplexe forgesetzt. Dies ergibt

$$\overline{e^2} = \frac{1}{2\pi\,\mathrm{j}} \oint_{\mathrm{B}} S_{ee}(s)\,\mathrm{d}s.$$

Schritt 2: Das Integral aus Schritt 1 wird über den Cauchyschen Residuensatz [Unb02]

$$\overline{e^2} = \frac{1}{2\pi\,\mathrm{j}} \oint_{\mathrm{B}} S_{ee}(s)\,\mathrm{d}s = \sum_{\substack{\text{Pole in der linken}\\ s\text{-Halbebene}}} \mathrm{Res}\,\{S_{ee}(s)\}\,,$$

wobei Res für das Residuum steht, ausgewertet.

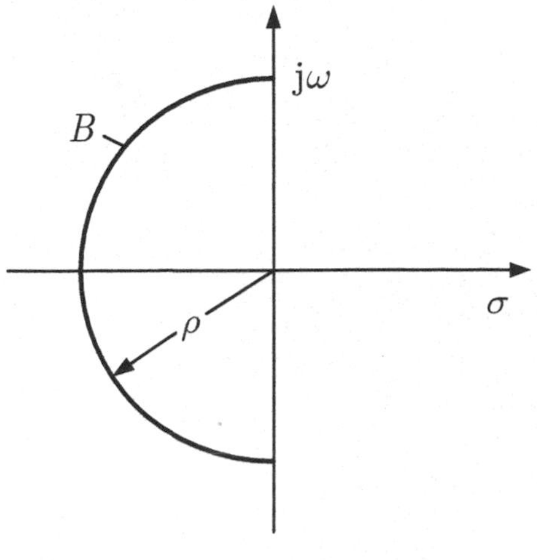

Bild B.6 Der Integrationsweg zur Berechnung des Integrals in Gl. (B.32)

Zunächst ergibt sich für Gl. (B.32) nach Schritt 1:

$$\begin{aligned}\overline{e^2} &= \frac{1}{2\pi \mathrm{j}} \oint\limits_{\mathrm{B}} \frac{s\,(Ts+1)}{Ts^2+s+K} \cdot \frac{-s\,(-Ts+1)}{Ts^2-s+K} \cdot \frac{1}{s+c} \cdot \frac{1}{-s+c}\, C \,\mathrm{d}s \\ &= \frac{1}{2\pi \mathrm{j}} \oint\limits_{\mathrm{B}} \frac{G(s)}{F(s)F(-s)}\,\mathrm{d}s\end{aligned} \tag{B.33}$$

mit

$$\begin{aligned}G(s) &= Cs\,(Ts+1)(-s)(-Ts+1), \\ F(s) &= (Ts^2+s+K)(s+c).\end{aligned}$$

Die Auswertung der Gl. (B.33) erfolgt gemäß Schritt 2 über den Cauchyschen Residuensatz, also

$$\begin{aligned}\overline{e^2} &= \frac{1}{2\pi \mathrm{j}} \oint\limits_{\mathrm{B}} \frac{G(s)}{F(s)F(-s)}\,\mathrm{d}s \\ &= \sum_{\substack{\text{Pole in der linken} \\ s\text{-Halbebene}}} \mathrm{Res}\left\{\frac{G(s)}{F(s)F(-s)}\right\},\end{aligned}$$

was schließlich die Beziehung

$$\overline{e(t)}^2 = \frac{C}{2}\,\frac{T(c+K)+1}{Tc^2+c+K} \tag{B.34}$$

liefert.

C Fourier-Transformation

C.1 Zweiseitige Laplace-Transformation

In [Unb08] wird die einseitige Laplace-Transformation behandelt. Dabei werden Zeitfunktionen $f(t)$ mit der Eigenschaft $f(t) = 0$ für $t < 0$ vorausgesetzt, sodass nur der Bereich $0 \leq t < \infty$ relevant ist. Derartige Zeitfunktionen treten hauptsächlich bei der Untersuchung von Einschaltvorgängen auf. Gelegentlich sind aber auch Zeitfunktionen im Bereich $-\infty < t < \infty$ zu betrachten. Für derartige Zeitfunktionen kann die zweiseitige Laplace-Transformation

$$F(s) = \int\limits_{-\infty}^{\infty} f(t)\, \mathrm{e}^{-st}\, \mathrm{d}t \tag{C.1}$$

benutzt werden. Damit die Transformierte existiert, muss das Integral in Gl. (C.1) konvergieren. Dazu wird zweckmäßigerweise eine Aufspaltung in die Form

$$\int\limits_{-\infty}^{\infty} f(t)\, \mathrm{e}^{-st}\, \mathrm{d}t = \int\limits_{-\infty}^{0^-} f(t)\, \mathrm{e}^{-st}\, \mathrm{d}t + \int\limits_{0^-}^{\infty} f(t)\, \mathrm{e}^{-st}\, \mathrm{d}t \tag{C.2}$$

vorgenommen. In [Unb02] wird gezeigt, dass das zweite Integral auf der rechten Seite der Gl. (C.2) im s-Bereich in einer rechten Halbebene konvergiert. Entsprechend konvergiert das erste Integral in einer linken Halbebene. Das von beiden Halbebenen gemeinsam überstrichene Gebiet, also ein Streifen parallel zur jω-Achse, stellt somit den Bereich der absoluten Konvergenz des Integrals nach Gl. (C.1) dar. Bei der Anwendung des zu Gl. (C.1) gehörenden Umkehrintegrals

$$f(t) = \frac{1}{2\pi \mathrm{j}} \int\limits_{c-\mathrm{j}\infty}^{c+\mathrm{j}\infty} F(s)\, \mathrm{e}^{st}\, \mathrm{d}s \tag{C.3}$$

muss dann entlang einer Geraden $\sigma = c$, die im Streifen der absoluten Konvergenz liegt, integriert werden.

C.2 Fourier-Transformation

Wird bei der zweiseitigen Laplace-Transformation gerade der Spezialfall der $j\omega$-Achse, also $s = j\omega$ und damit $c = 0$, betrachtet, so ergibt sich aus den beiden Gln. (C.1) und (C.3) für die Zeitfunktion $f(t)$ die Fourier-Transformierte

$$F(\mathrm{j}\omega) = \mathscr{F}\{f(t)\} = \int_{-\infty}^{\infty} f(t)\,\mathrm{e}^{-\mathrm{j}\omega t}\,\mathrm{d}t. \tag{C.4}$$

Die inverse Fourier-Transformierte ist entsprechend

$$f(t) = \mathscr{F}^{-1}\{F(\mathrm{j}\omega)\} = \frac{1}{2\pi}\int_{c-\mathrm{j}\infty}^{c+\mathrm{j}\infty} F(\mathrm{j}\omega)\,\mathrm{e}^{\mathrm{j}\omega t}\,\mathrm{d}\omega. \tag{C.5}$$

Dabei werden die Operationen der Fourier-Transformation und der inversen Fourier-Transformation mit $\mathscr{F}$ bzw. $\mathscr{F}^{-1}$ gekennzeichnet. Es sei darauf hingewiesen, dass Gl. (C.5) an einer Sprungstelle den arithmetischen Mittelwert der links- und rechtsseitigen Grenzwerte liefert.

Die Fourier-Transformierte von $f(t)$, auch als Spektral- oder Frequenzfunktion sowie als Spektraldichte bezeichnet, existiert, wenn $f(t)$ absolut integrierbar ist, d.h. wenn

$$\int_{-\infty}^{\infty} |f(t)|\,\mathrm{d}t < \infty \tag{C.6}$$

erfüllt ist. Dies ist jedoch eine hinreichende und keine notwendige Bedingung. So sind z.B. die Zeitfunktionen $f(t) = \sin\omega_0 t$ und $f(t) = \sigma(t)$ (Sprungfunktion) nicht absolut integrierbar und dennoch existiert die Fourier-Transformierte, die formal allerdings erst über die Verwendung des δ-Impulses im Sinne der Distributionentheorie [Unb02] angegeben werden kann, worauf hier allerdings nicht eingegangen werden soll.

Da die Fourier-Transformierte im Allgemeinen eine komplexwertige Funktion ist, können ebenfalls die Darstellungen

$$F(\mathrm{j}\omega) = R(\omega) + \mathrm{j}I(\omega) \tag{C.7}$$

und

$$F(\mathrm{j}\omega) = A(\omega)\,\mathrm{e}^{\mathrm{j}\varphi(\omega)} \tag{C.8}$$

unter Verwendung von Realteil $R(\omega)$ und Imaginärteil $I(\omega)$ oder von Amplitudengang $A(\omega)$ und Phasengang $\varphi(\omega)$ angegeben werden, wobei

$$A(\omega) = |F(\mathrm{j}\omega)| = \sqrt{R^2(\omega) + I^2(\omega)} \tag{C.9}$$

auch als Fourier-Spektrum oder Amplitudendichtespektrum von $f(t)$ bezeichnet wird. Für den Phasengang (auch als Phasenspektrum bezeichnet) gilt

$$\varphi(\omega) = \arctan\frac{I(\omega)}{R(\omega)}. \tag{C.10}$$

Ist $f(t)$ eine reelle Zeitfunktion, so ergeben sich aus Gl. (C.4) für Real- und Imaginärteil die Gleichungen

$$R(\omega) = \int_{-\infty}^{\infty} f(t)\cos\omega t\,\mathrm{d}t, \tag{C.11}$$

$$I(\omega) = -\int_{-\infty}^{\infty} f(t) \sin \omega t \, \mathrm{d}t, \tag{C.12}$$

wobei $R(\omega)$ eine gerade und $I(\omega)$ eine ungerade Funktion darstellt. Ist die Zeitfunktion gerade, also $f(t) = f_\mathrm{g}(t)$, dann folgen aus den Gln. (C.11) und (C.12) die Beziehungen

$$R(\omega) = 2\int_{0}^{\infty} f_\mathrm{g}(t) \cos \omega t \, \mathrm{d}t, \tag{C.13}$$

$$I(\omega) = 0. \tag{C.14}$$

Wird $f(t)$ andererseits durch eine ungerade Funktion beschrieben, also $f(t) = f_\mathrm{u}(t)$, so ergibt sich entsprechend

$$R(\omega) = 0, \tag{C.15}$$

$$I(\omega) = -2\int_{0}^{\infty} f_\mathrm{u}(t) \sin \omega t \, \mathrm{d}t. \tag{C.16}$$

Für die inverse Fourier-Transformierte folgt aus den Gln. (C.5) und (C.7))

$$f(t) = \frac{1}{2\pi}\int_{-\infty}^{\infty} [\, R(\omega) \cos \omega t - I(\omega) \sin \omega t \,] \, \mathrm{d}\omega$$

bzw. wegen $R(\omega) = R(-\omega)$ und $I(\omega) = -I(-\omega)$

$$f(t) = \frac{1}{\pi}\int_{0}^{\infty} [\, R(\omega) \cos \omega t - I(\omega) \sin \omega t \,] \, \mathrm{d}\omega. \tag{C.17}$$

Diese Beziehung liefert für eine gerade Zeitfunktion $f(t) = f_\mathrm{g}(t)$ wegen $I(\omega) = 0$

$$f_\mathrm{g}(t) = \frac{1}{\pi}\int_{0}^{\infty} R(\omega) \cos \omega t \, \mathrm{d}\omega \tag{C.18}$$

und für eine ungerade Zeitfunktion $f(t) = f_\mathrm{u}(t)$ wegen $R(\omega) = 0$

$$f_\mathrm{u}(t) = -\frac{1}{\pi}\int_{0}^{\infty} I(\omega) \sin \omega t \, \mathrm{d}\omega. \tag{C.19}$$

Jede beliebige Zeitfunktion lässt sich in eine Summe eines geraden und eines ungeraden Anteils zerlegen, d.h.

$$f(t) = f_\mathrm{g}(t) + f_\mathrm{u}(t), \tag{C.20a}$$

wobei

$$f_\mathrm{g}(t) = \frac{1}{2}\,[\,(f(t) + f(-t)\,], \tag{C.20b}$$

$$f_\mathrm{u}(t) = -\frac{1}{2}\,[\,(f(t) - f(-t)\,] \tag{C.20c}$$

gilt. Wird Gl. (C.20a) in Gl. (C.4) eingesetzt, so ergibt sich für den Realteil des Fourier-Spektrums gerade die Gl. (C.13) und für den zugehörigen Imaginärteil die Gl. (C.16). In entsprechender Weise gelten für die zugehörige inverse Fourier-Transformation von $F(\mathrm{j}\omega)$ zusammen mit Gl. (C.20a) die Gln. (C.18) und (C.19).

Ähnlich wie bei der Laplace-Transformation stellt die Fourier-Transformation eine umkehrbar eindeutige Zuordnung zwischen der Zeitfunktion $f(t)$ und der Frequenz- oder Spektralfunktion $F(\mathrm{j}\omega)$ her. Einige wichtige Korrespondenzen sind in Tabelle C.1 zusammengestellt.

Tabelle C.1 Korrespondenzen zur Fourier-Transformation

Nr.	Zeitfunktion $f(t)$	Fourier-Transformierte $F(\mathrm{j}\omega)$
1	δ-Impuls	1
2	Einheitssprung $\sigma(t)$	$\frac{1}{\mathrm{j}\omega} + \pi\delta(\omega)$
3	1	$2\pi\delta(\omega)$
4	$\sigma(t)\ t$	$-\frac{1}{\omega^2} + \mathrm{j}\pi\delta(\omega)$
5	$\|t\|$	$-\frac{2}{\omega^2}$
6	$\sigma(t)\,\mathrm{e}^{-at} \quad (a>0)$	$\frac{1}{a+\mathrm{j}\omega}$
7	$\sigma(t)\,t\,\mathrm{e}^{-at} \quad (a>0)$	$\frac{1}{(a+\mathrm{j}\omega)^2}$
8	$\mathrm{e}^{-a\|t\|} \quad (a>0)$	$\frac{2a}{a^2+\omega^2}$
9	$\mathrm{e}^{-at^2} \quad (a>0)$	$\sqrt{\pi/a}\,\mathrm{e}^{-\omega^2/4a}$
10	$\cos\omega_0 t$	$\pi(\delta(\omega-\omega_0)+\delta(\omega+\omega_0))$
11	$\sin\omega_0 t$	$\frac{\pi}{\mathrm{j}}(\delta(\omega-\omega_0)-\delta(\omega+\omega_0))$
12	$\sigma(t)\cos\omega_0 t$	$\frac{\pi}{2}\left(\delta\left(\omega-\omega_0\right)+\delta\left(\omega+\omega_0\right)\right)+\mathrm{j}\omega/(\omega_0^2-\omega^2)$
13	$\sigma(t)\sin\omega_0 t$	$\frac{\pi}{2\mathrm{j}}\left(\delta\left(\omega-\omega_0\right)-\delta\left(\omega+\omega_0\right)\right)+\omega_0/(\omega_0^2-\omega^2)$
14	$\sigma(t)\,\mathrm{e}^{-at}\sin\omega_0 t$	$\frac{\omega_0}{(a+\mathrm{j}\omega)^2+\omega_0^2}$
15	$\left.\begin{matrix} 1-\frac{\|t\|}{\Delta t} & \|t\|<\Delta t \\ 0 & \|t\|>\Delta t \end{matrix}\right\}$	$\Delta t\left(\frac{\sin(\omega\Delta t/2)}{\omega\Delta t/2}\right)^2$

C.3 Eigenschaften der Fourier-Transformation

Die wesentlichen Eigenschaften und Rechenregeln der Fourier-Transformation sind in den nachfolgenden Sätzen kurz dargestellt. Auf eine Beweisführung wird dabei verzichtet, vielmehr soll diesbezüglich auf die Literatur [Foe86, Unb02] verwiesen werden.

a) Überlagerungssatz:

$$\mathscr{F}\{a_1 f_1(t) + a_2 f_2(t)\} = a_1 \mathscr{F}_1(\mathrm{j}\omega) + a_2 \mathscr{F}_2(\mathrm{j}\omega). \tag{C.21}$$

Hiermit wird die Linearität der Fourier-Transformation beschrieben.

b) Verschiebungssatz im Zeitbereich:

$$\mathscr{F}\{f(t-t_0)\} = F(\mathrm{j}\omega)\,\mathrm{e}^{-\mathrm{j}\omega t_0}. \tag{C.22}$$

Eine Verschiebung von $f(t)$ um t_0 in positiver Richtung hat im Frequenzbereich eine Multiplikation der Spektralfunktion mit $\mathrm{e}^{-\mathrm{j}\omega t_0}$ zur Folge.

c) Verschiebungssatz im Frequenzbereich:

$$\mathscr{F}^{-1}\{F[\mathrm{j}(\omega-\omega_0)]\} = f(t)\,\mathrm{e}^{\mathrm{j}\omega_0 t}. \tag{C.23}$$

Eine Verschiebung der Spektralfunktion um die Kreisfrequenz ω_0 in positiver Richtung bewirkt eine Multiplikation der Zeitfunktion mit dem Faktor $\mathrm{e}^{\mathrm{j}\omega_0 t}$.

d) Ähnlichkeitssatz:

$$\mathscr{F}\{f(at)\} = \frac{1}{|a|} F\left(\frac{\mathrm{j}\omega}{a}\right). \tag{C.24}$$

Hierbei ist $a \neq 0$ eine beliebige Konstante. Aus diesem Satz ist ersichtlich, dass eine zeitliche Dehnung der Zeitfunktion $f(t)$ eine Verringerung der Bandbreite der Spektraldichte $F(\mathrm{j}\omega)$ zur Folge hat und umgekehrt.

e) Vertauschungssatz:

Für die Fourier-Transformierte

$$\mathscr{F}\{f(t)\} = F(\mathrm{j}\omega)$$

folgt die Symmetriebeziehung

$$\mathscr{F}\{F(\mathrm{j}t)\} = 2\pi f(-\omega). \tag{C.25}$$

Beispielsweise ergibt sich für den in Bild C.1a gezeigten Rechteckimpuls der Höhe K

$$f(t) = r(t) = K\left[\sigma\left(t+\frac{T_\mathrm{p}}{2}\right) - \sigma\left(t-\frac{T_\mathrm{p}}{2}\right)\right]$$

durch Fourier-Transformation die in Bild C.1a gezeigte Spektraldichte

$$F(\mathrm{j}\omega) = \int\limits_{-T_\mathrm{p}/2}^{T_\mathrm{p}/2} f(t)\,\mathrm{e}^{-\mathrm{j}\omega t}\,\mathrm{d}t = 2K\cdot\frac{T_\mathrm{p}}{2}\cdot\frac{\sin(\omega T_\mathrm{p}/2)}{\omega T_\mathrm{p}/2},$$

die eine reelle Funktion ist. Für die Zeitfunktion

$$\tilde{f}(t) = \frac{K}{\pi}\cdot\frac{\omega_\mathrm{p}}{2}\cdot\frac{\sin(\omega_\mathrm{p} t/2)}{\omega_\mathrm{p} t/2}$$

ergibt sich dann mit Gl. (C.25) die Spektraldichte

$$\tilde{F}(\mathrm{j}\omega) = K\left[\sigma(\omega + \frac{\omega_\mathrm{p}}{2}) - \sigma(\omega - \frac{\omega_\mathrm{p}}{2})\right],$$

also eine entsprechende rechteckförmige Funktion im Frequenzbereich. Diese rechteckförmige Funktion im Frequenzbereich entspricht dem Frequenzgang eines idealen Tiefpasses mit der Bandbreite $\omega_\mathrm{p}/2$ und der Verstärkung K. Die Impulsantwort dieses idealen Tiefpasses ist dann gerade $\tilde{f}(t)$.

f) Differentiationssatz im Zeitbereich:

Sofern die n-te Ableitung von $f(t)$ existiert, gilt

$$\mathscr{F}\left\{\frac{\mathrm{d}^n f(t)}{\mathrm{d}t^n}\right\} = (\mathrm{j}\omega)^n F(\mathrm{j}\omega). \tag{C.26}$$

g) Differentiationssatz im Frequenzbereich:

Sofern die n-te Ableitung von $F(\mathrm{j}\omega)$ existiert, gilt

$$\mathscr{F}\{(-\mathrm{j}t)^n f(t)\} = \frac{\mathrm{d}^n F(\mathrm{j}\omega)}{\mathrm{d}\omega^n}. \tag{C.27}$$

h) Integrationssatz:

Es gilt

$$\mathscr{F}\left\{\int\limits_{-\infty}^{t} f(\tau)\,\mathrm{d}\tau\right\} = \frac{F(\mathrm{j}\omega)}{\mathrm{j}\omega} + \pi F(0)\delta(\omega), \tag{C.28}$$

wobei $F(\mathrm{j}\omega)$ für $\omega = 0$ stetig sein muss.

i) Faltungssatz im Zeitbereich:

Sind $f_1(t)$ und $f_2(t)$ bis auf endlich viele Sprungstellen stetig, so gilt für ihr Faltungsintegral

$$\mathscr{F}\left\{\int\limits_{-\infty}^{\infty} f_1(\tau) f_2(t-\tau)\,\mathrm{d}\tau\right\} = F_1(\mathrm{j}\omega)\cdot F_2(\mathrm{j}\omega). \tag{C.29}$$

j) Faltungssatz im Frequenzbereich:

Sind $f_1(t)$ und $f_2(t)$ reelle, bis auf endlich viele Sprungstellen stetige, quadratisch integrierbare Funktionen (d.h. $\int\limits_{-\infty}^{\infty} f_i^2(t)\,\mathrm{d}t < \infty$, $i = 1, 2$), so gilt

$$\mathscr{F}\{f_1(t) f_2(t)\} = \frac{1}{2\pi}\int\limits_{-\infty}^{\infty} F_1(\mathrm{j}\nu) F_2(\mathrm{j}(\omega-\nu))\,\mathrm{d}\nu. \tag{C.30}$$

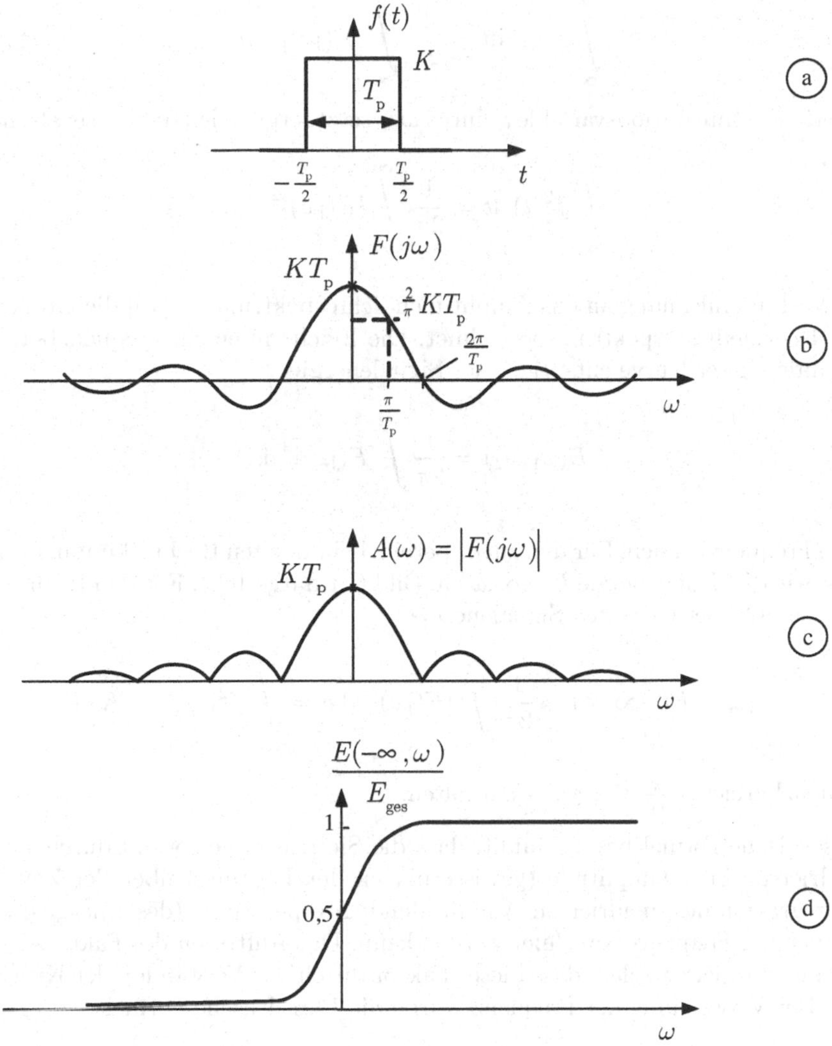

Bild C.1 (a) Rechteckimpuls sowie (b) zugehörige Spektraldichte, (c) Amplitudendichtespektrum und (d) Signalenergie

C.4 Parsevalsche Formel

Wird in Gl. (C.30) $\omega = 0$ und $f_1(t) = f_2(t) = f(t)$ gesetzt, folgt

$$\int_{-\infty}^{\infty} f(t)f(t)\,\mathrm{d}t = \frac{1}{2\pi}\int_{-\infty}^{\infty} F(\mathrm{j}\nu)F(-\mathrm{j}\nu)\,\mathrm{d}\nu$$

und damit

$$\int_{-\infty}^{\infty} f^2(t)\,\mathrm{d}t = \frac{1}{2\pi}\int_{-\infty}^{\infty} |F(\mathrm{j}\nu)|^2\,\mathrm{d}\nu.$$

Wird hierin die Integrationsvariable ν durch ω ersetzt, ergibt sich die Parsevalsche Formel

$$\int_{-\infty}^{\infty} f^2(t)\,\mathrm{d}t = \frac{1}{2\pi}\int_{-\infty}^{\infty} |F(\mathrm{j}\omega)|^2\,\mathrm{d}\omega. \tag{C.31}$$

Hierbei wird in Anlehnung an das Amplitudendichtespektrum $|F(\mathrm{j}\omega)|$ die Größe $|F(\mathrm{j}\omega)|^2$ auch als Energiedichtespektrum bezeichnet. Die Fläche in einem Frequenzbereich $\omega_1 \leq \omega \leq \omega_2$ unter dieser Kurve entspricht der Signalenergie

$$E(\omega_1,\omega_2) = \frac{1}{2\pi}\int_{\omega_1}^{\omega_2} |F(\mathrm{j}\omega)|^2\,\mathrm{d}\omega \tag{C.32}$$

in diesem Frequenzbereich. Für den zuvor bereits behandelten Rechteckimpuls sind $F(\mathrm{j}\omega)$, $|F(\mathrm{j}\omega)|$ sowie die Signalenergie $E(-\infty,\omega)$ in Bild C.1 dargestellt. Für den Rechteckimpuls sind nahezu 80% der gesamten Signalenergie

$$E_{\mathrm{ges}} = E(-\infty,\infty) = \frac{1}{2\pi}\int_{-\infty}^{\infty} |F(\mathrm{j}\omega)|^2\,\mathrm{d}\omega = \int_{-\infty}^{\infty} f^2(t)\,\mathrm{d}t = K^2 T_{\mathrm{p}} \tag{C.33}$$

im Frequenzbereich $-\frac{\pi}{T_{\mathrm{p}}} \leq \omega \leq \frac{\pi}{T_{\mathrm{p}}}$ enthalten.

Die Parsevalsche Formel besagt damit, dass die Signalenergie sowohl durch Integration der quadrierten Signalamplitude (gewissermaßen der Leistung) über der Zeit als auch durch Integration des quadrierten Amplitudendichtespektrums (des Energiedichtespektrums) über der Frequenz berechnet werden kann. Das Auftreten des Faktors $1/2\pi$ kann dabei so interpretiert werden, dass dieser Faktor durch das Verwenden der Kreisfrequenz entsteht. Bei Verwendung der Frequenz würde die Parselvasche Formel

$$\int_{-\infty}^{\infty} f^2(t)\,\mathrm{d}t = \int_{-\infty}^{\infty} |F(\mathrm{j}2\pi f)|^2\,\mathrm{d}f \tag{C.34}$$

lauten. Durch die Variablensubstitution $\mathrm{d}f = \mathrm{d}\omega/2\pi$ entsteht daraus Gl. (C.31).

D Herleitung gewichteter rekursiver Parameterschätzverfahren

D.1 Gewichtetes rekursives *Least-Squares*-Verfahren

Ausgangspunkt der Herleitung dieses Verfahrens bildet Gl. (3.188), also die direkte Lösung des *Least-Squares*-Schätzproblems, allerdings für den k-ten Abtastschritt in Analogie zu Gl. (3.90),

$$\hat{\boldsymbol{p}}(k) = [\boldsymbol{M}^{\mathrm{T}}(k)\,\tilde{\boldsymbol{W}}(k)\,\boldsymbol{M}(k)]^{-1}\boldsymbol{M}^{\mathrm{T}}(k)\,\tilde{\boldsymbol{W}}(k)\,\boldsymbol{y}(k). \tag{D.1}$$

In dieser Beziehung entspricht der Term

$$\boldsymbol{P}(k) = [\boldsymbol{M}^{\mathrm{T}}(k)\,\tilde{\boldsymbol{W}}(k)\,\boldsymbol{M}(k)]^{-1} \tag{D.2}$$

der Kovarianzmatrix. Diese kann durch Hinzunahme eines weiteren Messwertepaares $\{u(k+1),y(k+1)\}$ ähnlich wie Gl. (3.92) in die Form

$$\begin{aligned}\boldsymbol{P}^{-1}(k+1) &= \left[\begin{array}{c}\boldsymbol{M}(k)\\ \hline \boldsymbol{m}^{\mathrm{T}}(k+1)\end{array}\right]^{\mathrm{T}} \left[\begin{array}{c|c}\lambda(k+1)\tilde{\boldsymbol{W}}(k) & \boldsymbol{0}\\ \hline \boldsymbol{0} & \lambda(k+1)\end{array}\right] \left[\begin{array}{c}\boldsymbol{M}(k)\\ \hline \boldsymbol{m}^{\mathrm{T}}(k+1)\end{array}\right]\\ &= \lambda(k+1)\left[\boldsymbol{P}^{-1}(k) + \boldsymbol{m}(k+1)\,\boldsymbol{m}^{\mathrm{T}}(k+1)\right]\end{aligned} \tag{D.3}$$

gebracht werden. Durch Anwenden des Matrizeninversionslemmas ergibt sich analog zu Gl. (3.108)

$$\boldsymbol{P}(k+1) = \frac{1}{\lambda(k+1)}\left[\boldsymbol{P}(k) - \frac{\boldsymbol{P}(k)\,\boldsymbol{m}(k+1)\,\boldsymbol{m}^{\mathrm{T}}(k+1)\,\boldsymbol{P}(k)}{1+\boldsymbol{m}^{\mathrm{T}}(k+1)\,\boldsymbol{P}(k)\,\boldsymbol{m}(k+1)}\right]. \tag{D.4}$$

Wird der Verstärkungsvektor

$$\boldsymbol{q}(k+1) = \frac{\boldsymbol{P}(k)\,\boldsymbol{m}(k+1)}{1+\boldsymbol{m}^{\mathrm{T}}(k+1)\,\boldsymbol{P}(k)\,\boldsymbol{m}(k+1)} \tag{D.5}$$

eingeführt, so folgt aus Gl. (D.4)

$$\boldsymbol{P}(k+1) = \frac{1}{\lambda(k+1)}\left[\boldsymbol{P}(k) - \boldsymbol{q}(k+1)\,\boldsymbol{m}^{\mathrm{T}}(k+1)\,\boldsymbol{P}(k)\right]. \tag{D.6}$$

Dieses Ergebnis stimmt mit Gl. (3.189) überein. Nachfolgend soll noch kurz eine weitere in der Literatur häufig verwendete Version dieses Algorithmus hergeleitet werden. Dazu wird Gl. (D.4) auf die Form

$$\lambda(k+1)\boldsymbol{P}(k+1) = \frac{1}{\lambda(k)}\left[\lambda(k)\boldsymbol{P}(k) - \frac{\lambda(k)\boldsymbol{P}(k)\,\boldsymbol{m}(k+1)\,\boldsymbol{m}^{\mathrm{T}}(k+1)\,\lambda(k)\boldsymbol{P}(k)}{\lambda(k)+\boldsymbol{m}^{\mathrm{T}}(k+1)\,\lambda(k)\boldsymbol{P}(k)\,\boldsymbol{m}(k+1)}\right] \tag{D.7}$$

gebracht. Entsprechend wird Gl. (D.5) umgeformt zu

$$\boldsymbol{q}(k+1) = \frac{\lambda(k)\boldsymbol{P}(k)\,\boldsymbol{m}(k+1)}{\lambda(k) + \boldsymbol{m}^{\mathrm{T}}(k+1)\,\lambda(k)\boldsymbol{P}(k)\,\boldsymbol{m}(k+1)}. \tag{D.8}$$

Mit Einführen einer neuen Kovarianzmatrix

$$\overline{\boldsymbol{P}}(k) = \lambda(k)\boldsymbol{P}(k) \tag{D.9}$$

lassen sich Gl. (D.7) und (D.8) darstellen als

$$\overline{\boldsymbol{P}}(k+1) = \frac{1}{\lambda(k)}\left[\overline{\boldsymbol{P}}(k) - \frac{\overline{\boldsymbol{P}}(k)\,\boldsymbol{m}(k+1)\,\boldsymbol{m}^{\mathrm{T}}(k+1)\,\overline{\boldsymbol{P}}(k)}{\lambda(k) + \boldsymbol{m}^{\mathrm{T}}(k+1)\,\overline{\boldsymbol{P}}(k)\,\boldsymbol{m}(k+1)}\right] \tag{D.10}$$

und

$$\boldsymbol{q}(k+1) = \frac{\overline{\boldsymbol{P}}(k)\,\boldsymbol{m}(k+1)}{\lambda(k) + \boldsymbol{m}^{\mathrm{T}}(k+1)\,\overline{\boldsymbol{P}}(k)\,\boldsymbol{m}(k+1)}. \tag{D.11}$$

Einsetzen von Gl. (D.11) in Gl. (D.10) liefert

$$\overline{\boldsymbol{P}}(k+1) = \frac{1}{\lambda(k)}\left[\overline{\boldsymbol{P}}(k) - \boldsymbol{q}(k+1)\,\boldsymbol{m}^{\mathrm{T}}(k+1)\,\overline{\boldsymbol{P}}(k)\right], \tag{D.12}$$

die in der Struktur mit Gl. (D.6) identisch ist. Lediglich die Berechnung des Verstärkungsvektors nach Gl. (D.11) unterscheidet sich von Gl. (D.5). Beide Formulierungen des Algorithmus liefern identische Ergebnisse, sofern für die Anfangswerte $\overline{\boldsymbol{P}}(0) = \lambda(0)\boldsymbol{P}(0)$ gilt.

D.2 Gewichtetes rekursives Hilfsvariablen-Verfahren

Die Vorgehensweise ist bei der Herleitung des gewichteten rekursiven Hilfsvariablen-Verfahrens (*Instrumental-Variable*-Verfahren, Verfahren der instrumentellen Variablen) gleich wie im vorherigen Abschnitt. Auch hier wird von der direkten Lösung des Hilfsvariablen-Schätzproblems nach Gl. (3.120) für den k-ten Abtastschritt, also

$$\hat{\boldsymbol{p}}(k) = \left[\boldsymbol{W}^{\mathrm{T}}(k)\,\tilde{\boldsymbol{W}}(k)\,\boldsymbol{M}(k)\right]^{-1}\,\boldsymbol{W}^{\mathrm{T}}(k)\,\tilde{\boldsymbol{W}}(k)\,\boldsymbol{y}(k), \tag{D.13}$$

ausgegangen. Darin ist die Kovarianzmatrix

$$\boldsymbol{P}(k) = \left[\boldsymbol{W}^{\mathrm{T}}(k)\,\tilde{\boldsymbol{W}}(k)\,\boldsymbol{M}(k)\right]^{-1}, \tag{D.14}$$

aus der sich durch Hinzunahme eines neuen Messwertepaares und eines neuen Wertes für die Hilfsvariable in Analogie zu den Gln. (D.3) bis (D.6) und der Herleitung des rekursiven *Least-Squares*-Verfahrens gemäß Abschnitt 3.3.2 die rekursive Lösung

$$\hat{\varepsilon}(k+1) = y(k+1) - \boldsymbol{m}^{\mathrm{T}}(k+1)\,\hat{\boldsymbol{p}}(k), \tag{D.15}$$

$$\boldsymbol{q}(k+1) = \boldsymbol{P}(k)\,\boldsymbol{w}(k+1)\left[1 + \boldsymbol{m}^{\mathrm{T}}(k+1)\,\boldsymbol{P}(k)\,\boldsymbol{w}(k+1)\right]^{-1}, \tag{D.16}$$

$$\hat{\boldsymbol{p}}(k+1) = \hat{\boldsymbol{p}}(k) + \boldsymbol{q}(k+1)\,\hat{\varepsilon}(k+1), \tag{D.17}$$

$$\boldsymbol{P}(k+1) = \frac{1}{\lambda(k+1)}\left[\boldsymbol{P}(k) - \boldsymbol{q}(k+1)\,\boldsymbol{m}^{\mathrm{T}}(k+1)\,\boldsymbol{P}(k)\right] \tag{D.18}$$

ergibt.

E Kanonische Beobachtbarkeitsnormalform eines Mehrgrößensystems

Im Folgenden wird die kanonische Beobachtbarkeitsnormalform für Mehrgrößensysteme hergeleitet. Dabei wird ein zeitdiskretes System betrachtet. Die Herleitung für zeitkontinuierliche Systeme kann genauso erfolgen, wenn jeweils die Variable z durch die Variable s ersetzt wird bzw. anstelle der Differenzengleichungen entsprechend Differentialgleichungen verwendet werden.

Ein lineares, zeitinvariantes, zeitdiskretes dynamisches Mehrgrößensystem lässt sich durch die Zustandsraumdarstellung

$$\boldsymbol{x}(k+1) = \boldsymbol{A}\boldsymbol{x}(k) + \boldsymbol{B}\boldsymbol{u}(k), \tag{E.1a}$$

$$\boldsymbol{y}(k) = \boldsymbol{C}\boldsymbol{x}(k) \tag{E.1b}$$

beschreiben, wobei vorausgesetzt wird, dass kein direkter Durchgriff der Systemeingangsgrößen auf die Systemausgangsgrößen erfolgt. Hierbei haben die Größen in den Gln. (E.1a) und (E.1b) folgende Dimensionen und Bedeutungen [Unb09]:

$\boldsymbol{x}(k)$	$(n \times 1)$	Zustandvektor,
$\boldsymbol{u}(k)$	$(r \times 1)$	Eingangsvektor,
$\boldsymbol{y}(k)$	$(m \times 1)$	Ausgangsvektor,
$\boldsymbol{A}$	$(n \times n)$	Systemmatrix,
$\boldsymbol{B}$	$(n \times r)$	Eingangsmatrix,
$\boldsymbol{C}$	$(m \times n)$	Ausgangsmatrix.

Gl. (E.1a) wird als Zustandsgleichung und Gl. (E.1b) als Ausgangs-, Mess- oder Beobachtungsgleichung bezeichnet.

Aufgrund der Freiheit bei der Definition der Zustandsgrößen sind die Matrizen $\boldsymbol{A}$, $\boldsymbol{B}$ und $\boldsymbol{C}$ nicht eindeutig [Unb09]. Durch geeignete Transformationen ist es möglich, die Definition der Zustandsgrößen so zu ändern, dass die Systemmatrizen $\boldsymbol{A}$, $\boldsymbol{B}$ und $\boldsymbol{C}$ besondere Normalformen oder kanonische Formen annehmen, die sich dadurch auszeichnen, dass die Matrizen $\boldsymbol{A}$, $\boldsymbol{B}$ und $\boldsymbol{C}$ mit recht wenigen von null verschiedenen Elementen eine einfache Struktur annehmen und sich besondere Struktureigenschaften in der Anordnung der von null verschiedenen Elemente widerspiegeln. Ein neuer Zustandsvektor $\boldsymbol{x}'$ entsteht durch die Ähnlichkeitstransformation [Unb09]

$$\boldsymbol{x}' = \boldsymbol{T}^{-1}\boldsymbol{x} \quad \text{oder} \quad \boldsymbol{x} = \boldsymbol{T}\boldsymbol{x}', \tag{E.2}$$

wobei sich aus den alten Systemmatrizen $\boldsymbol{A}$, $\boldsymbol{B}$ und $\boldsymbol{C}$ die neuen Systemmatrizen

$$\boldsymbol{A}' = \boldsymbol{T}^{-1}\boldsymbol{A}\boldsymbol{T}, \boldsymbol{B}' = \boldsymbol{T}^{-1}\boldsymbol{B}, \boldsymbol{C}' = \boldsymbol{C}\boldsymbol{T}$$

ergeben. Diese Transformation hat zwei wichtige Eigenschaften:

1) Die Determinanten beider Matrizen sind gleich, also

$$\det(\boldsymbol{A}) = \det(\boldsymbol{T}^{-1}\boldsymbol{A}\boldsymbol{T}). \tag{E.3}$$

2) Die Eigenwerte der Systemmatrix (und damit auch das charakteristische Polynom) bleiben bei der Transformation erhalten, d.h.

$$\det(s\mathbf{I} - \boldsymbol{A}) = \det(s\mathbf{I} - \boldsymbol{T}^{-1}\boldsymbol{A}\boldsymbol{T}). \tag{E.4}$$

Ein System ist genau dann vollständig beobachtbar [Unb08], wenn die Beobachtbarkeitsmatrix

$$\boldsymbol{S}_\mathrm{b} = \begin{bmatrix} \boldsymbol{C} \\ \boldsymbol{C}\boldsymbol{A} \\ \vdots \\ \boldsymbol{C}\boldsymbol{A}^{n-1} \end{bmatrix} \tag{E.5a}$$

oder auch deren Transponierte

$$\boldsymbol{S}_\mathrm{b}^\mathrm{T} = \begin{bmatrix} \boldsymbol{C}^\mathrm{T} & (\boldsymbol{C}\boldsymbol{A})^\mathrm{T} & \cdots & (\boldsymbol{C}\boldsymbol{A}^{n-1})^\mathrm{T} \end{bmatrix} \tag{E.5b}$$

den vollen Rang n besitzt, also wenn

$$\operatorname{rang} \boldsymbol{S}_\mathrm{b} = \operatorname{rang} \boldsymbol{S}_\mathrm{b}^\mathrm{T} = n \tag{E.6}$$

gilt. Die Überprüfung des Ranges der Matrix gemäß Gl. (E.5b) ist im Falle eines Eingrößensystems durch eine Berechnung der Singulärwerte dieser Matrix leicht durchzuführen [Ack83].

Mehrgrößensysteme hingegen enthalten Untersysteme, deren Zustandsgrößen nur von bestimmten Ausgangsgrößen aus zu ermitteln sind. Für die weiteren Betrachtungen wird die Beobachtbarkeitsmatrix zunächst in der Form

$$\boldsymbol{S}_\mathrm{b}^\mathrm{T} = \left[\boldsymbol{c}_1 \cdots \boldsymbol{c}_m \,\vdots\, \boldsymbol{A}^\mathrm{T}\boldsymbol{c}_1 \cdots \boldsymbol{A}^\mathrm{T}\boldsymbol{c}_m \,\vdots\, (\boldsymbol{A}^\mathrm{T})^2\boldsymbol{c}_1 \cdots (\boldsymbol{A}^\mathrm{T})^2\boldsymbol{c}_m \,\vdots\, (\boldsymbol{A}^\mathrm{T})^3\boldsymbol{c}_1 \cdots (\boldsymbol{A}^\mathrm{T})^{n-1}\boldsymbol{c}_m\right] \tag{E.7}$$

geschrieben, wobei $\boldsymbol{c}_i^\mathrm{T}$ die i-te Zeile der Ausgangsmatrix $\boldsymbol{C}$ ist. Aus der transponierten Beobachtbarkeitsmatrix $\boldsymbol{S}_\mathrm{b}^\mathrm{T}$ werden nach [Gui75] von links nach rechts die linear unabhängigen Spalten herausgesucht und gemäß

$$\boldsymbol{T}_\mathrm{b}^\mathrm{T} = \left[\boldsymbol{c}_1 \;\; \boldsymbol{A}^\mathrm{T}\boldsymbol{c}_1 \;\; \cdots \;\; \left(\boldsymbol{A}^\mathrm{T}\right)^{v_1-1}\boldsymbol{c}_1 \,\vdots\, \cdots \,\vdots\, \boldsymbol{A}^\mathrm{T}\boldsymbol{c}_m \;\; \cdots \;\; \left(\boldsymbol{A}^\mathrm{T}\right)^{v_m-1}\boldsymbol{c}_m\right]. \tag{E.8}$$

in die Matrix $\boldsymbol{T}_\mathrm{b}^\mathrm{T}$ einsortiert. Dies erfolgt zweckmäßigerweise so, dass eine Hilfsmatrix mit zunächst nur einer Spalte $\boldsymbol{c}_1$ definiert wird. Die weiteren Spalten der transponierten Steuerbarkeitsmatrix werden dann in die Hilfsmatrix von rechts hinzugefügt, wenn sie zu den bereits einsortierten Spalten linear unabhängig sind. Anschließend erfolgt die Umsortierung auf die Form von Gl. (E.8).

Der Rang der Beobachtbarkeitsmatrix ergibt sich aus Gl. (E.8) zu

$$\operatorname{rang} \boldsymbol{T}_\mathrm{b}^\mathrm{T} = v_1 + v_2 + \ldots + v_m. \tag{E.9}$$

Die charakteristischen Werte v_i der Gln. (E.8) und (E.9) werden als Beobachtbarkeitsindizes des Systems bezeichnet. Diese geben an, dass von einem Mehrgrößensystem Untersysteme der Größe v_i mit Hilfe der Ausgangsgrößen y_i beobachtbar sind. Wenn die Beobachtbarkeitsmatrix den vollen Rang besitzt, bzw. die Summe aller Beobachtbarkeitsindizes gleich der Anzahl n der Zustandsgrößen ist, ist das System vollständig beobachtbar. Abhängig vom Vorgehen bei der Auswahl der linear unabhängigen Spalten von Gl. (E.7) können sich für dasselbe Mehrgrößensystem unterschiedliche Kombinationen von Beobachtbarkeitsindizes ergeben. Zur Vereinfachung der Schreibweise der nachfolgenden Gleichungen wird noch der Hilfsindex $v_0 = 0$ eingeführt.

In Bezug auf die Parameterschätzung eines Mehrgrößensystems ist die kanonische Beobachtbarkeitsnormalform von besonderem Interesse. Wird dazu für die Transformationsmatrix in Gl. (E.2) die Matrix $\boldsymbol{T}_\mathrm{b}$ nach Gl. (E.8) verwendet, also

$$\boldsymbol{T} = \boldsymbol{T}_\mathrm{b}^{-1}, \tag{E.10}$$

so ergibt sich als transformierte Zustandsdarstellung

$$\boldsymbol{x}'(k+1) = \boldsymbol{T}_\mathrm{b}\boldsymbol{A}\boldsymbol{T}_\mathrm{b}^{-1}\boldsymbol{x}'(k) + \boldsymbol{T}_\mathrm{b}\boldsymbol{B}\boldsymbol{u}(k) = \boldsymbol{A}'_\mathrm{b}\boldsymbol{x}'(k) + \boldsymbol{B}'_\mathrm{b}\boldsymbol{u}(k), \tag{E.11a}$$

$$\boldsymbol{y}(k) = \boldsymbol{C}\boldsymbol{T}_\mathrm{b}^{-1}\boldsymbol{x}(k) = \boldsymbol{C}'_\mathrm{b}\boldsymbol{x}'(k). \tag{E.11b}$$

Die zugehörige Systemmatrix

$$\boldsymbol{A}'_\mathrm{b} = \begin{bmatrix} \boldsymbol{A}'_{11,v_1} & \boldsymbol{A}'_{12,v_{12}} & \cdots & \boldsymbol{A}'_{1m,v_{1m}} \\ \boldsymbol{A}'_{21,v_{21}} & \boldsymbol{A}'_{22,v_2} & \cdots & \boldsymbol{A}'_{2m,v_{2m}} \\ \vdots & \vdots & \ddots & \vdots \\ \boldsymbol{A}'_{m1,v_{m1}} & \boldsymbol{A}'_{m2,v_{m2}} & \cdots & \boldsymbol{A}'_{mm,v_m} \end{bmatrix} \tag{E.12}$$

enthält entlang der Hauptdiagonalen die Teilmatrizen

$$\boldsymbol{A}'_{ii,v_i} = \begin{bmatrix} 0 & 1 & 0 & \dots & 0 \\ 0 & 0 & 1 & \dots & 0 \\ \vdots & \vdots & \vdots & \ddots & \vdots \\ 0 & 0 & 0 & \dots & 1 \\ a_{ii,1} & a_{ii,2} & a_{ii,3} & \cdots & a_{ii,v_i} \end{bmatrix} \tag{E.13}$$

und außerhalb der Hauptdiagonalen Blockmatrizen der Form

$$\boldsymbol{A}'_{ij,v_{ij}} = \begin{bmatrix} 0 & \cdots & \cdots & \cdots & \cdots & 0 \\ \vdots & \ddots & \ddots & \ddots & \ddots & \vdots \\ 0 & \cdots & \cdots & \cdots & \cdots & 0 \\ a_{ij,1} & \cdots & a_{ij,v_{ij}} & 0 & \cdots & 0 \end{bmatrix}. \tag{E.14}$$

Auch für die Ausgangsmatrix

$$\boldsymbol{C}'_\mathrm{b} = \begin{bmatrix} 1 & 0 & \dots & 0 & 0 & 0 & \dots & 0 & 0 & 0 & \dots & 0 \\ 0 & 0 & \dots & 0 & 1 & 0 & \dots & 0 & 0 & 0 & \dots & 0 \\ \vdots & \vdots & \ddots & \vdots & \vdots & \vdots & \ddots & \vdots & \vdots & \vdots & \ddots & \vdots \\ 0 & 0 & \dots & 0 & 0 & 0 & \dots & 0 & 1 & 0 & \dots & 0 \end{bmatrix} \tag{E.15}$$

$$\begin{matrix} \uparrow & \uparrow & \uparrow \\ \text{1. Stelle} & (v_1+1)\text{-te Stelle} & (v_1+\ldots+v_{m-1}+1)\text{-te Stelle} \end{matrix}$$

ergibt sich eine einfache Struktur. Nach [Gui81] wird die gesamte Verteilung der von null verschiedenen Elemente in den Darstellungen gemäß der Gln. (E.13) bis (E.15) von den Beobachtbarkeitsindizes v_{ij} geprägt, wobei für diese folgende Zusammenhänge gelten:

$$v_{ij} = \begin{cases} v_i & \text{für } i = j, \\ \min(v_i + 1, v_j) & \text{für } i > j, \\ \min(v_i, v_j) & \text{für } i < j. \end{cases} \tag{E.16}$$

Nachfolgend soll der Zusammenhang zwischen der hier dargestellten kanonischen Beobachtbarkeitsform und dem Eingangs-Ausgangs-Modellansatz in Form eines linken Polynommatrizenquotienten nach Gl. (5.43) genauer betrachtet werden. Wird von der kanonischen Beobachtbarkeitsnormalform gemäß den Gln. (E.11a) und (E.11b) ausgegangen, so ergibt sich aufgrund der einfachen Struktur der Ausgangsmatrix $\boldsymbol{C}'_{\mathrm{b}}$ für die Ausgangsgrößen

$$\begin{aligned} y_1(k) &= x'_{v_0+1}(k), \\ y_2(k) &= x'_{v_0+v_1+1}(k), \\ y_3(k) &= x'_{v_0+v_1+v_2+1}(k), \\ &\vdots \\ y_m(k) &= x'_{v_0+v_1+\ldots+v_{m-1}+1}(k), \end{aligned} \tag{E.17}$$

also

$$y_j(k) = x'_{v_0+\ldots+v_{j-1}+1}(k), \tag{E.18}$$

für $j = 1, \ldots, m$, wobei der oben eingeführte Hilfsindex $v_0 = 0$ verwendet wurde. Aus der transformierten Zustandsgleichung, Gl. (E.11a), kann das Gleichungssystem

$$\begin{aligned} x'_{v_0+1}(k+1) &= x'_{v_0+2}(k) && + \boldsymbol{b}'^{\mathrm{T}}_{\mathrm{b},v_0+1}\boldsymbol{u}(k), \\ x'_{v_0+2}(k+1) &= x'_{v_0+3}(k) && + \boldsymbol{b}'^{\mathrm{T}}_{\mathrm{b},v_0+2}\boldsymbol{u}(k), \\ &\vdots \\ x'_{v_0+v_1-1}(k+1) &= x'_{v_0+v_1}(k) && + \boldsymbol{b}'^{\mathrm{T}}_{\mathrm{b},v_0+v_1-1}\boldsymbol{u}(k), \\ x'_{v_0+v_1+1}(k+1) &= x'_{v_0+v_1+2}(k) && + \boldsymbol{b}'^{\mathrm{T}}_{\mathrm{b},v_0+v_1+1}\boldsymbol{u}(k), \\ &\vdots \\ x'_{v_0+v_1+v_2-1}(k+1) &= x'_{v_0+v_1+v_2}(k) && + \boldsymbol{b}'^{\mathrm{T}}_{\mathrm{b},v_0+v_1+v_2-1}\boldsymbol{u}(k), \\ &\vdots \\ x'_{v_0+v_1+\ldots+v_m-1}(k+1) &= x'_{v_0+v_1+\ldots+v_m}(k) && + \boldsymbol{b}'^{\mathrm{T}}_{\mathrm{b},v_0+v_1+\ldots+v_m-1}\boldsymbol{u}(k), \end{aligned} \tag{E.19}$$

hergeleitet werden. Dabei ist $\boldsymbol{b}'^{\mathrm{T}}_{\mathrm{b},j}$ die j-te Zeile der Eingangsmatrix $\boldsymbol{B}'_{\mathrm{b}}$. Das Gleichungssystem entsteht aus Gl. (E.11a) durch Auslassen der Gleichungen für $x'_{v_0+v_1}(k+1)$, $x'_{v_0+v_1+v_2}(k+1)$, …, $x'_{v_0+v_1+\ldots+v_m}(k+1)$. Dies entspricht m einzelnen Gleichungssystemen der Form

$$\begin{aligned} x'_{v_0+\ldots+v_{j-1}+2}(k) &= x'_{v_0+\ldots+v_{j-1}+1}(k+1) && - \boldsymbol{b}'^{\mathrm{T}}_{\mathrm{b},v_0+\ldots+v_{j-1}+1}\boldsymbol{u}(k), \\ x'_{v_0+\ldots+v_{j-1}+3}(k) &= x'_{v_0+\ldots+v_{j-1}+2}(k+1) && - \boldsymbol{b}'^{\mathrm{T}}_{\mathrm{b},v_0+\ldots+v_{j-1}+2}\boldsymbol{u}(k), \\ &\vdots \\ x'_{v_0+\ldots+v_{j-1}+v_j}(k) &= x'_{v_0+\ldots+v_{j-1}+v_j-1}(k+1) && - \boldsymbol{b}'^{\mathrm{T}}_{\mathrm{b},v_0+\ldots+v_{j-1}+v_j-1}\boldsymbol{u}(k), \end{aligned} \tag{E.20}$$

für $j = 1, \ldots, m$ mit jeweils $v_j - 1$ Gleichungen. Hinzunehmen von Gl. (E.18) und sukzessives Einsetzen der Gleichungen von oben nach unten liefert

$$\begin{aligned}
x'_{v_0+\ldots+v_{j-1}+1}(k) &= y_j(k) \\
x'_{v_0+\ldots+v_{j-1}+2}(k) &= y_j(k+1) \\
&\quad - \boldsymbol{b}'^{\mathrm{T}}_{\mathrm{b},v_0+\ldots+v_{j-1}+1}\boldsymbol{u}(k), \\
x'_{v_0+\ldots+v_{j-1}+3}(k) &= y_j(k+2) \\
&\quad - \boldsymbol{b}'^{\mathrm{T}}_{\mathrm{b},v_0+\ldots+v_{j-1}+1}\boldsymbol{u}(k+1) \\
&\quad - \boldsymbol{b}'^{\mathrm{T}}_{\mathrm{b},v_0+\ldots+v_{j-1}+2}\boldsymbol{u}(k), \\
&\vdots \\
x'_{v_0+\ldots+v_{j-1}+v_j}(k) &= y_j(k+v_j-1) \\
&\quad - \boldsymbol{b}'^{\mathrm{T}}_{\mathrm{b},v_0+\ldots+v_{j-1}+1}\boldsymbol{u}(k+v_j-2) \\
&\quad - \ldots \\
&\quad - \boldsymbol{b}'^{\mathrm{T}}_{\mathrm{b},v_0+\ldots+v_{j-1}+v_j-2}\boldsymbol{u}(k+1) \\
&\quad - \boldsymbol{b}'^{\mathrm{T}}_{\mathrm{b},v_0+\ldots+v_{j-1}+v_j-1}\boldsymbol{u}(k).
\end{aligned} \tag{E.21}$$

Anwenden der z-Transformation führt auf

$$\begin{aligned}
X'_{v_0+\ldots+v_{j-1}+1}(z) &= Y_j(z) \\
X'_{v_0+\ldots+v_{j-1}+2}(z) &= zY_j(z) \\
&\quad - \boldsymbol{b}'^{\mathrm{T}}_{\mathrm{b},v_0+\ldots+v_{j-1}+1}\boldsymbol{U}(z), \\
X'_{v_0+\ldots+v_{j-1}+3}(z) &= z^2 Y_{j+1}(z) \\
&\quad - z\boldsymbol{b}'^{\mathrm{T}}_{\mathrm{b},v_0+\ldots+v_{j-1}+1}\boldsymbol{U}(z) \\
&\quad - \boldsymbol{b}'^{\mathrm{T}}_{\mathrm{b},v_0+\ldots+v_{j-1}+2}\boldsymbol{U}(z), \\
&\vdots \\
X'_{v_0+\ldots+v_{j-1}+v_j}(z) &= z^{(v_j-1)}Y_j(z) \\
&\quad - z^{(v_j-2)}\boldsymbol{b}'^{\mathrm{T}}_{\mathrm{b},v_0+\ldots+v_{j-1}+1}\boldsymbol{U}(z) \\
&\quad - \ldots \\
&\quad - z\boldsymbol{b}'^{\mathrm{T}}_{\mathrm{b},v_0+\ldots+v_{j-1}+v_j-2}\boldsymbol{U}(z) \\
&\quad - \boldsymbol{b}'^{\mathrm{T}}_{\mathrm{b},v_0+\ldots+v_{j-1}+v_j-1}\boldsymbol{U}(z).
\end{aligned} \tag{E.22}$$

Gl. (E.22) lässt sich durch die Vektorgleichung

$$\boldsymbol{X}'_j(z) = \boldsymbol{V}_j(z)Y_j(z) - \boldsymbol{W}_j\underline{\boldsymbol{Z}}_j(z)\boldsymbol{U}(z) \tag{E.23}$$

mit

$$\boldsymbol{X}'_j(z) = \begin{bmatrix} X'_{v_0+\ldots+v_{j-1}+1}(z) \\ X'_{v_0+\ldots+v_{j-1}+2}(z) \\ \vdots \\ X'_{v_0+\ldots+v_{j-1}+v_j}(z) \end{bmatrix}, \tag{E.24}$$

$$\boldsymbol{V}_j(z) = \begin{bmatrix} 1 \\ z \\ \vdots \\ z^{v_j-1} \end{bmatrix}, \tag{E.25}$$

$$\boldsymbol{W}_j = \begin{bmatrix} \mathbf{0} & \mathbf{0} & \ldots & \mathbf{0} \\ \boldsymbol{b}'^{\mathrm{T}}_{\mathrm{b},v_0+\ldots+v_{j-1}+1} & \mathbf{0} & \ldots & \mathbf{0} \\ \boldsymbol{b}'^{\mathrm{T}}_{\mathrm{b},v_0+\ldots+v_{j-1}+2} & \boldsymbol{b}'^{\mathrm{T}}_{\mathrm{b},v_0+\ldots+v_{j-1}+1} & \ldots & \mathbf{0} \\ \vdots & \vdots & \ddots & \vdots \\ \boldsymbol{b}'^{\mathrm{T}}_{\mathrm{b},v_0+\ldots+v_{j-1}+v_j-1} & \boldsymbol{b}'^{\mathrm{T}}_{\mathrm{b},v_0+\ldots+v_{j-1}+v_j-2} & \ldots & \boldsymbol{b}'^{\mathrm{T}}_{\mathrm{b},v_0+\ldots+v_{j-1}+1} \end{bmatrix} \tag{E.26}$$

und

$$\underline{\boldsymbol{Z}}_j(z) = \begin{bmatrix} \mathbf{I} \\ z\mathbf{I} \\ \vdots \\ z^{(v_j-2)}\mathbf{I} \end{bmatrix} \tag{E.27}$$

darstellen. Um aus Gl. (E.23) für $j = 1, \ldots, m$ ein Gesamtgleichungssystem zu machen, werden

$$\tilde{\boldsymbol{W}}_j = \begin{bmatrix} \boldsymbol{W}_j & \mathbf{0}^{(v_j \times (v'-v_j)r)} \end{bmatrix} \tag{E.28}$$

und

$$\underline{\boldsymbol{Z}}(z) = \begin{bmatrix} \mathbf{I} \\ z\mathbf{I} \\ \vdots \\ z^{v'-2}\mathbf{I} \end{bmatrix} \tag{E.29}$$

mit

$$v' = \max_{i=1,\ldots,m}(v_i)$$

eingeführt. Damit kann Gl. (E.23) auch in der Form

$$\boldsymbol{X}'_j(z) = \boldsymbol{V}_j(z)Y_j(z) - \tilde{\boldsymbol{W}}_j\underline{\boldsymbol{Z}}(z)\boldsymbol{U}(z) \tag{E.30}$$

geschrieben werden. Die Gleichungen für $j = 1, \ldots, m$ können dann zu der einen Gleichung

$$\boldsymbol{X}'(z) = \underline{\boldsymbol{V}}(z)\boldsymbol{Y}(z) - \boldsymbol{W}\underline{\boldsymbol{Z}}(z)\boldsymbol{U}(z), \tag{E.31}$$

mit

$$\underline{\boldsymbol{V}}(z) = \begin{bmatrix} \boldsymbol{V}_1(z) & \mathbf{0} & \cdots & \mathbf{0} \\ \mathbf{0} & \boldsymbol{V}_2(z) & \cdots & \mathbf{0} \\ \vdots & \vdots & \ddots & \vdots \\ \mathbf{0} & \mathbf{0} & \cdots & \boldsymbol{V}_m(z) \end{bmatrix} \tag{E.32}$$

und

$$\boldsymbol{W} = \begin{bmatrix} \tilde{\boldsymbol{W}}_1 \\ \vdots \\ \tilde{\boldsymbol{W}}_m \end{bmatrix} \tag{E.33}$$

zusammengefasst werden. Durch Einsetzen von Gl. (E.31) in die z-transformierte Zustandsgleichung, Gl. (E.11a), und nach kurzer Umformung ergibt sich die Matrizengleichung

$$\left\{(z\mathbf{I} - \boldsymbol{A}'_{\mathrm{b}})\underline{\boldsymbol{V}}(z)\right\}\boldsymbol{Y}(z) = \left\{(z\mathbf{I} - \boldsymbol{A}'_{\mathrm{b}})\boldsymbol{W}\underline{\boldsymbol{Z}}(z) + \boldsymbol{B}'_{\mathrm{b}}\right\}\boldsymbol{U}(z), \tag{E.34}$$

die auch in der Form von Gl. (5.46a)

$$\underline{\boldsymbol{A}}(z)\boldsymbol{Y}(z) = \underline{\boldsymbol{B}}(z)\boldsymbol{U}(z) \tag{E.35}$$

zusammengefasst werden kann. Die Auswertung der linken Seite von Gl. (E.34) erfolgt durch einfaches Umgruppieren der von null verschiedenen Elemente $a_{ij,\mu}$ in der Darstellung der Gln. (E.12) bis (E.14) und liefert die Polynommatrizen $\boldsymbol{A}(z)$ und $\boldsymbol{B}(z)$ gemäß den Gln. (5.44a) und (5.44b), deren Polynome unter Berücksichtigung der Beobachtbarkeitsindizes v_i bis v_{ij} folgende Strukturen aufweisen:

$$A_{ii}(z) = z^{v_i} - a_{ii,v_i} z^{v_i - 1} - \cdots - a_{ii,2} z - a_{ii,1}, \tag{E.36a}$$

$$A_{ij}(z) = -a_{ij,v_{ij}} z^{v_{ij} - 1} - \cdots - a_{ij,2} z - a_{ij,1}, \tag{E.36b}$$

$$B_{ij}(z) = b_{(v_1 + \cdots + v_i),j} z^{v_i - 1} + \cdots + b_{(v_1 + \cdots + v_{i-1} + 2),j} z + b_{(v_1 + \cdots + v_{i-1} + 1),j}. \tag{E.36c}$$

Hieraus ist ersichtlich, dass nach der Transformation der Zustandsgleichungen (E.1a) die Beobachtbarkeitsindizes auch die Struktur des linken kanonischen Polynommatrizenbruches bestimmen. Diese Struktur wird gekennzeichnet durch die Ordnungen der Polynome $A_{ij}(z)$ und $B_{ij}(z)$, die abhängig von den Beobachtbarkeitsindizes folgende Ordnungen besitzen [Gui75]:

1. Für die Polynome der Hauptdiagonalen von $\underline{\boldsymbol{A}}(z)$ gilt

$$\operatorname{grad} A_{ii}(z) = v_i, \tag{E.37a}$$

   wobei alle Koeffizienten der höchsten Potenz von z auf den Wert eins normiert sind.

2. Das Hauptdiagonalpolynom hat gegenüber allen Polynomen einer Spalte die höchste Ordnung, d.h.

$$\operatorname{grad} A_{ii}(z) \geq \operatorname{grad} A_{ij}(z) \quad \text{für } j \neq i. \tag{E.37b}$$

3. Für die Polynome einer Zeile von $\underline{\boldsymbol{A}}(z)$ rechts der Hauptdiagonalen gilt

$$\operatorname{grad} A_{ij}(z) < \operatorname{grad} A_{ii}(z) \quad \text{für } j > i \tag{E.37c}$$

   und entsprechend für jene links davon

$$\operatorname{grad} A_{ij}(z) \leq \operatorname{grad} A_{ii}(z) \quad \text{für } j < i. \tag{E.37d}$$

4. Für die Polynome $B_{ij}(z)$ gilt stets

$$\operatorname{grad} B_{ij}(z) < \operatorname{grad} A_{ii}(z) \quad \text{für } j = 1{,}2, \ldots, r. \tag{E.38}$$

Die Bedingungen nach Gl. (E.37a) bis (E.37b) sind im Wesentlichen äquivalent zu jenen der Gl. (E.16).

Der Modellansatz in Form eines linken Polynommatrizenquotienten, Gl. (E.35) bzw. Gl. (5.46a), unter Verwendung einer kanonischen Beobachtbarkeitsnormalform ist als Beschreibung eines linearen zeitinvarianten Mehrgrößensystems und dessen Parameterschätzung ein zweckmäßiger Ansatz. Durch Vorgabe weniger Strukturindizes v_i liegt gemäß Gl. (E.16) bzw. den Beziehungen (E.37a) bis (E.38) sofort die Gesamtstruktur des Ansatzes fest. Ferner ist es mathematisch sehr einfach, nach einer erfolgreichen Parameterschätzung aus der Polynommatrizendarstellung die Form der Zustandsraumdarstellung zu ermitteln.

F Hartley-Transformation

F.1 Hartley-Reihenentwicklung

Ähnlich wie bei der Fourier-Reihenentwicklung können periodische Signale mit der Periodenlänge T_0 bzw. der Grundkreisfrequenz $\omega_0 = 2\pi/T_0$ auch in Form einer Hartley-Reihe

$$x(t) = \sum_{l=-\infty}^{\infty} H_x(l\omega_0)\,\mathrm{cas}(l\omega_0 t) \tag{F.1}$$

mit $\mathrm{cas}(l\omega_0 t) = \sin(l\omega_0 t) + \cos(l\omega_0 t)$ dargestellt werden. Dabei ist

$$H_x(l\omega_0) = \frac{1}{T_0}\int_0^{T_0} x(t)\,\mathrm{cas}(l\omega_0 t)\,\mathrm{d}t \tag{F.2}$$

der l-te Hartley-Reihenkoeffizient. Analog zur Fourier-Reihenentwicklung kann z.B. mit dem Grenzübergang $T_0 \to \infty$ aus der Hartley-Reihenentwicklung die Hartley-Transformation hergeleitet werden, die im Folgenden betrachtet wird.

F.2 Zeitkontinuierliche Hartley-Transformation

In diesem Abschnitt werden einige Definitionen und wichtige Eigenschaften der Hartley-Transformation vorgestellt. Für weitere Details sei auf [Har42] und [Bra90] verwiesen. Die Hartley-Transformation ist ähnlich wie die Laplace- und die Fourier-Transformation eine Integraltransformation, die einen Originalbereich mit einem Bildbereich verbindet. Die Hartley-Transformation eines kontinuierlichen Signals $x(t)$ ist definiert durch

$$\mathscr{H}\{x(t)\} = X_{\mathrm{H}}(\omega) = \int_{-\infty}^{\infty} x(t)\,\mathrm{cas}\,\omega t\,\mathrm{d}t, \tag{F.3}$$

wobei mit $\mathscr{H}$ der Operator der Hartley-Transformation bezeichnet wird. Die entsprechende inverse Transformation lautet

$$\mathscr{H}^{-1}\{X_{\mathrm{H}}(\omega)\} = x(t) = \frac{1}{2\pi}\int_{-\infty}^{\infty} X_{\mathrm{H}}(\omega)\,\mathrm{cas}\,\omega t\,\mathrm{d}\omega. \tag{F.4}$$

Bei dieser Transformation wird vorausgesetzt, dass das Signal $x(t)$ so beschaffen ist, dass das Integral in Gl. (F.3) existiert. Es ist leicht nachzuvollziehen, dass $X_{\mathrm{H}}(\omega)$ für ein reellwertiges Signal $x(t)$ ebenfalls reellwertig ist (im Gegensatz zur Fourier-Transformierten, die im Allgemeinen komplexwertig ist). Die Variable ω spielt wie bei der Fourier-Transformation (siehe Anhang C) die Rolle der Frequenz. Beide Transformationen sind damit eng miteinander verbunden. Im Folgenden werden einige wichtige Eigenschaften der Hartley-Transformation aufgeführt.

a) Amplitudendichte- und Phasendichtespektrum eines Signals $x(t)$

Wird der gerade Anteil von $X_{\mathrm{H}}(\omega)$ über

$$E_x(\omega) = \frac{1}{2}[\, X_{\mathrm{H}}(\omega) + X_{\mathrm{H}}(-\omega)\,] \tag{F.5}$$

und der ungerade Anteil von $H(\omega)$ entsprechend über

$$O_x(\omega) = \frac{1}{2}[\, X_{\mathrm{H}}(\omega) - X_{\mathrm{H}}(-\omega)\,] \tag{F.6}$$

definiert, dann kann die Fourier-Transformierte $X_{\mathrm{F}}(\mathrm{j}\omega)$ des Signals $x(t)$ in der Form

$$X_{\mathrm{F}}(\mathrm{j}\omega) = E_x(\omega) - \mathrm{j}O_x(\omega) \tag{F.7}$$

dargestellt werden. Folglich gilt für die Hartley-Transformierte von $x(t)$

$$X_{\mathrm{H}}(\omega) = E_x(\omega) + O_x(\omega) = \mathrm{Re}\, X_{\mathrm{F}}(\mathrm{j}\omega) - \mathrm{Im}\, X_{\mathrm{F}}(\mathrm{j}\omega). \tag{F.8}$$

Somit folgen das Amplituden- und Phasenspektrum des Signals $x(t)$ als

$$A_x(\omega) = |X_{\mathrm{F}}(\mathrm{j}\omega)| = \sqrt{\frac{1}{2}\,[X_{\mathrm{H}}^2(\omega) + X_{\mathrm{H}}^2(-\omega)]} \tag{F.9}$$

und

$$\varphi_x(\omega) = \arctan \frac{-X_{\mathrm{H}}(\omega) + X_{\mathrm{H}}(-\omega)}{X_{\mathrm{H}}(\omega) + X_{\mathrm{H}}(-\omega)}. \tag{F.10}$$

b) Theoreme der Hartley-Transformation

1. Überlagerungssatz:

$$\mathscr{H}\{a_1 x(t) + a_2 y(t)\} = a_1 X_{\mathrm{H}}(\omega) + a_2 Y_{\mathrm{H}}(\omega). \tag{F.11}$$

2. Verschiebungssatz im Zeitbereich:

$$\mathscr{H}\{x(t-T)\} = \cos(\omega T) X_{\mathrm{H}}(\omega) + \sin(\omega T) X_{\mathrm{H}}(-\omega). \tag{F.12}$$

3. Skalierung der Zeitvariable:

$$\mathscr{H}\{x(t/T)\} = T X_{\mathrm{H}}(T\omega). \tag{F.13}$$

4. Faltungssatz im Zeitbereich:

$$\begin{aligned}\mathscr{H}\{x(t) * y(t)\} =& \mathscr{H}\{\int_{-\infty}^{\infty} x(t-\tau)y(\tau)\mathrm{d}\tau\} \\ =& \frac{1}{2}\big[\, X_{\mathrm{H}}(\omega)Y_{\mathrm{H}}(\omega) + X_{\mathrm{H}}(\omega)Y_{\mathrm{H}}(-\omega) + \\ &+ X_{\mathrm{H}}(-\omega)Y_{\mathrm{H}}(\omega) - X_{\mathrm{H}}(-\omega)Y_{\mathrm{H}}(-\omega)\,\big] \\ =& E_x(\omega)Y_{\mathrm{H}}(\omega) + O_x(\omega)Y_{\mathrm{H}}(-\omega).\end{aligned} \tag{F.14a}$$

Hierbei wird durch das Symbol $*$ die Faltungsoperation im Zeitbereich gekennzeichnet.

5. Multiplikationssatz im Zeitbereich:
Für die Hartley-Transformierte eines Produktes zweier Funktionen $z(t) = x(t)y(t)$ gilt

$$\begin{aligned}\mathscr{H}\{x(t)y(t)\} =& Z_{\mathrm{H}}(\omega) \\ =& \frac{1}{2}\big[\, X_{\mathrm{H}}(\omega) * Y_{\mathrm{H}}(\omega) + X_{\mathrm{H}}(\omega) * Y_{\mathrm{H}}(-\omega) \\ &+ X_{\mathrm{H}}(-\omega) * Y_{\mathrm{H}}(\omega) - X_{\mathrm{H}}(-\omega) * Y_{\mathrm{H}}(-\omega)\,\big] \\ =& E_x(\omega) * Y_{\mathrm{H}}(\omega) + O_x(\omega) * Y_{\mathrm{H}}(-\omega).\end{aligned} \tag{F.15a}$$

Hierbei wird durch das Symbol $*$ die Faltungsoperation im Frequenzbereich

$$X_{\mathrm{H}}(\omega) * Y_{\mathrm{H}}(\omega) = \frac{1}{2\pi}\int_{-\infty}^{\infty} X_{\mathrm{H}}(\nu)Y_{\mathrm{H}}(\nu-\omega)\mathrm{d}\nu \tag{F.15b}$$

beschrieben. Für die Operation in Gl. (F.15a) wird zur Vereinfachung die Notation

$$Z_{\mathrm{H}}(\omega) = X_{\mathrm{H}}(\omega) \odot Y_{\mathrm{H}}(\omega). \tag{F.15c}$$

verwendet.[1] Allgemein kann die Gl. (F.15c) mittels der Faltung von zwei reellen Funktionen berechnet werden. Wenn eine der Funktionen symmetrisch ist, wird nur eine Faltung benötigt. Dies stellt einen Vorteil gegenüber der Fourier-Transformation dar, denn diese benötigt stets vier reelle Faltungen.

6. Spiegelungssatz:

$$\mathscr{H}\{x(-t)\} = X_{\mathrm{H}}(-\omega). \tag{F.16}$$

7. Differentiationssatz:

$$\mathscr{H}\{\mathrm{d}x/\mathrm{d}t\} = -\omega X_{\mathrm{H}}(-\omega), \tag{F.17a}$$

$$\mathscr{H}\{\mathrm{d}^n x/\mathrm{d}t^n\} = \omega^n \operatorname{cas}'(n\pi/2)X_{\mathrm{H}}((-1)^n\omega), \tag{F.17b}$$

[1] In der Literatur ist für diese Operation das Symbol $\otimes$ gebräulich, welches aber auch für das Kroneckerprodukt verwendet wird. Daher wird hier $\odot$ verwendet.

wobei $\mathrm{cas}'(t) = \cos t - \sin t$ gilt. Für die erste und die zweite Ableitung $\dot{x}(t)$ und $\ddot{x}(t)$ ergeben sich somit die Hartley-Transformierten

$$\mathscr{H}\{\dot{x}(t)\} = -\omega X_{\mathrm{H}}(-\omega) \tag{F.17c}$$

und

$$\mathscr{H}\{\ddot{x}(t)\} = -\omega^2 X_{\mathrm{H}}(\omega). \tag{F.17d}$$

F.3 Diskrete Hartley-Transformation

Analog zur diskreten Fourier-Transformation existiert auch die diskrete Hartley-Transformation. Für eine Folge von N Signalwerten $x(kT)$ mit der Abtastzeit T_{s}, also $x(0)$, $x(T_{\mathrm{s}})$, ..., $x((N-1)T_{\mathrm{s}})$, ist die endliche Hartley-Transformation über

$$X_{\mathrm{H}}^{(N)}(\omega) = \sum_{k=0}^{N-1} x(kT_{\mathrm{s}}) \,\mathrm{cas}(\omega k T_{\mathrm{s}}) \tag{F.18}$$

definiert. Wie auch bei der Fourier-Transformation wird die endliche Hartley-Transformation üblicherweise für die Kreisfrequenzen $\omega_l = l\omega_0$ mit der Grundfrequenz $\omega_0 = \frac{2\pi}{NT_{\mathrm{s}}}$ und $l = 0, 1, \ldots, N-1$, berechnet und dann als diskrete Hartley-Transformation bezeichnet. Dies liefert

$$X_{\mathrm{H}}^{(N)}(l\omega_0) = \sum_{k=0}^{N-1} x(kT_{\mathrm{s}}) \,\mathrm{cas}(l\frac{2\pi}{N}k). \tag{F.19}$$

Die inverse diskrete Hartley-Transformierte ist gegeben durch

$$x(kT_{\mathrm{s}}) = \frac{1}{N} \sum_{l=0}^{N-1} X_{\mathrm{H}}^{(N)}(l\omega_0) \,\mathrm{cas}(l\frac{2\pi}{N}k). \tag{F.20}$$

Die diskrete Hartley-Transformation kann verwendet werden, um näherungsweise den Hartley-Reihenkoeffizienten nach Gl. (F.2) zu berechnen. Wird der Hartley-Reihenkoeffizient $H_x(l\omega_0)$ unter Verwendung von N Abtastwerten des Signals $x(t)$ im Zeitintervall $[0,\ T_0\,]$ mit $T_0 = NT_{\mathrm{s}}$ und Näherung des Integrals durch die Vorwärts-Rechteckregel berechnet, so ergibt sich

$$H_x(l\omega_0) = \frac{1}{T_0} \int_0^{T_0} x(t) \,\mathrm{cas}(l\omega_0 t) \,\mathrm{d}t \approx \frac{1}{N} \sum_{k=0}^{N-1} x(kT_{\mathrm{s}}) \,\mathrm{cas}(l\frac{2\pi}{N}k) = \frac{1}{N} X_{\mathrm{H}}^{(N)}(l\omega_0). \tag{F.21}$$

Die so berechneten Hartley-Reihenkoeffizienten stimmen exakt mit den tatsächlichen Hartley-Reihenkoeffizienten überein, wenn die in Abschnitt 9.8.1.4 für die Fourier-Reihenkoeffizienten hergeleiteten Bedingungen erfüllt sind. So muss auch das abgetastete Signal periodisch sein, was gleichbedeutend damit ist, dass eine ganzzahlige Anzahl N_0^* von Abtastungen auf eine ganzzahlige Anzahl m von Perioden des zeitkontinuierlichen Signals entfallen, wobei N_0^* und m allgemein als teilerfremd angenommen werden können. Weiterhin muss für die Berechnung eine ganzzahlige Anzahl l von Perioden verwendet werden, also $N = lN_0^*$ gelten. Wie in Abschnitt 9.8.1.4 für die Fourier-Reihenkoeffizienten gezeigt, entfällt dann der *Leakage*-Effekt. Dabei bietet es sich an, $m = 1$ und $l = 1$ zu wählen. Letztlich muss das Signal auf den Bereich $-f_s/2 < f < f_s/2$ bandbegrenzt sein, wobei $f_s = 1/T_s$ die Abtastfrequenz ist, sodass kein *Aliasing* stattfindet.

G Matrixdifferentialrechnung

G.1 Ableitung einer Matrix

Die Ableitung einer Matrixfunktion $\boldsymbol{A}(\boldsymbol{M})$ mit der Dimension $n \times m$ nach der Matrix $\boldsymbol{M}$ mit der Dimension $r \times s$ kann über

$$\frac{\mathrm{d}\boldsymbol{A}(\boldsymbol{M})}{\mathrm{d}\boldsymbol{M}} = \begin{bmatrix} \frac{\mathrm{d}\boldsymbol{A}(\boldsymbol{M})}{\mathrm{d}M_{11}} & \cdots & \frac{\mathrm{d}\boldsymbol{A}(\boldsymbol{M})}{\mathrm{d}M_{1s}} \\ \vdots & \ddots & \vdots \\ \frac{\mathrm{d}\boldsymbol{A}(\boldsymbol{M})}{\mathrm{d}M_{r1}} & \cdots & \frac{\mathrm{d}\boldsymbol{A}(\boldsymbol{M})}{\mathrm{d}M_{rs}} \end{bmatrix} \tag{G.1}$$

definiert werden [Vet73, Wei91].[1] Dabei ist dann die Ableitung einer Matrix nach einem Skalar einfach die Ableitung der einzelnen Elemente nach dem Skalar, also

$$\frac{\mathrm{d}\boldsymbol{A}(\boldsymbol{M})}{\mathrm{d}M_{ij}} = \begin{bmatrix} \frac{\mathrm{d}A_{11}(\boldsymbol{M})}{\mathrm{d}M_{ij}} & \cdots & \frac{\mathrm{d}A_{1m}(\boldsymbol{M})}{\mathrm{d}M_{ij}} \\ \vdots & \ddots & \vdots \\ \frac{\mathrm{d}A_{n1}(\boldsymbol{M})}{\mathrm{d}M_{ij}} & \cdots & \frac{\mathrm{d}A_{nm}(\boldsymbol{M})}{\mathrm{d}M_{ij}} \end{bmatrix}. \tag{G.2}$$

Im Folgenden werden zur besseren Übersichtlichkeit die Dimensionen der Matrizen in den Gleichungen hochgestellt und in Klammern jeweils einmal angegeben, sofern diese in den Gleichungen auftauchen.

Die Ableitung einer Matrixfunktion kann auch als

$$\frac{\mathrm{d}\boldsymbol{A}(\boldsymbol{M})}{\mathrm{d}\boldsymbol{M}^{(r\times s)}} = \begin{bmatrix} \frac{\mathrm{d}}{\mathrm{d}M_{11}} & \cdots & \frac{\mathrm{d}}{\mathrm{d}M_{1s}} \\ \vdots & \ddots & \vdots \\ \frac{\mathrm{d}}{\mathrm{d}M_{r1}} & \cdots & \frac{\mathrm{d}}{\mathrm{d}M_{rs}} \end{bmatrix} \otimes \boldsymbol{A}(\boldsymbol{M}) = \frac{\mathrm{d}}{\mathrm{d}\boldsymbol{M}} \otimes \boldsymbol{A}(\boldsymbol{M}) \tag{G.3}$$

geschrieben werden, wobei $\otimes$ für das Kroneckerprodukt steht. Mit dieser Definition folgt für die Ableitung einer Matrix nach sich selbst

$$\frac{\mathrm{d}\boldsymbol{M}}{\mathrm{d}\boldsymbol{M}^{(r\times s)}} = \overline{\mathbf{U}}_{rs}^{(r^2\times s^2)} \tag{G.4}$$

mit

$$\overline{\mathbf{U}}_{rs}^{(r^2\times s^2)} := \sum_{i=1}^{r}\sum_{j=1}^{s} \mathbf{E}_{ij}^{(r\times s)} \otimes \mathbf{E}_{ij}^{(r\times s)}. \tag{G.5}$$

[1] Letztlich bestimmt die Definition dieser Ableitung, wie die $n \cdot m \cdot r \cdot s$ einzelnen Ableitungen in die gesamte Ableitung einsortiert werden. Dementsprechend sind andere Definitionen mgölich, siehe z.B. [MN99].

Dabei ist $\mathbf{E}_{ij}^{(r\times s)}$ eine $r \times s$-dimensionale Matrix, bei der nur das (i,j)-te Element gleich eins ist und alle anderen Elemente gleich null sind. Für die Ableitung einer Matrix nach ihrer Transponierten ergibt sich

$$\frac{\mathrm{d}\boldsymbol{M}^{(r\times s)}}{\mathrm{d}\boldsymbol{M}^{\mathrm{T}}} = \mathbf{U}_{rs}^{(rs\times rs)}. \tag{G.6}$$

Dabei ist

$$\mathbf{U}_{rs}^{(rs\times rs)} = \sum_{i=1}^{r}\sum_{j=1}^{s} \mathbf{E}_{ij}^{(r\times s)} \otimes \mathbf{E}_{ji}^{(s\times r)} \tag{G.7}$$

die Kronecker-Permutationsmatrix ([Wei91], S. 73).

Weder für die Ableitung einer Matrix nach sich selbst noch nach ihrer Transponierten ergibt sich also die Einheitsmatrix. In [MN99] wird dies kritisiert und gefordert, dass sich für die Ableitung einer Matrix nach sich selbst die Einheitsmatrix ergeben sollte. Daher werden in [MN99] die Ableitungen von Matrizen über den Spaltenoperator col, der eine Matrix spaltenweise in einen Vektor stapelt, auf Ableitungen von Vektoren nach Vektoren zurückgeführt. Für die Ableitung der in einen Spaltenvektor gestapelten Matrix nach dem transponierten Vektor ergibt sich gerade die Einheitsmatrix, also

$$\frac{\mathrm{d}\,\mathrm{col}\,\boldsymbol{M}^{(r\times s)}}{\mathrm{d}\,(\mathrm{col}\,\boldsymbol{M})^{\mathrm{T}}} = \mathbf{I}_{rs}. \tag{G.8}$$

Allerdings führt die in [MN99] verwendete Definition der Ableitung einer Matrix nach einer Matrix auf andere Unstimmigkeiten. So ergibt sich z.B. für die Ableitung einer Matrixfunktion nach einem Skalar immer ein Vektor. Daher wird hier die oben eingeführte Definition verwendet.

Mit dieser Definition können die Rechenregeln der Differentionsrechnung auch für Matrizen angegeben werden. Im Folgenden werden die Produktregel, die Kettenregel, die Kroneckerproduktregel, die Ableitung der Kroneckersumme, die Matrix-Taylorentwicklung, die Ableitung der Matrixinversen und die Ableitung der logarithmierten Determinante angegeben.

G.2 Matrixproduktregel

Für die Ableitung eines Produktes zweier Matrizen gilt

$$\frac{\mathrm{d}\boldsymbol{AB}}{\mathrm{d}\boldsymbol{M}^{(r\times s)}} = \frac{\mathrm{d}\boldsymbol{A}}{\mathrm{d}\boldsymbol{M}}(\mathbf{I}_s \otimes \boldsymbol{B}) + (\mathbf{I}_r \otimes \boldsymbol{A})\frac{\mathrm{d}\boldsymbol{B}}{\mathrm{d}\boldsymbol{M}}. \tag{G.9}$$

Dabei ist nur die Multiplikation von Matrizen mit passenden Dimensionen erlaubt. Die Multiplikation eines Skalars mit einer Matrix ist keine Multiplikation von Matrizen mit passenden Dimensionen und muss daher als Kroneckerprodukt behandelt werden, d.h. $\alpha\boldsymbol{B}$ muss durch $\alpha \otimes \boldsymbol{B}$ ersetzt und dann die Kroneckerproduktregel (Abschnitt G.4) verwendet werden.

G.3 Matrixkettenregel

Die Ableitung einer zusammengesetzten Matrixfunktion $\boldsymbol{A}(\boldsymbol{B}(\boldsymbol{M}))$ ergibt sich zu

$$\begin{aligned}\frac{\mathrm{d}\boldsymbol{A}^{(n\times m)}(\boldsymbol{B}(\boldsymbol{M}))}{\mathrm{d}\boldsymbol{M}^{(r\times s)}} &= \left(\mathbf{I}_r \otimes \frac{\mathrm{d}\boldsymbol{A}}{\mathrm{d}\,\mathrm{row}\,\boldsymbol{B}}\right)\left(\frac{\mathrm{d}\,\mathrm{col}\,(\boldsymbol{B}^{\mathrm{T}})}{\mathrm{d}\boldsymbol{M}} \otimes \mathbf{I}_m\right) \\ &= \left(\frac{\mathrm{d}\,(\mathrm{col}\,\boldsymbol{B})^{\mathrm{T}}}{\mathrm{d}\boldsymbol{M}} \otimes \mathbf{I}_n\right)\left(\mathbf{I}_s \otimes \frac{\mathrm{d}\boldsymbol{A}}{\mathrm{d}\,\mathrm{col}\,\boldsymbol{B}}\right).\end{aligned} \tag{G.10}$$

G.4 Kroneckerproduktregel

Für die Ableitung des Kroneckerprodukts ergibt sich

$$\frac{\mathrm{d}\boldsymbol{A}^{(n\times m)} \otimes \boldsymbol{B}^{(k\times l)}}{\mathrm{d}\boldsymbol{M}^{(r\times s)}} = \frac{\mathrm{d}\boldsymbol{A}}{\mathrm{d}\boldsymbol{M}} \otimes \boldsymbol{B} + (\mathbf{I}_r \otimes \boldsymbol{U}_{nk})\left(\frac{\mathrm{d}\boldsymbol{B}}{\mathrm{d}\boldsymbol{M}} \otimes \boldsymbol{A}\right)(\mathbf{I}_s \otimes \boldsymbol{U}_{lm})\,. \tag{G.11}$$

Dabei sind $\boldsymbol{U}_{nk}$ und $\boldsymbol{U}_{lm}$ die gemäß Gl. (G.7) definierten Kronecker-Permutationsmatrizen.

G.5 Ableitung der Kroneckersumme

Die Kroneckersumme zweier quadratischer Matrizen ist über

$$\boldsymbol{B}^{(n\times n)} \oplus \boldsymbol{C}^{(m\times m)} = (\mathbf{I}_m \otimes \boldsymbol{B}) + (\boldsymbol{C} \otimes \mathbf{I}_n) \tag{G.12}$$

definiert ([Wei91], S. 75). Für die Ableitung der Kroneckersumme gilt

$$\frac{\mathrm{d}(\boldsymbol{B}^{(n\times n)} \oplus \boldsymbol{C}^{(m\times m)})}{\mathrm{d}\boldsymbol{M}^{(r\times s)}} = (\mathbf{I}_r \otimes \mathbf{U}_{mn})\left(\frac{\mathrm{d}\boldsymbol{B}}{\mathrm{d}\boldsymbol{M}} \otimes \mathbf{I}_m\right)(\mathbf{I}_s \otimes \mathbf{U}_{nm}) + \left(\frac{\mathrm{d}\boldsymbol{C}}{\mathrm{d}\boldsymbol{M}} \otimes \mathbf{I}_n\right). \tag{G.13}$$

G.6 Matrix-Taylor-Entwicklung

Die Taylor-Entwicklung einer Matrixfunktion $\boldsymbol{A}$ mit dem vektorwertigen Argument $\boldsymbol{p}$ ist

$$\boldsymbol{A}^{(n\times m)}(\boldsymbol{p}_0 + \Delta\boldsymbol{p}) = \boldsymbol{A}(\boldsymbol{p}_0) + \sum_{i=1}^{\infty} \frac{1}{i!}\frac{\mathrm{d}^i\boldsymbol{A}(\boldsymbol{p}_0)}{(\mathrm{d}\boldsymbol{p}_0^{\mathrm{T}})^i}\left[\,(\Delta\boldsymbol{p})^{\otimes,i} \otimes \mathbf{I}_m\,\right], \tag{G.14}$$

wobei der hochgestellte Index $\otimes,i$ für die i-te Kroneckerpotenz steht, d.h.,

$$\boldsymbol{\varphi}^{\otimes,i}(k) = \underbrace{\boldsymbol{\varphi}(k) \otimes \boldsymbol{\varphi}(k) \otimes \cdots \otimes \boldsymbol{\varphi}(k)}_{i\,\text{Faktoren}}\,. \tag{G.15}$$

Ausschreiben der Summanden bis zur zweiten Ordnung liefert

$$\begin{aligned} \boldsymbol{A}^{(n\times m)}(\boldsymbol{p}_0+\Delta\boldsymbol{p}) = {} & \boldsymbol{A}(\boldsymbol{p}_0)+\frac{\mathrm{d}\boldsymbol{A}(\boldsymbol{p}_0)}{\mathrm{d}\boldsymbol{p}_0^{\mathrm{T}}}(\Delta\boldsymbol{p}\otimes\mathbf{I}_m) \\ & +\frac{1}{2}\frac{\mathrm{d}^2\boldsymbol{A}(\boldsymbol{p}_0)}{\mathrm{d}\boldsymbol{p}_0^{\mathrm{T}}\mathrm{d}\boldsymbol{p}_0^{\mathrm{T}}}(\Delta\boldsymbol{p}\otimes\Delta\boldsymbol{p}\otimes\mathbf{I}_m)+\boldsymbol{R}(\Delta\boldsymbol{p}), \end{aligned} \tag{G.16}$$

wobei für den Restterm

$$\lim_{\Delta\boldsymbol{p}\to\mathbf{0}}\frac{\boldsymbol{R}(\Delta\boldsymbol{p})}{\|\Delta\boldsymbol{p}\|^2}=\mathbf{0}$$

gilt. Für eine Vektorfunktion $\boldsymbol{f}$ folgt

$$\boldsymbol{f}(\boldsymbol{p}_0+\Delta\boldsymbol{p})=\boldsymbol{f}(\boldsymbol{p}_0)+\frac{\mathrm{d}\boldsymbol{f}(\boldsymbol{p}_0)}{\mathrm{d}\boldsymbol{p}_0^{\mathrm{T}}}\Delta\boldsymbol{p}+\frac{1}{2}\frac{\mathrm{d}^2\boldsymbol{f}(\boldsymbol{p}_0)}{\mathrm{d}\boldsymbol{p}_0^{\mathrm{T}}\mathrm{d}\boldsymbol{p}_0^{\mathrm{T}}}(\Delta\boldsymbol{p}\otimes\Delta\boldsymbol{p})+\boldsymbol{r}(\Delta\boldsymbol{p}). \tag{G.17}$$

G.7 Ableitung der Inversen

Die Ableitung der Inversen der Matrixfunktion $\boldsymbol{A}(\boldsymbol{M})$ kann über die Identität $\boldsymbol{A}\boldsymbol{A}^{-1}=\mathbf{I}$ und die Produktregel (G.2) hergeleitet werden. Es ergibt sich

$$\frac{\mathrm{d}\boldsymbol{A}^{-1}}{\mathrm{d}\boldsymbol{M}^{(r\times s)}}=-(\mathbf{I}_r\otimes\boldsymbol{A}^{-1})\frac{\mathrm{d}\boldsymbol{A}}{\mathrm{d}\boldsymbol{M}}(\mathbf{I}_s\otimes\boldsymbol{A}^{-1}). \tag{G.18}$$

G.8 Ableitung des Logarithmus der Determinante

Die Ableitung des Logarithmus des Determinante einer Matrixfunktion $\boldsymbol{A}$ mit dem vektorwertigen Argument $\boldsymbol{p}$ ist

$$\frac{\mathrm{d}\ln\det\boldsymbol{A}(\boldsymbol{p})}{\mathrm{d}\boldsymbol{p}^{(s\times 1)}}=(\mathbf{I}_s\otimes\mathrm{row}(\boldsymbol{A}^{-1}))\,\mathrm{col}\,\frac{\mathrm{d}\boldsymbol{A}(\boldsymbol{p})}{\mathrm{d}\boldsymbol{p}^{\mathrm{T}}}. \tag{G.19}$$

Ein solcher Ausdruck tritt z.B. bei der Ableitung einer *Log-Likelihood*-Funktion auf.

Literatur

[Ack83] Ackermann, J.: *Abtastregelung II: Entwurf robuster Systeme.* Springer, Berlin 1983.

[AG64] Aizerman, M. A. und F. R. Gantmacher: *Absolute Stability of Regulator Systems.* Holden-Day, San Francisco 1964.

[Ahm94] Ahmed, M. S.: An innovation representation for nonlinear systems with application to parameter and state estimation. *Automatica* **30** (1994), S. 1967-74.

[AHS84] Aström, K., P. Hagander und J. Sternby: Zeros of sampled systems. *Automatica* **20** (1984), S. 31-38.

[Aka70] Akaike, H.: Statistical predictor identification. *Annals of the Institute of Statistical Mathematics* **22** (1970), S. 203-217.

[Aka73] Akaike, H.: Information theory and an extension of the maximum likelihood principle. *Proceedings of the 2nd International Symposium on Information Theory,* Budapest 1973, S. 267-281.

[AM79] Anderson, B. und J. Moore: *Optimal Filtering.* Prentice Hall, Englewood Cliffs 1979.

[And85] Anderson, B.: Identification of scalar errors-in-variables models with dynamics. *Automatica* **21** (1985), S. 709-716.

[And86] Anderson, B. et al.: *Stability of Adaptive Systems.* MIT Press, Cambridge 1986.

[Ast68] Aström, K.: *Lectures on the Identification Problem – The L.S. Method.* Report 6806, Lund Institute of Technology 1968.

[Ast70] Aström, K.: *Introduction to Stochastic Control Theory.* Academic, New York 1970.

[Ath82] Atherton, D. P.: *Nonlinear Control Engineering: Describing Function Analysis and Design.* Van Nostrand Reinhold, London 1982.

[AW89] Aström, K. und B. Wittenmark: *Adaptive Control.* Addison-Wesley, Reading, MA 1989.

[Ba54] Ba Hli, F.: A general method for the time domain network synthesis. *IRE Transactions on Circuit Theory* **1** (1954), S. 21-28.

[Bab96] Babuska, R.: *Fuzzy Modeling and Identification.* Dissertation, Delft University of Technology 1996.

[Bab04] Babuska, R.: System identification using fuzzy models. In: Unbehauen, H. (Hrsg): *Control Systems, Robotics and Automation.* In: *Encyclopedia of Life Support Systems (EOLSS).* Developed under the Auspices of the UNESCO. Eolss Publishers, Paris 2004.

[Bai03] Bai, E.-W.: Frequency domain identification of Hammerstein models. *IEEE Transactions on Automatic Control* **48** (2003), S. 530-542.

[Bar04] Barker, H. A.: Primitive maximum-length sequences and pseudo-random signals. *Transactions of the Institute of Measurement and Control* **26** (2004), S. 339-348.

[Bau77] Bauer, B.: *Parameterschätzverfahren zur on-line Identifikation dynamischer Systeme im offenen und geschlossenen Regelkreis.* Dissertation, Ruhr-Universität Bochum 1977.

[BD10] Bai, E.-W. und M. Deistler: An interactive term approach to non-parametric FIR nonlinear system identification. *IEEE Transactions on Automatic Control* **55** (2010), S. 1952-1957.

[BD77] Bhansali, R. J. und D. Y. Downham: Some properties of the order of an autoregressive model selected by a generalization of Akaike's FPE criterion. *Biometrica* **G4** (1977), S. 542-551.

[BG90] Bandemer, H. und S. Gottwald: *Einführung in Fuzzy-Methoden: Theorie und Anwendung unscharfer Methoden.* Akademie-Verlag, Berlin 1990.

[BHD11] Beale, M. H., M. T. Hagan und H. B. Demuth: *Neural Network Toolbox 7. User's Guide.* The MathWorks, Natick, MA 2011.

[Bie77] Biermann, G.: *Factorization Methods for Discrete Sequential Estimation.* Academic, New York 1977.

[Bil80] Billings, S.A.: Identification of nonlinear systems – A survey. *Proceedings of the IEE Part D. Control Theory and Applications* **127** (1980), S. 272-285.

[Bil85] Billings, S. A.: An overview of nonlinear systems identification. *Proceedings of the 7th IFAC/IFORS Symposium on Identification and Systems Parameter Estimation,* York 1985, S. 725-729.

[BK91] Banyasz, C. und L. Keviczky (Hrsg.): *Proceedings of the 9th IFAC Symposium on Identification and Systems Parameter Estimation,* Budapest 1991. Hungarian Academy of Sciences, Budapest 1991.

[Boe98] Böhme, J. F.: *Stochastische Signale.* Teubner, Stuttgart 1998.

[Boh68] Bohlin, T.: *The ML Method of Identification.* IBM Nordic Laboratory. Technical Paper 18.191, Stockholm 1968.

[Boh04] Bohn, C.: Parameter estimation for nonlinear continuous-time state-space models from sampled data. In: Unbehauen, H. (Hrsg): *Control Systems, Robotics and Automation.* In: *Encyclopedia of Life Support Systems (EOLSS).* Developed under the Auspices of the UNESCO. Eolss Publishers, Paris 2004.

[Boh00] Bohn, C.: *Recursive Parameter Estimation for Nonlinear Continuous-Time Systems through Sensitivity-Model-Based Adaptive Filters.* Pro Business, Berlin 2000 (zgl. Dissertation Ruhr-Universität Bochum).

[Bol73] Bolch, G.: *Identifikation linearer Systeme durch Anwendung von Momentenmethoden.* Dissertation, Universität Karlsruhe 1973.

[Boo93] Boom, T. van den: *MIMO System Identification for H_∞ Robust Control.* Dissertation, TU Eindhoven 1993.

[BR74] Baumgartner, S. und W. Rugh: Complete identification of a class of nonlinear systems from steady state frequency response. *Proceedings of the 1974 IEEE Conference on Decision and Control including the 13th Symposium on Adaptive Processes*, Phoenix 1974, S. 442-443.

[BR75] Baumgartner, S. und W. Rugh: Complete identification of a class of nonlinear systems from steady state frequency response. *IEEE Transactions on Circuits and Systems* **22** (1975), S. 753-759.

[Bra90] Bracewell, R.: *Schnelle Hartley-Transformation.* Oldenbourg, München 1990.

[BS82] Bekey, G. A. und G. N. Saridis (Hrsg.): *Proceedings of the 6th IFAC Symposium on Identification and Systems Parameter Estimation*, Washington, D.C. 1982. McGregor and Werner, Washington D.C. 1982.

[BS94] Blanke, M. und T. Söderström (Hrsg.): *Proceedings of the 10th IFAC Symposium on Identification and Systems Parameter Estimation*, Kopenhagen 1994. Danish Automation Society, Kopenhangen 1994.

[BTC83] Boyd, S., Y. S. Tang und L. Chua: Measuring Volterra kernels. *IEEE Transactions on Circuits and Systems* **30** (1983), S. 571-577.

[BTG04] Barker, H. A., A. H. Tan und K. R. Godfrey: Design of multilevel perturbation signals with harmonic properties suitable for nonlinear system identification. *IEE Proceedings Control Theory and Application* **151** (2004), S. 145-151.

[BU00] Bohn, C. und H. Unbehauen: The application of matrix differential calculus for the derivation of simplified expressions in approximate non-linear filtering algorithms. *Automatica* **36** (2000), S. 1553-1560.

[BU01] Bohn, C. und H. Unbehauen: Sensitivity models for nonlinear filters with application to recursive parameter estimation for nonlinear state-space models. *IEE Proceedings Control Theory and Applications* **148** (2001), S. 137-146.

[But90] Butler, H.: *Model Reference Adaptive Control.* Dissertation, Delft University of Technology 1990.

[BV03] Babuska, R. und H. Verbruggen: Neuro-fuzzy methods for nonlinear system identification. *Annual Reviews in Control* **27** (2003), S. 73-85.

[BV84] Billings, S. A. und W. S. F. Voon: Least squares parameter estimation algorithms for non-linear systems. *International Journal of Systems Science* **15** (1984), S. 601-615.

[BV86] Billings, S. A. und W. S. F. Voon: A prediction error and stepwise-regression estimation algorithm for non-linear systems. *International Journal of Control* **4** (1986), S. 803-822.

[BY85] Barker, H.A. und P.C. Young (Hrsg.): *Proceedings of the 7th IFAC/IFORS Symposium on Identification and Systems Parameter Estimation*, York 1985. Pergamon, Oxford 1985.

[CB89] Chen, S. und S. A. Billings: Representation of non-linear systems: The NARMAX model. *International Journal of Control* **49** (1989), S. 1013-1032.

[CG75] Clarke, D. und P. Gawthrop: Self-tuning controller. *Proceedings of the IEE Part D. Control Theory and Applications* **122** (1975), S. 929-934.

[CG79] Clarke, D. und P. Gawthrop: Self-tuning control. *Proceedings of the IEE Part D. Control Theory and Applications* **126** (1979), S. 633-640.

[CG91] Chen, H.-F. und L. Guo: *Identification and Stochastic Adaptive Control.* Birkhäuser, Boston 1991.

[Cha87] Chalam, V.: *Adaptive Control Systems.* Marcel Dekker, New York 1987.

[Che88] Chen, H.-F. (Hrsg.): *Proceedings of the 8th IFAC Symposium on Identification and Systems Parameter Estimation*, Peking 1988. Pergamon, Oxford 1988.

[Che93] Chen, C.-T.: *Analog and Digital Control System Design: Transfer Function, State-Space, and Algebraic Methods.* Saunders College Publishing, Fort Worth 1993.

[Che94a] Chen, H. W.: Modeling and identification of parallel and feedback nonlinear systems. *Proceedings of the 33rd IEEE Conference on Decision and Control*, Lake Buena Vista 1994, S. 2267-2272.

[Che94b] Chen, C.-T.: *System and Signal Analysis.* Saunders College Publishing, Orlando 1994.

[Che95] Chen, H. W.: Modeling and identification of parallel nonlinear systems: Structural classification and parameter estimation methods. *Proceedings of the IEEE* **83** (1995), S. 39-66.

[Chi02] Chiras, N. et al.: Nonlinear systems modelling: How to estimate the highest significant order. *Proceedings of the IEEE Instrumentation and Measurement Technology Conference*, Anchorage 2002, S. 353-358.

[CIS86] Chen, H., N. Ishii und N. Suzumura: Structural classification of non-linear systems by input-output measurements. *International Journal of Systems Science* **17** (1986), S. 741-74.

[CJG90] Chen, H. W., L. D. Jacobson und J. P. Gaska: Structural classification of multi-input nonlinear systems. *Biological Cybernetics* **63** (1990), S. 341-57.

[Cla67] Clarke, D.: Generalized LS estimation of the parameters of a dynamic model. *Proceedings of the 1st IFAC Symposium on Identification in Automatic Control Systems*, Prag 1967, Paper 3.17.

[Cla94] Clark, D. (Hrsg.): *Advances in Model-Based Predictive Control.* Oxford University Press, Oxford 1994.

[Clu88] Cluett, W. et al.: Stable discrete-time adaptive control in the presence of unmodeled dynamics. *IEEE Transactions on Automatic Control* **33** (1988), S. 410-414.

[CM81] Cordero, A. und D. Mayne: Deterministic convergence of a self-tuning regulator with variable forgetting factor. *Proceedings of the IEE Part D. Control Theory and Applications* **128** (1981), S. 19-23.

[CMW96] Chu, Q. P., J. A. Mulder und P. T. L. M. van Woerkom: Modified recursive maximum likelihood adaptive filter for nonlinear aircraft flight-path reconstruction. *Journal of Guidance, Control, and Dynamics* **19** (1996), S. 1285-1295.

[Cox64] Cox, H.: On the estimation of state variables and parameters for noisy dynamic systems. *IEEE Transactions on Automatic Control* **9** (1964), S. 5-12.

[CP81] Czogala, E. und W. Pedrycz: On identification in fuzzy systems and its applications in control problems. *Fuzzy Sets and Systems* **6** (1981), S. 73-83.

[CR79] Clancy, S. J. und W. J. Rugh: A note on the identification of discrete-time polynominal systems. *IEEE Transactions on Automatic Control* **24** (1979), S. 975-978.

[Cum70] Cumming, I.: *The Effect of Arbitrary Experiment Length on the Accuracy of P.R.B.S. Correlation Experiments.* Industrial Control Group Report No. 2/70, Imperial College London 1970.

[Dan00] Daniel-Berhe, S.: Real-time on-line identification of a nonlinear continuous-time plant using Hartley modulating functions method. *Proceedings of the IEEE International Conference on Industrial Technology*, Goa 2000, S. 584-589.

[Dan99] Daniel-Berhe, S.: *Parameter Identification of Nonlinear Continuous-Time Systems using the Hartley Functions Method.* Cuvillier, Göttingen 1999 (zgl. Dissertation Ruhr-Universität Bochum).

[Des81] Desrochers, A. A.: On an improved model reduction technique for nonlinear systems. *Automatica* **17** (1981), S. 407-409.

[Deu65] Deutsch, R.: *Estimation Theory.* Prentice Hall, Englewood Cliffs 1965.

[DH87] Dasgupta, S. und Y. Huang: Asymptotically convergent modified recursive least-squares with data-depending updating and forgetting factor for systems with bounded noise. *IEEE Transactions on Information Theory* **33** (1987), S. 383-392.

[DHR93] Drainkow, D., H. Hellendorn und M. Reinfrank: *An Introduction to Fuzzy Control.* Springer, Berlin 1993.

[Die81] Diekmann, K.: *Die Identifikation von Mehrgrößensystemen mit Hilfe rekursiver Parameterschätzverfahren.* Dissertation, Ruhr-Universität Bochum 1981.

[DM84] Desrochers, A. und S. Mohensi: On determining the structure of a non-linear system. *International Journal of Control* **40** (1984), S. 923-938.

[DP04] B.-M. Pfeiffer, R. Dittmar: *Modellbasierte prädiktive Regelung.* Oldenbourg, München 2004.

[DS80] Desrochers, A. A. und G. N. Saridis: A model reduction technique for nonlinear systems. *Automatica* **16** (1980), S. 323-329.

[DSW03] Dempsey, E. J., J. M. Sill und D. T. Westwick: A statistical method for selecting block structures based on estimated Volterra kernels. *Proceedings of the 25th International Conference of the IEEE Engineering in Biology and Medicine Society*, Cancun 2003, S. 2726-2729.

[Du89] Du, P.: *Realisierung eines neuen adaptiven Konzepts für hydraulische Vorschubantriebe mittels Mikroprozessoren.* VDI-Verlag, Düsseldorf 1989 (zgl. Dissertation Ruhr-Universität Bochum).

[DU96b] Daniel-Berhe, S. und H. Unbehauen: Application of the Hartley modulation functions method for the identification of the bilinear dynamics of a DC motor. *Proceedings of the 35th IEEE Conference on Decision and Control*, Kobe 1996, S. 1533-1538.

[DU96a] Daniel-Berhe, S. und H. Unbehauen: Parameter estimation of nonlinear continuous-time systems using Hartley modulation functions. *Proceedings of the 1996 UKACC International Conference on Control*, Exeter 1996, S. 228-233.

[DU97a] Daniel-Berhe, S. und H. Unbehauen: Identification of nonlinear continuous-time Hammerstein model via HMF-method. *Proceedings of the 36th IEEE Conference on Decision and Control*, San Diego 1997, S. 2990-2995.

[DU97b] Daniel-Berhe, S. und H. Unbehauen: Physical parameter estimation of the nonlinear dynamics of a single link robotic manipulator with flexible joint using the HMF method. *Proceedings of the American Control Conference*, Albuquerque 1997, S. 1504-1508.

[DU98a] Daniel-Berhe, S. und H. Unbehauen: Batch scheme Hartley modulating functions method for detecting gradual parameter changes in the identification of integrable nonlinear continuous-time systems. *Proceedings of the 1998 UKACC International Conference on Control*, Swansea 1998, S. 1254-1259.

[DU98c] Daniel-Berhe, S. und H. Unbehauen: Batch scheme Hartley modulating functions method for the detection and estimation of jumps in a class of convolvable nonlinear systems. *Proceedings of the 1998 IEEE International Conference on Control Applications*, Triest 1998, S. 838-842.

[DU98b] Daniel-Berhe, S. und H. Unbehauen: State space identification of bilinear continuous-time canonical systems via batch scheme Hartley modulating functions approach. *Proceedings of the 37th IEEE Conference on Decision and Control*, Tampa 1998, S. 4482-4487.

[Dvo56] Dvoretzky, A.: On stochastic approximation. *Proceedings of the 3rd Berkeley Symposium on Mathematical Statistics and Probability*, Berkeley 1956, S. 39-55.

[Ega79] Egardt, B.: *Stability of Adaptive Controllers.* Springer, Berlin 1979.

[Eva95] Evans, C. et al.: Probing signals for measuring nonlinear Volterra kernels. *Proceedings of the IEEE Instrumentation and Measurement Technology Conference*, Waltham, MA 1995, S. 10-15.

[Eyk67] Eykhoff, P.: Process parameter and state estimation. *Proceedings of the 1st IFAC Symposium on Identification in Automatic Control Systems*, Prag 1967, Paper 0.2.

[Eyk73] Eykhoff, P. (Hrsg.): *Proceedings of the 3rd IFAC Symposium on Identification and Systems Parameter Estimation*, Den Haag 1973. North-Holland, Amsterdam 1973.

[Eyk74] Eykhoff, P.: *System Identification.* J. Wiley and Sons, London 1974.

[Fab89] Fabritz, N.: *Aufbau und Erprobung einer Unterprogrammbibliothek für gewichtete LS-Parameterschätzungsverfahren.* Studienarbeit ESR-8929, Ruhr-Universität Bochum 1987.

[Fel60] Feldbaum, A.: Dual control theory. *Automation and Remote Control* **21** (1960), S. 874-880.

[Fel65] Feldbaum, A.: *Optimal Control Systems.* Academic, New York 1965.

[Fis70] Fisz, M.: *Wahrscheinlichkeitsrechnung und mathematische Statistik.* VEB Verlag der Wissenschaften, Berlin 1970.

[FKY81] Fortescue, T., L. Kershenbaum und B. Ydstie: Implementation of self-tuning regulation with variable forgetting factors. *Automatica* **17** (1981), S. 831-835.

[Fle91] Fletcher, R.: *Practical Methods of Optimization.* J. Wiley and Sons, New York 1991.

[Foe86] Föllinger, O.: *Laplace- und Fourier-Transformation.* 4. Auflage. Hüthig, Heidelberg 1986.

[Foe13] Föllinger, O.: *Regelungstechnik.* 11. Auflage. Hüthig, Heidelberg 2013.

[Fox71] Fox, L.: *Optimization Methods for Engineering Design.* Addison-Wesley, London 1971.

[FU04] Filatov, N. und H. Unbehauen: *Adaptive Dual Control.* Springer, Berlin 2004.

[Fun75] Funk, W.: *Korrelationsanalyse mittels Pseudorauschsignalen zur Identifikation industrieller Regelstrecken.* Dissertation, Universität Stuttgart 1975.

[GA82] Gavel, D. T. und S. G. Azevedo: Identification of continuous time systems – An application of Ljung's corrected extended Kalman filter. *Preprints of the 6th IFAC Symposium on Identification and System Parameter Estimation*, Arlington 1982, S. 1191-1195.

[Gar66] Gardiner, A. B.: Elimination of the effect of nonlinearities on process crosscorrelations. *Electronics Letters* **2** (1966), S. 164-165.

[Gar68] Gardiner, A. B.: Determination of the linear output signal of a process containing single-valued nonlinearities. *Electronics Letters* **4** (1968), S. 224-226.

[Gar73] Gardiner, A. B.: Identification of processes containing single-valued nonlinearities. *International Journal of Control* **18** (1973), S. 1029-1039.

[Gaw86] Gawthrop, P.: *Continuous-Time Self-Tuning Control.*. Volumes I und II. J. Wiley and Sons, New York 1986.

[GB10] Giri, F. und E.-W. Bai: *Block-Oriented Nonlinear System Identification.* Springer, Berlin/Heidelberg 2010.

[Gel74] Gelb, A. (Hrsg.): *Applied Optimal Estimation.* MIT Press, Cambridge 1974.

[GET83] Goodwin, G., H. Elliott und E. Tech: Deterministic convergence of a self-tuning regulator with covariance resetting. *Proceedings of the IEE Part D. Control Theory and Applications* **130** (1983), S. 6-8.

[GHP85] Goodwin, G., D. Hill und M. Palaniswami: Towards an adaptive robust controller. *Proceedings of the 7th IFAC/IFORS Symposium on Identification and System Parameter Estimation*, York 1985, S. 997-1002.

[Git70] Gitt, W.: *Parameterbestimmung an linearen Regelstrecken mit Kennwertortskurven für Systemantworten deterministischer Testsignale.* Dissertation, RWTH Aachen 1970.

[GL96] Golub, G.H. und C.F. van Loan: *Matrix Computations.* Johns Hopkins University Press, Baltimore 1996.

[GLS77] Gustavsson, I., L. Ljung und T. Söderström: Identification of processes in closed loop: Identifiability and accuracy aspects. *Automatica* **13** (1977), S. 59-75.

[GM99] Garnier, H. und M. Mensler: Comparison of sixteen continuous-time sytem identification methods with the CONTSID toolbox. *Proceedings of the 1999 European Control Conference ECC99*, Karlsruhe 1999, Paper dm 3-6.

[GN76] Gallmann, P. G. und K. S. Narendra: Representations of nonlinear systems via the Stone-Weierstrass theorem. *Automatica* **12** (1976), S. 619-622.

[God66] Godfrey, K.: Three-level m-sequences. *Electronic Letters* **7** (1966), S. 241-242.

[Goe73] Göhring, B.: *Erprobung statistischer Parameterschätzmethoden und Strukturprüfverfahren zur experimentellen Identifikation von Regelsystemen.* Dissertation, Universität Stuttgart 1973.

[Goo88] Goodwin, G. (Hrsg.): *Proceedings of the IFAC Workshop on Robust Adaptive Control*, Newcastle, Australien 1988. Pergamon, Oxford 1988.

[GP77] Goodwin, G. und R. Payne: *Dynamic System Identification.* Academic, New York 1977.

[Gra75] Graupe, D.: On identifying stochastic closed-loop systems. *IEEE Transactions on Automatic Control* **20** (1975), S. 553-555.

[GS01] Ginniakis, G. B. und E. Serpedin: A bibliography on nonlinear system identification. *Signal Processing* **81** (2001), S. 533-580.

[GS84] Goodwin, G. und K. Sin: *Adaptive Filtering, Prediction and Control.* Prentice Hall, Englewood Cliffs 1984.

[Gu66] Gupta, S. C.: *Transform and State Variable Analysis in Linear Algebra.* J. Wiley and Sons, New York 1966.

[Gui75] Guidorzi, R.: Canonical structures in the identification of multivariable systems. *Automatica* **11** (1975), S. 361-375.

[Gui81] Guidorzi, R.: Invariants and canonical forms for systems structural and parametric identification. *Automatica* **17** (1981), S. 117-133.

[GW08] Garnier, H. und L. Wang: *Identification of Continuous-Time Models from Sampled Data.* Springer, London 2008.

[GWW61] Jalili, S., J. Jordan und R. Mackie: A universal non-linear filter, predictor and simulator which optimizes itself by a learning process. *Proceedings of the IEE Part B: Electronic and Communication Engineering* **108** (1961), S. 422-435.

[Hab89] Haber, R.: Structure identification of block-oriented models based on the estimated Volterra kernel. *International Journal of System Science* **20** (1989), S. 1355-1380.

[Hae90] Härdle, W.: *Applied Nonparametric Regression.* Cambridge University Press, Cambridge 1990.

[Har42] Hartley, R.: A more symmetrical Fourier analysis applied to transmission problems. *Proceedings of the IRE* **30** (1942), S. 144-150.

[Har81] Harvey, A.: *Time Series Models.* Phillip Allen, Oxford 1981.

[HB81] *Self Tuning and Adaptive Control: Theory and Applications.* Pelegrinus, Stevenage, UK 1981.

[HDB96] Hagan, M. T., H. B. Demuth und M. Beale: *Neural Network Design.* PWS, Boston 1996.

[Heb49] Hebb, D. O.: *The Organization of Behavior.* Wiley, New York 1949.

[Her84] Herlufsen, H.: Dual Channel FFT Analysis (Part I). *Bruel & Kjaer Technical Review* (1984), S. 3-56.

[Him70] Himmelblau, D.: *Process Analysis by Statistical Methods.* J. Wiley and Sons, New York 1970.

[HK66] Ho, B. L. und R. E. Kalman: Effective construction of linear, state-variable models from input/output functions. *Regelungstechnik* **14** (1966), S. 545-548.

[HK86] Hunter, I. W. und M. J. Korenberg: The identification of nonlinear biological systems: Wiener and Hammerstein cascade models. *Biological Cybernetics* **55** (1986), S. 135-44.

[HK99] Haber, R. und L. Keviczky: *Nonlinear System Identification - Input-Output Modelling Approach.* Kluwer, Dordrecht 1999.

[Hop84] Hopfield, J. J.: Neurons with graded response have collective computational properties like those of two-state neurons. *Proceedings of the National Academy of Sciences* **81** (1984), S. 3088-3092.

[HP82] Hirota, K. und W. Pedrycz: Fuzzy system identification via probabilistic sets. *Information Scicnces* **28** (1982), S. 21-43.

[HQ79] Hannan, E.J. und B.G. Quin: The determination of the order of an autoregression. *Journal of the Royal Statistical Society* **B 41** (1979), S. 190-195.

[HS69] Hastings-James, R. und M. Sage: Recursive GLS procedure for on-line identification of process parameters. *Proceedings of the IEE Part D. Control Theory and Application* **116** (1969), S. 2057-2062.

[HS93] Hof, P. M. van den und R. J. Schrama: An indirect method for transfer function estimation from closed-loop data. *Automatica* **29** (1993), S. 1523-1527.

[HU90] Haber, R. und H. Unbehauen: Identification of nonlinear dynamic systems - A survey on input/output approaches. *Automatica* **26** (1990), S. 651-77.

[Hud69] Hudzovic, P.: Die Identifizierung von aperiodischen Systemen (tschech.). *Automatizace* **XII** (1969), S. 289-298.

[HWW04] Hof, P. M. van den, B. Wahlberg und S. Weiland (Hrsg.): *Proceedings of the 13th IFAC Symposium on Identification and Systems Parameter Estimation*, Rotterdam 2003. Elsevier, Oxford 2003.

[ID91] Ioannou, P. und A. Datta: Robust adaptive control: A unified approach. *Proceedings of the IEEE* **79** (1991), S. 1736-1768.

[IFAC67] *Proceedings of the 1st IFAC Symposium on Identification in Automatic Control Systems*, Prag 1967. Academia-Verlag, Prag 1967.

[IFAC70] *Proceedings of the 2nd IFAC Symposium on Identification in Automatic Control Systems*, Prag 1970. Academia-Verlag, Prag 1970.

[IK83] Ioannou, P. und P. Kocotovic: *Adaptive Systems with Reduced Models.* Springer, Berlin 1983.

[ILM92] Isermann, R., K. Lachmann und D. Matko: *Adaptive Control Systems.* Prentice Hall, New York 1992.

[IM11] Isermann, R. und M. Münchhof: *Identification of Dynamic Systems.* Springer, Heidelberg 2011.

[IS96] Ioannou, P. und J. Sun: *Robust Adaptive Control.* Prentice Hall, Englewood Cliffs 1996.

[Ise73] Isermann, R. et al.: Comparison and evaluation of six on-line identification and parameter estimation methods with three simulated processes. *Proceedings of the 3rd IFAC Symposium on Identification and Systems Parameter Estimation*, Den Haag 1973, Paper E-1.

[Ise79] Isermann, R. (Hrsg.): *Proceedings of the 5th IFAC Symposium on Identification and Systems Parameter Estimation*, Darmstadt 1979. Pergamon, Oxford 1979.

[Jam12] James, E. L.: *Fifty Shades of Grey.* Vintage Books, New York 2012.

[Jan10] Janschek, K.: *Systementwurf mechatronischer Systeme.* Springer, Berlin 2010.

[Jaz70] Jazwinski, A. H.: *Stochastic Processes and Filtering Theory.* Academic, New York 1970.

[JJM92] Jalili, S., J. Jordan und R. Mackie: Measurement of the parameters of all-pole transfer functions using shifted Hermite modulating functions. *Automatica* **38** (1992), S. 613-617.

[Jud95] Juditsky, A. et al.: Nonlinear black-box-models in system identification: Mathematical foundations. *Automatica* **31** (1995), S. 1725-1750.

[Jul72] Julhes, J.: Dynamic mode optimum control in industrial processing. *Proceedings of the 5th IFAC World Congress*, Paris 1972, Paper 5.6.

[Jun99] Junge, T. F.: *"On-line"-Identifikation und lernende Regelung nichtlinearer Regelstrecken mittels neuronaler Netze.* VDI-Verlag, Düsseldorf 1999 (zgl. Dissertation Ruhr-Universität Bochum).

[Kai80] Kailath, T.: *Linear Systems.* Prentice Hall, Englewood Cliffs 1980.

[Kas77] Kashyap, R. L.: A Bayesian comparison of different classes of dynamic models using empirical data. *IEEE Transactions on Automatic Control* **22** (1977), S. 715-727.

[Keu88] Keuchel, U.: *Methoden zur rechnergestützten Analyse und Synthese von Mehrgrößenregelsystemen in Polynommatrizendarstellung.* Dissertation, Ruhr-Universität Bochum 1988.

[KF88] Klir, G. und T. Folger: *Fuzzy Sets, Uncertainty and Information.* Prentice Hall, Englewood Cliffs 1988.

[KF93] Kahlert, J. und H. Frank: *Fuzzy-Logik und Fuzzy-Control.* Vieweg, Braunschweig 1993.

[KH86] Korenberg, M. J. und I. W. Hunter: The identification of nonlinear biological systems: LNL cascade models. *Biological Cybernectics* **55** (1986), S. 125-134.

[KI75] Kurz, H. und R. Isermann: Methods for on-line process identification in closed-loop. *Proceedings of the 6th IFAC World Congress*, Boston 1975, Paper 11.3.

[Kin12] Kinnaert, M. (Hrsg.): *Proceedings of the 16th IFAC Symposium on Identification and Systems Parameter Estimation*, Brüssel 2009. International Federation of Automatic Control 2009.

[Kit81] Kitagawa, G.: A non-stationary time series model and its fitting by a recusive filter. *Journal of Time Series Analysis* **2** (1981), S. 103-116.

[KK12] K. Kroschel, K.-D. Kammeyer: *Digitale Signalverarbeitung. Filterung und Spektralanalyse mit MATLAB-Übungen.* Vieweg und Teubner, Wiesbaden 2012.

[KKI93] Keller, H., T. Knapp und R. Isermann: Adaptive wissensbasierte Regelung zeitvarianter und nichtlinearer Prozesse. In: Unbehauen, H. (Hrsg.): *Einsatz adaptiver Regelverfahren.* VDI/VDE-GMA-Bericht 20, Düsseldorf 1993.

[Kof88] Kofahl, R.: *Robuste parameteradaptive Regelungen.* Springer, Berlin 1988.

[Kol41] Kolmogoroff, A.: Interpolation und Extrapolation von stationären zufälligen Folgen (russ.). *Akad. Nauk UdSSR. Ser. Math.* **5** (1941), S. 3-14.

[Kop78] Kopacek, P.: *Identifikation zeitvarianter Regelsysteme.* Vieweg, Wiesbaden 1978.

[Kor89] Kortmann, M.: *Die Identifikation nichtlinearer Ein- und Mehrgrößensysteme auf der Basis nichtlinearer Modelle.* VDI-Verlag, Düsseldorf 1989 (zgl. Dissertation Ruhr-Universität Bochum).

[Kor97] Kortmann, P.: *Fuzzy-Modelle zur Systemidentifikation.* VDI-Verlag, Düsseldorf 1997 (zgl. Dissertation Ruhr-Universität Bochum).

[Kre80] Krebs, V.: *Nichtlineare Filterung.* Oldenbourg, München 1980.

[KT74] Krebs, V. und H. Thöm: Parameteridentifizierung nach der Methode der kleinsten Quadrate – Ein Überblick. *Regelungstechnik und Prozessdatenverarbeitung* **22** (1974), S. 1-32.

[Kuo90] Kuo, B.C.: *Digital Control Systems.* Saunders College Publishing, Orlando 1992.

[Kur94] Kurth, J.: *Identifikation nichtlinearer Systeme mit komprimierten Volterra-Reihen.* Dissertation, RWTH Aachen 1994.

[Lan73] Lange, F.: *Signale und Systeme. Band 3 (Regellose Vorgänge).* VEB Verlag Technik, Berlin 1973.

[Lan79] Landau, I.: *Adaptive Control: The Model Reference Approach.* Marcel Dekker, New York 1979.

[Lau07] Lauwers, L. et al.: Some practical applications of a nonlinear block structure identification procedure. *Proceedings of the Instrumentation and Measurement Technology Conference - IMTC 2007,* Warschau 2007, S. 1-6.

[Lau08] Lauwers, L. et al.: A nonlinear block structure identification procedure using frequency response function measurements. *IEEE Transactions on Instrumentation and Measurement* **57** (2008), S. 2257-2264.

[Law81] Lawrence, P. J.: Estimation of the Volterra functional series of a nonlinear system using frequency-response data. *Proceedings of the IEE Part D. Control Theory and Applications* **128** (1981), S. 206-10.

[LB85a] Leontaritis, I. und S. A. Billings: Input-output parametric models for nonlinear systems. Part I: Deterministic nonlinear models. *International Journal of Control* **41** (1985), S. 303-328.

[LB85b] Leontaritis, I. und S. A. Billings: Input-output parametric models for nonlinear systems. Part II: Stochastic nonlinear models. *International Journal of Control* **41** (1985), S. 329-344.

[LB87] Leontaritis, I. und S. A. Billings: Model selection and validation methods for nonlinear systems. *International Journal of Control* **45** (1987), S. 311-341.

[LD86] Landau, I. und I. Dugard (Hrsg.): *Commande Adaptive.* Masson, Paris 1986.

[Lee64] Lee, R.: *Optimal Estimation, Identification and Control.* MIT Press, Cambridge 1964.

[Lef65] Lefschetz, S.: *Stability of Nonlinear Control Systems.* Academic, New York 1965.

[Lep72] Lepers, H.: Integrationsverfahren zur Systemidentifizierung aus gemessenen Systemantworten. *Regelungstechnik* **20** (1972), S. 417-422.

[Let61] Letov, A. M.: *Stability in Nonlinear Control Systems.* Princeton University Press, Princeton 1961.

[Lev59] Levy, E. C.: Complex curve fitting. *IRE Transactions on Automatic Control* **4** (1959), S. 37-44.

[LH74] Lawson, C. und R. Hanson: *Solving Least Squares Problems.* Prentice Hall, Upper Saddle River 1974.

[Lin93] Linkens, D.A. (Hrsg.): *CAD for Control Systems.* Marcel Dekker, New York 1993.

[Lit79] Litz, L.: *Reduktion der Ordnung linearer Zustandsraummodelle mittels modaler Verfahren.* Hochschul-Verlag, Stuttgart 1979.

[Lju76] Ljung, L.: On the consistency of prediction error identification methods. *Mathematics in Science and Engineering* **126** (1976), S. 121-164.

[Lju79] Ljung, L.: Asymptotic behavior of the extended Kalman filter as a parameter estimator for linear systems. *IEEE Transactions on Automatic Control* **24** (1979), S. 36-50.

[Lju99] Ljung, L.: *System Identification: Theory for the User.* 2. Auflage. Prentice Hall, Upper Saddle River 1999.

[Lju10] Ljung, L.: Approaches to identification of nonlinear systems. *Proceedings of the 29th Chinese Control Conference*, Peking 2010, S. 1-5.

[Lju13] Ljung, L.: *System Identification Toolbox User's Guide.* The MathWorks, Natick, MA 2013.

[LMF78] Ljung, L., M. Morf und D. Falconer: Fast calculation of gain matrices for recursive estimation schemes. *International Journal of Control* **27** (1978), S. 1-19.

[LMT07] Lundberg, K. H., H. R. Miller und D. L. Trumper: Initial conditions, generalized functions, and the Laplace transform. *IEEE Control Systems Magazine* **27** (2007), S. 22-35.

[LS65] Lee, Y. W. und M. Schetzen: Measurement of the Wiener kernels of a nonlinear system by cross-correlation. *International Journal of Control* **2** (1965), S. 237-254.

[LS83] Ljung, L. und T. Söderström: *Theory and Practice of Recursive Identification.* MIT Press, Cambridge 1983.

[Lud77] Ludyk, G.: *Theorie dynamischer Systeme.* Elitera, Berlin 1977.

[Lur57] Lurje, A. I.: *Einige nichtlineare Probleme aus der Theorie der selbsttätigen Regelung.* Akademie Verlag, Berlin 1957.

[LW12] Lutz, H. und W. Wendt: *Taschenbuch der Regelungstechnik.* 9. Auflage. Harri Deutsch, Frankfurt 2012.

[LYK11] Loghmanian, S. M. R., R. Yusof und M. Khalid: Volterra series: Multiobjective optimzation approach. *Proceedings of the 4th International Conference on Modeling, Simulation and Applied Optimzation (ICMSAO)*, Kuala Lumpur 2011, S. 1-5.

[MA75] Mamdani, E. und S. Assilian: An experiment in linguistic synthesis with a fuzzy logic controller. *International Journal of Man-Machine Studies* **7** (1975), S. 1-13.

[Mac64] MacFarlane, A. G. J.: *Engineering Systems Analysis.* Harrap, Cambridge, UK 1964.

[Mal73] Mallows, C. L.: Some comments on C_p. *Technometrics* **15** (1973), S. 661-675.

[Mam74] Mamdani, E.: Application of fuzzy algorithms for control of simple dynamic plant. *Proceedings of the IEE* **121** (1974), S. 1585-1588.

[Mat14] *Control System Toolbox User's Guide.* The MathWorks, Natick, MA 2014.

[May82] Maybeck, P. S.: *Stochastic Models, Estimation, and Control.* Volume 2. Academic, New York 1982.

[May93] Mayer, A. et al.: *Fuzzy-Logic: Einführung und Leitfaden zur praktischen Anwendung.* Addison-Wesley, Bonn 1993.

[Mcl98] McLoone, S.: Neural network identification: A survey of gradient based methods. *Proceedings of the IEE Colloquium on Optimisation in Control: Methods and Applications*, 1998, S. 4/1-4/4.

[Meh70] Mehra, R. K.: On the identification of variances and adaptive Kalman filtering. *IEEE Transactions on Automatic Control* **15** (1970), S. 175-184.

[Meh79] Mehra, R. K.: Nonlinear system identification: Selected survey and recent trends. *Proceedings of the 5th IFAC Symposium on Identification and System Parameter Estimation*, Darmstadt 1979, S. 77-83.

[MF92] Meier zu Farwig, H.: *Ein Beratungssystem zur Systemidentifikation.* VDI-Verlag, Düsseldorf 1992 (zgl. Dissertation Ruhr-Universität Bochum).

[MG90] Middleton, R. und G. Goodwin: *Digital Control and Estimation.* Prentice Hall, Englewood Cliffs 1990.

[ML92] Meghani, A. S. und H. A. Latchman: H_∞ vs. classical methods in the design of feedback systems. *Proceedings of the IEEE Southeastcon '92*, 1992, S. 59-62.

[MM78] Marmarelis, P. Z. und V. Z. Marmarelis: *Analysis of Physiological Systems.* Plenum, New York/London 1978.

[MN99] Magnus, J. R. und H. Neudecker: *Matrix Differential Calculus with Applications in Statistics and Econometrics.* 2. Auflage. Wiley, Chicester 1999.

[Moh91] Mohler, R. R.: *Nonlinear Systems.* Volume II. Prentice Hall, Englewood Cliffs 1991.

[Mor80] Morse, A.: Global stability of parameter adaptive control systems. *IEEE Transactions on Automatic Control* **25** (1980), S. 433-439.

[Mos98] Mossberg, M.: *On Identification of Continuous-Time Systems using a Direct Approach.* Dissertation, Uppsala University 1998.

[MP43] McCulloch, W. und W. Pitts: A logical calculus of the ideas immanent in nervous activity. *Bulletin of Mathematical Biophysics* **5** (1943), S. 115-133.

[MSD87] M'Saad, M., G. Sanchez und M. Duque: Partial state model reference adaptive control of multivariable plants. *Proceedings of the 10th IFAC World Congress*, München 1987, S. 99-103.

[NA89] Narendra, K. und A. Annaswamy: *Stable Adaptive Systems.* Prentice Hall, Englewood Cliffs 1989.

[Nah69] Nahi, N. E.: *Estimation Theory and Application.* J. Wiley and Sons, New York 1969.

[Nar86] Narendra, K. (Hrsg.): *Adaptive and Learning Systems.* Plenum, New York 1986.

[Nat83] Natke, H.-G.: *Einführung in Theorie und Praxis der Zeitreihen- und Modalanalyse.* Friedr. Vieweg & Sohn, Braunschweig 1983.

[Nel00] Nelles, O.: *Nonlinear System Identification: From Classical Approaches to Neural Networks and Fuzzy Models.* Springer, Berlin 2000.

[Nel99] Nelles, O.: *Nonlinear System Identification with Local Linear Neuro-Fuzzzy Models.* Shaker, Aachen 1999 (zgl. Dissertation TU Darmstadt).

[NG91] Ninnes, B. und G. Goodwin: The relationship between discrete time and continuous time linear estimation. In: Sinha, N. und G. Rao (Hrsg.): *Identification of Continuous-Time Systems.* Kluwer, Dordrecht 1991, S. 79-122.

[NHM07] Ninnes, B., H. Hjalmarsson und I. Mareels (Hrsg.): *Proceedings of the 14th IFAC Symposium on Identification and System Parameter Estimation*, Newcastle, Australien 2006. Elsevier, Oxford 2006.

[Nie84] Niederlinski, A.: A new look at least-squares system identification. *International Journal of Control* **40** (1984), S. 467-478.

[NM80] Narendra, K. und R. Monopoli (Hrsg.): *Application of Adaptive Control.* Academic, New York 1980.

[Nor88] Norton, J. P.: *An Introduction to Identification.* 2. Auflage. Academic, New York 1988.

[NT73] Narendra, K. S. und J. H. Taylor: *Frequency Domain Criteria for Absolute Stability.* Academic, New York 1973.

[OM96] Overschee, P. van und B. de Moor: *Subspace Identification for Linear Systems.* Kluwer, Dordrecht 1996.

[OPL85] Ortega, R., L. Praly und I. Landau: Robustness of discrete-time adaptive controllers. *IEEE Transactions on Automatic Control* **30** (1985), S. 1179-1187.

[Pat04] Patra, A.: Parameter estimation for identification of block-oriented models. In: Unbehauen, H. (Hrsg): *Control Systems, Robotics and Automation.* In: *Encyclopedia of Life Support Systems (EOLSS).* Developed under the Auspices of the UNESCO. Eolss Publishers, Paris 2004.

[Pea88] Pearson, A. E.: Least squares parameter identification of nonlinear I/O models. *Proceedings of the 27th IEEE Conference on Decision and Control*, Austin 1988, S. 1831-1835.

[Pea92] Pearson, A. E.: Explicit parameter identification for a class of nonlinear input/output differential operator models. *Proceedings of the 31st IEEE Conference on Decision and Control*, Tucson 1992, S. 3656-3660.

[Pea05] Pearson, R. K.: Identification of block-oriented models. In: Unbehauen, H. (Hrsg): *Control Systems, Robotics and Automation.* In: *Encyclopedia of Life Support Systems (EOLSS).* Developed under the Auspices of the UNESCO. Eolss Publishers, Paris 2004.

[Ped84] Pedrycz, W.: Identification in fuzzy systems. *IEEE Transactions on Systems, Man and Cybernetcis* **14** (1984), S. 361-366.

[Pet75] Peterka, V.: On steady-state minimum-variance control strategy. *Kybernetica* **8** (1975), S. 219-232.

[Pin94] Pintelon, R. et al.: Parametric identification of transfer functions in the frequency domain – A survey. *IEE Transactions on Automatic Control* **39** (1994), S. 2245-2260.

[PL83] Pearson, A. E. und F. C. Lee: Time limited identification of continuous systems using trigonometric modulation functions. *Proceedings of the 3rd Yale Workshop on Application of Adaptive Systems*, New Haven 1983, S. 168-173.

[PL85] Pearson, A. E. und F. C. Lee: On the identification of polynomial input-output differential systems. *IEEE Transactions on Automatic Control* **30** (1985), S. 778-782.

[PP77] Palm, G. und T. Poggio: The Volterra representation and the Wiener expansion: Validity and pitfalls. *SIAM Journal on Applied Mathematics* **33** (1977), S. 195-216.

[Pro82] Profos, P.: *Einführung in die Systemdynamik.* Teubner, Stuttgart 1982.

[PS01] Pintelon, R. und J. Schoukens: *System Identification – A Frequency Domain Approach.* IEEE Press, New York 2001.

[PS07] Pintelon, R. und J. Schoukens: Estimation with known noise model. In: Unbehauen, H. (Hrsg): *Control Systems, Robotics and Automation.* In: *Encyclopedia of Life Support Systems (EOLSS).* Developed under the Auspices of the UNESCO. Eolss Publishers, Paris 2004.

[PSL11] Pavlenko, V. D., V. O. Speranskyy und V. I. Lomovoy: Modelling of radiofrequency communication channels using Volterra model. *Proceedings of the 6th IEEE International Conference on Intelligent Data Acquisition and Advanced Computing Systems: Technology and Applications*, Prag 2011, S. 574-579.

[PU95] Patra, A. und H. Unbehauen: Identification of a class of nonlinear continuous-time systems using Hartley modulating functions. *International Journal of Control* **62** (1995), S. 1431-1451.

[Raj76] Rajbman, N. S. (Hrsg.): *Proceedings of the 4th IFAC Symposium on Identification and Systems Parameter Estimation*, Tiblisi 1976. Institute of Control Sciences, Moskau 1976.

[Rao83] Rao, G. P.: *Piecewise Constant Orthogonal Functions and their Applications to Systems and Control.* Springer, Berlin 1983.

[RM51] Robbins, H. und S. Munro: A stochastic approximation method. *The Annals of Mathematical Statistics* **22** (1951), S. 400-407.

[RMP86] Rumelhart, D. E., J. L. McClelland und PDP Research Group: *Parallel Distributed Processing: Explorations in the Microstructure of Cognition. Volume I: Foundations.* MIT Press, Cambridge 1986.

[Roh85] Rohrs, C. et al.: Robustness of continuous-time adaptive control algorithms in the presence of unmodeled dynamics. *IEEE Transactions on Automatic Control* **30** (1985), S. 881-889.

[Ros58] Rosenblatt, F.: The perceptron: A probabilistic model for information storage and organization in the brain. *Psychological Review* **65** (1958), S. 386-408.

[RS67] Roy, R. J. und J. Sherman: A learning technique for Volterra series representation. *IEEE Transactions on Automatic Control* **12** (1967), S. 761-764.

[RSK88] Ridley, J. N., L. S. Shaw und J. J. Kruger: Probabilistic fuzzy model for dynamic system. *Electronics Letters* **24** (1988), S. 890-892.

[RU06] Rao, G. P. und H. Unbehauen: Identification of continuous-time systems. *IEE Proceedings Control Theory and and Applications* **153** (2006), S. 185-200.

[Ruc63] Rucker, R.A.: Real-time system identification in the presence of noise. *Preprints of the IEEE Western Electronics Convention*, San Francisco 1963, Paper 2.9.

[Rug81] Rugh, W.: *Nonlinear System Theory: The Volterra/Wiener Approach.* Johns Hopkins University Press, Baltimore 1981.

[Sac78] Sachs, L.: *Angewandte Statistik.* Springer, Berlin 1978.

[Sar74a] Saridis, G.: Comparison of six on-line identification algorithms. *Automatica* **10** (1974), S. 69-79.

[Sar74b] Saridis, G. N.: Stochastic approximation methods for identification and control - A survey. *IEEE Transactions on Automatic Control* **19** (1974), S. 798-809.

[SB89] Sastry, S. und M. Bodson: *Adaptive Control: Stability, Convergence and Robustness.* Prentice Hall, Englewood Cliffs 1989.

[Sche65] Schetzen, M.: Measurement of the kernels of a non-linear system of finite order. *International Journal of Control* **1** (1965), S. 251-263.

[Sch69] Schaufelberger, W.: *Modelladaptive Systeme.* Dissertation, ETH Zürich 1969.

[Sch70] Schroeder, M. R.: Synthesis of low-peak-factor-signals and binary sequences with low autocorrelation. *IEEE Transactions on Information Theory* **16** (1970), S. 85-89.

[Schw91] Schwarz, H.: *Nichtlineare Regelungssysteme.* Oldenbourg, München 1991.

[Sche06] Schetzen, M.: *The Volterra and Wiener Theory of Nonlinear Systems.* Krieger, Malabar, FL 2006.

[SD69] Smirnow, N. und I. Dunin-Barkowski: *Mathematische Statistik in der Technik.* VEB Verlag der Wissenschaften, Berlin 1969.

[SF87] Sripada, R. und D. Fisher: Improved least squares identification. *International Journal of Control* **2** (1987), S. 1889-1913.

[Shi57] Shinbrot, M.: On the analysis of linear and nonlinear systems. *Transactions of the ASME* **79** (1957), S. 547-552.

[Sin00] Sinha, N. K.: System identification: From frequency response to soft computing. *Proceedings of the IEEE International Conference on Industrial Technology*, Goa 2000, S. 76-80.

[SJ75] Shanmugam, K. S. und M. T. Jong: Identification of nonlinear systems in frequency domain. *IEEE Transactions on Aerospace and Electronics* **11** (1975), S. 1218-1225.

[Sjo95] Sjöberg, J. et al.: Nonlinear black-box-models in system identification: A unified overview. *Automatica* **31** (1995), S. 1691-1724.

[SK63] Sanathanan, C. K. und J. Koerner: Transfer function synthesis as a ratio of two complex polynomials. *IEEE Transactions on Automatic Control* **8** (1963), S. 56-58.

[SM67] Schultz, D. G. und J. L. Melsa: *State Functions and Linear Control Systems.* McGraw-Hill, New York 1967.

[Smi01] Smith, R. (Hrsg.): *Proceedings of the 12th IFAC Symposium on Identification and Systems Parameter Estimation*, Santa Barbara 2000. Elsevier, Amsterdam 2001.

[SN06] Soury, A. und E. Ngoya: A two-kernel nonlinear impulse response model for handling long term memory effects in RF and microwave solid state circuits. *Proceedings of the 2006 IEEE MTT-S International Microwave Symposium Digest*, San Francisco 2006, S. 1105-1108.

[Soe77] Söderström, T.: On model structure testing in system identification. *International Journal of Control* **26** (1977), S. 1-18.

[SP91] Schoukens, J. und R. Pintelon: *Identification of Linear Systems: A Practical Guideline to Accurate Modeling.* Pergamon, London 1991.

[SR73] Smith, W. W. und W. J. Rugh: On the structure of a class of nonlinear systems. *Proceedings of the 1973 IEEE Conference on Decision and Control including the 12th Symposium on Adaptive Systems*, San Diego 1973, S. 760-762.

[SR74] Smith, W. W. und W. J. Rugh: On the structure of a class of nonlinear systems. *IEEE Transactions on Automatic Control* **19** (1974), S. 701-706.

[SR91] Sinha, N. K. und G. P. Rao: *Identification of Continuous-Time Systems.* Kluwer, Dordrecht 1991.

[SS80] Singh, Y. P. und S. Subramanian: Frequency-response identification of structure of nonlinear systems. *IEE Proceedings Control Theory and Applications* **127** (1980), S. 77-82.

[SS89] Söderström, T. und P. Stoica: *System Identification.* Prentice Hall, Englewood Cliffs 1989.

[SS97] Sawaragi, Y. und S. Sagara (Hrsg.): *Proceedings of the 11th IFAC Symposium on Identification and Systems Parameter Estimation*, Kitakyushu, Japan 1997. Pergamon, New York 1998.

[Ste73] Stewart, G. W.: *Introduction to Matrix Computation.* Academic, New York 1973.

[Str75] Strobel, H.: *Experimentelle Systemanalyse.* Akademie-Verlag, Berlin 1975.

[Tal71] Talmon, J.: *Approximated Gauss-Markov Estimators and Related Schemes.* Report 71-E-17, Eindhoven University of Technoloy, 1971.

[TB73] Talmon, J. L and Boom, A. J. W.: On the estimation of transfer function parameters of process and noise dynamics using a single-stage estimation. *Proceedings of the 3rd IFAC Symposium on Identification and System Parameter Estimation*, La Hague/Delft 1973, 711-720.

[TG02] Tan, A. H. und K. Godfrey: Identification of Wiener-Hammerstein models using linear interpolation in the frequency domain. *IEEE Transactions on Instrumentation and Measurement* **51** (2002), S. 509-521.

[TI93] Tsakalis, K. und P. Ioannou: *Linear Time Varying Systems: Control and Adaption.* Prentice Hall, Englewood Cliffs 1993.

[TK75] Thöm, H. und V. Krebs: Identifizierung im geschlossenen Regelkreis - Korrelationsanalyse oder Parameterschätzung?. *Regelungstechnik* **23** (1975), S. 17-19.

[Ton78] Tong, R. M.: Synthesis of fuzzy models for industrial processes – Some recent results. *International Journal of General Systems* **4** (1978), S. 143-162.

[Ton80] Tong, R. M.: The evaluation of fuzzy models derived from experimental data. *Fuzzy Sets and Systems* **4** (1980), S. 1-12.

[TRH91] Tai, P., H. A. Ryaciotaki-Boussalis und D. Hollaway: Neural network implementations to control systems: A survey of algorithms and techniques. *Conference Record of the 25th Asilomar Conference on Signals, Systems and Computers*, Pacific Grove, CA 1991, S. 1123-1127.

[TS85] Takagi, T. und M. Sugeno: Fuzzy identification of systems and its applications to modeling and control. *IEEE Transactions on Systems, Man and Cybernetics* **15** (1985), S. 116-132.

[UF74] Unbehauen, H. und W. Funk: Ein neuer Korrelator zur Identifikation industrieller Prozesse mit Hilfe binärer und ternärer Pseudo-Rauschsignale. *Regelungstechnik* **22** (1974), S. 269-276.

[UG73] Unbehauen, H. und B. Göhring: Modellstrukturen und numerische Methoden für statistische Parameterschätzverfahren zur Identifikation von Regelsystemen. *Regelungstechnik* **21** (1973), S. 345-353.

[UG74] Unbehauen, H. und B. Göhring: Tests for determining model order in parameter estimation. *Automatica* **10** (1974), S. 233-244.

[UGB74] Unbehauen, H., B. Göhring und B. Bauer: *Parameterschätzverfahren zur Systemidentifikation.* Oldenbourg, München 1974.

[Unb66a] Unbehauen, H.: Bemerkungen zur Arbeit von W. Bolte "Ein Näherungsverfahren zur Bestimmung der Übergangsfunktion aus dem Frequenzgang". *Regelungstechnik* **14** (1966), S. 231-233.

[Unb66b] Unbehauen, R.: Ermittlung rationaler Frequenzgänge aus Messwerten. *Regelungstechnik* **14** (1966), S. 268-273.

[Unb66c] Unbehauen, H.: Kennwertermittlung von Regelsystemen an Hand des gemessenen Verlaufs der Übergangsfunktion. *Zeitschrift messen, steuern, regeln* **9** (1966), S. 188-191.

[Unb68] Unbehauen, H.: Fehlerbetrachtungen bei der Auswertung experimentell mit Hilfe determinierter Testsignale ermittelter Zeitcharakteristiken von Regelsystemen. *Zeitschrift messen, steuern, regeln* **11** (1968), S. 134-140.

[Unb73b] Unbehauen, H. et al.: *"On-line"-Identifikationsverfahren.* KFK-PDV 14. Gesellschaft für Kernforschung mbH Karlsruhe, 1973.

[Unb73a] Unbehauen, H.: Übersicht über Methoden zur Identifikation (Erkennung) dynamischer Systeme. *Regelungstechnik und Prozeß-Datenverarbeitung* **21** (1973), S. 2-8.

[Unb75] Unbehauen, H.: Einsatz eines Prozessrechners zur "on-line"-Messung des dynamischen Verhaltens von Systemen mit Hilfe der Kreuzkorrelationsmethode. *tm - Technisches Messen* **468-479** (1975), S. 67-70.

[Unb80] Unbehauen, H. (Hrsg.): *Methods and Applications in Adaptive Control.* Springer, Berlin 1980.

[Unb89] Unbehauen, H.: Entwurf und Realisierung neuer adaptiver Regler nach dem Modellvergleichsverfahren. *Automatisierungstechnik* **37** (1989), S. 249-257.

[Unb91] Unbehauen, H.: Adaptive model approach. In: Sinha, N. K. und G. P. Rao (Hrsg.): *Identification of Continuous-Time Systems.* Kluwer, Dordrecht 1991, S. 509-548.

[Unb96] Unbehauen, H.: Some new trends in identification and modelling of nonlinear dynamical Systems. *Journal of Applied Mathematics and Computation* **78** (1996), S. 279-297.

[Unb02] Unbehauen, R.: *Systemtheorie I.* 8. Auflage. Oldenbourg, München 2002.

[Unb06] Unbehauen, H.: Identification of nonlinear systems. In: Unbehauen, H. (Hrsg): *Control Systems, Robotics and Automation.* In: *Encyclopedia of Life Support Systems (EOLSS).* Developed under the Auspices of the UNESCO. Eolss Publishers, Paris 2004.

[Unb08] Unbehauen, H.: *Regelungstechnik I.* 15. Auflage. Vieweg, Wiesbaden 2008.

[Unb09] Unbehauen, H.: *Regelungstechnik II.* 9. Auflage. Vieweg, Wiesbaden 2009.

[Unb11] Unbehauen, H.: *Regelungstechnik III.* 7. Auflage. Vieweg, Wiesbaden 2011.

[UR87] Unbehauen, H. und G. P. Rao: *Identification of Continuous Systems.* North-Holland, Amsterdam 1987.

[Van96] Vandersteen, G.: Non-parametric identification of the linear dynamic parts of non-linear systems containing one static non-linearity. *Proceedings of the 35th IEEE Conference on Decision and Control,* Kobe 1996, S. 1099-1102.

[Van12] Vanbeylen, L.: From two frequency response measurements to the powerful nonlinear LFR model. *Proceedings of the 2012 IEEE I2MTC International Instrumentation and Measurement Technology Conference*, Graz 2012, S. 1-5.

[VD92] Verhaegen, M. und P. Dewilde: Subspace model identification. Part 1: The output-error state-space identification class of algorithms. *International Journal of Control* **56** (1992), S. 1211-1241.

[Vet73] Vetter, W. J.: Matrix calculus operations and Taylor expansions. *SIAM Review* **15** (1973), S. 352-369.

[Vib95] Viberg, M.: Subspace-based methods for identification of linear time-variant systems. *Automatica* **31** (1995), S. 1835-1851.

[Vol31] Volterra, V.: *Theory of Functional and of Integral and Integro-Differential Equations.* Black and Son, London 1931.

[VS97] Vandersteen, G. and Schoukens, J.: Measurement and identification of nonlinear systems consisting out of linear dynamic blocks and one static nonlinearity. *Proceedings of the IEEE Instrumentation and Measurement Technology Conference*, Ottawa 1997, 853-858.

[VS99] Vandersteen, G. and Schoukens, J.: Measurement and identification of nonlinear systems consisting out of linear dynamic blocks and one static nonlinearity. *IEEE Transactions on Automatic Control* **44** (1999), S. 1266-1271.

[VV07] Verhaegen, M. und V. Verdult: *Filtering and System Identification.* Cambridge University Press, Cambridge 2007.

[Wae65] Waerden, B. van der: *Mathematische Statistik.* Springer, Berlin 1965.

[Wal09] Walter, E. (Hrsg.): *Proceedings of the 15th IFAC Symposium on Identification and Systems Parameter Estimation*, Saint Malo, Frankreich 2009. International Federation of Automatic Control 2009.

[War87] Warwick, K. (Hrsg.): *Implementation of Self-Tuning Controllers.* Institution of Engineering and Technology, Stevenage, UK 1987.

[WE75] Wellstead, P. E. und J. M. Edmunds: Least-squares identification of closed-loop system. *International Journal of Control* **21** (1975), S. 689-699.

[Web74] Webb, R. V.: Identification of the Volterra kernels of a process containing single-valued nonlinearities. *Electronics Letters* **10** (1974), S. 344-346.

[Wei85a] Weierstrass, K.: Über die analytische Darstellbarkeit sogenannter willkürlicher Functionen einer reellen Veränderlichen (Erste Mitteilung). *Sitzungsberichte der Königlich Preußischen Akademie der Wissenschaften zu Berlin* **II** (1885), S. 633-639.

[Wei85b] Weierstrass, K.: Über die analytische Darstellbarkeit sogenannter willkürlicher Functionen einer reellen Veränderlichen (Zweite Mitteilung). *Sitzungsberichte der Königlich Preußischen Akademie der Wissenschaften zu Berlin* **II** (1885), S. 789-805.

[Wei91] Weinmann, A.: *Uncertain Models and Robust Control.* Springer, Wien 1991.

[Wei96] Weiss, M. et al.: Structure identification of block-oriented nonlinear systems using periodic test signals. *Proceedings of the IEEE Instrumentation and Measurement Conference*, Brüssel 1996, S. 8-13.

[Wel76] Wellstead, P.E.: The identification and parameter estimation of feedback systems. *Proceedings of the 4th IFAC Symposium on Identification and System Parameter Estimation*, Tbilisi 1976, Paper 16.1.

[Wel78] Wellstead, P.E.: An instrumental product moment test for model order estimation. *Automatica* **14** (1978), S. 89-91.

[Wer74] Werbos, P. J.: *Beyond Regression: New Tools for Prediction and Analysis in the Behavioral Sciences.* Dissertation, Harvard University 1974.

[Wer89] Werbos, P. J.: Neural networks for control and system identification. *Proceedings of the 28th IEEE Conference on Decision and Control*, Tampa 1989, S. 260-265.

[WER97] Weiss, M., C. Evans und D. Rees: Identification of nonlinear cascade systems using paired multisine signals. *Proceedings of the IEEE Instrumentation and Measurement Conference*, Ottawa 1997, 765-770.

[WER98] Weiss, M., C. Evans und D. Rees: Identification of nonlinear cascade systems using paired multisine signals. *IEEE Transactions on Instrumentation and Measurement* **47** (1998), S. 332-336.

[WH60] Widrow, B. und M. E. Hoff: Adaptive switching circuits. *IRE WESCON Convention Record* **4** (1960), S. 96-104.

[Whi86] Whitfield, A.: Transfer function synthesis using frequency response data. *International Journal of Control* **43** (1986), S. 1413-1425.

[Wie49] Wiener, N.: *The Extrapolation, Interpolation and Smoothing of Stationary Time Series with Engineering Applications.* J. Wiley and Sons, New York 1949.

[Wie58] Wiener, N.: *Nonlinear Problems in Random Theory.* MIT Press, Cambridge 1958.

[WL90] Widrow, B. und M. A. Lehr: 30 years of adaptive neural networks: Perceptron, Madaline and backpropagation. *Proceedings of the IEEE* **78** (1990), S. 1415-1442.

[Woo71] Woodside, C.: Estimation of the order of linear systems. *Automatica* **7** (1971), S. 727-733.

[WP67] Wong, K. und E. Polak: Identification of linear discrete time systems using the IV-method. *IEEE Transactions on Automatic Control* **12** (1967), S. 707-718.

[WR76] Wysocki, E. und W. Rugh: Further results on the identification problem for the class of nonlinear systems S_M. *IEEE Transactions on Automatic Control* **23** (1976), S. 664-670.

[WZ91] Wellstead, P. und M. Zarrop: *Self-Tuning Systems.* J. Wiley and Sons, New York 1991.

[XL87] Xu, C.-W. und Y.-Z. Lu: Fuzzy model identification and self-learning for dynamic systems. *IEEE Transactions on Systems, Man and Cybernetics* **17** (1987), S. 683-689.

[Xu89] Xu, C.-W.: Fuzzy systems identification. *IEE Proceedings Control Theory and Applications* **136** (1989), S. 146-150.

[YCW91] Young, P., A. Chotai und W. Tych: Identification, estimation and control of continuous-time systems described by delta operator models. In: Sinha, N. und G. Rao: *Identification of Continuous-Time Systems.* Kluwer, Dordrecht 1991, S. 363-418.

[YJ80] Young, P. und A. Jakemann: Redefined instrumental variable methods of recursive time-series analysis: Part III, Extensions. *International Journal of Control* **31** (1980), S. 741-764.

[YMB01] Young, P., P. McKenna und J. Bruun: Identification of non-linear stochastic systems by state dependent parameter estimation. *International Journal of Control* **74** (2001), S. 1837-1857.

[You65] Young, P.: Process parameter estimation and self adaptive control. In: Hammond, P. H. (Hrsg.): *Theory of Self Adaptive Control Systems.* Plenum, New York 1965, S. 118-140.

[You70] Young, P.: An instrumental variable method for real-time identification of a noisy process. *Automatica* **6** (1970), S. 271-287.

[You84] Young, P.: *Recursive Estimation and Time-Series Analysis.* Springer, Berlin 1984.

[You02] Young, P.: Comments on "On the estimation of continuous-time transfer functions". *International Journal of Control* **75** (2002), S. 693-697.

[YSN71] Young, P., S. Shellswell und C. Neethling: *A Recursive Approach to Time-Series Analysis.* Report CUED/B-Control/TR 16, University of Cambridge, 1971.

[Zad56] Zadeh, L. A.: On the identification problem. *IRE Transactions on Circuit Theory* **3** (1956), S. 277-281.

[Zad65] Zadeh, L. A.: Fuzzy sets. *Information and Control* **8** (1965), S. 338-353.

[Zad73] Zadeh, L. A.: Outline of a new approach to the analysis of complex systems and decision processes. *IEEE Transactions on Systems, Man and Cybernetics* **3** (1973), S. 28-44.

[ZDG96] Zhou, K., J. C. Doyle und K. Glover: *Robust and Optimal Control.* Prentice Hall, Upper Saddle River 1996.

[Zie70] Zielke, G.: *Numerische Berechnung von benachbarten inversen Matrizen und linearen Gleichungssystemen.* Vieweg, Braunschweig 1970.

[Zyp70] Zypkin, J. S.: *Adaption und Lernen in kybernetischen Systemen.* Oldenbourg, München 1970.

[Zyp87] Zypkin, J. S.: *Grundlagen der informationellen Theorie der Identifikation.* VEB Verlag Technik, Berlin 1987.

[illegible] 09] Zacher [illegible] und [illegible] der Mathematik [illegible] Oldenbourg [illegible] 1970.

[illegible] Theorie der Mengenlehre [illegible] 1996.

Sachverzeichnis

Symbols

A

B

C

D

E

F

G

H

K

L

M

N

O

P

Q

R

T

W

Printed in the United States
By Bookmasters